电气工程设计与计算550例

方大千　编著

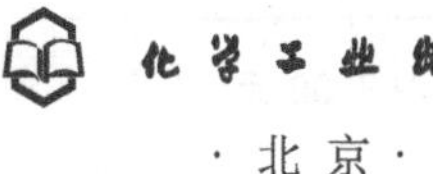

化学工业出版社

·北京·

图书在版编目（CIP）数据

电气工程设计与计算 550 例/方大千编著. —北京：化学工业出版社，2018.1（2023.5 重印）

ISBN 978-7-122-31106-1

Ⅰ.①电… Ⅱ.①方… Ⅲ.①电气工程-设计 Ⅳ.①TM

中国版本图书馆 CIP 数据核字（2017）第 297271 号

责任编辑：高墨荣　　　　文字编辑：孙凤英

责任校对：宋　夏　　　　装帧设计：刘丽华

出版发行：化学工业出版社（北京市东城区青年湖南街 13 号　邮政编码 100011）

印　　装：北京科印技术咨询服务有限公司数码印刷分部

787mm×1092mm　1/16　印张 43　字数 1070 千字　2023 年 5 月北京第 1 版第 8 次印刷

购书咨询：010-64518888　　　　售后服务：010-64518899

网　　址：http://www.cip.com.cn

凡购买本书，如有缺损质量问题，本社销售中心负责调换。

定　　价：168.00 元

版权所有　违者必究

前言

为了让读者能快速掌握电气工程设计与计算方法，并解决工程中遇到的具体设计与计算问题，提高工作效率，笔者编写了本书，该书涉及电工技术的各个专业。

本书结合笔者长期从事电气工作的实践，紧密联系工程施工与设计、运行维护与使用的实际，详细地介绍了电工学基本计算，输配电及无功补偿，变压器，电动机，高低压电器，风机、水泵和起重机，小型发电，电子及晶闸管电路，变频器、软启动器，继电保护及二次回路，电加热，照明，仪器仪表，接地与防雷及其他等专业范围内，广大电气工作者关心的、工作中常涉及的电气工程设计与计算应用实例。这是一本有指导意义的电气工程设计与计算实用工具书，内容丰富，涵盖面广，计算公式和计算方法准确、简明，没有过多的技术参数，计算实例具体、详细、正确，针对性、实用性很强。

本书由方大千编著。方欣、许纪明、方懿、刘梅、方亚平、方亚敏、张正昌、朱征涛、方成、方立、张荣亮、许纪秋、方亚云、那宝奎、费珊珊、孙文燕、张慧霖、卢静对本书的出版提供了帮助。全书由方大中、郑鹏、朱丽宁审校。

限于经验和水平，书中难免有疏漏和不妥之处，希望专家和读者批评指正。

编著者

目录

五、高低压电器 ······ 300

九、变频器、软启动器 …… 469

十、继电保护及二次回路 …… 481

一、电工学基本计算

1. 电阻、电感、电容串、并联计算

(1) 计算公式

电阻、电感、电容常见的串、并联形式及计算公式见表1-1。

表1-1 电阻、电感、电容常见的串、并联形式及计算公式

序号	名称	接线图	计算公式
1	电阻串联	R_1 R_2 R_3	$R=R_1+R_2+R_3$
2	电阻并联	R_1 R_2 R_3	$\frac{1}{R}=\frac{1}{R_1}+\frac{1}{R_2}+\frac{1}{R_3}$
3	电阻混联	R_1 R_2 R_3	$R=\frac{R_1R_2}{R_1+R_2}+R_3$
4	电容串联	C_1 C_2 C_3	$\frac{1}{C}=\frac{1}{C_1}+\frac{1}{C_2}+\frac{1}{C_3}$
5	电容并联	C_1 C_2 C_3	$C=C_1+C_2+C_3$
6	电阻、电感串联	R L	$Z=\sqrt{R^2+X_L^2}$
7	电阻、电容串联	R C	$Z=\sqrt{R^2+X_C^2}$
8	电阻、电感、电容串联	R L C	$Z=\sqrt{R^2+(X_L-X_C)^2}$
9	电阻、电感并联	R L	$\frac{1}{Z}=\sqrt{\left(\frac{1}{R}\right)^2+\left(\frac{1}{X_L}\right)^2}$
10	电阻、电容并联	R C	$\frac{1}{Z}=\sqrt{\left(\frac{1}{R}\right)^2+\left(\frac{1}{X_C}\right)^2}$

续表

序号	名称	接线图	计算公式
11	有互感耦合的两电感元件的串联	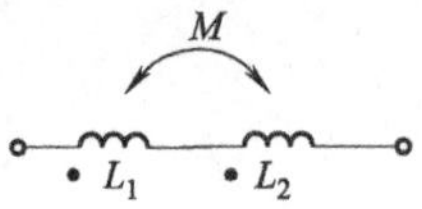 M; L_1; L_2	$L=L_1+L_2+2M$
		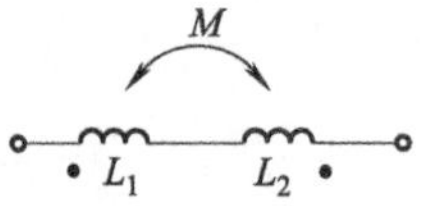 M; L_1; L_2	$L=L_1+L_2-2M$
12	有互感耦合的两电感元件的并联	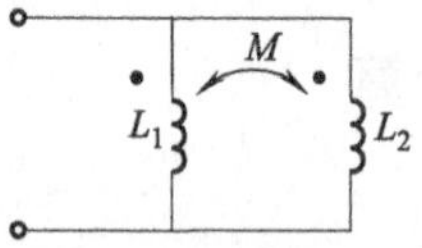 M; L_1; L_2	$L=\dfrac{L_1L_2-M^2}{L_1+L_2-2M}$
		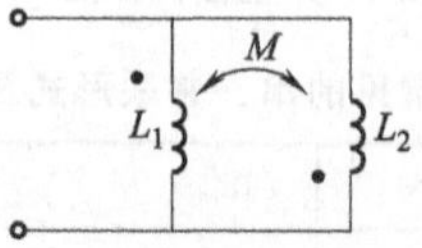 M; L_1; L_2	$L=\dfrac{L_1L_2-M^2}{L_1+L_2+2M}$

注：1. X_L 为感抗，$X_L=\omega L=2\pi fL$；X_C 为容抗，$X_C=\dfrac{1}{\omega C}=\dfrac{1}{2\pi fC}$。式中，$f$ 为频率，Hz。

2. 两电感无互感耦合串并联时，式中 $M=0$。

(2) 实例

已知电阻 $R_1=1\Omega$、$R_2=2\Omega$、$R_3=3\Omega$；电容 $C_1=1\mu F$、$C_2=2\mu F$、$C_3=3\mu F$；表 1-1 的序号 1～序号 10 中的电阻 $R=10\Omega$、电感 $L=100mH$、电容 $C=160\mu F$。试求表 1-1 的序号 1～序号 10 各电路的电阻、电容及阻抗值。已知电源频率 $f=50Hz$。

解 ① 序号 1　　电阻 $R=1+2+3=6(\Omega)$

② 序号 2

$$\frac{1}{R}=\frac{1}{1}+\frac{1}{2}+\frac{1}{3}=1.83(\Omega^{-1})$$

电阻 $R=1/1.83=0.55(\Omega)$

③ 序号 3

$$电阻\ R=\frac{1\times 2}{1+2}+3=3.67(\Omega)$$

④ 序号 4

$$\frac{1}{C}=\frac{1}{1}+\frac{1}{2}+\frac{1}{3}=1.83(\mu F^{-1})$$

电容 $C=1/1.83=0.55(\mu F)$

⑤ 序号 5　　电容 $C=1+2+3=6(\mu F)$

⑥ 序号 6　　电抗 $X_L=\omega L=2\pi fL=2\pi\times 50\times 0.1=31.4(\Omega)$

阻抗 $Z=\sqrt{10^2+31.4^2}=32.95(\Omega)$

⑦ 序号 7

$$容抗\ X_C=\frac{1}{\omega C}=\frac{1}{2\pi fC}=\frac{1}{2\pi\times 50\times 160\times 10^{-6}}=19.9(\Omega)$$

阻抗 $Z=\sqrt{10^2+19.9^2}=22.27(\Omega)$

⑧ 序号 8　　阻抗 $Z=\sqrt{10^2+(31.4-19.9)^2}=15.24(\Omega)$

⑨ 序号 9
$$\frac{1}{Z}=\sqrt{\left(\frac{1}{10}\right)^2+\left(\frac{1}{31.4}\right)^2}=0.105(\Omega^{-1})$$

阻抗 $Z=1/0.105=9.5(\Omega)$

⑩ 序号 10
$$\frac{1}{Z}=\sqrt{\left(\frac{1}{10}\right)^2+\left(\frac{1}{19.9}\right)^2}=0.11(\Omega^{-1})$$

阻抗 $Z=1/0.11=9.09(\Omega)$

2. 电容器容量与电容量之间关系的计算

(1) 计算公式

电容器容量符号为 Q_C，单位为 var 或 kvar；电容器电容量符号为 C，单位为 μF 或 F 等。

电容器容量与电容量之间的关系是

$$Q_C=U_eI_C\times10^{-3}=U_e(U_e/X_C)\times10^{-3}$$
$$=2\pi fCU_e^2\times10^{-9}$$

$$C=0.0885\varepsilon_r\frac{S}{b}\times10^{-6}$$

$$I_C=\omega CU_e\times10^{-6}=2\pi fCU_e\times10^{-6}$$

式中 X_C——电容器容抗，Ω；

Q_C——电容器容量，kvar；

U_e——电容器额定电压，V；

I_C——流过电容器的电流，A；

C——电容器电容量，μF；

ε_r——介质的相对介电系数，油浸纸介 ε_r，当用矿物性绝缘油时为 3.5～4.5；当用合成绝缘油时为 5～7；

S——电极的有效面积，cm^2；

b——介质厚度，cm。

(2) 实例

已知一额定电压为 11kV、额定频率为 50Hz 的高压电容器，标称电容为 2.63μF，试求其额定容量。

解 额定容量为

$$Q_C=2\pi fCU_e^2\times10^{-9}$$
$$=2\pi\times50\times2.63\times11000^2\times10^{-9}$$
$$=99924\times10^{-3}(\text{kvar})\approx100(\text{kvar})$$

3. 电容器电容量的测算

(1) 电压表和电流表法测算电容器的电容量

电容器的电容量，除采用电容电桥等专用仪器外，还可以在低电压（220V）电源的条件下采用电压表和电流表法（即伏安法）测算，一般能得到满意的结果。测试电路如图 1-1 所示。

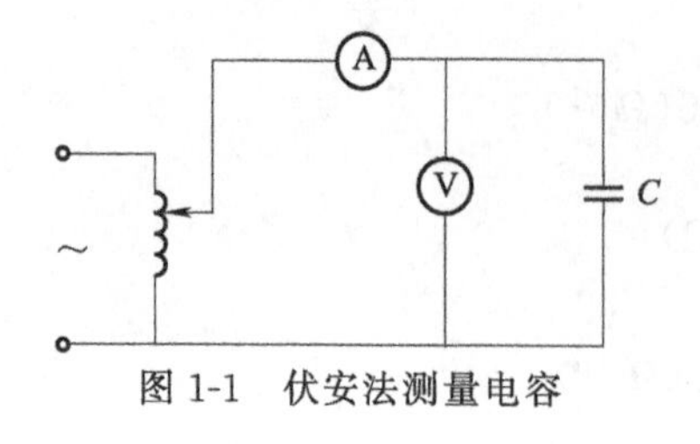

图 1-1 伏安法测量电容

接通频率为 f 的交流电源，稳定后分别读出电流表和电压表的读数，便可按下式求得电容器的电容量为

$$C=\frac{I\times10^6}{2\pi fU}$$

式中 C——电容器电容量，μF；

I——电流表示数，A；

U——电压表示数，V；

f——电源频率，Hz，工频为 50Hz。

(2) 实例

一只额定电压为 380V 的电容器，采用市电用伏安法测量其电容量，电流表的示数为 0.56A，电压表的示数为 180V，试求电容器的电容量。

解 该电容器的电容量为

$$C=\frac{I\times10^6}{2\pi fU}=\frac{0.56\times10^6}{2\pi\times50\times180}=9.9(\mu F)$$

4. 电感线圈电感量的测算

(1) 电压表和电流表法测算电感线圈的电感量

电感线圈的电感量除了可用电感电桥等专用仪器进行测量外，还可采用电压表和电流表法（即伏安法）测算。测试电路如图 1-2 所示。

先在电感线圈中通以适当的交流电流 I（频率为 f），用高内阻电压表测出线圈两端的电压 U，则电感线圈的阻抗 Z 为

$$Z=U/I$$

再在直流下测得电感线圈的电阻 R，便可按下式求得电感线圈的电感量 L 为

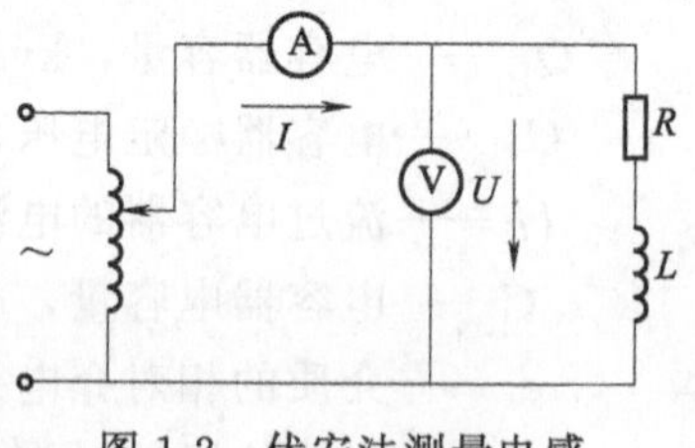

图 1-2 伏安法测量电感

$$L=\frac{\sqrt{Z^2-R^2}}{2\pi f}$$

(2) 实例

一只电感线圈，采用市电用伏安法测量其电感量，电流表的示数为 2.5A，电压表的示数为 160V，试求线圈的电感量。已知测得线圈的直流电阻为 40Ω。

解 线圈的阻抗为

$$Z=U/I=160/2.5=64(\Omega)$$

线圈的电感量为

$$L=\frac{\sqrt{Z^2-R^2}}{2\pi f}=\frac{\sqrt{64^2-40^2}}{2\pi\times50}=0.159(H)=159(mH)$$

5. 三角形与星形电路等值变换计算

(1) 计算公式

三角形变成等值星形或星形变成等值三角形的电路计算见表 1-2。

（2）实例

已知一电桥电路如图 1-3（a）所示，试求各支路中的电流。

表 1-2 三角形与星形电路的等值变换

变换名称	变换符号	变换前的网络	变换后的网络	变换后网络元件的电阻	变换前网络中的电流分布
三角形变成等值星形	△/Y	A, B, C, R_{CA}, R_{AB}, R_{BC}, I_{CA}, I_{AB}, I_{BC}	A, B, C, R_A, R_B, R_C, I_A, I_B, I_C	$R_A=\dfrac{R_{AB}R_{CA}}{R_{AB}+R_{BC}+R_{CA}}$ $R_B=\dfrac{R_{BC}R_{AB}}{R_{AB}+R_{BC}+R_{CA}}$ $R_C=\dfrac{R_{CA}R_{BC}}{R_{AB}+R_{BC}+R_{CA}}$	$I_{AB}=\dfrac{I_AR_A-I_BR_B}{R_{AB}}$ $I_{BC}=\dfrac{I_BR_B-I_CR_C}{R_{BC}}$ $I_{CA}=\dfrac{I_CR_C-I_AR_A}{R_{CA}}$
星形变成等值三角形	Y/△	A, B, C, R_A, R_B, R_C, I_A, I_B, I_C	A, B, C, R_{CA}, R_{AB}, R_{BC}, I_{CA}, I_{AB}, I_{BC}	$R_{AB}=R_A+R_B+\dfrac{R_AR_B}{R_C}$ $R_{BC}=R_B+R_C+\dfrac{R_BR_C}{R_A}$ $R_{CA}=R_C+R_A+\dfrac{R_CR_A}{R_B}$	$I_A=I_{AB}-I_{CA}$ $I_B=I_{BC}-I_{AB}$ $I_C=I_{CA}-I_{BC}$

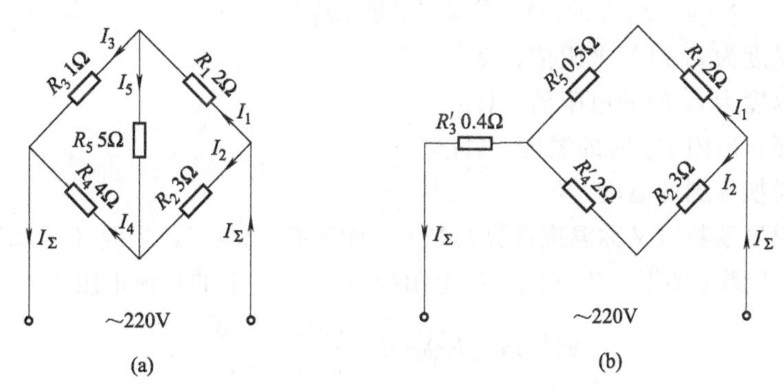

图 1-3 某电桥电路及经△-Y 变换的电路

解 将图 1-3（a）中的左边△变换成 Y 电路，如图 1-3（b）所示。

$$R'_3=\frac{R_3R_4}{R_3+R_4+R_5}=\frac{1\times4}{1+4+5}=0.4(\Omega)$$

$$R'_4=\frac{R_4R_5}{R_3+R_4+R_5}=\frac{4\times5}{10}=2(\Omega)$$

$$R'_5=\frac{R_3R_5}{R_3+R_4+R_5}=\frac{1\times5}{10}=0.5(\Omega)$$

总电阻为

$$R_\Sigma=R'_3+\frac{(R_1+R'_5)(R_2+R'_4)}{R_1+R'_5+R_2+R'_4}$$

$$=0.4+\frac{(2+0.5)\times(3+2)}{2+0.5+3+2}=2.06\ (\Omega)$$

总电流为

$$I_\Sigma=U/R_\Sigma=220/2.06=106.8\ (\text{A})$$

由图 1-3（b）得

$$I_1=I_\Sigma\frac{R_2+R_4'}{R_1+R_5'+R_2+R_4'}$$

$$=106.8\times\frac{3+2}{2+0.5+3+2}=71.2(\mathrm{A})$$

$$I_2=I_\Sigma-I_1=106.8-71.2=35.6(\mathrm{A})$$

$$I_5=\frac{I_2R_2-I_1R_1}{R_5}=\frac{35.6\times3-71.2\times2}{5}=-7.12(\mathrm{A})$$

$$I_3=I_1-I_5=71.2-(-7.12)=78.3(\mathrm{A})$$

$$I_4=I_2+I_5=35.6+(-7.12)=28.5(\mathrm{A})$$

6. 铜导线和铝导线的直流电阻换算

(1) 计算公式

测量变压器或电机绕组的直流电阻，应将其阻值换算到同一温度，以便对结果进行比较。

铜导线和铝导线的直流电阻换算公式如下：

$$R_2=R_1\frac{T+t_2}{T+t_1}$$

式中 R_1——温度为 t_1 时的电阻值，Ω；

R_2——温度为 t_2 时的电阻值，Ω；

t_1——测量电阻 R_1 时的温度，℃；

t_2——需换算到的温度，℃；

T——温度系数（又称温度换算常数），铜线 $T=234.5$，铝线 $T=225$。

不同温度 t 下测得的铜、铝导线直流电阻换算到20℃下的直流电阻为

$$\text{铜导线}\quad R_{20}=R_t\frac{234.5+20}{234.5+t}$$

$$\text{铝导线}\quad R_{20}=R_t\frac{225+20}{225+t}$$

(2) 实例

测得某铜绕组在40℃时的直流电阻为20Ω，试求换算到20℃时的直流电阻。

解 换算到20℃时的直流电阻为

$$R_{20}=20\times\frac{234.5+20}{234.5+40}=18.54\ (\Omega)$$

7. 绝缘电阻的温度换算

(1) 计算公式

测量变压器、互感器、发电机、电动机等电气设备的绝缘电阻，应将其绝缘电阻值换算到同一温度，以便对结果进行比较。

① 对于A级绝缘的变压器、互感器等电气设备，可按下式换算：

$$R_2=\frac{R_1}{10^{\frac{t_2-t_1}{40}}}$$

式中 R_1——温度为 t_1 时的绝缘电阻，MΩ；

R_2——温度为 t_2 时的绝缘电阻，MΩ；

t_1——测量绝缘 R_1 时的温度，℃；

t_2——需换算到的温度，℃；

任意温度 t 下测得的A级绝缘材料的绝缘电阻，可按下式换算为75℃时的绝缘电阻：

$$R_{75}=\frac{R_t}{10^{\frac{75-t}{40}}}$$

② 对于B级热塑性绝缘的发电机、变压器、电动机等电气设备，可按下式换算：

$$R_2=\frac{R_1}{2^{\frac{t_2-t_1}{10}}}$$

换算为75℃时绝缘电阻为

$$R_{75}=\frac{R_1}{2^{\frac{75-t}{10}}}$$

③ 对于B级热固性绝缘的电动机等电气设备，可按下式换算：

$$R_2=\frac{R_1}{1.6^{\frac{t_2-t_1}{10}}}$$

换算为100℃时绝缘电阻为

$$R_{100}=\frac{R_1}{1.6^{\frac{100-t}{10}}}$$

④ 对于电容器的绝缘电阻，任意温度 t 下测得的绝缘电阻，可按下式换算到20℃时的绝缘电阻：

$$R_{20}=\frac{R_t}{10^{\frac{60-3t}{100}}}$$

（2）实例

测得一台Y系列电动机的绝缘电阻为50MΩ，测试时定子绕组温度为15℃，试求换算到75℃时的绝缘电阻。

解 换算到75℃时的绝缘电阻为

$$R_{75}=\frac{R_t}{2^{\frac{75-t}{10}}}=\frac{50}{2^{\frac{75-15}{10}}}=\frac{50}{2^6}=0.78(\mathrm{M\Omega})$$

8. 热敏电阻在某一温度时阻值的计算

（1）计算公式

热敏电阻的标称电阻值 R_{25} 是指在基准温度为25℃时的阻值。一个具有负温度系数的热敏电阻（NTC），其随温度变化的阻值，可按温度每升高1℃，其阻值减少4%估算，即在某温度 t 时的阻值可用下式估算：

$$R_t=R_{25}\times 0.96^{(t-25)}$$

（2）实例

一个NTC型热敏电阻在25℃时的阻值为500Ω，试求在50℃时的阻值。

解 该热敏电阻在50℃时的阻值为

$$R_{50}=500\times 0.96^{(50-25)}=500\times 0.3604=180.2(\Omega)$$

9. 不同规格的热敏电阻的代用计算

在使用热敏电阻时，往往会碰到现有热敏电阻的规格不符合电路实际要求的情况，这需要设法代用。

【实例】 我们需要一个热敏电阻 R_{t1}，其温度特性是：在 25℃时的阻值 $R_{t1_{25}}=440\Omega$，在 50℃时为 $R_{t1_{50}}=240\Omega$。但手边仅有热敏电阻 R_{t2}，其特性是：在 25℃时的阻值 $R_{t2_{25}}=600\Omega$，在 50℃时为 $R_{t2_{50}}=210\Omega$。为了使 R_{t2} 接入电路后达到 R_{t1} 所要求的温度特性，可将 R_{t2} 与两个普通电阻 R_1 和 R_2 接成如图 1-4 所示的电路，只要合理选择 R_1 和 R_2 即可。

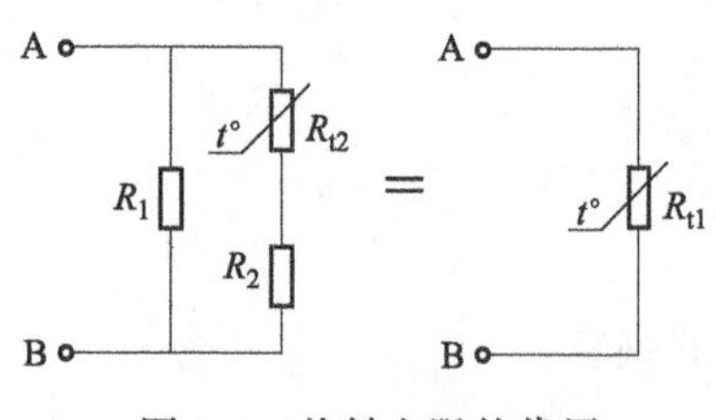

图 1-4 热敏电阻的代用

在进行代换时，必须满足下述条件：

$$R_{t2_{25}}>R_{t1_{25}}，R_{t2_{50}}<R_{t1_{50}}$$

然后通过下面的关系式计算出 R_1 和 R_2 的阻值：

$$R_{t1_{50}}=\frac{(R_{t2_{50}}+R_2)R_1}{R_{t2_{50}}+R_2+R_1}$$

$$R_{t1_{25}}=\frac{(R_{t2_{25}}+R_2)R_1}{R_{t2_{25}}+R_2+R_1}$$

将具体数值代入，可得

$$\begin{cases}240=\dfrac{(210+R_2)R_1}{210+R_2+R_1}\\[2ex]440=\dfrac{(600+R_2)R_1}{600+R_2+R_1}\end{cases}$$

解这个方程组，得 $R_1=1218\Omega$，$R_2=89\Omega$。

可选用标准电阻 $R_1=1200\Omega$，$R_2=91\Omega$。

另外，在选用 R_{t2} 时，还应注意各项主要技术参数不要超过其额定值。

10. 电磁波在导体中透入深度的计算

(1) 计算公式

不同频率的电磁波在导体中的透入深度可按下式计算：

$$\delta=503\sqrt{\frac{\rho}{\mu_r f}}$$

式中 δ——电磁波透入深度，mm；

ρ——导体的电阻率，$\Omega\cdot mm^2/m$；

f——频率，Hz；

μ_r——相对磁导率，$\mu_r\approx1$。

电磁波透入深度还可由图 1-5 直接查出。

(2) 实例

试求 5kHz 电磁波能穿透铝板多深。

解 铝的 $\rho=0.028\Omega\cdot mm^2/m$，$\mu_r=1$

透入深度为

$$\delta=503\times\sqrt{\frac{0.028}{1\times5000}}=1.19(mm)$$

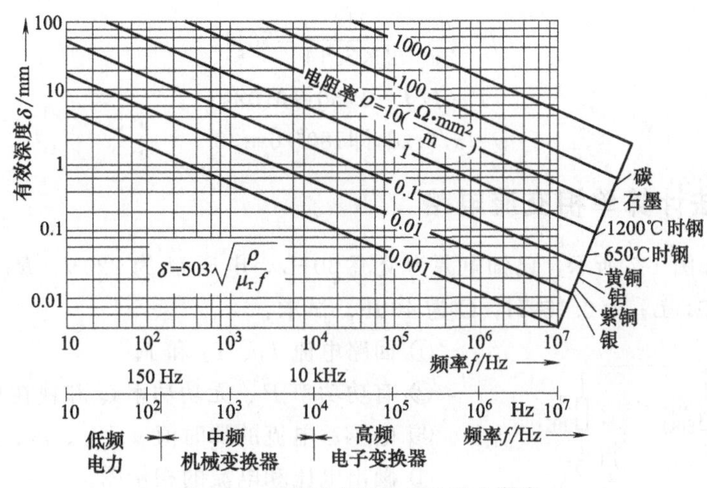

图 1-5 电磁波在导体中的透入深度

也可从图 1-5 中直接查得该深度。

11. 单相交流电的计算

正弦交流电的波形及相量图如图 1-6 所示。

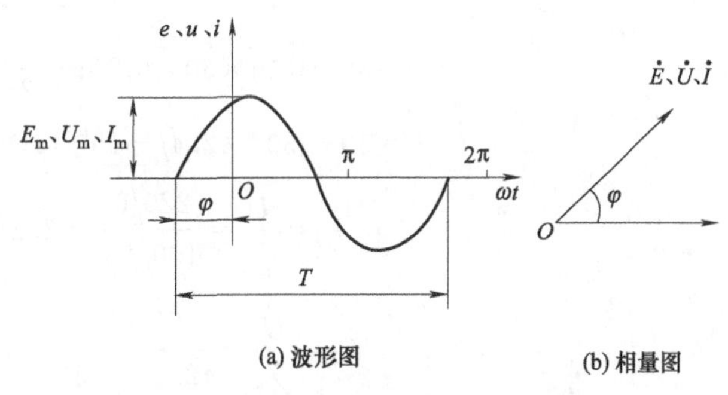

图 1-6 正弦交流电的波形及相量图

频率

$$f=\frac{1}{T}$$

角频率

$$\omega=2\pi f$$

式中 f——频率，Hz；

ω——角频率，rad/s；

T——周期，s。

有效值与最大值的关系：

$$E=\frac{E_m}{\sqrt{2}}=0.707E_m$$

$$U=\frac{U_m}{\sqrt{2}}=0.707U_m$$

$$I=\frac{I_m}{\sqrt{2}}=0.707I_m$$

相位、初相位计算公式：

$$e=E_m\sin(\omega t+\varphi)$$

$$u=U_m\sin(\omega t+\varphi)$$

$$i=I_m\sin(\omega t+\varphi)$$

【实例】 已知一正弦电压 $u=537.4\sin(314t-\pi/6)$V，求它的最大值、有效值、角频率、周期和初相角。

解 最大值 $U_m=537.4\text{V}$

有效值 $U=U_m/\sqrt{2}=537.4/\sqrt{2}=380\text{V}$

角频率 $\omega=314\text{rad/s}$

频率 $$f=\frac{\omega}{2\pi}=\frac{314}{2\times3.14}=50\text{Hz}$$

周期 $$T=1/f=1/50=0.02\text{s}$$

初相角 $$\varphi=\pi/6\text{rad},即180°/6=30°$$

12. 相量法计算单相交流电路

【实例】 如图1-7所示，已知电源为交流50Hz，电压U为220V，R_1为60Ω，R_2为30Ω，X_{L_1}为80Ω，L_2为0.159H，C为40μF。试求：

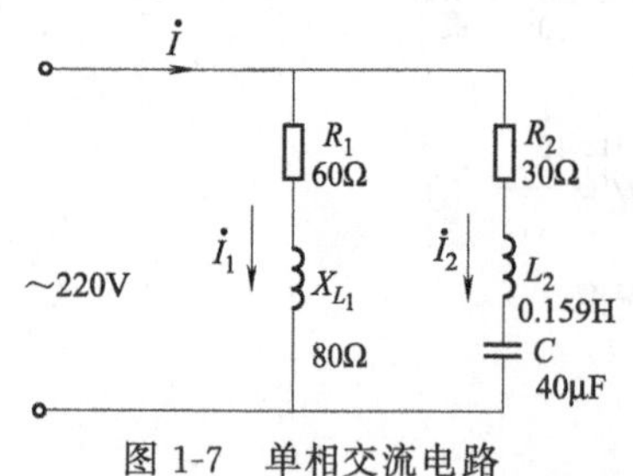

图1-7 单相交流电路

① 回路电流I_1、I_2和I。

② 有功功率P、无功功率Q和视在功率S。

③ 电压、电流的瞬时值u、i_1、i_2、i的函数式。

④ 画出电压和电流的相量图。

解 ① 求I_1、I_2和I。

设$\dot{U}=220\angle 0°$为参考相量，则

$$\dot{Z}_1=R_1+jX_{L_1}=60+j80=100\angle 53°(\Omega)$$

$$\dot{Z}_2=R_2+j(X_{L_2}-X_C)=R_2+j\left(2\pi fL_2-\frac{1}{2\pi fC}\right)$$

$$=30+j\left(2\pi\times50\times0.159-\frac{1}{2\pi\times50\times40\times10^{-6}}\right)$$

$$=30-j30=42.4\angle -45°\ (\Omega)$$

$$\dot{I}_1=\frac{\dot{U}}{\dot{Z}_1}=\frac{220\angle 0°}{100\angle 53°}=2.2\angle -53°(\text{A})$$

$$\dot{I}_2=\frac{\dot{U}}{\dot{Z}_2}=\frac{220\angle 0°}{42.4\angle -45°}=5.19\angle 45°(\text{A})$$

$$\dot{I}=\dot{I}_1+\dot{I}_2=2.2\angle -53°+5.19\angle 45°=5.35\angle 21°\ (\text{A})$$

② 求P、Q和S。

$$S=UI=220\times5.35=1177(\text{V}\cdot\text{A})$$

$$P=S\cos\varphi=1177\times\cos21°=1099(\text{W})$$

$$Q=S\sin\varphi=1177\times\sin21°=422(\text{var})$$

③ 求u、i_1、i_2和i。

$$u=220\times\sqrt{2}\sin(2\pi ft+0°)=220\times\sqrt{2}\sin314t(\text{V})$$

$$i_1=2.2\times\sqrt{2}\sin(314t-53°)(\text{A})(感性)$$

$$i_2=5.19\times\sqrt{2}\sin(314t+45°)(\text{A})(容性)$$

$$i=5.35\times\sqrt{2}\sin(314t+21°)(\text{A})(容性)$$

④ 由以上计算结果作相量图，如图1-8所示。

13. 相量法计算三相交流不对称负荷电路

【实例】 如图1-9所示的三相不对称电阻负荷，施以三相380V对称电压，试求：

① 线电流 I_U、I_V、I_W。

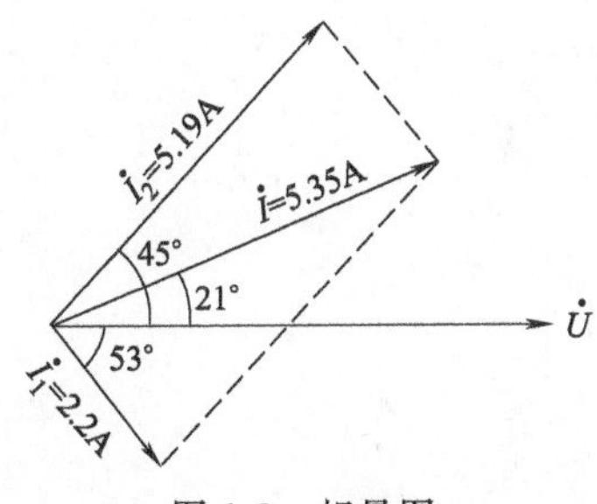

图 1-8 相量图

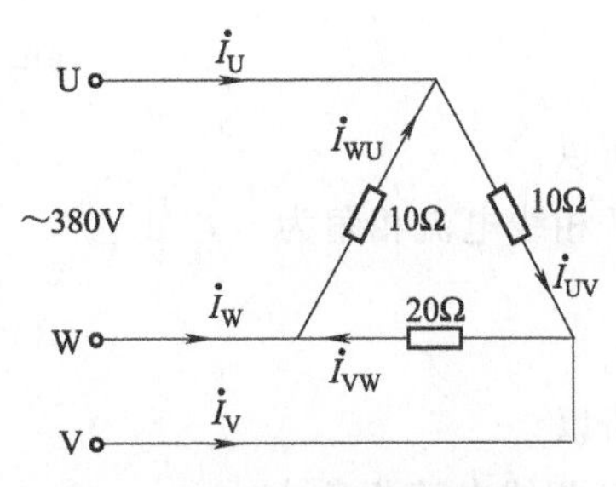

图 1-9 三相交流不对称负荷电路

② 负荷所消耗的功率。

③ 画出电压和电流的相量图。

解 ① 求相电流和线电流。以 $\dot{U}_{UV}=380V$ 作为基准，则

$$\dot{U}_{VW}=380(-1/2-j\sqrt{3}/2)$$
$$=-190-j329.1(V)$$
$$\dot{U}_{WU}=380(-1/2+j\sqrt{3}/2)$$
$$=-190+j329.1(V)$$

于是各相电流为

$$\dot{I}_{UV}=\dot{U}_{UV}/R_{UV}=380/10=38(A)$$
$$\dot{I}_{VW}=\dot{U}_{VW}/R_{VW}=(-190-j329.1)/20=-9.5-j16.5(A)$$
$$\dot{I}_{WU}=\dot{U}_{WU}/R_{WU}=(-190+j329.1)/10=-19+j32.91(A)$$

各线电流为

$$\dot{I}_U=\dot{I}_{UV}-\dot{I}_{WU}=38-(-19+j32.91)$$
$$=57-j32.91\ (A)$$
$$I_U=|\dot{I}_U|=\sqrt{57^2+32.91^2}=65.82(A)$$
$$\dot{I}_V=\dot{I}_{VW}-\dot{I}_{UV}=-9.5-j16.5-38=-47.5-j16.5(A)$$
$$I_V=|\dot{I}_V|=\sqrt{47.5^2+16.5^2}=50.28(A)$$
$$\dot{I}_W=\dot{I}_{WU}-\dot{I}_{VW}=-19+j32.91-(-9.5-j16.5)$$
$$=-9.5+j49.41(A)$$
$$I_W=|\dot{I}_W|=\sqrt{9.5^2+49.41^2}=50.32(A)$$

② 求负荷所消耗的功率。负荷所消耗的功率为每相电阻消耗功率之和，即

$$P=P_{UV}+P_{VW}+P_{WU}=\frac{380^2}{10}+\frac{380^2}{20}+\frac{380^2}{10}$$
$$=2\times14440+7220=36100(W)$$

③ 画电压、电流相量图。

$$I_{VW}=|\dot{I}_{VW}|=\sqrt{9.5^2+16.5^2}=19(A)$$
$$I_{WU}=|\dot{I}_{WU}|=\sqrt{19^2+32.91^2}=38(A)$$

U 相线电流相角为

$$\tan\varphi_U=\frac{-32.91}{57}=-0.577$$

所以
$$\varphi_U=-30°$$

V 相线电流相角为

$$\tan\varphi_V=\frac{-16.5}{-47.5}=0.347$$

所以
$$\varphi_V=19.2°$$

W 相线电流相角为

$$\tan\varphi_W=\frac{49.41}{-9.5}=-5.2$$

所以
$$\varphi_W=-79.1°$$

综合①、③所计算的结果，得电压、电流相量图如图 1-10 所示。

14. 三相对称负荷电路的计算

【实例 1】 如图 1-11 所示，在三相 380V 交流电源上接有功率为 7.6kV·A、功率因数为滞后 0.8 的三相对称负荷及与其相并联的 3.8kW 三相对称电阻负荷。试求线电流及负荷的综合功率因数。

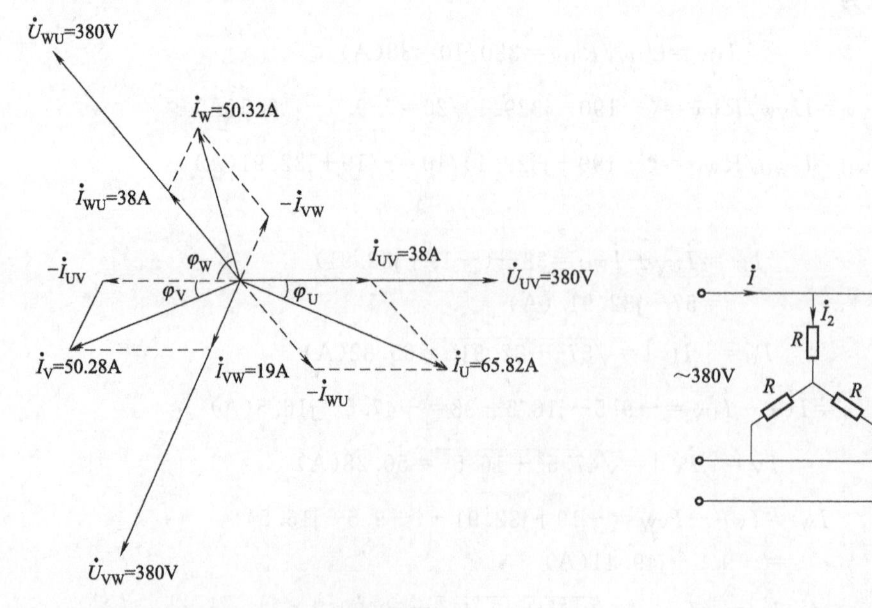

图 1-10 电压、电流相量图

图 1-11 三相对称负荷电路一

解 设 7.6kV·A 负荷的电流为 I_1，按题意有

$$\sqrt{3}UI_1=\sqrt{3}\times 380I_1=7.6\times 10^3$$

$$I_1=\frac{7.6\times 10^3}{\sqrt{3}\times 380}=\frac{20}{\sqrt{3}}(\text{A})$$

又设 3.8kW 负荷的电流为 I_2，由于它是电阻负荷，$\cos\varphi_2=1$，故有

$$\sqrt{3}UI_2\cos\varphi_2=\sqrt{3}\times 380I_2\times 1=3.8\times 10^3$$

$$I_2=\frac{3.8\times10^3}{\sqrt{3}\times380}=\frac{10}{\sqrt{3}}(\mathrm{A})$$

由于 7.6kV·A 负荷的 $\cos\varphi_1=0.8$，故电流有功分量

$$I_{1a}=I_1\cos\varphi_1=(20/\sqrt{3})\times0.8=16/\sqrt{3}(\mathrm{A})$$

电流无功分量

$$I_{1r}=I_1\sin\varphi_1=(20/\sqrt{3})\times\sqrt{1-0.8^2}$$
$$=12/\sqrt{3}(\mathrm{A})$$

因此，线电流

$$I=\sqrt{(I_2+I_{1a})^2+I_{1r}^2}$$
$$=\sqrt{(10/\sqrt{3}+16/\sqrt{3})^2+(12/\sqrt{3})^2}=16.53(\mathrm{A})$$

有功功率

$$P=7.6\times0.8+3.8=9.88(\mathrm{kW})$$

视在功率

$$S=\sqrt{3}UI=\sqrt{3}\times380\times16.53\times10^{-3}=10.88(\mathrm{kV\cdot A})$$

综合功率因数

$$\cos\varphi=P/S=9.88/10.88=0.91$$

【实例 2】 如图 1-12 所示，在三相 380V 交流电源上接有功率 P_1 为 30kW、功率因数 $\cos\varphi_1$ 为 0.87 的三相电动机（电动机为满载运行）和功率 P_2 为 12kW 的电热器（每相 4kW）负荷。试求线电流及负荷的综合功率因数。

解 设电动机负荷电流为 I_1，按题意

$$30\times10^3=\sqrt{3}UI_1\cos\varphi_1=\sqrt{3}\times380\times0.87I_1$$

$$I_1=\frac{30\times10^3}{\sqrt{3}\times380\times0.87}=52.4(\mathrm{A})$$

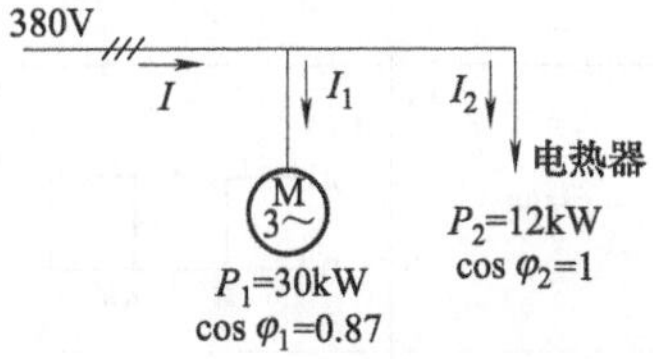

380V
I
I_1
I_2
电热器
M 3~
P_2=12kW
cos φ_2=1
P_1=30kW
cos φ_1=0.87

图 1-12 三相对称负荷电路二

其中电流有功分量为

$$I_{1a}=I_1\cos\varphi_1=52.4\times0.87=45.6(\mathrm{A})$$

电流无功分量为

$$I_{1r}=I_1\sin\varphi_1=52.4\times\sqrt{1-0.87^2}=25.8(\mathrm{A})$$

又设 12kW 的电热器的电流为 I_2，其功率因数 $\cos\varphi_2=1$，故有

$$12\times10^3=\sqrt{3}UI_2\cos\varphi_2=\sqrt{3}\times380I_2\times1$$

$$I_2=\frac{12\times10^3}{\sqrt{3}\times380}=18.2(\mathrm{A})$$

因此，线电流

$$I=\sqrt{(I_{1a}+I_2)^2+I_{1r}^2}$$
$$=\sqrt{(45.6+18.2)^2+25.8^2}=68.8(\mathrm{A})$$

有功功率

$$P=P_1+P_2=30+12=42(\mathrm{kW})$$

视在功率

$$S=\sqrt{3}UI=\sqrt{3}\times380\times68.8\times10^{-3}=45.3(\mathrm{kV\cdot A})$$

综合功率因数

$$\cos\varphi=\frac{P}{S}=\frac{42}{45.3}=0.93$$

15. 常见周期函数波形分析计算

(1) 计算公式

几种常见周期函数波形分析见表 1-3。

表 1-3 几种常见周期函数波形分析

名称	波形图	傅里叶级数展开式	有效值
正弦波	A 0 π 2π ωt	$f(t)=A\sin\omega t$	$\frac{A}{\sqrt{2}}$
单相半波整流波	A 0 π 2π ωt	$f(t)=\frac{2A}{\pi}\left(\frac{1}{2}+\frac{\pi}{4}\sin\omega t-\frac{1}{3}\cos2\omega t-\frac{1}{15}\cos4\omega t-\cdots\right)$	$\frac{A}{2}$
单相全波整流波	A 0 π 2π ωt	$f(t)=\frac{4A}{\pi}\left(\frac{1}{2}+\frac{1}{3}\cos2\omega t-\frac{1}{15}\cos4\omega t+\frac{1}{35}\cos6\omega t-\cdots\right)$	$\frac{A}{\sqrt{2}}$
方波	A 0 π 2π ωt	$f(t)=\frac{A}{2}+\frac{2A}{\pi}\left(\sin\omega t+\frac{1}{3}\sin3\omega t+\frac{1}{5}\sin5\omega t+\cdots\right)$	$\frac{A}{\sqrt{2}}$
矩形波	A 0 −A π 2π ωt	$f(t)=\frac{4A}{\pi}\left(\sin\omega t+\frac{1}{3}\sin3\omega t+\frac{1}{5}\sin5\omega t+\cdots\right)$	A
锯齿波	A 0 2π 4π ωt	$f(t)=\frac{A}{2}-\frac{A}{\pi}\left(\sin\omega t+\frac{1}{2}\sin2\omega t+\frac{1}{3}\sin3\omega t+\cdots\right)$	$\frac{A}{\sqrt{3}}$
等腰三角形波	A 0 −A π 2π ωt	$f(t)=\frac{8A}{\pi^2}\left(\sin\omega t-\frac{1}{9}\sin3\omega t+\frac{1}{25}\sin5\omega t-\cdots\right)$	$\frac{A}{\sqrt{3}}$
梯形波	A 0 −A α α π 2π ωt	$f(t)=\frac{4A}{\alpha\pi}\left(\sin\alpha\sin\omega t+\frac{1}{9}\sin3\alpha\sin3\omega t+\frac{1}{25}\sin5\alpha\sin5\omega t+\cdots\right)$	$A\sqrt{1-\frac{4a}{3\pi}}$

（2）实例

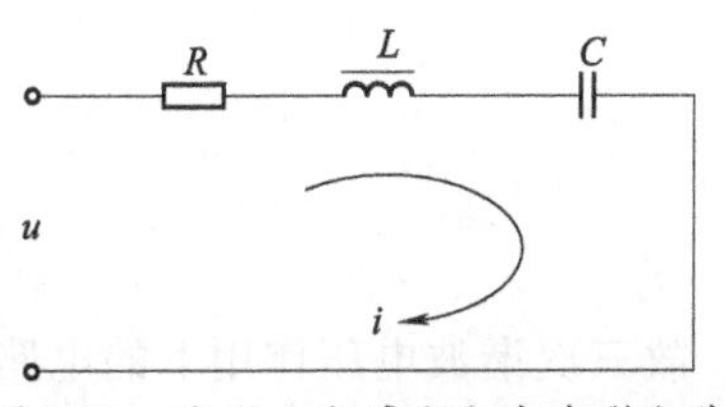

图 1-13　电阻、电感和电容串联电路

【实例 1】 有一电阻、电感和电容串联电路如图 1-13 所示。已知，R 为 20Ω，L 为 0.05H，C 为 22.5μF，所加电压为 $u=20+100\sin\omega t+20\sin(3\omega t+30°)$V，$\omega=314$rad/s，试求电路电流和平均功率。

解 ① 电源直流分量作用。

由于电路中串有电容 C，直流电压 U_0（=20V），不能产生电流，故 $I_0=0$。

② 电源基波的作用。

基波电压 $u_1=100\sin 314t$（V）

电路阻抗为

$$|Z_1|=\sqrt{R^2+\left(\omega L-\frac{1}{\omega C}\right)^2}$$

$$=\sqrt{20^2+\left(314\times 0.05-\frac{1}{314\times 22.5\times 10^{-6}}\right)^2}$$

$$=127.4(\Omega)$$

电流幅值为

$$I_{1m}=\frac{U_{1m}}{|Z_1|}=\frac{100}{127.4}=0.79(\mathrm{A})$$

电压与电流的相位差为

$$\varphi_1=\arctan\frac{\omega L-\frac{1}{\omega L}}{R}$$

$$=\arctan\frac{15.7-141}{20}=-80.9°$$

$$\varphi_{i1}=\varphi_{u1}-\varphi_1=0°-(-80.9°)=80.9°$$

故基波电压作用下的电路电流为

$$i_1=0.79\sin(314t+80.9°)(\mathrm{A})$$

③ 三次谐波的作用。

三次谐波电压 $u_3=20\sin(942t+30°)$（V）

电路阻抗为

$$|Z_3|=\sqrt{R^2+\left(3\omega L-\frac{1}{3\omega C}\right)^2}$$

$$=\sqrt{20^2+\left(3\times 314\times 0.05-\frac{1}{3\times 314\times 22.5\times 10^{-6}}\right)^2}$$

$$=20(\Omega)$$

电流幅值为

$$I_{3m}=\frac{U_{3m}}{|Z_3|}=\frac{20}{20}=1(\mathrm{A})$$

电压与电流的相位差为

$$\varphi_3=\arctan\frac{3\omega L-\frac{1}{3\omega C}}{R}$$

$$=\arctan\frac{3\times15.7-\frac{141}{3}}{20}=0°$$

$$\varphi_{i3}=\varphi_{u3}-\varphi_3=30°-0=30°$$

故三次谐波电压作用下的电路电流为

$$i_3=1\sin(942t+30°)(A)$$

④ 回路总电流。

$$i=I_0+i_1+i_3=0+0.79\sin(314t+80.9°)+\sin(942t+30°)(A)$$

⑤ 平均功率。

$$P=P_0+P_1+P_3$$

$$P_0=U_0I_0=0$$

$$P_1=U_1I_1\cos\varphi_1=\frac{100}{\sqrt{2}}\times\frac{0.79}{\sqrt{2}}\times\cos(-80.9°)$$

$$=6.25\ (W)$$

$$P_3=U_3I_3\cos\varphi_3=\frac{20}{\sqrt{2}}\times\frac{1}{\sqrt{2}}\times\cos0°=10(W)$$

$$P=P_0+P_1+P_3=0+6.25+10=16.25(W)$$

【实例 2】 求单相半波整流电压的有效值。

解 由表 1-3 查得单相半波整流电压的傅里叶级数展开式为

$$u=\frac{2U_m}{\pi}\left(\frac{1}{2}+\frac{\pi}{4}\sin\omega t-\frac{1}{3}\cos2\omega t-\frac{1}{15}\cos4\omega t-\cdots\right)$$

也可写成

$$u=U_m\left(\frac{1}{\pi}+\frac{1}{2}\sin\omega t-\frac{2}{\pi}\times\frac{1}{3}\cos2\omega t-\frac{2}{\pi}\times\frac{1}{15}\cos4\omega t-\cdots\right)$$

直流电压

$$U_0=\frac{2U_m}{\pi}\times\frac{1}{2}=\frac{U_m}{\pi}$$

基波电压

$$U_1=\frac{1}{\sqrt{2}}\left(\frac{2U_m}{\pi}\times\frac{\pi}{4}\right)=\frac{U_m}{2\sqrt{2}}$$

二次谐波电压

$$U_2=\frac{1}{\sqrt{2}}\left(\frac{2U_m}{\pi}\times\frac{1}{3}\right)=\frac{\sqrt{2}U_m}{3\pi}$$

四次谐波电压

$$U_4=\frac{1}{\sqrt{2}}\left(\frac{2U_m}{\pi}\times\frac{1}{15}\right)=\frac{\sqrt{2}U_m}{15\pi}$$

$$\vdots$$

因此有效值为

$$U=\sqrt{U_0^2+U_1^2-U_2^2-U_4^2-\cdots}$$

$$=\sqrt{\frac{U_m^2}{\pi^2}+\frac{U_m^2}{(2\sqrt{2})^2}-\frac{2U_m^2}{9\pi^2}-\frac{2U_m^2}{225\pi^2}-\cdots}$$

$$=\frac{U_m}{\pi}\sqrt{1+1.23-0.22-0.009-\cdots}=\frac{U_m}{\pi}\times 1.57=0.5U_m$$

16. 非正弦交流电的计算

(1) 计算公式

任一非正弦周期性的电量总能分解为不同频率的正弦分量与直流分量。当要分解的非正弦的周期量为给定数字表达式 $f(t)$ 时，可用计算法计算（展开为傅里叶级数）。

$$f(t)=F_0+\sum_{k=1}^{\infty}(B_{mk}\sin k\omega t+C_{mk}\cos k\omega t)$$

或写成

$$\begin{aligned}f(t)&=F_0+\sum_{k=1}^{\infty}F_{mk}\sin(k\omega t+\varphi_k)\\&=F_0+F_{m1}\sin(\omega t+\varphi_1)+F_{m2}\sin(2\omega t+\varphi_2)+\\&\quad\cdots+F_{mk}\sin(k\omega t+\varphi_k)+\cdots\end{aligned}$$

式中 F_0——直流分量；

$F_{m1}\sin(\omega t+\varphi_1)$——基波分量；

$F_{m2}\sin(2\omega t+\varphi_2)$——二次谐波分量。

其余类推。

上述各量之间的关系如下：

$$\begin{cases}F_{mk}=\sqrt{B_{mk}^2+C_{mk}^2}\\ \varphi_k=\arctan\dfrac{C_{mk}}{B_{mk}}\end{cases}$$

$$\begin{cases}F_0=\dfrac{1}{T}\displaystyle\int_0^T f(t)\mathrm{d}t\\ B_{mk}=\dfrac{2}{T}\displaystyle\int_0^T f(t)\sin k\omega t\,\mathrm{d}t\\ C_{mk}=\dfrac{2}{T}\displaystyle\int_0^T f(t)\cos k\omega t\,\mathrm{d}t\end{cases}$$

式中 $f(t)$ ——给定的、欲进行分解的那个非正弦量；

T——$f(t)$ 的周期；

ω——周期为 T 的正弦量的角频率，即 $f(t)$ 的基波角频率。

① 非正弦周期量的有效值：

$$F=\sqrt{F_0^2+\left(\frac{F_{m1}}{\sqrt{2}}\right)^2+\left(\frac{F_{m2}}{\sqrt{2}}\right)^2+\cdots}$$

$$=\sqrt{F_0^2+F_1^2+F_2^2+\cdots}$$

式中 F_1，F_2…——基波、二次谐波等的有效值。

② 非正弦周期量的平均值（均绝值）：

$$F_a=\frac{1}{T}\int_0^T |f(t)|\,\mathrm{d}t$$

③ 非正弦电流 i 在电路中所消耗的有功功率：

$$P=\sum_{k=0}^{\infty}P_k=U_0I_0+\sum_{k=1}^{\infty}U_kI_k\cos\varphi_k$$

④ 非正弦电流 i 在电路中所消耗的无功功率：

$$Q=\sum_{k=1}^{\infty}Q_k=\sum_{k=1}^{\infty}U_kI_k\sin\varphi_k$$

⑤ 非正弦电流 i 在电路中所消耗的视在功率：

$$S=UI=\sqrt{\sum_{k=0}^{\infty}U_k^2\sum_{k=0}^{\infty}I_k^2}=\sqrt{U_0^2+U_1^2+U_2^2+\cdots}\sqrt{I_0^2+I_1^2+I_2^2+\cdots}$$

⑥ 功率因数（也称全功率因数）：

$$\cos\varphi=\frac{P}{S}=\frac{P}{UI}$$

⑦ 波形因数：

$$k_{\mathrm{f}}=F/F_{\mathrm{a}}$$

⑧ 波顶因数：

$$k_{\mathrm{c}}=F_{\mathrm{m}}/F$$

⑨ 畸变因数：

$$k_{\mathrm{d}}=F_1/F$$

式中　P_k，Q_k——k 次谐波所消耗的有功功率（W）和无功功率（var）；

U_0，I_0——电压（V）、电流（A）的直流分量；

U_k，I_k——k 次谐波电压（V）和电流（A）；

$\cos\varphi_k$——k 次谐波的功率因数；

F_{m}，F，F_{a}——非正弦周期量的最大值、有效值和均绝值。

（2）实例

已知一单相半波整流电路的峰值电压为 10V，试求整流电压的最大值、直流电压、有效值、均绝值及波形因数和波顶因数。

解　由本章 15 小节的实例 2 和表 1-3 中的图可知，该波形电压可写成以下傅里叶级数展开式：

$$u=U_{\mathrm{m}}\left(\frac{1}{\pi}+\frac{1}{2}\sin\omega t-\frac{2}{\pi}\times\frac{1}{3}\cos2\omega t+\frac{2}{\pi}\times\frac{1}{15}\cos4\omega t-\cdots\right)$$

① 最大值 U_{m}：由表 1-3 中的图可知最大值为 U_{m}。

② 直流分量 U_0：由展开式可知

$$U_0=U_{\mathrm{m}}/\pi$$

③ 有效值 U：

$$U=\sqrt{\sum_{k=0}^{\infty}U_k^2}=\sqrt{U_0^2+U_1^2-U_2^2-\cdots}$$

$$=U_{\mathrm{m}}\sqrt{\left(\frac{1}{\pi}\right)^2+\left(\frac{1}{2}\right)^2-\left(\frac{2}{3\pi}\right)^2-\left(\frac{2}{15\pi}\right)^2-\cdots}=U_{\mathrm{m}}/2=5\ (\mathrm{V})$$

④ 均绝值 U_{a}：

$$
\begin{aligned}
U_{\mathrm{a}} &= \frac{1}{T}\int_0^T |f(t)|\,\mathrm{d}t \\
&= \frac{U_{\mathrm{m}}}{2\pi}\int_0^T\left(\frac{1}{\pi}+\frac{1}{2}\sin\omega t-\frac{2}{3\pi}\cos 2\omega t-\frac{2}{15\pi}\cos 4\omega t-\cdots\right)\mathrm{d}\omega t \\
&= \frac{U_{\mathrm{m}}}{2\pi}\left[\frac{\omega t}{\pi}-\frac{1}{2}\cos\omega t-\frac{2}{3\pi\times 2}\sin 2\omega t-\frac{2}{15\pi\times 4}\sin 4\omega t+\cdots\right]_0^{\pi}=\frac{U_{\mathrm{m}}}{\pi}=10/\pi(\mathrm{V})
\end{aligned}
$$

⑤ 波形因数 k_{f}：

$$k_{\mathrm{f}}=\frac{\text{有效值}}{\text{均绝值}}=\frac{U}{U_{\mathrm{a}}}=\frac{U_{\mathrm{m}}/2}{U_{\mathrm{m}}/\pi}=\frac{\pi}{2}=1.571$$

⑥ 波顶因数 k_{c}：

$$k_{\mathrm{c}}=\frac{\text{最大值}}{\text{有效值}}=\frac{U_{\mathrm{m}}}{U}=\frac{U_{\mathrm{m}}}{U_{\mathrm{m}}/2}=2$$

17. 交流电路谐振计算

交流电路的串联和并联谐振计算见表 1-4。

表 1-4 电路的串联和并联谐振计算

谐振概念	在含有电感和电容的无源二端网络上接入电源后，当电源频率与电路的参数符合一定条件时，电路的电抗或电纳为零，呈电阻性，即电流与外加电压同相，这时电路处于谐振状态		
谐振情况	R、L、C 串联谐振	R、L、C 并联谐振	电感器与电容器并联谐振
电路图	$\dot{I}$ R $\dot{U}$ $\dot{U}_L$ L $\dot{U}_C$ C	$\dot{I}$ $\dot{U}$ $\dot{I}_R$ R $\dot{I}_L$ L $\dot{I}_C$ C	$\dot{I}$ $\dot{U}$ $\dot{I}_L$ R_1 L $\dot{I}_C$ R_2 C
谐振条件	$X=\omega L-\frac{1}{\omega C}=0$ 即 $\omega L=\frac{1}{\omega C}$	$b=\frac{1}{\omega L}-\omega C=0$ 即 $\omega C=\frac{1}{\omega L}$	$b=\frac{\omega L}{R_1^2+\omega^2L^2}-\frac{1/(\omega C)}{R_2^2+\frac{1}{\omega^2C^2}}=0$ 即 $\frac{\omega L}{R_1^2+\omega^2L^2}=\frac{1/(\omega C)}{R_2^2+\frac{1}{\omega^2C^2}}$
谐振角频率 ω_0	$\omega_0=\frac{1}{\sqrt{LC}}$	$\omega_0=\frac{1}{\sqrt{LC}}$	$\omega_0=\frac{1}{\sqrt{LC}}\sqrt{\frac{\frac{L}{C}-R_1^2}{\frac{L}{C}-R_2^2}}$
谐振频率 f_0	$f_0=\frac{1}{2\pi\sqrt{LC}}$	$f_0=\frac{1}{2\pi\sqrt{LC}}$	$f_0=\frac{1}{2\pi\sqrt{LC}}\sqrt{\frac{\frac{L}{C}-R_1^2}{\frac{L}{C}-R_2^2}}$
谐振阻抗或谐振导纳	$\dot{Z}=R+\mathrm{j}X=R$	$\dot{Y}=g-\mathrm{j}b=g=\frac{1}{R}$	$\dot{Y}=g-\mathrm{j}b=g=\frac{R_1}{R_1^2+\omega_0^2L^2}+\frac{R_2}{R_2^2+\frac{1}{\omega_0^2C^2}}$

续表

谐振情况	R、L、C 串联谐振	R、L、C 并联谐振	电感器与电容器并联谐振
相量图	$\dot{U}_L$　$\dot{U}=\dot{U}_R$　$\dot{I}$　$\dot{U}_C$	$\dot{I}_C$　$\dot{I}=\dot{I}_R$　$\dot{U}$　$\dot{I}_L$	$\dot{I}_C$　$\dot{I}$　$\dot{U}$　$\dot{I}_L$
说明	1. 谐振时 $\dot{U}_L=-\dot{U}_C$，故又称电压谐振 2. 谐振时阻抗达最小值 $Z=R$，电流达最大值（或总电压为最小） 3. 谐振电路的品质因数 $Q=\frac{U_L}{U}=\frac{\omega_0 L}{R}=\sqrt{\frac{L}{C}}/R$ 当 $Q\geqslant 1$ 或 $\sqrt{\frac{L}{C}}\geqslant R$ 时，$U_L=U_C\geqslant U$ 4. 谐振角频率的大小仅取决于电路的参数，故 ω_0 又称为电路的固有角频率	1. 谐振时 $\dot{I}_L=-\dot{I}_C$，故又称电流谐振 2. 谐振时导纳达最小值 $Y=g$，总电流达最小值（或电压为最大） 3. 谐振电路的品质因数 $Q=\frac{I_C}{I}=\frac{\omega_0 C}{g}=\sqrt{\frac{L}{C}}/g$ 当 $Q\geqslant 1$ 或 $\sqrt{\frac{C}{L}}\geqslant g$ 时，$I_L=I_C\geqslant I$ 4. 谐振角频率的大小仅取决于电路的参数，故 ω_0 又称为电路的固有角频率	1. 谐振时两支路电流无功分量相等，方向相反，故亦属电流谐振，并与 R、L、C 并联谐振有类似特性 2. $R_1>\sqrt{\frac{L}{C}}>R_2$ 或 $R_1<\sqrt{\frac{L}{C}}<R_2$ 时不出现谐振 3. $R_1=R_2=\sqrt{\frac{L}{C}}$ 时，任何频率都谐振 4. 当 $R_1=R_2\neq\sqrt{\frac{L}{C}}$ 时，$\omega_0=\frac{1}{\sqrt{LC}}$ 5. 当 $\sqrt{\frac{L}{C}}\geqslant R_1$、$\sqrt{\frac{L}{C}}\geqslant R_2$ 时，$\omega_0\approx\frac{1}{\sqrt{LC}}$，这时 $Q=\frac{\omega_0 L}{R_1+R_2}$

【实例1】　有一电阻、电感和电容串联电路，如表1-4中第一项图，已知外施电压 U 为110V、R 为40Ω，L 为400mH，欲在频率为600Hz时发生谐振，试求电容 C 值，并求出谐振时的电流，电感两端和电容两端的电压，以及回路的品质因数。

解　谐振角频率

$$\omega_0=2\pi f_0=\frac{1}{\sqrt{LC}}$$

所以

$$C=\frac{1}{(2\pi f_0)^2 L}$$

$$=\frac{1}{4\pi^2\times 36\times 10^4\times 0.4}=0.176\ (\mu\text{F})$$

因为施加电压 $\dot{U}=110\angle 0°\text{V}$

所以谐振时电流为

$$I_0=\frac{U}{R}=\frac{110}{40}=2.75(\text{A})$$

谐振时

$$X_C=X_L=\omega L=2\pi f_0 L=2\pi\times 600\times 0.4=1508\ (\Omega)$$

所以电感两端和电容两端的电压为

$$U_L=U_C=X_L I_0=1508\times 2.75=4147(\text{V})=4.147(\text{kV})$$

回路的品质因数为

$$Q=\frac{X_L}{R}=\frac{1508}{40}=37.7$$

【实例 2】 并联谐振电路如图 1-14 所示，已知电阻 R 为 8Ω，电感 L 为 50mH，电容 C 为 10μF，试求回路的谐振频率。

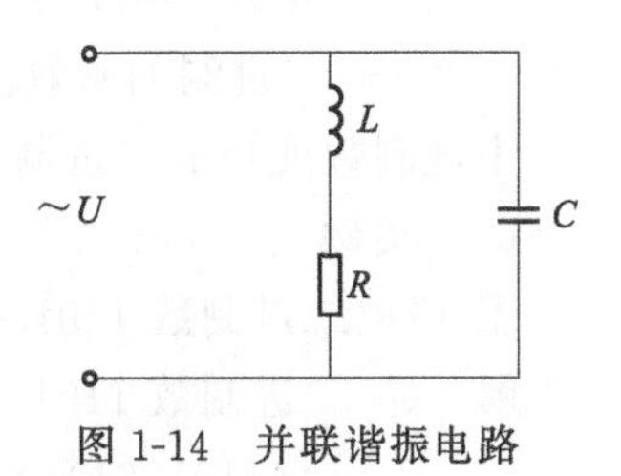

图 1-14 并联谐振电路

解 谐振角频率为

$$\omega_0=\frac{1}{\sqrt{LC}}\sqrt{1-\frac{CR^2}{L}}$$

$$=\frac{1}{\sqrt{50\times10\times10^{-9}}}\times\sqrt{1-\frac{10\times10^{-6}\times8^2}{50\times10^{-3}}}$$

$$=1414.4\times0.99$$

$$=1400\ (\text{rad/s})$$

$$f_0=\frac{\omega_0}{2\pi}=\frac{1400}{2\times3.14}=222.9(\text{Hz})$$

18. 二进制数与十进制数的变换计算

(1) 计算公式

① 十进制数。十进制数由 0～9 十个不同的数码符号组成，其计数规律是“逢十进一”，即 9+1=10，这右边的“0”为个位数，左边的“1”为十位数，也就是 $10=1\times10^1+0\times10^0$。所谓十进制就是以 10 为基数的计数体制。

任意一个十进制数可表示为

$$A=a_{n-1}\times10^{n-1}+a_{n-2}\times10^{n-2}+\cdots+a_1\times10^1+a_0\times10^0+a_{-1}\times10^{-1}$$
$$+a_{-2}\times10^{-2}+\cdots+a_{-m}\times10^{-m}=\sum_{i=n-1}^{-m}(a_i\times10^i)$$

式中 A——任意一个十进制数；

i——数的某一位；

a_i——第 i 位的数码，即 0～9 中任一个数码；

n——数 A 整数部分的位数；

m——数 A 小数部分的位数；

10——十进制的基数。

② 二进制数。二进制数与十进制数的区别在于数码的个数和进位的规律不同。二进制数由 0 和 1 两个数码符号组成，其计数规律是“逢二进一”，即 1+1=10（读为“壹零”）。所谓二进制就是以 2 为基数的计数体制。

任意一个二进制数可表示为

$$B=b_{n-1}\times2^{n-1}+b_{n-2}\times2^{n-2}+\cdots$$
$$+b_1\times2^1+b_0\times2^0+b_{-1}\times2^{-1}$$
$$+b_{-2}\times2^{-2}+\cdots+b_{-m}\times2^{-m}$$
$$=\sum_{i=n-1}^{-m}b_i\times2^i$$

式中 B——任意一个二进制数；

i——数的某一位；

b_i——第 i 位的数码，即 0 或 1；

n——数 B 整数部分的位数；

m——数 B 小数部分的位数；

2——二进制的基数。

十进制数变换成二进制数的方法是整数部分除 2 取余数，小数部分乘 2 取整数。

(2) 实例

① 请把二进制数 1101.01 变换成十进制数；② 把十进制数 13.25 变换成二进制数。

解　① 二进制数 1101.01 变换成十进制数。

$$(1101.01)_2 = 1\times2^3+1\times2^2+0\times2^1+1\times2^0+0\times2^{-1}+1\times2^{-2}$$
$$=(13.25)_{10}$$，即变换成十进制数为 13.25。

② 十进制数 13.25 变换成二进制数。

整数部分变换方法：

$$\begin{array}{r|l} 2 & 13 \quad 余 1=k_0 \\ 2 & 6 \quad 余 0=k_1 \\ 2 & 3 \quad 余 1=k_2 \\ 2 & 1 \quad 余 1=k_3 \\ & 0 \end{array}$$

因此，$(13)_{10}=(1101)_2$

小数部分变换方法：

$$\begin{array}{r} 0.25 \\ \times\quad 2 \\ \hline 0.50 \end{array}\quad 整数部分为 0=k_{-1}$$

$$\begin{array}{r} 0.50 \\ \times\quad 2 \\ \hline 1.00 \end{array}\quad 整数部分为 1=k_{-2}$$

因此，$(0.25)_{10}=(0.01)_2$

故 13.25 变换成二进制数为 $(13.25)_{10}=(1101.01)_2$。

十进制数和二进制数之间的关系对照见表 1-5。

表 1-5　两种数制之间的关系对照表

十进制数	二进制数	十进制数	二进制数	十进制数	二进制数
0	00000	7	00111	14	01110
1	00001	8	01000	15	01111
2	00010	9	01001	16	10000
3	00011	10	01010	17	10001
4	00100	11	01011	18	10010
5	00101	12	01100	19	10011
6	00110	13	01101	20	10100

二、输配电及无功补偿

1. 导线在不同运行温度下电阻值的计算

（1）计算公式

① 导线（电缆）的单位电阻：

$$R_0=\rho/S$$

式中　R_0——导线（电缆）的交流电阻，Ω/km；

S——导线标称截面积，mm^2；

ρ——导线材料的电阻率，$\Omega\cdot mm^2/km$。

② 导线温度变化时的电阻值：

$$R_t=R_{20}[1+\alpha_{20}(t-20)]$$

式中　R_t——温度为t℃时的电阻，Ω/km；

R_{20}——温度为20℃时的电阻，Ω/km；

α_{20}——电阻的温度系数，$℃^{-1}$。

常用导电金属线在20℃时的电阻率、电导率和温度系数，见表2-1。

表2-1　导电金属线电阻率、电导率和电阻温度系数

线材	电阻率 $\rho_{20}/(\Omega\cdot mm^2/km)$	电导率 $\gamma_{20}/[km/(\Omega\cdot mm^2)]$	电阻温度系数 $\alpha_{20}/℃^{-1}$
硬铝线	29.0	0.034	0.00403
软铝线	28.3	0.035	0.00410
铝合金线	32.8	0.031	0.00422
硬铜线	17.9	0.056	0.00385
软铜线	17.6	0.057	0.00393

在电力网计算中，还必须对电阻率和电导率进行修正。这是因为导线和电缆芯线大多是绞线，实际长度要比导线长度大2%～3%；其中，大部分导线和电缆的实际截面积较额定截面积要小些；此外，实际运行的导线和电缆芯线温度不会是20℃，计算时应根据实际情况取一平均温度。修正后，平均温度20℃时各类电缆的电阻率和电导率如下：铜芯 $\rho_{20}=18.5\Omega\cdot mm^2/km$，$\gamma_{20}=0.054km/(\Omega\cdot mm^2)$；铝芯 $\rho_{20}=31.2\Omega\cdot mm^2/km$，$\gamma_{20}=0.032km/(\Omega\cdot mm^2)$。

（2）实例

一条LJ-50型铝绞线架空线路，长2km，试求运行温度为60℃时的电阻值（设不计连接处的接触电阻）。

解 铝绞线20℃时的电阻率$\rho_{20}=31.2\Omega \cdot mm^2/km$，截面积$S=50mm^2$，电阻温度系数$\alpha_{20}=0.0041℃^{-1}$，则

每千米导线的电阻为

$$R_{20}=\rho_{20}/S=31.2/50=0.624(\Omega/km)$$

运行温度为60℃时的电阻为

$$\begin{aligned}R&=LR_{20}[1+\alpha_{20}(t-20)]\\&=2\times0.624\times[1+0.0041\times(60-20)]\\&=1.453(\Omega)\end{aligned}$$

2. 架空线路电感计算

(1) 计算公式

① 单相二线制：

$$L_0=0.92\lg\frac{D}{r}+0.05\mu$$

式中 L_0——每根相线的电感，mH/km；

D——两输电线的轴线间的距离，cm；

r——导线半径，cm；

μ——导线的相对磁导率，对有色金属$\mu=1$。

② 三相三线制：

$$L_0=0.4605\lg\frac{D_j}{r}+0.05\mu$$

$$D_j=\sqrt[3]{D_{UV}D_{VW}D_{WU}}$$

式中 L_0——每根相线的电感，mH/km；

D_j——导线间的几何均距，cm；

D_{UV}，D_{VW}，D_{WU}——各相线间的中心距离，cm。

③ 三相四线制：

$$L_0=0.4605\lg\frac{D_j}{r}+0.05\mu$$

$$L_{N0}=0.4605\lg\frac{D_N}{r_N}$$

$$D_N=\sqrt[3]{D_{UN}D_{VN}D_{WN}}$$

式中 L_{N0}——中性线的电感，mH/km；

D_N——三相四线制时相线与中性线间的几何均距，mm；

r_N——中性线的半径，cm；

D_{UN}，D_{VN}，D_{WN}——各相线对中性线间的中心距离，cm。

(2) 实例

一条三相三线制供电线路，采用LJ-70型铝绞线，全长10km，导线间几何均距为1.25m，试求每根相线的电感。

解 按题意，$D_j=125cm$，$l=10km$，导线半径为

$$r=\sqrt{\frac{S}{\pi}}=\sqrt{\frac{70}{\pi}}=4.72(mm)=0.472(cm)$$

每根相线的电感为

$$L=lL_0=10\times\left(0.4605\times\lg\frac{125}{0.472}+0.05\times1\right)=11.65(\mathrm{mH})$$

3. 架空线路电容计算

(1) 计算公式

① 单相二线制：

$$C_0=\frac{0.01207}{\lg\dfrac{D}{r}}$$

式中 C_0——两输电线间的电容（不计地面影响），μF/km；

D——两输电线的轴线间的距离，cm；

r——导线半径，cm。

② 单根架空线及三相四线制：

$$C_{N0}=\frac{0.02413}{\lg\dfrac{D_j}{r}}$$

式中 C_{N0}——单根架空线对地或三相四线制每相导线对中性点的工作电容，μF/km；

D_j——导线间的几何均距，cm。

③ 三相三线制如图 2-1 所示。

$$C_{e0}=\frac{0.02413}{\lg\dfrac{8h_j^3}{rD_j^2}}$$

$$C_{m0}=\frac{0.02413\lg\dfrac{2h_j}{D_j}}{2\lg\dfrac{D_j}{r}\lg\dfrac{8h_j^3}{rD_j^2}}$$

$$h_j=\sqrt[3]{h_Uh_Vh_W}$$

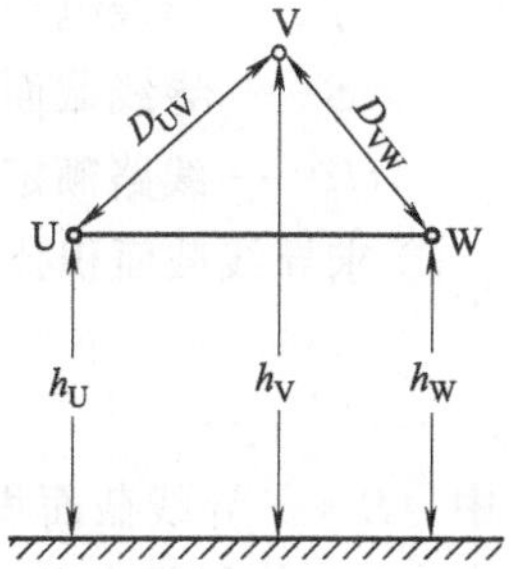

V
D_{UV} D_{VW}
U W
h_U h_V h_W

图 2-1 三相三线制

式中 C_{e0}，C_{m0}——对地电容和线间电容（互电容），μF/km；

h_j——导线对地的几何均距，cm；

h_U，h_V，h_W——各相导线距地高度，cm。

(2) 实例

一条导线截面积为 95mm² 的三相三线制供电线路，全长 10km，已知导线间的几何均距为 1.5m，导线对地的几何均距为 8m，试计算导线对地电容和线间电容。

解 按题意，$D_j=1.5\mathrm{m}=150\mathrm{cm}$，$h_j=8\mathrm{m}=800\mathrm{cm}$，导线半径为

$$r=\sqrt{\frac{S}{\pi}}=\sqrt{\frac{95}{\pi}}=5.5(\mathrm{mm})=0.55(\mathrm{cm})$$

导线对地电容为

$$C_e=LC_{e0}=10\times\frac{0.02413}{\lg\dfrac{8\times800^3}{0.55\times150^2}}$$

$$=\frac{0.2413}{5.52}=0.0437\ (\mu F)$$

线间电容为

$$C_m=LC_{m0}=10\times\frac{0.02413\times\lg\frac{2\times800}{150}}{2\lg\times\frac{150}{0.55}\times\lg\frac{8\times800^3}{0.55\times150^2}}$$

$$=\frac{0.2413\times1.028}{4.87\times5.52}=9.23\times10^{-3}(\mu F)=9230(pF)$$

4. 直流线路集中负荷电压损失及导线截面积计算

(1) 计算公式

① 电压损失：

$$\Delta U=\frac{2IL}{\gamma S},\ \Delta U\%=\frac{\Delta U}{U_e}\times100$$

式中 ΔU——电压损失（V），即送电端电压与受电端电压之差；

$\Delta U\%$——电压损失百分数；

I——线路末端负荷电流，A；

L——负荷至电源距离，km；

γ——导线电导率，km/(Ω·mm²)；

S——导线截面积，mm²；

U_e——线路额定电压，V。

② 求导线截面积公式：

$$S=\frac{2PL\times10^5}{\gamma\Delta U\%U_e^2}$$

式中 S——导线截面积，mm²；

P——负荷功率，kW。

(2) 实例

已知直流额定电压为110V，在距电源60m处有一个4kW的集中负荷，允许电压损失率为5%，用铝导线敷设，试求导线截面积。

解 $S=\frac{2PL\times10^5}{\gamma\Delta U\%U_e^2}=\frac{2\times4\times0.06\times10^5}{0.034\times5\times110^2}=23.3\ (mm^2)$

因此，可选用标称截面积为25mm²的铝导线。

5. 直流线路分散负荷电压损失及导线截面积计算

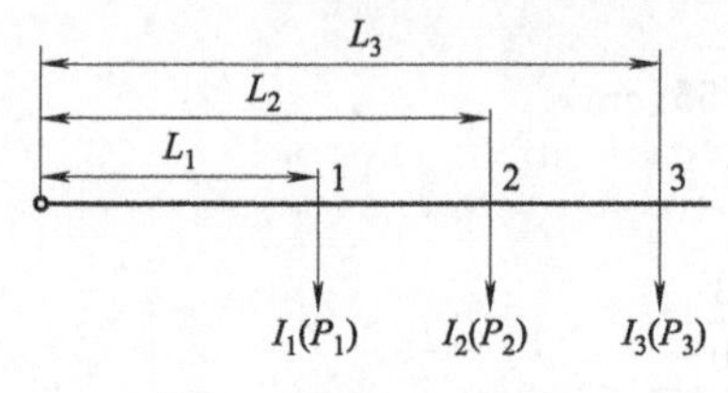

图 2-2 分散负荷供电系统

(1) 计算公式

设一分散负荷供电系统如图 2-2 所示，导线截面积相同。

① 电压损失：

$$\Delta U=\frac{2000}{\gamma SU_e}(P_1L_1+P_2L_2+P_3L_3)$$

$$=\frac{2}{\gamma S}(I_1L_1+I_2L_2+I_3L_3)$$

式中 ΔU——电压损失，V；

P_1，P_2，P_3——各点负荷功率，kW；

I_1，I_2，I_3——各点负荷电流，A；

L_1，L_2，L_3——由线路始端至各负荷点的距离，km。

② 求导线截面积公式：

$$S=\frac{2\times10^5}{\gamma\Delta U\%U_e^2}(P_1L_1+P_2L_2+P_3L_3)$$

$$=\frac{200}{\gamma\Delta U\%U_e}(I_1L_1+I_2L_2+I_3L_3)$$

如果线路中导线的截面积不同，则须分段计算，每一段相同截面积的导线计算一次。

(2) 实例

已知直流额定电压为 220V 的分散负荷供电系统如图 2-2 所示。铝导线的截面积为 $50mm^2$、L_1 为 100m、L_2 为 200m、L_3 为 400m，各点负荷功率分别为 $P_1=10kW$、$P_2=5kW$、$P_3=10kW$，试求电源至各点的电压损失。

解 ① 1 点的电压损失：

$$\Delta U_1=\frac{2000}{\gamma SU_e}(P_1+P_2+P_3)L_1=\left(\frac{2000}{0.034\times50\times220}\right)\times(10+5+10)\times0.1$$

$$=5.35\times2.5=13.37\ (V)$$

② 2 点的电压损失：

$$\Delta U_2=\Delta U_1+\frac{2000}{\gamma SU_e}(P_2+P_3)(L_2-L_1)$$

$$=13.37+5.35\times(5+10)\times(0.2-0.1)$$

$$=21.4\ (V)$$

③ 3 点的电压损失：

$$\Delta U_3=\Delta U_2+\frac{2000}{\gamma SU_e}P_3(L_3-L_2)$$

$$=21.4+5.35\times10\times(0.4-0.2)$$

$$=32.1\ (V)$$

也可采用下式计算：

$$\Delta U=\frac{2000}{\gamma SU_e}(P_1L_1+P_2L_2+P_3L_3)$$

$$=5.35\times(10\times0.1+5\times0.2+10\times0.4)$$

$$=32.1\ (V)$$

以上两种方法的计算结果相同。

6. 母线的电阻和电抗计算

(1) 计算公式

① 母线的单位电阻：

$$R_0=\frac{1}{\gamma S}\times 10^3$$

式中　R_0——母线的电阻，mΩ/m；

γ——母线电导率 [m/(Ω・mm²)]，20℃时，铜母排 $\gamma=54\text{m}/(\Omega\cdot\text{mm}^2)$，铝母排 $\gamma=32\text{m}/(\Omega\cdot\text{mm}^2)$；

S——母线截面积，mm²。

② 母线的单位电抗（见图 2-3）：

$$x_0=2\pi f\left(4.6\lg\frac{2\pi D_j+h}{\pi b+2h}+0.6\right)\times 10^{-4}$$

当 $f=50$Hz 时，可简化为

$$x_0=0.1445\lg\frac{2\pi D_j+h}{\pi b+2h}+0.01884$$

式中　x_0——母线的电抗，mΩ/m；

D_j——几何均距（mm），$D_j=\sqrt[3]{D_{UV}D_{VW}D_{WU}}$；

h，b——母线的宽和厚，mm。

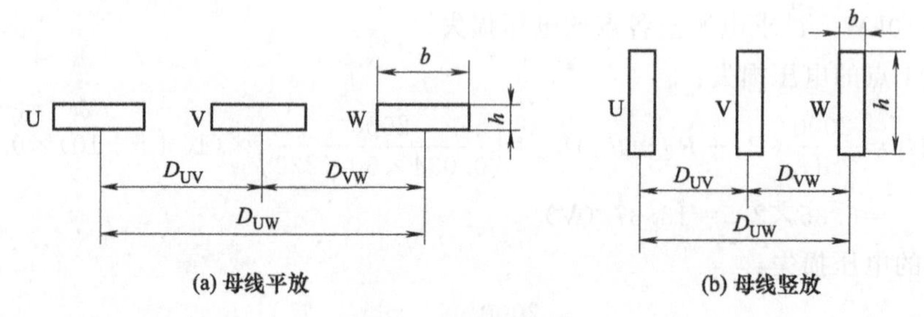

图 2-3　母线排列图

（2）实例

已知三相母线排列如图 2-3（a）所示。铝母线规格为 100mm×10mm，长度为 5m，各母线间距为 $D_{UV}=D_{VW}=200$mm、$D_{UW}=400$mm，试计算母线的电阻和电抗。

解　按题意，$b=100$mm，$h=10$mm，长度 $L=5$m，铝母线的电导率 $\gamma=32\text{m}/(\Omega\cdot\text{mm}^2)$（20℃时），母线间的几何均距为

$$D_j=\sqrt[3]{D_{UV}D_{VW}D_{UW}}$$
$$=\sqrt[3]{200\times200\times400}=252\text{（mm）}$$

① 母线的电阻：

$$R=LR_0=L\frac{1}{\gamma S}\times 10^3$$
$$=5\times\frac{10^3}{32\times100\times10}=0.156\text{（m}\Omega\text{）}$$

如果铝母线运行温度为 70℃，则母线的电阻为

$$R'=R[1+\alpha_{20}(t-20)]$$
$$=0.156\times[1+0.00403\times(70-20)]$$
$$=0.187\text{（m}\Omega\text{）}$$

② 母线的电抗：

$$X = Lx_0 = L\left(0.1445\lg\frac{2\pi D_j + h}{\pi b + 2h} + 0.01884\right)$$
$$= 5\times\left(0.1445\times\lg\frac{2\pi\times 252 + 10}{\pi\times 100 + 2\times 10} + 0.01884\right)$$
$$= 5\times(0.09805 + 0.01884)$$
$$= 0.584\ (\text{m}\Omega)$$

7. 两平行母线之间的电动力计算

(1) 计算公式

$$F = 0.1k_c\lambda i_1 i_2$$

式中 F——两母线之间的电动力，N；

i_1，i_2——母线1及2通过的电流（kA），在交流电路里为瞬时值；

k_c——母线1与2间的回路系数，见表2-2；

λ——形状系数，见图2-4，当母线截面的周长与母线间的距离相比甚小，如$\frac{a-b}{b+h} > 2$时，$\lambda \approx 1$，通常配电装置中各相母线间的距离达几百毫米或更大，可取$\lambda = 1$。

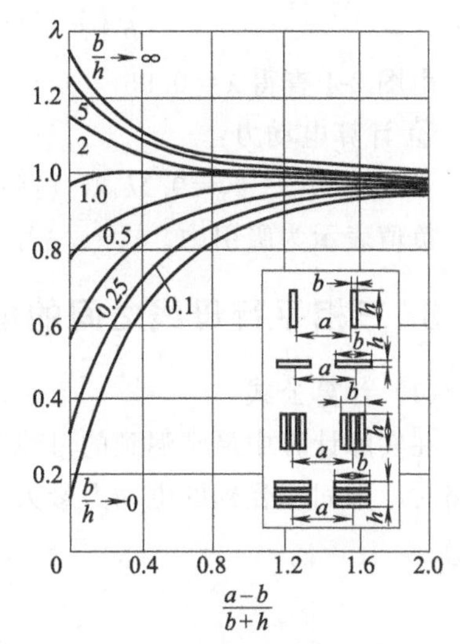

图2-4 矩形截面母线的形状

表2-2 平行母线回路系数 k_c 的计算公式

序号	载流导体简图	电动力作用线段	回路系数 k_c	注
1	∞ i_1 F ∞ l a i_2	l	$2\frac{l}{a}$	无限长平行导体
2	F i_1 l a i_2	l	$\frac{2l}{a}\left[\sqrt{1+\left(\frac{a}{l}\right)^2}-\frac{a}{l}\right]$ 如果$\frac{a}{l}<0.2$，则为 $\frac{2l}{a}\left(1-\frac{a}{l}\right)$	端部平齐的有限长平行导体
3	F i_1 l i_2 a l	l_1	$\frac{l}{a}\sqrt{1+\left(\frac{a}{l}\right)^2}-\frac{a}{l}+\sqrt{\left(\frac{l_1}{l}\right)^2+\left(\frac{a}{l}\right)^2}-\sqrt{\left(1-\frac{l_1}{l}\right)^2+\left(\frac{a}{l}\right)^2}$	一端平齐的有限长平行导体

(2) 实例

有两条端部平齐、长度（母线跨距）为1m的平行母线，布置方式如图2-5所示。设流过母线的瞬时短路电流为$i = -i_2 = 20\text{kA}$，试求作用在母线上的最大电动力。

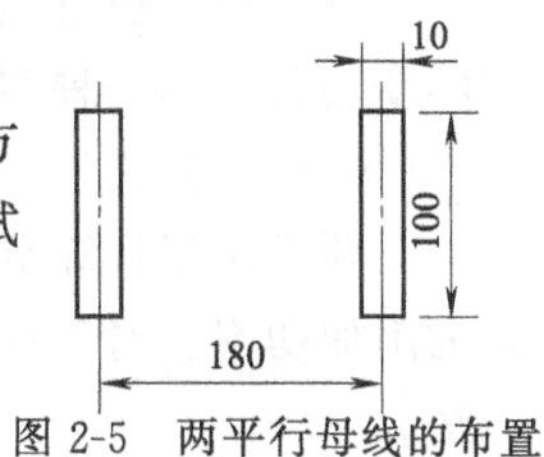

图2-5 两平行母线的布置

解 ① 计算回路系数：

按题意，$a=180\text{mm}$，$l=1000\text{mm}$，$a/l=180/1000=0.18<0.2$。

查表 2-2，两母线间的回路系数为

$$k_c=\frac{2l}{a}\left(1-\frac{a}{l}\right)=\frac{2\times1000}{180}\times(1-0.18)=9.1$$

② 计算形状系数：

$$\frac{a-b}{b+h}=\frac{180-10}{10+100}=1.55\text{，而}\frac{b}{h}=\frac{10}{100}=0.1$$

由图 2-4 查得 $\lambda=0.95$

③ 计算电动力：

$$F=0.1k_c\lambda i_1 i_2=-0.1\times9.1\times0.95\times20^2=-345.8(\text{N})$$

负值表示为吸引力。

8. 三相平行母线之间的电动力计算

(1) 计算公式

在实际计算中最常遇到的母线布置方式是三相导体平行布置在同一平面内。此时，三相短路时，中间相受到的电动力最大，可按下式计算：

$$F_{\max}=17.26\lambda i_{ch}^2\frac{l}{a}\times10^{-2}$$

式中 $F_{\max}$——母线承受最大电动力，N；

i_{ch}——三相短路冲击电流，kA；

l——母线跨距，cm；

a——相邻两相母线中心线之间的距离，cm。

(2) 实例

某配电装置中的三相母线水平布置在同一平面内，母线为矩形截面，其尺寸为 60mm×6mm，长度 l 为 2.5m，相邻两相母线中心线之间的距离 a 为 35cm，通过母线的三相短路冲击电流 i_{ch} 为 52kA，试计算该配电装置中各相母线间的最大电动力。

解 相邻两相母线间的空间距离为 $(a-b)=350-6=344(\text{mm})$；母线截面的周长为 $2(b+h)=2\times(6+60)=132(\text{mm})$，前者大于后者，所以可取形状系数 $\lambda=1$。

将各数值代入公式，得最大电动力（中间相）为

$$F_{\max}=17.26\times1\times52^2\times\frac{250}{35}\times10^{-2}=3333.6(\text{N})$$

9. 二项式法确定线路计算负荷

计算负荷是按发热条件选供电系统元件时需要计算的负荷功率或负荷电流，是用来代替实际变动负荷的一种假想负荷。计算负荷是设计供电线路和变压器容量的重要依据。

(1) 计算公式

二项式法指计算负荷包括用电设备组的平均功率，并考虑数台大容量设备工作对负荷影响的附加功率。对于用电设备台数较少而容量相差较大的供电干线的负荷计算往往采用二项式法。

① 单组用电设备的计算负荷：

$$P_{js}=cP_n+bP_s$$

$$Q_{js}=P_{js}\tan\varphi$$

$$S_{js}=\sqrt{P_{js}^2+Q_{js}^2}$$

式中 P_{js}，Q_{js}，S_{js}——有功计算负荷（kW）、无功计算负荷（kvar）和视在计算负荷（kV·A）；

P_n——用电设备组中 n 台容量最大用电设备的设备容量之和，kW；

P_s——用电设备组的设备总容量，kW；

c，b——二项式系数，见表 2-3；

$\tan\varphi$——用电设备组功率因数角的正切值，见表 2-3。

② 对不同工作制的多组用电设备的计算负荷：

$$P_{js}=(cP_n)_{max}+\sum bP_s$$

$$Q_{js}=(cP_n)_{max}\tan\varphi_n+\sum(bP_s\tan\varphi)$$

$$S_{js}=\sqrt{P_{js}^2+Q_{js}^2}$$

式中 $(cP_n)_{max}$——各用电设备组的附加功率 cP_n 中的最大值（kW），如果每组中的用电设备数量小于 n，则取小于 n 的两组或更多组中最大用电设备组附加功率的总和；

$\sum bP_s$——各用电设备组平均负荷 bP_s 的总和，kW；

$\tan\varphi_n$——与 $(cP_n)_{max}$ 相对应的功率因数角的正切值；

$\tan\varphi$——各用电设备组相应的功率因数角的正切值。

表 2-3 二项式系数、功率因数及功率因数角的正切值

负荷种类	用电设备组名称	计算公式及二项式系数	功率因数 $\cos\varphi$	功率因数角的正切值 $\tan\varphi$
金属切削机床	小批及单件金属冷加工	$0.4P_5+0.12P_s$	0.5	1.73
	大批及流水生产的金属冷加工	$0.5P_5+0.12P_s$	0.5	1.73
	大批及流水生产的金属热加工	$0.5P_5+0.26P_s$	0.65	1.16
长期运转机械	通风机、泵、电动发电机组	$0.25P_5+0.65P_s$	0.8	0.75
铸工车间连续运输及整砂机械	非联锁连续运输及整砂机械	$0.4P_5+0.4P_s$	0.75	0.88
	联锁连续运输及整砂机械	$0.2P_5+0.6P_s$	0.75	0.88
反复短时负荷	锅炉、装配、机修的起重机	$0.2P_3+0.06P_s$	0.5	1.73
	铸造车间的起重机	$0.3P_3+0.09P_s$		
	平炉车间的起重机	$0.3P_3+0.11P_s$		
	压延、脱模、修整车间的起重机	$0.3P_3+0.18P_s$		
电热设备	电阻炉	$0.3P_2+0.7P_s$	1	0
	熔炼炉	$0.9P_s$	0.87	0.56
	感应炉	$0.8P_s$	0.35	2.67
焊接设备	多头手动弧焊变压器	$0.7\sim0.9P_s$	0.75	0.88
	对焊机	$0.35P_s$	0.7	1.02
	多头直流弧焊机	$0.5\sim0.9P_s$	0.65	1.16
	铆钉加热器	$0.7P_s$	0.65	1.16
电镀设备	硅整流装置	$0.35P_3+0.5P_s$	0.75	0.88

③ 4 台及以下用电设备组的计算负荷：

$$P_{js}=K_jP_s$$

$$Q_{js}=P_{js}\tan\varphi$$

式中　K_j——计算系数，见表2-4。

表2-4　4台以下用电设备组的计算系数

用电设备名称	cosφ	K_j		
		2台	3台	4台
金属切削机床	0.15	0.68	0.63	0.59
金属热加工及木工机械	0.65	0.89	0.84	0.8
起重机及电动葫芦(铸工车间)	0.5	0.56	0.39	
起重机及电动葫芦(机械车间)	0.5	0.49	0.26	
连续运输机械	0.75	1.01	0.94	0.87
通风机、泵、电动发电机组	0.8	1.09	1.02	0.96
直流弧焊机(手动)	0.6	0.8	0.73	0.67
交流弧焊机(手动)	0.4	0.57	0.51	0.48
点焊机及缝焊机	0.6	0.57	0.51	0.48
电阻炉、干燥箱、加热器	1	1	1	0.85

（2）实例

某金工车间机床组拥有380V三相交流电动机7.5kW 4台、5.5kW 6台、2.2kW 20台、1.5kW 8台。试用二项式法求其计算负荷及计算电流。

解　此机床组电动机的总容量为

$$P_s=7.5\times4+5.5\times6+2.2\times20+1.5\times8=119(\text{kW})$$

查表2-3，属小批及单件金属冷加工，则

$$P_n=P_5=7.5\times4+5.5\times6=63(\text{kW})$$

计算负荷为

$$P_{js}=cP_n+bP_s=0.4P_5+0.12P_s$$
$$=0.4\times63+0.12\times119=39.48(\text{kW})$$

$$Q_{js}=P_{js}\tan\varphi=39.48\times1.73=68.3(\text{kvar})$$

$$S_{js}=\sqrt{P_{js}^2+Q_{js}^2}=\sqrt{39.48^2+68.3^2}=78.89(\text{kV}\cdot\text{A})$$

计算电流为

$$I_{js}=\frac{S_{js}}{\sqrt{3}U_e}=\frac{78.89\times10^3}{\sqrt{3}\times380}=120(\text{A})$$

10. 按需要系数法确定计算负荷

（1）计算公式

1）用电设备的设备容量P_s的确定

① 长期工作制电动机的设备容量，是指其铭牌上的额定功率P_e，即

$$P_s=P_e$$

② 反复短时工作制电动机的设备容量，是指统一换算到负载持续率（或称暂载率）$FZ=25\%$时的额定功率，若其FZ不等于25%时，应按下式换算：

$$P_s=\sqrt{\frac{FZ}{FZ_{25}}}\times P_e=2P_e\sqrt{FZ}$$

式中　P_s——换算到$FZ_{25}=25\%$时电动机的设备容量，kW；

FZ——铭牌上的负载持续率，%；

P_e——电动机额定功率，kW。

负载持续率定义：

$$FZ=\frac{t_g}{t_g+t_T}\times 100\%$$

式中 t_g——每周期的工作时间；

t_T——每周期的停歇时间。

t_g+t_T 为工作周期。根据我国国家技术标准规定，工作周期以 10min 为计算依据。如吊车电动机的标准负载持续率有 15%、25%、40%及 60%四种。

③ 电焊机的设备容量：电焊机及电焊装置的设备容量，是指统一换算到负载持续率 $FZ=100\%$时的额定功率，若其 FZ 不等于 100%时，应按下式换算。

$$P_s=\sqrt{FZ}S_e\cos\varphi_e$$

式中 S_e——交流电焊变压器的额定视在功率，kW；

FZ——与 S_e 相对应的铭牌负载持续率（%），我国电焊机的负载持续率：50%、65%、75%及 100%；

$\cos\varphi_e$——在 S_e 时的额定功率因数。

④ 电炉变压器的设备容量（是指额定功率因数时的额定功率）：

$$P_s=S_e\cos\varphi_e$$

式中 S_e——电炉变压器的额定视在容量，kV·A；

$\cos\varphi_e$——电炉变压器的额定功率因数。

⑤ 整流设备的设备容量：

$$P_s=U_ZI_Z$$

式中 U_Z，I_Z——整流设备输出的额定直流电压（kV）和电流（A）。

⑥ 成组用电设备的设备容量：

$$P_{s\Sigma}=\sum_{i=1}^{m}P_{si}$$

式中 m——用电设备台数。

⑦ 照明设备容量：

LED 灯、碘钨灯 $P_s=P_e$

荧光灯 $P_s=1.2P_e$

高压汞灯 $P_s=(1.08\sim1.10)P_e$

式中 P_e——灯泡铭牌功率，kW。

前面的系数是考虑了镇流器的损耗。

在初步设计时，照明设备容量可按单位面积照明容量法来估算，即

$$P_s=A\omega$$

式中 A——建筑物平面面积，m^2；

ω——单位面积照明容量，W/m^2。

一般工厂车间及有关建筑物的单位面积照明容量见表 2-5。

2）单台用电设备的计算负荷 P_{js1} 的确定

① 对于不需计及效率的单台用电设备为

$$P_{js1}=P_s$$

表 2-5　单位建筑面积照明容量

房间名称	功率指标/(W/m²)	房间名称	功率指标/(W/m²)
金工车间	6	各种仓库(平均)	5
装配车间	9	生活间	8
工具修理车间	8	锅炉房	4
金属结构车间	10	机车库	8
焊接车间	8	汽车库	8
锻工车间	7	住宅	4
热处理车间	8	学校	5
铸钢车间	8	办公楼	5
铸铁车间	8	单身宿舍	4
木工车间	11	食堂	4
实验室	10	托儿所	5
煤气站	7	商店	5
压缩空气站	5	浴室	3

注：按白炽灯计算，仅供粗略估算时参考。

② 对于需计及效率的单台用电设备（如电动机等）为

$$P_{js1}=P_s/\eta$$

式中　η——用电设备的效率。

3）用电设备组计算负荷的确定

当求出各用电设备的设备容量 P_{js1} 之后，就可以按需要系数表上的分类方法详细地分成若干组，进行用电设备组的负荷计算。用电设备组计算负荷的计算公式如下：

有功计算负荷　$$P_{js2}=K_x\sum P_{js1}$$

无功计算负荷　$$Q_{js2}=P_{js2}\tan\varphi$$

视在计算负荷　$$S_{js2}=\sqrt{P_{js2}^2+Q_{js2}^2}$$

式中　$\sum P_{js1}$——该用电设备组内的设备容量总和，但不包括备用设备容量，kW；

K_x——该用电设备组的需要系数，部分用电设备组的需要系数及功率因数见表 2-6；

$\tan\varphi$——与运行功率因数角相对应的正切值。

表 2-6　用电设备组的需要系数及功率因数表

用电设备名称	需要系数 K_x	$\cos\varphi$	$\tan\varphi$
机械和冶金工业			
生产机床的单独传动装置：			
金属热加工车间大批、流水作业生产	0.27	0.65	1.17
金属冷加工车间大批、流水作业生产	0.2	0.65	1.17
金属冷加工车间小批、单独生产	0.18	0.65	1.17
木加工车间的一般负荷	0.22	0.65	1.17
木加工车间的重负荷	0.35	0.65	1.17
生产用通风机	0.7	0.8	0.75
卫生用通风机	0.65	0.8	0.75
泵及电动发电机	0.7	0.8	0.75
铸工、冷作车间间歇工作的吊车	0.2	0.5	1.73
加工、装配、修理车间间歇工作吊车	0.15	0.5	1.73
间歇运行工作制的生产机械	0.2～0.4	0.5	1.73
电阻炉、干燥柜、加热器	0.8	0.95	0.33
低频感应电炉	0.8	0.35	2.68
高频感应电炉	0.8	0.1	9.95
电弧炉	0.9	0.87	0.57

续表

用电设备名称	需要系数 K_x	cosφ	tanφ
单头焊接电动发电机	0.35	0.6	1.33
多头焊接电动发电机、铆钉加热机	0.5～0.9	0.65	1.17
单头手动弧焊变压器	0.35	0.35	2.68
多头手动弧焊变压器	0.7～0.9	0.5	1.73
自动弧焊变压器	0.5	0.5	1.73
点焊机、缝焊机	0.35	0.6	1.33
对焊机	0.35	0.7	1.02
照明：			
生产厂房(有天然采光)	0.8～0.9	1.0	0
生产厂房(无天然采光)	0.9～1.0	1.0	0
办公楼	0.7～0.8	1.0	0
设计室	0.9～0.95	1.0	0
仓库	0.5～0.7	1.0	0
锅炉房	0.9	1.0	0
宿舍区	0.6～0.8	1.0	0

(2) 实例

某金工车间用电设备清单见表 2-7。已知车间的平面面积为 520m²，试按需要系数法确定全车间的计算负荷。

解 1) 求设备容量

先将具有相近需要系数的用电设备分成以下五组，分别求出设备容量。

① 冷加工机床类设备容量：

查表 2-6，取 $K_x=0.18$，$\cos\varphi=0.65$，$\tan\varphi=1.17$

$$\sum P_{s1}=82+30.6+17=129.6(\text{kW})$$

表 2-7 金工车间用电设备清单

编号	设备名称	台数	额定容量(合计)/kW	额定电压/V	相数	备注
1	车、铣、刨床	12	82	380	3	
2	镗、钻床	5	30.6	380	3	
3	砂轮、锯床	4	17	380	3	$FZ=40\%$
4	排风机	6	6×1.1	380	3	
5	行车	1	11+11+2.2	380	3	
6	电焊机	2	2×22kV·A	380	3	$FZ=65\%$，$\cos\varphi_e=0.5$
7	照明			220	1	按单位面积照明容量法估算

② 起重机类设备容量：

查表 2-6，取 $K_x=0.15$，$\cos\varphi=0.5$，$\tan\varphi=1.73$

起重机类设备容量是指统一换算到负载持续率 $FZ=25\%$时的额定容量，故

$$P_{s2}=\sqrt{\frac{FZ}{FZ_{25}}}P_e$$

$$=\sqrt{\frac{0.4}{0.25}}\times(11+11+2.2)$$

$$=30.6(\text{kW})$$

③ 通风机类设备容量：

查表 2-6，取 $K_x=0.65$，$\cos\varphi=0.8$，$\tan\varphi=0.75$

$$P_{s3}=6\times1.1=6.6(\mathrm{kW})$$

④ 电焊机类设备容量：

查表 2-6，取 $K_x=0.35$，$\cos\varphi=0.35$，$\tan\varphi=2.68$

$$P_{s4}=\sqrt{FZ}S_e\cos\varphi_e$$
$$=\sqrt{0.65}\times22\times0.5=8.87(\mathrm{kW})$$
$$\sum P_{s4}=2\times8.87=17.74(\mathrm{kW})$$

⑤ 照明设备容量：

查表 2-6，取 $K_x=0.8$，$\cos\varphi=1$，$\tan\varphi=0$

按单位面积照明容量法估算如下：

查表 2-5，取 $\omega=6\mathrm{W/m^2}$。已知车间平面面积为 $520\mathrm{m}^2$，故

$$\sum P_{s5}=A\omega=520\times6=3120(\mathrm{W})=3.12(\mathrm{kW})$$

2）求用电设备组的计算负荷

根据公式 $P_{js2}=K_x\sum P_{js1}$ 和 $Q_{js2}=P_{js2}\tan\varphi$ 计算出用电设备组的计算负荷。现将计算结果列于表 2-8。

表 2-8　金工车间负荷计算表

用电设备名称	台数	额定容量 P_e/kW	$\sum P_{js1}$ /kW	需要系数 K_x	$\cos\varphi$	$\tan\varphi$	计算负荷		
							P_{js2} /kW	Q_{js2} /kvar	S_{js2} /kV·A
冷加工机床	21	129.6	129.6	0.18	0.65	1.17	23.3	27.3	35.89
行车	1	11+11+2.2	30.6	0.15	0.5	1.73	4.59	7.94	9.17
排风机	6	6×1.1	6.6	0.65	0.8	0.75	4.29	3.22	5.36
电焊机	2	2×22kV·A	17.74	0.35	0.35	2.68	6.2	16.6	17.72
照明		3.12	3.12	0.8	1	0	2.5	0	2.5
合计			187.66				40.88	55.06	70.64

11. 多台用电设备的尖峰电流计算

（1）计算公式

接有多台电动机的配电线路，一般只考虑一台电动机启动时的尖峰电流。多台用电设备的配电线路上的尖峰电流，可按下式计算：

$$I_{jf}=I_{qmax}+K_{\Sigma}\sum_{i=1}^{n-1}I_{ei}$$

式中　I_{qmax}——启动电流最大的一台电动机的启动电流，A；

$\sum_{i=1}^{n-1}I_{ei}$——除 I_{qmax} 那台外其他 $n-1$ 台电动机的额定电流之和，A；

K_{Σ}——同期系数，一般为 0.7～1。

两台以上设备有可能同时启动时，尖峰电流应根据实际情况分析确定。

（2）实例

有一条 380V 配电线路，供给三台电动机：一台额定电流为 5.6A、启动电流为 34A；一台额定电流为 24.6A、启动电流为 160A；一台额定电流为 72A、启动电流为 468A。试求该线路的尖峰电流。

解 最大一台电动机启动电流为468A，取同期系数$K_{\Sigma}=0.8$，则该线路的尖峰电流为：

$$I_{jf}=468+0.8\times(5.6+24.6)=492(A)$$

12. 起重机滑触线计算电流和尖峰电流的计算

(1) 计算公式

工程上常采用综合系数法进行计算。

① 起重机计算电流：

$$P_{js}=K_zP_{e\Sigma}$$

$$I_{js}=\frac{P_{js}}{\sqrt{3}U_e\cos\varphi}\times10^3 \text{ 或 } I_{js}=K_z'P_{e\Sigma}$$

式中 P_{js}——计算功率，kW；

I_{js}——计算电流，A；

K_z——综合系数，见表2-9；

K_z'——与综合系数相对应的电流系数（$U_e=380V$、$\cos\varphi=0.5$），见表2-9；

$P_{e\Sigma}$——连接在滑触线上的电动机在额定负载持续率下的总功率，不包括副钩电动机功率，kW；

U_e——电动机的额定电压，V；

$\cos\varphi$——电动机的功率因数，一般取0.5。

表2-9 综合系数

起重机额定负载持续率 FZ	起重机台数	综合系数 K_z	$K_z'(U_e=380V,\cos\varphi=0.5)$
0.25	1	0.4	1.2
	2	0.3	0.9
	3	0.25	0.75
0.4	1	0.5	1.5
	2	0.38	1.14
	3	0.32	0.96

当同一滑触线上两台以上起重机的吨位相差较大时，计算功率和计算电流按下式计算：

$$P_{js}=K_{z1}P_{emax}+0.1(P_{e\Sigma}-P_{emax})$$

$$I_{js}=K_{z1}'P_{emax}+0.3(P_{e\Sigma}-P_{emax})$$

式中 K_{z1}——吨位最大一台起重机在相应的负载持续率时的综合系数，其值为K_z，见表2-9；

K_{z1}'——与综合系数K_{z1}相对应的电流系数，见表2-9；

P_{emax}——最大一台起重机在额定负载持续率时的电动机总功率，不包括副钩电动机功率，kW；

$P_{e\Sigma}$——连接在滑触线上的电动机在额定负载持续率时的总功率，不包括副钩电动机功率，kW。

② 滑触线的尖峰电流：

$$I_{jf}=I_{js}+(K_{qmax}-K_z)I_{emax}$$

式中 I_{jf}——尖峰电流，A；

I_{js}——计算电流，A；

K_{qmax}——最大一台电动机的启动电流倍数；

K_z——综合系数，见表 2-9；

I_{emax}——最大一台电动机的额定电流，A。

(2) 实例

有一条起重机滑触线上，接有 35/5t 双梁桥式起重机（$P_{emax}=94kW$、$I_{emax}=165A$）一台，5t 双梁桥式起重机（$P_e=27.8kW$）两台，三台起重机的额定负载持续率 $FZ=0.4$。试求该滑触线的计算电流和尖峰电流。

解 由表 2-9 查得 $K_z=0.32$，K_z'即 $K_{z1}'=0.96$，又由产品样本得 $K_{qmax}=2$。由于滑触线上三台起重机吨位相差较大，因此，计算电流为

$$\begin{aligned}I_{js}&=K_{z1}'P_{emax}+0.3(P_{e\Sigma}-P_{emax})\\&=0.96\times94+0.3\times[(2\times27.8+94)-94]\\&\approx107\ (A)\end{aligned}$$

尖峰电流为

$$\begin{aligned}I_{jf}&=I_{js}+(K_{qmax}-K_z)I_{emax}\\&=107+(2-0.32)\times165=384.2(A)\end{aligned}$$

13. 380/220V 系统中性线断线中性线电压降及负荷电压变化的计算

(1) 计算公式

三相四线供电，如图 2-6 所示。当电源对称，负荷对称时，$I_O=0$。否则，中性线上的电流为：

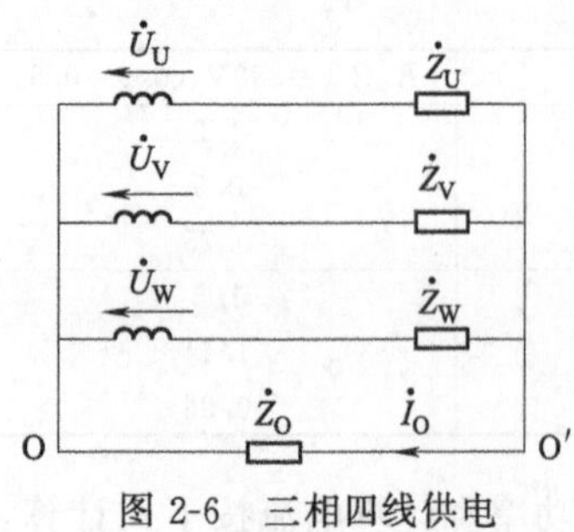

图 2-6 三相四线供电

$$\dot{I}_O=\dot{U}_{O'O}\dot{Y}_O$$

中性线上的电压降：

$$\dot{U}_{O'O}=\frac{\dot{U}_U\dot{Y}_U+\dot{U}_V\dot{Y}_V+\dot{U}_W\dot{Y}_W}{\dot{Y}_U+\dot{Y}_V+\dot{Y}_W+\dot{Y}_O}$$

式中 $\dot{U}_U$，$\dot{U}_V$，$\dot{U}_W$——电源相电压，V；

$\dot{Y}_U$，$\dot{Y}_V$，$\dot{Y}_W$——三相负荷导纳，S；

$\dot{Y}_O$——零线导纳，S。

当零线断路后，断线处的电压 $\dot{U}_{O'O}$为：$\dot{U}_{O'O}=\dfrac{\dot{U}_U\dot{Y}_U+\dot{U}_V\dot{Y}_V+\dot{U}_W\dot{Y}_W}{\dot{Y}_U+\dot{Y}_V+\dot{Y}_W}$

若电源对称，负荷对称，即 $Y_U=Y_V=Y_W$，则

$$\dot{U}_{O'O}=\frac{1}{3}(\dot{U}_U+\dot{U}_V+\dot{U}_W)=0$$

若电源对称，负荷不对称，则 $\dot{U}_{O'O}\neq0$，不对称程度越大，此电压越高。可以证明，零线两端的电压在相电压 U_U 与 $0.5U_U$ 之间变化。

(2) 实例

如图 2-6 所示的三相四线制电路，若零线断路，试求零线上的电压降及三相负荷的电压降。设三相负荷阻抗为 $\dot{Z}_U=220\Omega$、$\dot{Z}_V=110e^{j31.8°}\Omega$、$\dot{Z}_W=440e^{j25.8°}\Omega$。

解 三相负荷导纳为

$$\dot{Y}_U=1/\dot{Z}_U=1/220(\Omega)^{-1}$$

$$\dot{Y}_V=1/\dot{Z}_V=(1/110)e^{-j31.8°}(\Omega)^{-1}$$

$$\dot{Y}_W=1/\dot{Z}_W=(1/440)e^{-j25.8°}(\Omega)^{-1}$$

三相电源电压对称，而且 $U_U=220e^{j0°}$（V），则负荷端电压近似为

$$\dot{U}_U=220e^{j0°}(V)$$

$$\dot{U}_V=220e^{-j120°}(V)$$

$$\dot{U}_W=220e^{j120°}(V)$$

零线断路后，$\dot{Z}_{OO'}=\infty$，$\dot{Y}_{OO'}=1/\infty=0$。

将 $\dot{Y}_U$、$\dot{Y}_V$、$\dot{Y}_W$ 的数值代入中性线上的电压降的计算公式，即得零线上的电压降（也就是中性点电压偏移量）为

$$U_{OO'}=\frac{220e^{j0°}\times\frac{1}{220}+220e^{-j120°}\times\frac{1}{110}e^{-j31.8°}+220e^{j120°}\times\frac{1}{440}e^{-j25.8°}}{\frac{1}{220}+\frac{1}{110}e^{-j31.8°}+\frac{1}{440}e^{-j25.8°}}$$

$$=59.53e^{-j128.6°}(V)$$

三相负荷的电压降为

$$\dot{U}_{UO'}=\dot{U}_U-\dot{U}_{OO'}=220e^{j0°}-59.53e^{-j128.6°}$$

$$=261.31e^{j10.25°}(V)$$

$$\dot{U}_{VO'}=\dot{U}_V-\dot{U}_{OO'}=220e^{-j120°}-59.53e^{-j128.6°}=161.39e^{-j116.84°}(V)$$

$$\dot{U}_{WO'}=\dot{U}_W-\dot{U}_{OO'}=220e^{j120°}-59.53e^{-j128.6°}=247.99e^{j101.09°}(V)$$

可见，当三相负荷不对称而零线中断时，零线上有电压降，其大小取决于负荷不对称情况，同时三相负荷的电压降也显著变化。电压变化规律与该相负荷大小有关，负荷大的那一相，电压降低；负荷小的那一相，电压升高。

14. 两相三线制供电零线电流的计算

（1）计算公式

两相三线制供电给 220V 单相用电设备时，负荷所接的方案不同，零线中的电流也不同。

设有两台用电设备分别有 S_1、$\cos\varphi_1$ 和 S_2、$\cos\varphi_2$，容量 $S_1<S_2$（即 $I_1<I_2$），$\cos\varphi_1>\cos\varphi_2$（即 $\varphi_1<\varphi_2$），则在图 2-7 所示的两种不同接线方法下，零线中的电流分别为

方案一：$I_{0(\text{I})}=[I_1^2+I_2^2-2I_1I_2\cos(\varphi_1-\varphi_2+60°)]^{\frac{1}{2}}$

方案二：$I_{0(\text{II})}=[I_1^2+I_2^2-2I_1I_2\cos(\varphi_2-\varphi_1+60°)]^{\frac{1}{2}}$

可见，方案一接法较合理，可保证零线的电流小于最大负荷相的电流。此时零线截面的选择必然是经济、合理的。

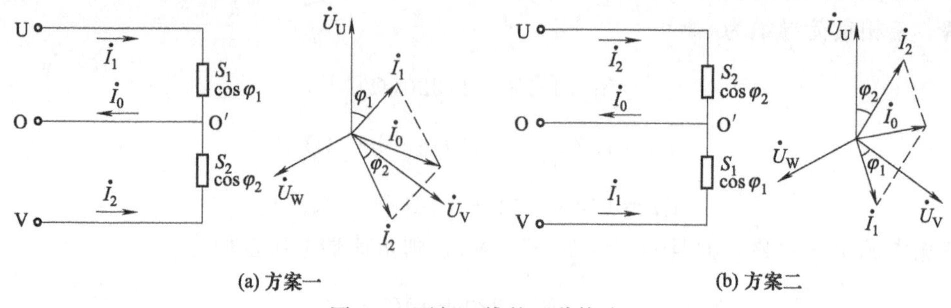

(a) 方案一　　(b) 方案二

图 2-7　两相三线的两种接法

(2) 实例

在 380/220V 两相三线照明线路上，一相接 220V、2kW 电炉一只，$\cos\varphi_1=1$；另一相接 1.1kW 电动机一台，$\cos\varphi_2=0.75$，$\eta=0.8$，求零线电流。

解　电炉电流
$$I_1=\frac{2000}{220}=9.09(\text{A})$$

电动机电流
$$I_2=\frac{1100}{220\times0.75\times0.8}=8.33(\text{A})$$

$$\cos\varphi_1=1,\varphi_1=0;\cos\varphi_2=0.75,\varphi_2=41.4°$$

当采用方案一时：

$$I_{0(\text{I})}=[9.09^2+8.33^2-2\times9.09\times8.33\cos(-41.4°+60°)]^{\frac{1}{2}}$$
$$=(152.02-151.44\cos18.6°)^{\frac{1}{2}}=2.91(\text{A})$$

当采用方案二时：

$$I_{0(\text{II})}=[9.09^2+8.33^2-2\times9.09\times8.33\cos(41.4°+60°)]^{\frac{1}{2}}$$
$$=(152.02-151.44\cos101.4°)^{\frac{1}{2}}=13.49(\text{A})$$

可见方案一的零线电流较小，仅 2.91A，故宜采用方案一，如图 2-7 (a) 所示。

如果按规定取得相同的零线截面与相线截面，而相线导线载流量已接近最大负荷电流，则按第二方案接线，这时零线将会过载。因此，必须考虑负荷接线相序。

15. 三相三线制供电给两单相负荷线路电流的计算

(1) 计算公式

三相三线制供电给 380V 单相用电设备时，与两相三线制供电给 220V 单相用电设备类似。

设有两台用电设备，$S_1<S_2$（即 $I_1<I_2$），$\cos\varphi_1>\cos\varphi_2$（即 $\varphi_1<\varphi_2$），在图 2-8 所示的两种不同接线方法下，“零线”中的电流分别为

方案一：$I_{\text{V(I)}}=[I_1^2+I_2^2+2I_1I_2\cos(\varphi_2-\varphi_1-60°)]^{\frac{1}{2}}$

方案二：$I_{\text{V(II)}}=[I_1^2+I_2^2+2I_1I_2\cos(\varphi_1-\varphi_2-60°)]^{\frac{1}{2}}$

(2) 实例

今有电热烘箱（10kW、380V、$\cos\varphi_1=1$）和电焊机（32kW、380V、$\cos\varphi_2=0.52$、

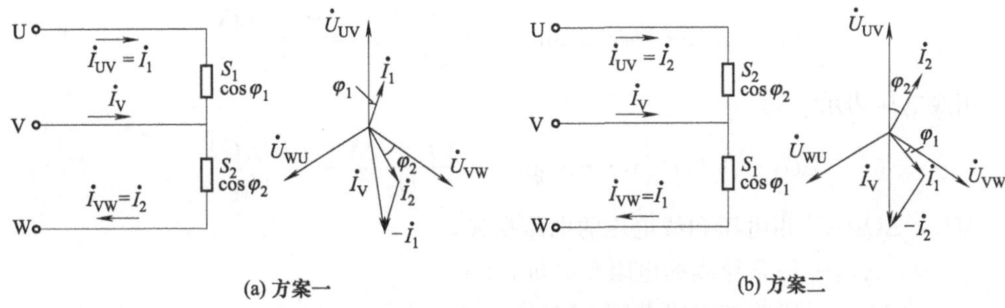

图 2-8 三相三线的两种接法

$FZ\%=65$）各一台。试求最经济的三相三线制配电线路的截面。

解 ① 将电焊机容量换算成负载持续率 $FZ\%=100$ 接通时间的容量：

$$S=\frac{S_e}{10}\sqrt{FZ\%}=\frac{32}{10}\times\sqrt{65}=25.78(\text{kV}\cdot\text{A})$$

② 电热烘箱电流：

$$I_1=P_e/U_e=10/0.38=26.3(\text{A})$$

电焊机电流：

$$I_2=S/U_e=25.78/0.38=67.8(\text{A})$$

③ 采用方案二时，将电焊机接在 UV 相间，电热烘箱接在 VW 相间，则得 V 相电流为

$$I_V=[26.3^2+67.8^2+2\times26.3\times67.8\times\cos(0°-58.67°-60°)]^{\frac{1}{2}}=59.9(\text{A})$$

若采用方案一，电焊机接在 VW 相间，电热烘箱接在 UV 相间，则得 V 相电流为

$$I_V=[26.3^2+67.8^2+2\times26.3\times67.8\times\cos(58.67°-0°-60°)]^{\frac{1}{2}}=94(\text{A})$$

可见，将电焊机接在 UV 相间，电热烘箱接在 VW 相间才是合理的。此时线路电流最大不超过 67.8A，可选用 BLV-3×35 导线。

同样，对于三相四线制供电，其负荷连接也与相序有关，分析方法与计算可参照上述原则。

16. 负荷在末端的线路电压损失计算

（1）计算公式

图 2-9 为负荷在末端的三相供电线路。

图中 U_1 为变电所出口电压，U_2 为负荷端子处的受电电压（均对中性点电压而言，单位：kV）。

在工程计算中，允许略去（$IX\cos\varphi-IR\sin\varphi$）部分（由此引起的误差不超过实际电压降的 5%），因此线路每相电压损失可按以下简化公式计算：

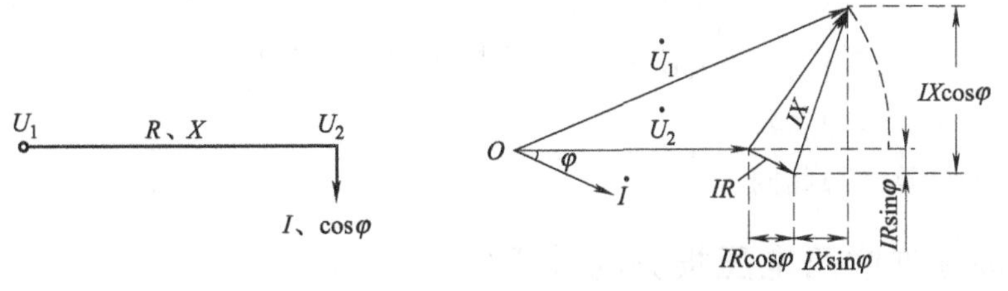

图 2-9 负荷在末端的线路及相量图

$$\Delta U_x = I(R\cos\varphi + X\sin\varphi) = \frac{PR+QX}{\sqrt{3}U_2} \approx \frac{PR+QX}{\sqrt{3}U_e}$$

若用线电压表示，则

$$\Delta U_l = \sqrt{3}I(R\cos\varphi + X\sin\varphi) = \frac{PR+QX}{U_2} \approx \frac{PR+QX}{U_e}$$

式中　ΔU_x，ΔU_l——相电压和线电压的电压损失；

R，X——每条导线的电阻和电抗，Ω；

U_e——线路额定线电压，kV；

$\cos\varphi$——负荷的功率因数；

I——负荷电流（线电流），A，$I=\frac{P}{\sqrt{3}U_e\cos\varphi}$；

P，Q——三相负荷总有功功率（kW）和总无功功率（kvar）。

电压损失百分数按下式计算：

$$\Delta U\% = \frac{P}{10U_e^2\cos\varphi}(R\cos\varphi + X\sin\varphi)$$

说明：若按该式算得的 $\Delta U\%$ 为 2，则表明电压损失占额定电压的 2%。

（2）实例

某负荷在末端的三相供电线路，已知额定电压为 10kV，每条导线的电阻为 2.8Ω，电抗为 1.2Ω，三相负荷总功率为 700kW，功率因数为 0.8，试求线路的电压损失。

解　按题意，$U_e=10$kV、$R=2.8\Omega$、$X=1.2\Omega$、$P=700$kW、$\cos\varphi=0.8$。

负荷电流为

$$I = \frac{P}{\sqrt{3}U_e\cos\varphi} = \frac{700}{\sqrt{3}\times 10\times 0.8} = 50.5(\text{A})$$

线电压损失为

$$\begin{aligned}\Delta U_l &= \sqrt{3}I(R\cos\varphi + X\sin\varphi)\\ &= \sqrt{3}\times 50.5\times(2.8\times 0.8 + 1.2\times 0.6) = 259(\text{V})\end{aligned}$$

电压损失百分数为

$$\Delta U\% = \frac{\Delta U_l}{U_e}\times 100 = \frac{0.259}{10}\times 100 = 2.59$$

即电压损失占额定电压的 2.59%。

若用下式计算，得

$$\begin{aligned}\Delta U\% &= \frac{P}{10U_e^2\cos\varphi}(R\cos\varphi + X\sin\varphi)\\ &= \frac{700}{10\times 10^2\times 0.8}\times(2.8\times 0.8 + 1.2\times 0.6)\\ &= 2.59\end{aligned}$$

以上两种方法的计算结果相同。

17. 具有分支线路电压损失的计算之一

（1）计算公式

图 2-10 为沿线有几个负荷的三相供电线路。

P_1Q_1
P_2Q_2
P_3Q_3
A
B
C
D
P_1-P_2
Q_1-Q_2
P_2-P_3
Q_2-Q_3
P_3
Q_3

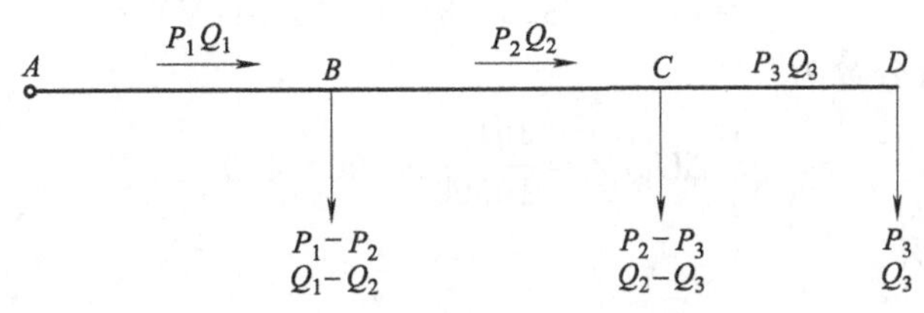

图 2-10　沿线有几个负荷的线路

线路电压损失：

$$\Delta U=\sum_{1}^{n}\frac{PR+QX}{U_e}=\sum_{1}^{n}\frac{(PR_0+Qx_0)L}{U_e}$$

式中　ΔU——线路电压损失，V；

P，Q——通过每段线路的有功功率（kW）和无功功率（kvar）；

R_0，x_0——每段线路每千米电阻和电抗，Ω；

L——每段线路长度，km。

① 如果沿线路 R_0、x_0 不变时，则电压损失为

$$\Delta U=\sqrt{3}\left[R_0\sum_{1}^{n}(I\cos\varphi L)+x_0\sum_{1}^{n}(I\sin\varphi L)\right]$$

如果负荷的功率因数相同，则

$$\Delta U=\sqrt{3}(R_0\cos\varphi+x_0\sin\varphi)\sum_{1}^{n}IL$$

② 如果 $\cos\varphi=1$，则

$$\Delta U=\sqrt{3}\sum_{1}^{n}(IR_0L)$$

（2）实例

试求如图 2-11 所示三相 10kV 线路的全线电压损失。

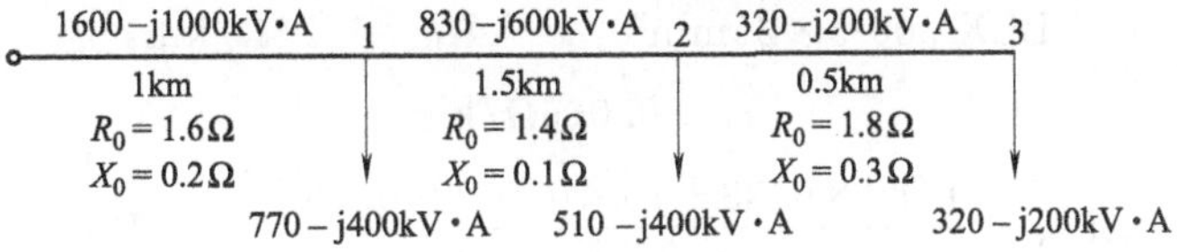

1600–j1000kV·A
1
830–j600kV·A
2
320–j200kV·A
3
1km
R_0=1.6Ω
X_0=0.2Ω
1.5km
R_0=1.4Ω
X_0=0.1Ω
0.5km
R_0=1.8Ω
X_0=0.3Ω
770–j400kV·A
510–j400kV·A
320–j200kV·A

图 2-11　某 10kV 供电线路

解　23 段电压损失为

$$\Delta U_{23}=\frac{(320\times1.8+200\times0.3)\times0.5}{10}=31.8(\mathrm{V})$$

12 段电压损失为

$$\Delta U_{12}=\frac{(830\times1.4+600\times0.1)\times1.5}{10}=183.3(\mathrm{V})$$

01 段电压损失为

$$\Delta U_{01}=\frac{(1600\times1.6+1000\times0.2)\times1}{10}=276(\mathrm{V})$$

03 段电压损失为

$$\Delta U_{03}=\Delta U_{01}+\Delta U_{12}+\Delta U_{23}$$
$$=276+183.3+31.8=491.1(\text{V})$$

03 段电压损失百分数为

$$\Delta U_{03}\%=\frac{491.1}{10000}\times 100=4.9$$

即电压损失率为 4.9%。

18. 具有分支线路电压损失的计算之二

【实例】 某 380V 低配线路如图 2-12 所示，采用 BLX-500 型铝芯绝缘导线穿管敷设。干线采用 3×95mm² 导线，支线分别为 3×50mm² 和 3×25mm² 导线。各参数均注明在图中。试计算各段的电压损失。

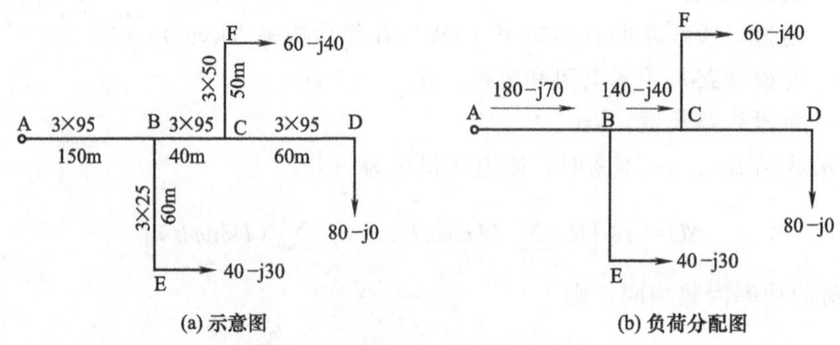

图 2-12 某 380V 低压配电线路

解 由电工手册查得

BLX-500-3×95mm²　　$R_0=0.33\Omega/\text{km}$，

$x_0=0.06\Omega/\text{km}$

BLX-500-3×50mm²　　$R_0=0.62\Omega/\text{km}$，

$x_0=0.063\Omega/\text{km}$

BLX-500-3×25mm²　　$R_0=1.24\Omega/\text{km}$，

$x_0=0.066\Omega/\text{km}$

$$\Delta U_{AB}=\frac{(180\times 0.33+70\times 0.06)\times 0.15}{0.38}=25.11(\text{V})$$

$$\Delta U_{BC}=\frac{(140\times 0.33+40\times 0.06)\times 0.04}{0.38}=5.12(\text{V})$$

$$\Delta U_{CD}=\frac{(80\times 0.33+0)\times 0.06}{0.38}=4.17(\text{V})$$

$$\Delta U_{BE}=\frac{(40\times 1.24+30\times 0.066)\times 0.06}{0.38}=8.14(\text{V})$$

$$\Delta U_{CF}=\frac{(60\times 0.62+40\times 0.063)\times 0.05}{0.38}=5.23(\text{V})$$

$$\Delta U_{AE}=\Delta U_{AB}+\Delta U_{BE}=25.11+8.14=33.25(\text{V})$$

$$\Delta U_{AF}=\Delta U_{AB}+\Delta U_{BC}+\Delta U_{CF}=25.11+5.12+5.23=35.46(\text{V})$$

19. 两端供电线路或环形线路电压损失计算

(1) 计算公式

当线路由两个电源供电时（图 2-13），线路中的电流及负荷分配有以下两种情况。

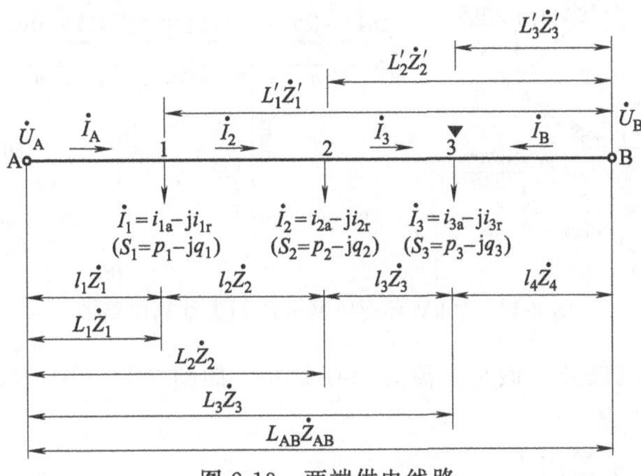

图 2-13　两端供电线路

（图中▼为假定的电流分点）

① $\dot{U}_A = \dot{U}_B$ 时

$$\dot{I}_A = \frac{\sum i\dot{Z}'}{\dot{Z}_{AB}}, \dot{I}_B = \frac{\sum i\dot{Z}}{\dot{Z}_{AB}}$$

$$S_A = \frac{\sum S\dot{Z}'}{\dot{Z}_{AB}}, S_B = \frac{\sum S\dot{Z}}{\dot{Z}_{AB}}$$

式中　$\dot{I}_A$，$\dot{I}_B$——电流 A 和 B 输出的电流，A；

S_A，S_B——电流 A 和 B 供给的功率，kV・A。

② 全线路使用同型号、同截面的导线，且敷设方式也相同时

$$\dot{I}_A = \frac{\sum iL'}{L_{AB}}, \dot{I}_B = \frac{\sum iL}{L_{AB}}$$

$$S_A = \frac{\sum SL'}{L_{AB}}, S_B = \frac{\sum SL}{L_{AB}}$$

在上述公式中，将电流和功率都变换为复数形式，则

$$P_A - jQ_A = \frac{\sum (P - jq)L'}{L_{AB}}$$

$$P_A = \frac{P_1 L_1' + P_2 L_2' + P_3 L_3' + \cdots}{L_{AB}}$$

$$Q_A = \frac{q_1 L_1' + q_2 L_2' + q_3 L_3' + \cdots}{L_{AB}}$$

式中　P_A，Q_A——由电源 A 供给的有功功率（kW）和无功功率（kvar）。

同样，可写出由电源 B 供给的有功和无功功率 P_B 和 Q_B。

(2) 实例

某 10kV 三相架空线路环形电网如图 2-14 所示，试求各段的电压损失。已知环形干线

采用LJ-50mm² 导线，支线采用LJ-25mm² 导线。线间几何均距为1m，负荷（kW）及功率因数（表示在符号∠内）等均注明于图2-14中。

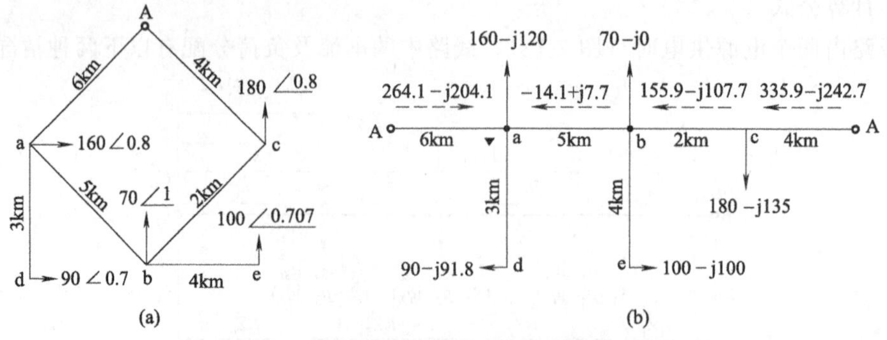

图2-14　10kV环形电网电压损失计算电路图

解　从A点将电网展开。假定电流分点在a处，如图2-14（b）所示，并将各点的负荷以复数形式标注在图中。

$$P_{Aa}=\frac{\sum PL'}{L_{AA}}=\frac{(160+90)\times 11+(70+100)\times 6+180\times 4}{17}=264.1(\text{kW})$$

$$Q_{Aa}=\frac{\sum qL'}{L_{AA}}=\frac{(120+91.8)\times 11+100\times 6+135\times 4}{17}=204.1(\text{kvar})$$

$$P_{Ac}=\frac{\sum PL}{L_{AA}}=\frac{(160+90)\times 6+(70+100)\times 11+180\times 13}{17}=335.9(\text{kW})$$

$$Q_{Ac}=\frac{\sum qL}{L_{AA}}=\frac{(120+91.8)\times 6+100\times 11+135\times 13}{17}=242.7(\text{kvar})$$

将上述计算结果标注在图2-14（b）中（如虚线所示）。

由电工手册查得

LJ-50mm²　　$R_0=0.64\Omega/\text{km}, x_0=0.355\Omega/\text{km}$

LJ-25mm²　　$R_0=1.28\Omega/\text{km}, x_0=0.376\Omega/\text{km}$

$$\Delta U_{Aa}=\frac{(PR_0+Qx_0)L}{U_e}=\frac{(264.1\times 0.64+204.1\times 0.355)\times 6}{10}$$

$$=144.9(\mathrm{V})$$

$$\Delta U_{ab}=\frac{(PR_0-Qx_0)L}{U_e}$$

$$=\frac{(14.1\times0.64-7.7\times0.355)\times5}{10}$$

$$=3.1(\mathrm{V})$$

$$\Delta U_{ad}=\frac{(90\times1.28+91.8\times0.376)\times3}{10}=44.9(\mathrm{V})$$

$$\Delta U_{be}=\frac{(100\times1.28+100\times0.376)\times4}{10}=66.2(\mathrm{V})$$

$$\Delta U_{Ad}=\Delta U_{Aa}+\Delta U_{ad}=144.9+44.9=189.8(\mathrm{V})$$

$$\Delta U_{Ae}=\Delta U_{Aa}+\Delta U_{ab}+\Delta U_{be}=144.9+3.1+66.2=214.2(\mathrm{V})$$

计算结果表明，在 ab 段上，有 14.1kW 有功功率由 a 向 b 流动，它汇集在 b 点，然后再流向负荷，“b” 点应为网络的有功功率分点。而有 7.7kvar 无功功率由 b 向 a 流动，它汇集在 a 点，然后再流向负荷，“a” 点应为网络的无功功率分点。

20. 380/220V 配电线路电压损失的简易计算

(1) 计算公式

对于 380/220V 低压网络，若整条线路的导线截面积、材料、敷设方式都相同，且 $\cos\varphi\approx1$ 时，则电压损失率还可用下式计算

$$\Delta U\%=\frac{\sum M}{CS}$$

$$\sum M=\sum pL$$

式中 $\sum M$——总负荷矩，kW·m；

S——导线截面积，mm^2；

p——计算负荷，kW；

L——用电负荷与供电母线之间的距离，m；

C——系数，根据电压和导线材料而定，可查表 2-10。

表 2-10 电压损失计算系数 C

线路额定电压/V	供电系统	C 值计算式	C 值	
			铜	铝
380/220	三相四线	$10\gamma U_{el}^2$	70	41.6
380/220	两相三线	$\frac{10\gamma U_{el}^2}{2.25}$	31.1	18.5
380 220 110 36 24 12	单相交流或直流两线系统	$5\gamma U_{ex}^2$	35 11.7 2.94 0.32 0.14 0.035	20.8 6.96 1.74 0.19 0.083 0.021

注：1. U_{el}为额定线电压，U_{ex}为额定相电压，单位为 kV。
2. 线芯工作温度为 50℃。
3. γ 为电导率，铜线 $\gamma=48.5\mathrm{m}/(\Omega\cdot\mathrm{mm}^2)$；铝线 $\gamma=28.8\mathrm{m}/(\Omega\cdot\mathrm{mm}^2)$。

(2) 实例

某一 380/220V 三相四线照明供电线路，已知线路全长 100m，负荷分布如图 2-15 所

示。负荷功率因数 $\cos\varphi\approx1$，该线路采用截面积为 50mm^2 的塑料铝芯线，试求在线路的 A、B、C 处的电压损失。

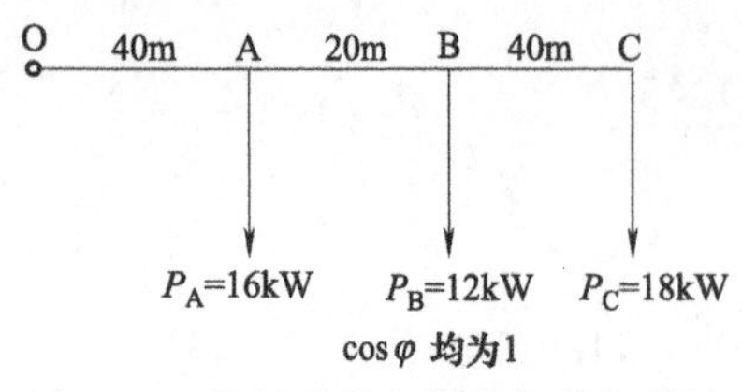

图 2-15 某照明供电线路负荷分布图

解 由表 2-10 查得电压损失系数

$$C=41.6$$

① A 处的负荷矩为

$$M_A=P_AL_1=16\times40=640(\text{kW}\cdot\text{m})$$

A 处的电压损失百分数为

$$\Delta U_A\%=\frac{M_A}{CS}=\frac{640}{41.6\times50}=0.31$$

即损失 0.31%。

② B 处的负荷矩为

$$\sum M_B=P_AL_1+P_BL_2=640+12\times60=1360(\text{kW}\cdot\text{m})$$

B 处的电压损失百分数为

$$\Delta U_B\%=\frac{\sum M_B}{CS}=\frac{1360}{41.6\times50}=0.65$$

即损失 0.65%。

③ C 处的负荷矩为

$$\sum M_C=P_AL_1+P_BL_2+P_CL_3=1360+18\times100=3160(\text{kW}\cdot\text{m})$$

C 处的电压损失百分数为

$$\Delta U_C\%=\frac{\sum M_C}{CS}=\frac{3160}{41.6\times50}=1.52$$

即损失 1.52%。

如果供电母线 O 处的线电压为 380V，则 A、B、C 处的实际电压分别为

$$U_A=380\times(1-0.0031)=378.8(\text{V})$$
$$U_B=380\times(1-0.0065)=377.5(\text{V})$$
$$U_C=380\times(1-0.0152)=374.2(\text{V})$$

21. 负荷在末端的线路线损的计算

(1) 计算公式

① 计算公式一：

$$\Delta P=mI_j^2R\times10^{-3},\Delta Q=mI_j^2X\times10^{-3}$$

式中 ΔP——有功功率损耗，kW；

ΔQ——无功功率损耗，kvar；

m——线路相数；

I_j——线路中电流的均方根值（A），若以一天 24h 计算，则可用下式计算：

$$I_j=\sqrt{\frac{I_1^2+I_2^2+\cdots+I_{24}^2}{24}};$$

R，X——线路每相的电阻和电抗，Ω。

② 计算公式二（三相交流电路）：

$$\Delta P=\frac{P^2+Q^2}{U_e^2}R\times10^{-3}=\frac{P^2}{U_e^2\cos^2\varphi}R\times10^{-3}$$

$$\Delta Q=\frac{P^2+Q^2}{U_e^2}X\times10^{-3}=\frac{P^2}{U_e^2\cos^2\varphi}X\times10^{-3}$$

式中 P——线路输送有功功率，kW；

Q——线路输送无功功率，kvar；

U_e——线路额定电压，kV；

$\cos\varphi$——负荷功率因数。

(2) 实例

【实例 1】 某 10kW 配电线路，采用 LJ-16 铝导线，长 200m，三相导线呈等边三角形排列，线间距离为 1m。在电平衡测试时间的 16h 内，线路电流均方根值为 20A，平均气温为 28℃，试求该线路损耗电量。

解 由电工手册查得 $R_{20}=1.98\Omega/\text{km}$，$x_0=0.39\Omega/\text{km}$。

铝绞线允许温度 $t_{yx}=70$℃。故温度换算系数为：

$$K=\sqrt{\frac{t_{yx}-20}{t_{yx}-25}}=\sqrt{\frac{70-20}{70-25}}=1.05$$

LJ-16 导线允许载流量为 $I_{yx25}=105\text{A}$，故电平衡测试时间内线路实际运行电阻为

$$R=R_0L=R_{20}L\left[1+0.004(t-20)+0.004(t_{yx}-20)\left(\frac{I_j}{KI_{yx25}}\right)^2\right]$$

$$=1.98\times0.2\times\left[1+0.004\times(28-20)+0.004\times(70-20)\times\left(\frac{20}{1.05\times105}\right)^2\right]$$

$$=0.41(\Omega)$$

损耗有功电量和无功电量为

$$\Delta A_P=3I_j^2R\times10^{-3}T_j=3\times20^2\times0.41\times10^{-3}\times16=7.9(\text{kW}\cdot\text{h})$$

$$\Delta A_Q=3I_j^2X\times10^{-3}T_j=3\times20^2\times0.39\times0.2\times10^{-3}\times16=1.5(\text{kvar}\cdot\text{h})$$

【实例 2】 某企业一条 10kV 专用供电线路，采用 LJ-16 型导线，线路全长 L 为 2km，三相导线呈等边三角形排列，线间距离为 1m。每天负荷变化不大，在电平衡测试的 24h 内，测得的负荷电流如表 2-11 所示。已知负荷的平均功率因数 $\cos\varphi$ 为 0.8，年运行小时数 T 为 4800h。试问该线路电能损耗是多少？是否需要节电改造。设电价 δ 为 0.5 元/(kW·h)。允许电压损失率为 3%，线损损耗率为 3.5%，投资回收年限为 5 年。

表 2-11 24h 电流分配情况

测试时间/h	1	2	3	4	5	6	7	8	9	10	11	12
线路电流/A	20	20	35	35	40	40	50	60	70	70	70	60
测试时间/h	13	14	15	16	17	18	19	20	21	22	23	24
线路电流/A	40	50	60	60	50	40	40	40	30	20	20	20

解 1) 线路电压损失计算

线路电流均方根值为

$$I_j=\frac{\sqrt{I_1^2+I_2^2+\cdots+I_{24}^2}}{24}$$

$$=\sqrt{\frac{5\times20^2+30^2+2\times35^2+6\times40^2+3\times50^2+4\times60^2+3\times70^2}{24}}$$

$$=\sqrt{\frac{51550}{24}}=46.3(\text{A})$$

根据题意，采用LJ-16型导线，线间距离为1m，查电工手册得，导线单位长度电阻$R_0=1.94\Omega/\text{km}$，单位长度电抗$x_0=0.39\Omega/\text{km}$。

每条导线的电阻为$R=R_0L=1.94\times2=3.88$（Ω），每条导线的电抗为$X=x_0L=0.39\times2=0.78$（Ω）。

线路平均电压损失为

$$\Delta U_1=\sqrt{3}I_j(R\cos\varphi+X\sin\varphi)$$
$$=\sqrt{3}\times46.3\times(3.88\times0.8+0.78\times0.6)=286.5(\text{V})$$

电压损失百分数为

$$\Delta U\%=\frac{\Delta U_1}{U_e}\times100=\frac{286.5}{10\times1000}\times100\approx2.87$$

即电压损失率为2.87%。

最大负荷时的电压损失为

$$\Delta U_m=\sqrt{3}I_m(R\cos\varphi+X\sin\varphi)$$
$$=\sqrt{3}\times70\times(3.88\times0.8+0.78\times0.6)=433.1(\text{V})$$

最大电压损失百分数为

$$\Delta U_m\%=\frac{\Delta U_m}{U_e}\times100=\frac{433.1}{10\times1000}\times100\approx4.33$$

即最大电压损失率为4.33%。

2）线路损耗计算

① 有功电能损耗为

$$\Delta A_P=3I_j^2R\times10^{-3}T$$
$$=3\times46.3^2\times3.88\times10^{-3}\times4800=119772.2(\text{kW}\cdot\text{h})$$

② 无功电能损耗为

$$\Delta A_Q=3I_j^2X\times10^{-3}T$$
$$=3\times46.3^2\times0.78\times10^{-3}\times4800=24077.9(\text{kvar}\cdot\text{h})$$

③ 线路损耗率计算。线路的负荷为

$$P=\sqrt{3}UI_j\cos\varphi$$
$$=\sqrt{3}\times10\times46.3\times0.8=641.6(\text{kW})$$

有功线路损耗百分数为

$$\Delta P\%=\frac{\Delta A_P}{PT}\times100=\frac{119772.2}{641.6\times4800}\times100=3.89$$

即线路损耗率为3.89%。

④ 线路损耗造成的电费计算。

假设无功电价等效当量$K_G=0.2$（见表3-11），电价$\delta=0.5$元/(kW·h)，则每年线路损耗造成的电费为

$$F=(\Delta A_P+K_G\Delta A_Q)\delta$$
$$=(119772.2+0.2\times24077.9)\times0.5=62293.9(\text{元})$$
$$\approx6.2(\text{万元})$$

从以上计算结果看，该线路的电压损失率和线路损耗率都已超出允许范围，该线路每年线路损耗造成的电费高达 6.2 万元，大量的电能白白消耗在线路上。需更换成较大截面积的导线。

3）增大导线截面积改造的计算

将分别采用 LJ-25 型和 LJ-35 型导线改造的计算结果列于表 2-12 中。LJ-25 型：$R_0=1.28\Omega/\text{km}$，$x_0=0.376\Omega/\text{km}$；LJ-35 型：$R_0=0.92\Omega/\text{km}$，$x_0=0.366\Omega/\text{km}$。

表 2-12 三种导线的计算结果比较

项目 导线型号	线路平均电压损失/V	电压损失率/%	最大电压损失率/%	线路有功电能损耗/kW·h	线损率/%	年损造成的电费/万元	投资/万元	剩值/万元	更换导线后年节电费/万元
LJ-16	286.5	2.87	4.33	119772.1	3.89	6.20	—	Y_3	—
LJ-25	200.4	2.00	3.00	79025.0	2.57	4.20	Y_1	—	2
LJ-35	153.3	1.53	2.32	56799.2	1.84	3.07	Y_2	—	3.13

注：1. 投资包括购买导线费用和安装费用。
2. 旧线剩值可按现价 15%计算。

当采用 LJ-25 型导线时投资回收年限为

$$T=\frac{C-d}{\Delta L}=\frac{Y_1-Y_3}{2}$$

采用 LJ-35 型导线时投资回收年限为

$$T=\frac{Y_2-Y_3}{3.13}$$

式中 C——节能改造投资费用，万元；

d——旧导线剩值，万元；

ΔL——节能改造后年节电费，万元。

如果计算的结果表明，采用 LJ-35 型导线时的投资回收年限在 5 年内，则即使采用 LJ-25 型导线的投资回收年限更短（如 3～4 年），也应采用 LJ-35 型导线，因为从长远考虑其节能效益更大。

22. 具有分支线路线损的计算

分支负荷线路的线路损耗，和电压损失一样，原则上可以视为多个负荷在末端线路之和。

【实例 1】 已知如图 2-16 所示的三相 380V 配电线路，各段线路的电阻、电抗、各支路负荷及负荷功率因数如下：

$$P_1=18\text{kW},P_2=32\text{kW}$$
$$\cos\varphi_1=0.9,\cos\varphi_2=0.8$$
$$R_1=0.2\Omega,R_2=0.4\Omega$$
$$X_1=0.1\Omega,X_2=0.3\Omega$$

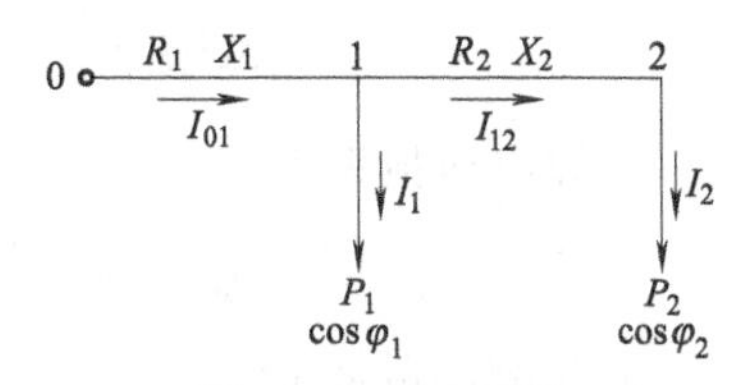

图 2-16 多支线路

试求整条线路的有功功率损耗和无功功率损耗。

解 ① 先求出各支路的负荷电流：

$$I_1=P_1/(\sqrt{3}U\cos\varphi_1)=18/(\sqrt{3}\times0.38\times0.9)=30.4(\mathrm{A})$$

$$I_2=P_2/(\sqrt{3}U\cos\varphi_2)=32/(\sqrt{3}\times0.38\times0.8)=60.8(\mathrm{A})$$

② 再计算各段线路中的电流值：

$$I_{12}=I_2=60.8(\mathrm{A})$$

$$I_{01}=I_1+I_2=30.4+60.8=91.2(\mathrm{A})$$

线路 12 的功率损耗为

$$\Delta P_{12}=3I_{12}^2R_2\times10^{-3}=3\times60.8^2\times0.4\times10^{-3}=4.4(\mathrm{kW})$$

$$\Delta Q_{12}=3I_{12}^2X_2\times10^{-3}=3\times60.8^2\times0.3\times10^{-3}=3.3(\mathrm{kvar})$$

线路 01 的功率损耗为

$$\Delta P_{01}=3\times91.2^2\times0.2\times10^{-3}=5(\mathrm{kW})$$

$$\Delta Q_{01}=3\times91.2^2\times0.1\times10^{-3}=2.5(\mathrm{kvar})$$

因此整条线路（02）的功率损耗为

$$\Delta P_{02}=\Delta P_{01}+\Delta P_{12}=5+4.4=9.4(\mathrm{kW})$$

$$\Delta Q_{02}=\Delta Q_{01}+\Delta Q_{12}=2.5+3.3=5.8(\mathrm{kvar})$$

【实例 2】 一条 10kV 供电线路，全长 L 为 3km，采用 LJ-25 型导线，导线线间几何均距 D 为 1.25m，沿线有 3 个负荷，具体情况如图 2-17 所示。试求：

① 各段线路的电压损失和电能损失。

② 判断该线路是否需要节电改造。

设电价 δ 为 0.5 元/(kW·h)，要求允许电压损失率和线损率均为 3%，已知年运行小时数为 5000h。

解 ① 各段线路电压损失计算。根据导线型号和线间几何均距 $D=1.25\mathrm{m}$，查电工手册得导线单位长度电阻和电抗为 $R_0=1.28\Omega/\mathrm{km}$，$x_0=0.39\Omega/\mathrm{km}$。

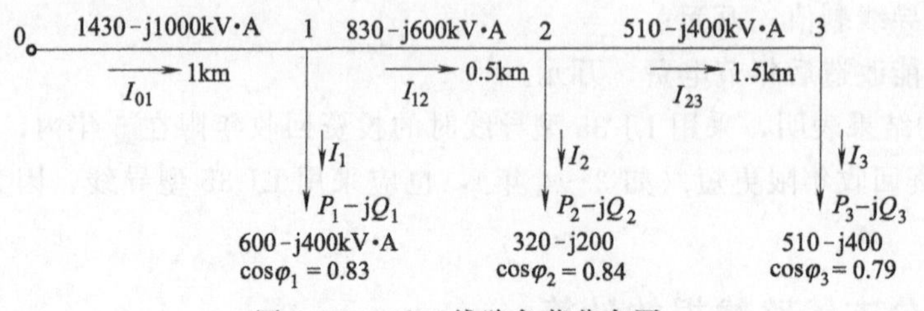

图 2-17 10kV 线路负荷分布图

23 段电压损失为

$$\Delta U_{23}=\frac{(510\times1.28+400\times0.39)\times1.5}{10}=121.3(\mathrm{V})$$

12 段电压损失为

$$\Delta U_{12}=\frac{(830\times1.28+600\times0.39)\times0.5}{10}=64.8(\mathrm{V})$$

01 段电压损失为

$$\Delta U_{01}=\frac{(1430\times1.28+1000\times0.39)\times1}{10}=222(\mathrm{V})$$

03 段电压损失为

$$\Delta U_{03}=\Delta U_{01}+\Delta U_{12}+\Delta U_{23}$$
$$=222+64.8+121.3=408.1(\mathrm{V})$$

03 段电压损失百分数为

$$\Delta U_{03}\%=\frac{\Delta U_{03}}{U_e}\times 100=\frac{408.1}{10000}\times 100=4.1$$

即电压损失率为 4.1%＞3%的允许电压损失率。

② 线路损耗计算

a. 求出各支路的负荷电流：

$$I_1=P_1/(\sqrt{3}U\cos\varphi_1)=600/(\sqrt{3}\times 10\times 0.83)=41.7(\mathrm{A})$$
$$I_2=P_2/(\sqrt{3}U\cos\varphi_2)=320/(\sqrt{3}\times 10\times 0.84)=22(\mathrm{A})$$
$$I_3=P_3/(\sqrt{3}U\cos\varphi_3)=510/(\sqrt{3}\times 10\times 0.79)=37.3(\mathrm{A})$$

b. 计算各段线路中的电流值：

$$I_{23}=I_3=37.3(\mathrm{A})$$
$$I_{12}=I_2+I_3=22+37.3=59.3(\mathrm{A})$$
$$I_{01}=I_1+I_2+I_3=41.7+22+37.3=101(\mathrm{A})$$

线路 23 段的有功功率损耗和无功功率损耗分别为

$$\Delta P_{23}=3I_{23}^2R_3\times 10^{-3}=3\times 37.3^2\times(1.28\times 1.5)\times 10^{-3}$$
$$=8(\mathrm{kW})$$
$$\Delta Q_{23}=3I_{23}^2X_3\times 10^{-3}=3\times 37.3^2\times(0.39\times 1.5)\times 10^{-3}$$
$$=2.4(\mathrm{kvar})$$

线路 12 段的功率损耗为

$$\Delta P_{12}=3I_{12}^2R_2\times 10^{-3}=3\times 59.3^2\times(1.28\times 0.5)\times 10^{-3}$$
$$=6.75(\mathrm{kW})$$
$$\Delta Q_{12}=3I_{12}^2X_2\times 10^{-3}=3\times 59.3^2\times(0.39\times 0.5)\times 10^{-3}$$
$$=2.06(\mathrm{kvar})$$

01 段线路功率损耗为

$$\Delta P_{01}=3I_{01}^2R_1\times 10^{-3}=3\times 101^2\times(1.28\times 1)\times 10^{-3}$$
$$=39.17(\mathrm{kW})$$
$$\Delta Q_{01}=3I_{01}^2X_1\times 10^{-3}=3\times 101^2\times(0.39\times 1)\times 10^{-3}$$
$$=11.94(\mathrm{kvar})$$

整条线路（03）的功率损耗为

$$\Delta P_{03}=\Delta P_{01}+\Delta P_{12}+\Delta P_{23}$$
$$=39.17+6.75+8=53.92(\mathrm{kW})$$
$$\Delta Q_{03}=\Delta Q_{01}+\Delta Q_{12}+\Delta Q_{23}$$
$$=11.94+2.06+2.4=16.4(\mathrm{kvar})$$

有功线路损耗百分数为

$$\Delta P_{03}\%=\frac{\Delta P_{03}}{\sum P+\Delta P_{03}}\times 100=\frac{53.92\times 100}{600+320+510+53.92}=3.6$$

即线损率为 3.6%＞3%的允许线路损耗率。该线路的电压损失率和线路损耗率都已超过允许值，因此应考虑节电改造。

23. 电力电缆损耗计算

(1) 计算公式

电力电缆损耗计算一般需考虑集肤效应和邻近效应的影响。

① 电缆的有功损耗：

$$\Delta P=3I^2R(1+K_{jf}+K_{ej})\times10^{-3}$$

式中 ΔP——电缆有功损耗，kW；

I——电缆电流，A；

R——每条电缆芯线的电阻，Ω；

K_{jf}——集肤效应系数，架空线 $K_{jf}=0$，见表 2-13；

K_{ej}——邻近效应系数，架空线 $K_{ej}=0$，见表 2-13。

表 2-13 集肤效应和邻近效应系数的数值

电缆截面积/mm²	240	185	150	120	95
$1+K_{jf}+K_{ej}$	1.028	1.019	1.013	1.009	1.006

② 电缆在不同工作温度下的损耗。如塑料电缆，其最高允许温度为 65℃，其允许载流量是以环境温度 25℃计算的，因此计算损耗时需先求出运行温度下的导线电阻。

(2) 实例

【实例 1】 有一条 VV3-120+35mm² 塑料电缆，全长 100m，求线芯温度为 65℃时的有功损耗。

解 查得电缆线芯温度 65℃时允许载流量为 260A，20℃导线电阻为 0.15Ω/km。

温度换算系数

$$K=\sqrt{\frac{t_{yx}-20}{t_{yx}-25}}=\sqrt{\frac{65-20}{65-25}}=1.06$$

65℃时每根相线的电阻为

$$R=R_{20}\left[1+0.004(t-20)+0.004(t_{yx}-20)\left(\frac{I_j}{KI_{yx25}}\right)^2\right]$$

$$=0.15\times\left[1+0.004\times(25-20)+0.004\times(65-20)\times\left(\frac{260}{1.06\times260}\right)^2\right]$$

$$=0.177(\Omega/km)$$

电缆的有功损耗为：

$$\Delta P=3I^2Rl\times10^{-3}=3\times260^2\times0.177\times0.1\times10^{-3}$$

$$=3.59(kW)$$

【实例 2】 某企业有一条 3×95+1×35mm² 的油浸绝缘四芯铝芯直埋电力电缆线路，全长 L 为 300m，负荷电流 I_j 为 80A，功率因数 $\cos\varphi$ 为 0.8，三相负荷平衡，年运行时间 T 为 6000h，设电价 0.5 元/(kW·h)。试问：

① 该电缆线路目前经济运行情况如何？

② 如果再增容 15A，$\cos\varphi=0.8$，是否需要更换线路电缆？

允许电压损失率为 4%，允许线路损耗率为 5%。

解 ① 目前运行情况计算。

a. 线路电压损失计算。经查电工手册，该直埋电缆在土壤温度 25℃时的安全载流量为 160A（线芯温度 80℃）。线芯温度 80℃时的单位电阻值 $R_0=0.42\Omega/km$，在 80A 负荷下的

单位电阻约 $R_0=0.41\Omega/\text{km}$。

线路电压损失为

$$\Delta U=\sqrt{3}I_jR_0L\cos\varphi$$
$$=\sqrt{3}\times80\times0.41\times0.3\times0.8=13.9(\text{V})$$

电压损失百分数为

$$\Delta U\%=\frac{\Delta U}{U_e}\times100=\frac{13.9}{380}\times100=3.67$$

即电压损失率为 3.67%<4%的允许要求。

b. 线路损耗计算。查表 2-13 得 $1+K_{jf}+K_{ej}=1.006$

$$\Delta P=3I_j^2R_0L(1+K_{jf}+K_{ej})\times10^{-3}$$
$$=3\times80^2\times0.41\times0.3\times1.006\times10^{-3}$$
$$=2.37(\text{kW})$$

年线路损耗电费为

$$F=\Delta PT\delta=2.37\times6000\times0.5=7110(\text{元})$$

负荷功率为

$$P=\sqrt{3}UI_j\cos\varphi$$
$$=\sqrt{3}\times380\times80\times0.8=42122(\text{W})\approx42.12(\text{kW})$$

线路损耗百分数为

$$\Delta P\%=\frac{\Delta P}{P+\Delta P}\times100=\frac{2.37\times100}{42.12+2.37}=5.3$$

即线损率为 5.3%略大于 5%的允许线损率要求。

因此，目前该电缆的经济运行状况良好。

② 欲增容 15A、$\cos\varphi=0.8$ 后的情况计算。

a. 线路电压损失计算。增容后电流达 95A，因此线芯温度会较高，取单位长度电阻 $R_0=0.42\Omega/\text{km}$ 计算。

$$\Delta U=\sqrt{3}\times95\times0.42\times0.3\times0.8=16.57(\text{V})$$

电压损失率为 16.57/380×100%=3.8%，小于 4%的允许电压损失率要求。

b. 线路损耗计算。

$$\Delta P=3\times95^2\times0.42\times0.3\times1.006\times10^{-3}=3.43(\text{kW})$$

负荷功率为

$$P=\sqrt{3}\times380\times95\times0.8=50(\text{kW})$$

线路损耗率为 3.43/(63.18+3.43)×100%=5.15%，大于 5%的允许线损率要求。年线路损耗电费为

$$F=3.43\times6000\times0.5=10290(\text{元})$$

该线路的电压损失率未超出 4%的允许值，而线路损耗率超出 5%的允许值，但超出不多。对于电缆线路更换费用高，因此是否要更换需综合考虑。

现将采用规格为 $3\times120+1\times35\text{mm}^2$ 电缆和 $3\times150+1\times50\text{mm}^2$ 电缆的计算结果列于表 2-14 中。

采用规格为 $3\times120+1\times35\text{mm}^2$ 电缆

$R_0=0.33\Omega/\text{km}$，$1+K_{jf}+K_{ej}=1.009$

采用规格为 $3\times150+1\times50\text{mm}^2$ 电缆

$R_0=0.26\Omega/\text{km}$，$1+K_{jf}+K_{ej}=1.013$

表 2-14　三种电缆的计算结果比较

项目 电缆规格/mm²	电压损失率/%	线路有功电能损耗/kW·h	线损率/%	年线损造成的电费/万元	投资/万元	剩值/万元	更换电缆后年节电费/万元
3×95+1×35	3.67	14220	5.3	0.71	—	Y_3	—
3×120+1×35	2.89	11440	4.53	0.57	Y_1	—	0.16
3×150+1×50	2.28	9040	3.58	0.45	Y_2	—	0.28

由于电缆线路长度较短，换用较大截面积的电缆时，节约年线损电费不是很多，而电缆本身价格较贵，尤其是直埋电缆，更换安装费用很大，改造后投资回收期限长，不一定合算。因此，对于电缆线路，前期设计正确计算负荷，并充分考虑负荷的发展情况十分重要，否则一旦建成要想更换将十分费劲。对于暗敷的380/220V低压线路，也是如此。

24. 实测电压法计算线路线损

(1) 计算公式

该方法较适用于电压损失较大，且中间无分支的低压配电线路。在同一时刻 t 测出线路首端和末端的线电压和功率因数，以及线路电流，则该线路的相电压降为

$$\Delta U=\left(\frac{U_1}{\sqrt{3}}\cos\varphi_1-\frac{U_2}{\sqrt{3}}\cos\varphi_2\right)\times10^3+\mathrm{j}\left(\frac{U_1}{\sqrt{3}}\sin\varphi_1-\frac{U_2}{\sqrt{3}}\sin\varphi_2\right)\times10^3$$

$$=\Delta U_R+\mathrm{j}\Delta U_X$$

式中　ΔU——线路相电压降，V；

U_1，U_2——时间 t 时线路首端和末端线电压有效值，kV；

$\cos\varphi_1$——时间 t 时线路首端的功率因数；

$\cos\varphi_2$——时间 t 时线路末端的功率因数；

ΔU_R，ΔU_X——时间 t 时线路每相电阻压降和电抗压降，V。

所以，线路每相电阻和电抗分别为

$$R=\Delta U_R/I,X=\Delta U_X/I$$

式中　R——线路相电阻，Ω；

X——线路相电抗，Ω；

I——时间 t 时线路中电流有效值，A。

设电平衡测试时间内线路运行了 T_j 小时，则

$$\Delta A_P=3I_j^2R\times10^{-3}T_j=3I_j^2\ \frac{\Delta U_R}{I}\times10^{-3}T_j$$

$$\Delta A_Q=3I_j^2X\times10^{-3}T_j=3I_j^2\ \frac{\Delta U_X}{I}\times10^{-3}T_j$$

式中　ΔA_P——损耗有功电量，kW·h；

ΔA_Q——损耗无功电量，kvar·h；

I_j——线路中电流变化一个周期 T_M 时间内的均方根值，A。

工厂配电线路，其电抗很小，对功率因数的影响很难通过线路首端和末端功率因数表读

数之差反映出来，而且线路的电抗取决于导线材料和导线间的几何均距，其大小基本稳定。所以，通常采用实测电压法时，只测量线路首端和末端的电压和线路中的电流，而不测功率因数。此时，每相线路电阻上的电压降为

$$\Delta U_R=\sqrt{\Delta U^2-\Delta U_X^2}=\sqrt{\left[\left(\frac{U_1}{\sqrt{3}}-\frac{U_2}{\sqrt{3}}\right)\times 10^3\right]^2-I^2X^2}$$

由于 $X=x_0L$，x_0 可采用查表法或计算法得到。于是可求得每相线路电阻为

$$R=\Delta U_R/I$$

(2) 实例

某企业一条架空低压线路，导线采用 LJ-185 型铝绞线，长度 L 为 300m，已知线间几何均距 D 为 1m。负荷在末端，三相负荷平衡，已运行 2 年。最近发现负荷端电压偏低，该线路每相有一接线头，怀疑电压偏低是接线头接触不良引起的。由于接线头在架空线路上，无法检查。于是采用实测电压法进行计算分析。在某一时刻实测线路始末端的线电压分别为 400V 和 361V，负荷电流 I 为 200A，试求：

① 该线路一天 24h 的电能损耗（设线路平均电流 I_j 为 180A）。

② 接头电阻是多少？接头功率和电压损失是多少？

解 ① 线路损耗计算。根据导线型号和线间几何均距 $D=1$m，查电工手册得单位长度电阻和电抗为 $R_0=0.17\Omega/\text{km}$，$x_0=0.305\Omega/\text{km}$。

该线路每相线路电抗为

$$X=x_0L=0.305\times 0.3=0.0915(\Omega)$$

每相线路电阻上的电压降为

$$\begin{aligned}\Delta U_R&=\sqrt{\left[\left(\frac{U_1}{\sqrt{3}}-\frac{U_2}{\sqrt{3}}\right)\times 10^3\right]^2-I^2X^2}\\&=\sqrt{\left[\left(\frac{0.4}{\sqrt{3}}-\frac{0.361}{\sqrt{3}}\right)\times 10^3\right]^2-200^2\times 0.0915^2}\\&=\sqrt{507-334.9}=13.1(\text{V})\end{aligned}$$

线电压压降为

$$\sqrt{3}\times 13.1=22.7(\text{V})$$

每相线路电阻值（实际值）为

$$R_S=\Delta U_R/I=13.1/200=0.0655(\Omega)$$

故一天的有功损耗电量为

$$\begin{aligned}\Delta A_P&=3I_j^2R_S\times 10^{-3}T=3\times 180^2\times 0.0655\times 10^{-3}\times 24\\&=153(\text{kW}\cdot\text{h})\end{aligned}$$

一天的无功损耗电量为

$$\begin{aligned}\Delta A_Q&=3I_j^2X\times 10^{-3}T=3\times 180^2\times 0.0915\times 10^{-3}\times 24\\&=213.5(\text{kvar}\cdot\text{h})\end{aligned}$$

② 接头损耗电压降等计算。该导线的单位电阻 $R_0=0.17\Omega/\text{km}$，故理论上 300m 长导线的电阻 $R=R_0L=0.17\times 0.3=0.051$ (Ω)，因此接头的电阻为 $R_j=R_S-R=0.0655-0.051=0.0145$ (Ω)。

每个接头的损耗电能为（$I=200$A 时）

$$P=I^2R_j=200^2\times0.0145=580(W)$$

三个接头共损耗电能为 3×580=1740 (W)。

接头相电压损失为

$$\Delta U_{Rj}=IR_j=200\times0.0145=2.9(V)$$

接头线电压损失为

$$\Delta U_{IRj}=\sqrt{3}\Delta U_{Rj}=\sqrt{3}\times2.9\approx5(V)$$

由此可见，导线接头接触电阻太大，连接不良，在接头处造成很大的压降。放下导线后，发现接头处已因过热变黑氧化。严格按工艺要求重新连接导线，接好后送电，在相同的始端电压和 200A 负荷下，末端电压升至 365V，恢复到正常状态。

采用以上方法计算，计算值与实际情况会有一定的出入，但可以大致判断出供电线路导线连接是否良好，因此，具有实际意义。

25. 三相四线制三相电流不相等的附加线损计算

在三相四线制线路输送相同的有功功率情况下，三相电流平衡时的线损最小；三相电流不平衡会使线损增大。三相电流不平衡与三相电流平衡这两种情况的线损之差，称为线路的电流不平衡附加线损。

(1) 计算公式

三相负荷的功率因数相等而线电流不相等的附加线损可按下列公式计算。

1) 计算方法一

假设某三相四线制供电线路，相线电阻为 R，中性线的电阻为相电阻的 2 倍，即 $2R$，总负荷电流为 $3I$。

① 当三相负荷电流平衡时：

因每相电流为 I，中性线中无电流，则该线路的线损为

$$\Delta P_1=3I^2R$$

② 当三相负荷电流不平衡时：

设 U、V、W 相和中性线电流分别为 I_U、I_V、I_W ($I_U+I_V+I_W=I$) 和 I_0，则该线路的线损为

$$\Delta P_2=(I_U^2R+I_V^2R+I_W^2R+I_0^2\times2R)=(I_U^2+I_V^2+I_W^2+2I_0^2)R$$

三相负荷不平衡时较三相负荷平衡时，线损增加（附加线损）

$$\Delta P_{fj}=\Delta P_2-\Delta P_1=[(I_U^2+I_V^2+I_W^2+2I_0^2)-3I^2]R$$

2) 计算方法二

$$\Delta P_{fj}=\frac{(I_U-I_V)^2+(I_V-I_W)^2+(I_W-I_U)^2}{3}R+I_0^2R_0$$

式中 ΔP_{fj}——附加线损，W；

I_U，I_V，I_W——U、V、W 相的线电流，A；

I_0——中性线的电流，A；

R——各相导线电阻，Ω；

R_0——中性线电阻，Ω。

(2) 实例

一条三相四线制配电线路，三相负荷电流实测分别为 U 相 100A、V 相 120A、W 相

80A，中性线电流为 70A。设各相的功率因数相等，每相导线电阻为 0.1Ω，中性线电阻为 0.2Ω。试求电流不平衡附加线损。

解 ① 按方法一计算：

$$\Delta P_{fj}=[(I_U^2+I_V^2+I_W^2+2I_0^2)-3I^2]R$$

$$=\left[100^2+120^2+80^2+2\times70^2-3\times\left(\frac{100+120+80}{3}\right)^2\right]\times0.1$$

$$=(40600-30000)\times0.1=1060(W)=1.06(kW)$$

② 按方法二计算：

$$\Delta P_{fj}=\frac{(100-120)^2+(120-80)^2+(80-100)^2}{3}\times0.1+70^2\times0.2=1060(W)=1.06(kW)$$

可见两种计算方法的计算结果相同。

26. 三相四线制三相负荷功率因数不相等的附加线损计算

(1) 计算公式

三相负荷的线电流相等而功率因数不相等的附加线损可按下式计算。

$$\Delta P_{fj}=3I_U^2R(1-K_y^2)+I_0^2R_0$$

$$K_y^2=\frac{1}{9}[3+2\cos\alpha+2\cos\beta+2\cos(\alpha-\beta)]$$

式中 α——V 相电流的相位偏差，其值等于 V 相负荷的功率因数角与 U 相负荷的功率因数角之差；

β——W 相电流的相位偏差，其值等于 W 相负荷的功率因数角与 U 相负荷的功率因数角之差；

K_y^2——系数，可由表 2-15 查取。

表 2-15 在三相电流相等情况下的 K_y^2 值

K_y^2 β \ α	60°	45°	30°	15°	0°	−15°	−30°	−45°	−60°
−60°	0.440	0.544	0.637	0.717	0.778	0.816	0.829	0.816	0.778
−45°	0.544	0.648	0.740	0.816	0.870	0.898	0.898	0.870	0.816
−30°	0.637	0.740	0.829	0.898	0.940	0.955	0.940	0.898	0.829
−15°	0.717	0.816	0.898	0.955	0.985	0.985	0.955	0.898	0.816
0°	0.778	0.870	0.940	0.985	1	0.985	0.940	0.870	0.778
15°	0.816	0.898	0.955	0.985	0.985	0.955	0.898	0.816	0.717
30°	0.829	0.898	0.940	0.955	0.940	0.893	0.829	0.740	0.637
45°	0.816	0.870	0.898	0.898	0.870	0.816	0.740	0.648	0.544
60°	0.778	0.816	0.829	0.816	0.778	0.717	0.637	0.544	0.440
计算公式	$K_y^2=\frac{1}{9}[3+2\cos\alpha+2\cos\beta+2\cos(\alpha-\beta)]$								

(2) 实例

一条三相四线制配电线路，三相负荷电流实测均为每相 200A，中性线电流为 220A。U 相功率因数为 0.97，V 相、W 相的功率因数均为 0.87。相线电阻为 0.1Ω，中性线电阻为 0.2Ω。试求电流不平衡附加线损。

解 由 $\cos\varphi_U=0.97$、$\cos\varphi_V=\cos\varphi_W=0.87$ 得

$$\varphi_U=14.1°,\quad \varphi_V=\varphi_W=29.5°$$

故

$$\alpha=\beta=29.5°-14.1°=15.4°$$

查表 2-15，得 $K_y^2\approx0.985$。电流不平衡附加线损为

$$\begin{aligned}\Delta P_{fj}&=3I_U^2R(1-K_y^2)+I_0^2R_0\\&=3\times200^2\times0.1\times(1-0.985)+220^2\times0.2\\&=9860(W)=9.86(kW)\end{aligned}$$

27. 三相四线制三相负荷功率因数和电流均不相等的附加线损计算

(1) 计算公式

$$\Delta P_{fj}=\frac{(I_U-I_V)^2+(I_V-I_W)^2+(I_W-I_U)^2}{3}R$$

$$+I_0^2R_0+3(1-K_y^2)\left(\frac{I_U+I_V+I_W}{3}\right)^2R$$

$$K_y^2=\frac{(I_U+I_V\cos\alpha+I_W\cos\beta)^2+(I_V\sin\alpha+I_W\sin\beta)^2}{(I_U+I_V+I_W)^2}$$

(2) 实例

一条三相四线制配电线路，三相负荷电流实测为 U 相 150A、V 相 180A、W 相 220A，中性线电流为 240A。U 相功率因数为 0.97，V 相、W 相的功率因数均为 0.87。相线电阻为 0.1Ω，中性线电阻为 0.2Ω。试求电流不平衡附加线损。

解 由 $\cos\varphi_U=0.97$、$\cos\varphi_V=\cos\varphi_W=0.87$，得

$$\varphi_U=14.1°$$

$$\varphi_V=\varphi_W=29.5°$$

故

$$\alpha=\beta=29.5°-14.1°=15.4°$$

$$K_y^2=\frac{(150+180\times\cos15.4°+220\times\cos15.4°)^2+(180\times\sin15.4°+220\times\sin15.4°)^2}{(150+180+220)^2}$$

$$=\frac{536.4^2+103.5^2}{550^2}=0.987$$

电流不平衡附加线损为

$$\Delta P_{fj}=\frac{(150-180)^2+(180-220)^2+(220-150)^2}{3}\times0.1$$

$$+240^2\times0.2+3\times(1-0.987)\times\left(\frac{150+180+220}{3}\right)^2\times0.1$$

$$=246.7+11520+131.1\approx11898(W)\approx12(kW)$$

28. 三相三线制三相电流不相等的附加线损计算

(1) 计算公式

三相负荷为三角形接法，负荷功率因数相等而相电流不相等的附加线损，可按下式计算

$$\Delta P_{fj}=\frac{(I_{UV}-I_{VW})^2+(I_{VW}-I_{WU})^2+(I_{WU}-I_{UV})^2}{2}R$$

式中 ΔP_{fj}——附加线损，W；

R——线路的导线电阻，Ω；

I_{UV}，I_{VW}，I_{WU}——UV 相、VW 相、WU 相的相电流，A。

(2) 实例

一条三相三线制配电线路，三相负荷功率因数均相等，相电流分别为 $I_{UV}=120A$、$I_{VW}=180A$、$I_{WU}=220A$，每相导线电阻为 0.1Ω，试求电流不平衡附加线损。

解 电流不平衡附加线损为

$$\Delta P_{fj}=\frac{(120-180)^2+(180-220)^2+(220-120)^2}{2}\times 0.1$$

$$=\frac{3600+1600+10000}{2}\times 0.1=760(W)$$

29. 三相三线制三相负荷功率因数不相等的附加线损计算

(1) 计算公式

$$\Delta P_{fj}=K_{\Delta}I_{UV}^2R$$

$$K_{\Delta}=3-\cos(\alpha-\beta)-\sqrt{3}\sin(\alpha-\beta)-2\sin(30°-\alpha)-2\sin(30°+\beta)$$

式中 K_{Δ}——系数，可由表 2-16 查取；

α——VW 相电流的滞后偏差角，其值等于 VW 相负荷的功率因数角与 UV 相负荷的功率因数角之差；

β——WU 相电流的滞后偏差角，其值等于 WU 相负荷的功率因数角与 UV 相负荷的功率因数角之差。

表 2-16 与 α、β 对应的 K_{Δ} 值

β \ K_{Δ} \ α	60°	45°	30°	15°	0°	−15°	−30°	−45°	−60°
−60°	4	3.1	2.27	1.55	1	0.65	0.54	0.65	1
−45°	3.1	2.3	1.59	1	0.59	0.37	0.37	0.59	1
−30°	2.27	1.59	1	0.55	0.27	0.17	0.27	0.55	1
−15°	1.55	1	0.55	0.23	0.07	0.07	0.23	0.55	1
0°	1	0.59	0.27	0.07	0	0.07	0.27	0.59	1
15°	0.65	0.37	0.17	0.07	0.07	0.17	0.37	0.65	1
30°	0.54	0.37	0.27	0.23	0.27	0.37	0.54	0.75	1
45°	0.65	0.59	0.55	0.55	0.59	0.65	0.75	0.87	1
60°	1	1	1	1	1	1	1	1	1

(2) 实例

一条三相三线制配电线路，三相负荷电流实测均为 300A，各相负荷的功率因数分别为 $\cos\varphi_{UV}=0.85$，$\cos\varphi_{VW}=0.90$，$\cos\varphi_{WU}=0.76$，试求电流不平衡附加线损。

解 由 $\cos\varphi_{UV}=0.85$、$\cos\varphi_{VW}=0.90$、$\cos\varphi_{WU}=0.76$ 得

$$\varphi_{UV}=31.79°,\quad \varphi_{VW}=25.84°,\quad \varphi_{WU}=40.54°$$

故

$$\alpha=\varphi_{VW}-\varphi_{UV}=25.84°-31.79°=-5.95°$$

$$\beta=\varphi_{WU}-\varphi_{UV}=40.54°-31.79°=8.75°$$

$$K_{\Delta}=3-\cos(-5.95°-8.75°)-\sqrt{3}\sin(-5.95°-8.75°)$$

$$-2\sin(30°+5.95°)-2\sin(30°+8.75°)$$
$$=3-0.967+0.44-1.174-1.252=0.047$$

电流不平衡附加线损为

$$\Delta P_{fj}=K_{\Delta}I_{UV}^2R=0.047\times300^2\times0.1=423(W)$$

30. 三相三线制三相负荷功率因数和电流均不相等的附加线损计算

(1) 计算公式

$$\Delta P_{fj}=\frac{(I_{UV}-I_{VW})^2+(I_{VW}-I_{WU})^2+(I_{WU}-I_{UV})^2}{2}R+\left(\frac{I_{UV}+I_{VW}+I_{WU}}{3}\right)^2RK_{\Delta}$$

(2) 实例

一条三相三线制配电线路，三相负荷电流实测为UV相180A、VW相220A、WU相150A，各相功率因数分别为 $\cos\varphi_{UV}=0.85$、$\cos\varphi_{VW}=0.90$、$\cos\varphi_{WU}=0.76$，试求电流不平衡附加线损。

解 由"三相三线制三相负荷功率因数不相等的附加线损计算"项中的实例计算结果可知，$K_{\Delta}=0.047$

电流不平衡附加线损为

$$\Delta P_{fj}=\frac{(180-220)^2+(220-150)^2+(150-180)^2}{2}\times0.1+\left(\frac{180+220+150}{3}\right)^2\times0.1\times0.047$$
$$=370+158=528(W)$$

31. 低压配电线路线损的简易计算

(1) 计算公式

① 单相交流220V线路的功率损耗：

$$\Delta P=K_j\left(\frac{P}{\cos\varphi}\right)^2L$$

式中 ΔP——功率损耗，kW；

K_j——配线损耗计算系数，见表2-17；

P——输入功率，kW；

$\cos\varphi$——负荷功率因数；

L——配线距离，km。

② 三相交流380V线路功率损耗：

$$\Delta P=\frac{1}{6}K_j\left(\frac{P}{\cos\varphi}\right)^2L$$

(2) 实例

某380V低压配电线路上接有一台22kW、$\cos\varphi=0.8$、$\eta=0.9$ 的三相异步电动机，线路距变电所200m，采用LJ-50铝芯电缆，试求线路功率损耗。

表 2-17　配线损耗计算系数 K_j

线芯标称截面积/mm²	铜芯线		铝芯线	
	25℃	50℃	25℃	50℃
0.50	1.55	1.70		
0.75	1.03	1.13		
1.0	7.79×10^{-1}	8.52×10^{-1}	1.29	1.43
1.5	5.19×10^{-1}	5.68×10^{-1}	8.60×10^{-1}	9.56×10^{-1}
2.0	3.89×10^{-1}	4.26×10^{-1}	6.45×10^{-1}	7.17×10^{-1}
2.5	3.11×10^{-1}	3.40×10^{-1}	5.16×10^{-1}	5.73×10^{-1}
4	1.94×10^{-1}	2.13×10^{-1}	3.22×10^{-1}	3.58×10^{-1}
6	1.29×10^{-1}	1.42×10^{-1}	2.15×10^{-1}	2.39×10^{-1}
10	7.79×10^{-2}	8.52×10^{-2}	1.29×10^{-1}	1.43×10^{-1}
16	4.87×10^{-2}	5.32×10^{-2}	8.07×10^{-2}	8.96×10^{-2}
25	3.11×10^{-2}	3.40×10^{-2}	5.16×10^{-2}	5.73×10^{-2}
35	2.22×10^{-2}	2.43×10^{-2}	3.68×10^{-2}	4.09×10^{-2}
50	1.55×10^{-2}	1.70×10^{-2}	2.58×10^{-2}	2.86×10^{-2}
70	1.11×10^{-2}	1.21×10^{-2}	1.84×10^{-2}	2.04×10^{-2}
95	8.20×10^{-3}	8.96×10^{-3}	1.35×10^{-2}	1.51×10^{-2}
120	6.49×10^{-3}	7.10×10^{-3}	1.07×10^{-2}	1.19×10^{-2}
150	5.19×10^{-3}	5.68×10^{-3}	8.60×10^{-3}	9.56×10^{-3}
185	4.21×10^{-3}	4.60×10^{-3}	6.98×10^{-3}	7.75×10^{-3}

解　电动机输入功率

$$P_1=P_e/\eta=22/0.9\approx24.4(\text{kW})$$

按线芯温度 50℃，查表 2-17 得 $K_j=2.86\times10^{-2}$，故线路功率损耗为

$$\Delta P=\frac{1}{6}K_j\left(\frac{P}{\cos\varphi}\right)^2L=\frac{1}{6}\times2.86\times10^{-2}\times\left(\frac{24.4}{0.8}\right)^2\times0.2$$
$$=0.887(\text{kW})$$

32. 按年最大负荷利用小时数估算线路年电能损失

(1) 计算公式

按年最大负荷利用小时数估算配电线路年电能损失的计算公式如下：

$$\Delta A=3I_{max}^2R\tau\times10^{-3}$$

式中　ΔA——年电能损失，kW·h；

I_{max}——最大负荷时的线路电流，A；

R——线路每相电阻，Ω；

τ——损失时间（h），由最大负荷利用小时数 T_{max} 求得（图 2-18）。

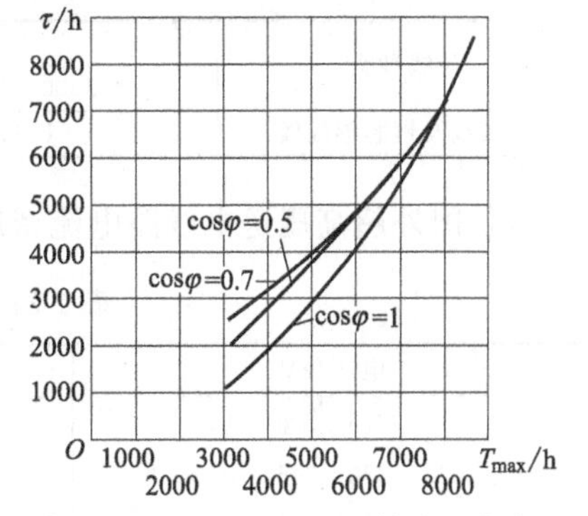

图 2-18　$\tau=f(T_{max})$ 的关系曲线

年最大有功负荷利用小时数 T_{max} 值参见表 2-18。

(2) 实例

某汽车修理厂一条 380/220V 配电线路，已知线路每相电阻 R 为 0.16Ω，线路最大负荷 I_{max} 为 120A，功率因数为 0.7，试估算该线路年电能损失。

解　查表 2-18，汽车修理厂的 $T_{max}=4370\text{h}$，由图 2-18 查得损失时间 $\tau=3500\text{h}$，故该线路的年电能损失为

$$\Delta A=3I_{max}^2R\tau\times10^{-3}=3\times120^2\times0.16\times3500\times10^{-3}=24192(kW\cdot h)$$

表 2-18　各种工厂年最大有功负荷利用小时数 T_{max}　　单位：h

工厂类别	T_{max}	工厂类别	T_{max}
化工厂	6200	农业机械制造厂	5330
苯胺颜料工厂	7100	仪器制造厂	3080
石油提炼工厂	7100	汽车修理厂	4370
重型机械制造厂	3770	车辆修理厂	3560
机床厂	4345	电器制造厂	4280
工具厂	4140	氮肥厂	7000～8000
滚珠轴承厂	5300	各种金属加工厂	4355
起重机运输设备厂	3300	漂染工厂	5710
汽车拖拉机厂	4960		

33. 按经济电流密度选择导线截面积的计算

(1) 经济电流密度标准

① 沿用的经济电流密度标准。我国于 1956 年由电力部颁布的经济电流密度标准，见表 2-19。

表 2-19　经济电流密度　　单位：A/mm^2

导线种类	年最大负荷利用小时数		
	3000h 以下	3000～5000h	5000h 以上
裸铜线和母线	3.0	2.25	1.75
裸铝线及钢芯铝线和母线	1.65	1.15	0.9
铜芯电缆	2.5	2.25	2.0
铝芯电缆	1.92	1.73	1.54

② 我国 1995 年颁布的经济电流密度标准。1995 年我国根据具体情况，综合考虑输电线路中导线的总投资额、折旧、提成、线损等多个因素，制定了符合总的经济效益的综合性参数，即经济电流密度值，见表 2-20。

表 2-20　经济电流密度 j　　单位：A/mm^2

导线种类	年最大负荷利用小时数		
	3000h 以下	3000～5000h	5000h 以上
铝绞线及钢芯铝绞线	1.65	1.15	0.9

③ 国外超高压送电线路电流密度参考值，见表 2-21。

表 2-21　国外超高压送电线路电流密度　　单位：A/mm^2

电压/kV	长线路	短线路
275～300	0.6～0.9	1.0～1.4
330～345	0.5～0.8	0.8～1.05
380～400	0.55～0.8	0.8～1.0
500	0.7～0.75	0.8～1.0
750	0.7～1.0	

④ 建议采用的经济电流密度，见表 2-22。

表 2-22 建议采用的经济电流密度 j 单位：A/mm^2

导线种类	年最大负荷利用小时数		
	3000h 以下	3000～5000h	5000h 以上
铝线	0.81	0.59	0.42
铜线	2.2	1.7	1.2

(2) 计算公式

根据导线年运行费用最小的要求，应采用表 2-22 的经济电流密度选择导线。

按线损率要求选择导线截面积可按下式计算：

$$S=\frac{3I^2L\rho}{P\beta}\times10^{-3}$$

式中 S——导线截面积，mm^2；

P——输送功率，kW；

β——导线功率损耗率（%），$\beta=\frac{\Delta P}{P}\times100\%$。

如农网 10kV 改造建设要求，线路功率损耗率为 6%～8%。

(3) 实例

【实例 1】 有一条 10kV 线路，采用钢芯铝线，输送容量 P 为 450kW，功率因数 $\cos\varphi$ 为 0.7，线路长度 L 为 10km，最大负荷年利用小时数 T_{max} 为 4000h，试选择导线截面积。

解 ① 导线截面积的选择。

导线流过的电流为

$$I=\frac{P}{\sqrt{3}U\cos\varphi}=\frac{450}{\sqrt{3}\times10\times0.7}=37.1(A)$$

a. 按 1995 年我国颁布的经济电流密度标准选择：根据 T_{max} 及采用 LGJ 型导线，查表 2-20，$j=1.15A/mm^2$，导线截面积为

$$S=I/j=37.1/1.15=32.2(mm^2) \quad \text{选用 LGJ-35 型}$$

b. 按导线功率损耗率 6%选择：导线电阻率 $\rho=31.2\Omega\cdot mm^2/km$。

$$S=\frac{3I^2L\rho}{P\beta}\times10^{-3}=\frac{3\times37.1^2\times10\times31.2}{450\times0.06}\times10^{-3}$$
$$=47.7(mm^2) \quad \text{选用 LGJ-50 型}$$

c. 按推荐的经济电流密度选择：由表 2-22 查得经济电流密度 $j=0.59A/mm^2$，导线截面积为

$$S=I/j=37.1/0.59=62.9(mm^2) \quad \text{选用 LGJ-70 型}$$

② 选用不同导线截面积时线路年电能损耗比较。

选用 LGJ-35 型时

$$\Delta A_{35}=3I^2L\rho T\times10^{-3}/S$$
$$=3\times37.1^2\times10\times31.2\times4000\times10^{-3}/35$$
$$=147236.5(kW\cdot h)=14.72\times10^4(kW\cdot h)$$

选用 LGJ-50 型时

$$\Delta A_{50}=10.31\times10^4(kW\cdot h)$$

选用 LGJ-70 型时

$$\Delta A_{70}=6.87\times10^4(kW\cdot h)$$

【实例 2】 欲新建一条 35kV 送电线路，采用钢芯铝线，输送容量 P 为 1900kW，功率因数 $\cos\varphi$ 为 0.8，线路长度 L 为 30km，最大负荷年利用小时数 T_{max} 为 5000h，实际运行小时数 T 为 4500h，要求线损率 5%，试选择导线截面积。

解 ① 导线截面积的选择。

导线流过的电流为

$$I=\frac{P}{\sqrt{3}U\cos\varphi}=\frac{1900}{\sqrt{3}\times 35\times 0.8}=39.2(\text{A})$$

a. 按 1995 年我国颁布的经济电流密度标准选择：根据 T_{max} 及采用的 LGJ 型导线，查表 2-21，经济电流密度 $j=1.15\text{A/mm}^2$，导线截面积为

$S=I/j=39.2/1.15=34.1\ (\text{mm}^2)$，选用 LGJ 型 35mm^2 导线。

b. 按导线功率损耗 5%选择：导线电阻率 $\rho=31.2\Omega\cdot\text{mm}^2/\text{km}$。

$S=\dfrac{3I^2L\rho}{P\beta}\times 10^{-3}=\dfrac{3\times 39.2^2\times 30\times 31.2}{1900\times 0.05}\times 10^{-3}=45.4(\text{mm}^2)$，选用 LGJ 型 50mm^2 导线。

c. 按推荐的经济电流密度选择：由表 2-23 查得经济电流密度 $j\approx 0.59\text{A/mm}^2$，导线截面积为

$S=I/j=39.2/0.59=66.4(\text{mm}^2)$，选用 LGJ 型 70mm^2 导线。

② 选用不同导线截面积时线路年电能损耗比较。

当选用 LGJ-35 型时年电能损耗

$$\begin{aligned}\Delta A_{35}&=3I^2L\rho T\times 10^{-3}/S\\&=3\times 39.2^2\times 30\times 31.2\times 4500\times 10^{-3}/35\\&=554771(\text{kW}\cdot\text{h})\approx 55.48\times 10^4(\text{kW}\cdot\text{h})\end{aligned}$$

线损百分数为

$\Delta A_{35}\%=\dfrac{\Delta A_{35}}{PT}\times 100=\dfrac{554771}{1900\times 4500}\times 100=6.5$，即线损率为 6.5%。

当选用 LGJ-50 型时年电能损耗：

$\Delta A_{50}=38.84\times 10^4(\text{kW}\cdot\text{h})$，$\Delta A_{50}\%=4.5$，即线损率为 4.5%。

选用 LGJ-70 型时：

$\Delta A_{70}=27.74\times 10^4(\text{kW}\cdot\text{h})$，$\Delta A_{70}\%=3.2$，即线损率为 3.2%。

③ 选用不同导线截面积时线路电压损失计算。

设导线线间几何均距为 1.5m。查电工手册得各型导线线路电阻和电抗如下：

LGJ-35 型　$R_0=0.85\Omega/\text{km}$　$x_0=0.385\Omega/\text{km}$

LGJ-50 型　$R_0=0.65\Omega/\text{km}$　$x_0=0.376\Omega/\text{km}$

LGJ-70 型　$R_0=0.46\Omega/\text{km}$　$x_0=0.365\Omega/\text{km}$

当选用 LGJ-35 型时：

$$\begin{aligned}\Delta U_{35}&=\sqrt{3}I(R\cos\varphi+X\sin\varphi)\\&=\sqrt{3}\times 39.2\times(0.85\times 30\times 0.8+0.385\times 30\times 0.6)\\&=1855.6(\text{V})=1.86(\text{kV})\end{aligned}$$

电压损失百分数为

$$\Delta U_{35}\%=\frac{\Delta U_{35}}{U_e}\times 100=\frac{1.86}{35}\times 100=5.3$$

即电压损失率为5.3%。

当选用LGJ-50型时：

$$\Delta U_{50}=\sqrt{3}\times 39.2\times(0.65\times 30\times 0.8+0.376\times 30\times 0.6)$$
$$=1518.7(\text{V})\approx 1.52(\text{kV})$$

电压损失百分数为

$$\Delta U_{50}\%=\frac{\Delta U_{50}}{U_e}\times 100=\frac{1.52}{35}\times 100=4.3$$

即电压损失率为4.3%。

选用LGJ-70型时：

$$\Delta U_{70}=\sqrt{3}\times 39.2\times(0.46\times 30\times 0.8+0.365\times 30\times 0.6)$$
$$=1195.7(\text{V})\approx 1.20(\text{kV})$$

电压损失百分数为

$$\Delta U_{70}\%=\frac{\Delta U_{70}}{U_e}\times 100=\frac{1.20}{35}\times 100=3.4$$

即电压损失率为3.4%。

④ 三种方案比较，见表2-23。

表2-23　三种方案比较

导线截面积/mm²	年线路损耗/kW·h	线损率/%	电压损失率/%	投资/万元
35	55.48×10^4	6.5	5.3	0.7Y
50	38.84×10^4	4.5	4.3	Y
70	27.74×10^4	3.2	3.4	1.4Y

注：设投资与导线截面积成正比；采用50mm² 导线的投资为Y万元。

由表2-23可见，LGJ-35型导线，线损率和电压损失率均超过了允许的5%的要求，不予选用。其实它是根据旧经济电流密度标准选择的，已不适用。

LGJ-50型和LGJ-70型导线均符合线损率和电压损失率的要求。究竟选用何种导线，需计算比较。LGJ-70型年有功线损比LGJ-50型线损减少$38.84-27.74=11.1\times 10^4$（kW·h），假设电价$\delta=0.5$元/kW·h，则选用LGJ-70型比选用LGJ-50型每年节约电费$11.1\times 0.5=5.55$（万元），但前者的投资要比后者多40%（包括导线价格、安装材料等费用），在5～6年内若不能收回成本，则宜选用LGJ-50型导线；若节约的线损费用能收回多投入的40%建设费用的话，则应选用LGJ-70型导线；否则应选用LGJ-50型。当然，在选择方案时，还要考虑线路今后的负荷发展等情况。

目前，在未制定出新标准之前，可以这样考虑选用导线，即按我国1956年颁布的经济电流密度标准或我国1995年颁布的经济电流密度标准选定的导线，加大一级取用。如按我国1956年颁布的经济电流密度标准或我国1995年颁布的经济电流密度标准选定的导线截面积为70mm²，则实际选用时可取95mm²。

一般情况下，任意接近的两级导线，选择截面积较大的导线，均能在1～2年内收回导线增加的成本，而且随着时间的推移，负荷的增加，选择大截面积导线的效益将越来越明显。

34. 按年运行费用比较架空线路设计方案的经济性

【实例】 有一三相三线式架空配电线路。该线路使用于：Ⅰ每条电阻为0.9Ω的电线，其建设费用24万元的场合；Ⅱ每条电阻为0.3Ω的电线，其建设费用36万元的场合。假设年经费为建设费用的15%，电价为0.5元/(kW·h)，年损耗系数为0.3。试求：

① 配电线年最大电流为80A的场合，上述两种电线的年线损；

② 当配电线年最大电流为多少以上时，采用Ⅱ的电线在经济上是有利的。

解 ① 两种电线的年线损。

设每条电线的电阻为R（Ω），年最大电流为I_m（A），每小时平均电流为I（A），年运行小时数为T，年损耗系数为H，分散损耗系数为h，则年线损为

$$\Delta A = HhT \times 3I_m^2R \times 10^{-3}(\text{kW}\cdot\text{h})$$

对于均匀分布的负荷，$h=1/3$，将已知条件代入上式，得

$$\Delta A = 0.3\times(1/3)\times365\times24\times3\times80^2R\times10^{-3}=16819.2R(\text{kW}\cdot\text{h})$$

因此，$R=0.9\Omega$时的年线损ΔA_1为

$$\Delta A_1 = 16819.2\times0.9=15137(\text{kW}\cdot\text{h})$$

$R=0.3\Omega$时的年线损ΔA_2为

$$\Delta A_2 = 16819.2\times0.3=5046(\text{kW}\cdot\text{h})$$

② 经济比较。

设建设费用为M（元），年经费率为a，年线损为ΔA（kW·h），电价为δ［元/(kW·h)］，则年费用C为

$$C=Ma+\Delta A\delta(\text{元/年})$$

使用Ⅰ的电线时的年费用为

$$\begin{aligned}C_1&=240000\times0.15+15137\times(I_m/80)^2\times0.5\\&=36000+1.1825I_m^2(\text{元/年})\end{aligned}$$

使用Ⅱ的电线时的年费用为

$$\begin{aligned}C_2&=360000\times0.15+5046\times(I_m/80)^2\times0.5\\&=54000+0.395I_m^2(\text{元/年})\end{aligned}$$

要使采用Ⅱ的电线在经济上是有利的话，必须要满足$C_1>C_2$，即

$$36000+1.1825I_m^2>54000+0.395I_m^2$$

$$I_m^2>\frac{54000-36000}{1.1825-0.395}=\frac{18000}{0.7875}=22857$$

$$I_m>\sqrt{22857}=151(\text{A})$$

因此，当年最大电流为151A以上时，采用Ⅱ的电线才是经济的。

35. 按社会电能总消耗最小原则选择导线截面积的计算

(1) 计算公式

$$j_n=\sqrt{\frac{1000(K_t-K_tF_jK_j+F_z)F_t}{3(T_{max}+8760K_k)r_0\delta}}$$

式中 j_n——经济电流密度，A/mm²；

K_t——投资利用标准经济效果系数，建议对纯收入采用0.1～0.15，对国民收入采用

0.18～0.26；

F_j——线路的基本折旧率，国家有统一规定；

K_j——基本折旧费年平均扣除系数，取6.52～6.62；

F_z——线路的综合折旧率，国家有统一规定；

K_k——计及电晕引起的电能损耗的系数（电晕功率损耗与导线发热损耗之比）；

r_0——导线单位电阻，Ω/(km·mm²)；

δ——单位电价，元/(kW·h)；

F_t——导线单位成本，元/(km·mm²)；

T_{max}——线路年最大负荷利用小时数，h。

(2) 实例

有一条35kV送电线路，采用钢芯铝线，输送容量P为1500kW，功率因数$\cos\varphi$为0.8，其他参数如下：$T_{max}=5000$h，$r_0=31.5\Omega/(\text{km}\cdot\text{mm}^2)$，$\delta=0.5$元/kW·h，$F_t=600$元/(km·mm²)，$K_j=6.62$，$F_z=0.026$，$F_j=0.018$，$K_t$取0.15，$K_k=0$，试选择导线截面积。

解 ① 经济电流密度为

$$j_n=\sqrt{\frac{1000(K_t-K_tF_jK_j+F_z)F_t}{3(T_{max}+8760K_k)r_0\delta}}$$

$$=\sqrt{\frac{1000\times(0.15-0.15\times0.018\times6.62+0.026)\times600}{3\times(5000+8760\times0)\times31.5\times0.5}}$$

$$=0.634(\text{A/mm}^2)$$

② 导线流过的电流为

$$I=\frac{P}{\sqrt{3}U\cos\varphi}=\frac{1500}{\sqrt{3}\times35\times0.8}=30.9(\text{A})$$

③ 导线截面积为

$$S=I/j_n=30.9/0.634=48.7(\text{mm}^2)$$

可选用LGJ-50型导线。

36. 按允许电压损失选择导线截面积的计算之一

(1) 计算公式

设线路沿线截面积相同，则根据允许电压损失选择导线、电缆的截面积按下列公式计算：

$$S=\frac{\rho\sum_{1}^{n}PL}{U_e\Delta U_a}$$

三相系统

$$S=\frac{\sqrt{3}\rho\sum_{1}^{n}IL}{10U_e\Delta U\%}$$

单相系统

$$S=\frac{2\rho\sum_{1}^{n}IL}{10U_e\Delta U\%}$$

$$\Delta U_{a}=\Delta U_{yx}-\Delta U_{r};\Delta U_{r}=\frac{\sum_{1}^{n}QX}{U_{e}}=\frac{x_{0}\sum_{1}^{n}QL}{U_{e}}$$

式中 S——导线截面积，mm^2；

ρ——工作温度下导线材料的电阻率（$\Omega \cdot mm^2/km$），一般铝芯（50℃）取 $35\Omega \cdot mm^2/km$，铜芯（50℃）取 $18.8\Omega \cdot mm^2/km$；

U_e——线路额定电压（kV），对于三相系统为线电压，对于单相系统为相电压；

P——通过每段线路的有功功率，kW；

L——每段线路的长度，km；

ΔU_a——线路电阻中的电压损失，V；

ΔU_{yx}——线路允许的电压损失，V；

ΔU_r——线路电抗部分的电压损失，V；

$\sum_{1}^{n}PL$——负荷矩，kW·m；

X——导线、电缆的电抗，Ω；

x_0——导线、电缆单位电抗，Ω/km；

Q——通过每段线路的无功功率（kvar），$Q=P\tan\varphi$；

I——通过每段线路的电流，A；

$\Delta U\%$——线路允许的电压损失百分数，见表 2-24。

表 2-24 各种情况下允许的网络电压损失百分数

序号	名 称	允许电压损失百分数 $\Delta U\%$	附注
1	内部低压配电线路	1～2.5	①总计不得大于 60%
2	外部低压配电网络	3.5～5	
3	工厂内部供给有照明负荷的低压网络	3～5	
4	正常情况下的高压配电网络	3～6	
5	正常情况下的高压配电网络,但在事故情况下	6～12	
6	正常情况下地方性高压供电网络	5～8	②第 4、6 两项之和不得大于 10%
7	正常情况下地方性高压供电网络,但在事故情况下	10～12	
8	正常情况下地方性网络	10(有调压器时为 15)	
9	正常情况下地方性网络,但在事故情况下	15(有调压器时为 20)	

在导线截面积尚未确定时，线路电抗是未知的。但对于某一电压级的线路来说，导线截面积的改变，其电抗值变化甚小。因此在计算电抗引起的电压损失时，可先假定电抗值（平均值）。对于 6～10kV 线路约为 0.36Ω/km，对于 0.38kV 线路约为 0.33Ω/km，电缆的电抗约为 0.08Ω/km。

用上式算出导线截面积后，在产品目录中查出最接近的标称导线截面积，然后再用该导线截面积验算实际的电压损失。

(2) 实例

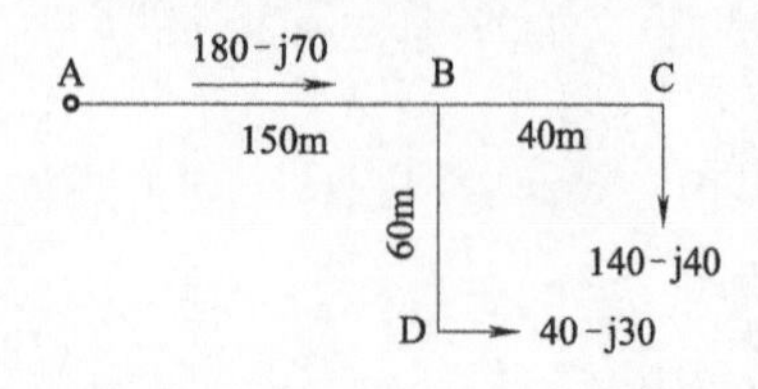

图 2-19 某 380V 三相配电网

某 380V 三相配电网如图 2-19 所示，欲采用铜芯绝缘导线穿管敷设，允许电压损失为 5%，干线 AC 采用同一截面积的导线，试求干线 AC 和支线 BD 导线截面积。

解 ① 求干线 AC 的导线截面积。铜芯绝缘导线穿管敷设时，其电抗值为 0.06～0.1Ω/km。假设 $x_0=0.08\Omega/$

km，则 AC 段由于电抗引起的电压损失为

$$\Delta U_{\mathrm{rAC}}=\frac{x_0\sum_1^n QL}{U_\mathrm{e}}$$

$$=\frac{0.08\times(40\times0.04+70\times0.15)}{0.38}=2.55(\mathrm{V})$$

已知允许电压损失为

$$\Delta U_{\mathrm{yx}}=\frac{380\times5}{100}=19(\mathrm{V})$$

则线路 AC 上电阻引起的电压损失为

$$\Delta U_{\mathrm{aAC}}=\Delta U_{\mathrm{yx}}-\Delta U_{\mathrm{rAC}}=19-2.55=16.45(\mathrm{V})$$

线路 AC 的导线截面积为

$$S=\frac{\rho\sum_1^n PL}{U_\mathrm{e}\Delta U_{\mathrm{aAC}}}=\frac{18.8\times(140\times0.04+180\times0.15)}{0.38\times16.45}=98(\mathrm{mm}^2)$$

选取 BV-500-3×120mm² 铜导线，由电工手册查得 $R_0=0.15\Omega/\mathrm{km}$，$x_0=0.06\Omega/\mathrm{km}$。因此 AB 段实际电压损失为

$$\Delta U_{\mathrm{AB}}=\frac{(180\times0.15+70\times0.06)\times0.15}{0.38}=12.32(\mathrm{V})$$

② 求支路 BD 导线截面积：线路 BD 所允许的电压损失为

$$\Delta U_{\mathrm{yxBD}}=\Delta U_{\mathrm{yx}}-\Delta U_{\mathrm{AB}}=19-12.32=6.68(\mathrm{V})$$

假设 $x_0=0.1\Omega/\mathrm{km}$，BD 支线由电抗引起的电压损失为

$$\Delta U_{\mathrm{rBD}}=\frac{0.1\times30\times0.06}{0.38}=0.47(\mathrm{V})$$

BD 支线由电阻引起的电压损失为

$$\Delta U_{\mathrm{aBD}}=6.68-0.47=6.21(\mathrm{V})$$

BD 支线的导线截面积为

$$S_{\mathrm{BD}}=\frac{\rho\sum_1^n PL}{U_\mathrm{e}\Delta U_{\mathrm{aBD}}}=\frac{18.8\times40\times0.06}{0.38\times6.21}=19.12(\mathrm{mm}^2)$$

选取 BV-500-3×25mm² 铜导线，其 $x_0=0.066\Omega/\mathrm{km}$，比假定的 0.1Ω/km 小，因此电压损失能满足要求。

37. 按允许电压损失选择导线截面积的计算之二

【实例】 某三相三线式配电线路，送电端电压为 11kV，长 5km，供给功率为 4000kW、功率因数为滞后 0.8 的负荷，要使电压降规定在 600V 以内，试选择最小的导线截面积。设导线的电阻率为 0.0175Ω·mm²/m，并忽略线路电抗。

解 受电端电压为

$$U_2=U_1-\Delta U=11000-600=10400(\mathrm{V})$$

线电流为

$$I=\frac{P\times10^3}{\sqrt{3}U_2\cos\varphi}=\frac{4000\times10^3}{\sqrt{3}\times10400\times0.8}=277.6(\mathrm{A})$$

设导线截面积为 S (mm^2)，则线路电阻为

$$R=\rho L/S=0.0175\times5000/S=87.5/S(\Omega)$$

电压降公式为

$$\Delta U=\sqrt{3}I(R\cos\varphi+X\sin\varphi)=\sqrt{3}IR\cos\varphi(\text{因不计电抗}),$$

故有

$$600=\sqrt{3}\times277.6\times\frac{87.5}{S}\times0.8=\frac{33656.2}{S}$$

$$S=56(\mathrm{mm^2})$$

因此，可采用最小标称截面积为 $70mm^2$ 的铜导线。

38. 按允许电压损失选择导线截面积的计算之三

【实例】 一条额定电压 U_e 为10kV的架空线路，输送容量 P 为500kW，功率因数 $\cos\varphi$ 为0.8，输送距离 L 为18km，允许电压损失百分数 $\Delta U\%$ 为7，试选择导线截面积。设架空线路单位电抗 x_0 为 $0.4\Omega/km$。

解 ① 求电抗上的电压损失百分数 $\Delta U_r\%$。

$$\tan\varphi=\frac{\sqrt{1-\cos^2\varphi}}{\cos\varphi}=\frac{\sqrt{1-0.8^2}}{0.8}=0.75$$

输送无功功率为

$$Q=P\tan\varphi=500\times0.75=375(\mathrm{kvar})$$

$$\Delta U_r\%=\frac{x_0}{10U_e^2}\sum_1^n QL=\frac{0.4\times375\times18}{10\times10^2}=2.7$$

② 求电阻上的电压损失百分数 $\Delta U_a\%$。

$$\Delta U_a\%=\Delta U\%-\Delta U_r\%=7-2.7=4.3$$

③ 求导线截面积。

$$S=\frac{\rho\sum_1^n PL}{U_e\Delta U_a}=\frac{\sum_1^n PL\times100}{rU_e^2\Delta U_a\%}=\frac{500\times18\times100}{32\times10^2\times4.3}=65.3(\mathrm{mm^2})$$

选择LGJ-70型。

按发热条件校验：

$$I_{max}=\frac{P}{\sqrt{3}U_e\cos\varphi}=\frac{500}{\sqrt{3}\times10\times0.8}=36(\mathrm{A})$$

查表LGJ-70导线允许载流量为275A≫36A，因此满足热稳定要求。

39. 导线在短路状态下允许电流的计算

(1) 计算公式

输电线路发生接地及短路故障时，导线会因瞬时电流剧增而引起温度升高。不致使导线抗拉强度降低的极限温度，硬铜线为200℃，铝线为180℃，铝镍镁合金线为150℃。与这个极限温度相对应的电流称为瞬时电流容量。

由于短路时间很短（一般小于 2～3s），可假设导线不向外发散热量，并设导线的初始温度为 40℃，则可由下列各式计算出导线的瞬时容量。

① 硬铜线：

$$温升为160℃时, I=152.1S\sqrt{t}$$

② 硬铝线：

$$温升为140℃时, I=93.26S\sqrt{t}$$

③ 铝镍镁合金线：

$$温升为110℃时, I=79.2S\sqrt{t}$$

式中 I——允许通过导线的短路电流，A；

S——导线截面积，mm^2；

t——通电时间，s。

(2) 实例

硬铜线、硬铝线、铝镍镁合金线导线截面积均为 $50mm^2$，发生短路的持续时间为 0.8s，试计算达到允许温升时通过这三种导线的电流。

解 短路时通过三种导线的电流分别为

硬铜线 $I=152.1S\sqrt{t}=152.1\times50\times\sqrt{0.8}=6802(A)$

硬铝线 $I=93.26S\sqrt{t}=93.26\times50\times\sqrt{0.8}=4170(A)$

铝镍镁合金线 $I=79.2S\sqrt{t}=79.2\times50\times\sqrt{0.8}=3542(A)$

40. 油断路器合闸电缆截面积的选择

(1) 计算公式

油开关合闸电缆，当通过合闸电缆的电流为单台开关传动装置的合闸电流时，油开关的合闸电缆截面积为：

$$S=\frac{2\rho IL}{U_e\Delta U\%}\times100$$

在计算由直流操作母线至继电器和分、合闸线圈端子的电压降时，应分别符合线圈对最低电压的要求：继电器线圈不低于额定电压的 70%；合闸线圈不低于 85%；分闸线圈不低于 65%。

(2) 实例

变电所 SN_2-10 型油开关的合闸电流为 85A，该开关与 220V 直流操作电源距离为 70m，合闸时允许的电压降为 5%。试选择合闸电缆的截面积。

解 如采用铜芯电缆，$\rho=0.0188\Omega\cdot mm^2/m$，合闸电缆芯截面积为

$$S=\frac{2\rho IL}{U_e\Delta U\%}\times100=\frac{2\times0.0188\times85\times70\times100}{220\times5}$$
$$=20(mm^2)$$

取标称截面积为 $25mm^2$ 的铜芯电缆。

41. 按允许电压损失选择地埋线截面积的计算

地埋线就是埋入地下的绝缘导线。

(1) 计算公式

按允许电压损失选择，选择截面积的计算公式如下：

$$S=\frac{M}{C\Delta U\%}=\frac{PL}{C\Delta U\%}$$

式中 S——地埋线芯线截面积，mm^2；

M——负荷矩（kW·m），$M=PL$；

P——线路传输功率，kW；

L——线路长度，m；

$\Delta U\%$——线路电压损失百分数，动力用于（380V）不大于7；照明用户（220V）不大于10；

C——计算系数，380/220V三相四线制和380V三相三线制，当各相负荷均匀分配时取$C=50$；220V单相制取$C=8.3$。

(2) 实例

某地埋线传输功率为30kW，线路长度为100m，采用380/220V三相四线制供电，三相负荷对称，试按允许电压损失选择地埋线截面积。

解 设允许电压损失为8%，即$\Delta U\%=8$，则地埋线截面积为

$$S=\frac{PL}{C\Delta U\%}=\frac{30\times100}{50\times8}=7.5(mm^2)$$

选取四芯电缆，标称截面积为3×10+1×6=36（mm^2）。

42. 按发热条件选择地埋线截面积的计算

(1) 计算公式

$$I_{yx}=KI_e\geqslant I_{js}$$

式中 I_{yx}——实际环境温度下的导线允许载流量，A；

I_e——导线的额定工作电流（即在规定土壤温度25℃下的允许载流量），见表2-25；

K——温度校正系数，见表2-26；

I_{js}——通过相线的计算电流，A。

表2-25 地埋线的安全载流量

标称截面积/mm^2	长期连续负荷允许载流量/A					
	埋地敷设(ρ_T)				室内明敷	
	NLV	NLVV NLYV NLYV-1	NLV	NLVV NLYV	NLV	NLVV NLYV
2.5	35	35	32	32	25	25
4	45	45	43	43	32	31
6	65	60	60	55	40	40
10	90	85	80	65	55	55
16	120	110	105	100	80	80
25	150	140	130	125	105	105
35	185	170	160	150	130	135
50	230	210	195	175	165	165

注：1. ρ_T为土壤热阻系数，一般情况下，长江以北取$\rho_T=120$℃·cm/W；长江以南取$\rho_T=80$℃·cm/W为宜。

2. 土壤温度：25℃。

3. 导电线芯最高允许工作温度：65℃。

表 2-26 温度校正系数

实际环境温度/℃	5	10	15	20	25	30	35	40	45
校正系数 K	1.22	1.17	1.12	1.06	1.0	0.935	0.865	0.791	0.707

计算电流 I_{js} 可由表 2-27 查得输送每千瓦有功功率线路计算电流值然后计算得到。

表 2-27 用电设备不同功率因数时输送每千瓦有功功率线路计算电流值

电压/V ＼ I_{js}/A ＼ $\cos\varphi$	1.00	0.95	0.90	0.85	0.80	0.75	0.70	0.65	0.60
220	4.55	4.79	5.05	5.35	5.68	6.06	6.49	7.00	7.58
380	1.52	1.60	1.69	1.79	1.90	2.03	2.17	2.34	2.53

(2) 实例

敷设某地埋线供 380V、30kW 动力用电，三相负荷对称，功率因数 $\cos\varphi$ 为 0.8，线路长度为 100m。已知当地最高实际环境温度为 30℃。试选择地埋线截面积。

解 ① 按发热条件选择。查表 2-27 得计算电流为

$$I_{js}=1.90\times30=57(\mathrm{A})$$

又查 2-26 得 $K=0.935$，故导线额定电流

$$I_e\geqslant I_{js}/K=57/0.935=61(\mathrm{A})$$

查表 2-25，可选用截面积为 6mm² 的地埋线。

② 按允许电压损失率选择。因动力用户，设允许电压损失百分数 $\Delta U\%=6$，则地埋线截面积为

$$S=\frac{PL}{C\Delta U\%}=\frac{30\times100}{50\times6}=10(\mathrm{mm}^2)$$

因此可选用标称截面积为 3×10mm² 的三芯地埋线。若有部分照明，可选用 3×10mm²＋1×6mm² 的四芯地埋线。

43. 电缆线路导线经济截面积的选择

(1) 计算公式

电缆线路的截面积通常按最大长期负荷电流和按发热条件及允许电压损失选择。

① 按最大长期负荷电流选择。

$$I'_{yx}\geqslant I_{z\max}\quad I'_{yx}=K_1K_2K_3I_{yx}$$

式中 I'_{yx}——考虑电缆敷设周围介质的温度、多根并列敷设及土壤热阻率影响后的电缆的允许负荷电流，A；

I_{yx}——电缆的允许负荷电流，即安全载流量（A），常用电缆的安全载流量可查电工手册；

K_1——电缆敷设周围介质温度校正系数，见表 2-28；

K_2——多根并列敷设时的校正系数，见表 2-29 和表 2-30；

K_3——土壤热阻率校正系数，见表 2-31；

I_{zmax}——电缆中长期通过的最大负荷电流（A），应考虑电缆可能长期过负荷。

表 2-28 当周围介质温度不同于计算温度时电缆的温度校正系数 K_1

介质计算温度/℃	缆芯最高温度/℃	实际周围介质温度(℃)时的载流量校正系数											
		−5	0	+5	+10	+15	+20	+25	+30	+35	+40	+45	+50
15	80	1.14	1.11	1.08	1.04	1	0.96	0.92	0.88	0.83	0.78	0.73	0.68
25	80	1.24	1.2	1.17	1.13	1.09	1.04	1	0.95	0.9	0.85	0.8	0.74
15	70	1.17	1.13	1.09	1.045	1	0.955	0.905	0.85	0.79			
25	70	1.29	1.24	1.2	1.15	1.11	1.05	1	0.94	0.88	0.81	0.74	0.67
15	65	1.18	1.14	1.1	1.05	1	0.95	0.89	0.84	0.77	0.71	0.63	0.55
25	65	1.32	1.27	1.22	1.17	1.12	1.06	1	0.94	0.87	0.79	0.71	0.61
15	60	1.2	1.15	1.12	1.06	1	0.94	0.88	0.82	0.75	0.67	0.57	0.47
25	60	1.36	1.31	1.25	1.2	1.13	1.07	1	0.93	0.85	0.76	0.66	0.54
15	55	1.22	1.17	1.12	1.07	1	0.93	0.86	0.79	0.71	0.61	0.5	0.36
25	55	1.41	1.35	1.29	1.23	1.15	1.08	1	0.91	0.82	0.71	0.58	0.41
15	50	1.25	1.2	1.14	1.17	1	0.93	0.84	0.76	0.66	0.54	0.37	
25	50	1.48	1.41	1.34	1.26	1.18	1.09	1	0.89	0.78	0.63	0.45	

表 2-29 电缆在空气中多根并列敷设时载流量的校正系数 K_2

电缆根数		1	2	3	4	6	4	6
排列方式		○	○ ○ (s, d)	○○○	○○○○	○○○○○○	○○ ○○	○○○ ○○○
电缆中心距离	$s=d$	1.0	0.9	0.85	0.82	0.80	0.8	0.75
	$s=2d$	1.0	1.0	0.98	0.95	0.90	0.9	0.90
	$s=3d$	1.0	1.0	1.0	0.98	0.96	1.0	0.96

注：本表系产品外径相同时的载流量校正系数，d 为电缆的外径。当电缆外径不同时，d 值建议取各产品外径的平均值。

表 2-30 电缆在土壤中多根并列埋设时载流量的校正系数 K_2

电缆间净距/mm	不同敷设根数时的载流量校正系数				
	1 根	2 根	3 根	4 根	6 根
100	1.00	0.88	0.84	0.80	0.75
200	1.00	0.90	0.86	0.83	0.80
300	1.00	0.92	0.89	0.87	0.85

注：敷设时电缆相互间净距应不小于 100mm。

表 2-31 不同土壤热阻率时载流量的校正系数 K_3

导线截面积/mm²	不同土壤热阻率时载流量的校正系数				
	在下列土壤热阻率 ρ_T 时/(℃·cm/W)				
	60	80	120	160	200
2.5～16	1.06	1.0	0.9	0.83	0.77
25～95	1.08	1.0	0.88	0.80	0.73
120～240	1.09	1.0	0.86	0.78	0.71

土壤热阻率的选取。潮湿地区取 60～80℃·cm/W，系指沿海、湖畔、河边及多雨量地区，如华东、华南地区等。普通土壤取 120℃·cm/W，如东北、华北等平原地区。干燥土壤取 160～200℃·cm/W，如雨量少的山区、丘陵、高原地区等。

② 按短路时的热稳定选择。

$$S_{min} \geqslant I_{\infty} \frac{\sqrt{t_j}}{C}$$

式中 S_{min}——短路热稳定要求的最小允许截面积，mm^2；

I_∞——稳态短路电流，A；

t_j——短路电流假想时间（s），可查图 2-20 所示的曲线，高压厂用母线可取 0.3s；

C——热稳定系数，见表 2-32 和表 2-33，钢母线可取 60～70。

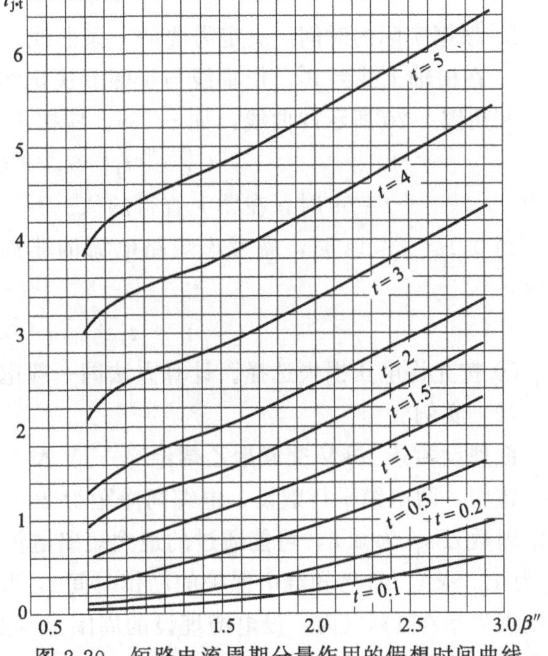

图 2-20 短路电流周期分量作用的假想时间曲线

采用低压熔断器保护的电缆或导线，可不校验热稳定。

要求出短路电流的假想作用时间 t_j 值，必须首先知道短路电流持续时间 t。

$$t=t_b+t_{fd}$$

式中 t——短路电流持续时间，s；

t_b——继电保护的动作时间，s；

t_{fd}——断路器的分断时间，低速开关：$t_{fd}=0.2s$；高速开关：$t_{fd}=0.1s$。

表 2-32 热稳定系数 C（一）

导体种类	铜芯			铝芯		
电缆类型	电缆线路有中间接头	20kV、35kV油浸纸绝缘	10kV 及以下油浸纸绝缘	电缆线路有中间接头	20kV、35kV油浸纸绝缘	10kV 及以下油浸纸绝缘橡胶绝缘
额定电压/kV	短路允许最高温度/℃					
	120	175	250	120	175	200
3～10	93.4	—	159	60.4	—	90
20～35	101.5	130	—	—	—	—

表 2-33 热稳定系数 C（二）

长期允许温度/℃ \ 短路允许温度/℃ \ 导体种类	铜芯							铝芯						
	230	220	160	150	140	130	120	230	220	160	150	140	130	120
90	129.0	125.3	95.8	89.3	62.3	74.5	64.5	83.6	81.2	62.0	57.9	53.2	48.2	41.7
80	134.6	131.2	103.2	97.1	90.6	83.4	75.2	87.2	85.0	66.9	62.9	58.7	54.0	48.7
75	137.5	133.6	106.7	100.8	94.7	87.7	80.1	89.1	86.6	69.1	65.3	61.4	56.8	51.9
70	140.0	136.5	110.2	104.6	98.8	92.0	84.5	90.7	88.5	71.5	67.8	64.0	59.6	54.7
65	142.4	139.2	113.8	108.2	102.5	96.5	89.1	92.3	90.3	73.7	70.1	66.5	62.3	57.7
60	145.3	141.8	117.0	111.8	106.1	100.1	93.4	94.2	91.9	75.8	72.5	68.8	65.0	60.4
50	150.3	147.3	123.7	118.7	113.7	108.0	101.5	97.3	95.5	80.1	77.0	73.6	70.0	65.7

假想时间 t_j 根据图 2-20 所示的曲线决定，其步骤如下：

a. 确定次暂态电流 I'' 与稳态电流 I_∞ 的比。

$$\beta''=I''/I_\infty$$

b. 根据实际的时间 t 决定需要的一条曲线。

c. 在横轴上找到 β''，作垂线与步骤 b 决定的曲线相交，这点的纵坐标即为所求的 t_j。

利用图 2-20 所示的曲线，如 $t<5s$，应按下式决定：

$$t_j=t_{j\cdot5}+(t-5)$$

式中 $t_{j\cdot5}$——$t=5s$ 时，在图上查得的值。

当 $0.1s<t<1s$ 时，需考虑短路电流的非周期分量的热效应，这时，假想时间按下式决定：

$$t_j=t_{j\cdot t}+0.05\beta''^2$$

③ 按允许电压损失选择。计算方法同一般电力线路计算方法。

(2) 实例

欲埋设两条 10kV 交联聚乙烯绝缘 YJV 型三芯高压电缆，线路全长 600m，地处华北普通土壤中，两电缆平行敷设，电缆间净距为 200mm。已知最大长期负载电流 $I_{z\max}$ 为 230A，功率因数 $\cos\varphi$ 为 0.8，可能通过的最大短路电流为：次暂态电流 I'' 为 25kA，稳态短路电流 I_∞ 为 12.5kA。且已知继电保护的动作时间 t_b 为 0.7s，断路器的分断时间 t_{fd} 为 0.2s，要求电压损失率在 1%以内，设电缆埋设的周围土壤温度为 30℃，电缆介质的计算温度为 25℃。试选择电缆截面积。

解 ① 按最大长期负荷电流选择。由最大长期负荷电流 $I_{z\max}=230A$，初步选择截面积为 $95mm^2$（允许电流为 307A）和 $120mm^2$（允许电流为 348A）两种电缆。

根据电缆所埋周围土壤温度为 30℃，线芯规定温度为 80℃时，由表 2-29 查得温度校正系数 $K_1=0.95$；根据电缆在土壤中并列埋设的净距为 200mm，由表 2-31 查得并列埋设校正系数 $K_2=0.9$；根据地处华北地区普通土壤中埋设，查表 2-32 得土壤热阻率校正系数 $K_3=0.88$。

$95mm^2$ 电缆的长期允许电流为

$$I'_{yx}=K_1K_2K_3I_{yx}=0.95\times0.9\times0.88\times307=231(A)$$

因 $I'_{yx}<I_{z\max}$，故不可选用。

$120mm^2$ 电缆的长期允许电流为

$$I'_{yx}=0.95\times0.9\times0.85\times348=252.9(A)$$

$I'_{yx}>I_{z\max}$，故可选用。

② 按短路时的热稳定选择。短路电流持续时间为

$$t=t_b+t_{fd}=0.7+0.2=0.9(s)$$

$$\beta''=I''/I_\infty=25/12.5=2$$

因图 2-20 上无 $t=0.9s$ 的曲线，可用补间法求得 $t_{j\cdot t}=1.4s$。由于 $t<1s$，故需考虑短路电流非周期分量的热效应。

$$t_j=t_{j\cdot t}+0.05\beta''^2=1.4+0.05\times2^2=1.6(s)$$

所需最小截面积为

$$S_{\min}=\frac{I_\infty}{C}\sqrt{t_j}=\frac{12.5\times10^3}{159}\times\sqrt{1.6}$$

$$=99.4(mm^2)<120(mm^2)$$

因此，该电缆在短路情况下是热稳定的。

③ 按允许电压损失选择。查得该电缆在80℃时的电阻 R_0 为0.2Ω/km。忽略电抗不计（由电抗造成的电压降比例很小），则在最大长期负荷电流下的电压损失为

$$\Delta U=\sqrt{3}IR_0L\cos\varphi=\sqrt{3}\times230\times0.2\times0.6\times0.8$$
$$=38(\text{V})$$

电压损失百分数为

$$\Delta U\%=\frac{\Delta U}{U_e}\times100=\frac{36}{10000}\times100=0.36$$

即电压损失率为0.36%，符合题中所提出的电压损失率在1%以内的要求。

因此，可选择YJV-10kV-3×120mm² 的高压电缆。

44. 补插法计算架空导线的弛度

（1）计算公式

导线的弛度可由弛度安装数据表中查得，即根据耐张段的代表档距长度和当时的温度，在安装数据表中查得相应的弛度值。如果调整弛度时所测的实际温度在弛度表中查不到，则可用补插法按下式计算出相应温度的弛度值：

$$f=f_1-\frac{t_1-t}{t_1-t_2}(f_1-f_2)$$

$$f=f_2+\frac{t-t_2}{t_1-t_2}(f_1-f_2)$$

式中 f——在温度为 t 时的弛度值，m；

f_1，f_2——与温度 t_1 和 t_2 相对应的弛度值，m；

t——所测实际温度，℃；

t_1，t_2——与实际温度相邻近的一个较大和较小的温度值，℃。

（2）实例

已知LGJ-70型导线，档距为100m，试求实际温度为28℃时的弛度。LGJ-70型导线的弛度表见表2-34（其他型号导线的弛度表也可由电工手册中查得）。

表2-34 LGJ-70型导线弛度表（最大风速 v=30m/s）

弛度/m 温度/℃ 档距/m	−40	−30	−20	−10	0	10	20	30	40
60	0.14	0.20	0.24	0.30	0.36	0.50	0.66	0.70	0.96
80	0.28	0.34	0.42	0.5	0.6	0.8	0.96	1.02	1.32
100	0.42	0.52	0.6	0.72	0.86	1.1	1.3	1.5	1.72
120	0.60	0.74	0.86	1.0	1.18	1.42	1.64	1.9	2.14
140	0.84	0.98	1.14	1.3	1.56	1.78	2.04	2.3	2.58
160	1.1	1.26	1.46	1.68	1.94	2.18	2.44	2.74	3.02
180	1.46	1.68	1.9	2.14	2.44	2.7	2.98	3.28	3.6
200	2.04	2.3	2.58	2.9	3.23	3.54	3.84	4.16	4.44

解 28℃处在30℃和20℃之间，查表2-34，档距100m时，30℃时导线弛度为1.5m，20℃时为1.3m，故28℃时的导线弛度为

$$f=f_1-\frac{t_1-t}{t_1-t_2}(f_1-f_2)$$

$$=1.5-\frac{30-28}{30-20}\times(1.5-1.3)$$

$$=1.46(\text{m})$$

45. 架空线路档距的计算

(1) 计算公式

架空线路的档距应根据所用导线的规格和当地气候及环境等条件确定。简单的确定步骤如下：

① 导线悬挂点高度：

$$H=L_1-h-L_2$$

式中 H——导线悬挂点高度，m；

L_1——电杆长度，m；

h——电杆埋深，m；

L_2——横担距杆顶距离，m。

② 线路最大允许弛度（40℃时）：

$$f=H-h_{yx}$$

式中 h_{yx}——导线对地允许高度，m。

③ 然后根据架空导线弛度表求得允许最大的档距 L。

(2) 实例

某 10kV 架空线路选用 LGJ-70 型钢芯铝绞线，电杆长度为 10m，采用陶瓷横担，线路跨越居民区，试确定档距。

解 10m 电杆埋深为其长度的 1/6，即约为 1.7m，横担距杆顶为 0.2m。

① 导线悬挂高度为

$$H=L_1-h-L_2=10-1.7-0.2=8.1(\text{m})$$

② 导线跨越居民区，对地允许高度为 6.5m，所以线路最大允许弛度为

$$f=H-h_{yx}=8.1-6.5=1.6(\text{m})$$

③ 导线最大弛度在 40℃时出现，查弛度表（见表 2-34），LGJ-70 型导线在档距为 100m 时为 1.72m，在 80m 时为 1.32m，因此弛度为 1.6m 时的最大允许档距为（内插法）

$$L=100-\frac{1.72-1.6}{1.72-1.32}\times(100-80)$$

$$=94(\text{m})$$

46. 水泥电杆质量估算

(1) 计算公式

对于 6m 以上拔梢圆形水泥电杆，其质量可按下式近似计算：

$$G=300L(D+d)^2$$

式中 G——水泥杆质量，kg；

L——水泥杆长度，m；

D——水泥杆根径，m；

d——水泥杆梢径，m。

利用该公式的计算结果与实际水泥杆质量相比，误差不足10%，基本可满足施工过程中力的验算的需要。因为各种力的验算都必须考虑一定的安全系数。

(2) 实例

水泥电杆长度为12m，根径为0.35m，梢径为0.19m，试估算其质量。

解 水泥电杆的质量为

$$G=300\times12\times(0.35+0.19)^2=1049.76(\text{kg})$$

该电杆的实际质量为1010kg，误差为3.9%。

47. 拉线长度计算

(1) 计算公式

拉线装置，如图2-21所示。

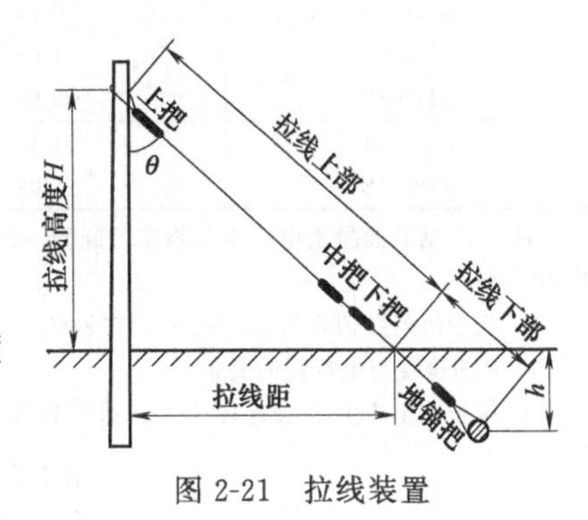

图2-21 拉线装置

1) 拉线长度计算

拉线长度为拉线上部下料长度、下部下料长度之和。

① 拉线上部下料长度为

$$L_{上}=H\sec\theta+l_{上1}-l_{上2}$$

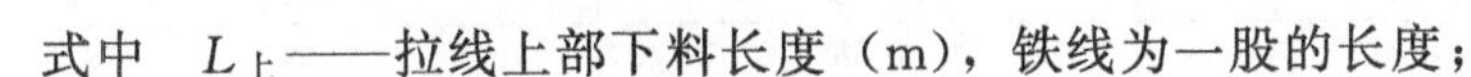

式中 $L_{上}$——拉线上部下料长度（m），铁线为一股的长度；

θ——拉线与电杆间的夹角（°）；

$l_{上1}$——缠绕电杆，上、中把缠绕和绝缘子上、下把缠绕所需长度之和（m），其中，缠绕电杆（包括上把）所需长度为1.5m，作拉线中把所需长度为1.2m，安装拉线绝缘子所需长度为2×1.2=2.4（m）；

$l_{上2}$——拉线下部露出地面长度和花篮螺栓长度之和（m），其中，拉线下部露出地面长度约为0.8m；花篮螺栓长度为花篮螺栓两端螺栓环首间的长度（m）；

H——拉线高，即拉线固定点至地面高度，m。

② 拉线下部下料长度为

$$L_{下}=h\sec\theta+l_{下1}$$

式中 $L_{下}$——拉线下部下料长度（m），铁线为一股的长度；

h——拉线埋深，即拉线坑的垂直深度，m；

$l_{下1}$——拉线露出地面长度、作下把长度、作地锚把长度之和（m），其中，拉线露出地面长度约为0.8m；作下把所需长度约为1.2m；作地锚把所需长度约为1.8m。

2) 拉线截面积计算

拉线截面积或拉线股数（当采用铁线作拉线时）可按表2-35～表2-38中所列数值进行计算。

(2) 实例

有一钢筋混凝土电杆，梢径为ϕ170mm，杆高12m，导线LGJ-120三条水平排列，拉线固定点至地面高度为9m，拉线与电杆间的夹角为30°，拉线埋深为1.8m，不安装拉线绝缘子，拉线采用镀锌钢绞线。试分别在下列两种情况下，求拉线的长度和股数：

① 终端电杆；

② 15°转角杆。

表 2-35 钢筋混凝土电杆相当于拉线股数

电杆梢径(mm)及杆高(m)	水平拉线股数 n_2	普通拉线股数 n_1	
		$\theta=30°$	$\theta=45°$
ϕ150-8	0.5	0.99	0.70
ϕ150-9	0.45	0.89	0.63
ϕ150-10	0.74	1.47	1.04
ϕ170-8	0.54	1.07	0.76
ϕ170-9	0.48	0.97	0.68
ϕ170-10	0.79	1.58	1.12
ϕ170-11	1.03	2.06	1.46
ϕ170-12	0.96	1.92	1.36
ϕ190-11	1.10	2.19	1.55
ϕ190-12	1.02	2.04	1.44

注：1. 钢筋混凝土电杆本身强度可起到一部分拉线的作用，表中所列数值即为不同规格的电杆可起到多少根拉线的作用。

2. 表中所列数值系为 ϕ4.0mm 镀锌铁线。

3. θ 为拉线与电杆间的夹角。

4. 按被动土压力 $6.13\times10^4 N/m^3$ 进行计算。

表 2-36 每根导线所需的拉线股数

导线规格	水平拉线股数 n_2	普通拉线股数 n_1	
		$\theta=30°$	$\theta=45°$
LJ-16	0.34	0.68	0.48
LJ-25	0.53	1.06	0.75
LJ-35	0.73	1.47	1.04
LJ-50	1.06	2.12	1.50
LJ-70	1.16	2.32	1.64
LJ-95	1.55	3.10	2.20
LJ-120	1.56	3.12	2.20
LJ-150	1.85	3.70	2.26
LJ-185	2.29	4.58	3.24
LGJ-120	2.56	5.11	3.62
LGJ-150	3.26	6.52	4.61
LGJ-185	4.02	8.04	5.68
LGJ-240	5.25	10.50	7.43

注：1. 表中所列数值系为 ϕ4.0mm 镀锌铁线。

2. θ 为拉线与电杆间的夹角。

表 2-37 转角杆折算系数

转角	30°	15°
折算系数 μ	0.518	0.26

表 2-38 ϕ4.0mm 镀锌铁线与镀锌钢绞线换算表

ϕ4.0mm 镀锌铁线股数	3	5	7	9	11	13	15	17	19
镀锌钢绞线截面积/mm²	25	25	35	50	70	70	100	100	100

解 ① 终端电杆：

a. 拉线上部长度：

$$由\ \theta=30°得\ \sec\theta=1.155$$

$$l_{上1}=1.5(作上把所需长度)+1.2(作中把所需长度)=2.7(m)$$

$$l_{上_2}=0.8\text{m}, H=9\text{m}$$

故
$$L_{上}=H\sec\theta+l_{上_1}-l_{上_2}=9\times1.155+2.7-0.8=12.3(\text{m})$$

b. 拉线下部长度：

$$l_{下_1}=0.8(\text{拉线露出地面高度})+1.2(\text{作下把长度})+1.8(\text{作地锚把长度})=3.8(\text{m})$$

$$h=1.8\text{m}$$

故
$$L_{下}=h\sec\theta+l_{下_1}=1.8\times1.155+3.8=5.9(\text{m})$$

拉线的长度 $L=L_{上}+L_{下}=12.3+5.9=18.2(\text{m})$

由表 2-35 查得电杆相当于拉线股数为 1.92，由表 2-36 查得每根导线所需拉线股数为 5.11，则

$$\text{拉线上部股数}=3\times5.11-1.92=13.41(\text{股})$$

取 15 股 ϕ4.0mm 镀锌铁线作拉线，即相当于用 100mm^2 的镀锌钢绞线。

② 15°转角杆：由表 2-37 查得折算系数 $\mu=0.26$，则 3 条 LGJ-120 的导线需要 $3\times5.11\times0.26=3.98$ 股 ϕ4.0mm 镀锌铁线。考虑电杆的影响，所需拉线股数为 $3.98-1.92=2.06$（股），取 3 股作拉线上部；查表 2-38 应取 25mm^2 镀锌钢绞线，而拉线下部应较拉线上部高一级，即取 35mm^2 钢绞线。

48. 企业月加权功率因数的计算

（1）计算公式

先记录下企业每月消耗的有功电量和无功电量，然后按下式计算功率因数：

$$\tan\varphi=\frac{A_Q}{A_P}$$

$$\cos\varphi=\sqrt{\frac{1}{1+\tan^2\varphi}}$$

式中 A_P——企业每月消耗的有功电量，kW·h；

A_Q——企业每月消耗的无功电量，kvar·h。

（2）实例

某企业 10kV 配电室电源进线装有有功和无功电能表。已知月用电量有功为 15000kW·h，无功为 8500kvar·h，求该企业该月的加权平均功率因数。

解
$$\tan\varphi=\frac{A_Q}{A_P}=\frac{8500}{15000}=0.57$$

故月加权平均功率因数为

$$\cos\varphi=\sqrt{\frac{1}{1+\tan^2\varphi}}=\sqrt{\frac{1}{1+0.57^2}}=0.87$$

49. 企业瞬时功率因数的计算

（1）计算公式

先测量出某一时段（如几十秒）内有功电能表和无功电能表所记录的读数，然后按下式计算瞬时功率因数：

$$\cos\varphi=\frac{A_P}{\sqrt{A_P^2+A_Q^2}}$$

式中 A_P——有功电能表记录的读数，kW·h；

A_Q——无功电能表记录的读数，kvar·h。

（2）实例

某企业配电室电源进线电压互感器变比为10000/100，电流互感器变比为100/5。现测得有功电能表铝盘转35转，走时20s；无功电能表铝盘转5转，走时15.5s。由电能表铭牌可知，有功、无功电能表常数为2500r/kW·h和2500r/kvar·h。试求瞬时功率因数。

解 有功功率为

$$P=\frac{3600\times35}{2500\times20}\times10000/100\times100/5$$
$$=5040(\text{kW})$$

无功功率为

$$Q=\frac{3600\times5}{2500\times15.5}\times10000/100\times100/5$$
$$=929(\text{kvar})$$

得瞬时功率因数为

$$\cos\varphi=\frac{5040}{\sqrt{5040^2+929^2}}=0.98$$

50. 补偿容量的计算

（1）计算公式

补偿容量的大小取决于电力负荷的大小、补偿前负荷的功率因数以及补偿后提高的功率因数值。补偿容量可按下式计算：

$$Q_c=P\left(\frac{\sqrt{1-\cos^2\varphi_1}}{\cos\varphi_1}-\frac{\sqrt{1-\cos^2\varphi_2}}{\cos\varphi_2}\right)$$

式中 Q_c——补偿容量，kvar；

P——用电设备功率，kW；

$\cos\varphi_1$——补偿前的功率因数，采用最大负荷月平均功率因数；

$\cos\varphi_2$——补偿后的功率因数，即目标功率因数。

例如，某工厂平均用电功率为1200kW，自然功率因数为0.75，现欲将功率因数提高到0.85，则补偿电容容量为

$$Q_c=1200\times\left(\frac{\sqrt{1-0.75^2}}{0.75}-\frac{\sqrt{1-0.85^2}}{0.85}\right)$$
$$=1200\times(0.88-0.62)=312(\text{kvar})$$

对于企业新增负荷的补偿容量可按下例计算。

（2）实例

【实例1】 某变电所负荷容量为5600kW，功率因数为滞后0.82。现要增加2000kW、功率因数为滞后0.79的新负荷。拟对这些负荷进行无功补偿，使变电所的总功率因数提高到0.9，试求补偿电容容量。

解 设原负荷的视在功率、有功功率和无功功率分别为 S_1、P_1、Q_1；新增负荷的各相应值为 S_2、P_2、Q_2；改善功率因数用的补偿电容容量为 Q_c，则使总功率因数提高到 0.9 时的矢量图如图 2-22 所示。其中 $\varphi_1=\arccos 0.82=34.9°$，$\varphi_2=\arccos 0.79=37.8°$，$\varphi=\arccos 0.9=25.8°$。

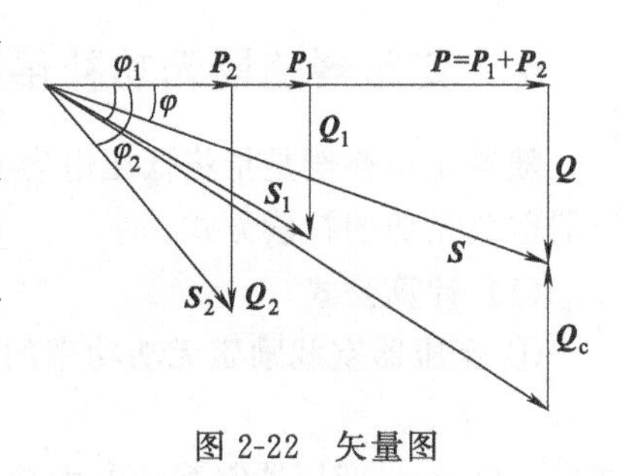

图 2-22 矢量图

总视在功率为

$$S=P/\cos\varphi=(5600+2000)/0.9\approx 8444(\text{kV}\cdot\text{A})$$

无功功率为

$$Q=P\tan\varphi=7600\times\tan 25.8°=3674.0(\text{kvar})$$

$$Q_1=P_1\tan\varphi_1=5600\times\tan 34.9°=3906.6(\text{kvar})$$

$$Q_2=P_2\tan\varphi_2=2000\times\tan 37.8°=1551.4(\text{kvar})$$

因此，补偿电容容量为

$$Q_c=Q_1+Q_2-Q$$

$$=3906.6+1551.4-3674.0=1784(\text{kvar})$$

【实例 2】 某企业昼夜平均有功功率 P 为 420kW，负荷的自然功率因数（可由功率因数表实测值加权平均）$\cos\varphi_1$ 为 0.65，欲提高到功率因数 $\cos\varphi_2$ 为 0.9，试求需要装设的补偿电容器的总容量，并选择电容器（电容器安装在变电所低压母线上）。

解 补偿容量为

$$Q_c=P\left(\frac{\sqrt{1-\cos^2\varphi_1}}{\cos\varphi_1}-\frac{\sqrt{1-\cos^2\varphi_2}}{\cos\varphi_2}\right)$$

$$=420\times\left(\frac{\sqrt{1-0.65^2}}{0.65}-\frac{\sqrt{1-0.9^2}}{0.9}\right)=287.7(\text{kvar})$$

因此，可选用 BZMJ0.4-25-1/3 型电容器，其额定电压为 0.4kV，标称容量为 25kvar，标称电容为 498μF。共 4 组，每组由 3 只电容器组成，电容器接成△形，接线如图 2-23 所示。

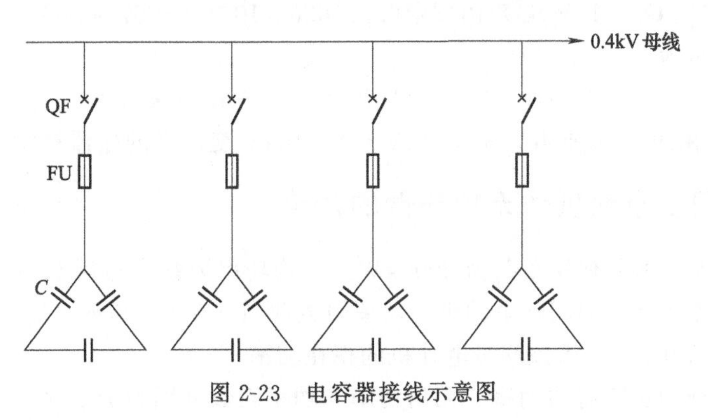

图 2-23 电容器接线示意图

总补偿电容器容量为

$$Q_c=3\times 4\times 25=300(\text{kvar})$$

51. 变压器随器无功补偿容量的计算

随器无功补偿是指将低压电容器通过低压熔断器接在配电变压器二次侧，以补偿配电变压器空载无功的补偿方式。

(1) 计算公式

① 变压器空载励磁无功功率的计算。

$$Q_o = I_o\%S_e \times 10^{-2}$$

式中 Q_o——变压器空载励磁无功功率，kvar；

$I_o\%$——变压器空载电流百分数，10kV 配电变压器，$I_o\%=0.9\sim2.8$，具体可由产品目录查得；

S_e——变压器额定容量，kV·A。

② 随器无功补偿容量的确定。随器补偿只能补偿配电变压器的空载无功 Q_o。如果补偿容量 $Q_c>Q_o$，则在配电变压器接近空载时造成过补偿，且当出现配电变压器非全相运行时，易产生铁磁谐振。因此推荐选用

$$Q_c=(0.95\sim0.98)Q_o$$

随器无功补偿容量也可查表 2-39 确定。

表 2-39　随器无功补偿容量（配 S9 系列变压器）

变压器容量/kV·A	补偿容量/kvar	变压器容量/kV·A	补偿容量/kvar
80	1.4	315	3.3
100	1.5	400	3.8
125	1.8	500	4.8
160	2.2	630	5.4
200	2.5	800	6.1
250	2.9	1000	6.7

(2) 实例

一台 S9-630kV·A、10kV 变压器，试确定随器无功补偿容量。

解　① 计算法。由产品目录查得，该变压器的空载电流百分数为 $I_o\%=0.9$，因此该变压器的空载励磁无功功率为

$$Q_o=I_o\%S_e\times10^{-2}=0.9\times630\times10^{-2}=5.67(\text{kvar})$$

随器补偿容量为

$$Q_c=(0.95\sim0.98)Q_o=5.39\sim5.56(\text{kvar})$$

② 查表法。由表 2-40 查得，S9-630kV·A、10kV 变压器的随器补偿容量为 5.4kvar。

52. 采用同步电动机作无功补偿的计算

【实例】 某工厂实际使用负荷为 2000kW，平均功率因数为滞后 0.707。厂拟采用同步电动机来提高功率因数。当同步电动机的功率因数调到 0.866（超前）时，恰能将全厂的功率因数提高到滞后 0.866。求该同步电动机的视在功率。

解　设补偿前的负荷有功功率、无功功率和功率因数分别为 P_1、Q_1 和 $\cos\varphi_1$；同步电动机的相应数值为 P_d、Q_d、$\cos\varphi_2$；补偿后的全厂功率因数为 $\cos\varphi'$。

由于 $\cos\varphi_1=0.707$，所以 $\varphi_1=45°$

$$\cos\varphi_2=\cos\varphi'=0.866,\text{所以 }\varphi_2=\varphi'=30°$$

$$Q_1 = P_1 \tan\varphi_1 = 2000 \times \tan 45° = 2000(\text{kvar})$$

$$Q_d = P_d \tan\varphi_2 = P_d \tan 30° = 0.577 P_d(\text{kvar})$$

投入同步电动机后的总无功功率为

$$Q' = Q_1 - Q_d = 2000 - 0.577 P_d$$

也可写成 $Q' = (P_1 + P_d)\tan\varphi'$

$$= (2000 + P_d)\tan 30° = 1154.7 + 0.577 P_d$$

即 $2000 - 0.577P_d = 1154.7 + 0.577P_d$

$$P_d = \frac{2000 - 1154.7}{2 \times 0.577} \approx 732(\text{kW})$$

因此，同步电动机的视在功率（计算值）为

$$S_d = P_d / \cos\varphi_2 = 732/0.866 = 845(\text{kV} \cdot \text{A})$$

53. 三相电动机就地无功补偿计算

（1）计算公式

当对电动机作个别补偿时，补偿容量有以下几种计算方法：

① 根据计算负荷确定：

$$Q_c = KP_{js}(\tan\varphi_1 - \tan\varphi_2)$$

式中 Q_c——补偿容量，kvar；

P_{js}——电动机计算功率，kW；

K——防过补偿系数，一般取 0.75～0.85；

$\tan\varphi_1$——补偿前功率因数角正切值；

$\tan\varphi_2$——补偿后功率因数角正切值。

$\cos\varphi_2$ 一般取 0.95。$\tan\varphi$ 与 $\cos\varphi$ 的对应关系见表 2-40。

表 2-40 $\tan\varphi$ 与 $\cos\varphi$ 对应表

$\tan\varphi$	3.22	2.65	2.30	2.17	2.01	1.91	1.82	1.74	1.62	1.55	1.47
$\cos\varphi$	0.30	0.35	0.40	0.42	0.44	0.46	0.48	0.50	0.52	0.54	0.56
$\tan\varphi$	1.39	1.34	1.26	1.19	1.14	1.08	1.02	0.96	0.90	0.84	0.79
$\cos\varphi$	0.58	0.60	0.62	0.64	0.66	0.68	0.70	0.72	0.74	0.76	0.78
$\tan\varphi$	0.75	0.68	0.64	0.58	0.53	0.48	0.42	0.36	0.29	0.2	0
$\cos\varphi$	0.80	0.82	0.84	0.86	0.88	0.90	0.92	0.94	0.96	0.98	1.0

② 根据电动机型号和数据确定：

$$Q_c = \sqrt{3} K U_e I_e \left(\sin\varphi_e - \frac{1}{\lambda + \sqrt{\lambda^2 - 1}} \right) \times 10^{-3}$$

式中 I_e——电动机额定电流，A；

U_e——电动机额定电压，V；

$\sin\varphi_e$——电动机额定功率因数角正弦值；

λ——电动机过载倍数。

③ 根据空载电流或额定功率确定：

$$Q_c = K_1 \sqrt{3} U_e I_0 \times 10^{-3}$$

式中 K_1——电容配比系数（为防止过补偿），一般取 $0.85 < K_1 < 1$，惯性较小的电动机取

大值；惯性较大的电动机取小值；

I_0——电动机空载电流，A。

又有

$$Q_c=K_1Q_0=K_1K_2P_e$$

式中 Q_0——电动机空载励磁无功功率，kvar；

P_e——电动机额定功率，kW；

K_2——空载无功容量和额定功率之比，对多极负荷率较低的电动机取 $K_2=0.40\sim0.55$；对少数大功率电动机取 $K_2=0.2\sim0.4$。

(2) 实例

有一台水泥生产线上使用的 ϕ1.83mm×7m 球磨机，由功率为 245kW、380V 异步电动机带动。已知额定功率因数 $\cos\varphi_e$ 为 0.8，实际功率因数 $\cos\varphi_1$ 为 0.62，电动机计算功率 P_{js}为 208.25kW，电动机过载倍数 λ 为 2.2，额定电流 I_e 为 464A，空载电流 I_0 为 150A，欲采用个别补偿，将功率因数提高到 $\cos\varphi_2$ 为 0.86，试计算补偿容量。

解 下面采用几种不同的计算方法进行计算：

① 根据补偿前后功率因数确定（查表 2-41）：

$$\begin{aligned}Q_c&=KP_{js}(\tan\varphi_1-\tan\varphi_2)\\&=0.8\times208.25\times(1.26-0.58)\\&=113.3(\text{kvar})\end{aligned}$$

② 根据电动机型号和数据确定：

$$\begin{aligned}Q_c&=\sqrt{3}KU_eI_e\left(\sin\varphi_e-\frac{1}{\lambda+\sqrt{\lambda^2-1}}\right)\times10^{-3}\\&=\sqrt{3}\times0.8\times380\times464\times\left(\sin36.9°-\frac{1}{2.2+\sqrt{2.2^2-1}}\right)\times10^{-3}\\&=88.0(\text{kvar})\end{aligned}$$

③ 根据空载电流确定：

$$Q_c\leqslant\sqrt{3}U_eI_0\times10^{-3}=\sqrt{3}\times380\times150\times10^{-3}=98.7(\text{kvar})$$

补偿容量的计算结果分别为：113.3kvar、88.0kvar 和 98.7kvar。可选用 90kvar，确定采用 9 只 BCMJ-0.4-10 金属化并联电容器。

54. 农用水泵类电动机无功补偿容量的计算

(1) 计算公式

① 计算公式一。农用水泵的无功补偿容量可按下式计算：

$$Q_0<Q_c<Q_e$$

式中 Q_c——单机无功补偿容量，kvar；

Q_0——电动机空载无功负荷（kvar），$Q_0=\sqrt{3}U_eI_0\sin\varphi_0$；

Q_e——电动机负载额定无功负荷（kvar），$Q_e=\sqrt{3}U_eI_e\sin\varphi_e$；

$\sin\varphi_0$——电动机在空载状态下的功率因数角的正弦值；

$\sin\varphi_e$——电动机在负载状态下的功率因数角的正弦值。

② 计算公式二。对于100kW以下的排灌用电动机，也可按下式估算：

$$Q_c=(0.5\sim0.7)P_e$$

式中 P_e——电动机的额定功率，kW。

(2) 实例

机泵站有一台水泵，采用Y280S-8型电动机，其额定功率 P_e 为37kW，额定电压 U_e 为380V，额定电流 I_e 为78.7A，额定功率因数 $\cos\varphi_e$ 为0.79，又已知其空载电流 I_0 为21A，空载功率因数 $\cos\varphi_0$ 为0.2，试求水泵的无功补偿容量。

解 ① 按公式一计算：

电动机空载无功负荷为

$$Q_0=\sqrt{3}U_eI_0\sin\varphi_0=\sqrt{3}\times0.38\times21\times0.98=13.5(\text{kvar})$$

电动机负载额定无功负荷为

$$Q_e=\sqrt{3}U_eI_e\sin\varphi_e=\sqrt{3}\times0.38\times78.7\times0.61=31.8(\text{kvar})$$

因此，无功补偿容量 $Q_c=14\sim31$kvar之间。

② 按公式二计算：

$$Q_c=(0.5\sim0.7)P_e=(0.5\sim0.7)\times37=18.5\sim25.9(\text{kvar})$$

因此，无功补偿容量可选择20kvar左右。

55. 交流弧焊机补偿容量的计算

由于交流弧焊机的功率因数（0.45～0.60）很低，因此有必要安装电容器进行无功补偿。采用无功补偿，还可降低电焊机的容量。如果通过接入移相电容器后将功率因数由0.45～0.60提高到0.60～0.70，则输入视在功率约减少20%，初级侧配线损耗也降低到约64%。交流弧焊机接入移相电容器后，按10年寿命期限计算，减少的电费相当于焊机的购置费。扣除电容器的费用，其节约的费用还是相当大的。它不仅节约电费，而且改善了供电网路的品质，减少了输配电线路的损耗。

(1) 计算公式

交流弧焊机的功率因数很低，仅为0.45～0.60，因此有必要安装移相电容器进行无功补偿。一般在弧焊机的初级端并联电容器。

补偿容量可按下式计算：

$$Q_c=K_cS_e$$

$$K_c=\sqrt{1-\cos^2\varphi_1}-\frac{\cos\varphi_1}{\cos\varphi_2}\sqrt{1-\cos^2\varphi_2}$$

式中 Q_c——无功补偿容量，kvar；

K_c——系数，取决于补偿前功率因数 $\cos\varphi_1$ 及补偿后的功率因数 $\cos\varphi_2$；

S_e——电焊机的额定容量（kV·A），$S_e=U_{20}I_{2e}\times10^{-3}$；

U_{20}——电焊机次级空载电压，V；

I_{2e}——电焊机次级额定电流，A。

(2) 实例

单台交流弧焊机的额定容量为28kV·A，负载持续率为60%，负载率为80%，补偿前的功率因数为0.5，年运行时间为1200h，无功经济当量取0.07kW/kvar，综合电价为0.6元/(kW·h)，电容器价格75元/kvar。试求补偿后功率因数达到0.85时的补偿电容器的容量，年节电量及投资回收期。

解 ① 弧焊机所需电源容量为

$$P_s=\sqrt{nFZ_e}\sqrt{1+(n-1)FZ_e}\beta P_e$$
$$=\sqrt{0.6}\times1\times0.8\times28=17.35(kV\cdot A)$$

② 无功补偿容量为

$$Q_c=P_s\left(\sqrt{1-\cos^2\varphi_1}-\frac{\cos\varphi_1}{\cos\varphi_2}\sqrt{1-\cos^2\varphi_2}\right)$$
$$=17.35\times\left(\sqrt{1-0.5^2}-\frac{0.5}{0.85}\times\sqrt{1-0.85^2}\right)$$
$$=9.65(kvar)$$

取10kvar。

③ 年节电量为

$$\Delta A_Q=KQ_c\tau=0.07\times10\times1200=840(kW\cdot h)$$

④ 投资回收期为

$$T=\frac{C_QQ_c}{\delta\Delta A_Q}=\frac{75\times10}{0.6\times840}=1.49(年)$$

56. 配电线路无功补偿最佳位置及补偿容量的确定

(1) 配电线路无功补偿最佳位置的确定

配电线路负荷的分布一般都不规则，很难精确计算最佳安装地点，但可简化成简单的几类线路，各种典型负荷分布线路的无功补偿安装最佳位置见表2-41。最佳补偿点确定的基础是使补偿后总的有功损耗最小。

表2-41 无功补偿最佳位置及补偿效果

负荷分布	组数		补偿位置	补偿容量	补偿度/%	线损下降/%
集中	一		L	$Q_c=Q$	100	100
均匀	一		$2L/3$	$2Q/3$	66.7	88.9
	二	1	$2L/5$	$2Q/5$	80	96
		2	$4L/5$	$2Q/5$		
	三	1	$2L/7$	$2Q/7$	86	98
		2	$4L/7$	$2Q/7$		
		3	$6L/7$	$2Q/7$		
递增	一		$0.775L$	$0.8Q$	80	93
	二	1	$0.54L$	$0.368Q$	90.4	97.6
		2	$0.86L$	$0.518Q$		
递减	一		0.4422	$0.628Q$	62.3	85.8
	二	1	$0.253L$	$0.42Q$	76.8	94.6
		2	$0.588L$	$0.348Q$		

注：L为线路总长；Q为补偿度100%时的补偿容量。

线路分散补偿容量可按下式确定：

$$Q_c=(0.95\sim0.98)I_o\%\sum_1^n S_{ei}\times10^{-2}$$

式中 Q_c——补偿容量，kvar；

$I_o\%$——取线路所有配电变压器空载电流百分数的加权平均值；

S_{ei}——单台变压器的容量，kV·A。

对于农网，每间隔 2～3km 设置一组 30kvar 电容器。电容器安装方式采用露天式杆上安装。

（2）安装在配电线路末端的无功补偿容量的计算

$$Q_c = Q_1 - Q_2 = P(\tan\varphi_1 - \tan\varphi_2)$$
$$= P\left(\frac{\sqrt{1-\cos^2\varphi_1}}{\cos\varphi_1} - \frac{\sqrt{1-\cos^2\varphi_2}}{\cos\varphi_2}\right)$$

式中 Q_c——无功补偿容量，kvar；

Q_1，Q_2——配电线路在无功补偿前、后的无功功率（kvar）；Q_1 即末端用电负荷的无功功率；

$\cos\varphi_1$——配电线路在无功补偿前的功率因数，即末端用电负荷的功率因数；

$\cos\varphi_2$——配电线路在无功补偿后的功率因数。

（3）实例

有一条三相配电线路，末端接有功率 P 为 200kW、功率因数 $\cos\varphi_1$ 为 0.75 的三相对称负荷。现在负荷点并联移相电容器进行补偿，试求：

① 将功率因数提高到 $\cos\varphi_2 = 0.85$ 所需的补偿容量及补偿后线损减少量。

② 欲使线损最小所需的补偿容量及补偿后线损减少量。

解 ① 将功率因数提高到 0.85 时的计算。

a. 所需补偿容量为

$$Q_c = P\left(\frac{\sqrt{1-\cos^2\varphi_1}}{\cos\varphi_1} - \frac{\sqrt{1-\cos\varphi_2}}{\cos\varphi_2}\right)$$
$$= 200\times\left(\frac{\sqrt{1-0.75^2}}{0.75} - \frac{\sqrt{1-0.85^2}}{0.85}\right) = 52.4(\text{kvar})$$

可选用 3 台 BWF0.4-20-1/3 型电力电容器，每台标称容量为 20kvar，标称电容为 398μF，额定电压为 400V。

这时实际补偿容量为 $Q_c = 60$kvar，补偿后的功率因数可按下式计算：

$$\tan\varphi_2 = \tan\varphi_1 - \frac{Q_c}{P} = 0.88 - \frac{60}{200} = 0.58$$
$$\cos\varphi_2 = 0.86$$

b. 补偿后线损减少量计算。设负荷端电压为 U，线路电阻为 R，功率因数为 $\cos\varphi$，则线损为

$$\Delta P = 3I^2R = 3\left(\frac{P\times10^3}{\sqrt{3}U\cos\varphi}\right)^2 R$$

由上式可知，当 U、R 不变时（实际上 U 在无功补偿前、后有所改变），线损与 $\cos\varphi$ 的平方成反比，所以补偿前后的线损比为

$$\frac{\Delta P_{前}}{\Delta P_{后}} = \frac{3\left(\dfrac{P\times10^3}{\sqrt{3}U\times0.75}\right)^2 R}{3\left(\dfrac{P\times10^3}{\sqrt{3}U\times0.86}\right)^2 R} = \frac{0.86^2}{0.75^2} = 1.31$$

线损减少率为

$$\Delta\Delta P\% = \frac{线损减少量}{补偿前的线损} = 1-\left(\frac{\cos\varphi_1}{\cos\varphi_2}\right)^2$$

$$=1-\left(\frac{0.75}{0.86}\right)^2 = 24\%$$

② 使线损最小的计算。

a. 要使线损最小，需将功率因数补偿到 $\cos\varphi_2=1$。这时补偿容量为

$$Q_c = P\tan\varphi_1 = 200\times0.88 = 176(\text{kvar})$$

因此可选用 6 只 BWF0.4-25-1/3 型电力电容器，每台标称容量为 25kvar，标称电容为 497.6μF，额定电压为 400V。

这时实际补偿容量为 $Q_c=6\times25=150(\text{kvar})$

$$\tan\varphi_2 = \tan\varphi_1 - \frac{Q_c}{P} = 0.88 - \frac{150}{200} = 0.13$$

$$\cos\varphi_2 = 0.99$$

b. 补偿后线损减少率为

$$\Delta\Delta P\% = 1-\left(\frac{\cos\varphi_1}{\cos\varphi_2}\right)^2$$

$$=1-\left(\frac{0.75}{0.99}\right)^2 = 42.6\%$$

57. 负荷均匀分布的配电线路无功补偿计算

【实例】 如图 2-24 所示的三相三线式配电线路，供给滞后功率因数的均匀分布的负荷。现为降低线损，在线路上设置补偿电容 Q_c。试求电容容量 Q_c 为负荷无功功率的 n 倍（$n>0$）时，为使线损最小的电容器安装位置 l。

解 设配线电流的有功和无功分量分别为 I_a 和 I_r，电容电流为 I_c，电线单位长度的电阻为 R_0。安装电容后线路上的无功电流分布如图 2-25 所示。线损降低量为

$$\Delta\Delta P_l = \int_0^l 3R_0(I_a^2+I_r^2)\mathrm{d}x - \int_0^l 3R_0[I_a^2+(I_r-I_c)^2]\mathrm{d}x$$

$$=3I_c\int_0^l(2I_r-I_c)R_0\mathrm{d}x$$

$$=3I_cR_0\left(\int_0^l 2I_r\mathrm{d}x - I_c l\right)$$

由于负荷是均匀分布的，设送电端的无功电流为 I_0，则

$$I_r = (1-x/L)I_0$$

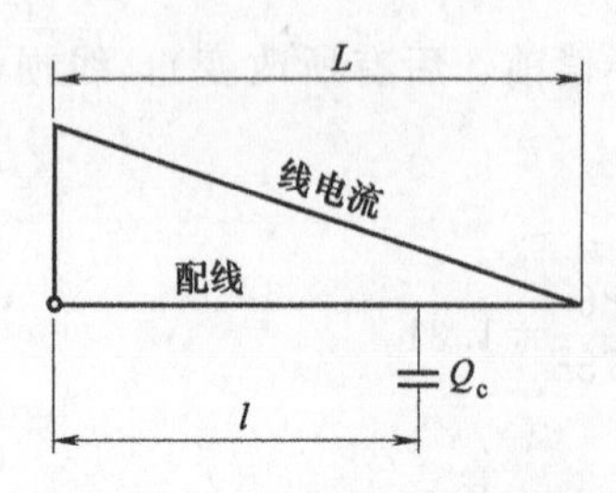

图 2-24 三相三线式配电线路

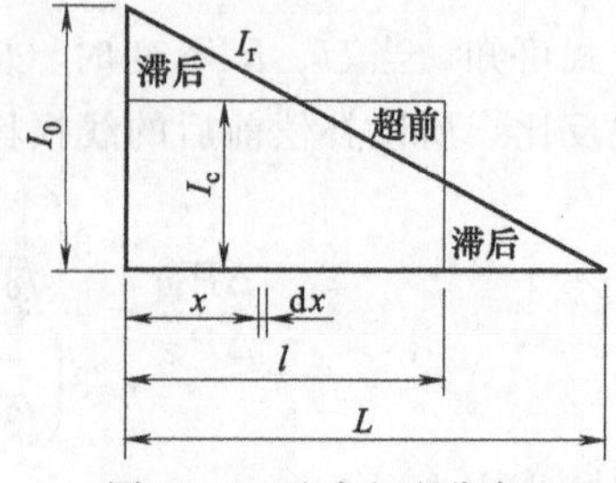

图 2-25 无功电流分布

故
$$\Delta\Delta P_l=3I_cR_0\left[\int_0^l 2(1-x/L)I_0\mathrm{d}x-I_cl\right]$$
$$=3I_cR_0l[I_0(2-l/L)-I_c]$$

$\Delta\Delta P_l$ 为最大时的距离 l，可从 $\mathrm{d}(\Delta\Delta P_l)/\mathrm{d}l=0$ 求得
$$l=(1-I_c/2I_0)L$$

按题意 $I_c/I_0=n$

故
$$l=(1-n/2)L$$

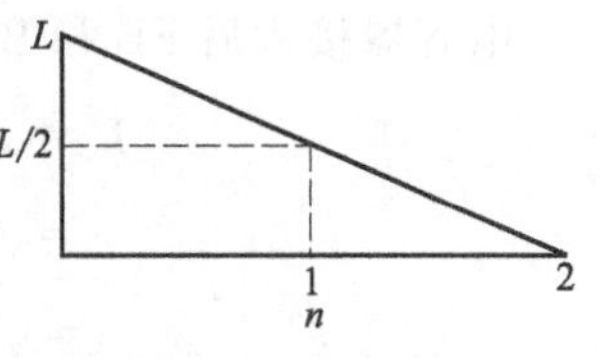

图 2-26　n、l 的关系

若以 n 表示 l，则如图 2-26 所示。$n=1$，即负荷无功功率与补偿电容容量相同时，在 $L/2$ 点安装补偿电容，电能损耗最小；电容容量是负荷无功功率的 2/3 倍时，l 在 $(2/3)L$ 位置，损耗最小。

58. 无功补偿前后线路电压损失和线损计算之一

【实例】 如图 2-27 所示的三相配电线路。已知母线 F 点的电压为 11kV，B 点负荷为 100A，末端 C 点的负荷为 150A，功率因数均为滞后 0.8，AB 长 2km，BC 长 4km，每条导线单位阻抗为（0.5+j0.4）Ω/km。试求：

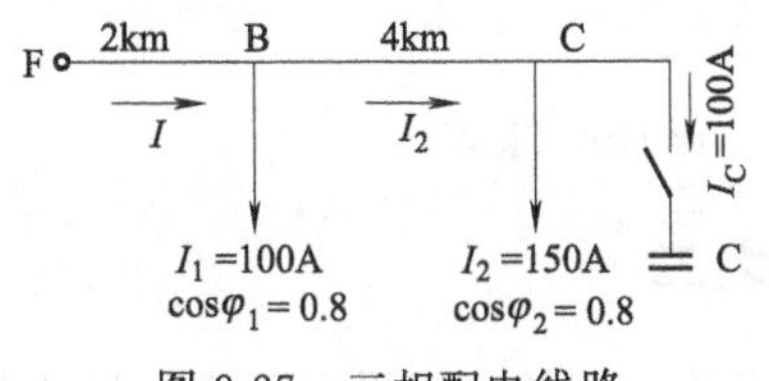

图 2-27　三相配电线路

① B 点和 C 点的电压为多少？

② 在 C 点配置移相电容器，输入电容器的电流为 100A，问 B 点和 C 点的电压为多少？

③ 配置移相电容器前后线路的功率损耗为多少？

解　① 求 B、C 点的电压：
$$U_F=U_B+\sqrt{3}(I_1+I_2)(R_1\cos\varphi_1+X_1\sin\varphi_1)$$
$$U_B=U_C+\sqrt{3}I_2(R_2\cos\varphi_2+X_2\sin\varphi_2)$$

将 $I_1=100\text{A}$、$I_2=150\text{A}$、$\cos\varphi_1=\cos\varphi_2=0.8$、$R_1=0.5\times2=1\Omega$、$X_1=0.4\times2=0.8\Omega$、$R_2=0.5\times4=2\Omega$、$X_2=0.4\times4=1.6\Omega$、$U_F=11000\text{V}$ 代入上式，得
$$U_B=11000-\sqrt{3}\times250\times(1\times0.8+0.8\times0.6)$$
$$=10446(\text{V})$$
$$U_C=10446-\sqrt{3}\times150\times(2\times0.8+1.6\times0.6)$$
$$=9781(\text{V})$$

② 求 C 点配置移相电容器后 B、C 点的电压：在 C 点接入移相电容器后，流入 C 点的电流为 100A，由于电容电流超前电压 90°，故
$$\cos(-90°)=0,\sin(-90°)=-1$$

该电容电流在 FB 段和 BC 段引起的电压降为
$$\Delta U_{FB}=I_C[R_1\cos(-90°)+X_1\sin(-90°)]$$
$$=100\times0.8\times(-1)=-80(\text{V})$$
$$\Delta U_{BC}=I_C[R_2\cos(-90°)+X_2\sin(-90°)]$$
$$=100\times1.6\times(-1)=-160(\text{V})$$

因此接入电容器后的 B 点和 C 点的电压为
$$U_B=10446-(-80)=10526(\text{V})$$
$$U_C=9781-(-160)=9941(\text{V})$$

③ 配置电容器前后线路的功率损耗。

电容器接入前的线损为

$$\Delta P = 3(I_1+I_2)^2R_1+3I_2^2R^2$$
$$=3\times(100+150)^2\times1+3\times150^2\times2=322.5(\text{kW})$$

电容器接入后FB和BC间的电流分别为

$$I'=\sqrt{[(I_1+I_2)\cos\varphi_1]^2+[(I_1+I_2)\sin\varphi_1-I_C]^2}$$
$$=\sqrt{(250\times0.8)^2+(250\times0.6-100)^2}$$
$$=\sqrt{42500}(\text{A})$$
$$I_2'=\sqrt{(I_2\cos\varphi_2)^2+(I_2\sin\varphi_2-I_C)^2}$$
$$=\sqrt{(150\times0.8)^2+(150\times0.6-100)^2}$$
$$=\sqrt{14500}(\text{A})$$

因此接入电容器后的线损为

$$\Delta P'=3(I'^2R_1+I_2'^2R_2)$$
$$=3\times[(\sqrt{42500})^2\times1+(\sqrt{14500})^2\times2]$$
$$=214.5(\text{kW})$$

可见，由于安装移相电容器，使线损减少322.5－214.5＝108（kW）。

59. 无功补偿前后线路电压损失和线损计算之二

【实例】 在三相三线制配电线路末端，接有滞后功率因数0.8的三相平衡负荷。设负荷端子电压U_2为一定值10kV，又设每条导线的阻抗为（0.5＋j0.4）Ω。试求：

① 在配电线的电压损失率和线损率都不超过3％的条件下，负荷可得到的最大功率是多少？

② 当与上述①的最大功率的负荷并联1000kvar补偿电容时，其电压损失率和线损率是多少？

解 ① 设电压损失率为3％时的负荷为P_1（kW），电流为I_1（A），则电压损失率（百分数）为

$$\Delta U\%=\frac{P_1R+Q_1X}{10U_2^2}=\frac{P_1(R+X\tan\varphi)}{10U_2^2}$$

所以

$$P_1=\frac{\Delta U\%U_2^2\times10}{R+X\tan\varphi}=\frac{3\times10^2\times10}{0.5+0.4\times\frac{0.6}{0.8}}=3749(\text{kW})$$

又设线损率为3％时的负荷为P_2（kW），电流为I_2（A），则线损率（百分数）为

$$\Delta P\%=\frac{3I_2^2R}{10P_2}$$

将 $I_2=\frac{P_2}{\sqrt{3}U_2\cos\varphi}$代入上式，得

$$\Delta P\%=\frac{P_2R}{10U_2^2\cos^2\varphi}$$

$$P_2=\frac{\Delta P\%U_2^2\cos^2\varphi\times10}{R}$$

$$=\frac{3\times10^2\times0.8^2\times10}{0.5}=3840(\mathrm{kW})$$

按题意，电压损失率和线损率都不超过3%的最大负荷为3749kW。

② 在$P_1=3749\mathrm{kW}$、$\cos\varphi=0.8$的负荷上并联1000kvar电容器时的总无功功率为

$$Q=Q_1-Q_c=P_1\tan\varphi-Q_c$$

$$=3749\times\frac{0.6}{0.8}-1000=1812(\mathrm{kvar})$$

设总负荷功率因数为$\cos\varphi'$、电流为I'，则电压损失率（百分数）$\Delta U'\%$为

$$\Delta U'\%=\frac{\sqrt{3}I'(R\cos\varphi'+X\sin\varphi')}{10U_2} \quad ①$$

其中 $$P_1=\sqrt{3}U_2I'\cos\varphi'$$

所以 $$I'\cos\varphi'=P_1/(\sqrt{3}U_2)=3749/(\sqrt{3}\times10)=216.4(\mathrm{A})$$

由$Q=\sqrt{3}U_2I'\sin\varphi'$，得

$$I'\sin\varphi'=Q/(\sqrt{3}U_2)=1812/(\sqrt{3}\times10)=104.6(\mathrm{A})$$

将以上两式代入①式，得

$$\Delta U'\%=\frac{\sqrt{3}\times(216.4\times0.5+104.6\times0.4)}{10\times10}=2.6$$

另外，线损率(百分数)$\Delta P'\%=3I'^2R/(10P_1)$ ②

其中 $P_1^2+Q^2=(\sqrt{3}U_2I')^2$，得

$$I'^2=\frac{P_1^2+Q^2}{3U_2^2}$$

将上式代入②式，得

$$\Delta P'\%=\frac{(P_1^2+Q^2)R}{10U_2^2P_1}=\frac{(3749^2+1812^2)\times0.5}{10\times10^2\times3749}=2.3$$

60. 采取无功补偿对增加线路供电能力的计算

(1) 计算公式

如图2-28所示，在负荷的功率因数$\cos\varphi_1$一定时，将供电功率由P_1增加到P_2。这时视在功率也由S_1增加到S_2，即增加了$\Delta S=S_2-S_1$。若配电线路的容量短缺为ΔS，如果安装了$Q_c=OF=ED$的补偿电容器，则合成视在功率为$OD=S_1$，等于原来的视在功率，

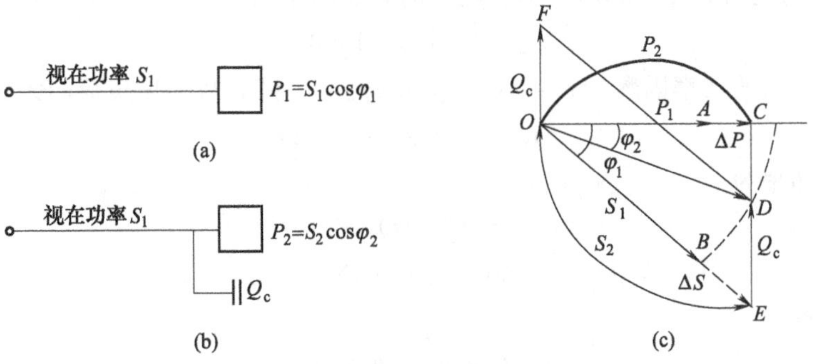

图2-28 增加线路供电能力的说明图

解决了容量不足的问题，并可增加 $\Delta P_1=P_2-P_1$ 的供电功率。即

$$\Delta P_1=P_2-P_1=S_1(\cos\varphi_2-\cos\varphi_1)$$

式中 ΔP_1——功率因数提高所增加线路的供电功率，kW；

S_1——功率因数提高前的视在功率，kV·A。

(2) 实例

某 10kV 配电线路，负荷的视在功率为 1800kV·A，自然功率因数为 0.7，现通过采取无功补偿措施，将功率因数提高到 0.86，试求因功率因数提高而增加线路的供电功率。

解 增加线路的供电能力，也就是增加负荷设备容量为

$$\Delta P_1=S_1(\cos\varphi_2-\cos\varphi_1)$$
$$=1800\times(0.86-0.7)=288(\text{kW})$$

61. 采取无功补偿对增加变压器供电能力的计算

(1) 计算公式

$$\Delta S_b=\left[\frac{Q_c}{S_e}\sin\varphi_1-1+\sqrt{1-\left(\frac{Q_c}{S_e}\right)^2\cos^2\varphi_1}\right]S_e$$

式中 ΔS_b——功率因数提高后，变压器增加的供电能力，kV·A；

S_e——变压器额定容量，kV·A；

Q_c——无功补偿容量，kvar；

$\cos\varphi_1$——补偿前的功率因数。

(2) 实例

有一变压器容量为 2400kV·A 的变电所，供电给 2000kV·A、功率因数为滞后 0.8 的负荷。如在该变电所安装 600kvar 的补偿电容器，试问：

① 该变电所的功率因数为多大？

② 该变电所的负荷还能增加多少？设增加负荷的功率因数为 0.85，并不使变压器过载。

解 ① 变电所负荷的有功功率和无功功率分别为

$$P_1=S_1\cos\varphi_1=2000\times0.8=1600(\text{kW})$$

$$Q_1=S_1\sin\varphi_1-Q_c=2000\times\sqrt{1-0.8^2}-600=600(\text{kvar})$$

所以，变电所的功率因数为

$$\cos\varphi'=\frac{P_1}{\sqrt{P_1^2+Q_1^2}}=\frac{1600}{\sqrt{1600^2+600^2}}=0.936$$

② 设增加的负荷为 x (kW)，则变电所的有功功率为

$$P_2=P_1+x=1600+x$$

由于新增负荷的功率因数 $\cos\varphi_2=0.85$，$\tan\varphi_2=0.62$，故新增负荷的无功功率为

$$Q_2=x\tan\varphi_2=0.62x$$

所以视在功率为

$$S_e^2=P_2^2+(Q_1+Q_2)^2$$
$$2400^2=(1600+x)^2+(600+0.62x)^2$$

经整理，得

$$x+2848.9x-2051430=0$$

$x=596\text{kW}$（另一个解为负值，不合题意，舍去）。

因此，无功补偿后，该变压器还可增加负荷 596kW（新增负荷的功率因数为 0.85）。

62. 电网电压谐波对移相电容器影响的计算

随着大功率晶闸管整流装置的增多、电解工艺的发展及大容量电动机突然甩负荷等作用，都会使电网电压的波形发生畸变。对电容回路来讲，一般不存在偶次倍数的谐波。此外，中性点不接地星形连接电容器组的相电流和三角形连接电容器组的相电压中，都不包括 3 次及其整数倍的谐波，因此主要考虑 5、7、11、13 等次谐波的影响。

（1）计算公式

1）n 次谐波电流计算

n 次谐波电流可按下式计算

$$I_n=2\pi fnCU_n$$

式中 I_n——n 次谐波电流，A；

f——基波频率，为 50Hz；

U_n——n 次谐波电压，V；

C——电容器电容量，F。

可见，n 次谐波电流占基波电流的比例为 n 次谐波电压占基波电压的比例的 n 倍。因此，n 次谐波电流所造成的电流波形畸变，远比电压波形的畸变严重。

2）电容器的损耗计算

① n 次谐波产生的无功损耗和有功损耗分别为

$$Q_n=U_nI_n=2\pi fnCU_n^2\times10^{-3}=\frac{I_n^2}{2\pi fnC}\times10^{-3}$$

$$P_{jxn}=Q_n\tan\delta_n=2\pi fnCU_n^2\tan\delta_n\times10^{-3}$$

式中 Q_n——n 次谐波产生的无功损耗，kvar；

P_{jxn}——n 次谐波产生的有功损耗（介质损耗），kW；

$\tan\delta_n$——对 n 次谐波频率的介质损失角正切值。

由于电网中谐波的频率范围不宽，介质的 $\tan\delta$ 值相差不大，可看作 $\tan\delta_1\approx\tan\delta_n$。

一般膜纸复合介质的 $\tan\delta\approx5\times10^{-4}$，全膜介质的 $\tan\delta\approx2\times10^{-4}$。

② 电容器组的无功或有功损耗分别为基波电压和各次谐波电压产生的无功或有功损耗的总和，即

$$Q=\sum_1^n Q_n$$

$$P_{jx}=\sum_1^n P_{jxn}$$

③ 波形畸变引起的功率损耗计算。由于波形畸变引起的功率损耗可由下式计算。

$$P_{bq}=\sqrt{S_2-P_{jx}^2-Q^2}$$

$$=\sqrt{(UI\times10^{-3})^2-\left(\sum_1^n Q_n\right)^2-\left(\sum_1^n P_{jxn}\right)^2}$$

$$S=UI\times10^{-3}$$

$$U=\sqrt{U_1^2+U_3^2+\cdots+U_n^2}$$

$$I=\sqrt{I_1^2+I_3^2+\cdots+I_n^2}$$

式中　P_{bq}——波形畸变引起的功率损耗，kW；

S——从表计上读得电容器组的视在功率，kvar；

U——电压表示数（有效值），V；

I——电流表示数（有效值），A；

U_1——基波电压（有效值），V；

I_1——基波电流（有效值），A；

U_3，…，U_n——各次谐波电压（有效值），V；

I_3，…，I_n——各次谐波电流（有效值），A。

（2）实例

某网络电压波形包括基波和5次谐波，基波电压与额定电压值相等，5次谐波电压值为额定电压的26.45%。试分析接于该网络的补偿电容器的运行状况。设电容器产生的有功损耗 P_{jx} 可忽略。

解　由于 $U_1=U_e$，$U_5=26.45\%U_e$，则

$$I_5=5U_5\omega_1C=1.3225I_e$$

电压有效值为

$$U=\sqrt{U_1^2+U_5^2}=\sqrt{1^2+0.2645^2}U_e=1.034U_e$$

$$I=\sqrt{I_1^2+I_5^2}=\sqrt{1^2+1.3225^2}I_e=1.656I_e$$

故电容器的无功功率为

$$Q=\sum_1^n Q_n=\frac{I_e^2}{\omega C}+\frac{(1.3225I_e)^2}{5\omega C}=1.35Q_{ce}$$

由于补偿电容器的有功损耗忽略不计，所以从无功功率表上读得的数为

$$S=1.034U_e\times1.656I_e=1.712Q_{ce}$$

因此，略去 P_{jx} 后可算出由于5次谐波产生的畸变功率损耗为

$$\begin{aligned}P_{bq}&=\sqrt{S_2-P_{jx}^2-Q^2}\\&=\sqrt{(1.712Q_{ce})^2-(1.35Q_{ce})^2}\\&=1.05Q_{ce}\end{aligned}$$

计算结果表明，当5次谐波电压为额定电压的26.45%、基波电压与额定电压相等时，电容器组过电压3.4%，过电流65.6%，电容器的无功出力过负荷35%，而无功功率表的示数却为电容器组额定无功功率 Q_{ce} 的171.2%，5次谐波产生的畸变功率高达电容器额定无功功率的105%。

三、变压器

1. 三相变压器一、二次电流、电压计算

(1) 计算公式

三相变压器的电流、电压与容量之间的关系：

$$S_e=\sqrt{3}U_{1e}I_{1e}=\sqrt{3}U_{2e}I_{2e}$$

或

$$S_e=3U_{1\varphi}I_{1\varphi}=3U_{2\varphi}I_{2\varphi}$$

式中　S_e——变压器额定容量，kV·A；

I_{1e}，I_{2e}——一次和二次额定线电流，A；

U_{1e}，U_{2e}——一次和二次额定线电压，kV；

$I_{1\varphi}$，$I_{2\varphi}$——一次和二次额定相电流，A；

$U_{1\varphi}$，$U_{2\varphi}$——一次和二次额定相电压，kV。

(2) 实例

有一台 10/0.4kV、Y yn0 接线、额定容量为 100kV·A 的三相变压器，则一次线电流为

$$I_{1e}=\frac{S_e}{\sqrt{3}U_{1e}}=\frac{100}{\sqrt{3}\times100}\approx5.8(\text{A})$$

Y 形接线的相电流与线电流是相等的，所以一次相电流 $I_{1\varphi}=I_{1e}\approx5.8\text{A}$。一次线电压 $U_{1e}=10\text{kV}$，一次相电压为

$$U_{1\varphi}=\frac{U_{1e}}{\sqrt{3}}=\frac{10}{\sqrt{3}}\approx5.8(\text{kV})$$

二次线电流为　$I_{2e}=\dfrac{S_e}{\sqrt{3}U_{2e}}=\dfrac{100}{\sqrt{3}\times0.4}\approx144.5(\text{A})$

二次相电流为　$I_{2\varphi}=I_{2e}\approx144.5\text{A}$

二次线电压为　$U_{2e}=400\text{V}$

二次相电压为　$U_{2\varphi}=\dfrac{U_{2e}}{\sqrt{3}}=\dfrac{400}{\sqrt{3}}\approx231(\text{V})$

2. 变压器负荷率计算

(1) 计算公式

$$\beta=\frac{S}{S_{e}}=\frac{I_{2}}{I_{2e}}=\frac{P_{2}}{S_{e}\cos\varphi_{2}}$$

式中 S——变压器视在容量，kV·A；

S_e——变压器额定容量，kV·A；

I_2——变压器负荷电流，A；

I_{2e}——变压器二次额定电流，A；

P_2——变压器负荷功率，kW；

$\cos\varphi_2$——负荷功率因数。

(2) 实例

一台S9-1000/10型变压器，二次额定电压为0.4kV，测得二次电流为1000A，试求变压器的负荷率。

解 该变压器的二次额定电流为

$$I_{2e}=\frac{S}{\sqrt{3}U_{2e}}=\frac{1000}{\sqrt{3}\times0.4}=1443.4(\mathrm{A})$$

I_{2e}也可以从产品样本中查得。

该变压器在负荷电流测试时的负荷率为

$$\beta=\frac{I_{2}}{I_{2e}}=\frac{1000}{1443.4}=0.69=69\%$$

注意：当测量I_2有困难时，也可近似用I_1/I_{1e}求取变压器的负荷率。

3. 由负荷曲线计算变压器负荷率

(1) 计算公式

由于变压器在实际运行中负荷是不断变化的，所以不能根据变压器某一瞬时的负荷来计算负荷率，而应取一段时期内（一个周期）的平均负荷率。对于企业，可以以一天（24h）作为变压器负荷变化的周期。如图3-1（a）所示为某企业正常生产日变压器视在功率变化曲线。

变压器负荷率为

$$\beta=\frac{\sqrt{\frac{1}{24}\int_{0}^{24}S^{2}\mathrm{d}t}}{S_{e}}$$

为了便于计算，可近似认为在Δt时间内负荷恒定不变，则

$$\beta=\sqrt{\frac{\Delta t}{24}\sum_{i=1}^{24/\Delta t}S_{i}^{2}}\Big/S_{e}=S_{j}/S_{e}$$

式中 S_j——视在功率的均方根值，kV·A。

$$S_{j}=\sqrt{\frac{\Delta t}{24}\sum_{i=1}^{24/\Delta t}S_{i}^{2}}=\sqrt{\frac{1}{n}\sum_{i=1}^{n}S_{i}^{2}}$$

$n=24/\Delta t$，即一天时间里测量变压器负荷的次数。当Δt取1时，$24/\Delta t=24$，即每小时测量一次，并认为每小时内负荷不变［见图3-1（b）］。在负荷变化较大的场合，Δt的大小视具体情况而定。

若所测的是变压器二次电流，则

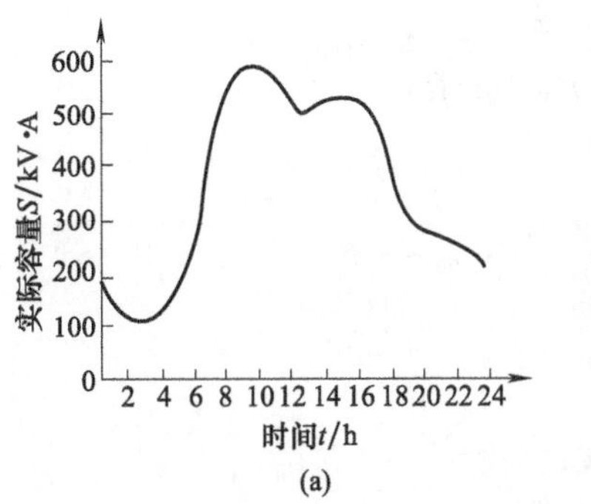

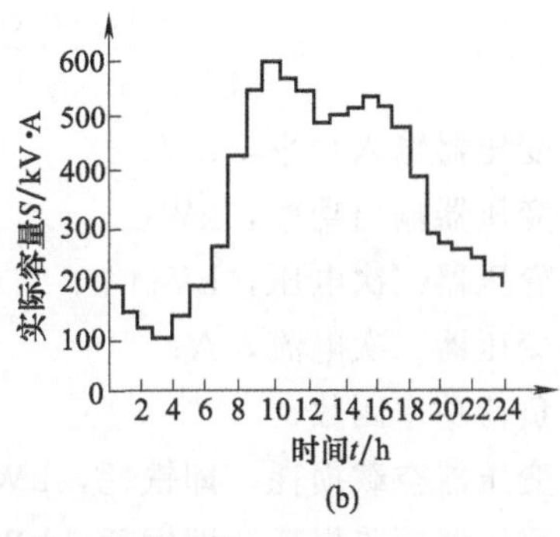

图 3-1 某企业变压器日负荷曲线

$$\beta=\sqrt{\frac{1}{n}\sum_{i=1}^{n}I_{2i}^{2}}/I_{2e}=I_{j}/I_{2e}$$

式中 I_j——变压器二次侧均方根电流（A），$I_j=\sqrt{\frac{1}{n}\sum_{i=1}^{n}I_{2i}^{2}}$ 。

（2）实例

某工厂有一台 S9-630/10 型变压器，负荷率按时区变化情况如图 3-2 所示（每天如此），试计算该变压器的日平均负荷率和年损耗电能。设正常负荷下的年运行天数为 300 天。

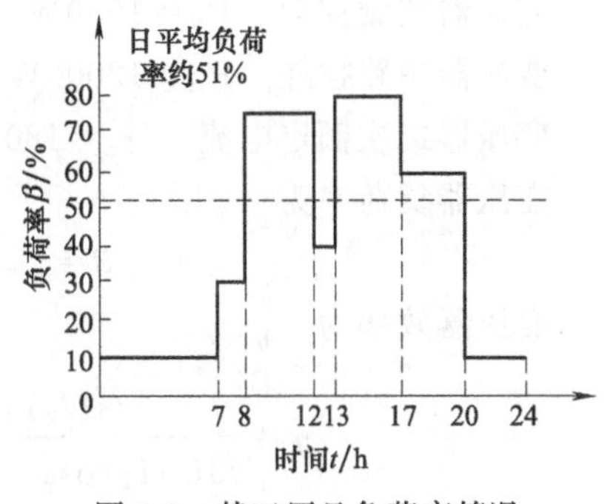

图 3-2 某工厂日负荷率情况

解 查该变压器产品样本，得

空载损耗 $P_0=1.2\text{kW}$

短路损耗 $P_d=6.2\text{kW}$

① 日平均负荷率为

$$\beta_{日}=\left[\frac{1}{24}\times(0.1^2\times7+0.3^2\times1+0.75^2\times4+0.4^2\times1+0.8^2\times4+0.6^2\times3+0.1^2\times4)\right]^{\frac{1}{2}}\approx51\%$$

变压器日平均负载损耗功率为

$$\Delta P_d=\beta_{日}^2P_d=0.51^2\times6.2=1.61(\text{kW})$$

② 变压器年损耗电能为

$$\begin{aligned}\Delta A&=\Delta P_d\tau+P_0T\\&=1.61\times24\times300+1.2\times24\times360\\&=21960(\text{kW}\cdot\text{h/年})\end{aligned}$$

4. 变压器效率计算

（1）计算公式

变压器效率为变压器输出功率与输入功率之比，即

$$\begin{aligned}\eta&=\frac{P_2}{P_1}\times100\%=\frac{P_2}{P_2+P_0+\beta^2P_d}\times100\%\\&=\frac{\beta S_e\cos\varphi_2}{\beta S_e\cos\varphi_2+P_0+\beta^2P_d}\times100\%\end{aligned}$$

$$=\frac{\sqrt{3}U_2I_2\cos\varphi_2}{\sqrt{3}U_2I_2\cos\varphi_2+P_0+\beta^2P_d}\times100\%$$

式中 P_1——变压器输入功率，kW；

P_2——变压器输出功率，kW；

U_2——变压器二次电压，kV；

I_2——变压器二次电流，A；

$\cos\varphi_2$——负荷功率因数；

P_0——变压器空载损耗，即铁耗，kW；

P_d——变压器短路损耗，即铜耗，kW；

β——变压器负荷率。

（2）实例

一台 S9-1250/10 型变压器，实测二次电压为 380V、二次电流为 1520A，负荷功率因数为 0.9，试求变压器效率。

解 由产品样本查得

变压器空载损耗 $P_0=1950\text{W}$

变压器短路损耗 $P_d=12000\text{W}$

变压器二次额定电流 $I_{2e}=1804.2\text{A}$

变压器负荷率为

$$\beta=I_2/I_{2e}=1520/1804.2=0.84$$

变压器效率为

$$\eta=\frac{\sqrt{3}U_2I_2\cos\varphi_2}{\sqrt{3}U_2I_2\cos\varphi_2+P_0+\beta^2P_d}\times100\%$$

$$=\frac{\sqrt{3}\times380\times1520\times0.9}{\sqrt{3}\times380\times1520\times0.9+1950+0.84^2\times12000}\times100\%$$

$$=\frac{900389.29}{910806.49}\times100\%=98.9\%$$

5. 变压器全日效率和日负荷率计算

（1）计算公式

① 变压器全日效率

$$\eta_{日}=\frac{A}{A+A_0+A_d}\times100\%$$

式中 A——变压器 1 日的输出电能，kW·h；

A_0——变压器 1 日的铁耗，kW·h；

A_d——变压器 1 日的铜耗，kW·h。

② 变压器日负荷率

$$\beta=\frac{A/24}{S_e}\times100\%$$

式中 S_e——变压器额定容量，kV·A。

(2) 实例

一台 S9-250kV·A 三相变压器，空载损耗为 0.56kW，负载损耗为 3.05kW，其中 6h 满负荷，功率因数为 0.9，12h 为 1/2 负荷，功率因数为 1，剩下 6h 为空载运行。求该变压器的全日效率及日负荷率。

解 变压器 24h 的输出电能为

$$A=\sum_{t=1}^{24} tS_e\beta\cos\varphi=250\times0.9\times6+250\times0.5\times12=2850(\text{kW}\cdot\text{h})$$

24h 的铁耗为

$$A_0=P_0t=0.56\times24=13.44(\text{kW}\cdot\text{h})$$

24h 的铜耗为

$$A_d=\sum_{i=1}^{24}\beta^2P_dt=1^2\times3.05\times6+0.5^2\times3.05\times12=27.45(\text{kW}\cdot\text{h})$$

故变压器全日效率为

$$\eta_{日}=\frac{A}{A+A_0+A_d}\times100\%=\frac{2850}{2850+13.44+27.45}\times100\%=98.58\%$$

变压器日负荷率为

$$\beta\approx\frac{2850/24}{250}\times100\%=47.5\%$$

6. 变压器最佳负荷率和最大效率计算

(1) 计算公式

变压器最大效率时的负荷率，即最佳负荷率 β_m 按下式计算：

$$\beta_m=\sqrt{\frac{P_0+KQ_0}{P_d+KQ_d}}$$

式中 P_0——变压器空载有功损耗，kW；

P_d——变压器负载有功损耗（即短路损耗），kW；

Q_0——变压器空载无功损耗（即励磁无功损耗）(kvar)，$Q_0=\sqrt{3}U_{1e}I_0\sin\varphi_0=\sqrt{S_0^2-P_0^2}\approx S_0=\sqrt{3}U_{1e}I_0=\sqrt{3}U_{1e}I_0\dfrac{S_e}{\sqrt{3}U_{1e}I_e}=I_0\%S_e\times10^{-2}$；

Q_d——变压器短路无功损耗（即漏磁无功损耗）(kvar)，$Q_d=\sqrt{S_d^2-P_d^2}\approx S_e=\sqrt{3}U_dI_{1e}=U_d\%S_e\times10^{-2}$；

$I_0\%$——空载电流百分数，可由产品目录查得，$I_0\%=\dfrac{I_0}{I_{1e}}\times100$，中小型变压器一般为 2%～8%，大型变压器则往往小于 1%；

$U_d\%$——短路电压（即阻抗电压）百分数，可由产品目录查得；

S_0——变压器空载视在功率，kV·A；

S_d——变压器负载视在功率，kV·A；

K——无功经济当量 (kW/kvar)，是指变压器连接处的无功经济当量。表 3-1 给出了无功经济当量概略值，供参考。

表 3-1 无功经济当量 K 值

变压器安装地点的特征	K/(kW/kvar)	
	最大负荷时	最小负荷时
直接由发电厂母线供电的变压器	0.02	0.02
由发电厂供电(发电机电压)的线路变压器	0.07	0.04
由区域线路供电的 35～110kV 的降压变压器	0.1	0.06
由区域线路供电的 6～10/0.4kV 的降压变压器	0.15	0.1

变压器安装距离供给无功功率电源越远，无功经济当量越大。

从而得变压器最佳的经济负荷 S_{Zj} 为

$$S_{Zj}=\beta_m S_e$$

约略估计（即只计及变压器有功功率损耗）时，则 $\beta_m=\sqrt{P_0/P_d}$，对于国产电力变压器 β_m 一般为 0.4～0.6。此时，变压器最大效率可写成：

$$\eta_{max}=\left(1-\frac{2P_0}{\sqrt{P_0/P_d}\,S_e\cos\varphi_2+2P_0}\right)\times 100\%$$

(2) 实例

某工厂采用一台 S9-1600/10 型变压器供电，试求该变压器的最佳负荷率和最大效率。

解 由产品样本查得，该变压器的参数如下：

$$P_0=2.4\text{kW} \qquad P_d=14.5\text{kW}$$

$$I_0\%=0.6 \qquad U_d\%=4.5$$

变压器空载无功损耗为

$$Q_0=I_0\%S_e\times 10^{-2}=0.6\times 1600\times 10^{-2}=9.6(\text{kvar})$$

变压器短路无功损耗为

$$Q_d=U_d\%S_e\times 10^{-2}=4.5\times 1600\times 10^{-2}=72(\text{kvar})$$

查表 3-1，可取无功经济当量 $K=0.15$

变压器最佳负荷率为

$$\beta_m=\sqrt{\frac{P_0+KQ_0}{P_d+KQ_d}}=\sqrt{\frac{2.4+0.15\times 9.6}{14.5+0.15\times 72}}=\sqrt{\frac{3.84}{25.3}}=0.39$$

变压器最大效率为（设负荷功率因数为 0.85）

$$\eta_m=\left(1-\frac{2P_0}{\sqrt{P_0/P_d}\,S_e\cos\varphi_2+2P_0}\right)\times 100\%$$

$$=\left(1-\frac{2\times 2.4}{\sqrt{2.4/14.5}\times 1600\times 0.85+2\times 2.4}\right)\times 100\%$$

$$=\left(1-\frac{4.8}{558.1}\right)\times 100\%=99.1\%$$

7. 三相负荷不平衡降低变压器出力的计算

三相变压器的输出容量为每相输出容量之和，而变压器绕组结构是按对称运行设计的，其各相绕组结构性能均一样，故变压器最大允许出力只能按三相负荷中最大一相不超过额定容量为限。因此，变压器容量将得不到充分发挥。

【实例】 一台 S9-200kV・A 三相变压器，二次额定电压为 0.4kV，二次运行电流为 U

相 288.7A，V 相 100A，W 相 50A，试求变压器最大输出容量和变压器利用率。

解 ① 变压器额定二次电流为

$$I_e=\frac{S_e}{\sqrt{3}U}=\frac{200}{\sqrt{3}\times 0.4}=288.7(A)$$

现变压器 U 相电流已达到额定电流，所以该变压器最大输出容量为

$$S=S_U+S_V+S_W=\frac{U}{\sqrt{3}}(I_U+I_V+I_W)$$
$$=0.231\times(288.7+100+50)$$
$$=101.3(kV\cdot A)$$

② 变压器利用率为

$$\frac{S}{S_e}=\frac{101.3}{200}=50.7\%$$

8. 三相负荷不平衡增加变压器损耗的计算

(1) 计算公式

变压器在实际运行中存在一定程度的三相负荷不对称现象。运行规程规定，运行中的变压器的零序电流不得大于变压器低压侧额定电流的 25%。变压器不平衡运行，会增加变压器损耗，降低变压器出力，使三相输出电压不对称，降低用电设备的效率，使变压器零序电流过大，温升提高等。

① Y y 连接的变压器负荷不对称附加铜耗的计算：

变压器在三相负荷不对称的状态下运行，与负荷对称的状态下运行相比，铜耗增加。所增加的损耗，称附加铜耗。

当忽略三相间的功率因数差异时，其附加铜耗可按下式计算

$$\Delta P_{fj}=\frac{(I_u-I_v)^2+(I_v-I_w)^2+(I_w-I_u)^2}{3}R_{21}\times 10^{-3}$$

式中 ΔP_{fj}——附加铜耗，kW；

R_{21}——折算到副边的变压器等效电阻（Ω），可由表 3-2 查取；

I_u，I_v，I_w——变压器副边 u、v、w 相的电流，A。

表 3-2 S9 系列变压器的等效电阻和等效漏抗

容量 /kV·A	变压器 /(kV/kV)	连接组	R_{12} /Ω	R_{21} /Ω	X_{D12} /Ω	X_{D21} /Ω
30	10/0.4	Y yn0	66.667	0.10667	113.33	0.2133
50			34.8	0.05568	80	0.16
63			26.2	0.04192	63.49	0.1016
80			19.531	0.03125	50	0.08
100			12.5	0.02	40	0.064
125			11.52	0.01843	32	0.0512
160			8.594	0.01375	25	0.04
200			6.5	0.0104	20	0.032
250			4.88	0.00781	16	0.0256
315			3.679	0.00589	12.69	0.0203
400			2.688	0.0043	10	0.016
500			2.04	0.00326	8	0.0078

续表

容量 /kV·A	变压器 /(kV/kV)	连接组	R_{12} /Ω	R_{21} /Ω	X_{D12} /Ω	X_{D21} /Ω
630	10/0.4	Y yn0	1.562	0.0025	7.14	0.0114
800			1.172	0.00188	5.63	0.009
1000			1.03	0.00165	4.5	0.0072
1250			0.768	0.00123	3.6	0.0058
1600			0.566	0.00091	2.81	0.0045

② Y yn0 连接的变压器负荷不对称附加铜耗的计算：

$$\Delta P_{fj} \approx \frac{(I_U - I_V)^2 + (I_V - I_W)^2 + (I_W - I_U)^2}{3} R_1 \times 10^{-3} + \frac{(I_u - I_v)^2 + (I_v - I_w)^2 + (I_w - I_u)^2}{3} R_2 \times 10^{-3}$$

式中　ΔP_{fj}——变压器附加铜耗，kW；

R_1，R_2——变压器原边和副边绕组的电阻，Ω；

I_U，I_V，I_W——变压器原边 U、V、W 相的电流，A；

I_u，I_v，I_w——变压器副边 u、v、w 相的电流，A。

③ Y d 连接的变压器负荷不对称附加铜耗的计算：

这种场合，变压器附加铜耗可按下式计算

$$\Delta P_{fj} = \frac{(I_U - I_V)^2 + (I_V - I_W)^2 + (I_W - I_U)^2}{3} R_{12} \times 10^{-3}$$

式中　R_{12}——折算到原边的变压器等效电阻（Ω），可由表 3-2 查取。

④ D yn0 与 D y 连接的变压器负荷不对称附加铜耗的计算：

在这种连接方式的变压器中，原绕组与副绕组各相电流是成正比的。在这种场合，变压器的附加铜耗可按下式计算

$$\Delta P_{fj} = \frac{(I_u - I_v)^2 + (I_v - I_w)^2 + (I_w - I_u)^2}{3} R_{21} \times 10^{-3}$$

式中　R_{21}——折算到副边的变压器等效电阻，Ω。

⑤ 变压器负荷不对称附加铜耗的通用计算公式：

我们可以把变压器的负载损耗（铜耗）看成三台单相变压器的铜耗之和。

在任意负荷下变压器运行的功率损耗为

$$\Delta P_z = P_0 + \frac{1}{3} P_d (\beta_u^2 + \beta_v^2 + \beta_w^2)$$

式中　ΔP_z——变压器的功率损耗，kW；

P_0——变压器空载损耗，kW；

P_d——变压器短路损耗，kW；

β_u，β_v，β_w——变压器 u、v、w 相的负荷率，$\beta_u = \frac{I_u}{I_e}$、$\beta_v = \frac{I_v}{I_e}$、$\beta_w = \frac{I_w}{I_e}$；

I_u，I_v，I_w——变压器副边 u、v、w 相的电流，A；

I_e——变压器副边额定电流，A。

若将三相负荷调整均匀，则负荷率为

$$\beta=\frac{\beta_u+\beta_v+\beta_w}{3}$$

此时变压器的功率损耗为

$$\Delta P=P_0+\beta^2P_d=P_0+\frac{(\beta_u+\beta_v+\beta_w)}{9}P_d$$

变压器负荷不对称附加铜耗为

$$\Delta P_{fj}=\Delta P_z-\Delta P=\frac{P_d}{3}\left[(\beta_u^2+\beta_v^2+\beta_w^2)-\frac{1}{3}(\beta_u+\beta_v+\beta_w)^2\right]>0$$

上式不适用 Y yn0 连接的变压器。

由上式可知，配电变压器在输出容量相等的工况下运行，当三相负荷不平衡时运行，其功率损耗大于三相负荷平衡时运行的功率损耗。

（2）实例

某厂使用一台 S9-1000/10 型，10/0.4kV，Y yn0 连接的变压器。已知 P_0 为 1.1kW，P_d 为 10.3kW，$U_d\%$为 4.5。现实测变压器副边电流分别为 I_u 为 1250A，I_v 为 550A，I_w 为 300A，各相功率因数相同。试求该变压器的负荷不对称附加铜耗，并与基本铜耗比较。

解　分别用两种方法计算：

1）方法一

① 由表 3-2 查得，该变压器的等效电阻为 $R_{21}=0.00165\Omega$，变压器的附加铜耗

$$\Delta P_{fj}=\frac{(I_u-I_v)^2+(I_v-I_w)^2+(I_w-I_u)^2}{3}R_{21}\times10^{-3}$$

$$=\frac{(1250-550)^2+(550-300)^2+(300-1250)^2}{3}\times0.00165\times10^{-3}$$

$$=0.8(kW)$$

② 若将三相负荷调整均匀，则该变压器的副边各相电流

$$I_d=\frac{I_u+I_v+I_w}{3}=\frac{1250+550+300}{3}=700(A)$$

该变压器的基本铜耗为

$$\Delta P_j=3I_d^2R_{21}\times10^{-3}=3\times700^2\times0.00165\times10^{-3}=2.42(kW)$$

变压器的负荷不对称附加铜耗与基本铜耗之比

$$K=\Delta P_{fj}/\Delta P_j=0.8/2.42=0.33=33\%$$

如果该变压器年运行时间为 6900h，由于三相负荷不对称，每年增加的电能损耗

$$\Delta A=0.8\times6900=5520(kW\cdot h)$$

2）方法二

① 变压器在负荷不对称运行状态下的有功损耗

$$\Delta P_z=P_0+\frac{1}{3}P_d(\beta_u^2+\beta_v^2+\beta_w^2)$$

$$=1.1+\frac{1}{3}\times10.3\times\left[\left(\frac{1250}{1443}\right)^2+\left(\frac{550}{1443}\right)^2+\left(\frac{300}{1443}\right)^2\right]=4.32(kW)$$

式中　1443——变压器副边额定电流，A。

② 将三相负荷调整均匀，变压器在对称负荷下运行的有功损耗

$$\Delta P = P_0 + \beta^2 P_d = 1.1 + \left(\frac{700}{1443}\right)^2 \times 10.3 = 3.52(\text{kW})$$

变压器在不对称负荷下运行的附加铜耗

$$\Delta P_{fj} = \Delta P_z - \Delta P = 4.32 - 3.52 = 0.8(\text{kW})$$

可见，以上两种计算方法的结果一致。

9. Y yn0 连接的变压器三相负荷不平衡中性线电流的计算

(1) 计算公式

中性线电流可用钳形电流表直接测得，也可根据三相电流表指示由下式计算

$$I_0 = \sqrt{\frac{(I_u - I_v)^2 + (I_v - I_w)^2 + (I_w - I_u)^2}{2}}$$

式中 I_0——中性线电流，A；

I_u，I_v，I_w——副边三相电流，A。

中性线电流不应超过额定电流的 25%，否则，变压器将会过热，且三相电压严重不平衡，降低变压器出力，影响供电质量。

(2) 实例

一台容量为 800kV·A 的 Y yn0 连接的变压器，额定电流为 1155A，三相电流表指示值分别为 $I_u = 1120$A、$I_v = 800$A、$I_w = 1000$A，试求中性线电流。

解 中性线电流为

$$I_0 = \sqrt{\frac{(1120-800)^2 + (800-1000)^2 + (1000-1120)^2}{2}} = 280(\text{A})$$

该电流占额定电流的 280/1155=24.2%，尚未超过规定的允许值 25%。

10. 用自耦变压器升压改善用电质量的计算

【实例】 某供电线路全长 10km，实测变电所出口电压为 3.4kV，负荷峰值时末端 B 点电压仅 2.5kV，低谷时为 3.15kV。峰值负荷情况如图 3-3所示。导线采用 TJ-25mm² 铜绞线，已知线间几何均距为 1.25m。由于高峰时 B 点电压过低，且高峰用电时间较长，致使种马场电动机经常烧损，照明也不正常。为此欲采用自耦升压办法来改善用电质量，试确定实施方案。

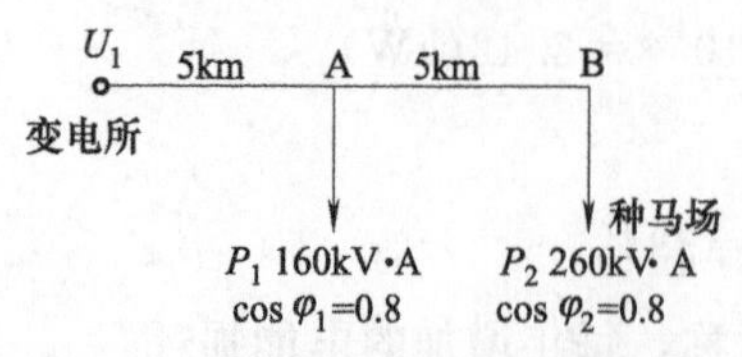

图 3-3 种马场供电情况（高峰时）

解 ① 电压降校验。由手册查得 TJ-25mm² 导线的电阻和电抗为：$R_0 = 0.74\Omega/\text{km}$，$x_0 = 0.391\Omega/\text{km}$。

高峰时至 B 点的电压降为：

$$\begin{aligned}\Delta U &= \frac{PR + QX}{U_1} \\ &= [420 \times 0.8 \times (0.74 \times 5) + 260 \times 0.8 \times (0.74 \times 5) + 420 \\ &\quad \times 0.6 \times (0.391 \times 5) + 260 \times 0.6 \times (0.391 \times 5)] \div 3.4\end{aligned}$$

$$=826(\mathrm{V})=0.826(\mathrm{kV})$$

高峰时 B 点的电压为：

$$U_B=U_1-\Delta U=3.4-0.826\approx2.57(\mathrm{kV})$$

该值与实测值（2.5kV）基本一致，说明该线路导线连接状况等良好。

② 升压变压器容量的确定。用现成的三台单相变压器，连接成如图 3-4 所示的形式。由于 A 点电压变化对 A 处负荷影响不大，主要是 B 点的用电质量差。升压变压器安装在 B 处。

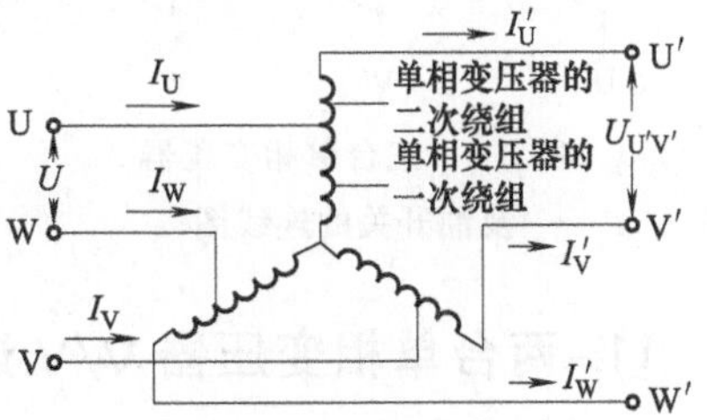

图 3-4　升压方案原理图

B 处最大负荷电流为：

$$I=\frac{P}{\sqrt{3}U}=\frac{260}{\sqrt{3}\times2.5}=60(\mathrm{A})$$

故所选单相 3/0.22kV 变压器的容量为：

$$P=UI=0.22\times60=13.2(\mathrm{kV\cdot A})$$

选取额定容量为 15kV·A 的单相变压器 3 台。

③ 升压效果分析。测得 B 点的高峰、中负荷及低谷时的实际电压分别为 2.5kV、2.8kV 和 3.15kV，相应画出电压相量图（只画一相），如图 3-5 所示。

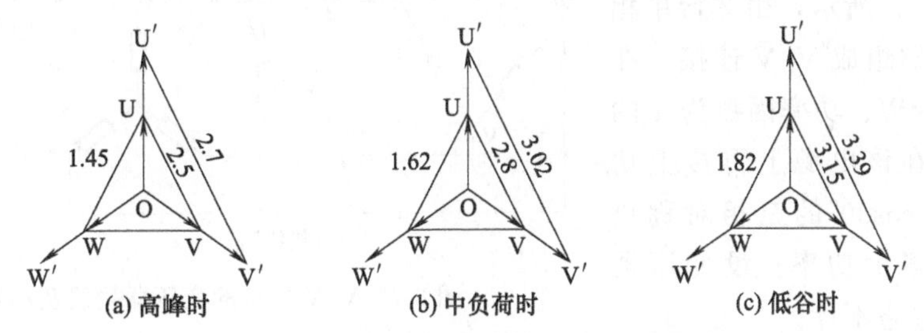

图 3-5　不同负荷时 B 点的电压相量图

以图 3-5（a）为例，已知 $U_{UV}=2.5\mathrm{kV}$，得 $U_{UO}=2.5/\sqrt{3}=1.45$（kV）。

又原单相变压器的变比 $k=U_1/U_2=2850/220=13$（一次侧取 2850V 一挡），故可得 $U_{UV'}=U_{UO}/k=1.45/13=0.111$（kV）。

用同样方法可求得中负荷和低谷时的电压，如图 3-5（b）、（c）所示。

④ 实施升压方案后的效果，见表 3-3。

表 3-3　实施升压方案后的效果

电压情况	高　峰	中负荷	低　谷
B 点电压（自耦变压器使用 2.85kV 挡）/kV	(2.5)升至 2.7	(2.8)升至 3.02	(3.15)升至 3.39
低压侧电压（种马场原有变压器使用 2.85kV 挡）/V	(192)升至 208	(216)升至 233	(243)升至 261
电压偏移率/%	(−12.7)至−5.5	(−1.8)至+5.9	(+10.5)至+18.6
加高压油开关后的低压侧电压及电压偏移率	油开关投入 208V/−5.5%	油开关投入 233V/+5.9%	油开关切除 243V/+10.5%

注：括号内为未升压前的数值。

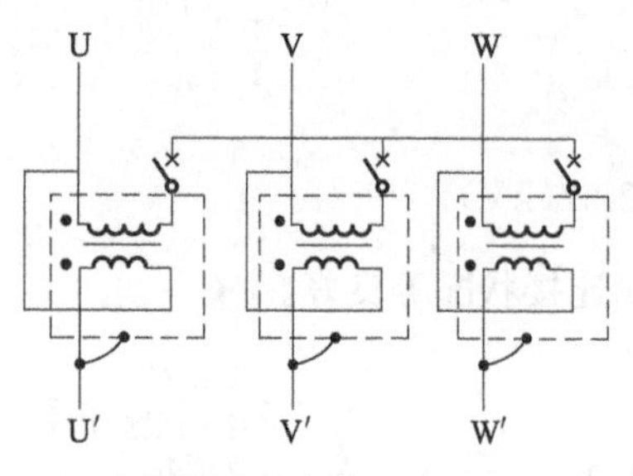

图 3-6 三台单相变压器及油开关的连线图

由表 3-3 可知，投入升压变压器后，若不采取措施，在负荷低谷时种马场的电压将严重偏高，为此在自耦升压变压器回路加入一台三相高压油开关，以便在负荷低于低谷时将自耦升压变压器退出。具体接线如图 3-6 所示。

图 3-6 中，低谷时开关切除后变压器二次线圈仍处于通电状态，由于二次线圈阻抗很小，实际表明，低谷时在二次线圈上的压降约为零点几伏，故可忽略其影响。

11. 两台单相变压器 V/V 连接容量利用率的计算

（1）计算公式

V/V 连接的变压器能供给负荷的功率为 $P=\sqrt{3}U_eI_e$，而变压器的装置容量为 $2U_eI_e$，故 V/V 连接时变压器的容量利用率为

$$\frac{\sqrt{3}U_eI_e}{2U_eI_e}=\frac{\sqrt{3}}{2}=86.6\%$$

（2）实例

如图 3-7（a）所示，由 2 台单相 30kV·A 变压器组成 V/V 连接。在 U-V 间接有 10kW、功率因数为 1 的单相负荷，要在该电源上再接上功率因数为滞后 cos30°的三相对称负荷，问允许接多少功率？设变压器及线路的阻抗忽略不计。

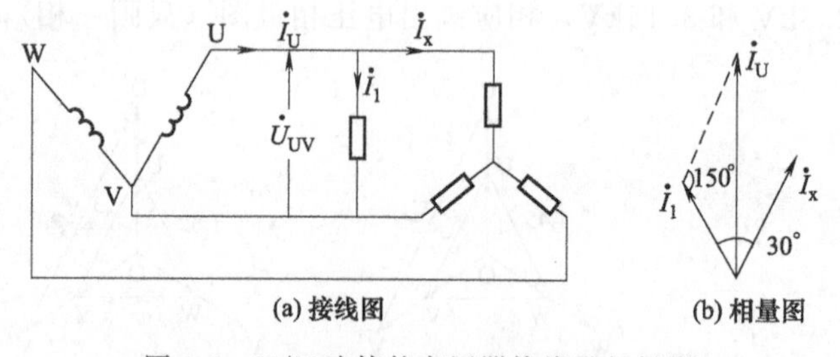

图 3-7 V/V 连接的变压器接线及相量图

解 设流入单相负荷的电流为 $\dot{I}_1$，流入三相负荷的电流为 $\dot{I}_x$，由变压器流出的电流为 $\dot{I}_U$。按题意，单相负荷为纯电阻性负荷，故相量 $\dot{I}_1$ 与 $\dot{U}_{UV}$ 方向一致；而 $\dot{I}_x$ 滞后 $\dot{U}_{UV}30°$，也即滞后 $\dot{I}_1 30°$。又知：

$$I_U=\frac{30\times10^3}{U_{UV}},I_1=\frac{10\times10^3}{U_{UV}}$$

而 $\dot{I}_1+\dot{I}_x=\dot{I}_U$，故可作相量图如图 3-7（b）所示。

由相量图知：

$$I_U^2=I_x^2+I_1^2-2I_xI_1\cos\varphi$$

将 $I_U=30\times10^3/U_{UV}$、$I_1=10\times10^3/U_{UV}$ 和 $\varphi=150°$ 代入上式，经整理得：

$$I_x^2+\frac{\sqrt{3}\times10^4}{U_{UV}}I_x-\frac{8\times10^8}{U_{UV}^2}=0$$

解上式得

$$I_x=\frac{2.09\times10^4}{U_{UV}}(\text{A})$$

因此，三相负荷的最大允许功率为

$$P_{3m}=\sqrt{3}U_{UV}I_x\cos\varphi=\sqrt{3}U_{UV}\frac{2.09\times10^4}{U_{UV}}\times\cos30^\circ$$
$$=31.35\times10^3(W)=31.35\ (kW)$$

12. 变压器年电能损耗计算

(1) 计算公式

变压器年负荷率 β_n 可按下式计算：

$$\beta_n=\frac{A_P}{TS_e\cos\varphi_n}$$

式中 $\cos\varphi_n$——年（加权）平均功率因数，可根据 $\tan\varphi_n=A_Q/A_P$，由三角函数表查得；

A_P，A_Q——根据电能表（电能表装在降压变压器的高压侧）示值，在所计算时间内（这里是 1 年）的有功电量和无功电量，kW・h、kvar・h；

S_e——变压器额定容量，kV・A；

T——变压器年运行小时数，h。

变压器年电能损耗为

$$\Delta A=\Delta A_P+K\Delta A_Q$$
$$=(P_0T+\beta_n^2P_d\tau)+K(Q_0T+\beta_n^2Q_d\tau)$$
$$=(P_0T+\beta_n^2P_d\tau)+K(I_0\%S_eT+\beta_n^2U_d\%S_e\tau)\times10^{-2}$$

式中 ΔA——变压器年电能损耗，kW・h；

τ——变压器正常负荷下的工作小时数，参见表 3-4；

K——无功经济当量，见表 3-1。

年综合电能损耗最小的变压器经济负荷率为：

$$\beta_m=\sqrt{\frac{(P_0+KI_0\%S_e\times10^{-2})T}{(P_d+KU_d\%S_e\times10^{-2})\tau}}$$

表 3-4 生产班制及各种时间（参考值）

生产班制	正常负荷下工作时间 τ/h	年运行时间 T/h	最大负荷年利用时间 T_{max}/h
一班制	2300	8000	1500
二班间断	4600	8000	3000
三班间断	6900	8000	4500
三班连续	8000	8000	7500

(2) 实例

某三班连续生产的企业，由 2 台 S9-800kV・A 变压器供电，变电所内高压侧装有三相有功电能表和无功电能表。查记录，该企业在一年内有功电能耗用 500.05×10^4kW・h，无功电能耗用 310.1×10^4kvar・h，试求：

① 该变压器年电能损耗是多少？

② 变压器负荷率是否处于年综合电能损耗最小的负荷率范围？

解 ① 变压器年电能损耗计算。根据耗用有功电能 $A_P=500.05\times10^4$kW・h 和无功电能 $A_Q=310.1\times10^4$kvar・h，$\tan\varphi_n=A_Q/A_P=310.1/500.05=0.62$，故年平均功率因数为 $\cos\varphi_n=0.85$。

由表 3-4 查得，$T=8000\text{h}$，$\tau=8000\text{h}$

变压器年负荷率为

$$\beta_n=\frac{A_P}{TS_e\cos\varphi_n}=\frac{500.05\times10^4}{8000\times(2\times800)\times0.85}=0.46$$

根据 S9-800kV·A 变压器，由产品目录查得 $P_0=1.4\text{kW}$，$P_d=7.5\text{kW}$，$I_0\%=0.8$，$U_d\%=4.5$，设无功经济当量 $K=0.15\text{kW/kvar}$，则 2 台变压器年电能损耗为

$$\begin{aligned}\Delta A&=2[(P_0T+\beta_n^2P_d\tau)+K(I_0\%S_eT+\beta_n^2U_d\%S_e\tau)\times10^{-2}]\\&=2\times[(1.4\times8000+0.46^2\times7.5\times8000)+0.15\times\\&\quad(0.8\times800\times8000+0.46^2\times4.5\times800\times8000)\times10^{-2}]\\&=2\times(23896+16821)=81434(\text{kW}\cdot\text{h})\end{aligned}$$

② 该变压器经济负荷率的计算。该变压器年综合电能损耗最小时的经济负荷率应为

$$\begin{aligned}\beta_m&=\sqrt{\frac{(P_0+KI\%S_e\times10^{-2})T}{(P_d+KU_d\%S_e\times10^{-2})\tau}}\\&=\sqrt{\frac{(1.4+0.15\times0.8\times800\times10^{-2})\times8000}{(7.5+0.15\times4.5\times800\times10^{-2})\times8000}}=\sqrt{\frac{2.36}{12.9}}=0.43\end{aligned}$$

$\beta_n=0.46$，与 $\beta_m=0.43$ 接近，所以这两台变压器的负荷率处于年综合能耗最小的负荷率范围，运行是经济的。

如果企业为二班制生产的话，查表 3-4，$\tau=4600\text{h}$，则变压器年综合电能损耗最小时的经济负荷率应为

$$\beta_m=\sqrt{\frac{2.36T}{12.9\tau}}=\sqrt{\frac{2.36\times8000}{12.9\times4600}}=\sqrt{0.318}=0.56$$

如果企业为一班制生产的话，查表 3-4，$\tau=2300\text{h}$，则经济负荷率为

$$\beta_m=\sqrt{\frac{2.36\times8000}{12.9\times2300}}=0.8$$

由此可见，变压器经济负荷率除与变压器本身参数有关外，主要取决于年运行小时数 T、正常负荷下工作小时数 τ 和无功经济当量 K 值。

对于 SL7（淘汰产品）和 S9 系列 10/0.4kV 低损耗变压器（北京变压器厂产品），当设 $T=8000\text{h}$，$K=0.1\text{kW/kvar}$ 时，对应于不同的正常负荷工作小时数 τ 的经济负荷率 β_m 值，见表 3-5 和表 3-6。

表 3-5　SL7 系列变压器对不同的 τ 值的经济负荷率

型号 SL7	P_0 /kW	P_d /kW	$I_0\%$	$U_d\%$	β_m		
					一班制 $\tau=2300\sim2800\text{h}$	二班制 $\tau=4600\sim5700\text{h}$	三班制 $\tau=6900\sim8400\text{h}$
100	0.32	2.0	4.2	4	1.08～0.98	0.77～0.69	0.63～0.57
200	0.54	3.4	3.5	4	1.06～0.96	0.75～0.67	0.61～0.55
315	0.76	4.8	3.2	4	1.05～0.96	0.75～0.67	0.61～0.55
400	0.92	5.8	3.2	4	1.06～0.96	0.75～0.68	0.61～0.56
500	1.08	6.9	3.2	4	1.14～1.04	0.81～0.73	0.66～0.60
630	1.3	8.1	3	4.5	1.05～0.96	0.75～0.67	0.61～0.55
800	1.54	9.9	2.5	4.5	1.0～0.91	0.71～0.64	0.58～0.52
1000	1.8	11.6	2.5	4.5	1.0～0.91	0.71～0.64	0.58～0.52

表 3-6 S9 系列变压器对不同的 τ 值的经济负荷率

型号 S9	P_0 /kW	P_d /kW	$I_0\%$	$U_d\%$	β_m		
					一班制 $\tau=2300\sim2800h$	二班制 $\tau=4600\sim5700h$	三班制 $\tau=6900\sim8400h$
100	0.29	1.5	1.6	4	0.95～0.86	0.67～0.60	0.55～0.50
200	0.48	2.6	1.3	4	0.91～0.83	0.64～0.58	0.53～0.48
315	0.67	3.65	1.1	4	0.89～0.81	0.63～0.56	0.51～0.46
400	0.8	4.3	1.0	4	0.88～0.80	0.62～0.56	0.51～0.46
500	0.96	5.1	1.0	4	0.88～0.80	0.62～0.56	0.51～0.46
630	1.2	6.2	0.9	4.5	0.86～0.78	0.61～0.55	0.50～0.45
800	1.4	7.5	0.8	4.5	0.84～0.76	0.59～0.53	0.48～0.44
1000	1.7	10.3	0.7	4.5	0.79～0.71	0.56～0.50	0.45～0.41

由表 3-5 和表 3-6 可知，对于长年持续生产且日负荷变化不大的三班制企业，$\beta_m=50\%\sim60\%$（SL7 系列）、$\beta_m=40\%\sim55\%$（S9 系列）较节能；对于二班制企业，$\beta_m=60\%\sim75\%$（SL7 系列）、$\beta_m=50\%\sim70\%$（S9 系列）较节能；对于负荷变化较大的单班制企业，宜取较高的 $\beta_m=90\%\sim110\%$（SL7 系列）、$\beta_m=75\%\sim95\%$（S9 系列）。

13. 因负荷增加更换变压器的计算

(1) 几种变压器运行费用比较

S7-50/10 型、S9-50/10 型及 SH-100/10 型变压器运行费用等比较如下：设农村照明电价按 0.7 元/(kW·h) 计算，变压器年负荷利用小数时按 2600h 计算，最大负荷年损耗小时数按 1000h 计算（具体计算从略）。

S7-50/10 型：价格 8770 元，年电能损耗费 2614.08 元。

S9-50/10 型：价格 10850 元，年电能损耗费 2077.32 元。

SH-100/10 型：价格 25100 元，年电能损耗费 2257.92 元。

(2) 实例

某农村现有照明负荷 33kW、动力负荷 10kW，由一台 S7-50/10 型变压器供电，明年准备新上一个小型服装加工厂，用电负荷约为 30kW，以后不准备上项目。试选择变压器。

解 先计算所需变压器容量。因该村电力发展目标明确，总负荷为：

$$\sum P_H=33+10+30=73(kW)$$

设负荷同期使用率 $K_s=0.7$、$\cos\varphi=0.8$、$\eta=0.8$，则变压器容量为：

$$P_e=\frac{K_s}{\eta\cos\varphi}\sum P_H=1.1\times73=80.3(kW)$$

因此初步选择变压器容量为 100kV·A。

由于原有一台 50kV·A 变压器，可供选择的方案有以下两个：

方案一：原有 S7-50/10 型变压器不动，再增加一台 S9-50/10 变压器并联运行。此方案当两变压器有一台故障或检修时，不会造成全村停电，供电可靠性较好。

方案二：把原有 S7-50/10 型变压器换掉，而用一台 S9 或 SH 型 100kV·A 变压器代之。

方案比较：若方案二采用 SH-100/10 型变压器。方案一比方案二少投资 25100～10850＝14250（元），但方案一比方案二要多增加一套高、低压配电装置及附属设施，增加费用约

7000元，这样两方案一次性投资相差为14250－7000＝7250（元）。但方案二的运行费用低，一台S7-50/10和一台S9-50/10变压器年损耗费总共为2614.08＋2077.32＝4691.4（元），而一台SH-100/10型变压器年损耗费为2257.92元，两者差额为2433.48元，回收差额年限为7250/2433.48＝2.98（年）。也就是说，方案二比方案一虽一次性投资大，但不足3年就可回收投资差额部分，以后十几年即可得到可观的经济回报。

以上计算还尚未计及所换掉的S7-50/10型变压器的剩余价值。

14. 按年平均负荷法计算工厂年总计算负荷和变压器容量

（1）计算公式

$$P_{js}=P_{max}=\frac{A_P}{\alpha_n T}$$

$$Q_{js}=Q_{max}=\frac{A_Q}{\beta_n T}$$

式中 P_{js}——工厂总有功计算功率，kW；

Q_{js}——工厂总无功计算功率，kvar；

A_P——年有功电能需要量，kW·h；

A_Q——年无功电能需要量，kvar·h；

α_n，β_n——年平均有功和无功负荷系数，一般取$\alpha_n=0.7\sim0.75$，$\beta_n=0.76\sim0.82$；

T——年实际工作小时数，其值因企业的生产班制及设备检修期而异。该值的准确性对计算结果影响较大。T的参考值如下：一班制企业，$T=2300$h；二班制企业，$T=4600$h；三班制企业，$T=6900$h；全年连续工作，$T=8760$h。

（2）实例

某工具制造厂年用电量约460×10^4kW·h，设有无功补偿（$\cos\varphi$为0.9），试估算变压器容量。

解 年有功电能需要量为$A_P=4600000$kW·h

年无功电能需要量为$A_Q=A_P\tan\varphi=4600000\times0.4843=2227780$（kvar·h）

设企业生产为三班制，$T=6900$h，取年平均有功和无功负荷系数为$\alpha_n=0.7$，$\beta_n=0.76$，年有功功率、无功功率、视在功率计算值为

$$P_{js}=P_{max}=\frac{A_P}{\alpha_n T}=\frac{4600000}{0.7\times6900}=950(\text{kW})$$

$$Q_{js}=Q_{max}=\frac{A_Q}{\beta_n T}=\frac{2227780}{0.76\times6900}=425(\text{kvar})$$

$$S_{js}=\sqrt{P_{js}^2+Q_{js}^2}=\sqrt{950^2+425^2}=1041(\text{kV}\cdot\text{A})$$

变压器容量为

$$S_e=1.3S_{js}=1.3\times1041=1353(\text{kV}\cdot\text{A})$$

式中，1.3为考虑变压器经济运行等的余裕系数。

可选两台800kV·A的变压器（裕量较大）。

15. 照明负荷变压器容量计算

(1) 计算公式

照明变压器容量可按下式计算：

$$S \geqslant \Sigma\left(K_{t} P_{z} \frac{1+\alpha}{\cos\varphi}\right)$$

式中 S——照明变压器的容量，kV·A；

K_t——照明负荷同时系数，见表 3-7；

P_z——正常照明或事故照明装置容量，kW；

α——镇流器及其他附件损耗系数，白炽灯、LED 灯、卤钨灯，$\alpha=0$；气体放电灯，$\alpha=0.2$；

$\cos\varphi$——光源功率因数，见表 3-8。

表 3-7 照明负荷同时系数 K_t

工作场所	K_t 值	
	正常照明	事故照明
汽机房	0.8	1.0
锅炉房	0.8	1.0
主控制楼	0.8	0.9
运煤系统	0.7	0.8
屋内配电装置	0.3	0.3
屋外配电装置	0.3	—
辅助生产建筑物	0.6	—
办公楼	0.7	—
道路及警卫照明	1.0	—
其他露天照明	0.8	—

表 3-8 各种照明器的功率因数（参考值）

照明器		功率因数
荧光灯	无补偿	0.57
	有补偿	0.9
白炽灯、LED 灯、卤钨灯		1
高压汞灯		0.45～0.65
金属卤化物灯(钠铊铟灯、镝灯)		0.4～0.61
高压钠灯		0.45
低压钠灯		0.6
管形氙灯		0.9
镝灯		0.52

(2) 实例

某生产车间照明有 60W LED 灯 100 只，40W 荧光灯 200 只，250W 高压汞灯 80 只，180W 低压钠灯 150 只。照明系统单独用一台变压器供电，试选择变压器容量。设该车间的照明负荷同时系数 K_t，LED 灯、荧光灯为 0.8，高压汞灯、低压钠灯为 0.7。

解 各类灯具的功率因数由表 3-8 查得。

LED 灯 $\cos\varphi \approx 1$，$\alpha \approx 0$，其功率为

$$P_1 = 60 \times 100 = 6000(\mathrm{W})$$

荧光灯 $\cos\varphi = 0.9$（有电容补偿），$\alpha = 0.2$，其功率为

$$P_2 = 40 \times 200 \times \frac{1+0.2}{0.9} \approx 10667(\mathrm{W})$$

高压汞灯 $\cos\varphi = 0.55$，$\alpha = 0.2$，其功率为

$$P_3 = 250 \times 80 \times \frac{1+0.2}{0.55} \approx 43636(\mathrm{W})$$

低压钠灯 $\cos\varphi = 0.6$，$\alpha = 0.2$，其功率为

$$P_4 = 180 \times 150 \times \frac{1+0.2}{0.6} = 54000(\mathrm{W})$$

因此 $S \geqslant \sum\left(K_z P_z \frac{1+\alpha}{\cos\varphi}\right)$

$=0.8\times(6000+10667)+0.7\times(43636+54000)$

$=13334+68345=81679(\mathrm{W})\approx 81(\mathrm{kW})$

故可选用 S9-100kV·A 的变压器。

16. 动力负荷变压器容量计算

(1) 计算公式

供电动机负荷的变压器容量可按下式计算：

$$S_e=\sum\frac{P_{2i}}{\eta_i\cos\varphi_i}\approx 0.74\sum P_{2i}$$

式中 S_e——变压器容量，kV·A；

P_{2i}——各电动机输出功率，kW；

η_i——各电动机效率；

$\cos\varphi_i$——各电动机功率因数。

当数台电动机同时启动或在同一台变压器供一台电动机用电，以及在输出功率较小的电动机直接启动的场合，由于启动电流产生的压降，往往会使电动机不能启动。这时应按下式计算：

$$S_e=\frac{P_2}{\eta\cos\varphi}\times\frac{U_d\%K}{\Delta U\%}$$

式中 P_2——电动机输出功率，kW；

η——电动机效率；

$\cos\varphi$——电动机功率因数；

$U_d\%$——变压器阻抗电压百分数；

K——电动机启动电流大于额定电流的倍数；

$\Delta U\%$——电动机启动时可允许的电压损失百分数的限度。

如果按后式计算的结果小于按前式计算的结果，则应采用前式的计算结果。

当动力及照明负荷混合供电时，笼式异步电动机直接启动时的最大功率参考值，见表 3-9。

表 3-9 笼式异步电动机直接启动功率最大值（供参考）

变压器容量/kV·A	电动机功率/kW		
	$\Delta U\%=1.5$	$\Delta U\%=4$	$\Delta U\%=10$①
100	3.8	10.5	21
200	7.4	22	42
315	12	35	66
500	22	55	105
630	28	69	132
800	37	88	168
1000	46	100	210

① 10%仅对启动次数很少的情况而言。

(2) 实例

某生产车间动力负荷有以下各型异步电动机；7.5kW 50 台，11kW 80 台，22kW 20

台，30kW 10 台和 55kW 2 台，试选择供电变压器容量。

解 变压器容量按下式选择

$$S_e \approx 0.74\sum P_{2i}$$
$$=0.74\times(7.5\times50+11\times80+22\times20+30\times10+55\times2)=1558(\text{kW})$$

故可选 S9-1600kV·A 的变压器。

17. 农用变压器容量计算

(1) 计算公式

① 台区负荷的计算。台区用电负荷（最大负荷）可按下式计算：

$$P=\frac{nP_1K_P}{1-\Delta P\%/100}$$

式中 P——台区用电负荷（最大负荷），kW；

n——台区用户数；

K_P——用户用电同时率，如全是电炊，照明等时，K_P 可取 1，否则小于 1；

$\Delta P\%$——台区低压线损率（百分数），应低于 12；

P_1——每户用电负荷（最大负荷）(kW)，$P_1=NA_i/T$；

N——每户平均人口；

A_i——年人均用电量，kW·h；

T——最大负荷利用小时数，h。

② 配变压器容量的选择。在正常负荷下变压器不应超载运行，因此有

$$\begin{cases}S_m=\dfrac{P}{\cos\varphi_m}\\ S_e\geqslant S_m\end{cases}$$

式中 S_m——台区最大负荷视在功率，kV·A；

S_e——所选变压器的额定容量，kV·A；

$\cos\varphi_m$——台区最大负荷时的功率因数，一般可取 0.8。

(2) 实例

某村年人均用电量 150kW·h，每户人口平均为 4 人，最大负荷利用小时数为 2000h，共有农户 100 户，同时率为 1，设低压线损率为 10%，试选择供电变压器容量。

解 每户用电负荷为

$$P_1=\frac{NA_i}{T}=\frac{4\times150}{2000}=0.3(\text{kW})$$

台区用电负荷为

$$P=\frac{nP_1K_P}{1-\Delta P\%}=\frac{100\times0.3\times1}{1-0.1}=33.3(\text{kW})$$

台区最大负荷视在功率为

$$S_m=33.3/0.8=41.6(\text{kV}\cdot\text{A})$$

因此可选用 S9-50kV·A 的变压器。

18. 电力排灌站变压器容量计算

小型电力排灌站的变压器一般为单台，容量在 315kV·A 及以下，电压为 10/0.4kV。

(1) 常用公式

$$S_e=\sum\left(\frac{K_1P_1}{\eta\cos\varphi}\right)+K_2P_2$$

式中 S_e——变压器额定容量，kV·A；

P_1——电动机额定功率，kW；

η——电动机的效率；

$\cos\varphi$——电动机的功率因数；

$\sum\left(\frac{K_1P_1}{\eta\cos\varphi}\right)$——同时投入运行的电动机功率总和；

K_1——电动机负载率，$K_1=\frac{K_3P_3}{P_1}$；

P_3——水泵的轴功率，kW；

K_3——换算系数，当 $P_3/P_1=0.8\sim1$ 时，K_3 可取 1；当 $P_3/P_1=0.7\sim0.8$ 时，K_3 取 1.05；当 $P_3/P_1=0.6\sim0.7$ 时，K_3 取 1.1；当 $P_3/P_1=0.5\sim0.6$ 时，K_3 取 1.2；

P_2——照明用电总功率，kW；

K_2——照明用电同期率，一般取 0.8～0.9。

(2) 简化公式估算

$$S_e=\sum P(1+25\%)$$

式中 $\sum P$——电动机总功率，kW。

若按以上公式计算出的变压器容量较小，使电动机不能直接启动，应采用减压启动。

一般电动机和变压器的配合可参见表 3-10。

表 3-10 电动机和变压器容量配合参考表

电动机功率/kW	变压器容量/kV·A	电动机功率/kW	变压器容量/kV·A
11～15	20	55～75	80
18.5～22	30	75～90	110、125
30～40	50、63	110	125、160

对于容量较大的排灌站，可选用两台容量较小的变压器，在负荷较轻时，可只用一台变压器或两台交替使用。

19. 按综合经济效果选择企业变压器容量的计算

(1) 计算公式

该方法选择变压器，不但考虑变压器年电能损耗最小，还考虑了基建投资（一次投资）、电价制度、变压器维修、折旧费等因素。因此对企业来说，它能较全面地反映选择变压器的经济性与合理性。该方法是从多个方案的比较中选择基建投资少、运行费用低的方案为最佳方案。

在满足供电质量、可靠性、运行合理、维护方便等条件的前提下，按以下各项指标进行经济比较。

① 基建投资

$$C_t = C_{b1} + C_{b2}$$

式中 C_t——基建投资，万元；

C_{b1}——变压器价格、附属设施和安装、土建费，万元；

C_{b2}——向地区电业部门缴纳贴费，万元，原为100～140元/(kV·A)，2000年开始逐渐取消该项收费。

② 年运行费

$$C_y = C_1 + C_2 + C_3 + C_4 + C_5$$

式中 C_y——年运行费，万元/年；

C_1——折旧费，C_1＝变压器价格×折旧率C_n%，年折旧率C_n%取5%；

C_2——维护费，C_2＝变压器价格×维护费率C_m%，年维护费率C_m%取2%～3%；

C_3——运行人员工资，因占总运行费比例小，且为相同项，故在方案比较中可不计入；

C_4——年基本电价费，$C_4 = 12 \times$月基本电价费×变压器容量，月基本电价取元/(kV·A·月)；

C_5——年电能损耗费，$C_5 = C_5' + C_5''$；

C_5'——变压器负荷年用电费，万元/年；

C_5''——变压器年电能损耗费，对于企业用变压器，$C_5'' = [(P_0 + K_G Q_0)T + (\beta^2 P_d + K_G \beta^2 Q_d)\tau]\delta \times 10^{-4}$(万元/年)；

K_G——无功电价等效当量，见表3-11；

T——变压器年运行小时数，即接于电网时间；

τ——变压器正常负荷下工作小时数；

δ——电价，约0.5元/(kW·h)。

表3-11 无功电价等效当量K_G表

(1) $\cos\varphi=0.9$为基准的企业

月$\cos\varphi$	0.5～0.55	0.55～0.6	0.6～0.65	0.65～0.7	0.7～0.75	0.75～0.8	0.8～0.85
K_G	0.464	0.541	0.621	0.668	0.179	0.191	0.191

月$\cos\varphi$	0.85～0.9	0.9～0.92	0.92～0.94	0.94～0.96	0.96～0.98	0.98～1
K_G	0.183	0.034	0.032	0.042	0.023	0.037

(2) $\cos\varphi=0.85$为基准的企业

月$\cos\varphi$	0.5～0.55	0.55～0.6	0.6～0.65	0.65～0.7	0.7～0.75	0.75～0.8	0.8～0.85
K_G	0.464	0.541	0.621	0.668	0.179	0.191	0.191

月$\cos\varphi$	0.85～0.86	0.86～0.88	0.88～0.9	0.9～0.92	0.92～0.94	0.94～0.96	0.96～0.98	0.98～1
K_G	0.191	0.09	0.09	0.085	0.032	0.042	0.023	0.037

无功电价等效当量K_G，指功率因数在$\cos\varphi_{\text{I}} \sim \cos\varphi_{\text{II}}$区间内，1kvar·h的无功电量电价相当于有功电度电价的倍数，其中$\cos\varphi$是变压器电源侧月功率因数。

表3-11的使用方法：根据变压器经济运行月功率因数及本单位所执行的功率因数电价基准（$\cos\varphi=0.85$或$\cos\varphi=0.9$），从表3-11中查出相应的K_G值。

③ 无功补偿装置费用。当功率因数达不到电业部门的规定值时，需加装移相电容器。

将无功补偿装置的投资计入基建投资中，而运行费用计入年运行费中。

④ 计算结果比较，确定最佳方案。在几个方案中，会出现投资少、年运行费用多，或投资多而年运行费用少的情况，应选择其中综合经济效果最好的方案。在此，引入“折返年限”权衡取舍：

$$N=\frac{C_{t\mathrm{I}}-C_{t\mathrm{II}}}{C_{y\mathrm{II}}-C_{y\mathrm{I}}}$$

式中　N——折返年限，年；

$C_{t\mathrm{I}}$，$C_{t\mathrm{II}}$——两方案的基建投资，万元；

$C_{y\mathrm{I}}$，$C_{y\mathrm{II}}$——两方案的年运行费用，万元/年。

当 $N<3\sim5$ 年时，选取投资多的方案。对于基建周期较长的企业（如冶金矿山）取上限，对周期短者（如轻工业）取下限。

按照综合经济效果所选取的变压器，其负荷率一般较高，为0.7～0.8。

⑤ 两点说明：

a. 在计算年电能损耗费 C_5 的公式中，只计及了电能的商品价格，而1kW·h电能所创造的价值远比它本身的商品价格高。因此在比较各种方案时，若差别不大，则应从节能原则来选择变压器容量。

b. 以上计算公式未考虑投资和运行费的利率，实际上应加以考虑。

(2) 实例

某三班制企业，设备装机容量为70kV·A，实际使用的负荷量为 $P=400$kV·A（为了使问题简化，设其为常量），平均功率因数为0.95（补偿后），设变压器年运行小时数为8700h，正常负荷下工作小时数为6900h。试问：配备均能满足负荷需要的10/0.4kV、S9-800kV·A或S9-630kV·A变压器，哪一种变压器对企业更为合适？该厂是以 $\cos\varphi=0.9$ 为基准考核的企业。

解　分别对800kV·A和630kV·A变压器进行计算。

① S9-800kV·A变压器技术数据：$P_0=1.2$kW，$P_d=7.5$kW；$I_0\%=0.8$，$U_d\%=4.5$，变压器价格8.8万元，综合造价12.4万元，变压器负荷率 $\beta=P/P_e=400/800=0.5$。

基建投资：$C_t=C_{b1}+C_{b2}=12.4+0=12.4$（万元）

年运行费：$C_y=C_1+C_2+C_3+C_4+C_5$

其中折旧费和维护费：$C_1+C_2=8.8\times(5+3)\%=0.7$(万元/年)

运行人员工资：C_3 略去不计（且该项在两方案中相等）

年基本电价费：$C_4=12\times4\times800\times10^{-4}=3.84$（万元/年）

变压器负荷年用电费：$C_5'=P_2\tau\delta\times10^{-4}=P\cos\varphi\tau\delta\times10^{-4}=400\times0.95\times6900\times0.5\times10^{-4}=131.1$（万元/年）（其实该项在两方案中相等，本可不参加比较）

变压器年电能损耗费

$$C_5''=[(P_0+K_GQ_0)T+(\beta^2P_d+K_G\beta^2Q_d)\tau]\delta\times10^{-4}$$

查表3-11得无功电价等效当量 $K_G=0.042$，设电价 $\delta=0.5$ 元/(kW·h)。

$$Q_0=I_0\%P_e\times10^{-2}=0.8\times800\times10^{-2}=6.4(\text{kvar})$$

$$Q_d=U_d\%P_e\times10^{-2}=4.5\times800\times10^{-2}=36(\text{kvar})$$

$$C_5''=[(1.2+0.042\times6.4)\times8700+(0.5^2\times7.5+0.042\times0.5^2\times36)\times6900]\times0.5\times10^{-4}=1.4(\text{万元/年})$$

故　$C_y=0.7+3.84+(131.1+1.4)=137$(万元/年)

② S9-630kV・A 变压器技术数据：$P_0=1.2\text{kW}$，$P_d=6.2\text{kW}$，$I_0\%=0.9$，$U_d\%=4.5$，变压器价格 8.1 万元，综合造价 10.5 万元，变压器负荷率 $\beta=400/630=0.635$。计算结果如下：

基建投资：$C_t=10.5$(万元)

年运行费：$C_y=0.65+3.02+(131.1+0.79)=135.6$(万元/年)

③ 方案比较，将上述结果列于表 3-12 中。从表中可见，选用 630kV・A 变压器，基建投资节省 1.9 万元，年运行费用节省 1.4 万元，因此应选用 S9-630kV・A 变压器。

表 3-12　方案比较

经济指标 \ 变压器容量/kV・A	基建投资/万元			年运行费/(万元/年)			
	综合造价	贴费	合计	年折旧维护费	年基本电价费	年电能损耗费	合计
S9-800	12.4	0	12.4	0.7	3.84	131.1 (1.4)	137
S9-630	10.5	0	10.5	0.65	3.02	131.1 (0.79)	135.6

注：括号内数字为变压器年电能损耗费。

说明：年基本电价费计算式中 4 元为月基本电价费（与变压器容量有关的契约电费）。

20. 应用现值系数法选择变压器并评估其经济效益的计算

(1) 计算公式

1) 现值系数的概念

在计算节电工程投资效果时，利用动态计算法（即投资利率法）比静态计算法更为科学。动态计算法系根据按投资利率 i（并考虑通货膨胀率 α）折现的投资 C 和收益 L，在工程使用寿命年限 n 年内相等的原则，来确定投资利率 i 或决定投资限额。

现值系数 C/L 可由下式表示

$$\frac{C}{L}=\frac{1-\left(\frac{1+\alpha}{1+i}\right)^n}{i-\alpha}$$

式中　C——节电改造工程的投资，元；

L——采取节电工程后的年节约费用（即年收益），元/年；

i——年利率；

α——年通货膨胀率。

投资资金回收系数

$$\frac{L}{C}=\frac{i-\alpha}{1-\left(\frac{1+\alpha}{1+i}\right)^n}$$

2) 变压器总拥有费用计算

$$T=Y+AP_0+BP_d$$

式中　T——变压器总拥有费用，元；

Y——变压器初始投资费用（包括变压器价格、运费、营业税及其他供电设备费用）；

P_0——变压器额定空载损耗，kW；

P_d——变压器额定负载损耗，kW；

A——变压器寿命期间空载损耗每千瓦的资本费用，元/kW；

B——变压器寿命期间负载损耗每千瓦的资本费用，元/kW。

3）损耗系数 A 和 B 的确定

① 系数 A。A 的数值主要由电价来决定，等效于初始费用的现值表达式为

$$A=\frac{L}{C}(12E_1+E_2T)$$

式中 E_1——两部制电价中的基本电费，元/(kW・月)；

E_2——两部制电价中的电能电费，元/(kW・h)；

T——年运行小时数，一般按 8760h 计。

② 系数 B。B 的数值除了电价因素外，主要与变压器所带负荷特征有关。负荷特征可用年最大负荷损耗小时数（由最大负荷利用小时数 T_{max} 和功率因数确定）以及负荷率表示。重负荷、运行时间长、负荷率高的企业，其系数 B 就大，反之则小。系数 B 的数值等效于初始费用的现值表达式为

$$B=\frac{L}{C}(12E_1+E_2\tau)\beta^2$$

式中 τ——年最大负荷损耗小时数（h），由最大负荷利用小时数 T_{max} 及功率因数 $\cos\varphi$ 确定，见表 3-13 或由 $\tau=T_{max}^2(\cos\varphi_{max}/\cos\varphi_{pj})^2\times(1/8760)$ 计算得到（$\cos\varphi_{max}$ 和 $\cos\varphi_{pj}$ 分别为最大和平均功率因数）；

β——变压器负荷率。

表 3-13 τ 与 T_{max} 的关系表

T_{max}/h \ $\cos\varphi$	τ/h				
	0.8	0.85	0.9	0.95	1
2000	1500	1200	1000	800	700
2500	1700	1500	1250	1100	950
3000	2000	1800	1600	1400	1250
3500	2350	2150	2000	1800	1600
4000	2750	2600	2400	2200	2000
4500	3150	3000	2900	2700	2500
5000	3600	3500	3400	3200	3000
5500	4100	4000	3950	3750	3600
6000	4650	4600	4500	4350	4200
6500	5250	5200	5100	5000	4850
7000	5950	5900	5800	5700	5600
7500	6650	6600	6550	6500	6400
8000	7400	7370	7350	7300	7250

不同用电行业的 A、B 值见表 3-14。

表 3-14 不同用电行业的 A、B 值

行业名称	T_{max} /h	$\tau(\cos\varphi=0.9)$/h	A /(元/kW)	B/(元/kW)		
				负荷率		
				$\beta=1.0$	$\beta=0.75$	$\beta=0.5$
铝电解	8200	8000	48672	44647	25114	11162
有色电解	7500	6550	48672	36970	20796	9243
化工	7300	6375	48672	36048	20277	9012
有色冶炼	6800	5500	48672	31410	17668	7853
纺织、地铁	6000	4500	48672	26115	14690	6529
机械制造	5000	3400	48672	20290	11413	5073
食品工业	4500	2900	48672	17643	9924	4411
电线厂	3500	2000	48672	12877	7243	3219
农业灌溉	2800	1600	48672	10759	6052	2690
生活用电	2500	1250	48672	8906	5010	2227
农村照明	1500	750	48672	6259	3521	1565

注：计算条件，$E_1=18$ 元/(kW·月)，$E_2=0.5$ 元/(kW·h)，变压器寿命期 $n=20$，$i=7\%$，$\alpha=0$，$\cos\varphi=0.9$。

(2) 实例

某电线厂，设计变压器容量为 800kV·A，变压器负荷率 β 为 0.75，$\cos\varphi=0.9$，年最大负荷运行小时数 $T_{max}=3500$h。试计算：

① 选用 S9-800kV·A 变压器 20 年的总费用；

② 比较 S7-800kV·A 变压器，S9-800kV·A 多付投资的回收年限。

设年利率 $i=0.07$，年通货膨胀率 $\alpha=0$，变压器寿命 $n=20$ 年。

解 ① 根据 $\beta=0.75$，查表 3-14，取 $A=48672$，$B=7243$。

已知 S9-800kV·A 变压器 $P_{01}=1.4$kW，$P_{d1}=7.5$kW，价格 $Y_1=91100$ 元，因此 20 年的总费用为

$$T=Y_1+AP_{01}+BP_{d1}=91100+48672\times1.4+7243\times7.5=213563(\text{元})$$

② 已知 S7-800kV·A 变压器价格 $Y_2=75900$ 元，$P_{02}=1.54$kW，$P_{d2}=9.9$kW。

根据 $T_{max}=3500$h、$\cos\varphi=0.9$，查表 3-14，$\tau=2000$h。查表 3-14，得 $A=48672$ 元/kW，$B=7243$ 元/kW。

投资资金回收系数为

$$\frac{L}{C}=\frac{i-\alpha}{1-\left(\dfrac{1+\alpha}{1+i}\right)^n}=\frac{0.07}{1-\left(\dfrac{1}{1+0.07}\right)^{20}}=\frac{0.07}{0.74158}=0.0944$$

$$\begin{aligned}\text{S9的回收年限}&=\text{S9与 S7变压器价差/S7与 S9变压器损耗费价差}\\&=(Y_1-Y_2)/\{[A(P_{02}-P_{01})+B(P_{d2}-P_{d1})](L/C)\}\\&=(91100-75900)/\{[48672\times(1.54-1.4)\\&\quad+7243\times(9.9-7.5)]\times0.0944\}\\&=15200/[(6814.1+17383.2)\times0.0944]\\&\approx6.65(\text{年})\end{aligned}$$

21. 变压器是否需要更新的计算

(1) 计算公式

变压器是否需要更新，取决于变压器的回收年限，一般的原则是：当回收年限小于 5 年时，变压器应予更新；当回收年限大于 10 年时，不应当考虑更新；当回收年限为 5～10 年时，应酌情考虑，并以大修时更新为宜。

① 旧变压器使用年限已到期，即没有剩值，其回收年限可按下式计算：

$$T_b=\frac{C_n-C_J-C_c}{G}$$

式中 T_b——回收年限，年；

C_n——新变压器的购价，元；

C_J——旧变压器残存价值，可取原购价的 10%；

C_c——减少补偿电容器的投资，元；

G——年节约电费，元/年。

② 上述情况，如旧变压器需大修时，其回收年限可按下式计算：

$$T_b=\frac{C_n-C_{JD}-C_J-C_c}{G}$$

式中 C_{JD}——旧变压器大修费，元。

③ 旧变压器不到使用期限，即还有剩值，其回收年限可按下式计算：

$$T_b=\frac{C_n-C_{bJ}-C_{JD}-C_J-C_c}{G}$$

$$C_{bJ}=C_b-C_bC_n\%T_a\times10^{-2}$$

式中 C_{bJ}——旧变压器的剩值，元；

C_b——旧变压器的投资，元；

$C_n\%$——折旧率；

T_a——运行年限，年。

(2) 实例

有一台 S7-1600/10 变压器，现已运行 18 年，折旧率为 5%（变压器设计经济使用寿命为 20 年），现部分绕组已损坏，需更换，并进行大修，大修费为该变压器投资费的 40%，该变压器正常负荷率为 70%，年运行小时数为 7200h。试问：变压器是更新合理，还是大修合理？

解 现将新旧变压器的参数等列于表 3-15 中。

表 3-15 新旧变压器参数比较

变压器 /kV·A	P_0 /kW	P_d /kW	$I_0\%$	Q_0 /kvar	$U_d\%$	Q_d /kvar	单价/元
旧 S7-1600	2.65	16.5	1.1	17.6	4.5	72	21000
新 S9-1600	2.4	14.5	0.6	9.6	4.5	72	27000

注：单价仅作参考。

在计算时，旧变压器参数仍取出厂值。

变压器更新后有功功率和无功功率节约值为

$$\Delta\Delta P=P_{0B}-P_{0A}+\beta^2(P_{dB}-P_{dA})$$
$$=2.65-2.4+0.7^2\times(16.5-14.5)=1.23(kW)$$
$$\Delta\Delta Q=Q_{0B}-Q_{0A}+\beta^2(Q_{dB}-Q_{dA})$$
$$=17.6-9.6+0.7^2\times(72-72)=8(kvar)$$

年有功电量和无功电量的节约为

$$\Delta\Delta A_P=1.23\times7200=8856(kW\cdot h)$$
$$\Delta\Delta A_Q=8\times7200=57600(kvar\cdot h)$$

设电容器1kvar的投资为$C_{cd}=80$元/kvar，则变压器更新后减少电容器的总投资为

$$C_c=\Delta\Delta QC_{cd}=8\times80=640(元)$$

变压器的剩值为

$$C_{bJ}=C_b-C_bC_n\%T_a\times10^{-2}$$
$$=21000-21000\times5\times18\times10^{-2}=2100(元)$$

设电价为$\delta=0.5$元/(kW·h)，无功电价等效当量$K_G=0.2$，则年节约电费为

$$G=(\Delta\Delta A_P+K_G\Delta\Delta A_Q)\delta$$
$$=(8856+0.2\times57600)\times0.5=10188\ (元/年)$$

旧变压器大修费为

$$C_{JD}=0.4\times21000=8400(元)$$

回收年限为

$$T_b=\frac{C_n-C_{bJ}-C_{JD}-C_J-C_c}{G}$$
$$=\frac{27000-2100-8400-0.1\times21000-640}{10188}$$
$$=1.35\ (年)<5(年)$$

因此，更新变压器合理。

实际上，S7变压器必须淘汰，这里介绍的是一种计算方法。

22. 非三班制生产企业变压器投切台数的计算

一班制或二班制生产企业，在不生产的时间段仍按生产时配用变压器，必然会造成变压器严重轻载运行，负荷率极低，变压器损耗很大，是不经济之举。明智的做法是，在生产期间投入全部变压器，在不生产期间只留用一台容量小的变压器维持照明及检修等使用。

(1) 计算公式

① 变压器经济运行节约电量的计算。

$$\Delta\Delta A_P=\Delta\Delta PT_j$$
$$\Delta\Delta A_Q=\Delta\Delta QT_j$$
$$\Delta\Delta A_z=\Delta\Delta A_P+K\Delta\Delta A_Q$$

式中 $\Delta\Delta A_P$——节约的有功电量，kW·h；

$\Delta\Delta A_Q$——节约的无功电量，kvar·h；

$\Delta\Delta A_z$——节约的综合电量，kW·h；

T_j——经济运行时间，h；

K——无功经济当量，kW/kvar。

② 经济效益计算。对于企业变压器：

$$G=(\Delta\Delta A_P+K_G\Delta\Delta A_Q)\delta$$

对于电力系统变压器：

$$G=\Delta\Delta A_z\delta$$

式中 G——节约资金，元；

δ——电价，元/(kW·h)；

K_G——无功电价等效当量，见表3-11。

所谓无功电价等效当量K_G，是指功率因数在$\cos\varphi_{\mathrm{I}}\sim\cos\varphi_{\mathrm{II}}$区间内，1kvar·h的无功电量电价相当于有功电度电价的倍数。其中，$\cos\varphi$是变压器电源侧月功率因数。

表3-11的使用方法：根据变压器经济运行月功率因数及本单位所执行的功率因数电价基准（$\cos\varphi=0.85$或$\cos\varphi=0.9$），从表3-11中查出相应的K_G值。

（2）实例

某企业由一台S9-1000/10型变压器供电，低压为0.4kV，一班8h生产，平均负荷为850kW，$\cos\varphi_2$为0.85，其余16h不生产，负荷仅为30kW，$\cos\varphi_2$为1，但仍由该变压器供电。为了节电，欲选一台小容量变压器代替原变压器在小负荷时运行，问选择多大容量变压器最合理。并计算节电效果及小变压器投资回收年限。已知该企业是以功率因数0.9为基准的。

解 现将S9型30kV·A、50kV·A、63kV·A变压器进行计算并比较。各变压器的技术数据见表3-16。

表3-16 各变压器技术参数

S_e/kV·A	1000	30	50	63
P_0/kW	1.7	0.13	0.17	0.20
P_d/kW	10.3	0.60	0.87	1.04
I_0%	0.7	2.1	2.0	1.9
U_d%	4.5	4	4	4

根据前面介绍的公式，计算出当负荷为30kW、$\cos\varphi=1$时各种运行方式的有功损耗ΔP、无功损耗ΔQ、全日有功损耗电量ΔA_{rP}和全日无功损耗电量ΔA_{rQ}等值，其结果列于表3-17。

表3-17 计算结果

S_e/kV·A	1000	30	50	63
ΔP/kW	1.709	0.73	0.483	0.436
ΔQ/kvar	7.04	1.83	1.72	1.768
ΔA_{rP}/kW·h	123.35	98.08	103.73	102.97
ΔA_{rQ}/kvar·h	528.24	402.28	417.8	401.29

应用基本公式为

$$\Delta A_{rP}=24P_0+\sum_{i=1}^{24}\beta_i^2T_iP_d$$

$$\Delta A_{rQ}=24Q_0+\sum_{i=1}^{24}\beta_i^2T_iQ_d$$

负荷率 $\beta=\frac{P_2}{S_e\cos\varphi}$

对于1000kV·A变压器，各项参数计算如下：

$$\Delta P=P_0+\beta^2P_d=1.7+0.03^2\times10.3=1.709(kW)$$

$$\Delta Q=Q_0+\beta^2Q_d=(I_0\%S_e+\beta^2U_d\%S_e)\times10^{-2}$$
$$=(0.7\times1000+0.03^2\times4.5\times1000)\times10^{-2}=7.04(kvar)$$

$$\Delta A_{rP}=24P_0+8\beta_D^2P_d+16\beta_X^2P_d$$
$$=24\times1.7+8\times1^2\times10.3+16\times0.03^2\times10.3=123.35(kW\cdot h)$$

$$\Delta A_{rQ}=(24I_0\%S_e+8\beta_D^2U_d\%S_e+16\beta_X^2U_d\%S_e)\times10^{-2}$$
$$=(24\times0.7\times1000+8\times1^2\times4.5\times1000$$
$$+16\times0.03^2\times4.5\times1000)\times10^{-2}$$
$$=528.14(kvar\cdot h)$$

如8h用1000kV·A变压器，16h用小容量（如50kV·A）变压器，则有

$$\Delta P=P_0+\beta^2P_d=0.17+0.6^2\times0.87=0.483(kW)$$

$$\Delta Q=(I_0\%S_e+\beta^2U_d\%S_e)\times10^{-2}$$
$$=(2\times50+0.6^2\times4\times50)\times10^{-2}=1.72(kvar)$$

$$\Delta A_{rP}=(8P_{0D}+8\beta_D^2P_{dD})+(16P_{0X}+16\beta_X^2P_{dX})$$
$$=(8\times1.7+8\times1^2\times10.3)+(16\times0.17+16\times0.6^2\times0.87)$$
$$=96+7.73=103.73(kW\cdot h)$$

$$\Delta A_{rQ}=(8I_{0D}\%S_{eD}+8\beta_D^2U_{dD}\%S_{eD})\times10^{-2}$$
$$+(16I_{0X}\%S_{eX}+16\beta_X^2U_{dX}\%S_{eX})\times10^{-2}$$
$$=(8\times0.7\times1000+8\times1^2\times4.5\times1000)\times10^{-2}$$
$$+(16\times2\times50+16\times0.6^2\times4\times50)\times10^{-2}$$
$$=373+44.8=417.8(kvar\cdot h)$$

同样可计算出30kW、$\cos\varphi=1$负荷时，选用30kV·A和63kV·A的各项参数。

选用小容量变压器节约功率和节电量，如表3-18所示。

表3-18 日有功损耗、无功损耗及电量的节约量

S_e/kV·A	30	50	63
$\Delta\Delta P$/kW	0.979	1.226	1.273
$\Delta\Delta Q$/kvar	5.21	5.32	5.272
$\Delta\Delta A_{rP}$/kW·h	25.27	19.62	20.38
$\Delta\Delta A_{rQ}$/kvar·h	125.96	110.44	126.95

查表3-11，得无功电价等效当量$K_G=0.191$；电容器1kvar的投资（包括安装及配套设备）为$C_{cd}=80$元/kvar；电价$\delta=0.5$元/(kW·h)；算得结果见表3-19。表3-19中，年节约有功电量为$\Delta\Delta A_P$、年节约无功电量为$\Delta\Delta A_Q$、年小时平均节约无功功率为$\Delta\Delta Q_P$、增设小容量变压器投资（包括附属设施）为C_x、减少电容器的投资为C_c（$C_c=\Delta\Delta Q_PC_{cd}$）、

年节约电费为 G 和投资回收年限为 T_b。

表 3-19 计算结果

Se/kV·A	30	50	163
$\Delta\Delta A_P$/kW·h	8.84×10^3	6.87×10^3	7.13×10^3
$\Delta\Delta A_Q$/kvar·h	44.09×10^3	38.65×10^3	44.43×10^3
$\Delta\Delta Q_P$/kvar	5.25	4.60	5.29
C_x/元	7000	10400	11000
C_c/元	420	368	423
ΔC/元	6580	10032	10577
G/元	8631	7126	7808
T_b/年	0.76	1.41	1.35

注：$\Delta C=C_x-C_c$。

说明：

① 全年电容器的运行时间按 350 天计算，则全年每小时平均节约的无功功率为：$\Delta\Delta Q_P=\dfrac{\Delta\Delta A_Q}{8400}$。

② 年节约电费为：$G=(\Delta\Delta A_P+K_G\Delta\Delta A_Q)\delta$。

③ 投资回收年限为：$T_b=\Delta C/G$。

由上述分析计算结果可知：选用 30～63kV·A 变压器，虽然需要 6580～10577 元投资，但由于年节约有功电量 8840～7130kW·h，无功电量约 44000kvar·h，而投资 0.76～1.35 年即可收回。仅从回收年限这一点来看选用 30kV·A 变压器较为合适，但变压器容量达到了满载。若选用 50kV·A 变压器，回收年限为 1.41 年，还存有一定的裕量（若考虑发展也有必要），且节电效果也很好。

④ 由表 3-11 可见，当功率因数小于 0.9 时，无功电价等效当量 K_G 大于无功经济当量 K 值。这说明按 K_G 来考虑变压器经济运行比按 K 来考虑其无功作用更大些。

⑤ 在计算企业节约电费时，应按无功电价等效当量 K_G 进行计算。但当计算总的节电量时，仍应按无功经济当量 K 进行计算。

23. 确定同型号、同参数并联变压器投入台数的计算

(1) 计算公式

变压器并联运行投入台数是依据变压器总损耗（包括固定损耗和可变损耗）相等的原则来确定的。

当 1 台变压器运行与 2 台变压器运行的损耗相等时的负荷率为

$$\beta_n=\sqrt{2\frac{P_0+KQ_0}{P_d+KQ_d}}$$

当 2 台变压器运行与 3 台变压器运行的损耗相等时的负荷率为

$$\beta_n=\sqrt{3\times2\frac{P_0+KQ_0}{P_d+KQ_d}}$$

当 n 台变压器运行与 $n+1$ 台变压器运行的损耗相等时的负荷率为

$$\beta_n=\sqrt{n(n-1)\frac{P_0+KQ_0}{P_d+KQ_d}}$$

式中 n——已运行的变压器台数；

P_0，P_d——一台变压器的空载损耗和短路损耗（kW），可由变压器手册查得；

Q_0，Q_d——一台变压器的空载无功损耗和负载无功损耗（kvar），可由变压器手册查得；

K——无功经济当量（kW/kvar），对于由区域线路供电的6～10/0.4kV的降压变压器，K取0.15（最大负荷时）或0.1（最小负荷时）。可参见表3-1。

因此，若已有1台变压器在运行时，当实际负荷率β为

$$\beta \leqslant \beta_n = \sqrt{2\frac{P_0+KQ_0}{P_d+KQ_d}} \text{时,1台运行}$$

$$\beta \geqslant \beta_n = \sqrt{2\frac{P_0+KQ_0}{P_d+KQ_d}} \text{时,2台运行}$$

若已有2台变压器在运行时，当实际负荷率β为

$$\beta \leqslant \beta_n = \sqrt{6\frac{P_0+KQ_0}{P_d+KQ_d}} \text{时,2台运行}$$

$$\beta \geqslant \beta_n = \sqrt{6\frac{P_0+KQ_0}{P_d+KQ_d}} \text{时,3台运行}$$

若已有n台变压器在运行时，当实际负荷率β为

$$\beta \leqslant \beta_n = \sqrt{n(n-1)\frac{P_0+KQ_0}{P_d+KQ_d}} \text{时,}n\text{台运行}$$

$$\beta \geqslant \beta_n = \sqrt{n(n-1)\frac{P_0+KQ_0}{P_d+KQ_d}} \text{时,}n+1\text{台运行}$$

（2）实例

某工厂变电所有3台S9-630/10型变压器并联运行，试确定不同负荷下投入并联运行的变压器台数。

解 查产品样本，S9-630/10型变压器的参数为

$$P_0=1.2\text{kW}, P_d=6.2\text{kW}, I_0\%=0.9, U_d\%=4.5$$

该变压器的空载无功损耗为

$$Q_0=I_0\%S_e\times10^{-2}=0.9\times630\times10^{-2}=5.67(\text{kvar})$$

负载无功损耗为

$$Q_d=U_d\%S_e\times10^{-2}=4.5\times630\times10^{-2}=28.35(\text{kvar})$$

设变电所进线处的无功经济当量$K=0.12$，则

$$\frac{P_0+KQ_0}{P_d+KQ_d}=\frac{1.2+0.12\times5.67}{6.2+0.12\times28.35}=\frac{1.88}{9.6}=0.1958$$

① 当1台变压器损耗与2台变压器损耗相等时的负荷率为

$$\beta_n=\sqrt{2\times0.1958}=0.626$$

相应的负荷为$S_j=\beta_n S_e=0.626\times630=394.4(\text{kV}\cdot\text{A})$

即若实际负荷不大于394.4kV·A时，1台变压器运行；若实际负荷不小于394.4kV·A时，2台变压器运行。当实际负荷为394.4kV·A时，可以1台或2台运行。

② 当2台变压器损耗与3台变压器损耗相等时的负荷率为

$$\beta_n=\sqrt{6\times0.1958}=1.08$$

相应的负荷为 $S_j=\beta_n\times 2S_e=1.08\times 2\times 630=1360.8$（kV·A）

即若实际负荷不大于1360.8kV·A时，2台变压器运行；若实际负荷不小于1360.8kV·A时，3台变压器运行。

24. 确定不同型号、不同参数并联变压器投入台数的计算

(1) 计算公式

当并联的变压器型号、容量、特性不同时，不同负荷情况下该投入运行的变压器台数，可由查曲线的方法确定。具体做法如下：

先将每台变压器的损耗与负荷的关系曲线按下式画出：

$$\sum\Delta P_b=(P_0+KQ_0)+(P_d+KQ_d)\left(\frac{S}{S_e}\right)^2$$

式中　S——该台变压器的负荷容量，kV·A；

S_e——该台变压器额定容量，kV·A。

再将 n 台变压器并联运行时的损耗与负荷的关系曲线按下式画出（设各变压器之间的负荷是按其额定容量成比例分配的）：

$$\sum_1^n(\sum\Delta P_b)=\sum_1^n(P_0+KQ_0)+\left[\frac{S}{\sum\limits_1^n S_e}\right]^2\sum_1^n(P_d+KQ_d)$$

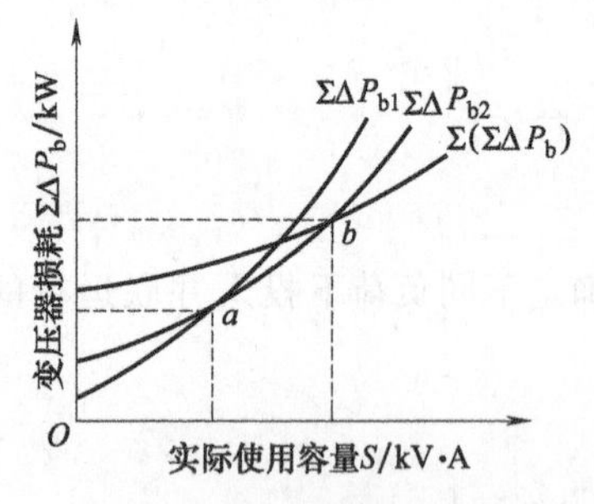

图3-8　两台变压器并联运行损耗曲线

例如，两台变压器并联运行。按上述方法画出三条曲线［变压器A的损耗曲线 $\sum\Delta P_{b1}$、变压器B的损耗曲线 $\sum\Delta P_{b2}$、两台变压器并联运行时的损耗曲线 $\sum(\sum\Delta P_b)$］，如图3-8所示。

图中损耗曲线的交点，就是确定经济运行变压器台数的分界点。若在 a 点左边，只投入A变压器较经济；若在 a 点与 b 点之间，投入B变压器较经济；若在 b 点右边，两台同时投入运行最经济。

(2) 实例

两台三相变压器A和B并联运行。变压器A的额定容量为100kV·A，空载损耗为0.35kW，负载损耗为2.0kW；变压器B的相应参数为315kV·A、0.76kW和4.8kW。设负荷的功率因数为0.9，变压器一、二次额定电压及阻抗电压相等。试求：

① 并联运行时各变压器的负荷分配；

② 当负荷超过多少时，两台变压器并联运行才是经济的？

解　① 变压器等效漏抗公式为

$$X_D=U_d\%\frac{10U_e^2}{S_e}$$

由于变压器A和B的 $U_d\%$ 和 U_e 分别相等，所以有

$$X_{DA}/X_{DB}=S_{eB}/S_{eA}$$

当并联运行供给负荷为 S(kV·A) 时，变压器A负担的负荷为 S_A、变压器B负担的负荷为 S_B，则有

$$S=S_A+S_B$$

$$S_A=S\frac{X_{DB}}{X_{DA}+X_{DB}}=S\frac{S_A}{S_A+S_B}=\frac{100}{100+315}S=0.24S$$

$$S_B=S\frac{S_B}{S_A+S_B}=\frac{315}{100+315}S=0.76S$$

② 设切换的负荷容量为 S，则这时两台变压器的损耗分别为

$$\Delta P_A=P_0+\beta^2P_d=0.35+\left(\frac{S_A}{100}\right)^2\times 2.0$$

$$=0.35+\left(\frac{0.24S}{100}\right)^2\times 2.0$$

$$=0.35+1.152\times 10^{-5}S^2$$

$$\Delta P_B=0.76+\left(\frac{0.76S}{315}\right)^2\times 4.8$$

$$=0.76+2.794\times 10^{-5}S^2$$

并联运行时的损耗为

$$\Delta P_A+\Delta P_B=1.11+3.946\times 10^{-5}S^2$$

设当 351kV·A 变压器单独供给 S 负荷时的损耗为 $\Delta P'_B$，则

$$\Delta P'_B=0.76+(S/315)^2\times 4.8=0.76+4.837\times 10^{-5}S^2$$

按题意　$\Delta P_A+\Delta P_B=\Delta P'_B$

$$1.11+3.946\times 10^{-5}S^2=0.76+4.837\times 10^{-5}S^2$$

得

$$S=198(\text{kV}\cdot\text{A})$$

因此，当负荷超过 198kV·A 时，两台变压器并联运行才是经济的。

25. 变比不等的两台变压器并联运行环流的计算

(1) 计算公式

变比不等的两台变压器并联运行，在它们的一次和二次绕组中会产生环流。环流可按下列公式计算：

$$I_{1h}=\frac{(U_{1A}-U_{1B})/\sqrt{3}}{X_{D12A}+X_{D12B}}\times 10^3$$

$$I_{2h}=\frac{(U_{2eA}-U_{2eB})/\sqrt{3}}{X_{D21A}+X_{D21B}}\times 10^3$$

式中　I_{1h}，I_{2h}——变压器一次绕组间和二次绕组间的环流，A；

U_{1A}，U_{1B}——变压器 A 和 B 一次侧感应的线电压，kV；

U_{2eA}，U_{2eB}——变压器 A 和 B 二次侧额定线电压，kV；

X_{D12A}，X_{D12B}——变压器 A 和 B 每相等效漏抗（Ω），均折算到一次侧；

X_{D21A}，X_{D21B}——变压器 A 和 B 每相等效漏抗（Ω），均折算到二次侧。

(2) 实例

有两台双绕组三相变压器并列运行，一次侧电压相同，而二次侧电压不同，试计算在一次和二次绕组中的环流。

已知两台变压器参数如下：

A 变压器　　　　B 变压器

$P_{eA}=2400kV \cdot A$　　　$P_{eB}=3200kV \cdot A$

$U_{1eA}=35kV$　　　$U_{1eB}=35kV$

$U_{2eA}=6.6kV$　　　$U_{2eB}=6kV$

$I_{1eA}=39.7kV$　　　$I_{1eB}=52.8A$

$I_{2eA}=210A$　　　$I_{2eB}=309A$

$U_{dA}\%=5$　　　$U_{dB}\%=5.4$

解　① 折算到一次侧每相漏抗为

$$X_{D12A}=U_{dA}\%\frac{10U_{1eA}}{\sqrt{3}I_{1eA}}=5\times\frac{10\times35}{\sqrt{3}\times39.7}=25.4(\Omega)$$

$$X_{D12B}=U_{dB}\%\frac{10U_{1eB}}{\sqrt{3}I_{1eB}}=5.4\times\frac{10\times35}{\sqrt{3}\times52.8}=20.7(\Omega)$$

② 折算到二次侧每相漏抗为

$$X_{D21A}=U_{dA}\%\frac{10U_{2eA}}{\sqrt{3}I_{2eA}}=5\times\frac{10\times6.6}{\sqrt{3}\times210}=0.907(\Omega)$$

$$X_{D21B}=U_{dB}\%\frac{10U_{2eB}}{\sqrt{3}I_{2eB}}=5.4\times\frac{10\times6}{\sqrt{3}\times309}=0.605(\Omega)$$

③ 变压器二次绕组中的环流为

$$I_{2h}=\frac{(U_{2eA}-U_{2eB})/\sqrt{3}}{X_{D21A}+X_{D21B}}\times10^3=\frac{(6.6-6)/\sqrt{3}}{0.907+0.605}\times10^3=229(A)$$

④ 变压器一次侧感应电压为

$$U_{1A}=6.6\times\frac{35}{6.6}=35(kV)$$

$$U_{1B}=6.6\times\frac{35}{6}=38.5(kV)$$

⑤ 变压器一次绕组中的环流为

$$I_{1h}=\frac{(U_{1A}-U_{1B})/\sqrt{3}}{X_{D12A}+X_{D12B}}\times10^3=\frac{(35-38.5)/\sqrt{3}}{25.4+20.7}\times10^3=-43.3(A)$$

负号表示环流是从变压器 B 向变压器 A 流动。

从计算结果可以看出，一、二次环流均已超过变压器 A 的一、二次额定电流。

同时也看出，流入一次绕组中的环流与流入二次绕组中的环流占一、二次绕组额定电流的比例是相同的。按此规律，如果已知二次绕组中的环流 I_{2h} 等于 229A，则一次绕组中的环流 I_{1h} 可用 I_{2h} 乘上变压器的变比计算出来

$$I_{1h}=kI_{2h}=\frac{6.6}{35}\times229=43.3(A)$$

26. 容量不等的两台变压器并联运行的计算

(1) 计算公式

两台不同容量的变压器并联运行的电流分配可按下式计算

$$I_A=\frac{I}{\sqrt{1+m^2+2m\cos\alpha}}$$

$$I_B=\frac{mI}{\sqrt{1+m^2+2m\cos\alpha}}$$

$$\cos\alpha=\frac{U_{aA}\%}{U_{dA}\%}\times\frac{U_{aB}\%}{U_{dB}\%}+\frac{U_{rA}\%}{U_{dA}\%}\times\frac{U_{rB}\%}{U_{dB}\%}$$

式中 I_A，I_B——变压器A和B的电流，A；

I——负荷总电流，A；

m——变压器的容量比值，$m=P_{eB}/P_{eA}$，当电压一定时，$m=I_B/I_A$；

P_{eA}，P_{eB}——变压器A和B的额定容量，kV·A；

$U_{dA}\%$，$U_{dB}\%$——变压器A和B的阻抗电压百分数；

$U_{aA}\%$，$U_{aB}\%$——变压器A和B的电阻百分数；

$U_{rA}\%$，$U_{rB}\%$——变压器A和B的电抗百分数。

电阻百分数和电抗百分数可按下式计算

$$U_a\%=\frac{P_d}{P_e}\times100$$

$$U_r\%=\sqrt{(U_d\%)^2-(U_a\%)^2}$$

式中 P_d——变压器短路损耗，kW；

P_e——变压器额定容量，kV·A。

① 第一种情况。两台变压器的$U_a\%/U_d\%$、$U_r\%/U_d\%$均相同，则上式可简化为

$$I_A=\frac{I}{1+m},I_B=\frac{mI}{1+m}$$

也就是每台变压器之间负荷分配与其容量成正比。

② 第二种情况。两台变压器的$U_a\%/U_d\%$、$U_r\%/U_d\%$均相同，且容量也相同，即$m=P_B/P_A=1$，则上式可简化为

$$I_A=I_B=I/2$$

说明各变压器的负荷按平均负荷分配。

(2) 实例

试计算两台不同容量的三相变压器并联运行时的负荷分配。已知两台变压器参数如下：

变压器A	变压器B
$P_{eA}=500$kV·A	$P_{eB}=630$kV·A
$U_{dA}\%=4$	$U_{dB}\%=4.5$
$P_{dA}=5.1$kW	$P_{dB}=6.2$kW

解 $$U_{aA}\%=\frac{P_{dA}\times100}{P_{eA}}=\frac{5.1\times100}{500}=1.02$$

$$U_{aB}\%=\frac{P_{dB}\times100}{P_{eB}}=\frac{6.2\times100}{630}=0.984$$

$$U_{rA}\%=\sqrt{(U_{dA}\%)^2-(U_{aA}\%)^2}$$

$$=\sqrt{4^2-1.02^2}=3.868$$

$$U_{rB}\%=\sqrt{(U_{dB}\%)^2-(U_{aB}\%)^2}$$

$$=\sqrt{4.5^2-0.984^2}=4.39$$

$$\cos\alpha=\frac{U_{aA}\%}{U_{dA}\%}\times\frac{U_{aB}\%}{U_{dB}\%}+\frac{U_{rA}\%}{U_{dA}\%}\times\frac{U_{rB}\%}{U_{dB}\%}$$

$$=\frac{1.02}{4}\times\frac{0.984}{4.5}+\frac{3.868}{4}\times\frac{4.39}{4.5}=1.0$$

容量倍数　$m=P_{eB}/P_{eA}=630/500=1.26$

① 变压器 A 承担的负荷电流为

$$I_A=\frac{I}{\sqrt{1+m^2+2m\cos\alpha}}$$

$$=\frac{I}{\sqrt{1+1.26^2+2\times1.26\times1.0}}\approx0.44I$$

变压器 A 承担总负荷的 44%。

② 变压器 B 承担的负荷电流为

$$I_B=\frac{mI}{\sqrt{1+m^2+2m\cos\alpha}}=\frac{1.26I}{2.26}\approx0.56I$$

变压器 B 承担总负荷的 56%。

27. 根据日负荷曲线核算变压器容量的计算

变压器负荷可能随着生产的发展而增大，但是否需要增容，还要视具体情况作技术经济比较。通常可根据变压器的日负荷曲线，核算其是否在允许的运行范围内，运行是否经济，然后再决定是否需要增容。

【实例】 某企业使用一台 S9-160/10 型配电变压器，其额定容量为 160kV·A，低压侧额定电流为 231A，额定电压为 400V。现负荷增加 50kW，负荷高峰时还可达 300A 以上，事故短时（20min 内）过负荷可达 370A，这种运行状态是否允许？是否需要增容？为此，对其运行负荷进行了实测，得出典型日负荷电流、电压、$\cos\varphi$、有功功率数据见表 3-20。

表 3-20　日负荷统计表

时间/h	1	2	3	4	5	6	7	8	9	10	11	12
I/A	170	150	140	145	150	145	160	250	295	305	240	200
U/V	395	398	395	398	400	396	385	370	360	360	365	370
$\cos\varphi$	0.75	0.75	0.73	0.74	0.70	0.75	0.80	0.78	0.75	0.80	0.74	0.76
P/kW	87	78	70	74	73	75	85	125	138	152	112	97
时间/h	13	14	15	16	17	18	19	20	21	22	23	24
I/A	180	185	150	165	220	215	205	180	130	120	125	130
U/V	370	380	375	360	365	370	375	375	380	390	400	400
$\cos\varphi$	0.76	0.78	0.76	0.76	0.74	0.76	0.75	0.76	0.75	0.75	0.78	0.75
P/kW	88	95	74	78	103	105	100	89	64	61	68	68

由表 3-20 可知，最大负荷电流 $I_{max}=305A$；平均负荷电流 $I_{pj}=\sum I/24=4355/24=181.5$（A）；平均电压 $U_{pj}=\sum U/24=9132/24=380.5$（V）；平均功率因数 $\cos\varphi_{pj}=\sum\cos\varphi/24=0.756$；平均有功功率：$P_{pj}=\sqrt{3}U_{pj}I_{pj}\cos\varphi_{pj}=90.4kW$，由表 3-20 数据画出日负荷曲线如图 3-9 所示。

变压器负荷率为

$$\beta_{pj}=\frac{\sum IT}{24I_{max}}$$

式中　$\sum IT$——实际运行曲线的安培小时数或负荷曲线所包围的面积，A·h；

　　T——对应电流 I 的小时数。

由日负荷曲线可知，最大负荷电流过载时间为 2h，$\beta=0.595$，查图 3-10 中的曲线得变压器允许的过载倍数为 $K_{yx}=1.265$。因此其 I 和 P 分别为

$$I=I_{max}/K_{yx}=305/1.265=241(\mathrm{A})$$

$$P=\sqrt{3}U_{pj}I=\sqrt{3}\times 380.5\times 241\times 10^{-3}=159(\mathrm{kV\cdot A})$$

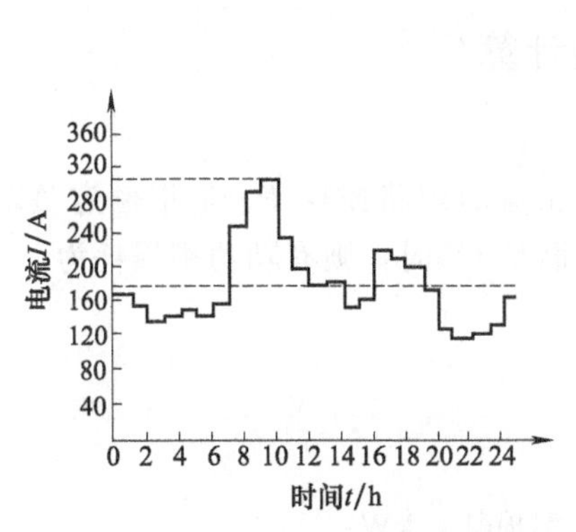

图 3-9　变压器日负荷电流曲线

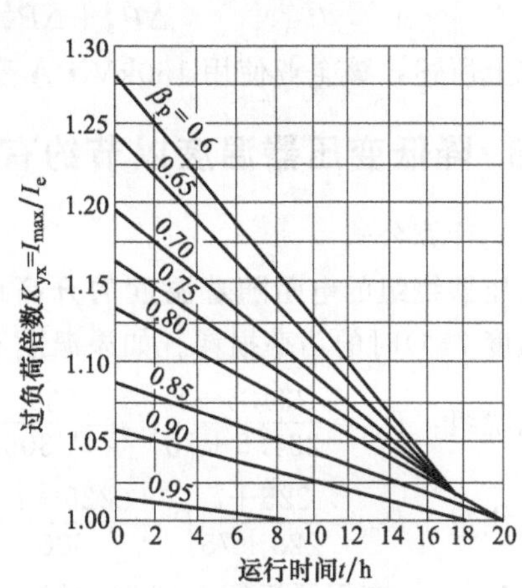

图 3-10　变压器平均负载率小于满载时允许的过负荷曲线

可见，只要一台额定容量为 159kV·A 的变压器即可保证正常供电。现变压器容量为 160kV·A，还多出视在容量 $\Delta P_s=1\mathrm{kV\cdot A}$。

至于 20min 尖峰负荷达 370A，此时的过负荷百分数为 $K=(I_m-I_e)/I_e\times 100\%=(370-231/231)\times 100\%=60\%$，仍满足“变压器运行规程”中规定的事故过负荷的百分数与时间（见表 3-21）。

表 3-21　油浸自然循环冷却变压器事故过负荷允许时间　　单位：h：min

过负荷的百分数/%	环境温度/℃				
	0	10	20	30	40
10	24:00	24:00	24:00	19:00	7:00
20	24:00	24:00	13:00	5:50	2:45
30	23:00	10:00	5:00	3:00	1:30
40	8:30	5:10	3:10	1:45	0:55
50	4:45	3:10	2:00	1:10	0:35
60	3:00	2:05	1:20	0:45	0:18
70	2:00	1:25	0:55	0:25	0:09
80	1:30	1:00	0:30	0:13	0:06
90	1:00	0:35	0:18	0:09	0:05
100	0:40	0:22	0:11	0:06	—

另外，如果将目前的功率因数提高到 $\cos\varphi_2=0.98$，则还可增加负荷。如以最高负荷时的有功功率 $P=152\mathrm{kW}$、$\cos\varphi_1=0.8$（见表 3-20）计算，则所需加装补偿电容器的电容量为

$$Q_C=P(\tan\varphi_1-\tan\varphi_2)=P\left(\sqrt{\frac{1}{\cos^2\varphi_1}-1}-\sqrt{\frac{1}{\cos^2\varphi_2}-1}\right)$$

$$=152\times\left(\sqrt{\frac{1}{0.8^2}-1}-\sqrt{\frac{1}{0.98^2}-1}\right)=152\times0.547=83.14(\text{kvar})$$

选用BW0.4-10-3型电容器9只。补偿后节省的视在容量为

$$\Delta P'_s=P\left(\frac{1}{\cos\varphi_1}-\frac{1}{\cos\varphi_2}\right)=152\times\left(\frac{1}{0.8}-\frac{1}{0.98}\right)=35(\text{kV}\cdot\text{A})$$

因此，现使用的160kV·A变压器总共富裕视在容量为

$$\Delta P_s+\Delta P'_s=1+35=36(\text{kV}\cdot\text{A})$$

综上所述，该企业使用160kV·A变压器，虽有过负荷现象，但还是允许的。

28. 降低变压器温度以节约有功功率的计算

(1) 计算公式

变压器绕组的电阻随着温度的升高而增大。变压器的短路损耗 P_d 是指额定负荷条件下、温度75℃时的功率损耗。如果温度不是75℃，而是 t℃时，则有功功率损耗为

铜绕组：$P_{dt}=\dfrac{234.5+t}{234.5+75}P_d=\dfrac{234.5+t}{309.5}P_d$

铝绕组：$P_{dt}=\dfrac{225+t}{225+75}P_d=\dfrac{225+t}{300}P_d$

式中 P_{dt}——变压器运行温度为 t(℃) 时的有功功率损耗，kW；

P_d——变压器短路损耗，kW。

由以上两式可知，当变压器温度每降低1℃时，功率损耗下降0.32%（铜绕组）和0.33%（铝绕组）。所以降低变压器温度可以节电。

对于同一台变压器，若负荷相同、冷却条件相同，则变压器运行温度应是相同的。可见变压器运行温度直接取决于环境温度，降低环境温度可以节电。

降低变压器环境温度以节约有功功率可按下式计算。

铜绕组：$$\Delta P=\beta^2\left(\frac{t_1-t_2}{309.5}\right)P_d$$

铝绕组：$$\Delta P=\beta^2\left(\frac{t_1-t_2}{300}\right)P_d$$

式中 ΔP——节约的有功功率，kW；

β——负荷率；

t_1，t_2——降温前和降温后变压器的环境温度，℃。

(2) 实例

【实例1】 某企业由两台S9-1000kV·A变压器供电，一台安装在通风良好的室外，一台安装在室内。由于建筑条件的限制，室内一台通风条件较差。两台变压器所带负荷相同，负荷率 β 均为0.8。除冬季外9个月测得室外一台变压器的平均油温（观察油温计）为60℃，室内一台变压器的平均油温为78℃。试求：

① 两台变压器的有功损耗各为多少？

② 现用两台100W排风机给室内一台变压器散热，在相同的负荷下，测得变压器平均油温降至58℃，问采用这种方法降温是否节电？

解 设9个月变压器运行时间 τ 为4500h，风机实际运行时间 t 为4000h。由产品样本查得S9-1000kV·A变压器的负载损耗 $P_d=10.3$kW。另外，变压器绕组温度要比上层油温高10℃左右。

① 两台变压器有功损耗计算。

室外变压器：

$$P_{dt}=\frac{234.5+t}{309.5}P_d=\frac{234.5+(60+10)}{309.5}\times10.3=10.13(\text{kW})$$

室内变压器：

$$P_{dt}=\frac{234.5+(78+10)}{309.5}\times10.3=10.73(\text{kW})$$

两者相差 $\Delta P_{dt}=10.73-10.13=0.6$ (kW)

② 采用风机冷却时的有功损耗计算。

$$P'_{dt}=\frac{234.5+(58+10)}{309.3}\times10.3=10.07(\text{kW})$$

两台风机总功率为 $P_f=2\times100=200(\text{W})$

设电价 δ 为0.5元/(kW·h)，则使用风机后年节约电费为

$$F=[(P_{dt}-P'_{dt})\tau-P_f t]\delta$$
$$=[(10.73-10.07)\times4500-0.2\times4000]\times0.5=1085$$

由于风机价格不贵，维护费用不多，每半年左右保养一次，使用寿命也很长。即使损坏了，更换一台也花不了多少钱，因此采用该方法降低变压器运行温度以减少其有功损耗的效果是好的。

在冬季等气温较低时，不需要风机散热，可停用风机，也可以采用风机自控装置，当变压器温度超过设定温度时，风机启动；当变压器低于设定温度时，风机停止运行。

【实例2】 一台S9-1600/10变压器，夏季三个月平均温度为27℃，冬季三个月平均温度为-5℃，设变压器在夏季和冬季的负荷率均为0.8，试求冬季比夏季节约的电量。

解 由产品目录查得该变压器的短路损耗 $P_d=14.5$kW。节约有功功率为

$$\Delta P=\beta^2\left(\frac{t_1-t_2}{309.5}\right)P_d=0.8^2\times\left[\frac{27-(-5)}{309.5}\right]\times14.5=0.96(\text{kW})$$

三个月节电量为

$$\Delta A=3\times30\times24\times0.96=2074(\text{kW}\cdot\text{h})$$

29. 单相整流变压器的设计

(1) 计算公式

① 各种整流电路的整流变压器的计算参数，见表3-22。

表3-22 各种整流电路的整流变压器的计算参数

电路名称	负载性质	$\frac{U_2}{U_d}$	$\frac{I_2}{I_d}$	$\frac{P_1}{U_dI_d}$	$\frac{P_2}{U_dI_d}$	$\frac{P_j}{U_dI_d}$
单相半波	电阻性	2.22	1.57	2.68	3.48	3.08
	电感性	2.22	0.71	2.22	3.14	4.69
单相全波	电阻性	1.11	0.79	1.23	1.75	1.50
	电感性	1.11	0.71	1.11	1.57	1.34

续表

电路名称	负载性质	$\frac{U_2}{U_d}$	$\frac{I_2}{I_d}$	$\frac{P_1}{U_dI_d}$	$\frac{P_2}{U_dI_d}$	$\frac{P_j}{U_dI_d}$
单相半控桥	电阻性	1.11	1.11	1.23	1.23	1.23
	电感性	1.11	1.00	1.11	1.11	1.11
单相全控桥	电阻性	1.11	1.11	1.23	1.23	1.23
	电感性	1.11	1.00	1.11	1.11	1.11
单相桥式（输出端用一只晶闸管）	电阻性	1.11	1.11	1.23	1.23	1.23
	电感性	1.11	1.00	1.11	1.11	1.11
三相半波	电阻性	0.85	0.59	1.24	1.51	1.38
	电感性	0.85	0.58	1.21	1.48	1.34
三相半控桥	电阻性	0.74	0.82	1.05	1.05	1.05
	电感性	0.74	0.82	1.05	1.05	1.05
三相全控桥	电阻性	0.74	0.82	1.05	1.05	1.05
	电感性	0.74	0.82	1.05	1.05	1.05
双反星形带平衡电抗器	电阻性	0.85	0.290	1.05	1.51	1.28
	电感性	0.85	0.288	1.05	1.48	1.26

注：U_d——电路输出（或负载）电压的平均值；I_d——电路输出（或负载）电流的平均值；U_2——电源电压有效值（一般为整流变压器二次电压），三相变压器为线电压；I_2——输入电流有效值（一般指变压器二次电流）；P_1——整流变压器一次容量；P_2——整流变压器二次容量；P_j——变压器平均计算容量。

② 单相半控桥式电路各电量关系，见表3-23。

若电路不能工作在全导通时，要根据实际的移相角和输出电压 U_d（或电流 I_d）值（查表3-23），求出 U_2、I_2，然后再计算变压器容量。

表3-23 单相半控桥式电路

负载性质	电路	整流器输出电压波形 u_d	流过晶闸管的电流波形 i_{dt}	移相角 α	$\frac{U_d}{U_2}$	$\frac{U}{U_2}$	$\frac{U}{U_d}$	$\frac{I_2}{I_d}$	$\frac{I_{dt}}{I_d}$	$\frac{I_t}{I_d}$	$\frac{U_{PF}}{U_2}$	$\frac{U_{PR}}{U_2}$
电阻性	I_d I_t U_2 R U_d			0°	0.90	1.00	1.11	1.11	0.5	0.79	0	1.41
				30°	0.84	0.99	1.17	1.17	0.5	0.83	0.71	1.41
				60°	0.68	0.90	1.33	1.33	0.5	0.94	1.23	1.41
				90°	0.45	0.71	1.57	1.57	0.5	1.11	1.41	1.41
				120°	0.23	0.45	1.97	1.97	0.5	1.39	1.41	1.41
				150°	0.06	0.17	2.82	2.82	0.5	1.98	1.41	1.41
电感性（带续流管）	I_d I_t U_2 Z U_d			0°	0.90	1.00	1.11	1.00	0.50	0.71	0	1.41
				30°	0.84	0.99	1.17	0.92	0.42	0.65	0.71	1.41
				60°	0.68	0.90	1.33	0.82	0.33	0.58	1.23	1.41
				90°	0.45	0.71	1.57	0.71	0.25	0.50	1.41	1.41
				120°	0.23	0.45	1.79	0.58	0.17	0.41	1.41	1.41
				150°	0.06	0.17	2.82	0.41	0.08	0.29	1.41	1.41
只用一只晶闸管，电感性（带续流管）	I_{dt} I_d U_2 Z U_d			0°	0.90	1.00	1.11	1.00	1	1.00	0	0
				30°	0.84	0.99	1.17	0.91	1	1.11	0.71	0
				60°	0.68	0.90	1.33	0.81	1	1.22	1.22	0
				90°	0.45	0.71	1.57	0.71	1	1.41	1.41	0
				120°	0.23	0.45	1.97	0.58	1	1.73	1.41	0
				150°	0.06	0.17	2.82	0.41	1	2.45	1.41	0

注：U——电路输出（或负载）电压有效值；I_{dt}——流过晶闸管元件的电流平均值；I_t——流过晶闸管元件的电流有效值；U_{PF}——晶闸管元件承受的正向峰值电压（U_{PFM}为最大正向峰值电压）；U_{PR}——晶闸管元件承受的反向峰值电压（U_{PRM}为最大反向峰值电压）；U_d、I_d、U_2、I_2 的意义，见表3-22注。

(2) 实例

设计一台 90V，0～35A 充电机用单相变压器，采用单相半控桥式整流，已知一次电压为 220V，采用 A 级绝缘，空气自冷。

解 ① 变压器容量计算。变压器二次电压计算，应考虑整流管压降及熔断器导线等压降 ΔU_1，还应考虑交流电网电压的波动及变压器阻抗压降及交流电网电压的波动的加大系数 k，按下式计算：

$$U_2=(1.11U_z+\Delta U_1)(1+k)=(1.11\times 90+2\times 1.5)\times(1+0.15)\approx 120(\mathrm{V})$$

忽略励磁电流，并假设晶闸管导通角为 120°左右，则移相角为 180°－120°＝60°，查表 3-23，电流有效值与平均值之比为 1.33，则变压器二次电流为

$$I_2=1.33\times 35=47(\mathrm{A})$$

一次电流：$I_1=I_2U_2/U_1=47\times\dfrac{120}{220}=25.6\ (\mathrm{A})$

变压器容量为：

$$P_1\approx P_2=U_2I_2=120\times 47=5640(\mathrm{V\cdot A})$$

变压器选用单相芯式结构

② 铁芯截面积的选择

$$S=ab=0.7\sqrt{P}=0.7\times\sqrt{5640}=52.6(\mathrm{cm^2})$$

定 $a=6\mathrm{cm}$，$b=9\mathrm{cm}$，$S=6\times 9=54\ (\mathrm{cm^2})$

校验：$b'=1.1S/a=1.1\times 54/6=9.9$

$b'/a=9.9/6=1.66$，在 1～2 以内，所以是合适的。

③ 一、二次绕组匝数 W_1、W_2 的计算。选用 D310 硅钢片，取磁通密度 $B_m=1.4\mathrm{T}$，则一、二次绕组匝数为

$$W_2=\frac{U_2\times 10^4}{4.44fB_mSK_d}=\frac{120\times 10^4}{4.44\times 50\times 1.4\times 54\times 0.93}=77(匝)(取 78 匝)$$

$$W_1=\frac{U_1}{U_2}W_2=\frac{220}{120}\times 78=143(匝)(取 144 匝)$$

绕组分绕在两柱上，每柱匝数分别为

$$W_2'=W_2/2=78/2=39(匝)$$

$$W_1'=W_1/2=144/2=72(匝)$$

④ 一、二次导线截面积的选择。

$$q_1=I_1/j_1=25.6/2.2=11.6(\mathrm{mm^2})$$

$$q_2=I_2/j_2=47/2.0=23.5(\mathrm{mm^2})$$

导线总截面积及窗口面积为

$$Q=\frac{W_1q_1+W_2q_2}{K_Q}\times 10^{-2}=\frac{144\times 11.6+78\times 23.5}{0.35}\times 10^{-2}=100.1(\mathrm{cm^2})$$

窗高：$h_c=2.5a=2.5\times 6=15\ (\mathrm{cm})$

窗宽：$c=Q/h=100.1/15=6.7\ (\mathrm{cm})$

30. 三相整流变压器的设计

(1) 计算公式

① 各种三相整流电路的整流变压器的计算参数，见表 3-22。

② 三相半控桥式电路各电量关系，见表 3-24。

③ 三相全控桥式电路各电量关系，见表 3-25。

表 3-24　三相半控桥式电路各电量关系

负载性质	电　路	整流器输出电压波形 u_d	流过晶闸管的电流波形 i_{dt}	移相角 α	$\frac{U_d}{U_1}$	$\frac{U}{U_1}$	$\frac{U}{U_d}$	$\frac{I_2}{I_d}$	$\frac{I_{dt}}{I_d}$	$\frac{I_t}{I_d}$	$\frac{U_{PF}}{U_1}$	$\frac{U_{PR}}{U_1}$
电阻性				0°	1.35	1.35	1.00	0.82	0.33	0.58	0	1.41
				30°	1.26	1.28	1.02	0.82	0.33	0.59	0.71	1.41
				60°	1.01	1.07	1.06	0.89	0.33	0.62	1.22	1.41
				90°	0.68	0.85	1.25	1.05	0.33	0.73	1.41	1.41
				120°	0.34	0.53	1.58	1.31	0.33	1.11	1.41	1.22
				150°	0.09	0.21	2.31	1.88	0.33	1.35	1.41	1.71
电感性（带续流管）				0°	1.35	1.35	1.00	0.82	0.33	0.58	0	1.41
				30°	1.26	1.28	1.02	0.82	0.33	0.58	0.71	1.41
				60°	1.01	1.07	1.06	0.82	0.33	0.58	1.22	1.41
				90°	0.68	0.85	1.25	0.71	0.25	0.50	1.41	1.41
				120°	0.34	0.53	1.58	0.58	0.17	0.41	1.41	1.22
				150°	0.09	0.21	2.31	0.41	0.08	0.29	1.41	1.71

表 3-25　三相全控桥式电路各电量关系

负载性质	电　路	整流器输出电压波形 u_d	流过晶闸管的电流波形 i_{dt}	移相角 α	$\frac{U_d}{U_1}$	$\frac{U}{U_1}$	$\frac{U}{U_d}$	$\frac{I_2}{I_d}$	$\frac{I_{dt}}{I_d}$	$\frac{I_t}{I_d}$	$\frac{U_{PF}}{U_1}$	$\frac{U_{PR}}{U_1}$
电阻性				0°	1.35	1.34	0.09	0.82	0.33	0.58		
				30°	1.17	1.19	1.02	0.83	0.33	0.59		
				60°	0.68	0.77	1.14	0.93	0.33	0.66	1.41	1.41
				90°	0.18	0.29	1.58	1.33	0.33	0.94		
				120°	0	0	∞					
				150°								
电感性				0°	1.35	1.34	0.99	0.81	0.33	0.58		
				30°	1.17	1.19	1.02	0.82	0.33	0.58		
				60°	0.68	0.77	1.14	0.82	0.33	0.58		
				90°	0	0.40	∞				0.82	0.82
				120°								
				150°								

注：表中符号意义见表 3-22 注和表 3-23 注。

(2) 实例

试设计一台三相桥式整流变压器，要求直流输出 100V，300A。已知一次电压 380V，采用 A 级绝缘，强迫风冷，连接组标号为 Y y。

解　① 变压器容量计算。查表 3-22 得二次电流为

$$I_2=0.82I_d=0.82\times300=246(\text{A})$$

二次相电压为

$$\begin{aligned}U_2&=(0.82U_z/\sqrt{3}+\Delta U_1)(1+0.10)\\&=(0.473\times100+3)\times1.1\\&=55.3\ (\text{V})\ (\text{取 }55\text{V})\end{aligned}$$

一次电流：$I_1=I_2U_2/U_1=246\times55/220=61.5(\text{A})$

变压器容量：$P=3U_2I_2=3\times55\times246=40590(\text{V}\cdot\text{A})$

$\approx40(\text{kV}\cdot\text{A})$

每柱容量：$P_z=40/3=13.3(\text{kV}\cdot\text{A})$

② 采用多级铁芯，圆形直径 D 的计算。

三相圆柱形铁芯柱直径可按下式计算：$D=(5.8\sim6.5)\sqrt[4]{P_z}$，现取系数 6.3。

$$D=6.3\sqrt[4]{P_z}=6.3\times\sqrt[4]{13.3}=6.3\times1.9=12(\text{cm})$$

采用六级铁芯，由多级阶梯形铁芯规格尺寸表查得（可查电工手册）得：

每级铁芯宽度

$$a_1=11.5，a_2=10.5，a_3=9，a_4=7.5，a_5=6，a_6=3.5；$$

每级铁芯厚度

$$b_1=3.4，b_2=1.2，b_3=1.1，b_4=0.7，b_5=0.5，b_6=0.5$$

净面积：$S=98.9(\text{cm}^2)$

采用 D420.5mm 硅钢片，磁通密度选用 $B_m=1.28\text{T}$。

窗高：$h=2.5D=2.5\times12=30(\text{cm})$

③ 一、二次绕组匝数的计算。

$$W_1=\frac{U_1\times10^4}{4.44fB_mSK_d}=\frac{220\times10^4}{4.44\times50\times1.28\times98.9\times0.93}=84(\text{匝})$$

$$W_2=\frac{U_2}{U_1}W_1=\frac{55}{220}\times84=21(\text{匝})$$

④ 一、二次导线截面积的选择。根据 A 级绝缘，强迫风冷，取电流密度 $j=3\text{A/mm}^2$，故一、二次导线截面积为

$$q_1=I_1/j=61.5/3=20.5(\text{mm}^2)$$

$$q_2=I_2/j=246/3=82(\text{mm}^2)$$

⑤ 导线排列：选窗高 $h_e=300(\text{mm})$。

a. 二次绕组：$W_2=21$ 匝，绕组两侧与铁轭间的绝缘间距为 $2\times10=20$（mm）。分两层绕，每层按 11 匝计算，采用三根导线并绕，每根截面积为 $q_2/n=82/3=27.3$（mm^2），每匝导线总宽为 $(300-20)/11=25$（mm），每根导线宽为 $25/3=8.3$（mm），除去绝缘及间隙每根导线净铜宽为 7.8mm，从导线规格表中查得 $3.53\times7.4=25.6$（mm^2）能满足要求。

铁芯直径为 $D=120$mm，绕组内径按 126mm 绕，二次绕组厚度为 $2\times(3.52+1)+6\approx15$（mm），二次绕组外径为 $126+2\times15=156$（mm）。

b. 一次绕组：$W_1=84$ 匝，绕两层，每层 42 匝，按 42 匝计算，导线厚为 $(300-20)/42=6.57$（mm）。除去绝缘与间隙选用 $3.28\times6.4=20.5$（mm）的导线。

一次绕组的厚度为 $2\times(3.28+1)+6\approx15$(mm)。一、二次绕组之间留 $2\times5=10$(mm) 的风道，一次绕组内径为 $156+10=166$（mm），外径为 $166+15\times2=196$（mm）。

绕组总厚为 $196-126=70$（mm）。两次绕组之间留 12mm 间隙，则铁芯窗口宽度为 $70+12+6=88$（mm）。

铁芯总宽为 $A=3\times120+2\times88=536$（mm）。

上下铁轭的宽度取110mm，变压器铁芯高为$H=300+2\times110=520$（mm）。

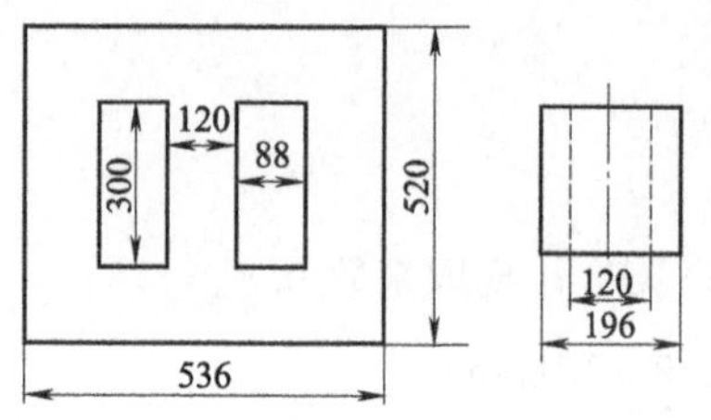

图3-11 铁芯外形及绕组尺寸（mm）

铁芯外形及绕组尺寸如图3-11所示。

⑥ 铁重与铜重计算。铁重计算：先求出铁柱和铁轭的体积，然后求得铁芯总重。

铜重计算：先求出一、二次绕组的平均直径和平均周长，然后按本节干式电力变压器求铜重的公式求得总铜重。

具体计算从略。

31. 晶闸管三相桥式整流电路电源变压器的计算

【实例】 有一晶闸管三相桥式整流电路，通过与额定容量为1000kV·A，空载损耗为2.8kW、短路损耗为11.2kW的三相变压器接入交流电源。设流过变压器星形接线的直流侧线圈的电流I（有效值）和直流负荷电流I_z之间有$I=0.816I_z$的关系。试求：

① 当整流回路的直流输出端子接有950kW的电阻负荷时，变压器所需的视在功率。设晶闸管的控制角为$\alpha=0°$。

② 若①中的直流端子电压下降10%时，根据以下两种情况分别计算变压器的效率和功率因素；a. 在晶闸管控制角为$\alpha=0°$时，仅变更变压器分接头位置的场合；b. 不变更变压器分接头位置，而仅改变控制角的场合。设变压器及整流器的内部电压降忽略不计；又设变压器损耗与分接头位置无关。

解 ① 变压器的视在功率为

$$S=\sqrt{3}UI$$

直流输出电压为

$$U_z=1.35U\cos\alpha$$

所以

$$U=\frac{U_z}{1.35\cos\alpha}$$

按题意

$$I=0.816I_z，故$$

$$S=\sqrt{3}\times\frac{U_z}{1.35\cos\alpha}\times0.816I_z=\frac{\sqrt{3}\times0.816}{1.35}\times\frac{U_zI_z}{\cos\alpha}$$

由于直流出力$=U_zI_z=U_z^2/R=950$（kW），故当晶闸管控制角$\alpha=0°$，即$\cos\alpha=1$时，变压器的视在功率为

$$S=\frac{\sqrt{3}\times0.816}{1.35}\times\frac{950}{1}=995(\text{kV}\cdot\text{A})$$

② 按题意直流端子电压下降10%，所以变压器带负荷时所消耗的功率为

$$P_z=\frac{U_z'^2}{R}=\frac{(0.9U_z)^2}{R}=0.9^2\times\frac{U_z^2}{R}=0.9^2\times950=769.5(\text{kW})$$

变压器在任意负荷下的铜耗为

$$P_d'=P_d(S/S_e)^2$$

第一种场合：

$P_z=769.5$，$\cos\alpha=0$时变压器的视在功率为

$$S=\frac{\sqrt{3}\times0.816}{1.35}\times\frac{769.5}{1}=805.6(\text{kV}\cdot\text{A})$$

已知 $S_e=1000\text{kV}\cdot\text{A}$，$P_d=11.2\text{kW}$，故变压器的负荷损耗为

$$P_d'=11.2\times\left(\frac{805.6}{1000}\right)^2=7.27(\text{kW})$$

变压器的效率为

$$\eta=\frac{P_z}{P_z+P_0+P_d'}\times100\%=\frac{769.5}{769.5+2.8+7.27}\times100\%=98.71\%$$

功率因数为

$$\cos\varphi=P_z/S=769.5/805.6=0.955$$

第二种场合：

利用控制晶闸管导通角，使直流端子电压下降到 90%，故 $\cos\alpha=0.9$，又有 $U_zI_z=769.5\text{kW}$，因此变压器的视在功率为

$$S=\frac{\sqrt{3}\times0.816}{1.35}\times\frac{769.5}{0.9}=895.1(\text{kV}\cdot\text{A})$$

变压器的负荷损耗为

$$P_d'=11.2\times\left(\frac{895.1}{1000}\right)^2=8.97(\text{kW})$$

变压器的效率为

$$\eta=\frac{769.5}{769.5+2.8+8.97}\times100\%=89.49\%$$

功率因数为

$$\cos\varphi=769.5/895.1=0.86$$

32. 小型发电励磁变压器的设计

(1) 计算公式

设计励磁变压器除确定结构形式外，主要是确定其容量和二次电压。励磁变压器的容量和二次电压与发电机的励磁电流、励磁电压、强励倍数、晶闸管导通角及励磁装置采用单相或三相晶闸管控制有关，计算起来十分复杂。下面介绍的是简单实用的计算公式。

① 低压单相励磁变压器。当励磁装置采用单相半控桥式整流，强励倍数为 1.6 时，有：

$$S=2.1U_{le}I_{le}\times10^{-3}$$

$$U_2=2.3U_{le}$$

式中 S——励磁变压器的容量，kV·A；

U_2——励磁变压器二次电压，V；

U_{le}，I_{le}——发电机的额定励磁电压（V）和电流（A）。

小水电站发电机的容量不大，强励倍数也可适当取小些，这时励磁变压器二次电压可取 $U_2=2.1U_{le}$。

励磁变压器一次电压为 400V，接于发电机机端线电压。

② 低压三相励磁变压器。当励磁装置采用三相半控桥式整流，强励倍数为 1.6 时，有：

$$S=2.1U_{le}I_{le}\times10^{-3}$$

$$U_2=1.5U_{le}$$

励磁变压器采用 Yd11 连接方式。

低压励磁变压器采用干式自冷；一次线圈在外层，二次线圈在内层；二次线圈层间及一、二次线圈之间有风道；一次导线按 $2A/mm^2$ 选，二次导线按 $1.4A/mm^2$ 选。一、二次导线均采用B级绝缘导线。对于单相励磁变压器，采用“□”形铁芯，线圈安置在两边柱上。不可采用“山”形铁芯，将线圈安置在中心铁芯柱上，否则会大大影响变压器散热，增加损耗，缩短寿命。

③ 高压三相励磁变压器。当励磁装置采用三相半控桥式整流，强励倍数为1.6时，有：

$$S=2.3U_{le}I_{le}$$

$$U_2=1.5U_{le}$$

当强励倍数取2时，有：

$$S=2.5U_{le}I_{le}$$

$$U_2=1.8U_{le}$$

高压励磁变压器采用Yd11连接方式，可采用油浸式自冷变压器，也可采用环氧树脂浇注的干式变压器。

④ 高原用励磁变压器。在海拔1000～4000m地区使用的励磁变压器，除加强绝缘和加大泄漏距离外，其容量需适当放大，可取低海拔地区使用的励磁变压器容量的1.05～1.2倍。

（2）实例

【实例1】 有一台320kW、10极水轮发电机，已知额定励磁电压为43V，额定励磁电流为185A，在海拔3000m高原地区使用，试确定励磁变压器参数。励磁装置采用单相半控桥式整流。

解 采用单相励磁变压器，强励倍数取1.6倍。

励磁变压器容量为

$$S=2.1kU_{le}I_{le}\times10^{-3}=2.1\times1.2\times43\times185\times10^{-3}=20(\text{kV}\cdot\text{A})$$

式中 k——考虑高原使用的最大系数。

励磁变压器二次电压为

$$U_2=2.3U_{le}=2.3\times43=98.9(\text{V})(\text{取}100\text{V})$$

励磁变压器一次电压为400V。

一次绕组电流为

$$I_1=S/U_1=20000/400=50(\text{A})$$

二次绕组电流为

$$I_2=S/U_2=20000/100=200(\text{A})$$

一次绕组导线截面积为

$$q_1=I_1/j_1=50/2=25(\text{mm}^2)$$

二次绕组导线截面积为

$$q_2=I_2/j_2=200/1.4=142.9(\text{mm}^2)$$

一、二次绕组导线均采用B级绝缘的双玻璃丝包线，其中一次绕组导线采用2.24mm×11.2mm（其截面积为 $25.09mm^2$），二次绕组导线采用4.5mm×16mm双根并绕（其截面积为 $144mm^2$）。

【实例2】 有一台SF830-6/990型高压水轮发电机，其额定功率为800kW，额定励磁电压为64V，额定励磁电流为160A，试计算三相励磁变压器的参数。

解 设强励倍数为1.6，则

励磁变压器的容量为

$$S=2.3U_{1e}I_{1e}\times10^{-3}=2.3\times64\times160\times10^{-3}=23.55(\text{kV}\cdot\text{A})$$

励磁变压器二次侧电压为

$$U_2=1.5U_{1e}=1.5\times64=96(\text{V})$$

因此可选用容量为25kV·A、电压为6300/100V的干式或油浸式励磁变压器。

33. 单相小型电源变压器的设计

【实例】 试设计一台输出容量为120V·A的单相电源变压器，已知电源电压为220V，二次电压为36V。

解 ① 设变压器效率为$\eta=0.9$，则变压器输入视在功率为

$$P_{sr}=P_z/\eta=120/0.9=133.3(\text{V}\cdot\text{A})$$

② K取1.1，则一次电流为

$$I_1=K\frac{P_{sr}}{U_1}=1.1\times\frac{133.3}{220}=0.667(\text{A})$$

二次电流为

$$I_2=P_z/U_2=120/36=3.33(\text{A})$$

③ K_0取1.4，求铁芯截面积。

$$P=\frac{P_{sr}+P_z}{2}=\frac{133.3+120}{2}=126.6(\text{V}\cdot\text{A})$$

$$S=K_0\sqrt{P}=1.4\times\sqrt{126.6}=15.8(\text{cm}^2)$$

可选用铁芯宽度$a=30\text{mm}$的GE型硅钢片。这时铁芯叠厚为

$$B=1.1\frac{S}{a}=1.1\times\frac{158}{30}=5.79(\text{cm})=57.9(\text{mm})(\text{取}B=58\text{mm})$$

校验：$B/a=58/30=1.93$，该比值在1～2之间，所以是合适的。

④ 每个绕组应绕的匝数（设$B_m=0.9\text{T}$）。

a. 每伏匝数：

$$W_0=\frac{10^4}{4.44fB_mS}=\frac{10^4}{4.44\times50\times0.9\times15.8}\approx3.2(\text{匝/V})$$

b. 一次绕组匝数：

$$W_1=U_1W_0=220\times3.2\approx704(\text{匝})$$

c. 二次绕组匝数：

$$W_2=1.05U_2W_0=1.05\times36\times3.2\approx121(\text{匝})$$

1.05是考虑增加5%匝数补偿负载压降。

⑤ 导线直径的选择。

a. 选取电流密度$j=3\text{A/mm}^2$，则一次绕组导线直径为

$$d_1=1.13\sqrt{\frac{I_1}{j}}=1.13\times\sqrt{\frac{0.667}{3}}\approx0.53(\text{mm})$$

查标称导线，选取相近导线线径$d_1=0.59\text{mm}$的Q型漆包线，包括绝缘后的导线外径为$d_1'=0.64\text{mm}$。

b. 二次绕组导线直径为

$$d_2=1.13\sqrt{\frac{I_2}{j}}=1.13\times\sqrt{\frac{3.33}{3}}=1.19(\text{mm})$$

查标称导线，选取 $d_2=1.20\text{mm}$ 的 Q 型漆包线，$d_2'=1.28\text{mm}$。

⑥ 核算铁芯窗口是否能容纳所有绕组；变压器铁芯尺寸及绕组排列如图 3-12 所示。

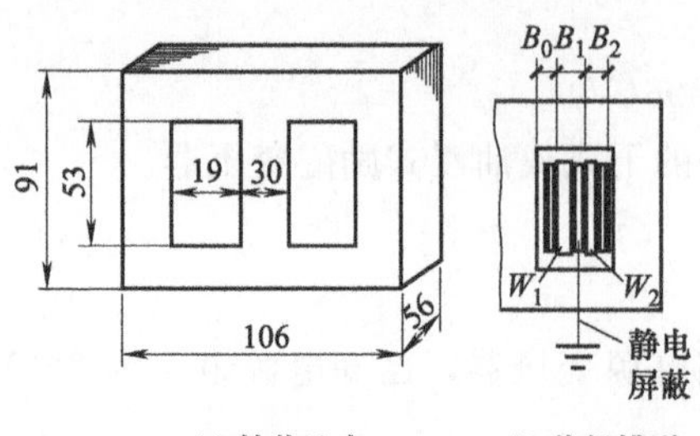

(a) 铁芯尺寸　(b) 绕组排列

图 3-12　变压器铁芯尺寸及绕组排列图

a. 各绕组每层绕制匝数为

$$n_1=\frac{0.9[h-(2\sim4)]}{d_1'}=\frac{0.9\times(53-4)}{0.64}$$

$$=68.9(\text{匝})(\text{取 68 匝})$$

$$n_2=\frac{0.9\times(53-4)}{1.28}$$

$$=34.5(\text{匝})(\text{取 34 匝})$$

b. 各绕组所绕的层数为

$$m_1=w_1/n_1=704/68=10.4(\text{层})(\text{取 11 层})$$

$$m_2=w_2/n_2=121/34=3.6(\text{层})(\text{取 4 层})$$

c. 各绝缘衬垫厚度如下：

框架及外包共厚 $B_0=1.3\text{mm}$

一次绕组层间绝缘 $\delta_1=0.05\text{mm}$

二次绕组层间绝缘 $\delta_2=0.07\text{mm}$

绕组间绝缘 $\gamma=0.12\text{mm}$

d. 总厚度为

$$\begin{aligned}B_\Sigma&=k(B_0+B_1+B_2)\\&=k\{B_0+[m_1(d_1'+\delta_1)+\gamma]+[m_2(d_2'+\delta_2)+\gamma]\}\\&=1.2\times[1.3+11\times(0.64+0.05)+0.12\\&\quad+4\times(1.28+0.07)+0.12]=17.4(\text{mm})\end{aligned}$$

式中，B_1，B_2 分别为一次和二次绕组的厚度；k 为余裕系数。

此尺寸小于窗口宽度 19mm，因此窗口能容纳下所有绕组。

34. 三相小型电源变压器的设计

(1) SD 型铁芯三相变压器的技术数据

三相 E 形变压器通常采用 SD 型铁芯，其技术数据见表 3-26。

表 3-26　SD 型铁芯三相变压器技术数据（Ⅰ级品）

<table>
<tr><th rowspan="3">铁芯型号</th><th colspan="9">技术指标</th><th colspan="5">线圈计算数据</th></tr>
<tr><th rowspan="2">输入容量 VA_1 /V·A</th><th rowspan="2">输入功率 P_2 /W</th><th rowspan="2">效率 η (P_2/P_1)</th><th rowspan="2">功率因数 $\cos\varphi$ (P_1/VA_1)</th><th rowspan="2">磁通密度 B_1 /T</th><th rowspan="2">电流密度 j /(A/mm²)</th><th rowspan="2">电压调整率 Δu%</th><th rowspan="2">总磁化伏安 VA_φ /V·A</th><th rowspan="2">铁耗 P_c /W</th><th colspan="2">每伏匝数</th><th rowspan="2">底筒高 /mm</th><th rowspan="2">底筒厚 /mm</th><th rowspan="2">线包厚 /mm</th></tr>
<tr><th>一次</th><th>二次</th></tr>
<tr><td>SD10×20×20</td><td>4.24</td><td>2.53</td><td>0.732</td><td>0.816</td><td rowspan="4">1.5</td><td rowspan="4">1.83</td><td rowspan="4">10</td><td>3.75</td><td>0.644</td><td rowspan="4">15.3</td><td rowspan="4">17.0</td><td>19</td><td rowspan="4">1</td><td rowspan="4">5.8</td></tr>
<tr><td>SD10×20×25</td><td>5.50</td><td>3.69</td><td>0.768</td><td>0.873</td><td>4.11</td><td>0.705</td><td>24</td></tr>
<tr><td>SD10×20×32</td><td>7.56</td><td>5.53</td><td>0.797</td><td>0.917</td><td>4.61</td><td>0.791</td><td>31</td></tr>
<tr><td>SD10×20×40</td><td>9.68</td><td>7.36</td><td>0.811</td><td>0.937</td><td>5.19</td><td>0.890</td><td>39</td></tr>
<tr><td>SD12.5×25×25</td><td>18.6</td><td>13.9</td><td>0.824</td><td>0.909</td><td rowspan="4">1.62</td><td rowspan="4">2.42</td><td rowspan="4">10</td><td>10.5</td><td>1.43</td><td rowspan="4">9.22</td><td rowspan="4">10.2</td><td>23.5</td><td rowspan="4">1</td><td rowspan="4">7.6</td></tr>
<tr><td>SD12.5×25×32</td><td>25.4</td><td>20.1</td><td>0.841</td><td>0.942</td><td>11.6</td><td>1.58</td><td>30.5</td></tr>
<tr><td>SD12.5×25×40</td><td>32.6</td><td>26.4</td><td>0.849</td><td>0.957</td><td>12.9</td><td>1.75</td><td>38.5</td></tr>
<tr><td>SD12.5×25×50</td><td>42.7</td><td>35.4</td><td>0.857</td><td>0.968</td><td>14.5</td><td>1.97</td><td>48.5</td></tr>
</table>

续表

铁芯型号	技术指标									线圈计算数据				
	输入容量 VA_1 /V·A	输入功率 P_2 /W	效率 η (P_2/P_1)	功率因数 $\cos\varphi$ (P_1/VA_1)	磁通密度 B_1 /T	电流密度 j /(A/mm²)	电压调整率 $\Delta u\%$	总磁化伏安 VA_φ /V·A	铁耗 P_c /W	每伏匝数		底筒高 /mm	底筒厚 /mm	线包厚 /mm
										一次	二次			
SD16×32×32	58.8	47.2	0.849	0.946	1.66	3.24	10	26.6	3.16	5.46	6.07	30.5	1	9.6
SD16×32×40	81.5	67.7	0.860	0.967				29.2	3.46			38.5		
SD16×32×50	110	93.4	0.867	0.978				32.4	3.84			48.5		
SD16×32×64	147	127	0.873	0.984				36.8	4.37			62.5		
SD20×32×40	167	143	0.873	0.984	1.66	3.62	10	41.7	4.95	4.37	4.86	38.5	1.2	12
SD20×32×50	213	184	0.877	0.988		3.62	10	45.7	5.42		4.86	48.5		
SD20×32×64	257	225	0.884	0.989		3.24	9.42	51.3	6.08		4.83	62.5		
SD20×32×80	317	281	0.894	0.991		2.96	8.59	57.7	6.84		4.78	78.5		
SD25×40×50	346	302	0.888	0.984	1.68	3.83	8.55	82.1	9.73	2.80	3.06	48	1.5	12.4
SD25×40×64	418	370	0.897	0.986	1.68	3.51	7.85	90.8	10.8		3.04	62		
SD25×40×80	510	457	0.906	0.988	1.69	3.21	7.17	101	11.9		3.01	78		
SD25×40×100	617	556	0.912	0.989	1.69	3.01	6.74	113	13.4		3.00	98		
SD32×50×64	790	720	0.925	0.984	1.70	2.84	4.97	167	19.8	1.75	1.84	62	1.7	15.5
SD32×50×80	915	839	0.930	0.985	1.71	2.69	4.72	183	21.7		1.84	78		
SD32×50×100	1120	1038	0.935	0.986	1.71	2.45	4.31	203	24.1		1.83	98		
SD32×50×125	1370	1275	0.942	0.988	1.71	2.27	3.98	228	27.0		1.82	123		
SD40×64×80	1707	1600	0.947	0.989	1.67	2.19	3.11	275	37.5	1.13	1.16	78	2	19.4
SD40×64×100	2080	1963	0.953	0.991	1.68	1.98	2.81	301	41.1		1.16	98		
SD40×64×125	2524	2396	0.956	0.993	1.68	1.83	2.60	334	45.5		1.16	123		
SD40×64×160	3151	3006	0.960	0.994	1.68	1.69	2.39	380	51.8		1.15	158		
SD50×80×100	3726	3550	0.962	0.991	1.61	1.61	1.82	543	73.9	0.72	0.733	98	2.5	25
SD50×80×125	4473	4283	0.965	0.992	1.49	1.49	1.69	564	80.9		0.732	123		
SD50×80×160	5507	5296	0.968	0.993	1.38	1.38	1.56	665	90.6		0.731	158		
SD50×80×200	6601	6366	0.970	0.994	1.29	1.29	1.46	747	102		0.731	198		

(2) 实例

试设计一台三相电源变压器。已知：一次线电压 380V，频率 50Hz，二次线电压 170V，二次线电流 3A，连接组为 Dy11，采用 E 级绝缘。

解 1) 变压器功率的确定

由于变压器为 Dy11 连接，所以二次相电压和二次相电流分别为

$$U_2=170/\sqrt{3}=98.1(\text{V})$$

$$I_2=3\text{A}$$

$$P_2=3U_2I_2=3\times98.1\times3=882.9(\text{W})$$

2) 铁芯的选择

根据 P_2 查表 3-26，确定选用 SD32×50×100 铁芯。这种规格铁芯虽余量较大，但若选用 SD32×50×80 仅为 839W，又太小，显然不行。

3) 每相一、二次绕组匝数计算

由表 3-26 查得一次每伏匝数为 $W_0'=1.75$ 匝/V，二次每伏匝数为 $W_0=1.83$ 匝/V。

一次每相匝数为

$$W_1=U_1W_0'=380\times1.75=665(\text{匝})$$

二次每相匝数为：

$$W_2=U_2W_0=98.1\times1.83=179.5(\text{匝})(\text{取 }180\text{ 匝})$$

4）空载电流计算

由表 3-26 查得铁芯总损耗 $P_c=24.1\text{W}$，总磁化伏安 $VA_\varphi=203\text{V}\cdot\text{A}$，因此每相铁耗电流 I_c、磁化电流 I_φ、空载电流 I_0 和三相总空载电流 I_{0z} 为

$$I_c=\frac{P_c}{3U_1}=\frac{24.1}{3\times380}=0.021(\text{A})$$

$$I_\varphi=\frac{VA_\varphi}{3U_1}=\frac{203}{3\times380}=0.178(\text{A})$$

$$I_0=\sqrt{I_c^2+I_\varphi^2}=\sqrt{0.021^2+0.178^2}=0.179(\text{A})$$

$$I_{0z}=3I_0=3\times0.179=0.538(\text{A})$$

5）一次电流计算

由二次绕组折算到一次的电流为

$$I_2'=\frac{W_2}{W_1}I_2=\frac{180}{665}\times3=0.812(\text{A})$$

一次电流有功分量为

$$I_{1a}=I_2'+I_c=0.812+0.021=0.833(\text{A})$$

一次电流为

$$I_1=\sqrt{I_{1a}^2+I_\varphi^2}=\sqrt{0.833^2+0.178^2}=0.852(\text{A})$$

6）每相一、二次导线截面积及线径的选择

查表 3-26 得电流密度 $j=2.45\text{A/mm}^2$，故一次导线截面积 $q_1=I_1/j=0.852/2.45=0.348\ (\text{mm}^2)$，二次导线截面积 $q_2=I_2/j=3/2.45=1.224\ (\text{mm}^2)$，由电工手册有关漆包线的规格表中查得导线直径和带绝缘层的直径为

一次：$d_1=0.69\text{mm}$　$d_{1m}=0.77\text{mm}$

二次：$d_2=1.30\text{mm}$　$d_{2m}=1.41\text{mm}$

7）绕组结构及参数计算

① 确定端空距离。一次留边距离 $z'=2\text{mm}$，二次留边距离 $z''=3.5\text{mm}$，端封每端厚度为 $\delta_1=0.5\text{mm}$，则一、二次端空距离为

一次端空距离：$d'=\delta_1+z'=0.5+2=2.5\ (\text{mm})$

二次端空距离：$d''=\delta_1+z''=0.5+3.5=4\ (\text{mm})$

② 计算各绕组每层匝数和各绕组需绕层数。由表 3-26 查得筒底高度 $h=98\text{mm}$，取排绕系数 $K'=1.05$，则各绕组每层匝数和绕制层数为

一次绕组宽度：$L_0'=h-2d'=98-2\times2.5=93\ (\text{mm})$

二次绕组宽度：$L_0''=h-2d''=98-2\times4=90\ (\text{mm})$

一次每层匝数为

$$n_1'=\frac{L_0'}{d_{1m}K'}-1=\frac{93}{0.77\times1.05}-1=114(\text{匝})$$

二次每层匝数为

$$n_1''=\frac{L_0''}{d_{2m}K'}-1=\frac{90}{1.41\times1.05}-1=59.8(\text{匝})\approx60(\text{匝})$$

一次需绕层数：

$$m'=\frac{W_1}{n_1'}=\frac{665}{114}=5.8(\text{层})\approx 6\text{ 层}$$

二次需绕层数：

$$m''=\frac{W_2}{n_1''}=\frac{180}{60}=3(\text{层})$$

③ 确定绕组内层、层间、绕组间及外包绝缘。

内层绝缘选用 2×0.05mm 电话纸；绕组层间绝缘中二次绕组选用 1×0.12mm 电缆纸、一次绕组选择 1×0.03mm 电容器纸；绕组间绝缘选用 3×0.12mm 电缆纸；外包绝缘选用2×0.12mm 电缆纸。

④ 绕组厚度计算。

一次绕组：

$$B_1'=d_{1m}m'K'+z_1'+z_2'$$
$$=0.77\times6\times1.05+0.03\times(6-1)+3\times0.12=5.36(\text{mm})$$

式中，z_1'为一次绕组绝缘厚；z_2'为外包绝缘厚。

二次绕组：

$$B_1''=d_{2m}m''K''+z_1''+z_2''$$
$$=1.41\times3\times1.05+0.12\times(3-1)+2\times0.12=4.92(\text{mm})$$

式中，z_1''为二次绕组绝缘厚；z_2''为外包绝缘厚。

⑤ 绕组总厚度计算：

$$B_\Sigma=B_0+\delta_2+B_1'+B_1''$$
$$=1+2\times0.05+2\times0.12+(5.36+4.92)=11.62(\text{mm})$$

式中，B_0 为框架厚；δ_2 为内层绝缘和外包绝缘厚。

小于窗口宽度 C 的 1/2，即 40/2=20 (mm)。

⑥ 各绕组导线长度计算。一次绕组平均匝长 $l_p'=19.5$cm；二次绕组平均匝长 $l_p''=21.5$cm。平均匝长是根据铁芯尺寸，绝缘及一、二次绕组厚度计算出来的。

一次导线长度：

$$L_1=l_p'W_1\times10^{-2}=19.5\times665\times10^{-2}\approx130(\text{m})$$

二次导线长度：

$$L_2=l_p''W_2\times10^{-2}=21.5\times180\times10^{-2}\approx39(\text{m})$$

⑦ 各绕组铜重计算。

一次绕组：

$$G_{Cu}'=kL_1g\times10^{-3}=1.05\times130\times8.9\times10^{-3}=1.21(\text{kg})$$

二次绕组：

$$G_{Cu}''=kL_2g\times10^{-3}=1.05\times39\times8.9\times10^{-3}=0.37(\text{kg})$$

式中，1.05 系数为漆包线绝缘的质量，三相铜总质量：

$$G_{Cu}=3\times(1.21+0.37)=4.74(\text{kg})$$

⑧ 各绕组电阻和铜耗的计算。

a. 在 20℃时的电阻。

一次绕组：

$$R_{20}'=L_1r_1=130\times0.047=6.11(\Omega)$$

二次绕组：

$$R''_{20}=L_2r_2=39\times0.0132=0.515(\Omega)$$

式中，r_1、r_2 为一、二次导线 20℃的绝缘电阻。

估计该变压器绕组工作温度不会超过 60℃，设热态温度为 60℃，查表 3-27 得 $K_T=1.15$。

表 3-27　K_T 值与温度关系

绕组温度/℃	20	50	60	70	80	90	100	120	150
K_T	1	1.12	1.15	1.20	1.24	1.28	1.32	1.40	1.52

b. 热态电阻。

一次绕组：

$$R_1=K_TR'_{20}=1.15\times6.11=7.03(\Omega)$$

二次绕组：

$$R_2=K_TR''_{20}=1.15\times0.515=0.592(\Omega)$$

c. 变压器热态铜耗（三相）。

$$P_d=3(I_1^2R_1+I_2^2R_2)=3\times(0.852^2\times7.03+3^2\times0.592)=31.3(\mathrm{W})$$

8）电压比核算

$$U_{20}=\frac{W_2}{W_1}U_1=\frac{180}{665}\times380=102.86(\mathrm{V})$$

$$e_1=U_1-I_1R_1=380-0.852\times7.03=374(\mathrm{V})$$

$$e_2=\frac{W_2}{W_1}e_1=\frac{180}{665}\times374=101.2(\mathrm{V})$$

$$U_2=e_2-I_2R_2=101.2-3\times0.59=99.4(\mathrm{V})$$

电压调整率为

$$\Delta u\%=\frac{U_{20}-U_2}{U_{20}}\times100=\frac{102.86-99.4}{102.86}\times100=3.4$$

小于标准值 4.31（见表 3-26），可用。

35. 单相自耦变压器的设计

（1）计算公式

单相自耦变压器原理图如图 3-13 所示。

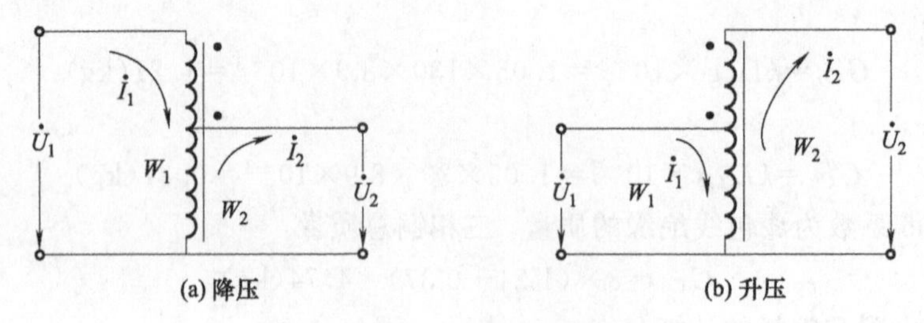

图 3-13　单相自耦变压器原理图

计算方法一：

① 自耦变压器容量（传输容量）计算。

$$P_T=U_1I_1=U_2I_2$$

② 铁芯截面积的选择。

$$S=\frac{U}{4.44fB_mWK}\times 10^4$$

式中 S——铁芯截面积，cm^2；

f——电源频率，Hz；

B_m——磁通密度，一般硅钢片取0.8～1.0T；

K——系数，取0.3；

U——相应电压，V；

W——相应绕组匝数。

③ 绕组匝数的计算（如图3-13所示）。

降压：$W_1=\frac{48U_1+6U_2}{S}$；$W_2=\frac{48(U_1-U_2)}{S}$

升压：$W_1=\frac{48U_1}{S}$；$W_2=\frac{54U_2+6U_1}{S}$

④ 导线截面积的选择。

$$q_1=I_1/j, q_2=I_2/j, q=I/j=(I_1-I_2)/j$$

式中 q_1，q_2——一次导线和二次导线截面积，mm^2；

q——公共绕组导线截面积，mm^2；

j——电流密度，对于小型干式自耦变压器，100V·A以下，$j=2A/mm^2$；100～300V·A，$j=1.6A/mm^2$；300～1000V·A，$j=1.2A/mm^2$；

I_1，I_2——自耦变压器一次和二次电流，A。

⑤ 窗口截面积校核。升、降压时窗口截面积的校核公式为

$$S_D=\frac{I_1(W_1-W_2)+IW_2}{100k_0j}(降压)$$

$$S_D=\frac{IW_1+I_2(W_2-W_1)}{100k_0j}(升压)$$

式中 S_D——窗口截面积，cm^2；

k_0——系数，取0.93。

计算方法二：

① 自身容量计算。

降压：$P_B=\frac{U_1-U_2}{U_1}P_T$

升压：$P_B=\frac{U_2-U_1}{U_2}P_T$

式中 P_B——自身容量，V·A。

② 铁芯截面积的选择。

$$S=K\sqrt{P_B}$$

式中 K——系数，$K=1$～1.4，其值与铁芯质量有关，质量越好，K值越小。

③ 绕组匝数的计算。

一次绕组：$W_1=\dfrac{U_1\times10^4}{4.44fB_mS}$

二次绕组：$W_2=\dfrac{U_2\times10^4}{4.44fB_mS}$

④ 电流计算。

一次电流：$I_1=\dfrac{P_T}{U_1}$

二次电流：$I_2=\dfrac{P_T}{U_2}$

公共绕组中电流：$I=I_1-I_2$

式中 P_T——传输容量，V·A。

⑤ 导线截面积选择和窗口截面积校核。同计算方法一。

(2) 实例

试设计一台单相自耦变压器。要求额定容量（即传输容量）为15kV·A，电源频率为50Hz，一次电压U_1为160V，二次电压U_2为230V。

解 ① 自身容量的计算。

$$P_B=P_T\left(\frac{U_2-U_1}{U_2}\right)=15\times10^3\times\left(\frac{230-160}{230}\right)=4565(\text{V}\cdot\text{A})$$

② 铁芯截面积的选择。

$$S=K\sqrt{P_B}=1.0\times\sqrt{4565}=67.56(\text{cm}^2)(\text{取}\ S=68\text{cm}^2)$$

③ 绕组匝数的计算。

一次绕组：$W_1=\dfrac{U_1\times10^4}{4.44fB_mS}=\dfrac{160\times10^4}{4.44\times50\times1\times68}=106(\text{匝})(\text{取}\ B_m=1\text{T})$

二次绕组：$W_2=\dfrac{U_2\times10^4}{4.44fB_mS}=\dfrac{230\times10^4}{4.44\times50\times1\times68}=152(\text{匝})$

④ 电流计算。

一次电流：$I_1=\dfrac{P_T}{U_1}=\dfrac{15\times10^3}{160}=93.8\ (\text{A})$

二次电流：$I_2=\dfrac{P_T}{U_2}=\dfrac{15\times10^3}{230}=65.2\ (\text{A})$

公共绕组中电流：$I=I_1-I_2=93.8-65.2=28.6\ (\text{A})$

⑤ 导线截面积的选择。

一次导线：$q_1=I_1/j=93.8/2=46.9\ (\text{mm}^2)$

二次导线：$q_2=I_2/j=65.2/2=32.6\ (\text{mm}^2)$

公共绕组导线：$q=28.6/2=14.3\ (\text{mm}^2)$

⑥ 窗口截面积校核。

根据所选铁芯（要求铁芯厚度B与铁芯柱宽度a的比，即B/a在1～2范围内）的窗口高h与窗口宽C的乘积，即$hC\geqslant S_D$就可认为线圈能放得下。

36. 三相自耦变压器的设计

(1) 计算公式

Y连接的三相降压自耦变压器原理图如图3-14所示。

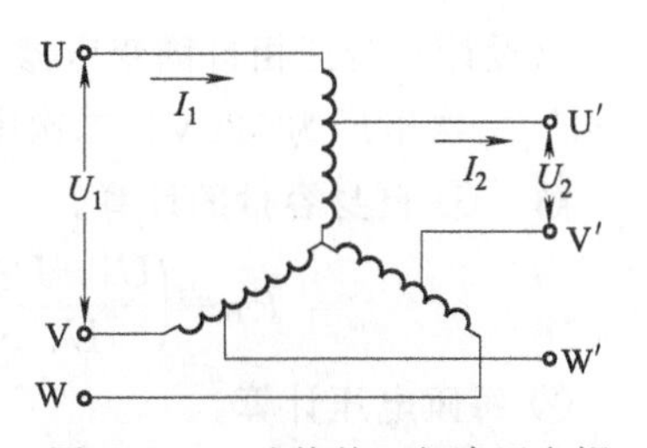

图3-14 Y连接的三相降压自耦变压器原理图

① 自耦变压器容量计算。

传输容量：$P_T=P_1=P_2=\sqrt{3}U_1I_1=\sqrt{3}U_2I_2$

自身容量：$P_B=\alpha P_T=\left(\frac{U_1-U_2}{U_1}\right)P_T$

② 每匝电压计算。

$$e_t=0.4\sqrt{P_B}$$

式中 e_t——每匝电压，V/匝。

③ 铁芯截面积的选择。

$$S=\frac{e_t\times10^4}{4.44fB_m}$$

式中 S——铁芯截面积，cm^2。

④ 绕组匝数的计算。

一次绕组（不包括公共绕组）：$W_1=\frac{U_1-U_2}{\sqrt{3}e_t}$

二次绕组（即公共绕组）：$W_2=\frac{U_2}{\sqrt{3}e_t}$

⑤ 每相容量计算。

$$P_\phi=\frac{P_T}{3}$$

式中 P_ϕ——每相容量，V·A。

⑥ 相电压计算。

一次相电压：$U_{1\phi}=\frac{U_1}{\sqrt{3}}$

二次相电压：$U_{2\phi}=\frac{U_2}{\sqrt{3}}$

式中 $U_{1\phi}$，$U_{2\phi}$——一次和二次相电压，V。

⑦ 电流计算。

一次电流：$I_1=\frac{P_\phi}{U_{1\phi}}$

二次电流：$I_2=\frac{P_\phi}{U_{2\phi}}$

公共绕组中电流：$I=I_2-I_1$

⑧ 导线截面积的选择。

一次导线：$q_1=I_1/j$

二次导线：$q_2=I_2/j$

公共绕组导线：$q=I/j$

⑨ 窗口截面积校核。同单相自耦变压器。

(2) 实例

试设计一台三相自耦变压器。要求额定容量（即传输容量）为 30kV·A，电源频率为 50Hz，一次电压为 380V，二次电压为 220V，采用 Y 连接。

解 ① 自身容量的计算。

$$P_B=\left(\frac{U_1-U_2}{U_1}\right)P_T=\left(\frac{380-220}{380}\right)\times30=12.6(\text{kV}\cdot\text{A})$$

② 每匝电压计算。

$$e_t=0.4\sqrt{P_B}=0.4\times\sqrt{12.6}=1.42(\text{V/匝})$$

③ 铁芯截面积的选择。

$$S=\frac{e_t\times10^4}{4.44fB_m}=\frac{1.42\times10^4}{4.44\times50\times1.5}=42.6(\text{cm}^2)$$

铁芯采用 D34 硅钢片，B 取 1.5T。

④ 绕组匝数的计算。

一次绕组：$W_1=\frac{U_1-U_2}{\sqrt{3}e_t}=\frac{380-220}{\sqrt{3}\times1.42}=65(\text{匝})$

二次绕组：$W_2=\frac{U_2}{\sqrt{3}e_t}=\frac{220}{\sqrt{3}\times1.42}=89(\text{匝})$

⑤ 每相容量计算。

$$P_\phi=\frac{P_T}{3}=\frac{30}{3}=10(\text{kV}\cdot\text{A})$$

⑥ 相电压计算。

一次相电压：$U_{1\phi}=\frac{U_1}{\sqrt{3}}=\frac{380}{\sqrt{3}}=220(\text{V})$

二次相电压：$U_{2\phi}=\frac{U_2}{\sqrt{3}}=\frac{220}{\sqrt{3}}=127(\text{V})$

⑦ 电流计算。

一次电流：$I_1=\frac{P_\phi}{U_{1\phi}}=\frac{10\times10^3}{220}=45.5(\text{A})$

二次电流：$I_2=\frac{P_\phi}{U_{2\phi}}=\frac{10\times10^3}{127}=78.7(\text{A})$

公共绕组中电流：$I=I_2-I_1=78.7-45.5=33.2(\text{A})$

⑧ 导线截面积的选择。

一次导线：$q_1=I_1/j=45.5/2=22.8(\text{mm}^2)$

二次导线：$q_2=I_2/j=78.7/2=39.4(\text{mm}^2)$

公共绕组导线：$q=I/j=33.2/2=16.6(\text{mm}^2)$

电流密度 j 取 2A/mm^2。

⑨ 窗口截面积校核。（略）

37. 电动机启动用自耦变压器的设计

电动机启动用自耦变压器属短时工作制，故磁通密度可选大些，如 $B_m=1.6\sim1.8$T。若采用取向硅钢片，$B_m=1.9\sim2$T。

自耦变压器允许空载电流较大（$I_0 \leqslant 0.2I_{de}$，I_{de}为电动机额定电流）。

【实例】 试设计一台供电动机启动用的三相自耦变压器。已知 Y250M-2 电动机的额定功率 P_{de}为 55kW，额定电流 I_{de}为 104A，启动总时间 t 为 60s，绕组允许温升 τ 为 125℃。变压器二次抽头：$n_1\%=80\%$，$n_2\%=65\%$。

解 ① 铁芯截面积的选择。

$$S=(5.85\sim6.9)\sqrt{P_{de}}=(5.85\sim6.9)\times\sqrt{55}$$
$$=43.4\sim51.2(\mathrm{cm^2})(取\ S=45\mathrm{cm^2})$$

② 绕组匝数的计算。

$$W=\frac{U_x\times10^4}{4.44fB_mS}=\frac{220\times10^4}{4.44\times50\times1.7\times45}=129.5(匝)(取\ W=130\ 匝)$$

各绕组段的匝数为（见图 3-15）：

$W_1=W(1-n_1\%)=130\times(1-80\%)=26(匝)$

$W_2=W(n_1\%-n_2\%)=130\times(80\%-65\%)=19.5(匝)(取20匝)$

$W_3=Wn_2\%=130\times65\%=84.5(匝)(取85匝)$

③ 各段绕组可能通过的最大电流的计算（启动电流倍数取 6)。

W_1 中流过的电流：

$I_1=0.8(n_1\%)^2kI_{de}=0.8\times0.8^2\times6\times104=319.5(\mathrm{A})$

W_2 中流过的电流：

$I_2=0.8(n_2\%)^2kI_{de}=0.8\times0.65^2\times6\times104=210.9(\mathrm{A})$

W_3 中流过的电流：

$I_3=0.8n_2\%kI_{de}(1-n_2\%)$

$\quad=0.8\times0.65\times6\times104\times(1-0.65)=113.6(\mathrm{A})$

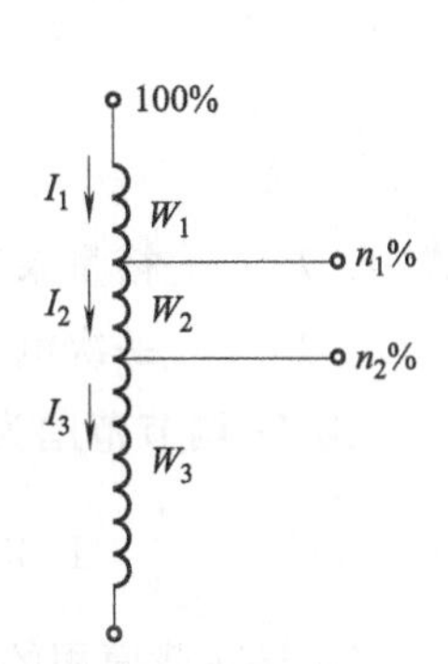

图 3-15 每相两个轴头的示意图（图中电流表示可能通过的最大电流）

④ 电流密度的计算。已知铜导线密度 $\gamma=8.94\mathrm{g/cm^3}$，85℃时的导线电阻率 $\rho_{85}=0.0223\Omega\cdot\mathrm{mm^2/m}$，导线的比热容 C 为 0.39J/(g·℃)，取 $K_s=0.15$，则电流密度为

$$j=\sqrt{\frac{C\gamma\tau}{\rho t(1-K_s)}}=\sqrt{\frac{0.39\times8.94\times125}{0.0223\times60\times(1-0.15)}}=19.6(\mathrm{A/mm^2})$$

式中 K_s——散热系数，对于启动时间 $t<10\mathrm{s}$，取 $K_s=0$，t 为数十秒时，取 $K_s=0.1\sim0.2$。

⑤ 各段导线截面积的选择。

$q_1=I_1/j=319.5/19.6=16.3(\mathrm{mm^2})(W_1绕组)$

$q_2=I_2/j=210.9/19.6=10.8(\mathrm{mm^2})(W_2绕组)$

$q_3=I_3/j=113.6/19.6=5.8(\mathrm{mm^2})(W_3绕组)$

38. 漏磁式弧焊变压器的设计

【实例】 试设计一台漏磁式弧焊变压器。已知电源电压 U_{1e}为 220V，频率 f 为 50Hz，电弧电压 U_2 为 30V，额定暂载率 FZ_e 为 65%，焊条直径为 ϕ5mm。

解 ① 确定二次空载电压范围。漏磁式弧焊变压器、大容量，查表 3-28 得 U_{20}在 70～

80V 范围内。

表 3-28 U_{20}和 I_2调节范围

参数调节范围	磁分路弧焊变压器	漏磁式弧焊变压器
U_{20}调节范围/V	60～70(大容量)	70～80(大容量)
	70～80(小容量)	50～65(小容量)
I_2 调节范围/A	$1.35I_{2e}\sim\frac{1.35I_{2e}}{6\sim8}$	$1.35I_{2e}\sim\frac{1.35I_{2e}}{3\sim4}$

注：U_{20}——二次空载电压；I_{2e}——二次额定电流；I_2——焊接电流。

② 焊接电流为

$$I_2=(20+6d)d=(20+6\times5)\times5=250(\text{A})$$

③ 一、二次额定电流为

$$I_{2e}=k_1I_2=1.1\times250=275(\text{A})$$

$$I_{1e}=k_2\frac{U_{20}}{U_{1e}}I_{2e}=1.1\times\frac{75}{220}\times275\approx103(\text{A})$$

式中 k_1——裕量系数，$k_1=1.1\sim1.2$；

k_2——一次电流增加系数，$k_2=1.05\sim1.1$。

④ I_2 调节范围为

$$1.35I_{2e}\sim\frac{1.35I_{2e}}{3\sim4}=1.35\times275\sim\frac{1.35\times275}{4}=371\sim92(\text{A})$$

⑤ 导线截面积的选择：

一次 $q_1=I_{1e}/j_1=92/2=46(\text{mm}^2)$

二次 $q_2=I_{2e}/j_2=275/2.5=110(\text{mm}^2)$

⑥ 额定功率计算：

输出 $P_{2e}=U_{20}I_{2e}\times10^{-3}=75\times275\times10^{-3}=20.6(\text{kV·A})$

输入 $P_{1e}=(1.05\sim1.1)P_{2e}=1.1\times20.6=22.7(\text{kV·A})$

⑦ 每匝电压为

$$e_t=(0.5\sim0.6)\sqrt{P_{1e}}=0.55\times\sqrt{22.7}=2.62(\text{V/匝})$$

⑧ 一、二次绕组匝数计算：

一次 $W_1=U_{1e}/e_t=220/2.62=84$(匝)

二次 $W_2=U_{20}/e_t=75/2.62=28.6$(匝)(取29匝)

⑨ 铁芯截面积的选择：

采用冷轧硅钢片，$B_m=1.5\text{T}$。

$$S=\frac{e_t\times10^4}{4.44fB_m}=\frac{2.62\times10^4}{4.44\times50\times1.5}=78.7(\text{cm}^2)$$

⑩ 铁轭截面积为

$$S_y=(1.0\sim1.05)S=1.05\times78.7=82.6(\text{cm}^2)$$

⑪ 矩形截面尺寸为

$$b=8\text{cm}$$

$$a=(1.2\sim1.4)b=1.25\times8=10(\text{cm})$$

39. 电容变压器的设计

(1) 计算公式

利用电容实现交流变压的计算公式如下（见图 3-16）：

① 二次电压计算：

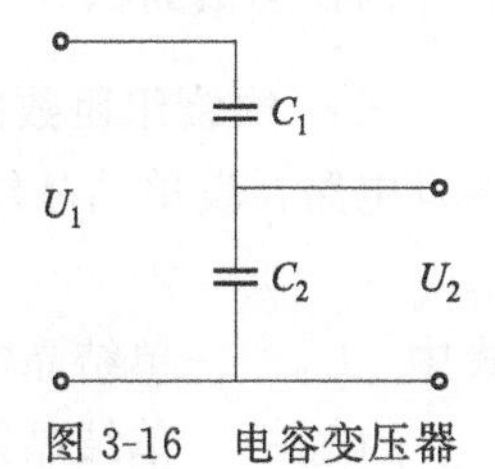

图 3-16 电容变压器

$$U_2=U_1/k$$

$$k=\frac{C_1+C_2}{C_1}$$

式中 k——变比。

② 电容量及其耐压计算：

$$C_2=(1.1\sim1.2)\frac{I_2}{2\pi fU_2}$$

$$C_1=\frac{C_2}{k-1}$$

式中 1.1～1.2——裕量系数；

f——电源频率，工频 $f=50$Hz；

I_2，U_2——二次（负载）电流（A）和电压（V）。

电容单位为 F。

$$U_{C2}=1.15\sqrt{2}U_2$$

$$U_{C1}=1.15\sqrt{2}(U_1-U_2)$$

式中 U_{C1}，U_{C2}——电容 C_1、C_2 的耐压值，V；

1.15——安全系数。

(2) 实例

某电源自控装置欲采用电容变压器供电，已知电源电压 U_1 为 220V，$f=50$Hz，负载电压 U_2 为 48V，负载电流 I_2 为 0.2A，试选用电容器。

解 $C_2=1.15\times\frac{0.2}{2\pi\times50\times48}=15.2\times10^{-6}(\text{F})$(取15μF)

$$C_1=\frac{15}{\frac{220}{48}-1}=4.2(\mu\text{F})\text{(取}4\mu\text{F)}$$

$$U_{C2}=1.15\sqrt{2}\times48=78(\text{V})$$

$$U_{C1}=1.15\sqrt{2}\times(220-48)=280(\text{V})$$

因此可选用无极性电容器（如 CBB22 型等），C_1 为 4μF、400V，C_2 为 15μF、160V。

40. 脉冲变压器的设计

【实例】 有一单相半控桥式整流电路，试设计窄脉冲变压器。已知晶闸管 KP200 A/1000V 的最大触发电压为 $U_g=3$V，触发电流 $I_g=60$mA。

解 ① 铁芯截面积的选择。晶闸管的触发功率为

$$P=U_gI_g=3\times0.06=0.18(\text{W})$$

两只管子的总功率 $P_\Sigma=2P=0.36(\text{W})$

铁芯截面积 $S=(2\sim4)\sqrt{P_{\Sigma}}=(2\sim4)\times\sqrt{0.36}=1.2\sim2.4(\text{cm}^2)$

今选用锰锌铁氧体磁罐 MXD-2000-ϕ26×16。ϕ26 表示外铁芯内径（单位为 mm），ϕ16 表示内铁芯直径（单位为 mm）。

内铁芯截面积 $S=\frac{\pi}{4}\times1.6^2=2$ (cm^2)，符合要求。

② 一次绕组匝数的计算。假设脉冲变压器一次供电电压为 $U_1=18\text{V}$，采用单结晶体管触发电路，设单结晶体管的分压比 $\eta=0.75$，则脉冲变压器一次脉冲电压幅值为

$$U_{1\text{m}}=U_{\text{p}}=\eta U_{\text{bb}}=0.75\times18=13.5(\text{V})$$

式中 U_{p}——单结晶体管（如 BT33）峰值电压；

U_{bb}——单结晶体管两基极之间所承受的电压，即 $U_{\text{bb}}=U_1$。

设脉冲宽度 $\tau=600\mu\text{s}=6\times10^{-4}\text{s}$，则一次绕组匝数为

$$W_1=\frac{U_{1\text{m}}\tau}{S\Delta B}\times10^4=\frac{13.5\times6\times10^{-4}}{2\times0.2}\times10^4=202(\text{匝})(\text{取 }200\text{ 匝})$$

式中 ΔB——变压器铁芯磁通密度的变化值，T。

ΔB 可按以下方式估算：铁淦氧磁环 $\Delta B=0.2-0.1=0.1$ (T)；冷轧硅钢片 $\Delta B=1.2-0.8=0.4$ (T)；热轧硅钢片 $\Delta B=0.9-0.3=0.6$ (T)。

③ 二次绕组匝数的计算。晶闸管最大触发电压一般为 3～4V。为了保证触发可靠性和元件互换性，输出脉冲电压必须大于触发电压，一般 $U_{2\text{m}}$ 取 6～10V，设 $U_{2\text{m}}=8\text{V}$，则二次绕组匝数为

$$W_2=\frac{U_{2\text{m}}}{U_{1\text{m}}}W_1=\frac{8}{13.5}\times200=118(\text{匝})(\text{取 }120\text{ 匝})$$

④ 导线直径的选择。在窗口面积允许的条件下，线径可选得粗些，以增加机械强度。现一、二次绕组均选用 ϕ0.23mm 的 QZ 型漆包线。

41. 自励式推挽变压器的设计

【实例】 试设计 100V·A 自励式推挽变压器。设计要求：额定输出功率 $P_{\text{s0}}=100\text{V}\cdot\text{A}$；额定蓄电池直流电压 $E=12\text{V}$（蓄电池电压降至 10.5V 时，必须停机、充电）；逆变输出额定电压（交流）$U_0=220\text{V}$（可调）；逆变输出方波频率 $f=50\text{Hz}$（误差范围：+10%～−5%）；变压器效率 $\eta=0.8$。

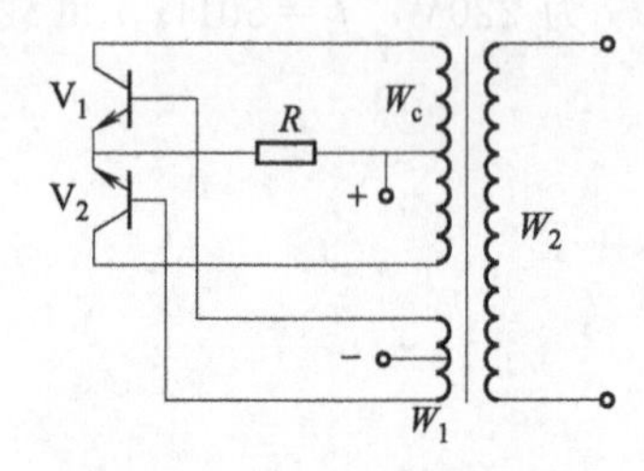

图 3-17 推挽变压器电路

解 推挽变压器电路如图 3-17 所示。

(1) 变压器容量 P_{sj} 计算

$$P_{\text{sj}}=\frac{P_{\text{s0}}}{2}\left(\sqrt{n_2}+\frac{\sqrt{n_1}}{\eta}\right)=\frac{100}{2}\times\left(\sqrt{1}+\frac{\sqrt{2}}{0.8}\right)=138(\text{V}\cdot\text{A})$$

式中 n_1——一次绕组的个数，推挽绕组 $n_1=2$，其余情况 $n_1=1$；

n_2——二次绕组的个数，推挽绕组 $n_2=2$，其余情况 $n_2=1$。

根据 P_{sj}，选用标准铁芯 CD20×40×50。

(2) 变压器绕组匝数的计算

集电极绕组 W_{c}（一个绕组匝数）为

$$W_c=\frac{(E-U_{ces})\times10^4}{4.44fB_sS}=\frac{(12-0.8)\times10^4}{4.44\times50\times2.05\times7.6}=33(匝)$$

式中 U_{ces}——晶体管 3DD15B 饱和压降（V），可查晶体管手册；

B_s——铁芯饱和磁通密度，用 Z_{10}-0.35 材料时可取 2.05T；

S——铁芯净截面积，cm^2，对于 CD20×40×50 铁芯，S 为 7.6cm^2。

反馈绕组 W_f（一个绕组匝数）为

$$W_f=\frac{W_cU_f}{E-U_{ces}}=\frac{W_c\times\frac{1}{3}E}{E-U_{ces}}=\frac{33\times\frac{1}{3}\times12}{12-0.8}=12(匝)$$

式中 U_f——反馈绕组电压，V。

反馈电压 U_f 与管子输入阻抗及所加基极电阻有关，而且管子参数不同，要求反馈电压也不同，一般 U_f 取电源电压的$\frac{1}{3}$。

二次绕组匝数为

$$W_2=\frac{W_cU_0}{E-U_{ces}}=\frac{33\times220}{12-0.8}=648(匝)$$

考虑到绕组内阻压降，绕组匝数放大系数 1.05 和电瓶电压降至 10.5V 时要保证额定电压输出，则

$$W_2=\frac{1.05W_cU_0}{E_{降}-0.8}=\frac{1.05\times33\times220}{10.5-0.8}=785(匝)$$

为便于调节输出，在 785～648 匝间适当抽几个头。

(3) 导线直径的选择

集电极绕组 W_c 的有效电流为

$$I_c=\frac{1}{\sqrt{n_1}}\times\frac{P_{s0}}{\eta(E-U_{ces})}=\frac{1}{\sqrt{2}}\times\frac{100}{0.8\times(12-0.8)}=7.8(A)$$

导线直径为

$$d_c=1.13\sqrt{I_c/j}=1.13\times\sqrt{7.8/2.5}=2(mm)$$

式中 j——电流密度，取 2.5A/mm^2。

为了保证在最小的放大倍数 β_{min} 时晶体管能可靠地饱和，应按下式选取反馈电流：

$$I_{be}=\frac{kI_c}{\beta_{min}}=\frac{2\times7.8}{34}=0.45(A)$$

式中 k——饱和储备系数，这里取 $k=2$；

β_{min}——晶体管 3DD15B 的最小放大倍数。

反馈绕组导线直径为

$$d_f=1.13\sqrt{I_{be}/j}=1.13\times\sqrt{0.45/2.5}=0.49(mm)$$

输出绕组电流 I_2 为

$$I_2=\frac{1}{\sqrt{n_2}}\times\frac{P_{s0}}{U_0}=\frac{1}{\sqrt{1}}\times\frac{100}{220}=0.45(A)$$

导线直径为

$$d_2=1.13\sqrt{I_2/j}=1.13\times\sqrt{0.45/2.5}=0.49(mm)$$

(4) 变换器转换频率的初步核算

$$f=\frac{(E-U_{ces})\times10^4}{4B_sW_cS}=\frac{(12-0.8)\times10^4}{4\times2.05\times33\times7.6}\approx54.5(\text{Hz})$$

(5) 变压器绕制时注意事项

① 为提高变压器变换效率，集电极绕组 W_c 应绕在内层；由于集电极电流大，内阻应尽可能小。

② 为减少漏感及分布电容，推挽绕组要对称绕制，以减少波形畸变击穿晶体管。

③ 为了改善波形，在电路中可考虑增加吸收回路。

42. 推挽式音频变压器的设计

(1) 计算公式

1) 设计要求

额定输出功率 P_{s2e}(V·A)；电源额定电压 U_c(V)；二次阻抗 R_y(Ω)；工作频率（指最低工作频率）f(Hz)；失真分贝数 s(dB)。

2) 计算步骤（常用音频变压器电路图如图 3-18 所示）

T_{sr}——输入变压器（单端）；T_{sc}——输出变压器（推挽）。

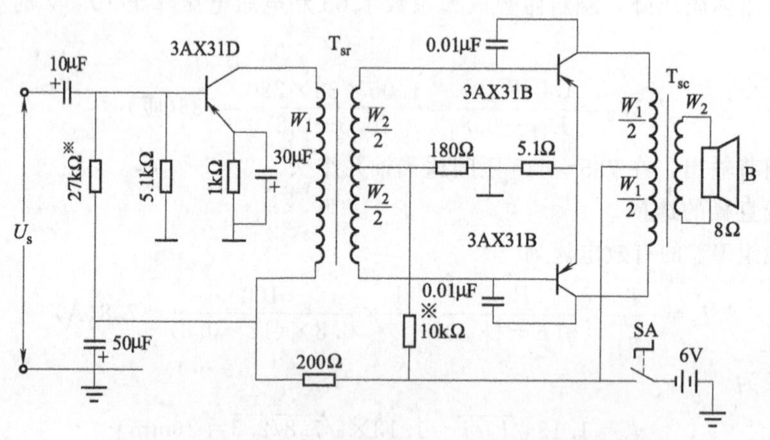

图 3-18 常用音频变压器电路（图中星号表示可调整）

① 计算一次阻抗：

$$Z_c=\frac{2(U_c-U_{ces})}{I_1},I_1=\frac{1.1P_{2e}}{(U_c-U_{ces})\eta_b\eta}$$

式中 Z_c——一次阻抗，Ω；

U_c——电源电压，V；

U_{ces}——晶体管饱和压降，V；

I_1——一次绕组电流，A；

P_{2e}——额定输出功率，W；

η_b——变压器效率，1W 以下取 0.7；

η——晶体管乙类推挽放大效率，为 0.65～0.75。

为了简化计算，一次阻抗 Z_c 可直接从图 3-19 所示的曲线上查得。

② 一、二次绕组的匝数比为

$$n=\frac{W_1}{W_2}=\frac{U_1}{U_2}=\sqrt{\frac{R_1}{R_2}}$$

小变压器效率较低，为了补偿绕组中的电压降，还应考虑变压器效率 η_b，这时

$$n=\sqrt{\frac{Z_c\eta_b}{R_y}}$$

③ 二次绕组电感量为

$$L_1=\frac{Z_c}{2\pi f\sqrt{M^2-1}},M=10^{\frac{s}{20}}$$

式中 L_1——二次绕组电感量，H；

M——衰减 s 分贝时的失真系数。

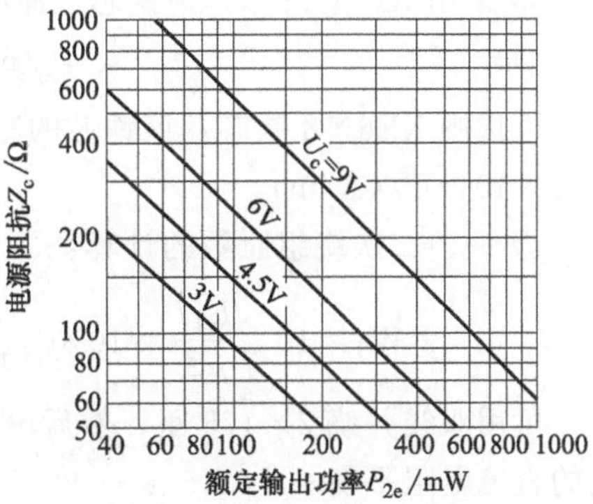

图 3-19 负载阻抗与输出功率的关系曲线

④ 选择铁芯截面积。当选择 XE 型铁芯系列时，铁芯截面积按下式计算：

$$S=\sqrt{P_{2e}}$$

式中 S——铁芯截面积，cm^2；

P_{2e}——额定输出功率，W。

⑤ 计算一、二次绕组匝数：

$$W_1=10\sqrt{\frac{L_1 l}{\mu S}},W_2=W_1/n$$

式中 l——磁路平均长度，cm；

μ——磁性材料磁导率 [T/(A/m)]，硅钢片 μ 约为 1.2566×10^{-3} [T/(A/m)]；

S——铁芯截面积，cm^2。

⑥ 选择导线直径：

$$d=1.13\sqrt{I/j}$$

式中 d——导线直径，mm；

j——电流密度，一、二次取值相同，取 2～3A/mm^2。

(2) 实例

设计一个额定输出功率 P_{2e} 为 200mW 的推挽输出变压器。已知电源电压 U_c 为 6V，二次阻抗 R_y 为 8Ω，最低工作频率 f 为 300Hz，失真系数不大于 1.5dB。

解 ① U_{ces} 取 0.5V，η_b 和 η 均取 0.7，则一次绕组电流为

$$I_1=\frac{1.1P_{2e}}{(U_c-U_{ces})\eta_b\eta}=\frac{1.1\times0.2}{(6-0.5)\times0.7\times0.7}=0.081(A)$$

② 二次绕组电流为

$$I_2=\sqrt{P_{2e}/R_y}=\sqrt{0.2/8}=0.158(A)$$

③ 当 U_c=6V、P_{2e}=200mW 时，由图 3-19 所示的曲线查得一次阻抗 Z_c=140Ω。

④ 一、二次绕组的匝数比为

$$n=\sqrt{\frac{Z_c\eta_b}{R_y}}=\sqrt{\frac{140\times0.7}{8}}=3.5$$

⑤ 由于 $M=10^{\frac{1.5}{20}}=1.188$，故一次绕组电感量为

$$L_1=\frac{Z_c}{2\pi f\sqrt{M^2-1}}=\frac{140}{6.28\times300\sqrt{1.188^2-1}}=0.12(H)$$

⑥ 采用 XE 型铁芯，则铁芯截面积为

$$S=\sqrt{P_{2e}}=\sqrt{0.2}=0.45(\text{cm}^2)$$

可选用 XE6×8 铁芯，该铁芯的净截面积为 0.467cm²，$l=5.34$cm。该铁芯的磁导率为 1.13×10^{-3}T/(A/m)。

⑦ 一、二次绕组匝数的计算：

$$W_1=10\sqrt{\frac{L_1 l}{\mu S}}=10\times\sqrt{\frac{0.12\times5.34}{1.13\times10^{-3}\times0.467}}=348(\text{匝})(\text{取 }350\text{ 匝})$$

可用双线并绕 2×175 匝，然后串联连接并引出中心抽头及两端线头，这样能使两半绕组的直流电阻平衡。

$$W_2=W_1/n=350/3.5=100(\text{匝})$$

⑧ 取 $j=2.5$A/mm²，则一、二次绕组导线直径为

$$d_1=1.13\sqrt{\frac{I_1}{j}}=1.13\times\sqrt{\frac{0.081}{2.5}}=0.21(\text{mm})$$

$$d_2=1.13\sqrt{\frac{I_2}{j}}=1.13\times\sqrt{\frac{0.158}{2.5}}=0.29(\text{mm})$$

43. 小功率交流稳压器的设计

(1) 计算公式

1) 60W 以下交流稳压器

稳压器原理电路见图 3-20。该稳压器在输入电压有较大波动时，可保证输出有足够的稳定电压。图中电阻 R 取 30～500kΩ、2W。

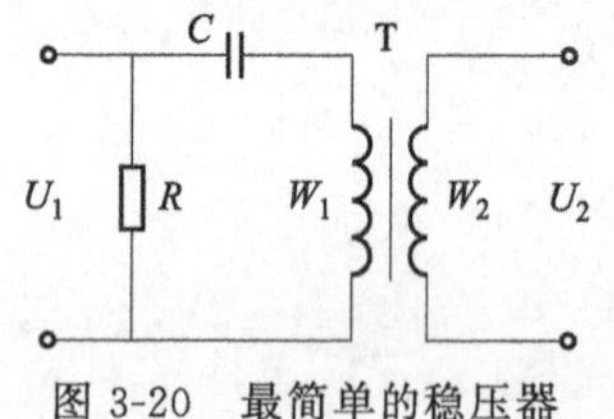

图 3-20 最简单的稳压器

设计步骤：

① 根据负载功率 P（近似变压器功率）和铁芯种类，查图 3-21 所示的曲线，得到"山"形变压器的铁芯截面积 S 和电容器 C 的电容量；然后按表 3-29 选择标准铁芯（设定铁芯叠厚）。

表 3-29 小型变压器通用硅钢片尺寸（见图 3-22） 单位：mm

a	c	h	A	H
13	7.5	22	40	34
16	9	24	50	40
19	10.5	30	60	50
22	11	33	66	55
25	12.5	37.5	75	62.5
28	14	42	84	70
32	16	48	96	80
38	19	57	114	95
44	22	66	132	110
50	25	75	150	125
56	28	84	168	140
64	32	96	192	160

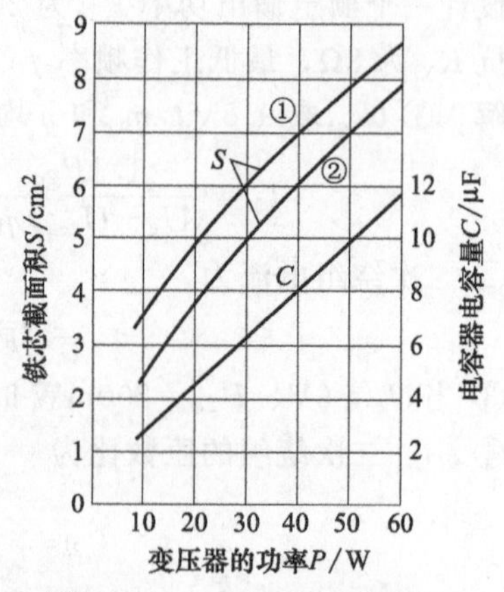

图 3-21 确定铁芯截面积和电容量的曲线

② 变压器一、二次绕组的匝数和导线直径的计算：

一次绕组匝数 $W_1=\dfrac{40U_1}{S}$

一次绕组线径 $d_1=0.9\sqrt{\dfrac{P}{U_1}}$

二次绕组匝数 $W_2=\dfrac{30U_2}{S}$

二次绕组线径 $d_2=0.8\sqrt{I_2}$

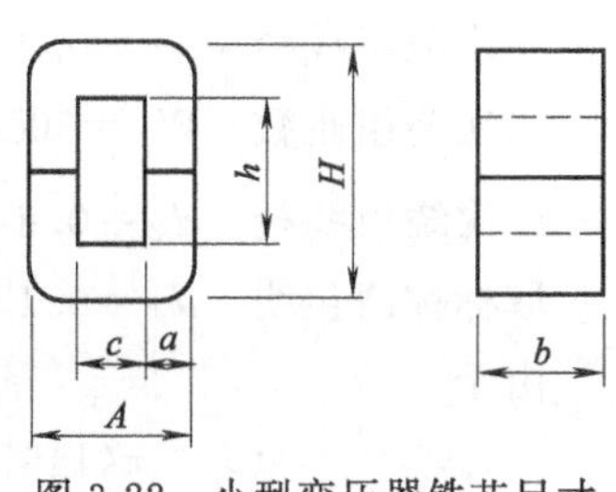

图 3-22 小型变压器铁芯尺寸

式中 U_1，U_2——输入和输出电压，V；

I_2——负荷电流，A；

S——铁芯截面积，cm^2；

P——负载功率。

③ 核算铁芯窗口是否能容纳所有绕组：

$$\frac{\pi(W_1d_1^2+W_2d_2^2)}{4ch}\leqslant 30\%$$

式中 ch——铁芯窗口面积，mm^2。

若满足上式要求，则能放下；否则放不下，应另选铁芯。

绕制时，一次绕组绕在中心铁芯柱上，二次绕组绕在两边柱上。

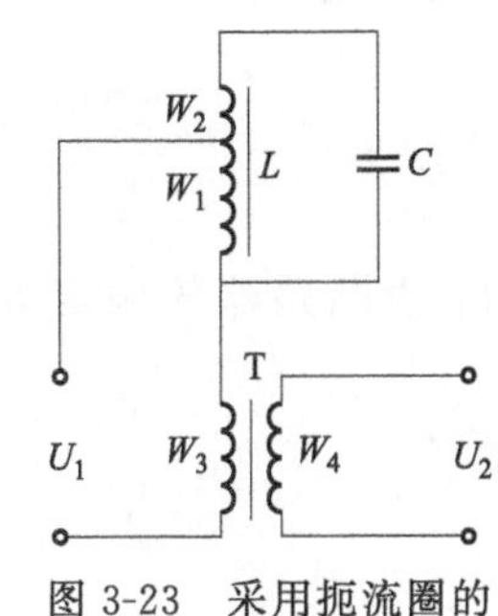

图 3-23 采用扼流圈的铁磁谐振式稳压器

2）80W 和 140W 交流稳压器

这两种稳压器功率较大，需用两只“山”形变压器组成，其接线图如图 3-23 所示。其中 L 作扼流圈用。这种稳压器当市电压在 ±40%范围内波动时，能保证有足够稳定的输出。

下面列出其参数（铁芯采用热轧硅钢片）。

① 扼流圈 L。

铁芯：$a=44$mm、$c=22$mm、$h=66$mm、$A=132$mm、$H=110$mm，叠厚 40mm。

绕组：均用裸线直径为 0.8mm 的漆包线，$W_1=750$ 匝，$W_2=150$ 匝。

② 变压器 T。

铁芯：不论功率是 40W 还是 140W，均采用 $a=38$mm、$c=19$mm、$h=57$mm、$A=114$mm、$H=95$mm，80W 时叠厚 40mm，140W 时叠厚 70mm 的硅钢片。

绕组：80W 时 $W_3=W_4=500$ 匝，均用裸线直径为 0.69mm 的漆包线；140W 时 $W_3=W_4=280$ 匝，均用裸线直径为 0.8mm 的漆包线。

③ 电容器 C：耐压不小于 600V，电容量为 6μF（80W 时）或 10μF（140W 时）。

（2）实例

设计一只能带动 40W 负载的交流稳压器，输入为市电 220V，输出为 110V，采用冷轧硅钢片，B_m 为 1.2T。

解 查图 3-21 得 $S=6cm^2$，$C=8\mu F$。设铁芯叠厚为 24mm，查表 3-29 得标准铁芯；$a=25$mm、$c=12.5$mm、$h=37.5$mm、$A=75$mm、$H=62.5$mm。

负荷电流 $I_2=P/U_2=40/110\approx 0.364(A)$

一次绕组匝数 $W_1=40U_1/S=40\times 220/6\approx 1467$(匝)

一次绕组线径　$d_1=0.9\sqrt{40/220}\approx0.164(\mathrm{mm})$

二次绕组匝数　$W_2=30U_2/S=30\times110/6=550$(匝)

二次绕组线径　$d_2=0.8\sqrt{0.364}\approx0.482(\mathrm{mm})$

取标称漆包线　$d_1=0.17\mathrm{mm}$，$d_2=0.49\mathrm{mm}$

由于

$$\frac{\pi(1467\times0.17^2+550\times0.49^2)}{4\times12.5\times37.5}=29.2\%<30\%$$

故绕组能放入铁芯窗口。

44. 交流电流-电压变换器的设计

交流电流-电压变换器常用于交流电子式过电流脱扣器的信号检测环节。它是一只二次接有固定低负载电阻的电流互感器。由于二次侧所接设备（如电子脱扣器）的输入阻抗很高，消耗功率极小，所以变换器二次侧的输出电压始终正比于一次侧的电流值。

(1) 计算公式

① 二次绕组匝数计算。当电流-电压变换器采用穿心式结构时，一次绕组匝数取 $W_1=1$ 匝，二次绕组为

$$W_2=\frac{I_1}{I_2}W_1$$

式中　I_1，I_2——变换器一次和二次电流（A），当用于断路器时，I_1 为断路器的额定电流；I_2 一般可取 100mA。

② 二次绕组导线的选择。二次绕组导线线径按下式计算：

$$d=1.13\sqrt{\frac{I_2}{j}}$$

式中　d——二次绕组导线线径，mm；

j——电流密度（$\mathrm{A/mm^2}$），铜导线取 $2\sim5\mathrm{A/mm^2}$，瞬态通电可取 $3\sim7\mathrm{A/mm^2}$。

③ 铁芯窗口面积的选择。铁芯窗口面积按下式计算：

$$Q_c\geqslant Q_{c1}+Q_{c2}=Q_{c1}+\frac{qW_2}{K_T}$$

式中　Q_c——铁芯窗口面积，$\mathrm{mm^2}$；

Q_{c1}——一次母线所占窗口面积，$\mathrm{mm^2}$；

Q_{c2}——二次绕组及绝缘所占窗口面积，$\mathrm{mm^2}$；

K_T——绕组填充系数，方形骨架线圈取 0.3～0.35；卷绕铁芯线圈取 0.2～0.25；

q——二次绕组导线截面积（$\mathrm{mm^2}$），$q=\frac{\pi}{4}d^2$。

④ 二次绕组电阻和外接低负载电阻计算。二次绕组及外接低负载电阻按下式计算：

$$R_2=\rho\frac{l}{q}$$

$$R_z=U/I_2, P_{Rz}=(2\sim3)\frac{U^2}{R_z}$$

式中　R_2——二次绕组电阻，Ω；

ρ——二次绕组导线电阻率，铜导线为 $0.017\Omega \cdot mm^2/m$；

l——二次绕组总长度（m），可根据铁芯窗口截面积和二次绕组匝数估算出来；

R_z——外接低负载电阻阻值，Ω；

P_{Rz}——电阻 R_z 的功率，W；

U——输出电压（V），一般输入额定电流时，U 取 15V，以确保 I_2 调低时仍能取得足够大的信号电压。

⑤ 铁芯截面积选择。

$$S=\frac{k_1 I_2(R_2+R_z)}{4.44 f W_2 B_m}\times 10^4$$

式中 S——铁芯截面积，cm^2；

k_1——电流整定值对断路器额定电流的最大倍数，可取 $k_1=20$；

B_m——饱和点磁通密度（T），冷轧硅钢片取 1.8T。

（2）实例

试设计一只电流-电压变换器，用于额定电流为 1000A 断路器的过流脱扣器上，采用穿心式结构，一次穿过的铜母排为 60mm×10mm。

解 ① 二次绕组匝数计算。电子式过电流脱扣器电子线路所取用的电流一般不大于 1mA，取 $I_2=0.1$A，安全能满足电流-电压转换比例的精确度。

$$W_2=\frac{I_1}{I_2}W_1=\frac{1000}{0.1}\times 1=10000(\text{匝})$$

② 二次绕组导线的选择。取电流密度 $j=2.5A/mm^2$，则导线直径为

$$d=1.13\sqrt{\frac{I_2}{j}}=1.13\times\sqrt{\frac{0.1}{2.5}}=0.226(\text{mm})$$

选择 QZ 漆包线 $\phi 0.23$mm，截面积为 $q=0.04155mm^2$。

③ 铁芯窗口面积的选择。线圈采用叠片式铁芯及方形骨架，如图 3-24 所示。

$$Q_c \geqslant Q_{c1}+\frac{qW_2}{K_T}=(60+1)\times(10+1)+\frac{0.04155\times 10000}{0.3}$$
$$=2056(mm^2)$$

根据母排尺寸，取 $C=61$mm，考虑到断路器相间距离，取 $a=12$mm，并暂估算叠片厚度 $b=26$mm。

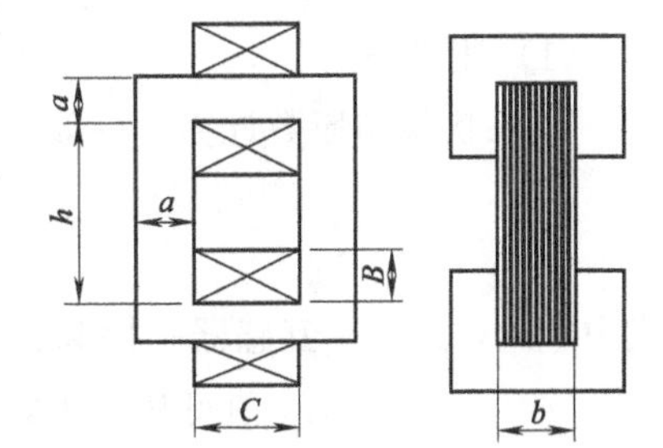

图 3-24 变换器外形尺寸

④ 二次绕组电阻和外接低负载电阻计算。二次绕组平均长度为

$$l_p=2[(a+B)+(b+B)]$$
$$=2\times[(0.012+0.01)+(0.026+0.01)]$$
$$=0.116(\text{m})$$

式中 B——绕组厚度，可由 $(Q_{c2}/C)/2$ 近似算出。

即 $B=(Q_{c2}/C)/2=\left(\frac{qW_2}{K_T}/C\right)/2=\frac{0.04155\times 10000}{0.3\times 61\times 2}=11.35(\text{mm})=0.01135(\text{m})$

取 $B=0.01$m。

二次绕组总长度 $l=l_p W_2=0.116\times 10000=1160(\text{m})$

$$R_2=\rho\frac{l}{q}=0.017\times\frac{1160}{0.04155}=475(\Omega)$$

$$R_z=\frac{U}{I_2}=\frac{15}{0.1}=150(\Omega)$$

$$P_{Rz}=(2\sim3)\frac{U^2}{R_z}=(2\sim3)\times\frac{15^2}{150}=3\sim4.5(\text{W})$$

可选用 3～5W、150Ω 的电阻。

⑤ 铁芯截面积为

$$S=\frac{k_1I_2(R_2+R_z)}{4.44fW_2B_m}\times10^4=\frac{20\times0.1\times(475+150)}{4.44\times50\times10000\times1.8}\times10^4=3.13(\text{cm}^2)(\text{取}3.1\text{cm}^2)$$

复算：$b=\frac{S}{a}=\frac{310}{12}=25.8(\text{mm})$，符合要求。

45. 直流电流互感器的设计

直流电流互感器实质上是一种直流电流-电压变换器，可用作直流电子式过电流脱扣器的信号检测环节。互感器二次侧接有固定低负载电阻，而二次侧所接设备（如电子脱扣器）的输入阻抗很高，所以二次侧的输出电压始终正比于一次侧的电流值。

直流电流互感器的接线方式有串联和并联两种，如图 3-25 所示。

图 3-25（a）所示的串联线路要采用矫顽磁力较小的高磁导率材料作铁芯材料。图 3-25（b）所示的并联线路要采用矩形系数较高的铁芯材料，不宜用高磁导率材料。

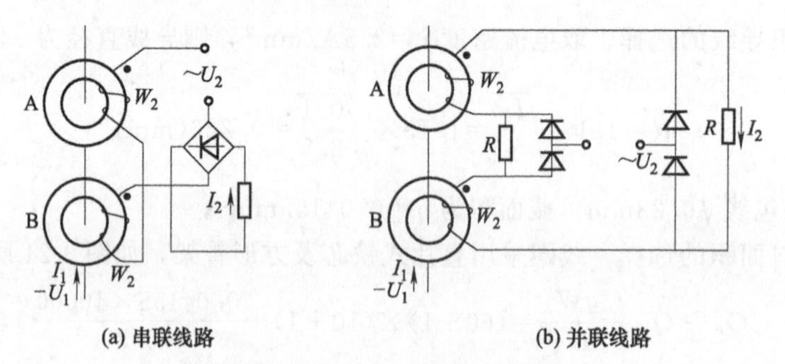

图 3-25　直流电流互感器的接线方式

(1) 计算公式

① 二次绕组匝数计算。一般一次绕组 $W_1=1$ 匝，二次绕组匝数为

$$W_2=\frac{I_1}{I_2}W_1$$

式中　I_1，I_2——互感器一次和二次电流（A），当用于断路器时，I_1 为断路器额定电流；I_2 值可从 0.1A、0.5A、1A 和 5A 四种规格中选取。

② 外接负载电阻计算。外接负载电阻按下式计算：

$$R=U/I_2$$

式中　R——外接低负载电阻阻值，Ω；

U——输出电压（V），一般输入额定电流时，U 取 10～15V，额定电流值较大时，可取 10V。

③ 铁芯截面积选择。铁芯截面积按下式计算：

$$S=\frac{\underset{\sim}{U}}{4.44fW_2B_m}\times10^4$$

式中 S——铁芯截面积，cm^2；

$\underset{\sim}{U}$——交流电源电压（V），一般 $\underset{\sim}{U}\ll\frac{W_2}{W_1}U_1$；

U_1——一次侧回路直流电压，V；

f——电源频率，工频为 50Hz；

B_m——磁通密度（T），冷轧硅钢片取 1.25～1.3T。

④ 二次绕组导线的选择。二次绕组导线直径按下式计算：

$$d=1.13\sqrt{\frac{I_2}{j}}$$

式中 d——二次绕组导线直径，mm；

j——电流密度（A/mm^2），铜导线取 2～5A/mm^2。

⑤ 铁芯窗口面积的选择。铁芯窗口面积按下式计算：

$$Q_c\geqslant Q_{c1}+Q_{c2}=Q_{c1}+\frac{qW_2}{K_T}$$

式中 Q_c——铁芯窗口面积，cm^2；

Q_{c1}——一次母线所占窗口面积，cm^2；

Q_{c2}——二次绕组及绝缘所占窗口面积，cm^2；

K_T——绕组填充系数，方形骨架线圈取 0.3～0.35；卷绕铁芯线圈取 0.2～0.25；

q——二次绕组导线截面积（mm^2），$q=\frac{\pi}{4}d^2$。

（2）实例

试设计一只穿心式直流电流互感器。已知主回路额定电流 I_1 为 630A、一次侧回路直流电压 U_1 为 40V，主回路采用 35mm×8mm 铜母排。

解 ① 二次绕组匝数计算。取二次电流 $I_2=0.5A$，则二次绕组匝数为：

$$W_2=\frac{I_1}{I_2}W_1=\frac{630}{0.5}\times1=1260(\text{匝})$$

② 外接负载电阻计算。取输出电压 $U=10V$，则外接负载电阻为

$$R=U/I_2=10/0.5=20(\Omega)$$

$$P_R=(2\sim3)\frac{U^2}{R}=(2\sim3)\times\frac{10^2}{20}=10\sim15(W)$$

可选用 RX20-20Ω、10～16W 的电阻。

③ 铁芯截面积选择。根据 $\underset{\sim}{U}\ll\frac{W_2}{W_1}U_1=\frac{1260}{1}\times40=50.4\times10^3(V)$，取交流电源电压 $\underset{\sim}{U}=110V$；采用宽度为 12mm 的 D320-0.35 冷轧硅钢带作铁芯材料，取 $B_m=1.3T$，则铁芯截面积为

$$S=\frac{\underset{\sim}{U}}{4.44fW_2B_m}\times10^4=\frac{110}{4.44\times50\times1260\times1.3}\times10^4$$
$$=3.03(cm^2)(\text{取}3cm^2)$$

铁芯卷绕厚度为

$$b=S/a=300/12=25(\text{mm})$$

硅钢带卷绕层数为

$$m=b/0.35=25/0.35=71.4(\text{层})(\text{取 }72\text{ 层})$$

④ 二次绕组导线线径的选择。取电流密度 $j=2\text{A/mm}^2$，则二次绕组导线线径为

$$d=1.13\sqrt{\frac{I_2}{j}}=1.13\times\sqrt{\frac{0.5}{2}}=0.57(\text{mm})$$

选择 QZ 漆包线 $\phi0.60$mm，截面积为 $q=0.2827\text{mm}^2$。

⑤ 铁芯窗口面积的选择。互感器铁芯采用圆形，取 $K_T=0.2$，则铁芯窗口截面积为

$$Q_c=Q_{c1}+\frac{qW_2}{K_T}=\frac{\pi 35^2}{4}+\frac{0.2827\times1260}{0.2}=2743(\text{mm}^2)$$

铁芯内径为

$$D_i=\sqrt{\frac{4Q_c}{\pi}}=\sqrt{\frac{4\times2743}{\pi}}=59.1(\text{mm})(\text{取 }59\text{mm})$$

铁芯外径为

$$D_0=D_i+0.35m\times2=59+0.35\times72\times2=109.4(\text{mm})$$

46. 零序电流互感器的设计

零序电流互感器实质上是一种零序电流-电压变换器，可用作交流电子式漏电脱扣器的信号检测环节。互感器二次接有固定低负载电阻，而二次侧所接设备（如电子脱扣器）的输入阻抗很高，所以二次侧的输出电压始终正比于一次侧的零序电流。

(1) 计算公式

① 二次绕组匝数计算。二次绕组匝数按下式计算：

$$W_2=\frac{I_1}{I_2}W_1$$

式中 I_1——一次电流（A），用于漏电保护器时，为脱扣器的漏电动作电流；

I_2——一次侧通入 I_1 时的二次电流（A），一般应大于电子装置要求的输入电流；

W_1——一次绕组匝数，采用穿心式结构时，$W_1=1$ 匝。

② 二次绕组导线的选择。虽然流过二次绕组的电流极小（微安级），但应考虑主回路若断二相或短路时会在二次绕组中产生较大电流，故选择二次绕组导线时，应采用以下公式计算电流：

$$I_2'=\frac{W_1}{W_2}I_{1e}$$

式中 I_{1e}——主回路额定电流，A。

二次绕组导线线径为

$$d=1.13\sqrt{\frac{I_2'}{j}}$$

式中 d——二次绕组导线直径，mm；

j——电流密度（A/mm^2），取 $3\sim5\text{A/mm}^2$。

③ 铁芯窗口面积的选择。铁芯窗口面积按下式计算：

$$Q_c \geqslant Q_{c1}+Q_{c2}=Q_{c1}+\frac{qW_2}{K_T}$$

式中　Q_{c1}——一次导线（三根扭绞）所占窗口面积，mm^2；

q——二次绕组导线截面积（mm^2），$q=\frac{\pi}{4}d^2$；

K_T——绕组填充系数，环形铁芯取0.2。

环形铁芯最小内径为

$$D_i=\sqrt{\frac{Q_c}{\pi}}$$

④ 二次绕组电阻和外接低负载电阻计算。二次绕组及外接负载电阻按下式计算：

$$R_2=\rho\frac{l}{q}$$

$$R_z=U/I_2$$

式中　R_2——二次绕组电阻，Ω；

ρ——二次绕组导线电阻率，铜导线为$0.017\Omega\cdot mm^2/m$；

l——二次绕组总长度，m；

R_z——外接低负载电阻阻值，Ω；

U——输出电压（V），当一次侧通以漏电动作电流时，可取$U=20\sim25mV$。

⑤ 铁芯截面积选择。铁芯截面积按下式计算：

$$S=\frac{I_2(R_2+R_z)}{4.44fW_2B_m}\times10^4$$

式中　S——铁芯截面积，cm^2；

B_m——工作点磁通密度（T），当二次侧电流小于1mA时，对坡莫合金取0.03～0.05T。

(2) 实例

试设计一次零序电流互感器。该互感器用于50A带电脱扣器的漏电开关上，漏电动作电流I_1为30mA。穿过互感器的三根相线为$6mm^2$的铜芯塑料线。

解　① 二次绕组匝数的计算。一次绕组为三根穿心相线，$W_1=1$匝。由于漏电脱扣器的漏电信号一般都经过运算放大器放大，放大后能输出大于1mA的电流，而运算放大器的放大倍数很高，因此二次绕组的电流可以很小，现设$I_2=0.06mA$，则二次绕组匝数为

$$W_2=\frac{I_1}{I_2}W_1=\frac{30\times1}{0.06}=500(匝)$$

② 二次绕组导线的选择。

由
$$I_2'=\frac{W_1}{W_2}I_{1e}=\frac{1}{500}\times50=0.1(A)$$

取电流密度$j=4A/mm^2$，则二次绕组导线的直径为

$$d=1.13\sqrt{\frac{I_2'}{j}}=1.13\times\sqrt{\frac{0.1}{4}}=0.179(mm)$$

选用QZ漆包线$\phi0.18mm$，截面积为$q=0.02545mm^2$。

③ 铁芯窗口面积的选择。采用环形坡莫合金材料的铁芯，取$K_T=0.2$，三根$6mm^2$扭绞导线占窗口面积为$Q_{c1}=24mm^2$，则铁芯窗口面积为

$$Q_c = Q_{c1} + \frac{qW_2}{K_T} = 24 + \frac{0.02545 \times 500}{0.2} = 87.6(\text{mm}^2)$$

环形铁芯最小内径为

$$D_i = \sqrt{\frac{4Q_c}{\pi}} = \sqrt{\frac{4 \times 87.6}{\pi}} = 10.6(\text{mm})$$

考虑绕组原因，取 $D_i = 18\text{mm}$。

④ 二次绕组电阻和外接低负载电阻计算。取铁芯环高度 $h = 3.2\text{mm}$，现暂取环的厚度 $b = 2\text{mm}$，铁芯环上包缠两层 $\delta = 0.12\text{mm}$ 的电缆纸，则每匝线圈的平均长度为

$$\begin{aligned} l_p &= [(h + 2\delta + d) + (b + 2\delta + d)] \times 2 \\ &= [(3.2 + 0.24 + 0.18) + (2 + 0.24 + 0.18)] \times 2 = 12.08(\text{mm}) \end{aligned}$$

二次绕组导线长度为

$$l = W_2 l_p \times 10^{-3} = 500 \times 12.08 \times 10^{-3} = 6.04(\text{m})$$

二次绕组电阻为

$$R_2 = \rho \frac{l}{q} = 0.017 \times \frac{6.04}{0.02545} = 4.03(\Omega)$$

取输出电压 $U = 25\text{mV}$，则外接低负载电阻为

$$R_z = \frac{U}{I_2} = \frac{25 \times 10^{-3}}{0.06 \times 10^{-3}} = 417(\Omega)$$

⑤ 铁芯截面积选择。

$$\begin{aligned} S &= \frac{I_2(R_2 + R_z)}{4.44 f W_2 B_m} \times 10^4 = \frac{0.06 \times 10^{-3} \times (4.03 + 417)}{4.44 \times 50 \times 500 \times 0.04} \times 10^4 \\ &= 0.0576(\text{cm}^2) = 5.76(\text{mm}^2) \end{aligned}$$

环的厚度为

$b = S/h = 5.76/3.2 = 1.8(\text{mm})$，取 2mm，与估计的值相符。

环的外径为

$$D_0 = D_i + 2b = 18 + 2 \times 2 = 22(\text{mm})$$

47. 无气隙直流电抗器的设计

在大功率整流电路中，为了使整流电流连续并减小电流的脉动，往往在负载回路中串入电抗器。直流电抗器也称滤波电抗器。

【实例】 试设计一台用于直流电动机调速系统的无气隙直流电抗器。已知额定直流电流 I_e 为 160A，额定电感量 L 为 3mH。

解 ① 电抗器容量为

$$Q = LI_e^2 = 3 \times 10^{-3} \times 160^2 = 76.8(\text{J})$$

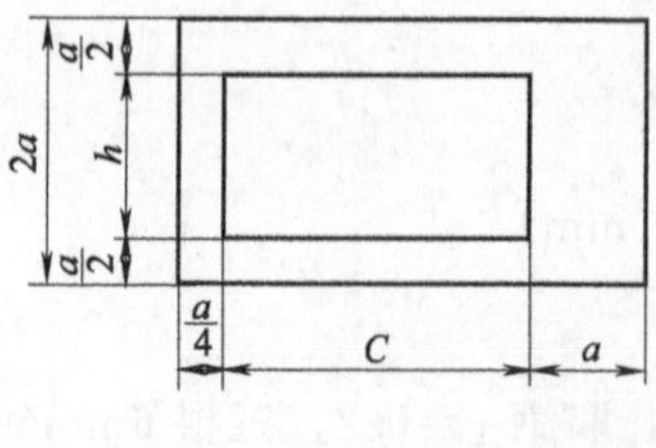

② 铁芯截面及铁芯尺寸的选择。铁芯尺寸示意图如图 3-26 所示。采用 D310 冷轧硅钢片。

铁芯截面积可按下式计算：

$$S = K_1 \sqrt{LI_e^2}$$

式中 K_1——系数，可取 9～12。

取 $K_1 = 9$，则铁芯截面积为

图 3-26 电抗器铁芯尺寸示意图

$$S=9\times\sqrt{76.8}\approx79(\text{cm}^2)$$

铁芯尺寸如下：

大柱宽 $a=\sqrt{S}=\sqrt{79}=8.9(\text{cm})$，取 9cm

中柱宽 $a/2=4.5(\text{cm})$

小柱宽 $a/4=2.25(\text{cm})$

铁芯净厚 $b=a=9(\text{cm})$

窗口高度 $h=a=9(\text{cm})$

窗口宽度 $c=ka=1.5a=13.5(\text{cm})$

硅钢片质量 $G_{\text{Fe}}\approx\sqrt[4]{Q^3}=\sqrt[4]{76.8^3}\approx26(\text{kg})$

③ 绕组匝数的计算。绕组匝数按下式计算：

$$W=K_2\sqrt{L/a}$$

式中 K_2——系数，与电抗器容量有关，一般取 60～80。容量小的取大值，容量大的取小值；

L——电感量，mH；

a——大柱宽，cm。

将已知参数代入上式，得

$$W=60\times\sqrt{3/9}=34.6(\text{匝})(\text{取 35 匝})$$

④ 导线截面积选择。取电流密度 $j=2.5\text{A/mm}^2$，则导线截面积为

$$q=I_e/j=160/2.5=64(\text{mm}^2)$$

⑤ 校核铁芯窗口面积为

$$Q_c=hc=90\times135=12150(\text{mm}^2)$$

取绕组填充系数 $K_T=0.4$（一般可取 0.4～0.5），则

$$\frac{qW}{K_T}=\frac{65\times35}{0.4}=5600(\text{mm}^2)$$

$Q_c>\frac{qW}{K_T}$，符合要求。

48. 有气隙直流电抗器的设计

额定直流电流≤1000A 的直流电抗器，常采用带气隙铁芯电抗器。空气隙能减少铁芯的饱和，减少电抗器的总电感，使其电感值在不同的磁化电流时变化很小。

【实例】 试设计一台用于直流电动机调速系统的有气隙直流电抗器。已知额定直流电流 I_e 为 100A，额定电感量 L 为 4mH。

解 ① 铁芯截面积及铁芯尺寸的选择。采用冷轧硅钢片，铁芯净截面积为

$$S=11\sqrt{LI_e^2}=11\times\sqrt{0.004\times100^2}=69.57(\text{cm}^2)$$

选择 $D=10\text{cm}$（$S=66.88\text{cm}^2$，5 级叠积圆），窗高 $h=21\text{cm}$，窗宽 $c=6.5\text{cm}$，轭宽 $E=8\text{cm}$ 的铁芯。

多级叠积圆截面的铁芯尺寸如图 3-27 所示（二级）。

铁芯中心距：$M_0=D+c=10+6.5=16.5(\text{cm})$

铁芯平均磁路长度：$l=2(M_0+E+h)=2\times(16.5+8+21)=91(\text{cm})$

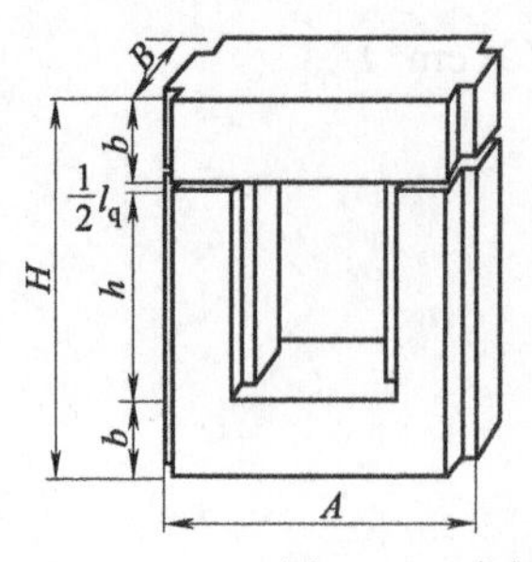

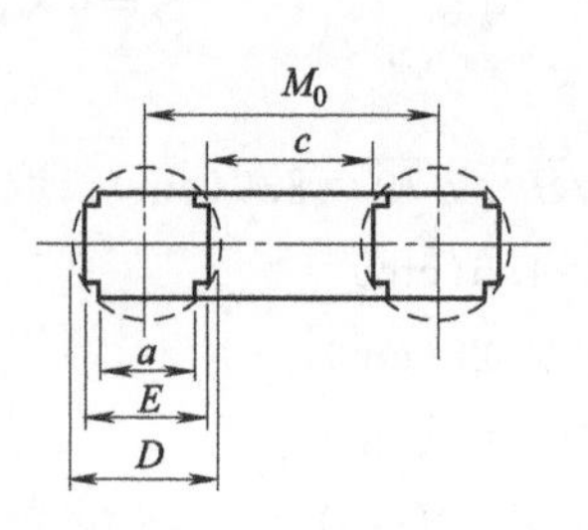

图 3-27 多级叠积圆截面的铁芯尺寸

② 绕组匝数计算。电抗器绕组匝数可按下式计算：

$$W=\frac{LI_e}{SB_{dc}}\times 10^4$$

式中 B_{dc}——直流磁通密度（T），对于冷轧硅钢片，如 DQ151-0.35，可取 1.1～1.25T。

取 $B_{dc}=1.13$T，则绕组匝数为

$$W=\frac{LI_e}{SB_{dc}}\times 10^4=\frac{0.004\times 100}{66.88\times 1.13}\times 10^4\approx 53(\text{匝})$$

这时

$$B_{dc}=\frac{LI_e}{SW}\times 10^4=\frac{0.004\times 100}{66.88\times 53}\times 10^4=1.1(\text{T})$$

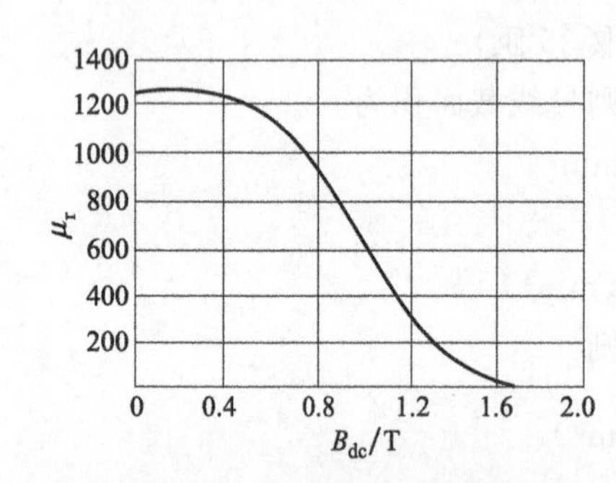

图 3-28 μ_r 与 B_{dc} 关系曲线

③ 气隙长度计算。根据 $B_{dc}=1.1$T，由图 3-28 查得相对磁导率 $\mu_r=450$，则气隙长度为

$$l_q=\frac{1.256WI_e\times 10^{-4}}{B_{dc}}-\frac{l}{\mu_r}$$

$$=\frac{1.256\times 53\times 100\times 10^{-4}}{1.1}-\frac{91}{450}$$

$$=0.415(\text{cm})$$

④ 绕组导线截面积选择。取电流密度 $j=2.5$ A/mm²，则绕组导线截面积为

$$q=I_e/j=100/2.5=40(\text{mm}^2)$$

采用双玻璃丝包铜线 SBECB3.75×5.6，2 根并绕，$q=2\times 20.14=40.28$（mm²）。两绕组串联，每个绕组为 54/2=27（匝），绕两层。

⑤ 校核电抗器电感量为

$$L_e=\frac{1.256W^2S}{l_q+\frac{l}{\mu_r}}\times 10^{-8}=\frac{1.256\times 53^2\times 66.88}{0.415+\frac{91}{450}}\times 10^{-8}$$

$$=0.00397(\text{H})=3.97(\text{mH})$$

与要求值 $L=4$mH 相一致，符合要求。

49. 三相交流电抗器的设计

晶闸管电动机调速系统由公用变压器或电网直接供电时，常在进线侧串联交流电抗器（又称换相电抗器），以减小晶闸管换相时对电源电压波形的影响，减小对其他用电设备的干扰并限制故障电流。

当电抗器额定电流≤1000A，电抗器的电抗压降 ΔU 与相电压 U_x 的比值常为2%～4%。

【实例】 试设计一台三相交流电抗器。已知电源线电压为380V，要求相电抗压降 ΔU 为8.8V，额定相电流 I_e 为160A，绝缘耐热等级为A级。

解 ① 铁芯截面积为

$$S=0.5\sqrt{\Delta UI_e}=0.5\times\sqrt{8.8\times160}=18.7(\text{cm}^2)$$

选用HSD40×64×125标准铁芯，截面积 $S=23.6\text{cm}^2$。

② 绕组相匝数和气隙长度为

$$W=\frac{\Delta U}{222SB_m}\times10^4=\frac{8.8}{222\times23.6\times1.5}\times10^4\approx11(\text{匝})$$

$$l_q=1.78\frac{I_eW}{B_m}\times10^{-4}=1.78\times\frac{160\times11}{1.5}\times10^{-4}=0.208(\text{cm})$$

式中 B_m——磁通密度（T），冷轧硅钢片取1.5～1.6T。

③ 相电抗压降为

$$\Delta U=\frac{0.4W^2I_eS}{l_q}\times10^{-5}=\frac{0.4\times11^2\times160\times23.6}{0.208}\times10^{-5}=8.78(\text{V})$$

为保证 $\Delta U=8.8$V，气隙调整为

$$l_q'=\frac{\Delta U}{\Delta U_x}l_q=\frac{8.78}{8.8}\times0.208=0.207(\text{cm})$$

④ 绕组导线截面积为（取电流密度 $j=1.8\text{A/mm}^2$）

$$q=I_e/j=160/1.8=88.89(\text{mm}^2)$$

选用截面积为 $ab=3.35\text{mm}\times9\text{mm}$ 的扁导线、3根叠绕[$q=3\times29.6=88.8(\text{mm}^2)$]。

⑤ 电抗器电感量为

$$L=\frac{1.256W^2S}{l_q'}\times10^{-8}=\frac{1.256\times11^2\times23.6}{0.207}\times10^{-8}$$

$$=0.173\times10^{-3}(\text{H})=0.173(\text{mH})$$

⑥ 绕组尺寸及绕组电阻为

$$\text{绕组高 }H=k(W+1)(b+\delta)=1.05\times(11+1)\times(9+0.5)$$

$$=120(\text{mm})\leqslant h=125\text{mm}(\text{铁芯窗高})$$

$$\text{绕组厚度 }B=kN(a+\delta)=1.05\times3\times(3.35+0.5)\approx12(\text{mm})$$

式中 N——导线并绕根数；

k——裕量系数，取1.05；

δ——导线缠绕绝缘层厚度，mm。

HSD40×64×125铁芯柱截面积为40mm×64mm，底筒外周尺寸约为43mm×67mm，故绕组平均匝长为：

$$l_p=2\times[(43+6)+67+6]=244(\text{mm})$$

75℃时绕组电阻为：

$$R_{75}=0.02135\frac{Wl_p}{q}\times10^{-3}$$

$$=0.02135\times\frac{11\times244}{88.8}\times10^{-3}=0.00065(\Omega)$$

功率损耗为：

$$P_R=3I_e^2R=3\times160^2\times0.00065=49.5(\text{W})$$

50. 变压器三相绕组直流电阻不平衡率是否合格的计算

(1) 计算公式

$$\Delta R(\%)=\frac{R_{max}-R_{min}}{R_p}\times100\%$$

式中 $\Delta R(\%)$——电阻不平衡率，%；

R_{max}——三相实测值中最大电阻值，Ω；

R_{min}——三相实测值中最小电阻值，Ω；

R_p——三相实测值中的平均电阻值，Ω。

规程规定，变压器三相绕组直流电阻不平衡率不超过2%为合格。

(2) 实例

一台S9-100/10配电变压器，测得其线圈的三个线电阻分别为$R_{UV}=20.1\Omega$、$R_{VW}=20.3\Omega$、$R_{WU}=20.5\Omega$，试问该变压器直流电阻不平衡率是否合格。

解 ① 三个线电阻的平均电阻值为

$$R_p=\frac{R_{UV}+R_{VW}+R_{WU}}{3}=\frac{20.1+20.3+20.5}{3}=20.3(\Omega)$$

② 电阻不平衡率为

$$\Delta R(\%)=\frac{20.5-20.1}{20.3}\times100\%=1.97\%$$

不超过2%，合格。

51. 变压器变比是否合格的计算

(1) 计算公式

单相变压器，Yy和Dd连接的三相变压器，变比为（忽略阻抗电压时）：

$$k=\frac{U_1}{U_2}=\frac{E_1}{E_2}=\frac{W_1}{W_2}$$

式中 U_1，U_2——变压器一、二次空载电压，V；

E_1，E_2——变压器一、二次电动势，V；

W_1，W_2——变压器一、二次绕组匝数。

Dy连接的三相变压器，变比为$k=\dfrac{U_1}{\sqrt{3}U_2}$。

Yd连接的三相变压器，变比为$k=\sqrt{3}\dfrac{U_1}{U_2}$。

对于三相变压器按连接组的不同，用下述方法接线进行试验（变压器变比是指线电压之比）：

① Yy及Dd连接的变压器：依次在被试变压器中取一对线头（如u、v）供给单相电压，在另一侧对应的线圈线头上（如U、V）测量变比，依次测完三相为止。

② Dyn0连接的变压器：按表3-30及图3-29所示的次序，依次测完三相。

表 3-30 Dyn0 连接的变压器变比测量

加压相	UV	VW	WU
测量相	uo	vo	wo

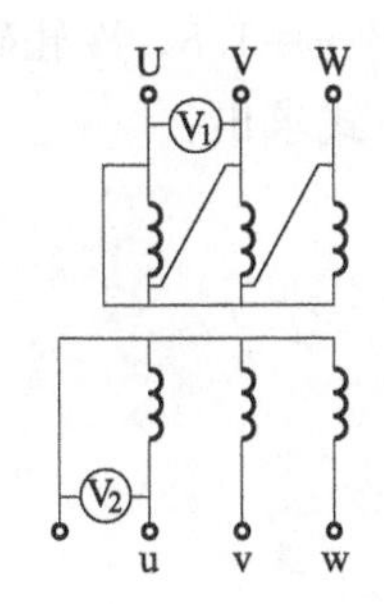

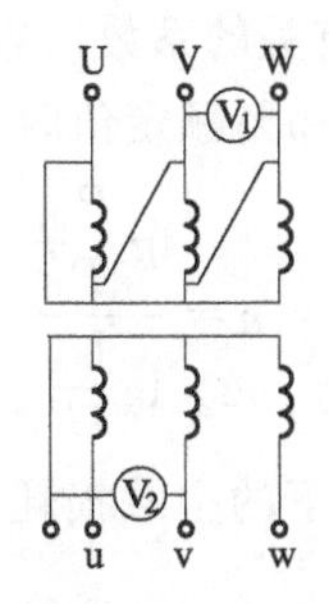

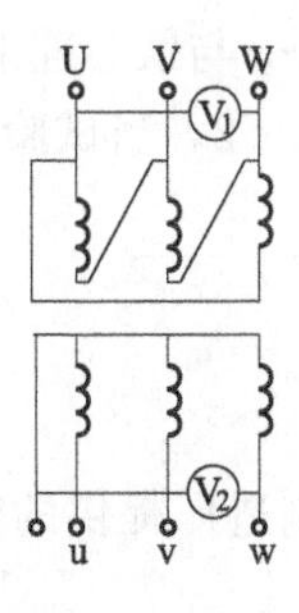

图 3-29 Dyn0 连接的变压器变比试验接线图

规程规定，变压器变比允许偏差为±0.5%，变比小于 3 的变压器的允许偏差为±1%。

(2) 实例

一台 Yy 连接的三相变压器，10/0.4kV，分别从高压侧 UV 绕组、VW 绕组和 WU 绕组施加 600V 电压，在低压侧 uv 绕组、vw 绕组和 wu 绕组测得电压为 24.1V、24.15V 和 24.08V，试问该变压器变比是否合格。

解 取两次最大和最小电压计算

实测变比为

$$k_{vw}=\frac{600}{24.15}=24.845$$

$$k_{wu}=\frac{600}{24.08}=24.916$$

铭牌变比为

$$k_{e}=\frac{U_{1e}}{U_{2e}}=\frac{10}{0.4}=25$$

变比误差为

$$k_{vw}(\%)=\frac{k_{e}-k_{vw}}{k_{e}}=\frac{25-24.845}{25}\times 100\%=0.62\%$$

$$k_{wu}(\%)=\frac{k_{e}-k_{wu}}{k_{e}}=\frac{25-24.916}{25}\times 100\%=0.34\%$$

由于 $k_{vw}(\%)=0.62\%>0.5\%$，故不合格。

52. 非额定电压试验下变压器空载损耗和空载电流的计算

(1) 计算公式

进行大型变压器试验时，因受试验条件限制，允许适当低于额定电压进行，可用外推法画出空载损耗、空载电流对电压的曲线，以确定结果或用下列公式校正：

$$P_0=P_0'\left(\frac{U_e}{U'}\right)^n$$

$$I_0=I_0'\left(\frac{U_e}{U'}\right)^n \text{ 或 } I_0\%=I_0'\%\left(\frac{U_e}{U'}\right)^n$$

式中　P_0，I_0——换算到额定电压下的空载损耗（W）和空载电流（A）；

P_0'，I_0'——电压为U'时测出的空载损耗（W）和空载电流（A）；

U_e——额定电压，V；

U'——试验所加的实际电压，V；

n——与铁芯硅钢片种类有关的系数，热轧硅钢片$n=1.8$，冷轧硅钢片$n=1.9\sim2$，当试验电压低于5%额定值时，可按下式求出：

$$n=\frac{\lg\dfrac{P_{0e}}{P_0'}}{\lg\dfrac{U_e}{U'}}$$

式中　P_{0e}——制造厂提供的额定电压下的空载损耗，W。

（2）实例

有一台800kV・A三相变压器，$f_e=50\text{Hz}$，$U_{1e}/U_{2e}=10/0.4\text{kV}$，试验时从0.4kV侧施加0.37kV电压，实测出$I_0'\%$为0.7，P_0'为1300W，变压器铁芯为冷轧硅钢片，试求换算到额定电压时的空载电流百分数和空载损耗是多少。

解　换算到额定电压时的空载电流百分数为

$$I_0\%=I_0'\%\left(\frac{U_e}{U'}\right)^n=0.7\times\left(\frac{0.4}{0.37}\right)^2=0.82(\text{A})$$

换算到额定电压时的空载损耗为

$$P_0=P_0'\left(\frac{U_e}{U'}\right)^n=1300\times\left(\frac{0.4}{0.37}\right)^2=1519(\text{W})$$

53. 非额定频率试验下变压器空载损耗的计算

（1）计算公式

如果试验时不能得到额定频率（允许电源频率与额定频率相差±5%），则施加于变压器的电压改为：

$$U'=U_e\frac{f'}{f_e}$$

换算到额定频率f_e时的空载损耗为：

$$P_0=P_0'\left(\frac{60}{f'}-0.2\right)$$

式中　P_0'——在频率f'施加电压U'下测出的空载损耗，W。

（2）实例

一台1000kV・A三相变压器，$f_e=50\text{Hz}$，$U_{1e}/U_{2e}=10/0.4\text{kV}$，在频率48Hz下做空载试验，问应施加多大的试验电压U'。若在U'下实测出空载损耗为1695W，试求额定电压、额定频率时的空载损耗是多少？

解　① 应施加的电压为

$$U'=U_e\frac{f'}{f_e}=0.4\times\frac{48}{50}=0.384(\text{kV})=384(\text{V})$$

② 额定电压、额定频率时的空载损耗为

$$P_0=P_0'\left(\frac{60}{f'}-0.2\right)=1695\times\left(\frac{60}{48}-0.2\right)=1780(\text{W})$$

54. 变压器空载试验所需电源容量的计算

(1) 计算公式

$$S_s=(3\sim5)I_0\%S_e\times10^{-2}$$

式中 S_s——试验电源容量，kV·A；

S_e——被试变压器额定容量，kV·A；

$I_0\%$——空载电流百分数；

3～5——容量裕度系数。

(2) 实例

有一台S9-800kV·A三相变压器，Yyn连接，已知空载电流为额定电流的0.8%，从低压侧通电做空载试验，试求试验电源容量应选多大。

解 试验电源容量为

$$S_s=(3\sim5)I_0\%S_e\times10^{-2}$$
$$=(3\sim5)\times0.8\times800\times10^{-2}=19.2\sim32(\text{kV}\cdot\text{A})$$

即至少为20kV·A。

55. 绕组直流电阻值换算到其耐热等级相应的温度下的电阻值的计算

(1) 计算公式

测量得到的直流电阻值，需换算到与绕组绝缘耐热等级相应的温度下的电阻值。各绝缘耐热等级的温度参数分别为：A、B、E级为75℃，F、H及C级为115℃。并将换算后的电阻值与铭牌数值作比较。换算公式如下：

$$R_{75}=\frac{T+75}{T+t}R_t$$

或

$$R_{115}=\frac{T+115}{T+t}R_t$$

式中 R_{75}——换算到75℃时的直流电阻，Ω；

R_{115}——换算到115℃时的直流电阻，Ω；

R_t——测量得到的直流电阻，Ω；

T——温度系数，铜绕组为234.5，铝绕组为225；

t——测量时绕组的温度，℃。

(2) 实例

一台1000kV·A的铜绕组变压器，用QJ101型双臂电桥在温度为30℃时的一次绕组每相电阻为1.05Ω，试求换算到75℃时的电阻值。

解 换算到75℃时的一次绕组每相电阻值为

$$R_{75}=\frac{234.5+75}{234.5+30}\times1.05=1.23(\Omega)$$

56. 短路损耗 P_d 和阻抗电压 $U_d\%$ 换算到绕组温度为75℃时的计算

(1) 计算公式

P_d 和 $U_d\%$应换算到75℃时的数值。75℃时的短路损耗按下式计算：

$$P_{d75}=P_{dt}K_t$$

式中　K_t——温度换算系数，铜绕组 $K_t=\frac{75+234.5}{t+234.5}$，铝绕组 $K_t=\frac{75+225}{t+225}$；

P_{dt}——短路试验绕组温度为 t 时测得的短路损耗，W。

75℃时的阻抗电压按下式计算：

$$U_{d75}\%=\sqrt{(U_{dt}\%)^2+\left(\frac{P_{dt}}{10S_e}\right)^2(K_t^2-1)}$$

式中　$U_{dt}\%$——短路试验绕组温度为 t 时的阻抗电压百分数，$U_{dt}\%=\frac{U_d}{U_e}\times 100$；

P_{dt}——在温度 t 时实测的短路损耗，W；

S_e——变压器额定容量，kV·A；

U_d——施加于绕组上的电压，V；

U_e——绕组额定电压，V。

(2) 实例

一台 S9-800kV·A 三相变压器做短路试验，在绕组温度为 30℃时测算得的阻抗电压百分数为 4.4，短路损耗为 6460W，试计算换算到 75℃时的短路损耗和阻抗电压百分数。

解　温度换算系数为

$$K_{30}=\frac{75+234.5}{30+234.5}=1.17$$

75℃时的短路损耗为

$$P_{d75}=P_{d30}K_{30}=6460\times 1.17=7558.2(\mathrm{W})$$

75℃时的阻抗电压百分数为

$$U_{d75}\%=\sqrt{(U_{d30}\%)^2+\left(\frac{P_{d30}}{10S_e}\right)^2(K_{30}^2-1)}$$

$$=\sqrt{4.4^2+\left(\frac{6460}{10\times 800}\right)^2\times(1.17^2-1)}$$

$$=\sqrt{19.6}=4.43$$

57. 非额定电流试验下变压器短路损耗的计算

(1) 计算公式

P_d 和 $U_d\%$换算到额定电流时的值按下式计算：

$$P_{dt}=(P'_d-P_n)\left(\frac{I_e}{I'}\right)^2$$

$$U_{dt}\%=\frac{U_d}{U_e}\times\frac{I_e}{I'}\times 100$$

式中　P_{dt}——换算到额定电流下的短路损耗，W；

$U_{dt}\%$——换算到额定电流下的阻抗电压百分数；

P'_d——实测短路损耗，W；

P_n——仪表损耗，W；

I_e——变压器额定电流，A；

I'——试验电流，A；

U_e——变压器额定电压，V；

U_d——试验施加电压，V。

(2) 实例

一台1250kV·A三相变压器，从高压侧做短路试验，已知$U_{1e}/U_{2e}=10/0.4$kV，I_{1e}为72.2A，U_d%为4.5，试验施加电压U_d为380V，I'为66A，测得短路损耗P'_d为11.6kW，环境温度t为30℃，仪表损耗P_n为120W，试求：

① 换算为额定时的短路损耗；

② 换算为额定时的阻抗电压百分数；

③ 换算到75℃时的数值。

解 ① 额定时的短路损耗计算

$$P_{dt}=(P'_d-P_n)\left(\frac{I_e}{I'}\right)^2=(11600-120)\times\left(\frac{72.2}{66}\right)^2=13.738(\text{kW})$$

② 额定时的阻抗电压百分数计算

$$U_{dt}\%=\frac{U_d}{U_e}\times\frac{I_e}{I'}\times100=\frac{380}{10000}\times\frac{72.2}{66}\times100=4.2$$

③ 换算到75℃时的数值为

$$P_{d75}=P_{dt}\frac{T+75}{T+t}=13738\times\frac{234.5+75}{234.5+30}=16.07(\text{kW})$$

$$U_{d75}\%=\sqrt{(U_{dt}\%)^2+\left(\frac{P_{dt}}{10P_e}\right)^2(K_t^2-1)}$$

$$=\sqrt{4.2^2+\left(\frac{13738}{10\times1250}\right)^2\times\left[\left(\frac{234.5+75}{234.5+30}\right)^2-1\right]}=4.26$$

58. 变压器短路试验用的调压器容量及试验电压计算

(1) 计算公式

试验电源（调压器）容量必须足够，其输出电流应不小于被试变压器的一次侧额定电流，其输出电压可调，最大值应不小于变压器的阻抗电压。如10kV变压器，阻抗电压百分数估计为4，则调压器输出电压不小于10000×4%=400(V)。

调压器（电源）容量可按下式计算：

$$S=\frac{U_d\%}{100}\left(\frac{I_s}{I_e}\right)S_e$$

式中 S——调压器（电源）容量，kV·A；

S_e——变压器额定容量，kV·A。

(2) 实例

一台1000kV·A三相油浸低损耗变压器，额定电压为$U_{1e}/U_{2e}=10\text{kV}/0.4\text{kV}$，绕组连接组别为Yyn0，由产品样本查得短路损耗$P_d$为1.16kV，空载电流百分数$I_0$%为1.4，阻抗电压百分数$U_d$%为4.5，试求短路试验用的调压器（电源）容量和试验电压。

解 ① 变压器一、二次侧额定电流为

$$I_{1e}=\frac{P_e}{\sqrt{3}U_{1e}}=\frac{1000}{\sqrt{3}\times10}=57.8(\text{A})$$

$$I_{2e}=\frac{P_e}{\sqrt{3}U_{2e}}=\frac{1000}{\sqrt{3}\times 0.4}=1445(\text{A})$$

② 设从高压侧施加电压，使 $I_s=57.8\text{A}$。

短路试验用的调压器（电源）容量为

$$S=\frac{U_d\%}{100}\left(\frac{I_s}{I_{1e}}\right)^2 S_e=\frac{4.5}{100}\times\left(\frac{57.8}{57.8}\right)^2\times 1000=45(\text{kV}\cdot\text{A})$$

试验电压为

$$U_s=U_{1e}\frac{U_d\%}{100}=10\times\frac{4.5}{100}=0.45(\text{kV})=450(\text{V})$$

59. 涡流法干燥变压器的电源计算

涡流法（即感应加热法）是在变压器油箱外缠上导线，通电后使油箱、铁芯等处产生涡流并发热而达到干燥的目的。涡流法连接如图 3-30 所示。用此法加热，油箱温度可达 100～125℃，而铁芯温度约为 85℃。

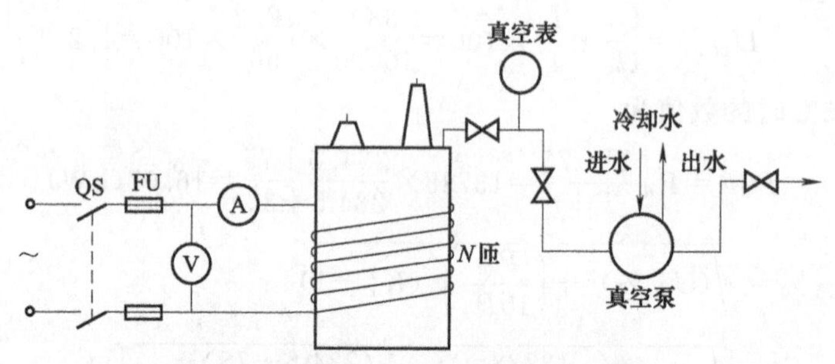

图 3-30　涡流法干燥变压器连接示意图

(1) 计算公式

用涡流法对变压器进行干燥处理，其外接电源的功率、外绕线圈匝数的计算公式分别如下：

① 外接电源功率：

$$P=5F(100-t_0)\text{(保温变压器)}$$
$$P=12F(100-t_0)\text{(不保温变压器)}$$

式中　P——干燥电源功率，W；

F——油箱外表散热面积（m^2），如有油管可用绝热材料包扎，以其总散热面折扣计算；

t_0——环境温度，℃。

② 外绕线圈匝数：

$$N=K\frac{U}{l},I=k\frac{H}{N}\times 100$$

式中　N——外绕线圈匝数，匝；

U——外加电源电压，V；

l——油箱周围长度，m；

H——油箱高度，m；

I——外加电源电流，A；

K，k——系数，由 $P/(Hl)$ 值决定，见表 3-31。

表 3-31 系数 K 及 k 值

$P/(Hl)$	0.8	0.9	1.0	1.1	1.2	1.3	1.4	1.6
K	2.25	2.1	2.0	1.9	1.82	1.78	1.73	1.65
k	20.5	23.5	25.5	28	30	32	33.5	36.5
$P/(Hl)$	1.8	2.0	2.5	3.0	3.5	4.0	4.5	5.0
K	1.6	1.55	1.4	1.33	1.28	1.22	1.16	1.11
k	39.5	42.5	48	53.5	58.5	63.5	68	73

③ 磁化线圈导线截面积选择。磁化线圈导线截面积按下式计算：

$$q=I/j$$

式中 q——线圈导线截面积，mm^2；

j——电流密度，铜导线取 3～3.5A/mm^2；铝导线取 2～2.5A/mm^2。

④ 油箱底部加热电炉功率选择

为提高烘干速度，保证油箱内加热均匀，通常在油箱底部装设电炉。电炉电压一般为220V交流电压，电炉功率可按表 3-32 选择。

表 3-32 油箱底部加热电炉功率

油箱底部面积/m^2	10 以下	11～15	16～20	21～25
单位面积功率/(kW/m^2)	0.8 以下	0.9～1.4	1.5～1.8	1.9～2.1

(2) 实例

有一台容量为 10000kV·A 的受潮变压器，欲采用涡流法干燥，已知变压器油箱总面积为 33m^2，外壳周长为 8m，油箱高度为 2.7m，周围空气温度为 30℃，试计算干燥电源功率及线圈参数。

解 采用不保温方法，只在箱壁四周立好木条，将励磁导线缠绕于其上。

① 干燥电源功率为

$$\begin{aligned} P &= 12F(t_2-t_1)\times 10^{-3} \\ &= 12\times 33\times(100-30)\times 10^{-3}=28(\text{kW}) \end{aligned}$$

② 线圈匝数计算。

$P/(Hl)=28/(2.7\times 8)=1.3$，查表 3-31，得 $K=1.78$、$k=32$。

外加电源采用单相 380V，则线圈匝数为

$$N=K\frac{U}{l}=1.78\times\frac{380}{8}\approx 85(\text{匝})$$

为调节磁化电流的大小，在 70 匝处抽头，干燥时根据温度高低进行调节。

磁化电流为

$$I=k\frac{H}{N}\times 100=32\times\frac{2.7}{85}\times 100=101.6(\text{A})$$

当线圈为 70 匝时，则 $I=101.6\times 85/70=123.4(\text{A})$

③ 磁化线圈导线截面积选择。取电流密度 $j=3A/mm^2$，则磁化线圈导线截面积为

$$q=I/j=123.4/3=41.1(mm^2)$$

可选用 $50mm^2$ 的铜芯塑料线。

磁化线圈缠绕后，用油毛毡等将变压器油箱包起来保温。

变压器底部用电热丝进行辅助加温（需垫上耐火材料）。

60. 绕组铜损干燥法干燥变压器的电源计算

绕组铜损干燥法，就是将变压器二次绕组（低压）短路，在一次绕组（高压）送入交流或直流电源，使一、二次绕组内通过接近于额定值的电流，靠电流的热效应来干燥变压器的绝缘。铜损干燥法只适用于小型变压器。变压器可带油干燥。

（1）计算公式

① 交流电源时，电源容量按下式计算：

$$P=1.25P_eU_d\%\times10^{-2}$$

式中 P——干燥电源容量，kV・A；

P_e——被干燥的变压器额定容量，kV・A；

$U_d\%$——被干燥的变压器阻抗电压百分数；

1.25——过负荷系数。

变压器短路绕组中在流过额定电流时电源侧施加的电压为：

$$U=U_eU_d\%\times10^{-2}$$

式中 U——施加电压，V；

U_e——变压器额定电压，V。

② 直流电源时，电源容量按下式计算：

对于单相变压器 $P=1.25I^2R$

对于三相变压器 $P=3.75I^2R$

干燥电源电压 $U=IR$

式中 I——施加电压绕组中的电流，A；

R——施加电压绕组的电阻，Ω。

（2）实例

有一台 S9-800kV・A、10/0.4kV 变压器，已知阻抗电压百分数 $U_d\%$ 为 4.5，试求干燥电源容量和施加电压（采用交流电源）。

解 ① 干燥电源容量为

$$P=1.25P_eU_d\%\times10^{-2}=1.25\times800\times4.5\times10^{-2}=45(kV\cdot A)$$

② 变压器高压侧绕组短路，低压侧施加的电压为

$$U=U_eU_d\%\times10^{-2}=400\times4.5\times10^{-2}=18(V)$$

61. 电炉加热热风干燥变压器的电热器计算

采用热风干燥变压器，需要用电炉或蒸汽蛇形管等来加热，用鼓风机送入热空气。

（1）计算公式

① 电炉功率的计算。电炉功率按下式计算：

$$P=0.07C_pQ(t_2-t_1)$$

式中 P——电热器的功率，kW；

C_p——空气的热容量，为0.273kW/kg；

Q——每分钟通过烘房的热风量（m^3），$Q=1.5q$；

q——烘房容积，m^3；

t_1——周围空气温度，℃；

t_2——进口热风温度（℃），不得超过100℃。

注意，进口热风温度应逐渐上升。湿空气排出温度保持在85～90℃。

若近似估算：500kV·A以下的变压器，电热器功率可取变压器容量的3.5%左右；500～1000kV·A的变压器，电热功率可取变压器容量的1.5%～3%。变压器容量越大，百分数可取小些。

② 鼓风机功率的选择。鼓风机功率根据电热器功率而定，可在7.5～30kW范围内选择。

(2) 实例

采用电热热风干燥一台800kV·A变压器，干燥房的体积为12m^3，环境温度为20℃，进口热风温度为95℃，试求电热器功率。

解 每分钟送进干燥房的空气流量为

$$Q=1.5q=1.5\times12=18(m^3)$$

因此电热器功率为

$$P=0.07C_pQ(t_2-t_1)$$
$$=0.07\times0.273\times18\times(95-20)=25.8(kW)$$

鼓风机功率可取22kW。

62. 利用发电机零起升压干燥法干燥变压器的电源计算

所谓零起升压，是指发电机端电压可以从零逐渐升至干燥所需的电压。该方法经济、方便、可带油干燥，适用于具备发电机组的电厂或企业采用。

(1) 计算公式

① 电源容量计算。用交流电时，干燥电源容量按下式计算：

$$P=1.25S_eU_d\%\times10^{-2}$$

式中 P——干燥电源容量，kW；

S_e——被干燥的变压器额定容量，kV·A；

$U_d\%$——被干燥的变压器阻抗电压百分数；

1.25——过负荷系数。

② 变压器短路绕组中流过额定电流时，电源侧施加的电压为

$$U=U_eU_d\%\times10^{-2}$$

式中 U——施加电压，V；

U_e——变压器额定电压，V。

(2) 实例

有一台 SL7-800kV·A 10/0.4kV 的变压器，$U_d\%=4.5$，求干燥用电源容量和电源侧施加的电压。

干燥电源容量为

$$P=1.25\times800\times4.5\times10^{-2}=45(\text{kW})$$

变压器高压侧绕组短路，低压侧施加的电压为

$$U=380\times4.5\times10^{-2}\approx17(\text{V})$$

四、电动机

1. 异步电动机空载电流计算

(1) 计算公式

异步电动机空载电流的计算方法很多，但都是些经验公式，因此各种公式的计算结果有所出入，且都是近似的值。

① 公式一：

$$I_0=K[(1-\cos\varphi_e)\sqrt{1-\cos^2\varphi_e}]I_e$$

式中 I_0——电动机空载电流，A；

I_e——电动机额定电流，A；

$\cos\varphi_e$——电动机额定功率因数；

K——系数，见表 4-1。

表 4-1 系数 K 值

$\cos\varphi_e$	极　数	K	$\cos\varphi_e$	极　数	K
≥0.85	2、4	5.5	0.75～0.80	4、6、8	3.4
0.81～0.85	4、6、8	4.2	≤0.75	6、8	3.0

② 公式二：

$$I_0=kI_e$$

式中 k——系数，对于 Y 系列异步电动机，见表 4-2。

表 4-2 Y 系列异步电动机 k 值

P_e/kW \ 极数	2	4	6	8
0.55	—	0.638	—	—
0.75	0.442	0.619	0.696	—
1.1	0.408	0.552	0.603	—
1.5	0.441	0.487	0.543	—
2.2	0.404	0.500	0.607	0.640
3	0.406	0.515	0.528	0.578
4	0.354	0.500	0.521	0.626
5.5	0.306	0.451	0.421	0.544
7.5	0.267	0.387	0.509	0.514
11	0.294	0.372	0.504	0.518

续表

极数 / P_e/kW	2	4	6	8
15	0.248	0.343	0.437	0.475
18.5	0.231	0.373	0.393	0.433
22	0.284	0.353	0.383	0.418
30	0.297	0.343	0.314	0.414
37	0.267	0.272	0.269	0.363
45	0.223	0.261	0.273	0.344
55	0.278	0.279	0.215	—
75	0.267	0.282	—	—
90	0.258	0.267	—	—

③ 公式三：

$$I_0=I_e\cos\varphi_e(2.26-\xi\cos\varphi_e)$$

式中 ξ——系数，当 $\cos\varphi_e\leqslant 0.85$ 时，取 2.1；当 $\cos\varphi_e>0.85$ 时，取 2.15。

④ 公式四：

$$I_0=I_e\left(\sin\varphi_e-\frac{\cos\varphi_e}{k_m+\sqrt{k_m^2-1}}\right)$$

式中 k_m——启动转矩倍数，即启动转矩与额定转矩之比。

(2) 实例

一台 Y250M-8 型 30kW 异步电动机，试求空载电流。

解 ① 按公式一。由产品样本查得额定电流 $I_e=33$A，额定功率因数 $\cos\varphi_e=0.8$，查表 4-1，得 $K=3.4$，则空载电流为

$$\begin{aligned}I_0&=K[(1-\cos\varphi_e)\sqrt{1-\cos^2\varphi_e}]I_e\\&=3.4\times[(1-0.8)\sqrt{1-0.8^2}]\times 33\\&=13.46(\text{A})\end{aligned}$$

② 按公式二。查表 4-2，得 $k=0.414$，空载电流为

$$I_0=kI_e=0.414\times 33=13.66(\text{A})$$

③ 按公式三。因 $\cos\varphi_e<0.85$，故取 $\xi=2.1$，则空载电流为

$$\begin{aligned}I_0&=I_e\cos\varphi_e(2.26-\xi\cos\varphi_e)\\&=33\times 0.8\times(2.26-2.1\times 0.8)\\&=15.3(\text{A})\end{aligned}$$

④ 按公式四。由产品样本查得启动转矩倍数 $k_m=8$，则空载电流为

$$\begin{aligned}I_0&=I_e\left(\sin\varphi_e-\frac{\cos\varphi_e}{k_m+\sqrt{k_m^2-1}}\right)\\&=33\times\left(0.6-\frac{0.8}{8+\sqrt{8^2-1}}\right)\\&=33\times 0.55\\&=18.15(\text{A})\end{aligned}$$

说明：同一型号的电动机或电动机经过修理，空载电流都会不同。准确的空载电流值可用电流表实测。

2. 异步电动机负荷率和效率计算

(1) 计算公式

电动机在任意负荷下的负荷率按下式计算：

$$\beta \approx \sqrt{\frac{I_1^2 - I_0^2}{I_e^2 - I_0^2}}$$

式中 I_1——电动机定子电流，A；

I_e——电动机额定电流，A；

I_0——电动机空载电流，A。

电动机在任意负荷下的效率按下式计算：

$$\eta = \frac{P_2}{P_1} = \frac{P_2}{P_2 + \sum \Delta P}$$

$$= \frac{\beta P_e}{\beta P_e + \left[\left(\frac{1}{\eta_e} - 1\right) P_e - P_0\right] \beta^2 + P_0}$$

式中 P_1，P_2——电动机输入和输出功率，kW；

$\sum \Delta P$——电动机所有损耗，kW；

P_e，P_0——电动机额定功率和空载损耗，kW；

η_e——电动机额定效率。

(2) 实例

一台 Y280S-2 型 75kW、2 极电动机，额定电压 U_e 为 380V，额定电流 I_e 为 140.1A，额定效率 η_e 为 91.4%，实测运行线电流 I_1 为 98A，空载电流 I_0 为 37.4A，空载损耗 P_0 为 3.38kW，线电压 U_1 为 380V，试求此时电动机的负荷率和效率。

解 负荷率为

$$\beta = \sqrt{\frac{I_1^2 - I_0^2}{I_e^2 - I_0^2}} = \sqrt{\frac{98^2 - 37.4^2}{140.1^2 - 37.4^2}} = 0.67$$

效率为

$$\eta = \frac{\beta P_e}{\beta P_e + \left[\left(\frac{1}{\eta_e} - 1\right) P_e - P_0\right] \beta^2 + P_0}$$

$$= \frac{0.67 \times 75}{0.67 \times 75 + \left[\left(\frac{1}{0.914} - 1\right) \times 75 - 3.38\right] \times 0.67^2 + 3.38}$$

$$= 0.91 = 91\%$$

3. 异步电动机效率计算

(1) 计算公式

先求出电动机的定子铜耗 P_{Cu1}、转子铜耗 P_{Cu2}、铁耗及机械损耗（$P_{Fe} + P_j$），以及附加损耗 P_{fj}（该损耗约占定子输入功率的 0.5%），则电动机的总有功损耗为

$$\sum \Delta P = P_{Fe} + P_j + P_{Cu1} + P_{Cu2} + P_{fj}$$

然后按下式计算电动机的效率

$$\eta=1-\frac{\sum\Delta P}{P_1}$$

式中 P_1——电动机输入功率，kW。

(2) 实例

有一台额定功率为45kW的三相异步电动机，△接法，测试结果如下：负载时输入功率为30.5kW，空载输入功率为3.06kW，负荷线电流为61A，空载线电流为34.2A，负荷时转速为1480r/min，空载时为1498r/min。用双臂电桥测得电动机定子各相绕组电阻分别为0.196Ω、0.192Ω和0.199Ω，测定时定子绕组温度为30℃。试计算该电动机的负荷率和效率［假设附加损耗（风摩损耗及杂散损耗）忽略不计］。

解 定子绕组的平均电阻为

$$R_{30}=\frac{0.196+0.192+0.199}{3}=0.196(\Omega)$$

折算成75℃时的电阻为

$$R_{75}=\frac{234.5+75}{234.5+t}R_t=\frac{310}{234.5+30}\times0.196=0.229(\Omega)$$

空载定子铜耗和负载时定子铜耗为

$$P_{0Cu}=3I_0^2R_{75}\times10^{-3}=3\times\left(\frac{34.2}{\sqrt{3}}\right)^2\times0.229\times10^{-3}=0.268(kW)$$

$$P_{Cu1}=3\times\left(\frac{61}{\sqrt{3}}\right)^2\times0.229\times10^{-3}=0.852(kW)$$

空载时和负载时的转差率为

$$s_0=\frac{n_1-n_0}{n_1}=\frac{1500-1498}{1500}=0.00133$$

$$s=\frac{n_1-n}{n_1}=\frac{1500-1480}{1500}=0.01333$$

空载转子铜耗为

$$P_{0Cu2}=P_0s=3.06\times0.01333=0.041(kW)$$

铁耗和机械损耗为

$$P_{Fe}+P_j=P_0-P_{0Cu}-P_{0Cu2}=3.06-0.268-0.041=2.751(kW)$$

因此负载时转子铜耗为

$$P_{Cu2}=[P_1-(P_{Fe}+P_j+P_{Cu1})]s=[30.5-(2.751+0.852)]\times0.01333=0.359(kW)$$

输出时功率为

$$P_2=P_1-(P_{Fe}+P_j+P_{Cu1}+P_{Cu2})=30.5-(2.751+0.852+0.359)=26.538(kW)$$

负荷率为

$$\beta=\frac{P_2}{P_e}=\frac{26.538}{45}=58.4\%\quad 59\%$$

效率为

$$\eta=\frac{P_2}{P_1}=\frac{26.538}{30.5}=86.2\%\quad 87\%$$

4. 电压变化对电动机效率影响的计算

电动机端电压变化，会引起电动机的特性变化，并影响电动机的效率。

(1) 计算公式

电压变化对电动机效率的影响，可由下式计算：

$$\eta=\frac{\beta}{\beta+\frac{P_0}{P_e}-0.2\left(\frac{1}{\eta_e}-1\right)\left(1-\frac{U^2}{U_e^2}\right)}+\beta^2\left(\frac{U_e}{U}\right)^2\left[\left(\frac{1}{\eta_e}-1\right)-\frac{P_0}{P_e}\right]$$

式中 β——负荷率；

U——电动机实际端电压，V；

P_0——在电动机额定电压 U_e 下的空载输入功率，kW；

η_e——电动机额定效率；

P_e——电动机额定功率，kW；

U_e——电动机额定电压，V。

(2) 实例

一台 45kW 异步电动机，额定电压 U_e 为 380V，额定电流 I_e 为 85.4A，额定效率 η_e 为 92%，实测运行线电流 I_1 为 60A，空载电流 I_0 为 25.6A，空载损耗 P_0 为 2.1kW，线电压 U_1 为 370V，试求此时电动机的效率。

解 负荷率为

$$\beta=\sqrt{\frac{I_1^2-I_0^2}{I_e^2-I_0^2}}=\sqrt{\frac{60^2-25.6^2}{85.4^2-25.6^2}}=\frac{54.26}{81.47}=0.666$$

效率为

$$\eta=\frac{0.666}{0.666+\frac{2.1}{45}-0.2\times\left(\frac{1}{0.92}-1\right)\times\left[1-\left(\frac{370}{380}\right)^2\right]}$$

$$+0.666^2\times\left(\frac{380}{370}\right)^2\times\left[\left(\frac{1}{0.92}-1\right)-\frac{2.1}{45}\right]$$

$$=0.936+0.0187=0.955$$

5. 异步电动机最佳负荷率的计算

电动机运行效率最高时，其相应的负荷率，称为最佳负荷率 β_{zj}。

(1) 计算公式

① 公式一（计算有功经济负荷率）。电动机的可变损耗为

$$P_{kb}=\beta^2\left[\left(\frac{1}{\eta_e}-1\right)P_e-P_0\right]$$

当 $P_0=P_{kb}$时，效率最高，所以

$$\beta_{zj}=\sqrt{\frac{P_0}{\left(\frac{1}{\eta_e}-1\right)P_e-P_0}}\times100\%$$

② 公式二（计算综合经济负荷率）。既考虑有功损耗，又考虑无功损耗，并将无功损耗用无功经济当量 K 折算到有功损耗时的计算公式如下：

$$\beta_{zj}=\sqrt{\frac{P_0+K\sqrt{3}U_eI_0\times10^{-3}}{\left(\frac{1}{\eta_e}-1\right)P_e-P_0+\left(\frac{P_e}{\eta_e}\tan\varphi_e-\sqrt{3}U_eI_0\times10^{-3}\right)K}}\times100\%$$

式中　K——无功经济当量，对于功率因数已集中补偿至0.9及以上的企业，取$K=0.01$；对于发电厂自用电的电动机，取$K=0.05$；对于功率因数未作补偿时，取$K=0.1$。

(2) 实例

有一台Y160M-4型11kW异步电动机，已知额定电流I_e为22.6A，额定效率η_e为0.88，额定功率因数$\cos\varphi_e$为0.84。试求该电动机的有功经济负荷率和综合经济负荷率。

解　由计算或产品样本查得该电动机的空载电流$I_0=8.4$A，空载损耗$P_0=0.45$kW，并设$K=0.02$。

有功经济负荷率为

$$\beta_{zj}=\sqrt{\frac{0.45}{\left(\frac{1}{0.88}-1\right)\times11-0.45}}\times100\%=66.1\%$$

$$\tan\varphi_e=\tan32.86°=0.65$$

$$\sqrt{3}U_eI_0\times10^{-3}=\sqrt{3}\times380\times8.4\times10^{-3}=5.53(\text{kW})$$

综合经济负荷率为

$$\beta_{zj}=\sqrt{\frac{0.45+0.02\times5.53}{\left(\frac{1}{0.88}-1\right)\times11-0.45+\left(\frac{11}{0.88}\times0.65-5.53\right)\times0.02}}\times100\%=71.8\%$$

由以上计算结果可知：上述两种经济负荷率对应的电动机负荷功率分别为

① 效率最高时的负荷功率：

$$P_2=0.661\times11=7.27(\text{kW})$$

② 效率和功率因数都相对高时的负荷功率：

$$P_2=0.718\times11=7.89(\text{kW})$$

6. 异步电动机功率因数的计算

(1) 计算公式

电动机在任意负荷下的功率因数可按下式计算：

$$\cos\varphi=\frac{P_2}{\sqrt{3}U_1I_1\eta}\times10^3=\frac{\beta P_e}{\sqrt{3}U_1I_1\eta}\times10^3$$

式中　U_1，I_1——电动机定子电压（V）和定子电流（A）；

P_2——电动机输出功率，kW；

P_e——电动机额定功率，kW；

η——电动机效率；

β——电动机负荷率，$\beta\approx\sqrt{\frac{I_1^2-I_0^2}{I_e^2-I_0^2}}$；

I_e，I_0——电动机额定电流和空载电流，A。

电动机的效率和功率因数随负荷变化的大致关系见表4-3。

电动机准确的功率因数值可用功率因数表实测。

表 4-3 异步电动机的效率和功率因数及负荷的关系

负 荷	空载	25%	50%	75%	100%
功率因数	0.20	0.50	0.77	0.85	0.89
效 率	0	0.78	0.85	0.88	0.875

(2) 实例

有一台 Y280M-4 型 90kW 异步电动机，额定电流为 164.3A，实测线电压为 380V，定子电流为 110A，空载电流为 88A，试求此负荷下的功率因数。

解 负荷率为

$$\beta=\sqrt{\frac{I_1^2-I_0^2}{I_e^2-I_0^2}}=\sqrt{\frac{110^2-88^2}{164.3^2-88^2}}=\frac{66}{142.4}=0.463$$

查表 4-3，此负荷下的效率 η 约为 0.8，则电动机的功率因数为

$$\cos\varphi=\frac{\beta P_e}{\sqrt{3}U_1I_1\eta}\times10^3=\frac{0.463\times90}{\sqrt{3}\times380\times110\times0.8}\times10^3=0.719$$

7. 异步电动机转差率的测算

采用闪光测频法测定异步电动机的转差率较方便，应用工具也简单，在圆纸片上画上黑条或扇形黑条（数目可视需要而定）。如图 4-1 所示为画有一条的情况。将该圆纸片粘着在转子轴端上，另用一气体放电灯（也可用荧光灯）照射之，则在旋转的纸圆片上出现黑色影形。若转子同步旋转，则影形静止不动；若转差率为正，即转子转速小于同步转速时，影形逆转子转向而旋转；若转差率为负，即转子转速大于同步转速时，影形顺转子转向而旋转。记录影形在某一时间内通过空间某一定位置的数目或旋转的次数，便可计算出转差率。

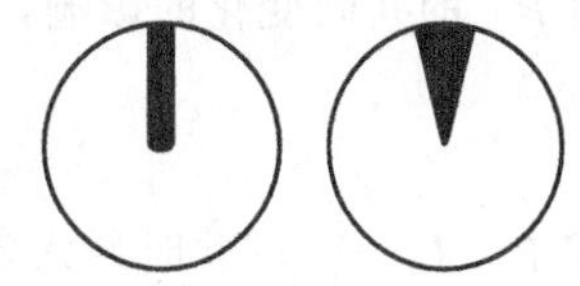

图 4-1 圆纸片上黑条的画法

(1) 计算公式

影形数目及转差率的计算公式如下：

$$C=\frac{mp}{(mq,p)},\quad s=\frac{pz}{Cf_1t}$$

式中 C——影形数目；

s——转差率；

m——纸圆片上所画扇形黑条的总数，此扇形黑条要均匀分布在整个纸圆片上；

p——电动机的极对数；

q——电动机电源频率与灯光频率的比值，$q=f_1/f'$；

(mq,p)——mq 及 p 的最大公约数；

f_1——电源频率，Hz；

f'——灯光频率，Hz；

t——测试时间，s；

z——测试时间内空间某一定位置观察到的黑形经过数。

（2）实例

用一画有四扇形黑条的纸圆片测定6极感应电动机的转差率。已知电动机和灯光采用同一电源，$f_1=50\text{Hz}$，在20s内测得于空间某一定位置有4个黑色影形经过，试求转差率。

解 $m=4$，$q=f_1/f'=\dfrac{50}{100}=0.5$

$p=3,(mq,p)=(2,3)=1$

因此
$$C=\frac{mp}{(mq,p)}=4\times3=12$$

转差率为
$$s=\frac{pz}{Cf_1t}=\frac{3\times4}{12\times50\times20}=0.001$$

8. 电动机绕组温升计算

（1）计算公式

电动机绕组温升试验温升按以下公式计算：

① 当$+5\%\geqslant\dfrac{I_1-I_e}{I_e}\geqslant-5\%$时，只需考虑定子电流$I_1$变化的影响，即

$$\tau_e=\tau_1\left(\frac{I_e}{I_1}\right)^2$$

② 当$+20\%\geqslant\dfrac{I_1-I_e}{I_e}\geqslant+5\%$，及$-5\%\geqslant\dfrac{I_1-I_e}{I_e}\geqslant-20\%$时，应考虑$I_1$和定子绕组电阻$R_1$的共同变化的影响，即

$$\tau_e=\tau_1\left(\frac{I_e}{I_1}\right)^2\left[1+\frac{\tau_1(I_e/I_1)^2-\tau_1}{T+\tau_1+t_0}\right]$$

式中 I_1——试验时通入定子的电流，A；

I_e——电动机额定电流，A；

τ_1——对应于I_1的温升，℃；

τ_e——对应于I_e的温升，℃；

T——常数，铜导线为234.5，铝导线为225；

t_0——测试结束时的冷却介质温度，℃。

③ 测试地点对温升的影响：当地点的海拔超过1000m（但不超过4000m）时，每超过100m电动机的温升限度增加0.5℃；低于1000m时，每降低100m，温升限度减少0.5℃。

（2）实例

某电动机温升试验时测得定子电流I_1为29A，温升τ为52℃，已知额定电流I_e为30.3A，试求额定功率时的温升是多少（试验地点在海拔2000m)?

解 由于$\dfrac{I_1-I_e}{I_e}=\dfrac{29-30.3}{30.3}=-4.3\%\geqslant-5\%$，所以可按下式换算

$$\tau_e=\tau_1\left(\frac{I_e}{I_1}\right)^2=52\times\left(\frac{30.3}{29}\right)^2=56.7(℃)$$

即额定功率时的温升为56.7℃。

在试验地点的海拔超过1000m时，电动机温升限度应按每超过100m增加0.5℃计，故上述温升τ经海拔修正后为

$$56.7+\frac{2000-1000}{100}\times 0.5=61.7(℃)$$

9. 绕线型异步电动机转子电阻的计算

(1) 计算公式

绕线型异步电动机转子每相电阻的精确测量可用电桥在转子出线端子处进行。要求不严时，也可用下列公式计算。

近似求法：

$$R_2=\frac{s_e U_{2e}}{\sqrt{3} I_{2e}}$$

较准确求法：

$$R_2=\frac{s_e}{1-s_e}\times\frac{P_e+P_j}{3I_{2e}^2}\times 10^3$$

式中 R_2——转子每相电阻，Ω；

s_e——电动机额定转差率；

U_{2e}——转子开路电压，V；

I_{2e}——转子额定电流，A；

P_e——电动机额定功率，kW；

P_j——电动机机械损耗 (kW)，一般可取 $(0.01\sim 0.02)P_e$。当求绕线型异步电动机启动电阻涉及 R_2 时，为了安全起见，P_j 估算时可取 $0.01P_e$。

(2) 实例

异步电动机 JZR12-6，已知 P_e 为 3500W，n_e 为 910r/min，U_{2e}为 204V，I_{2e}为 12.2A，试求转子每相电阻。

解 额定转差率为

$$s_e=\frac{1000-910}{1000}=0.09$$

近似求法：

$$R_2=\frac{0.09\times 204}{\sqrt{3}\times 12.2}=0.869(\Omega)$$

较准确求法：

$$R_2=\frac{0.09}{1-0.09}\times\frac{(1+0.01)\times 3500}{3\times 12.2^2}=0.783(\Omega)$$

用电桥实测得 $R_2=0.7993(\Omega)$。

可见近似计算值比实测值大 9%，而较准确计算值比实测值仅小 2%。

10. 单相电动机的功率因数计算

【实例】 有一台单相电动机接在 220V、频率为 50Hz 的电源上，测得输入功率为 1.1kW，电流为 10A。试求：

① 电动机的功率因数；

② 若与电动机并联一只 79.5μF 的电容器，则整个电路的功率因数为多少？

解 ① 由公式 $P_2=UI\cos\varphi\eta$ 及 $P_1=P_2/\eta$，得

$$\cos\varphi=\frac{P_2}{UI\eta}=\frac{P_1}{UI}=\frac{1.1\times10^3}{220\times10}\approx0.5$$

② 若在电动机两端并联一只电容器，其等效电路如图 4-2 所示。

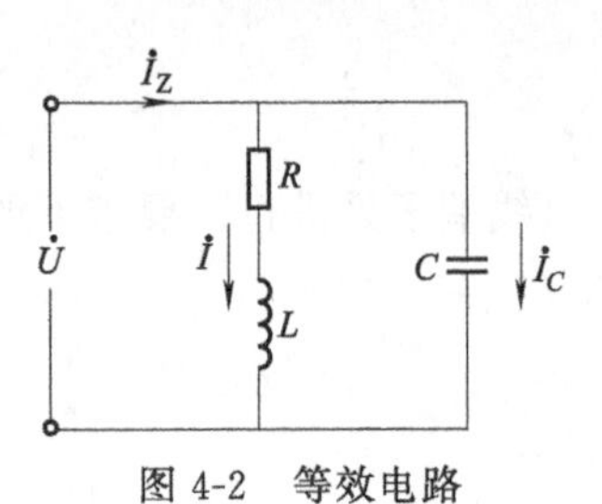

图 4-2　等效电路

电路总电流为

$$\dot{I}_Z=\dot{I}+\dot{I}_C$$

其中 $\dot{I}$ 为电动机的工作电流。若以电源电压作参考相量，则由相位差 $\varphi=60°$可知，$\dot{I}=10e^{-j60°}$ A。

并联电容的容抗为

$$X_C=\frac{1}{\omega C}=\frac{10^6}{314\times79.5}=40(\Omega)$$

所以
$$\dot{I}_C=\dot{U}/-jX_C=220/-j40=j5.5(A)$$

故
$$\dot{I}_Z=\dot{I}+\dot{I}_C=10e^{-j60°}+j5.5=5-j3.16=5.915e^{j32.3°}(A)$$

可见电流 $\dot{I}_Z$ 滞后电压 $\dot{U}$32.3°，$\cos\varphi'=\cos32.3°=0.845$。

11. 单相电容运转电动机启动转矩的计算

(1) 计算公式

单相电容运转电动机启动转矩，对于容量小于 1kW 的，采用全压直接测试；容量大于 1kW 以上的，可采用降压间接测试。但用降压测试法时，计算启动转矩较麻烦。下面介绍一个简单的经验公式，计算结果准确可靠。

$$M_2=M_1\left[\left(\frac{U_2}{U_1}\right)^2+\left(\frac{U_2}{U_1}-1\right)^2\right]$$

式中　M_2——电压 U_2 下的计算启动转矩，N·m；

M_1——电压 U_1 下的实测启动转矩，N·m。

(2) 实例

试测算 YCS902 型 1.5kW 电容运转电动机的启动转矩。

解　计算与实测该电动机的启动转矩见表 4-4。

表 4-4　实测与计算启动转矩比较

U/V		50	70	75	100	140	220
M_1/N·m		0.42	0.98	1.13	2.06	4.43	
M_2/N·m	U_1=50V		0.89	1.05	2.10	4.65	12.99
	U_1=70V			1.13	2.18	4.90	14.17
	U_1=75V				2.14	4.78	13.93
	U_1=100V					4.38	12.94
	U_1=140V						13.38

表 4-4 中各计算值计算过程举例如下。

由 50V 实测值 $M_1=0.42$N·m，计算 70V 下启动转矩 M_2，以 $U_1=50$V、$U_2=70$V、$M_1=0.42$N·m 代入公式，则

$$M_2=M_1\left[\left(\frac{U_2}{U_1}\right)^2+\left(\frac{U_2}{U_1}-1\right)^2\right]$$

$$=0.42\times\left[\left(\frac{70}{50}\right)^2+\left(\frac{70}{50}-1\right)^2\right]=0.89(\text{N}\cdot\text{m})$$

所计算的 70V 下的启动转矩 0.89N·m，与 70V 下实测启动转矩 0.98N·m，仅差 0.09N·m。

12. 改善环境条件增加电动机出力的计算

电动机的额定功率以周围环境温度为+40℃来标定，当环境温度为+40℃时，电动机能以其额定功率连续运行而温升不超出允许范围；电动机在非标准环境温度下运行时，其功率应作相应修正。

(1) 计算公式

不同环境温度下电动机功率的修正公式为

$$P_t=P_e\sqrt{\frac{\tau_t}{\tau_e}(m+1)-m}$$

式中 P_t——当周围环境温度为 t℃时，电动机的功率，kW；

P_e——电动机额定功率，kW；

τ_t——当周围环境温度为 t℃时，电动机的允许温升，℃；

τ_e——当周围环境温度为+40℃时，电动机的允许温升（℃），视电动机绝缘等级而异，Y 系列电动机为 B 级绝缘，其允许温升为 80℃；

m——电动机空载损耗 P_0 与铜耗 P_{Cu}之比，$m=P_0/P_{Cu}$，见表 4-5。

表 4-5 电动机的 m 值

电动机型式	m 值		电动机型式	m 值
复励电动机	低速	0.5	普通工业用感应电动机	0.5～1.0
	高速	1.0	吊车用感应电动机	0.5～1.5
并励电动机	低速	1.0	冶金用小型绕线型异步电动机	0.45～0.6
	高速	2.0	大型绕线型异步电动机	0.9～1.0

上式有三种情况：

① 当 $\tau_t>\frac{m\tau_e}{m+1}$时，根号内的数值为正，表示在这种温升下，电动机能发挥出 P_t 的功率。

② 当 $\tau_t=\frac{m\tau_e}{m+1}$时，$P_t$ 等于零，表示在这种温升下，电动机由于它的空载损耗 P_0 已经使其发热达到极限程度，因而不能再带负荷运行了。

③ 当 $\tau_t<\frac{m\tau_e}{m+1}$时，根号内的数值为负，$P_t$ 变成一个虚数，表示在这种温升下，电动机即使空载运行也是不可能的。

(2) 实例

某车间一台 Y280M-8 型、45kW 电动机，△接线，带有 40kW 的负载（实测线电流约

76A)，由于安装空间小，散热条件差，空气温度达46℃，有时甚至达50℃，电动机发热严重，常引起热继电器动作而停机，影响生产。后采取扩大安装空间，改善通风条件，从而使空气温度降至35℃，电动机可靠运行。试计算：

① 改造前后电动机的输出功率及负荷率。

② 这两种情况下分别测得的绕组每相电阻为0.12Ω和0.10Ω（断电，迅速测量），改造后铜耗减少多少？

解 ① 改造前输出功率及负荷率计算。周围空气温度为46℃，电动机的允许温升为

$$\tau_{46}=\tau_e+40-t=80+40-46=74(℃)$$

设$m=0.7$（精确值应计算），则电动机出力为

$$P_{46}=P_e\sqrt{\frac{\tau_{46}}{\tau_e}(m+1)-m}$$

$$=45\times\sqrt{\frac{74}{80}\times(0.7+1)-0.7}=45\times\sqrt{0.87}=42(kW)$$

负荷率 $\beta=P/P_{46}=40/42=0.95$

当周围空气温度为50℃时，则

$$\tau_{50}=80+40-50=70(℃)$$

$$P_{50}=45\times\sqrt{\frac{70}{80}\times(0.7+1)-0.7}=45\times\sqrt{0.788}=39.9(kW)$$

$$\beta=P/P_{50}=40/39.9=1.003$$

可见，在这样大的负荷率下，电动机发热严重，并引起热继电器动作。

② 改造后输出功率和负荷率计算。

a. 周围空气温度为35℃，电动机的允许温升为

$\tau_{35}=80+40-35=85(℃)$

$P_{35}=45\times\sqrt{\frac{85}{80}\times(0.7+1)-0.7}=45\times\sqrt{1.106}=47.3(kW)$

负荷率 $\beta=P/P_{35}=40/47.3=0.85$

b. 改造后铜耗减少量计算。电动机为△接法，电动机铜耗计算公式为

$$P_{Cu}=I_2^2R_t$$

所以改造后铜耗减少为

$$\Delta P_{Cu}=I_2^2(R_{t_1}-R_{t_2})=76^2\times(0.12-0.1)=115.5(W)$$

可见，经改造后，大大改善了电动机的运行条件，电动机温度降低了，绕组铜耗和铁芯铁耗都能降低，节约了电能，保证了电动机安全可靠运行。

13. 电动机负荷率过低的改造计算

电动机负荷率太小，俗称“大马拉小车”（β<40%左右），运行效率低、不经济，应加以改造。举例说明如下。

【实例1】 有一台JO_2-72-4型30kW电动机，实际负荷为10kW，测出电动机的实际效率只有75%，功率因数为0.5。如果更换成Y160M-4型11kW电动机，额定效率为88%，功率因数为0.84，问更换后年节电量为多少？

解 原电动机的输入功率为

$$P_1=P_2/\eta=10/0.75=13.35(\text{kW})$$

无功损耗为

$$Q_1=P_1\tan\varphi=13.35\times\frac{\sqrt{1-0.5^2}}{0.5}=23.2(\text{kvar})$$

更换后电动机的输入功率为

$$P_1'=10/0.88=11.36(\text{kW})$$

无功损耗为

$$Q_1'=P_1'\tan\varphi'=11.36\times\frac{\sqrt{1-0.84^2}}{0.84}=7.34(\text{kvar})$$

更换电动机后节约有功功率为

$$\Delta P=P_1-P_1'=13.35-11.36=1.99(\text{kW})$$

节约无功功率为

$$\Delta Q=Q_1-Q_1'=23.2-7.34=15.86(\text{kvar})$$

如果每年连续运行 6000h，则电动机每年节约有功电量 11940kW·h，节约无功电量 95160kvar。

【实例 2】 一台 Y315M1-6 型 90kW 异步电动机，已知额定电压 U_e 为 380V，额定电流 I_e 为 167A，额定效率 η_e 为 93%，空载损耗 P_0 为 3.6kW，负荷率 β 为 35%，拟更换成一台 Y280M-6 型 55kW 电动机，该电动机的 U_e' 为 380V，I_e' 为 104.9A，η_e' 为 91.6%，P_0' 为 2.53kW，设年运行 4000h。问更换后年节电量为多少？

解 原电动机总损耗为

$$\begin{aligned}\sum\Delta P&=P_0+\beta^2\left[\left(\frac{1}{\eta_e}-1\right)P_e-P_0\right]\\&=3.6+0.35^2\times\left[\left(\frac{1}{0.93}-1\right)\times 90-3.6\right]\\&=3.99(\text{kW})\end{aligned}$$

更换后电动机的负荷率为

$$\beta'=\frac{P_e\beta}{P_e'}=\frac{90}{55}\times 0.35=0.57$$

更换后电动机的总损耗为

$$\begin{aligned}\sum\Delta P'&=P_0'+\beta'^2\left[\left(\frac{1}{\eta_e'}-1\right)P_e'-P_0'\right]\\&=2.53+0.57^2\times\left[\left(\frac{1}{0.916}-1\right)\times 55-2.53\right]\\&=3.55(\text{kW})\end{aligned}$$

年节电量为

$$A=(\sum\Delta P-\sum\Delta P')\tau=(3.99-3.35)\times 4000=2560(\text{kW}\cdot\text{h})$$

14. 异步电动机电能平衡测试计算

现将某企业几台电动机在电能平衡测试中的测算结果列于表 4-6～表 4-8。

表中，I 为线电流；U 为线电压（加于电动机接线端子上）；P_{W1}、P_{W2} 为功率表指示值；s 为电动机转差率；P_{Cu} 为电动机铜耗；P_s 为转子损耗；P_2 为电动机输出功率；$\cos\varphi$

为电动机功率因数；η 为电动机效率；β 为电动机负荷率；n 为电动机转速；R_t 为温度为 t 时每相绕组的直流电阻；R_{75} 为 75℃时每相绕组的直流电阻；t 为测试时的周围环境温度。

表 4-6　1# 电动机的测算结果

电动机型号	JO₂-86-6	功率	40kW	电压	380V	接法	△
转速	975r/min	电流	74.7A	制造厂	杭州	出厂83年3月	
测试项目	空载	负载	测试项目	空载		负载	
I/A	33.8	47.8	R_t/Ω	0.12(冷电阻)		—	
U/V	404	401	R_{75}/Ω	0.14		—	
$P_{W1}+P_{W2}$/kW	1	26.4	t/℃	29		—	
s	0.001	0.012	n/(r/min)	999		988	
P_{Cu}/W	159.9	319.9	β/%	—		62.3	
P_s/W	1	316.8	$\cos\varphi$	—		0.75	
P_2/kW	—	24.92	η/%	—		94.4	

表 4-7　2# 电动机的测算结果

电动机型号	JO₂L-72-2	功率	30kW	电压	380	接法	△
转速	2940r/min	电流	56A	制造厂	杭州	出厂83年5月	
测试项目	空载	负载	测试项目	空载		负载	
I/A	22.1	31	R_t/Ω	0.199(热电阻)		—	
U/V	439	441	R_{75}/Ω	—		—	
$P_{W1}+P_{W2}$/kW	2.2	15.7	t/℃	65		—	
s	0	0.0033	n/(r/min)	3000		2940	
P_{Cu}/W	97.5	191.25	β/%	—		44.5	
P_s/W	0	52.3	$\cos\varphi$	—		0.66	
P_2/kW	—	13.55	η/%	—		85	

表 4-8　3# 电动机的测算结果

电动机型号	Y160M-4	功率	11kW	电压	380V	接法	△
转速	1460r/min	电流	22.6A	制造厂	湖南	出厂84年7月	
测试项目	空载	负载	测试项目	空载		负载	
I/A	11.03	20.5	R_t/Ω	0.240(冷电阻)		—	
U/V	385	388	R_{75}/Ω	0.282		—	
$P_{W1}+P_{W2}$/kW	0.99	8	t/℃	30		—	
s	0.0113	0.018	n/(r/min)	1483		1473	
P_{Cu}/W	34.3	118.5	β/%	—		61.8	
P_s/W	11.2	144	$\cos\varphi$	—		0.49	
P_2/kW	—	6.79	η/%	—		84.9	

以表 4-6 为例计算数值如下：

① 电动机每相绕组 75℃时的直流电阻为

铜绕组 $$R_{75Cu}=\frac{309.5}{234.5+t}R_t$$

铝绕组 $$R_{75Al}=\frac{300}{225+t}R_t$$

该电动机为铜绕组，故

$$R_{75}=\frac{309.5}{234.5+29}\times 0.12=0.14(\Omega)$$

如果电动机运行中，断电，立即测得绕组的热时电阻，则不必换算到75℃。

② 转差率 s。

空载转差率 $$s_0=\frac{n_e-n_0}{n_e}=\frac{1000-999}{1000}=0.001$$

负载转差率 $$s=\frac{n_e-n}{n_e}=\frac{1000-988}{1000}=0.012$$

③ 转子损耗 P_s。

空载时　$P_{0s}\approx P_1 s_0=(P_{0W2}+P_{0W2})s_0=1\times 0.001=0.001(kW)=1(W)$

负载时　$P_s\approx(P_{W1}+P_{W2})s=26.4\times 0.012=0.3168(kW)=316.8(W)$

式中　P_1——电动机输入功率，kW。

④ 电动机铜耗 P_{Cu}。

$$P_{Cu}=3I^2R_{75}(\text{Y 接法})$$

$$P_{Cu}=I^2R_{75}(\triangle\text{接法})$$

该电动机为△接法，故

空载时 $P_{0Cu}=I_0^2R_{75}=33.8^2\times 0.14=159.9(W)$

负载时 $P_{Cu}=I^2R_{75}=47.8^2\times 0.14=319.9(W)$

⑤ 电动机输出功率 P_2。

$$P_2=P_1-(P_0-P_{0Cu}-P_{0s})-P_{Cu}-P_s$$

式中　P_1——电动机输入功率，kW；

P_0——空载输入功率，kW；

P_{0Cu}——空载铜耗，kW；

P_{0s}——空载转子损耗，kW；

P_{Cu}——铜耗，kW；

P_s——转子损耗，kW。

$P_0-P_{0Cu}-P_{0s}=P_{Fe}+P_j$，其中 P_{Fe} 为铁耗，P_j 为机械损耗。

将前面的计算数据代入上式，得

$$P_2=26.4-(1-0.1599-0.001)-0.3199-0.3168=24.92(kW)$$

⑥ 电动机负荷率 β。

$$\beta=\frac{P_2}{P_e}\times 100\%=\frac{24.92}{40}\times 100\%=62.3\%$$

⑦ 电动机功率因数 $\cos\varphi$（负载时）。

$$\cos\varphi=\frac{P_2}{\sqrt{3}UI}=\frac{24.92\times 10^3}{\sqrt{3}\times 401\times 47.8}=0.75$$

⑧ 电动机效率 η。

$$\eta=\frac{P_2}{P_1}\times100\%=\frac{24.92}{26.4}\times100\%=94.4\%$$

以上计算公式同样适用于Y系列电动机。

15. 直流电动机反电动势及转矩计算

【实例】 一台直流并励电动机的电路图如图4-3所示，端电压为210V，电枢电流为50A，电枢电阻为0.12Ω，试求：

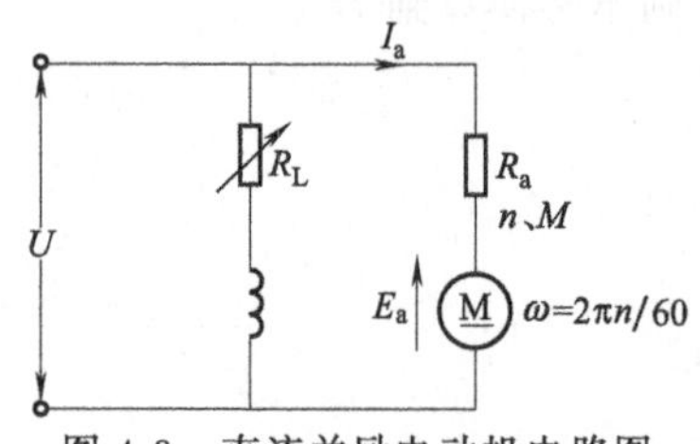

图4-3 直流并励电动机电路图

① 以转速1700r/min旋转时所产生的转矩；

② 使励磁电流不变，减少负载，当电枢电流等于30A时，其转速及产生的转矩各为多少？

解 本题利用以下三个基本关系式：

端电压与反电动势的关系 $U=E_a+I_aR_a$

反电动势与转速的关系 $E_a=C_e\Phi n$

功率与转矩的关系 $P=\omega M$

式中 ω——角速度（rad/s），$\omega=2\pi n/60$。

设端电压为U，电枢电阻为R_a，磁通为Φ，电势常数为C_a；又设反电动势为E_a，电枢电流为I_a，转速为n，转矩为M，功率为P。当转速为1700r/min时加注脚“1”；当电枢电流为30A时加注脚“2”。

① 反电动势为 $E_{a1}=U-I_{a1}R_a=210-50\times0.12=204(\text{V})$

故转速为1700r/min时的转矩为

$$M_1=P_1/\omega_1=E_{a1}I_{a1}/\omega_1=\frac{204\times50\times60}{2\pi\times1700}\approx57.3(\text{N}\cdot\text{m})$$

② 反电动势为

$$E_{a2}=U-I_{a2}R_a=210-30\times0.12=206.4(\text{V})$$

按题意，励磁电流不变，所以磁通Φ可看作不变，转速n_2为

$$n_2=\frac{E_{a2}}{C_e\Phi}=\frac{E_{a2}}{E_{a1}}n_1=(206.4/204)\times1700\approx1720(\text{r/min})$$

转矩M_2与M_1的计算方法相同，即

$$M_2=E_{a2}I_{a2}/\omega_2=206.4\times30\times\frac{60}{2\pi\times1720}\approx34.4(\text{N}\cdot\text{m})$$

16. 直流电动机效率、空载电流及电枢温度的计算

【实例】 有一额定功率为37kW，额定电压为220V，额定电流为190A的带有辅助极的他励直流电动机。该电枢和辅助极线圈的电阻共0.1Ω，空载时电枢温升为10℃。试求：

① 额定功率下的效率；

② 空载电流；

③ 额定负荷时电枢的温度。

设转速一定；由于温升引起的电阻变化可忽略不计。又设电枢温升与电枢内的损耗成正比；电枢铁耗为空载损耗的1/2，电枢铜耗为总铜耗的2/3；周围环境温度为20℃；电刷压降、杂散损耗、励磁损耗忽略不计。

解 ① 设该电动机的输入功率为P_{sr}，输出功率为P_2，则额定输出功率下的效率为

$$\eta_e=\frac{P_2}{P_{sr}}=\frac{37\times10^3}{220\times190}=88.5\%$$

② 电动机的总损耗为

$$\sum\Delta P=P_0+P_{Cu}=P_{sr}-P_2=41800-37000=4800(W)$$

其中铜耗为

$$P_{Cu}=I_a^2R_a=190^2\times0.1=3610(W)$$

因此空载损耗为

$$P_0=\sum\Delta P-P_{Cu}=4800-3610=1190(W)$$

空载电流为

$$I_0=P_0/U=1190/220=5.4(A)$$

③ 额定负荷时的电枢损耗，按题意为

$$\Delta P_a=1/2P_0+2/3P_{Cu}=\frac{1}{2}\times1190+\frac{2}{3}\times3610=3002(W)$$

另外，空载时的电枢损耗为

$$\frac{1}{2}P_0=\frac{1}{2}\times1190=595(W)$$

已知这时的温升为10℃，因此，根据电枢温升与电枢损耗成正比，故额定负荷时的温升为

$$10\times\frac{3002}{595}=50.5(℃)$$

电动机电枢温度为温升加周围温度，即

$$50.5+20=70.5(℃)$$

17. 直流发电机作直流电动机时的转速计算

【实例】 如图4-4所示，有一电枢电阻为0.055Ω的直流并励发电机，当转速为1000r/min，端电压为220V时，电枢电流为85A。现要将它作电动机用，若保持它的端电压及电枢电流与上述数值相同时，试问它的转速为多少？设电枢反应可忽略不计。

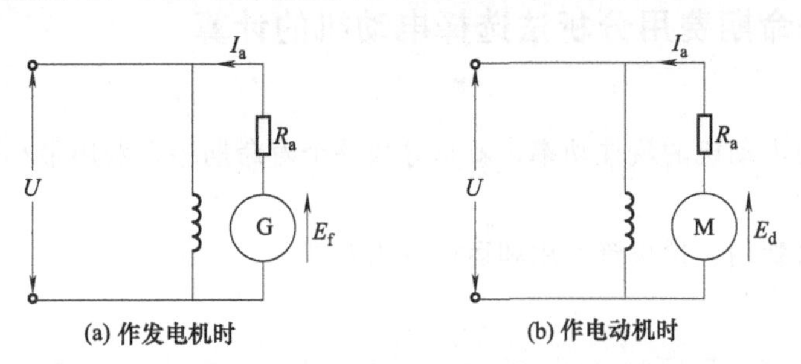

图4-4 直流并励发电机作发电机时和作电动机时的原理图

解 设端电压为U，电枢电流为I_a，电枢电阻为R_a，电势常数为C_a，作为发电机时的感应电动势为E_f，转速为n_f，磁通为Φ_f；作为电动机时的反电动势为E_d，转速为n_d，磁通Φ_d，则有下列关系：

① 作发电机运行时：

$$E_f=U+I_aR_a=220+85\times0.055=224.7(V)$$

因为 $$E_f=C_e\Phi_fn_f$$

故 $$C_e\Phi_f=E_f/n_f$$

② 作电动机运行时：

$$E_{\mathrm{d}}=U-I_{\mathrm{a}}R_{\mathrm{a}}=220-85\times0.055=215.3(\mathrm{V})$$

$$E_{\mathrm{d}}=C_{\mathrm{e}}\Phi_{\mathrm{d}}n_{\mathrm{d}}$$

按题意，端电压 U 不变，忽略电枢反应，所以磁通在作电动机的情况下也不变，即 $\Phi_{\mathrm{f}}=\Phi_{\mathrm{d}}$，因此，转速为

$$n_{\mathrm{d}}=\frac{E_{\mathrm{d}}}{C_{\mathrm{e}}\Phi_{\mathrm{d}}}=\frac{E_{\mathrm{d}}}{E_{\mathrm{f}}}n_{\mathrm{f}}=\frac{215.3}{224.7}\times1000\approx961(\mathrm{r/min})$$

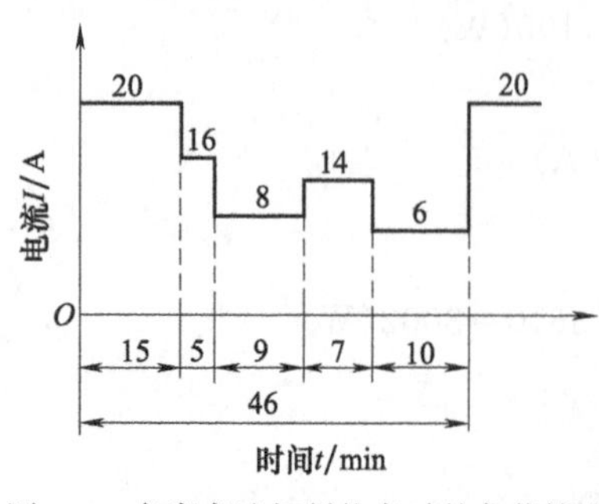

图 4-5 车床高速切削状态时的负荷情况

18. 车床电动机功率的计算

【实例】 某车床由三相异步电动机拖动，电动机的额定参数如下：$P_{\mathrm{e}}=5.5\mathrm{kW}$，$n_{\mathrm{e}}=1440\mathrm{r/min}$，$\eta_{\mathrm{e}}=0.85$，$U_{\mathrm{e}}=380\mathrm{V}$，$\cos\varphi_{\mathrm{e}}=0.82$。现欲将该车床改成高速切削状态，负荷情况如图 4-5 所示。问该电动机能否胜任工作？

解 由图 4-5 得等效负荷电流为

$$I_{\mathrm{jf}}=\sqrt{\frac{I_1^2t_1+I_2^2t_2+I_3^2t_3+I_4^2t_4+I_5^2t_5}{t_1+t_2+t_3+t_4+t_5}}$$

$$=\sqrt{\frac{20^5\times15+16^2\times5+8^2\times9+14^2\times7+6^2\times10}{15+5+9+7+10}}$$

$$=14.4(\mathrm{A})$$

电动机额定电流为

$$I_{\mathrm{e}}=\frac{P_{\mathrm{e}}}{\sqrt{3}U_{\mathrm{e}}\eta_{\mathrm{e}}\cos\varphi_{\mathrm{e}}}=\frac{5.5\times10^3}{\sqrt{3}\times380\times0.85\times0.82}=12(\mathrm{A})$$

因为 $I_{\mathrm{e}}<I_{\mathrm{jf}}$，故原电动机已不能胜任高速工作。

19. 采用寿命期费用分析法选择电动机的计算

(1) 计算公式

求负荷已知时电动机的最佳功率，就是寻找整个寿命期综合费用最小的电动机。可选择几种方案进行比较。

电动机的综合费用包括投资费用和运行费用两部分。

① 投资费：

$$C_{\mathrm{t}}=C_{\mathrm{j}}+C_{\mathrm{a}}$$

式中 C_{t}——投资费，元；

C_{j}——电动机价格，元；

C_{a}——电动机安装费及其他费用（元），可根据电动机的安装要求和工作现场等条件估算出，通常取 $C_{\mathrm{a}}=0.2C_{\mathrm{j}}$。

② 年运行费。当不考虑折旧、维修费时，可由下式计算：

$$C_{\mathrm{y}}=(P_2+\sum\Delta P)T\delta=\left\{P_2+P_0+\beta^2\left[\left(\frac{1}{\eta_{\mathrm{e}}}-1\right)P_{\mathrm{e}}-P_0\right]\right\}T\delta$$

式中 C_{y}——电动机在负荷功率 P_2 时的年耗电费，元/年；

P_2——电动机年平均负荷功率，kW；

$\sum\Delta P$——电动机总损耗，kW；

T——电动机年运行小时数；

δ——电价，元/(kW·h)；

P_0——电动机空载损耗，kW；

β——电动机负荷率；

P_e——电动机额定功率，kW；

η_e——电动机额定效率。

③ 电动机综合费用。考虑投资和电费的利率，综合费用可按下式计算（若以 t 年为期）：

$$\sum C = C_t(1+i)^t + C_y \frac{(1+i)^t - 1}{i}$$

根据上述公式，逐台比较预选电动机的综合费用$\sum C$值的大小，就可以选出$\sum C$值最小的电动机，即经济性最佳的电动机。

(2) 实例

某水泵要求4极异步电动机传动，实际要求电动机的输出功率为27kW，年运行时间为4000h。试以10年为期，求Y（IP44）系列和高效率电动机的最佳功率，并进行经济效益比较。设电价 δ 为0.5元/(kW·h)，利率 i 为0.03。

解 对于Y系列4极电动机，可供选择的规格有30kW、37kW、45kW、55kW和75kW；对于高效率电动机，有30kW、55kW和75kW。

先由产品目录查出对应各规格电动机的空载损耗 P_0 和额定效率 η_e，并按 $\beta=27/P_e$ 求出相应的负荷率。查出各规格的价格 C_j。然后按以下方法计算：

如Y200L-4，$P_e=30$kW，$P_0=0.9$kW，$\eta_e=0.922$，$\beta=27/30=0.9$，电动机价格$C_j=$2400元。

由下式求得投资费用为

$$C_t = C_j + C_a = C_j + 0.2C_j = 1.2\times2400 = 2880(\text{元})$$

电动机在负荷 P_2 下，年耗电费（运行费用）为

$$\begin{aligned} C_y &= (P_2 + \sum\Delta P)T\delta \\ &= \left\{P_2 + P_0 + \beta^2\left[\left(\frac{1}{\eta_e} - 1\right)P_e - P_0\right]\right\}T\delta \\ &= \left\{27 + 0.9 + 0.9^2\times\left[\left(\frac{1}{0.922} - 1\right)\times30 - 0.9\right]\right\}\times4000\times0.5 \\ &= 58453(\text{元}) \end{aligned}$$

以10年为期的综合费用为

$$\begin{aligned} \sum C &= C_t(1+i)^t + C_y\frac{(1+i)^t - 1}{i} \\ &= 2880\times(1+0.03)^{10} + 58453\times\frac{(1+0.03)^{10} - 1}{0.03} \\ &= 3871 + 670052 = 673923(\text{元}) \end{aligned}$$

同理，可求出其他规格及高效率电动机的综合费用，见表4-9。

由表4-9可知，Y系列电动机最佳功率为30kW；高效率电动机的最佳功率为55kW，比Y系列30kW电动机节约13264元。

表 4-9 各规格电动机综合费用比较

电动机型号	P_e/kW	P_0/kW	η_e	β	C_t/元	C_y/元	ΣC/元
Y200L-4	30	0.9	0.922	0.9	2880	58453	673923
Y200S-4	37	1.1	0.918	0.73	3550	58550	673593
Y225M-4	45	1.25	0.923	0.6	4320	58303	674132
Y250M-4	55	1.56	0.926	0.49	5280	58481	677469
Y280S-4	75	2.41	0.927	0.36	7200	59726	694315
H200L-4	30	0.37	0.938	0.9	3310	57353	661885
H250M-4	55	0.732	0.9354	0.49	5950	56936	660659
H280S-4	75	1.206	0.9483	0.39	7340	57289	666568

注：各电动机价格仅为参考价。

20. 根据负载转矩选择电动机的计算

(1) 计算公式

1) 电动机额定功率计算

① 对于平稳或变化很小的负载连续工作制的电动机额定功率按下式计算：

$$P_e \geqslant P_z = \frac{M_z n_e}{9555}$$

式中 P_e——电动机额定功率，kW；

P_z——负载功率，kW；

M_z——折算到电动机轴上的静负载转矩，N·m；

n_e——电动机额定转速，r/min。

② 对恒定负载转矩，在额定转速以上调速时，其额定功率应按所要求的最高工作转速计算：

$$P_e \geqslant \frac{M_z n_{max}}{9555}$$

式中 n_{max}——电动机的最高工作转速，r/min。

③ 如果环境温度离标准值 40℃较远，应修正电动机的额定功率。

2) 校验启动过程中的最小转矩及允许的最大飞轮力矩

对启动沉重的机械，当采用笼型异步电动机或同步电动机时，还应按下列公式校验最小启动转矩和允许的机械最大飞轮力矩，以保证能顺利启动和启动过程中电动机不致过热。该两项校验必须同时通过。

① 校验最小转矩为

$$M_{min} \geqslant \frac{M_{zmax} K_s}{K_u^2}, K_u = U_q / U_e$$

式中 M_{min}——启动过程中电动机的最小转矩，N·m；

M_{zmax}——启动过程中的最大负载转矩，N·m；

K_s——保证启动时有足够加速转矩的系数，一般取 1.15～1.25；

K_u——电压波动系数，直接启动时取 0.85；

U_q——启动时电动机端电压，V。

② 校验允许的机械最大飞轮转矩为

$$GD_{jmax}^2 \leqslant GD_{uxm}^2 = GD_0^2\left(1-\frac{M_{zmax}}{M_{qpj}K_u^2}\right)-GD_d^2$$

式中 GD_{jmax}^2——传动机械实际的最大飞轮转矩（N·m²），需折算到电动机轴上；

GD_{uxm}^2——允许传动机械具有的最大飞轮转矩（N·m²），需折算到电动机轴上；

GD_0^2——包括电动机在内的整个传动允许的最大飞轮转矩（N·m²），需折算到电动机轴上，可由产品目录中查得；

GD_d^2——电动机转子的飞轮转矩，N·m²；

M_{qpj}——电动机的平均启动转矩（N·m），见表 4-10。

表 4-10 交流电动机的平均启动转矩

电动机类型	平均启动转矩	符号含义
同步电动机 $M_q > M_{qr}$ 时 $M_q \leqslant M_{qr}$	$M_{qpj}=0.5(M_q+M_{qr})$ $M_{qpj}=1.0\sim1.1M_q$	M_{qpj}——平均启动转矩 M_q——最初启动转矩($s=1$ 时) M_{qr}——牵入转矩 M_{lj}——临界转矩
笼型异步电动机(一般用途)	$M_{qpj}=0.15\sim0.5(M_q+M_{lj})$	

（2）实例

已知负载转矩 M_z 为 1447N·m，启动过程中的最大静阻转矩 M_{zmax} 为 562N·m，要求电动机的转速 n 为 2900～3000r/min，传动机械折算到电动机轴上的总飞轮转矩 GD_{jmax}^2 为 1960N·m²，试选择电动机。

解 ① 负载功率计算：

$$P_z=\frac{M_z n_e}{9555}=\frac{1447\times2975}{9555}=450(\text{kW})$$

初选 JK-500 型笼型异步电动机，由产品目录查得 $P_e=500\text{kW}$，$n_e=2975\text{r/min}$，转矩过载倍数 $\lambda=2.5$，最小启动转矩倍数为

$$M_{dmin}^*=M_{dmin}/M_e=0.73$$

电动机转子飞轮力矩 $GD_d^2=441\text{N}\cdot\text{m}^2$，允许的最大飞轮力矩 $GD_0^2=3825\text{N}\cdot\text{m}^2$。

电动机的额定转矩为

$$M_e=\frac{9555P_e}{n_e}=\frac{9555\times500}{2975}=1606(\text{N}\cdot\text{m})$$

电动机的实际负荷率

$$\beta=\frac{P_z}{P_e}=\frac{450}{500}=0.90$$

② 校验最小启动转矩。启动过程中电动机需要的最小启动转矩（假设电动机为全压启动）为

$$M_{min}=\frac{M_{zmax}K_s}{K_u^2}=\frac{562\times1.25}{0.85^2}=972(\text{N}\cdot\text{m})$$

电动机实际的最小启动转矩 $M_{dmin}=M_{dmin}^*M_e=0.73\times1606=1172$（N·m）。$M_{dmin}>M_{min}$，故最小启动转矩校验合格。

③ 校验允许的最大飞轮转矩：由表 4-10 查得平均启动转矩为

$$M_{qpj}=0.45(M_q+M_{lj})=0.45(M^*_{dmin}M_e+\lambda M_e)$$
$$=0.45\times(0.73+2.5)\times1606$$
$$=2334(\text{N}\cdot\text{m})$$

允许的最大飞轮转矩为

$$GD^2_{uxm}=GD^2_0\left(1-\frac{M_{zmax}}{M_{qpj}K^2_u}\right)-GD^2_d$$
$$=3825\times\left(1-\frac{562}{2334\times0.85^2}\right)-441$$
$$=2110(\text{N}\cdot\text{m}^2)$$

由于 $GD^2_{uxm}>GD^2_{jmax}$ （1960N·m²），故允许的最大飞轮转矩校验合格。

因此，JK-500 型电动机的发热及启动条件检验均通过，可以选用此电动机。

21. 平皮带传动装置的计算

(1) 平皮带传动功率表

国产橡胶平皮带传动功率见表 4-11。表 4-11 适用于小轮包角 α 为 180°时的情况。当 α 小于 180°时，表 4-11 中所列的传递功率应乘以包角系数（见表 4-12）。

表 4-11 国产橡胶平皮带传动功率表

皮带宽度/mm	皮带厚度（层数） \ 传递功率/kW	皮带速度/(m/min)									
		300	400	500	600	700	800	900	1000	1100	1200
100	3	3.6	4.5	5.5	6.7	7.7	8.7	9.8	10.7	11.8	12.1
	4	5.1	6.2	7.8	9.0	10.7	12.2	13.4	14.6	16.1	16.5
125	4	6.1	7.9	9.9	11.4	13.4	15.3	16.7	18.3	20.1	21.1
	5	7.5	9.9	12.3	14.6	16.8	19.2	21.0	23.4	25.8	26.8
150	5	9	11.7	14.5	17.6	20.3	23.6	25.1	28.0	31.0	32.2
	6	11.5	14.8	18.4	22.3	25.2	29.4	32.1	34.7	38.0	40.2
200	5	12.0	15.7	19.6	23.3	26.9	30.6	33.5	37.5	41.2	42.8
	6	15.3	19.7	24.6	29.6	33.4	39.2	42.7	46.2	50.8	53.6
	7	17.6	22.7	28.4	34.2	39.8	46.1	47.6	54.3	59.6	61.0
250	5	15.0	19.6	24.5	29.1	33.6	38.2	42.0	46.8	51.5	53.5
	6	19.2	24.6	31.8	37.0	43.0	49.0	53.5	37.7	63.5	67.0
	7	22.0	28.4	35.5	42.8	49.8	56.6	62.0	68.0	74.6	76.3
300	6	23.0	29.5	38.0	44.0	51.7	58.8	64.0	69.0	76.0	80.0
	7	27.4	34.0	42.5	51.2	59.6	67.8	74.2	81.5	88.0	91.5

注：国产橡胶平皮带每层厚度 1.25mm。

表 4-12 平皮带不同包角时的包角系数

包角 α	180°	170°	160°	150°	140°	130°	120°
修正系数 K	1.0	0.98	0.96	0.93	0.90	0.87	0.83

（2）实例

欲建一小水电站，已知水轮机额定转速为582r/min，发电机额定转速为1000r/min，额定功率为26kW，均为横卧式安装，采用开口式平皮带传动，试设计传动装置。

解 ① 传动比为

$$i=n_2/n_1=1000/582=1.72$$

在开口传动中一般不宜大于5，否则应通过传动轴做两次传动。

② 设皮带线速度 v 为800m/min，则小轮直径为

$$D_2=\frac{v}{\pi n_2}=\frac{800}{\pi\times1000}=0.255(\mathrm{m})=255(\mathrm{mm})$$

取 $D_2=250$mm，相应皮带线速度 v 为785m/min。

③ 根据 $P=26$kW、$v=785$m/min，查表4-11，选用厚度为6层，宽度为150mm的皮带。

在包角为180°时传递功率约29.4kW，大于26kW，可不必进行包角影响修正（包角修正见表4-12）。

④ 查表4-11，当皮带层数为6层，v 为600～1200m/min时，最小皮带轮直径为300mm，故按上述选定的小轮直径250mm不符合要求。

⑤ 重选小轮直径：D_2 取330mm，则皮带线速度 v 为618m/min。

根据 $P=26$kW、$v=618$m/min，查表4-11，选用厚度为6层、宽度为200mm的皮带。

包角为180°时传递功率约29.6kW，大于26kW，可不必进行包角影响修正。

⑥ 水轮机皮带轮直径 D_1 为

取 $K=1.03$，$D_1=K\dfrac{n_2}{n_1}D_2=1.03\times\dfrac{1000}{582}\times330=584.6$（mm），取580mm。

式中 K——打滑系数，通常取1.02～1.05。

⑦ 皮带轮宽 B（按1.1倍皮带宽选择）为

$$B=1.1\times200=220(\mathrm{mm})$$

⑧ 皮带轮最小中心距：

$$A_{\min}=2(D_1+D_2)=2\times(580+330)=1820(\mathrm{mm})$$

根据实际情况，取 $A=2$m。

⑨ 皮带长度 L 为

$$\begin{aligned}L&=2A+\frac{\pi}{2}(D_1+D_2)+\frac{(D_1-D_2)^2}{4A}\\&=2\times2000+\frac{\pi}{2}\times(580+330)+\frac{(580-330)^2}{4\times2000}=5436.5(\mathrm{mm})\end{aligned}$$

考虑皮带接头余量，取 L 为6m。

22. 齿轮传动装置的计算

（1）齿轮允许传递功率表

45 调质钢圆柱齿轮允许传递功率见表 4-13。

表 4-13 45 调质钢圆柱齿轮允许传递功率 单位：kW

齿数 z \ P'_j/P'_w \ 模数 m	4.0mm	4.5mm	5.0mm	6.0mm	8.0mm	10.0mm
16	5.165 21.56	7.354 30.70	10.08 42.12	17.43 72.94	41.32 162.9	80.69 318.2
17	5.831 23.39	8.302 33.31	11.39 45.70	19.68 79.15	46.65 176.7	91.11 345.3
18	6.537 25.25	9.308 36.01	12.77 49.40	22.06 85.38	52.30 191.1	102.2 373.2
19	7.284 27.19	10.37 38.78	14.23 53.21	24.58 91.96	58.27 205.8	113.8 401.9
20	8.069 29.25	11.49 41.65	15.76 57.13	27.24 98.69	64.56 221.0	126.1 431.7
21	8.898 31.31	12.67 44.59	17.38 61.16	30.03 105.6	71.18 236.6	139.0 462.2
22	9.761 33.12	13.90 47.16	19.08 64.69	32.95 111.8	78.15 250.2	152.6 488.8
23	10.67 34.95	15.20 49.77	20.85 68.27	36.02 118.0	85.39 264.0	166.8 515.9
24	11.62 36.82	16.55 52.43	22.70 71.91	39.22 124.3	93.0 278.2	181.6 543.4
25	12.61 38.71	17.45 55.12	24.63 75.60	42.56 130.7	100.9 292.5	197.0 571.3
26	13.64 40.82	19.42 58.12	26.64 79.69	46.03 137.8	109.1 308.5	213.1 602.5
27	14.71 42.97	20.94 61.18	28.73 83.89	49.64 145.0	117.7 324.7	229.8 634.2
28	15.81 44.97	22.52 64.02	30.89 87.85	53.38 151.8	126.5 339.8	247.2 663.6
29	16.97 46.97	24.16 66.90	33.14 91.76	57.27 157.0	135.7 355.0	265.1 693.4
30	18.15 49.04	25.85 69.82	35.47 95.77	61.28 163.9	145.3 370.5	283.8 723.7
32	20.66 53.22	29.42 75.78	40.35 103.9	69.73 179.6	165.3 402.2	322.8 785.5
34	23.32 57.52	33.21 81.90	45.55 112.3	78.72 194.1	186.6 434.7	364.4 849.0
36	26.15 61.95	37.23 88.15	51.07 121.0	88.23 209.1	209.2 468.0	408.5 914.1
38	29.13 66.47	41.48 94.64	56.80 129.8	98.33 222.1	233.1 502.2	455.2 981.0
40	32.28 70.89	45.96 100.9	63.05 138.5	108.9 239.2	258.2 535.7	504.4 1046.0

表4-13中P'_j为根据接触强度算出的允许传递功率；P'_w为根据弯曲强度算出的允许传递功率。

当实际情况与制表条件不同时，允许传递功率按下列公式修正。

$$P_j = P'_j \frac{2i}{1+i} \times \frac{\psi}{10} \times \frac{n}{1000} K_c$$

$$P_w = P'_w \frac{\psi}{10} \times \frac{n}{1000} K_c$$

式中　K_c——材料系数，见表4-14。

求得的P_j和P_w中的较小值，应大于或等于齿轮实际传递的功率，否则要重新选择模数。

表4-14　材料系数K_c值

条件 \ 系数K_c \ 材料	45钢正火	45钢调质	40铬钢调质	40铬钢正体调质	40铬钢高频淬火	20铬钢渗碳淬火	18铬锰钛钢渗碳淬火	铸铁HT20-40
按接触强度时	0.56	1	1.17	5.48	6.35	8.20	9.22	2.03
按弯曲强度时	0.78	1	1.22	2.28	1.92	1.92	2.40	0.33

此外，允许传递功率大，齿轮寿命较短，反之则长。

(2) 实例

某发电机额定功率P为75kW，转速n_f为1000r/min，水轮机转速n_s为330r/min，用一对现有直齿圆柱齿轮传动，已知大齿轮齿数z_1为54，小齿轮齿数z_2为18，齿宽b均为80mm，模数m均为8mm，齿轮材料为45调质钢。试判断这对齿轮是否适用。

解　1) 传动比计算

所需传动比为

$$i = n_f / n_s = 1000/330 = 3.03$$

实际传动比为

$$i = z_1 / z_2 = 54/18 = 3$$

两者基本相符，可用。

2) 允许传递功率计算

① 小齿轮：z_2为18，m为8mm，b为80mm，查表4-13得P'_j为52.3kW，P'_w为191kW，故允许传递功率为

$$P_j = P'_j \frac{2i}{1+i} = 52.3 \times \frac{2 \times 3.03}{1+3.03} = 80(\text{kW})$$

$$P_w = P'_w = 191(\text{kW})$$

② 大齿轮：z_1为54，而表4-13中最多是40齿，因为允许传递功率已接近直线变化，可以用外插法求得。当z_1为54，m为8mm时，算得P'_j为348.6kW，P'_w为723.2kW，故大齿轮允许传递功率为

$$P_j = P'_j \frac{2i}{1+i} \times \frac{n}{1000} = 348.6 \times \frac{2 \times 3.03}{1+3.03} \times \frac{330}{1000} = 185.4(\text{kW})$$

$$P_w = P'_w \frac{n}{1000} = 723.2 \times \frac{330}{1000} = 238.8(\text{kW})$$

计算结果表明，这对齿轮最小允许传递功率为80kW，大于实际传递功率75kW，可以采用。

23. 60Hz电动机用于50Hz电源上的分析

【实例】 一台10kW、60Hz、380V、4极（1750r/min）三相异步电动机，已知额定电流为20.6A，空载电流为10A，效率为88%，功率因数为0.84，试分析用于50Hz电源上的情况。

解 用下角“1”代表60Hz的各量，“2”代表50Hz的各量。该电动机用于50Hz电源时：

① 每极磁通

$$\Phi_2=\frac{f_1}{f_2}\Phi_1=\frac{60}{50}\Phi_1=1.2\Phi_1$$

即每极磁通相应增加20%。

② 空载电流。由于每极磁通增加20%，电动机各部分的磁通密度要增加20%，电动机设计时磁通余量很小，故空载电流的增加将大大超过20%，即

$$I_{02}\gg I_{01}=10(\mathrm{A})$$

如果空载电流接近或超过10A，则电动机不能使用。

③ 电动机功率。一般来说，电动机功率应比原来减少20%以上，即

$$P_{02}<0.8P_{01}=0.8\times10=8(\mathrm{kW})$$

④ 转速。转速将下降：

$$\Delta n=\frac{f_1-f_2}{f_1}=\frac{60-50}{60}=16.6\%\approx17\%$$

$$n_2\approx0.83n_1=0.83\times1750\approx1450(\mathrm{r/min})$$

⑤ 启动电流。电动机是感性负载，其电抗值 x 正比于电源频率，电源频率变低，x 变小，而启动电流反比于电抗值 x，因此电动机的启动电流会相应地比原来增大20%左右，即

$$I_{q2}\approx1.2I_{q1}$$

⑥ 转矩。转矩大小反比于电源频率的平方，即 $M\propto\frac{1}{f^2}$，因此当电源频率由60Hz变成50Hz时，转矩增加了，即

$$M_2=\frac{f_1^2}{f_2^2}M_1=\frac{60^2}{50^2}M_1=1.44M_1$$

即增加了44%左右。

同理，电动机最大转矩和最小转矩也会相应增加。

⑦ 电动机各损耗：

a. 铁耗：约与磁通密度平方及频率的1.3次方成正比，故铁耗约比原来增加14%。

b. 定子铜耗：如果负载电流相同，则定子铜耗不变。

c. 转子铜耗：由于磁通密度增大了20%，为维持同样转矩，则转子电流将减少16.6%，故转子铜耗有所下降。

d. 附加损耗：风摩损耗 P_f 因转速下降而降低，约为原来的60%；附加损耗下降很多。

⑧ 效率。由于电动机的输出功率大为降低，所以效率一般要下降，即

$$\eta_2<\eta_1=88\%$$

⑨ 功率因数。因空载电流增大很多，虽然电动机的电抗值下降，但仍不足以补偿，因此功率因数也会有所下降，即

$$\cos\varphi_2<\cos\varphi_1=0.84$$

⑩ 额定电流。根据公式 $I=\dfrac{P}{\sqrt{3}U\eta\cos\varphi}$，由于 P、$\cos\varphi$、η 均下降，而 P 下降更多，因此额定电流有较大减小，约为

$$I_{e2}\approx0.7I_{e1}$$

⑪ 温升。由于磁通密度比原来增大 20%，铁芯磁通密度将饱和，另外，通风效果随转速的下降而变坏，因此电动机温升要比原来的高许多。

24. 50Hz 电动机用于 60Hz 电源上的分析

【实例】 一台 11kW、50Hz、380V、4 极（1460r/min）的三相异步电动机，已知额定电流为 22.6A，空载电流为 9A，效率为 88%，功率因数为 0.84，试分析用于 60Hz 电源上的情况。

解 分析方法同 60Hz 电动机用于 50Hz 电源上的分析

① 每极磁通：

$$\Phi_1=\frac{f_2}{f_1}\Phi_2=\frac{50}{60}\Phi_2=0.83\Phi_2$$

即每极磁通相应减少 17%。

② 空载电流：

$$I_{01}\ll I_{02}=9(\mathrm{A})$$

③ 电动机容量。比原来增加 17%以上，即

$$P_{01}>1.17P_{02}=1.17\times11\approx12.9(\mathrm{kW})$$

④ 转速。转速将提高：

$$\Delta n=\frac{f_1-f_2}{f_2}=\frac{60-50}{50}=20\%$$

$$n_1=1.2n_2=1.2\times1460\approx1750(\mathrm{r/min})$$

⑤ 启动电流。相应地比原来减小 17%左右，即

$$I_{q1}\approx0.83I_{q2}$$

⑥ 转矩：

$$M_1=\frac{f_2^2}{f_1^2}M_2=\frac{50^2}{60^2}M_2=0.69M_2$$

即减小了 31%左右。

电动机最大转矩约减小 15%；额定转矩约减小 17%。

⑦ 效率。

$$\eta_1>\eta_2=88\%$$

⑧ 功率因数。

$$\cos\varphi_1>\cos\varphi_2=0.84$$

⑨ 额定电流。约为

$$I_1 \approx 1.1 I_2 = 1.1 \times 22.6 \approx 24.9(\mathrm{A})$$

⑩ 温升。由于磁通密度比原来减小17%，铁芯磁通密度不饱和，另外，通风效果随转速增加而变得更好，因此电动机温升要比原来的低许多。

25. 60Hz电动机用于50Hz电源，降压使用时的分析

【实例】 一台10kW、60Hz、380V、4极（1750r/min）三相异步电动机，已知额定电流为20.6A，效率为88%，功率因数为0.84，欲用于50Hz电源，为使其不过热，如何降压使用？降压使用效果如何？

解 ① 降压使用，降压电压的确定。为了使60Hz电动机用于50Hz电网上不过电流发热，就得维持电动机的磁通不变，由公式$\Phi = \dfrac{k_e U}{4.44 f W k_{dp1}}$可知，唯一可变的只有电源电压。

现以60Hz、380V电动机为例。令$\Phi_1 = \Phi_2$，则在50Hz电源中维持Φ不变的电压为：

$$U' = \frac{f_2}{f_1} U = \frac{50}{60} \times 380 = 317(\mathrm{V})$$

② 转速。因在极对数p不变的情况下，异步电动机的转速只与电源频率成正比，所以转速约下降了17%，即为1450r/min。

③ 额定电流。因为设定电动机的磁通Φ不变，所以降压使用后可认为额定电流不变，即为20.6A。

④ 效率。基本不变，即$\eta = 88\%$。

⑤ 功率因数。基本不变，即$\cos\varphi = 0.84$。

⑥ 功率。根据输出功率公式

$$P = \sqrt{3} U I \cos\varphi$$

将$U' = \dfrac{f_2}{f_1} U = \dfrac{50}{60} U = 0.83U$代入上式比较，降压使用的电动机功率约为原电动机功率的83%，即$P = 0.83 \times 10 = 8.3(\mathrm{kW})$。

如果原电动机定子绕组为△接法，若将其改为Y接法以降压使用，则其相电压降至原来的$1/\sqrt{3}$，即$U' = 380/\sqrt{3} = 220$（V）。这时，磁通Φ'也随之下降，而电流$I \propto \Phi$，则$I' = (220/317)I = 0.694I$，即电流为原来的0.694倍，故输出功率为

$$P_2' = \sqrt{3} U' I' \cos\varphi = \sqrt{3} \times \frac{U}{\sqrt{3}} \times 0.694 I \cos\varphi$$

$$= 0.4(\sqrt{3} U I \cos\varphi) = 0.4P$$

即为原来功率的40%，为$0.4 \times 10 = 4(\mathrm{kW})$。

26. 50Hz、420V电动机用于50Hz、380V电源上的分析

【实例】 一台22kW、50Hz、420V、6极（970r/min）外国电动机，已知额定电流为42A，效率为92%，功率因数为0.85，试分析用于50Hz、380V电源上的情况。

解 ① 磁通密度。当该电动机直接接在50Hz电源上时，其电压误差百分数为

$$\Delta U\% = \frac{U - U_e}{U_e} \times 100 = \frac{380 - 420}{420} \times 100 = -9.5$$

可见，电压误差稍大于规定的±5%的要求，由于是负误差，所以电动机绕组电流密度和各部分磁通密度会减小，电动机不易发热，但输出功率将减小。

② 额定功率（输出功率）。约为原来的 380/420≈90%，即

$$P_e \approx 0.9 \times 22 = 19.8(\text{kW})$$

③ 启动电流。约为原来的 90%；由于输出功率降低至 90%，故启动电流倍数与原来相同。

④ 最大转矩 M_{max} 和启动转矩 M_q。约为原来的 $(380/420)^2 \approx 81\%$。

⑤ 转速。由于极数和电源频率都不变，所以转速不变，为 970r/min。

⑥ 电动机效率 η。较原来稍低，约为 90%。

⑦ 功率因数及温升。较原来有所改善，功率因数约为 0.86。

综上所述，50Hz、420V 电动机可以用在 50Hz、380V 电源上。

27. 电容裂相法将三相异步电动机改为单相使用的计算

不论绕组是 Y 接法还是△接法，均可用并入电容的方法改接成单相使用，接线如图 4-6 所示。图中 C_g 为工作电容，C_q 为启动电容。

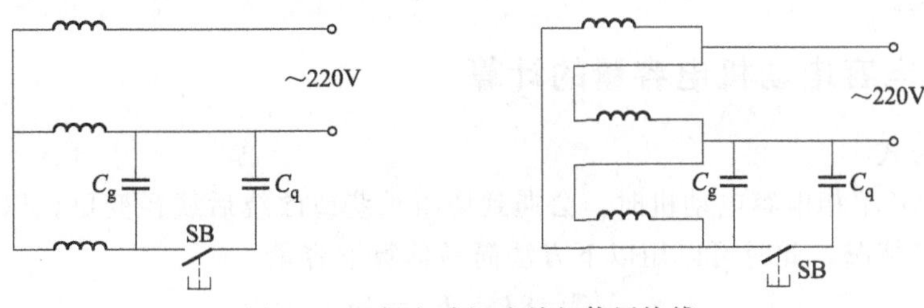

图 4-6 三相电动机改单相使用接线

(1) 计算公式

工作电容器的电容量按下式计算

$$C_g = \frac{1950 I_e}{U_e \cos\varphi}$$

式中 C_g——工作电容器的电容量，μF；

I_e——电动机的额定电流，A；

U_e——电动机的额定电压，V；

$\cos\varphi$——电动机的功率因数，小功率电动机可取 0.7～0.8。

选用接近所计算值的标准电容器。

启动电容器的电容量 C_q 可根据电动机启动负载而定，一般为工作电容量的 1～4 倍，即

$$C_q = (1 \sim 4) C_g$$

实际上 1kW 以下的电动机可以不加启动电容器，只要把工作电容器的电容量适当加大一些即可。一般以每 0.1kW 用工作电容器约 3.6～6.5μF，耐压不小于 450V。

(2) 实例

一台额定功率为 600W、额定电压为 220/380V、额定电流为 2.8/1.6A、额定功率因数为 0.76 的三相异步电动机，原运行在 380V 三相电源（定子绕组为 Y 接法），欲用于单相 220V 电源运行，试求工作电容和启动电容。

解 可不改动绕组接线，也可将Y接线改成△接线。

如为Y接线，将$U_e=380V$、$I_e=1.6A$、$\cos\varphi=0.76$代入公式，则工作电容为

$C_g=\frac{1950I_e}{U_e\cos\varphi}=\frac{1950\times1.6}{380\times0.76}=10.8(\mu F)$，实际可选择$12\mu F$。

启动电容为

$$C_q=(1\sim4)C_g=(1\sim4)\times10.8=10.8\sim43.2(\mu F)$$

若该机启动负载不大，可取$C_q=35\mu F$。

如为△接线，则将$U_e=220V$、$I_e=2.8A$、$\cos\varphi=0.76$代入公式即可，所算得的C_g、C_q值与Y接法相同。

实测表明，该电动机单相运行的负载电流为1.82A（Y接法时），折算输出功率为

$P=UI=220\times1.82=400(W)$，相当于原电动机功率的67%。

使用此种电动机应注意：当电动机启动后，转速达到额定值时，应立即切除启动电容，否则时间长了电动机会烧坏。

经此法改用的电动机功率约为原来功率的55%～90%，其具体功率大小与电动机本身的功率因数有关。

28. 单相电容电动机电容量的计算

（1）计算公式

在检修220V单相电容电动机时，会遇到绕组重绕或改绕后线径变更，以及电容器损坏而电容量不清等情况，此时可以用以下方法简易估算电容量：

$$C=8I_{qe},I_{qe}=jq$$

式中 C——电容量，μF；

I_{qe}——启动绕组额定电流，A；

j——启动绕组导线电流密度，一般可取$5\sim7A/mm^2$；

q——启动绕组导线截面积，mm^2。

（2）实例

有一台1400mm吊扇，已知启动绕组采用$\phi0.21mm$的导线，试估算电容量。

解 启动绕组导线截面积为

$$q=\frac{\pi}{4}d^2=\frac{\pi}{4}\times0.21^2=0.0346(mm^2)$$

取电流密度为$j=7A/mm^2$，则

$$I_{qe}=jq=7\times0.0346=0.242(A)$$

因此，电容量为

$$C=8I_{qe}=8\times0.242=1.936(\mu F)$$

通过实际调试，最后确定为$2\mu F$。

实践表明，估算值与实际调试值基本相符。在调试过程中只要掌握电容电动机负载时启动绕组电流略有下降而运行绕组电流随负载增大而上升的原则，适当调整启动电容量，就可得到圆形旋转磁场。

29. 增大单相电容运转电动机启动转矩的控制线路元件的选择

单相电容运转异步电动机的启动转矩较小，一般只能空载或轻载启动。为了提高这类电

动机的启动转矩，可采用如图 4-7 所示的线路。

启动时，电容 C_2 投入，这样能使启动转矩增大到额定转矩的 2～4 倍；启动完毕，C_2 退出运行。

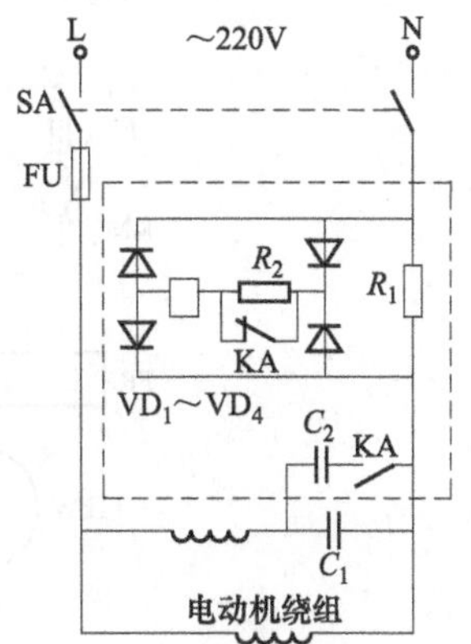

图 4-7 增大单相电容运转电动机启动转矩的控制线路

(1) 计算公式

① 电容 C_2 的选择。容量计算公式为

$$C_2=(1\sim2)C_1$$

式中 C_1——电动机原配的移相电容容量，μF。

耐压：应大于 400V，通常采用 CJ41 型 630V。

② 电阻 R_1 的选择。当采用工作电压为 U_e(V) 的灵敏继电器时，R_1 的计算公式为

$$R_1\approx\frac{U_e}{2I_{de}}$$

式中 R_1——电阻，Ω；

U_e——继电器 KA 的额定电压，V；

I_{de}——电动机额定电流，A。

(2) 实例

有一台 CO2-90L4 型单相电容启动异步电动机。已知：功率 $P_e=750$W，额定电压 $U_e=6$V，额定电流 $I_{de}=6.77$A；采用 JQX-4F DC6V 直流灵敏继电器。试选择电阻 R_1。

解 电阻 R_1 的阻值为

$$R_1=\frac{U_e}{2I_{de}}=\frac{6}{2\times6.77}=0.44(\Omega)$$

R_1 的功率为

$$P=I_{de}^2R_1=6.77^2\times0.44\approx20(\text{W})$$

电动机正常运行时，R_1 上的电压降为

$$\Delta U=IR_1=6.77\times0.44=3(\text{V})$$

电阻可用 3000W 或 2000W、220V 的电炉丝取其一小段制成。如 3000W 电炉丝，额定电流为 13.6A（大于 6.77A），电阻约为 18Ω，约取其 2%作为 R_1 的阻值。

30. 电动机启动与运转熔断器自动切换线路各熔断器的选择

电动机启动与运转熔断器自动切换线路如图 4-8 所示。

电动机启动时，投入容量大的熔断器 FU_2，电动机正常运转时，投入容量较小的过电流保护熔断器 FU_1。

(1) 计算公式

① FU_1 熔体电流 I_{er1} 的选择：

$$I_{er1}=1.05I_{ed}$$

式中 I_{ed}——电动机额定电流，A。

② FU_2 熔体电流 I_{er2} 的选择：

$$I_{er2}=KI_q$$

式中 I_q——电动机启动电流，A；

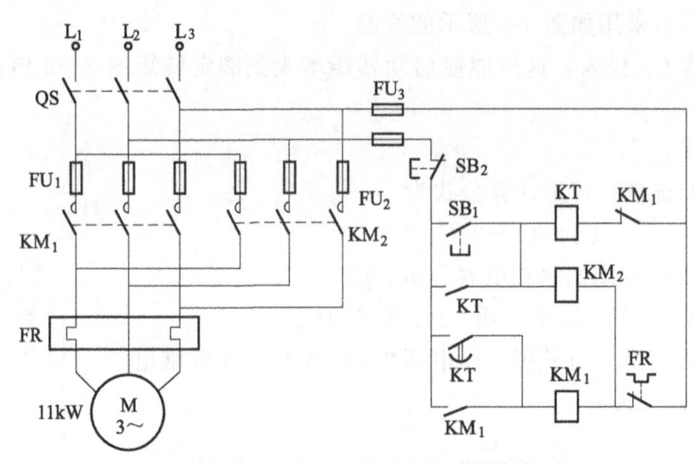

图 4-8 电动机启动与运转熔断器自动切换线路

K——按启动时间 t_q 选择，在 t_q<3s 时，K=0.25～0.35；在 t_q=3～6s 时，K=0.4～0.8。

(2) 实例

一台 Y160M1-2 型、11kW 的三相异步电动机，采用启动与运转熔断器自动切换线路，试选择熔断器 FU_1 和 FU_2。

解 由产品样本查得，该电动机的额定电流 I_{ed} 为 21.8A。设启动时间约 6s。

① FU_1 熔体电流为

$$I_{er1}=1.05I_{ed}=1.05\times21.8=22.9(\text{A})$$

② FU_2 熔体电流为

$$I_{er2}=Kk_qI_{ed}=0.8\times6\times21.8=104.6(\text{A})$$

可分别选用 RL1-60/30A 和 RL1-100/100A 螺旋式熔断器。

31. 异步电动机短接制动防接触器触点粘连的去磁电容器的选择

异步电动机短接制动线路如图 4-9 所示。接触器 KM 线圈上并联电容 C 的作用是这样的：接触器线圈断电后，由于铁磁材料的磁滞特性，铁芯中仍有剩余磁通，若不采取措施，有可能会发生接触器断电后不能释放的现象。为了使短接制动更为可靠，设置了电容 C，用以去磁。电容 C 对消除接触器触点火花也有好处，以防触点粘连。

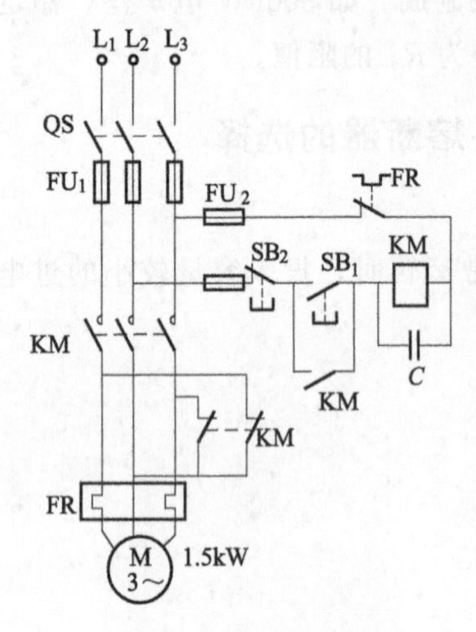

图 4-9 异步电动机短接制动线路

(1) 计算公式

电容 C 的容量可按下式计算：

$$C=5080\frac{I_0}{U_e}$$

式中 C——电容器的电容量，μF；

I_0——接触器线圈的额定电流，即吸持电流，A；

U_e——接触器线圈的额定电压，V。

电容器的耐压值应按接触器线圈额定电压的 2～3 倍选取。

(2) 实例

一台 1.5kW 异步电动机采用短接制动线路，采用 CJ20-10A 交流接触器，为了防止其断电后不能释放及触点粘连，试选择去磁电容器。

解 CJ20-10A 交流接触器线圈的吸持功率为 $P_0=12W$。

线圈的吸持电流为

$$I_0=\frac{P_0}{U_e}=\frac{12}{380}=0.032(A)$$

电容器的电容量为

$$C=5080\frac{I_0}{U_e}=5080\times\frac{0.032}{380}=0.43(\mu F)$$

电容器耐压为

$$U_C=(2\sim3)U_e=(2\sim3)\times380=760\sim1140(V)$$

因此可选用 CBB22 或 CJ41 型 0.47μF，耐压 800V 的电容器。若没有这样高的耐压值，也可用两只 1μF/400V 电容串联代替。

32. 使用电流互感器和热继电器的电动机过电流保护元件的选择

使用电流互感器和热继电器的电动机过电流保护线路如图 4-10 所示。它适用于电动机功率较大、启动时负载惯性较大、启动时间较长（8s 以上）而又没有合适的热继电器时的场合。此线路能防止启动过程中热继电器动作。

(1) 计算公式

① 电流互感器 TA 的选择。电流互感器一次电流按电动机额定电流选取，即

$$I_{1TA}=I_{ed}$$

电流互感器二次电流选 5A，即 $I_{2TA}=5A$。

② 热继电器 FR 的选择。热继电器的额定电流按电动机额定电流选择（折算到电流互感器二次侧），即

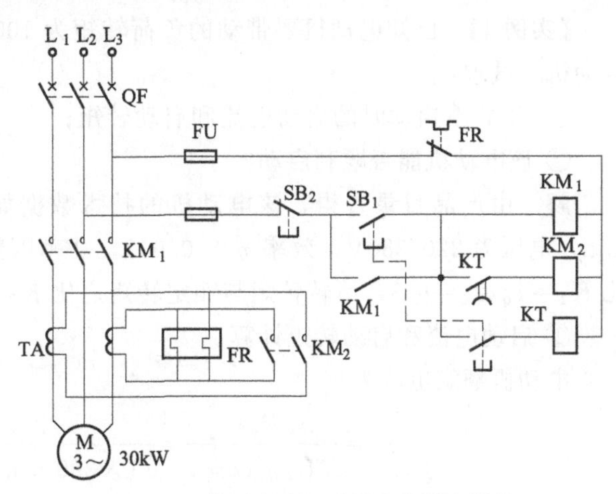

图 4-10 使用电流互感器和热继电器的电动机过电流保护线路

$$I_{er}=\frac{I_{2TA}}{I_{1TA}}I_{ed}$$

(2) 实例

一台 Y225M-6 型、30kW 异步电动机采用如图 4-10 所示的过电流保护装置，试选择电流互感器 TA 和热继电器。

解 ① 电流互感器 TA 的选择。该电动机的额定电流为 $I_{ed}=59.5A$，此电流互感器一次电流可选用标准额定电流为 75A，二次电流选 5A。

可选用 LQG-0.5 75/5A 电流互感器。

② 热继电器 FR 的选择。热继电器的额定电流为

$$I_{er}=\frac{I_{2TA}}{I_{1TA}}I_{ed}=\frac{5}{75}\times 59.5=3.97(\mathrm{A})$$

因此可选择整定范围为3.2～4.8A的JR20-10型热继电器。

33. 星-三角启动电动机的启动电流和转矩的计算

(1) 计算公式

对于可进行星-三角接线的异步电动机、启动电流、启动转矩可按以下简化公式计算。

设Y接线和△接线时的启动电流和启动转矩分别为I_{qY}、$I_{q\triangle}$和M_{qY}、$M_{q\triangle}$，则

$$I_{q\triangle}=K_1I_e, I_{qY}=I_{q\triangle}/3$$

$$M_{q\triangle}=K_2M_e, M_{qY}=M_{q\triangle}/3$$

式中 I_e——电动机额定电流，A；

M_e——电动机额定转矩，N·m；

K_1——电动机堵转电流与额定电流的比值，可由产品目录查得；

K_2——电动机堵转转矩与额定转矩的比值，可由产品目录查得。

如果负荷转矩$M_f<M_{qY}$，则电动机能够启动；如果负荷转矩$M_f>M_{qY}$，则电动机不能启动。

(2) 实例

【实例1】 已知电动机要带动的负荷转矩为100N·m，拟采用一台Y200L2-6型22kW电动机，试求：

① 用Y-△启动时的启动电流和启动转矩；

② 该电动机能否顺利启动？

解 由产品目录查得，该电动机的技术数据如下：功率$P_e=22\mathrm{kW}$，转速$n_e=970\mathrm{r/min}$，电压为220/380V，效率$\eta_e=0.902$，功率因数$\cos\varphi_e=0.83$，堵转电流与额定电流之比$K_1=I_q/I_e=6.5$，堵转转矩与额定转矩之比$K_2=M_q/M_e=1.8$。

① 启动电流和启动转矩计算。

电动机额定电流为

$$I_e=\frac{P_e}{\sqrt{3}U_e\eta_e\cos\varphi_e}=\frac{22\times 10^3}{\sqrt{3}\times 380\times 0.902\times 0.83}=44.6(\mathrm{A})$$

$$I_{q\triangle}=K_1I_e=6.5\times 44.6=289.9(\mathrm{A})$$

$$I_{qY}=I_{q\triangle}/3=289.9/3=96.6(\mathrm{A})$$

电动机额定转矩为

$$M_e=\frac{9555P_e}{n_e}=\frac{9555\times 22}{970}=216.7(\mathrm{N\cdot m})$$

$$M_{q\triangle}=K_2M_e=1.8\times 216.7=390.1(\mathrm{N\cdot m})$$

$$M_{qY}=M_{q\triangle}/3=390.1/3=130(\mathrm{N\cdot m})$$

② 电动机能否启动的校验。由于电动机的负荷率低、负荷惯性小，因此只要启动转矩大于负荷转矩电动机即可启动。

现在负荷转矩$M_f=100\mathrm{N\cdot m}<M_{qY}=130\mathrm{N\cdot m}$，所以能启动。

【实例2】 有一台Y160L-4型异步电动机，其额定参数如下：功率P_e为15kW，转速n_e为1460r/min，电压为220/380V，效率η_e为0.885，功率因数$\cos\varphi_e$为0.85，堵转转矩

与额定转矩之比 M_q/M_e 为 2，堵转电流与额定电流之比 I_q/I_e 为 7。试求：

① 额定电流；

② 用 Y-△启动时的启动电流和启动转矩；

③ 当负荷转矩为额定转矩的 80%和 20%时，电动机能否启动？

解 ① 额定电流为

$$I_e=\frac{P_e}{\sqrt{3}U_e\eta_e\cos\varphi_e}=\frac{15\times10^3}{\sqrt{3}\times220\times0.885\times0.85}=52.3(\mathrm{A})$$

② 设 Y 接线和△接线时的启动电流和启动转矩分别为 I_{qY}、$I_{q\triangle}$ 和 M_{qY}、$M_{q\triangle}$，则

$$I_{q\triangle}=7I_e=7\times52.3=366.1(\mathrm{A})$$

$$I_{qY}=I_{q\triangle}/3=366.1/3=122(\mathrm{A})$$

$$M_e\approx\frac{9555P_e}{n_e}=\frac{9555\times15}{1460}=98.2(\mathrm{N\cdot m})$$

$$M_{q\triangle}=2M_e=2\times98.2=196.4(\mathrm{N\cdot m})$$

$$M_{qY}=M_{q\triangle}/3=196.4/3=65.5(\mathrm{N\cdot m})$$

③ 当负荷转矩为额定转矩的 80%时的负荷转矩为

$$M_f=0.8M_e=0.8\times98.2=78.6(\mathrm{N\cdot m})>M_{qY}$$

所以不能启动。

当负荷转矩为额定转矩的 20%时的负荷转矩为

$$M_f=0.2M_e=0.2\times98.2=19.6(\mathrm{N\cdot m})<M_{qY}$$

所以能启动。

34. 星-三角启动器中各接触器及热继电器的选择

Y-△启动器线路如图 4-11 所示。电动机启动时，三相绕组接成星形，接触器 KM_1、KM_2 吸合；启动完毕，KM_2 退出运行，KM_1、KM_3 吸合，由 KM_3 主触点将三相绕组接成三角形，电动机全压运行。

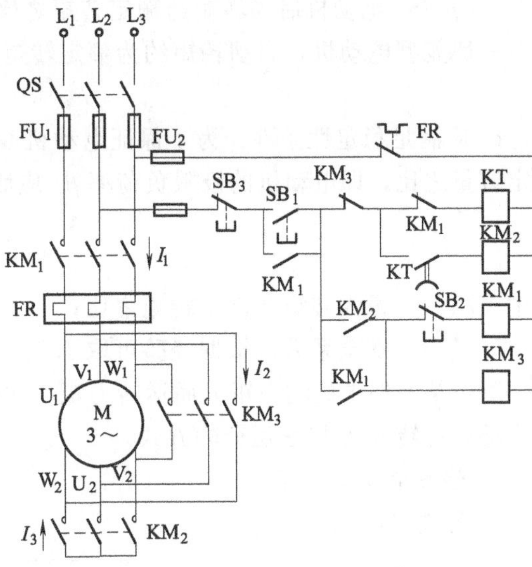

图 4-11 Y-△启动器线路

(1) 计算公式

三个接触器的容量可根据电动机额定状态下运行时流过各接触器的电流按以下要求选择，即

KM_1：I_e（I_e 为三角形接法电动机额定线电流）

KM_2：$\frac{1}{\sqrt{3}}\times\frac{I_e}{\sqrt{3}}=0.33I_e$（短时工作制）

KM_3：$I_e/\sqrt{3}=0.58I_e$

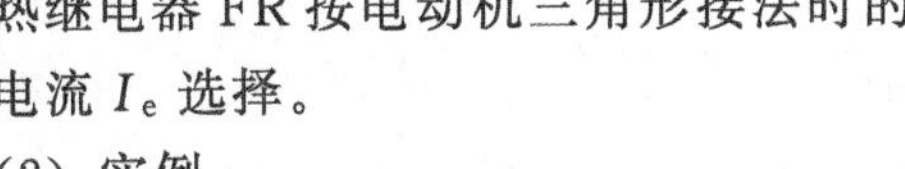

热继电器 FR 按电动机三角形接法时的额定电流 I_e 选择。

(2) 实例

一台绕组为三角形接法的 11kW 异步电动机，采用星-三角启动，试选择各接触器和热继电器。已知该电动机的额定电流为 22A。

解 接触器 KM_1 按 $I_e=22A$ 选择，可选择 CJ20-25 型 25A。

接触器 KM_2 按 $0.33I_e=0.33\times22=7.26$（A）选择，可选择 CJ20-10 型 10A。

接触器 KM_3 按 $0.58I_e=0.58\times22=12.76$（A）选择，可选择 CJ20-16 型 16A。

热继电器 FR 按 $I_e=22A$ 选择，可选择 JR16-60/3 型 60A，热元件额定电流 32A，电流调节范围为 20～32A。实际可按$(0.95\sim1.05)I_e=(0.95\sim1.05)\times22=20.9\sim23$(A)调整。

35. 星-三角转换的节电计算

当电动机负荷率低于 40%时可考虑△-Y 转换的节电措施。

(1) △接法改为 Y 接法后，电动机各种损耗的变化

改成 Y 接法后，电动机相电压为原有的 $1/\sqrt{3}$，此时铁耗比原来减少 2/3。由于电动机转速基本不变，故机械损耗基本不变。附加损耗与电流平方成正比，改成 Y 接法后，由于定子电流较小，所以定子附加损耗也有下降，功率因数得到改善，达到节电的效果。如负荷率由原来的 30%～50%，提高到 80%左右，功率因数由原来的 0.5～0.7 提高到 0.8 以上。

但在电动机转矩不变的条件下，改接后转子电流增加到$\sqrt{3}$倍，所以转子铜耗也增加到 3 倍，转子附加损耗会增加。电动机转差率增大到 3 倍左右。

① 改接的条件

a. $\beta=\beta_{lj}$时，改接意义不大，因为浪费电能负载区比节能负载区大，有功损耗可能增加。$\beta>\beta_{lj}$时，改接没有意义。只有$\beta<\beta_{lj}$时，改接才有意义。β 为电动机实际负荷率；β_{lj}为临界负荷率，即 Y 接法与△接法的总损耗相等时的负荷率。

b. 应满足启动条件：电动机由△接法改为 Y 接法后，在启动时应满足

$$k_m<\frac{\mu}{3}$$

式中 k_m——电动机轴上总的反抗转矩与额定转矩之比；

μ——电动机启动转矩与额定转矩之比。

一般笼型电动机，启动转矩约为额定转矩的 0.9～2 倍，因此上式可表示为

$$k_m<0.3\sim0.6$$

c. 应满足稳定性条件：为了保证电动机改成 Y 接线后，负荷保持稳定，其最高负荷与额定容量之比，即电动机的极限负荷率 β_n 应满足

$$\beta_n\leqslant\frac{\mu_k}{3k}$$

式中 μ_k——最大转矩与额定转矩之比；

k——安全系数，根据经验可取 1.5。

对于某些要求启动力矩大而运转力矩小的电动机，为了不降低启动力矩，可以采用△接法启动后再转入 Y 接法运行的方式。

② 临界负荷率计算

a. 公式一：

$$\beta_{lj}=\sqrt{\frac{\beta_{lj1}}{2\left[\left(\frac{1}{\eta_1}-1\right)P_e-P_0+\beta_{lj2}\right]}}$$

$$\beta_{lj1}=0.67(P_0-P_j+K\sqrt{3}U_eI_0\times10^{-3})$$

$$\beta_{lj2}=\left(\frac{P_0}{\eta_e}\tan\varphi_e-\sqrt{3}U_eI_0\times10^{-3}\right)K$$

b. 公式二（简化计算）：

$$\beta_{lj}=\sqrt{\frac{0.67P_{Fe\triangle}+0.75P_{0Cu\triangle}}{2\left[\left(\frac{1}{\eta_e}-1\right)P_e-P_{0\triangle}\right]}}$$

式中 $P_{Fe\triangle}$——△接法时的铁耗，kW；

$P_{0Cu\triangle}$——△接法时的空载铜耗，kW；

$P_{0\triangle}$——△接法时的空载损耗，kW。

如用公式一计算，改接后节约的有功功率（kW）为

$$\Delta P=2\beta^2\left[\left(\frac{1}{\eta_e}-1\right)P_e-P_0+\left(\frac{P_e}{\eta_e}\tan\varphi_e-\sqrt{3}U_eI_0\times10^{-3}\right)K\right]$$
$$-0.67(P_0-P_j+K\sqrt{3}U_eI_0\times10^{-3})$$

当 $\Delta P<0$ 时，表示节电；$\Delta P>0$ 时，表示多用电。

由于电动机极数不同，故临界负荷率也不相同。为了便于计算，现将部分电动机的临界负荷率列于表 4-15，供参考。

表 4-15 部分电动机的临界负荷率

极数	2	4	6	8
临界负荷率 β_{lj}/%	31	33	36	49

改接后节约的有功功率只能等于或少于额定负载时的总损耗，其计算公式如下：

$$\Sigma\Delta P=P_e\left(\frac{1-\eta_e}{\eta_e}\right)$$

如 Y160M-6、7.5kW 电动机，($\eta_e=86\%$)，总损耗为

$$\Sigma\Delta P=7.5\times\left(\frac{1-0.86}{0.86}\right)=1.22(\text{kW})$$

该电动机由△接法改为 Y 接法后，所节约的有功功率不会超过 1.22kW。

(2) 实例

有一台 Y132S-4、5.5kW 电动机，△接法时，已知 U_e 为 380V，I_0 为 4.7A，P_j 为 60W，P_0 为 250W，η_e 为 0.855，$\cos\varphi_e=0.84$，假设无功经济当量 $K=0.01$。试求：

① 电动机的临界负荷率 β_{lj}。

② 负荷率 $\beta=0.2$ 时，改为 Y 接法的节电量。

解 ① 临界负荷率为

$$\beta_{lj}=\sqrt{\frac{\beta_{lj1}}{2\left[\left(\frac{1}{\eta_1}-1\right)P_e-P_0+\beta_{lj2}\right]}}$$
$$=\sqrt{\frac{\beta_{lj1}}{2\left[\left(\frac{1}{0.855}-1\right)\times5.5-0.25+\beta_{lj2}\right]}}$$
$$=0.327$$

式中 $\beta_{lj1}=0.67\times(0.25-0.06+0.01\times\sqrt{3}\times380\times4.7\times10^{-3})=0.148$

$$\beta_{lj2}=\left(\frac{5.5}{0.855}\times0.646-\sqrt{3}\times380\times4.7\times10^{-3}\right)\times0.01=0.011$$

② 当 $\beta=0.2$ 时，因 $\beta<\beta_{lj}$，故改接后可以节电，节电功率为

$$\begin{aligned}\Delta P&=2\times0.2^2\times\left[\left(\frac{1}{0.855}-1\right)\times5.5-0.25\right.\\&\left.+\left(\frac{5.5}{0.855}\times0.646-\sqrt{3}\times380\times4.7\times10^{-3}\right)\times0.01\right]\\&-0.67\times(0.25-0.06+0.01\times\sqrt{3}\times380\times4.7\times10^{-3})\\&=-0.0925(kW)=-92.5(W)\end{aligned}$$

负值表示节电。

36. 启动自耦变压器容量计算

(1) 计算公式

自耦变压器可以启动单台电动机，也可以用于启动电动机群。

启动自耦变压器的容量按下列两种方法计算。

① 公式一：

$$S_b=\frac{S_{qd}t_q n}{T}$$

$$S_{qd}=KS_e\left(\frac{U_{qd}}{U_e}\right)^2$$

式中 S_b——自耦变压器容量，即启动容量，kV·A；

t_q——电动机启动时间（min），一般按一次启动 0.2min 计；

n——电动机启动次数，如果有 N 台连续启动，每台按两次计，则 $n=2N$；

T——设计启动自耦变压器时，规定的一次或数次连续启动的最大启动时间，不同类型时 T 为 0.5～2min，一般定型的 T 为 2min；

S_{qd}——电动机启动容量（kV·A），若为电动机群，则指电动机群的启动容量平均值；

K——电动机全压启动时的电流倍数；

U_{qd}——电动机启动电压，V；

U_e——电动机额定电压，V；

S_e——电动机额定容量（kV·A），$S_e\approx\sqrt{3}U_eI_e\times10^{-3}$；

I_e——电动机额定电流，A。

按上式计算的启动自耦变压器的容量 S_b 是指其短时（一般设 2min）的工作容量，并非指启动器铭牌上标的被控电动机的功率。例如：QJ3-22 型的自耦减压启动器中的自耦变压器，$T=2$min。Y180L-4 型 22kW 电动机的额定容量 $S_e\approx\sqrt{3}U_eI_e\times10^{-3}=\sqrt{3}\times380\times42.5\times10^{-3}=27.8$(kV·A)，$K=5$，当自耦变压器在 65%抽头，启动时间为 2min 时，自身容量应为 $S_b=S_{qd}=KS_e\left(\frac{65}{100}\right)^2=5\times27.8\times0.423=59$(kV·A)。

② 公式二：根据实际的电动机功率及启动时间和次数，按定型补偿器铭牌所标的被控电动机额定功率（若为电动机群，则指电动机群的功率平均值）P_e 来选取相应的自耦变压

器。这时自耦变压器的额定功率可近似地按下式计算：

$$P_b=\frac{P_e t_q n}{T}$$

式中 P_b——自耦变压器额定功率，kW。

若用于启动单台电动机，则

$$P_b=P_e$$

即可按不低于电动机的额定功率来选择。

(2) 实例

四台 JSL-128-8 型、155kW 电动机共用一台补偿启动器，U_e 为 380V，I_e 为 294A，全压启动时电流倍数 K 为 5.3 倍，自耦变压器选用 65%的抽头，启动时间 t_q 为 0.3min。设四台电动机连续启动，每台按两次计。试选择自耦变压器的功率。

解 ① 按公式一：

电动机额定容量为

$$S_e\approx\sqrt{3}U_e I_e\times10^{-3}=\sqrt{3}\times380\times294\times10^{-3}=193.5(\text{kV}\cdot\text{A})$$

电动机启动容量为

$$S_{qd}=KS_e\left(\frac{U_{qd}}{U_e}\right)^2=5.3\times193.5\times0.65^2=433.3(\text{kV}\cdot\text{A})$$

启动自耦变压器容量为

$$S_b=\frac{S_{qd}t_q n}{T}=\frac{433.3\times0.3\times(4\times2)}{2}\approx520(\text{kV}\cdot\text{A})$$

选取相近或稍大的定型补偿器中的自耦变压器：GTZ5302-53A3，190kW（额定容量为236kV·A）补偿器中的自耦变压器，其自身容量为 $S_b=S_{qd}=KS_e\left(\frac{65}{100}\right)^2=5\times236\times0.423\approx$ 499(kV·A)。

② 按公式二：

$$P_b=\frac{P_e t_q n}{T}=\frac{155\times0.3\times(4\times2)}{2}\approx186(\text{kW})$$

因此，可选取 190kW 电动机所用的自耦变压器。

37. 对所选择的自耦减压启动器变比及启动时间的验算

(1) 计算公式

① 自耦变压器电压抽头的选择。选择接哪挡电压抽头，除考虑降低启动电流外，还必须使电动机能拖动机械负载。

例如，选择 $k=n\%=80\%$电压抽头，则启动电流为

$$I_{1q}=k^2 I_{qe}=k^2 K I_e=0.8^2\times6.5I_e=4.16I_e(\text{取 }K=6.5)$$

启动转矩为

$$M_q=k^2 M_{qe}=0.8^2 M_{qe}=0.64M_{qe}$$

如接到 65%电压抽头，则

$$I_{1q}=0.65^2\times6.5I_e=2.746I_e$$

$$M_q=0.65^2 M_{qe}=0.42M_{qe}$$

例如一台电动机的额定启动转矩 $M_{qe}=200N \cdot m$，而负载转矩 $M_z=125N \cdot m$，当电动机接 65%抽头时，$M_q=0.65^2 M_{qe}=0.42\times200=84(N \cdot m)$，显然不能满足 $M_q \geqslant M_z$；当电动机接 80%抽头时，$M_q=0.8^2 M_{qe}=0.64\times200=128(N \cdot m)$，$M_q>M_z$，可使用。

② 自耦减压启动器允许承载时间。启动自耦变压器为短时工作制，当电动机接在 65%或 80%额定电压比抽头时，其连续负载时间应符合表 4-16 的规定。

表 4-16 自耦减压启动器承载时间

可供启动的电动机额定功率/kW	一次或数次连续负载时间的总和/s	可供启动的电动机额定功率/kW	一次或数次连续负载时间的总和/s
10～13	30	100～125	80
17～30	40	132～320	100
40～75	60		

(2) 实例

有一台笼型三相异步电动机，已知额定功率 P_e 为 55kW，额定电压 U_e 为 380V，额定电流 I_e 为 103A，启动电流为额定电流的倍数 K 为 6.5，启动转矩为额定转矩的倍数 k_{qe} 为 1.2。生产机械要求最小启动转矩为额定转矩的倍数 K_q 为 0.5，连续启动次数 n 为 3，每次启动时间 t_q 不大于 15s，电网要求启动电流不大于 300A。试选择自耦减压启动器。

解 ① 选择自耦变压器容量。自耦变压器容量（启动容量）可按以上介绍的方法计算。一般也可按不低于电动机的额定功率 P_e 来估算自耦减压启动器的功率 P_b。按题意，可暂选 $P_b=55kW$。

② 验算自耦变压器的变比 k：

$$k \geqslant \sqrt{\frac{M_q}{M_{qe}}}=\sqrt{\frac{K_q}{k_{qe}}}=\sqrt{\frac{0.5}{1.2}}=\sqrt{0.417}=0.65$$

选择 $k=n\%=65\%$电压比即可。

③ 验算启动时间 T。三次启动时间总和为 $3\times15=45(s)$，小于表 4-16 中 55kW 自耦减压启动器允许承载时间 $T=60s$。

④ 验算最大启动电流 I_{1q}。采用变比 $n\%=65\%$，电网电路中最大启动电流为

$$I_{1q}=k^2 I_{qe}=k^2 K I_e=0.65^2\times6.5\times103=283(A)$$

能满足电网对最大启动电流不大于 300A 的要求。

通过以上验算，选用 55kW 自耦减压启动器，抽头变比选用 65%能满足要求。

38. 自耦减压启动器中各接触器的选择

自耦减压启动器中各接触器的电流分配见图 4-12。KM_3 为主接触器，即运转接触器，它应按连续工作制考虑。KM_1 和 KM_2 为启动接触器，属短时工作制。

(1) 计算公式

流过 KM_3 的电流：I_e （连续）

流过 KM_3 的电流：$I_3=k(1-k)I_{qe}$ （短时）

流过 KM_1 的电流：$I_1=k^2 I_{qe}$ （短时）

式中 I_e——电动机额定电流，A；

I_{qe}——电动机启动电流（A），$I_{qe}=KI_e$；

K——启动电流为额定电流的倍数；

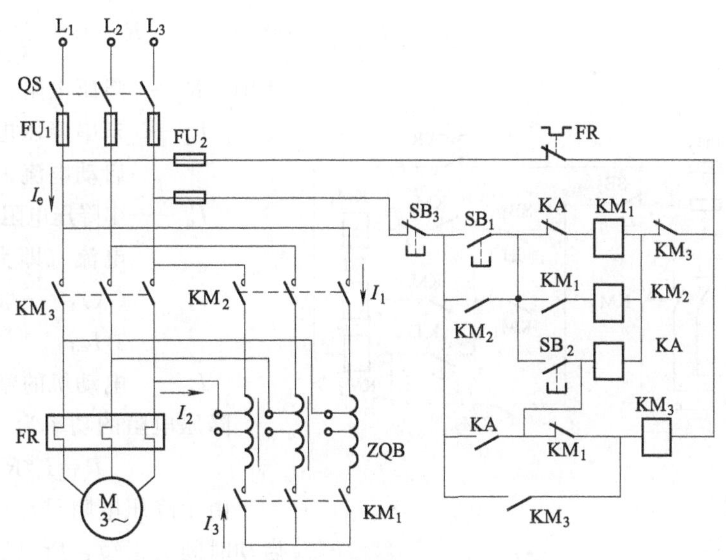

图 4-12 按钮控制自耦减压启动线路

k——自耦变压器抽头电压变比。

(2) 实例

一台额定功率为 75kW，额定电压为 380V，额定电流为 142A 的异步电动机，采用自耦减压启动器启动，试选择各接触器。

解 设启动电流为额定电流的倍数 K 为 6，则当 $k=n\%=80\%$ 时：

$$I_1=k^2KI_e=0.8^2\times6\times142=545(\text{A})$$

$$I_3=k(1-k)KI_e=0.8\times(1-0.8)\times6\times142=136(\text{A})$$

当 $k=n\%=65\%$ 时：

$$I_1'=0.65^2\times6\times142=360(\text{A}),\text{可见 } I_1'<I_1$$

$$I_3'=0.65\times(1-0.65)\times6\times142=194(\text{A}),\text{可见 } I_3'>I_3$$

KM_3 按连续工作制，其额定电流选择与电动机额定电流 I_e 相同，可选用 160A 交流接触器。

KM_1 和 KM_2 都是短时工作制，从发热的角度看，它们的额定电流可选较小值，但它们应能通断 I_3' 和 I_1 启动电流。故 KM_1 的额定电流应为 $I_3'/K=194/6=32(\text{A})$；$KM_2$ 的额定电流应为 $I_1/K=545/6=91(\text{A})$。因此 KM_1 可选用 40A 交流接触器，KM_2 可选用 100A 交流接触器。

39. 异步电动机三相串入电阻降压启动的计算

线路如图 4-13 所示。

(1) 计算公式

降压电阻 R 可按下式计算：

$$R=\frac{220}{I_q}\sqrt{\left(\frac{I_q}{I_q'}\right)^2-1}$$

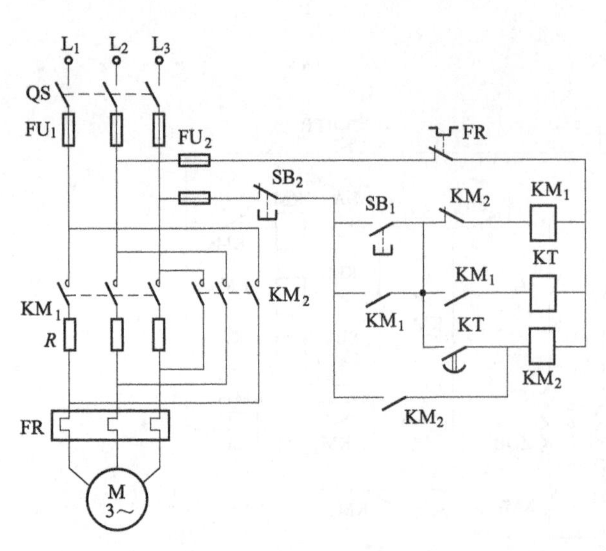

图 4-13 电阻降压启动线路

或 $R=190\dfrac{I_q-I'_q}{I_qI'_q}$

式中 R——降压电阻，Ω；

I_q——未串降压电阻时电动机的启动电流，A；

I'_q——串降压电阻后电动机的启动电流（即允许启动电流）(A)，一般取 $I'_q=(2\sim3)I_e$；

I_e——电动机的额定电流，A。

降压电阻的功率为

$$P=I'^2_qR$$

由于降压电阻只在启动时应用，而启动时间又很短，所以实际选用电阻的功率可以比计算值小 3～4 倍。

(2) 实例

一台额定功率为 7.5kW 的异步电动机，额定电流 I_e 为 15A，启动电流 I_q 为 105A，额定电压 U_e 为 380V。试求降压电阻。

解 取 $I'_q=2I_e=2\times15=30(\text{A})$，得降压电阻为

$$R=190\frac{I_q-I'_q}{I_qI'_q}=190\times\frac{105-30}{105\times30}=4.5(\Omega)$$

每相降压电阻的功率为

$$P=(0.25\sim0.33)I'^2_qR=(0.25\sim0.33)\times30^2\times4.5$$
$$=1012.5\sim1336.5(\text{W})\approx1\sim1.3(\text{kW})$$

可以选用 ZB_2-4.5Ω 片形电阻。

40. 异步电动机一相串入电阻降压启动的计算

这种方法，被串入电阻 R 的一相电流可减小，但其他两相电流还是很大，故只适用于对启动电流要求不严而需要“软启动”的场合。

(1) 计算公式

$$R=K\frac{\sqrt{3}U_e}{I_q}$$

式中 R——降压电阻，Ω；

U_e——电动机额定电压，V；

I_q——未串降压电阻时电动机的启动电流 (A)，$I_q=K_qI_e$；

I_e——电动机额定电流，A；

K_q——电动机启动电流为额定电流的倍数；

K——启动转矩系数，可由表 4-17 查得。

表 4-17 中，$k=M'_q/M_q$，M'_q为所需要的软启动转矩，M_q 为原启动转矩。

表 4-17 启动转矩系数 K 值

k	0.2	0.3	0.4	0.5	0.6	0.7	0.8	0.9	1.0
K	1.5	1.0	0.8	0.6	0.4	0.25	0.15	0.1	0

(2) 实例

一台笼型三相异步电动机，额定功率 P_e 为 1.5kW，额定电压 U_e 为 380V，额定电流 I_e 为 3.4A，启动转矩 M_q 为 $2.2M_e$（M_e 为额定转矩），启动电流 I_q 为 $6I_e$。欲采用一相串入电阻降压启动，设需要软启动转矩 M'_q为 $0.6M_e$，试求降压电阻。

解 启动电流为

$$I_q=6I_e=6\times3.4=20.4(\text{A})$$

$$k=\frac{M'_q}{M_q}=\frac{0.6M_e}{2.2M_e}=0.27$$

查表 4-17（插入法），得 $K=1.15$。

降压启动电阻为

$$R=K\frac{\sqrt{3}U_e}{I_q}=1.15\times\frac{\sqrt{3}\times380}{20.4}=37.1(\Omega)$$

实际可选用 ZB_2 型 37Ω 片形电阻，额定电流为 3.1A，短时（15s）允许通过电流为 8.7A。

41. 异步电动机阻容复合降压启动的计算

线路如图 4-14 所示。

(1) 计算公式

① 降压电阻 R 的选择。先计算出电动机的启动阻抗 Z。

$$Z_Y=\frac{U_e}{\sqrt{3}K_qI_e};Z_\triangle=\frac{\sqrt{3}U_e}{K_qI_e}$$

式中 Z_Y——Y 接法启动阻抗，Ω；

$Z_\triangle$——△接法启动阻抗，Ω；

U_e，I_e——电动机额定电压（V）和额定电流（A）；

K_q——电动机直接启动电流倍数。

然后确定 α 值：根据设备启动转矩对电动机的要求，计算出降压启动电流倍数 K'_q(也可根据经验估算)，于是

$$\alpha=\frac{K_q}{K'_q}\text{或}\ \alpha=\frac{I_q}{I'_q}=\frac{\text{全压启动电流}}{\text{降压启动电流}}$$

一般 $\alpha=1.5\sim2.5$。

最后得降压电阻 R 的阻值为

$$R=(\alpha-1)r$$

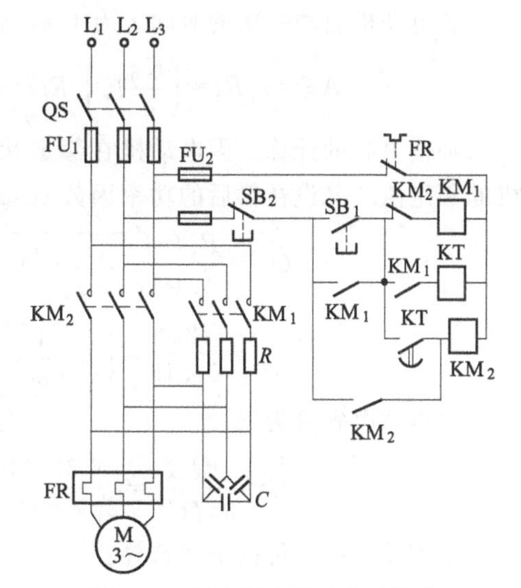

图 4-14 阻容复合降压启动线路

式中 r——启动阻抗 Z 的电阻分量，$r=(0.25\sim0.4)Z$。

再从电器样本上查出数值接近、容量适当的电阻器。

② 补偿电容 C 选择。

$$Q_c=\frac{P_2}{\eta}\left(\sqrt{\frac{1}{\cos^2\varphi}-1}-\sqrt{\frac{1}{\cos^2\varphi'}-1}\right)$$

$$C=\frac{Q_c\times1000}{2\pi fU_e^2}$$

式中 Q_c——补偿容量，kvar；

C——电容器电容量，F；

P_2——电动机运行时输出功率，kW；

η——电动机运行时的效率；

$\cos\varphi$——补偿前电动机的功率因数；

$\cos\varphi'$——补偿后的功率因数，一般取 0.92～0.96；

U_e——电动机额定电压，V。

（2）实例

一台 Y180L-4 型异步电动机，其额定参数如下：$P_e=22\text{kW}$，$U_e=380\text{V}$，$I_e=42.5\text{A}$，$\eta_e=91.5\%$，$\cos\varphi_e=0.86$，$K_q=7$，$n_e=1470\text{r/min}$，电动机运行在额定状态。试计算采用阻容降压启动的电阻和电容。

解 降压电阻的计算。电动机的启动阻抗为

$$Z_Y=\frac{U_e}{\sqrt{3}K_qI_e}=\frac{380}{\sqrt{3}\times7\times42.5}=0.737(\Omega)$$

电阻分量为（取系数 0.3）

$$r=0.3Z=0.3\times0.737=0.221(\Omega)$$

假设要求降压启动时的电流为直接启动时的一半，即 $\alpha=2$，则降压电阻为

$$R=(\alpha-1)r=(2-1)\times0.221=0.221(\Omega)$$

若电动机启动一次的时间 t 为 10s，启动电阻 R 上的能耗为

$$A_R=I_q^2Rt=\left(\frac{K_q}{\alpha}I_e\right)^2Rt=\left(\frac{7}{2}\times42.5\right)^2\times0.221\times10=48900(\text{J})$$

补偿电容的计算。因电动机在额定状态下运行，所以公式中的 P_2、η、$\cos\varphi$ 均取电动机的额定值，又设补偿后的功率因数 $\cos\varphi'$为 0.95，则补偿容量为

$$Q_c=\frac{P_e}{\eta_e}\left(\sqrt{\frac{1}{\cos^2\varphi_e}-1}-\sqrt{\frac{1}{\cos^2\varphi'}-1}\right)$$

$$=\frac{22}{0.915}\times\left(\sqrt{\frac{1}{0.86^2}-1}-\sqrt{\frac{1}{0.95^2}-1}\right)=6.36(\text{kvar})$$

电容器电容量为

$$C=\frac{Q_c}{2\pi fU_e^2}=\frac{6.36\times1000}{2\pi\times50\times380^2}=140\times10^{-6}(\text{F})=140(\mu\text{F})$$

电容器的耐压可按下式选择：

$$U_C\geqslant1.15\times\sqrt{2}U_e$$

式中，1.15 系数是考虑电网电压的波动。如果电动机额定电压为 380V，则电容器的耐压为

$$U_C\geqslant1.15\times\sqrt{2}\times380=618(\text{V})(\text{可取 630V})$$

42. 采用并联电容器改善异步电动机启动条件的计算

异步电动机直接启动时的启动电流可达到额定电流的 6～7 倍，即使采用降压启动法，启动电流仍可达到额定电流的 2.5～5 倍，对供电网络造成较大的冲击。

在异步电动机启动时，投入一定的并联电容器，作为专门用于启动之用。用启动并联电容器产生的容性电流来补偿异步电动机启动时的感性电流，以达到降低启动电流的目的。待电动机启动完毕转入正常运行时，再根据供电部门对用户的功率因数考核要求，对电容器进行必要的投、切，使功率因数达到所需要的要求。

【实例】 某乡办企业供电系统电压为 380/220V，配有一台 S9-100kV·A 的变压器，该企业的异步电动机需要频繁启动。试分别计算未采用和采用启动并联电容器时的允许直接启动的异步电动机最大功率。

解 ① 未采用启动并联电容器时，根据运行经验可知，当用电单位具有专用配电变压器时，若异步电动机需要频繁启动，允许直接启动的电动机最大功率约为配电变压器额定容量的 20%，因此该企业允许直接启动异步电动机最大功率为 20kW。此时供电系统提供的启动电流为

$$I_1=\frac{k_q P}{\sqrt{3}U}=\frac{7\times 20}{\sqrt{3}\times 0.4}=202(\text{A})$$

式中 k_q——异步电动机最大启动电流与额定电流之比，取 $k_q=7$；

P——允许直接启动的异步电动机额定功率，kW；

U——异步电动机及供电网络的额定电压，kV。

② 采用启动并联电容器时

a. 启动并联电容器容量的确定：确定电容器容量的原则是，并联电容器补偿电流（电容电流）I_2 为配电变压器低压侧额定电流的 90%左右，如取 90%，则有

$$I_2=0.9\frac{S}{\sqrt{3}U}=0.9\times\frac{100}{\sqrt{3}\times 0.4}=130(\text{A})$$

式中 S——变压器额定容量，kV·A。

补偿电容值为

$$C=\frac{I_2}{2\pi fU}=\frac{130}{2\pi\times 50\times 400}=0.001035(\text{F})=1035(\mu\text{F})$$

补偿电容容量为

$$Q=2\pi fCU^2=I_2U=130\times 0.4=52(\text{kvar})$$

即应装设总容量为 52kvar 的启动并联电容器（分为若干组，一般可分为 3～5 组）。

b. 允许直接启动的异步电动机最大功率计算：在保持该供电网络提供的启动电流为 202A 不变的前提下，接入 52kvar 的启动并联电容器后，由供电网络和电容器提供给电动机的电流为

$$I_1+I_2=\frac{k_q P'}{\sqrt{3}U}$$

允许直接启动的异步电动机最大功率为

$$P'=\frac{\sqrt{3}U(I_1+I_2)}{k_q}=\frac{\sqrt{3}\times 0.4\times(202+130)}{7}=33(\text{kW})$$

可见，采用启动并联电容器后，该供电网络所允许直接启动的异步电动机最大功率由原来的20kW提高到了33kW。

43. 启动时电动机端电压能否保证生产机械要求的启动转矩的计算

(1) 计算公式

在整个启动过程中，电动机的驱动转矩必须能够克服生产机械的阻转矩，即

$$u_q \geqslant \sqrt{\frac{1.1m_j}{m_q}}$$

式中 u_q——启动时电动机端子电压相对值（即与额定电压的比值）（或称标幺值，下同）；

m_j——生产机械静阻转矩的相对值（即与电动机额定转矩的比值）；

m_q——电动机启动转矩的相对值（即与电动机额定转矩的比值），可由产品样本查得；

1.1——可靠系数。

m_j 的数值在许多设计技术资料中都可查到，可参见表4-18；m_q 的数值可从电动机产品样本中查到。

对于异步电动机，在启动过程中要保持稳定运行，必须使电动机在下降了的端电压下和临界转差率时产生的最大转矩 m_{Mx} 能克服生产机械此时的阻转矩 m_{jx}，即

$$m_{Mx} \geqslant 1.1m_{jx}$$

而

$$m_{Mx} = m_{Mm}\left(\frac{u_q}{u_{Me}}\right)^2$$

即

$$u_q \geqslant u_{Me}\sqrt{\frac{1.1m_{jx}}{m_{Mm}}}$$

式中 m_{Mm}——电动机额定最大转矩相对值（即与电动机额定转矩的比值）；

u_{Me}，u_q——电动机额定电压、端电压相对值（即与电动机额定电压的比值）。

生产机械阻转矩可按以下方法计算：

对于恒定阻转矩机械为

$$m_{jx} = m_j = \text{常数}$$

对于离心式机械为

$$m_{jx} = m_j + (1-m_j)n^2 = m_j + (1-m_j)(1-s_{jx})^2$$

式中 s_{jx}——极限转差率；

n——转速。

对于笼型异步电动机，极限转差率可按下式计算

$$s_{jx} = s_e\left(m_{Mm} + \sqrt{m_{Mm}^2 - 1}\right)$$

式中 s_e——电动机额定转差率。

由此可求出保持电动机稳定运行所需的最低端电压。

(2) 实例

一台离心式水泵电动机功率为40kW，额定转速 n_e 为980r/min，电动机额定最大转矩的相对值 m_{Mm} 为2，试求保持此电动机稳定运行所需的最低端电压。

解 查有关资料，得离心式水泵的启动阻转矩 m_j 为0.3。

异步电动机临界转差率为

$$s_{jx}=s_e(m_{Mm}+\sqrt{m_{Mm}^2-1})=\frac{1000-980}{1000}\times(2+\sqrt{2^2-1})=0.075$$

电压降低后离心式水泵启动阻转矩相对值为

$$m_{jx}=m_j+(1-m_j)(1-s_{jx})^2=0.3+(1-0.3)\times(1-0.075)^2=0.9$$

满足水泵电动机平稳启动的最低端电压相对值为

$$u_q=\sqrt{\frac{1.1m_{jx}}{m_{Mm}}}=\sqrt{\frac{1.1\times0.9}{2}}=70\%$$

如果电动机的额定电压为380V，则最低端电压为

$$380\times70\%=266(\text{V})$$

44. 电动机的平均启动转矩相对值的计算

(1) 计算公式

电动机的平均启动转矩相对值可按下列公式计算，普通笼型异步电动机为

$$m_{qp}=m_q+0.2(m_{Mx}-m_q)$$

JK 型高速笼型电动机为

$$m_{qp}=1.05m_q$$

同步电动机为

$$m_{qp}=0.5(m_q+m_y)$$

但当 $m_q\leqslant m_y$ 时，$m_{qp}=1.1m_q$。

式中 m_{qp}——电动机的平均启动转矩相对值；

m_y——同步电动机牵入转矩相对值，见表 4-18。

表 4-18 不同传动机械各转矩相对值

传动机械名称	所需转矩相对值		
	起始静阻转矩 m_j	同步电动机牵入转矩 m_y	电动机最大转矩 m_{Mx}
离心式扇风机、鼓风机、压机、水泵(管道阀门关闭时启动)	0.3	0.6	1.5
同上(管道阀门打开时启动)	0.3	1.0	1.5
往复式空压机、氨压机、煤气压机	0.4	0.2	1.4
往复式真空泵(管道阀门关闭时启动)	0.4	0.2	1.6
皮带运输机	1.4～1.5	1.1～1.2	1.8
球磨机	1.2～1.3	1.1～1.2	1.75
对辊式、颚式、圆锥形破碎机(空载启动)	1.0	1.0	2.5
锤形破碎机(空载启动)	1.5	1.0	2.5
持续额定功率运行的交、直流发电机	0.12	0.08	1.5
允许25%过负荷运行的交、直流发电机	0.18	0.10	2.0

(2) 实例

一台鼓风装置，由一台额定功率为500kW、电压为3kV的JK型高速异步电动机带动。试求电动机的平均启动转矩相对值。

解 查产品样本，得该电动机的启动转矩相对值 m_q 为 0.9，因此该电动机的平均启动转矩相对值为

$$m_{qp}=1.05m_q=1.05\times0.9=0.945$$

45. 高压电动机全压启动计算

(1) 计算公式

电路结构如图 4-15 所示。

图 4-15 中：

S''——供电变压器一次侧短路容量，MV·A；

S_{eb}，X_{eb}——供电变压器额定容量（MV·A）和电抗相对值（取阻抗电压百分数 $u_d\%\times10^{-2}$）；

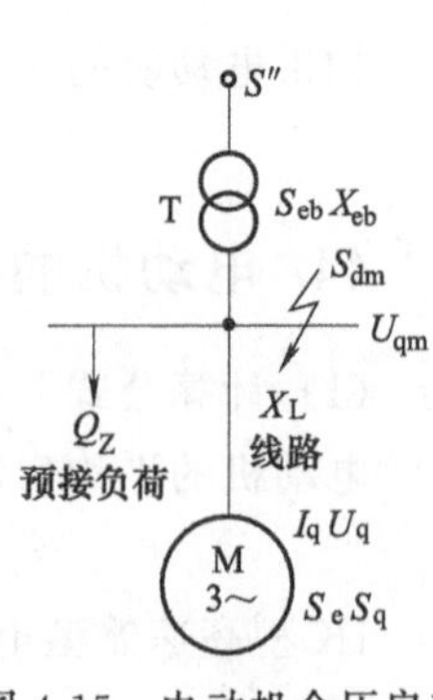

图 4-15 电动机全压启动电路结构

S_{dm}——母线短路容量（MV·A），$S_{dm}=\dfrac{S_{eb}}{X_{eb}+S_{eb}/S''}$；

U_{qm}——电动机母线启动电压，kV；

X_L——线路电抗（Ω），铝线：$X_L=(x_0+8/s)L$；铜线：$X_L=(x_0+5/s)L$；

x_0——线路单位长度电抗，Ω/km；

s——导线或电缆截面积，mm^2；

L——线路长度，km；

I_q——电动机启动电流，kA；

U_q——电动机启动端电压，kV；

S_e——电动机额定容量（MV·A），$S_e=\sqrt{3}U_eI_e$；

U_e，I_e——电动机额定电压（kV）和额定电流（kA）；

S_q——电动机启动容量（MV·A），$S_q=K_qS_e$；

K_q——电动机额定启动电流倍数；

Q_Z——预接负载无功功率（Mvar），对供电变压器二次母线 $Q_Z=0.6(S_{eb}-0.7S_e)$。

① 启动回路额定输入容量的计算。

$$S_{qs}=\frac{1}{\dfrac{1}{S_q}+\dfrac{X_L}{U_{em}^2}}$$

式中 S_{qs}——启动回路额定输入容量，MV·A；

U_{em}——电动机母线额定电压，kV。

② 电动机启动时母线电压的计算。电动机启动时母线电压相对值可按下式计算：

$$u_{qm}=\frac{S_{dm}+Q_Z}{S_{dm}+Q_Z+S_q}$$

电动机启动时母线电压为

$$U_{qm}=u_{qm}U_{em}$$

③ 电动机启动端电压的计算。电动机启动端电压相对值可按下式计算：

$$u_q=u_{qm}\frac{S_{qs}}{S_q}$$

电动机启动端电压为

$$U_q=u_qU_e$$

④ 电动机启动电流的计算。

$$I_q=u_{qm}\frac{S_{qs}}{\sqrt{3}U_{em}}$$

（2）实例

有一台与鼓风机配套的JK型高压电动机，已知母线额定电压U_{em}为3kV，供电变压器一次侧短路容量S''为209.6MV·A，变压器额定容量S_{eb}为2.5MV·A，变压器阻抗电压百分数$u_d\%$为5.83，电动机额定功率P_e为500kW，额定电压U_e为3kV，额定电流I_e为0.112kA，电动机启动电流倍数k_q为5.2，电动机的启动转矩相对值m_q为0.9，电动机额定转速n_e为2970r/min，包括电动机转子在内的整个机组传动系统所允许的最大飞轮转矩GD_o^2为2500N·m²；电动机的转子飞轮转矩GD_d^2为230N·m²，鼓风机装置的飞轮转矩GD_m^2为1800N·m²，电动机由截面积为70mm²的铝芯电缆供电，其电抗值X_L为0.0126Ω，预接负载的无功功率Q_Z为1.26Mvar。试求：

① 电动机启动时启动回路的额定输入容量S_{qs}；

② 电动机启动时母线电压U_{qm}；

③ 电动机启动端电压U_q；

④ 电动机启动电流I_q；

⑤ 启动转矩GD_x^2；

⑥ 启动时间t_q。

解 ① 电动机启动时启动回路额定输入容量的计算。电动机额定启动容量为

$$S_q=k_q\times\sqrt{3}U_eI_e=5.2\times\sqrt{3}\times3\times0.112=3.026(\text{MV}\cdot\text{A})$$

启动回路额定输入容量为

$$S_{qs}=\frac{1}{\frac{1}{S_q}+\frac{X_L}{U_{em}^2}}=\frac{1}{\frac{1}{3.026}+\frac{0.0126}{3^2}}=3.02(\text{MV}\cdot\text{A})$$

② 电动机母线启动电压的计算。电动机母线短路容量为

$$S_{dm}=\frac{S_{eb}}{X_{eb}+S_{eb}/S''}=\frac{2.5}{0.0583+2.5/209.6}=35.6(\text{MV}\cdot\text{A})$$

电动机启动时母线电压相对值为

$$u_{qm}=\frac{S_{dm}+Q_Z}{S_{dm}+Q_Z+S_q}=\frac{35.6+1.26}{35.6+1.26+3.026}=0.924$$

电动机启动时母线电压为

$$U_{qm}=u_{qm}U_{em}=0.924\times3=2.77(\text{kV})$$

③ 电动机启动端电压计算。电动机启动端电压相对值为

$$u_q=u_{qm}\frac{S_{qs}}{S_q}=0.924\times\frac{3.02}{3.026}=0.921$$

电动机启动端电压为

$$U_q=u_qU_e=0.921\times3=2.76(\text{kV})$$

④ 电动机启动电流为

$$I_q = u_{qm}\frac{S_{qs}}{\sqrt{3}U_{em}} = 0.924\times\frac{3.02}{\sqrt{3}\times 3} = 0.537(\text{kA})$$

⑤ 启动转矩计算。

查表 4-18，得鼓风机组的静阻转矩相对值 $m_j=0.3$。

电动机的平均启动转矩相对值 $m_{qp}=1.05m_q=1.05\times0.9=0.945$。

将已知参数代入下式，得启动转矩为

$$GD_x^2 = GD_o^2\left(1-\frac{m_j}{m_{qp}u_{qm}^2}\right) = 2500\times\left(1-\frac{0.3}{0.945\times0.924^2}\right) = 1570(\text{N}\cdot\text{m}^2)$$

⑥ 启动时间计算。

机组的总飞轮转矩为

$$GD^2 = GD_d^2 + GD_m^2 = 230+1800 = 2030(\text{N}\cdot\text{m}^2)$$

将已知参数代入下式，得启动时间为

$$t_q = \frac{GD^2 n_e^2\times10^{-3}}{9.81\times365P_e(u_q^2 m_{qp}-m_j)}$$

$$= \frac{2030\times2970^2\times10^{-3}}{9.81\times365\times500\times(0.921^2\times0.945-0.3)}$$

$$= \frac{17906000}{898005}\approx 20(\text{s})$$

46. 高压电动机变压器-电动机组全压启动计算

电路结构如图 4-16 所示。

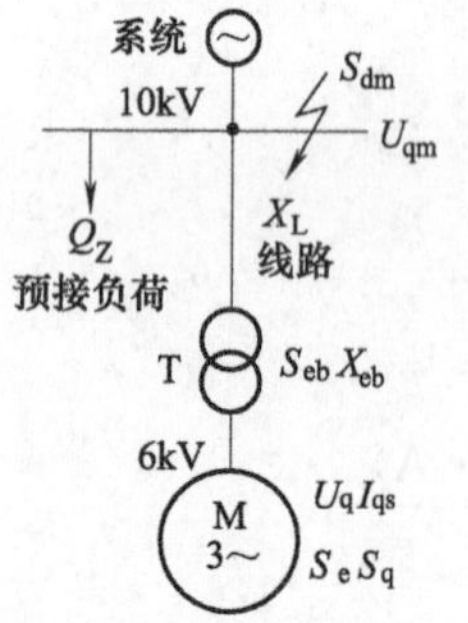

系统 10kV S_{dm} U_{qm} Q_Z 预接负荷 X_L 线路 T $S_{eb}X_{eb}$ 6kV M 3~ U_qI_{qs} S_eS_q

图 4-16 变压器-电动机组全压启动电路结构

(1) 计算公式

① 启动回路额定输入容量的计算。

$$S_{qs} = \frac{1}{\frac{1}{S_q}+\frac{X_{eb}}{S_{eb}}+\frac{X_L}{U_{em}^2}}$$

式中 S_{qs}——启动回路额定输入容量，MV·A；

S_q——电动机启动容量（MV·A），$S_q=K_qS_e$；

K_q——电动机额定启动电流倍数；

S_e——电动机额定容量（MV·A），$S_e=\sqrt{3}U_eI_e$；

S_{eb}，X_{eb}——供电变压器额定容量（MV·A）和电抗相对值（取阻抗电压百分数 $u_d\%\times10^{-2}$）；

U_{em}——母线额定电压，kV；

X_L——线路电抗，Ω。

② 电动机启动时母线电压的计算。

$$u_{qm} = \frac{S_{dm}+Q_Z}{S_{dm}+Q_Z+S_q}$$

$$U_{qm} = u_{qm}U_{em}$$

式中 u_{qm}——10kV 配电母线电压相对值；

U_{qm}——10kV 配电母线电压，kV；

S_{dm}——10kV 母线短路容量（MV·A），$S_{dm}=\sqrt{3}U_j I''$；

U_j——10kV 母线基准电压，$U_j=10.5$kV；

I''——10kV 母线短路电流，kA；

Q_Z——预接负荷，如补偿电容，kvar。

③ 电动机启动时端子电压的计算。

$$u_q=u_{qm}\frac{S_{qs}}{S_q}$$

$$U_q=u_q U_e$$

式中 u_q——电动机启动时端子电压相对值；

U_q——电动机启动时端子电压，kV；

U_e——电动机额定电压，kV。

④ 电动机启动电流的计算。

$$I_q=u_q\frac{S_q}{\sqrt{3}U_e}$$

式中 I_q——电动机启动电流，A。

⑤ 电动机启动回路输入电流的计算。

$$I_{qs}=u_{qm}\frac{S_{qs}}{\sqrt{3}U_{em}}$$

式中 I_{qs}——电动机启动时 10kV 配电母线的启动电流，A。

⑥ 校验变压器过载能力 K_T。

$$K_T=u_q\frac{S_q}{S_e}$$

（2）实例

一台与空气压缩机配套的 CG11 型高压电动机，已知其额定功率 P_e 为 825kW，额定电压 U_e 为 6kV，额定电流 I_e 为 90A，启动电流 I_q 为 559A。又已知系统短路容量 S'' 为 257MV·A，10kV 电源进线电缆采用 YJV22-3×185mm²，长度 L_1 为 100m；10kV 配电柜至干式变压器 T 的电缆采用 YJV22-3×95mm²，长度 L_2 为 30m；干式变压器 T 的额定容量 S_{eT} 为 1000kV·A，电压为 10/6kV，阻抗电压百分数 u_d% 为 6；预接电容负荷 Q_Z 为 2.87Mvar。采用变压器-电动机全压启动，电路结构如图 4-16 所示。试求：

① 变电所 10kV 母线的短路容量 S_s；

② 变压器-电动机组启动回路的额定输入容量 S_{qs}；

③ 电动机启动时母线的电压 U_{qm}；

④ 电动机启动时端子电压 U_q；

⑤ 电动机启动电流 I_q；

⑥ 电动机启动回路输入电流 I_{qs}；

⑦ 校验变压器过载能力。

解 ① 变电所 10kV 母线短路容量 S_s 的计算。电源系统的电抗为

$$X_s=\frac{U_p^2}{S''}=\frac{10.5^2}{257}=0.429(\Omega)$$

式中 U_p——电源系统额定平均电压，kV。

电源进线电抗为

$$X_{L1}=X_1L_1=0.095\times0.1\approx0.01(\Omega)$$

式中 X_1——电缆每千米阻抗（Ω/km），可查手册得到。

10kV 配电所母线基准电压 U_j（$=U_p$）上的短路电流 I''和短路容量 S_{dm}为

$$I''=\frac{U_j}{\sqrt{3}(X_s+X_{L1})}=\frac{10.5}{\sqrt{3}\times(0.429+0.01)}=13.81(kA)$$

$$S_{dm}=\sqrt{3}U_jI''=\sqrt{3}\times10.5\times13.81=251.1(MV\cdot A)$$

② 变压器-电动机组启动回路的额定输入容量 S_{qs}的计算。

10kV 配电线路的电抗因距离短，电抗很小，可以忽略不计。

电动机启动容量 S_q 为

$$S_q=K_qS_e=(I_q/I_e)S_e=(I_q/I_e)\times\sqrt{3}U_eI_e\times10^{-3}$$

$$=(559/90)\times\sqrt{3}\times6\times90\times10^{-3}=5.809(MV\cdot A)$$

变压器-电动机组启动回路的额定输入容量 S_{qs}为

$$S_{qs}=\frac{1}{\frac{1}{S_q}+\frac{X_{eb}}{S_{eb}}+\frac{X_L}{U_{em}^2}}=\frac{1}{\frac{1}{5.809}+\frac{0.06}{1}+\frac{0.01}{10^2}}=4.308(MV\cdot A)$$

③ 电动机启动时母线电压 U_{qm}的计算。

$$u_{qm}=\frac{S_{dm}+Q_Z}{S_{dm}+Q_Z+S_q}=\frac{251.1+2.87}{251.1+2.87+4.308}=0.983$$

$$U_{qm}=u_{qm}U_{em}=0.983\times10=9.83(kV)$$

④ 电动机启动时端子电压 U_q 的计算。

$$u_q=u_{qm}\frac{S_{qs}}{S_q}=0.983\times\frac{4.308}{5.809}=0.73$$

$$U_q=u_qU_e=0.73\times6=4.38(kV)$$

⑤ 电动机实际启动电流 I_q 的计算。

$$I_q=u_q\frac{S_q}{\sqrt{3}U_e}=0.73\times\frac{5.809}{\sqrt{3}\times6}=408.1(A)$$

⑥ 电动机启动回路输入电流（即 10kV 配电母线启动电流）I_{qs}的计算。

$$I_{qs}=u_{qm}\frac{S_{qs}}{\sqrt{3}U_{em}}=0.983\times\frac{4.308}{\sqrt{3}\times10}=244.6(A)$$

⑦ 校验变压器过载能力。

$$K_T=u_q\frac{S_q}{S_e}=0.73\times\frac{5.809}{1}=4.24$$

47. 高压电动机电抗器降压启动计算

电路结构如图 4-17 所示。

图中：

X_k——电抗器额定电抗，Ω；

I_{qk}——电抗器启动电流（kA），选 $I_{qk} \geqslant I_{qs}$；

其他符号同前。

(1) 计算公式

① 启动回路额定输入容量的计算。

$$S_{qs}=\frac{1}{\frac{1}{S_q}+\frac{X_k}{U_{em}^2}+\frac{X_L}{U_{em}^2}}$$

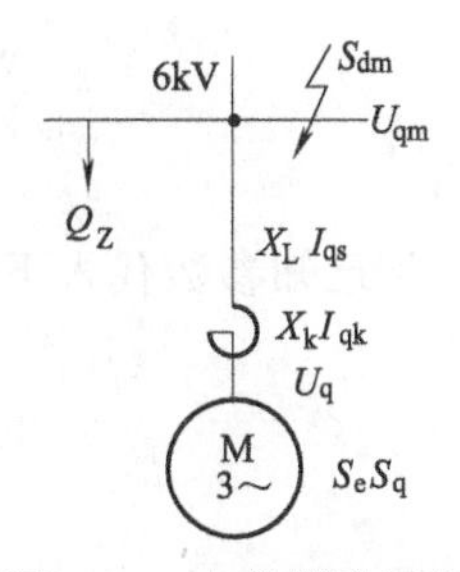

图 4-17 电抗器降压启动电路结构

② 电动机启动时母线电压的计算。

$$u_{qm}=\frac{S_{dm}+Q_Z}{S_{dm}+Q_Z+S_q}$$

$$U_{qm}=u_{qm}U_{em}$$

③ 电动机启动端子电压的计算。

$$u_q=u_{qm}\frac{S_{qs}}{S_q}$$

$$U_q=u_q U_e$$

④ 电动机启动回路输入电流的计算。

$$I_{qs}=I_q=u_{qm}\frac{S_{qs}}{\sqrt{3}U_{em}}$$

⑤ 校验电动机电抗器降压启动时带负载能力。

$$u_q' \geqslant \sqrt{\frac{1.1m_j}{m_q}}$$

如果 $u_q'<u_q$，则能保证生产机械所要求的启动转矩。

(2) 实例

一台与压缩装置配套的高压电动机，其额定功率 P_e 为 1850kW，额定电压 U_e 为 6kV，额定电流 I_e 为 255A，启动电流倍数 K_q 为 4.8，启动转矩相对值 m_q 为 0.7，最大允许启动时间 t_{qm}为 40s，压缩装置静阻转矩相对值 m_j 为 0.2；已知系统短路容量 S''为 62MV·A，6kV 供电线路的阻抗 X_L 为 0.04Ω，供电线路额定电压 U_{em}为 10kV，6kV 母线预接负荷的无功功率 Q_Z 为 2.6Mvar。采用 QKSJ-1800/6 型启动电抗器降压启动，电抗器的启动电流为 1000A，工作时间为 2min，使用电抗 X_k 为 0.52Ω 的抽头。电路结构如图 4-17 所示。试求：

① 启动回路额定输入容量 S_{qs}；

② 电动机启动时母线电压 U_{qm}；

③ 电动机启动端子电压 U_q；

④ 电动机启动回路输入电流 I_{qs}；

⑤ 校验电动机电抗器降压启动时带负载能力。

解 ① 启动回路额定输入容量 S_{qs} 的计算。

电动机启动容量为

$$S_q = K_q S_e = K_q \times \sqrt{3} U_e I_e \times 10^{-3}$$

$$= 4.8 \times \sqrt{3} \times 6 \times 255 \times 10^{-3} = 12.72(\text{MV}\cdot\text{A})$$

把已知参数代入下式，得启动回路额定输入容量为

$$S_{qs} = \frac{1}{\frac{1}{S_q} + \frac{X_k}{U_{em}^2} + \frac{X_L}{U_{em}^2}} = \frac{1}{\frac{1}{12.72} + \frac{0.52}{10^2} + \frac{0.04}{10^2}}$$

$$= \frac{1}{0.084216} = 11.87(\text{MV}\cdot\text{A})$$

② 电动机启动时母线电压 U_{qm} 的计算。

6kV 母线短路容量为

$$S_{dm} = S'' = 62\text{MV}\cdot\text{A}$$

$$u_{qm} = \frac{S_{dm} + Q_Z}{S_{dm} + Q_Z + S_q} = \frac{62 + 2.6}{62 + 2.6 + 12.72} = 0.835$$

电动机启动时母线电压为

$$U_{qm} = u_{qm} U_{em} = 0.835 \times 10 = 8.35(\text{kV})$$

③ 电动机启动端子电压 U_q 的计算。

$$u_q = u_{qm} \frac{S_{qs}}{S_q} = 0.835 \times \frac{11.87}{12.72} = 0.773$$

电动机启动端子电压为

$$U_q = u_q U_e = 0.773 \times 6 = 7.73(\text{kV})$$

④ 电动机启动回路输入电流 I_{qs} 的计算。

$$I_{qs} = I_q = u_{qm} \frac{S_{qs}}{\sqrt{3} U_{em}} = 0.835 \times \frac{11.87}{\sqrt{3} \times 10} = 0.572(\text{kA})$$

⑤ 校验电动机电抗器降压启动时带负载能力。

启动时电动机端子电压相对值为

$$u_q' \geqslant \sqrt{\frac{1.1 m_j}{m_q}} = \sqrt{\frac{1.1 \times 0.2}{0.7}} = 0.56 < 0.773 = u_q$$

所以能保证生产机械所要求的启动转矩。

48. 绕线型异步电动机转子串接电阻启动计算之一

转子串接电阻启动的典型线路如图 4-18 所示。该图为三级启动接线。

(1) 计算公式

首先按表 4-19 确定启动电阻级数。

表 4-19　绕线型异步电动机启动电阻级数选择表

电动机功率/kW	启动电阻的级数	
	半负载启动	满载启动
100 以下	2～3	3～4
100～200	3～4	4～5
200～400	3～4	4～5
400～800	4～5	5～6

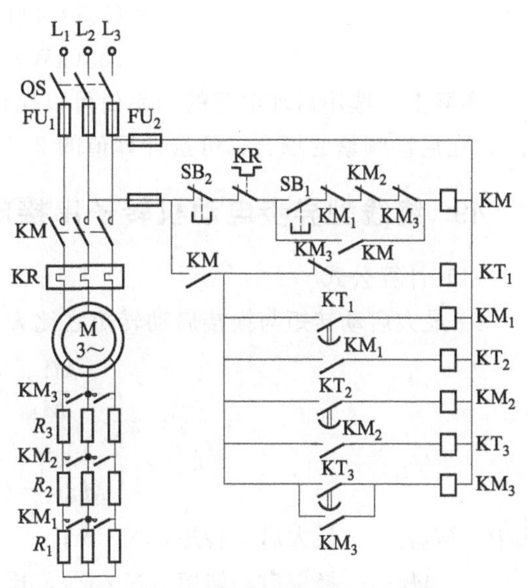

图 4-18　转子串接电阻启动线路

然后按下式计算出每相绕组串接的各级启动电阻值：

$$R_n=K^{m-n}r$$

式中　m——启动电阻的级数；

n——各级启动电阻的序号；

K——常数；

r——最后一级电阻值。

K 与 r 之值可由以下公式计算。

$$K=\sqrt[m]{\frac{1}{s_e}}$$

$$r=\frac{E_2(1-s_e)}{\sqrt{3}I_2}\times\frac{K-1}{K^m-1}$$

式中　s_e——电动机额定转差率；

E_2——电动机转子电压，V；

I_2——电动机转子电流，A。

（2）实例

一台绕线型异步电动机，额定功率 P_e 为 130kW，定子额定电压 U_e 为 380V，额定转速 n_e 为 1460r/min，转子电压 E_2 为 187V，转子电流 I_2 为 441A，启动电阻为对称连接。若这台电动机是半载启动，试求各级启动电阻。

解　由表 4-19 确定启动电阻级数 $m=3$，则

$$s_e=\frac{n_0-n}{n_0}=\frac{1500-1460}{1500}=0.026$$

$$K=\sqrt[m]{\frac{1}{s_e}}=\sqrt[3]{\frac{1}{0.026}}=3.4$$

$$r=\frac{E_2(1-s_e)}{\sqrt{3}I_2}\times\frac{K-1}{K^m-1}=\frac{187\times(1-0.026)}{\sqrt{3}\times441}\times\frac{3.4-1}{3.4^3-1}=0.015(\Omega)$$

因此，各级启动电阻为

$$R_1=K^{m-1}r=3.4^{3-1}\times0.015=0.173(\Omega)$$

$$R_2=K^{m-2}r=3.4^{3-2}\times0.015=0.051(\Omega)$$

$$R_3=K^{m-3}r=3.4^{3-3}\times0.015=0.015(\Omega)$$

若选取转子启动电流为正常运行转子电流的 1.5 倍，则每相启动电阻的功率应为

$$P=I_{2q}^2R=(1.5I_2)^2(R_1+R_2+R_3)$$

$$=(1.5\times441)^2\times(0.173+0.051+0.015)$$
$$=103(\text{kW})$$

实际上，选用启动电阻的功率值可以比计算值小。在启动不频繁的场合，可选计算值的1/3；在启动频繁的场合，可选计算值的2/3。

49. 绕线型异步电动机转子串接电阻启动计算之二

(1) 计算公式

① 最大启动转矩与换接启动转矩之比 k 为

$$k=\frac{M_{\max}}{M_h}=\sqrt[m]{\frac{1}{\frac{M_{\max}}{M_e}s_e}}$$

$$M_{\max}=(1.5\sim2)M_e$$

式中 $M_{\max}$——最大启动转矩，N·m；

M_h——换接启动转矩（N·m），比负载转矩 M_z 大些；

M_e——电动机额定转矩；

m——变阻器级数，通常 $m=3$；

s_e——电动机额定转差率。

② 校验换接转矩 M_h 是否大于静阻力矩 M_j，即

$$M_h=\frac{M_{\max}}{k}>M_j$$

③ 转子内阻 r_2 为

$$r_2=s_eR_{2e},R_{2e}=\frac{U_{2e}}{\sqrt{3}I_{2e}}$$

式中 R_{2e}——转子额定电阻，Ω；

I_{2e}，U_{2e}——转子额定电流（A）和电压（V）。

④ 转子接入电阻为

$$R_1=kr_2$$
$$R_2=kR_1=k^2r_2$$
$$R_3=kR_2=k^3r_2$$

⑤ 各段电阻为

$$R_{F1}=R_1-r_2=(k-1)r_2$$
$$R_{F2}=R_2-R_1=kR_{F1}$$
$$R_{F3}=R_3-R_2=kR_{F2}$$

(2) 实例

一台JR62-4型、14kW绕线型异步电动机，额定转速 n_e 为1420r/min，转子额定电压 U_{2e} 为262V，转子额定电流 I_{2e} 为35A，最大转矩倍数为2.4，负载转矩 M_z 为 $0.7M_e$。试求三级启动时各级启动电阻值。

解 ① 确定 k 值。

取 $M_{\max}=1.8M_e$，则

$$s_e=\frac{n_1-n_e}{n_1}=\frac{1500-1420}{1500}=5.33\%$$

故

$$k=\sqrt[3]{\frac{1}{\frac{M_{max}}{M_e}s_e}}=\sqrt[3]{\frac{1}{1.8\times0.0533}}=2.18$$

② 校验静阻力矩为

$$M_h=\frac{M_{max}}{k}=\frac{1.8M_e}{2.18}=0.826M_e>M_j(=M_z=0.7M_e)$$

满足要求。

③ 确定 r_2 为

$$R_{2e}=\frac{U_{2e}}{\sqrt{3}I_{2e}}=\frac{262}{\sqrt{3}\times35}=4.34(\Omega)$$

$$r_2=s_eR_{2e}=0.0533\times4.34=0.23(\Omega)$$

④ 确定 R_1、R_2、R_3 及 R_{F1}、R_{F2}、R_{F3} 为

$$R_1=kr_2=2.18\times0.23=0.5(\Omega)$$

$$R_2=kR_1=2.18\times0.5=1.09(\Omega)$$

$$R_3=kR_2=2.18\times1.09=2.38(\Omega)$$

$$R_{F1}=R_1-r_2=0.5-0.23=0.27(\Omega)$$

$$R_{F2}=R_2-R_1=1.09-0.5=0.59(\Omega)$$

$$R_{F3}=R_3-R_2=2.38-1.09=1.29(\Omega)$$

50. 绕线型异步电动机转子每相电阻的计算

(1) 计算公式

绕线型异步电动机转子每相电阻的精确测量可用电桥在转子出线端子处进行。要求不严时，也可用下列公式计算。

近似求法：

$$R_2=\frac{s_eU_{2e}}{\sqrt{3}I_{2e}}$$

较准确求法：

$$R_2=\frac{s_e}{1-s_e}\times\frac{P_e+P_j}{3I_{2e}^2}\times10^3$$

式中 R_2——转子每相电阻，Ω；

s_e——电动机额定转差率；

U_{2e}——转子开路电压，V；

I_{2e}——转子额定电流，A；

P_e——电动机额定功率，kW；

P_j——电动机机械损耗（kW），一般可取 $(0.01\sim0.02)P_e$。当求绕线型异步电动机启动电阻涉及 R_2 时，为了安全起见，P_j 估算时可取 $0.01P_e$。

(2) 实例

异步电动机 JZR12-6，已知 P_e 为 3500W，n_e 为 910r/min，U_{2e}为 204V，I_{2e}为 12.2A，

试求转子每相电阻。

解 额定转差率为

$$s_e=\frac{1000-910}{1000}=0.09$$

将已知条件代入近似求法的公式，得

$$R_2=\frac{0.09\times 204}{\sqrt{3}\times 12.2}=0.869(\Omega)$$

代入较准确求法的公式，得

$$R_2=\frac{0.09}{1-0.09}\times\frac{(1+0.01)\times 3500}{3\times 12.2^2}=0.783(\Omega)$$

用电桥实测得 $R_2=0.7993(\Omega)$。

可见近似计算值比实测值大 9%，而较准确计算值比实测值仅小 2%。

51. 笼型异步电动机反接制动限流电阻的计算

笼型异步电动机单向运转反接制动线路如图 4-19 所示。

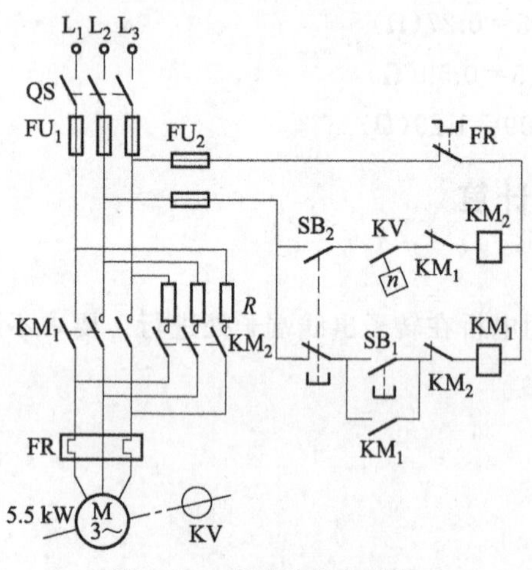

图 4-19 笼型异步电动机单向运转反接制动线路

(1) 计算公式

① 如果要求反接制动最大电流等于该电动机直接启动时的启动电流，则反接制动限流电阻可按下式估算：

$$R\approx 0.13Z=0.13\frac{U}{\sqrt{3}I_q}$$

式中 R——限流电阻，Ω；

Z——电动机启动时每相阻抗，Ω；

U——电源线电压，V；

I_q——电动机直接启动时启动电流，A。

② 如果反接制动最大电流取 $I_q/2$，则限流电阻的限值可按下式估算：

$$R\approx 1.5\frac{U}{\sqrt{3}I_q}$$

③ 限流电阻的功率可按下式估算：

$$P=kI_f^2R$$

式中 P——限流电阻的功率，W；

I_f——反接制动时的制动电流，A；

k——系数，1/4～1/2，实际选用时，如果仅用于制动，而且不频繁反接制动，可取 1/4；如果又用于限制启动电流，并且启动较频繁，可取 1/3～1/2。

④ 如果仅有两相接有限流电阻，则阻值应略大，分别取上述电阻值的 1.5 倍左右。

（2）实例

一台 Y180M-2 型异步电动机，已知额定功率 P_e 为 22kW，额定电流 I_e 为 42.2A，额定电压 U_e 为 380V，采用三相串接限流电阻，要求反接制动最大电流等于 I_q（直接启动时的启动电流），试求限流电阻。

解 由产品样本查得

$$I_q=7I_e=7\times42.2=295.4(\text{A})$$

反接制动限流电阻为

$$R=0.13\frac{U}{\sqrt{3}I_q}=0.13\times\frac{380}{\sqrt{3}\times295.4}=0.1(\Omega)$$

电阻功率为

$$P=kI_f^2R=\frac{1}{4}\times295.4^2\times0.1=2182(\text{W})(\text{取 }2.2\text{kW})$$

如果是两相串接限流电阻，则限流电阻为

$$R=1.5\times0.1=0.15(\Omega)$$

电阻功率为

$$P=\frac{1}{4}\times295.4^2\times0.15=3272(\text{W})(\text{取 }3.3\text{kW})$$

52. 绕线型异步电动机反接制动限流电阻的计算

绕线型异步电动机反接制动线路如图 4-20 所示。

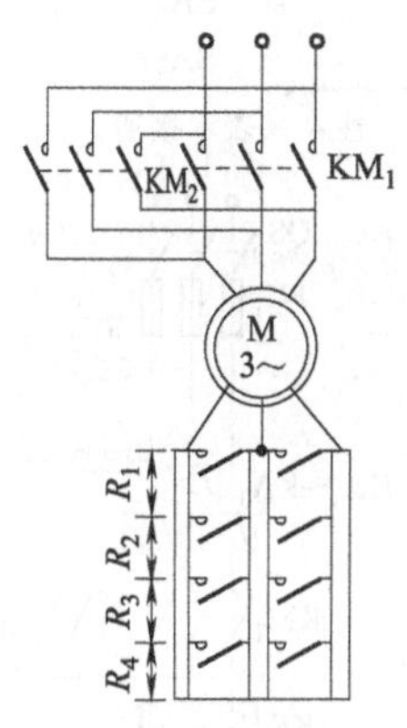

图 4-20 绕线型异步电动机反接制动线路

（1）计算公式

反接制动电阻按下式计算：

$$R=R_z-R_q-r_2,\quad R_z=\frac{s_f}{M_f^*}R_{2e}$$

$$R_{2e}=\frac{U_{2e}}{\sqrt{3}I_{2e}}$$

式中 R——反接制动电阻，Ω；

R_z——反接制动时转子回路总电阻，Ω；

s_f——反接制动开始时电动机的转差率，一般取 $s_f=2$；

M_f^*——反接制动时，转矩标幺值（需考虑到电动机能承受的最大转矩）；

R_{2e}——电动机转子额定电阻，Ω；

U_{2e}——电动机转子额定电压，V；

I_{2e}——电动机转子额定电流，A；

R_q——电动机启动电阻（Ω），如图 4-20 中的 R_1、R_2、R_3；

r_2——电动机转子内阻，Ω。

（2）实例

有一台 JZR31-8 型、7.5kW 绕线型异步电动机，已知 U_{2e} 为 185V，I_{2e} 为 28A，r_2 为 0.21Ω，R_q 为 1.12Ω，$M_f^*=1.98$，求反接制动电阻。

解 $R_{2e}=\dfrac{U_{2e}}{\sqrt{3}I_{2e}}=\dfrac{185}{\sqrt{3}\times 28}=3.82(\Omega)$

设 $M_f^*=1.98$，则

$$R_z=\frac{s_f}{M_f^*}R_{2e}=\frac{2}{1.98}\times 3.82=3.85(\Omega)$$

因此，反接制动电阻为

$$R=3.85-1.12-0.21=2.52(\Omega)$$

53. 绕线型异步电动机转子串接电阻调速的计算

转子串接电阻调速控制线路如图 4-21 所示，为 5 级速度。控制器 SA 触点闭合表见表 4-20。

表 4-20 控制器 SA 触点闭合表

触点 \ 状态 \ 位置	向后					0位	向前				
	5	4	3	2	1	0	1	2	3	4	5
SA_0						×					
SA_1							×	×	×	×	×
SA_2	×	×	×	×	×						
SA_3	×	×	×	×					×	×	×
SA_4	×	×	×						×	×	×
SA_5	×	×								×	×
SA_6	×										×

注：×表示接通。

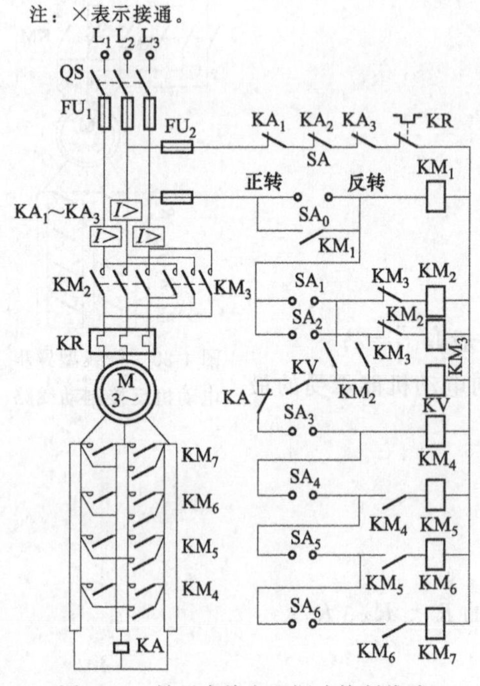

图 4-21 转子串接电阻调速控制线路

【实例】 某卷扬机采用 30kW、6 级、380V 三相绕线型异步电动机，额定转速 n_e 为 980r/min，要求有 n_e(980r/min)、$n_e/2$(490r/min) 和 $n_e/3$(327r/min) 三种速度，试求三种速度下转子绕组每相需要串入的电阻。已知转子每相绕组电阻 r_2 为 0.04Ω。

解 绕线型异步电动机用转子串入附加电阻调速时，在一定负载转矩下，电动机的转差率 s 与转子回路的电阻 R 成正比，即

$$\frac{s_1}{s_2}=\frac{R_1}{R_2}$$

相对转速为 n_e、$n_e/2$ 和 $n_e/3$ 的转差率分别为

$$s_1=s_e=\frac{n_1-n_e}{n_1}=\frac{1000-980}{1000}=0.02$$

$$s_2=\frac{n_1-n_e/2}{n_1}=\frac{1000-490}{1000}=0.51$$

$$s_3=\frac{n_1-n_e/3}{n_1}=\frac{1000-327}{1000}=0.67$$

相应转子回路中的每相全部电阻分别为

$$R_1=r_2=0.04(\Omega)$$

$$R_2=r_2\ \frac{s_2}{s_e}=0.04\times\frac{0.51}{0.02}=1.02(\Omega)$$

$$R_3=r_2\ \frac{s_3}{s_e}=0.04\times\frac{0.67}{0.02}=1.34(\Omega)$$

相应 $n_e/2$ 和 $n_e/3$ 速度下的每相需要串入的电阻分别为

$$R_2'=R_2-r_2=1.02-0.04=0.98(\Omega)$$

$$R_3'=R_3-r_2=1.34-0.04=1.3(\Omega)$$

串接电阻中的电流值应按负载时转子中的电流（查产品样本，该电动机转子额定电流为66A）计算。若为短时负载，则视所串电阻的发热情况适当减小电阻功率。

54. 异步电动机单管整流能耗制动线路参数的计算

单向运转单管整流能耗制动线路如图 4-22 所示。

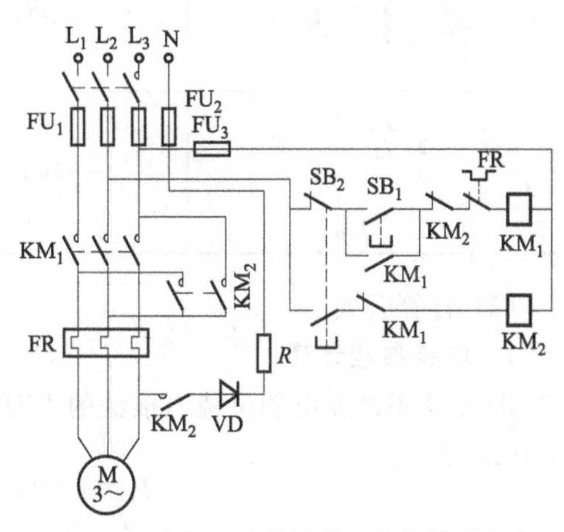

图 4-22　单向运转单管整流能耗制动线路

【实例】 一台 Y132M-8 型异步电动机，采用单管整流能耗制动线路，已知电动机额定功率 P_e 为 3kW，额定电压 U_e 为 380V，额定电流 I_e 为 7.7A，试求限流电阻 R 和二极管 VD 的规格。

解 ① 限流电阻。限流电阻 R 的阻值可按下式估算：

$$R\approx 4/I_e=4/7.7=0.52(\Omega)(\text{取 }0.5\Omega)$$

限流电阻的功率可按下式估算（短时工作）：

$$P_R\approx I_e^2R=7.7^2\times 0.5=29.6(\text{W})$$

可选用阻值为 0.5Ω、功率为 30W 的电阻，可用一段电炉丝代替。

② 二极管。二极管 VD 的额定电流可按下式选择：

$$I=3I_e=3\times 7.7=23.1(\text{A})$$

二极管的额定电压应不小于 800V。

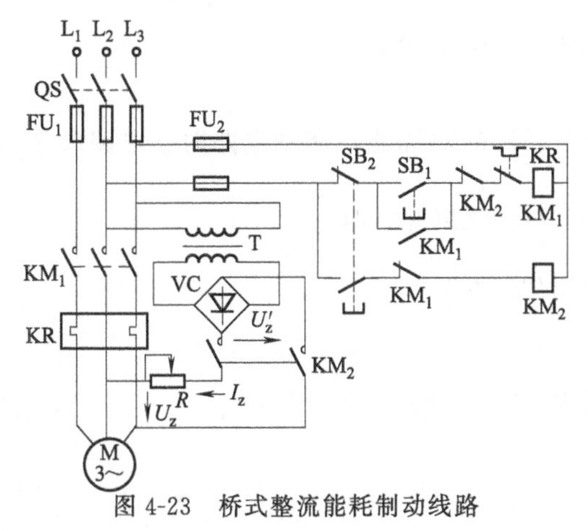

图 4-23　桥式整流能耗制动线路

可选用 ZP30A/800V。

须指出，限流电阻阻值与电动机功率及所带负荷有关。限值越小，制动时间越短，但冲击电流越大；阻值越大，则反之。具体可根据计算结合实际情况通过试验决定。

55. 异步电动机桥式整流能耗制动线路参数的计算

桥式整流能耗制动线路如图 4-23 所示。

(1) 能耗制动时绕组的几种接法（见表 4-21）制动的直流电压和直流电流按表 4-21 计算。

表 4-21 制动的直流电压和直流电流的计算

接线图	电阻 R_1 (k_2R_d)	直流电流 I_z (k_1I_e)	直流电压 U_z
I_d U_d + −	$2R_d$	$1.22I_e$	$2.44I_eR_d$
I_d U_d + −	$1.5R_d$	$1.41I_e$	$2.12I_eR_d$
I_d U_d + −	$\frac{2}{3}R_d$	$2.12I_e$	$1.41I_eR_d$
I_d U_d + −	$0.5R_d$	$2.45I_e$	$1.22I_eR_d$
I_d U_d + −	$3R_d$	$1.05I_e$	$3.15I_eR_d$

(2) 计算公式

1) 电路参数计算

① 采用不改变电动机绕组接法的不对称能耗制动时，电路参数可近似按下列公式计算（Y 接线）：

$$I_z=1.22I_e \qquad P_z=6I_e^2R_1$$

$$U_z'=4.88I_eR_1 \qquad R=R_1$$

式中 I_z——制动时的励磁电流（制动电流），A；

P_z——直流回路的功率，V·A；

U_z'——外接直流电源的电压（V），见表 4-21；

R——直流回路中的限流电阻，Ω；

R_1——电动机定子绕组任意两根电源接线柱之间的冷态电阻，Ω；

I_e——电动机额定电流，A。

② 采用改变电动机绕组接法（改成并联或串联）的对称能耗制动电路时，电路参数可近似按下列公式计算：

$$I_z=K_cI_e; \quad R=U_z'/I_z\text{（绕组并联时）}$$

$$R=\left(\frac{U_z'}{I_z}\right)-R_z\text{（绕组串联时）}$$

式中 I_z——制动电流，A；

K_c——强迫系数，由所需制动转矩的大小决定，一般取 1.5～3.5；

R——限流电阻，Ω；

R_z——绕组串联后的总电阻，Ω。

2）整流变压器的计算

① 直流回路串限流电阻的场合。

变压器二次电压：

$$U_2=1.11U_z'+2\Delta U_g$$

式中 ΔU_g——一只整流管子的压降，约 0.6～0.7V。

$U_z'=U_z+I_zR$，一般可取 $U_z'=2U_z$。

变压器二次电流：

$$I_2=1.11I_z$$

变压器计算容量：

$$S_{2j}=U_2I_2$$

② 直流回路不串限流电阻的场合：直流回路不串限流电阻的方案，其电动机运行的安全性较串限流电阻的方案差，然而，一般情况都采用此方案。这时变压器的计算公式如下：

直流电源电流：

$$I_z=1.5I_e$$

直流电源电压：

$$U_z=I_zR_1$$

变压器二次电压：

$$U_2=1.11U_z+2\Delta U_g$$

变压器二次电流：

$$I_2=1.11I_z$$

变压器计算容量：

$$S_{2j}=U_2I_2$$

以上两方案的变压器实际容量：

$$S_2=S_{2j}/2\text{(制动特别频繁的场合)}$$

$$S_2=S_{2j}/3\text{(制动不频繁的场合)}$$

由于整流变压器仅在制动过程中短时间内工作，变压器实际容量取得较小。

3）硅整流元件的选用

单相桥式整流电路中，每只二极管中流过的电流平均值为 $0.5I_z$，最大反向电压为 $1.57U_z$，考虑 1.5～2.5 倍的裕度，选择适当的整流二极管。

（3）实例

一台 J2-31-6 型异步电动机，采用桥式整流能耗制动线路，已知电动机额定功率 P_e 为 11kW，额定电压 U_e 为 380V，额定电流 I_e 为 26.4A，Y 接线，制动电流通过两相定子绕组，另一相悬空，测得定子每相电阻 R_d 为 0.415Ω，试求：

① 直流回路串限流电阻时，限流电阻及变压器参数；

② 直流回路不串限流电阻时，变压器参数。

解 ① 直流回路串限流电阻时。

a. 计算 I_z、U_z、R。查表 4-21，制动直流电流为

$$I_z=1.22I_e=1.22\times26.4=32.2\text{(A)}$$

直流电压为

$$U_z=2.44I_eR_d=2.44\times26.4\times0.415=26.7\text{(V)}$$

限流电阻为

$$R=2R_d=2\times0.415=0.83(\Omega)$$

b. 变压器计算，则

$$U_z'=U_z+I_zR=26.7+32.2\times0.93=56.6(V)$$

$$U_2=1.11U_z'+2\Delta U_g=1.11\times56.6+2\times0.7=64(V)$$

$$U_1=220V$$

变比 $k=U_1/U_2=220/64=3.44$

变压器二次电流为

$$I_2=1.11I_z=1.11\times32.2=35.7(A)$$

变压器计算容量为

$$S_{2j}=U_2I_2=64\times35.7=2285(V\cdot A)$$

实际选用时，根据制动频繁程度选取，如用于制动不频繁场合，可取计算值的1/3～1/4，即2285×(1/4～1/3)=571～762(V·A)。

c. 二极管选择。反向电压的峰值为

$$U_{RM}=\sqrt{2}U_2=\sqrt{2}\times64=90.5(V)$$

正向电流为

$$I_F=\frac{1}{2}I_z=\frac{1}{2}\times32.2=16.1(A)$$

可选用 ZP30A/100V。

② 直流回路不串限流电阻时。

a. 能耗制动时定子绕组中的直流电流和电压为

$$I_z=1.5I_e=1.5\times26.4=39.6(A)$$

$$U_z=I_zR_d=39.6\times0.415=16.4(V)$$

b. 变压器二次电压和电流为

$$U_2=1.11U_z+2\Delta U_g=1.11\times16.4+2\times0.7=19.6(V)(\text{取 }20V)$$

$$I_2=1.11I_z=1.11\times39.6=44(A)$$

变压器计算容量为

$$S_{2j}=U_2I_2=20\times44=880(V\cdot A)$$

若用于制动不频繁场合，则为880×(1/4～1/3)=220～293V·A。

56. 绕线型电动机转子串电阻调速和笼型异步电动机变频调速效率的计算

【实例】 有两台额定功率为75kW，50Hz，6级的三相异步电动机，一台为绕线型，另一台为笼型，但特性相同，满负荷时的转速为975r/min，固定损耗为1480W，铜耗为3560W（这时绕线型电动机的滑环短路）。这两台电动机在转矩一定下降转速到780r/min运行。这时，试回答以下问题：

① 绕线型电动机，改变转子回路电阻进行速控的场合应接入外部电阻为转子绕组电阻的几倍？

② 对于①，求外部电阻接入前、后的各自效率。

③ 笼型电动机，利用交流器改变定子频率进行速控的场合，试求频率为多少？假设电动机的转差率与频率无关，为一定的。

④ 对于③，求频率变更后的效率。假设固定损耗与频率无关，另外，交流器的效率与负荷无关，为96%。

解 ① 同步转速为

$$n_1=60f/p=60\times50/3=1000(\text{r/min})$$

满负荷时，速控时的转差率 s_1 及 s_2 各自为

$$s_1=(1000-975)/1000=0.025$$

$$s_2=(1000-780)/1000=0.22$$

作出异步电动机的L形等效电路图如图4-24所示。设在转子回路中应接入的外部电阻为转子绕组电阻 R_2 的 K 倍，由于转矩一定，利用比例推移，得

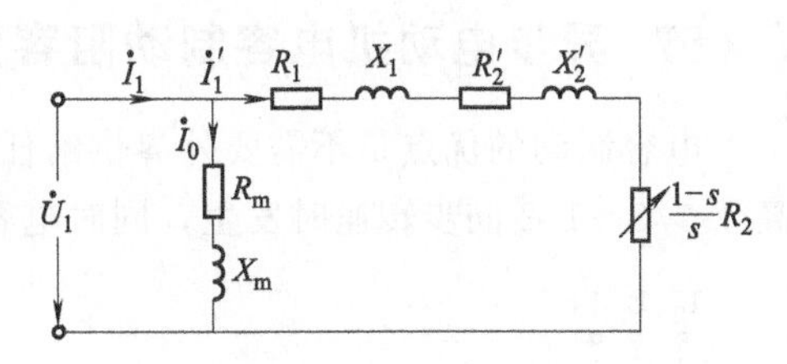

图4-24 异步电动机的L形等效电路

$$R_2/s_1=(K+1)R_2/s_2$$

$$K=(s_2-s_1)/s_1=(0.22-0.025)/0.025$$

$$=7.8(\text{倍})$$

② 利用转子电阻控制的速控时的能流图如图4-25（a）所示。

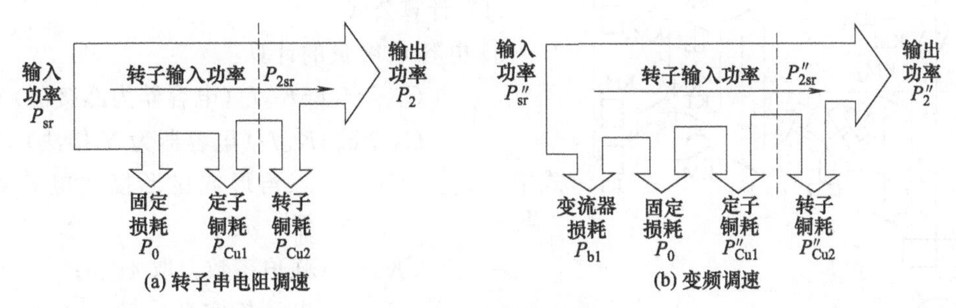

图4-25 速控能流图

按题意，满负荷时 $P_2=75\text{kW}$，$P_0=1.48\text{kW}$，$P_{Cu}=P_{Cu1}+P_{Cu2}=3.56\text{kW}$，因此，接入电阻前的效率 η_1 为

$$\eta_1=\frac{P_2}{P_2+\sum\Delta P}=\frac{P_2}{P_2+P_0+P_{Cu1}+P_{Cu2}}=\frac{75}{75+1.48+3.56}\approx93.7\%$$

当转子接入电阻后，随着转差率的变化，转子输入功率中只有转子铜耗和机械功率（即输出功率）的分配比例发生变化，而定子输入功率不变。又由于转矩一定，输出功率 P_2' 与转速成正比，即

$$P_2'=75\times780/975=60(\text{kW})$$

因此，效率为

$$\eta_2=\frac{60}{80.04}\approx75\%$$

③ 利用频率速控的场合，设频率为 f_1，按题意，电动机的转差率一定，故

$$\frac{60}{p}(1-s)=780$$

$$f_1=\frac{3\times780}{6\times(1-0.025)}=40(\text{Hz})$$

④ 图4-25（b）为频率速控时的能流图。由于转差率不变，设速控后的定子和转子的铜

耗及输出功率分别为 P''_{Cu1}、P''_{Cu2}、P''_2，则下列关系式成立：

$$P_{Cu1}:P_{Cu2}:P_2=P''_{Cu1}:P''_{Cu2}:P''_2$$

$$P''_{Cu1}+P''_{Cu2}+P''_2=(P_{Cu1}+P_{Cu2}+P_2)P''_2/P_2=(3.56+75)\times60/75=62.848(\text{kW})$$

因此，这时效率为

$$\eta_3=\frac{P''_2\eta_{b1}}{P''_2+P_0+P''_{Cu1}+P''_{Cu2}}=\frac{60\times0.96}{1.48+62.848}=89.5\%$$

其中，η_{b1} 为变流器效率。

57. 异步电动机电容制动阻容元件的计算

电容制动的优点是不需要外界供给任何能量，线路较简单，缺点是制动转矩只能在转速高于 1/3～1/2 同步转速时发生，同时电容的容量要求较大。

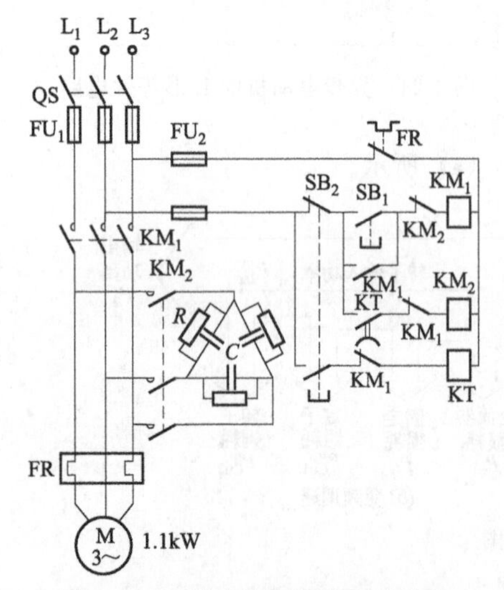

图 4-26　异步电动机电容制动线路

如果电动机绕组为三角形接线，则电容也采用三角形接线，如图 4-26 所示，图中 R 为放电电阻；如果电动机绕组为星形接线，则电容也采用星形接线。

(1) 计算公式

① 电容 C 容量的计算：

$$C_{\triangle}\geqslant4.85K_cI_0\text{（电容器为△接法）}$$

$$C_Y\geqslant8.4K_cI_0\text{（电容器为 Y 接法）}$$

式中　$C_{\triangle}$，C_Y——三角形或星形接法电容器的容量，μF；

K_c——强迫系数，取 4～6；

I_0——电动机空载电流 (A)，一般小功率电动机的 I_0 为额定电流的 35%～50%。

② 放电电阻 R 的计算。放电电阻 R 可有较大的调整范围，一般可取

$$R\geqslant\frac{10^8}{2\pi fC}(\Omega)$$

式中　f——电源频率，50Hz；

C——电容器的容量，μF。

须指出，按以上公式计算的数值是粗略的。

(2) 实例

一台 1.5kW 三相异步电动机，绕组为星形接线，已知电动机的空载电流为 2A，采用电容制动，试求制动电容和放电电阻。

解　$C_Y\geqslant8.4K_cI_0=8.4\times6\times2=100.8(\mu\text{F})$

可选用 100μF、450V 的电容器。

$$R\geqslant\frac{10^8}{2\pi fC}=\frac{10^8}{314\times100}=3185(\Omega)=3.185(\text{k}\Omega)$$

可选择 5kΩ、5W 的电阻。

注意，电动机制动停机时间与电容 C 和电阻的数值有关，如不符合要求，可作适当调整。

58. 自制管式频敏变阻器的制作计算

管式频敏变阻器的结构如图 4-27 所示。图中 1 为钢管做成的铁芯，2 为钢板或槽钢做成的铁轭，3 为绕组。

(1) 计算公式

① 钢管的选择。电动机功率愈大，所选用的钢管直径愈大。通常取直径在 50mm 以上，管壁厚 6mm 以上。

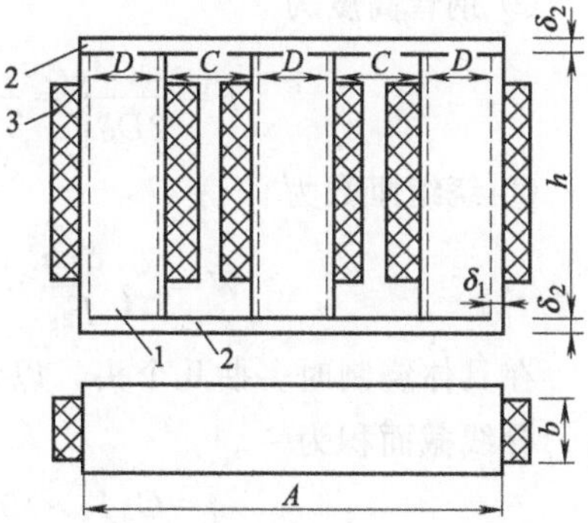

图 4-27 管式频敏变阻器结构图

② 钢管高度的计算：

$$h=\frac{C_1P_e}{2D\delta_1^2}$$

式中 h——钢管高度，cm；

P_e——电动机额定功率，kW；

C_1——常数，见表 4-22；

D——钢管外径，cm；

δ_1——钢管壁厚，cm。

③ 绕组匝数和导线截面积的计算：

$$W=C_2\frac{\delta_1 h}{I_{2e}},q=C_3I_{2e}$$

式中 W——绕组匝数，匝；

q——导线截面积，mm^2；

C_2，C_3——常数，见表 4-22；

I_{2e}——转子额定电流，A。

表 4-22 常数 C_1、C_2、C_3 值

常数	负载类型		
	轻载	重轻载	重载
C_1	4.3	8.6	8.6
C_2	692	390	292
C_3	0.05	0.08	0.10

④ 窗口宽度的计算：

$$C=6\frac{Wq}{h}$$

式中 C——窗口宽度，mm。

⑤ 铁轭厚度、宽度和长度的计算：

$$\delta_2\geqslant\frac{3}{4}\delta_1,B\geqslant D,A\geqslant 3D+2C$$

式中 δ_2，B，A——铁轭厚度、宽度和长度，cm。

(2) 实例

一台 JR 型绕线型异步电动机，额定功率为 180kW，转子额定电流为 398A，现欲用自

制管式频敏变阻器重载启动，求变阻器各参数。

解 由于电动机是重载启动，查表4-22得 $C_1=8.6$，$C_2=292$，$C_3=0.10$。

① 可选择直径 D 为120mm、管壁厚度 δ_1 为12mm的无缝钢管作铁芯。

② 钢管高度为

$$h=\frac{C_1P_e}{2D\delta_1^2}=\frac{8.6\times180}{2\times12\times1.2^2}=44.8(\text{cm})(\text{可取}45\text{cm})$$

③ 绕组匝数为

$$W=C_2\frac{\delta_1 h}{I_{2e}}=292\times\frac{1.2\times45}{398}=39.6(\text{匝})(\text{取}40\text{匝})$$

在具体绕制时多抽几个头，以作调整之用。

导线截面积为

$$q=C_3I_{2e}=0.10\times398=39.8(\text{mm}^2)(\text{取}40\text{mm}^2)$$

④ 窗口宽度为

$$C=6\frac{Wq}{h}=6\times\frac{40\times40}{450}=21(\text{mm})(\text{取}20\text{mm})$$

⑤ 铁轭厚度为

$$\delta_2\geqslant\frac{3}{4}\delta_1=\frac{3}{4}\times1.2=0.9(\text{cm})(\text{取}0.9\text{cm})$$

铁轭宽度为 $B\geqslant D=120\text{mm}=12\text{cm}$

铁轭长度为 $A\geqslant3D+2C=3\times12+2\times2=40(\text{cm})$

59. 根据电动机实际功率选择变频器容量的计算

(1) 计算公式

对于电动机功率较大，而其实际负载功率却较小的场合（并不打算更换电动机），所配用变频器的容量可按下式计算：

$$P_f=K_1(P-K_2Q\Delta P)$$

式中 P_f——变频器容量，kW；

P——调速前实测电动机的功率，kW；

K_1——电动机和泵调速后效率变化系数，一般可取1.1～1.2；

K_2——换算系数，取0.278；

Q——泵实测流量，m^3/h；

ΔP——泵出口与干线压力差，MPa。

(2) 实例

一台原料泵，配套电动机为日本进口的1TQ2U1X1-GOW，2级，额定电压为380V，额定功率为380kW，额定电流为680A。泵的型号为150×100VPCH17W，额定扬程为1200m，额定流量为70m³/h。

实测功率 P 为321kW，泵出口压力为11.5MPa，流量 Q 为60m³/h，泵出口与干线压力差 ΔP 为3.5MPa。将参数代入公式得 $P_f=K_1(P-K_2Q\Delta P)=1.15\times(321-0.278\times60\times3.5)=302(\text{kW})$。

考虑负载的技术要求及经济性，选择日本明电舍315kW变频器。

60. 直流电动机电枢串电阻启动的计算

他励直流电动机电枢串电阻启动线路如图 4-28 所示。

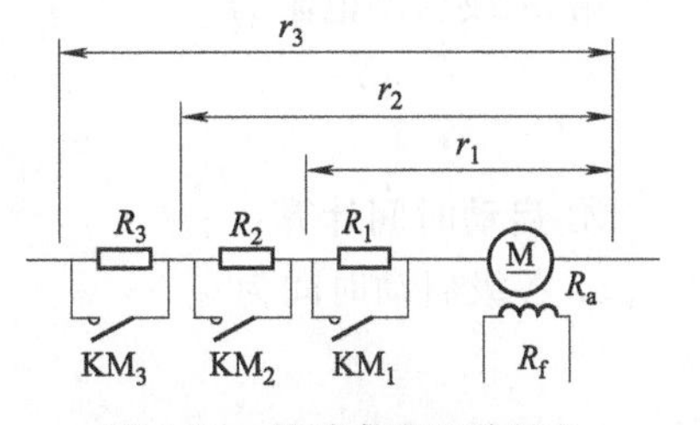

图 4-28 他励直流电动机电枢串电阻启动线路

(1) 计算公式

① 启动电流 I_q 为

$$I_q=(1.5\sim2.5)I_e$$

式中 I_e——电枢额定电流，A。

② 启动转矩 M_q 为

$$M_q=(1.5\sim2.5)M_e$$

式中 M_e——电动机额定转矩，N·m。

③ 启动电阻的计算：主要是确定启动电阻的级数 m 和每级的分段电阻值。

a. 启动电阻级数的选择：见表 4-23。

表 4-23 直流电动机电枢串启动电阻级数 m 的选择

容量/kW	手动控制时			继电-接触器控制时				
	并励式	串励式	复励式	并励式			串励式	复励式
				满载	半负载	通风机或离心泵		
0.75～2.5	2	2	1	1	1	1	1	1
3.5～7.5	4	4	4	2	1	2	2	2
10～20	4	4	4	3	2	2	2	2
22～35	4	4	4	4	2	3	2	3
35～55	7	7	7	4	3	3	2	3
60～90	7	7	7	5	3	4	3	4
100～200	9	9	9	6	4	4	3	4
200～375	9	9	9	7	4	5	3	4

b. 每级的分段电阻计算（见图 4-28）：

电枢回路总电阻为

$$r_m=\sum R_q+R_a=U/I_q$$

式中 r_m——电枢回路总电阻，Ω；

$\sum R_q$——总的启动电阻（Ω），$\sum R_q=R_1+R_2+\cdots+R_m$。

第一级启动电阻为

$$R_1=r_1-R_a$$

$$r_1=\beta R_a(\Omega)$$

式中 β——电流比例系数，$\beta=\sqrt[m]{\dfrac{r_m}{R_a}}$。

第二级启动电阻为

$$R_2=r_2-r_1$$

$$r_2=\beta r_1(\Omega)$$

第三级启动电阻为

$$R_3 = r_3 - r_2$$
$$r_3 = \beta r_2 (\Omega)$$

第 m 级启动电阻为

$$R_m = r_m - r_{m-1}$$
$$r_m = \beta r_{m-1} (\Omega)$$

④ 启动时间计算：

a. 各级启动时间为

$$t_{qn} = \tau_{mn} \ln \frac{I_q - I_\infty}{I_m - I_\infty}$$

式中 t_{qn}——各级启动时间，s；

I_q——启动过程中的最大电流，取 $I_q = (1.5 \sim 2.5) I_0$；

I_∞——稳定电流，即启动结束正常运行的电流（A），可取 $I_\infty = I_e$；

I_m——启动电阻切换时的电流（A），各级电阻切换时的电流都取相同值，可取 $I_m = (1.1 \sim 1.2) I_e$；

τ_{mn}——电力拖动系统的机电时间常数。

$$\tau_{mn} = \frac{GD^2 R_n}{375 K_e K_T \Phi^2}$$

式中 GD^2——机械惯性矩，$N \cdot m^2$；

R_n——各级启动时电枢回路总电阻（Ω），$R_n = \sum R'_q + R_a$；

K_e，K_T——电机结构常数，取 $K_e = 1.03 K_T$ 或 $K_e \Phi = 1.05 K_T \Phi = \dfrac{U_e - I_e R_a}{n_e}$；

Φ——磁场的磁通，Wb；

U_e，I_e——电枢额定电压（V）和额定电流（A）；

n_e——电动机额定转速，r/min；

$\sum R'_q$——各级启动时电枢回路启动电阻之和，Ω。

b. 总的启动时间为

$$t_q = \sum_{n=1}^{m} t_{qn} + (3 \sim 4) \tau'_m$$

式中 m——启动电阻级数；

τ'_m——当 $R = R_a$ 时，算出的时间常数，s。

一般认为启动电阻切换到末级，由末级到达稳定转速 n_e 的时间 $t = (3 \sim 4) \tau'_m$。

(2) 实例

一台 20kW 他励直流电动机，已知额定电压 U_e 为 220V，额定电枢电流 I_e 为 100A，电枢绕组电阻 R_a 为 0.2Ω，额定转速 n_e 为 800r/min，采用继电-接触器控制启动电阻切换，满载启动，机械惯性矩为 $39N \cdot m^2$，试计算启动电阻和启动时间。

解 参见图 4-28。

1) 启动电阻计算

由表 4-23 查得启动电阻级数 $m = 3$。

取启动电流 $I_q = 2I_e = 2 \times 100 = 200(A)$

$$r_3 = \frac{U_e}{I_q} = \frac{220}{200} = 1.1(\Omega)$$

电流比例系数为

$$\beta=\sqrt[3]{\frac{r_3}{R_a}}=\sqrt[3]{\frac{1.1}{0.2}}=1.765$$

第一级启动电阻为

$$r_1=\beta R_a=1.765\times0.2=0.353(\Omega)$$
$$R_1=r_1-R_a=0.353-0.2=0.153(\Omega)$$

第二级启动电阻为

$$r_2=\beta r_1=1.765\times0.353=0.623(\Omega)$$
$$R_2=r_2-r_1=0.623-0.353=0.27(\Omega)$$

第三级启动电阻为

$$r_3=\beta r_2=1.765\times0.623=1.1(\Omega)$$
$$R_3=r_3-r_2=1.1-0.623=0.477(\Omega)$$

2）启动时间计算

① 各级启动时间计算：

$$K_e\Phi=\frac{U_e-I_eR_a}{n_e}=\frac{220-100\times0.2}{800}=0.25$$

$$K_T\Phi=\frac{K_e\Phi}{1.03}=\frac{0.25}{1.03}=0.243$$

第一级启动时间常数为

$$\tau_{m1}=\frac{GD^2(R_1+R_2+R_3+R_a)}{375K_eK_T\Phi^2}=\frac{39\times(0.153+0.27+0.477+0.2)}{375\times0.25\times0.243}=1.88(s)$$

第一级启动时间为

$$t_{q1}=\tau_{m1}\ln\frac{I_q-I_\infty}{I_m-I_\infty}=1.88\times\ln\frac{2\times100-100}{1.2\times100-100}=1.88\times1.61=3.03(s)$$

式中，取 $I_\infty=I_e$，$I_q=2I_e$，$I_m=1.2I_e$。

第二级启动常数为

$$\tau_{m2}=\frac{GD^2(R_1+R_2+R_a)}{375K_eK_T\Phi^2}=\frac{39\times(0.153+0.27+0.2)}{375\times0.25\times0.243}=1.07(s)$$

第二级启动时间为

$$t_{q2}=1.07\times1.61=1.72(s)$$

第三级启动常数为

$$\tau_{m3}=\frac{GD^2(R_1+R_a)}{375K_eK_T\Phi^2}=\frac{39\times(0.153+0.2)}{375\times0.25\times0.243}=0.6(s)$$

第三级启动时间为

$$t_{q3}=0.6\times1.61=0.97(s)$$

② 总启动时间计算：

时间常数为

$$\tau'_m=\frac{GD^2R_a}{375K_eK_T\Phi^2}=\frac{39\times0.2}{375\times0.25\times0.243}=0.34(s)$$

总的启动时间为

$$t_q=t_{q1}+t_{q2}+t_{q3}+(3\sim4)\tau'_m$$
$$=3.03+1.72+0.97+4\times0.34=7.08(s)$$

式中，系数取 4。

61. 直流电动机电枢串电阻调速的计算

【实例】 一台 Z2-91 型 55kW 他励直流电动机（电路见图 4-29），额定电压为 220V，额定电流为 284A，额定转速为 1500r/min。该电机负荷为恒转矩负荷，采用电枢回路串电阻的方法调速，如果将转速调至 500r/min，试求在电枢回路中所串电阻阻值。

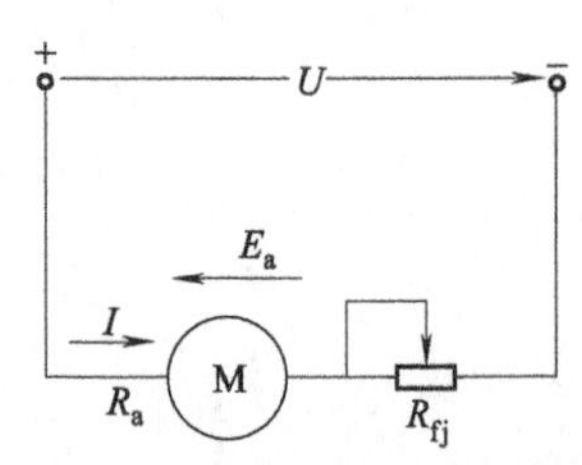

图 4-29 他励直流电动机电路

解 该直流电动机的电枢绕组电阻为

$$R_a=\frac{U_eI_e-P_e}{2I_e^2}=\frac{220\times284-55000}{2\times284^2}=0.046(\Omega)$$

电动机在额定电压、额定电流和额定转速下运行，忽略电刷压降时，电枢电动势为

$$E_a=U_e-I_eR_a=220-284\times0.046=206.94\ (V)$$

电动机在转速为 500r/min 下运行的电枢电势为

$$E'_a=\frac{n}{n_e}E_a=\frac{500}{1500}\times206.94=68.98(V)$$

因此电枢回路所串电阻为

$$R_f=\frac{U_e-E'_a}{I_e}-R_a=\frac{220-68.98}{284}-0.046=0.49(\Omega)$$

62. 直流电动机励磁回路串电阻调速的计算

直流电动机在电枢电压不变的情况下，减小励磁电流，能使转速升高；增大励磁电流，能使转速降低。

串接电阻启动改变励磁电流调速的线路如图 4-30 所示。该线路仍采用在电枢回路中串入电阻的启动方法，转速调节则采用改变励磁电流的方式。图中，R_2 为放电电阻，它与二极管 VD 形成一条放电回路。

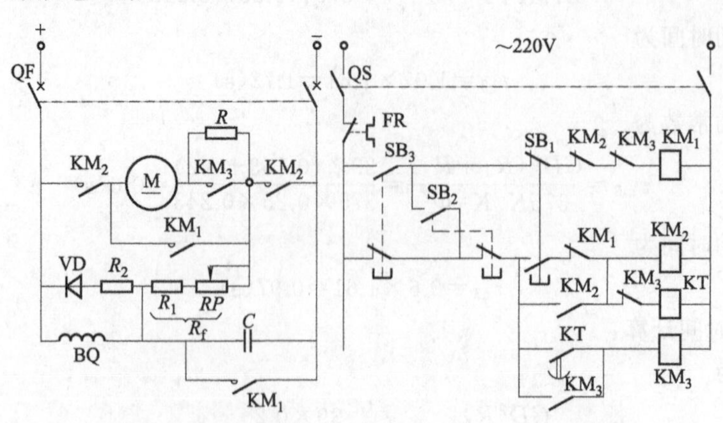

图 4-30 串接电阻启动改变励磁电流调速的线路

【实例】 有一台他励直流电动机，已知额定功率 P_e 为 19kW，额定电压 U_e 为 230V，额定电流 I_e 为 82.5A，额定转速 n_e 为 960r/min，电枢回路电阻 R_a 为 0.1Ω，额定励磁电压 U_{le}为 230V，额定励磁电流 I_{le}为 3.27A；电动机拖动的是恒功率负载。要求调速范围在 300～960r/min 之间，试求励磁回路所串调速用可变电阻 R_f 的变化范围。

解 在 300～960r/min 调速范围内，磁通变化范围为

$$\frac{\Phi'}{\Phi}=\frac{n}{n'}=\frac{960}{300}=3.2$$

即磁通 Φ 的变化范围是：Φ_e～$3.2\Phi_e$

忽略励磁绕组电阻，则有

$$I_{le}=\frac{U_{le}}{R_f}$$

$$R_f=\frac{U_{le}}{I_{le}}=\frac{230}{3.27}=70.3(\Omega)$$

由于磁通 Φ 正比于励磁电流 I_l，当 $\Phi=\Phi_e$ 时，有

$$I_l=I_{le}=\frac{U_{le}}{R_f}$$

$\Phi=3.2\Phi_e$ 时

$$I_l'=\frac{U_{le}}{R_f'}=3.2I_{le}$$

$$\frac{I_l}{I_l'}=\frac{I_{le}}{3.2I_{le}}=\frac{U_{le}}{R_f}\Big/\frac{U_{le}}{R_f'}$$

$$R_f'=\frac{R_f}{3.2}=\frac{70.3}{3.2}=22(\Omega)$$

励磁回路所串变阻器相应的调节范围为 22～70.3Ω。

63. 直流并励电动机能耗制动电阻的计算

直流电动机能耗制动，就是电动机电枢从电源上断开后，并联一个电阻（称制动电阻）到电枢上，励磁绕组仍然接在电源上。由于电动机的惯性而旋转使它成为发电机，将电能输送给制动电阻，以热能形式消耗，从而使电动机迅速停止运转。制动电阻越小，制动越迅速。

直流电动机能耗制动线路如图 4-31 所示。将电动机电枢从电源断开后，并联制动电阻 R_z，这时电动机因负载的惯性而继续运转，成为一台向 R_z 供电的发电机而制动。

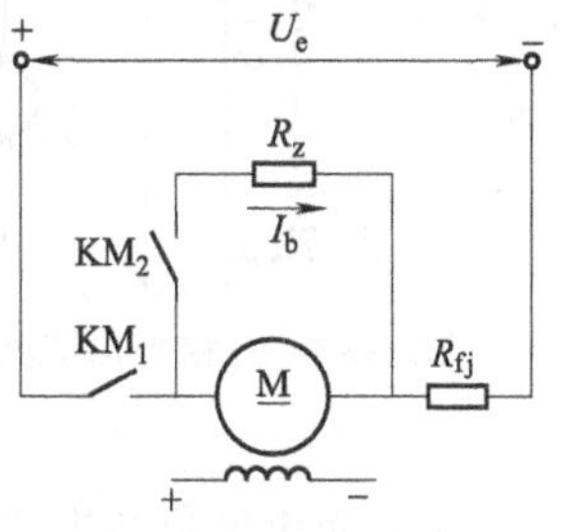

图 4-31 直流电动机能耗制动线路

(1) 计算公式

制动电阻 R_z 可按以下两公式计算。

① 公式一

$$R_z=\frac{E}{I_{zmax}}-R_a$$

式中 R_z——制动电阻，Ω；

E——制动开始时电动机的反电势（V），稍低于额定电压 U_e；

I_{zmax}——电动机最大制动电流（A），一般取 $I_{zmax}=(2～2.5)I_e$；

R_a——电动机电枢电阻，Ω；

I_e——电动机额定电流，A。

② 公式二

$$R_z=\frac{U_e}{2I_e}-R_a$$

(2) 实例

有一台直流他励电动机，已知额定功率 P_e 为 10kW，额定电压 U_e 为 220V，额定电流 I_e 为 53.4A，电枢电阻 R_a 为 0.12Ω，采用电枢并电阻能耗制动（见图 4-31），试求制动电阻 R_z。

解 ① 按公式一。

制动时电动机的反电势为

$$E\approx U_e=220(\text{V})$$

电动机最大制动电流为

$$I_{zmax}=2.2\times 53.4=117.5(\text{A})$$

制动电阻为

$$R_z=\frac{220}{117.5}-0.12=1.75(\Omega)$$

② 按公式二。

$$R_z=\frac{220}{2\times 53.4}-0.12=1.94(\Omega)$$

可取 R_z=1.8Ω，可选用 ZB_2-1.8Ω 片形电阻，其 10s 短时电流可达 60A。

64. 直流电动机整流桥交流侧电源的计算

【实例】 一台额定电压为 220V、额定功率为 10kW、满载效率为 85%的他励直流电动机。该电动机接在三相桥式整流回路，直流电动机在 220V 下运行（见图 4-32）。设直流电流为平滑的，且由整流回路阻抗引起的电压降可忽略不计。试求：

① 三相电源电压。

② 电动机在满负荷时流过整流器的平均电流。

③ 交流侧的线电流。

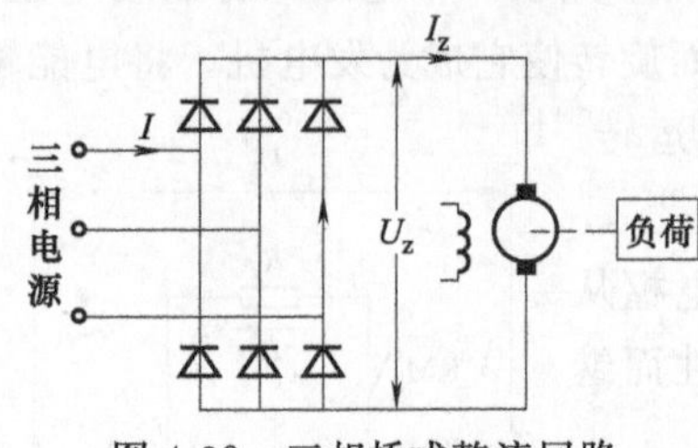

图 4-32 三相桥式整流回路

解 ① 因三相桥式整流，故有

$$U_z=\frac{3\sqrt{2}}{\pi}U=1.35U=220(\text{V})$$

得电源线电压为

$$U=U_z/1.35=220/1.35=163(\text{V})$$

② 电动机满负荷电流为

$$I_z=\frac{P_e\times 10^3}{U_z\eta}=\frac{10\times 10^3}{220\times 0.85}\approx 53.5(\text{A})$$

由于电动机满负荷时，在整流元件中电流的周期在 2π 区间是 2/3π，因此流过整流元件平均电流为

$$I_r=I_z/3=53.5/3=17.8(\text{A})$$

③ 根据公式$\sqrt{3}UI \approx U_z I_z$，得交流侧线电流为

$$I=\frac{U_z I_z}{\sqrt{3}U}=\frac{220\times 53.5}{\sqrt{3}\times 163}=41.6(\text{A})$$

65. 直流电动机晶闸管整流桥电路的计算

【实例】 如图4-33为晶闸管整流电源供给直流电动机的速控装置。图中的数值分别表示晶闸管整流电源变压器和电动机M的额定输出功率和额定电压。试求：

① 当电动机在额定负荷下运行时，电动机的负荷损耗是多少？设电动机额定负荷下的效率为85.2%，而在额定电压、额定转速和额定励磁时，电动机空载电流为10A。

② 加在变压器上的负荷为额定值的百分之几？设杂散损耗忽略不计。

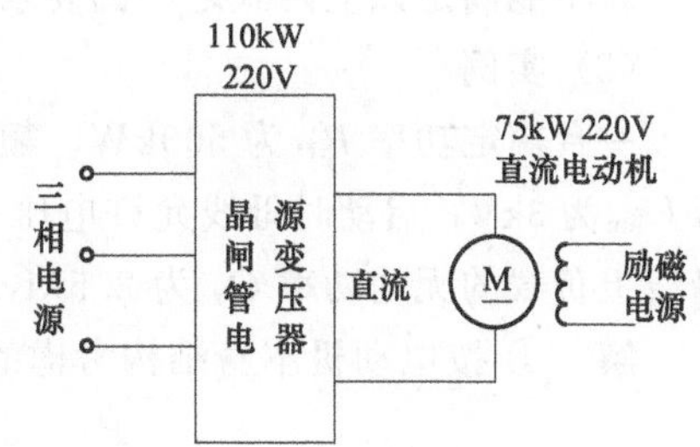

图4-33　晶闸管整流装置

解　① 额定负荷时的总损耗为

$$\sum \Delta P=P_1-P_2=P_2/\eta-P_2=75/0.852-75=13(\text{kW})$$

当忽略励磁损耗时，电动机的空载损耗为

$$P_0=U_e I_0=220\times 10=2200(\text{W})=2.2(\text{kW})$$

电动机的负荷损耗为

$$\sum \Delta P-P_0=13-2.2=10.8(\text{kW})$$

② 由于变压器的输出功率等于电动机的输入功率，即变压器的负荷为88kW，所以加在变压器上的负荷为额定值的

$$88/110\times 100\%=80\%$$

66. 同步电动机直接启动的计算

(1) 计算公式

同步电动机能否采用直接启动，可由以下两种方法估算。

① 按电动机本身结构能否允许直接启动的估算。当电动机额定电压为3kV时，则

$$\frac{P_e}{2p}\leqslant 250\sim 300\text{kW}$$

当电动机额定电压为6kV时，则

$$\frac{P_e}{2p}\leqslant 200\sim 250\text{kW}$$

式中　P_e——电动机额定功率，kW；

p——电动机极对数。

② 按母线允许电压值能否允许直接启动的计算。电动机允许直接启动的条件为

$$k_q S_e<\alpha(S_{dm}+Q_z)$$

式中　k_q——额定电压时电动机的启动电流倍数；

S_e——电动机额定容量，MV·A；

α——系数，$\alpha=\frac{U_{em}}{U_m}-1$；

U_{em}——母线额定电压，kV；

U_m——启动时母线允许电压，kV；

S_{dm}——母线上最小短路容量，MV·A；

Q_z——母线上负载的无功功率，Mvar。

若不能满足以上两式之一的要求，则应采用降压启动。

(2) 实例

一台额定功率 P_e 为 500kW、额定电压 U_e 为 3kV 的 4 极同步电动机。已知母线额定电压 U_{em} 为 3kV，启动时母线允许电压 U_m 为 2.4kV，母线上最小短路容量 S_{dm} 为 100MV·A，母线上负载的无功功率 Q_z 为 2.5Mvar，试问该同步电动机能否直接启动。

解 ① 按电动机本身结构考虑的估算。

$$\frac{P_e}{2p}=\frac{500}{4}=125(\mathrm{kW})<250(\mathrm{kW})$$

② 按母线允许电压考虑的计算。

电动机额定容量为

$$S_e=P_e/\cos\varphi_e=500/0.85=588.2(\mathrm{kV\cdot A})$$

系数
$$\alpha=\frac{U_{em}}{U_m}-1=\frac{3}{2.4}-1=0.25$$

设启动电流倍数 $k_q=5$，则

$$k_qS_e=5\times588.2=2941(\mathrm{kV\cdot A})=2.94(\mathrm{MV\cdot A})$$

而 $\alpha(S_{dm}-Q_z)=0.25\times(100-2.5)=24(\mathrm{MV\cdot A})>k_qS_e=2.94(\mathrm{MV\cdot A})$

故该同步电动机可以直接启动。

67. 同步电动机电抗器降压启动的计算

(1) 计算公式

采用电抗器降压启动，应满足下式要求：

$$\frac{U_q}{U_{em}}\times\frac{S_{dm}+Q_z}{k_qS_e}>\beta\sqrt{\frac{M_j}{M_q}}$$

式中 U_q——电动机额定启动电压，kV；

U_{em}——母线额定电压，kV；

S_{dm}——母线上最小短路容量，MV·A；

Q_z——母线上负载的无功功率，Mvar；

k_q——额定电压时电动机的启动电流倍数；

S_e——电动机额定容量，MV·A；

M_j——机械静转矩，N·m；

M_q——U_q 电压时的启动转矩，N·m；

β——系数，$\beta=\frac{1.05}{1-U_m/U_{em}}$；

U_m——启动时母线允许电压，kV；

U_{em}——母线额定电压，kV。

若能满足上式要求，则可按下式选择电抗器的电抗值：

$$X_k = U_{em}^2\left(\frac{\gamma}{S_{dm}+Q_z}-\frac{U_q}{k_q S_e}\right)$$

式中　X_k——电抗器的电抗值，Ω；

　　γ——系数，$\gamma = U_m/(U_{em}-U_m)$。

电抗器可选用 NKL 型铝电缆水泥电抗器。

(2) 实例

如果启动转矩相对值 m_q 为 0.9，机械静转矩相对值 m_j 为 0.05，而母线上最小短路容量 S_{dm} 为 25MV·A，启动时母线允许电压 U_m 为 2.85kV，母线上负载的无功功率 Q_z 为 2Mvar，其他条件同“同步电动机直接启动的计算”中项中的实例。试求：

① 该电动机是否需采用电抗器降压启动。设电动机额定启动电压 U_q 为 1.9kV。

② 若采用电抗器降压启动，则电抗值是多少？

解　① 是否采用电抗器降压启动的计算。

$$\frac{U_q}{U_{em}}\times\frac{S_{dm}+Q_z}{k_q S_e}=\frac{1.9}{3}\times\frac{25+2}{5\times 0.588}=5.8$$

系数

$$\beta=\frac{1.05}{1-U_m/U_{em}}=\frac{1.05}{1-2.85/3}=21$$

$$\beta\sqrt{\frac{M_j}{M_q}}=\beta\sqrt{\frac{m_j}{m_q}}=21\times\sqrt{\frac{0.05}{0.9}}=4.95$$

故满足电抗器降压启动的要求。

② 电抗器电抗值的计算。

系数

$$\gamma = U_m/(U_{em}-U_m)=2.85/(3-2.85)=19$$

电抗器的电抗值为

$$\begin{aligned}X_k &= U_{em}^2\left(\frac{\gamma}{S_{dm}+Q_z}-\frac{U_q}{k_q S_e}\right)\\ &=3^2\times\left(\frac{19}{25+2}-\frac{1.9}{5\times 0.588}\right)=9\times(0.704-0.646)\\ &=0.52(\Omega)\end{aligned}$$

68. 同步电动机自耦变压器降压启动的计算

(1) 计算公式

① 采用自耦变压器降压启动，应满足下式要求：

$$\delta\times\frac{S_{dm}+Q_z}{k_q S_e}>1.1\frac{M_j}{M_q}$$

式中　δ——系数，$\delta=\frac{U_m}{U_{em}}\left(1-\frac{U_m}{U_{em}}\right)$。

② 自耦变压器变比可按下式选择

$$k=\frac{U_q}{U_{em}}\sqrt{\alpha\left(\frac{S_{dm}+Q_z}{k_q S_e}\right)}$$

式中 α——系数，$\alpha=\frac{U_{em}}{U_m}-1$。

（2）实例

对于“同步电动机电抗器降压启动的计算”项中的实例，试求：

① 能否采用自耦变压器降压启动？

② 若采用自耦变压器降压启动，则自耦变压器的变比为多少？

解 ① 能否采用自耦变压器降压启动的计算系数 $\delta=\frac{2.85}{3}\times\left(1-\frac{2.85}{3}\right)=0.0475$

$$\delta\times\frac{S_{dm}+Q_z}{k_q S_e}=0.0475\times\frac{25+2}{5\times0.588}=0.432$$

而 $$1.1\frac{m_j}{m_q}=1.1\times\frac{0.05}{0.9}=0.073$$

故可采用自耦变压器降压启动。

② 自耦变压器变比的计算

$$\alpha=\frac{3}{2.85}-1=0.0526$$

变比 $k=\frac{1.9}{3}\times\sqrt{0.0526\times\left(\frac{25+2}{5\times0.588}\right)}=0.44$，即 44%

69. 三相异步电动机单层整距绕组展开图及计算

【实例】 试画出一台三相四极 24 槽异步电动机单层整距绕组展开图。

解 展开图的绘制步骤如下：

① 各绕组在每个磁极下应均匀分布，以达到磁场对称的目的。

a. 分极：按定子槽数 z 画出定子槽，并编上序号。按磁极数 $2p$ 等分定子槽 z，磁极按 S、N、S、N……交错排列，如图 4-34（b）所示。

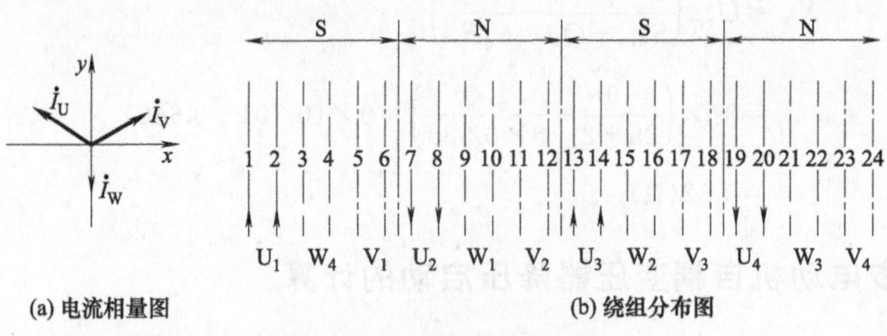

(a) 电流相量图　　(b) 绕组分布图

图 4-34 槽的分极及分相

在该例中，$z=24$，$2p=4$，相数 $m=3$，故：

$$每极槽数=\frac{z}{2p}=\frac{24}{4}=6(槽)$$

b. 分相：每个磁极下的槽数均分成 3 个相带，每个相带占 60°电角度，每极每相槽数为：

$$q=\frac{z}{2pm}=\frac{24}{2\times2\times3}=2(\text{槽})$$

② 画出各相绕组的电源引出线。绕组的起端或末端彼此应间隔 120°电角度，如图 4-34 中 U_1、V_1、W_1 之间或 U_2、V_2、W_2 之间各相隔 120°电角度。每槽所占电角度 α 为：

$$\alpha=\frac{2\pi p}{z}=\frac{360°\times2}{24}=30°$$

若 U 相的起端 U_1 在第 1 槽，则 V 相的起端 V_1 应在第 5 槽，W 相的起端 W_1 应在第 9 槽。由于每极每相槽数为 2，故 U 相在各极相带的槽号是 1、2、7、8、13、14、19、20，V 相在各极相带的槽号是 5、6、11、12、17、18、23、24，W 相在各极相带的槽号是 9、10、15、16、21、22、3、4。可以看出，在每个磁极下三相绕组的排列顺序是 U、W、V，如图 4-35 所示。

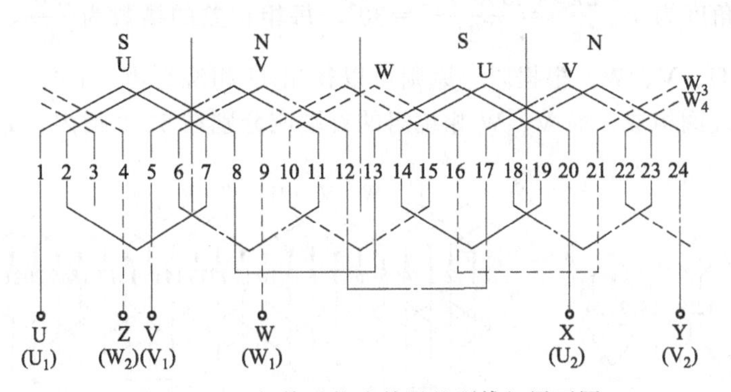

图 4-35 三相等元件式单层整距线组展开图

③ 标出电流方向。同一相绕组的各个有效边在同一磁极下的电流方向应相同，而在相异磁极下的电流方向应相反，见图 4-34（b）。应注意：

a. U、V、W 对应相带（U_1、V_1、W_1、U_2、V_2、W_2 等）均应间隔 120°。

b. 在一个磁极下各相带槽中的电流方向相同。

④ 确定绕组形式。绕组可分为单层绕组和双层绕组。单层绕组元件总数为定子槽数的一半，按节距的不同，又可分链式绕组、交叉链式绕组、同心式绕组、等元件式整距绕组等。双层绕组元件总数等于定子槽数，按元件样式分布的不同，又可分为叠绕组和波绕组。

⑤ 确定线圈节距 y。采用等元件式单层整距绕组，其节距为：

$$y=\tau=\frac{z}{2p}=\frac{24}{4}=6(\text{槽})(1\sim7\text{ 槽})$$

即一个元件的起端边若嵌在第 1 槽中，则末端边应嵌在第 7 槽中。根据线圈的节距，即可将两有效边连为一个元件。

⑥ 顺电流方向将同相线圈串联。如图 4-35 所示，每相绕组均由两组线圈组成，顺着电流方向 U 相第一组线圈的尾（第 8 槽）与第二组线圈的头（第 13 槽）相连，这就连成了 U 相绕组。同样可画出 V 相和 W 相绕组。最后剩下 6 个接线头，即 U 相绕组的 U_1(U)、U_2(X)，V 相绕组的 V_1(V)、V_2(Y) 和 W 相绕组的 W_1(W)、W_2(Z)。

70. 三相异步电动机单层链式绕组展开图及计算

链式绕组是由相同节距的线圈组成的。它的线圈连接形状像链子一样一环连着一环。

【实例】 试画出一台三相四极 24 槽异步电动机单层链式绕组展开图。

解 展开图的绘制步骤如下：

① 求出每极槽数（极距）τ、每极每相槽数（相带）q。

$$\tau=\frac{z}{2p}=\frac{24}{2\times2}=6(\text{槽})$$

$$q=\frac{z}{2pm}=\frac{24}{4\times3}=2(\text{槽})$$

所以，节距 $y=5$ 槽（取 $y=\frac{5}{6}\tau$）。

② 画出各相绕组的引出线。各相绕组首端 U、V、W 和尾端 X、Y、Z 应相差 120°电角度。每槽所占电角度为 $\alpha=\frac{2\pi p}{z}=\frac{360°\times2}{24}=30°$。每相相差的槽数为 $\frac{120°}{30°}$，即 4 槽。三相绕组的排列顺序为 U、V、W。根据以上原则可以得出 U 相绕组由（1-6）、（7-12）、（13-18）和（19-24）4 个线圈组成。而 V、W 相绕组的首端应分别在 5、9 槽内，如图 4-36 所示。

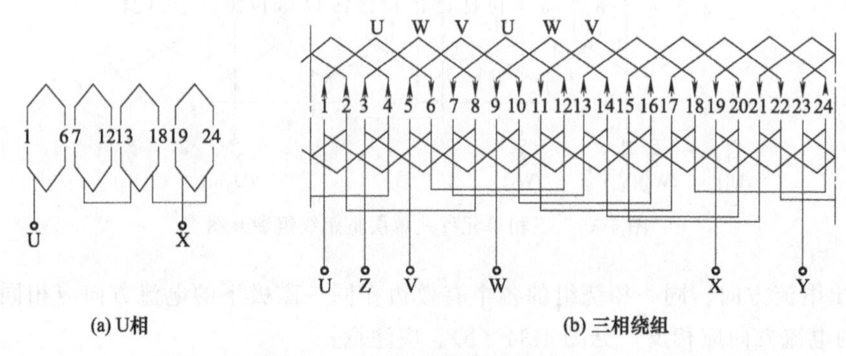

(a) U相　　(b) 三相绕组

图 4-36 三相四极链式绕组展开图

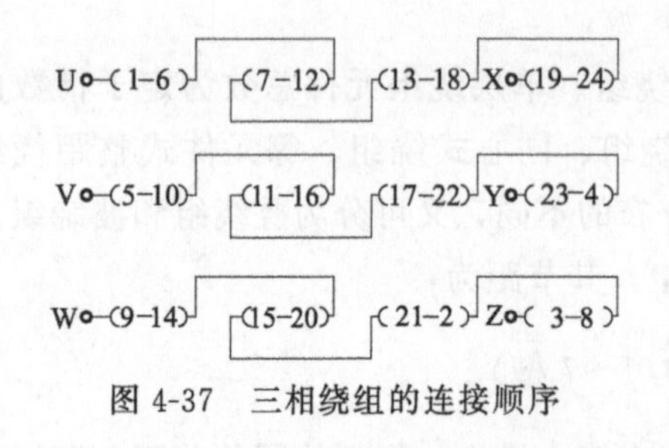

图 4-37 三相绕组的连接顺序

③ 假定电流方向。各相各槽按图 4-36 所示方法标明电流方向。

④ 连接端部，形成链式绕组。如图 4-36 所示，U 相的 4 个线圈应分布在 4 个极，并交替为 N、S、N、S 排列。因此，根据电流方向应为反串联。根据以上原则，画出三相绕组的连接方式，如图 4-37 所示。

71. 三相异步电动机单层交叉链式绕组展开图及计算

电动机每对磁极下有两组大节距线圈和一组小节距线圈。采用不等距线圈连接而成的绕组叫做交叉链式绕组。

【实例】 试画出一台三相四极 36 槽异步电动机单层交叉链式绕组展开图。

解 展开图的绘制步骤如下：

① 求出每极槽数 τ 和每极每相槽数 q。

$$\tau=\frac{z}{2p}=\frac{36}{4}=9(\text{槽})$$

$$q=\frac{z}{2pm}=\frac{36}{4\times3}=3(\text{槽})$$

确定节距：大节距 $y_1=8$，小节距 $y_2=7$。

② 求出每槽电角度 α，假定电流方向。

$$\alpha=\frac{2\pi p}{z}=\frac{360^\circ\times2}{36}=20^\circ$$

各相应相隔 6 槽，每极 9 槽。由此可知，36 至 8 槽电流向上，9 至 17 槽电流向下，18 至 26 槽电流向上，27 至 35 槽电流向下。根据电流方向连接各线圈端部接线。如以第 1 槽为 U 相首端，根据上述原则，可画出 U 相绕组的连接图（见图 4-38）。

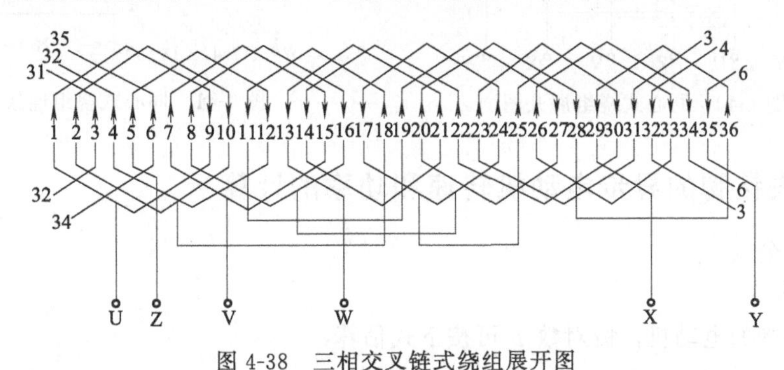

图 4-38　三相交叉链式绕组展开图

③ 连接三相绕组。各相首端间隔为 120°电角度，即 6 槽。因此，V、W 相首端应分别在第 7 槽和第 13 槽。每对磁极下均有两组大节距线圈和一组小节距线圈。这既保持了电磁平衡，又实现了短节距要求。连接情况如图 4-38 所示。

交叉链式绕组具有端部线圈连线短的优点，可以节约铜线。

72. 三相异步电动机单层同心式绕组展开图及计算

同心式绕组的线圈布置如图 4-39 所示。由于线圈的轴线是同心的，因此每个线圈具有不同的节距。

【实例】 试画出一台三相两极 24 槽异步电动机单层同心式绕组展开图。

解　展开图的绘制步骤如下：

① 求出每极槽数 τ 和每极每相槽数 q。

$$\tau=\frac{z}{2p}=\frac{24}{2}=12(\text{槽})$$

$$q=\frac{z}{2pm}=\frac{24}{2\times3}=4(\text{槽})$$

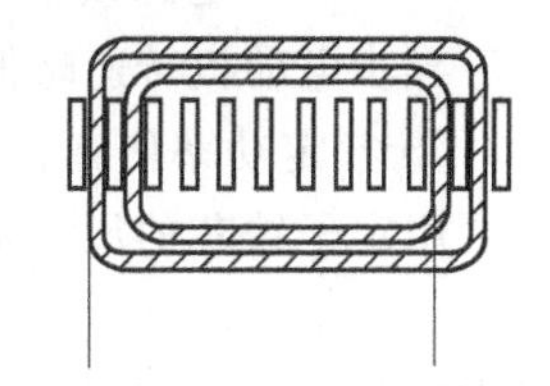

图 4-39　同心式绕组线圈布置示意图

② 求出每槽电角度 α，画出各相首端。

$$\alpha=\frac{2\pi p}{z}=\frac{360^\circ\times1}{24}=15^\circ$$

各相首端应相差 120°电角度，各相相隔槽数为 $\frac{120^\circ}{15^\circ}=8$(槽)。这时，如 U 相首端在第 1 槽，则 V、W 相首端应分别在第 9 槽和第 17 槽。

③ 确定线圈节距，连接三相绕组。为了使每个线圈获得尽可能大的电势，大线圈节距取 12，小线圈节距取 10。如 U 相首端在第 1 槽，该线圈的另一有效边应在第 12 槽，小线

圈为2、11槽。根据以上原则，就可以知道U相绕组的槽号为1、2、11、12、13、14、23、24，V相绕组的槽号为7、8、9、10、19、20、21，22，W相绕组的槽号为3、4、5、6、15、16、17、18。同心式绕组展开图如图4-40所示，其连接方式如图4-41所示。

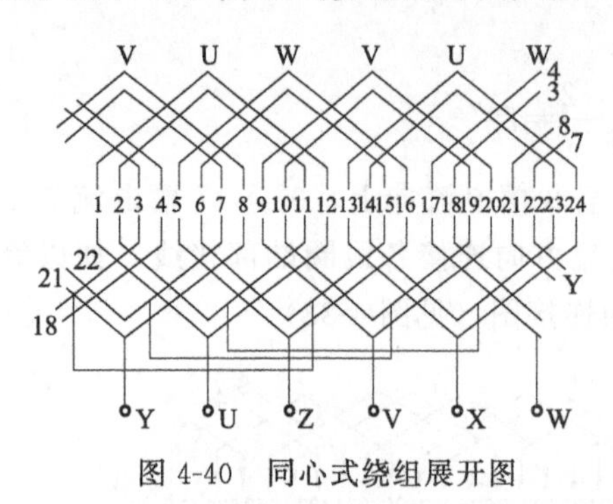

图4-40 同心式绕组展开图

U○—(1−12)—(2−11)— ○—(13−24)—(14−23)— X

V○—(9−20)—(10−19)— ○—(21−8)—(22−7)— Y

W○—(17−4)—(18−3)— ○—(5−16)—(6−15)— Z

图4-41 同心式绕组连接方式

73. 丢失铭牌的异步电动机转速和功率的计算

(1) 计算公式

① 转速估算。

对于无铭牌的电动机，极对数 p 可按下式估算：

$$p=\frac{0.28D_1}{h_c}$$

式中 h_c——定子铁芯的实际轭高（cm），$h_c=\frac{D-D_1}{2}-h_t$；

D_1，D——定子铁芯的内径和外径，cm；

h_t——定子槽深，cm。

同步转速为：

$$n_1=\frac{60f}{p}$$

式中 n_1——同步转速，r/min；

f——电源频率，50Hz。

异步电动机转速略低于同步转速。

② 额定功率估算。

用定子铁芯的尺寸来估算额定功率，即：

$$P_e=KD_1^3l$$

式中 P_e——电动机的额定功率，kW；

K——估算系数，见表4-24；

l——铁芯长度，cm。

表4-24 估算系数 K

极数		2	4	6	8
K	防护式	28×10^{-5}	14×10^{-5}	8×10^{-5}	5.4×10^{-5}
	封闭式	16.8×10^{-5}	8.4×10^{-5}	4.8×10^{-5}	3.24×10^{-5}

(2) 实例

有一台电动机，其定子内径 D_1 为 15.5cm，铁芯长度 l 为 9cm，极对数为 4，试估算其功率。

解 查表 4-24 得 $K=14\times10^{-5}$，故电动机额定功率约为：

$P_e=KD_1^3l=14\times10^{-5}\times15.5^3\times9\approx4.7(\text{kW})$，可认为此电动机额定功率为 4.5kW。

74. 三相异步电动机双层整数槽叠绕组展开图及计算

双层叠绕组在嵌线时，两个串联的线圈总是后一个叠在前一个上面，因此叫做叠绕组。双层叠绕组的节距可以任意选择，一般选择短节距 $y=\frac{5}{6}\tau$，以便减小谐波电势，使电动机的磁场分布更接近正弦波，从而改善电动机性能。

【实例】 试画出一台三相四极 36 槽异步电动机双层整数槽叠绕组展开图。

解 展开图的绘制步骤如下：

① 求出每极槽数 τ 和每极每相槽数 q。

$$\tau=\frac{z}{2p}=\frac{36}{4}=9(\text{槽})$$

$$q=\frac{z}{2pm}=\frac{36}{4\times3}=3(\text{槽})$$

确定节距：取 $y=\frac{5}{6}\tau=\frac{5}{6}\times9=7.5$，因此取 $y=7$（或 $y=8$），本例取 $y=7$。

② 求出每槽电角度 α，画出各相首端。

$$\alpha=\frac{2\pi p}{z}=\frac{360°\times2}{36}=20°$$

每相首端应相差 6（即$\frac{120°}{20°}$）槽。如 U 相首端在第 1 槽，则 V、W 相首端应分别在第 7 槽和第 13 槽。

③ 假定电流方向。将展开图的 36 个槽分为 4 个极（$2p=4$），即 N、S、N、S。将电流方向标在每一个极相带的绕组边上，如图 4-42 所示。

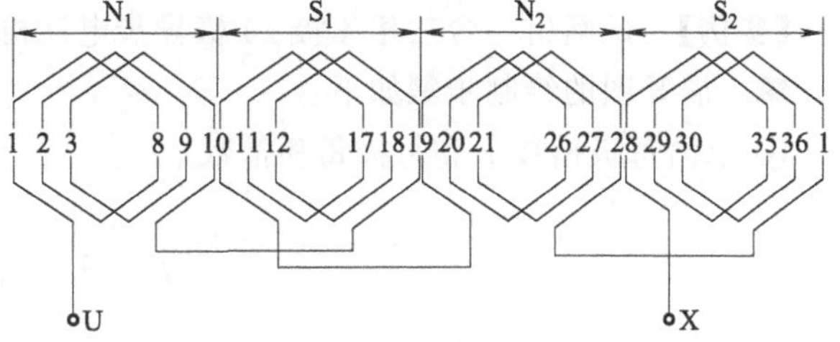

图 4-42 三相双层整数槽叠绕组展开图（U 相）

④ 连接端部接线。如图 4-42 所示，将 U 相首端连接在 1 号线槽上层，第 1 个线圈的另一个有效边则在 8 号线槽的下层。因为每极每相槽数为 3，所以 U 相应占有 1、2、3 号槽的面槽及 8、9、10 号槽的下层。以此类推，可画出 U 相绕组的连接展开图。为了分清上层和下层有效边，习惯上将上层有效边画成实线，下层有效边画成虚线。

由于各相首端互差 120°电角度，所以 V、W 相首端分别在第 7 槽和第 13 槽，尾端（Y、Z）分别在第 34 槽和第 4 槽。

U 相连接方式如图 4-43 所示（有两种不同方式）。

并联支路数最大等于 $2p$，即支路数 a 最大可能等于每相的极组组数，但 $2p$ 必须是 a 的整倍数。

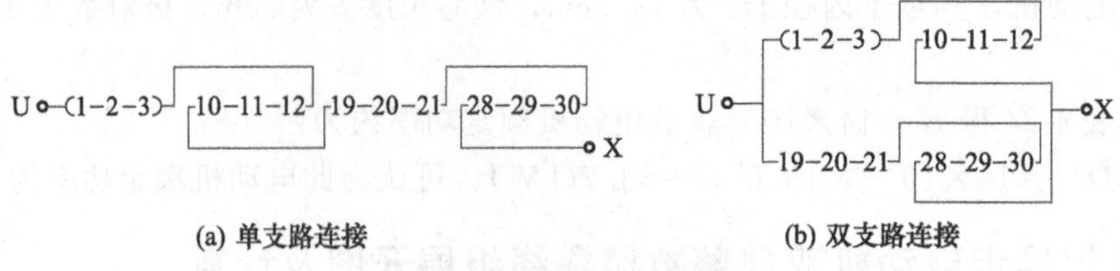

图 4-43　两种支路连接

由于展开图的绘制比较麻烦，实际工作中往往使用端部接线图，如图 4-44 所示。

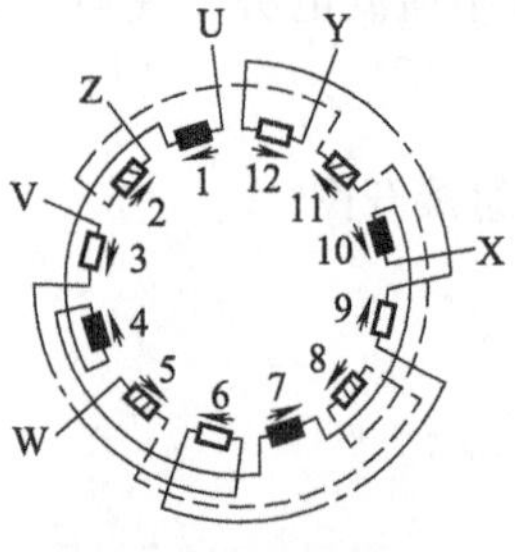

图 4-44　定子绕组端部接线图

端部接线图的作图方法如下：

a. 按极相组总数将定子圆周等分，本例中有 $2pm$（即 $2\times2\times3=12$）个极相组。

b. 根据 60°相带分配原则，按顺序给极相组编号。U 相绕组由 1、4、7、10 号极相组构成，V 相由 3、6、9、12 号极相组构成，W 相由 2、5、8、11 号极相组构成。

c. 三相绕组首端（或尾端）之间应相差 120°电角度。若 U 相首端为 1 号极相组的头，则 V、W 相首端应分别为 3、5 号极相组的头。

d. 根据各极相组之间采用“反串联”连接方式的规则，连接各极相组。相邻极相组电流的方向相反，用箭头表示。再按电流方向将各极相组引出线连接起来，就构成了三相绕组端部接线图。

75. 三相异步电动机双层波绕组展开图及计算

多极电动机或导线截面积较大的电动机，为了节约极间连接线的铜材，常采用波绕组。波绕组从展开图来看有些像波浪，所以叫做波绕组。它的连接规则是把所有同一极性下属于同一相的线圈按一定规律连接起来，然后再将两个异极性的同一相线圈“反串”连接，就成为了一相的全部绕组。

【实例】 试画出一台三相 4 极 24 槽异步电动机双层波绕组展开图。

解　展开图的绘制步骤如下：

① 求出每极槽数 τ 和每极每相槽数 q。

$$z=\frac{z}{2p}=\frac{24}{4}=6(\text{槽})$$

$$q=\frac{z}{2pm}=\frac{24}{4\times3}=2(\text{槽})$$

确定节距：取 $y=\frac{5}{6}\tau=\frac{5}{6}\times6=5(\text{槽})$

② 求出每槽电角度 α。

$$\alpha=\frac{2\pi p}{z}=\frac{360°\times2}{24}=30°$$

即各相首端及尾端应相隔 $\frac{120°}{30°}$（即 4）槽。

③ 用表标明各极相组的分配，如表 4-25 所示。

表 4-25　各极相组分配

磁　极	N_1			S_1			N_2			S_2		
极相组	U	W	V	U	W	V	U	W	V	U	W	V
槽　号	1、2	3、4	5、6	7、8	9、10	11、12	13、14	15、16	17、18	19、20	21、22	23、24

④ 由表 4-25 可知，N_1 下 U 相极相组包含 1、2 号槽，按节距 $y=5$，将 U 相两个线圈连接起来，如图 4-45 所示。也就是说，将第一个线圈（1-6）与 N_2 下第二个线圈（13-18）连接起来。这两个线圈上层边（或下层边）之间相隔 12 槽，这个距离叫线圈的合成节距，用符号 Y_1 表示，$Y_1=2\tau$。在整数槽绕组中，合成节距 Y_1 应加长一槽（或缩短一槽）。因为，如果始终保持 2τ 节距的话，则（13-18）线圈就和 1 号槽连接而形成一个闭合回路。因此，本例中采用（$2\tau+1$）的综合节距，使（13-18）线圈和 2 号槽连接。按这一原则，将 N_1、N_2 下的 U 相线圈全部连接起来就成为了以下顺序：

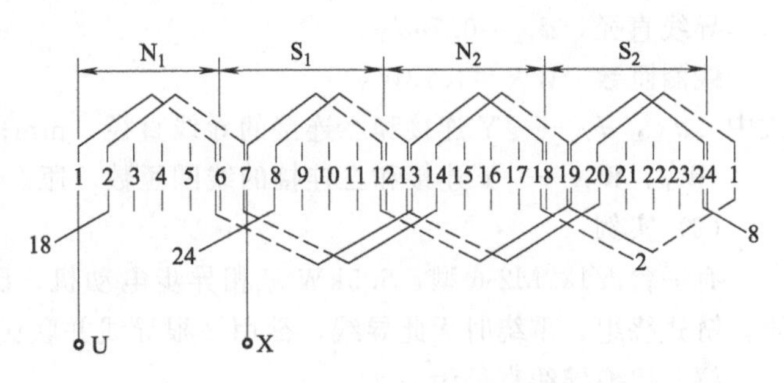

图 4-45　双层波绕组 U 相展开图

u_1—(1-6)→(13-18)→(2-7)→(14-19)—x_1

括号内代表一个线圈，前一个数字代表上层有效边的槽号，后一个数字代表下层边所在的槽号。用同样方法，就可以写出 S 极下 U 相线圈的连接顺序：

u_2—(7-12)→(19-24)→(8-13)→(20-1)—x_2

再运用“反串”原则将 N 极与 S 极下的 U 相线圈连接起来，就构成了 U 相全部绕组，即

U—u_1(1-6)→(13-18)→(2-7)→(14-19)x_1→┐
X—u_2(7-12)←(19-24)←(8-13)←(20-1)x_2—┘

同理可得 V、W 相全部绕组的连接顺序：

V—v_1(5-10)→(17-22)→(6-11)→(18-23)y_1—┐
Y—v_2(11-16)←(23-4)←(12-17)←(24-5)y_2←┘

W—w_1(9-14)→(21-2)→(10-15)→(22-3)z_1→┐
Z—w_2(15-20)←(3-8)←(16-21)←(4-9)z_2—┘

波绕组在绕线型异步电动机转子上应用较广泛。它也可作成分数槽绕组。它的连接规则和分数槽叠绕组类似。

76. 电动机重绕圆导线代换计算

（1）计算公式

1）保持导线截面积不变的代换

① 用 2 根直径相同的导线 d' 代替原来的一根导线 d。

$$d'=0.71d$$

② 用 3 根直径相同的导线 d' 代替原来的一根导线 d。

$$d'=0.58d$$

代用的导线数不可超过 3 根，否则不满足槽满率要求，嵌不下线。

2）改变绕组接线方式

① △连接绕组改成Y连接绕组

导线直径　$d_Y=1.32d_\triangle$

线圈匝数　$W_Y=0.58W_\triangle$

② Y连接绕组改成△连接绕组

导线直径　$d_\triangle=0.76d_Y$

线圈匝数　$W_\triangle=1.73W_Y$

式中　d_Y，$d_\triangle$——Y连接和△连接的导线直径，mm；

W_Y，$W_\triangle$——Y连接和△连接的线圈匝数，匝。

（2）实例

有一台Y132M2-6型，5.5kW三相异步电动机，已知原导线直径为1.25mm，每槽42匝，链式绕组，重绕时无此导线，欲用2根导线并联代换，试求代换导线。

解　代换导线直径为

$$d'=0.71d=0.71\times1.25=0.887(\text{mm})$$

取标称直径为0.9mm，即用2根0.9mm导线代替原来的一根1.25mm导线，其他参数不变，如绕组形式（链式）、跨距（1～6）、并联路数（1）等均不变。

77. 三相空壳电动机绕组重绕计算

【实例1】 有一台空壳电动机，无铭牌，JO型外壳。量得其定子内径D_1为112mm，铁芯长度l为73.5mm，轭高h_c为18mm，齿宽b_t为8mm，槽数z为24。现要嵌线使用，试求绕组数据。

解　① 估算电动机极对数为

$$p=(0.35\sim0.4)\frac{zb_t}{2h_c}=(0.35\sim0.4)\times\frac{24\times8}{2\times18}=1.86\sim2.13$$

也可用下式估算为

$$p=0.25\frac{D_1}{h_c}=0.25\times\frac{112}{18}=1.55$$

因此，取$p=2$。

② 查表。根据以上已知资料，找到型式相同、极数相同、铁芯尺寸接近的一台JO41-4型电动机。其数据为：$D'_1=110\text{mm}$，$l'=80\text{mm}$，$z'=36$槽，单层绕组，每个线圈匝数$W'=52$，1路Y接，节距$\tau=1\sim8$，导线直径$d'=1.0\text{mm}$。

③ 计算每个线圈的匝数。

$$W=\frac{D'_1l'z'}{D_1lz}W'=\frac{110\times80\times36}{112\times73.5\times24}\times52=83(\text{匝})$$

④ 导线直径的选择。

$$d=\sqrt{\frac{D'_1W'_1z'}{D_1W_1z}}d'=\sqrt{\frac{110\times52\times36}{112\times83\times24}}\times1.0=0.96(\text{mm})$$

采用$\phi1.0$mm的漆包线。

⑤ 电动机功率估算。

$$P=\frac{d^2}{d'^2}P'=\frac{1.0^2}{1.0^2}\times1.7=1.7(\text{kW})$$

根据以上数据得，电动机功率为1.7kW，绕组漆包线直径为ϕ1.0mm，单层绕组，4极，每个线圈匝数为83匝，1路Y接，节距为1～6。

【实例2】 有一台国产三相异步电动机，测得定子铁芯数据如下：铁芯内径D_1为245mm、外径D为368mm、长度l为175mm、定子槽数z为48。定子槽形尺寸如图4-46所示。试配最适当绕组（B级绝缘）。

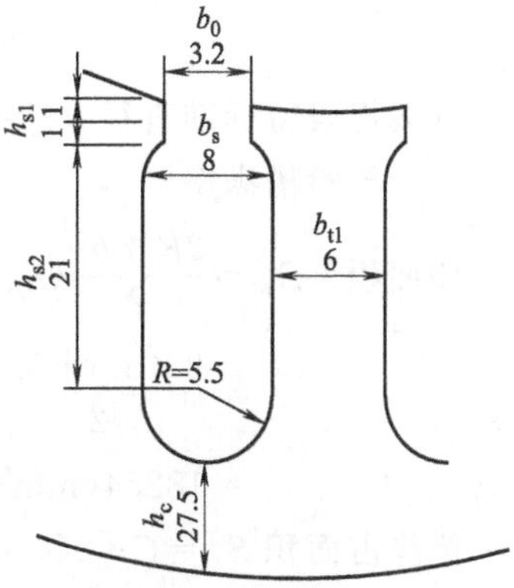

图4-46　定子槽形尺寸

解 由图4-46查得$R=5.5$mm、$b_0=3.2$mm、$b_{t1}=6$mm、$b_s=8$mm、$h_{s1}=1$mm、$h_{s2}=21$mm、$h_c=27.5$mm。设绝缘厚度$C_i=0.22$mm，槽楔厚度h为3mm。

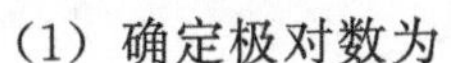

（1）确定极对数为

$$p=(0.35\sim0.4)\frac{zb_{t1}}{2h_c}=(0.35\sim0.4)\times\frac{48\times6}{2\times27.5}=1.8\sim2.1(\text{取}\ p=2)$$

（2）电动机功率的估算为

$$D_1^2l=24.5^2\times17.5=1.05\times10^4(\text{cm}^2)$$

查图4-47，功率约36kW，取标准功率$P=30$kW。

先求出D_1^2l的数值，然后查下图估算出电动机的功率，再选定所接近的标准功率。

D_1—定子铁芯内径（cm）；

l—铁芯长度（cm）

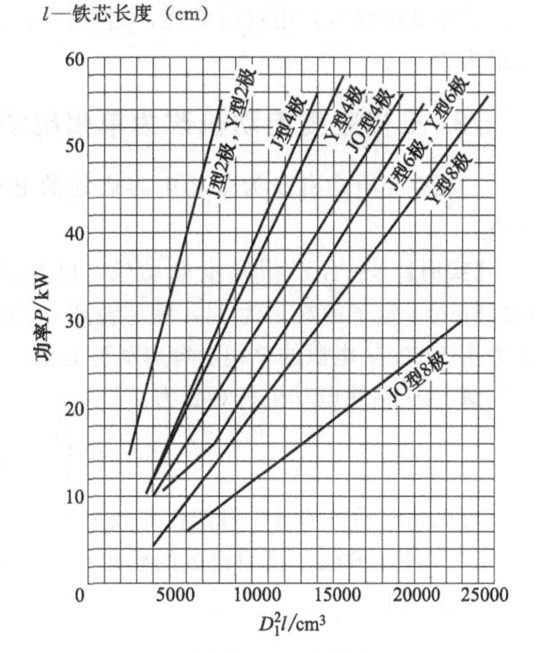

图4-47　国产系列三相异步电动机D_1^2l与功率的关系曲线（近似）

（3）设$\cos\varphi=0.87$、$\eta=0.92$，则电动机工作电流为

$$I_1=\frac{P\times10^3}{\sqrt{3}U_1\eta\cos\varphi}=\frac{30\times10^3}{\sqrt{3}\times380\times0.87\times0.92}$$

$$=56.9(\text{A})$$

（4）绕组计算

① 采用双层叠绕绕组。

② 求每槽有效导线数N_n。

设电动机为△接法，$U_x=U_1=380$V

$$\text{定子槽距}\ t=\frac{\pi D_1}{z}=\frac{\pi\times24.5}{48}=1.6(\text{cm})$$

查表4-26，取气隙磁通密度$B_\delta=0.7$T，则

$$N_n=\frac{90U_xtp}{B_\delta D_1^2l}=\frac{90\times380\times1.6\times2}{0.7\times1.05\times10^4}$$

$$\approx14.9(\text{根/槽})$$

由于是双层绕组，故取$N_n=15$根/槽。

③ 导线截面积的选择：取电流密度$j=6\text{A/mm}^2$，并联支路数$a=2$，导线并绕根数$n=2$。

$$I_x=I_1/\sqrt{3}=56.9/\sqrt{3}\approx32.9(\text{A})$$

$$q_1=\frac{I_x}{jan}=\frac{32.9}{6\times2\times2}=1.37(\text{mm}^2)$$

查线规表得标准直径 $d_1=1.35$mm，外径 $d=1.46$mm。

(5) 校验槽满率

槽面积 $S_s=\frac{2R+b_0}{2}(h_{s1}+h_{s2}-h)+\frac{\pi R^2}{2}$

$$=\frac{2\times5.5+3.2}{2}\times(1+21-3)+\frac{\pi\times5.5^2}{2}$$

$$=182.4(\text{mm}^2)$$

绝缘占面积 $S_i=C_i[2(h_{s1}+h_{s2})+\pi R+2R+b_s]$

$$=0.22\times[2\times22+\pi\times5.5+2\times5.5+8]$$

$$=17.7(\text{mm}^2)$$

槽内导线总面积 $S_{wx}=S_s-S_i=182.4-17.7=164.7(\text{mm}^2)$

每槽实际导线数 $N=aN_n=2\times15=30$（根/槽）

槽满率为

$$F_k=\frac{Nnd^2}{S_{wx}}=\frac{30\times2\times1.46^2}{164.7}=0.78$$

符合槽满率一般在 0.60～0.75 的范围。

该电动机绕组采用双层叠绕，用直径为 1.5mm 的漆包线双根并绕，支路数为 2，每只绕组为 28 匝。

78. 三相空壳电动机改为单相电动机绕组重绕计算

三相空壳电动机改为单相电容启动的电动机，其功率约为原三相电动机功率的 60% 左右。

【实例】 一台三相异步电动机，已知定子铁芯内径 D_1 为 112mm，铁芯长度 l 为 103.5mm，定子槽数 z 为 24，铁芯轭高 h_c 为 15.5mm，定子槽面积 S_A 为 125mm²。现欲改为用于 220V 电源的单相电容启动型电动机，试求绕组数据。

解 ① 估算电动机极对数为

$$p=0.25\frac{D_1}{h_c}=0.25\times\frac{112}{15.5}=1.8$$

可见此电动机的最少可能极对数为 2。

② 主绕组和辅助绕组槽数的确定：由于采用电容分相启动，故主绕组的槽数占定子槽数的 2/3，即

$$z_g=\frac{2}{3}z=\frac{2}{3}\times24=16(\text{槽})$$

辅助绕组的槽数应占定子槽数的 1/3，即

$$z_q=\frac{1}{3}z=\frac{1}{3}\times24=8(\text{槽})$$

③ 每个极弧面积计算为

$$S_i=\frac{\pi D_1 l}{2p}=\frac{\pi\times112\times103.5}{4}=9100(\text{mm}^2)$$

④ 主绕组计算。

主绕组每相串联匝数为

$$W_{xg}=\frac{30\times10^5}{S_i}=\frac{30\times10^5}{9100}\approx330(\text{匝})$$

主绕组的实际匝数应等于三倍 W_{xg}，即

$$W_1=3W_{xg}=3\times330=990(\text{匝})$$

主绕组每槽导线数为

$$N_g=\frac{W_1}{z_g}=\frac{990}{16}=61.9(\text{匝/槽})(\text{取 62 匝/槽})$$

则主绕组实际匝数为 $W_1=62\times16=992$(匝)

主绕组占槽面积为

$$S_g=F_kS_A=(0.35\sim0.45)S_A=0.4\times125=50(\text{mm}^2)$$

取槽满率 $F_k=0.4$。

主绕组导线直径选择：每根导线所占面积为

$$q=\frac{S_g}{N_g}=\frac{50}{62}=0.806(\text{mm}^2)$$

可选用直径为 $d=1.04$mm 的漆包线。

⑤ 辅助绕组计算。辅助绕组每槽导线数为

$$N_q=2N_g=2\times62=124(\text{匝/槽})$$

辅助绕组导线截面积可取主绕组的一半，即 0.806/2=0.403(mm^2)，可选用直径为 $d=$ 0.69mm 的漆包线。

79. 单相电动机改为三相电动机绕组重绕计算

(1) 三相异步电动机各部分磁通密度和绕组系数

① 气隙磁通密度 B_δ。气隙磁通密度 B_δ 可在表 4-26 中选取，电动机容量较大的取较大值；容量较小的取较小值。Y 系列电动机为 0.57～0.86T，J、JO 型电动机的 B_δ 值为 0.60～0.70T，J_2、JO_2 型电动机为 0.65～0.75T，1kW 以下电动机为 0.40～0.60T。

表 4-26 三相异步电动机的气隙磁通密度 B_δ 单位：T

型式	极数			
	2	4	6	8
开启式	0.60～0.75	0.70～0.80	0.70～0.80	0.70～0.80
封闭式	0.50～0.65	0.60～0.70	0.60～0.75	0.64～0.74
Y 系列	Y(IP44)			Y(IP23)
	H80～H112	H132～H160	H180 以上	
	0.60～0.73	0.59～0.75	0.75～0.80	0.73～0.86

② 定子轭部磁通密度 B_c 可由表 4-27 选取，一般为 1.2～1.5T（如 2 极为 1.2～1.7T；4、6、8 极为 1.0～1.5T)，改极时不应超过 1.7T。

③ 齿部磁通密度 B_t 可由表 4-28 选取，一般为 1.4～1.75T，改极时不应超过 1.85T。

表 4-27　轭部磁通密度 B_c　　单位：T

型式 ＼ 2*p*	2	4	6	8
防护式	1.4～1.55	1.35～1.5	1.3～1.5	1.1～1.45
封闭式	1.25～1.4	1.35～1.45	1.3～1.4	1.1～1.35

表 4-28　齿部磁通密度 B_t　　单位：T

型式 ＼ 2*p*	2	4	6	8
防护式	1.55～1.7	1.47～1.67	1.5～1.65	
封闭式	1.4～1.55	1.45～1.6	1.45～1.55	

④ 绕组系数 k_{dp}。k_{dp} 由分布系数 k_{d1} 和短距系数 k_{p1} 的乘积求得，即

$$k_{dp}=k_{d1}k_{p1}$$

k_{d1} 数值见表 4-29；k_{p1} 数值见表 4-30。

表 4-29　分布系数 k_{d1}

每极分相槽数 q	1	2	3	4	5	6	7 以上
分布系数 k_{d1}	1.0	0.966	0.960	0.958	0.957	0.956	0.956

表 4-30　短距系数 k_{p1}

节距 y	每极槽数												
	24	18	16	15	14	13	12	11	10	9	8	7	6
1～25	1.000												
1～24	0.998												
1～23	0.991												
1～22	0.981												
1～21	0.966												
1～20	0.947												
1～19	0.924	1.000											
1～18	0.897	0.996											
1～17	0.866	0.985	1.000										
1～16	0.832	0.966	0.955	1.000									
1～15	0.793	0.940	0.981	0.995	1.000								
1～14	0.752	0.906	0.956	0.978	0.994	1.000							
1～13	0.707	0.866	0.924	0.951	0.975	0.993	1.000						
1～12		0.819	0.882	0.914	0.944	0.971	0.991	1.000					
1～11		0.766	0.831	0.866	0.901	0.935	0.966	0.990	1.000				
1～10		0.707	0.773	0.809	0.847	0.884	0.924	0.960	0.988	1.000			
1～9			0.707	0.743	0.782	0.833	0.866	0.910	0.951	0.985	1.000		
1～8				0.669	0.707	0.749	0.793	0.841	0.891	0.940	0.981	1.000	
1～7						0.663	0.707	0.756	0.809	0.866	0.924	0.975	1.000
1～6								0.655	0.707	0.766	0.832	0.901	0.966
1～5										0.643	0.707	0.782	0.866
1～4												0.624	0.707

（2）实例

一台 YC-90L_2 型单相电容启动异步电动机，已知额定功率 P_e 为 1.1kW，转速 n_e 为

2800r/min，额定电压 U_e 为 220V，额定电流 I_e 为 8.47A，绝缘等级 B 级，防护型式 IP44，配电容 200μF；定子铁芯参数如下：铁芯内径 D_1 为 78mm，铁芯长度 l 为 92mm，槽数 z 为 24，齿宽 b_t 为 5.5mm，轭高 h_c 为 19mm。欲改成三相电动机使用，试计算改绕数据。

解

1）绕组型式的选择

极距
$$\tau=\frac{z}{2p}=\frac{24}{2}=12(\text{槽})$$

绕组选用单层同心绕组。节距 1～12、2～11，采用一路 Y 接法，即 $a=1$。

2）绕组系数的计算

① 每极每相槽数：$q=\dfrac{z}{2pm}=\dfrac{24}{2\times3}=4(\text{槽})$

② 绕组系数：

查表 4-29，得分布系数 $k_{d1}=0.958$；

查表 4-30，得短距系数 $k_{p1}=1$。

故绕组系数 k_{dp} 为

$$k_{dp}=k_{d1}k_{p1}=0.958\times1=0.958$$

绕组系数也可按下式计算：

$$k_{dp}=k_{d1}k_{p1}=\frac{0.5}{q\sin\left(\dfrac{30^\circ}{q}\right)}\times1=0.958$$

3）每槽导线根数计算

① 按气隙磁通密度计算。

查表 4-26，选气隙磁通密度 $B_\delta=0.6$T；取压降系数 $K_e=0.92$。

每槽导线根数为

$$N=\frac{K_eU_xpa\times10^4}{37k_{dp}B_\delta D_1lz}=\frac{0.92\times220\times1\times1\times10^4}{37\times0.958\times0.6\times7.8\times9.2\times24}=55.4(\text{匝/槽})$$

② 按齿部磁通密度计算。

查表 4-28，选齿部磁通密度 $B_t=1.5$T，则

$$N=\frac{8.68K_eU_xp\times10^2}{z^2k_{dp}B_tlb_t}=\frac{8.68\times0.92\times220\times1\times10^2}{24^2\times0.958\times1.5\times9.2\times0.55}=42(\text{根/槽})$$

③ 按轭部磁通密度计算。

查表 4-27，选轭部磁通密度 $B_c=1.3$T，则

$$N=\frac{1.44K_eU_x\times10^2}{zk_{dp}B_clh_c}=\frac{1.44\times0.92\times220\times10^2}{24\times0.958\times1.3\times9.2\times1.9}=55.8(\text{根/槽})$$

因此，应选取每槽导线根数 $N=56$ 根/槽。

4）电动机实际线负荷计算

改后估计电动机功率约 1.5kW，额定电流 I_e 为 3.4A，因为 Y 接，故相电流 $I_x=3.4$A；又因 $a=1$，则电动机实际线负载为

$$A=\frac{zNI_x}{\pi D_1a}=\frac{24\times56\times3.4}{\pi\times7.8\times1}=186(\text{A/cm})$$

此值在参照经验值 120～200A/cm 范围内。

5）导线选择

一般取电流密度为 4～6A/mm²，现取 $j=5.9\mathrm{A/mm^2}$。

导线截面积　$q_1=I_x/j=3.4/5.9=0.576(\mathrm{mm^2})$

导线直径　$d_1=1.13\sqrt{q_1}=1.13\times\sqrt{0.576}=0.858(\mathrm{mm})$

可选用 ϕ0.86mm 漆包线。经核实槽满率在 70%～80%范围内，未超过 80%，可行。槽满率 F_k 计算见“三相空壳电动机绕组重绕计算”中的实例 2。

6）电动机输出功率估算

$$P_e=\frac{0.85D_1^2lB_\delta An_1}{10^8}=\frac{0.85\times7.8^2\times9.2\times0.6\times186\times3000}{10^8}=1.59(\mathrm{kW})$$

80. 正弦绕组单相异步电动机各线槽的线圈匝数计算

正弦绕组能使磁势分布接近于正弦规律，有利于消除或削弱各种高次谐波的影响，改善和提高电动机的性能，因此被广泛地用于单相交流异步电动机中。

（1）计算方法

可以把正弦函数值的计算转换在函数的几何图形上（正弦曲线），如图 4-48 所示。此曲线表示了每个极下的正弦磁势。横坐标代表各线圈节距 y_n 的一半的电角度 α_n，纵坐标代表各电角度所对应的正弦函数值 $\sin\alpha_n$。这样，只需查正弦函数曲线，就能计算各线槽的线圈匝数。

正弦绕组每极下匝数分配应把每极匝数看作百分之百，然后按各线圈节距一半的正弦值来计算各线圈匝数应占每极匝数的百分率，最后得到各线圈的匝数。

（2）实例

有一台 2 根 18 槽单相异步电动机，每极主绕组匝数为 W_1，试求各线槽的线圈匝数。

解　极距 $\tau=z/2p=18/2=9$ 槽

每极所占的电角度 $\alpha=360°/z=360°/18=20°$

如图 4-49 所示，主绕组两线圈组的轴线分别在 5、14 槽，在每个极下各线槽线圈节距 y_n 的一半所占的电角度 $\alpha_n=(y_n/2)\alpha$。

因此，线圈 4～6 槽电角度 $\alpha_1=(y_1/2)\alpha=(2/2)\times20°=20°$，线圈 3～7 槽电角度 $\alpha_2=(y_2/2)\alpha=(4/2)\times20°=40°$。同样可得到线圈 2～8 槽电角度 $\alpha_3=60°$，线圈 1～9 槽电角度 $\alpha_4=80°$。

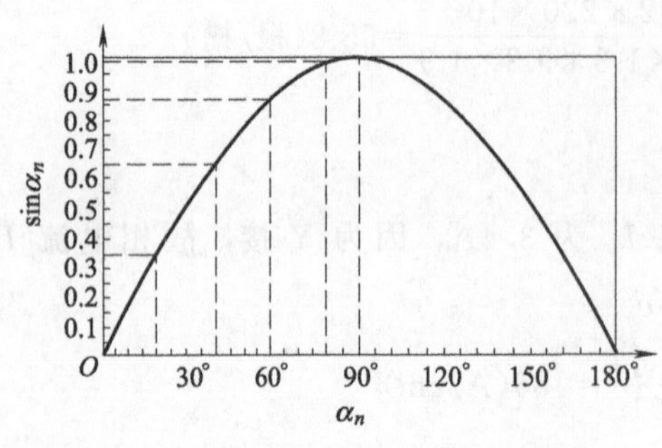

图 4-48　正弦曲线

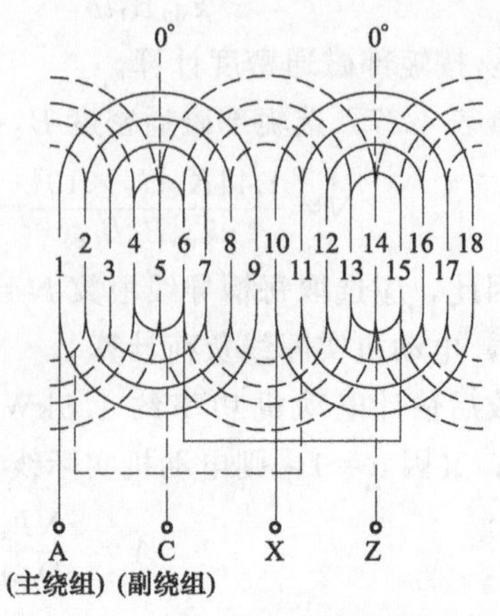

图 4-49　18 槽同心式正弦绕组展开图

根据图 4-48 所示的正弦曲线，分别查得各线圈所对应的正弦函数值 $\sin\alpha_n$：线圈 4～6 槽为 0.34，线圈 3～7 槽为 0.64，线圈 2～8 槽为 0.87，线圈 1～9 槽为 0.98。每极下主绕组线圈正弦值之和为

$$0.34+0.64+0.87+0.98=2.83$$

各线槽匝数占每极匝数的百分比为

线圈 4～6 槽 $\frac{0.34}{2.83}\approx12\%$

线圈 3～7 槽 $\frac{0.64}{2.83}\approx22.6\%$

线圈 2～8 槽 $\frac{0.87}{2.83}\approx30.7\%$

线圈 1～9 槽 $\frac{0.98}{2.83}\approx34.6\%$

因此，各线圈匝数分别为 $12\%W_1$、$22.6\%W_1$、$30.7\%W_1$ 和 $34.6\%W_1$。

用同样的方法也可算出辅助绕组在每极下匝数的分配情况（如图 4-49 中虚线所示）。由于主绕组的轴线在第 5 槽中，辅助绕组的轴线应与主绕组的轴线相隔 90°电角度，即相当于隔 4、5 槽在 9、5 槽处。

81. 罩极式电动机绕组重绕计算

(1) 计算公式

在重绕失去铭牌的罩极式电动机时，可先记下定子内径 D_1、铁芯长度 l、铁芯轭高 h_c，以及磁极宽度 b 等参数（图 4-50）。

① 电动机功率的估算。

电动机输入功率和输出功率可按下列公式估算：

$$P_{sr}=\frac{a_j D_1^2 l B_\delta A n_1}{5.5\times10^4}$$

$$P=P_{sr}\eta\cos\varphi, \eta\cos\varphi=0.46\sim0.55$$

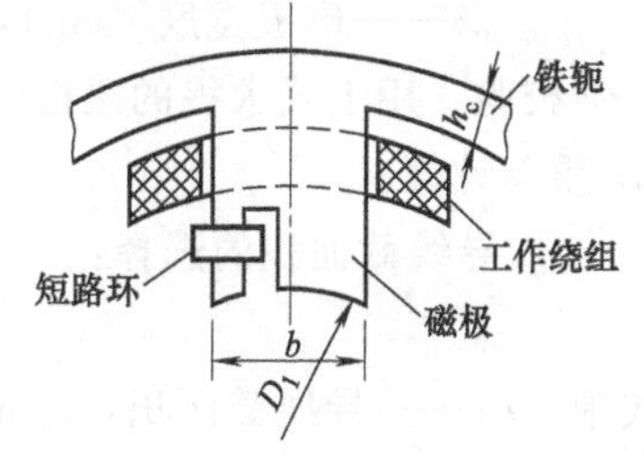

图 4-50 罩极式电动机定子部分尺寸

式中 P_{sr}——电动机输入功率，V·A；

a_j——极弧系数，取 0.6～0.8；

D_1，l——定子铁芯内径和长度，cm；

B_δ——气隙磁通密度（T），一般如台扇等小功率电动机取 0.18～0.35T；吊扇等较大电动机取 0.38～0.80T；

A——线负载（A/cm），取 60～130A/cm；

n_1——同步转速，r/min。

② 电动机电流计算：

$$I=\frac{P_{sr}}{K_e U_e}$$

式中 I——电动机电流，A；

K_e——降压系数，取 0.8～0.9；

U_e——电动机额定电压，V。

③ 每极有效磁通计算：

$$\Phi=a_j\tau lB_\delta\times10^{-4}$$

式中 Φ——有效磁通，Wb；

τ——极距，cm。

④ 主绕组每极匝数估算：

$$W_1=\frac{K_eU_e}{4.44f\Phi\times2p}$$

式中 W_1——主绕组每极匝数，匝；

$2p$——极数；

f——电源频率，Hz。

⑤ 定子轭部磁通密度校验：

$$B_{c1}=\frac{\delta\Phi\times10^4}{1.86lh_c}$$

式中 B_{c1}——定子轭部磁通密度，T；

δ——主绕组漏磁系数，取 1.1～1.16；

h_c——定子轭高，cm。

校验：用上式求得的轭部磁通密度不应超过 0.80～1.00T，如超过允许值时，应降低 B_δ 重新计算。

⑥ 磁极铁芯磁通密度校验：

$$B_{t1}=\frac{\delta\Phi\times10^4}{0.93bl}$$

式中 B_{t1}——磁极铁芯磁通密度，T；

b——磁极宽度（cm），见图 4-50。

校验：用上式求得的磁极铁芯磁通密度应小于 0.80～1.00T，如超过允许值时，应降低 B_δ 重新计算。

⑦ 导线截面积的选择：

$$q_1=I/j$$

式中 q_1——导线截面积，mm^2；

j——导线电流密度（A/mm^2），取 3～5A/mm^2。

导线直径可查线规表或按下式求得：

$$d=1.13\sqrt{q_1}$$

从而确定标称导线。

⑧ 校验槽满率 F_k：

校验方法同“三相空壳电动机绕组重绕计算”中的实例 2。

（2）实例

有一台空壳电扇罩极式电动机，已知定子铁芯内径 D_1 为 6.4cm，铁芯长度 l 为 3.8cm，磁极宽度 b 为 3.4cm，铁芯轭高 h_c 为 0.8cm，极对数 p 为 2。试求绕组重绕数据。

解 ① 电动机输入功率的估算。

选 $\alpha_j=0.67$，$B_\delta=0.3T$，$A=80A/cm$，则输入功率为

$$P_{sr}=\frac{\alpha_jD_1^2lB_\delta An_1}{5.5\times10^4}=\frac{0.67\times6.4^2\times3.8\times0.3\times80\times1500}{5.5\times10^4}=68.26(V\cdot A)$$

② 电动机电流计算：

选 $K_e=0.9$，$U_e=220\text{V}$，则

$$I=\frac{P_{sr}}{K_eU_e}=\frac{68.26}{0.9\times 220}=0.344(\text{A})$$

③ 每极有效磁通计算：

极距为

$$\tau=\frac{\pi D_1}{2p}=\frac{\pi\times 6.4}{2\times 2}=5.02(\text{cm})$$

每根有效磁通为

$$\Phi=\alpha_j\tau lB_\delta\times 10^{-4}=0.67\times 5.02\times 3.8\times 0.3\times 10^{-4}=0.00038343(\text{Wb})$$

④ 主绕组每极匝数计算：

$$W_1=\frac{K_eU_e}{4.44f\Phi\times 2p}=\frac{0.9\times 220}{4.44\times 50\times 0.00038343\times 4}\approx 580(\text{匝})$$

⑤ 定子轭部磁通密度校验。

选 $\delta=1.13$，则

$$B_{c1}=\frac{\delta\Phi\times 10^4}{1.86lh_c}=\frac{1.13\times 0.00038343\times 10^4}{1.86\times 3.8\times 0.8}=0.7663(\text{T})$$

小于0.8T，满足要求。

⑥ 磁极铁芯磁通密度校验：

$$B_{t1}=\frac{\delta\Phi\times 10^4}{0.93bl}=\frac{1.13\times 0.00038343\times 10^4}{0.93\times 3.4\times 3.8}=0.361(\text{T})$$

小于0.8T，在允许范围内。

⑦ 导线截面积的选择：

取导线电流密度 $j=3.5\text{A/mm}^2$，则

$$q_1=\frac{I}{j}=\frac{0.344}{3.5}=0.098(\text{mm}^2)$$

导线直径为

$$d=1.13\sqrt{q_1}=1.13\times\sqrt{0.098}=0.354(\text{mm})$$

可选QZ型的标准直径 ϕ0.38mm漆包线。

82. 电钻绕组重绕计算

(1) 计算公式

对于无铭牌的电钻（定、转子匝数均未知）先记录下原绕组等各项参数，然后按以下步骤计算：

① 电动机额定电流 I_e：参照同类型规格电钻估计额定电流。

② 转子总导线根数：

$$N_{2z}=\frac{2p\pi D_2A}{I_e}$$

式中 D_2——转子铁芯外径，cm；

A——线负载（A/cm），按电钻大小选择，一般为95～120A/cm，功率大者取较大值；

p——极对数，一般单相串励电钻的电动机均为 2 极。

③ 转子元件匝数：

$$W_2=\frac{N_{2z}}{2K}$$

式中 K——换向片数。

④ 转子每槽导线数：

$$N_2=N_{2z}/z_2$$

式中 z_2——转子槽数。

导线并绕数 $$n=K/z_2$$

⑤ 转子导线截面积：

$$q_2=\frac{I_e}{2pj}$$

式中 j——转子导线电流密度（A/mm^2），一般可取 $8\sim10A/mm^2$。

⑥ 转子槽节距：

单数槽 $$y=1\sim\frac{z_2+1}{2p}$$

双数槽 $$y=1\sim\frac{z_2}{2p}$$

⑦ 定子每极匝数：

$$\frac{W_1}{2p}=(0.2\sim0.3)\frac{N_{2z}}{2}$$

⑧ 定子导线截面积：

$$q_1\approx2q_2$$

（2）实例

有一无铭牌单相串励电钻为 2 极电动机，已知转子铁芯外径 D_2 为 4.65cm，长度 l 为 4.8cm，转子槽数 z 为 14，换向片 K 为 42，试求重绕参数。

解 ① 额定电流 I_e：根据已知参数，查产品目录知，该电钻接近 13mm 规格，220V，额定电流为 1.8A，估计 $I_e=1.8A$。

② 线负荷 A 取 105A/cm，则转子总导线数为

$$N_{2z}=\frac{2\pi\times4.65\times105}{1.8}=1703(根)$$

③ 转子元件匝数为

$$W_2=\frac{1703}{2\times42}=20.3(匝)$$

取整数 20 匝，这时 N_{2z}相应调整为 1678 根。

④ 转子每槽导线数为

$$N_2=1678/14=119.8(根)(取120根)$$

导线并绕数 $$n=42/14=3(根)$$

⑤ 电流密度 j 取 $9A/mm^2$，则转子导线截面积为

$$q_2=\frac{1.8}{2\times1\times9}=0.10(mm^2)$$

查线规表，得标称直径 d_1=0.35mm 或 0.38mm 的高强度漆包线（绝缘导线外径分别为 d=0.41mm 和 0.44mm）。

⑥ 转子槽节距为

$$z=14\text{ 为双数槽},y=1\sim\frac{14}{2}=1\sim7$$

⑦ 定子每极匝数为

$$\frac{W_1}{2p}=(0.2\sim0.3)\times\frac{1678}{2}\approx210(\text{匝/极})(\text{系数取 }0.25)$$

⑧ 定子导线截面积为

$$q_1\approx2\times0.10=0.20(\text{mm}^2)$$

查线规表，得标称直径 d_1=0.51mm（截面积为 0.204mm²）的高强度漆包线（绝缘导线外径 d=0.58mm）。

83. 单速电动机改为双速电动机绕组重绕计算之一

(1) 计算公式

已知原单速电动机的绕组数据，便可按表 4-31 简捷地计算出所需双速电动机的绕组数据。

表 4-31　单速电动机改为双速电动机的计算

参数 ＼ 计算公式 ＼ 连接方式	2 极 1 路 Y 改 4 极△/2 极 YY	4 极 1 路 Y 改 8 极△/4 极 YY	4 极 1 路 Y 改 4 极△/2 极 YY
绕组节距 1-X	X=(槽数÷4)+1	X=(槽数÷8)+1	X=(槽数÷4)+1
每槽导线数/根	原每槽导线数×$2\sqrt{3}$	原每槽导线数×$2\sqrt{3}$	原每槽导线数×$\sqrt{3}$
导线直径/mm	$\sqrt{\frac{\text{原每槽导线数}}{\text{改后每槽导线数}}}\times$原导线直径		
输出功率/kW	4 极△=原 2 极功率×50% 2 极 YY=原 2 极功率×60%	8 极△=原 4 极功率×50% 4 极 YY=原 4 极功率×60%	4 极△=原 4 极功率×100% 2 极 YY=原 4 极功率×120%

(2) 实例

有一台 Y 系列电动机，已知额定功率 P_e 为 4kW，4 极，Y 接线，定子槽数 z 为 36，每槽导线根数 N_1 为 46，单层交叉绕，导线直径 d_1 为 1.06mm，并联支路数，a 为 1，欲改成 2/4 极双速电动机，试求改绕参数。

解　根据 4 极 1 路 Y 接改为 4 极△/2 极 YY 接，查表 4-31，得改后电动机有关参数为：

绕组节距　$\tau'=\frac{z}{4}+1=\frac{36}{4}+1=10$(槽)，即 1～10

每槽导线数　$N_1'=N_1\times\sqrt{3}=46\times\sqrt{3}\approx80$(根)(取偶数)

导线直径　$d_1'=d_1\sqrt{\frac{N_1}{N_1'}}=1.06\times\sqrt{\frac{46}{80}}\approx0.80$(mm)

选标准线规为 ϕ0.80mm 的漆包线。

输出功率 $P_4=P_e\times100\%=4\times100\%=4(kW)$[4极(△)时]

$P_2=P_e\times120\%=4\times120\%=4.8(kW)$[2极(YY)时]

84. 单速电动机改为双速电动机绕组重绕计算之二

改绕前，先记录下单速电动机的有关数据：额定电压 U_e、额定功率 P_e、额定频率 f_e、额定电流 I_e、额定转速 n_e、定子槽数 z、定子每槽导线数 N_1、导线直径 d_1、转子槽数 z_2、绕组接法、节距 y、并联支路数 a_1、并绕根数 n、绕组型（双层或单层）等。如无上述数据，则应按单速电动机重绕计算求得。

① 选择单绕组变极调速方案。若要求近似恒转矩，则选极数少时绕组系数 k_{dp} 较高，极数多时 k_{dp} 较低的方案；若要求近似恒功率，则应选择两个极下绕组系数 k_{dp} 均较高的方案。

② 选择绕组连接方式。恒转矩宜采用 YY/Y 接法；转矩随转速下降而减小的宜采用△△/Y 接法；恒功率宜采用 YY/△，YY/YY 接法。

③ 确定绕组节距。一般多速电动机均采用双层绕组，绕组节距在多极数时用全距或接近全距。

④ 每槽导线数的计算。

a. 以双速电动机中与有一极数单速电动机相同为基准，选择每槽导线数如下。

$$N_1'=\frac{U_1'k_{dp}a_1'}{U_1k_{dp}'a_1}N_1$$

b. 根据两个极下气隙磁通密度比选择每槽导线数如下。

$$\frac{B_{\delta\mathrm{II}}}{B_{\delta\mathrm{I}}}=\frac{U_{\mathrm{II}}p_{\mathrm{II}}W_{\mathrm{I}}k_{dp\mathrm{I}}}{U_{\mathrm{I}}p_{\mathrm{I}}W_{\mathrm{II}}k_{dp\mathrm{II}}}$$

式中 B_δ——气隙磁通密度，T；

p——极对数；

W——每相串联匝数。

其中注脚Ⅰ为少极数时的量，Ⅱ为多极数时的量。

$$\frac{B_{\delta\mathrm{II}}}{B_{\delta\mathrm{I}}}\begin{cases}=1，取 N_1 为多速电动机的每槽导线数\\<1，N_1 要适当增加\\>1，N_1 要适当减少\end{cases}$$

⑤ 导线直径的选择。

$$d_1'=\sqrt{\frac{N_1}{N_1'}}d_1$$

⑥ 功率估算。

a. 与原单速电动机极数相同时的功率。

$$P_1'=\frac{U_1'a_1'd_1'^2}{U_1a_1d_1^2}P_1$$

式中 P_1'，U_1'，a_1'，d_1'——改绕后多速电动机与原单速电动机极数相同时的功率、相电压、并联支路数和导线直径。

b. 两种极数下的功率比。

$$\frac{P_{\mathrm{II}}}{P_{\mathrm{I}}}=K\frac{U_{\mathrm{II}}a_{\mathrm{II}}}{U_{\mathrm{I}}a_{\mathrm{I}}}$$

c. 三种极数下的功率比。

$$\frac{P_{\mathrm{III}}}{P_{\mathrm{II}}}=K\frac{U_{\mathrm{III}}a_{\mathrm{III}}}{U_{\mathrm{II}}a_{\mathrm{II}}}$$

$$\frac{P_{\mathrm{II}}}{P_{\mathrm{I}}}=K\frac{U_{\mathrm{II}}a_{\mathrm{II}}}{U_{\mathrm{I}}a_{\mathrm{I}}}$$

式中 K——功率降低系数（因低速时通风散热效果较差等所致），可取 0.7～0.9。

【实例】 有一台三相单速电动机，已知额定功率 P_e 为 30kW，4 极，相电压 U_1 为 380V，并联支路数 a_1 为 2，绕组系数 k_{dp} 为 0.946，导线直径 d_1 为 $2\times\phi1.56$mm，每槽导线数 N_1 为 30，2△双层绕组。欲改绕成 4/6 极双速电动机，双速电动机的技术参数为：YY/Y 接法，双层绕组，节距 y 为 6；6 极时 U_6 为 220V，a_6 为 1，k_{dp6} 为 0.644；4 极时 U_4 为 220V，a_4 为 2，k_{dp4} 为 0.831。试求改绕参数。

解 ① 每槽导线数的计算。

$$N_1'=\frac{U_4k_{dp}a_4}{U_1k_{dp4}'a_1}N_1=\frac{220\times0.946\times2}{380\times0.831\times2}\times30=19.77(\text{根})$$

取 $N_1'=20$，每个绕组为 10 匝。

② 导线直径的选择。

$$d_1'=\sqrt{\frac{N_1}{N_1'}}d_1=\sqrt{\frac{30}{20}}\times1.56=1.91(\text{mm})$$

即 $d_1'=2\times\phi1.91$mm。为嵌线容易，按等截面积原则换算，选用标准线规 $4\times\phi1.35$mm 漆包线。

③ 功率估算。

4 极时，$P_4=\dfrac{U_4a_4d_4^2}{U_1a_1d_1^2}P_e=\dfrac{220\times2\times1.91^2}{380\times2\times1.56^2}\times30=26(\text{kW})$

6 极时，取功率降低系数 $K=0.8$，则

$$P_6=K\frac{U_6a_6}{U_4a_4}P_4=0.8\times\frac{220\times1}{220\times2}\times26=10.4(\text{kW})$$

④ 双速电动机数据：$P=26/10.4$kW，$U_e=380$V，YY/Y 接线，$2p=4/6$，双层绕组，$y=1\sim7$，每个绕组 10 匝，选用导线 $4\times\phi1.35$mm 漆包线。

85. 电动机改变极数绕组重绕计算

改极前、后电动机极数不能相差过大，例如不宜将 6 极电动机改成 2 极，否则改后定子轭部磁通密度会显著增加；同样理由，也不宜将 4 极电动机改为 10 极。

(1) 计算公式

1) 改极后，定、转子槽数 z_1 和 z_2 的配合应满足以下要求

$$z_1-z_2\neq\pm2p, z_1-z_2\neq1\pm2p, z_1-z_2\neq\pm2\pm4p$$

式中 p——极对数。

否则，电动机可能发生强噪声，甚至不能转动。

笼型异步电动机改极的经验数据见表 4-32。

表 4-32 笼型异步电动机改极简单经验数据

改极 \ 技术指标变化范围	每相串联匝数	导线截面积	功率	节距/极距
2 改为 4	$W_4=(1.4\sim1.5)W_2$	$q_4=(0.75\sim0.8)q_2$	$P_4=(0.55\sim0.6)P_2$	0.9
4 改为 2	$W_2=(0.7\sim0.75)W_4$	$q_2=(1.2\sim1.27)q_4$	$P_2=(1.3\sim1.4)P_4$	0.8
4 改为 6	$W_6=(1.3\sim1.4)W_4$	$q_6=0.8q_4$	$P_6=0.7P_4$	0.85
6 改为 4	$W_4=(0.75\sim0.85)W_6$	$q_4=(1.15\sim1.2)q_6$	$P_4=(1.25\sim1.3)P_6$	0.8
6 改为 8	$W_8=(1.25\sim1.3)W_6$	$q_8=0.9q_6$	$P_8=0.8P_6$	0.85
8 改为 6	$W_6=(0.8\sim0.95)W_8$	$q_6=(1.1\sim1.15)q_8$	$P_6=(1.2\sim1.25)P_8$	0.8

2）线圈节距

$$y'=\frac{p}{p'}y$$

式中 y，y'——改极前、后线圈节距，槽；

p，p'——改极前、后电动机的极对数。

3）每槽导线数 N'

① 极数改少时，每槽导线数应按定子轭部磁通密度的条件计算：

$$N'=\frac{1.44K_eU_x\times10^2}{z_1h_elB_{c1}k_{dp}}$$

式中 K_e——降压系数；

U_x——定子绕组相电压，V；

z_1——定子铁芯槽数；

h_e——定子铁芯轭高，cm；

l——定子铁芯长度，cm；

B_{c1}——铁芯轭部磁通密度（T），不应超过 1.7T；

k_{dp}——绕组系数，$k_{dp}=k_{d1}k_{p1}$，k_{d1} 与 k_{p1} 数值见表 4-29 和表 4-30。

② 极数改多时，每槽导线数为

$$N'=0.95\frac{p'}{p}N$$

式中 N——改极前每槽导线数，根/槽。

4）导线直径 d'

$$d'=d\sqrt{\frac{N}{N'}}$$

式中 d——改极前绕组导线直径，mm。

5）电动机功率估算

$$P_e'=\left(\frac{d'}{d}\right)^2P_e \quad 或 \quad P_e'=\frac{q'}{q}P_e$$

式中 P_e，P_e'——改极前、后电动机的功率，kW。

（2）实例

有一台 10kW、6 极三相笼型异步电动机，额定电压 U_e 为 380V，电流 I_e 为 21.5A，Y 接线，现改为 4 极，试求新绕组数据。

解 拆除绕组时记录以下数据：定子槽数 z_1 为 36，转子槽数 z_2 为 44，每槽导线数 N 为 26，导线采用 QZ 型漆包线，直径 d 为 1.56mm，两根并绕，线圈节距 y 为 5，绕组一路△接线，双层叠绕，定子铁芯内径 D_1 为 21cm，长度 l 为 10.5cm，轭高 h_e 为 2.5cm。

① 定、转子槽数的配合：

$$\text{因为 } z_1-z_2=36-44=-8\begin{cases}\neq\pm 2p=\pm 4\\ \neq 1\pm 2p=1\pm 4\\ \neq\pm 2\pm 4p=\pm 2\pm 8\end{cases}$$

所以可以由 6 极改为 4 极。

② 新绕组计算：

线圈节距 $y'=\dfrac{p}{p'}y=\dfrac{3}{2}\times 5=7.5$(槽)(可取8槽)

每极每相槽数 $q=\dfrac{z}{2pm}=\dfrac{36}{4\times 3}=3$(槽)

极距 $\tau=\dfrac{z}{2p}=\dfrac{36}{4}=9$(槽)

查表 4-29 和表 4-30，得分布系数 $k_{d1}=0.96$，短距系数 $k_{p1}=0.985$。

绕组系数 $k_{dp}=k_{d1}k_{p1}=0.96\times 0.985=0.945$

③ 每槽导线数：因为是改少极数，所以应按轭部磁通密度 B_c 计算。

选降压系数 $K_e=0.94$，$B_{c1}=1.60$T，原电动机相电压为 $U_x=U_1/\sqrt{3}=380/\sqrt{3}=220$(V)。

每槽导线数为

$$N'=\frac{1.44K_eU_x\times 10^2}{zh_elB_{c1}k_{dp}}=\frac{1.44\times 0.94\times 220\times 10^2}{36\times 2.5\times 10.5\times 1.60\times 0.945}$$
$$=20.8(\text{根/槽})(\text{取20根/槽})$$

④ 新绕组导线直径为

$$d'=d\sqrt{\frac{N}{N'}}=1.56\times\sqrt{\frac{26}{20}}=1.78(\text{mm})$$

查线规表，选用标称直径 ϕ1.81mm 的 QZ 型高强度漆包圆铜线（截面积为 2.57mm^2）。

⑤ 改极后电动机功率为

$$P'_e=P_e\left(\frac{d'}{d}\right)^2=10\times\left(\frac{1.81}{1.56}\right)^2=13.5(\text{kW})$$

电动机改为 4 极后，绕组形式不变，即仍采用双层叠绕一路星形接线。

86. 电动机改变接线的方法改压的计算

(1) 计算公式

当需要改变电动机的使用电压时，可改变接线（改变绕组每相串联线圈匝数）以满足电源电压要求。为了使电动机在改接前后的温升和各部磁通密度保持不变，导线电流密度和线圈每匝所承受的电压应不变动。具体计算步骤如下：

① 计算改压前后的电压比 U_j%：

$$U_j\%=\frac{U'}{U}\times 100$$

式中 U，U'——改压前、后电动机的使用电压，V。

② 查明电动机绕组是星形接法还是三角形接法，以及绕组的并联支路数 a。

③ 从表 4-33 中找出与计算出的电压比 $U_j\%$ 最接近的 $U\%$，便可根据其他已知条件查出所要改变电压后应有的接法。

④ 改接后的绕组并联支路数 a' 与极数 $2p'$ 的关系应满足：$2p'/a'$ 为整数。

⑤ 绕组改接后的电压变动不得超过±5%，即

$$\frac{U_j\%-U\%}{U\%}\leqslant \pm 5\%$$

式中　$U\%$——由表 4-33 选取的电压比。

表 4-33　三相绕组改变接线的电压比（原来绕组电压为 100%）

原绕组接线	电压比 $U\%$							
	绕组改接后接线							
	一路星接	二路星接	三路星接	四路星接	五路星接	六路星接	八路星接	十路星接
一路星接	100	50	33	25	20	16.6	12.5	10
二路星接	200	100	67	50	40	33	25	20
三路星接	300	150	100	75	60	50	38	30
四路星接	400	200	133	100	80	67	50	40
五路星接	500	250	167	125	100	83	63	50
六路星接	600	300	200	150	120	100	75	60
八路星接	800	400	267	200	160	133	100	80
十路星接	1000	500	333	250	200	167	125	100
一路角接	173	57	58	43	35	29	21.6	17.3
二路角接	346	173	115.5	87	69	58	43	35
三路角接	519	260	173	130	104	87.0	65	52
四路角接	693	346	231	173	138	115.5	87.5	69
五路角接	866	433	289	217	173	144	108	87.5
六路角接	1039	520	346	260	208	173	130	104
八路角接	1385	693	462	346	277	231	173	139
十路角接	1732	866	577	433	346	289	216	173

原绕组接线	电压比 $U\%$							
	绕组改接后接线							
	一路角接	二路角接	三路角接	四路角接	五路角接	六路角接	八路角接	十路角接
一路星接	58	29	19.2	14.4	11.5	9.6	7.2	5.8
二路星接	115.5	58	38.4	29	23	19	14.4	11.5
三路星接	173	86.4	58	43	35	29	21.7	17.3
四路星接	231	115.5	77	58	46	38.4	29	23
五路星接	289	144	96	72	58	48	36	29
六路星接	346	173	115.5	86.4	69	58	43	35
八路星接	462	231	154	115.5	92	77	58	46

续表

原绕组接线	电压比U%							
	绕组改接后接线							
	一路角接	二路角接	三路角接	四路角接	五路角接	六路角接	八路角接	十路角接
十路星接	577	289	192	144	115.5	96	72	58
一路角接	100	50	33.3	25	20	16.6	12.5	10
二路角接	200	100	69	50	40	33	25	20
三路角接	300	150	100	75	60	50	38	30
四路角接	400	200	133	100	80	67	50	40
五路角接	500	250	167	125	100	83	63	50
六路角接	600	300	200	150	120	100	75	60
八路角接	800	400	267	200	160	133	100	80
十路角接	1000	500	333	250	200	167	125	100

（2）实例

有一台3kV、8极、一路星形接法的三相异步电动机，现要改在380V电源上使用，应如何改变绕组接线？

解 改接前后的电压比为

$$U_j\%=\frac{U'}{U}\times100=\frac{380}{3000}\times100\approx12.7$$

由表4-33可知，“八路星接”项中的$U\%=12.5$最为接近，可决定改接成八路并联星形接法，即$a=8$。

校验：改接后的a与$2p$的关系如下。

$$2p/a=8/8=1(\text{整数})，满足要求。$$

又

$$\frac{U_j\%-U\%}{U\%}=\frac{12.7-12.5}{12.5}=1.6\%$$

改接后的电压误差未超过±5%的范围，因此满足要求。

87. 电动机绕组重绕的改压计算

（1）计算公式

重绕绕组法改压：如果无法改变接线，或改接后绕组电压误差超过允许范围，则只得重绕绕组，以满足电源电压要求。

① 重绕后绕组每槽导线数的计算：

$$N'=\frac{U_e'a'N}{U_ea}$$

式中 N，N'——原绕组和新绕组的每槽导线数，根/槽；

U_e，U_e'——原电源电压和重绕后电源电压，V；

a，a'——原绕组和新绕组的并联支路数。

② 重绕后导线截面积的计算：

$$q'=\frac{U_e n}{U'_e n'}q$$

式中 q，q'——原绕组和新绕组的导线截面积，mm^2；

n，n'——原绕组和新绕组的导线并绕根数。

(2) 实例

有一台 380V、4 极三相异步电动机，绕组为一路三角形接线，现改在 220V 电源上使用，试进行改压计算。

解 计算改压的电压比为

$$U_j\%=\frac{U}{U'}\times100=\frac{220}{380}\times100=57.9$$

查表 4-33 得最近的电压比是 $U\%=58$，改接后为三路星形接线。

校验：改接后的 a 与 $2p$ 关系

$$2p/a=4/3\neq 整数$$

故此种改接不能成立。再试选电压比 $U\%=50$ 的二路三角形接线校验：

$$2p/a=4/2=2=整数$$

因此，可改接为二路三角形接线。

改接后的电压误差为

$$\frac{U_j\%-U\%}{U\%}=\frac{57.9-50}{50}=15.8\%$$

已超过±5%的允许范围，故不能用改接方法来改压，而必须重绕绕组。

重绕绕组计算：绕组拆除时，先记录下列数据：

槽数 $z=36$，每槽导线数 $N=34$，导线直径 $d=1.12mm$，并绕根数 $n=1$，双层叠绕，线圈节距 $y=7$。

每槽导线数为

$$N'=\frac{U'a'N}{Ua}=\frac{220\times1\times34}{380\times1}=19.68(根/槽)(取20根/槽)$$

原绕组导线直径 $d=1.12mm$，查线规表得标称截面积 $q=0.985mm^2$。

新绕组导线截面积为

$$q'=\frac{Un}{U'n'}q=\frac{380\times1}{220\times1}\times0.985=1.7(mm^2)$$

查线规表，可选取标称直径 $d_1=1.50mm$ 的 QZ 型高强度漆包圆铜线（绝缘外径 $d=1.58mm$）。

改压后，新绕组的型式、接法和线圈节距均可保持不变。

88. 改变绕组并联支路数以适应绕组导线截面积要求的计算

电动机绕组重绕时有时会碰到原绕组导线无货的情况，这时可以采用改变绕组并联支路数的方法以选择替代的导线。

(1) 计算公式

① 绕组改变并联支路后的导线截面积为

$$q'=q\frac{a}{a'},\quad d'=\sqrt{\frac{a}{a'}}d$$

式中 q——绕组原来导线截面积，mm^2；

a——绕组原来的并联支路数；

a'——绕组改变后的并联支路数；

d——绕组原来导线直径，mm。

② 绕组改变并联支路后，为保持每相的串联匝数不变，需增加每槽导线数。改变前后电动机的每槽导线数的关系如下：

$$\frac{N}{a}=\frac{N'}{a'}$$

每槽导线数为

$$N'=N\frac{a'}{a}$$

式中 N，N'——绕组改变前后的每槽导线数，根/槽；

a，a'——绕组改变前后的并联支路数。

③ 改变并联支路数后还应满足：$2p/a=$整数，否则并联支路数不能成立。

在改变 a 时，要考虑电动机极数和绕组型式的限制。电动机允许最大并联支路数见表4-34。

表 4-34 各种绕组允许最大并联支路数

绕组型式			允许最大并联支路数(a_{max})
层数	端部连接方式	绕组排列方式	
单层	同心式	60°相带整数槽	$2p$(q 为偶数) p(q 为奇数)
	同心链式	60°相带整数槽	$2p$(q 为偶数) p(q 为奇数)
	等节距元件链式	60°相带整数槽	$2p$(q 为偶数) p(q 为奇数)
	交叉链式	60°相带整数槽	$2p$(q 为偶数) p(q 为奇数)
双层	叠绕	60°相带整数槽	
		分数槽绕组	$2p/p'$(p'为分数 q 约净后的分母)
		散布绕组	$2p$
		△-Y 混合绕组	$2p$(q 为偶数) p(q 为奇数)
单双层	波绕	分数槽绕组	$2p/p'$(p'为分数 q 约净后的分母)
		60°相带整数槽绕组	$2p$
	同心式	60°相带整数槽绕组	$2p$(一相带单层槽数为偶数) p(一相带单层槽数为奇数)

注：表中 p 为极对数；q 为每极每相槽数。

(2) 实例

有一台 6 极电动机，绕组为一路星形双层叠绕，导线截面积 q 为 $5.9mm^2$，每槽导线数 N 为 16 根/槽，试选择导线。

解 查线规表得最接近的标称导线截面积是 $5.43mm^2$ 和 $6.29mm^2$，直径分别是 2.63mm 和 2.83mm，由于线径过粗，嵌线困难，若改选 $\phi1.12mm$ 的导线，则需用 6 根并绕，并绕根数太多，不可取。现拟改为三路并联，以满足极数与并联支路数关系的条件。

$$2p/a=6/3=\text{整数}$$

绕组导线截面积 q' 为

$$q'=q\frac{a}{a'}=5.9\times\frac{1}{3}=1.966(\text{mm}^2)$$

可选用标准线规 $\phi1.12\text{mm}$ 2 根并绕，截面积为

$$q=2\times0.985=1.97(\text{mm}^2)$$

改变后的每槽导线数 N' 为

$$N'=N\frac{a'}{a}=16\times\frac{3}{1}=48(\text{根/槽})$$

采用双层叠绕，每个绕组为 24 匝，电动机绕组的接线方式不变。

89. 改变绕组接线方式以适应绕组导线截面积要求的计算

如果经计算所得的导线截面积与标称导线相差较大时，可以采取改变绕组接线的办法来满足电源电压的要求。

(1) 计算公式

当绕组由 Y 接法改为△接法时：

$$d_{\triangle}=0.76d_{\text{Y}},W_{\triangle}=\sqrt{3}W_{\text{Y}}$$

当绕组由△接法改为 Y 接法时：

$$d_{\text{Y}}=1.32d_{\triangle},W_{\text{Y}}=0.58W_{\triangle}$$

式中 $d_{\triangle}$，$W_{\triangle}$——绕组为△接法时的导线直径和匝数；

d_{Y}，W_{Y}——绕组为 Y 接法时的导线直径和匝数。

(2) 实例

JO_2-72-6 型 22kW 三相异步电动机，已知绕组为△接法，并绕根数 n 为 2，并联支路数 a 为 2，每联线圈为 14 匝，双层绕组，导线直径 d 为 1.2mm（QZ 型），要求 a 和 n 保持不变的条件下，只改变绕组接线方式，试计算代用导线。

解 绕组由△接法改为 Y 接法时：

$d_{\text{Y}}=1.32d_{\triangle}=1.32\times1.2=1.58(\text{mm})$，取标称导线 $\phi1.56\text{mm}$

$W_{\text{Y}}=0.58W_{\triangle}=0.58\times14=8.12(\text{匝})$，选 8 匝

有了绕组导线直径和线圈匝数两个参数，就可方便地改变电动机绕组的接法。

90. 直流电动机串励改并励绕组参数的计算

(1) 计算公式

首先测出原串励绕组电阻 R_{l1}、导线直径 d_{l1} 和匝数 W_{l1}；记录下电动机的额定参数。然后对励磁绕组进行改绕。

① 并励绕组匝数计算：

$$W_{l2}=\frac{U_{e1}}{I_{e1}R_{l1}}W_{l1}$$

式中 W_{l2}——并励绕组匝数；

U_{e1}，I_{e1}——串励直流电动机的额定电压（V）和额定电流（A）。

② 并励绕组导线直径计算：

$$d_{l2}=\sqrt{\frac{I_{e1}R_{l1}}{U_{e1}}}d_{l1}$$

式中　d_{l2}——并励绕组导线直径，mm。

③ 并励励磁绕组电流计算：

$$I_{l2}=\frac{W_{l1}}{W_{l2}}I_{e1}$$

式中　I_{l2}——并励励磁绕组电流，A。

④ 并励励磁绕组铜耗计算：

$$P_{Cul2}=I_{l2}^{2}R_{l2}$$

式中　P_{Cul2}——并励励磁绕组铜耗，W；

　　R_{l2}——并励励磁绕组电阻（Ω），$R_{l2}=\frac{W_{l2}d_{l1}^{2}}{W_{l1}d_{l2}^{1}}R_{l1}$。

通过上述改制的并励直流电动机在额定转矩 M_{e1} 处，电动机的转速要高于原串励电动机。这是由于原串励直流电动机励磁绕组有压降，真正加到电枢两端的电压要低于 U_{e1} 的缘故。若欲改制前、后电动机在额定状态时的性能完全一致，则需改动电枢绕组。

测出原串励直流电动机的电枢电阻 R_{a1}、导线直径 d_{a1} 和匝数 W_{a1}，然后进行改绕计算。

⑤ 并励直流电动机电枢绕组匝数计算：

$$W_{a2}=\sqrt{\frac{R_{a1}+R_{l1}}{R_{a1}}}W_{a1}$$

⑥ 并励直流电动机电枢绕组导线直径计算：

$$d_{a2}=\sqrt[4]{\frac{R_{a1}}{R_{a1}+R_{l1}}}d_{a1}$$

（2）实例

某串励直流电动机，已知额定功率 P_{e1} 为 90W，额定电压 U_{e1} 为 24V，额定电流 I_{e1} 为 9.15A，额定转速 n_{e1} 为 4000r/min，空载转速 n_{01} 为 12500r/min。测得其串励绕组电阻 R_{l1} 为 0.32Ω，导线直径 d_{l1} 为 1.06mm，匝数 W_{l1} 为 70 匝，励磁绕组铜耗 $P_{Cul1}=I_{e1}^{2}R_{l1}=27W$。今保持电枢绕组不改动，改为并励，试计算改绕参数。

解　① 并励绕组匝数计算：

$$W_{l2}=\frac{U_{e1}}{I_{e1}R_{l1}}W_{l1}=\frac{24}{9.15\times0.32}\times70\approx600(\text{匝})$$

② 并励绕组导线直径计算：

$$d_{l2}=\sqrt{\frac{I_{e1}R_{l1}}{U_{e1}}}d_{l1}=\sqrt{\frac{9.15\times0.32}{24}}\times1.06=0.37(\text{mm})$$

取标准线规 $\phi0.36$mm 漆包线。

③ 并励励磁绕组电流计算：

$$I_{l2}=\frac{W_{l1}}{W_{l2}}I_{e1}=\frac{70}{600}\times9.15=1.068(\text{A})$$

91. 直流电动机单叠绕组展开图及计算

单叠绕组的特点是元件的首端和尾端分别接在两个相邻的换向片上，第一个元件的尾端与第二个元件的首端接在同一换向片上，如图 4-51 所示。这种接法的特点是：

$$y=y_k=\pm1$$

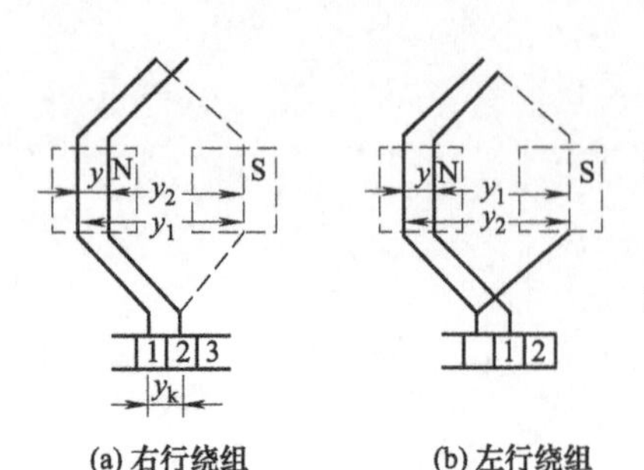

图 4-51　单叠绕组元件

由于左行绕组端部有交叉，要多耗铜线，因此很少采用。一般均采用右行绕组，以节约铜线。

【实例】 一台 4 极 16 槽（单元槽）直流电动机单叠绕组，试分析单叠绕组的连接方法和特点。

(1) 绕组展开图的绘制和计算

具体步骤如下：

① 画出单元槽和换向片。将各单元槽依次编号，换向片等分画为 16 片。

② 计算节距。采用右行绕组，$y=y_k=1$，$y_1=\frac{z_u}{2p}\pm\varepsilon=\frac{16}{4}\pm0=4$，$y_2=y_1-y=4-1=3$。

③ 连接各元件（采用右行绕组）。按 y_1 为 4 连接各元件的上层边和下层边，即第 1 号槽为上层边，用实线表示，第 5 号槽为下层边，用虚线表示。连成一个元件后，将其两个端头连接在 1、5 号槽对应位置的 1、2 号换向片上，并依次将换向片全部编号。再将 1 号元件的下层边（第 5 号槽）与 2 号元件的上层边（第 2 号槽）连接起来（$y_2=3$），以此类推。将全部元件连接起来，最后的端头又回到 1 号换向片，构成了一个闭合回路，如图 4-52 所示。

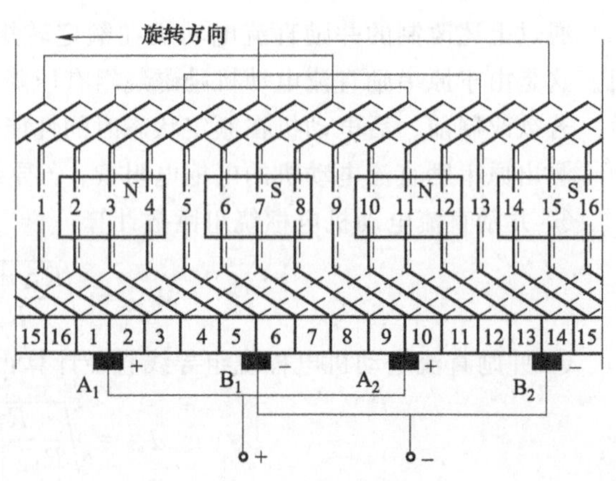

图 4-52　单叠绕组展开图

④ 等分画出主磁极及电刷位置。主磁极在电动机圆周上对称分布。一般情况下，磁极为极距的 70%左右。习惯上展开图上的磁极在电枢上面，因此 N 极的磁力线方向进入纸面，S 极则从纸面流出。电刷位置应放在磁极几何中性线上的元件有效边所连接的换向片上。对于电刷的宽度，在展开图上只画出了一个换向片的宽度，而实际上电刷宽度一般为 2～3 个换向片的宽度之和。

⑤ 假定旋转方向和主磁极极性。假定磁极按 N、S、N、S 顺序排列（见图 4-52），旋转方向为左，则在发电机运行时可确定电流从 B_1、B_2 流入，由 A_1、A_2 流出，因此 A_1、A_2 为正电刷，B_1、B_2 为负电刷。将同极性电刷并联后引向外电路的负载。

(2) 并联支路数

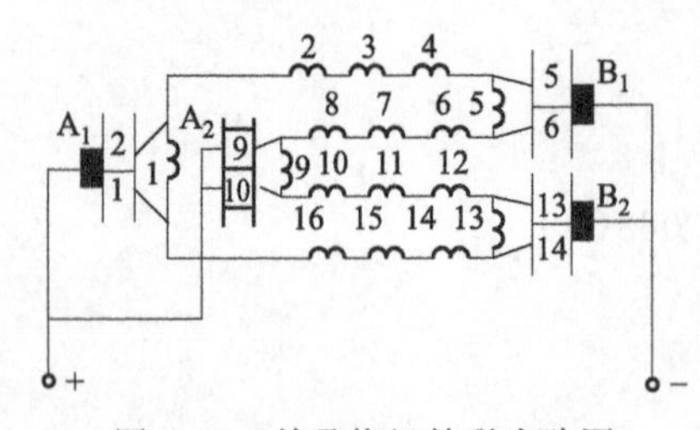

图 4-53　单叠绕组并联支路图

根据同一极下的元件有效边电势方向相同的原则，将同一极下相邻元件依次连接起来，形成一条支路，对于 $2p=4$ 的直流电动机，有 4 条并联支路。在图 4-52中，2、3、4 号元件中感应电势的方向相同，6、7、8 号元件感应电势的方向相同，10、11、12 号元件和 14、15、16 号元件的感应电势的方向也分别相同，而1、5、9、13 号元件因处在磁场中性线上，没有感应电势，并被电刷 A_1、B_1、A_2、B_2 短路。这样便可画出单叠绕组的并联支路，如图 4-53 所示。

单叠绕组支路数 $2a$ 和磁极数 $2p$ 相等，即 $2a=2p$，$a=p$。

92. 直流电动机单波绕组展开图及计算

单波绕组将元件两端连接到相隔较远的换向片上。它的合成节距 y 为两个极距。串联元件绕电枢一周后，要能回到与起始元件相邻的元件的边上，使第二周继续连接下去。为此，必须满足

$$y_k=\frac{k\pm1}{p}$$

式中 y_k——换向器节距，槽；

k——换向片数，片；

p——极对数。

一般情况下，为节约端部连接铜线，采用左行绕组（取负号）。单波绕组元件原理图如图 4-54 所示。

【实例】 一台 4 极 15 槽直流电动机单波绕组，试分析单波绕组的连接方法和特点。

解 (1) 绕组展开图的绘制和计算

① 计算换向器节距 y_k 和合成节距 y：

$$y_k=\frac{k-1}{p}=\frac{15-1}{2}=7(\text{采用左行绕组})$$

$$y=y_k=7$$

② 计算第一节距 y_1 和第二节距 y_2（采用短距绕组）：

$$y_1=\frac{z_u}{2p}\pm\varepsilon=\frac{15}{4}-\frac{3}{4}=3(\text{取 }\varepsilon=-\frac{3}{4})$$

$$y_2=y-y_1=7-3=4$$

③ 根据 y_1、y_2 画出元件连接顺序，如图 4-55 所示。

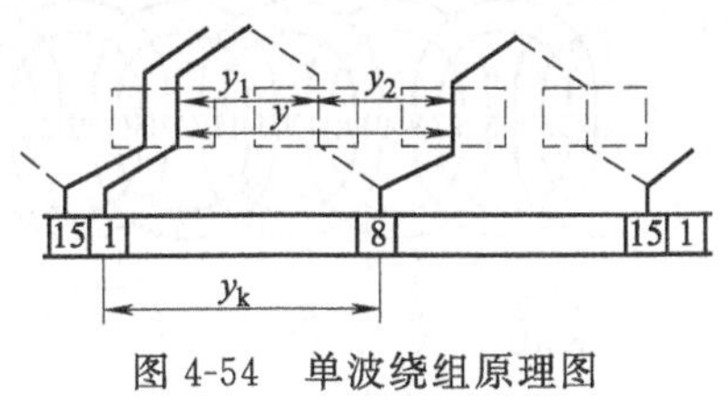

图 4-54 单波绕组原理图

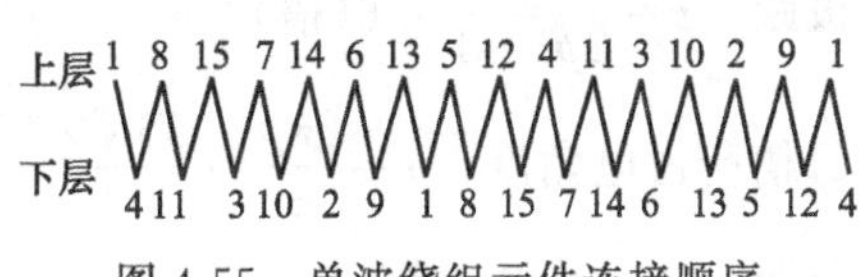

图 4-55 单波绕组元件连接顺序

④ 绘制展开图。绘制步骤与单叠绕组一样，这里不再赘述。

根据求得的节距 y_1、y_2 和 y_k，若将第一个元件的上层边嵌入第一槽中，则下层边应在第 4（$1+y_1=1+3=4$）号槽中，再接到第 8（$1+y_k=1+7=8$）号换向片上。第 2 个元件的上层边应与 8 号换向片连接，其上层边放入第 8（$4+y_2=8$）号槽内，2 号元件下层边放入 11（$8+y_1=8+3=11$）号槽内，其下层边和 15（$8+y_k=8+7=15$）号换向片连接。按此规律继续连接，最后 9 号元件的出线端刚好接到 1 号换向片上，构成一个闭合回路。连接示意图如图 4-56 所示。

(2) 并联支路数和电刷位置

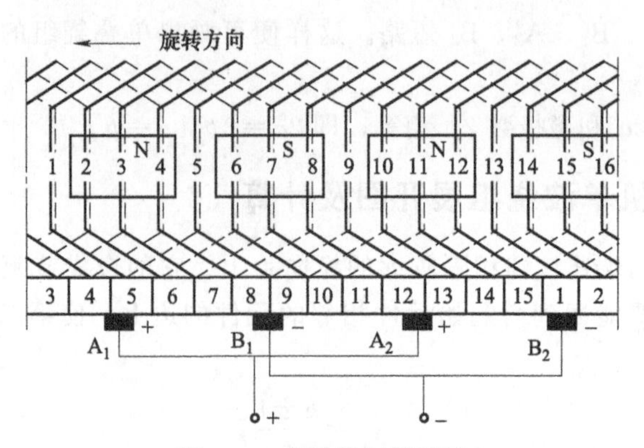

图 4-56 单波绕组展开图

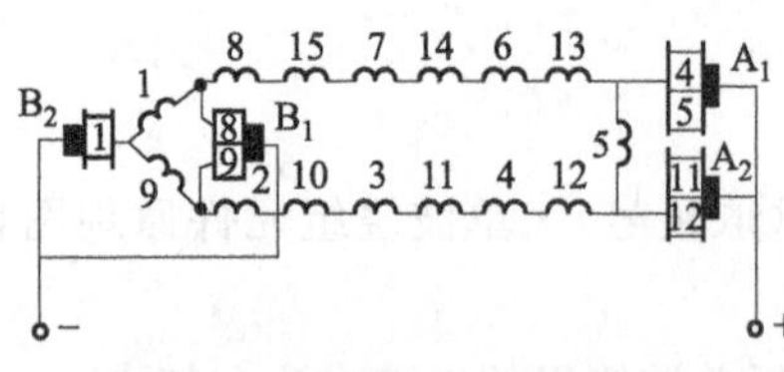

图 4-57 单波绕组并联支路图

单波绕组的元件在内部连成一个闭合回路，对外部则形成一个并联回路。并联支路数与极对数无关，只有两条支路，因此支路对数 $a=1$。根据同一极下的元件有效边电势方向相同的原则，由图 4-56 可以画出并联支路图，如图 4-57 所示。元件 5 被两个正电刷短路，元件 1 和 9 被两个负电刷短路。理论上单波绕组只有两条支路，只需一对电刷即可，但为了减少电刷的电流密度，一般设 $2p$ 组电刷。

电刷放置的位置和单叠绕组一样，即应放置在磁极中心线且元件端部对称的位置上。

93. 同步发电机单层整距绕组展开图及计算

同步发电机的定子绕组与三相异步电动机的定子绕组基本相同。绕组型式有单层绕组（只适用于容量较小的发电机）、短距双层叠绕组（多用于大、中型发电机）和双层波绕组（多用于多极水轮发电机）。

【实例】 试画出一台三相 4 极 24 槽同步发电机单层整距绕组展开图。

解 每极每相槽数 $q=\dfrac{z}{2pm}=\dfrac{24}{4\times3}=2$(槽)

极距 $\tau=\dfrac{z}{2p}=\dfrac{24}{4}=6$(槽)

每槽所占电角度 $\alpha=\dfrac{2\pi p}{z}=\dfrac{360^\circ\times2}{24}=30^\circ$

节距 $y=\tau=6$ (槽)

根据三相异步电动机绕组展开图的画法，可以画出同步发电机定子绕组的展开图，如图 4-58 所示。

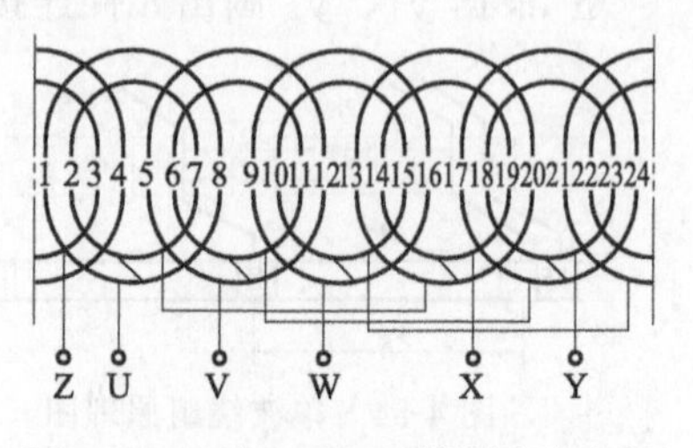

图 4-58 三相 4 极 24 槽同步发电机单层整距绕组展开图

94. 同步发电机双层短距绕组展开图及计算

【实例】 试画出一台三相 4 极 36 槽同步发电机双层短距绕组展开图。

解 每极每相槽数 $q=\dfrac{z}{2pm}=\dfrac{36}{4\times3}=3$(槽)

极距 $\tau=\dfrac{z}{2p}=\dfrac{36}{4}=9$(槽)

每槽所占电角度　$\alpha=\frac{2\pi p}{z}=\frac{360°\times 2}{36}=20°$

取短距线圈节距　$y=\frac{8}{9}\tau=\frac{8}{9}\times 9=8$(槽)

据此，可画出该短距绕组的展开图，如图 4-59 所示。同理，也可画出 V-Y 相、W-Z 相绕组的展开图。

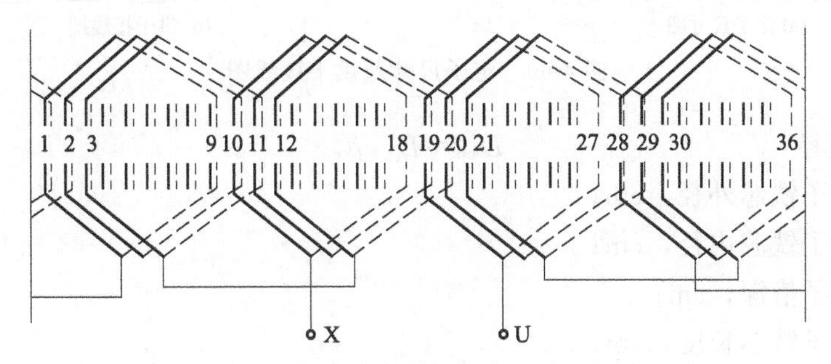

图 4-59　三相 4 极 36 槽双层短距绕组展开图（U 相）

另外，还可以将展开图画成如下形式，简单明了。

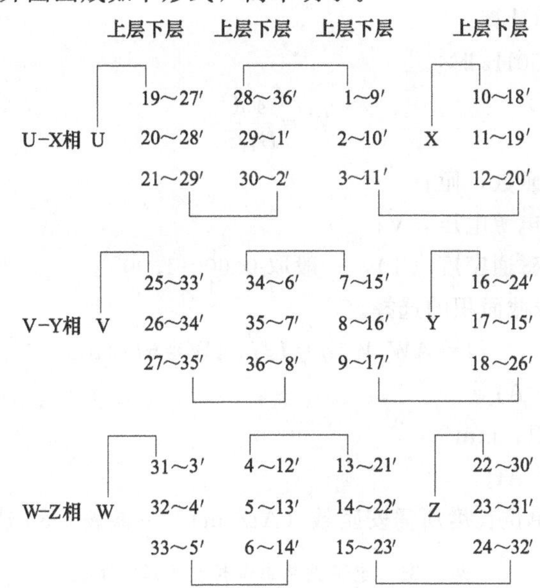

95. 定子铁芯涡流干燥法的计算

定子铁芯的涡流干燥法亦称定子铁损干燥法，是利用交变磁通在定子铁芯里产生磁滞和涡流损耗使电动机发热到必需的温度进行干燥，适宜干燥较大型的电动机，优点是耗电量较小，较经济。在干燥感应电动机时，须将转子取出。因为这些电动机的空气隙太小，不能安装励磁绕组。图 4-60 为定子尺寸及烘干接线图。

(1) 计算公式

① 定子铁芯尺寸的计算。

轭高　$$h_c=\frac{D-D_1}{2}-h_t$$

铁轭有效截面积　$$S_c=K_{Fe}lh_c$$

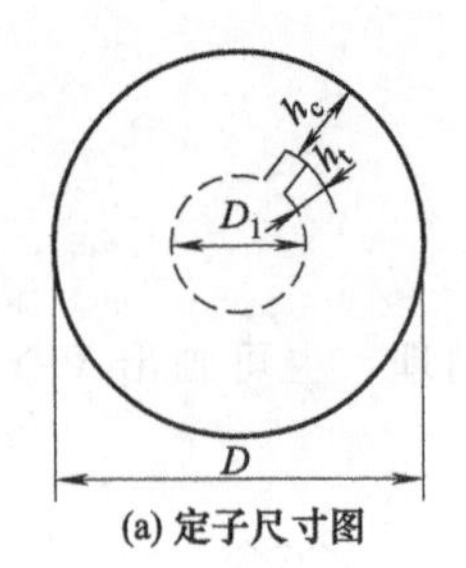

(a) 定子尺寸图

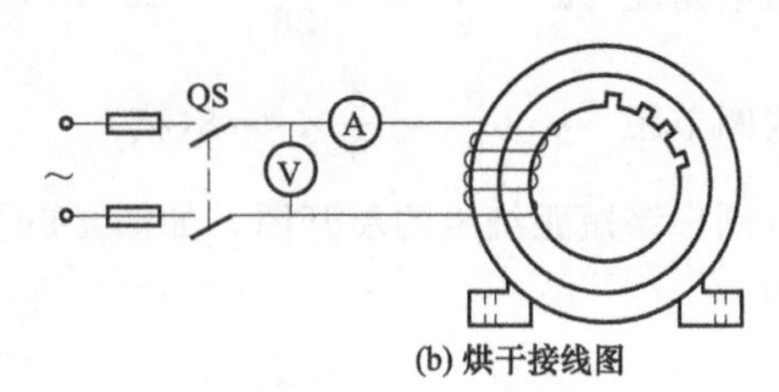

(b) 烘干接线图

图 4-60 定子尺寸及烘干接线图

铁轭中心直径 $$D_{cp}=D-h_c$$

式中 D——定子铁芯外径，cm；

D_1——定子铁芯内径，cm；

h_t——定子槽深，cm；

l——定子铁芯长度，cm；

K_{Fe}——铁芯压装系数，一般为0.92～0.95，硅钢片不涂漆时取较大值；对于漆绝缘钢片取0.95；用纸绝缘的铁芯可取0.9。

② 励磁绕组匝数的计算。

当电源频率为 $f=50\text{Hz}$ 时：

$$W=\frac{45U}{B_m S_c}$$

式中 W——励磁绕组匝数，匝；

U——励磁绕组电源电压，V；

B_m——定子铁芯磁通密度（T），一般取0.60～1.00T。

③ 磁化电流和导线截面积的选择。

$$I=AW/W, q=I/j, AW=\pi D_{cp}aw$$

式中 I——磁化电流，A；

q——导线截面积，mm^2；

AW——磁化安匝，At；

aw——定子铁芯单位长度所需安匝数（At/cm），可参表4-35选用。

表 4-35 定子铁芯单位长度所需安匝数

磁通密度 B_m/T	aw/(At/cm)	
	合 金 钢	电机硅钢片
0.50	0.66～0.85	1.5
0.60	1～1.2	2.2
0.70	1.3～1.45	2.75
0.80	1.7～2	3.7
1.00	2.15～2.8	4.3～5.6

因为穿绕在铁芯内孔部分的导线温度比绕在外壳表面的导线温度高，所以导线的允许负荷电流应比正常时降低30%～50%。一般铜导线电流密度 j 取1～2.3A/cm^2。

上述计算结果仅作参考。励磁绕组的实际匝数，应在实际烘燥时视电动机的温升情况适当增减，以调节磁化电流。

烘燥时，须用木板将电动机密封起来，维持电动机温度在 80～90℃，待绕组绝缘温度升高至允许值后即可停止烘燥。

（2）实例

有一台电动机定子铁芯外径 D 为 85cm，内径 D_1 为 60.5cm，铁芯长度 l 为 31cm，槽深 h_t 为 6.2cm，现采用铁损法进行干燥，试求励磁绕组数值。

解 ① 定子尺寸的计算：

轭高 $$h_c=\frac{D-D_1}{2}-h_t=\frac{85-60.5}{2}-6.2=6.05(\text{cm})$$

铁轭有效截面积 $S_c=0.93lh_c=0.93\times31\times6.05=174(\text{cm})$

铁轭中心直径 $D_{cp}=D-h_c=85-6.05\approx79(\text{cm})$

② 励磁绕组匝数的计算：

采用单相 220V、50Hz 电源，磁通密度取 $B_m=0.9\text{T}$，则绕组匝数为

$$W=\frac{45U}{B_mS_c}=\frac{45\times220}{0.9\times174}=63.2(\text{匝})(\text{取 64 匝})$$

③ 磁化电流和导线选择：

查表 4-35，选 $aw=4\text{At/cm}$，则

磁化安匝 $AW=\pi D_{cp}aw=\pi\times79\times4\approx993(\text{At})$

磁化电流 $I=AW/W=993/64=15.5(\text{A})$

取 $j=1.5\text{A/mm}^2$，则铜导线截面积为

$q=I/j=15.5/1.5=10.3\ (\text{mm}^2)$

可选用 $\phi2.63$mm 的绝缘导线两根并绕（实际截面积为 10.86mm²），或用 $\phi2.10$mm 的绝缘导线三根并绕（实际截面积为 10.38mm²）。

96. 电动机外壳涡流干燥法的计算

电动机外壳涡流干燥法是将励磁绕组直接绕在定子机壳上，在电动机机壳内形成涡流而产生热量实现干燥。可利用交流电焊机作为励磁电源。由于焊接变压器可以调节电流，所以采用此种变压器作电源十分合适。烘干接线如图 4-61 所示。

（1）计算公式

干燥电动机所需功率 $P=\lambda F(t_1-t_0)$

单位面积上的功率损耗 $\Delta P=P/F_1$

励磁绕组的匝数 $W=UK/l$

励磁电流 $$I=\frac{P\times10^3}{U\cos\varphi}$$

导线截面积 $q=I/j$

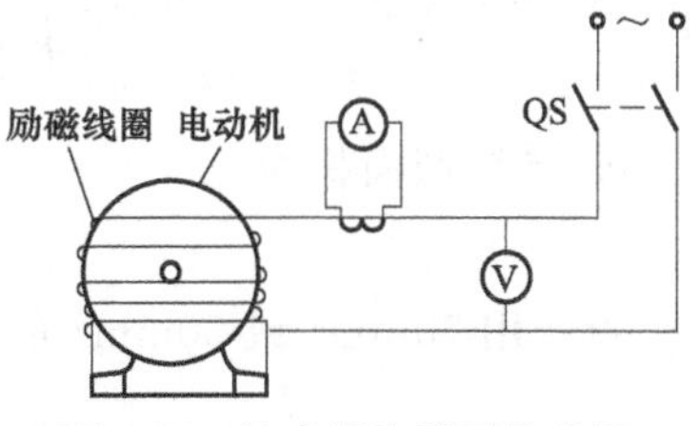

图 4-61 外壳涡流烘干接线图

式中 P——干燥电动机所需功率，kW；

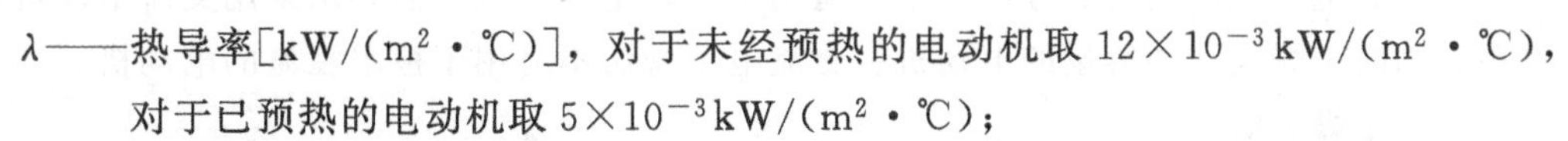

λ——热导率[kW/(m² · ℃)]，对于未经预热的电动机取 12×10^{-3}kW/(m² · ℃)，对于已预热的电动机取 5×10^{-3}kW/(m² · ℃)；

F——机壳外表散热面积，m²；

t_1——机壳的热态温度，可取 90℃；

t_0——环境温度，℃；

F_1——机壳表面上被励磁绕组覆盖的面积，m^2；

U——外加电源电压，V；

K——变量，取决于 ΔP，见表 4-36；

l——电动机周长，m；

$\cos\varphi$——功率因数，取 0.5～0.7；

I——励磁电流，A；

j——电流密度（A/mm^2），铜导线取 $4.5A/mm^2$，铝导线取 $3A/mm^2$。

表 4-36 变量 K 与 ΔP 的关系

ΔP /(kW/m^2)	K	ΔP /(kW/m^2)	K	ΔP /(kW/m^2)	K	ΔP /(kW/m^2)	K
0.1	4.21	1	1.85	1.8	1.49	2.8	1.27
0.3	2.76	1.2	1.72	2	1.44	3	1.24
0.5	2.3	1.4	1.63	2.2	1.39	3.25	1.2
0.7	2.06	1.5	1.6	2.4	1.35	3.5	1.18
0.9	1.9	1.6	1.55	2.6	1.31	4	1.12

（2）实例

现用一台 65V 的电焊变压器作电源对电动机进行涡流干燥，已知电动机表面积 F 为 $8m^2$，励磁绕组覆盖面积 F_1 为 $4.8m^2$，环境温度 t_0 为 10℃，电动机周长 l 为 4.2m，试求励磁绕组数值。

解 ① 因电动机未经预热，λ 取 $12\times10^{-3}kW/(m^2\cdot℃)$，则干燥电动机所需功率为

$$P=\lambda F(t_1-t_0)=12\times10^{-3}\times8\times(90-10)=7.68(kW)$$

② 单位功率损耗为

$$\Delta P=P/F_1=7.68/4.8=1.6(kW/m^2)$$

由表 4-36 可知，当 $\Delta P=1.6$ 时，$K=1.55$。

③ 励磁绕组的匝数为

$$W=UK/l=65\times1.55/4.2=24(匝)$$

④ 励磁电流为

$$I=\frac{P}{U\cos\varphi}=\frac{7680}{65\times0.7}=168.8(A)$$

⑤ 导线截面积为

$$q=I/j=168.8/3=56.3(mm^2)$$

可选用 $70mm^2$ 或 $50mm^2$ 的铝芯导线作励磁绕组。

97. 电动机电流干燥法的计算

用交流电干燥电动机的方法简单，适用于小容量电动机。但如果采用交流电焊机等作为电源，则能干燥大、中容量的电动机。交流电干燥法不适用于被水浸淹的电动机。

（1）干燥方法

一般可用一台或将两台交流电焊机的次级绕组串联起来作为干燥电源，也可用直流电焊机。将此电源通入电动机的绕组，利用电动机的铜损来加热。接线方法通常有如图 4-62 所示的几种方法，每相绕组分配的最大电流均不宜超过额定电流的 70%。若采用直流电源，

则每相绕组的最大电流可为额定电流的80%。一般情况下，电流的大小应以通电3～4h能使定子绕组的温度达到80～90℃为宜。尤其是受潮严重的电动机，先慢慢将其加热至50～60℃并保温3～4h以利于驱除潮气，然后加热到规定的温度进行干燥。

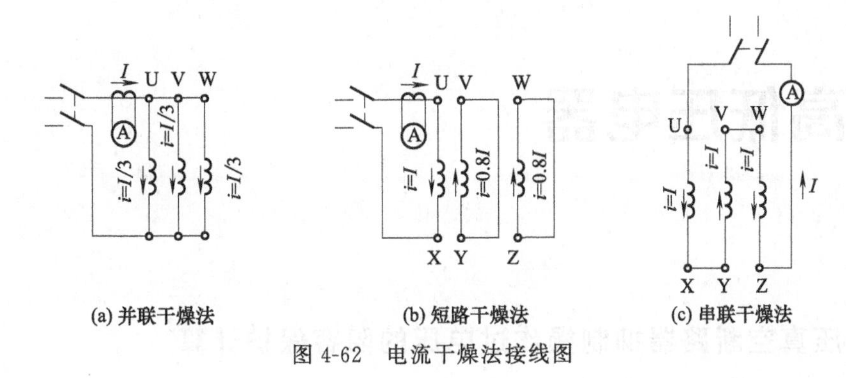

(a) 并联干燥法　(b) 短路干燥法　(c) 串联干燥法

图4-62　电流干燥法接线图

(2) 计算公式

① 电焊机容量的计算。

电焊机容量根据电动机功率的大小，可按其所需二次电压和电流按下式估算：

$$S=UI=\frac{(0.07\sim0.15)U_e\times(0.5\sim0.7)I_e}{1000}$$

式中　S——电焊机容量，kV·A；

U，I——电焊机二次电压（V）和电流（A）；

U_e，I_e——电动机额定电压（V）和额定电流（A）。

② 电动机绕组上施加电压为

$$U_2=(0.07\sim0.15)U_e$$

③ 绕组中的电流为

$$I_2=(0.5\sim0.7)I_e$$

(3) 实例

试用电流干燥法干燥一台功率为180kW、额定电压为380V、额定电流为358A受潮的电动机。

解　电焊机容量为

$$S=\frac{0.08\times380\times0.5\times358}{1000}=5.4(\text{kV}\cdot\text{A})$$

可选用一台BX1-330交流电焊机作低压电源（次级空载电压为60～70V，工作电压为30V，电流调节范围为50～450A）。

加热电流控制在170A左右。一般经过10～20h干燥后，绝缘电阻可达15MΩ以上，吸收比大于1.3。

五、高低压电器

1. 高压真空断路器抑制操作过电压的阻容保护计算

用真空断路器操作高压电动机时会产生很高的操作过电压，从而威胁电动机的绝缘。为此需采取 RC 浪涌抑制器或压敏电阻来抑制操作过电压，将过电压限制在额定电压 2 倍左右。RC 浪涌抑制器的接线如图 5-1 所示。

(1) 计算公式

通常先选定电容 C 值，一般取 0.1～0.5μF，然后按下式估算电阻 R 值，即

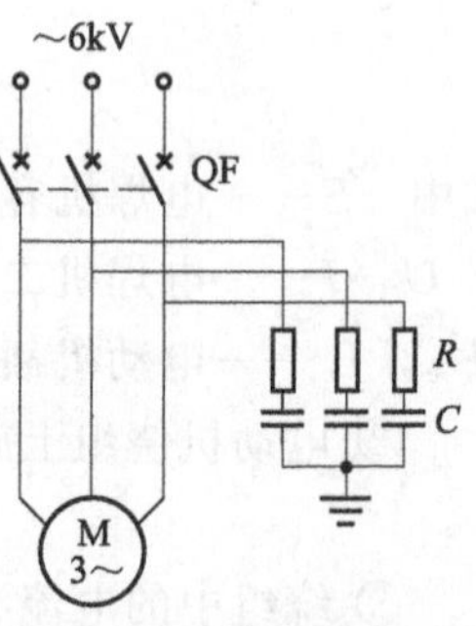

图 5-1 RC 浪涌抑制器的接线

$$R \approx Z = \sqrt{L/C}$$

式中 R——电阻，Ω；

C——电容，F；

L——电动机每相转子、定子的总漏感 (H)，$L = \dfrac{U_e}{\sqrt{3}\omega I_q}$；

U_e——电动机额定电压，V；

I_q——电动机启动电流 (A)，$I_q = 6I_e$；

I_e——电动机额定电流，A；

ω——电源角频率，$\omega = 2\pi f = 2\pi \times 50 = 314$。因此总漏感也可用下式表示：

$$L = \frac{U_e}{3260 I_e}$$

算出 R 值后，便可取接近于该值的标准电阻。

电容 C 的耐压可按 $U_C \geqslant (2 \sim 2.5) U_e$ 选择。

电阻的功率的计算：

电动机正常工作电流过电阻 R 的电流为

$$I'_R = \frac{U_e}{\sqrt{3}} \Big/ Z \approx \frac{U_e}{\sqrt{3}} \Big/ X_C = \frac{U_e \omega C}{\sqrt{3}}$$

发生操作过电压时流过电阻 R 的电流为

$$I_R \geqslant \frac{(2 \sim 2.5) U_e}{\sqrt{3} X_C} = (2 \sim 2.5) \omega C U_e / \sqrt{3}$$

发生操作过电压时流过电阻 R 的电流较大，由于流过的时间短，因此可按下式选择 R

的功率：

$$P_R=\frac{1}{4}I_R^2R$$

（2）实例

一台 Y400-4 型高压电动机，额定功率为 500kW，额定电压为 6kV，额定电流为 58.6A，采用西门子 3AF 真空断路器操作。为抑制操作过电压，采用 RC 浪涌抑制器，试选择 RC 参数。电路接线如图 5-1 所示。

解 电动机启动电流为

$$I_q=6I_e=6\times58.6=351.6(\mathrm{A})$$

电动机每相转子定子总漏感为

$$L=\frac{U_e}{3260I_q}=\frac{6000}{3260\times351.6}=5.23\times10^{-3}(\mathrm{H})$$

选取电容 $C=0.22\mu\mathrm{F}=0.22\times10^{-6}\mathrm{F}$，电容耐压为（虽然为 Y 接线，应除以$\sqrt{3}$，但考虑操作过电压峰值比有效值也约大$\sqrt{3}$倍左右）

$$U_C\geqslant(2\sim2.5)U_e=(2\sim2.5)\times6=12\sim15(\mathrm{kV})$$

电阻 R 为

$$R=\sqrt{\frac{L}{C}}=\sqrt{\frac{5.23\times10^{-3}}{0.22\times10^{-6}}}=154.2(\Omega)\text{（取标称值为 150Ω 的电阻）}$$

正常时流过电阻的电流为

$$I_R'=\frac{U_e\omega C}{\sqrt{3}}=\frac{6000\times314\times0.22\times10^{-6}}{\sqrt{3}}=0.24(\mathrm{A})$$

发生过电压时流过电阻的电流为

$$I_R=(2\sim2.5)\omega CU_e/\sqrt{3}=(2\sim2.5)\times314\times0.22\times10^{-6}\times6000/\sqrt{3}=0.48\sim0.60(\mathrm{A})$$

电阻功率为（设 I_R 为 0.6A）

$$P_R=\frac{1}{4}I_R^2R=\frac{1}{4}\times0.6^2\times150=13.5(\mathrm{W})\text{（取 20W）}$$

因此，可选用 150Ω、20W 的电阻。

2. 真空接触器抑制操作过电压的压敏电阻保护计算

真空接触器抑制操作过电压可采用 RC 浪涌吸收器或压敏电阻保护。采用 RC 保护时，RC 参数的计算同“高压真空断路器抑制操作过电压的阻容保护计算”项。采用压敏电阻保护时，其接线如图 5-2 所示。当定子绕组为星形的电动机，压敏电阻应采用三角形接法。

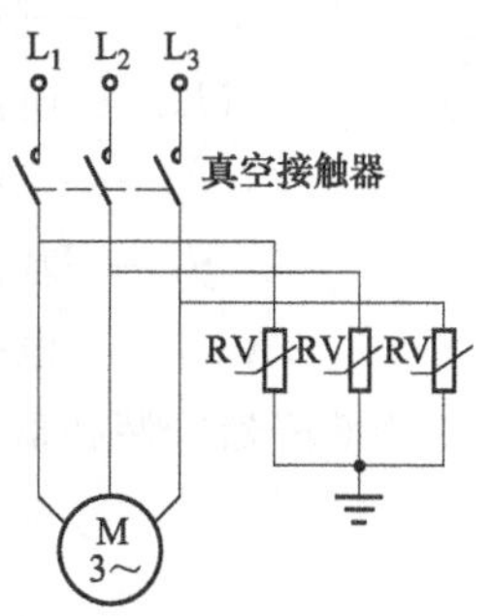

图 5-2 压敏电阻保护的接线

（1）计算公式

$$U_{1mA}\geqslant(2\sim2.5)U_g$$

$$I_e\geqslant5\mathrm{kA}$$

式中 U_{1mA}——压敏电阻的标称电压，V；

U_g——工作电压（V），如接于线电压上，$U_g=U_{UW}=380\mathrm{V}$；

I_e——压敏电阻的通流容量，kA。

（2）实例

一台Y315M2-4型异步电动机，额定功率为160kW，额定电压为380V，采用VS317型真空接触器控制。为抑制操作过电压，采用压敏电阻保护，试选择压敏电阻。

解 压敏电阻的选择：

$$U_{1mA} \geqslant (2 \sim 2.5)U_g = (2 \sim 2.5) \times 380 = 760 \sim 950(\text{V})$$

$$I_e \geqslant 5\text{kA}$$

可选用标称电压为820V或910V、通流容量为10kA的MY31-820/10型或MY31-910/10型压敏电阻。

3. 高压断路器的选择

（1）计算公式

高压断路器应按装置种类、构造形式、额定电压、额定电流、断路电流或断流容量等来选择，然后作短路时动稳定和热稳定校验。

① 按额定电压及频率选择。

断路器应按电网的电压及频率选择，且

$$U_e \geqslant U_g$$

式中 U_e——断路器的额定电压，kV；

U_g——断路器的工作电压，即电网额定电压，kV。

② 按额定电流选择。

$$I_e \geqslant I_g$$

式中 I_e——断路器的额定电流，A；

I_g——断路器的工作电流（A），指最大工作电流（有效值）。

③ 按额定断路电流或断流容量选择。

要求系统在断路器处的最大短路电流应小于断路器允许断流值，并应留有裕度。

$$I_{dn} \geqslant I''(\text{或}\ I_{0.2}),\ S_{dn} \geqslant S''(\text{或}\ S_{0.2})$$

$$S'' = \sqrt{3}U_p I_z = \frac{S_j}{X_{*\Sigma}}$$

式中 I_{dn}，S_{dn}——断路器在额定电压下的断路电流（kA）和断流容量（MV·A），可由产品目录查得；

I''（或$I_{0.2}$）——安装地点发生三相短路时的次暂态短路电流（或0.2s短路电流），kA；

S''（或$S_{0.2}$）——三相短路容量，MV·A；

U_p——电流I_z所在电压级的平均额定电压，kV；

I_z——三相短路电流周期分量有效值，kA；

S_j——基准容量，MV·A；

$X_{*\Sigma}$——电抗标幺值。

当断路器安装在低于额定电压的电路中时，其断流容量按下式计算：

$$S_{dn(U)} = S_{dn}\frac{U}{U_e}$$

④ 按短路电流的动稳定校验。

按短路电流的动稳定校验，即对断路器极限通过电流能力的校验。所谓极限通过电流能力，是指由电流的力学作用所限制的电流值，有峰值和有效值（单位：kA）两项规定。前者是后者的 1.7 倍。此项规定由制造厂给出，称为动稳定（极限）。

如按峰值校验，则

$$i_{gf} \geqslant i_{ch}$$

式中 i_{gf}——断路器极限通过电流峰值，kA；

i_{ch}——短路冲击电流，kA。

⑤ 按短路电流的热稳定校验。

按短路电流的热稳定校验，是对断路器热稳定电流的校验。所谓热稳定电流，是指对短时间故障电流通过开关导体发热所作的限制。其值由制造厂提供，一般给出 1s、5s 和 10s 的电流值。许多开关的 1s 热稳定电流值与动稳定值相同。校验公式如下：

$$I_t \geqslant I_\infty \sqrt{\frac{t_j}{t}} \text{ 或 } I_t^2 t \geqslant I_\infty^2 t_j$$

式中 I_t——断路器在时间 t(s) 内的热稳定电流，kA；

I_∞——断路器可能通过的最大稳态短路电流，kA；

t_j——短路电流作用的假想时间，s；

t——热稳定电流允许的作用时间，s。

(2) 实例

某厂变电所高压供电系统如图 5-3 所示。已知系统额定容量为 150MV·A，在 d_1 点三相短路时短路容量 S''为 100MV·A，继电器动作时间 t_b 为 2s，断路器分闸时间 t_{fd}为 0.15s（假定），其他计算用技术数据标于图上，试选择变电所高压侧断路器。

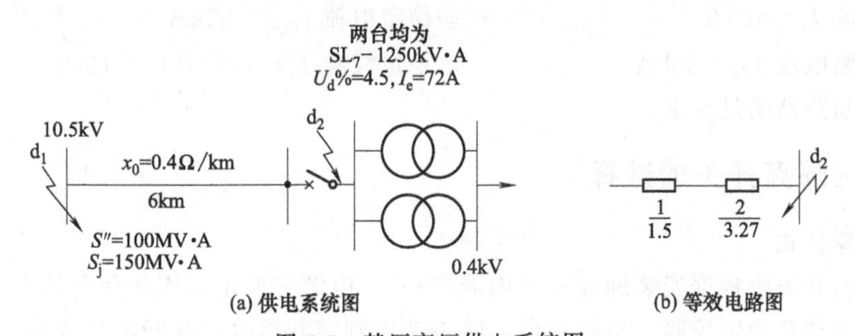

图 5-3 某厂高压供电系统图

解 采用标幺值计算。

① 计算短路电流：设基准容量 $S_j = 150$MV·A，则

系统阻抗 $X_{1※} = S_j / S'' = 150/100 = 1.5$

线路阻抗 $X_{2※} = \frac{XS_j}{U_p^2} = \frac{0.4 \times 6 \times 150}{10.5^2} = 3.27$

通过断路器的最大稳态电流为

$$I_{\infty※} = \frac{1}{X_{※\Sigma}} = \frac{1}{1.5 + 3.27} = 0.21$$

基准电流为

$$I_j = \frac{S_j}{\sqrt{3} U_p} = \frac{150}{\sqrt{3} \times 10.5} = 8.26 (\text{kA})$$

三相短路电流周期分量为

$$I_z = I'' = I_\infty = 0.21\times 8.26 = 1.732(\text{kA})$$

短路冲击电流为

$$i_{ch} = 2.55I'' = 2.55\times 1.732 = 4.42(\text{kA})$$

超瞬变短路容量（d_2 处）为

$$S'' = \frac{S_j}{X_{*\Sigma}} = \frac{150}{1.5+3.27} = 31.4(\text{MV}\cdot\text{A})$$

② 计算假想时间 t_j 和 $I_\infty^2 t_j$；短路电流通过断路器的时间为

$$t = t_b + t_{fd} = 2+0.15 = 2.15(\text{s})$$

短路电流周期分量假想时间为

$$t_j = t+0.05 = 2.15+0.05 = 2.2(\text{s})$$

$$I_\infty^2 t_j = 1.732^2\times 2.2 = 6.60$$

③ 根据短路参数，查高压断路器技术数据，可选用 SN1-10 型断路器。

计算数据如下：

工作电压 $U_g = 10\text{kV}$　　短路冲击电流 $i_{ch} = 4.42\text{kA}$

工作电流 $I_g = 144\text{A}$　　热稳定校验 $I_\infty^2 t_j = 6.60$

短路电流 $I_z = 1.732\text{kA}$

短路容量 $S'' = 31.4\text{MV}\cdot\text{A}$

所以，选定的断路器为 SN1-10，其参数如下：

额定电压 $U_g = 10\text{kV}$　　断流容量 $S_{dn} = 200\text{MV}\cdot\text{A}$

额定电流 $I_e = 400\text{A}$　　动稳定电流 $i_{max} = 52\text{kA}$

额定断路电流 $I_{dn} = 20\text{kA}$　　热稳定校验 $I_t^2 t = 14^2\times 10 = 1960$

可见，所选断路器满足要求。

4. 高压隔离开关的选择

(1) 计算公式

高压隔离开关应根据安装地点（户内或户外）、电源的额定电压和负荷的大小等来选择，并进行动稳定和热稳定校验。也就是说，除不考虑额定断路电流和断流容量外，其余与高压断路器的选择相同。

① 按额定电压选择，即

$$U_e \geqslant U_g$$

式中 U_e——隔离开关的额定电压，kV；

U_g——隔离开关的工作电压，即电网额定电压，kV。

② 按额定电流选择，即

$$I_e \geqslant I_g$$

式中 I_e——隔离开关的额定电流，A；

I_g——隔离开关的（最大）工作电流，A。

③ 按短路电流的动稳定校验，即

$$i_{gf} \geqslant i_{ch}$$

式中 i_{gf}——隔离开关极限通过电流峰值，kA；

i_{ch}——短路冲击电流，kA。

④ 按短路电流的热稳定校验，则

$$I_t^2 t \geqslant I_\infty^2 t_j$$

式中 I_t——隔离开关在时间 t(s) 内的热稳定电流，kA；

I_∞——隔离开关可能通过的最大稳态短路电流，kA；

t_j——短路电流作用的假想时间，s；

t——热稳定电流允许的作用时间，s。

(2) 实例

试选择“高压断路器的选择”项中的实例中的变电所 10kV 侧隔离开关。

解 “高压断路器的选择”项中的实例中的计算数据如下：

工作电压 $U_g=10$kV　　热稳定校验 $I_\infty^2 t_j=6.60$

工作电流 $I_g=144$A

短路冲击电流 $i_{ch}=4.42$kA

所以，选定的隔离开关为 GN2-10/400，其参数如下：

额定电压 $U_e=10$kV　　热稳定校验 $I_t^2 t=12^2\times4=576$

额定电流 $I_e=400$A

动稳定电流 $I_{max}=30$kA

可见，所选隔离开关满足要求。

5. 保护变压器的高压熔断器的选择

(1) 计算公式

选择保护变压器熔断器的熔体应满足以下两个要求：

① 当变压器低压侧短路时，必须先使低压侧的保护先动作。根据实践，一般要求高压熔断器熔体的熔断时间不能小于 0.4s 才行。常用的 RN1 型高压熔断器对应于熔断时间为 0.4s 时的过电流倍数约等于 10（由熔断器特性曲线查得），因此熔体的额定电流 I_{er}为

$$I_{er}=\frac{1}{10}I''$$

式中 I''——变压器低压侧三相短路时折算到高压侧的超瞬变短路电流，A。

② 在变压器满负荷运行时，熔体不应长期处于严重的过载状态。为此，应满足下式要求：

$$I_{er}\geqslant(1.4\sim2)I_{eb}$$

式中 I_{eb}——变压器一次侧的额定电流，A。

一般来说，根据第一个条件选出的熔体，都能满足第二个条件的要求。

最后，还要对所选熔断器作断路容量校验。

(2) 实例

一台 S9 型额定容量为 1000kV・A、额定电压为 10kV 的变压器，已知高压侧系统三相短路容量 S''为 60MV・A，低压侧三相短路时折算到高压侧的超瞬变短路电流 I''为 1800A，试选择高压熔断器。

解 熔断器熔体的额定电流应满足

$$I_{er}=\frac{1}{10}I''=\frac{1800}{10}=180(\text{A})$$

变压器额定电流为

$$I_{eb}=\frac{S_e}{\sqrt{3}U_e}=\frac{1000}{\sqrt{3}\times 10}=57.7(\mathrm{A})$$

$$I_{er}\geqslant(1.4\sim2)I_{eb}=(1.4\sim2)\times57.7=80.8\sim115.4(\mathrm{A})$$

因此，取 $I_{er}=180\mathrm{A}$ 能满足要求。

查产品样本，选用 RN1-10-200 型熔断器，其技术数据如下：

额定电压 10kV

额定电流 200A

最大断流容量 200MV · A（大于高压侧系统三相短路容量 $S''=60\mathrm{MV\cdot A}$）所以符合要求。

6. 二次开路时电流互感器的二次电压计算

（1）计算公式

电流互感器二次开路时，一次绕组的磁势全部用于铁芯励磁，会造成铁芯的高度饱和和发热，并在二次绕组两端感应出很高的开路电压。此电压不是正弦波形而呈尖顶波形，系由各种谐波所组成。此电压会对人身安全带来危险。二次电压可由以下公式计算。

公式一：

$$U_{2m}=KW_2Q_c\sqrt{\frac{I_1W_1}{l_{Fe}}}$$

式中 U_{2m}——二次开路时电流互感器的二次电压峰值，V；

K——系数，0.1～0.15，视铁芯材料及结构而定，优质材料的卷铁芯取 0.17；

Q_c——铁芯截面积，$\mathrm{cm^2}$；

l_{Fe}——铁芯平均长度，cm；

I_1——一次电流，A；

W_1，W_2——互感器一次和二次绕组的匝数。

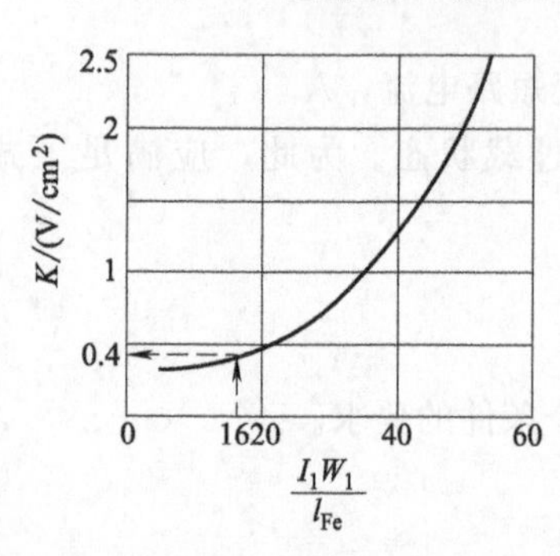

图 5-4 系数 K 和磁化特性的关系

公式二：

$$U_{2m}=KQ_cW_2$$

式中 K——系数（$\mathrm{V/cm^2}$），$K=f\left(\frac{I_1W_1}{l_{Fe}}\right)$，见图 5-4。

（2）实例

已知某电流互感器的工作数据如下：一次电流 I_1 为 200A，一次匝数 W_1 为 1 匝，二次匝数 W_2 为 200 匝，铁芯平均长度 l_{Fe} 为 12.5cm，铁芯截面积 Q_c 为 $1\mathrm{cm^2}$，试求二次开路时的二次电压。

解 $$\frac{I_1W_1}{l_{Fe}}=\frac{200\times1}{12.5}=16(\mathrm{A/cm})$$

由图 5-4 查得系数 $K=0.4\mathrm{V/cm^2}$。

二次电压峰值为

$$U_{2m}=KQ_cW_2=0.4\times1\times200=80(\mathrm{V})$$

7. 穿绕式电流互感器变流比的计算

(1) 计算公式

电流互感器的额定电流比为

$$K=\frac{I_{1e}}{I_{2e}}=\frac{W_{2e}}{W_{1e}}$$

式中 I_{1e}, I_{2e}——电流互感器一次和二次额定电流，A；

W_{1e}——铭牌上标注的一次侧穿绕匝数；

W_{2e}——二次侧匝数。

当一次侧实际穿绕匝数为W_1'时，则实际电流比为

$$K'=\frac{W_{2e}}{W_1'}=\frac{KW_{1e}}{W_1'}$$

(2) 实例

一穿心式电流互感器，200/5A，一次侧匝数$W_{1e}=1$，其变流比$K=200/5=40$。现要求变流比为$K'=20$，试求一次侧需穿绕的匝数。

解 一次侧需穿绕的匝数为

$$W_1'=\frac{KW_{1e}}{K'}=\frac{40\times 1}{20}=2(\text{匝})$$

如果要求变流比为$K'=8$，则$W_1'=\frac{40\times 1}{8}=5(\text{匝})$

对使用中的电流互感器，也可以采用计算方法求出一次额定电流，然后进行改变流比计算。

8. 低压断路器的选择之一

低压断路器通常具有短延时、瞬时（有的还有长延时）过电流脱扣器，因此用它作为线路及电动机等保护时，能保证有良好的选择性，且当线路末端发生短路时，能可靠动作。

(1) 计算公式

1) 一般选用原则

$$U_e \geqslant U$$

$$I_e \geqslant I_{fz}$$

$$I_{de} \geqslant I_{k \cdot max}$$

式中 U_e, I_e——断路器的额定电压（V）和额定电流（A）；

I_{fz}——线路的计算负荷电流，A；

I_{de}——断路器的额定短路通断能力，kA；

$I_{k \cdot max}$——线路中可能出现的最大短路电流，kA。

2) 长延时动作电流整定值计算

① 长延时动作电流整定$I_{dz}\leqslant$导线允许载流量。

② 3倍长延时动作电流整定值的可返回时间$\geqslant$线路中最大启动电流的电动机的启动时间。

3) 短延时动作电流整定值及灵敏度校验

① 动作电流整定值。短延时动作电流整定值应满足以下要求：

a. 应躲过回路尖峰电流，即

$$I_{dz} \geqslant I_{jf}$$

式中 I_{dz}——断路器短延时动作电流整定值；

I_{jf}——回路的尖峰电流，A。

b. 当相邻负荷侧采用非选择型断路器，且瞬时动作灵敏度不够时，为保证选择型动作，电源侧断路器的短延时过电流整定值要满足：

$$I_{dz} \geqslant 1.2I'_{dz}$$

式中 I'_{dz}——负荷侧断路器瞬时电流整定值，A。

② 灵敏度校验。

$$K_m = \frac{I_{d \cdot min}}{I_{dz}} \geqslant 1.5$$

式中 K_m——灵敏系数；

$I_{d \cdot min}$——被保护区末端（即安装断路器处）最小短路电流，A。

4）瞬时动作电流整定值计算

瞬时动作电流整定值应满足以下两个条件，并取其中最大值。

① 应躲过回路尖峰电流，即

$$I_{dz} \geqslant I_{jf}$$

② 应躲过相邻负荷侧断路器出线端最大三相短路电流，即

$$I_{dz} \geqslant 1.1I_{d \cdot max}^{(3)}$$

式中 $I_{d \cdot max}^{(3)}$——相邻负荷侧断路器出线端最大三相短路电流，A。

选择型断路器的瞬时脱扣器也不需要与下级非选择型断路器的任何脱扣器进行动作电流的配合，因为前者的动作电流大于下级断路器保护范围的最大短路电流（1.1倍及以上）。

（2）实例

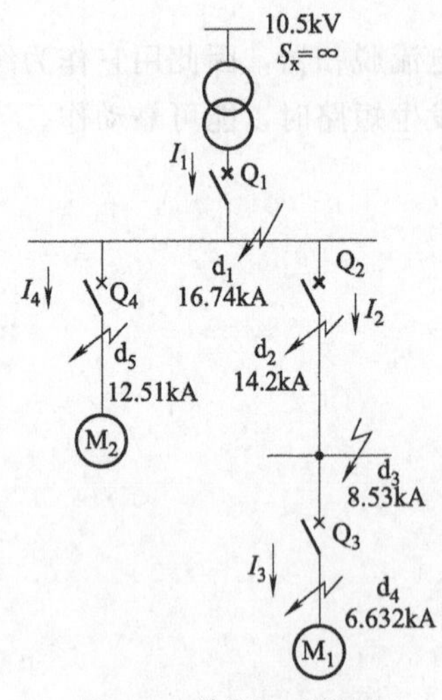

图 5-5 某供电系统图

某供电系统如图 5-5 所示。已知各线路上的计算电流分别为 $I_1 = 724$A，$I_2 = 540$A，$I_3 = I_{ed1} = 103$A，$I_4 = I_{ed2} = 184$A；电动机 M_1 的额定电流和启动电流为 $I_{ed1} = 103$A，$I_{qd1} = 670$A；电动机 M_2 的额定电流和启动电流分别为 $I_{ed2} = 184$A，$I_{qd2} = 1200$A；各短路点 $d_1 \sim d_5$ 的短路电流计算结果标于图上，试选择断路器 $Q_1 \sim Q_4$。

解 ① 选择断路器 Q_3。按电动机保护用断路器选用。可选 DW15-200A 型断路器，作启动和过负荷、短路保护。

因为电动机 M_1 的额定电流 $I_{ed1} = 103$A，所以长延时脱扣器动作电流整定在 105A。

7 倍长延时动作电流整定值的可返回时间取 3s（轻载启动）。

瞬时脱扣器动作电流整定在 $1.35I_{qd1} = 1.35 \times 670 = 904$(A)，取 1000A，此值小于 $I_{d4} = 6.632$kA。

② 选择断路器 Q_2。按配电用断路器选用。由于线路负荷电流为 $I_2 = 540$A，短路电流 $I_{d2} = 14.2$kA，可选 DW15-630A 选择型断路器。

长延时脱扣器动作电流整定在 $1.1I_2 = 1.1 \times 540 = 594$(A)，可取 600A。

3 倍长延时动作电流整定值的可返回时间取 8s。

短延时脱扣器延时时间取 0.2s。动作电流整定在$1.2[I_2+(I_{qd1}-I_{ed1})]=1.2\times[540+(670-103)]=1328(A)$，只能选用 630A 的脱扣器，动作电流取 1800A。

瞬时动作电流整定在 $1.1I_{d3}=1.1\times8.53=9.4(kA)$，能在 630A 电子式脱扣器上调出。

③ 选择断路器 Q_1。按配电用断路器选用，由于 $I_1=724A$，故选用 DW15-1000A 选择型断路器。

长延时脱扣器动作电流整定在 1000A。

3 倍长延时动作电流整定值的可返回时间取 1.5s。

短延时脱扣器延时时间取 0.4s。动作电流整定在$1.2[I_1+(I_{qd2}-I_{ed2})]=1.2\times[724+(1200-184)]=2088(A)$，取 2500A。

瞬时动作电流整定在 $1.1I_{d2}=1.1\times14.2=15.62(kA)$，能在 1000A 电子式脱扣器上调出。

④ 选择断路器 Q_4。按电动机保护用断路器选用。可选用 DW15-200A 限流式断路器。

瞬时脱扣器动作电流整定在 $1.7I_{qd2}=1.7\times1200=2040(A)$，选 200A 脱扣器，动作电流取 2400A，此值小于 $I_{d5}=12.51kA$。

9. 低压断路器的选择之二

【实例】 某供电系统如图 5-6 所示，已知变压器容量 S_e 为 630kV·A，额定电流 I_e 为 910A，阻抗电压 $U_d\%$为 4.5；线路负荷 I_x 为 320A，电动机额定功率 P_{ed}为 45kW，额定电流 I_{ed}为 85.4A，启动电流倍数 k 为 6.5；短路电流计算结果标于图上，试选择断路器 Q_1、Q_2 和 Q_3。

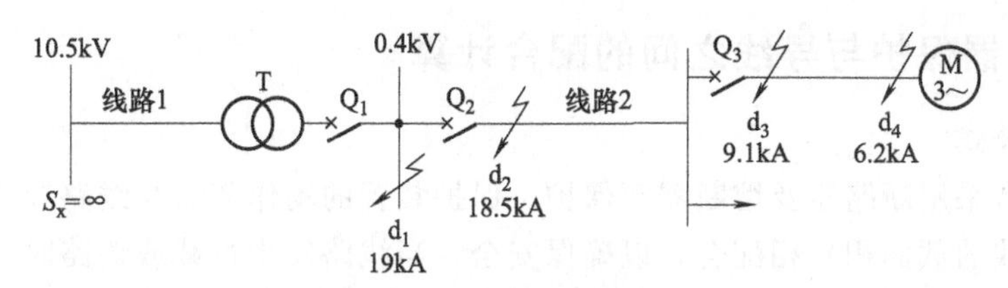

图 5-6　某供电系统图

解　① 选择断路器 Q_3。按电动机保护用断路器选用。查产品目录，DW5-400A 能满足要求（没有更小的型号）。因电动机额定电流为 85.4A，所以脱扣器额定电流选用 100A。其瞬时通断能力为 20kA，大于 $I_{d3}=9.1kA$，满足要求。

长延时动作电流整定在 100A，瞬时动作电流整定在 $12\times85.4=1025A$，取 1200A，此值小于 $I_{d4}=6.2kA$。

6 倍长延时动作电流整定值的可返回时间取 3s。

② 选择断路器 Q_2。按配电用断路器选用。由于线路负荷电流为 $I_x=320A$，短路电流为 $I_{d2}=18.5kA$，而开关 Q_2 的延时通断能力应大于 9.1kA，查产品目录，可采用 DW5-400A 断路器，其额定电流为 400A，瞬时通断能力为 20kA，延时通断能力为 10kA。脱扣器额定电流用 300A。

短延时取 0.2s，动作电流整定值为 $1.2\times1200=1440A$，取 1500A。

3 倍长延时动作电流整定值时可返回时间取 8s（结合图 5-7 确定）。

瞬时动作电流可整定在 10kA。

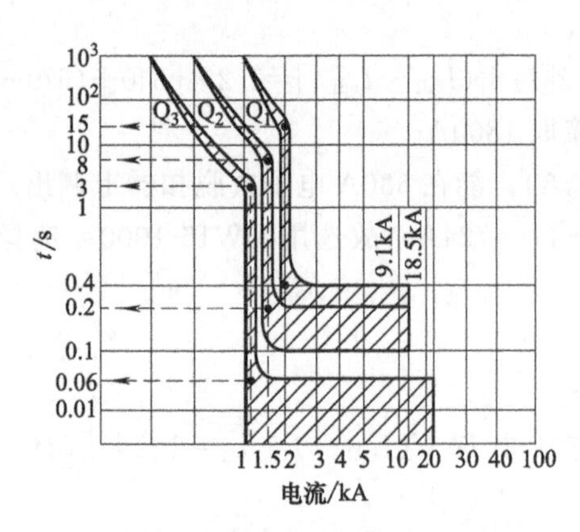

图 5-7　断路器保护特性配合曲线

③ 选择断路器 Q_1。由于变压器额定电流为910A，故选用 DW5-1000A 断路器。查产品目录可知，其延时通断能力为 20kA，瞬时通断能力为 40kA，可满足 $I_{d1}=19kA$ 的要求。

瞬时动作电流整定值取 18kA。

短延时取 0.4s，动作电流整定值≥$1.1(I_{ix}+1.35kI_{edm})=1.1\times(910+1.35\times6.5\times85.4)\approx1825(A)$，取2000A。

式中，I_{ix}为线路计算电流，此例为变压器额定电流；I_{edm}为最大一台电动机额定电流，此例中，只有一台电动机，故取该电动机额定电流；k 为电动机启动电流倍数。

3 倍长延时动作电流整定值时的可返回时间取 15s（结合图 5-7 确定）。

各级断路器的参数汇于表 5-1 中，它们的保护特性配合曲线见图 5-7。

表 5-1　各级断路器的参数

断路器符号	额定电流/A	长延时动作整定电流/A	短延时动作整定电流/A	瞬时动作整定电流/A
Q_1	1000	1000	2000	18000
Q_2	400	300	1500	—
Q_3	400	100	—	1200

10. 断路器保护与导线之间的配合计算

(1) 计算公式

配电线路常采用断路器及熔断器等保护。保护装置的动作值需与线路导线及电缆的安全载流量（即导线的截面积）相配合，以确保安全。当线路发生过载或短路时，保护装置应可靠动作，对于断路器，应满足以下条件：

$$I_{dzj}\leqslant K_{gf}I_{yx}$$

式中　I_{dzj}——断路器瞬时（或短延时）脱扣器（短路保护）或长延时脱扣器（过载保护）的整定电流，A；

I_{yx}——导线或电缆的允许载流量，A；

K_{gf}——导线或电缆的允许短时过载系数，对于作短路保护的瞬时（或短延时）脱扣器，取 $K_{gf}=4.5$；对于作过载保护的长延时脱扣器和热脱扣器，取 $K_{gf}=0.8$。

(2) 实例

某 0.4kV 动力配电线路（暗敷），欲用断路器作短路保护。已知计算负荷电流 I_{js} 为 200A，尖峰电流 I_{jf} 为 620A，试选择断路器和导线截面积。

解　① 选择断路器。查产品样本，暂选 DW15-400A 断路器，其触点额定电流为 $I_e=400A>I_{js}=200A$，故满足要求。

设瞬时脱扣器动作电流整定为 3 倍脱扣器额定电流，即

$$I_{dzj}=3I_{ed}=3\times400=1200(A)$$

而 $$KI_{jf}=1.3I_{jf}=1.3\times620=806(A)$$

K 为动作电流为了避开尖峰电流的裕量。

故 $$I_{dzj}=1200A>KI_{jf}=806A$$

所以所选断路器满足要求。

② 选择导线截面积。按发热条件选择导线截面积。查导线安全载流量表，BV 型塑料铜芯线 150mm²，其允许载流量 $I_{yx}=270A$（环境温度 30℃），大于 $I_{js}=200A$，因此满足要求。

③ 校验断路器保护与导线的配合。

$$I_{dzj}=1200A$$

$$K_{gf}I_{yx}=4.5\times270=1215(A)$$

故 $$I_{dzj}<K_{gf}I_{yx}$$

因此满足断路器保护与导线的配合要求。

11. 异步电动机保护熔断器的选择

(1) 计算公式

① 单台电动机直接启动时，可按下式选择熔断器的熔体电流 I_{er}：

$$I_{er}\geqslant\frac{I_{qd}}{\alpha}$$

式中 I_{qd}——电动机的启动电流，A；

α——计算系数，取决于启动状况和熔断器特性，见表 5-2 或表 5-3。

表 5-2 系数 α 值（一）

熔断器型号	熔断材料	熔体额定电流/A	α 值	
			电动机轻启动	电动机重启动
RT0	铜	50 及以下	2.5	2
		60～200	3.5	3
		200 以上	4	3
RM10	锌	60 及以下	2.5	2
		80～200	3	2.5
		200 以上	3.5	3
RM1		10～350	2.5	2
RL1	铜、银	60 及以下	2.5	2
		80～100	3	2.5
RC1A	铅、铜	10～200	3	2.5

注：1. 该表系根据熔断器特性曲线分析而得。

2. 轻载启动时间按 6～10s 考虑，重载启动时间按 15～20s 考虑。

表 5-3 系数 α 值（二）

启动时间/s	α 值
3s 以下	2.86～4
3～8s	2～2.5
8s 或启动频繁或带反接制动者	1.67～2

② 单台电动机降压启动时，可按下式选择熔断器的熔体电流：

$$I_{er}=1.05I_{ed}$$

（2）实例

一台 Y180L-4 型异步电动机，额定功率为 22kW，额定电流为 42.5A，试按以下两种情况选择熔断器：

① 电动机重载直接启动，启动时间约 18s。

② 电动机采用自耦变压器降压启动。

解 ① 直接启动。选用采用 RC1A 型瓷插式熔断器或 RL1 型螺旋式熔断器。这两种熔断器在电动机重载启动时的系数 α 均为 2.5。

熔断器的熔体电流为

$$I_{er}=\frac{I_{qd}}{\alpha}=\frac{6\times42.5}{2.5}=102(\text{A})$$

因此可选用 RC1A-100/100A 或 RL1-100/100A 的熔断器。

② 降压启动。熔断器的熔体电流为

$$I_{er}=1.05I_{ed}=1.05\times42.5=44.6(\text{A})$$

因此可选用 RC1A-60/50A 或 RL1-60/50A 的熔断器。

12. 低压熔断器保护与导线之间的配合计算

（1）计算公式

当线路发生短路或过载时，熔断器应可靠地熔断，从而保护导线及电缆的安全。熔断器与导线之间的配合，应满足以下条件：

$$I_{er}\leqslant K_{gf}I_{yx}$$

式中 I_{er}——熔体的额定电流，A；

I_{yx}——导线或电缆的允许载流量，A；

K_{gf}——导线或电缆的允许短时过载系数，见表 5-4。

表 5-4 系数 K_{gf} 值

熔断器保护作用	导线或电缆及敷设方式	K_{gf}
短路保护	绝缘导线明敷	1.5
短路保护	绝缘导线穿管或电缆	2.5
短路和过载保护	动力照明线路及明敷线路	0.8

（2）实例

有一台 Y200L1-2 型异步电动机，额定电压为 380V，额定容量为 30kW，额定电流为 56.9A，启动电流为 398A，轻载启动。欲采用 RTO 型熔断器作短路保护，线路采用 BV 型导线穿钢管敷设。试选择熔断器和导线截面积及钢管直径。设环境温度按 30℃计。

解 ① 选择熔断器。熔体的额定电流应满足以下两个条件：

$$I_{er}\geqslant I_{js}=I_{ed}=56.9(\text{A})$$

$$I_{er}\geqslant\frac{I_{jf}}{\alpha}=\frac{I_{qd}}{\alpha}=\frac{398}{3.5}=113.7(\text{A})$$

式中，I_{js}为计算电流，例中为电动机额定电流。$\alpha=3.5$，由表 5-2 查得，因预计 I_{er}在 60～200A 之间。

因此可选择 $I_{er}=125A$（熔芯），RTO-200A 型的螺旋式熔断器。

② 选择导线截面积和钢管直径。按发热条件选择，查有关导线载流量表，选截面积为 16mm² 的 BV 型铜芯塑料线 3 根穿管敷设，其导线允许载流量为 $I_{yx}=67A$（30℃时）。

$$I_{yx}=67A>I_{js}=56.9A$$

所以满足发热条件。并可从导线穿管管径选择表中选定钢管直径为 25mm。

③ 校验熔断器保护与导线的配合。

由于此熔断器只作短路保护，由表 5-4 查得导线的允许短时过载系数 $K_{gf}=2.5$。

$$K_{gf}I_{yx}=2.5\times67=167.5(A)$$

故

$$I_{er}=125A<K_{gf}I_{yx}=167.5A$$

所以满足配合要求。

13. 补偿电容器保护用熔断器的选择

（1）计算公式

补偿电容器保护用熔断器按以下要求选用：

① 按额定电压选择，即

$$U_{er}\geqslant U_e$$

式中 U_{er}——熔断器的额定电压，V；

U_e——电容器的额定电压，V。

② 按额定电流选择，即

$$I_{er}=KI_e$$

式中 I_{er}——熔丝的额定电流，A；

I_e——电容器的额定电流（A），$I_e=2\pi fCU_e\times10^{-6}$；

C——电容器电容量，μF；

f——电源频率，Hz；

K——系数，一般约为 1.5～2.5；对于新型 BRV 系列熔断器，取 1.5～2，以 1.6～1.7 为好。

（2）实例

一只 BWF-10.5-50-1 型高压电容器，其额定电压为 10.5kV，标称容量为 50kvar，试选择熔断器。

解 电容器电容量为

$$C=\frac{Q}{2\pi fU_e^2}=\frac{50000}{2\pi\times50\times(10.5\times10^3)^2}=1.45\times10^{-6}(F)=1.45(\mu F)$$

电容器额定电流为

$$I_C=2\pi fCU_e\times10^{-6}=2\pi\times50\times1.45\times10.5\times10^3\times10^{-6}=4.76(A)$$

可选择熔丝额定电流为

$$I_{er}=(1.5\sim2.5)I_C=(1.5\sim2.5)\times4.76=7.14\sim11.9(A)$$

可选择 2 根直径为 0.2mm 的高压熔丝并联使用，其额定电流为 7.5A。

部分高压电容器熔丝选择见表 5-5。

表 5-5 部分高压电容器熔丝选择

型号	额定电压/kV	额定电流/A	相数	熔丝额定电流/A	熔丝直径/mm
BW6.3-12-1W	6.3	1.90	1	3	1根0.15
BW6.3-16-1W	6.3	2.53	1	4	2根0.1
BW10.5-12-1W	10.5	1.15	1	2	1根0.1
BW10.5-16-1W	10.5	1.52	1	3	1根0.15
BWF6.3-22-1W	6.3	3.48	1	7.5	2根0.2
BWF6.3-25-1W	6.3	3.96	1	7.5	2根0.2
BWF6.3-40-1W	6.3	6.33	1	10	2根0.2
BWF6.3-50-1W	6.3	7.93	1	15	3根0.25
BWF10.5-22-1W	10.5	2.11	1	4	2根0.1
BWF10.5-25-1W	10.5	2.37	1	4	2根0.1
BWF10.5-30-1W	10.5	2.87	1	5	2根0.15
BWF10.5-40-1W	10.5	3.79	1	7.5	2根0.2
BWF10.5-50-1W	10.5	4.75	1	7.5	2根0.2

14. 补偿电容器串联电抗器的选择

为了抑制高次谐波和合闸涌流，降低操作过电压，需串联电抗器。电抗器按电容器组容量的5%～6%选取。实践证明：单独1组电容器的合闸涌流约为电容器组额定电流的5～15倍，其振荡频率约为250～4000Hz，电容器组合闸产生的过电压约为额定电压的2～3倍，电容器多组并联运行中产生的叠加合闸涌流可达到电容器组额定电流的20～250倍，后者将造成很大的危害。因此，一般采取在开关加装并联电阻和安装串联电抗器的办法限制合闸涌流。所选用的串联电抗器要求伏安特性尽量线性化。

(1) 计算公式

① 根据要选配串联电抗器的电容器组的实际容量 Q_C 和额定电压 U_{ce}，计算电容器的基波容抗 X_{c1} 和额定电压下的基波电流 I_{c1}。

$$X_{c1}=U_{ce}^2/Q_C$$

$$I_{c1}=Q_C/U_{ce}$$

② 根据选配串联电抗器的目的，确定串联电抗器的工频电抗 X_{L1}。

a. 主要目的是抑制涌流时，X_{L1} 可在 $(0.001\sim0.003)X_{c1}$ 的范围内选取。

b. 主要目的是防止5次及以上谐波放大时，X_{L1} 可在 $(0.05\sim0.06)X_{c1}$ 的范围内选取。

c. 主要目的是防止3次及以上谐波放大时，X_{L1} 可在 $(0.12\sim0.13)X_{c1}$ 的范围内选取。

d. 主要目的是防止2次及以上谐波放大时，X_{L1} 应在 $(0.26\sim0.27)X_{c1}$ 的范围内选取。

③ 核算串联电抗器的额定电流：

$$I_{Le}\geqslant I_{ce}$$

式中 I_{Le}——串联电抗器的额定电流；

I_{ce}——配套移相电容器组的额定电流。

(2) 实例

额定电压为 $11/\sqrt{3}$ kV，容量为3000kvar的一组单相移相电容器，试选配串联电抗器，其主要目的是防止5次及以上谐波放大。

解 ① 求 X_{c1}：

$$X_{c1}=\frac{(11/\sqrt{3})^2}{3000}\times 10^3\approx 13.4(\Omega)$$

② 求 I_{c1}：

$$I_{c1}=3000/(11/\sqrt{3})\approx 472(\mathrm{A})$$

③ 计算 X_{L1}

$$X_{L1}=0.06X_{c1}=0.06\times 13.4=0.804(\Omega)$$

④ 确定 I_{Le}：

$$I_{Le}=I_{c1}\approx 472(\mathrm{A})$$

因此，可选用额定电抗为 0.804Ω、额定电流为 472A 以上的单相串联电抗器。

对于同一组电容器，若选配电抗器的目的仅仅是限制涌流，则仅需选用 $X_{L1}=0.002\times 13.4=0.0268(\Omega)$、$I_{Le}=472\mathrm{A}$ 的空心电抗器就可以了。

15. 补偿电容器放电电阻的计算

电容器有储能作用，为了保证人身安全，电容器停电后，应经电阻等放电。规定要求，放电 30s 后电容器上的剩余电压不得大于 65V。

(1) 计算公式

当电网线电压为 380V，要求在 30s 放电时间内电容器上的电压不大于 65V 时，放电电阻可按以下公式计算：

① 放电电阻采用三角形接法时，每相放电电阻为

$$R_{\triangle}\leqslant\frac{193\times 10^4}{Q_C}(\Omega)$$

式中 Q_C——电容器总容量，kvar。

电阻上消耗功率为

$$P_{\triangle}=U^2/R_{\triangle}(\mathrm{W})$$

② 放电电阻采用星形接法时，计算时必须将放电电阻换算为相应的三角形接法时对称电路的阻值，这时每相放电电阻为

$$R_{\mathrm{Y}}=\frac{R_{\triangle}}{3}\leqslant\frac{64.8\times 10^4}{Q_C}$$

电阻上消耗功率为

$$P_{\mathrm{Y}}=U_{\mathrm{x}}^2/R_{\mathrm{Y}}$$

式中 U_{x}——相电压，V。

(2) 实例

【实例 1】 现有一采用三角形接法的电容器组，总容量为 120kvar，电网电压为 380V，试分别计算其放电电阻在三角形和星形接法时的电阻值。

解 当放电电阻采用三角形接法时，放电电阻为

$$R_{\triangle}\leqslant\frac{193\times 10^4}{120}=16000(\Omega)$$

电阻上消耗功率为

$$P_{\triangle}=U^2/R_{\triangle}=380^2/16000=9(\mathrm{W})$$

当放电电阻采用星形接法时，放电电阻为

$$R_Y \leqslant \frac{64.8\times10^4}{120}=5400(\Omega)$$

电阻上消耗功率为

$$P_Y=U_x^2/R_Y=220^2/5400=9(\text{W})$$

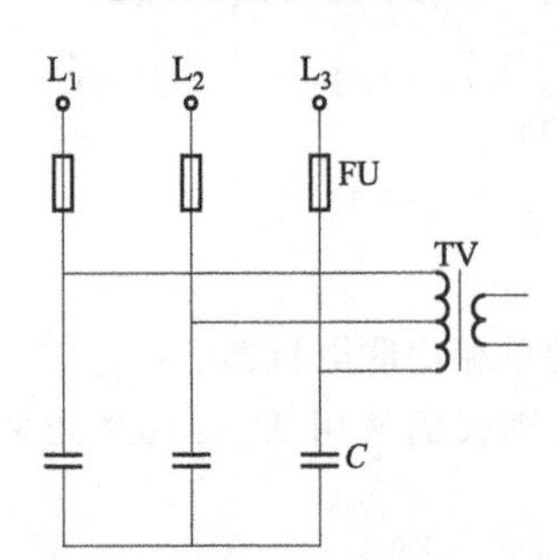

图 5-8 星形接法的电容器组接线图

【实例 2】 现有一星形接法的电容器组，总容量为 600kvar，电网电压为 6kV，放电电路是由接成 V 形的两个单相电压互感器所组成的（见图 5-8），电压互感器的一次侧电阻值为 1970Ω，电感量为 1910H，电容器放电后的剩余电压 $u_C=$ 65V。试计算放电电路是否符合要求。

解 电容器组为星形连接，所以每相电容量为

$$C=\frac{Q_C\times10^{-3}}{\omega U^2}=\frac{600\times10^{-3}}{316\times6^2}=53.1\times10^{-6}(\text{F})$$

由于放电回路为非对称回路，所以放电回路的计算电容为 $C/2$，即 $53.1\times10^{-6}/2=26.5\times10^{-6}(\text{F})$。如果电容器组为三角形连接，则为 $1.5C$。

放电回路是由两个绕组串联组成的，所以放电回路的参数为

$$R=2\times1970=3940(\Omega)$$

$$L=2\times1910=3820(\text{H})$$

故

$$\sqrt{\frac{L}{C}}=\sqrt{\frac{3820}{26.5\times10^{-6}}}=12006(\Omega)$$

而 $3940<2\times12006$，即 $R<2\sqrt{L/C}$。放电电流是周期性振荡电流，所以放电时间为

$$t=4.6\frac{L}{R}\lg\frac{\sqrt{2}U}{u_C}=4.6\times\frac{3820}{3940}\times\lg\frac{\sqrt{2}\times6000}{65}=9.4(\text{s})$$

t 小于 30s，放电回路符合安全要求。

16. 控制电动机用交流接触器的选择

(1) 计算公式

交流接触器主触点额定电流可由下面经验公式计算：

$$I_{ec}=\frac{P_e}{KU_e}\times10^3$$

式中 I_{ec}——主触点的额定电流，A；

P_e——被控制电动机的额定功率，kW；

U_e——被控制电动机的额定电压，V；

K——系数，取 1～1.4。

实际选择时，接触器的主触点额定电流大于上式计算值。

(2) 实例

有一台 Y 系列异步电动机，额定功率 P_e 为 22kW，额定电压 U_e 为 380V，试选择交流接触器。

解

$$I_{ec}=\frac{P_e}{KU_e}\times10^3=\frac{22\times10^3}{1.2\times380}=48.3(\text{A})$$

式中 K 取 1.2。

因此可选 CJ20-63A 交流接触器。线圈电压视控制电源电压而定，一般有 220V 和 380V 的。

17. 动作频繁且重载工作的交流接触器的选择

(1) 计算公式

对于动作频繁且重载工作的接触器，如行车、机床用接触器，可降容使用，以免接触器触点损坏。这时接触器的工作电流可按以下经验公式计算

$$I_C=\frac{P_e}{1.3K_CU_e}\times10^3$$

式中 I_C——接触器的工作电流，A；

K_C——交流接触器的负载系数，见图 5-9，其值取决于接触器分断不同电流时的操作频率。

如果按上式计算的结果大于接触器额定值的 20%以上时，应选高一级的接触器。

图 5-9 中，曲线 1 是在额定转速或接近额定转速时分断情况下的 K_C 与操作频率的关系；曲线 2 是有 10%分断启动电流的情况；曲线 3 是有 50%分断启动电流的情况。

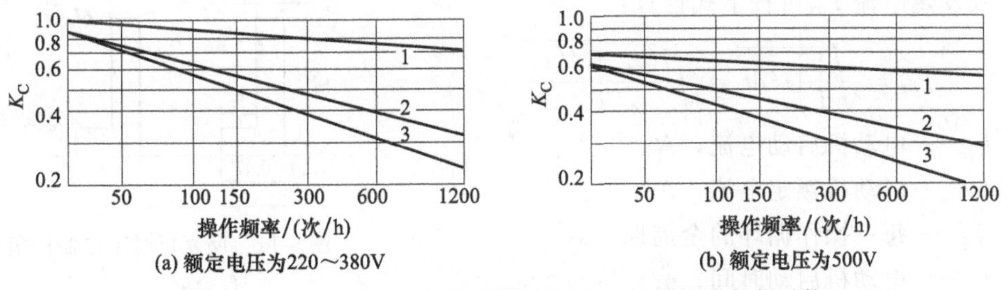

图 5-9 分断不同电流时不同操作频率下的接触器负载系数

(2) 实例

一台 Y160M-4 型异步电动机，额定功率为 11kW，额定电压为 380V，其动作频繁且重载下工作，在接近额定转速时操作频率为 450 次/h，试选择交流接触器。

解 根据操作频率 450 次/h，查图 5-9 (a) 曲线 3，得负载系数 $K_C=0.35$。

接触器的工作电流为

$$I_C=\frac{P_e\times10^3}{1.3K_CU_e}=\frac{11\times10^3}{1.3\times0.35\times380}=63.6(\text{A})$$

因此可选用 CJ20-63A、380V 的交流接触器。

18. 交流接触器降容使用电寿命的计算

(1) 计算公式

接触器降容使用后，电寿命提高可由图 5-10 得：

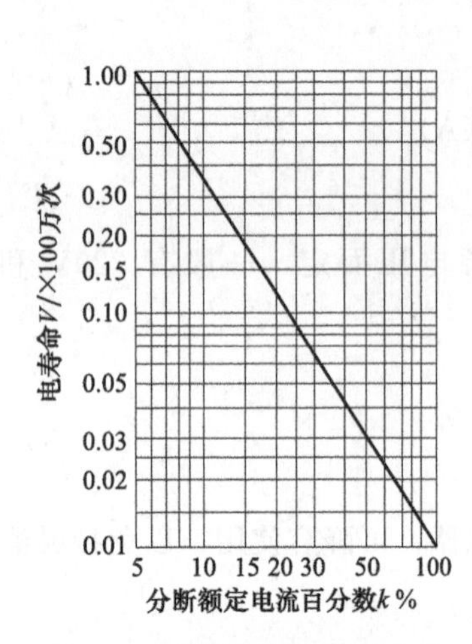

图 5-10 分断额定电流百分数与电寿命的关系

$$分断额定电流百分数\ k\%=\frac{I_s}{I_e}\times100$$

式中 I_s——接触器实际分断的电流；

I_e——接触器的额定电流。

图中 V 表示电寿命提高的倍数。

（2）实例

已知一 CJ20 系列接触器，额定电流为 40A，实际分断电流为 26A，用于 AC-3 类负载，试确定在这种情况下使用的电寿命。

解 $$k\%=\frac{I_s}{I_e}\times100=\frac{26}{40}\times100=65$$

查图 5-10 得 $V=1.8$。

CJ20 系列接触器在 AC-3 类负载的电寿命为 100 万次，降容使用后的电寿命为 $1.8\times100=180$（万次）。

19. 反复短时工作制接触器等效发热电流的计算

（1）计算公式

对于反复短时工作制，接触器的额定工作电流应不小于等效发热电流。

反复短时工作制的负荷图如图 5-11 所示。

等效发热电流 I_{dx} 可按下式计算：

$$I_{dx}=\sqrt{\frac{1}{T}\int i^2\mathrm{d}t}=\sqrt{\frac{I_q^2t_q+I_e^2t_e}{T}}$$

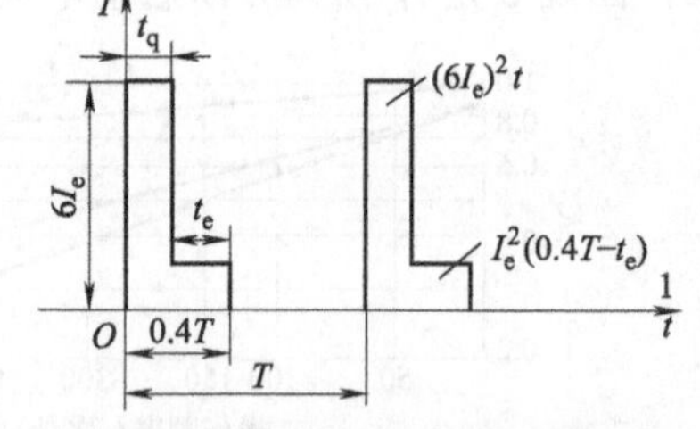

图 5-11 反复短时工作制的负荷图

式中 I_q——电动机启动电流，A；

I_e——电动机额定电流，A；

T——每一操作循环的全周期，s；

t_q——电动机启动时间，s；

t_e——电动机在额定转速下的工作时间（s），$t_e=T\times TD$；TD 为通电持续率（%），

$TD=\frac{T_i}{T}\times100\%$；$T_i$ 为触点闭合通电时间（s），在本例中也就是 t_q。

对于普通笼型异步电动机，等效发热电流可按下式计算：

$$I_{dx}=I_e\sqrt{\frac{36t_q+0.4T}{T}}$$

（2）实例

一台 Y160M-4 型异步电动机，额定功率为 11kW，额定电流为 22.6A，用于反复短时工作制。通电持续率为 40%，每一操作循环的全周期为 2min，该电动机的启动时间为 8s，试求等效发热电流。

解 电动机的等效发热电流为

$$I_{dx}=\sqrt{\frac{I_q^2t_q+I_e^2t_e}{T}}=\sqrt{\frac{(kI_e)^2t_q+I_e^2(TD\times T)}{T}}$$

$$=I_e\sqrt{\frac{k^2t_q+TD\times T}{T}}=22.6\times\sqrt{\frac{36\times8+0.4\times120}{120}}$$

$$=22.6\times1.67=38(A)$$

若采用公式 $I_{dx}=I_e\sqrt{\frac{36t_p+0.4T}{T}}$ 计算，其结果一致。

20. 交流接触器启动电流和吸持电流的计算

(1) 计算公式

① 启动电流的计算，即

$$I_q=\frac{P_q}{U_e}$$

式中 I_q——启动电流，A；

P_q——启动功率，即启动时线圈消耗的功率（V・A），可在产品技术数据中查得；

U_e——线圈的额定电压，V。

② 吸持电流的计算，即

$$I_0=\frac{P_0}{U_e}$$

式中 I_0——吸持电流，A；

P_0——吸持功率（V・A），可在产品技术数据中查得。

(2) 实例

求 CJ12-150A 交流接触器线圈的启动电流和吸持电流。已知该接触器的启动功率为 1450V・A，吸持功率为 30W，线圈额定电压为 380V。

解 ① 启动电流为

$$I_q=\frac{P_q}{U_e}=\frac{1450}{380}=3.82(A)$$

② 吸持电流为

$$I_0=\frac{P_0}{U_e}=\frac{30}{380}=0.079(A)$$

21. 交流接触器防剩磁粘合的去磁电容的计算

(1) 计算公式

当交流接触器使用一段时间后出现剩磁而造成断电后不能释放的现象时，可在线圈两端并联一只去磁电容，一般都能解决问题。

并联电容的电容量可按下式计算：

$$C=5080\frac{I_0}{U_e}$$

式中 C——电容器的电容量，μF；

I_0——接触器线圈的额定电流，即吸持电流，A；

U_e——接触器线圈的额定电压，V。

电容器的额定直流工作电压（即耐压值）应按接触器线圈额定电压的 2～3 倍选取。

(2) 实例

一只CJ12-100A交流接触器使用中发生了“剩磁”不能释放的现象。已知线圈的额定电压为220V。试选择去磁电容器。

解 查CJ12-100A接触器的技术数据，得线圈的吸持功率为$P_0=22W$。

线圈的吸持电流为

$$I_0=\frac{P_0}{U_e}=\frac{22}{220}=0.1(A)$$

电容器的电容量为

$$C=5080\frac{I_0}{U_e}=5080\times\frac{0.1}{220}=2.3(\mu F)$$

电容器耐压为

$$U_C=(2\sim3)U_e=(2\sim3)\times220=440\sim660(V)$$

因此可选用CBB22型或CJ41型2～2.5μF，耐压为630V的电容器。

22. 交流接触器远控控制电缆临界长度的计算

当交流接触器用于远距离控制的导线长度超过一定限度时，由于控制线路上的电压降及控制线回路间分布电容的影响，有可能造成失控。释放信号发出后接触器可能不释放，极易造成事故。

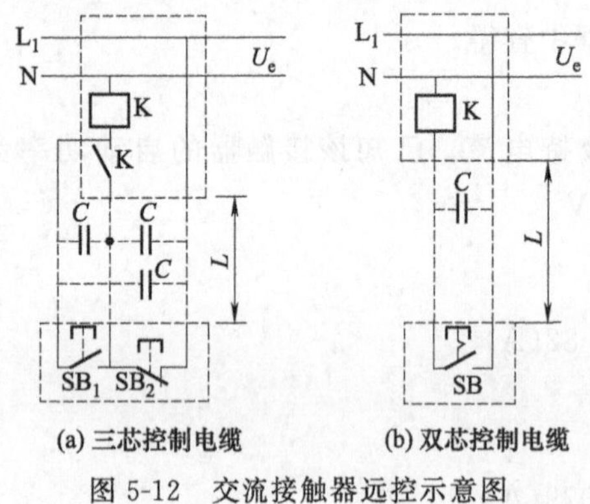

图5-12 交流接触器远控示意图

交流接触器远控示意图如图5-12所示。

(1) 计算公式

① 临界电容的估算。正好能使接触器失控的线路分布电容称为临界电容，它与接触器的释放电压及释放电流有关。用线圈额定电压及额定吸持功率表示临界电容的近似计算式如下：

$$C_L\approx500P_e/U_e^2$$

式中 C_L——临界电容，μF；

P_e——接触器额定视在吸持功率，V·A；

U_e——线圈额定电压，V。

电缆线路线间单位长度的电容量可以如下估算：

两芯电缆：0.3μF/km；

三芯电缆：0.6μF/km。

② 控制电缆临界长度的计算。根据临界电容可求得控制线路临界长度，其计算公式如下。

a. 用按钮控制(三芯电缆)[见图5-12(a)]：

$$L=\frac{833P_e}{U_e^2}\times10^3$$

b. 用手动开关控制(双芯电缆)[见图5-12(b)]：

$$L=\frac{1666P_e}{U_e^2}\times10^3$$

式中 L——临界长度，m。

注意，以上公式计算时，要考虑电源电压波动的因素。如 220V 电源，在计算临界长度时，应用 242V（电压波动+10%）代入。

（2）实例

一只 CJ20-63A 交流接触器，额定电压为 380V，吸持功率为 57W（由产品样本查得），采用三芯电缆长线控制[见图5-12(a)]，试求控制线路的临界长度。

解 正常额定电压下，三芯电缆的临界长度为

$$L=\frac{833P_e}{U_e^2}\times 10^3=\frac{833\times 57}{380^2}\times 10^3=329(\text{m})$$

如果考虑电源电压波动，取 $U_e=1.1\times 380=418(\text{V})$，则电缆的临界长度为

$$L=\frac{833\times 57}{418^2}\times 10^3=272(\text{m})$$

23. 交流接触器远控防失控并联电阻或电容的计算

（1）计算公式

接触器线圈并联附加负荷。这样能使线圈电流减少并保持其压降低于吸持电压，使接触器能可靠释放。

① 并联电阻负荷。电阻参数可按下列公式选择：

$$R=1000/C_L, C_L=1000I_C/(2\pi fU_e)$$

$$P=U_e^2/R$$

式中 R——并联电阻的电阻值，Ω；

P——电阻的功率，W；

C_L——控制线路电容，μF；

I_C——实际测量所得的控制线路的杂散电流，mA；

U_e——线圈额定电压，V。

一般并联电阻的损耗应小于 10W。

② 并联阻容负荷：此法是将电阻和电容串联，然后并联在接触器线圈上。并联阻容负荷损耗较小。电容和电阻的参数可按下列公式选择：

$$C=0.45C_L, R=100\Omega$$

$$P=R(2\pi fU_eC\times 10^{-6})^2$$

式中 C——电容，μF；

P——电阻的功率（W），当 $U_e=220\text{V}$、$f=50\text{Hz}$、$R=100\Omega$ 时，$P\approx 0.5C^2$。

③ 并联电容：一般可并联 2～4μF/600V 电容。具体电容量可由试验决定。

（2）实例

用 CJ20-40A 交流接触器进行远控控制，接触器的额定电压为 220V，吸持功率为 19W（由产品样本查得），实测控制线路的杂散电流为 10mA。为了防止失控，采用在接触器线圈上并联负荷的方法，试求以下三种负荷的参数。

① 并联电阻；

② 并联阻容；

③ 并联电容。

解 ① 并联电阻。

控制线路电容为

$$C_L=\frac{1000I_C}{2\pi fU_e}=\frac{1000\times10}{314\times220}=0.145(\mu F)$$

并联电阻阻值为

$R=1000/C_L=1000/0.145=6897(\Omega)$(取标称阻值6800Ω)

电阻的功率为

$$P=U_e^2/R=220^2/6800=7.1(W)(取 10W)$$

因此可选用 RX-6.8kΩ、10W 的电阻。

② 并联阻容。

电容容量为

$C=0.45C_L=0.45\times0.145=0.06525(\mu F)$，取标称电容值 0.068μF，电容耐压取 600V。

因此可选用 CBB22-0.068μF、600V 的电容。

③ 并联电容。

可选用 CBB22 型或 CJ41 型、2～4μF、600V 的电容。

24. 电容式交流接触器无声运行线路元件参数计算

交流接触器和电磁铁存在噪声大、电耗大、线圈及铁芯温度较高等许多缺点。对于额定电流在 60A 以上的交流接触器，应采用无声运行技术。

例如，CJ12 系列交流接触器，操作电磁铁的电耗分配为：短路环电耗占 25.3%，铁芯电耗占 65%～75%，线圈电耗占 3%～5%。若改用直流或脉动直流励磁，就可以减去短路环和铁芯的电耗，不但可以消除电磁铁的噪声，还可以大大地降低电磁铁的电耗。同时，也可降低线圈的温升，延长使用寿命。据测定，对于额定电流为 100～600A 的交流接触器，可节电 93%～99%，对于额定电流为 100A 以下的接触器可节电 68%～92%。

交流接触器和电磁铁改为直流无声运行，通常适用于长期或间断长期工作制的场合，而不适用于频繁操作的场合。

无声运行接触器有电容式、变压器式等不同类型。

(1) 典型线路

三种电容式交流接触器无声运行线路如图 5-13 所示。

① 图 5-13 (a) 所示线路工作原理。按下启动按钮 SB_1，交流电经二极管 VD_1 半波整流、电阻 R_1 限流、接触器 KM 的线圈构成回路，KM 得电吸合，其常开触点闭合，电容 C 串入线路中、起降压作用。松开按钮 SB_1 后，交流接触器进入直流运行。

按下释放按钮 SB_2，接触器 KM 失电释放，其常开触点断开，电路回到初始状态。

注意，在该线路中，启动时接触器线圈中流过很大的启动电流，所以按下按钮 SB_1 的时间不可太长。

② 图 5-13 (b) 所示线路的工作原理与图 5-13 (a) 类同。

③ 图 5-13 (c) 所示线路工作原理。按下启动按钮 SB_1，交流接触器 KM 接通交流电，为自感电流提供通路，线圈电流的方向不变，KM 吸合，其常开触点闭合，将电容 C 接入线路中。松开按钮 SB_1 后，交流接触器进入直流运行。欲使 KM 释放，按下释放按钮 SB_2 即可。

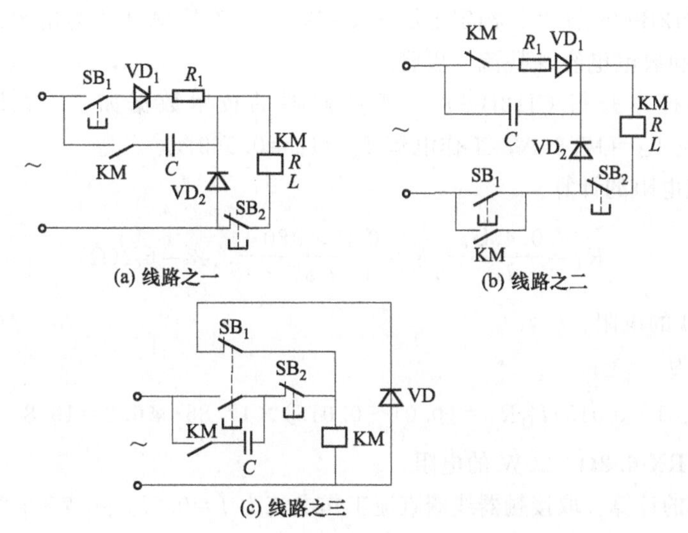

图 5-13　三种电容式交流接触器无声运行线路

（2）计算公式

① 启动限流电阻的选择，即

$$R_1=\frac{0.45U_e}{I_Q}-R$$

$$P_{R_1}=(0.01\sim0.015)I_Q^2R_1$$

式中　R_1——启动限流电阻阻值，Ω；

P_{R_1}——启动限流电阻的功率，W；

I_Q——交流接触器 KM 的吸合电流，即保证接触器正常启动所需的电流（A），一般可取 $I_Q=10I_b$（交流操作时的保持电流 I_b，可由产品目录查得）；

U_e——电源交流电压值，V；

R——接触器线圈电阻，Ω。

② 电容器电容量计算，即

$$C=(6.5\sim8)kI$$

$$U_C\geqslant2\sqrt{2}U_e$$

式中　C——电容器电容量，μF；

U_C——电容器耐压，V；

I——接触器线圈直流工作电流（A），$I=(0.6\sim0.8)I_b$；

k——经验系数，当电源电压为 380V 时 $k=1$；220V 时 $k=1.73$；127V 时 $k=3$。额定电流大的接触器，其电容器电容量取上式中小的系数。

③ 整流二极管参数计算，即

$$I_{VD1}=I_{VD2}\geqslant5I_b\quad U_{VD1}>\sqrt{2}U_e\quad U_{VD2}\geqslant2\sqrt{2}U_e$$

式中　I_{VD1}，I_{VD2}——二极管 VD_1 和 VD_2 的额定电流，A；

U_{VD1}，U_{VD2}——二极管 VD_1 和 VD_2 的耐压值，V。

（3）实例

欲将一只CJ12B-600/3型、额定电压为380V的交流接触器改为电容式直流无声运行，试选择限流电阻和放电电容及整流二极管。

解 由产品样本查得CJ12B-600/3型接触器的技术数据如下：线圈直流电阻$R=3.43\Omega$，吸合电流$I_Q=17.86A$，工作电流$I_g=I_b=0.963A$。

① 启动限流电阻的计算。

$$R_1=\frac{0.45U_e}{I_Q}-R=\frac{0.45\times380}{17.86}-3.43=6.2(\Omega)$$

取标称值为6.2Ω的电阻。

电阻的功率为

$$P_{R_1}=(0.01\sim0.015)I_Q^2R_1=(0.01\sim0.015)\times17.86^2\times6.2=19.8\sim29.6(W)$$

因此可选用RX-6.2Ω、20W的电阻。

② 放电电容的计算。取接触器线圈直流工作电流为$I=0.7I_b=0.7\times0.963=0.674(A)$。

电容容量为

$$C=(6.5\sim8)kI=(6.5\sim8)\times1\times0.674=4.4\sim5.4(\mu F)$$

取标称值为4.7μF的电容。

电容的耐压为

$$U_C\geqslant2\sqrt{2}U_e=2\sqrt{2}\times380=1074.6(V)$$

因此可选用CBB22或CJ41型4.7μF、1200V的电容。

③ 整流二极管的选择。

$$I_{VD1}=I_{VD2}\geqslant5I_b=5\times0.963=4.8(A)$$

$$U_{VD1}>\sqrt{2}U_e=\sqrt{2}\times380=537(V)$$

$$U_{VD2}\geqslant2\sqrt{2}U_e=2\sqrt{2}\times380=1074.6(V)$$

因此二极管VD_1可选用ZP5A、600V；VD_2可选用ZP5A、1200V。

对不同容量的接触器进行计算，各元件参数如表5-6所示，可供选择时参考。具体数值，有可能在试验时稍有变化。

表5-6 交流接触器无声运行元件参数的选择

型 号	R	C	VD_1	VD_2
CJ1-600/3	4.8Ω 50W	30μF	5A	5A
CJ1-300/3	8Ω 15W	10μF	1A	1A
CJ1-150/2	10Ω 5W	10μF	1A	1A
CJ10-150	15Ω 2W	2μF	0.3A	0.3A
CJ10-100	15Ω 1W	2μF	0.3A	0.3A
CJ12-600/3	5Ω 25W	10μF	5A	5A
CJ12-400	8Ω 15W	10μF	1A	1A
CJ12-250	15Ω 5W	4μF	1A	1A

25. 变压器式交流接触器无声运行线路元件参数计算

(1) 典型线路

变压器式交流接触器无声运行的典型线路如图5-14所示。

工作原理：按下启动按钮 SB_1，交流电源经接触器 KM 的线圈、电阻 R_1（限流）、二极管 VD_1 构成回路，KM 得电吸合，其常开触点闭合并自锁，常闭触点断开，交流电经变压器 T 降压，在正半周经二极管 VD_3 向 KM 线圈供电，在负半周由 VD_2 续流，使线圈中始终通有直流。

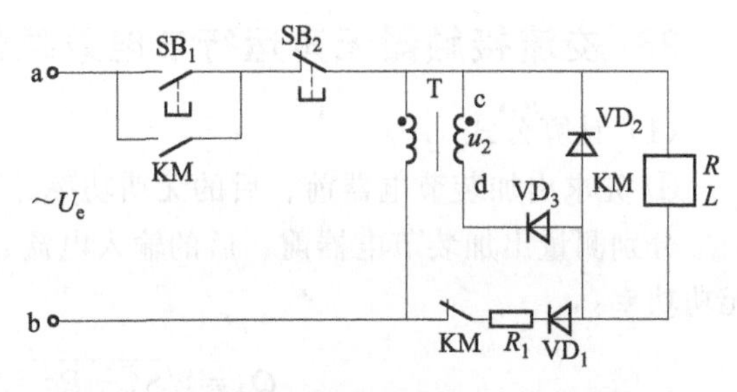

图 5-14　变压器式交流接触器无声运行线路

(2) 计算公式

① 启动限流电阻 R 的选择。同电容式交流接触器无声运行线路（图 5-13）中的 R_1。

② 变压器计算。变压器 T 次级电压和容量应满足下式要求：

$$U_2 = 2.2 I_b R, S = 3.5 I_b^2 R$$

式中　U_2——变压器 T 次级电压，V；

I_b——交流操作时接触器的保持电流，A；

R——接触器线圈电阻、变压器次级电阻和二极管内阻之和，Ω；

S——变压器容量，V·A。

③ 二极管选择。

$$I_{VD1} \geqslant 5I_b ; I_{VD2} \geqslant 2I_b ; I_{VD3} \geqslant 2I_b$$

$$U_{VD1} = U_{VD2} = U_{VD3} > \sqrt{2} U_e$$

式中　$I_{VD1}, I_{VD2}, I_{VD3}$——二极管 VD_1、VD_2 和 VD_3 的额定电流，A；

$U_{VD1}, U_{VD2}, U_{VD3}$——二极管 VD_1、VD_2 和 VD_3 的耐压值，V；

U_e——电源交流电压值，V。

(3) 实例

欲将一只 CJ12B-600/3 型、额定电压为 380V 的交流接触器改为变压器式直流无声运行，试选择限流电阻、变压器及整流二极管。

解　由“电容式交流接触器无声运行线路元件参数计算”项中的实例得知，$R = 3.43\Omega$，$I_g = I_b = 0.963A$。

① 启动限流电阻 R_1 的计算。同“电容式交流接触器无声运行线路元件参数计算”项中的实例，即选用 RX-6.2Ω、20W 的电阻。

② 变压器计算。变压器 T 的二次电压为

$U_2 = 2.2 I_b R = 2.2 \times 0.963 \times 3.43 = 7.27(V)$(取8V)

变压器的容量为

$$S = 3.5 I_b^2 R = 3.5 \times 0.963^2 \times 3.43 = 11.1(V \cdot A)$$

因此可选用 12V·A、380/8V 的变压器。

③ 整流二极管的选择。

$$I_{VD1} \geqslant 5I_b = 5 \times 0.963 = 4.8(A)$$

$$I_{VD2} = I_{VD3} \geqslant 2I_b = 2 \times 0.963 = 1.9(A)$$

$$U_{VD1} = U_{VD2} = U_{VD3} > \sqrt{2} U_e = \sqrt{2} \times 380 = 537(V)$$

因此 VD_1、VD_2、VD_3 可选用 ZP5A、800V。

26. 交流接触器无声运行节电效果计算

(1) 计算公式

① 先求出加装节电器前、后的无功功率。

分别测量出加装节电器前、后的输入电流、有功功率等，便可按下式计算加装前、后的无功功率：

$$Q_1=\sqrt{S_1^2-P_1^2}=\sqrt{(UI_1)^2-P_1^2}$$

$$Q_2=\sqrt{S_2^2-P_2^2}=\sqrt{(UI_2)^2-P_2^2}$$

式中 Q_1,Q_2——加装节电器前、后的无功功率，var；

$S_1,S_2;P_1,P_2;I_1,I_2$——加装节电器前、后的视在功率（V·A）、有功功率（W）和输入电流（A）；

U——交流电压（有效值），V。

② 求全年节电量。

$$\Delta A=[(P_1-P_2)+K(Q_1-Q_2)]T\times10^{-3}$$

式中 ΔA——年节电量，kW·h；

K——无功经济当量，可取 0.06～0.1，离供电电源越远，K 值越大；

T——接触器年运行小时数。

(2) 实例

有一 CJ12-400A、380V 交流接触器，试计算改造成电容式无声运行后的节电效果。

解 经实际测试，改造前后的有关数据见表 5-7。

表 5-7 加装节电器前、后的实测值

项目	有功功率/W	电流/A	电源电压/V	无功功率/var
未装节电器	95	1.06	380	391.4
加装节电器	1.6	0.011	380	3.86

其中：$Q_1=\sqrt{S_1^2-P_1^2}=\sqrt{(380\times1.06)^2-95^2}\approx391.4(\text{var})$

$Q_2=\sqrt{S_2^2-P_2^2}=\sqrt{(380\times0.011)^2-1.6^2}\approx3.86(\text{var})$

节约有功功率：$\Delta P=P_1-P_2=95-1.6=93.4(\text{W})$

节约无功功率：$\Delta Q=Q_1-Q_2=391.4-3.86=387.54(\text{var})$

设无功经济当量 $K=0.08$，年运行 7200h，则年节电量为：

$$\begin{aligned}\Delta A&=(\Delta P+K\Delta Q)T\times10^{-3}\\&=(93.4+0.08\times387.54)\times7200\times10^{-3}\\&\approx895.7(\text{kW}\cdot\text{h})\end{aligned}$$

按电价 0.5 元/(kW·h) 计算，全年节约电费为：

$$0.5\times895.7=447.8(\text{元})$$

根据上述计算方法，几种规格的接触器加装无声运行节电器后的年经济效益，见表 5-8。

表 5-8 电容式节电器的节电效果

接触器型号	线圈消耗功率				节省功率		节电量/(kW·h/年)	节约电费/(元/年)
	未装		装		有功/W	无功/var		
	有功/W	无功/var	有功/W	无功/var				
CJ12-100	30	129	3	−45	27	174	266	133
CJ12-150	43	159	4	−45	39	204	367	184
CJ12-250	59	174	6	−91	53	265	497	249
CJ12-400	103	450	8	−181	95	631	958	479
CJ12-600	90	388	8	−272	82	660	878	439

注：电价以 0.5 元/(kW·h) 计算；无功当量 K 取 0.06；每天工作 24h，全年工作 300 天。

对于改造成变压器式无声运行后的节电效果，见表 5-9。

表 5-9 变压器式节电器的节电效益

接触器型号	线圈消耗功率				节省功率		节电量/(kW·h/年)	节约电费/(元/年)
	未装		装		有功/W	无功/var		
	有功/W	无功/var	有功/W	无功/var				
CJ12-150	28	188	0.6	2.2	27.4	185.8	278	139
CJ12-250	74	236	1.0	2.9	73	233.1	626	313
CJ12-400	95	391	1.6	3.9	93.4	387.1	840	420
CJ12-600	90	358	1.5	3.5	88.5	354.5	790	395

注：电价以 0.5 元/(kW·h) 计算；无功当量 K 取 0.06；每天工作 24h，全年工作 300 天。

27. 交流接触器无声运行的吸合电流及限流电阻的计算

【实例】 欲将一只 CJ12B-600/3 型、额定电压 U_e 为 380V 或 220V 的交流接触器改为直流无声运行。试计算交流吸合和直流吸合电流，并选择限流电阻。等效电路如图 5-15 所示。

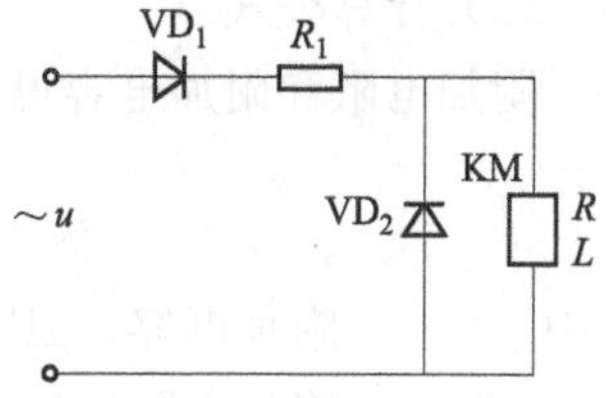

图 5-15 直流吸合等效电路

解 由产品样本查得 CJ12B-600/3 型交流接触器的技术数据如下：线圈直流电阻 $R=3.43\Omega$，吸合电流 $I_Q=17.86\text{A}$，工作电流 $I_g=0.963\text{A}$，吸合系数 $K_x=18.5$。

(1) 交流吸合最大电流计算

接触器的电抗和阻抗为

电抗 $\omega L \approx U_e/I_Q=380/17.86=21.3(\Omega)$

阻抗 $$Z=\sqrt{R^2+(\omega L)^2}=\sqrt{3.43^2+21.3^2}=21.6(\Omega)$$

相角 $$\varphi=\arctan\frac{\omega L}{R}=\arctan\frac{21.3}{3.43}=80.9^\circ$$

吸合电流最大值为

$$I_{max}=\frac{-\sqrt{2}U_e}{Z}(1+e^{-\frac{R}{L}t})=-\frac{\sqrt{2}\times 380}{21.6}(1+e^{-\frac{3.43\times 0.01}{0.068}})=-39.97(\text{A})$$

式中，$L=\omega L/\omega=21.3/314=0.068$ (H)；$t=\pi/\omega=3.14/314=0.01$ (s)。

(2) 直流吸合电流的计算

① 若不设限流电阻 R_1，则

$$I'_Q=\frac{0.45U_e}{R}=\frac{0.45\times 380}{3.43}=49.85(A)$$

实际所需的平均电流为

$$I_Q=K_xI_g=18.5\times 0.963=17.86(A)$$

由于 $I_Q \ll I'_Q$，所以需加限流电阻 R_1。

② 限流电阻 R_1 的计算：

当电压电压为 $U_e=380V$ 时，则

$$R_1=\frac{0.45U_e}{K_xI_g}-R=\frac{0.45\times 380}{17.86}-3.43=6.2(\Omega)$$

当取 $U_e=220V$ 时，则

$$R_1=\frac{0.45\times 220}{17.86}-3.43=2.13(\Omega)$$

28. 直流继电器加速吸合附加电阻、电容的计算

继电器加速吸合电路如图 5-16 所示。在电路中串联附加电阻 R_f[图5-16(a)]，当 R_f 等于继电器 KA 线圈的电阻 R 时，时间常数可减小一半，吸合时间也可相应减小。

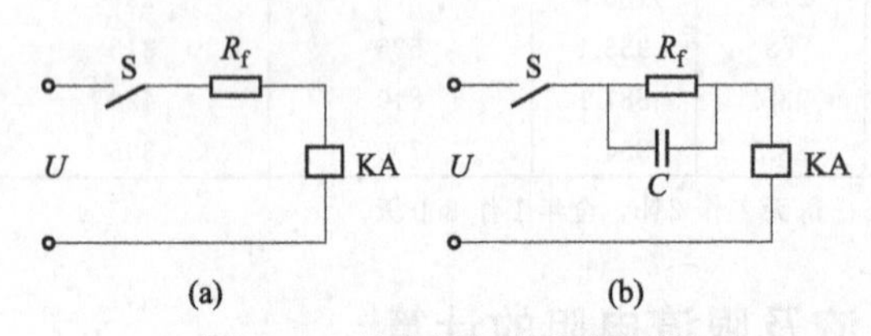

图 5-16 继电器加速吸合电路

如果再在 R_f 上并联一个电容 C[图5-16(b)]，则在刚加上电源时电容 C 相当于短路，电源电压全部加于线圈两端，从而使吸合时间更为缩短。电流稳定后，电容 C 不再起作用，稳定电流仍为原来的数值。这种办法也可称为强行励磁。

R_f/R 比值越大及 C 越大，加速作用越显著。但不应使电路发生振荡。

(1) 计算公式

附加电阻和附加电容可按下式计算：

$$C=\frac{L}{RR_f},U=\frac{R+R_f}{R}U_e$$

式中 C——附加电容，μF；

R_f——附加电阻，Ω；

R,L——线圈电阻（Ω）和电感（H）；

U_e——线圈额定工作电压，V；

U——电源电压，V。

(2) 实例

一只 JZX-10M 小型中功率直流继电器，已知线圈直流电阻 R 为 500Ω，额定电压为 12V，欲加速吸合，试计算附加电阻。

解 设采用 16V 直流电源，则

$$16=\frac{500+R_f}{500}\times 12$$

$R_f=\frac{16}{12}\times 500-500=166.7(\Omega)$，取标称值 160Ω。

29. 直流继电器加速释放时间的计算

电路如图 5-17 所示。

工作原理：当触点 KA_1 闭合时，驱动三极管 VT 基极得到正偏压而导通，继电器 KA_2 得电吸合。当触点 KA_1 断开时，VT 突然截止，继电器 KA_2 线圈产生的反电势将使稳压管 VS 击穿，通过 VS 供给 VT 基极电流，使 VT 瞬间导通，继电器 KA_2 直接通过 VT 管对地放电，使放电时间大大缩短，从而达到继电器加速释放的目的。

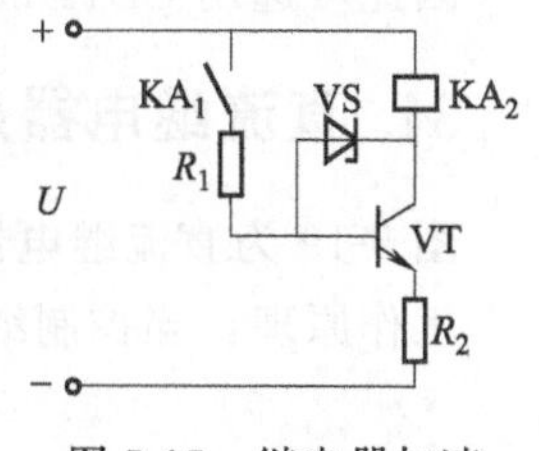

图 5-17 继电器加速释放电路

【实例】 某直流继电器额定电压 U 为 12V，工作电流 I_g 为 60mA，线圈电感 L 为 350mH，试求在下列两种情况下继电器的放电时间。

① 按图 5-17 接线；

② 在继电器 KA_2 线圈上并联一只二极管。

解 ① 采用稳压管 VS 时，设稳压管的稳压值 U_z 为 30V，则继电器 KA_2 的放电时间为

$$t \approx \frac{LI_g}{U_z - U} = \frac{350 \times 0.06}{30 - 12} = 1.17(\text{ms})$$

② 如果不采用稳压管 VS，而采用在继电器线圈上并联一只二极管的方法，则继电器 KA_2 的放电时间 t 为

$$t \approx \frac{LI_g}{0.7} = \frac{350 \times 0.06}{0.7} = 30(\text{ms})$$

式中，0.7 为二极管的正向压降（V）。

可见，采用图 5-17 的接线能大大加速释放时间。

图中稳压管 VS 的参数应满足：稳压值 U_z 应小于三极管 VT 的集电极和发射极间的击穿电压 U_{ceo}；最大允许电流 I_{zmax} 应大于继电器 KA_2 的工作电流 I_g。

30. 直流继电器延缓释放附加电容的计算

图 5-18 为直流继电器瞬时吸合、延时释放电路。

工作原理：当控制继电器 KA_1（图中未画出）处于释放状态时，电源经 KA_1 的常闭触点给电容 C 充电。当 KA_1 吸合时，其常闭触点断开，常开触点闭合，电容 C 向继电器 KA_2 线圈放电，提供 KA_1 线圈以电流，使 KA_1 继续保持吸合；当电容放电电流小于 KA_1 吸合电流（或电容两端电压降到 KA_2 的释放电压）时，KA_2 释放。KA_2 的延缓释放时间由电容 C 的容量及继电器 KA_2 线圈电阻决定。

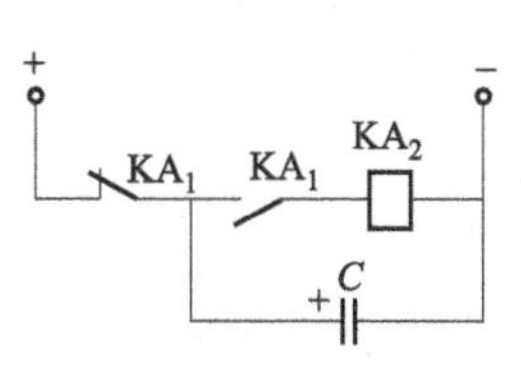

图 5-18 直流继电器瞬时吸合、延时释放电路

（1）计算公式

电容 C 的容量可按下式估算：

$$C = \frac{t}{0.85R} \times 10^6 (\mu\text{F})$$

式中 t——要求继电器延缓释放的时间，s；

R——继电器线圈电阻，Ω。

（2）实例

一只直流继电器，已知额定电压为24V，线圈电阻为500Ω，要求继电器延时释放时间为0.1s，试求附加电容。

解 附加电容C的容量为

$$C=\frac{t}{0.85R}\times10^6=\frac{0.1}{0.85\times500}\times10^6=235(\mu F)(\text{取标称值为}250\mu F)$$

因此可选用CD11-250μF、50V的电解电容。

31. 直流继电器延时吸合、延时释放附加电阻、电容的计算

图5-19为直流继电器延时吸合、延时释放电路。

工作原理：当控制继电器KA_1吸合时，因电容C两端电压不能突变，所以继电器KA_2不能立即吸合，只有当电容C上的电压达到KA_2吸合电压时，KA_2才吸合。吸合延时时间由RC决定。当控制继电器KA_1释放后，电容C通过R向继电器KA_2线圈放电，使KA_2延缓释放。释放延时时间由电容C、电阻R及线圈电阻决定。串联电阻R的作用是：在接通电源时，限制电容C的充电电流；断开电源时，控制电容对线圈的放电过程。因此它也有延缓释放的作用。

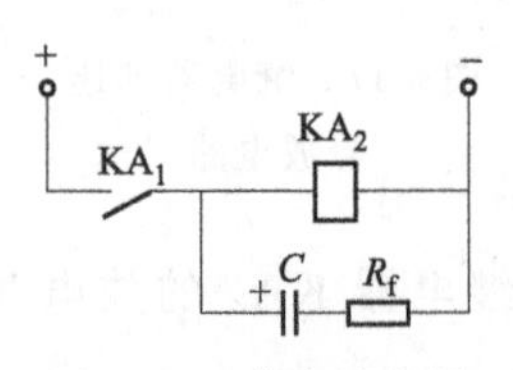

图5-19 直流继电器延时吸合、延时释放电路

(1) 计算公式

① 附加电阻的计算，即

$$R_f=0.37\frac{U_e}{I_f}-R\quad(\Omega)$$

式中 U_e——继电器工作电压，V；

I_f——继电器释放电流，A；

R——继电器线圈电阻，Ω。

② 继电器最大延缓释放时间的计算，即

$$t=0.85R_zC\times10^{-6}(s)$$

式中 R_z——回路总电阻（Ω），$R_z=R_f+R$；

C——电容，μF。

当回路电压较高时，对高灵敏度继电器来说，C值可以较小，延时效果仍很显著。

(2) 实例

一只直流继电器，已知额定电压为24V，释放电流为5mA，线圈电阻为670Ω，要求继电器延时释放时间为75ms，试求附加电阻和电容。

解 附加电阻为

$$R_f=0.37\frac{U_e}{I_f}-R=0.37\times\frac{24}{0.005}-670=1106(\Omega)(\text{取标称阻值}1.1k\Omega)$$

附加电容为

$$C=\frac{t\times10^6}{0.85(R+R_f)}=\frac{0.075\times10^6}{0.85\times(670+1100)}=50(\mu F)$$

可选用CD11-50μF、50V的电解电容。

32. 直流继电器技术参数的计算

【实例】 某直流继电器的基本技术数据见表5-10。

表 5-10 某直流继电器技术数据

线圈电阻(20℃时)/Ω	吸合电流/mA		释放电流/mA		工作电流/mA	线圈匝数	线径/mm	平均温升/℃	参考工作电压/V
	正常值	最大值	正常值	最小值					
10000±20%	≤3.6	≤4.7	≥0.3	≥0.2	6	28000	ϕ0.03	25	60

试求该继电器的各技术参数。

解 ① 吸合电流。

a. 正常值为

$$I_0W=3.6\times10^{-3}\times28000=100.8(\text{At})$$

式中 I_0——吸合电流正常值，A；

W——线圈匝数。

b. 最大值为

$$I_{0\cdot\max}W=4.7\times10^{-3}\times28000=131.6(\text{At})$$

式中 $I_{0\cdot\max}$——吸合电流最大值，A。

② 吸合功率。

a. 正常吸合功率为

$$P=I_0^2R=(3.6\times10^{-3})^2\times10000=129.6(\text{mW})$$

式中 R——线圈电阻，Ω。

b. 正常吸合电压为

$$U_0=I_0R=3.6\times10^{-3}\times10000=36(\text{V})$$

c. 最大吸合功率。设环境温度为 $t=40$℃，线圈允许温升为 $\tau=50$℃，铜导线的温度系数 $\alpha=0.004$℃$^{-1}$，则线圈最大电阻为

$$R_{\max}=R_{20}[1+\alpha(t+\tau-20)]$$
$$=10000\times[1+0.004\times(40+50-20)]=12800(\Omega)$$

最大吸合功率为

$$P_{0\cdot\max}=I_{0\cdot\max}^2R_{\max}=(4.7\times10^{-3})^2\times12800=282.7(\text{mW})$$

d. 最大吸合电压为

$$U_{0\cdot\max}=I_{0\cdot\max}R_{\max}=4.7\times10^{-3}\times12800=60.16(\text{V})$$

③ 线圈消耗功率。

a. 正常消耗功率为

$$P=I_g^2R=(6\times10^{-3})^2\times10000=360(\text{mW})$$

式中 I_g——线圈工作电流，A。

b. 正常工作电压（即额定电压）为

$$U_e=I_gR=6\times10^{-3}\times10000=60(\text{V})$$

c. 极限消耗功率为

$$P_{\max}=I_g^2R_{\max}=(6\times10^{-3})^2\times12800=460.8(\text{mW})$$

d. 极限工作电压为

$$U_{\max}=I_gR_{\max}=6\times10^{-3}\times12800=76.8(\text{V})$$

④ 已知吸合电压、工作电压、释放电压，可按下列公式变换相应的电流值：

$$工作电流=\frac{工作电压}{线圈电阻}$$

$$吸合电流=\frac{吸合电压}{线圈电阻}$$

$$释放电流=\frac{释放电压}{线圈电阻}$$

33. 固体继电器限流电阻的计算

固体（态）继电器（简称 SSR）是采用固体半导体元件组装而成的一种无触点开关，具有控制功率小、可靠性高、抗干扰能力强、动作快、寿命长、耐压高及抗浪涌电流大等特点。

如图 5-20 所示为固体继电器两种实际应用电路。图中，R_1 和 R_x 为限流电阻。

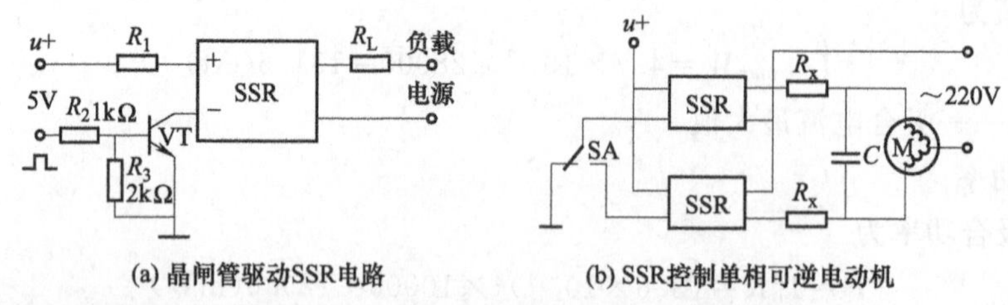

图 5-20 固体继电器两种实际应用电路

（1）计算公式

① 限流电阻 R_1 的计算。当线路控制电压超出固体继电器的输入电压最高值时，应加限流电阻限流。R_1 可按下式计算：

$$R_1=\frac{U-U_{ie}}{I_{ie}}$$

$$P>R_1 I_{ie}^2$$

式中 R_1——限流电阻，Ω；

P——限流电阻的功率，W；

U——线路电压最大值，V；

U_{ie}, I_{ie}——SSR 额定输入电压（V）和电流（A）。

② 限流电阻 R_x 的计算，即

$$R_x=0.2\frac{U_p}{I_R}$$

$$P>I_d^2 R_x$$

式中 R_x——限流电阻，Ω；

P——限流电阻的功率，W；

U_p——电网电压峰值，如图 5-20（b）所示为$\sqrt{2}\times220=311(V)$；

I_R——SSR 的额定输出电流，A；

I_d——电动机电流，A。

图 5-20（b）的电容 C 可选用 CJ41-1μF、630V。

（2）实例

已知某固体继电器的额定输入电压 U_{ie} 为 3.5V，额定输入电流 I_{ie} 为 10mA，额定输出电流 I_R 为 16A，试求图 5-20（a）中的限流电阻和图 5-20（b）中的限流电阻。图 5-20（b）中电动机额定电流 I_d 为 6A。

解 ① 对于图 5-20（a）。

限流电阻为

$$R_1=\frac{U-U_{ie}}{I_{ie}}=\frac{5-3.5}{10}=0.15(\text{k}\Omega)=150(\Omega)$$

限流电阻功率为

$$P>I_{ie}^2R_1=0.01^2\times150=0.015(\text{W})$$

② 对于图 5-20（b）。

限流电阻为

$$R_x=0.2\frac{U_p}{I_R}=0.2\times\frac{311}{16}=3.89(\Omega)(\text{取标称阻值 }3.9\Omega)$$

限流电阻功率为

$$P>I_d^2R_x=6^2\times3.9=140(\text{W})$$

34. 反复短时工作电动机保护用热继电器的选择

（1）计算方法

可根据电动机的启动参数和通电持续率，按图 5-21 查得热继电器用于该电动机的每小时允许操作次数。图中所用符号意义见表 5-11。

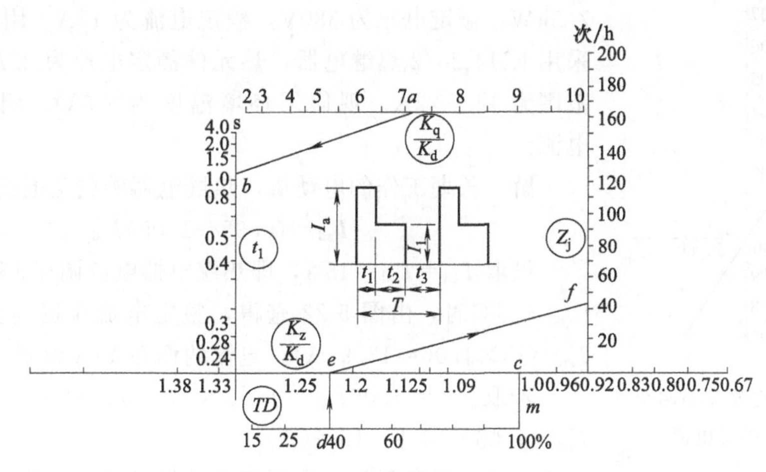

图 5-21 热继电器反复短时工作每小时允许操作次数选用图

表 5-11 热继电器反复短时工作选用图符号表

序号	符号	意义	计算式
1	K	选用参数	0.8～0.9
2	K_q	电动机启动电流倍数	$K_q=I_q/I_{de}$
3	K_d	电动机负载电流倍数	$K_d=I_1/I_{de}$
4	t_1	电动机启动时间(s)	
5	I_{de}	电动机额定电流(A)	
6	TD	通电持续率(%)	$TD=\frac{t_1+t_2}{t_4}\times100\%$

续表

序号	符号	意义	计算式
7	I_z	热继电器整定电流(A)	
8	K_z	热继电器整定电流倍数	$K_z=I_z/I_{de}$
9	I_q	电动机启动电流(A)	
10	I_1	电动机负载电流(A)	

(2) 实例

已知 $K_q=6.5$，$K_d=0.9$，$t_1=1.2s$，$K_z=0.9$，$TD=40\%$，试求热继电器用于该电动机的每小时允许操作次数。

解 ① 在 K_q/K_d 轴上取 $K_q/K_d=6.5/0.9=7.2$（a 点），在 t_1 轴上取 $t_1=1.2s$（b 点），连接 ab；

② 在 K_z/K_d 轴上取 $K_z/K_d=0.9/0.9=1$（c 点），连接 mc；

③ 在 TD 轴上取 $TD=40\%$（d 点），作 de 平行于 mc，交 K_z/K_d 轴于 e 点；

④ 过 e 作 ef 平行于 ab，在 Z_j 轴上交于 f 点，得 $Z_j=45$ 次/h。

因此热继电器用于该电动机每小时允许操作次数为 45 次/h。

35. 不同环境温度下热继电器整定电流的计算

对于无温度补偿或部分温度补偿的热继电器，其动作特性会随温度变化而有所变化。若使用环境温度不同于所规定的温度（40℃），则需用图 5-22 所示的曲线对整定电流进行修正。

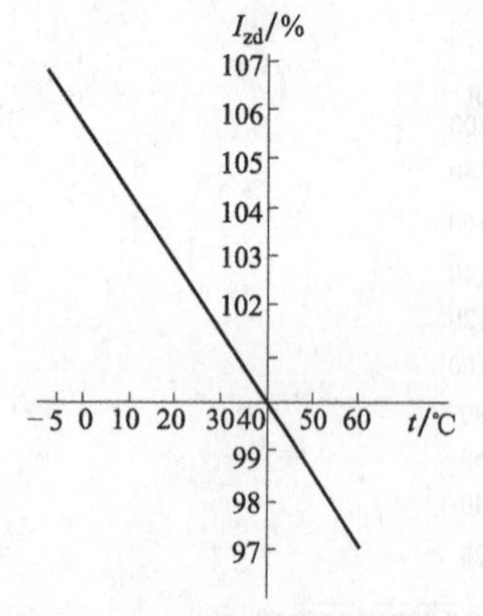

图 5-22 热继电器在不同空气温度下的整定电流

【实例】 一台 Y132S₂-2 型异步电动机，额定功率为 7.5kW，额定电压为 380V，额定电流为 15A，用于长期工作，采用 RJ14-20/2 热继电器，热元件额定电流为 22A，电流调节范围为 14～22A。现使用环境温度为 −5℃，问应如何整定电流。

解 长期工作的电动机，热继电器的整定电流为

$$I_{zd}=(0.95\sim1.05)I_{ed}$$

设取 $I_{zd}=I_{ed}=15A$，即热继电器电流调在 15A 位置。

−5℃时，由图 5-22 查得，整定电流应提高至 106%，即 $I'_{zd}=15\times1.06=15.9(A)$，电流约调在 16A 位置。

若取 $I_{zd}=1.05I_{ed}=1.05\times15=15.8(A)$，则 −5℃时，$I'_{zd}=1.06\times15.8=16.7(A)$。

另外，温度降低，有利于电动机散热。根据电动机运行规定：当周围空气温度 t 低于 35℃时，电动机的额定电流允许增加 $(35-t)\%$，但最多不应超过 8%～10%。可见 −5℃时电动机额定电流可达 $I'_{ed}=1.1I_{ed}=1.1\times15=16.5(A)$。

这样 −5℃时，电流可整定在 $I'_{zd}=1.05I'_{ed}=1.05\times16.5=17.3(A)$，即最大可将热继电器调到约 17A。

需要指出，对于高原地区，虽然随着海拔升高，温度也降低，但空气也变得稀薄，影响散热，这使电动机出力也有所下降，额定电流也不可能像平原地区那样随温度降低而增加。而且高原地区会使双金属片热继电器的动作时间缩短。因此不能简单地对热继电器的整定电流加以计算，而应在现场调试整定。

36. 交流接触器线圈重绕计算

当线圈烧毁，且又无法查找线圈的线径和匝数时，应量取线径，按下列公式近似计算线圈的匝数。

(1) 计算公式

线圈匝数可按下式估算（50Hz）：

$$W=\frac{45U}{BS}$$

式中 W——线圈匝数，匝；

U——工作电压，V；

B——铁芯磁通密度，一般取1.1～1.4T，硅钢片含硅量较高或铁芯温升较低时，可选较高值；反之选较低值；

S——铁芯截面积，cm^2。

为了计算方便，可根据铁芯中极（“山”字形）或边形（“冂”字形）截面面积，由图5-23查得绕组每匝电压，绕组电压除以该值即得绕组匝数。

铁芯窗口面积 Q 与其填充系数 K_Q 的关系如图5-24所示。对于有骨架的线圈 K_Q 取较小值，无骨架的线圈 K_Q 取较大值。K_Q 乘 Q 即为线圈的铜线总截面积 A_2，然后根据匝数确定铜导线的截面积或直径 d。

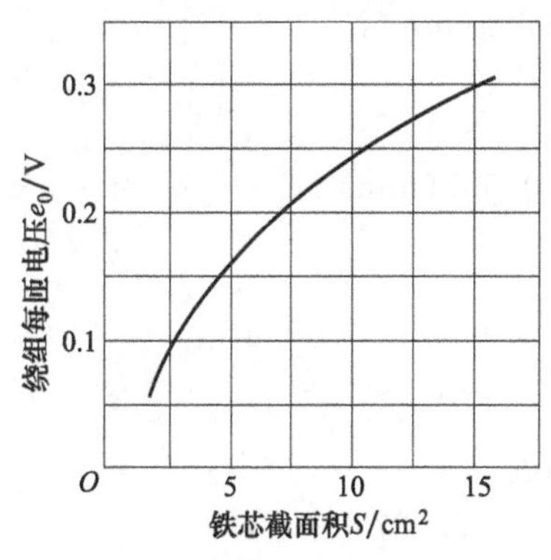

图5-23 绕组每匝电压 e_0 与铁芯截面积 S 的关系

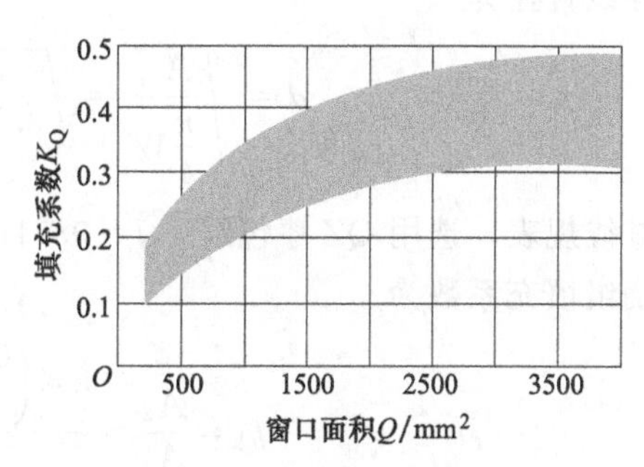

图5-24 铁芯窗口面积 Q 与填充系数 K_Q 的关系

根据所选定的导线计算线圈填充系数 f_k。f_k 与导线标号及线径 d 的关系如图5-25所示，并以此校验上述计算值。若两者相近，则所选导线合适，能绕下；否则应重新计算，直到所选的导线符合图5-25所示的关系。

(2) 实例

已知CJ10-150型交流接触器，采用“山”形铁芯，线圈有骨架，尺寸如图5-26所示，试计算电压为380V时的线圈数据。

解 由图5-26得铁芯中极截面积为

$$S=3.4\times3.4=11.56(cm^2)$$

铁芯窗口面积为

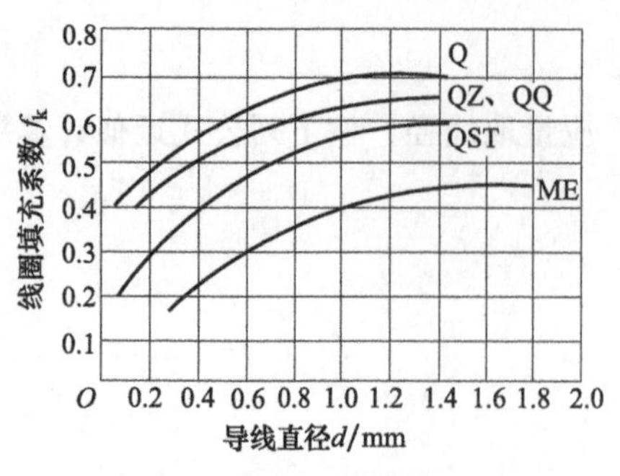

图 5-25 线圈充填系数 f_k 与导线标号及直径 d 的关系

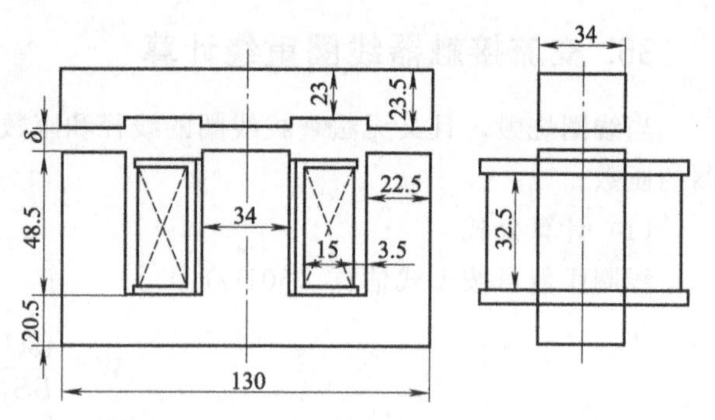

图 5-26 CJ10-150 型交流接触器有关尺寸

$$Q=\left(\frac{130-34-22.5\times2}{2}\right)\times48.5=1236.8(\mathrm{mm}^2)$$

线圈横截面积为

$$A_1=15\times32.5=487.5(\mathrm{mm}^2)$$

由图 5-23 查得 $e_0=0.272\mathrm{V}$，则 380V 时的匝数为

$$W=U/e_0=380/0.272=1400(\text{匝})$$

由图 5-24 查得 $K_Q=0.23\sim0.375$，因有骨架，故取小值，$K_Q=0.23$。

铜线总面积为

$$A_2=K_QQ=0.23\times1236.8=284(\mathrm{mm}^2)$$

导线直径为

$$d=\sqrt{\frac{A_2}{\frac{\pi}{4}W}}=\sqrt{\frac{284\times4}{3.14\times1400}}=0.507(\mathrm{mm})$$

查线规表，选用 QZ 漆包线，$d=0.51\mathrm{mm}$。

绕组填充系数为

$$f_k=\frac{A_2}{A_1}=\frac{\pi\times\left(\frac{0.51}{2}\right)^2\times1400}{487.5}=0.587$$

由图 5-25 查得 QZ 漆包线，当 $d=0.51$ 时的 $f_k=0.558$。修理时宜取较小值，取 $f_k=0.53$，此值较上述计算值小，因此应重新估算。

重新估算匝数可由下式求得：

$$W=\frac{A_1f_k}{\pi\left(\frac{d}{2}\right)^2}=\frac{487.5\times0.53}{\pi\times\left(\frac{0.51}{2}\right)^2}=1250(\text{匝})$$

因此可采用线径为 0.51mm 的 QZ 型漆包线，绕 1250 匝。

绕制后应将接触器在 85%的额定电压下试验吸合是否良好。若好，再测吸合时线圈中的电流，要求电流密度为 2～3A/mm² （长期工作制）或 3～5A/mm² （反复短时工作制）时，线圈能安全运行。若发现吸力不足，应适当减少匝数；如电流密度过高，即温升过高（A 级绝缘的线圈用温度计测量其表面温升不得超过 65℃），则应适当增加匝数；如温升过高但吸力裕度又不大时，则应保持匝数不变而适当增大线径。

绕制的线圈应放入 105～110℃的烘箱内烘三个小时左右，冷却至 60～70℃，浸 1010 沥青漆或 1032 聚氰胺醇酸等绝缘漆，再放入 110～120℃的烘箱内烘干，冷却至常温即可使用。

37. 交、直流接触器改压计算

(1) 计算公式

在保证吸力、温升、工作制不变的情况下，进行换算。

① 交流接触器改压换算为

$$W_2=W_1\frac{U_2}{U_1},d_2=d_1\sqrt{\frac{U_1}{U_2}}$$

式中 W_1，W_2——原线圈和改压后线圈的匝数；

d_1，d_2——原线圈和改压后线圈导线的直径，mm；

U_1，U_2——原线圈和改压后线圈的额定电压，V。

对于交流串联励磁线圈，则可按下列公式换算：

$$W_2=W_1\frac{I_1}{I_2},d_2=d_1\sqrt{\frac{I_2}{I_1}}$$

式中 I_1，I_2——原线圈和改压后线圈的电流，A。

② 直流接触器改压计算为

$$d_2=d_1\sqrt{\frac{U_1}{U_2}},W_2=W_1\left(\frac{d_1}{d_2}\right)^2$$

$$R_2=\frac{W_2}{W_1}\left(\frac{d_1}{d_2}\right)^2R_1=\frac{W_2}{W_1}\times\frac{U_2}{U_1}R_1$$

式中 R_1，R_2——20℃时，原线圈和改压后线圈的直流电阻，Ω。

(2) 实例

已知交流接触器线圈电压为 220V，3520 匝，导线直径为 ϕ0.19mm，现欲改用在 24V 电源上，试求改绕的参数。

解 $W_2=W_1\frac{U_2}{U_1}=3520\times\frac{24}{220}=384$(匝)

$$d_2=d_1\sqrt{\frac{U_1}{U_2}}=0.19\times\sqrt{\frac{220}{24}}=0.575(\text{mm})$$

查线规表，取标称直径为 0.57mm 的漆包线。

38. 交流接触器改频计算

(1) 计算公式

在保证线圈电压、温升、工作制不变的情况下进行换算。

$$W_2=W_1\frac{f_1}{f_2},d_2=d_1\sqrt{\frac{f_2}{f_1}}$$

式中 W_1，W_2——原线圈和改频后线圈的匝数；

d_1，d_2——原线圈和改频后线圈导线的直径，mm；

f_1，f_2——原线圈和改频后线圈的额定频率。

(2) 实例

有一只 100A 交流接触器，已知线圈电压为 380V，50Hz，1980 匝，导线直径为 $\phi 0.44$mm，现欲改用在 60Hz 电源上，试求改绕的参数。

解 $W_2=W_1\dfrac{f_1}{f_2}=1980\times\dfrac{50}{60}=1650$(匝)

$$d_2=d_1\sqrt{\frac{f_2}{f_1}}=0.44\times\sqrt{\frac{60}{50}}=0.482(\text{mm})$$

查线规表，取标称直径为 0.49mm 的漆包线。

39. 交流电磁铁线圈参数的计算

(1) 计算公式

已知磁路系统尺寸和铁芯截面积 S、线圈工作电压（电源电压）U_e、电磁铁工作制，求线圈匝数及导线直径的计算步骤如下：

① 由铁芯截面积 S 和工作制的 $TD\%$ 值，查图 5-27 中的曲线，求出线圈每伏的匝数 W_0。

② 再由电源电压 U_e 求出线圈的匝数：

$$W=U_eW_0$$

③ 根据已知的磁路系统结构尺寸，算出铁芯窗口面积：

$$Q=hC$$

式中 Q——铁芯窗口面积，mm^2；

h——铁芯窗口高度，mm；

C——铁芯窗口宽度，mm。

线圈在铁芯窗口中所占的截面积为

$$Q_k=K_QQ$$

式中 K_Q——窗口填充系数（它和线圈填充系数 f_k 值不同），可由图 5-28 查得。

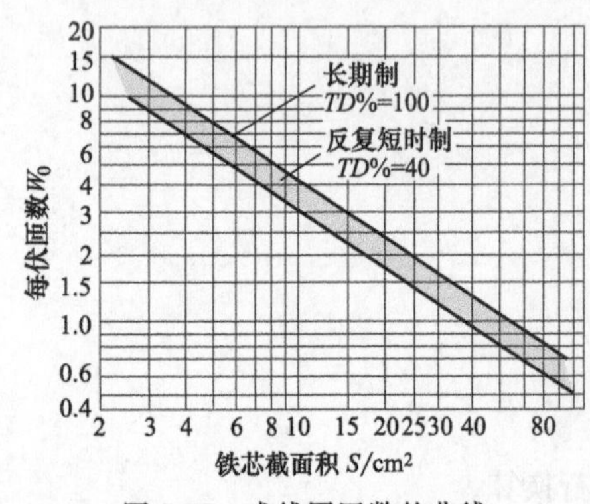

图 5-27 求线圈匝数的曲线

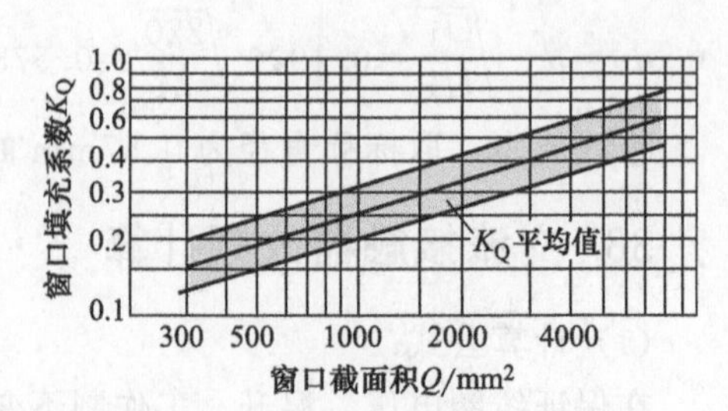

图 5-28 求填充系数 K_Q 的曲线

④ 求导线直径 d。先按下式计算出单位截面积的匝数 W_0'：

$$W_0'=W/Q_k$$

再由图 5-29 查出对应的线圈导线直径。图 5-29 中，Q 表示油性漆包线，QSR 表示单丝漆包线。

(2) 实例

已知某电磁铁线圈工作电压 U_e 为 220V，铁芯截面积 S 为 $4.2cm^2$，铁芯窗口高度 h 为 32mm，宽度 C 为 28mm，线圈的工作制为 $TD=80\%$，试求线圈的参数。

解 ① 由 $S=4.2cm^2$ 和 $TD=80\%$，查图 5-27 曲线，得对应的每伏匝数 $W_0=8.2$。

② 线圈匝数为

$$W=U_eW_0=220\times8.2=1804(匝)(取 1800 匝)$$

③ 由铁芯窗口面积 $Q=32\times28=896(mm^2)$，查图 5-28 中曲线，得对应的窗口填充系数 $K_Q=0.24$，因此线圈的截面积为

$$Q_k=K_QQ=0.24\times896=215(mm^2)$$

④ 求线圈导线直径 d。

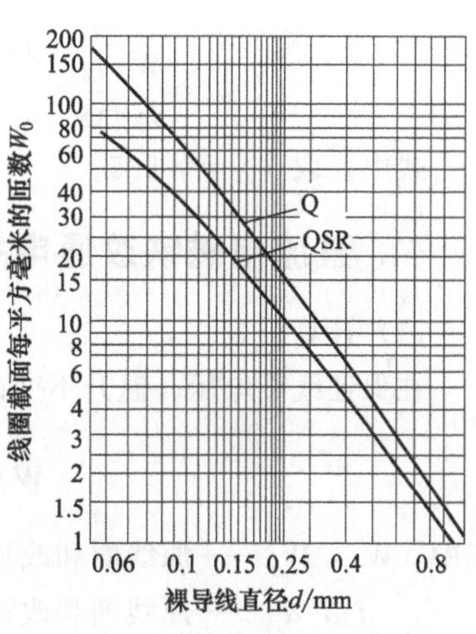

图 5-29 求线圈导线直径的曲线

$W_0'=\frac{W}{Q_k}=\frac{1800}{215}=8.4$，采用 Q 型漆包线，在图 5-29 中查出对应的线圈导线直径为 $d=0.27mm$。

40. 交、直流电磁铁改压计算

当电磁铁工作参数（如电压、电流、通电持续率、频率）改变时，都需要重新换一个线圈，这时在磁路系统和线圈骨架都已确定的条件下，线圈参数要作相应的改变。

(1) 计算公式

同交、直流接触器改压计算。

(2) 实例

已知直流电磁铁线圈的工作电压为 48V，匝数为 6000 匝，线圈高度为 50mm，导线为 QZ 聚酯漆包圆铜线，直径为 0.20mm，绝缘导线外径为 0.23mm。现欲改为在 110V 电压下工作，保持原来电磁力不变，试求改绕参数。

解 ① 改绕后的导线直径为

$$d_2=d_1\sqrt{\frac{U_1}{U_2}}=0.20\times\sqrt{\frac{48}{110}}=0.132(mm)$$

查线规表，取导线直径 d_2 为 0.14mm、绝缘导线外径 d_2' 为 0.165mm 的圆铜漆包线。

② 改绕后线圈的匝数为

$$W_2=W_1\left(\frac{d_1}{d_2}\right)^2=6000\times\left(\frac{0.20}{0.14}\right)^2=12244(匝)$$

③ 原线圈厚度为

$$b_1=\frac{W_1q_1}{l_kf_{k1}}=\frac{6000\times\frac{\pi}{4}\times0.20^2}{50\times0.545}=6.92(mm)(取 7mm)$$

式中，线圈填充系数取 $f_{k1}=0.545$；l_k 为线圈高度。

改绕后线圈厚度为

$$b_2=\frac{W_2q_2}{l_kf_{k2}}=\frac{12240\times\frac{\pi}{4}\times0.14^2}{50\times0.505}=7.46(\text{mm})(\text{取}\ 7.5\text{mm})$$

式中，取 $f_{k2}=0.505$。

41. 直流电磁铁改通电持续率计算

(1) 计算公式

在保证线圈电压、温升不变的情况下，进行换算。

$$W_2=W_1\sqrt{\frac{FZ_2}{FZ_1}},d_2=d_1\sqrt[4]{\frac{FZ_1}{FZ_2}}$$

式中 W_1，W_2——原线圈和改通电持续率后线圈的匝数；

d_1，d_2——原线圈和改通电持续率后线圈导线直径，mm；

FZ_1，FZ_2——原线圈和改后线圈的通电持续率。

(2) 实例

已知一直流电磁铁线圈工作电压为220V，匝数为660匝，导线直径为$\phi0.69$mm，通电持续率为40%。现欲改为通电持续率为80%，试求改绕参数。

解 $W_2=W_1\sqrt{\frac{FZ_2}{FZ_1}}=660\times\sqrt{\frac{80}{40}}=933(\text{匝})$

$d_2=d_1\sqrt[4]{\frac{FZ_1}{FZ_2}}=0.69\times\sqrt[4]{\frac{40}{80}}=0.58(\text{mm})$

查线规表，取标称直径为0.59mm的漆包线。

42. 卷扬机弹簧瓦块抱闸制动电磁铁的选择

(1) 计算公式

① 衔铁作直线运动的制动电磁的选用。

气隙为 h 时的电磁铁吸力 F 可由下式确定：

$$FhK\geqslant N\varepsilon\frac{1}{\eta_t}$$

式中 F——电磁铁的吸力，N；

h——衔铁行程，即气隙长度，cm；

N——制动瓦块压在刹车轮上的压力，N；

ε——瓦块与刹车轮之间的空隙（mm），参见表5-12；

η_t——制动装置中杠杆系统的效率，对一般销钉连杆装置取0.9～0.95；

K——衔铁行程利用系数约0.8～0.85，$K=\frac{\text{调整好的衔铁行程}}{\text{衔铁最大行程}}$。

表 5-12 刹车轮直径与对应空隙距离

刹车轮直径 D/mm	100	200	300	400	500	600	700	800
空隙距离 ε/mm	0.6	0.8	1.0	1.25	1.25	1.5	1.5	1.5

当制动转矩已知时，可按一定的刹车轮直径求 N。上式左边为欲选择行程 h 和吸力 F

（即确定适合的电磁铁），适当选取公式中的有关参数，便可满足上式条件。

制动瓦块在刹车轮上的压力 N 为

$$N=\frac{2M_{zh}}{fD}$$

式中 M_{zh}——转动力矩（N·m），一般取 $M_{zh}=1.75\sim2.5M_e$，对于低压电动机取 $1.75M_e$，高速电动机取 $2.5M_e$；

M_e——电动机的额定转矩，N·m；

f——摩擦系数，见表 5-13；

D——刹车轮直径，m。

按制动力矩 M_{zh} 选择刹车轮尺寸，见表 5-14。

② 衔铁做旋转运动的制动电磁铁的选用，即

$$\varphi MK\geqslant N\varepsilon\frac{1}{\eta_t}$$

式中 M——制动电磁铁在最大转角 φ 下的转矩，N·cm。

表 5-13 瓦块材料的摩擦系数 f

瓦块材料	f（干燥）	f（潮湿）
钢	0.15～0.2	0.1～0.15
生铁	0.15～0.2	0.1～0.15
木	0.3～0.4	0.25～0.3
来令片	0.4～0.5	0.3～0.4

表 5-14 按制动力矩选择刹车轮尺寸表

制动力矩/N·m	226	412	706	1324	2746	4021	8189
刹车轮直径/mm	150	225	300	400	500	600	700
刹车轮宽/mm	80	100	125	140	150	160	190
刹车轮飞轮力矩/N·m	1.18	11.8	31.4	109.8	245.2	—	—

（2）实例

已知卷扬机的电动机参数为：交流异步电动机，电压 380V，功率 22kW，转速 970r/min，效率 η 为 0.85，通电持续率 $TD\%$ 为 25，试选择用弹簧瓦块抱闸作卷扬机构的制动装置的制动电磁铁。

解 ① 制动力矩 M_{zh} 的确定。由于该电动机属低压电动机，取 $M_{zh}=1.75M_e$，而

$$M_e=9555\frac{1.1P_e}{n}\eta=9555\times\frac{1.1\times22}{970}\times0.85=202.6(\text{N}\cdot\text{m})$$

$$M_{zh}=1.75M_e=1.75\times202.6=354.6(\text{N}\cdot\text{m})$$

② 刹车轮直径选择和刹车轮压力计算。查表 5-14 可选择刹车轮直径 $D=225$mm，瓦块与刹车轮间空隙取 1.0mm。

为了产生 354.6N·m 制动力矩，制动瓦块压在刹车轮的压力为

$$N=\frac{2M_{zh}}{fD}=\frac{2\times354.6}{0.45\times0.225}=1418.4(\text{N})$$

式中，摩擦系数 f 查表 5-13 取 0.45（瓦块上所用材料为兰令皮）。

③ 电磁铁的吸力 F 与衔铁行程 h 的计算。取 $K=0.85$，$\eta_t=0.95$，则

$$Fh \geqslant \frac{N\varepsilon}{K\eta_t} = \frac{1418.4 \times 1.0}{0.85 \times 0.95} = 1756.5(\mathrm{N \cdot m})$$

43. “门”形电磁铁吸力计算

(1) 计算公式

① 计算气隙较小时的吸力。假设磁极间磁场是均匀分布的，当气隙较小（如电磁铁处在吸合位置或接近吸合位置）时，利用麦克斯韦公式按下式计算：

$$F = \frac{\Phi_\delta^2}{2\mu_0 S} = 0.4\frac{\Phi_\delta^2}{S} \times 10^6 = 0.4B_\delta^2 S \times 10^6$$

式中 F——电磁铁吸力，N；

Φ_δ——磁极端面磁通（Wb），$\Phi_\delta = (IW)G_\delta$，磁导 G_δ 由电磁铁结构确定，可由电工手册查得；

B_δ——工作气隙磁通密度（T），一般为 0.2～1.0，其设计计算值，与电磁铁结构确定后的 B_δ 可能有一定出入；

S——磁极面积（m^2），有极靴时为极靴面积 S_p；无极靴时为铁芯面积 S_c。

② 计算气隙较大时的吸力，即

$$F = 0.4\frac{\Phi_\delta^2}{S(1+\alpha\delta)} \times 10^6 = 0.4B_\delta^2 S\frac{1}{1+\alpha\delta} \times 10^6$$

式中 α——修正系数，约为 3～5；

δ——气隙长度，cm。

上式适用于直流和交流电磁铁的吸力计算。交流时，用磁通有效值代入，所得的吸力为平均值。

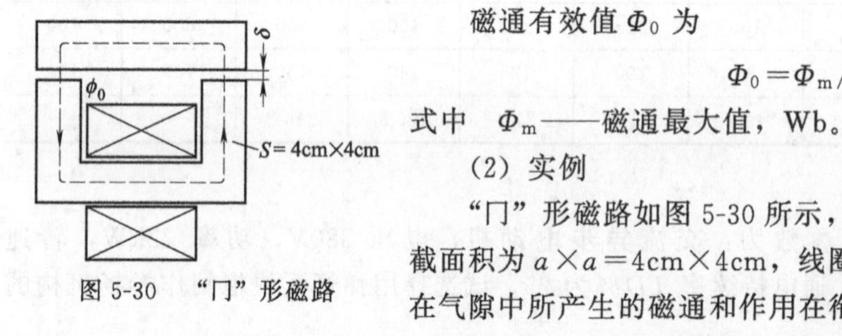

图 5-30 “门”形磁路

磁通有效值 Φ_0 为

$$\Phi_0 = \Phi_m / \sqrt{2}$$

式中 Φ_m——磁通最大值，Wb。

(2) 实例

“门”形磁路如图 5-30 所示，已知气隙 δ 为 5mm，铁芯截面积为 $a \times a = 4\mathrm{cm} \times 4\mathrm{cm}$，线圈磁势 IW 为 1200At，试求在气隙中所产生的磁通和作用在衔铁上的总吸力。

解 ① 一个磁极端面上的气隙磁导为

$$G_{\delta 1} = \frac{\mu_0 S}{\delta} = \frac{\mu_0 \times 4 \times 4}{0.5} \times 10^{-2} = 0.32\mu_0$$

由于两个气隙是串联的，所以总磁导为

$$G_\delta = G_{\delta 1}/2 = 0.32\mu_0/2 = 0.16 \times 0.4\pi \times 10^{-6} = 0.2 \times 10^{-6}(\mathrm{Wb})$$

② 气隙中所产生的磁通为

$$\Phi_\delta = IWG_\delta = 1200 \times 0.2 \times 10^{-6} = 2.4 \times 10^{-4}(\mathrm{Wb})$$

③ 总吸力为

$$F = 2 \times 0.4\frac{\Phi_\delta^2}{S(1+\alpha\delta)} \times 10^6 = 0.8 \times \frac{2.4^2 \times 10^{-8}}{16 \times 10^{-4} \times (1+3 \times 0.5)} \times 10^6 = 11.5(\mathrm{N})$$

式中乘 2 是因为总吸力是由两个气隙共同作用产生的。

44. 逻辑关系式的简化

(1) 逻辑关系式的简化方法

1) 利用逻辑代数的运算法则和基本定律来简化(见表5-15)

表5-15 逻辑代数定律

名称	公式		
	加	乘	非
基本定律	$A+0=A$ $A+1=1$ $A+A=A$ $A+\overline{A}=1$	$A\cdot 0=0$ $A\cdot 1=A$ $A\cdot A=A$ $A\cdot\overline{A}=0$	$A+\overline{A}=1$ $A\cdot\overline{A}=0$ $\overline{\overline{A}}=A$
结合律	$(A+B)+C=A+(B+C)$		$(AB)C=A(BC)$
交换律	$A+B=B+A$		$AB=BA$
分配律	$A(B+C)=AB+AC$		$A+BC=(A+B)(A+C)$
摩根定律(反演律)	$\overline{A\cdot B\cdot C\cdots}=\overline{A}+\overline{B}+\overline{C}+\cdots$		$\overline{A+B+C+\cdots}=\overline{A}\cdot\overline{B}\cdot\overline{C}\cdots$
吸收律	$A+A\cdot B=A$ $A\cdot(A+B)=A$ $A+\overline{A}\cdot B=A+B$ $(A+B)\cdot(A+C)=A+BC$		
其他常用恒等式	$AB+\overline{A}C+BC=AB+\overline{A}C$ $AB+\overline{A}C+BC=AB+\overline{A}C$ $\overline{A\overline{B}+\overline{A}B}=\overline{A}\,\overline{B}+AB$ $\overline{AB+\overline{A}C}=A\overline{B}+\overline{AB}\,\overline{C}$		

2) "积之和"的逻辑关系式简化

所谓"积之和",即关系式为数项相加,每一项为一个变量或数个变量相乘。简化步骤如下:

① 比较各乘积项,凡某一乘积项包含了其他乘积项,则包含了其他乘积项的是多余的。实际上是定律 $a+ab=a$ 的应用。

② 再次比较各乘积项,如果某一项包含了其他乘积项的"非"运算,则该"非"运算是多余的。实际上是定律 $a+\overline{a}\,b=a+b$ 的应用。

③ 将每个乘积项依次与其他乘积项进行比较,如果某两项中有一个变量代号相同,但一个为另一个的"非"运算,则将两项中其余变量记下来,再与其他乘积项比较,如果任何一项包含了所记下的全部因子,则该项是多余的。实际上是定律 $ab+\overline{a}c+bc=ab+\overline{a}c$ 的应用。

④ 从由第三步简化出的关系式中提出公因子,使公共的触点(假设应用于继电器电路)共用。

3) 利用桥接线路公式简化

详见"利用桥接线路公式简化逻辑关系式"项。

(2) 实例

试简化以下各逻辑关系式:

① $F=a+ab+\bar{a}c+bd+ace+\bar{b}e+edf$；

② $F=ac+abc+cde$；

③ $F=ad+bc\bar{d}+(\bar{a}+\bar{b})c$；

④ $F=\bar{a}b+a\bar{b}c+bc$。

解 ① 简化 $F=a+ab+\bar{a}c+bd+ace+\bar{b}e+edf$。

a. 从最简单的项 a 开始进行比较，凡包含 a 的项均为多余的，即 ab 和 ace 都是多余的，故简化后为

$$F=a+\bar{a}c+bd+\bar{b}e+edf$$

b. $\bar{a}c$ 中包含了 a 的“非”运算，该“非”运算是多余的，即 $\bar{a}c$ 可简化为 c，故简化后为

$$F=a+c+bd+\bar{b}e+edf$$

c. 由上式可见，bd 项中有 b，$\bar{b}e$ 项中有 $\bar{b}$，记下这两项的其余因子为 de，任何含有 de 的项均为多余的，故 edf 可去掉，即

$$F=a+c+bd+\bar{b}e$$

d. 上式已不能继续简化。

② 简化 $F=ac+abc+cde$。

a. abc 项包含有 ac 项，故 abc 是多余的，故

$$F=ac+cde$$

b. 继续简化：

$$F=c(a+de)$$

③ 简化 $F=ad+bc\bar{d}+(\bar{a}+\bar{b})c$。

$$\begin{aligned} F &=ad+bc\bar{d}+(\bar{a}+\bar{b})c=ad+bc\bar{d}+\bar{a}c+\bar{b}c \\ &=ad+\bar{a}c+c(\bar{b}+b\bar{d}) \\ &=ad+\bar{a}c+\bar{b}c+c\bar{d} \quad （因为 \bar{\bar{b}}=b） \\ &=ad+\bar{b}c+c(\bar{a}+\bar{d}) \\ &=ad+\bar{b}c+c（因为 \bar{a}+\bar{d} 为 ad 的“非”运算） \\ &=ad+c（因为 \bar{b}c 包含 c） \end{aligned}$$

④ 简化 $F=\bar{a}b+a\bar{b}c+bc$。

$$F=\bar{a}b+a\bar{b}c+bc=\bar{a}b+c(a\bar{b}+b)=\bar{a}b+c(a+b)=\bar{a}b+ac+bc=\bar{a}b+ac$$

45. 利用桥接线路公式简化逻辑关系式

(1) 桥接线路的公式特征

$$F=a(b+ec)+d(c+ed)$$

相应的线路如图 5-31 (b) 所示。在设计线路时可以根据这一特征来判断应用桥接线路的可能性。

(2) 实例

试简化逻辑关系式 $F=ab+dc+aec+deb$

解 $F=ab+dc+aec+deb=a(b+ec)+d(c+eb)$

如果按逻辑关系式画图，则线路如图 5-31 (a) 所示，需 8 个触点。若记住桥接线路公式，则如图 5-31 (b) 所示，只需 5 个触点。

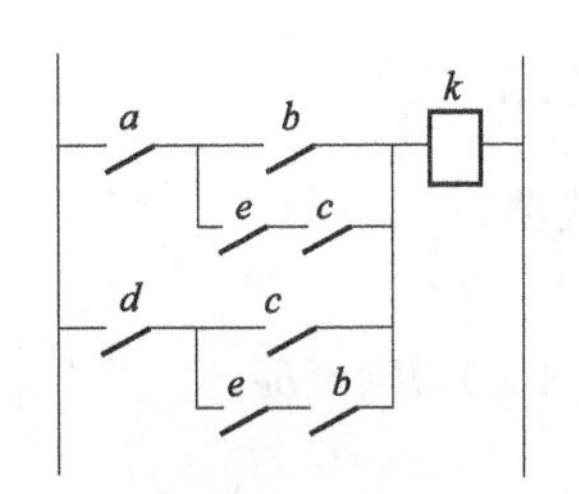

(a) 按逻辑关系式画的线路

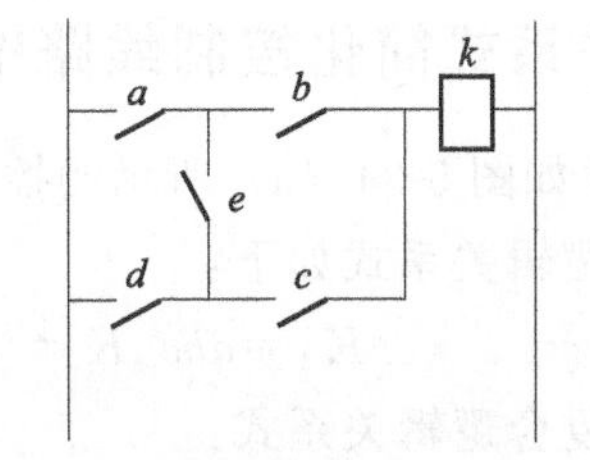

(b) 按桥接线路公式画的线路

图 5-31　对应简化关系式的线路

46. 用逻辑关系式设计三处控制一个灯的线路

【实例】 试设计三处控制一个灯的线路。

解　设三处的相应开关为 a、b、c。

第一步：分析开关的动作状况，写出逻辑关系式。设 a、b、c 初始状态灯不亮；当任意拨动某一开关，灯应亮；若再拨动一个开关，灯应熄；继续拨动一个开关，灯又亮。据此写出逻辑关系式如下：

$$F=ab\bar{c}+a\bar{b}c+\bar{a}bc+\overline{abc}$$

第二步：由上式便可直接画出初步接线图，如图 5-32（a）所示。

第三步：经整理、简化（从两边向中间简化），得图 5-32（b）。

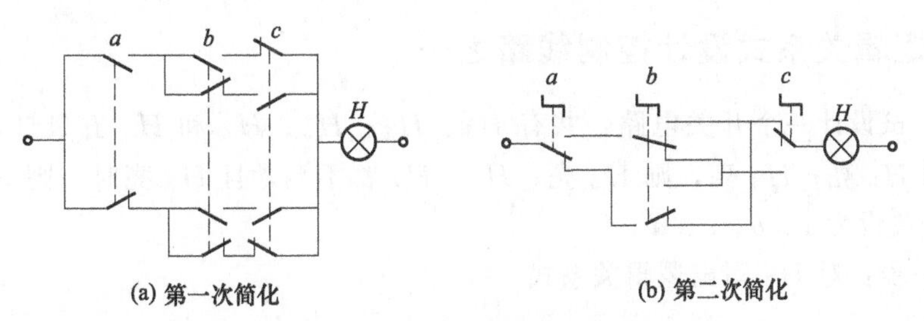

图 5-32　三处控制一个灯接线图

47. 用逻辑关系式简化控制线路图之一

【实例】 试简化逻辑关系式 $F=abc+d\bar{b}c+a\bar{b}e+dbe$ 所对应的线路图[图5-33(a)]。

解　从线路一端合并公共触点 c 和 e，得到图 5-33（b）所示线路；再将图 5-33（b）所示线路另一端的触点 a 和 d 合并，得到图 5-33（c）所示线路。该线路为上述逻辑关系式的最简线路。

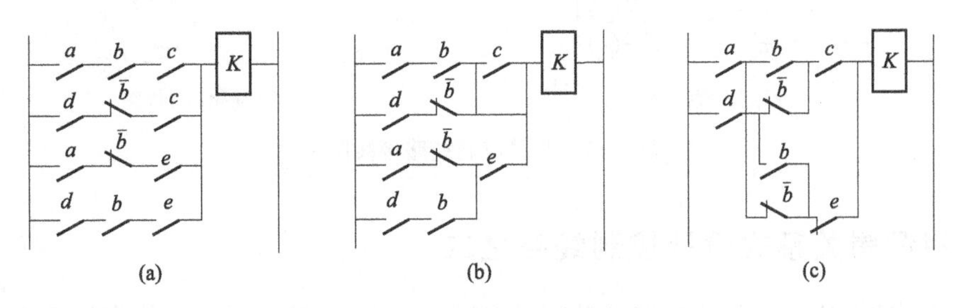

图 5-33　从线路两端合并触点

48. 用逻辑关系式简化控制线路图之二

【实例】 试简化如图 5-34（a）所示的控制线路。

解 ① 写出各逻辑关系式如下：

$$K_1=abc, K_2=b(\overline{a}+d), K_3=be$$

② 将它们写成复合逻辑关系式：

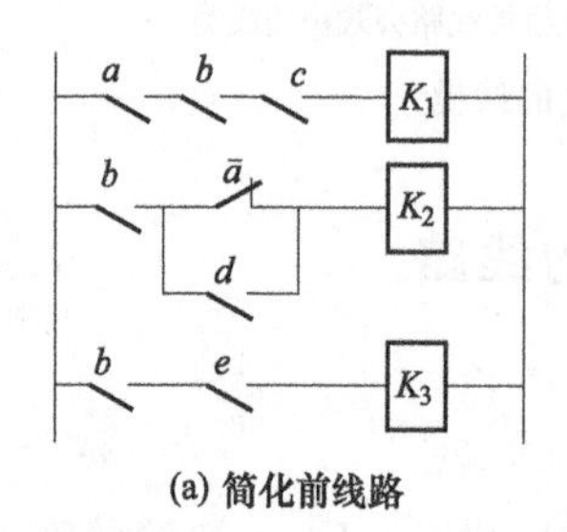

(a) 简化前线路

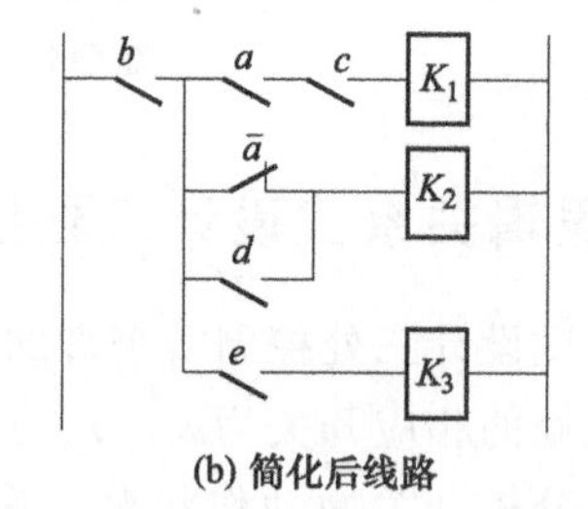

(b) 简化后线路

图 5-34 控制线路图的简化

$$F(K_1\sim K_3)=abcK_1+b(\overline{a}+d)K_2+beK_3=b[acK_1+(\overline{a}+d)K_2+eK_3]$$

因此可画出简化后的线路，如图 5-34（b）所示。

注意：对于简化继电器类控制线路，复合逻辑关系式简化后，代表继电器线圈的符号 K 只能在关系式中出现一次，也就是说，对几个逻辑关系式的简化一般只限于提出公因子。

49. 用逻辑关系式设计控制线路之一

【实例】 试设计一个开关电路：共有 H_1、H_2、H_3、H_4 和 H_5 五只灯，要求：H_1、H_2 都亮，则 H_5 亮；H_4 亮，则 H_5 亮；H_2、H_4 都不亮，且 H_3 亮时，则 H_5 亮。$H_1\sim H_4$ 的相应开关设为 a、b、c、d。

解 第一步：对 H_5 写出逻辑关系式

$$F_{H_5}=ab+d+\overline{b}\overline{d}c$$

第二步：画出初步接线图，如图 5-35（a）所示。

第三步：经整理、简化，得图 5-35（b）。

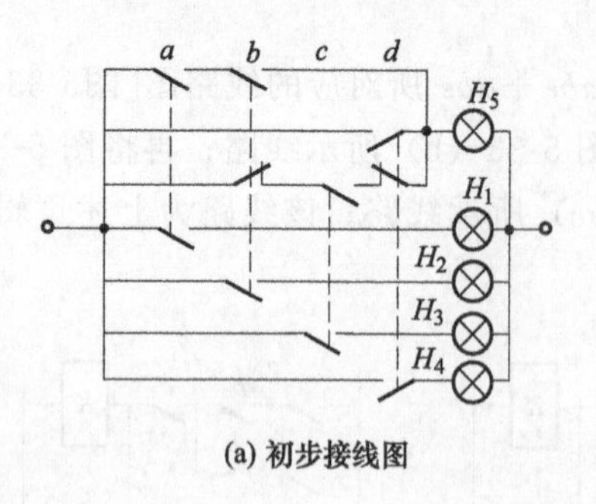

(a) 初步接线图

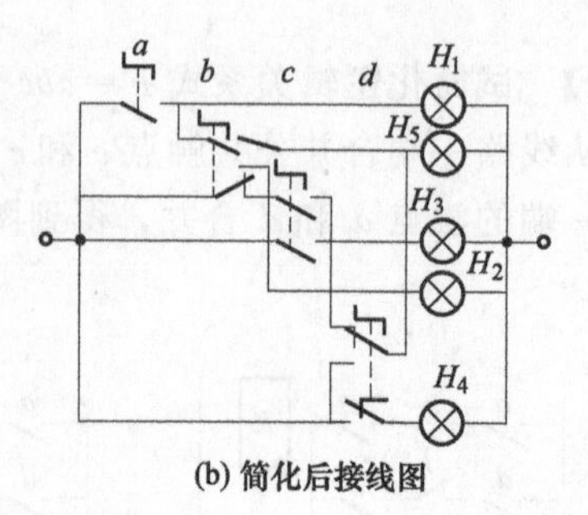

(b) 简化后接线图

图 5-35 开关控制线路接线图一

50. 用逻辑关系式设计控制线路之二

【实例】 试设计一个开关电路：共有 a、b、c、d、e 五个开关（均有甲乙两个位置状态)，及 H_1、H_2、H_3 三只灯。要求：将 a、b、c 拨向甲，则 H_1 应亮；将 b 拨向甲、a 拨向乙，或 b、d 拨向甲，则 H_2 应亮；将 b、e 拨向甲，则 H_3 应亮。

解 分别对 H_1、H_2 和 H_3 写出逻辑关系式：

$$F_{H_1}=abc;F_{H_2}=\overline{a}b+bd;F_{H_3}=be$$

将它们写成复合函数式：

$$F_{(H_1\sim H_3)}=abcH_1+(\overline{a}b+bd)H_2+beH_3$$
$$=b[acH_1+(\overline{a}+d)H_2+eH_3]$$

由上式便可画出接线图，如图 5-36 所示。

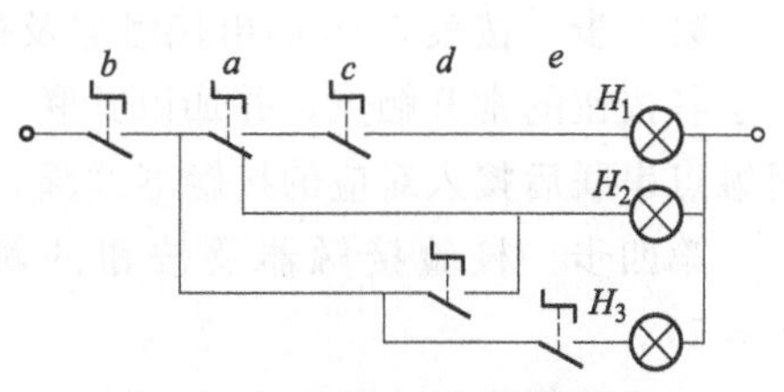

图 5-36 开关控制线路接线图二

51. 用逻辑关系式设计控制线路之三

【实例】 试设计一个开关电路：有 a、b、c、d 四个开关（均有甲、乙两个位置状态)，及 H_1、H_2 和 H_3 三只灯。要求：

① 将 a、c 或 b、c 拨向甲，或 b 拨向甲、a 拨向乙，则 H_1 应亮；

② 将 a、c 或 b、c 或 a、d 或 b、d 拨向甲，则 H_2 应亮；

③ 将 a 或 b 拨向甲，则 H_3 应亮。

解 第一步：分别对灯 H_1、H_2 和 H_3 写出逻辑关系式。

$$F_{H_1}=ac+\overline{a}b+bc;F_{H_2}=ac+bc+ad+bd;F_{H_3}=a+b$$

第二步：观察以上各式，运用逻辑代数法则加以简化。

$$F_{H_1}=ac+\overline{a}b+bc=ac+\overline{a}b+(a+\overline{a})bc$$
$$=ac+\overline{a}b+abc+\overline{a}bc$$
$$=ac(1+b)+\overline{a}b(1+c)=ac+\overline{a}b$$

上式表明 b、c 拨向甲，H_1 亮的假设条件已包括在 a、c 拨向甲或 a 拨向乙、b 拨向甲的条件内。

$$F_{(H_2\sim H_3)}=(ac+bc+ad+bd)H_2+(a+b)H_3$$
$$=[c(a+b)+d(a+b)]H_2+(a+b)H_3$$
$$=(a+b)(c+d)H_2+(a+b)H_3$$
$$=(a+b)[(c+d)H_2+H_3]$$

图 5-37 开关控制线路接线图三

故 $F_{(H_1\sim H_3)}=(ac+\overline{a}b)H_1+(a+b)[(c+d)H_2+H_3]$

第三步：由上式便可直接画出电路图，如图 5-37 所示。

52. 利用逻辑关系设计抢答线路

(1) 抢答线路的要求

当最先按下任何一个抢答组的按钮时，该组的指示灯亮，铃响。在放开该按钮前，再按其他按钮，均不起作用（指示灯不亮)。放开按钮，线路复原。

(2) 实例

试设计三个抢答组的线路。

解 第一步：列出逻辑关系，见表 5-16。列表时尽可能把同一列的“1”紧挨一起排列，以简化接线。

表 5-16 逻辑关系

项 目	K_2	K_1
S_1	0	1
S_2	1	1
S_3	1	0

第二步：按表 5-16 画出信号回路接线，如图 5-38 (a)

所示。其中表中的“1”对应于接触器的常开触点，并将它们以各按钮的行加以串联，然后接入指示灯。

第三步：按表 5-16 画出接触器及按钮连线，如图 5-38（b）所示，其中表中的“1”对应于各按钮的常开触点，并加以并联；“0”对应于各按钮的常闭触点。然后将以上常开、常闭触点串联后接入对应的接触器线圈，并在常闭触点上并联相应接触器的常开触点。

第四步：校验接触器及按钮的触点数是否满足所选型号。将所用去的触点数列于表 5-17。

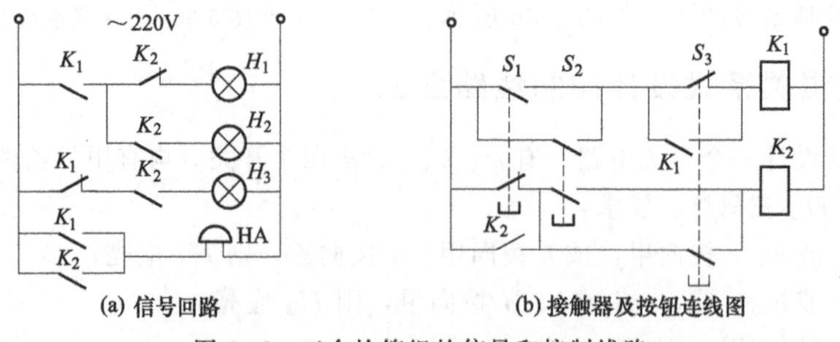

图 5-38 三个抢答组的信号和控制线路

由表 5-17 可见，K_1、K_2 可选用普通交流接触器，如 JC-5A，220V；按钮 S_1～S_3 可选用具有两个常开、两个常闭触点的任何型式的按钮，如 LA18-22 型，或选用具有一个常开、一个常闭触点的 LA18-11 型（这时需将接入 K_2 线圈回路中的按钮 S_2 的触点用 K_1 的常开触点代替，代替后不影响动作的正确性）。

表 5-17 用去的触点数

项 目	K_1	K_2	S_1	S_2	S_3
常开触点数	3	4	1	2	1
常闭触点数	1	1	1	0	1

第五步：分析动作的正确性。如按下 S_1，则 K_2 线圈回路断开，K_1 吸合，其常开触点闭合，指示灯 H_1 亮，若再按 S_2 或 S_3 均无影响；按下 S_2，K_1、K_2 吸合，常开触点闭合，H_2 亮，若再将 S_1 或 S_3 均无影响；按下 S_3，K_2 吸合，K_1 回路断开，K_2 吸合，常开触点闭合，H_3 亮，若再按 S_1 或 S_2 均无影响。

六、风机、水泵和起重设备

1. 风机配套电动机功率的计算

(1) 计算步骤和计算公式

① 风机流量和全压计算。风机流量 Q 和全压 H 的计算公式如下（设进出口大气重度相等）：

$$Q=Fv_2=\frac{\pi}{4}D^2v_2$$

$$H=H_j+H_d=(H_{j2}-H_{j1})+(H_{d2}-H_{d1})$$

$$=(H_{j2}-H_{j1})+\frac{1}{2g}\gamma(v_2^2-v_1^2)=\frac{1}{2g}\gamma v_2^2$$

式中 Q——风机流量，即风量，m^3/s；

F——出口截面积，m^2；

v_1,v_2——风机进口和出口风速，m/s；

D——出口管道直径，mm；

H——风机全压，Pa；

H_j,H_d——风机静压和动压，Pa；

H_{j1},H_{j2}——风机进口处和出口处的静压，Pa；

H_{d1},H_{d2}——风机进口处和出口处的动压，Pa；

γ——气体的重度（N/m^3），空气的重度 $\gamma=11.77N/m^3$；

g——重力加速度，$g=9.81m/s^2$。

② 电动机功率计算。电动机输出功率 P_2 的计算公式为

$$P_2=\frac{QH}{1000\eta\eta_t}=\frac{\pi D^2\gamma v_2^3}{4\times 2g\times 1000\eta\eta_t}$$

电动机输入功率 P_1 的计算公式为

$$P_1=P_2/\eta_d$$

式中 P_1,P_2——电动机输入功率和输出功率，kW；

η——风机效率，为 0.4～0.75，实际数值以制造厂提供的数据为准，无实际数据时，可参见表 6-1；

η_t——传动装置效率，见表 6-2；

η_d——电动机效率，一般中小型电动机 $\eta_d=75\%\sim85\%$；大型电动机 $\eta_d=$

85%～94%，实际值以制造厂提供的数据为准。

电动机设计功率 P 的计算公式为

$$P=KP_2$$

式中 K——储备系数，见表6-1；对于离心式风机，储备系数可查表6-3；

P——电动机设计功率，kW。

表6-1 风机的效率与功率储备系数

通风机的种类	η	K	通风机的种类	η	K
螺旋桨式通风机	0.5～0.75	1.3	透平式通风机(<400kW)	0.6～0.7	1.15～1.25
圆盘式通风机	0.3～0.5	1.5	板式通风机	0.5～0.6	1.15～1.25
多叶式通风机	0.45～0.55	1.2～1.3	单级透平式通风机	0.6～0.75	1.1～1.2
透平式通风机(≥400kW)	0.65～0.75	1.15～1.25	多级透平式通风机	0.55～0.7	1.1～1.2

表6-2 传动装置效率估算值

传动方式	η_t	传动方式	η_t
三角皮带	0.95～0.96	齿轮减速器	0.94～0.98
联轴器	0.98	直连	1

表6-3 离心式风机功率储备系数

电动机功率/kW	1.0以下	1～2	2～5	>5
K	2	1.5	1.25	1.15～1.10

(2) 实例

有一台送风机，进出口管道直径 D 为1m，风机效率 η 为75%，要想使风机出口直接排入大气并得到流速 v_2 为40m/s的工况，试求电动机的输入功率和设计功率。设进出风机的大气重度均为标准状态11.77N/m³，电动机效率 η_d 为0.85，传动效率 η_t 为0.9。

解 电动机输出功率为

$$P_2=\frac{\pi D^2\gamma v_2^3}{4\times 2g\times 1000\eta\eta_t}=\frac{\pi\times 1^2\times 11.77\times 40^3}{8000\times 9.81\times 0.75\times 0.9}=44.7(\text{kW})$$

电动机输入功率为

$$P_1=P_2/\eta_d=44.7/0.85=52.6(\text{kW})$$

电动机设计功率为（设功率储备系数 $K=1.2$）

$$P=KP_2=1.2\times 44.7=53.6(\text{kW})$$

可选用额定功率为55kW的电动机，此为国家定型（标准化）产品。

2. 变速风机配套电动机功率的计算

(1) 计算步骤和计算公式

变速风机一般有两种运行方式：连续周期运行方式和连续运行方式。在不同运行方式条件下，电动机输出功率的计算方法也不相同。

① 连续周期运行方式。其运行状况曲线如图6-1所示。这种运行工况电动机的输出功率应按负荷的均方根计算，即

$$P_2=\sqrt{\frac{N_1^2t_1+N_2^2t_2}{t_1+t_2}}$$

由图可得负荷持续率为$[(t_1+t_2)/T]\times100\%$。

式中 N_1,N_2——t_1 时段和 t_2 时段的轴功率，kW。

T,t_1,t_2——见图 6-1，s。

根据以上计算的输出功率和负荷持续率，便可从产品目录中选择合适的电动机。

② 连续运行方式。其运行状况曲线如图 6-2 所示。这种工况电动机的等效输出功率为

$$P_2=\sqrt{\frac{N_1^2t_1+N_2^2t_2+N_3^2t_3}{t_1a_1+t_2a_2+t_3a_3}}$$

式中 a_1,a_2,a_3——加速、运行、减速时段的冷却系数，见表 6-4；

N_1,N_2,N_3——加速、运行、减速时段的轴功率，kW。

考虑冷却系数的等效周期 T 为

$$T=t_1a_1+t_2a_2+t_3a_3+t_4a_4$$

式中 t_1,t_2,t_3,t_4——加速、运行、减速、停止的时间，s；

a_4——停止时段的冷却系数，见表 6-4。

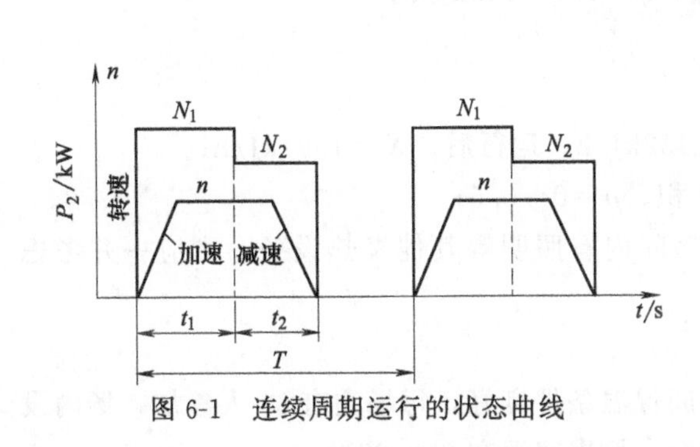

图 6-1 连续周期运行的状态曲线

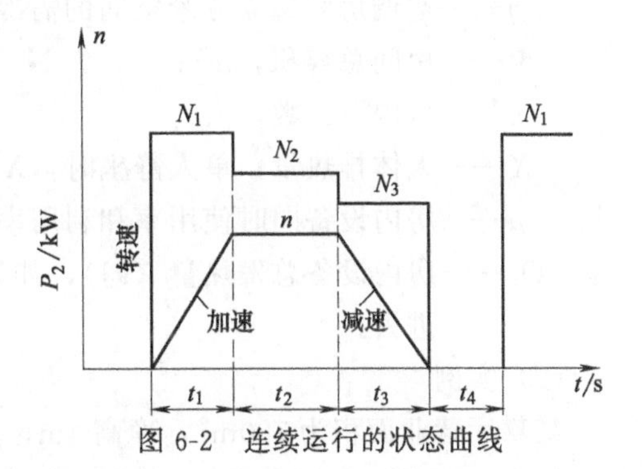

图 6-2 连续运行的状态曲线

表 6-4 冷却系数表

电动机类型	停止	加速	运行	减速
开启式交流电动机	0.2	0.5	1.0	0.5
封闭式交流电动机	0.3	0.6	1.0	0.6
全封闭外扇冷却式交流电动机	0.5	0.75	1.0	0.75
强迫通风冷却式交流电动机	1.0	1.0	1.0	1.0

由上式求出的输出功率一般偏低，还应计算电动机启动、运行、减速中的损耗。

(2) 实例

一台连续运行的风机，其运行（负载）状况如图 6-2 所示，采用封闭式交流电动机。已知加速时段、运行时段和减速时段的轴功率分别为 40kW、18kW 和 12kW；各段时间分别为 30s、5min 和 20s。试选择电动机功率。

解 查表 6-4，得加速、运行和减速的冷却系数分别为 $a_1=0.6$、$a_2=1$、$a_3=0.6$。

电动机等效输出功率为

$$P_2=\sqrt{\frac{N_1^2t_1+N_2^2t_2+N_3^2t_3}{t_1a_1+t_2a_2+t_3a_3}}$$

$$=\sqrt{\frac{40^2\times30+18^2\times5\times60+12^2\times20}{30\times0.6+5\times60\times1+20\times0.6}}$$

$$=\sqrt{\frac{148080}{330}}=21.2(\text{kW})$$

考虑电动机自身损耗等，可选用30kW Y系列（IP44）电动机。

3. 较大场所用空调器容量的选择

空调器容量选择过大，会造成电能和资金的浪费；选择过小，又达不到预定空气调节的目的。应根据房间大小、场地情况选择相匹配的空调器。

除特殊用途的空调器外，空调器运行温度一般控制在下述范围：制冷运行，20～30℃；制热运行，16～28℃。

(1) 计算公式

容积在1500m^{3}以下、层高不大于6m、隔热条件较好的房间，空调器的容量可按下式估算：

$$Q=k(qV+nX+\mu Q_z)$$

式中 Q——所需空调器容量，kJ/h；

k——空调器容量裕量系数，短期使用$k=1$，常年连续使用$k=1.05\sim1.10$；

q——空调房间每立方米空间的需冷量，$q=105\sim143$kJ/h；

V——房间总容积，m^3；

n——房内总人数，人；

X——人体排热量，单人静坐时，$X=432$kJ/h；运行后，$X=1591$kJ/h；

μ——房内设备同时使用率和利用率之积，$\mu=0\sim0.6$；

Q_z——房内设备总发热量（kJ），如果房间内有照明等其他发热设备，则应一并考虑进去。

(2) 实例

某舞厅营业面积为180m^2，净高4m，房间保温条件良好，每场约有60人参加，场内设备容量为2.2kW，每天营业8h，常年连续运行。要求室温在23～28℃。

解 取$\mu=0.5$，$k=1.05$，$q=126$kJ/h（取中间值），考虑到每场参加跳舞的人数为40人，则由公式估算出所需空调器容量为

$$\begin{aligned}Q&=k[qV+(n_1X_1+n_2X_2)+\mu Q_z]\\&=1.05\times[126\times180\times4+(20\times432+40\times1591)+0.5\times(2.2\times3600)]\\&=175308(\text{kJ/h})\\&=175.3(\text{MJ/h})\end{aligned}$$

由此可选取能效系数为2.58，单台制冷量为60.7MJ/h的分体直吹柜式空调器3台，总供冷量为182.1MJ/h。

4. 中央空调系统变频调速节电计算

中央空调系统主要由制冷机、冷却水循环系统、冷冻水循环系统、风机盘管系统和散热水塔等组成。在通常情况下，由于季节和昼夜气温的变化以及开机数目的不同，实际换热量远小于设计值，因此冷却水泵电动机功率远大于实际负荷，出现了“大马拉小车”的情况。另外，冷冻水泵也往往不按实际负荷的大小来调节冷冻水流量和流速，从而使冷冻水泵电动机做了很多无用功，造成不必要的能耗。如果中央空调系统采用变频调速控制，则能显著地节约电能。

【实例】 某商城的冷却水循环系统，由三台18.5kW电动机各带一台冷却水泵并联组

成；冷冻水循环系统，由三台 18.5kW 的电动机各带一台冷冻水泵并联组成。在节电改造中用一台 18.5kW 的富士 FRENIC5000-P9S 型变频器和一台富士 NBO-P24R3-AC 型 PLC 以及切换控制器控制冷却水系统；用一台 18.5kW 的 1300 型日立变频器和一台富士 NBO-P24R3-AC 型 PLC 及切换控制器控制冷水系统。

技术改造后，两套系统均运行在 42Hz，原系统所有的技术指标都保持不变。改造前后水泵电动机测试数据如表 6-5 所示。

表 6-5 改造前后水泵电动机的测试数据

泵电动机	冷却泵电动机(18.5kW×3)			冷冻泵电动机(18.5kW×3)		
	#1	#2	#3	#1	#2	#3
改造前	27.3A	27.5A	26.9A	27.5A	27.1A	27.0A
改造后	16.5A	15.9A	16.7A	16.5A	15.9A	16.7A

以#1 冷却泵电动机为例，技改前消耗的功率为

$$P=\sqrt{3}UI\cos\varphi=\sqrt{3}\times380\times27.3\times0.9=16.17(\mathrm{kW})$$

技改后消耗的功率为

$$P'=\sqrt{3}UI'\cos\varphi=\sqrt{3}\times380\times16.5\times0.9=9.77(\mathrm{kW})$$

$$节电率=\frac{P-P'}{P}=\frac{16.17-9.77}{16.17}=39.6\%$$

5. 空调风机直流电动机调速改造计算

【实例】 某车间空调风机采用 JO_2-71-6 型、17kW 电动机带动，由于车间在不同季节所需风量并不相同，使用这台固定转速的风机，在需用风量小的季节将多余的风能白白分流而造成浪费，现欲采用直流电动机调速控制进行节电改造。

对原空调风机电动机的测算结果如表 6-6 所示。

表 6-6 原空调风机电动机的测算结果（最大风量时）

电动机型号	JO_2-71-6	功率	17kW	电压	380V	接法	△
转速	970r/min	电流	34.4A	制造厂	温州	出厂 81 年 5 月	
测试项目	空载	负载	测试项目	空载		负载	
I/A	12.4	16.9	R_t/Ω	0.4816(热电阻)		—	
U/V	373	370	$R_{75}(\Omega)$	—		—	
$P_{W1}+P_{W2}$/kW	0.7	7.6	t/℃	29		—	
s	0	0.00267	n/(r/min)	1000		992	
P_{Cu}/W	74.1	137.6	β/%	—		40.1	
P_S/W	0	20.7	$\cos\varphi$	—		0.63	
P_2/kW	—	6.82	η/%	—		89.7	

已知车间每年中有 1440h 需最大风量 Q_m，2600h 为 $0.8Q_m$，2300h 为 $0.7Q_m$，试求：

① 选择直流电动机型号规格；

② 更换成直流电动机调速控制风量后年节电费为多少？设电价 $\delta=0.5$ 元/(kW·h)。

解 ① 直流电动机的选择。由表6-6查得，原交流电动机在最大风量时的输出功率 $P_2=6.82\text{kW}$，效率 $\eta=0.897$，故输入功率为

$$P_1=P_2/\eta=6.82/0.897=7.60(\text{kW})$$

可见最大风量时电动机输入功率7.60kW就够了，现在使用17kW电动机裕量很大。

设直流电动机的传动效率 $\eta_d=0.85$，则所需输入功率为 $P_1=7.60/0.85=9(\text{kW})$，又考虑到最大风量运行时间不很多，因此可选择Z-71型、10kW、额定电压为220V、额定转速为1000r/min的直流电动机，其励磁电压 U_{le} 为220V，最大励磁功率为370W。

② 更换后年节电量估算。原交流电动机时，年运行小时数 $T=1440+2600+2300=6340(\text{h})$，年消耗电量为

$$A_1=P_1T=9\times6340=57060(\text{kW}\cdot\text{h})$$

对于风机负荷而言，可近似认为输入功率 $P_1=P_2/\eta\propto n^3$，而转速 $n\propto Q$（风量），因此直流电动机在最大风量 Q_m 时的输入功率为9kW，$0.8Q_m$ 时为 $0.8^3\times9=4.6(\text{kW})$，$0.7Q_m$ 时为 $0.7^3\times9=3.1(\text{kW})$；设励磁损耗在所有时间均按最大励磁功率370W计算，则年消耗电量为

$$A_2=1440\times9+2600\times4.6+2300\times3.1+0.37\times6340=34396(\text{kW}\cdot\text{h})$$

改造后年节约电费为

$$F=(A_1-A_2)\delta=(57060-34396)\times0.5=11332(\text{元})$$

如果已改造完毕，节电量应以实际测算值为准。

6. 风机滑差电动机调速改造计算

滑差电动机，也称电磁调速离合器电动机。它具有恒转矩、启动转矩大、可平滑地无级调速、机械特性较硬、结构简单、维护方便等特点，广泛用于恒转矩无级调速的场合。

滑差电动机主要由电枢（外转子）、磁极（内转子）、励磁线圈、测速发电机和三相异步电动机（原动机）等组成。

(1) 计算公式

① 转差离合器的输入功率，等于原动机（笼式异步电动机）输出功率，即

$$P_1=\frac{M_1n_1}{9555}$$

式中 P_1——转差离合器输入功率，kW；

M_1——原动机输出转矩，N·m；

n_1——原动机输出转速，r/min。

② 转差离合器轴输出功率 P_2。

$$P_2=\frac{M_2n_2}{9555}$$

式中 P_2——转差离合器轴输出功率，kW；

M_2——转差离合器输出转矩，N·m；

n_2——转差离合器输出轴转速，r/min。

③ 转差率 s。

$$s=\frac{n_1-n_2}{n_1}$$

④ 恒转矩负荷下滑差电动机的传递效率和损耗。因为是恒转矩负荷，$M=M_1=M_2=$常数，所以转差离合器的效率为

$$\eta=\frac{P_2}{P_1}=\frac{M_2n_2}{M_1n_1}=\frac{n_2}{n_1}=1-s$$

通常，在高速时传递效率为80%～85%，在恒转矩负荷下，其效率正比于输出转速。当转速下降时，输出功率成比例下降，而输入功率保持不变，此时损耗功率ΔP与滑差损耗成比例增加，即

$$\Delta P=P_1-P_2=P_1s$$

这种电动机不适用于恒功率负荷，而适用于鼓风机负荷和恒转矩负荷。

⑤ 通风机型负荷下滑差电动机的效率和损耗。通风机型负荷转矩与转速的平方成正比，功率与转速的三次方成正比，即

$$P_2/P_1=(n_2/n_1)^3=(1-s)^3$$

$$P_2=P_1(1-s)^3$$

原动机二次输入功率 $P_M=P_1(1-s)^2$

原动机二次损耗 $\Delta P=P_1s(1-s)^2$

原动机一次输入功率 $P_{sr}=\frac{P_1}{\eta_1}(1-s)^2$

原动机二次回路效率 $\eta_2=1-s$

原动机一次回路效率 η_1

若设$\eta_1=1$，则 $P_{sr}=P_1(1-s)^2$

(2) 实例

一台ZJTT系列滑差电动机，转差离合器的输出轴转速为850r/min，设原动机一次回路效率为1，当原动机转速由1450r/min（4极）减少到1960r/min（6极）运行时，试分别在以下几种情况下求节电效果：

① 滑差电动机在恒转矩负荷下运行；

② 滑差电动机在通风机型负荷下运行；

③ 若转差离合器减速至500r/min，则原动机从4极转换到6极运行，是否节电？

解 ① 当为恒转矩负荷时，原动机转速为1450r/min。

转差率 $s=(n_1-n_2)/n_1=(1450-850)/1450=0.41$

效率 $\eta=P_2/P_1=n_2/n_1=1-s=1-0.41=0.59$

式中 P_1——转差离合器输入功率，即原动机轴输出功率；

P_2——转差离合器轴输出功率。

由于原动机一次回路效率为1，所以P_1等于原动机输入功率P_{sr}，即$P_1=P_{sr}$，故滑差电动机的损耗功率为

$$\Delta P=P_1-P_2=P_1s=P_{sr}s=0.41P_{sr}$$

当原动机的输出转速降低到960r/min运行时，则这时的转差率和效率分别为

$$s'=(n_1'-n_2)/n_1'=(960-850)/960=0.11$$

$$\eta'=1-s'=1-0.11=0.89$$

查阅JZTT系列滑差电动机的功率表可知，原动机6极运行时的功率为4极运行功率的0.67，故

$$\Delta P'=0.67P_{sr}s'=0.67\times0.11P_{sr}=0.074P_{sr}$$

因此，从4极转换为6极运行，可节约电力：

$$\Delta P-\Delta P'=(0.41-0.074)P_{sr}=0.336P_{sr}$$

即节电33.6%。

该节电数值在各速度段都是相同的，即4极、6极转换后，在各种速度段运行下，具有相同的节电效果。

② 当为通风机型负荷时，原动机转速为1450r/min，转差率为

$$s=(1450-850)/1460=0.41$$

由于是通风机型风荷，故滑差电动机的损耗为

$$\Delta P=s(1-s)^2P_{sr}=0.41\times(1-0.41)^2P_{sr}=0.14P_{sr}$$

当原动机从4极转换到6极运行时，在同样情况下，有

$$s'=(960-850)/960=0.11$$

$$\Delta P'=0.67\times0.11\times(1-0.11)^2P_{sr}=0.058P_{sr}$$

因此由4极转换为6极运行，可节约电力

$$\Delta P-\Delta P'=(0.14-0.058)P_{sr}=0.082P_{sr}$$

即节电8.2%。

③ 当转差离合器减速时。

4极的转差率为

$$s=(1450-500)/1450=0.655$$

损耗 $\Delta P=P_{sr}s(1-s)^2=0.655\times(1-0.655)^2P_{sr}=0.078P_{sr}$

6极的转差率为

$$s'=(960-500)/960=0.48$$

损耗 $\Delta P'=0.67P_{sr}s'(1-s')^2=0.67\times0.48\times(1-0.48)^2P_{sr}=0.087P_{sr}$

因此，由4极转换为6极运行反而费电，即

$$\Delta P-\Delta P'=(0.078-0.087)P_{sr}=-0.009P_{sr}$$

可见，当原动机6极运行时，转差离合器减速到一定值后，损耗反而稍有增大，在通风机型负荷下，当选择使用的速度段在650～850r/min时，利用变极办法，可以有效地节电。这一情况与恒转矩负荷时的情况不大相同。

7. 风机电能平衡测试计算

风机是否需要节电改造，改造前后，都需要对风机进行现场测试。下面介绍的风机测试方法适用于电动机驱动的比压不超过1.15的离心式和轴流式风机，包括输送介质中含有低浓度粉尘的风机，但不包括输送物料的风机。

(1) 测试图及测试仪表的配备

① 风机测试图，如图6-3所示。

② 测量仪表及准确度。

a. 大气压力可用气压计测算，如无气压计可向当地气象台询问。

b. 风机的进、出口静压，高压风机可用U形管压力计，最小刻度为1mm。测量低压风机采用倾斜微压计，上限为2000Pa，倾斜常数为0.2～0.8，准确度等级为1级。

c. 测量风量用标准毕托管配微压计，在含尘浓度较高的管路中，应选用S形靠背管来

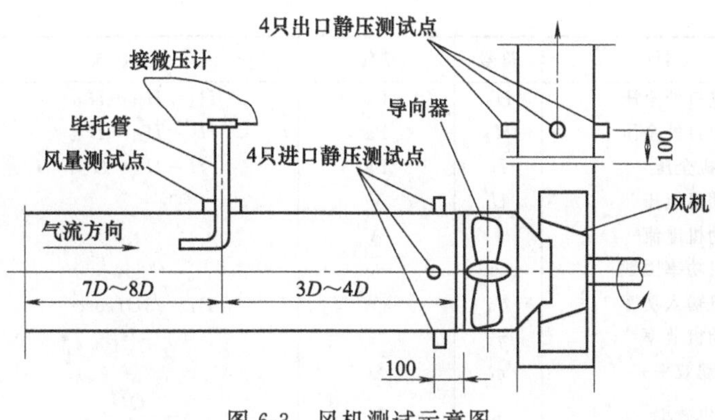

图 6-3　风机测试示意图

测定。

d. 测定温度可用长杆水银温度计（最小刻度为 1°）或热电偶电位计。

e. 测量气体成分可用奥氏分析仪。

f. 测量功率可用电流表、电压表、功率因数表，也可用瓦特表，但应备有秒表。上述各表的准确度等级为 0.5～1 级；电流互感器的准确度要求 0.2～0.5 级。

（2）测试记录和计算数据表

测试前，记下风机的型号规格、全风压、风量、转速、效率、生产厂家、出厂日期，以及配套电动机的型号规格、容量、电压、电流、转速、接法、绝缘等级、生产厂家、出厂日期等。

测试记录和计算数据见表 6-7。

表 6-7　风机测试记录和计算数据

序号	项　　目	符号	单位	计 算 公 式	备注
1	导向器开度	Y_n	%		
2	测试点风温	t	℃		
3	测试点处气体静压	H_j	Pa		
4	测试断面面积	F	m^2		
5	温度 t℃时气体重度	γ_t	N/m^3	$\gamma_t=\gamma_0\dfrac{H_a\pm H_j}{101325}\times\dfrac{293}{273+t}$	
6	测试断面动压平均值	H_d	Pa		
7	测试断面气体平均流速	v	m/s	$v=\sqrt{\dfrac{2gH_d}{\gamma_t}}$	
8	气体流量	Q	m^3/s	$Q=KFv$	标准毕托管 $K=1$
9	风机进口截面积	F_1	m^2		
10	风机进口流速	v_1	m/s	$v_1=Q/F_1$	
11	风机进口处静压	H_{j1}	Pa		
12	风机进口处气体重度	γ_{t1}	N/m^3	$\gamma_{t1}=\gamma_t\dfrac{H_a\pm H_{j1}}{H_a\pm H_j}$	
13	风机进口处动压	H_{d1}	Pa	$H_{d1}=\dfrac{v_1^2}{2g}\gamma_{t1}$	
14	风机出口截面积	F_2	m^2		
15	风机出口处流速	v_2	m/s	$v_2=Q/F_2$	
16	风机出口处静压	H_{j2}	Pa		
17	风机出口处气体重度	γ_{t2}	N/m^3	$\gamma_{t2}=\gamma_t\dfrac{H_a\pm H_{j2}}{H_a\pm H_j}$	
18	风机出口处动压	H_{d2}	Pa	$H_{d2}=\dfrac{v_2^2}{2g}\gamma_{t2}$	

续表

序号	项　　目	符号	单位	计 算 公 式	备注
19	风机进口处全压	H_1	Pa	$H_1=H_{j1}+H_{d1}$	
20	风机出口处全压	H_2	Pa	$H_2=H_{j2}+H_{d2}$	
21	风机全压	H	Pa	$H=H_2-H_1$	
22	电动机电压	U	V		
23	电动机电流	I	A		
24	电动机功率因数	$\cos\varphi$			
25	电动机输入功率	P_1	kW	$P_1=\sqrt{3}UI\cos\varphi$	
26	电动机效率	η_d	%		
27	传动效率	η_t	%		
28	风机效率	η	%	$\eta=\frac{QH}{1000P_1\eta_d\eta_t}$	
29	电能利用率	η_y	%	$\eta_y=N_{yx}/P_1=\eta\eta_d\eta_t$	
30	风机单耗	a	$kW\cdot h/m^3$	$a=\frac{P_1}{3600Q}$	

注：H_a为测试时当地大气压力，Pa；760mmHg=101325Pa；N_{yx}为有效功率，kW。

（3）实例

【实例 1】 测试一台 T4-72、No20 离心风机。风机转速为 470r/min，实测值为 315r/min，风量为 100400/145200m³/h，风压为 1265/932Pa。配用电动机 JQ_3-280S-8，55kW，三角皮带传动，风管尺寸：宽 1.2m，高 2m，风机出口直管段面积为 2.4m²。采用倾斜式微压计，毕托管（系数 $K=1$）等测试风量。测试记录：长方形风道，取 20 个点，微压计处角度系数 $K_1=0.2$，测试数值列于表 6-8。又实测出口静压平均值为 36.6Pa，进口静压平均值为 −170.7Pa，进口动压平均值为 54.9Pa，实测电动机输入功率为 13kW；又设电动机效率为 0.9，传动效率为 0.95。试求风机效率。

表 6-8　20 个点平均动压测试数值　　单位：Pa

588	637	490	490	368
706	490	490	520	422
735	804	735	490	123
539	539	588	441	270

解　测定出口管道截面上的动压（均方根值）为

$$H_{d2}=(\sqrt{588\times0.2}+\sqrt{637\times0.2}+\sqrt{490\times0.2}+\sqrt{490\times0.2}+\cdots+\sqrt{270\times0.2})^2/20^2=101.5(\mathrm{Pa})$$

取空气重度 $\gamma=11.77\mathrm{N/m^3}$，则测试断面气体平均风速为

$$v=\sqrt{\frac{2gH}{\gamma}}=\sqrt{\frac{2\times9.81\times101.5}{11.77}}=13(\mathrm{m/s})$$

风量为

$$Q=KvF=1\times13\times2.4=31.2(\mathrm{m^3/s})$$

由出口静压平均值 $H_{j2}=36.6$Pa，出口动压平均值 $H_{d2}=101.5$Pa，进口静压平均值 $H_{j1}=-170.7$Pa，进口动压平均值 $H_{d1}=54.9$Pa，得风机全压为

$$H=H_2-H_1=H_{j2}+H_{d2}-(H_{j1}+H_{d1})$$

$$=36.6+101.5-(-170.7+54.9)=253.9(\text{Pa})$$

将以上各参数代入下式，得风机效率为

$$\eta=\frac{QH}{1000P_1\eta_d\eta_t}=\frac{31.2\times253.9}{1000\times13\times0.9\times0.95}=71.2\%$$

【实例 2】 测试 10t/h 锅炉引风机，引风机及配用电动机的铭牌见表 6-9。测试数据如下。试求引风机的效率。

表 6-9 离心通风机铭牌及配用电动机铭牌

离心通风机铭牌 型号 Y9-35-1			
性能规范		选用性能	
流量	14920～41030m^3/h	流量	37300m^3/h
全压	1324～1206Pa	全压	1304Pa
主轴转速	730r/min	主轴转速	730r/min
电机容量	15～40kW	电机容量	30kW
介质温度	200℃	介质重度	7.31N/m^3
制造厂	上海鼓风机厂	制造日期	1976.6
配用电动机铭牌 JO_2L-82-6(△接法)			
功率	40kW	绝缘	E 级
转速	988r/min	频率	50Hz
电压	380V		
电流	75.2A		
制造厂	杭州发电设备厂	制造日期	1972.8

测试数据如下。

进口圆管直径 $D=0.845$m，截面积 $F=0.561m^2$。

出口矩形宽 0.434m，高 0.684m。

等面积圆环数：5 个。

测点环境温度：21℃；测点介质温度：150℃。

电动机转速 980r/min；电压 380V，电流 68A；电能表 10 转秒数：42.6s；电能表倍率：3×100/5=60；电能表常数：1250r/(kW·h)。

电动机效率：$\eta_d=0.87$；传动效率：$\eta_t=0.98$。

进口压力：静压 $H_{j1}=-1501.3$Pa，动压 $H_{d1}=239.7$Pa，全压 $H_1=H_{j1}+H_{d1}=-1261.6$Pa。

出口压力：$H_{j2}=99.7$Pa，$H_{d2}=233.8$Pa，$H_2=333.5$Pa。

烟气分析：$[RO_2]=2.7\%$，$[O_2]=15.8\%$，$[N_2]=81.5\%$。

解 标准状态下气体的重度为

$$\gamma_0=\frac{1.977[RO_2]+1.429[O_2]+1.25[N_2]}{100}\times9.81$$

$$=\frac{1.977\times2.7+1.429\times15.8+1.25\times81.5}{100}\times9.81$$

$$=12.73(N/m^3)$$

150℃时的烟气重度为

$$\gamma_t=\gamma_{150}=\gamma_0\frac{H_a+H_j}{101325}\times\frac{293}{273+t}$$
$$=12.73\times\frac{101325-1501.3}{101325}\times\frac{293}{273+150}$$
$$=8.69(N/m^3)$$

出口流速为

$$v_1=\sqrt{\frac{2gH}{\gamma}}=\sqrt{\frac{2\times9.81\times239.7}{8.69}}=23.26(m/s)$$

流量为

$$Q=v_1F_1=23.26\times0.561=13.05(m^3/s)$$

全压为

$$H=H_2-H_1=333.5+1261.6=1595.1(Pa)$$

有效功率为

$$N_{yx}=QH/1000=13.05\times1595.1/1000=20.82(kW)$$

输入功率为

$$P_1=\frac{10\text{转}\times\text{电能表倍率}\times1h\text{的秒数}}{\text{电能表常数}\times\text{电能表}10\text{转秒数}}=\frac{10\times60\times3600}{1250\times42.6}=40.56(kW)$$

轴功率为

$$N=P_1\eta_d\eta_t=40.56\times0.87\times0.98=34.58(kW)$$

风机效率为

$$\eta=\frac{N_{yx}}{N}=\frac{20.82}{34.58}=60.2\%$$

电能利用率为

$$\eta_y=\frac{N_{yx}}{P_1}=\frac{20.82}{40.56}=51.3\%$$

8. 水泵电动机功率的计算

(1) 计算公式

① 水泵轴功率计算。水泵轴功率是指在单位时间内电动机通过轴传给泵的能量。

$$N=\frac{\gamma QH}{1000\eta}$$

式中 N——水泵轴功率，kW；

γ——水的重度，一般情况可取 $\gamma=9810N/m^3$；

Q——水泵的流量 (m^3/s)，$1m^3/s=10^3L/s$；

H——水泵的扬程，m；

η——水泵效率，一般为0.6～0.84，实际数值以制造厂提供的数据为准。

② 电动机输出功率计算。

$$P_2=\frac{N}{\eta_t}=\frac{\gamma QH}{1000\eta\eta_t}$$

当电动机与水泵直连传动时，$\eta_t=1$，则

$$P_2=N=\frac{\gamma QH}{1000\eta}$$

式中 P_2——电动机输出功率，kW；

η_t——传动装置效率。当电动机与水泵直连传动时，$\eta_t=1$；联轴器传动时，$\eta_t=0.98$；三角皮带传动时，$\eta_t=0.95\sim0.96$；平皮带传动时，$\eta_t=0.92$；平皮带半交叉传动时，$\eta_t=0.9$。

③ 电动机输入功率计算。

$$P_1=\frac{P_2}{\eta_d}=\frac{\gamma QH}{1000\eta\eta_d\eta_t}$$

当电动机与水泵直连传动时，$\eta_t=1$，则

$$P_1=\frac{\gamma QH}{1000\eta\eta_d}$$

式中 P_1——电动机输入功率，kW；

η_d——电动机效率。一般中小型电动机，$\eta_d=75\%\sim85\%$；大型电动机，$\eta_d=85\%\sim94\%$，实际值以制造厂提供的数据为准。

④ 水泵配套电动机设计功率计算。设计功率要考虑储备系数（余裕系数）K，因此水泵配套电动机的设计功率为

$$P=KP_2=K\frac{N}{\eta_t}$$

式中 P——水泵电动机设计功率，kW；

P_2——水泵电动机输出功率，kW；

K——功率储备系数，见表 6-10。

表 6-10 功率储备系数

水泵功率/kW	<5	5～10	10～50	50～100	>100
K	2～1.3	1.3～1.15	1.15～1.10	1.15～1.05	1.05

当水泵的型号规格选定以后，所配电动机的功率，如有配套表，可直接从表中查得；如没有配套表可查，则可按以上介绍的计算公式计算。

(2) 实例

【实例 1】 有一台 BA 型离心泵，铭牌标示：流量 Q 为 25L/s，总扬程 H 为 20m，效率 η 为 78%，转速为 2900r/min，采用法兰传动（直连）。试选择配套的电动机。

解 直连传动，其传动效率 $\eta_t=1$；按表 6-10，取功率储备系数 $K=1.2$。水的重度 $\gamma=9810\text{N/m}^3$，流量 $Q=25\text{L/s}=25\times10^{-3}\text{m}^3/\text{s}$。

水泵轴功率

$$N=\frac{\gamma QH}{1000\eta}=\frac{9810\times25\times10^{-3}\times20}{1000\times0.78}=6.29(\text{kW})$$

配套电动机功率

$$P=K\frac{N}{\eta_t}=1.2\times\frac{6.29}{1}=7.5(\text{kW})$$

可采用 Y160M1-2 型 7.5kW、2930r/min 异步电动机。

【实例 2】 有一活塞式水泵，向高度为 80m 处供水，排水量为 $108\text{m}^3/\text{h}$，泵效率为

0.8，水泵轴与电动机作硬性连接，转速为980r/min，总水头损失为14m。试选择配套的电动机。

解 水的重度$\gamma=9810N/m^3$，排水量$Q=108m^3/h=0.03m^3/s$，泵效率$\eta=0.8$，由于直接传动，故机械传动效率$\eta_t=1$，扬程$H=80+14=94(m)$。

将以上参数代入下式，得电动机的输出功率（即电动机容量）为

$$P_2=\frac{\gamma QH}{1000\eta\eta_t}=\frac{9810\times0.03\times94}{1000\times0.8\times1}=34.6(kW)$$

因此，可选用额定功率为37kW的Y系列电动机。

9. 水泵电能消耗计算

【实例】 某水泵站的有效扬程为150m，当从下部储水池中抽出$5\times10^5m^3$的水时，需消耗多少电能？设水泵效率为80%，电动机效率为92%。水泵与电动机为直连传动，并设排水时有效扬程与效率不变。

解 设有效扬程为H(m)，抽水量为Q(m^3/s)，水泵效率为η，电动机效率为η_d，传动效率为η_t，则电动机输入功率为

$$P_1=\frac{\gamma QH}{1000\eta\eta_t\eta_d}$$

设电动机运转t(h)才能将储水池中的水$V=5\times10^5m^3$抽出，故

$$V=Q\times3600t$$

将$Q=\dfrac{V}{3600t}$代入前式，得

$$P_1=\frac{\gamma VH}{1000\times3600t\eta\eta_t\eta_d}$$

所以运转t(h)，抽出$5\times10^5m^3$水量所消耗的电能A为

$$A=P_1t=\frac{\gamma VH}{1000\times3600\eta\eta_t\eta_d}=\frac{9810\times5\times10^5\times150}{1000\times3600\times0.8\times1\times0.92}=2.78\times10^5(kW\cdot h)$$

10. 深井泵的选择

(1) 选择深井泵所需的资料

① 测出井的实际深度H_s、静水位H_j、水深H和井孔直径，如图6-4所示。

② 根据抽水试验，求出该井的预计最大出水量Q_{max}和相应的最大水位降S_{max}，并求出单位流量时的水位降S_q，即$S_q=S_{max}/Q_{max}$。

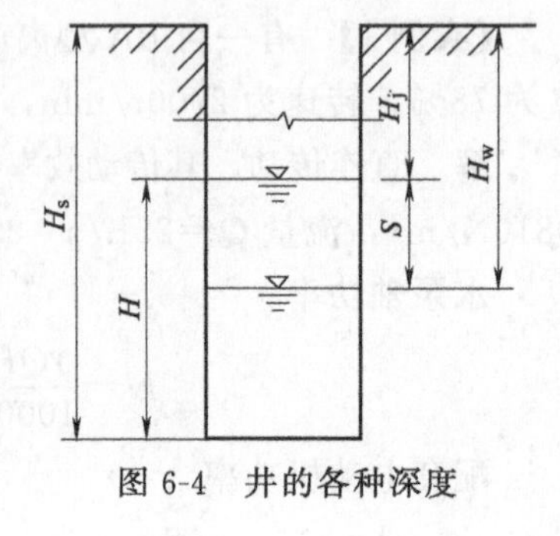

图6-4 井的各种深度

如果缺乏准确的抽水试验资料，Q_{max}可按下式估算：

$$Q_{max}=\frac{(2H-S_{max})S_{max}}{(2H-S)S}Q$$

式中 H——井中水深，m；

Q——在水位稳定时，一次抽水试验的出水量，m^3/h；

S——对应出水量Q的水位降，即从静水位到稳定水位间的距离（m），$S=H_w-H_j$；

S_{max}——井的最大水位降（m），一般为 $H/2$；

Q_{max}——对应于 S_{max} 的预计最大出水量，m^3/h。

(2) 选择的步骤

① 确定深井泵的型号。根据机井孔直径和井深，初步选定深井泵的型号。当井孔直径为200mm时，只能选用8JD型或SD8型以下的深井泵，以保持井壁与泵有足够的间隙。

② 求水位降。根据所选水泵型号，参照产品样本，查出其额定流量 Q_e，按下式求出此出水量时的水位降：

$$S_M = S_q Q_e$$

式中 S_M——水位降，m。

同时，为了防止井中水位降落过大而造成井的坍塌或淤积，S_M 应满足 $S_M \leqslant H/2$ 的条件。

③ 求动水位 H_d 的深度。按下式求出相应的动水位深度：

$$H_d = H_j + S_M$$

④ 算出深井泵在井中输水管的总长度。计算公式为

$$L = H_d + (1 \sim 2)$$

式中 L——输水管的总长度，m。

求得的 L 值不应大于该型号深井泵在产品样本中所给出的“输水管放入井口最大长度”。

⑤ 求总损失扬程。根据输水管直径和流量，从图6-5中查出每10m长输水管的摩擦损失水头 h 值，则输水管的总损失扬程为

$$\Delta H_z = 0.1hL$$

式中 ΔH_z——输水管总损失扬程，m。

⑥ 求提水所需扬程。计算公式为

$$H_x = H_d + \Delta H_z$$

式中 H_x 指深井泵扬水至井口地面所需的扬程。如果将水抽至高于地面的位置，则上式中还要加上高出地面一段的管路输水摩擦损失。

⑦ 确定叶轮级数和水泵扬程。根据求出的所需扬程 H_x，查产品样本，确定该泵叶轮的级数，使水泵的额定扬程 H_e 不小于 H_x，即 $H_e = KH_x$。式中 K 为储备系数，一般取1.1～1.2。

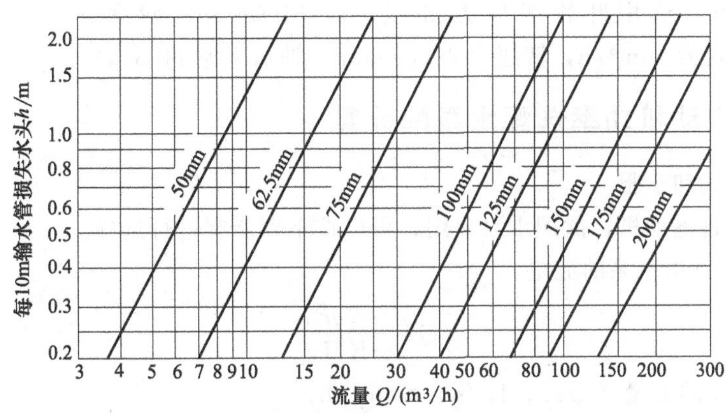

图6-5 深井泵输水管输水摩擦损失曲线

(3) 实例

某井深度 H_s 为 50m，静水位 H_j 为 20m，井孔直径为 150mm。已知当出水量 Q 为 30m³/h 时，相应的稳定水位降 S 为 6m，要求将水打到高于地面 H' 为 5m 的水塔内。试选择合适的深井泵。

解 ① 最大可能出水量 Q_{max}。井中水深

$$H=H_s-H_j=50-20=30(\text{m})$$

井的最大水位降

$$S_{max}=H/2=30/2=15(\text{m})$$

$$Q_{max}=\frac{(2H-S_{max})S_{max}}{(2H-S)S}Q=\frac{(2\times30-15)\times15}{(2\times30-6)\times6}\times30=62.5(\text{m}^3/\text{h})$$

单位流量的水位降为

$$S_q=S_{max}/Q_{max}=15/62.5=0.24[\text{m}/(\text{m}^3\cdot\text{h})]$$

② 已知井孔直径为 150mm，初选一台 6JD56 型深井泵。其额定流量 Q_e 为 56m³/h。由于井中水位可能降落值 S_M 为

$$S_M=S_qQ_e=0.24\times56=13.4(\text{m})<H/2=15(\text{m})$$

因此满足要求。

③ 动水位深度

$$H_d=H_j+S_M=20+13.4=33.4(\text{m})$$

④ 输水管总长

$$L=H_d+(1\sim2)=33.4+2=35.4(\text{m})$$

⑤ 6JD 型水泵输水管直径为 115mm，当输送流量为 56m³/h 时，每 10m 管长摩擦损失由图 6-5 可查得为 $h=0.75$m，故输水管总长为 35.4m 时的摩擦损失为

$$\Delta H_z=0.1hL=0.1\times0.75\times35.4=2.7(\text{m})$$

⑥ 所需扬程为

$$H_x=H_d+\Delta H_z+H'=33.4+2.7+5=41.1(\text{m})$$

因此

$$H_e=1.1H_x=1.1\times41.1=45.2(\text{m})$$

查产品样本，选用叶轮级数为 8 级，即 6JD56 × 8 型深井泵。其扬程为 64m (>41.1m)，流量为 56m³/h，转速为 2900r/min，轴功率为 14.38kW。

11. 根据电动机功率选配水泵的计算

(1) 计算公式和步骤

如果已有一台电动机，欲配水泵使用，可以按下列步骤进行选择。

① 按下式估算出水泵的流量：

$$Q=\frac{102\eta P_e}{KH}$$

式中 Q——水泵的流量 (L/s)，1L/s=3.6m³/h；

η——欲配水泵的效率，一般水泵取 0.6～0.84；

P_e——已有电动机的额定功率，kW；

K——功率储备系数，为1.1～1.2；

H——水泵扬程（m），可根据地形条件等初步确定。

② 按预计的扬程 H 和估算的流量 Q，就可按前面介绍的方法初选水泵。

③ 根据初选水泵的性能再对上面估算的流量、效率等数据进行核对，必要时再做一次精确的复选，以选出较合理的泵型。

（2）实例

有一台Y250M-2型55kW异步电动机。初步确定水泵扬程为65m，试选配合适的水泵。

解　设水泵的效率为0.72，取功率储备系数 $K=1.2$，则水泵的流量为

$$Q=\frac{102\eta P_e}{KH}=\frac{102\times 0.72\times 55}{1.2\times 65}=51.8(\mathrm{L/s})=186(\mathrm{m^3/h})$$

根据 $H=65\mathrm{m}$、$Q=186\mathrm{m^3/h}$，可选用6sh-6型双级离心泵。该泵的额定参数为：流量 $198\mathrm{m^3/h}$，扬程70m，转速2930r/min，效率0.72。

12. 水泵、风机类负载配套变频器容量的计算

（1）计算公式

当将节流控制改为变频调速控制时，变频器的容量可按下式计算：

$$P=K_1(P_1-K_2Q\Delta p)$$

式中　P——变频器容量，kW；

K_1——电动机和水泵调速后效率变化系数，一般取1.1～1.2；

P_1——节流运行时电动机实测功率，kW；

K_2——换算系数，取0.278；

Q——水泵实测流量，$\mathrm{m^3/h}$；

Δp——水泵出口与干线压力差，MPa。

（2）实例

某原料泵，型号150×100VPCH17W，额定扬程 H 为1200m，额定流量 Q 为 $70\mathrm{m^3/h}$。配用电动机的额定功率为380kW，额定电压为380V，额定电流为680A。实测数据如下：电动机功率 P_1 为321kW，泵出口压力 p 为11.5MPa，流量 Q 为 $60\mathrm{m^3/h}$，泵出口与干线压力差 Δp 为3.5MPa。试选择变频器的容量。

解　$P=K_1(P_1-K_2Q\Delta p)=1.15\times(321-0.278\times 60\times 3.5)=302(\mathrm{kW})$

可选用额定容量为315kW的变频器。

该泵采用变频调速后，电动机运行频率在42Hz左右，启动电流和负荷电流都大大降低，节电效果显著。经测试，功率仅196kW，节电率约为39%。

13. 水泵用开口式平皮带传动装置的计算

（1）技术资料

橡胶平皮带在各种运转速度时的最小皮带轮直径，见表6-11。

国产橡胶平皮带传动功率表，见表6-12；小皮带轮包角小于180°时的传递功率修正系数，见表6-13。

表 6-11 橡胶平皮带在各种运转速度时最小皮带轮直径 单位：mm

皮带层数 \ 皮带轮直径 \ 皮带速度	600m/min 以下	600～1200m/min	1200m/min 以上
3	75	100	125
4	125	150	200
5	175	200	250
6	250	300	350
7	350	400	450
8	450	500	550
9	550	600	650
10	700	800	900
12	900	1050	1200

表 6-12 国产橡胶平皮带传动功率表

皮带宽度/mm	皮带厚度（层数） \ 传递功率/kW \ 皮带速度/(m/min)	300	400	500	600	700	800	900	1000	1100	1200
100	3	3.6	4.5	5.5	6.7	7.7	8.7	9.8	10.7	11.8	12.1
	4	5.1	6.2	7.8	9.0	10.7	12.2	13.4	14.6	16.1	16.5
125	4	6.1	7.9	9.9	11.4	13.4	15.3	16.7	18.3	20.1	21.1
	5	7.5	9.9	12.3	14.6	16.8	19.2	21.0	23.4	25.8	26.8
150	5	9	11.7	14.5	17.6	20.3	23.6	25.1	28.0	31.0	32.2
	6	11.5	14.8	18.4	22.3	25.2	29.4	32.1	34.7	38.0	40.2
200	5	12.0	15.7	19.6	23.3	26.9	30.6	33.5	37.5	41.2	42.8
	6	15.3	19.7	24.6	29.6	33.4	39.2	42.7	46.2	50.8	53.6
	7	17.6	22.7	28.4	34.2	39.8	46.1	47.6	54.3	59.6	61.0
250	5	15.0	19.6	24.5	29.1	33.6	38.2	42.0	46.8	51.5	53.5
	6	19.2	24.6	31.8	37.0	43.0	49.0	53.5	57.7	63.5	67.0
	7	22.0	28.4	35.5	42.8	49.8	56.6	62.0	68.0	74.6	76.3
300	6	23.0	29.5	38.0	44.0	51.7	58.8	64.0	69.0	76.0	80.0
	7	27.4	34.0	42.5	51.2	59.6	67.8	74.2	81.5	88.0	91.5

注：国产橡胶平皮带每层厚度为 1.25mm。

表 6-13 小皮带轮包角小于 180°时的传递功率修正系数

包角 α	180°	170°	160°	150°	140°	130°	120°
修正系数	1.0	0.98	0.96	0.93	0.90	0.87	0.83

（2）实例

某水泵站，一台水泵的额定转速为 1450r/min、轴功率为 16kW。欲配用一台额定转速为 970r/min、功率为 22kW 的三相电动机。二者均为横卧安装，采用开口式平皮带传动。试设计传动装置。

解 ① 小皮带轮直径 $D_{小}$ 的计算。小皮带轮的直径 $D_{小}$ 应满足以下两式的要求：

$$D_{小}=(1150\sim1400)\sqrt[3]{\frac{P}{n_{小}}}=(1150\sim1400)\times\sqrt[3]{\frac{16}{1450}}=256\sim312(\text{mm})$$

式中　P——水泵的轴功率；

$n_小$——水泵的额定转速。

因为是开口传动，皮带线速度 v 应不超过 30m/s，一般以 10～20m/s 为宜，取 $v=20m/s$，则

$$D_{小}=\frac{60\times1000v}{\pi n_{小}}=\frac{60000\times20}{\pi\times1450}=263(mm)$$

因此可取 $D_小=250\sim280mm$，现取 $D_小=250mm$。这时皮带线速度 $v=\frac{250}{263}\times20=19(m/s)=1140(m/min)$。

② 根据 $P=16kW$，$v=1140m/min$，查表 6-12，选用厚度为 4 层，宽度为 125mm 的平皮带。

在包角为 180°时传递功率约 20.1kW，大于 16kW，可不必进行包角影响修正。所选用的电动机额定功率为 22kW 也符合要求。

③ 查表 6-11，当皮带层数为 4 层、v 为 600～1200m/min 时，最小皮带轮直径为 150mm，故按上述选定的小轮直径 $D_小=250mm$ 符合要求。

④ 电动机皮带轮直径计算。取打滑系数 $K=1.03$，则电动机皮带轮直径 $D_大$ 为

$$D_{大}=K\frac{n_{小}}{n_{大}}D_{小}=1.03\times\frac{1450}{970}\times250=385(mm)(取 390mm)$$

⑤ 皮带轮宽度 B 为

$$B=(1.1\sim1.5)\times125=137.5\sim187.5(mm)$$

查表 6-12，取标准皮带宽度 150mm。

⑥ 皮带轮中心距 A 为

$$2(D_{大}+D_{小})\leqslant A\leqslant5(D_{大}+D_{小})$$
$$2\times(390+250)\leqslant A\leqslant5\times(390+250)$$
$$1280\leqslant A\leqslant3200$$

根据实际情况，取 2m。

⑦ 皮带长度 L 为

$$L=2A+\frac{\pi}{2}(D_{大}+D_{小})+\frac{(D_{大}-D_{小})^2}{4A}$$
$$=2\times2000+\frac{\pi}{2}\times(390+250)+\frac{(390-250)^2}{4\times2000}$$
$$=4000+1005.3+2.45=5007.75(mm)$$

考虑皮带接头余量，取 $L=5.6m$。

14. 水泵电能平衡测试计算

下面介绍的水泵参数测试方法适用于离心泵、混流泵和深井泵等；输送的介质以工业所允许使用的清水及物理性质类似于清水的液体为限，工作介质温度 80℃以下。

水泵测试主要是测量水泵的能耗和效率。

(1) 测试图及测试仪表的配备

① 水泵测试图，如图 6-6 所示。

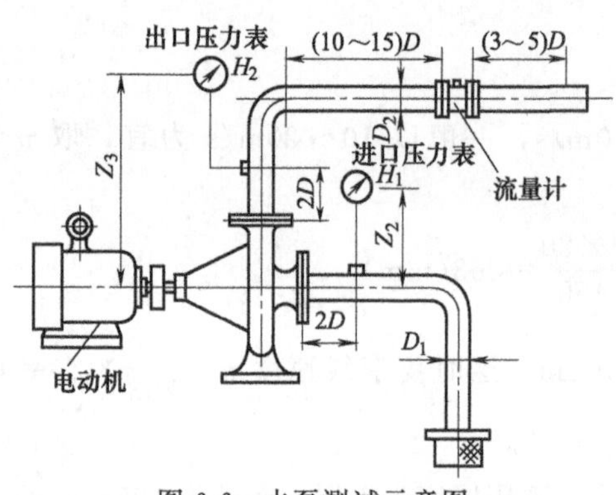

图 6-6 水泵测试示意图

② 测量仪表及准确度。

a. 流量计。有多普勒超声波流量计，时频法超声波流量计（SP-Ⅰ型）。

b. 压力计。有液柱式压力计（标准U形水银差压计），弹簧压力计[标准压力表(YB型)或标准压力真空表(YZ型)]，0.5～1级；压力变送器与数字显示测压仪（MYD-2压力传感器，配用XJ-60巡回检测仪测压装置），0.2级及CECY型电容式压力变送器配4～20mm数字式电压表装置，0.25级。

c. 测速仪。有接触式转速表（HMZ——定时式转速表），激光测速仪、电磁感应式测速仪、TM-2011光电数字显示转速表。

d. 测功计。有天平式测功计，扭转式测功计。

上述仪表的准确度应符合表6-14的要求。

表 6-14 测量仪表的准确度

测量仪表	准确度范围/%	测量仪表	准确度范围/%
流量	±3	功率	±2
扬程	±2	转速	±2

e. 电流表、电压表、功率因数表等准确度等级0.5～1级；电流互感器的准确度要求0.2～0.5级。

(2) 水泵测试记录和计算数据

测试前，记下水泵的型号规格、流量、扬程、转速、效率、轴功率、生产厂家、出厂日期，以及配套电动机的型号规格、容量、电压、电流、转速、接法、绝缘等级、生产厂家、出厂日期等。

水泵测试记录和计算数据表参考表6-15。

表 6-15 水泵测试记录和计算数据表

序号	项目	符号	单位	计算公式	备注
1	水泵转速	n	r/min		
2	水温	t	℃		
3	水的重度	γ	N/m³		
4	进口流速	v_1	m/s		
5	出口流速	v_2	m/s		
6	出口管道有效面积	F	m²		
7	流量	Q	m³/s	$Q=vF$	
8	进口压力	H_1	Pa		
9	出口压力	H_2	Pa		
10	位差	ΔZ	m	$\Delta Z=Z_3-Z_2$	见图6-6
11	水泵扬程	H	m		
12	电动机电压	U	V		
13	电动机电流	I	A		
14	电动机功率因数	$\cos\varphi$			
15	电动机输入功率	P_1	kW	$P_1=\sqrt{3}UI\cos\varphi$	
16	电动机效率	η_d			
17	传动效率	η_t			直接传动时 $\eta_t=1$
18	水泵轴功率	N	kW	$N=P_1\eta_d\eta_t$	
19	水泵额定转速	n_e	r/min		

续表

序号	项　目	符号	单位	计算公式	备　注
20	换算规定转速下的流量	Q_0	m^3/s	$Q_0=\frac{n_0}{n}Q$	$n_0=n_e$
21	换算规定转速下的扬程	H_0	m	$H_0=\left(\frac{n_0}{n}\right)^2H$	$n_0=n_e$
22	换算规定转速下的轴功率	N_0	kW	$N_0=\left(\frac{n_0}{n}\right)^2N$	$n_0=n_e$
23	水泵效率	η	%	$\eta=\frac{\gamma QH}{1000N}\times100\%$	分别用 Q_0、H_0、N_0 代入式中
24	电能利用率	η_y	%	$\eta_y=\frac{N_{yx}}{P_1}=\eta\eta_d\eta_t$	
25	水泵单耗	α	$kW\cdot h/m^3$	$\alpha=\frac{P_1}{3600Q}$	

(3) 实例

【实例 1】 某回水泵测试记录见表 6-16～表 6-18。试计算有关参数及效率和水泵单耗。

① 水泵铭牌和配用电动机铭牌。

a. 水泵铭牌见表 6-16。

表 6-16　水泵铭牌

型号 4BA-12A 离心泵			
流　量	23.6L/s	—	—
扬　程	28.6m	吸程	6m
转　速	2900r/min	效率	76%
轴功率	8.71kW	—	—
配用功率	13kW	—	—
制造厂	浙江省江山水泵厂	制造日期	1986 年

b. 配用电动机铭牌见表 6-17。

表 6-17　配用电动机铭牌

三相异步电动机			
型　号	JO_2L-52-2	接　法	△
功　率	13kW	绝　缘	—
转　速	2920r/min	频　率	50Hz
电　压	380V	—	—
电　流	25.2A	—	—
制造厂	浙江省嵊县电机厂	制造日期	1986 年

② 测试数据。水泵测试图如图 6-6 所示。测试数据见表 6-18。

表 6-18　测试数据

序号	项　目	符号	单位	数　值
1	进口管内径	D_1	m	0.08
2	进口管截面积	F_1	m^2	0.00503
3	出口管内径	D_2	m	0.069

续表

序号	项　目	符号	单位	数　值
4	出口管截面积	F_2	m^2	0.00374
5	进口压力表位高	Z_1	m	0.82
6	出口压力表位高	Z_2	m	2.82
7	表位差	ΔZ	m	2.82－0.82＝2
8	进口压力	H_1	Pa	－1176.8
9	出口压力	H_2	Pa	32.36×10^4Pa
10	测点流体温度	t	℃	32
11	测点流体重度	γ_t	N/m^3	9761
12	水箱内径	D	m	1.782
13	水箱截面积	F	m^2	2.494
14	测试前水箱水位	h_1	m	1.05
15	测试后水箱水位	h_2	m	2.705
16	水位变化高度	Δh	m	2.705－1.05＝1.655
17	水泵转速	n	r/min	2920
18	电动机电压	U	V	400
19	电动机电流	I	A	18.63
20	电动机输入功率	P_1	kW	9.35(二瓦特计)
21	电动机效率	η_d		0.877
22	传动效率	η_t		0.98
23	测试用时间	T	s	315

解　有关参数及效率和水泵单耗计算如下：

流量　$Q=\frac{F\Delta h}{T}=\frac{2.494\times1.655}{315}=0.0131(m^3/s)$

进口流速　$v_1=\frac{Q}{F_1}=\frac{0.0131}{0.00503}=2.604(m/s)$

出口流速　$v_2=\frac{Q}{F_2}=\frac{0.0131}{0.00374}=3.503(m/s)$

扬程（注意进口压力为负值）

$$H=\frac{H_2-H_1}{\gamma_t}+\frac{v_2^2-v_1^2}{2g}+\Delta Z$$

$$=\frac{323600+1176.8}{9761}+\frac{3.503^2-2.604^2}{2\times9.81}+2$$

$$=35.55(m)$$

有用功率　$N_{yx}=\frac{\gamma_t QH}{1000}=\frac{9761\times0.0131\times35.55}{1000}=4.55(kW)$

水泵轴功率　$N=P_1\eta_d\eta_t=9.35\times0.877\times0.98=8.036(kW)$

水泵效率　$\eta=\frac{N_{yx}}{N}\times100\%=\frac{4.55}{8.036}\times100\%=56.6\%$

电能利用率 $\eta_y=\frac{N_{yx}}{P_1}\times100\%=\frac{4.55}{9.35}\times100\%=49\%$

水泵单耗 $\alpha=\frac{P_1}{3600Q}=\frac{9.35}{3600\times0.0131}=0.198(\text{kW}\cdot\text{h/m}^3)$

【实例 2】 某水泵测试数据见表 6-19（不包括框线内数据），试计算有关参数及效率和水泵单耗。

表 6-19 水泵测试数据和计算结果

序号	项　目	符号	单位	数据及计算结果
1	水泵转速	n	r/min	2949
2	水温	t	℃	10
3	水的重度	γ	N/m³	9810
4	进口流速	v_1	m/s	0
5	出口流速	v_2	m/s	4.39 ($v_2=Q/F$)
6	出口管道有效面积	F	cm²	77
7	流量	Q	m³/s	0.0338
8	进口压力	H_1	Pa	-3.73×10^4Pa
9	出口压力	H_2	Pa	24.52×10^4Pa
10	位差	ΔZ	m	1.79
11	水泵扬程	H	m	31.57
12	电动机电压	U	V	380
13	电动机电流	I	A	34.9
14	电动机功率因数	$\cos\varphi$		0.78
15	电动机输入功率	P_1	kW	17.92 ($P_1=\sqrt{3}UI\cos\varphi$)
16	电动机效率	η_d		0.82
17	传动效率	η_t		1(直接传动)
18	水泵轴功率	N_j	kW	14.69 ($N_j=P_1\eta_d\eta_t$)
19	水泵额定转速	n_0	r/min	2900
20	换算规定转速下的流量	Q_0	m³/s	0.03324 ($Q_0=Qn_0/n$)
21	换算规定转速下的扬程	H_0	m	30.53[$H_0=H(n_0/n)^2$]
22	换算规定转速下的轴功率	N_0	kW	13.932[$N_0=N(n_0/n)^2$]
23	水泵效率	η	%	71.41
24	水泵单耗	α	kW·h/m³	0.147 $\left(\alpha=\frac{P_1}{3600Q}\right)$

解 出口流速 $v_2=Q/F=\frac{0.0338}{77\times10^{-4}}=4.39(\text{m/s})$

扬程（注意进口压力为负值）

$$H=\frac{H_2+H_1}{\gamma}+\frac{v_2^2-v_1^2}{2g}+\Delta Z$$
$$=\frac{(24.52+3.73)\times10^4}{9810}+\frac{4.39^2}{2\times9.81}+1.79$$
$$=28.8+0.98+1.79=31.57(\text{m})$$

电动机输入功率

$$P_1=\sqrt{3}UI\cos\varphi=\sqrt{3}\times380\times34.9\times0.78=17917(\text{W})=17.92(\text{kW})$$

水泵轴功率

$$N_j=P_1\eta_d\eta_t=17.92\times0.82\times1=14.69(\text{kW})$$

换算规定转速下的流量

$$Q_0=Q(n_0/n)=0.0338\times(2900/2949)=0.03324(\text{m}^3/\text{s})$$

换算规定转速下的轴功率

$$N_0=N(n_0/n)^2=14.69\times(2900/2949)^2=13.932(\text{kW})$$

水泵效率（换算规定转速下）

$$\eta=\frac{\gamma QH}{1000N}=\frac{9810\times0.03324\times30.53}{1000\times13.932}=71.41\%$$

水泵单耗

$$\alpha=\frac{P_1}{3600Q}=\frac{17.92}{3600\times0.0338}=0.147(\text{kW}\cdot\text{h/m}^3)$$

15. 离心式空压机配套电动机功率的计算

(1) 计算公式

电动机输出功率为

$$P_2=\frac{Q(A_d+A_r)}{2\eta}\times10^{-3}$$

式中 P_2——电动机输出功率，kW；

Q——空压机排气量（生产率），m^3/s；

η——空压机效率（指总效率），0.62～0.82；

A_d——压缩 $1m^3$ 空气至绝对压力 p_1 的等温功，$N\cdot m/m^3$；

A_r——压缩 $1m^3$ 空气至绝对压力 p_1 的绝热功，$N\cdot m/m^3$。

A_d、A_r 与终点压力 H_1 的关系见表6-20。

表 6-20 A_d、A_r 与终点压力 H_1 的关系

H_1/MPa	0.1520	0.2027	0.3040	0.4053	0.5066	0.6080	0.7093	0.8106	0.9119	1.0113
$A_d/(N\cdot m/m^3)$	39713	67666	107873	136312	157887	175539	191230	203978	215746	222553
$A_r/(N\cdot m/m^3)$	42169	75511	126506	167694	201036	230456	255954	280470	301064	320677

(2) 实例

已知某离心式空压机的绝对压力 p 为 0.2027MPa，欲达到排气量 Q 为 $0.5m^3/s$，试求电动机的输出功率。

解 查表6-20，由终点压力 $H_1=0.2027$MPa 得：$A_d=67666N\cdot m/m^3$，$A_r=75511N\cdot m/m^3$。设空压机效率 $\eta=0.7$，则电动机的输出功率为

$$P_2=\frac{Q(A_d+A_r)}{2\eta}\times10^{-3}=\frac{0.5\times(67666+75511)}{2\times0.7}\times10^{-3}\approx51(\text{kW})$$

选用国家标准系列产品 55kW 三相异步电动机。

16. 离心式制冷机配套电动机功率的计算

(1) 计算公式

① 压缩机的多变功率为

$$N_{pol}=\frac{Q_m Al_{pol}}{3600}\times 10^{-3}$$

式中　N_{pol}——压缩机的多变功率，kW；

Q_m——质量流量，kg/h；

Al_{pol}——多变压缩功，J/kg。

在两级压缩机中间抽气循环中，若以两级的能量相等来选定中间压力，则用下式计算压缩机的多变功率 N_{pol}：

$$N_{pol}=\frac{(Q_{m1}+Q_{m2})(Al_{pol}/2)}{3600}\times 10^{-3}$$

式中　Q_{m1}——从蒸发器来的质量流量，即每一级叶轮的吸入流量，kg/h；

Q_{m2}——在第一级上增加的从省功器来的质量流量，即第二级叶轮吸入流量，kg/h。

② 轴功率。考虑到多变效率 η_{pol} 和机械效率（传动效率）η_t，压缩机轴功率为

$$N=\frac{N_{pol}}{\eta_{pol}\eta_t}$$

③ 电动机设计功率为

$$P=KN=K\frac{N_{pol}}{\eta_{pol}\eta_t}$$

式中　K——功率储备系数，$K=1.05\sim1.15$。

（2）实例

有一台离心式制冷机，已知质量流量 Q_m 为 17kg/h，压缩功 Al_{pol} 为 5000kJ/kg，设制冷机总效率 η 为 0.75，试计算电动机的设计功率。

解　取功率储备系数 $K=1.15$，则电动机的设计功率为

$$P=K\frac{Q_m Al_{pol}}{3600\eta}\times 10^{-3}=1.15\times\frac{17\times 5000000}{3600\times 0.75}\times 10^{-3}=36.2(\text{kW})$$

可选用标称功率为 37kW 的国家标准系列电动机。

17. 阶梯式负荷空压机配套电动机最佳功率的计算

（1）计算公式

阶梯式负荷如图 6-7 所示。

电动机输出功率按下式计算：

$$P=\sqrt{\frac{P_1^2t_1+P_2^2t_2+P_3^2t_3+P_4^2t_4}{t_1+t_2+t_3+t_4}}$$

式中　P——电动机输出功率，kW；

P_1、P_2，P_3，P_4——不同时间段的负荷，kW；

t_1，t_2，t_3，t_4——对应 $P_1\sim P_4$ 负荷的持续时间，min。

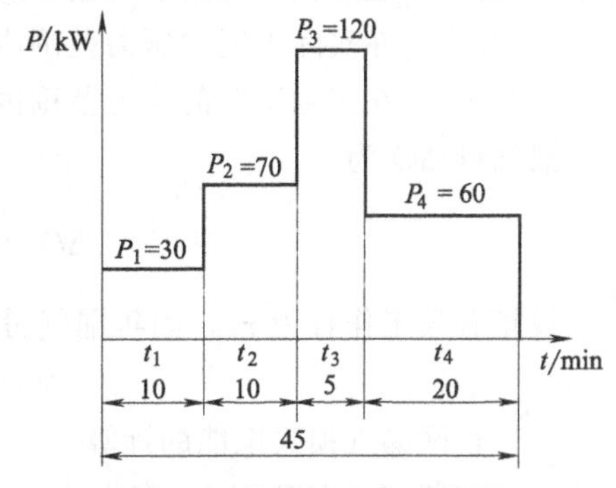

图 6-7　阶梯式负荷示意图

（2）实例

已知一空压机的电动机负荷如图 6-7 所示。负荷 $P_1\sim P_4$ 的持续时间分别为 $t_1\sim t_4$，试问选择多大功率的电动机最节电？

解 电动机输出功率为

$$P=\sqrt{\frac{P_1^2t_1+P_2^2t_2+P_3^2t_3+P_4^2t_4}{t_1+t_2+t_3+t_4}}$$

$$=\sqrt{\frac{30^2\times10+70^2\times10+120^2\times5+60^2\times20}{10+10+5+20}}$$

$$=67(\text{kW})$$

若选取国家标准 Y 系列 75kW 电动机，当最大负荷为 120kW 时，已超过电动机的额定功率的 120/75=1.6 倍，因此，该电动机必须满足能负荷 160%转矩的能力。查产品目录，该电动机最大转矩为额定转矩的 1.8 倍以上，可以满足设计需要，但过负荷时间 t 必须在 1h 以内。

18. 空压机管网漏气测试计算

(1) 管网漏气的测试方法及计算公式

在停产检修时，所有用风点一律停止用风，将管网末端全部封闭，用压力-时间曲线测试法进行测试。

现设有几台空压机，将它们全部开动，压力随时间逐渐升高，达到工艺规定的压力后，使空压机停止运行。随后，由于漏气，系统压力逐渐下降。在此过程中，记录压力在实际使用范围内由 H_2 到 H_1 的上升时间 T_1 和由 H_1 到 H_2 的下降时间 T_2，如图 6-8所示。图中实线比虚线漏气少。

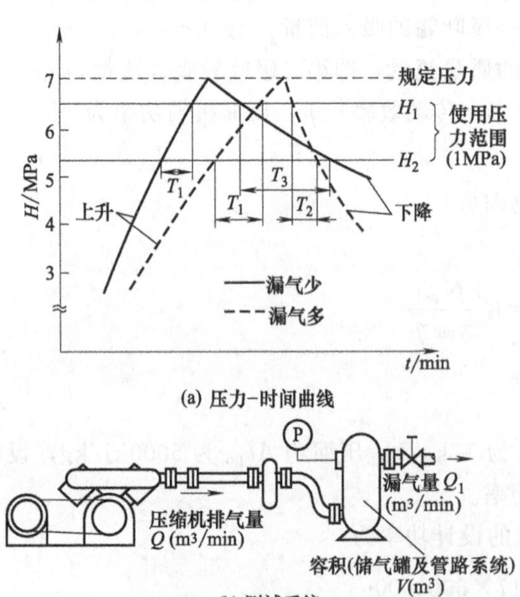

图 6-8 压力-时间曲线

平衡期 n 台空压机的总排气量 Q_p 为

$$Q_p=Q_1+Q_2+\cdots+Q_n=\sum_1^n Q_i\ (\text{m}^3/\text{min})$$

设空压机系统的容积为 $V(\text{m}^3)$，则

$$V=(Q_p-\Delta Q)T_1=\Delta QT_2(\text{m}^3)$$

式中 ΔQ——空压机系统的漏气量，m³/min；

T_1——在实际工况的压力范围内，压力从 H_2 上升到 H_1 所需的时间，min；

T_2——在实际工况的压力范围内，压力从 H_1 下降到 H_2 所需的时间，min。

漏气量 ΔQ 为

$$\Delta Q=\frac{T_1Q_p}{T_1+T_2}(\text{m}^3/\text{min})$$

设年有效工作日为 τ_h，则年漏气量为

$$\Delta Q_{年}=Q_1\tau\times60(\text{m}^3)$$

(2) 管网漏气损失电能的计算

在测试期内，在 T_1 时间内供给 n 台空压机的总电能为

$$A=\frac{1}{60}(P_{d1}+P_{d2}+\cdots+P_{dn})T_1=\left(\sum_1^n P_{di}\right)T_1(\text{kW}\cdot\text{h})$$

式中 P_{d1}，P_{d2}，…，P_{dn}——各空压机电动机的输入功率，kW。

在测试期内，在 T_1 时间内 n 台空压机换算到吸气状态下的总排气量为

$$Q_p=(Q_1+Q_2+\cdots+Q_n)T_1=\left(\sum_1^n Q_i\right)T_1(\mathrm{m}^3)$$

平均比电能 m_B 为

$$m_B=A/Q_p(\mathrm{kW\cdot h/m^3})$$

空压机管网年漏气损失电能 ΔA 为

$$\Delta A=\Delta Q_{年}\,m_B(\mathrm{kW\cdot h})$$

(3) 实例

某矿井区空气压缩机站有 5 台空压机，空压机站的规定压力为 600kPa，使用压力范围为 450～580kPa，试进行管网漏气测试，并计算漏气损失电能。

解 ① 管网漏气测试。将压缩机系统的管网末端封闭，停止一切用风。开动全部 5 台空压机，使压缩机系统的压力逐渐增大，直至达到工艺规定的 600kPa 压力，然后关闭所有空压机。记录下各台空压机电动机的输入功率和空压机排气量，如表 6-21 所示。

表 6-21 某空气压缩机站

空压机编号	电动机输入功率/kW	空压机排气量/(m³/min)
1	150	21.05
2	186	28.67
3	202.5	31.81
4	220	36.92
5	240.6	39.72

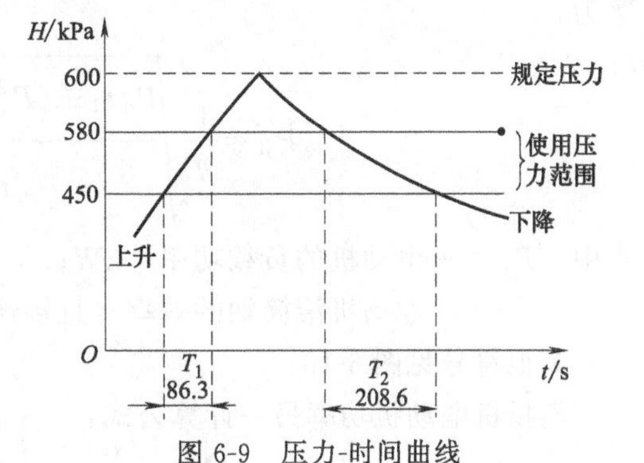

图 6-9 压力-时间曲线

另外记录下压力在实际使用范围内（450～580kPa）由 $H_2=450\text{kPa}$ 到 $H_1=580\text{kPa}$ 的上升时间 T_1 和由 H_1 下降到 H_2 的下降时间 T_2，如图 6-9 所示。

② 漏气量和电能损失计算。

a. 漏气量计算。

根据测试数据，$H_2=450\text{kPa}$，$H_1=580\text{kPa}$，$T_1=86.3\text{s}$，$T_2=208.6\text{s}$。

5 台空压机总排气量为

$$Q_P=Q_1+Q_2+Q_3+Q_4+Q_5=21.05+28.67+31.81+36.92+39.72=158.17(\mathrm{m^3/min})$$

管网漏气量为

$$\Delta Q=\frac{T_1}{T_1+T_2}Q_p=\frac{86.3}{86.3+208.6}\times158.17=46.3(\mathrm{m^3/min})$$

按年运行 300 天计算，每年漏气量为

$$\Delta Q_{年}=\Delta Q\times300\times24\times60=20001600(\mathrm{m}^3)$$

b. 漏气的电能损失计算。在测试期的 T_1 时间内，供给 5 台空压机的总电能为

$$\begin{aligned}A&=(P_1+P_2+P_3+P_4+P_5)T_1/3600\\&=(150+186+202.5+220+240.6)\times86.3/3600\\&=23.95(\mathrm{kW\cdot h})\end{aligned}$$

在测试期的 T_1 时间内 5 台空压机换算到吸气状态下的总排气量为

$$Q_P=(Q_1+Q_2+Q_3+Q_4+Q_5)T_1/60=158.17\times86.3/60=227.5(\mathrm{m}^3)$$

平均比电能为

$$m_{\mathrm{B}}=A/Q_{\mathrm{p}}=23.95/227.5=0.105(\mathrm{kW}\cdot\mathrm{h/m^3})$$

空压机管网年漏气电能损失为

$$\Delta A=\Delta Q_{年}\ m_{\mathrm{B}}=20001600\times0.105=2100168(\mathrm{kW}\cdot\mathrm{h})$$

如果电价 δ 为 0.5 元/(kW·h)，则因漏气造成的电费为2100168×0.5=1050084(元)≈10.5(万元)。

由此可见，加强对空压机及管道的运行管理，减少管网漏气，对节约用电十分重要。平时要对管网焊接处、法兰处等部位作重点检查，及时处理漏气点，更换腐蚀、老化的密封圈，使管网系统处于良好的状态。

19. 卷扬机电动机功率的计算

(1) 计算公式

卷扬机电动机功率的计算。卷扬机电动机的负载曲线如图 6-10 所示，电动机的负载功率为

$$P_{\mathrm{jf}}=\frac{1}{\eta}\sqrt{\frac{P_1^2t_1+(P_2^2+P_2P_3+P_3^2)\frac{t_2}{3}+P_4^2t_3}{t_1+t_2+t_3+\frac{t_4}{3}}}$$

式中 P_{jf}——电动机的负载功率，kW；

η——卷扬机滚筒轴的效率（直接连接的为 0.8～0.9，一对齿轮乘以 0.9～0.95）。

其他符号见图 6-10。

卷扬机电动机功率另一计算公式：

$$P=0.105\frac{nM}{\eta}\times10^{-3}$$

式中 P——所需的电动机功率，kW；

n——转速，r/min；

M——电动机的负载转矩，N·m。

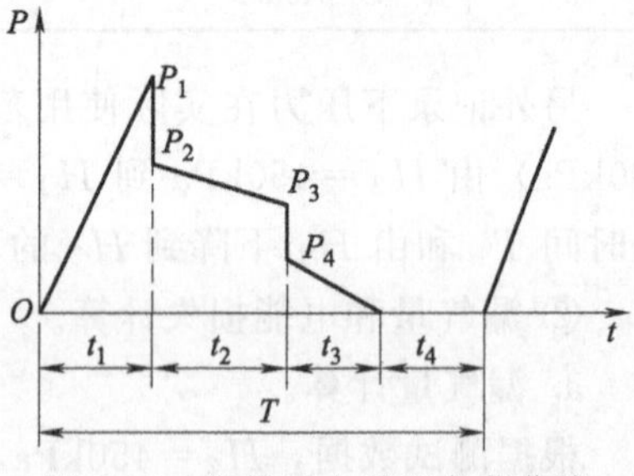

图 6-10 卷扬机电动机负载曲线

(2) 实例

某卷扬机的电动机负载曲线如图 6-10 所示。已知：$t_1=12\mathrm{s}$，$t_2=20\mathrm{s}$，$t_3=6\mathrm{s}$，$t_4=30\mathrm{s}$；$P_1=350\mathrm{kW}$，$P_2=200\mathrm{kW}$，$P_3=160\mathrm{kW}$，$P_4=40\mathrm{kW}$。试选择电动机的功率。

解 设滚筒轴的效率 $\eta=0.95$，则电动机的负载功率为

$$P_{\mathrm{jf}}=\frac{1}{\eta}\times\frac{1}{\sqrt{12+20+6+\frac{30}{3}}}\times\sqrt{350^2\times12+(200^2+200\times160+160^2)\times\frac{20}{3}+40^2\times6}$$

$$=\frac{1}{0.95}\times210.7=221.8(\mathrm{kW})$$

因此，可选用 JRQ 型 245kW、735r/min、380V 的电动机。

用上述方法计算时，周期 T 值一般不超过 15min。

20. 直流电动机驱动的卷扬机计算

【实例】 有一利用直流电动机驱动的卷扬机，在时间 $t=0$ 到 $t=3s$ 以加速度 $1.2m/s^2$ 上升，之后 10s 以 v_0(m/s) 等速卷扬，最后以 $-1.2m/s^2$ 减速度至停止卷扬，如图 6-11 所示。试求：

① 经过这一过程，卷扬物将提升几米？

② 设卷扬荷重共 1200kg，机械效率为 0.9（设与速度无关）时，求以一定速度 v(m/s) 提升中电动机的出力 P_2' 和 v 的关系。设重力加速度为 $9.81m/s^2$；

③ 在以速度 v 提升中以加速度 $1.2m/s^2$ 上升时，电动机的出力在②的 P_2' 中必须追加加速所需要的出力部分 P_2''，试求 P_2'' 和 v 的关系。设该出力追加部分的机械效率为 1；

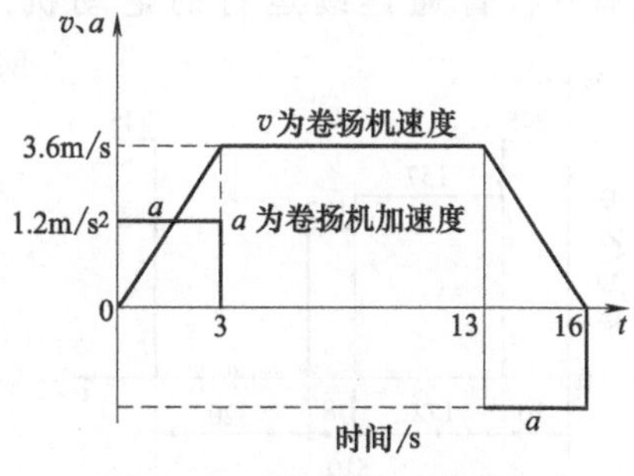

图 6-11 卷扬机的运动曲线

④ 以卷扬机从启动到停止的电动机出力 $P_2=P_2'+P_2''$ 的变化，取时间 t 为横坐标作图；

⑤ 求从启动到停止，电动机输送给卷扬机系统的能量。

解 ① 卷扬物上升高度为

$$h=\int_0^{16} v\mathrm{d}t=\int_0^3 1.2t\mathrm{d}t+\int_3^{13} 3.6\mathrm{d}t+\int_{13}^{16} 1.2(16-t)\mathrm{d}t=46.8(\mathrm{m})$$

② 设负荷质量为 G(kg)，则物体以等速提升所必要的力 F 为 $F=9.81G$(N)，故电动机的出力 P_2' 为

$$P_2'=\frac{Fv}{\eta}\times10^{-3}=\frac{9.81Gv}{\eta}\times10^{-3}=(9.81\times1200v/0.9)\times10^{-3}=13.07v(\mathrm{kW})$$

③ 为加速提升所需的力为

$$F_a=Ga$$

追加部分的出力为

$$P_2''=\frac{F_a v}{\eta_a}\times10^{-3}=\frac{Gav}{\eta_a}\times10^{-3}=1200\times1.2\times10^{-3}v=1.44v(\mathrm{kW})$$

④ 由此可得电动机的出力为

$$P_2=P_2'+P_2''=Gv(9.81/\eta+a)\times10^{-3}(\mathrm{kW})$$

a. $t=0\sim3$s：加速

$$P=1200\times1.2t(9.81/0.9+1.2)\times10^{-3}=17.41t(\mathrm{kW})$$

b. $t=3\sim13$s：等速

因 $$P_2''=0$$

故 $$P=P'=13.07\times3.6=47.1(\mathrm{kW})$$

c. $t=13\sim16$s：减速

$$P=1200\times1.2(16-t)(9.81/0.9-1.2)\times10^{-3}$$
$$=13.95(16-t)(\mathrm{kW})$$

根据以上结果，绘出图 6-12。

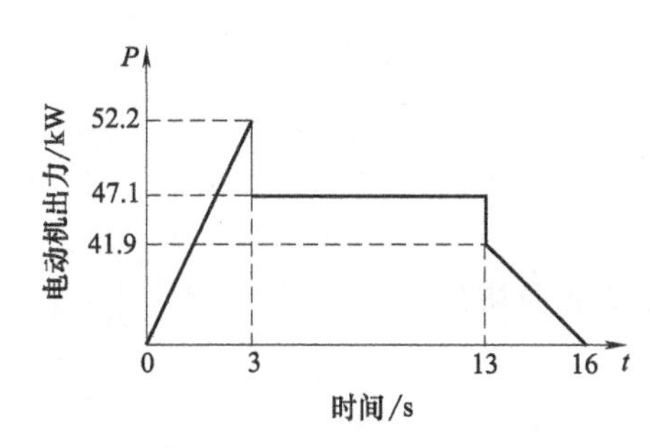

图 6-12 电动机出力曲线

⑤ 从启动到停止，电动机送给卷扬系统的能量为

$$W=1/2\times 52.2\times 3+47.1\times(13-3)+1/2\times 41.9\times(16-13)=612.2(\text{kJ})$$

21. 起重机电动机能否适用的计算

【实例】 有一起重设备需配一台断续运行的电动机，起重机的负荷情况如图 6-13 所示。现有一台普通连续运行的电动机，其容量为 7.5kW，转速为 730r/min，过载能力为 $M_{max}/M_e=1.7$，$M_q/M_e=1.5$。试问此电动机能否适用？

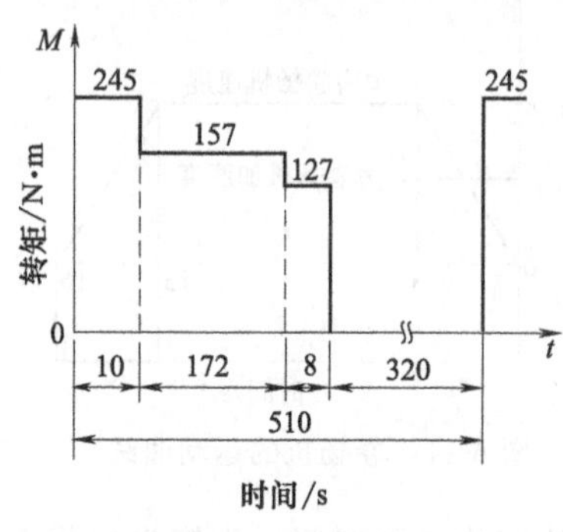

图 6-13 起重机负荷曲线

解 由图 6-13 得起重设备的等效转矩为

$$M_{jf}=\sqrt{\frac{M_1^2t_1+M_2^2t_2+M_3^2t_3}{t_1+t_2+t_3}}$$

$$=\sqrt{\frac{245^2\times 10+157^2\times 172+127^2\times 8}{10+172+8}}$$

$$=161.7(\text{N}\cdot\text{m})$$

电动机的额定转矩为

$$M_e=9555P_e/n_e=9555\times 7.5/730=98.2(\text{N}\cdot\text{m})$$

最大转矩为

$$M_{max}=1.7M_e=1.7\times 98.2=166.9(\text{N}\cdot\text{m})$$

启动转矩为

$$M_q=1.5M_e=1.5\times 98.2=147(\text{N}\cdot\text{m})$$

负载持续率为

$$FZ=\frac{10+172+8}{510}=37.3\%$$

将起重设备的负载换算为连续运行时的值：

$$M'_{jf}=M_{jf}\sqrt{FZ}=161.7\times\sqrt{0.373}=98.8(\text{N}\cdot\text{m})$$

可见 M_{max}、M_q 均大于 M'_{jf}，M_e 接近 M'_{jf}，所以该电动机能适用。

22. 桥式起重机提升、横行、走行装置配套电动机功率的计算

(1) 计算步骤和计算公式

首先按简化公式初步确定电动机的功率，然后根据电动机工作状况（如负荷持续率、启动次数、转动惯量等）进行功率校正，最后选定电动机的功率。

① 电动机功率初选。桥式起重机配套电动机包括提升机构电动机、横行机构电动机和走行机构电动机。

a. 提升机构电动机功率计算公式为

$$P_1=\frac{Q_1v_1}{6120\eta_1}$$

式中 P_1——提升机构电动机功率，kW；

Q_1——提升负荷质量（kg），包括吊具或取物装置自身质量；

v_1——提升速度，m/min；

η_1——提升机构总效率，一般为 0.60～0.85。

b. 横向走行机构（小车）电动机功率为

$$P_2=f_2\frac{Q_2v_2}{6120\eta_2}$$

式中 P_2——横行机构电动机功率，kW；

f_2——横行阻力系数，当用滚动轴承时，取10～12，当用滑动轴承时，取20～25；

Q_2——Q_1加上绞车质量，t；

v_2——横行速度，m/min；

η_2——横行机构机械效率，一般为0.70～0.80。

c. 走行机构（大车）电动机功率为

$$P_3=f_3\frac{(Q_2+Q_3)v_3}{6120\eta_3}$$

式中 P_3——走行机构电动机效率，kW；

f_3——走行阻力系数，取法同f_2；

Q_3——走行机构质量，t；

v_3——走行速度，m/min；

η_3——走行机构机械效率，见表6-22，一般为0.65～0.90。

表6-22 机械总效率的近似值

机　　构	传动类型	机械总效率η	
		用滚动轴承	用滑动轴承
起升机构	圆柱正齿轮传动	0.80～0.85	0.70～0.80
	蜗轮蜗杆传动	0.65～0.70	0.65～0.70
走行机构	圆柱正齿轮传动	0.80～0.90	0.75～0.85
	蜗轮蜗杆传动	0.65～0.75	0.65～0.75
回转机构	齿轮传动	0.75～0.85	0.70～0.80
	蜗轮蜗杆传动	0.50～0.70	0.50～0.70

② 电动机功率的校正。

a. 校正后的电动机功率P'（即设计功率）的计算公式为

$$P'=\frac{P}{K_fK_z}$$

式中 P——电动机初选功率，kW；

K_f——功率校正系数；

K_z——功率降低系数。

求得P'后，就可从产品样本中查得所需的电动机。

b. 功率校正系数K_f的计算。先求出电动机的实际负载持续率为

$$FZ=\frac{t_j}{T}\times100\%$$

式中 FZ——电动机的实际负荷持续率，%；

T——一个工作周期所需时间，min；

t_j——一个工作周期内实际工作时间，min。

再从图6-14所示的功率校正系数曲线中查得K_f。

③ 功率降低系数 K_z 的计算。先把一个工作周期内的点动、电制动和反转次数，折算成等效全启动次数，并求出等效全启动次数总和 Z。

$$\left.\begin{array}{l}1\text{次点动}=0.25\text{次全启动}\\1\text{次电制动}=0.8\text{次全启动}\\1\text{次反转}=1.8\text{次全启动}\end{array}\right\}\text{等效全启动次数}$$

再按下式求出电动机惯量增率 C，即

$$C=\frac{GD_m^2+GD_L^2}{GD_m^2}$$

式中 GD_m^2——电动机的飞轮力矩，$N \cdot m^2$；

GD_L^2——折算到电动机轴端的全部负荷飞轮力矩，$N \cdot m^2$。

最后从图 6-15 所示的功率降低系数曲线中查得 K_z。

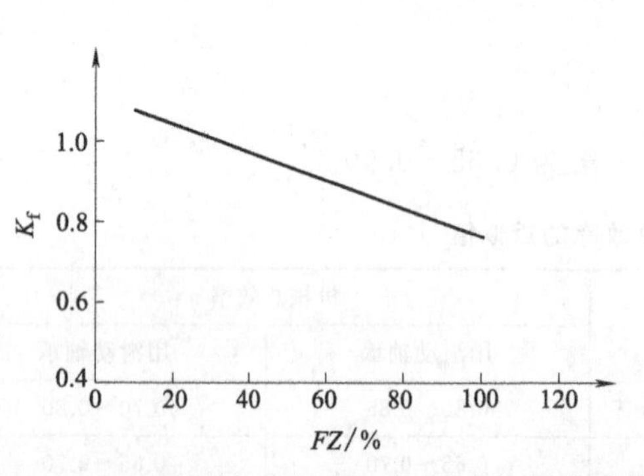

图 6-14 YZR 系列起重电动机的功率校正系数曲线

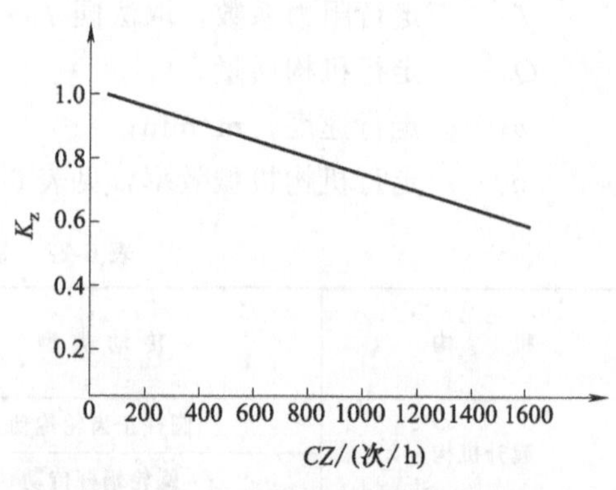

图 6-15 电动机功率降低系数曲线

(2) 实例

试选择一台桥式起重机电动机。已知提升质量 Q 为 7.5t，提升速度 v 为 10m/min，起重电动机按断续周期性工作方式运行，一个工作周期内，工作 7.5min，停止 2.5min；1h 内电动机启动 500 次（其中全启动 150 次，点动 200 次，电制动 100 次，反转 50 次）；传动系统的惯量折算到电动机轴端为 $37N \cdot m^2$；提升机构总效率 $\eta=0.82$。

解 ① 电动机初选功率为

$$P=\frac{Qv}{6120\eta}=\frac{7500\times10}{6120\times0.82}=15(\text{kW})$$

② 计算功率校正系数 K_f。

负荷持续率 $$FZ=\frac{7.5}{7.5+2.5}\times100\%=75\%$$

查图 6-14，得 $K_f=0.875$。

③ 功率降低系数 K_z：

点动 200 次/h，折算成全启动为 0.25×200=50(次/h)；

电制动 100 次/h，折算成全启动为 0.8×100=80(次/h)；

反转 50 次/h，折算成全启动为 1.8×50=90(次/h)；

全启动 150 次/h；

等效全启动次数 $Z=370$ 次/h。

根据初选，电动机功率为 15kW，考虑到负荷持续率和启动次数较多，估计电动机功率将在 20kW 左右。

查起重电动机的样本，YZR225M-8 型电动机额定功率为 22kW，其 $GD_m^2=31N\cdot m^2$，电动机惯量增率为

$$C=\frac{GD_m^2+GD_L^2}{GD_m^2}=\frac{31+37}{31}=2.2$$

所以，$CZ=370\times2.2=814$(次/h)。

查图 6-15，得 $K_z=0.8$。

④ 求校正功率 P'（设计功率）。

$$P'=\frac{P}{K_fK_z}=\frac{15}{0.875\times0.8}=21.43(kW)$$

可见，选用 YZR225M-8 型起重电动机是恰当的。

23. 桥式起重机滑接线计算电流和最大电流的计算

(1) 计算公式

① 滑接线计算电流的计算公式为

$$P_{js}=K_zP_e$$

$$I_{js}=\frac{P_{js}\times1000}{\sqrt{3}U_e\cos\varphi}$$

或

$$I_{js}=K_z'P_e$$

式中 P_{js}——计算功率，kW；

I_{js}——计算电流，A；

P_e——连接在同一滑接线上的电动机在额定负荷持续率下的总功率，不包括副钩电动机功率，kW；

U_e——电动机额定电压，V；

$\cos\varphi$——电动机功率因数，一般取 0.5；

K_z——综合系数，见表 6-23；

K_z'——与综合系数相对应的电流系数（$U_e=380V$，$\cos\varphi=0.5$），见表 6-23。

表 6-23 综合系数与电流系数

起重机额定负荷持续率 $FZ/\%$	同一滑接线上起重机台数	综合系数 K_z	电流系数 K_z' ($U_e=380V,\cos\varphi=0.5$)
25	1	0.4	1.2
	2	0.3	0.9
	3	0.25	0.75
40	1	0.5	1.5
	2	0.38	1.14
	3	0.32	0.96

当同一滑接线上两台以上起重机的吨位相差较大时，计算功率和计算电流按下列公式计算：

$$P_{js}=K_{z1}P_{e1}+0.1(P_e-P_{e1})$$

$$P_{js}=K_{z1}'P_{e1}+0.3(P_e-P_{e1})$$

式中 K_{z1}——最大一台起重机（吨位）在相应的负荷持续率时的综合系数，可查表 6-23；

K'_{z1}——与综合系数 K_{z1} 相对应的电流系数（$U_e=380$V，$\cos\varphi=0.5$），可查表 6-23；

P_{e1}——最大一台起重机在额定负荷持续率时的电动机总功率，不包括副钩电动机功率，kW；

P_e——连接在滑接线上的电动机在额定负荷持续率时的总功率，不包括副钩电动机功率，kW。

② 滑接线最大电流（尖峰电流）的计算公式为

$$I_{max}=I_{js}+(k_{qd}-K_z)I_{emax}$$

式中 k_{qd}——电动机的启动电流倍数；

I_{emax}——最大一台电动机的额定电流，A。

（2）实例

某生产车间在一条起重机滑接线上接有一台 50/10t 桥式起重机（P_{e1} 为 105.5kW，I_{emax} 为 165A）和两台 5t 桥式起重机（每台电动机总功率为 27.8kW）。三台起重机的额定负荷持续率均为 $FZ=40\%$，试求滑接线的计算电流和最大电流。

解 由表 6-23 查得，对于最大一台起重机，$K_{z1}=0.5$，$K'_{z1}=1.5$，又由产品样本查得启动电流倍数 $k_{qd}=2$，因此计算电流为

$$\begin{aligned}I_{js}&=K'_{z1}P_{e1}+0.3(P_e-P_{e1})\\&=1.5\times105.5+0.3\times(105.5+2\times27.8-105.5)\\&=175(\text{A})\end{aligned}$$

最大电流（尖峰电流）为

$$I_{max}=I_{js}+(k_{qd}-K_z)I_{emax}=175+(2-0.5)\times165=422.5(\text{A})$$

24. 皮带输送机功率及效率的计算

（1）计算公式

① 电动机输入到输送机械的功率的计算公式为

$$P_{sr}=P_d\eta_{js}\eta_{cr}=P_{sc}/\eta$$

$$P_d=\sqrt{3}UI\eta_d\cos\varphi\times10^{-3}$$

式中 P_{sr}——电动机输入到输送机械的功率，kW；

P_d——电动机输出功率，kW；

U——电动机端子电压，V；

I——电动机负荷电流，A；

$\cos\varphi$——电动机功率因数；

η_d——电动机效率；

P_{sc}——输送机输出功率，kW；

η_{js}——输送机减速机效率；

η_{cr}——输送机齿轮传动效率；

η——输送机效率。

② 输送机输出功率。输送机输出功率包括提升物料所消耗的功率 P_1、克服运送物料摩擦阻力消耗的功率 P_2、克服放空运输时牵引机构阻力所消耗的功率 P_3 和卸装物料设备运转所消耗的功率 P_4 之和，即

$$P_{sc}=K(P_1+P_2+P_3+P_4)$$

式中 K——工作条件系数，取1.1～1.2。

a. 提升物料所消耗的功率为

$$P_1=\frac{QH}{367}$$

式中 P_1——提升物料所消耗的功率，kW；

Q——运输能力，t/h；

H——提升（垂直）高度，m。

b. 克服运送物料摩擦阻力所消耗的功率为

$$P_2=\frac{f_1QL}{367}$$

式中 P_2——克服运送货物摩擦阻力所消耗的功率，kW；

f_1——阻力系数，当皮带宽度 $B=800\text{mm}$ 时，$f_1=0.05$；

L——运输长度，m。

c. 克服放空运输时牵引机构的阻力所消耗的功率为

$$P_3=\frac{f_2vL}{367}$$

式中 P_3——克服放空运输时牵引机构的阻力所消耗的功率，kW；

f_2——阻力系数，当 $B=800\text{mm}$ 时，$f_2=4.75$；

v——移动速度，m/s。

d. 卸装物料设备运转所消耗的功率 P_4：当 $B=800\text{mm}$ 时，$P_4\approx 2\text{kW}$。

③ 皮带输送机的效率为

$$\eta=\frac{P_{sc}}{P_{sr}}\times 100\%=\frac{K(P_1+P_2+P_3+P_4)}{P_{sr}}\times 100\%$$

（2）实例

某输送原盐的皮带输送机的实测数据如下：运输能力 Q 为180t/h，皮带移动速度 v 为0.38m/s，提升（垂直）高度 H 为7.2m，运输长度 L 为16.3m。又测得电动机端子电压 U 为390V，电流 I 为23A，$\cos\varphi$ 为0.75，设电动机效率 η_d 为0.85，输送机减速机效率 η_{js} 为0.98，输送机齿轮传送效率 η_{cr} 为0.94。试求该皮带输送机效率。

解 $P_1=\frac{QH}{367}=\frac{180\times 7.2}{367}=3.53(\text{kW})$

$$P_2=\frac{f_1QL}{367}=\frac{0.05\times 180\times 16.3}{367}=0.408\ (\text{kW})$$

$$P_3=\frac{f_2vL}{367}=\frac{4.75\times 0.38\times 16.3}{367}=0.08\ (\text{kW})$$

$P_4=2\text{kW}$

输送机输出功率为

$$P_{sc}=K(P_1+P_2+P_3+P_4)=1.2\times(3.53+0.408+0.08+2)=7.22(\text{kW})$$

电动机输出功率为

$$P_d=\sqrt{3}UI\eta_d\cos\varphi\times 10^{-3}=\sqrt{3}\times 390\times 23\times 0.75\times 0.85\times 10^{-3}=9.9(\text{kW})$$

$$P_{sr}=P_d\eta_{js}\eta_{cr}=9.9\times 0.98\times 0.94=9.12(\text{kW})$$

皮带输送机的效率为

$$\eta=\frac{P_{sc}}{P_{sr}}\times100\%=\frac{7.22}{9.12}\times100\%=79.2\%$$

25. 斜面拉物卷扬机配套电动机功率的计算

(1) 计算公式

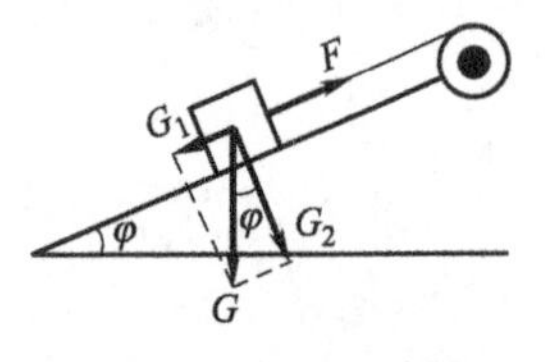

图 6-16 斜面拉物卷扬机示意图

斜面拉物卷扬机示意图如图 6-16 所示。

卷扬方向的拉力按下式计算：

$$F=9.81(G_1+\mu G_2)$$
$$=9.81\times G(\sin\varphi+\mu\cos\varphi)$$

式中 F——牵绳拉力，N；

G——重物的质量 G_1 与牵绳的失衡荷重 G_2 之和，kg；

μ——斜面摩擦系数，见表 6-24。

表 6-24 常用材料的斜面摩擦系数

摩 擦 材 料	滑动摩擦系数 μ(或 μ_0)	
	无润滑	有润滑
钢-钢	0.1 (0.15)	0.05～0.1 (0.1～0.12)
钢-软钢	0.2	0.1～0.2
钢-铸钢	0.16～0.18 (0.2～0.3)	0.05～0.15
钢-黄铜	0.19	0.03
钢-青铜	0.15～0.18	0.07 (0.1～0.15)
钢-铝	0.17	0.02
钢-夹布胶木	0.22	—
硬木-铸铁或钢	0.20～0.35	0.12～0.16
软木-铸铁或钢	0.30～0.50	0.15～0.25
软钢-铸铁	0.18 (0.2)	0.05～0.15
软钢-青铜	0.18 (0.2)	0.07～0.15
铸铁-铸铁	0.15	0.07～0.12 (0.15～0.16)
铸铁-青铜	0.15～0.21 (0.28)	0.07～0.15 (0.16)
铸铁-橡胶	0.8	0.5
铜-淬火的 T8 钢	0.15	0.03
铜-铜	0.20	—
黄铜-淬火的 T8 钢	0.14	0.02
黄铜-黄铜	0.17	0.02
黄铜-硬橡胶	0.25	—
黄铜-石板	0.25	—
黄铜-绝缘物	0.27	—
青铜-黄铜	0.16	—
青铜-青铜	0.15～0.20	0.04～0.10
青铜-钢	0.16	—
青铜-夹布胶木	0.23	—

续表

摩擦材料	滑动摩擦系数 μ(或 μ_0)	
	无润滑	有润滑
青铜-硬橡胶	0.36	—
青铜-石板	0.33	—
青铜-绝缘物	0.26	—
铝-淬火的 T8 钢	0.17	0.02
铝-黄铜	0.27	0.02
铝-青铜	0.22	—
铝-钢	0.30	0.02
铝-夹布胶木	0.26	—
铝-粉末冶金	(0.35～0.55)	—
木材-木材 纹路平行时	0.48(0.62)	0.07～0.10 (0.1)
木材-木材 纹路垂直时	0.32(0.54)	
麻绳-木材	0.5(0.5～0.8)	—
45 淬火钢-尼龙 9(加 3%MoS_2 填充料)	0.57	0.02

电动机的功率按下式计算：

$$P=\frac{KFv}{\eta}\times10^{-3}$$

式中 P——电动机功率，kW；

K——备用系数，可取 1.1～1.2；

v——提拉速度，m/s；

η——卷扬机的效率，可取 0.8。

(2) 实例

有一 3t 重物，置于硬木底架上，30°的斜坡面由钢板铺成，卷扬机以 40m/min 速度提拉，如图 6-16 所示，试求所需电动机的功率。设卷扬机的效率为 80%，牵绳的失衡荷重为 300kg，备用系数为 1.2。

解 $G=3000+300=3300(\text{kg})$

查表 6-24，得 $\mu=0.3$。

牵绳拉力为

$$\begin{aligned}F&=9.81G(\sin\varphi+\mu\cos\varphi)\\&=9.81\times3300\times(\sin30°+0.3\times\cos30°)=24597(\text{N})\end{aligned}$$

电动机的功率为

$$P=\frac{KFv}{\eta}\times10^{-3}=\frac{1.2\times24597\times40}{60\times0.8}\times10^{-3}=24.6(\text{kW})$$

26. 自动扶梯配套电动机功率的计算

(1) 计算公式

自动扶梯的电动机设计功率可按下式计算：

$$P=\frac{m_jgHv}{1000}K_f$$

式中 P——电动机设计功率，kW；

m_j——乘客的线载荷，kg/m；

g——重力加速度，取9.81m/s^2；

H——提升高度，m；

v——运送速度，m/s；

K_f——功率备用系数，取1.25～1.4，高度大时取大值。

乘客的线载荷 m_j 可按下式计算：

$$m_j=\frac{n_h m_h g}{t_j/1000}k_m$$

式中 n_h——一个梯级上的乘客数，单人梯取1，双人梯取2；

m_h——单人质量，取60kg；

t_j——梯级节距，取400mm；

k_m——满载系数，见表6-25。

表6-25 自动扶梯的满载系数

v/(m/s)	0.4	0.5	0.6	0.75	0.9	1.0
k_m	0.96	0.9	0.84	0.75	0.66	0.6

(2) 实例

某车站设有双人自动扶梯，提升高度为10m，电梯速度为0.6m/s，梯级节距为400mm，试求电动机设计功率。

解 乘客的线载荷为

$$m_j=\frac{n_h m_h g}{t_j/1000}k_m=\frac{2\times60\times9.81}{400/1000}\times0.84=2472(\text{kg/m})$$

电动机设计功率为

$$P=\frac{m_j Hv}{1000}K_f=\frac{2472\times10\times0.6}{1000}\times1.3=19.3(\text{kW})$$

七、小型发电

1. 水电站发电量计算之一

【实例】 某河上一径流式电站的流量曲线如图 7-1 所示。小于丰水量的流量 Q（m^3/s）与天数 n 的关系，可由图中的函数式表示。该电站最大耗水量等于丰水量，有效水头 H 为 100m，水轮机、发电机组总效率 η 为 88%，假设总效率为定值，与水轮机的过流量无关。试求①该电站的最大出力；②枯水期间的最小出力；③年发电量。

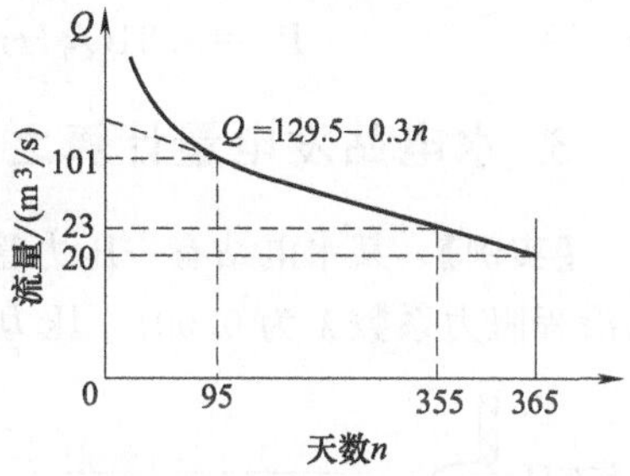

图 7-1　某水电站的流量曲线

解　① 最大可用水流量 Q_m 近似为

$Q_m=129.5-0.3n=129.5-0.3\times95=101(m^3/s)$

最大出力 P_m 为

$P_m=9.81Q_mH\eta=9.81\times101\times100\times0.88=87191(kW)$

② 枯水期流量 Q_n 为

$$Q_n=129.5-0.3n=129.5-0.3\times355=23(m^3/s)$$

枯水期的出力 P_n 为

$$P_n=9.81Q_nH\eta=9.81\times23\times100\times0.88=19855(kW)$$

③ 全年最小流量 Q_{min} 为

$$Q_{min}=129.5-0.3n=129.5-0.3\times365=20(m^3/s)$$

全年最小出力 P_{min} 为

$$P_{min}=9.81Q_{min}H\eta=9.81\times20\times100\times0.88=17266(kW)$$

因此在第 95 天至 365 天时间内的平均出力 P_p 为

$$P_p=(P_m+P_{min})/2=(87191+17266)/2=52229(kW)$$

全年可能发电量 W 为

$W=(P_pT_p+P_mT_m)\times24=(52229\times270+87191\times95)\times24=537239400(kW\cdot h)$

式中，T_m 和 T_p 分别为一年中平均出力和最大出力的天数。

2. 水电站发电量计算之二

【实例】 某地拟修建径流式水电站，已知河流的集水面积 S 为 200km²，年降雨量 B 为 1300mm，蒸发、渗透等损失量为 30%。假设引水口水位标高为 670m，尾水位标高为

540m，水头损失是总落差的5%，电站的总效率为86%。试求在最大可用水量为年平均流量的2倍，枯水量为年平均流量的1/4的情况下，该电站的最大出力和最小出力。

解 设径流系数$C=(1-30\%)=0.7$，则河流的年平均流量Q_p为

$$Q_p=\frac{SBC}{365\times24\times3600}=\frac{200\times10^6\times1300\times10^{-3}\times0.7}{31536000}\approx5.77(m^3/s)$$

按题意，最大可用流量Q_m为

$$Q_m=2Q_p=2\times5.77=11.54(m^3/s)$$

总落差 $H_0=670-540=130(m)$

水头损失 $h_H=H_0\times5\%=130\times5\%=6.5(m)$

有效水头$H=H_0-h_H=130-6.5=123.5(m)$，所以最大出力$P_m$为

$$P_m=9.81Q_mH\eta=9.81\times11.54\times123.5\times0.86=12024(kW)$$

最小可用流量Q_n为

$$Q_n=Q_p/4=5.77/4=1.44(m^3/s)$$

最小出力P_n为

$$P_n=9.81Q_nH\eta=9.81\times1.44\times123.5\times0.86=1500(kW)$$

3. 水电站发电量计算之三

【实例】 某水电站有一压力管道如图7-2所示。假设电站的总效率η为85%，压力管道的沿程阻力系数λ为0.001，压力管道的进水口损失系数f为0.15，弯道数$n=3$，弯道阻力系数f_{b0}为0.04，电站利用率η_s为70%。试计算在总落差为210m、压力水管总长为400m、平均半径为0.6m、流量为$20m^3/s$的情况下的水头总损失、水电站最大出力及年发电量。

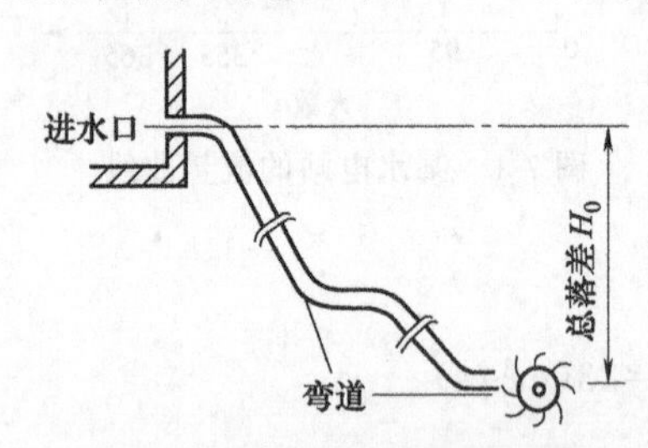

图7-2 某水电站的压力管道

解 管直径 $d=2\times0.6=1.20(m)$

流速 $v=\frac{Q}{\pi(d/2)^2}=\frac{20}{\pi\times0.6^2}=17.7(m/s)$

压力水管的沿程损失h_1为

$$h_1=\lambda\frac{l}{d}\times\frac{v^2}{2g}=0.001\times\frac{400}{1.2}\times\frac{17.7^2}{2\times9.81}=5.32(m)$$

压力水管进水口损失h_1'为

$$h_1'=f\times\frac{v^2}{2g}=0.15\times\frac{17.7^2}{2\times9.81}=2.40(m)$$

压力水管的弯道损失h_1''为

$$h_1''=f_{b0}\times\frac{v^2}{2g}n=0.04\times\frac{17.7^2}{2\times9.81}\times3=1.92(m)$$

水头总损失H_1为

$$H_1=h_1+h_1'+h_1''=5.32+2.4+1.92=9.64(m)$$

有效水头H为

$$H=H_0-H_1=210-9.64=200.36(m)$$

因此，水电站最大出力P_m为

$$P_m=9.81QH\eta=9.81\times20\times200.36\times0.85=33414(kW)$$

年发电量 W 为

$$W=P_{m}\eta_{s}t=33414\times0.7\times24\times365=204894648(\text{kW}\cdot\text{h})$$

4. 扬水发电站发电量的计算

(1) 计算公式

① 扬水泵所需电动机功率计算公式：

$$P=\frac{9.81QH_{ux}}{\eta}$$

式中 P——电动机功率，kW；

Q——扬水量，m^3/s；

H_{ux}——有效扬程，m；

η——综合效率。

其中 $$H_{ux}=H+h,\eta=\eta_{p}\eta_{m}$$

式中 H——实际落差，m；

h——损失水头，m；

η_p——扬水泵效率；

η_m——扬水电动机效率。

② 扬水电能（电站发电量）计算公式：

$$A=\frac{9.81VH_{ux}}{3600\eta}$$

式中 A——扬水电能，kW·h；

V——总扬水量有效调节水池容量，m^3。

(2) 实例

某扬水电站，其调节水池容量为 $500\times10^3m^3$，试计算在下述条件运行时，一天的峰值发电量是多少？而抽水所需的电能又是多少？

① 设落差为 210m，发电和抽水时水头损失均为 10m。

② 假定抽水泵的运转时间为每天 8h(T_q)。

③ 发电时和抽水时的总效率分别为 88%(η_f) 和 86%(η_q)。

④ 假定调节水池的容量得到最大限度利用。

解 按题意，有效扬程为

$$H_{ux}=H+h=210+10=220(\text{m})$$

① 扬水泵所需电动机功率计算：

提水量 Q 为

$$Q=\frac{V}{3600T_{q}}=\frac{500\times10^{3}}{3600\times8}=17.4(\text{m}^{3}/\text{s})$$

扬水泵所需电动机功率为

$$P=\frac{9.81QH_{ux}}{\eta_{q}}=\frac{9.81\times17.4\times220}{0.86}=43666(\text{kW})$$

② 发电量计算：

$$A=\frac{9.81VH_{ux}}{3600\eta_{f}}=\frac{9.81\times500\times10^{3}\times220}{3600\times0.88}=340625(\text{kW}\cdot\text{h})\approx341(\text{MW}\cdot\text{h})$$

5. 压力水管水压变化的计算

(1) 计算公式

水锤作用产生的水压变化可按以下公式计算。

① 水压变化百分数：

$$\Delta P\% = \frac{H_m - H}{H} \times 100 = \frac{n}{2}(n \pm \sqrt{n^2+4}) \times 100$$

$$n = v_0 L/(gT_c H)$$

式中 $\Delta P\%$——水压变化百分数；

H_m——水压变化的最高（最低）水头，m；

H——有效落差，m；

$H_m - H$——由于水锤作用产生的水头最大变化，m；

v_0——阀门关闭前压力水管内的平均流速（m/s），一般为 2.5～5m/s；

L——压力水管长度，m；

T_c——导水叶片关闭时间（s），一般为 2～5s；

g——重力加速度，$g=9.81\text{m/s}^2$。

② 水压变化与有效落差之比：

$$\frac{H_m}{H} = 1 + \frac{n}{2}(n \pm \sqrt{n^2+4})$$

③ 压力水管末端水压的升高：

$$P_m = \frac{1000Lv}{T}$$

式中 P_m——压力水管末端水压升高，Pa；

v——满载时的管内流速，m/s；

T——满载到空载调速器的关闭时间，s。

(2) 实例

在最大落差为 300m，水头损失为 20m，钢压力水管长度为 450m，水平均流速为 4.5m/s 的情况下，设此钢压力水管的最大水压限制在 3.4MPa（1MPa 相当于 102m 水柱）内，试求在此情况下水轮机导水叶片的关闭时间。

解 有效落差为

$$H = 300 - 20 = 280(\text{m})$$

最高水头为

$$H_m = 3.4 \times 102 = 346.8(\text{m})$$

水头损失为

$$\Delta H = H_m - H = 346 - 280 = 66(\text{m})$$

水压变化百分数为

$$\Delta P\% = \frac{H_m - H}{H} \times 100 = \frac{66}{280} \times 100 = 23.6$$

$$\Delta P\% = \frac{n}{2}(n \pm \sqrt{n^2+4}) \times 100 = 23.6$$

所以 $n\pm\sqrt{n^2+4}=0.472/n$

解上式得　$n=0.212$（负值无意义，舍去）

而
$$n=\frac{v_0L}{gT_cH}=0.212$$

$$T_c=\frac{v_0L}{gHn}=\frac{4.5\times450}{9.81\times280\times0.212}=3.47(\text{s})$$

考虑15%的裕度，因此水轮机导水叶片的关闭时间为

$$3.47\times1.15=3.99\ (\text{s})$$

6. 压力水管内径及壁厚计算之一

（1）计算公式

① 压力水管内径：

$$d=\sqrt{\frac{4Q}{\pi v}}$$

式中　d——水管内径，m；

Q——流量，m^3/s；

v——水管内流速，m/s。

② 压力水管管壁厚度：

$$t=\frac{P_{max}dk}{2\sigma_m\eta}$$

式中　t——水管管壁厚度，m；

P_{max}——最大设计水压，Pa；

d——水管内径，m；

k——安全系数；

σ_m——管壁最大抗拉强度，Pa；

η——联轴器效率。

（2）实例

某水电站有一台发电机，钢压力水管长 L 为 860m，管径 d 为 1.3m，管壁厚 22mm，流量 Q 为 $4m^3/s$，静水压 H 为 420m 水柱。发电机在额定负载运行中，由于事故使进口阀门快速关闭。试求在这种情况下的水压升高率是多少？在此情况下此钢管管壁厚能否满足需要？已知落差损失在静落差时为3%的情况下，阀门的关闭时间 T_c 为 3.5s。

解　管内水流速为

$$v_0=\frac{4Q}{\pi d^2}=\frac{4\times4}{\pi\times1.3^2}=3.02(\text{m/s})$$

$$n=\frac{v_0L}{gT_cH}=\frac{3.02\times860}{9.81\times3.5\times420\times0.97}=0.1857$$

$$\Delta P\%=\left[\frac{n}{2}(n+\sqrt{n^2+4})\right]\times100$$
$$=\left[\frac{0.1857}{2}\times(0.1857+\sqrt{0.1857^2+4})\right]\times100$$
$$=20.37$$

取 15%裕度，则水压变化百分数为

$$\Delta P\% = 1.15 \times 20.37 = 23.43$$

加在钢压力水管上的水压为

$$P_{max} = 420 \times 0.97 \times (1 + 0.2343) = 503(mH_2O)$$

压力水管管壁厚不应小于

$$t = \frac{P_{max}d}{2\sigma\eta} = \frac{503 \times 1.3}{2 \times 98 \times 102 \times 1} = 0.033(m)$$

式中，设此钢管的允许张力 $\sigma(\sigma_m = k\sigma)$ 为 98MPa。可见，管壁厚为 22mm 的钢管不能满足要求，需要换为壁厚不小于 33mm 的钢管。

7. 压力水管内径及壁厚计算之二

【实例】 最大使用流量为 $50m^3/s$，静落差为 60m 的水电站内，使用两条软钢压力水管，在最大出力时的平均流速为 3.5m/s 的情况下，管下端的内径及下端管壁厚为多少才行？

已知软钢的抗拉强度为 390MPa，管的接合效率为 85%，管强度的安全系数取 3.5，管内产生的最大压力为静水压的 150%。

解 每条管的流量为

$$Q_1 = \frac{Q}{2} = \frac{50}{2} = 25(m^3/s)$$

管内径为

$$d = \sqrt{\frac{4Q_1}{\pi v_0}} = \sqrt{\frac{4 \times 25}{\pi \times 3.5}} = 3(m)$$

管内最大水压为

$$P_{max} = HK = 60 \times 150\% = 90(mH_2O)$$

考虑 3.5 倍的安全系数后的软钢管允许的抗拉强度 $\sigma(\sigma_m = k\sigma)$ 为

$$\sigma = 390/3.5 = 111.4(MPa) = 111.4 \times 102 = 11362.8(mH_2O)$$

压力水管下端壁厚为

$$t = \frac{P_{max}d}{2\sigma\eta} = \frac{90 \times 3}{2 \times 11362.8 \times 0.85} = 0.014(m)$$

取裕度 15%，则下端管壁厚为

$$t = 0.014 \times 1.15 = 0.016(m) = 16(mm)$$

8. 压力水管内径及壁厚计算之三

【实例】 某水电站设置一条焊接钢压力水管，流量为 $5m^3/s$，水槽水面与水轮机间的落差为 160m，试计算钢管的内径及上下两端钢管壁厚度。

已知上下端内径均相同，发电机甩全负载时水压管内产生的水压升高 25%，考虑到接合效率后钢管允许张力为 98MPa，管内平均流速为 3.5m/s。

解 管内最大压力为

$$P_{max} = 160 \times 125\% = 200(mH_2O)(1mmH_2O = 9.80665N, \text{下同})$$

管内径为

$$d = \sqrt{\frac{4Q}{\pi v_0}} = \sqrt{\frac{4 \times 5}{\pi \times 3.5}} = 1.35(m)$$

按题意，$\sigma\eta=98\text{MPa}=98\times102=9996(\text{mH}_2\text{O})$

压力水管下端壁厚为

$$t=\frac{P_{\max}d}{2\sigma\eta}=\frac{200\times1.35}{2\times9996}=0.0135(\text{m})$$

取裕度15%，则下端管壁厚为

$$t=0.0135\times1.15=0.0155\ (\text{m})\ (\text{取 }16\text{mm})$$

考虑到材质腐蚀等原因会减小材料强度，压力水管上端壁厚一般取16mm以上。

9. 压力水管水头损失的计算

【实例】 某水电站从取水口起，水流通道的全部落差为109.14m，水流通道长4000m，平均坡度为1/1000m，运行中水轮机压力表的指示值为0.93MPa，吸出管的真空表指示为4.7m水柱。试求压力水管的水头损失是多少？

解 1MPa相当于102m水柱，因此水轮机的有效落差为

$$H_0=0.93\times102=94.8(\text{m})$$

吸出管真空表指示值$h_s=4.7$m水柱，此数值也为水轮机内的有效落差，故全部有效落差为

$$H'=H_0+h_s=94.8+4.7=99.5(\text{m})$$

从引水渠全长及其平均坡度可求出落差H''为

$$H''=4000\times\frac{1}{1000}=4(\text{m})$$

压力水管的水头损失为

$$\Delta H=H-H'-H''=109.14-99.5-4=5.64(\text{m})$$

10. 水轮机转速的计算

(1) 计算公式

① 比转速（比速）和转速的计算。

$$n_s=n_e\frac{P^{1/2}}{H^{5/4}}$$

$$n_e=n_s\frac{H^{5/4}}{P^{1/2}}$$

式中 n_s——水轮机比转速，m·kW；

n_e——水轮机额定转速，r/min；

H——有效水头，m；

P——最大输出功率（kW），为每一叶轮或每一叶喷嘴的输出功率，但对于复流式水轮机则取每一叶轮输出功率的1/2。

② 比转速的临界值计算。

a. 轴向辐流式水轮机n_s：

$$n_s\leqslant\frac{20000}{H+20}+30$$

b. 混流式水轮机n_s：

$$n_s \leqslant \frac{20000}{H+20}+40$$

c. 螺旋桨式水轮机 n_s：

$$n_s \leqslant \frac{20000}{H+20}+50$$

d. 培尔顿冲击式水轮机 n_s：

$$12 \leqslant n_s \leqslant 23$$

(2) 实例

在有效落差为100m、最大使用流量为120m³/s和频率为50Hz情况下，试选择轴向辐流式水轮机的运转转速。设水轮机的效率 η 为0.89。

解 水轮机输出功率为

$$P=9.81QH\eta=9.81\times120\times100\times0.89=104771(\text{kW})$$

比转速为

$$n_s=\frac{20000}{H+20}+30=\frac{20000}{100+20}+30=197(\text{m}\cdot\text{kW})$$

水轮机转速 n_e

$$n_e=n_s\frac{H^{5/4}}{P^{1/2}}=197\times\frac{100^{5/4}}{\sqrt{104771}}=197\times\frac{316}{324}\approx192(\text{r/min})$$

水轮发电机的转速为 $n=\frac{60f}{p}$（式中 p 为极对数），将 $n=192\text{r/min}$、$f=50\text{Hz}$ 代入该式，得发电机的极对数为

$$p=60\times50/192=15.6$$

由于极对数是偶数，若分别取极对数为15、16，则相应转速为

$$n_{30}=3000/15=200(\text{r/min})$$

$$n_{32}=3000/16=188(\text{r/min})$$

现按 n_{32} 求 n_s

$$n_s=n_{32}(P^{1/2}/H^{5/4})=188\times(324/316)=192.8(\text{m}\cdot\text{kW})<197(\text{m}\cdot\text{kW})$$

因此满足要求，故选定水轮机的转速为188r/min。

11. 小型水轮发电机的选择

(1) 计算公式

① 水轮发电机功率的选择。水轮发电机的功率应考虑发电机效率和传动效率，按略低于水轮机输出功率选择。

发电机的功率按下式计算：

$$P_f=P_s\eta_f\eta_t$$

式中 P_f——发电机功率，kW；

P_s——水轮机输出功率，kW；

η_f——发电机效率，500kW以下取0.9，500kW以上取0.95～0.97；

η_t——机组传动效率，直连取1，三角皮带传动取0.95，平皮带传动取0.9。

② 水轮发电机组的额定电压选择。当 $P_f \leqslant 800$kW 时，U 取 400V；当 800kW$<P_f\leqslant$ 10000kW 时，U 取 6.3kV，也有用 3.15kV 的。高压机组中 P_f 也有 400kW 等较小容量的。

③ 水轮发电机的转速选择。发电机应尽量和水轮机的转速相同。另外，水轮发电机转速越高，其质量越小，价格越低，所以应优先选用较高转速（1500r/min 和 1000r/min）的发电机。

发电机转速按下式计算：

$$n=60f/p=3000/p$$

式中 n——转速，r/min；

p——发电机磁极对数；

f——频率，$f=50$Hz。

直连机组采用接近水轮机最优转速的同步转速。若发电机转速大于水轮机转速，应采用间接传动。150kW 以下的发电机，可采用平皮带传动或三角皮带传动，150～300kW 的发电机可采用齿轮传动。

④ 水轮发电机的结构形式（立式或卧式）选择。应根据水轮机是立式还是卧式来选择。对于 25kW 以下的微型水轮发电机，可采用半交叉皮带传动，不受水轮机是立式还是卧式的限制。

⑤ 水轮发电机的励磁方式选择。宜优先选用晶闸管励磁和无刷励磁。

（2）实例

某一混流式水轮机的输出功率为 440kW，额定转速为 1000r/min，试选择发电机的功率、电压及转速。机组采用三角皮带传动。

解 ① 发电机功率的计算。

$$P_f=P_s\eta_s\eta_t=440\times0.9\times0.95=376(\text{kW})$$

② 发电机额定电压选择。由于 $P_f<800$kW，所以宜选用额定电压 400V。

③ 发电机转速的选择。转速选择与水轮机转速相同，即 1000r/min，其极对数为

$$P=\frac{3000}{n}=\frac{3000}{1000}=3$$

因此，可选用 SFW400-6 型发电机。其额定功率为 400kW，额定电压为 400V，极数为 6 极。

12. 并联运行的发电机无功功率分配的计算

【实例】 有额定容量相同的 A、B 两台同步发电机并联运行，平均分担功率因数为滞后 0.8 的 2800kW 负荷。现增加发电机 A 的励磁，使其功率因数为 0.7，试求发电机 B 的功率因数及 A 和 B 发电机所发出的无功功率各为多少？

解 励磁改变前，A、B 发电机每台视在功率和无功功率分别为

$$S=P/\cos\varphi=2800/(2\times0.8)=1750(\text{kV}\cdot\text{A})$$

$$Q=S\sin\varphi=1750\times0.6=1050(\text{kvar})$$

设 A 发电机在功率因数 $\cos\varphi_A$ 为 0.7 时的无功功率为 Q_A，B 发电机的无功功率为 Q_B，功率因数为 $\cos\varphi_B$，则

$$Q_A=P\sin\varphi_A/\cos\varphi_A=(2800/2)\times0.714/0.7=1428(\text{kvar})$$

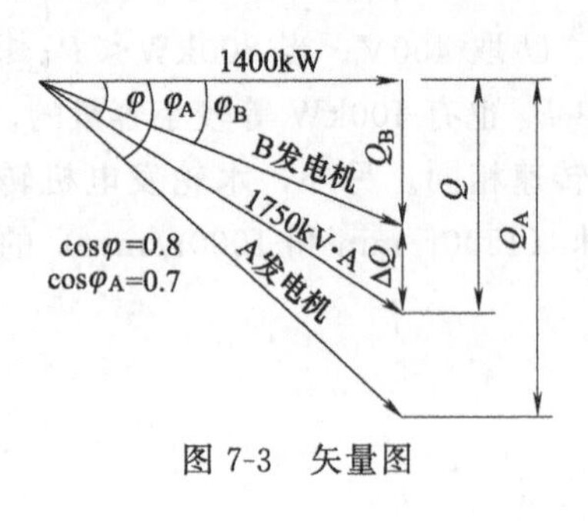

图 7-3　矢量图

无功环流为

$$\Delta Q=Q_A-Q=1428-1050=378(\text{kvar})$$

由图 7-3 得 B 发电机的无功功率为

$$Q_B=Q-\Delta Q=1050-378=672(\text{kvar})$$

因此，B 发电机的功率因数为

$$\cos\varphi_B=\frac{P_B}{\sqrt{P_B^2+Q_B^2}}=\frac{1400}{\sqrt{1400^2+672^2}}=0.9$$

13. 小水电欠发无功功率节电改造计算

(1) 小水电站超电压运行及欠发无功功率问题的解决方法

小水电站的升压变压器多数采用 10kV 级变压器定型产品，电压调节范围只有 10kV×(1±5%)，即 9.5kV、10kV 和 10.5kV 三挡。采用这种变压器的小水电站，其供电质量有以下两种情况：

① 若并网电站 10kV 输电线路较短，导线截面积足够大，选用上述普通电力变压器是可行的。

② 若并网电站 10kV 输电线路较长，处于供电区末端的电站的 10kV 输电线路上的负荷一般不多，区域变电所为了确保供电末端的电压水平，往往在 10kV 侧以 10.5kV 挡投入运行，因而并网电站升压变压器端电压常常需高于 10.5kV 运行，即运行电压 $U=10.5+\Delta U$。其中，ΔU 为 10kV 线路上的电压降。ΔU 的大小由线路长度、导线截面积、负荷大小等因素决定，有时 ΔU 可达 1kV（10kV 农网线路允许电压降可按 10%考虑）。此时，并网电站的升压变压器的端电压将升至 11.5kV。由于普通电力变压器分接头最高挡为 10.5kV，这时低压侧电压为 400×11.5/10.5≈438(V)，这样，发电机的运行电压接近极限允许电压(440V)。

实际上，许多小电站为了节省投资，基建时 10kV 输电线路选择的导线截面积一般较小，其电压降往往超过 10%很多，有的高达 20%，所以发电机端电压常常超过 440V，如 460V，甚至 480V。

这样一来，由于机端电压 U 过高，发电机的铁损很大，致使无功功率发不足，造成无功罚款。同时会造成发电机过热，缩短发电机的使用寿命。

为解决无功罚款问题，有的电站采用电容补偿的方法来提高功率因数。这样虽弥补了无功罚款，但加装补偿电容后会使电网电压升高，更不利于发电机运行。同时电容补偿需较大投资，平时还要维护，得不偿失。

最好的解决办法是，在设计电站输电线路时，选择合适的导线截面积，不要为节省初建投资而采用过细的导线，以免为今后电站的经济运行埋下隐患。如果线路过长，负荷又轻，应采用特殊电压级的升压变压器。

对于已采用普通电力变压器的电站，可设法增加升压变压器高压侧线组的匝数，使其与实际需要的电压基本一致。

对于正在筹建的末端电站，可向生产企业定制特殊电压级的升压变压器，电压调节范围为 11kV×(1±5%)，即高压侧有 11.55kV、11kV 和 10.45kV 三挡。

比如电网电压为 12.5kV，使用 11.55kV 挡，则低压侧电压为 400×12.5/11.55≈433(V)，

即发电机电压可调至 433V，该电压在规程允许范围内。

（2）实例

某小水电站有一台 800kW 低压发电机组。该电站处于电网末端。升压变压器为一台 1000kV·A、10/0.4kV 变压器，变压器分接头为 9.5kV、10kV 和 10.5kV 三挡，常处于 10.5kV 挡位。发电机采用 JZLF-11F 型单相半控桥式晶闸管励磁。在用电低谷季节，变压器低压侧电压为 450V，在用电高峰季节，为 400V。当低压侧电压在 450V 时，发电机并网运行后，如果将功率因数调至 0.8，则机端电压会升高至 458V，这严重威胁到发电机的安全。如果要使机端电压调到 450V（已超过发电机极限允许电压 440V），则功率因数仅为 0.6，使无功功率发不足。欠发无功罚款平均每月 1.2 万元。而且为了保护发电机正常运用，需用两台鼓风机对发电机进行驱热降温，否则发电机将过热无法运行。用户寻求解决办法。

解 这种情况在偏远的山区或农村末端小水电站经常遇到。该电站的发电机励磁装置性能良好，在发电机空载时机端电压可在 320～480V 之间调节。一种比较好的解决办法是改造升压变压器，即增加高压绕组匝数，提高调压分接头电压。

按国家规定：发电机端电压 U 为 $U_e\times(1\pm5\%)$，即 360～420V，而功率因数 $\cos\varphi$ 为额定值 0.8 时，发电机可带额定负荷长期运行。当 U 超过 $1.1U_e$，即 440V 时，铁芯温升显著增加，出现局部过热。若电压再高，则会危及发电机。

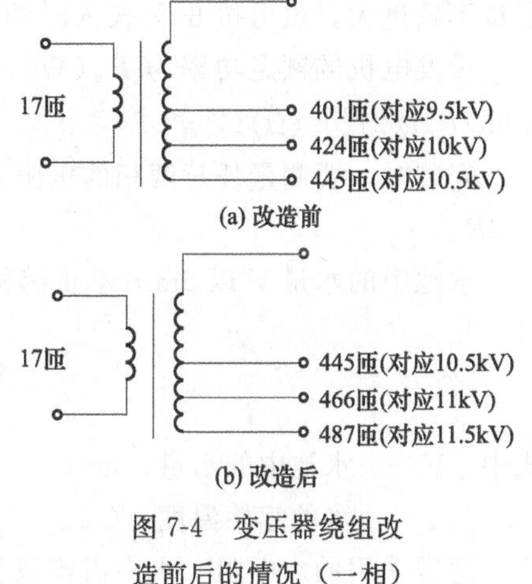

图 7-4　变压器绕组改造前后的情况（一相）

① 绕组增加匝数的确定。查该升压变压器产品资料，其高压侧采用 ZB-0.45 2.24×10mm 丝包导线，改造前绕组如图 7-4（a）所示。改造后取消 9.5kV 和 10kV 两个分接头（接头包好绝缘，不引出），增加 11kV 和 11.5kV 两个分接头（出线可分别接在原 9.5kV 和 10kV 挡位，并重新标注为 11kV 和 11.5kV）。这样该变压器就有了 10kV、10.5kV 和 11.5kV 三个调压挡位，如图 7-4（b）所示。

所增加绕组匝数的计算：

11kV 挡：$\frac{10.5}{445}=\frac{11}{x}$，$x=466$（匝），即增加 21 匝

11.5kV 挡：$\frac{11}{466}=\frac{11.5}{x}$，$x=487$（匝），即再增加 21 匝

即在原有高压绕组外层用 ZB-0.45，2.24×10mm 的丝包导绕再绕制 42 匝。

变压器改造可在枯水期进行，以减少停发电的损失。

② 校验改造后电站运行情况。将变压器调压开关置于 11.5kV 挡。

a. 在用电高峰季节，变压器低压侧电压为

$$U=\frac{10.5}{11.5}\times400=365(\text{V})$$

b. 在用电低谷季节，变压器低压侧电压为

$$U=\frac{10.5}{11.5}\times450=411(\text{V})$$

发电机并网后调节功率因数 $\cos\varphi=0.8$，此时即使机端电压有所上升，也不会超过 $U=$

$\frac{10.5}{11.5}\times 458=418(V)$

因此，不论是用电高峰还是用电低谷，该发电机都在长期允许运行电压下工作，功率因数可方便地达到0.8的要求，不会出现无功功率发不足的问题。

③ 投资回收期限的计算。对原变压器改造的费用及枯水期停止调相运行所造成的损失共计为3万元，而因发电机能发足无功，每月可减少罚款1.2万元，因此投资回收期限为

$$T=\frac{3}{1.2}=2.5(\text{个月})$$

14. 防飞车用水电阻值的计算

(1) 计算公式

三相水电阻布置成等边三角形，电极可用角铁、钢管和钢板制作。极间距离根据所需电阻值大小调整。

水电阻可按以下要求选择：水电阻的功率宜按投入时的负荷功率考虑，但为使接触器的容量不致过大，也可按60%投入时的负荷功率考虑（对于较大容量的发电机）。

设发电机的额定功率为P_e(W)，额定相电流为I_e(A)，则每相水电阻值$R=(0.6\sim 0.95)P_e/(3I_e^2)$ (Ω)。

安装时，要测量任意两相的电阻R_{UV}、R_{VW}和R_{WU}，要求其大致相等，且等于或稍大于$2R$。

水池中的水量V以5min不重沸腾为宜，可按下式计算：

$$V=\frac{72P_e}{100-t}\times 10^{-3}$$

式中 V——水池中的水量，m^3；

t——水的起始温度，℃。

通常采用的水电阻，水中需投放盐来提高电导率，增大水电阻的功率，但盐水容易腐蚀电极，而且盐水的浓度随着使用时间增长也会不稳定。因此，可采用以下较好的方法：即采用水冷却电炉丝作为防飞车的负载，水中不必投放盐。电阻采用多根220V电炉丝并联，接成三角形，通过接触器触点接于发电机端（400V）。由于220V的电炉丝加有400V电压，在水中（天然水）必然会使水加热，将水池中的水量控制在被加热的水温在100℃左右。若水量太少，则炉丝过热，容易烧断。

(2) 实例

一台250kW的发电机，如何计算采用的电炉丝的水电阻值。三相电炉丝接成星形，外加电压为机端400V，按0.6倍负荷功率考虑。

解 每相功率为$P_1=0.6P_e/3=0.6\times 250/3=50(kW)$。选用3kW、220V的电炉丝。设电炉丝的电阻不变，其功率与所加电压的平方成正比，所以220V、3kW电炉丝加有400V电压时的功率为$P_2=\left(\frac{400}{220}\right)^2\times 3\approx 3.3\times 3\approx 10(kW)$。

可见每相需3kW电炉丝的根数为$n_1=P_1/P_2=50/10=5$（根）。每根电炉丝的电阻值为$R=U^2/P=220^2/3000\approx 16(\Omega)$，每相电阻值为$16/5=3.2(\Omega)$。

制作时，电炉丝拉伸长度以大于原长度的25%为宜，即必须满足水的散热速度大于或等于电炉丝的发热速度，这样装置才能稳定、可靠地运行。

15. 手动励磁调节器的计算

对于老式小型相复励、电抗分流或无刷励磁发电机因使用年久，许多元器件失效，调整困难，往往会造成功率因数无法调整到滞后0.8，无功发不足，导致电站被罚款，影响经济效益。

对于励磁电流较小的小型发电机，可采取改造成手动励磁调节的方式。这种改造方式投资小，见效快，可自己动手制作。

【实例】 有一台800kW无刷励磁发电机，额定励磁电压U_{le}为62.5V，额定励磁电流I_{le}为8.9A，试设计手动励磁调节器。

解 确定采用单相桥式整流电路，如图7-5所示。

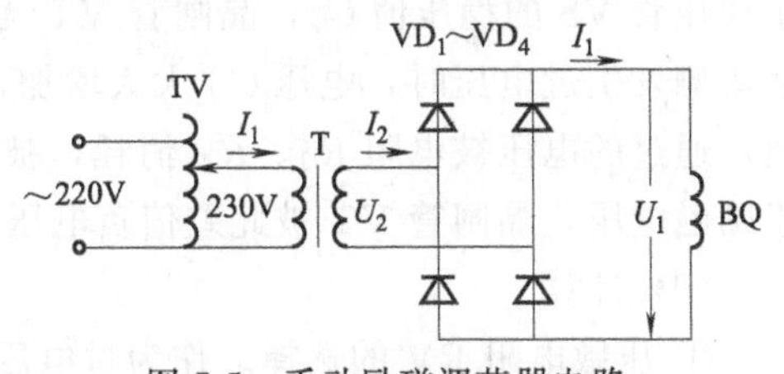

图7-5 手动励磁调节器电路

图中，BQ为发电机励磁绕组。由于采用二极管整流，不同于晶闸管整流，因而不存在续流问题，不需要续流二极管。

① 变压器T的选择。并网运行的小机组不必考虑强励，变压器二次侧电压和电流为

$$U_2=1.11U_{le}+ne=1.11\times62.5+2\times0.5\approx70.4(\mathrm{V})$$

式中 n——每半波流过二极管的管数；

e——二极管的电压降，V。

$$I_2=1.11I_{le}=1.11\times8.9\approx9.88(\mathrm{A})$$

变压器的容量应不小于：

$$S=U_2I_2=70.4\times9.88\approx696(\mathrm{V\cdot A})$$

考虑一定的裕量及变压器长期工作的散热情况，可选用容量为1000V·A、电压为230/75V的单相控制变压器。

② 调压器TV的选择。流过调压器TV的最大电流即为变压器T的一次侧最大电流为：

$$I_{1m}=1.11kI_{le}=1.11\times\frac{75}{230}\times8.9\approx3.22(\mathrm{A})$$

式中，k为变压器T的变比。

调压器最大容量应不小于：

$$S=UI=230\times3.22\approx741(\mathrm{V\cdot A})$$

可选用容量为1000V·A、电压为230/(0～250)V的单相调压器。

③ 二极管VD_1～VD_4的选择。流经每只二极管的最大电流为

$$I_a=0.5I_{le}=0.5\times8.9=4.45(\mathrm{A})$$

器件耐压不小于：

$$U_m=1.41U_z=1.41\times70.4=99.3(\mathrm{V})$$

考虑电网过电压等因素，因此可选用ZP10A/600V二极管。

16. 高压发电机直流侧晶闸管过电压保护电路计算

以高压发电机励磁回路晶闸管过电压保护为例。发电机励磁绕组的直流电压由三相晶闸

管整流后提供。在雷击、操作过电压、非同期合闸、失步、系统故障等情况下，均会在直流侧造成危害整流元件及励磁绕组绝缘的过电压，为此必须对高压发电机组采取限制过电压措施，通常采用如图 7-6 所示的保护电路。图中 BQ 为励磁绕组。

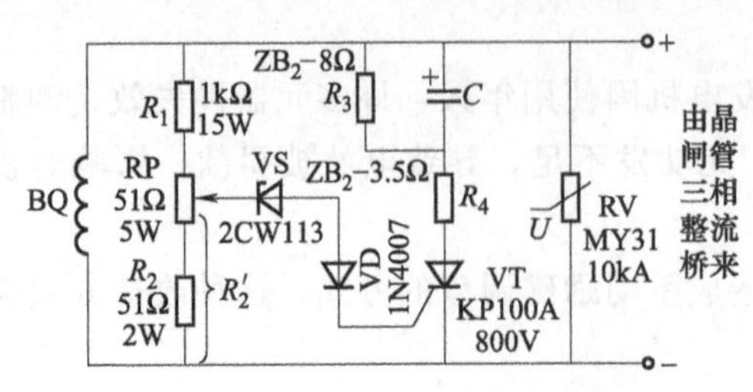

图 7-6 直流侧晶闸管过电压保护装置电路

电路采用晶闸管吸收回路，另外还采用压敏电阻作后备保护。保护电路由采样回路（由电阻 R_1、R_2 和电位器组成）、晶闸管吸收回路（由晶闸管 VT、稳压管 VS、二极管 VD、电阻 R_3 和 R_4 以及电容 C 组成）及后备保护（压敏电阻 RV）组成。

（1）工作原理

在正常励磁电压下，在 R'_2 上的分压 U_p 低于稳压管 VS 的稳压值 U_z，晶闸管 VT 无触发电流处于关断状态，阻容吸收不起作用。当直流侧发生过电压时，电压 U_p 大大增加，$U_p>U_z$，稳压管 VS 击穿，晶闸管 VT 被触发导通，通过的电压被电阻 R_3、R_4 消耗，被电容 C 吸收。过电压峰值过去后，C 上的电压高于励磁电压，晶闸管 VT 被此差值负电压关断。R_3 提供电容 C 的放电回路。

（2）计算

① 压敏电阻 RV 的选择。作为过电压后备保护元件，其标称电压 U_{1mA} 应大于晶闸管过电压保护动作整定值 U_{dz}。通常取 $U_{1mA}\geqslant 1.2U_{dz}$。RV 的通流容量应足够大，可选用 MY31 型 10kA 氧化锌压敏电阻（螺柱型）。

② 晶闸管过电压保护动作整定值的选取。根据发电机的具体情况加以确定，一般可按下式计算：

$$U_{dz}=(2.5\sim5)U_{le}$$

式中 U_{dz}——过电压保护整定值，V；

U_{le}——发电机励磁绕组额定电压，V。

对于旧发电机，励磁绕组绝缘水平较低的可取较小系数，如 2.5～3；对于新发电机，励磁绕组绝缘水平较高的可取较大系数，如 4～5。

总之，动作整定值应低于晶闸管整流桥的反向阻断电压，低于励磁绕组绝缘允许的耐压水平，并有一定裕度，这样才能起到保护作用。

八、电子及晶闸管电路

1. 单相半波整流电路的计算

（1）计算公式

单相半波整流电路原理图如图 8-1（a）所示。

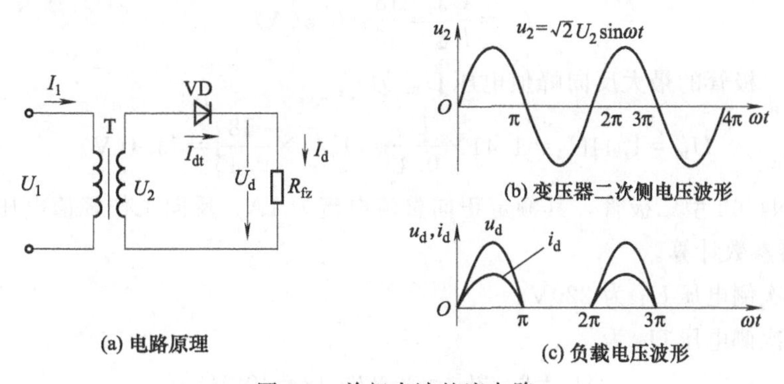

图 8-1　单相半波整流电路

① 空载直流输出电压为

$$U_d=0.45U_2$$

说明：当有电容器滤波时，$U_d=U_2$。

流过负载电阻器 R_{fz}的直流电流为

$$I_d=\frac{0.45U_2}{R_{fz}}$$

式中　U_d——空载直流输出电压，V；

U_2——变压器 T 的二次侧电压，V；

I_d——流过负载 R_{fz}的直流电流；

R_{fz}——负载电阻器阻值，Ω。

② 整流二极管的选择。流过整流二极管的平均电流 I_{dt}为

$$I_{dt}=I_d=\frac{0.45U_2}{R_{fz}}$$

整流二极管承受的最大反向峰值电压为

$$U_m=\sqrt{2}U_2=1.41U_2$$

根据 I_{dt}、U_m 的值，即可选择整流二极管。

③ 变压器参数计算。设变压器一次侧电压为 U_1。

变压器二次侧电压 $U_2=2.22U_d+0.7\approx2.22U_d$

式中 0.7 为整流二极管管压降（单位为 V），一般可忽略不计。

变压器一次侧电流 $I_1=1.21kI_d=1.21\dfrac{U_2}{U_1}I_d$

变压器二次侧电流 $I_2=1.57I_d$

变压器容量（按二次侧容量算） $S=3.49U_dI_d$

根据以上参数即可设计变压器（应考虑 1.1～1.25 的裕量系数）。

（2）实例

一单相半波整流电路如图 8-1 所示。已知负载电阻器 R_{fz} 为 36Ω，加于负载上的电压 U_d 为 18V。试选择整流二极管和变压器参数。

解 ① 整流二极管的选择。

流过整流二极管的电流 I_{dt} 为

$$I_{dt}=\frac{U_d}{R_{fz}}=\frac{18}{36}=0.5(\mathrm{A})$$

加于整流二极管的最大反向峰值电压 U_m 为

$$U_m=1.41U_2=1.41\times\frac{U_d}{0.45}=1.41\times\frac{18}{0.45}=56.4(\mathrm{V})$$

因此可选用 1N4002 型二极管，其额定正向整流电流为 1A，反向工作峰值电压为 100V。

② 变压器参数计算。

变压器一次侧电压 U_1 为 220V。

变压器二次侧电压 U_2 为

$$U_2=2.22U_d=2.22\times18=40(\mathrm{V})$$

式中 U_d 为加在负载上的电压。

变压器一次侧电流 I_1 为

$$I_1=1.21\frac{U_2}{U_1}I_d=1.21\times\frac{40}{220}\times0.5=0.11(\mathrm{A})$$

变压器二次侧电流 I_2 为

$$I_2=1.57I_d=1.57\times0.5=0.785(\mathrm{A})$$

变压器容量 S 为

$$S=3.49U_dI_d=U_2I_2=40\times0.785=31.4(\mathrm{V\cdot A})$$

考虑变压器的裕量系数为 1.1～1.25，变压器实际容量可取(1.1～1.25)$S\approx$35～40V·A。这样，变压器一、二次绕组电流密度可相应取小一些，以利于降温。

2. 单相全波整流电路的计算

（1）计算公式

单相全波整流电路原理图如图 8-2（a）所示。

① 空载直流输出电压为

$$U_d=0.9U_2$$

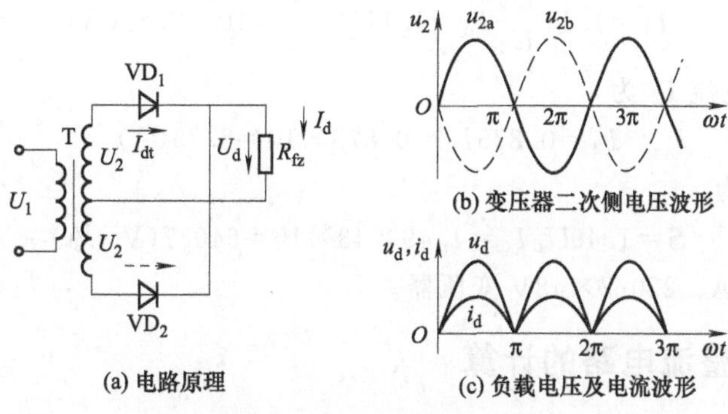

(a) 电路原理

(b) 变压器二次侧电压波形

(c) 负载电压及电流波形

图 8-2 单相全波整流电路

说明：当有电容器滤波时，$U_d=1.2U_2$。

流过负载电阻器 R_{fz} 的直流电流 I_d 为

$$I_d=\frac{U_d}{R_{fz}}=\frac{0.9U_2}{R_{fz}}$$

② 整流二极管的选择。流过整流二极管的平均电流 I_{dt} 为

$$I_{dt}=\frac{1}{2}I_d=\frac{0.45U_2}{R_{fz}}$$

整流二极管承受的最大反向峰值电压 U_m 为

$$U_m=2\sqrt{2}U_2=2.83U_2$$

③ 变压器参数计算。设变压器一次侧电压为 U_1。

变压器二次侧电压　$U_2=1.11U_d$

变压器一次侧电流　$I_1=1.11kI_d=1.11\dfrac{U_2}{U_1}I_d$

变压器二次侧电流　$I_2=0.875I_d$

变压器容量（按二次侧容量算）　$S=1.49U_dI_d$

变压器实际容量可取（1.1～1.5)S。

(2) 实例

一单相全波整流电路如图 8-2 所示。已知负载电阻器 R_{fz} 为 4.3Ω，加于负载上的电压 U_d 为 43V。试选择整流二极管和变压器参数。

解 ① 整流二极管的选择。流过整流二极管的电流 I_{dt} 为

$$I_{dt}=\frac{1}{2}\times\frac{U_d}{R_{fz}}=\frac{1}{2}\times\frac{43}{4.3}=5(\text{A})$$

加于整流二极管的最大反向峰值电压 U_m 为

$$U_m=2.83U_2=2.83\times1.11U_d=2.83\times1.11\times43=135(\text{V})$$

因此可选用 ZP10A/300V 二极管。

② 变压器参数计算。

变压器一次侧电压 U_1 为 220V。

变压器二次侧电压 U_2 为

$$U_2=1.11U_d=1.11\times43=47.7(\text{V})(\text{取 }48\text{V})$$

变压器一次侧电流 I_1 为

$$I_1=1.11\frac{U_2}{U_1}I_d=1.11\times\frac{48}{220}\times10=2.42(\text{A})$$

变压器二次侧电流 I_2 为

$$I_2=0.875I_d=0.875\times10=8.75(\text{A})$$

变压器容量 S 为

$$S=1.49U_dI_d=1.49\times43\times10=640.7(\text{V}\cdot\text{A})$$

可选用 700V·A、220/2×48V 变压器。

3. 单相桥式整流电路的计算

(1) 计算公式

单相桥式整流电路原理图如图 8-3（a）所示。

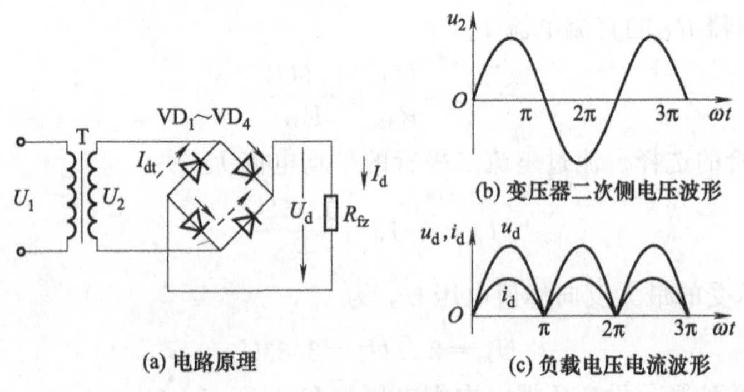

(a) 电路原理　(b) 变压器二次侧电压波形　(c) 负载电压电流波形

图 8-3　单相桥式整流电路

① 整流输出端空载直流电压 U_d 为

$$U_d=0.9U_2$$

说明：当有电容器滤波时，$U_d=1.2U_2$。

流过负载电阻器 R_{fz} 的直流电流 I_d 为

$$I_d=\frac{U_d}{R_{fz}}=\frac{0.9U_2}{R_{fz}}$$

② 整流二极管的选择。流过整流二极管的平均电流 I_{dt} 为

$$I_{dt}=\frac{1}{2}I_d=\frac{0.45U_2}{R_{fz}}$$

整流二极管承受的最大反向峰值电压 U_m 为

$$U_m=\sqrt{2}U_2$$

③ 变压器参数计算。设变压器一次侧电压为 U_1。

变压器二次侧电压　$U_2=1.11U_d$

变压器一次侧电流　$I_1=1.11\dfrac{U_2}{U_1}I_d$

变压器二次侧电流　$I_2=1.11I_d$

变压器容量　$S=1.23U_dI_d$

变压器实际容量可取 $(1.1\sim1.5)S$。

(2) 实例

一单相桥式整流电路如图 8-3 所示。已知负载电阻器 R_{fz} 为 2Ω，加于负载上的电压 U_d 为 99V。试选择整流二极管和变压器参数。

解 ① 整流二极管的选择。流过整流二极管的电流 I_{dt} 为

$$I_{dt}=\frac{1}{2}\times\frac{U_d}{R_{fz}}=\frac{1}{2}\times\frac{99}{2}=24.75(A)$$

加于整流二极管的最大反向峰值电压 U_m 为

$$U_m=\sqrt{2}U_2=\sqrt{2}\times1.11U_d=\sqrt{2}\times1.11\times99=155.4(V)$$

因此可选用 ZP50A/300V 二极管。

② 变压器参数计算。

变压器一次侧电压 U_1 为 220V。

变压器二次侧电压 U_2 为

$$U_2=1.11U_d=1.11\times99=110(V)$$

变压器一次侧电流 I_1 为

$$I_1=1.11\frac{U_2}{U_1}I_d=1.11\times\frac{110}{220}\times\frac{99}{2}=27.5(A)$$

变压器二次侧电流 I_2 为

$$I_2=1.11I_d=1.11\times\frac{99}{2}=54.9(A)$$

变压器容量 S 为

$$S=1.23U_dI_d=1.23\times99\times\frac{99}{2}=6027.6(V\cdot A)$$

可选用 7kV·A、220/110V 变压器。

4. 电容降压半波整流电路的计算

(1) 计算公式

电容降压半波整流电路如图 8-4 所示。

图中，C_1 是降压电容器，C_2 是滤波电容器，稳压器 VS 起稳定输出电压的作用。电阻器 R 的作用是，防止切断电源后电容器 C_1 上较长时间带电而可能对人体造成伤害。

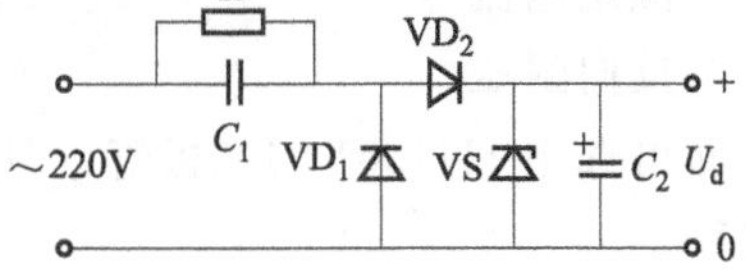

图 8-4 电容降压半波整流电路原理图

① 电容器 C_1 的选择。主要包括电容量 C_1 和耐压值 U_{C_1} 的选择。

$$C_1\geqslant I_d/30$$

式中 C_1——电容量，μF；

I_d——电路输出电流，即负载电流，mA。

$$U_{C_1}\geqslant\sqrt{2}U_{sr}$$

式中 U_{C_1}——耐压，V；

U_{sr}——电路输入电压，V。

② 电容器 C_2 的选择。主要是电容量 C_2 和耐压 U_{C_2} 的选择。

可选电容量为 50～220μF 的电解电容器。电容量大些，滤波效果好些。

耐压 $U_{C_2}\geqslant2U_d$

式中 U_{C_2}——耐压，V；

U_d——电路输出电压，即负载上的电压，V。

③ 稳压管VS的选择。主要是选择稳压值U_Z和最大反向电流I_{ZM}。

稳压值 $U_Z=U_d$

最大反向电流 $I_{ZM}\geqslant 1.5I_d$

④ 二极管VD_1、VD_2的选择。主要是选择额定电流I_F和反向电压U_{RM}。

额定电流 $I_F\geqslant 2I_d$

反向电压 $U_{RM}\geqslant 2U_d$

⑤ 电阻器R阻值的选择。一般可选阻值为500kΩ～1MΩ、额定功率为1/2W的电阻器。

(2) 实例

某电容降压半波整流电路如图8-4所示，电路输出电流为50mA，输出电压为12V，试选择电路元件参数。

解 ① 电容器C_1的选择

电容量 $C_1\geqslant I_d/30\geqslant 50/30=1.67(\mu F)$

耐压值 $U_{C_1}\geqslant\sqrt{2}U_{sr}=\sqrt{2}\times 220=310(V)$

因此可选用CBB22型或CJ41型2μF、400V的电容器。

② 电容器C_2的选择。

可选择电容量为100μF的电解电容器。耐压为

$$U_{C_2}\geqslant 2U_d=2\times 12=24(V)$$

因此可选用CD11型100μF、25V的电解电容器。

③ 稳压管VS的选择。

稳压值 $U_Z=U_d=12V$

最大反向电流 $I_{ZM}\geqslant 1.5I_d=1.5\times 50=75(mA)$

因此可选用2CW110型稳压管，其U_Z为11～12.5V（挑选12V），I_{ZM}为76mA。也可选用2CW138型稳压管，其I_{ZM}为230mA。

④ 二极管VD_1、VD_2的选择。

额定电流 $I_F\geqslant 2I_d=2\times 50=100(mA)$

反向耐压 $U_{RM}\geqslant 2U_d=2\times 12=24(V)$

因此可选用1N4001型二极管，其额定电流为1A，反向耐压为50V。也可选用2CZ型等二极管。

5. 电容降压全波整流电路的计算

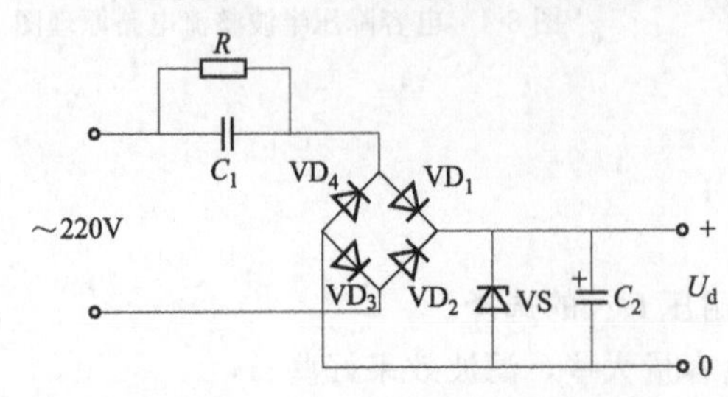

图8-5 电容降压全波整流电路原理图

(1) 计算公式

电容降压全波整流电路如图8-5所示。

① 电容器C_1的选择。主要是选择电容量和耐压值，其计算公式分别如下：

电容量 $C_1\geqslant I_d/60$

式中 C_1——电容器电容量，μF；

I_d——电路输出电流，mA。

如果 I_d 小于 30mA，则 C_1 可选用电容量为 0.47μF 的电容器。

耐压值 $$U_{C_1} \geqslant \sqrt{2} U_{sr}$$

② 二极管 $VD_1 \sim VD_4$ 的选择。

额定电流 $$I_F \geqslant \frac{1}{2} I_d$$

反向耐压 $$U_{RM} \geqslant 2U_d$$

其他元件参数选择同前。

(2) 实例

某电容降压全波整流电路如图 8-5 所示。电路输出电流为 280mA、输出电压为 36V，试选择电路元件参数。

解 ① 电容器 C_1 的选择。

电容量 $$C_1 \geqslant I_d/60 = 280/60 = 4.67(\mu F)$$

耐压值 $$U_{C_1} \geqslant \sqrt{2} U_{sr} = \sqrt{2} \times 220 = 310(V)$$

因此可选用 CBB22 型或 CJ41 型 4.7μF、400V 的电容器。

② 电容器 C_2 的选择。

可选择电容量为 220μF 的电解电容器。耐压为

$$U_{C_2} \geqslant 2U_d = 2 \times 36 = 72(V)$$

因此可选用 CD11 型 220μF、100V 的电解电容器。

③ 稳压管 VS 的选择。

稳压值 $$U_Z = U_d = 36V$$

最大反向电流 $$I_{ZM} \geqslant 1.5 I_d = 1.5 \times 280 = 420(mA)$$

因此可选用 2DW188 型稳压管，其 U_Z 为 35～40V（挑选国家标准产品 36V），I_{ZM} 为 1200mA。

④ 二极管 $VD_1 \sim VD_4$ 的选择。

额定电流 $$I_F \geqslant \frac{1}{2} I_d = \frac{1}{2} \times 280 = 140(mA)$$

反向耐压 $$U_{RM} \geqslant 2U_d = 2 \times 36 = 72(V)$$

因此可选用 1N4002 型二极管，其额定电流为 1A，反向耐压为 100V。

⑤ 电阻器 R 阻值的选择同“电容降压半波整流电路的计算”项。

6. 多级倍压整流电路的计算

(1) 计算公式

当整流电流很小（小于 5mA）时，可以采用多级倍压整流电路获得很高的直流电压。

多级倍压整流电路如图 8-6 所示（图中为 5 级）。

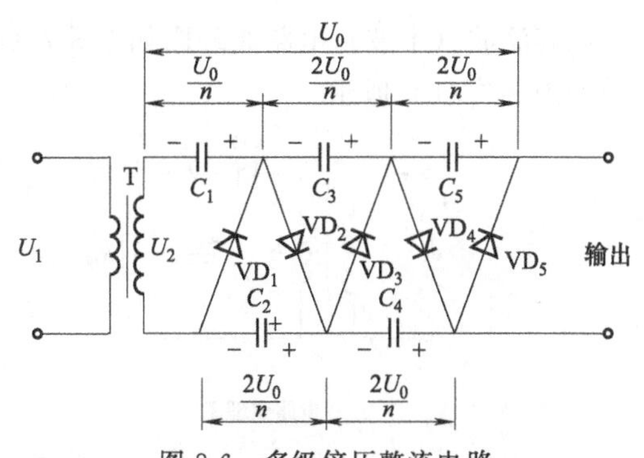

图 8-6 多级倍压整流电路

多级倍压整流电路理论输出直流电压 U'_d 为

$$U'_d = nU_{2m} = n\sqrt{2} U_2$$

实际上，多级倍压整流电路加上负载后

的输出直流电压U_d约为

$$U_d=nU_2/0.85$$

电容器C_1两端电压U_{C_1}约为

$$U_{C_1}=U_d/n=U_2/0.85$$

电容器$C_2 \sim C_n$两端的电压$U_{C_2} \sim U_{C_n}$为

$$U_{C_2}=U_{C_3}=\cdots=U_{C_n}=2U_{C_1}=2U_2/0.85$$

电容器$C_1 \sim C_n$的电容量约为

$$C_1=C_2=C_3=\cdots=34I_0(n+2)/U_2$$

式中　U_2——变压器二次侧电压有效值，V；

U_{2m}——变压器二次侧峰值电压，V；

n——倍压级数；

I_0——整流电流，mA。

需注意：当加大负荷（负荷电阻减小）时，输出电压将严重下跌。倍压整流的级数不宜多于10级。

（2）实例

已知一个九级倍压整流器，U_2为7000V，I_0为1mA，试计算直流最高输出电压，并选择所需电容器。

解　直流最高输出电压U_d（有负载时）为

$$U_d=nU_2/0.85=9\times7000/0.85=74118\approx75000(\text{V})$$

由于负荷等情况不同，最高输出电压计算值不是很严格。

电容器C_1两端的电压U_{C_1}约为

$$U_{C_1}=U_2/0.85=7000/0.85\approx8235(\text{V})$$

电容器$C_2 \sim C_9$两端的电压约为

$$U_{C_2}=U_{C_3}=\cdots=U_{C_9}=2U_2/0.85=2\times8235=16470(\text{V})$$

电容器$C_1 \sim C_9$电容量为

$$C_1=C_2=\cdots=C_9=34I_0(n+2)/U_2=34\times1\times(9+2)/7000=0.053(\mu\text{F})$$

因此可采用耐压为20kV、电容量为0.05μF的高压电容器。

7. 电容滤波（半波）电路的计算

电容滤波（半波）电路原理图如图8-7（a）所示，滤波前后负载电阻器R_{fz}上的电压U_d波形如图8-7（b）所示。

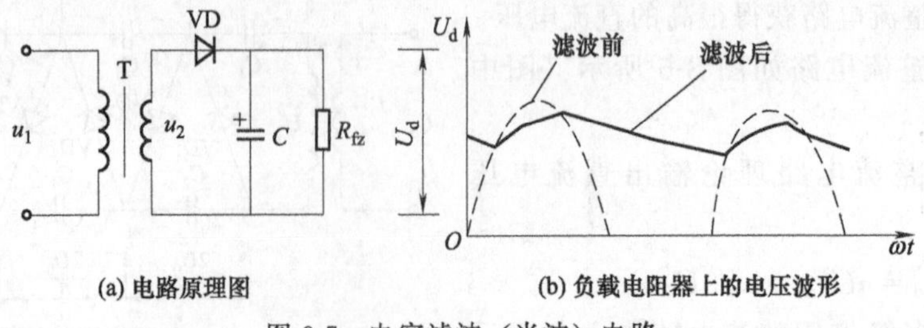

图8-7　电容滤波（半波）电路

(1) 计算公式

通常用滤波系数 Q 来衡量滤波器的滤波能力，Q 为滤波器输入端的脉动系数 $S_{入}$ 与输出端的脉动系数 $S_{出}$之比，即

$$Q=\frac{S_{入}}{S_{出}}=\frac{S_{未滤}}{S_{滤}}$$

为了保证输出电压较高，滤波效果较好，设计时一般按下式选取滤波电容器 C 的电容量：

$$C\geqslant(10\sim15)\frac{1}{\omega R_{fz}}$$

式中 C——电容器电容量，F；

ω——电源角频率，$\omega=2\pi f$；

f——电源频率，$f=50\text{Hz}$；

R_{fz}——负载电阻器阻值，Ω。

此时输出电压为

$$U_d=(1.0\sim1.4)U_2$$

当 $R_n/R_{fz}\approx5\%$时（R_n 为整流二极管内阻），输出电压可按下式估算：

$$U_d\approx U_2$$

二极管承受的最大反向电压 U_{max} 为

$$U_{max}=2\sqrt{2}U_2$$

纹波系数

$$\gamma=\frac{1.82}{\omega CR_{fz}}$$

脉动系数

$$S=\frac{0.144}{fCR_{fz}}$$

滤波系数

$$Q=1.1fCR_{fz}$$

如果已知负载电阻值 R_{fz}和滤波系数 Q，便可由上式求得所需电容器电容量 C。

(2) 实例

电容滤波（半波）电路原理图如图 8-7 (a) 所示。已知负载电阻器 R_{fz}为 150Ω，电源频率 f 为 50Hz，要求有较高的滤波系数。试求滤波电容器电容量，并计算滤波系数。

解 取系数为 15，计算滤波电容器 C 的电容量

$$C=15\frac{1}{\omega R_{fz}}=15\times\frac{1}{2\pi\times50\times150}=3.18\times10^{-4}(\text{F})=318(\mu\text{F})$$

因此选用标称容量为 330μF 的电解电容器。

这时的滤波系数为

$$Q=1.1fCR_{fz}=1.1\times50\times330\times10^{-6}\times150=2.72$$

8. 电容滤波（全波）电路的计算

(1) 计算公式

电容滤波（全波）电路原理图如图 8-8 (a) 所示，负载电阻器 R_{fz}上的电压波形如图 8-8 (b) 所示。

当 $R_n/R_{fz}\approx5\%$时，输出电压 U_d 为

$$U_d=1.2U_2$$

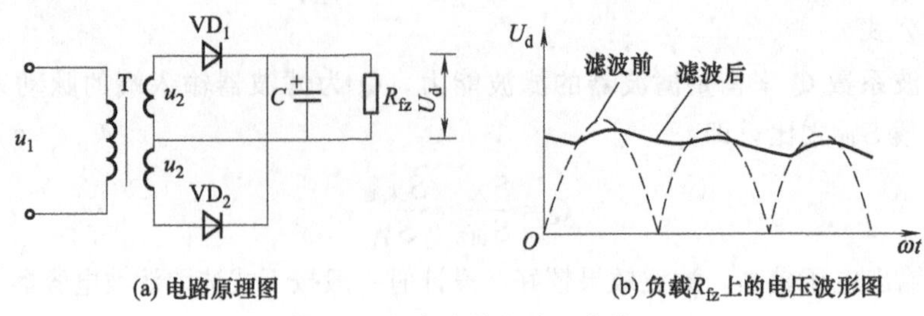

(a) 电路原理图　　(b) 负载R_{fz}上的电压波形图

图 8-8 电容滤波电路（全波）

纹波系数 $$\gamma=\frac{0.91}{\omega CR_{fz}}$$

脉动系数 $$S=\frac{0.072}{fCR_{fz}}$$

滤波系数 $$Q=2.2fCR_{fz}$$

电容量的大小与滤波电路输出电流的大小有关，通常电容量取数百微法至数千微法。电容器电容量的一般经验数据见表 8-1。电容器耐压应取变压器次级电压 U_2（有效值）的$\sqrt{2}$倍以上。

表 8-1 滤波电容与输出电流的关系

输出电流	2A 左右	1A 左右	0.5～1A	0.1～0.5A	50～100mA	50mA 以下
电容量/μF	4000	2000	1000	500	200～500	200

（2）实例

电容滤波（全波）电路原理图如图 8-8（a）所示。已知输出电流 I_{sc}为 800mA，输出电压 U_{sc}为 24V，电源频率 f 为 50Hz。试求滤波电容器容量，并计算滤波系数。

解 已知输出电流为 800mA，查表 8-1，可选用电容器 C 的电容量 $C=100\mu F$。

这时的滤波系数为

$$Q=2.2fCR_{fz}=2.2fC\frac{U_{sc}}{I_{sc}}=2.2\times50\times1000\times10^{-6}\times\frac{24}{0.8}=3.3$$

9. 电感滤波（全波）电路的计算

（1）计算公式

电感滤波（全波）电路原理如图 8-9（a）所示，负载电阻器 R_{fz}上的电压波形如图 8-9（b）所示。

输出直流电压为

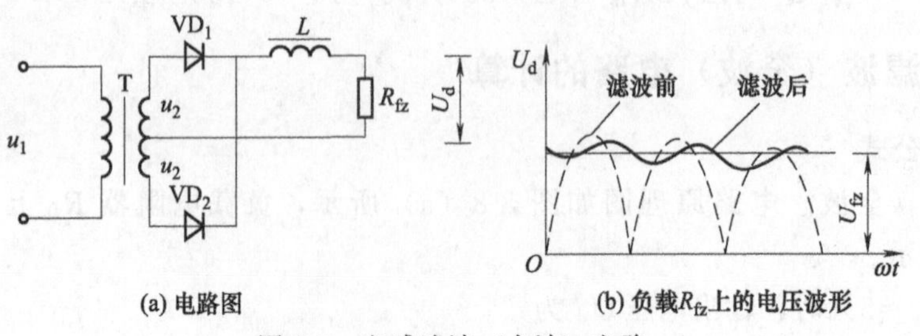

(a) 电路图　　(b) 负载R_{fz}上的电压波形

图 8-9 电感滤波（全波）电路

$$U_d=0.9U_2$$

纹波系数 $$\gamma=\frac{0.48R_{fz}}{2\omega L}$$

脉动系数 $$S=\frac{0.67R_{fz}}{2\omega L}$$

滤波系数 $$Q=\frac{2\omega L}{R_{fz}}$$

式中 L——电感量（H），一般为几亨至几十亨。

(2) 实例

有一全波整流电路，未加滤波前，输出电压脉动系数 $S_{未滤}$ 为 66.7%，采用电感滤波后，$S_{滤}$ 为 0.1%，负载电阻器阻值 R_{fz} 为 100Ω，电源频率 f 为 50Hz。试求滤波系数和滤波电感器的电感量。

解 滤波系数为

$$Q=S_{未滤}/S_{滤}=0.667/0.001=667$$

而 $$Q=\frac{2\omega L}{R_{fz}}=\frac{2\times2\pi\times50L}{100}=667$$

故电感量为

$$L=\frac{667\times100}{100\times2\pi}\approx106(\mathrm{H})$$

10. 单节Γ型滤波电路的计算

单节Γ型滤波电路如图 8-10 所示。

(1) 计算公式

临界电感 $$L_{lj}=\frac{R_{fz}}{945}$$

设计时，通常选取滤波电感 L 为 2 倍临界电感量，即

$$L\geqslant2L_{lj}=\frac{2R_{fz}}{945}$$

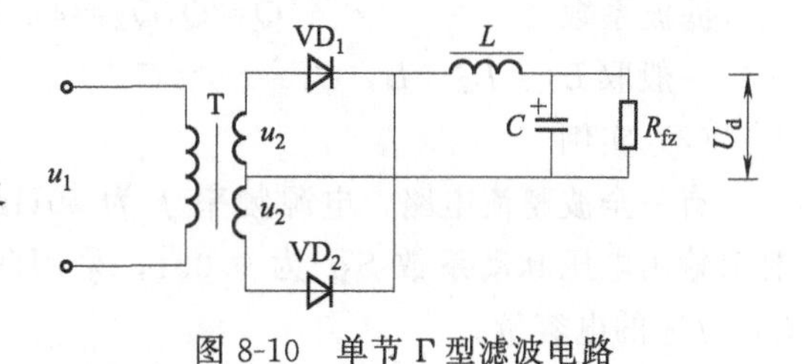

图 8-10 单节Γ型滤波电路

输出电压为

$$U_d=0.9U_2$$

纹波系数 $$\gamma=\frac{0.48}{4\omega^2LC}$$

脉动系数 $$S=\frac{0.67}{4\omega^2LC}$$

滤波系数 $$Q=4\omega^2LC$$

式中 L——滤波电感量，H；

C——滤波电容量，F；

ω——电源角频率，$\omega=2\pi f$，$f=50\mathrm{Hz}$。

(2) 实例

有一全波整流电路，电源频率 f 为 50Hz，输出电压 U_d 为 24V，负载电流 I_d 为

100mA，输出电压脉动系数 $S_{全波(未滤)}=0.667$，要求输出电压脉动系数 $S_{滤}\leqslant 0.001$，采用单节Γ型滤波电路。试求滤波系数和电感量、电容量。

解 已知 $S_{全波(未滤)}=0.667$，$S_{滤}=0.001$

故滤波系数
$$Q=\frac{S_{未滤}}{S_{滤}}=\frac{0.667}{0.001}=667$$

又
$$Q=4\omega^2LC=4\times 314^2LC=667$$

得
$$LC=1.7\times 10^{-3}$$

晶体管电路的电源电压较低而电流常为几百毫安以上，故电感量一般取1～10H，而电容量一般取数百微法至数千微法。如果电感量取10H、额定电流为100mA，则电容量为

$$C=\frac{1.7\times 10^{-3}}{L}=\frac{1.7\times 10^{-3}}{10}=1.7\times 10^{-4}(\mathrm{F})=170(\mu\mathrm{F})$$

电容器的耐压可取30V。

11. 两节Γ型滤波电路的计算

两节Γ型滤波电路如图8-11所示。

(1) 计算公式

纹波系数
$$\gamma=\frac{0.48}{4\omega^2L_1C_1}\times\frac{1}{4\omega^2L_2C_2}$$

脉动系数
$$S=\frac{0.67}{4\omega^2L_1C_1}\times\frac{1}{4\omega^2L_2C_2}$$

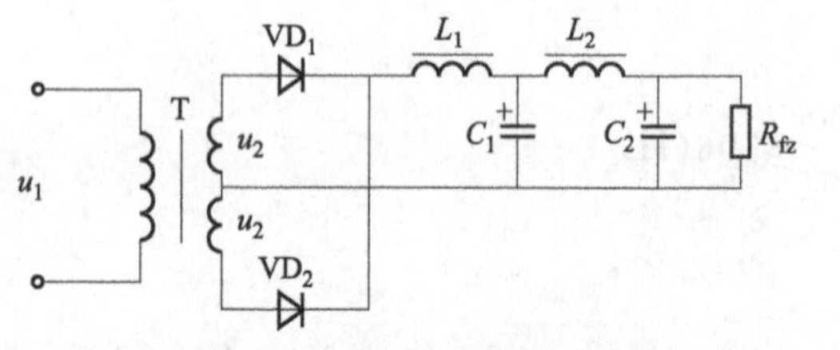

图8-11 两节Γ型滤波电路

滤波系数
$$Q=Q_1Q_2=4\omega^2L_1C_1\times 4\omega^2L_2C_2$$

一般取 $L_1=L_2=L$，$C_1=C_2=C$。

(2) 实例

有一全波整流电路，电源频率 f 为50Hz，输出电压 U_d 为12V，负载电流为200mA，要求输出电压脉动系数 $S_{滤}$ 为0.001，采用两节Γ型滤波电路。试求 L_1、L_2 的电感量和 C_1、C_2 的电容量。

解 由 $S_{滤}=\dfrac{0.67}{16\omega^4L^2C^2}=0.001$，得

$$LC=\sqrt{\frac{0.67}{16\times(2\pi\times 50)^4\times 0.001}}=6.55\times 10^{-5}$$

L_1、L_2 的电感量取2H、额定电流为200mA，则电容量为

$$C=6.55\times 10^{-5}/L=6.55\times 10^{-5}/2=3.28\times 10^{-5}(\mathrm{F})=32.8(\mu\mathrm{F})$$

12. Π型滤波电路的计算

采用电容、电感的Π型滤波电路如图8-12 (a) 所示；采用电容、电阻的Π型滤波电路如图8-12 (b) 所示。

(1) 计算公式

如果整流电路电流不大（在几十毫安以下），为了减轻质量、降低成本，可以将Π型滤

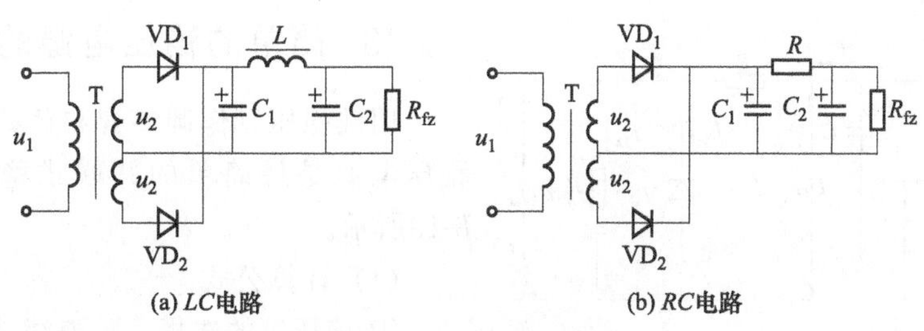

图 8-12　Π 型滤波电路

波电路中的电感器 L 用电阻器 R 代替。不过电阻器上要损失一部分直流电压，所以输送到负载电阻器 R_{fz} 上的直流电压要比使用电感器时降低些。

对于图 8-12（a）所示电路：

纹波系数
$$\gamma=\frac{1}{4.4\omega^3 C_1 C_2 L R_{fz}}$$

滤波系数
$$Q=Q_1 Q_2$$

式中　Q_1——电容滤波电路的滤波系数；

Q_2——Γ 型滤波电路的滤波系数。

对于图 8-12（b）所示电路：

滤波电路输出的直流电压为

$$U_d=1.2U_2\frac{R_{fz}}{R+R_{fz}}$$

纹波系数
$$\gamma=\frac{0.0114}{RC_1C_2f^2R_{fz}}$$

Π 型滤波电路，一般取 $C_1=C_2$。

（2）实例

有一阻容式 Π 型滤波电路如图 8-12（b）所示。已知电源频率 f 为 50Hz，输出电压为 36V，负载电阻器为 180Ω，变压器 T 的二次侧电压 U_2 为 40V，要求纹波系数 γ 为 0.01。试求电阻器 R 的电阻值和电容器 C_1、C_2 的电容量。

解　① 电阻器 R 的选择：

$$R=\frac{1.2U_2R_{fz}}{U_d}-R_{fz}=\frac{1.2\times40\times180}{36}-180=60(\Omega)$$

选用标称阻值为 62Ω 的电阻器。

电阻器的额定功率可按下式选择：

$$P=2I_d^2R=2\left(\frac{U_d}{R_{fz}}\right)^2R=2\times\left(\frac{36}{180}\right)^2\times62=4.96(\mathrm{W})$$

因此可选用 RJ 型 62Ω-5W 的电阻器。

② 电容器 C 的选择：

$$C=C_1=C_2=\sqrt{\frac{0.0114}{\gamma Rf^2R_{fz}}}=\sqrt{\frac{0.0114}{0.01\times62\times50^2\times180}}$$
$$=2.02\times10^{-4}(\mathrm{F})=202(\mu\mathrm{F})$$

可选用 CD11 型 220μF、50V 的电解电容器。

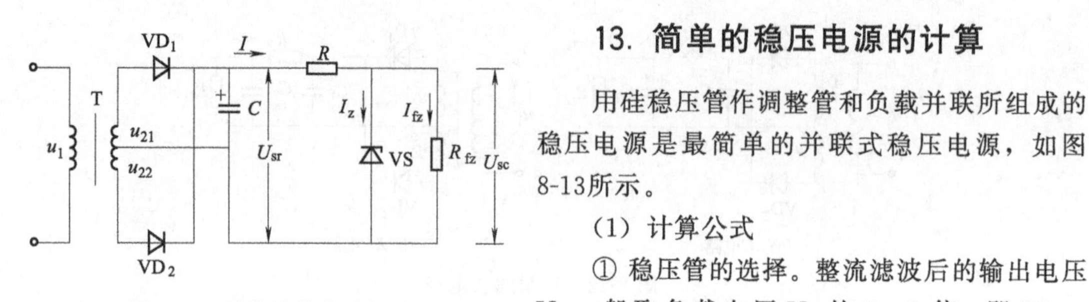

图 8-13 最简单的稳压电源

13. 简单的稳压电源的计算

用硅稳压管作调整管和负载并联所组成的稳压电源是最简单的并联式稳压电源，如图 8-13所示。

(1) 计算公式

① 稳压管的选择。整流滤波后的输出电压 U_{sr} 一般取负载电压 U_{sc} 的 2～3 倍，即 $U_{sr}=(2\sim3)U_{sc}$。

稳定电压 $U_z=U_{sc}$

稳定电流 $I_z\approx I_{fz\cdot max}$ 或 $I_{z\cdot max}=(2\sim3)I_{fz\cdot max}$

稳压管工作电流 $I_z=I_{d\cdot max}$ 或取 $I_{zm}\geqslant(2\sim3)I_{d\cdot max}$

式中 U_{sc}——负载上的电压（即输出电压），V；

$I_{fz\cdot max}$——最大负载电流，A；

I_{zm}——稳压管最大稳定电流（A），可查手册或按下式计算：$I_{zm}=P_{zm}/U_z$；

P_{zm}——稳压管最大耗散功率，W。

② 电阻器的选择。

$$\frac{U_{sr\cdot max}-U_{sc}}{I_{z\cdot max}}<R<\frac{U_{sr\cdot min}-U_{sc}}{I_z+I_{fz\cdot max}}$$

$$P\geqslant\frac{(U_{sr\cdot max}-U_z)^2}{R}$$

③ 校验。

a. 当输入电压最大而负载开路时，流过稳压管的电流不超过稳压管的最大稳定电流 I_{zm}，即

$$\frac{U_{sr\cdot max}-U_{sc}}{R}\leqslant I_{zm}$$

b. 当输入电压最小而负载最大时，稳压管尚能起稳压作用，即

$$U_{sr\cdot min}-(I_z+I_{fz\cdot max})R\geqslant U_z$$

否则，稳压管不进入击穿区，不起稳压作用。

④ 计算稳定程度 S 及输出电阻 r_{sc}。

a. 稳定度

$$S=\frac{\Delta U_{sc}}{\Delta U_{sr}}\approx\frac{R_z}{R}$$

b. 稳压系数

$$K=\frac{\Delta U_{sc}/U_{sc}}{\Delta U_{sr}/U_{sr}}\approx\left(1-\frac{U_{sc}}{U_{sr}}\right)\times\frac{1}{I_z+I_d}\times\frac{U_{sc}}{R_z}$$

式中 R_z——稳定管动态电阻，Ω。

其他符号见图 8-13。

c. 稳压电路输出电阻 r_{sc}。其值近似等于稳压管动态电阻值，即

$$r_{sc}\approx R_z$$

如果包括整流滤波电路内阻 r，则总输出电阻为

$$r_{sc\Sigma}=R_z // (R+r)$$

⑤ 计算电压调整率 K_v。计算公式如下：

$$K_v=\Delta U_{sc}/U_{sc}$$

（2）实例

设计一个稳压二极管稳压电源。要求：

① 输出电压 $U_{sc}=12V$；

② 负载电流 $I_{fz}=0\sim20mA$；

③ 当电网电压波动±10%时，电压调整率 $K_v<2\%$。

解 ① 稳压管的选择。根据 $U_{sc}=U_z=12V$ 及 $I_{zm}=(2\sim3)I_{fz}=(2\sim3)\times20=40\sim60(mA)$，查手册，可选用 2CW110 硅稳压管，其参数如下：

$$U_z=11\sim12.5V$$

$$I_z=30mA$$

$$R_z=20\Omega$$

$$P_{zm}=1W$$

可求得该稳压管的最大稳定电流为

$$I_{zm}=\frac{P_{zm}}{U_z}=\frac{1}{12}=0.083(A)=83(mA)$$

② 输入直流电压的确定。

$$U_{sr}=(2\sim3)U_{sc}=(2\times3)\times12=24\sim36(V)$$

选 $U_{sr}=30V$。

根据 I_{zm} 和 U_{sr} 值，便可选择整流滤波电路的元件参数。滤波电容器 C 可取耐压不小于 50V、容量为 100～220μF 的电解电容器。

③ 限流电阻器 R 的选择。当电网电压波动为±10%时，则

$$U_{sr\cdot max}=1.1U_{sr}=1.1\times30=33(V)$$

$$U_{sr\cdot min}=0.9U_{sr}=0.9\times30=27(V)$$

根据公式

$$\frac{U_{sr\cdot max}-U_{sc}}{I_{zm}}<R<\frac{U_{sr\cdot min}-U_{sc}}{I_z+I_{fz\cdot max}}$$

$$\frac{(33-12)V}{83mA}<R<\frac{(27-12)V}{(30+20)mA}$$

$$0.25k\Omega<R<0.3k\Omega$$

可选取阻值为 270Ω 的限流电阻器。

电阻器功率

$$P\geqslant\frac{(U_{sr\cdot max}-U_z)^2}{R}=\frac{(33-12)^2}{270}=1.6(W)$$

可取额定功率为 2W 的电阻器。

④ 验算稳定度。当电网电压波动±10%时，则 $\Delta U_{sr}=U_{sr}\times10\%=30\times10\%=3V$，即输入电压在 27～33V 范围波动。

$$\Delta U_{sc}=\Delta U_{sr}\frac{R_z}{R}=3\times\frac{20}{270}=0.22(\text{V})$$

$$K_v=\frac{\Delta U_{sc}}{U_{sc}}=\frac{0.22}{12}=0.0183=1.83\%<2\%$$

因此可以满足设计要求。

根据上述计算，绘出全波整流电容滤波的硅稳压管稳压电路如图 8-14 所示。

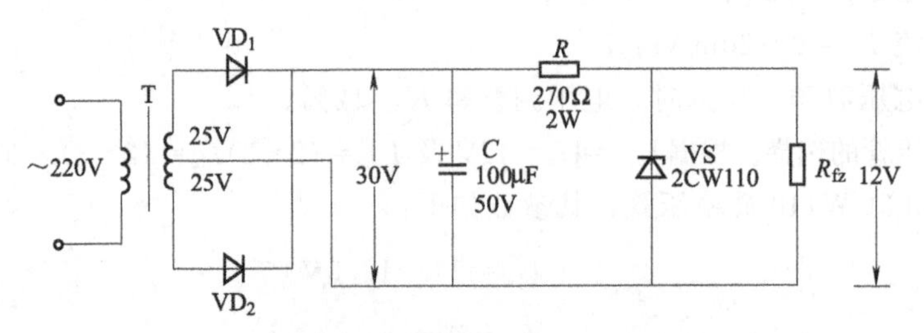

图 8-14 全波整流电容滤波的硅稳压管稳压电路

14. 采用温度补偿的稳压电路的计算

设电路中采用正温度系数补偿电阻器，则可设计图 8-15 所示的稳压电路。图中，R_t 为正温度系数补偿电阻器。

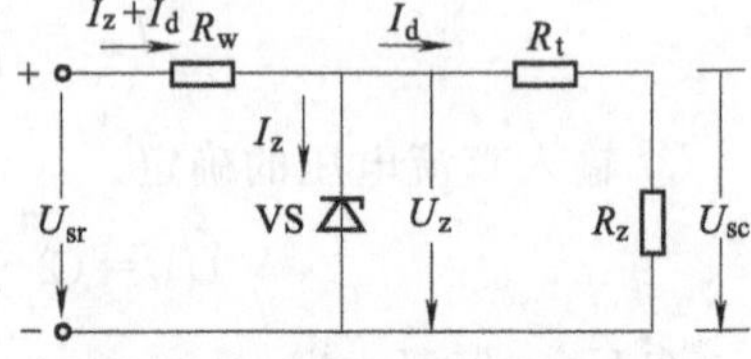

图 8-15 采用正温度系数补偿的稳压电路

(1) 计算公式

补偿电阻值为

$$R_t=\frac{U_z\alpha_{VWT}}{I_d\alpha_t}$$

式中 R_t——补偿电阻值，Ω；

α_{VWT}——电压温度系数，℃$^{-1}$；

α_t——补偿电阻器的温度系数，℃$^{-1}$；

U_z——稳压管稳定电压，V；

I_d——负载电流，A。

(2) 实例

如图 8-15 所示的电路。稳压管采用 2CW59 型；补偿电阻器 R_z 采用铜电阻器，α_t 为 4.25×10^{-3}℃$^{-1}$；负载电流 I_d 为 8mA。试计算补偿电阻值。

解 查相关产品手册得 2CW59 型稳压管的稳定电压 $U_z=11\text{V}$，电压温度系数 $\alpha_{VWT}=(0.095\%)$℃$^{-1}$，故补偿电阻值 R_t 为

$$R_t=\frac{11\times0.095\times10^{-2}}{8\times10^{-3}\times4.25\times10^{-3}}=307(\Omega)$$

在实际工作中，为了得到较好的温度补偿效果，相关元器件的型号规格选定后，还需进行温度试验，并根据试验结果对补偿电阻器 R_t 的值作调整。

15. 简单串联型稳压电源的计算

简单串联型稳压电源如图 8-16 所示。晶体管 VT 在电路中起调整作用。

(1) 计算公式

① 晶体管的选择。晶体管 VT 必须工作在放大区，需要有一个合适的管压降 $U_{ce}=U_{sr}-U_{sc}=2\sim8V$。此电压过小，管子易饱和；过大，管耗增大，不仅要选用更大功率的管子，还增加电耗。

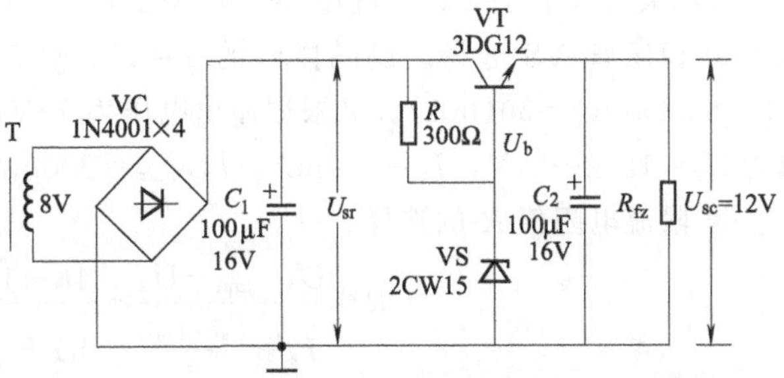

晶体管 VT 的 β 值应选得大些，但由于大功率管的 β 值一般较低，故常用复合管作调整管。

图 8-16 简单的单管串联型三极管稳压电源

VT 的选择应满足以下要求：

$$BU_{ce0}=(2\sim3)(U_{sr\cdot max}-U_{sc})$$

$$I_{cm}=(2\sim3)I_{sc\cdot max}$$

$$P_{cm}\geqslant(U_{sr\cdot min}-U_{sc})I_{sc\cdot max}=U_{ce\cdot min}I_{sc\cdot max}$$

式中 BU_{ce0}——集电极-发射极反向击穿电压，V；

$U_{sr\cdot max}$——最大输入电压，V；

U_{sc}——输出电压（负载电压），V；

I_{cm}——集电极最大允许电流；A；

$I_{sc\cdot max}$——最大负载电流，A；

P_{cm}——集电极最大允许耗散功率，W；

$U_{sr\cdot min}$——最小输入电压，V；

$U_{ce\cdot min}$——集电极-发射极间最小压降，一般为 2～4V。

② 基准电压（即稳压管稳定电压）计算。

$$U_z=U_{sc}+U_{be}$$

式中 U_z——基准电压，V；

U_{be}——晶体管 VT 发射结死区电压，锗管为 0.2～0.3V，硅管为 0.6～0.8V。

③ 限流电阻器 R 的选择。阻值 R 的计算公式

$$R\leqslant\frac{U_{sr\cdot min}-U_z}{I_z+I_{b\cdot max}}=\frac{U_{sr\cdot min}-U_z}{I_z+\frac{I_{sc\cdot max}}{\beta}}$$

式中 R——限流电阻值，Ω；

I_z——稳压管稳定电流，A；

$I_{b\cdot max}$——晶体管基极最大电流，A；

β——晶体管电流放大倍数。

(2) 实例

有一简单的单管串联型晶体管稳压电路如图 8-16 所示。已知输出电压 U_{sc} 为 12V，最大负载电流 $I_{sc\cdot max}$ 为 1A，输入电压变化范围为 16～20V。试选择电路元件参数。

解 ① 晶体管 VT 的选择。

$$BU_{ce0}=3(U_{sr\cdot max}-U_{sc})=3\times(20-12)=24(V)$$

$$I_{cm}=3I_{sc\cdot max}=3\times1=3(A)$$

$$P_{cm}\geqslant(U_{sr\cdot min}-U_{sc})I_{sc\cdot max}=(16-12)\times1=4(W)$$

查相关的产品手册，可选用3DD6型低频大功率管。

② 稳压管VS选择。设晶体管的$\beta=20$，则最大负载电流为1A时的基极电流$I_b=1/20=0.05(A)=50(mA)$。又根据输出电压为12V，因此可选用2CW139型稳压管。其参数为$U_z=12.2\sim14V$，$I_z=100mA$，$I_{z\cdot max}=200mA$。

③ 限流电阻值R的选择。

$$R\leqslant\frac{U_{sr\cdot min}-U_z}{I_z+\frac{I_{sc\cdot max}}{\beta}}=\frac{16-12}{0.1+\frac{1}{20}}=26.7(\Omega)$$

因此可选择标称值为30Ω、1/2W的电阻器。

④ 电容C_1的选择。

电容量可选用100μF，耐压应大于$\sqrt{2}U_2=\sqrt{2}\times18=25.5(V)$（设变压器二次电压为18V）。因此可选用CD11-100μF、32V的电解电容器。

⑤ 电容C_2的选择。

电容量可选用100μF，耐压应大于$1.3U_{sc}=1.3\times12=15.6(V)$。因此可选用CD11-100μF、16V的电解电容器。

16. 三端固定集成稳压电路电容器容量的选择

(1) 三端固定集成稳压器及典型稳压电路简介

三端固定集成稳压器分为7800正稳压型和7900负稳压型两大系列。输出电压（即稳压值）有5V、8V、12V、15V、18V、24V六种，输出电流均为1.5A。如7805型为+5V输出，7912型为−12V输出。

如对于7800系列产品，上海无线电七厂的产品型号为SW7800，北京半导体器件五厂的产品型号为CW7800，美国NSC公司的产品型号为LM7800，日本NEC公司的产品型号为μPC7800，法国SFC公司的产品型号为7800EC。它们的性能相同，可以相互代换。

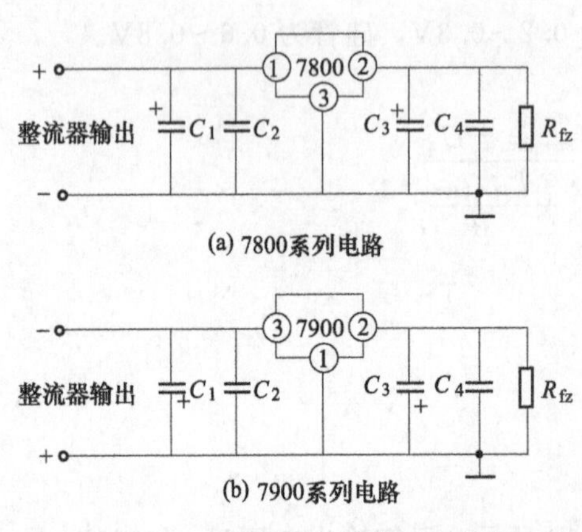

图8-17 三端固定稳压器典型电路

由三端固定稳压器组成的典型稳压电路如图8-17所示。

整流器输出的电压经电容C_1滤波后得到不稳定的直流电压。该电压加到三端固定集成稳压器的输入端①和公共地②之间，则在输出端③和公共地②之间可得到固定电压的稳定输出。

(2) 电容器容量的选择

在图8-17中，C_1为滤波电容器，为了最大限度地减小输出纹波，C_1值应取得大些，应选用电解电容器，电容器一般可按每0.5A电流1000μF容量选取。C_2为输入电容器，用于改善纹波特性，一般可取0.33μF。C_4为输出电容器，主要作用是改善负载的瞬态响应，一般可取0.1μF。当电路要求大电流输出时，C_2、C_4的容量应适当加大。C_3的作用是缓冲负载突变、改善瞬态响应，可在100～470μF之间取。R_{fz}为稳压器内部负载，其作用是，当外部负载断开时，稳压器能维持一定的电流。R_{fz}的取值范围，以通过其中的电流维持在5～10mA为佳。R_{fz}在设计产品时已考虑。

（3）实例

PDW-1型数字电位器在水电站发电机励磁装置中用作电压调整主令电位器，能与微机连接使用，其输出直流电压为0～8V。实际负载电流不超过50mA。PDW型电位器接线如图8-18所示。试选择变压器T、二极管VD_1～VD_4和电容器C_1～C_3。

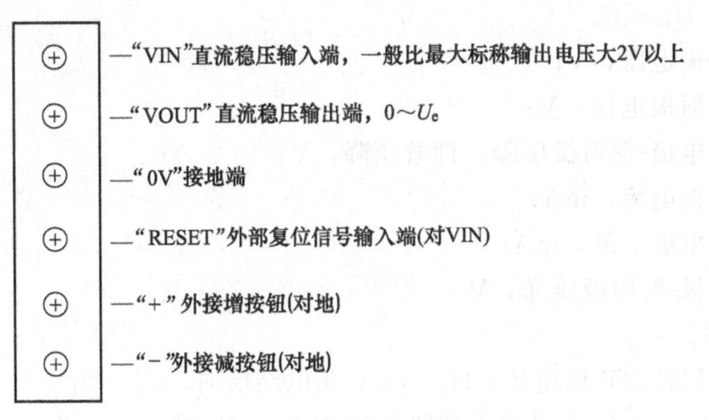

(a) 接线端子

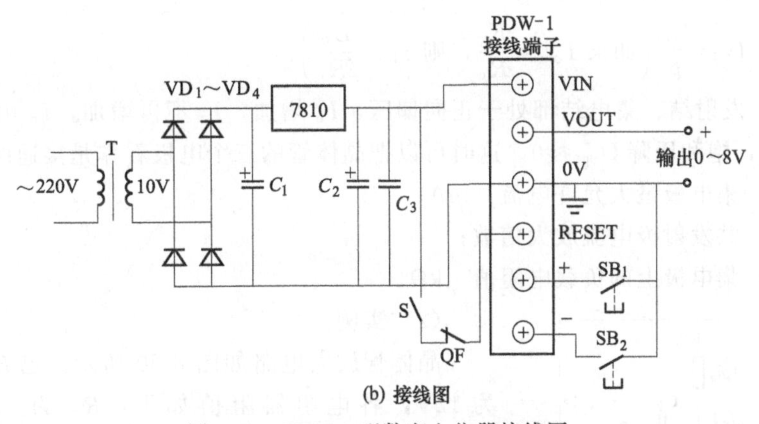

(b) 接线图

图8-18 PDW-1型数字电位器接线图

解 可选用5V·A、220/10V变压器。二极管VD_1～VD_4选用1N4001型，1A、50V三端固定稳压器选用7810型，电解电容器C_1选用CD11型（32μF、25V），C_2选用CD11型（100μF、16V），电容C_3选用CBB22型（0.1μF、63V）。

17. 晶体管截止、放大、导通计算

（1）晶体管三种工作状态的特点和条件

当晶体管作为放大管用时，应工作在特性曲线的放大区；当作为开关管用时，应工作在特性曲线的饱和区和截止区。某晶体管的特性曲线及放大区、饱和区和截止区如图8-19所示。

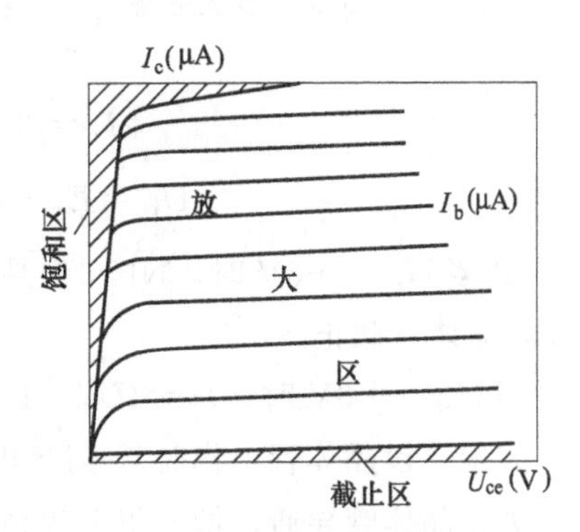

图8-19 晶体管的放大区、饱和区和截止区

① 截止状态。

a. 条件：对PNP型管，$U_b \geqslant U_e$；对NPN型管，$U_b \leqslant U_e$。截止状态的特点是两个PN结均为反向偏置。

b. 特点：$I_b \approx 0$，$I_c \approx 0$，$U_{ce} \approx E_c$（E_c 为电源电压）。

为了使晶体管更好地截止，可采取下列两项措施：

第一，采用集电极穿透电流 I_{ceo} 较小的管子。

第二，在基极和发射极间加反向偏压。此时截止的条件为：对于 PNP 型管，$U_{be} \geqslant 0$；对于 NPN 型管，$U_{be} \leqslant 0$。

式中 U_b——基极电压，V；

U_e——发射极电压，V；

U_{ce}——集电极-发射极压降，即管压降，V；

I_b——基极电流，mA；

I_c——集电极电流，mA；

U_{be}——基极-发射极压降，V。

② 放大状态。

a. 条件：发射结加正向电压，$U_b > U_e$；集电结反向，$U_c > U_b$。

b. 特点：$\Delta I_c = \beta \Delta I_b$ 满足放大规律，I_c 与 R_c、E_c 基本上无关。

③ 饱和（导通）状态。

a. 条件：$I_b \geqslant \dfrac{I_{cm}}{\beta}\left(如果\ I_{cm}=\dfrac{E_c}{R_c}，则\ I_b > \dfrac{E_c}{\beta R_c}\right)$。

b. 特点：发射结、集电结都处于正向偏压，I_b 增加，I_c 不再增加，I_c 由 E_c、R_c 决定（$I_c = E_c/R_c$），饱和压降 $U_{ces} \approx 0$。这时可以把晶体管的三个电极看作是接通的。

式中 I_{cm}——集电极最大允许电流，mA；

β——共发射极电流放大倍数；

R_c——集电极上的负载电阻值，kΩ。

（2）实例

晶体管放大电路如图 8-20 所示。已知电源电压 E_c 为 12V，各电阻器阻值如下：R_c 为 1.2kΩ、R_{b1} 为 300kΩ、R_b 为 8kΩ，晶体管电流放大倍数 β 为 70。试验算，当输入电压从 −3V 变为 +3V 时，晶体管是否能从截止状态转为饱和状态？

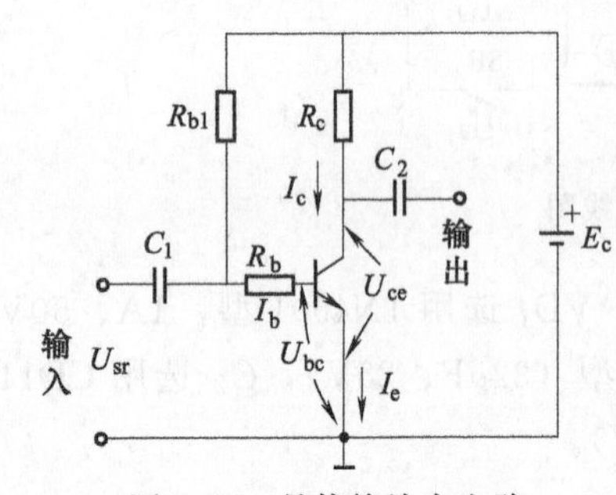

图 8-20 晶体管放大电路

解 ① 计算放大电路的静态工作点。

$$I_b = \frac{E_c - U_{be}}{R_{b1} + R_b} \approx \frac{E_c}{R_{b1} + R_b} = 0.039(\text{mA})$$

$$I_c = \beta I_b = 70 \times 0.039 = 2.73(\text{mA})$$

$$U_{ce} = E_c - I_c R_c = 12 - 2.73 \times 1.2 = 8.7(\text{V})$$

② 当 $U_{sr} = -3\text{V}$ 时，NPN 型晶体管处于反向偏置，$I_b = 0$，$I_c = 0$，$U_c = E_c - I_c R_c = 12\text{V}$，晶体管截止。

当 $U_{sr} = +3\text{V}$ 时，$I_b = (U_{sr} - U_{be})/R_b = (3-0.7)/8 = 0.29(\text{mA})$。

式中，设晶体管工作时基-射极电压 U_{be} 为 0.7V。

如果晶体管导通，最大集电极电流 $I_{cm} = E_c/R_c = 12/1.2 = 10(\text{mA})$，临界饱和基极电流 $I_{bs} = I_{cm}/\beta = 10/70 = 0.14(\text{mA})$。因为 $I_b \geqslant I_{cm}/\beta$，满足饱和条件，晶体管进入饱和

状态。

如果把 R_b 的阻值改成 33kΩ，$I_b=(3-0.7)/33=0.07$(mA)，这时 $I_b<I_{cm}/\beta$，晶体管工作在放大状态。如果忽略 I_{ceo}，$I_c\approx\beta I_b=70\times0.07=4.9$(mA)，$U_{ce}=E_c-I_cR_c=12-4.9\times1.2=6.12$(V)。

18. 晶体管集电极反向截止电流 I_{cb0} 的计算

(1) 计算公式

手册中给出的晶体管集电极反向截止电流 I_{cb0} 一般为室温 25℃时测量的数据，当温度上升时，I_{cb0} 会急剧增加。锗管每升高 12℃，I_{cb0} 约增加一倍；硅管每升高 8℃，I_{cb0} 约增加一倍。某温度下的 I_{cb0} 可按下列公式计算：

对于锗管 $$I_{cb0}=(I_{cb0})_{25}\times2^{\frac{t-25}{12}}$$

对于硅管 $$I_{cb0}=(I_{cb0})_{25}\times2^{\frac{t-25}{8}}$$

式中 $(I_{cb0})_{25}$——25℃时集电极反向截止电流；

t——晶体管周围的空气温度，℃。

(2) 实例

一只 3AX53A 型晶体管，已知 I_{cb0} 为 20mA；一只 3DG103A 型晶体管，已知 I_{cb0} 为 0.1mA。试分别求出当晶体管周围的空气温度为 60℃时的 I_{cb0} 值。

解 ① 3AX53A 型晶体管为 PNP 型管，空气温度为 60℃时的 I_{cb0} 值为

$$I_{cb0}=(I_{cb0})_{25}\times2^{\frac{t-25}{12}}=20\times2^{\frac{60-25}{12}}=20\times2^{2.917}=151(\text{mA})$$

② 3DG103A 型晶体管为 NPN 型管，空气温度为 60℃时的 I_{cb0} 值为

$$I_{cb0}=(I_{cb0})_{25}\times2^{\frac{t-25}{8}}=0.1\times2^{\frac{60-25}{8}}=0.1\times2^{4.375}=2.075(\text{mA})$$

19. 晶体管集电极最大允许耗散功率 P_{cm} 的计算

(1) 计算公式

手册中给出的晶体管集电极最大允许耗散功率 P_{cm}，一般为室温 25℃时测量的数据。当温度上升时，P_{cm} 会降低。某一温度下的 P_{cm} 可按下式计算：

$$P_{cm}=(P_{cm})_{25}\frac{T_{jm}-t}{T_{jm}-25}$$

式中 $(P_{cm})_{25}$——25℃时允许耗散功率；

T_{jm}——最高允许结温，℃；

t——晶体管周围的空气温度，℃。

(2) 实例

已知 3AG33 型晶体管的 P_{cm} 为 60mW，T_{jm} 为 85℃，试求该管周围空气温度为 50℃时的 P_{cm} 值。

解 空气温度为 50℃时的 P_{cm} 值为

$$P_{cm}=(P_{cm})_{25}\frac{T_{jm}-t}{T_{jm}-25}=60\times\frac{85-50}{85-25}=60\times0.583=35(\text{mW})$$

20. 大功率晶体管散热片的计算

(1) 计算公式

晶体管集电极耗散功率与各热阻之间的关系可由下式表达：

$$T_j - t \approx P_c(R_{Tj} + R_{Tc} + R_{Tf})$$

式中 T_j——晶体管允许结温（℃），手册中给出的最大允许结温 T_{jm} 一般不等于 T_j，但计算时可取 $T_j = T_{jm}$；

t——晶体管周围的空气温度，℃；

R_{Tj}——晶体管本身的热阻（℃/W），手册中给出的 R_T 即指该数值；

R_{Tc}——晶体管与散热片之间的热阻，与两者间是否垫绝缘层及两者间的接触面积和紧固程度有关，一般在（0.1～3）℃/W之间，如5mm厚的云母片的热阻约为1.5℃/W；

R_{Tf}——散热片的热阻（℃/W），可按表8-2给出的数据粗略估算。

表 8-2 散热片面积和热阻的估算

散热片面积/cm^2	100	200	300	400	500	600 以上
R_{Tf}/(℃/W)	4.5～6	3.5～4.5	3～3.5	2.5～3	2～2.5	1.5～2.5

当散热片较厚（3mm以上）或垂直放置时取下限值。散热片薄（1.5mm以下）或水平放置时取上限值。

利用上述公式可以算出在一定的温升和散热片面积下功率晶体管集电极的耗散功率，也可以在给定耗散功率的情况下求散热片的面积。

图8-21为铝平板散热器在不同情况下的热阻。

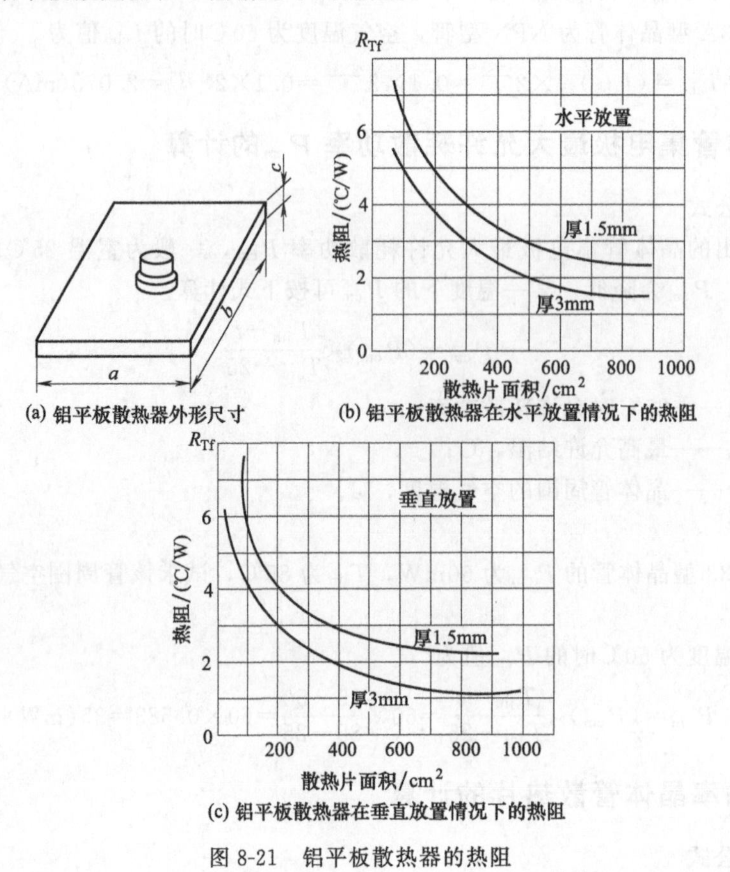

图 8-21 铝平板散热器的热阻

（2）实例

输出为 50W 的功率放大器，采用两只 3AD18C 型晶体管，设环境温度最高为 40℃。试求选用铝散热片的规格？

解 由手册中查得 3AD18C 型晶体管的有关参数为：允许结温 $T_j=90℃$，热阻 $R_{Tj}=1℃/W$。

每只晶体管在额定输出功率 P_e 下的功率损耗 P_c 为

$$P_c=0.2P_{sc}=0.2\frac{P_e}{\eta}=0.2\times\frac{50}{0.8}=12.5(W)$$

式中 η——变压器效率，取 0.8。

功率放大器的总热阻为

$$R_{Tz}=\frac{T_j-t}{P_c}=\frac{90-40}{12.5}=4(℃/W)$$

散热片的热阻为

$$R_{Tf}=R_{Tz}-R_{Tj}-R_{Tc}=4-1-0.5=2.5(℃/W)$$

式中 R_{Tj}——晶体管本身的热阻，取 1℃/W；

R_{Tc}——管壳与散热片之间的热阻，取 0.5℃/W。

由图 8-21（c）可知，采用 3mm 厚散热面积为 400cm^2 的铝散热板（垂直放置），其热阻 $R_{Tf}=1.9℃/W$，小于计算值 2.5（℃/W），可满足要求。

21. 单管交流放大器的输入电阻值、输出电阻值和放大倍数的计算

交流放大器的典型电路如图 8-22（a）所示。

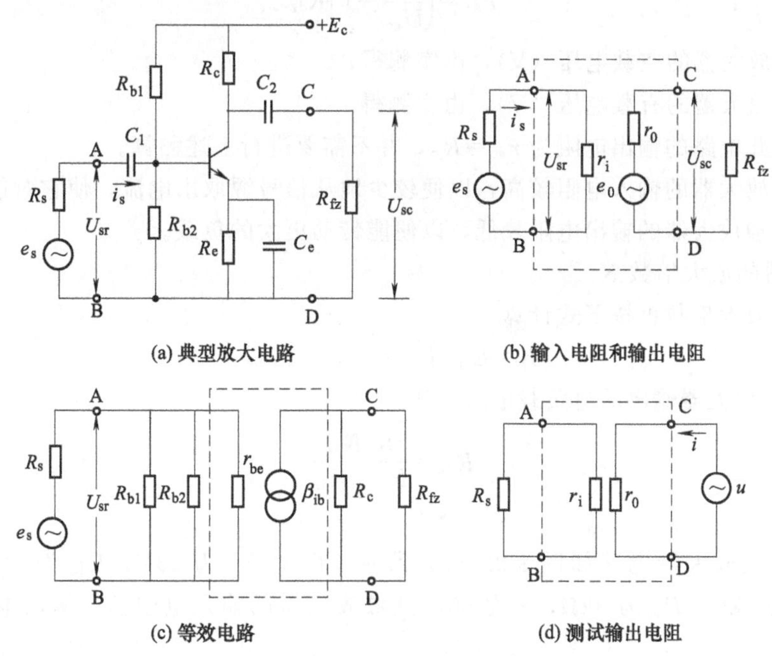

图 8-22 放大器的输入电阻和输出电阻

（1）计算公式

① 晶体管输入电阻值 r_{be}。

晶体管输入电阻值可由下式计算：

$$r_{be}=\frac{\Delta U_{be}}{\Delta I_b}=r_b+(\beta+1)\frac{26\text{mV}}{I_e}$$

式中 r_{be}——晶体管输入电阻值，Ω；

β——晶体管的电流放大倍数；

r_b——晶体管的基区电阻值，对一般小功率管在低频信号状态时约为300Ω；

I_e——发射极的静态工作电流，mA。

上式适用于 $0.1\text{mA}<I_e<5\text{mA}$ 的范围内。

r_{be}在300Ω至几千欧之间变化。常用的小功率晶体管，当 $I_e=1\sim2\text{mA}$ 时，r_{be}约为1kΩ。

例如，有一只3DG6A型晶体管，$\beta=80$，$I_e=3.2\text{mA}$，则它的输入电阻值为 $r_{be}\approx300+(80+1)\times26/3.2\approx958(\Omega)$。

② 放大器的输入电阻 r_{sr}。

如图8-22所示，e_s 为信号源电势，R_s 为信号源内阻。放大器的输入电阻就是从放大器输入端A、B看进去的等效电阻 r_{sr}，即

$$r_{sr}=U_{sr}/i_{sr}=R_{b1}/\!/R_{b2}/\!/r_{be}$$

在实际电路中，由于 $r_{be}\leqslant R_{b1}$、R_{b2}，所以有 $r_{sr}\approx r_{be}$。r_{be}为晶体管的输入电阻。

③ 放大器的输出电阻 r_{sc}。

如图8-22所示，放大器的输出电阻 r_{sc}，就是从放大器输出端C、D看进去的等效电源的内阻，即

$$r_{sc}=\left(\frac{e_0}{U_{sc}}-1\right)R_{fz}$$

式中 e_0——放大器的空载电压（V），由实测得；

U_{sc}——放大器的有载电压（V），由实测得。

实际上，此电路的输出电阻为 $r_{sc}=R_c$，并不需要进行上述测算。

通常希望放大器的输入电阻较高，以便较少地从信号源取出电流，使它对信号源的影响小一些，并希望放大器的输出电阻较低，以便能带动更大的负载。

④ 放大器的放大倍数 K。

放大器的放大倍数可按下式计算

$$K=U_{sc}/U_{sr}=-\beta R'_{fz}/r_{be}$$

式中 R'_{fz}——放大器输出的总负载电阻，Ω。

$$R'_{fz}=\frac{R_cR_{fz}}{R_c+R_{fz}}$$

（2）实例

某单管交流放大器电路如图8-22（a）所示。已知 E_c 为20V，R_{b1} 为420kΩ，R_{b2} 为130kΩ，R_c 为8kΩ，R_{fz} 为3kΩ，β 为60，试求放大器的输入电阻值、输出电阻值和放大倍数。

解 ① 计算放大器的静态工作点。由于 $R_{b2}\gg r_{be}$ 故 R_b 近似等于 R_{b1}。

$$I_b\approx E_c/R_b=20\text{V}/420\text{k}\Omega=47.6\mu\text{A}$$

$$I_c\approx\beta I_b=60\times47.6\mu\text{A}=2.86\text{mA}$$

$$I_e=I_b+I_c\approx 2.91\text{mA}$$

② 求不接负载电阻R_{fz}时的电压放大倍数。

输入电阻 $$r_{sr}\approx r_{be}=r_b+(\beta+1)\frac{26\text{mV}}{I_e}=300\Omega+(60+1)\times\frac{26\text{mV}}{2.91\text{mA}}=845\Omega$$

输出电阻 $$r_{sc}=R_c=8\text{k}\Omega$$

当输入信号电压U_{sr}为20mV时，则基极电流i_b和集电极电流i_c分别为

$$i_b=U_{sr}/r_{be}=20\text{mV}/845\Omega=23.7\mu\text{A}$$

$$i_c=\beta i_b=60\times 23.7\mu\text{A}=1.422\text{mA}$$

不接入负载电阻R_{fz}的情况下，输出电压为

$$U_{sc}=-i_cR_c=-1.422\text{mA}\times 8\text{k}\Omega=-11.38\text{V}$$

放大器的电压放大倍数为

$$K_u=U_{sc}/U_{sr}=-11.38\text{V}/20\text{mV}=-569\text{倍}$$

③ 求接入负载电阻R_z后的电压放大倍数。

$$R'_{fz}=\frac{R_cR_{fz}}{R_c+R_{fz}}=\frac{3\text{k}\Omega\times 8\text{k}\Omega}{3\text{k}\Omega+8\text{k}\Omega}=2.18\text{k}\Omega$$

电压放大倍数为

$$K_u=-\beta\frac{R'_{fz}}{r_{be}}=-60\times\frac{2.18\text{k}\Omega}{845\Omega}\approx -155\text{倍}$$

与不接负载电阻时相比，放大倍数下降了约3.7倍。

22. 单级交流放大器的计算

(1) 计算公式

单管交流放大电路参见图8-20。单管交流放大器设计的原则之一，是使信号不失真。为此应遵守下列原则：

① 不截止。不截止的条件：

$$I_b>I_{bm}$$

式中 I_b——晶体管基极电流；

I_{bm}——输入交流信号i_b的峰值，$I_{bm}=U_{srm}/r_{be}$；

U_{srm}——输入交流电压峰值。

② 不饱和。考虑到带负载的情况，不饱和的条件应有

$$U_{ce\cdot\min}=E_c-I_cR_c-I_{cm}R'_{fz}>0.5\text{V}$$

式中 $U_{ce\cdot\min}$——晶体管最小管压降，V；

E_c——电源电压，V；

I_c——集电极电流，A；

R_c——集电极电阻，Ω；

I_{cm}——集电极交流电流峰值（A），$I_{cm}=\beta I_{bm}$；

R'_{fz}——等效负载电阻（Ω），$R'_{fz}=R_c /\!/ R_{fz}$；

R_{fz}——负载电阻，Ω。

此外，在校验放大器的电压放大倍数时，可以利用下面公式：

$$K_u = -\beta R'_{fz}/r_{be}$$

式中 R'_{fz}——放大器输出的总负载电阻值，Ω；

r_{be}——晶体管输入电阻值，Ω。

为留有余地，上述条件宜适当地放宽。

(2) 实例

试设计一个电压放大倍数$|K_u|\geqslant 60$的单管放大器。已知负载电阻R_{fz}为3kΩ，输入交流电压有效值U_{sr}为30mV，晶体管选用高频小功率硅管3DG6，β为60，晶体管输入电阻r_{be}约800Ω，电源电压E_c为12V。

解 ① 选择电路。选定单管放大器电路参见图8-20。

② 晶体管基极电流I_b的选择。晶体管基极电流需满足$I_b > I_{bm}$，由于

$$I_{bm} = \frac{U_{srm}}{r_{be}} = \frac{\sqrt{2}U_{sr}}{r_{be}} = \frac{\sqrt{2}\times 30\text{mV}}{800\Omega} = 53\mu\text{A}$$

故选择
$$I_b = 60\mu\text{A}$$

$$R_b \approx E_c/I_b = 12\text{V}/60\mu\text{A} = 200(\text{k}\Omega)$$

集电极电流
$$I_c = \beta I_b = 60\times 60\mu\text{A} = 3.6\text{mA}$$

③ 集电极电阻R_c的选择。为了保证输出回路不致饱和，要求

$$U_{ce\cdot\min} = E_c - I_cR_c - I_{cm}R'_{fz} > 0.5\text{V}$$

由于$R_c > R'_{fz}$，为了简化计算，令

$$E_c - (I_c + I_{cm})R_c > 0.5\text{V}$$

取
$$E_c - (I_c + I_{cm})R_c = 1\text{V}$$

$$I_{cm} = \beta I_{bm} = 60\times 53\mu\text{A} = 3.18\text{mA}$$

$$R_c = \frac{E_c - 1\text{V}}{I_c + I_{cm}} = \frac{12\text{V} - 1\text{V}}{3.6\text{mA} + 3.18\text{mA}} \approx 1.62\text{k}\Omega$$

故选择1.5kΩ。

④ 放大器的电压放大倍数K_u的计算。

$$R'_{fz} = \frac{R_cR_{fz}}{R_c + R_{fz}} = \frac{1.6\text{k}\Omega\times 3\text{k}\Omega}{1.6\text{k}\Omega + 3\text{k}\Omega} = 1\text{k}\Omega$$

$$K_u = -\beta\frac{R'_{fz}}{r_{be}} \approx -60\times\frac{1\text{k}\Omega}{0.8\text{k}\Omega} = -75$$

满足$|K_u|\geqslant 60$的设计要求。

23. 阻容耦合放大器的计算

【实例】 阻容耦合放大器的典型电路如图8-23所示。

(1) 电压放大倍数的计算

① 将原电路分解成两个单级放大器，如图8-24所示。

② 第一级放大器计算。第一级放大器的负载电阻r_{sr2}为

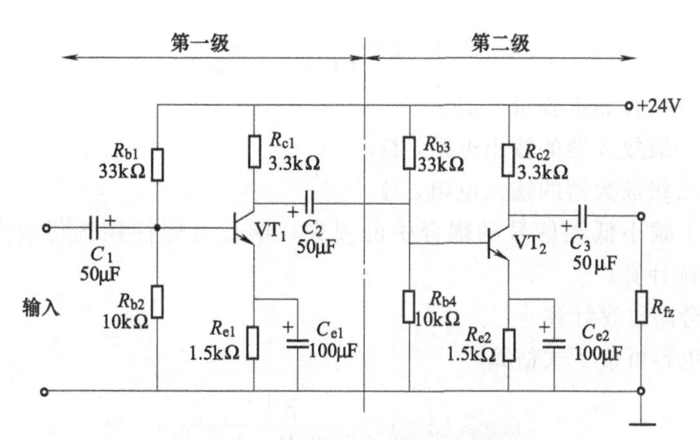

图 8-23 典型的阻容耦合放大器

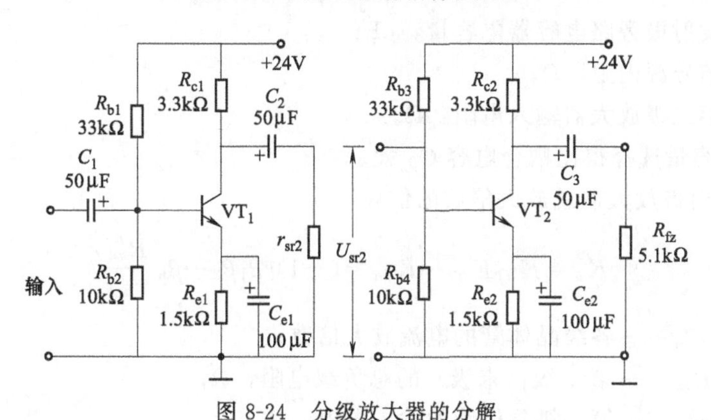

图 8-24 分级放大器的分解

$$r_{sr2}=R_{b3}/\!/R_{b4}/\!/r_{be2}$$

式中 r_{be2}——晶体管 VT_2 的输入电阻（Ω），计算方法同单管放大器。

第一级放大器的总负载电阻 R'_{z1} 为

$$R'_{z1}=R_{c1}/\!/r_{sr2}=R_{c1}/\!/R_{b3}/\!/R_{b4}/\!/r_{be2}$$

如果 VT_1 和 VT_2 的电流放大倍数为 $\beta_1=\beta_2=60$，输入电阻 $r_{be1}=r_{be2}=1.4\text{k}\Omega$，则

$$R'_{z1}=3.3/\!/33/\!/10/\!/1.4=0.87(\text{k}\Omega)$$

第一级放大器的电压放大倍数 K_{u1} 为

$$K_{u1}=-\beta_1\frac{R'_{z1}}{r_{be1}}=-60\times\frac{0.87}{1.4}=-37.3$$

③ 第二级放大器计算。第二级放大器的总负载电阻 R'_{z2} 为

$$R'_{z2}=R_{c2}/\!/R_{fz}=3.3/\!/5.1\approx2(\text{k}\Omega)$$

第二级放大器的电压放大倍数 K_{u2} 为

$$K_{u2}=-\beta_2\frac{R'_{fz2}}{r_{be2}}=-60\times\frac{2}{1.4}=-85.7$$

④ 两级电压放大器的总电压放大倍数计算

$$K_u=K_{u1}K_{u2}=(-37.3)\times(-85.7)=3197$$

(2) 耦合电容计算

耦合电容可按下式估算

$$C_2 \geqslant (3\sim5)\frac{1}{2\pi f(r_{sc1}+r_{sc2})}$$

式中 C_2——耦合电容器电容量，μF；

r_{sc1}——第一级放大器的输出电阻，Ω；

r_{sc2}——第二级放大器的输入电阻，Ω。

实际上，为了减小低频信号的耦合中的损失，耦合电容往往选得较大，一般为10～15μF，并不作精确计算。

(3) 发射极旁路电容计算

发射极旁路电容可按下式估算

$$C_{e2} \geqslant (3\sim10)\frac{\beta+1}{2\pi f(R_s+r_{be2})}$$

式中 C_{e2}——发射极旁路电容器电容量，μF；

R_s——信号源内阻，Ω；

r_{be2}——第二级放大器输入电阻，Ω。

通常 C_{e2} 的容量选择得比耦合电容 C_2 大。

(4) n 级共射极放大器总放大倍数的估算

$$K_u = K_{u1}K_{u2}\cdots K_{un} \approx (-1)^n\beta_1\beta_2\cdots\beta_n\frac{R'_{zn}}{r_{be1}}$$

式中 $\beta_1,\beta_2,\cdots,\beta_n$——各级晶体管的电流放大倍数；

R'_{zn}——第 n 级（末级）的总负载电阻，Ω；

r_{be1}——第一级晶体管的输入电阻，Ω。

当级数愈多，估算值的误差也愈大。

$(-1)^n$ 是考虑共射极电路每级的倒相关系。当 n 为奇数时，总放大倍数为负值，表示放大器末级的输出电压与第一级的输入电压相位相反；当 n 为偶数级时，总放大倍数为正值，表示末级的输出电压与第一级的输入电压同相。

24. 射极输出器的计算

射极输出器的典型电路如图8-25（a）所示，其等效电路如图8-25（b）所示。

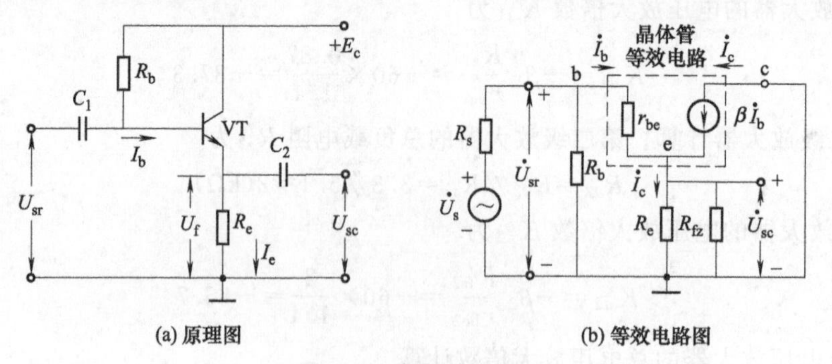

图8-25 射极输出器

(1) 计算公式

① 静态工作点计算。基极静态电流为

$$I_b=\frac{E_c-U_{be}}{R_b+(\beta+1)R_e}\approx\frac{E_c}{R_b+(\beta+1)R_e}$$

当 $E_c \gg U_{be}$时，可用近似式计算。

管压降为

$$U_{ce}\approx E_c-I_eR_e \qquad (I_e\approx\beta I_b)$$

② 输入电阻计算。

$$r_{sr}=R_b /\!/ r'_{sr}\approx R_b /\!/ \beta R'_{fz}$$
$$R'_{fz}=R_e /\!/ R_{fz}$$
$$r'_{sr}=r_{be}+(\beta+1)R_e$$

式中 r_{sr}——输入电阻，Ω；

R'_{fz}——输出端的等效负载，Ω；

r'_{sr}——不考虑 R_b 时的输入电阻，Ω。

射极输出器的输入电阻一般可达几十千欧到几百千欧，比集电极输出电路（即共发射极电路）的输入电阻高几十倍到几百倍。

③ 输出电阻计算。

$$r_{sc}=R_e /\!/ \left(\frac{R'_b+r_{be}}{\beta+1}\right)\approx\frac{R'_b+r_{be}}{\beta}$$

式中 r_{sc}——输出电阻，Ω；

R'_b——等效电阻（Ω），$R'_b=R_b /\!/ R_s$；

R_s——信号源内阻，Ω。

当$\left(\frac{R'_b+r_{be}}{\beta+1}\right)\ll R_e$ 时，可用近似式计算。

由以上公式可见，晶体管的 β 愈大，r_{sc}就愈小。为了获得特别低的输出电阻，应选用 β 大的管子。

④ 求放大倍数。

射极输出器的电压放大倍数 K_u 可按下式计算：

$$K_u=\frac{U_{sc}}{U_{sr}}=\frac{(\beta+1)R'_{fz}}{r_{be}+(\beta+1)R'_{fz}}\leqslant 1$$

通常总有 $r_{be}\ll(\beta+1)R'_{fz}$，所以 $K_u\approx 1$。实际上，只要 R'_{fz}在几百欧以上，就可认为电压放大倍数是 1。

（2）实例

如图 8-25 所示，已知 E_c 为 12V，R_b 为 120kΩ，R_e 为 2.2kΩ，β 为 80，r_{be}约 0.9kΩ，假设 $U_{be}\approx 0$，设信号源内阻 R_s 为 700Ω，试求：

① 晶体管各极的电流和电压值；

② 射极输出器的输出电阻。

解 ① 晶体管各极的电流和电压的计算。

基极静态电流

$$I_b\approx\frac{E_c}{R_b+(\beta+1)R_e}=\frac{12\text{V}}{120\text{k}\Omega+(80+1)\times 2.2\text{k}\Omega}=40.2(\mu\text{A})$$

发射极电流

$$I_e=(\beta+1)I_b=(80+1)\times40.2\mu A=3.3(mA)$$

发射极电压

$$U_e=I_eR_e=3.3mA\times2.2k\Omega=7.26(V)$$

管压降

$$U_{ce}=E_c-U_e=12-7.26=4.74(V)$$

② 输出电阻的计算。

等效电阻 $R'_b=R_b /\!/ R_s\approx R_s=0.7(k\Omega)$

$$\frac{R'_b+r_{be}}{\beta+1}=\frac{0.7k\Omega+0.9k\Omega}{80+1}=19.8(\Omega)\ll R_e$$

因此可用近似式计算：

$$r_{sc}=\frac{R'_b+r_{be}}{\beta}=\frac{0.7k\Omega+0.9k\Omega}{80}=20(\Omega)$$

25. 负反馈电路计算

(1) 电流串联负反馈（见图 8-26）

① 输入电阻为

$$r_{sr}=R_b /\!/ R_i, R_i=r_{be}+(\beta+1)R_e$$

② 输出电阻为

$$r_{sc}\approx R_e$$

③ 电压放大倍数为

$$K_u\approx-R'_c /\!/ R_e, R'_c=R_c /\!/ R_{fz}$$

(2) 电压并联负反馈（见图 8-27）

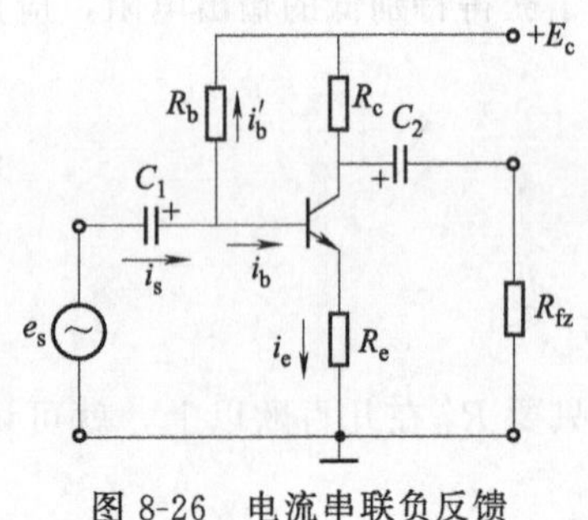

图 8-26 电流串联负反馈

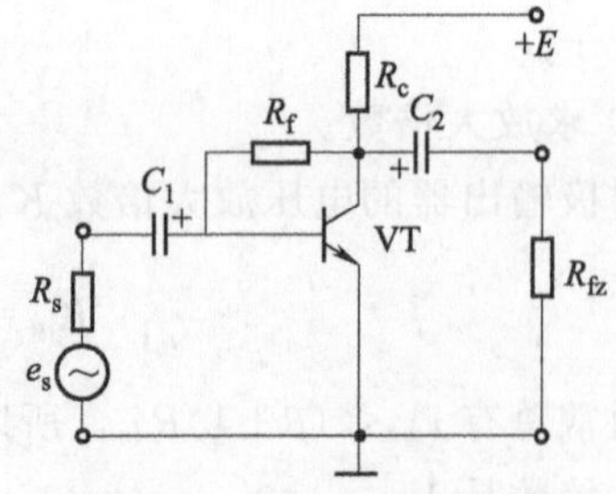

图 8-27 电压并联负反馈

① 输入电阻为

$$r_{sr}\approx\frac{r_{be}}{1+\dfrac{K_o(R_s+r_{be})}{R_f}}$$

式中 R_s——信号源内阻，Ω；

K_o——没有反馈时的放大倍数，$K_o=\dfrac{-\beta R'_c}{R_s+r_{be}}$，$R'_c=R_c /\!/ R_{fz}$；

β——晶体管电流放大倍数。

② 输出电阻为

$$r_{sc} \approx \frac{R'_c}{1+K_o F_i}$$

式中　F_i——电压并联负反馈电路的反馈系数，$F_i=R_s/R_f$。

③ 放大器的电压放大倍数为

$$K_u \approx \frac{K_o}{1+K_o F_i}$$

(3) 电流并联负反馈（见图 8-28）

① 输入电阻为

$$r_{sr} \approx r_{be1}（当 r_{be1} \ll R_f 时）$$

② 输出电阻为

$$r_{sc} \approx R_{cz}$$

③ 放大器的电流放大倍数为

$$K_i \approx 1+R_f/R_e$$

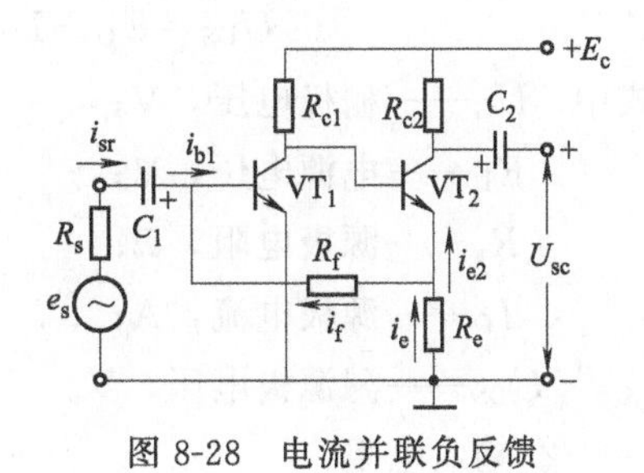

图 8-28　电流并联负反馈

(4) 实例

有一电压并联负反馈电路如图 8-27 所示。已知 R_c 为 2.2kΩ，R_f 为 51kΩ，R_{fz} 为 10kΩ，晶体管电流放大倍数 β 为 100，r_{be} 为 1kΩ，信号源内阻 R_s 为 600Ω，试计算该电路的输入电阻、输出电阻和电压放大倍数。

解　① 计算输入电阻。

$$R'_c=R_c /\!/ R_{fz}=\frac{R_c \times R_{fz}}{R_c+R_{fz}}=\frac{2.2\times 10}{2.2+10}=1.8(\text{k}\Omega)$$

没有反馈时的放大倍数为

$$K_o=\frac{-\beta R'_c}{R_s+r_{be}}=\frac{-100\times 1.8}{0.6+1}=-112.5$$

输入电阻为

$$r_{sr}=\frac{1}{1+\frac{|K_o|(R_s+r_{be})}{R_f}}=\frac{1}{1+\frac{112.5\times(0.6+1)}{51}}=0.22(\text{k}\Omega)$$

② 计算输出电阻。

反馈系数为

$$F_i=\frac{R_s}{R_f}=\frac{0.6}{51}=0.012$$

输出电阻为

$$r_{sc} \approx \frac{R'_c}{1+|K_o|F_i}=\frac{1.8}{1+112.5\times 0.012}=0.77(\text{k}\Omega)$$

③ 电压放大倍数为

$$K_u \approx \frac{K_o}{1+|K_o|F_i}=\frac{-112.5}{1+112.5\times 0.012}=-47.87$$

26. 场效应管放大电路计算

图 8-29 为源极输出器电路。

(1) 计算公式

① 静态工作点：

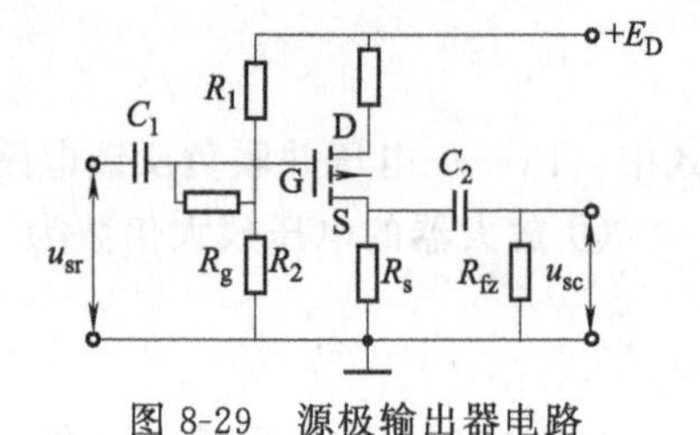

图 8-29 源极输出器电路

$$U_G=U_{R2}=\frac{E_D R_2}{R_1+R_2}$$

$$I_D=\frac{U_G}{R_s}$$

$$U_{DS}=E_D-I_D R_s$$

式中 U_G——栅极电压，V；

E_D——电源电压，V；

R_s——源极电阻，Ω；

I_D——源极电流，A；

U_{DS}——漏源极电压，V。

② 输入电阻：

$$r_{sr}=R_g+R_1 /\!/ R_2$$

式中 r_{sr}——输入电阻，Ω；

R_g——偏置电阻，Ω。

③ 电压放大倍数：

$$K_u=\frac{g_m(R_s /\!/ R_{fz})}{1+g_m(R_s /\!/ R_{fz})}$$

式中 g_m——正向跨导，ms；

R_{fz}——负载电阻，Ω。

④ 输出电阻：

$$r_{sc}=\frac{1}{\frac{1}{R_s}+g_m}$$

(2) 实例

有一场效应管放大电路如图 8-29 所示。已知正向跨导 g_m 为 0.8ms，源极电阻 R_s 为 15kΩ，偏置电阻 R_1 为 360kΩ，R_2 为 82kΩ，R_g 为 1MΩ，负载电阻 R_{fz}为 12kΩ，电源电压 E_D 为 24V，试计算静态工作点、输入电阻、输出电阻和电压放大倍数。

解 ① 静态工作点。

栅极电压为

$$U_G=\frac{E_D R_2}{R_1+R_2}=\frac{24\times 82}{360+82}=4.45(\text{V})$$

由于 $U_G \gg U_{GS}$，故 $U_s \approx U_G=4.45\text{V}$

漏极电流为

$$I_D=\frac{U_s}{R_s}\approx\frac{4.45}{15}=0.30(\text{mA})$$

漏源极电压为

$$U_{DS}=E_D-I_D R_s=24-0.30\times 15=19.5(\text{V})$$

② 输入电阻为

$$r_{sr}=R_g+\frac{R_1R_2}{R_1+R_2}=1000+\frac{360\times82}{360+82}=1066.8(k\Omega)$$

③ 输出电阻为

$$r_{sc}=\frac{1}{\frac{1}{R_s}+g_m}=\frac{1}{\frac{1}{15}+0.8}=1.15(k\Omega)$$

④ 电压放大倍数：

$$K_u=\frac{g_m(R_s/\!/R_{fz})}{1+g_m(R_s/\!/R_{fz})}=\frac{0.8\times(15/\!/12)}{1+0.8\times(15/\!/12)}=0.84$$

27. RC 延时吸合电路的计算

(1) 计算公式

RC 充电电路如图 8-30 (a) 所示。E 为电源电压；U_C 为电容器 C 上的电压；τ 为充电时间常数，即当电容器上的电压达到输入电压 E 的 0.63 倍时所对应的时间。当充电时间达到 3～5τ 时，就认为电容器 C 上的电压达到输入电压 E。充电过程曲线如图 8-30 (b) 所示。

电容器 C 上的电压按下式计算：

$$U_C=E_1(1-e^{-\frac{t}{\tau}})$$

由此可得

$$\frac{t}{\tau}=\ln\frac{E_1-U_{co}}{E_1-U_c}$$

充电时间常数

$$\tau=RC$$

式中 E_1——继电器工作电压，V；

U_{co}——电容器充电初值，设为零；

t——要求延时吸合的时间，s。

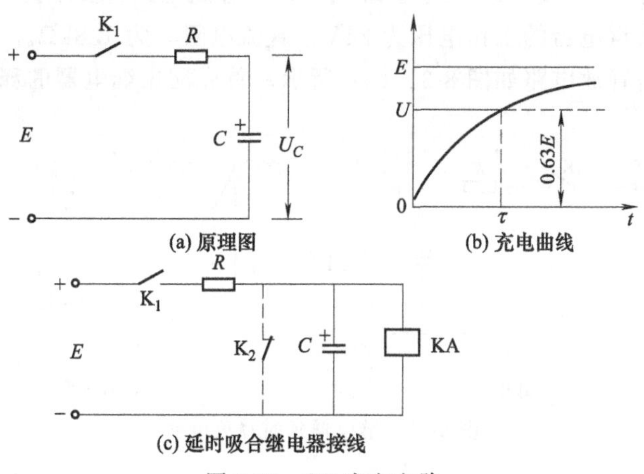

图 8-30 RC 充电电路

(2) 实例

试设计一个 JRX-13F 型小型继电器延时吸合电路，要求延时吸合时间为 0.5s。已知电源电压为 48V，继电器的吸合电压为 12V，工作电压为 24V，直流电阻 r 为 1.2kΩ。

解 延时吸合继电器电路如图 8-30 (c) 所示。

充电时间常数为

$$\tau=RC=\frac{t}{\ln\frac{E_1}{U}}=\frac{0.5}{\ln\frac{24}{12}}=0.72(\mathrm{s})$$

充电等效电阻 R'为

$$R'=\frac{Rr}{R+r}$$

式中，R 是为使继电器工作在工作电压 24V 所串的降压电阻器，其阻值可按下式计算

$$\frac{r}{R+r}=\frac{E_1}{E}=\frac{24}{48}=\frac{1}{2}$$

$$R=r=1.2(\mathrm{k\Omega})$$

因此

$$R'=\frac{Rr}{R+r}=\frac{1.2\times1.2}{1.2+1.2}=0.6(\mathrm{k\Omega})$$

电容器 C 的容量可按下式计算：

$$C=\frac{\tau}{R'}=\frac{0.72}{0.6\times10^3}=1.2\times10^{-3}(\mathrm{F})=1200(\mu\mathrm{F})$$

可见，改变电容器 C 的容量，可改变延时时间，容量越大，延时越长。

须指出，这种延时电路，当 K_1 断开后，由于电容器 C 上存在一定电荷，其放电过程会使继电器延时释放。为此有必要在电容器两端并接一常闭触点 K_2 [如图 8-30（c）中虚线所示]。这样在常开触点 K_1 断开的同时，其常闭触点 K_2 闭合，电容器 C 上的电荷迅速释放掉，继电器也就不会延时释放，也有利于下次吸合不受影响。

28. RC 延时释放电路的计算

【实例】 试设计一个 JQX-4F 型小型继电器延时释放电路，要求延时释放时间为 1s。已知电源电压为 24V；继电器的工作电压为 24V，直流电阻 r 为 1.8kΩ。

解 继电器延时释放电路如图 8-31（a）所示。首先测出继电器的释放电压 $U=6$V。

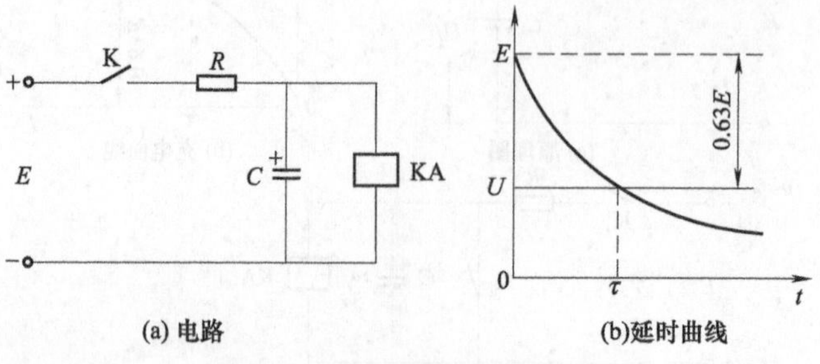

图 8-31 继电器延时释放电路

图中，R 为限流电阻器，防止对电容器 C 充电过大而损坏。R 按下式选择：

$$R=(0.02\sim0.05)r=(0.02\sim0.05)\times1800=36\sim90(\Omega)$$

式中 r——继电器的直流电阻，Ω。

当 K 断开后，电容器 C 上的电荷只有通过继电器的内阻放电，因此继电器将继续吸合，直至 C 上的电压 U_C 降到继电器的释放电压 $U=6$V 后，继电器才释放。

电容器放电回路的时间常数 $\tau=rC$。

电容器 C 上的电压按下式计算：

$$U_C=E\mathrm{e}^{-\frac{t}{\tau}}$$

由此可得

$$\frac{t}{\tau}=\ln\frac{E}{U_C}$$

将 $t=1\mathrm{s}$、$E=24\mathrm{V}$、$U_C=U=6\mathrm{V}$ 代入上式，得

$$\tau=\frac{t}{\ln\frac{E}{U}}=\frac{1}{\ln\frac{24}{6}}=0.72(\mathrm{s})$$

电容器 C 的容量为

$$C=\tau/r=0.72/1800=0.0004(\mathrm{F})=400(\mu\mathrm{F})$$

电容器容量越大，延时越长。

29. 单结晶体管延时电路的计算

由单结晶体管构成的延时电路如图 8-32 所示。

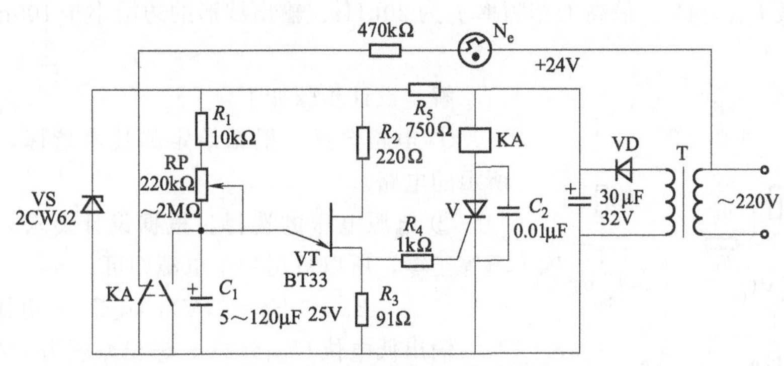

图 8-32 单结晶体管延时电路

(1) 工作原理

由单结晶体管 VT，电阻器 R_1、R_2、R_3，电位器 RP 和电容 C_1 等组成张弛振荡器，其脉冲重复周期可长达几十秒钟。接通电源后，由于电容器 C_1 两端电压不能突变，为 0V，单结晶体管 VT 截止，晶闸管 V 控制极因无触发电压而关闭，继电器 KA 处于释放状态。延时开始，电源电压 E 经电阻器 R_1、电位器 RP 向电容器 C_1 充电。经过一段延时，当 C_1 上电压达到单结晶体管 VT 的峰点电压时，VT 突然导通，发出一个正脉冲，使晶闸管 V 导通，继电器 KA 得电吸合，输出延时信号，同时 KA 的常开触点闭合，短接了 C_1，为下次工作做好准备。

(2) 计算公式

延时时间 t 符合以下公式：

$$t\approx RC\ln\frac{1}{1-\eta}(\mathrm{s})$$

式中 R——图 8-32 中 R_1 和 RP 的电阻值之和，Ω；

C——图 8-32 中 C_1 的电容量，F；

η——单结晶体管的分压比。

上式表明，这种延时继电器的延时精度与电源无关，只要选择漏电小的电容器和温度稳定性好的电阻器、电位器，调整好第二基极温度补偿电阻器 R_2 的阻值，使电路处于零温度系数下，这种时间继电器能获得较高的延时精度和良好的重复性。

（3）实例

单结晶体管延时电路如图 8-32 所示。要求延时时间为 20s，试求电阻器 R 和电容器 C 的值。

已知 BT33 型单结晶体管的分压比 η 为 0.6。

解 选取电容器 C 的容量为 47μF。

电阻器 R 的阻值可由下式算出：

$$R=\frac{t}{C\ln\frac{1}{1-\eta}}=\frac{20}{47\times10^{-6}\times\ln\frac{1}{1-0.6}}=464\times10^{3}(\Omega)=464(\text{k}\Omega)$$

30. 射极耦合单稳态触发器（整形器）的计算

【实例】 试设计一个将脉冲信号进行整形的射极耦合触发器。要求输出低电位不超过 3V、输出幅度 $U_{\text{m}}>4\text{V}$、最高工作频率 f 为 20kHz、输出波形的边沿小于 100ns，负载为射极输出器。

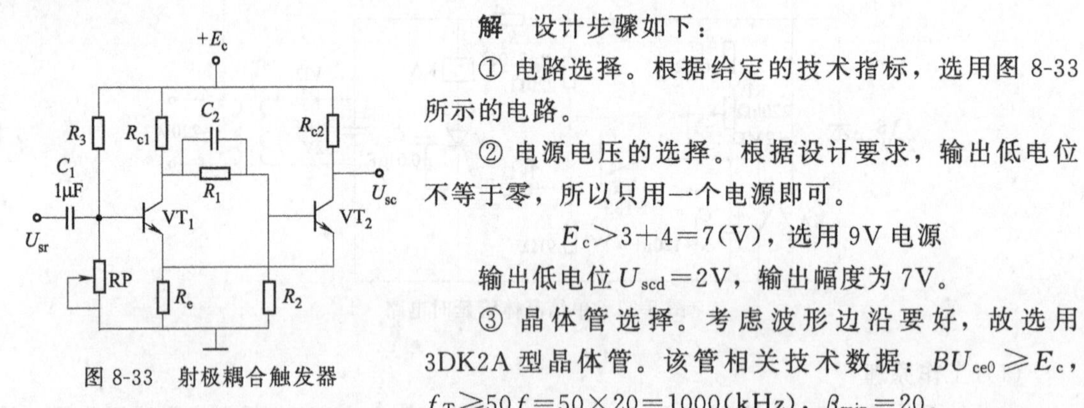

图 8-33 射极耦合触发器

解 设计步骤如下：

① 电路选择。根据给定的技术指标，选用图 8-33 所示的电路。

② 电源电压的选择。根据设计要求，输出低电位不等于零，所以只用一个电源即可。

$E_{\text{c}}>3+4=7(\text{V})$，选用 9V 电源

输出低电位 $U_{\text{scd}}=2\text{V}$，输出幅度为 7V。

③ 晶体管选择。考虑波形边沿要好，故选用 3DK2A 型晶体管。该管相关技术数据：$BU_{\text{ce0}}\geqslant E_{\text{c}}$，$f_{\text{T}}\geqslant50f=50\times20=1000(\text{kHz})$，$\beta_{\min}=20$。

④ 确定电阻器 R_{c1}、R_{c2} 的阻值。作为整形器应具有一定的稳定性，为此，要求 VT_1、VT_2 分别在两种稳态下处于饱和状态。可选 $R_{\text{c1}}=R_{\text{c2}}$。

R_{c2} 的大小一般根据负载情况来选择。由于负载是射极输出器，负载电流很小，负载对电路输出影响很小。可取 VT_2 的集电极电流为 $I_{\text{c2}}=(1/3\sim1/2)I_{\text{cm}}$。3DK2A 型晶体管的 I_{cm} 为 30mA，选 I_{c2} 为 10mA。

$$R_{\text{c2}}=\frac{E_{\text{c}}-U_{\text{scd}}}{I_{\text{c2}}}=\frac{9\text{V}-2\text{V}}{10\text{mA}}=0.7\text{k}\Omega=700\Omega$$

取

$$R_{\text{c1}}=R_{\text{c2}}=910\Omega$$

⑤ 确定电阻器 R_{e} 的阻值。

当忽略 I_{b2} 时：

$$R_{\text{e}}\approx\frac{U_{\text{scd}}-U_{\text{ces}}}{I_{\text{c2}}}=\frac{2\text{V}-0.3\text{V}}{10\text{mA}}=0.17(\text{k}\Omega)=170(\Omega)$$

取 $R_e=200\Omega$。式中，U_{ces}为晶体管的饱和压降，本例中取 0.3V。

⑥ 确定分压电阻器 R_1 和 R_2 的阻值。当 VT_1 饱和时，VT_2 定能截止，当 VT_1 截止时，要使 VT_2 可靠饱和，R_2 宜选得较大。例如选 $I_{R_2}=(0.2\sim1)I_{b2}$，由于 $I_{b2\cdot min}=I_{c2}/\beta_{min}=10/20=0.5(mA)$，取 I_{b2}为临界值的 2.5 倍，则

$$I_{b2}=2.5I_{b2\cdot min}=2.5\times0.5\approx1.3(mA)$$

所以可选 $I_{R_2}=0.3mA$，取 $U_{b2}=2.5V$。

$R_2=U_{b2}/I_{R_2}=2.5V/0.3mA=8.3k\Omega$，取 10kΩ（这时实际 $U_{b2}=3V$）。

而
$$R_{c1}+R_1=\frac{E_c-U_{b2}}{I_{b2}+I_{R2}}=\frac{9V-3V}{1.3mA+0.3mA}=3.75(k\Omega)$$

所以 $R_1=3.75-0.91=2.84(k\Omega)$，取 2.7kΩ。

⑦ 确定电阻器 R_3、R_4 的阻值。为了使接通电位连续可调，采取设置基极回路（即用分压电阻器 R_3、R_4）的方法，使 VT_1 基极得到一个所需要的起始电压。现选 R_3 为 2kΩ，R_4 采用阻值为 1kΩ 的电位器。

隔直电容器 C_1 取 1μF。

⑧ 选择加速电容器 C_2 的容量。电阻器 R_1 上并联加速电容器 C_2 的目的是，加速翻转过程，改善输出波形边沿。对于开关管来说，C_2 可取几十皮法，此处选 C_2 为 82pF。

计算结果：电源电压 $E_c=9V$；VT_1、VT_2 采用 3DK2A 型晶体管；$R_1=2.7k\Omega$，$R_2=10k\Omega$，$R_3=2k\Omega$，$R_4=1k\Omega$ 电位器，$R_{c1}=R_{c2}=910\Omega$；$C_1=1\mu F$，$C_2=82pF$。

31. 采用 555 时基集成电路组成的单稳态触发器的计算

采用 555 时基集成电路组成的单稳态触发器如图 8-34 所示。

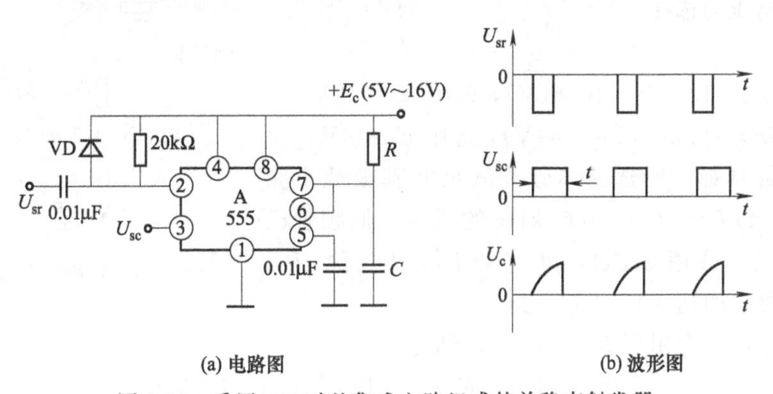

(a) 电路图　　(b) 波形图

图 8-34　采用 555 时基集成电路组成的单稳态触发器

（1）工作原理

接通电源，在无脉冲信号输入前，电路处于稳定状态，此时电容器 C 经 555 时基集成电路内部元件至地已放电完，555 时基集成电路的③脚输出低电平。当②脚输入一负脉冲信号时，电路翻转，③脚输出高电平（这一状态是不稳定的），当 C 上的电压达到一定值后，电路又翻转到原来状态。电容 C 又经电路内部元件对地放电。待到下一个脉冲到来，重复上述过程。

（2）元件选择

输出脉冲宽度 $t_k=1.1RC$。R 通常可取 1kΩ～10MΩ，C 可取 5000pF～1000μF，可得

到 5μs～15min 宽度的方波信号。电容器应采用漏电很小的钽电解电容器。

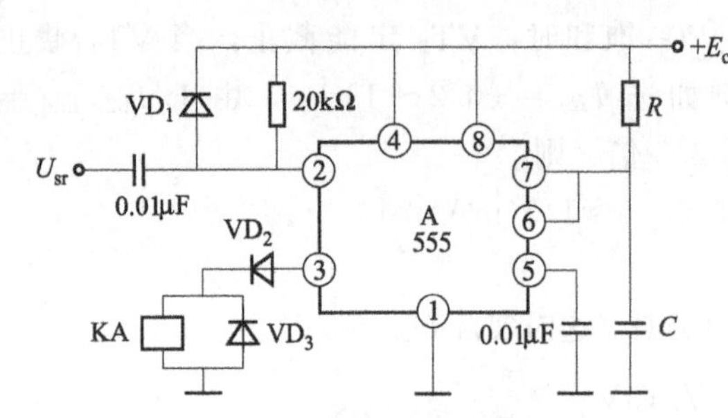

图 8-35 采用 555 时基集成电路组成的单稳态触发电路

可见，单稳态电路实际上是个延时电路。

(3) 实例

采用 555 时基集成电路的单稳态触发器如图 8-35 所示。执行元件是灵敏继电器 KA，要求脉宽为 10min，试求电阻器 R 的阻值和电容器 C 的容量。

解 为了达到足够的延时精度，电容器 C 应采用漏电很小的钽电解电容器，其容量选择范围较大，如选用 470μF。

电阻器 R 的阻值可由下式求出：

$$R=\frac{t_{\mathrm{k}}}{1.1C}=\frac{10\times60}{1.1\times470\times10^{-6}}=1.16\times10^{6}(\Omega)=1160(\mathrm{k}\Omega)$$

可选用标准产品的电阻器。如选用阻值为 1000kΩ 和 160kΩ 的两只金属膜电阻器串联。

32. 双稳态触发器的计算

【实例】 试设计一个计数式双稳态触发器，要求输出脉冲幅度 $U_{\mathrm{m}}\geqslant 9\mathrm{V}$，最高工作频率 f 为 100kHz，在环境温度－20～50℃的范围内正常工作。

解

① 电路选择。根据给定的技术指标，可选用最基本的计数式触发器，如图 8-36 所示。

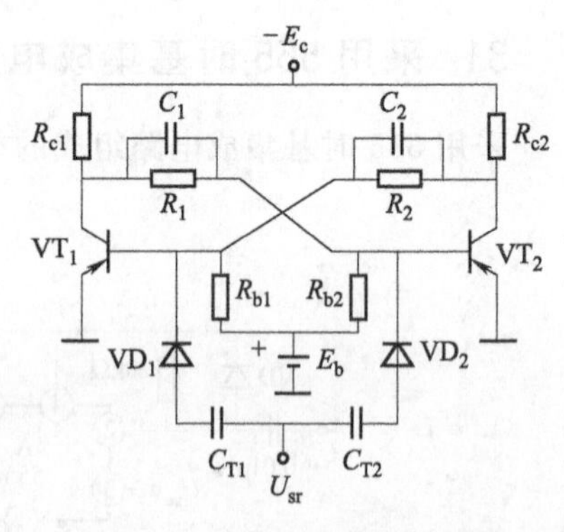

图 8-36 计数式双稳态触发器

② 电源电压的选择。

即

$E_{\mathrm{c}}\geqslant 1.2U_{\mathrm{m}}=1.2\times9=10.8(\mathrm{V})$，选用 $E_{\mathrm{c}}=12\mathrm{V}$

$E_{\mathrm{b}}\geqslant 0.2E_{\mathrm{c}}=0.2\times12=2.4(\mathrm{V})$，选用 $E_{\mathrm{b}}=4\mathrm{V}$

③ 晶体管选择。所选晶体管要满足共基极截止频率，$f_{\mathrm{a}}>(2\sim4)f=(200\sim400)\mathrm{kHz}$ 的要求，低频管已能满足此要求，选用 3AX4，$\beta U_{\mathrm{ce0}}\geqslant E_{\mathrm{c}}$，$P_{\mathrm{cm}}\geqslant 3P_{\mathrm{M}}$（$P_{\mathrm{M}}$ 为负载要求的功率），$\beta_{\min}=20$。

④ 确定集电极电阻器 R_{c1}、R_{c2} 的阻值。

即 $$R_{\mathrm{c1}}=R_{\mathrm{c2}}\geqslant E_{\mathrm{c}}/I_{\mathrm{c}}=12\mathrm{V}/8\mathrm{mA}=1.5\mathrm{k}\Omega$$

式中 I_{c}——晶体管工作时的集电极饱和电流，$I_{\mathrm{c}}<I_{\mathrm{cm}}$，这里取 $I_{\mathrm{c}}=8\mathrm{mA}$；

I_{cm}——晶体管集电极最大允许电流。

⑤ 确定电阻器 R_{b1}、R_{b2} 的阻值。

即 $$R_{\mathrm{b1}}=R_{\mathrm{b2}}\leqslant E_{\mathrm{b}}/I_{\mathrm{cb0}}=4\mathrm{V}/43\mu\mathrm{A}=93\mathrm{k}\Omega$$

取 $$R_{\mathrm{b1}}=R_{\mathrm{b2}}=62\mathrm{k}\Omega$$

I_{cb0} 为最高温度时最大反向集电极电流：

$$I_{\mathrm{cb0}}=I_{\mathrm{cb025}}\times2^{\frac{t-25}{12}}=10\times2^{2.1}=43(\mu\mathrm{A})$$

⑥ 确定电阻器 R_1、R_2 的阻值。

即 $$R_1=R_2<\beta R_{\mathrm{c}}$$

$$\frac{0.3}{\frac{E_b-0.3}{R_b}-I_{cb0}}\leqslant R_1\leqslant\frac{E_c-0.3}{\frac{E_b+0.3}{R_b}+\frac{I_c}{\beta}}-R_c$$

若选用硅管，上式中的0.3改为0.7。

将具体数值代入上列公式，得

$$R_1<20\times1.5=30(\text{k}\Omega)$$

$$\frac{0.3}{\frac{4-0.3}{62}-0.043}\leqslant R_1\leqslant\frac{12-0.3}{\frac{4+0.3}{62}+\frac{8}{20}}-1.5$$

$$17.7\text{k}\Omega\leqslant R_1\leqslant23.4\text{k}\Omega$$

取 $$R_1=R_2=20\text{k}\Omega$$

⑦ 选择加速电容器 C 的电容量。加速电容器一般可按下列取值范围选取：低频小功率管，取300～1000pF；高频小功率管，取100～300pF；开关管，取20～200pF。

本例是低频小功率管，取 $C=520$pF。

⑧ 选择触发电容 C_T 的电容量。

即 $$C_T=(1.5\sim2)Q_g/U_{sr}=(1.5\sim2)\times3000/5$$
$$=900\sim1200(\text{pF})，取 C_T=1000\text{pF}$$

Q_g 为晶体管由饱和至截止所放出的电荷，可用电荷参数测试仪测得。此处 Q_g 为3000μC；U_{sr}为触发脉冲电压幅度，取 U_{sr}为5V。

33. 自激多谐振荡器的计算

【实例】 试设计一个多谐振荡器。要求输出脉冲幅度 $U_m\geqslant10$V、振荡频率 f 为70kHz，输出脉冲的上升沿 $t_s\leqslant0.5\mu$s，输出脉冲的下降沿 $t_g=0.6\mu$s、在环境温度－20～50℃的范围内正常工作。

解

① 电路选择。由于下降沿要求较高，电路中必须加有校正二极管，故选用图8-37所示电路。

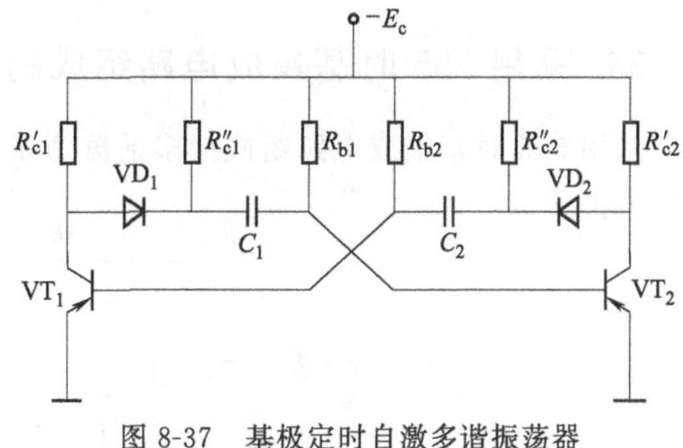

图8-37 基极定时自激多谐振荡器

② 电源电压的选择。选择方法与双稳态触发器相同。选 $E_c=12$V。

③ 晶体管选择。由于振荡频率不高，可以选用低频管，如3AX4型晶体管。

④ 确定集电极电阻器 $R'_{c1}(R'_{c2})$ 和 $R''_{c1}(R''_{c2})$的值。选择方法与双稳态触发器相同。取 $R_{c1}=R'_{c1}/\!/R''_{c1}=1\text{k}\Omega$，取 $R'_{c1}=R'_{c2}=R''_{c1}=R''_{c2}=2\text{k}\Omega$。

⑤ 确定电阻器 R_{b1}、R_{b2}的值。

$$R_{b1}=R_{b2}=\beta_{min}R_c=20\times1=20(\text{k}\Omega)$$

⑥ 确定耦合电容器 C_1、C_2 的值。

$$C_1=C_2=\frac{1}{1.4fR_{b1}}=\frac{1}{1.4\times70\times10^3\times20\times10^3}=511(\text{pF})$$

⑦ 确定振荡频率。多谐振荡器的振荡频率可按下式计算：

$$f=\frac{1}{T_1+T_2}\approx\frac{1}{0.7R_{b1}C_2+0.7R_{b2}C_1}$$

当 $R_{b1}=R_{b2}$、$C_1=C_2$ 时

$$f=\frac{1}{1.4R_{b1}C_2}$$

⑧ 检验耦合电容器 C 是否满足不等式 $C>C_{min}$。按下式求出电容器 C 的最小值：

$$C_{min}=(1.5\sim2)Q_g/E_c=(1.5\sim2)\times3000/12=375\sim500(\text{pF})$$

小于 $C=511\text{pF}$，满足要求。

Q_g 为晶体管由饱和至截止所放出的电荷，可用电荷参数测试仪测得，此处 Q_g 为 $3000\mu\text{C}$。

⑨ 检验上升沿 t_s 是否满足设计要求。上升沿按下式计算：

$$t_s=\frac{2C_{c1}R_{c1}}{1-n}+C_HR_{c1}$$

式中 C_{c1}——集电结势垒电容，F；

C_H——电路的分布电容，F；

n——常数，对于突变结，$n=0.5$。

对 3AX4 型晶体管，其 $C_{c1}=40\text{pF}$，设电路的 C_H 为 50pF，则

$$t_s=\frac{2\times40\times10^{-12}\times1\times10^3}{1-0.5}+50\times10^{-12}\times2\times10^3$$
$$\approx0.21\times10^{-6}(\text{s})=0.21\mu\text{s}<0.5\mu\text{s}$$

满足要求。

⑩ 检验下降沿 t_g 是否满足设计要求。由于采用了校正二极管，其下降沿与上升沿接近，也能满足要求。

34. 采用 555 时基集成电路组成的多谐振荡器的计算

采用 555 时基集成电路组成的多谐振荡器如图 8-38 所示。

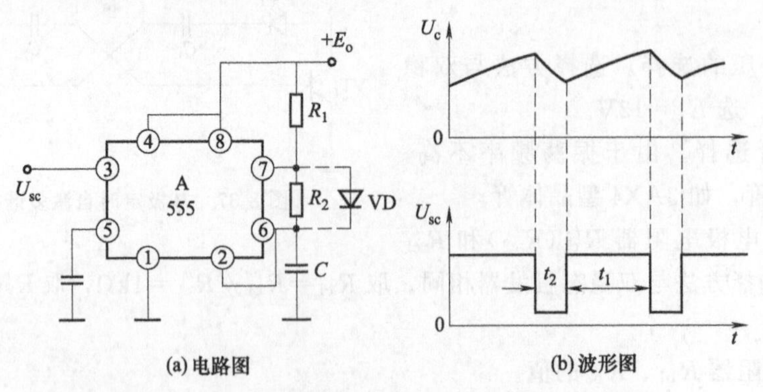

图 8-38 采用 555 时基集成电路组成的多谐振荡器

(1) 工作原理

接通电源，电源 E_c 通过电阻器 R_1 和 R_2 向电容器 C 充电。而电容器 C 放电，则通过电阻器 R_2 和 555 时基集成电路的放电端⑦脚完成。当电容器 C 刚充电时，触发端②脚为低

电平，故③脚输出高电平。当电源经 R_1、R_2 向 C 充电的电压 $U_c \geqslant \frac{2E_c}{3}$ 时，③脚变为低电平，此时时基集成电路 A 内部放电管导通，电容器 C 经 R_2 和放电端⑦脚放电，直到 $U_c \leqslant \frac{E_c}{3}$ 时，③脚再次由低电平变为高电平，电容器 C 再次充电。如此周而复始，形成振荡电路。

（2）元件选择

脉宽 $t_1 \approx 0.693(R_1+R_2)C$；间歇 $t_2 \approx 0.693R_2C$；输出方波脉冲的周期 $T=t_1+t_2 \approx 0.693(R_1+2R_2)C$。

当需要的占空因子 $D=t_1/T<40\%$ 时，可并联一只二极管（图 8-38 中虚线所示）。这样，$t_1 \approx 0.693R_1C$；$t_2 \approx 0.693R_2C$；$T=t_1+t_2=0.693(R_1+R_2)C$。

（3）实例

采用 555 时基集成电路作自激多谐振荡器的电路如图 8-38 所示。要求脉宽 t_1 为 1s，间歇时间 t_2 为 0.2s，试求电阻器 R_1、R_2 的阻值和电容器 C 的容量。

解 由于占空因子 $D=\frac{t_1}{T}=\frac{t_1}{t_1+t_2}=\frac{1}{1+0.2}=0.83>40\%$，因此电阻器 R_2 上应并联一只二极管 VD。

如电容器 C 选择 $47\mu F$。则

$$R_1=\frac{t_1}{0.693C}=\frac{1}{0.693 \times 47 \times 10^{-6}}=30700(\Omega)=30.7(k\Omega)$$

$$R_2=\frac{t_2}{0.693C}=\frac{0.2}{0.693 \times 47 \times 10^{-6}}=6140(\Omega)=6.14(k\Omega)$$

可选用国家标准产品。

35. OTL 功率放大器的计算

（1）计算公式

OTL 功率放大器即无变压器功率放大器。常用在要求高保真的扩音设备中，其电路如图 8-39 所示。

① 输出功率计算。

$$P_{sc}=\frac{1}{2}U_{cem}I_{cm}$$

式中 P_{sc}——输出功率，W；

U_{cem}——晶体管集电极电压的交流峰值，V；

I_{cm}——晶体管集电极电流的交流峰值，A。

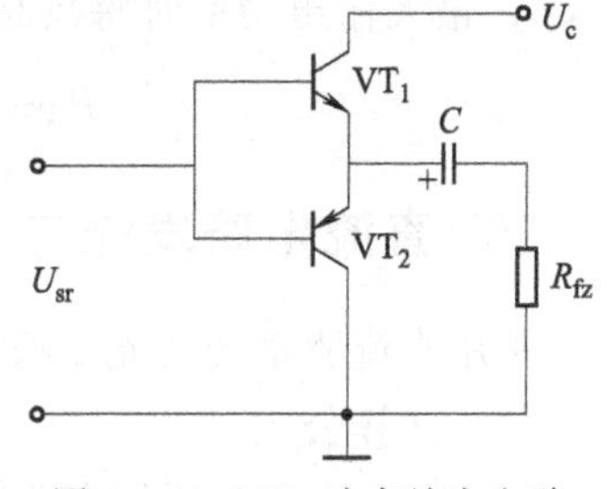

图 8-39 OTL 功率放大电路

在不考虑交越失真时，最大输出功率为

$$P_{scm}=\frac{1}{2} \times \frac{(0.5U_c-U_{ces})^2}{R_{fz}}$$

式中 P_{scm}——最大输出功率，W；

U_{ces}——晶体管饱和压降，V；

U_c——电源电压，V；

R_{fz}——负载阻抗，Ω。

② 效率计算。

$$\eta=\frac{P_{sc}}{P_E}\times 100\%$$

式中　P_E——电源供给放大器的功率（W），$P_E=\frac{U_c(0.5U_c-U_{ces})}{\pi R_{fz}}$。

电路在输出最大功率时的效率为

$$\eta=\frac{P_{scm}}{P_E}\times 100\%=\left(1-\frac{2U_{ces}}{U_c}\right)\times 78.5\%$$

③ 管耗计算。

$$P_{VT}=\frac{1}{2}(P_E-P_{sc})$$

平均每只晶体管管耗的最大值为

$$P_{VTm}\approx 0.2P_{scm}$$

（2）实例

有一 OTL 功率放大器的输出电路如图 8-39 所示。已知电源电压 U_c 为 12V，负载（喇叭）阻抗 R_{fz} 为 8Ω。试计算最大输出功率、电源供给功率、放大器效率和管耗。

解　① 最大输出功率为（设晶体管饱和压降为 $U_{ces}=0.7$V）

$$P_{scm}=\frac{1}{2}\times\frac{(0.5U_c-U_{ces})^2}{R_{fz}}=\frac{1}{2}\times\frac{(0.5\times 12-0.7)^2}{8}=1.76(\text{W})$$

② 电源供给功率为

$$P_E=\frac{U_c(0.5U_c-U_{ces})}{\pi R_{fz}}=\frac{12\times(0.5\times 12-0.7)}{\pi\times 8}=2.53(\text{W})$$

③ 放大器效率为

$$\eta=\frac{P_{scm}}{P_E}\times 100\%=\frac{1.76}{2.53}\times 100\%=69.6\%$$

④ 最大输出功率时每只晶体管的管耗为

$$P_{VTm}\approx 0.2P_{scm}=0.2\times 1.76=0.352(\text{W})$$

36. 直流电路发光二极管限流电阻器的计算

常用直流驱动的发光二极管电路如图 8-40 所示。

（1）计算公式

① 图 8-40（a）所示电路限流电阻器计算。

$$R=\frac{U-U_F}{I_F}$$

式中　R——限流电阻，kΩ；

U——电源电压，V；

U_F——发光二极管正向压降（V），一般为 1.2V；

I_F——发光二极管工作电流，mA。

② 图 8-40（b）所示电路限流电阻 R_2 计算。

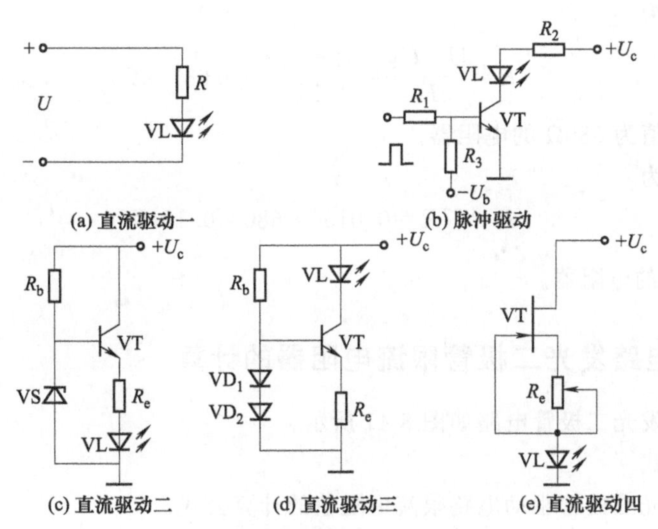

图 8-40 直流驱动的发光二极管电路

$$R_2=\frac{U_c-U_{ces}-U_F}{I_{Fm}}$$

式中 U_c——电源电压，V；

U_{ces}——晶体管 VT 饱和压降，V；

I_{Fm}——发光二极管最大工作电流，mA。

③ 图 8-40（c）所示电路限流电阻计算。

$$R_e=\frac{U_b-U_{be}-U_F}{I_F}$$

式中 U_b——晶体管 VT 基极电位，V；

U_{bc}——晶体管 VT 基极-发射极压降，V。

④ 图 8-40（d）所示电路限流电阻器计算。

$$R_e=\frac{U_b-U_{be}}{I_F}$$

⑤ 图 8-40（e）所示电路限流电阻器计算。

$$I_F=I_{DSS}\left(1-\frac{U_{GS}}{U_P}\right)^2$$

式中 I_{DSS}——场效应管 VT 的饱和漏电流，mA；

U_{GS}——场效应管 VT 的源电压，V；

U_P——场效应管 VT 的夹断电压，V。

调节 R_e 使 I_F＝8～15mA，即可确定限流电阻器 R_e 的阻值。

（2）实例

发光二极管直流驱动电路如图 8-40（a）所示，已知直流电源电压为 12V，发光二极管 VL 选用 BT201A 型，试求限流电阻器 R 的阻值。

解 查电子元件手册，BT201A 型发光二极管的正向工作电流 I_F 为 20mA，实际使用时，为了延长发光二极管寿命，可取 I_F＝10～15mA（其亮度足够了）。又查得正向电压 U_F 为 1.5～2V，取 U_F＝1.7V，正向工作电流取 15mA。

限流电阻值为

$$R=\frac{U-U_F}{I_F}=\frac{12-1.7}{15}=0.687(\text{k}\Omega)$$

可选用标称值为 680Ω 的电阻器。

电阻器功率为

$$P=I^2R=0.015^2\times680=0.15(\text{W})$$

可选用$\frac{1}{2}$W 的电阻器。

37. 交流电路发光二极管限流电阻器的计算

交流驱动的发光二极管电路如图 8-41 所示。

(1) 计算公式

交流电路发光二极管驱动电路限流电阻值的计算公式：

$$R=\frac{0.45U-U_F}{I_F}$$

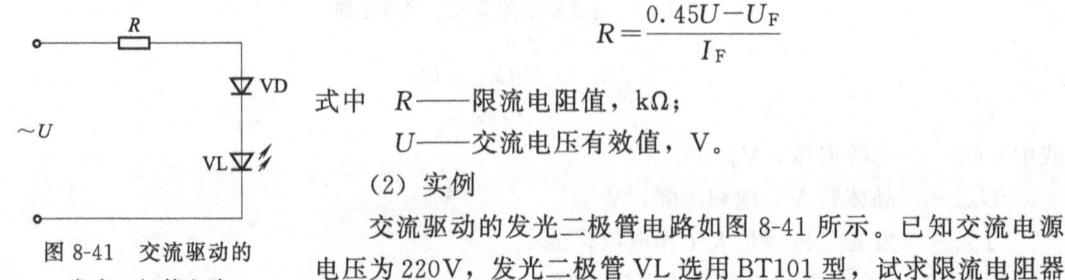

图 8-41 交流驱动的发光二极管电路

式中 R——限流电阻值，kΩ；

U——交流电压有效值，V。

(2) 实例

交流驱动的发光二极管电路如图 8-41 所示。已知交流电源电压为 220V，发光二极管 VL 选用BT101 型，试求限流电阻器 R 的阻值。

解 查电子元件手册，BT101 型发光二极管的工作电流 I_F 为 8mA，正向工作电压 U_F 为 2V。

限流电阻值为

$$R=\frac{0.45U-U_F}{I_F}=\frac{0.45\times220-2}{8}=12.1(\text{k}\Omega)$$

电阻器功率为

$$P=I^2R=0.008^2\times12100=0.77(\text{W})$$

可选用阻值为 12kΩ、功率为 2W 的国家标准产品电阻器。

38. 功率晶体管连接白炽灯的限流电阻器的计算

(1) 计算公式

功率晶体管（放大器）连接白炽灯负载时，由于灯丝的冷态电阻要比燃亮后的热态电阻大 8～10 倍，因而放大器接通灯泡的瞬间，其电流要比热态电流大 8～10 倍。如果根据灯泡的标称功率（热态功率）计算的热态电流选择晶体管的工作电流，则在接通灯泡的瞬间，可能会损坏晶体管，这时需采用限流电阻器等限流措施。

① 当输入信号较强时，采用单管放大电路，其接入限流电阻器的方法有串联、预热灯丝和混合三种，如图 8-42 所示。

对于图 8-42 (a) 所示电路，采用额定电压比电源电压 E_c 低一级的灯泡，电阻器 R 用于降低灯泡的工作电压，串联电阻器压降按 $0.1E_c$ 来选择。该方法可提高灯泡的使用寿命。

限流电阻 R 的计算如下。

对于图 8-42（b）所示电路，当晶体管 VT 截止时，R 与灯泡串联，使灯泡上的电压降为 $(0.1\sim0.2)E_c$，灯泡中流过少量预热电流但又不燃亮。

对于图 8-42（c）所示电路，同时具有图 8-42（a）和（b）的优点，效果更好。

② 当输入信号较弱时，采用复合管放大电路，其限流电阻器的接法也有串联、预热灯丝、混合三种，如图 8-43 所示。

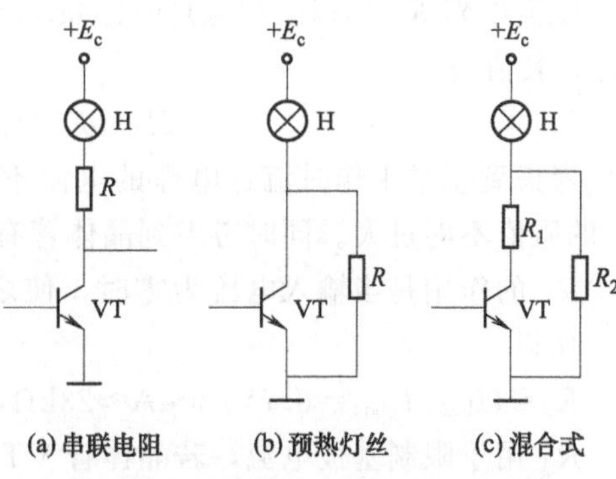

图 8-42　单管放大电路限流电阻接线

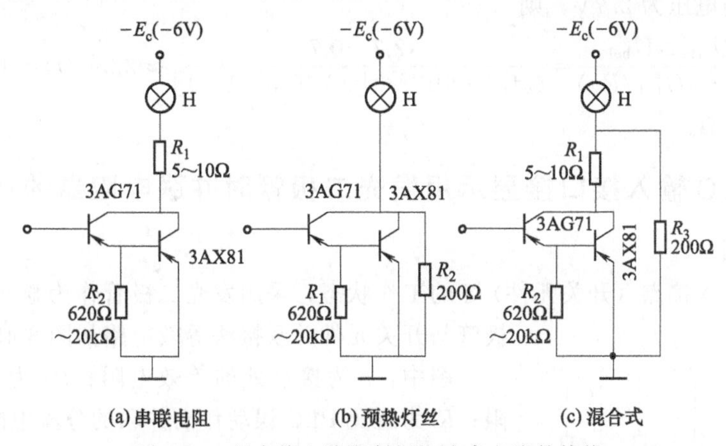

图 8-43　复合管电路限制灯泡冷态电流的接线

若电源电压 E_c 为 6V，晶体管采用 3AG71 型和 3AX81 型时，其电阻值如图 8-43 所示。

对于图 8-43（a）所示电路，由于灯泡燃亮后灯丝电阻约为 40Ω（6V、150mA 灯泡），因此 R_1 串入后灯泡电压稍降低一些，但对亮度影响不大；对于图 8-43（b）所示电路，当晶体管截止时，灯泡中流过的电流近似等于 $E_c/R_2=6/200=30(\text{mA})$，这样大小的电流是不会使灯丝发光的。

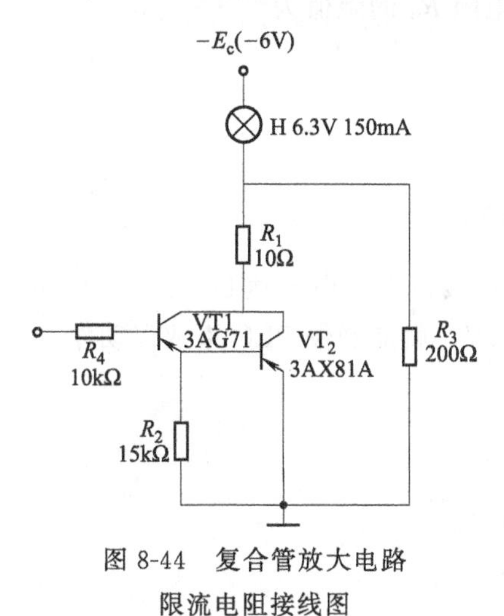

图 8-44　复合管放大电路限流电阻接线图

（2）实例

复合管放大电路限流电阻接法如图 8-44 所示。电源电压 E_c 为 6V，晶体管 VT_1 采用 3AG71 型、VT_2 采用 3AX81A 型，灯泡额定电压为 6.3V、工作电流 I_H 为 150mA。设工作时两只晶体管的基-射极电压相等，即 $U_{be1}=U_{be2}=0.7\text{V}$。求接入限流电阻器 R_1 和 R_2 的阻值。

解　查半导体器件手册，3AG71 的集电极电流 $I_{cm1}=10\text{mA}$、反向基极电流 $I_{cbo1}=10\mu\text{A}$；3AX81A 的 $I_{cm2}=200\text{mA}$、$I_{cbo2}=30\mu\text{A}$。

通常取流过泄放电阻 R_3 的电流为灯泡额定电流的 1/5，所以，$R_3=5E_c/I_H=5\times6/0.15=200(\Omega)$，取 200Ω。

限流电阻 R_1 用以限制点灯时的负载电流，使之不超过晶体管 VT_2 的最大集电极电流 I_{cm2}，其值为

$$R_1 \geqslant E_c / I_{cm2} = 6/0.2 = 30(\Omega)$$

考虑到正常工作时流过电珠的电流不能过小（其热电阻为 6.3V/0.15A=42Ω），因此 R_1 的阻值不能过大。同时考虑到晶体管有耐短时冲击电流的能力，故取 $R_1=10\Omega$。

R_2 的作用是当输入电压为零时，使之产生一反向基极电流 I_{cbo2}，以保证 VT_2 可靠截止，所以

$R_2 < U_{be2}/I_{cbo2} = 0.7V/30\mu A \approx 23k\Omega$，取 15kΩ（实际上取 620Ω～20kΩ 均可）。

R_4 用于限制基极电流，若晶体管 VT_1、VT_2 的 $\beta_1=\beta_2=30$，得

$$I_{b1} = I_H/\beta = I_H/(\beta_1\beta_2) = 150/(30\times30) = 0.167(mA)$$

若输入最高电压为 2.7V，则

$$R_4 = \frac{U_{srm} - U_{be1}}{I_{b1} + (U_{be1}/R_2)} = \frac{2.7-0.7}{0.167\times10^{-3} + [0.7/(15\times10^3)]} \approx 9359(\Omega) = 9.4(k\Omega)$$

取 $R_4=10k\Omega$。

39. 当 PLC 输入接口接显示用发光二极管时并联电阻器的计算之一

(1) 电路图

为了显示输入接点（开关元件）S的工作状态，采用发光二极管作为显示元件。发光二极管与开关元件并联接法等效电路如图 8-45 所示。

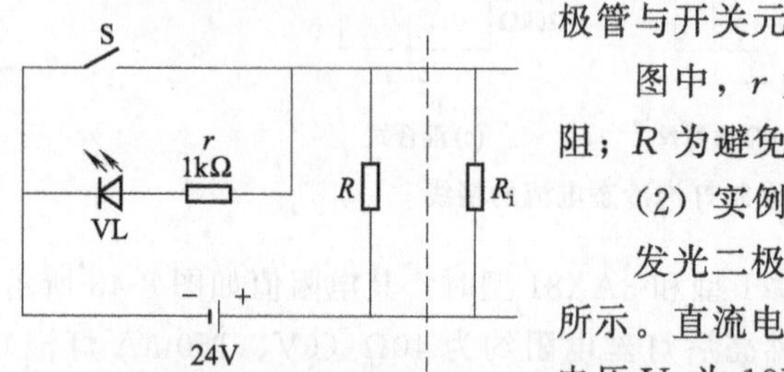

图 8-45 发光二极管与开关元件并联接法等效电路

图中，r 为接点处的等效电阻；R_i 为 PLC 的输入电阻；R 为避免 PLC 误动作而并联的分流电阻。

(2) 实例

发光二极管与开关元件并联接法等效电路如图 8-45 所示。直流电源电压 U 为 24V，PLC 输入端的接通阈值电压 U_i 为 18V，关断阈值电压 U_i' 为 12V，额定输入工作电流 I_i 为 8mA，设接点处的等效电阻 r 为 1kΩ。试选择并联电阻 R。

解 PLC 的输入电阻 R_i 的阻值为

$$R_i = \frac{U}{I_i} = \frac{24}{8} = 3(k\Omega)$$

接点 S 关断时通过的电流 I 为

$$I = \frac{U}{r+R_i} = \frac{24}{1+3} = 6(mA)$$

等效电阻 r 上的电压 $U'=rI=1\times6=6(V)$，分到 PLC 接口上的电压达 $U-U'=24-6=18(V)$，可能误动作，应并联 R 使 r 上的电压 U_r 大于 12V，就能确保 PLC 不致误动作。

并联 R 后的电阻 $$R_o = \frac{RR_i}{R+R_i}$$

流过 r 的电流 $$I_o = \frac{U}{r+R_o} = \frac{U(R+R_i)}{(R+R_i)r+RR_i}$$

r 上的电压为

$$U_r=I_o r=\frac{U(R+R_i)r}{(R+R_i)r+RR_i}$$

$$\frac{24(R+3)\times 1}{(R+3)\times 1+3R}\geqslant 12(\mathrm{V})$$

$$R\leqslant 1.5\mathrm{k\Omega}$$

电阻功率为

$$P_R=\left(\frac{U}{R}\right)^2\times R=\left(\frac{24}{1.5}\right)^2\times 1.5=384(\mathrm{mW})\approx 0.39(\mathrm{W})$$

按 2～3 倍容量选取，可选用 RJ-1.5kΩ-1W 的电阻器。

40. 当 PLC 输入接口接显示用发光二极管时并联电阻器的计算之二

(1) 电路图

将发光二极管串联在开关元件 S 回路，同样可显示 S 的工作状态，其电路如图 8-46 所示。为了增大发光二极管的亮度，防止 PLC 误动作，可在 PLC 输入端并联电阻器 R。

(2) 实例

已知条件同“当 PLC 输入接口接显示用发光二极管时并联电阻器的计算之一”项的实例，采用发光二极管与开关元件串联接法，为了防止 PLC 误动作，试选择并联电阻器 R。

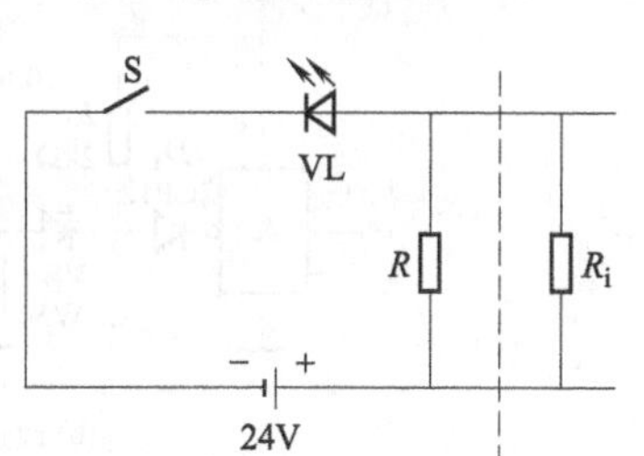

图 8-46 发光二极管与开关元件串联接法

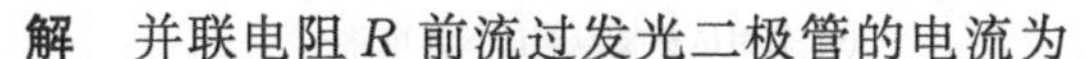
解 并联电阻 R 前流过发光二极管的电流为

$$I=\frac{U-U_F}{r+R_i}=\frac{24-0.6}{1+3}=5.85(\mathrm{mA})$$

式中 U_F——发光二极管压降（V），约为 0.6V。

可见发光二极管亮度欠亮（一般大于 8mA 才算正常）。

并联电阻器 R 后，总电阻为

$$R_o=\frac{R_iR}{R_i+R}=\frac{3R}{3+R}$$

流过发光二极管的电流 $$I=\frac{24-0.6}{r+R_o}$$

设 $I=12\mathrm{mA}$，则

$$\frac{23.4\times(3+R)}{3+4R}=12$$

$$R=1.4\mathrm{k\Omega}(\text{取 }1.5\mathrm{k\Omega})$$

电阻功率为

$$P_R=\left(\frac{U}{R}\right)^2 R=\left(\frac{24}{1.5}\right)^2\times 1.5=384(\mathrm{mW})\approx 0.4(\mathrm{W})$$

可选用 RJ-1.5kΩ-2W 的电阻器。

这时流过发光二极管的电流为

$$I=\frac{23.4\times(3+1.5)}{3+4\times 1.5}=11.7(\mathrm{mA})$$

41. CMOS驱动继电器接口电路的计算

(1) 电路图

如果由CMOS场效应晶体管组成的门电路的负载（执行元件）是继电器，则电路必须具有较大的带负载能力，即必须将门电路的开关信号放大后接负载。图8-47(a)～(c)所示分别为由与非门和分立元件组成的开关放大器的接口电路。

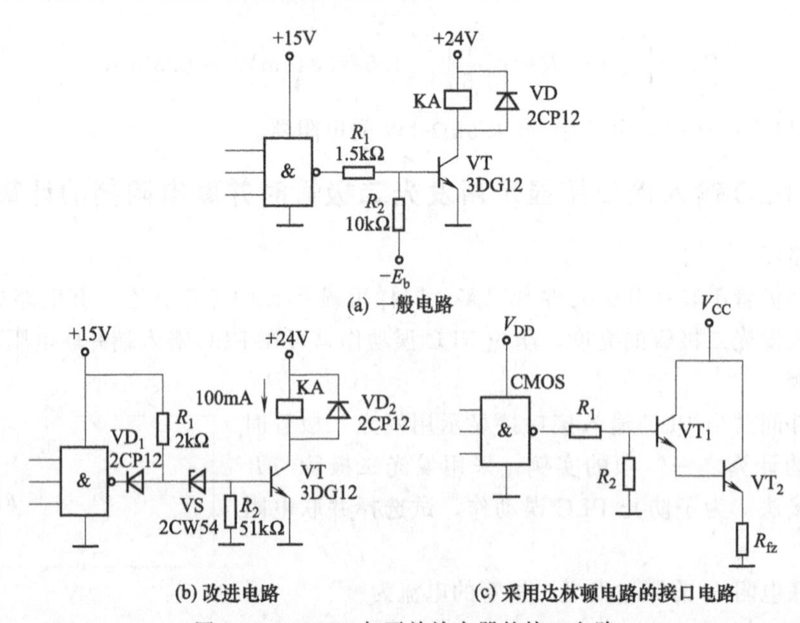

图8-47 CMOS与开关放大器的接口电路

对于图8-47 (a) 所示电路，晶体管的集电极负载为继电器KA线圈，其工作电流为100mA。若晶体管VT的$\beta=25$，则需要4mA的基极电流。这对与非门来说是个拉电流负载。如与非门不能提供这样大的拉电流，可采用图8-47 (b) 所示的电路。由电阻器R_1、二极管VD_1和稳压管VS组成变换电路。当与非门输出高电平时，VD_1截止，VS击穿，晶体管VT的基极电流由+15V电流经R_1、VS和VT的发射结来提供，VT导通，继电器KA吸合。当与非门输出低电平时，电流经+15V电源经R_1、VD_1流入与非门。这个电流只有几毫安，这样可避免因拉电流过大而引起输出高电平的下降。这时VS截止，VT截止，KA释放。图8-47 (c) 所示电路，由晶体管VT_1、VT_2组成达林顿电路，其放大倍数$\beta=\beta_1\beta_2$（β_1、β_2分别为VT_1和VT_2的放大倍数）。

(2) 计算公式

① 对于图8-47 (a) 所示电路，R_2一般可取4.7～10kΩ，简化时也可不用。R_1的选取应使晶体管获得足够的基极电流而达到饱和。设继电器KA的工作电流为$I_c=50\text{mA}$，则电阻器R_1的值可由下式计算：

$$R_1=\frac{U_{oh}-U_{be}}{I_b}=\frac{U_{oh}-U_{be}}{I_c/\beta}$$

式中 U_{be}——晶体管的正向压降，一般取0.65～0.75V；

β——晶体管放大倍数；

U_{oh}——CMOS输出高电平（V），一般为2.7～4.2V；

I_c——晶体管集电极电流，A。

② 对于图 8-47（c）所示电路，VT_1 所需要的基极电流为

$$I_b = I_c/\beta_1 = I_{R_{fz}}/(\beta_1\beta_2)$$

电阻器 R_1、R_2 可按下式选取

$$R_1 = \frac{U_{oh} - (U_{be1} + U_{be2})}{I_b + (U_{be1} + U_{be2})/R_2}$$

$$R_2 = 4.7 \sim 10\text{k}\Omega$$

42. TIL 驱动大功率负载接口电路的计算

【实例】 TTL 是晶体管-晶体管逻辑电路的英文缩写，由 TTL 驱动灯泡的接口电路如图 8-48 所示。试计算电路参数。

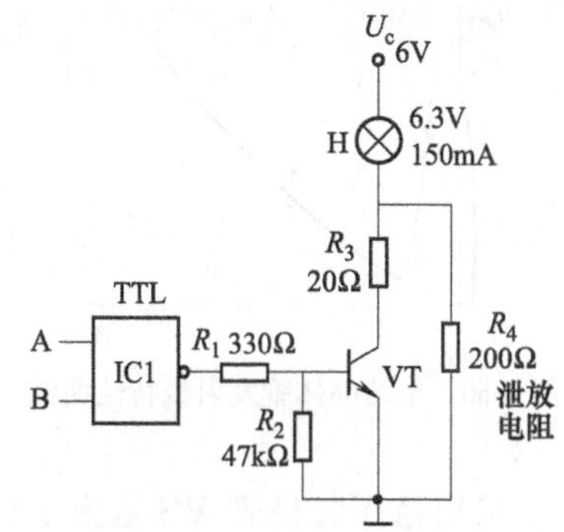

图 8-48 由 TTL 驱动灯泡的接口电路

解 晶体管的选择由白炽灯的额定电压和额定电流确定。由于灯泡冷态电阻较低，在点亮的瞬间冲击电流较大，约为额定电流的 10 倍。为此设置泄放电阻器 R_4。通常取流过 R_4 的电流是额定电流的 1/5，所以

$$R_4 = 5U_c/I = 5 \times 6/0.15 = 200(\Omega)$$

R_3 用以限制点灯时的负载电流，使之不超过晶体管的最大集电极电流 I_{CM}，其值为

$$R_3 \geqslant U_c/I_{CM} = 6/0.3 = 20(\Omega)$$

R_2 的作用是，当 $U_i = 0$V 时，产生反向基极电流 I_{cb0}，以保证 VT 可靠地截止，其值为

$$R_2 < U_{be}/I_{cb0} = 0.7\text{V}/15\mu\text{A} = 47\text{k}\Omega$$

其中，I_{CM}、I_{cb0} 可由器件手册查得。

R_1 用于限制 TTL 电路输出高电平时的输出短路电流，设晶体管 VT 的电流放大倍数 $\beta \geqslant 25$，工作时的基-射极电压 U_{be} 为 0.7V，则

$$I_b = I/\beta = 150/25 = 6(\text{mA})$$

所以

$$R_1 = \frac{U_{oh} - U_{be}}{I_b + (U_{be}/R_2)} = \frac{2.7 - 0.7}{6 \times 10^{-3} + [0.7/(47 \times 10^3)]} = 333(\Omega)$$

式中，$U_{oh} = 2.7$V。

晶体管 VT 可选用 3DD1C 型。

43. 单结晶体管触发电路的计算

(1) 工作原理

由单结晶体管（如 BT33E 型）等组成的触发电路，又称单结晶体管弛张振荡器。单结晶体管触发电路简单易调，脉冲前沿陡，抗干扰能力强。但由于脉冲较窄，触发功率小，移相范围也较小，所以多用于 50A 及以下晶闸管的触发系统中。当单结晶体管触发电路经一级晶体管功率放大后，便可触发 500A 的晶闸管。

单结晶体管触发电路如图 8-49 所示；单结晶体管发射极特性曲线如图 8-50 所示。

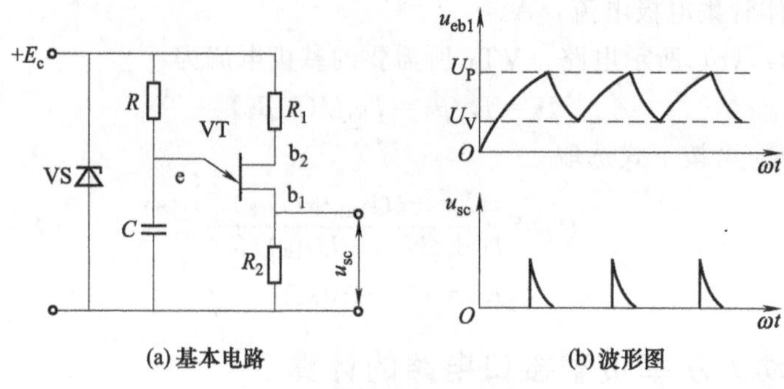

(a) 基本电路　　(b) 波形图

图 8-49　单结晶体管触发电路

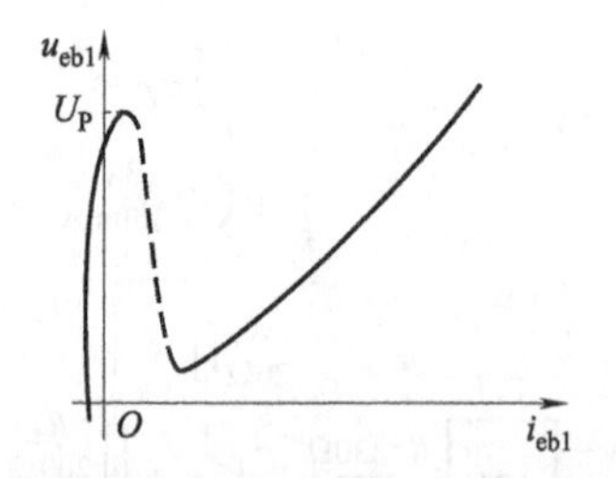

图 8-50　单结晶体管发射极特性曲线

工作原理：接通电源后，电源电压 E_c 经电阻器 R 向电容器 C 充电，电容器 C 两端电压 u_C 逐渐上升。当 u_C 上升至单结晶体管 VT 的峰点电压 U_P 时，管子 e-b_1 导通，电容器 C 通过 e-b_1 和电阻器 R_1 迅速放电，在 R_1 上产生一脉冲输出电压。随着 C 的放电，u_C 迅速下降，当降至管子谷点电压 U_V 时，e-b_1 重新截止，电容器 C 重新充电，并重复上述过程。于是在电阻器 R_1 上产生如图 8-49 (b) 所示的一串周期性的脉冲。

采用稳压二极管 VS 是为了保证输出脉冲幅值的稳定，并可获得一定的移相范围。VS 的稳压值 U_z 会影响输出脉冲的幅值和单结晶体管正常工作。

(2) 电路各元件参数的选择

① 电容器 C。C 的容量太小，放电脉冲就窄，不易触开晶闸管；C 的容量太大，会与电阻器 R 的选择产生矛盾。一般 C 的选用范围为 0.1～0.47μF，触发大容量的晶闸管时可选大些。

② 放电电阻器 R_2。R_2 的阻值太小，会使放电太快，尖顶脉冲过窄，不易触发导通晶闸管；R_2 的阻值太大，则漏电流（约几毫安）在 R_2 上的电压降就大，致使晶闸管误触发。一般 R_2 的选用范围为 50～100Ω。

③ 温度补偿电阻器 R_1。单结晶体管的峰点电压为 $U_P=\eta U_{bb}+U_D$，其中，分压比 η 几乎与温度无关，U_P 的变化是由等效二极管的正向压降 U_D 引起的，U_D 具有 −2mV/℃的温度系数，U_P 变化会引起晶闸管的导通角改变，这是不允许的。为了稳定 U_P，接入电阻器 R_1。此时基极间的电压将为

$$U_{bb}=\frac{R_{bb}}{R_1+R_2+R_{bb}}E$$

式中　R_{bb}——基极间电阻，Ω。

R_{bb}应具有正的温度系数。只要适当选择 R_1 的数值，便可使 ηU_{bb} 随温度的变化恰好补偿 U_b 的变化量。R_1 一般选用 300～600Ω。

④ 充电电阻器 R。为了获得稳定的振荡，R 的阻值应满足

$$\frac{U_{bb}-U_V}{I_V}<R<\frac{U_{bb}-U_P}{I_P}$$

式中　U_V，U_P——谷点和峰点电压，V；

I_V，I_P——谷点和峰点电流，A。

为了便于调整，R 一般由一只固定电阻器和一只电位器串联而成。

振荡器的振荡频率按下式计算：

$$f=\frac{1}{RC\ln\frac{1}{1-\eta}}$$

式中 f——振荡频率，Hz；

R——电阻值，Ω；

C——电容量，F；

η——分压比。

⑤ 分压比 η。一般选用单结晶体管的分压比 η 为 0.5～0.85。η 太大，触发时间不稳定；太小，脉冲幅值不够高。

⑥ 稳压管 VS。稳压管的稳压值 U_z 若选得太低，会使输出脉冲幅度减小造成不触发；选得太高（超过单结晶体管的耐压，即 30～60V，或使触发脉冲幅值超过晶闸管控制极的允许值，即 10V），会损坏单结晶体管或晶闸管。一般选用 20V 左右的稳压管。

（3）实例

有一单结晶体管触发电路如图 8-51 所示。该电路的移相范围小于 180°，一般为 150°～160°，是 50A 及以下晶闸管最常用的一种触发电路。

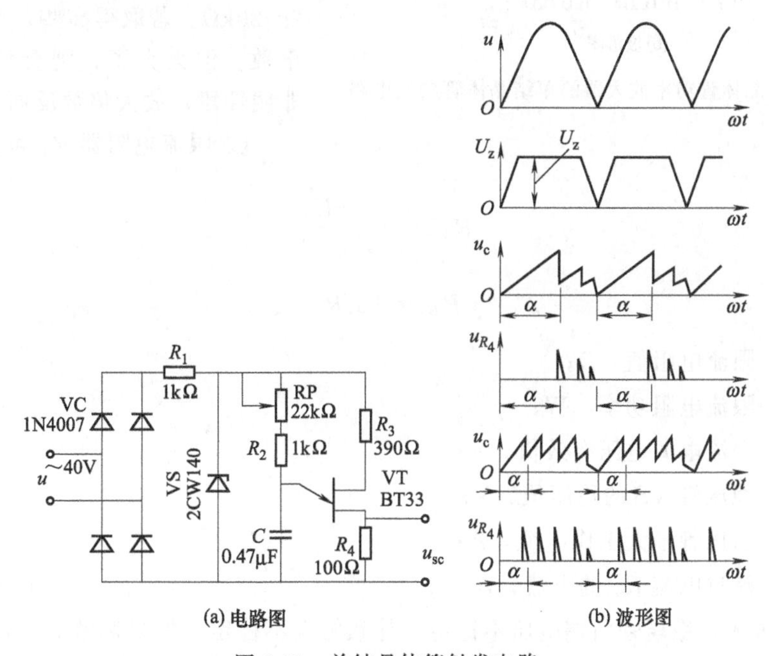

图 8-51 单结晶体管触发电路

44. 带晶体管功率放大器的单结晶体管触发电路的计算

（1）工作原理

带晶体管功率放大器的单结晶体管触发电路如图 8-52（a）所示。

工作原理：控制信号 U_k 越大，晶体管 VT_1 的集电极电流 I_1 越大，晶体管 VT_2 的基极

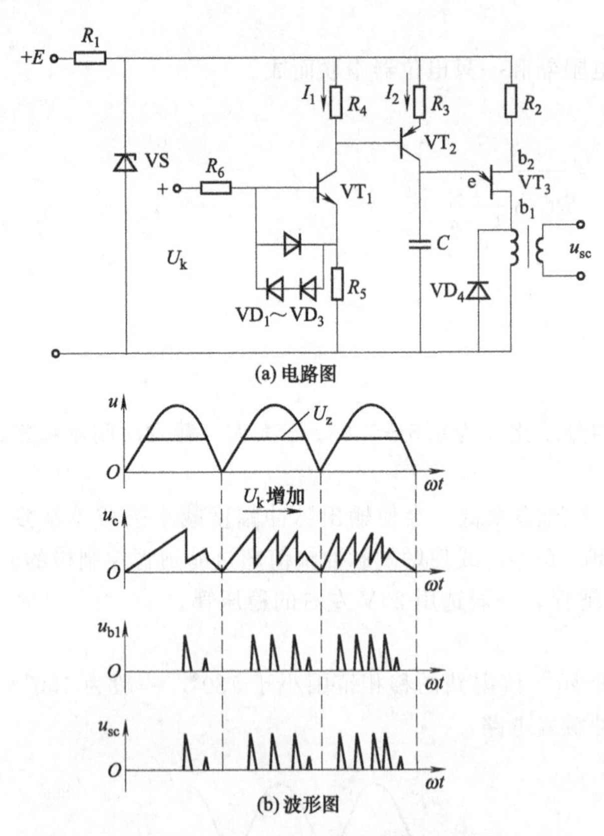

图 8-52　带晶体管功率放大器的单结晶体管触发电路

偏压越负，其集电极电流 I_2 越大。这相当于 VT_2 的 ec 极间电阻变小，所以电容器 C_1 的充电速度加快，使输出脉冲前移。

图中，$VD_1 \sim VD_3$ 为保护二极管，它们将 VT_1 的输入信号限制在二极管正向压降（0.7～2V）之内，以免 VT_1 承受过大基极偏压而损坏。

（2）电路各元件参数的选择

① VT_2 发射极电阻器 R_3 若偏小，会使前级放大器的放大能力降低，还可能在控制信号 U_k 增大到一定值后，脉冲突然消失；若 R_3 偏大，电流负反馈作用增大，有可能使单结晶体管不能达到峰点电压，甚至没有脉冲产生。R_3 一般取 2～10kΩ。

② VT_1 发射极电阻器 R_5 一般取几百欧至 1kΩ。集电极电阻器 R_4 可取 2～20kΩ。若取得高些，可增加其放大倍数。但太大了，则会使管子工作在非线性段，放大倍数反而减小。

③ 限流电阻器 R_1 可按下式估算：

$$R_1 > \frac{\sqrt{2}U - U_z}{I_{zm}}$$

$$P_{R_1} = I_{R_1}^2 R_1$$

式中　R_1——限流电阻值，Ω；

P_{R_1}——限流电阻功率，W；

U——交流电源电压有效值，V；

U_z——稳压管 VS 的稳压值，V；

I_{zm}——稳压管最大工作电流，A；

I_{R_1}——流过电流 R_1 的电流，A。

R_1 取得过大，稳压管两端电压不稳定，导致触发不稳定。如果调整 R_1 不能满足要求，可选用稳压值较大的稳压管。调整方法是：先将稳压管调好，在稳压管回路串一刻度合适的电流表；改变 R_1，当控制电压 $U_k = 0$ 时，使稳压管电流在其工作电流和最大工作电流之间即可。

（3）实例

带晶体管功率放大器的单结晶体管触发电路如图 8-53 所示，它是 500A 及以下晶闸管最常用的一种触发电路。

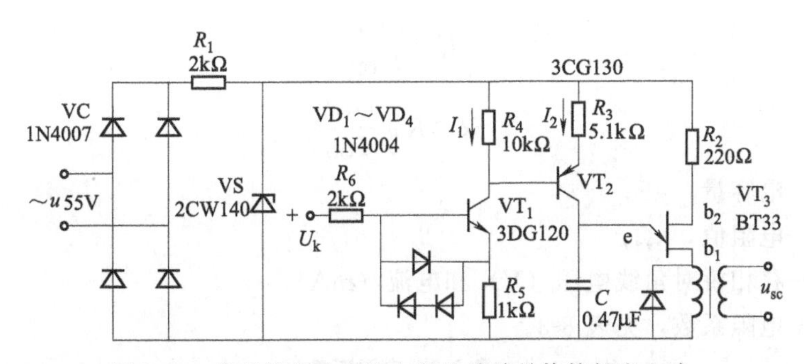

图 8-53　带晶体管功率放大器的单结晶体管触发电路

45. 单相半波阻容移相桥触发电路的计算

(1) 工作原理

单相半波阻容移相桥触发电路图如图 8-54 (a) 所示。它包含同步电压形成、移相、脉冲形成与输出三个部分。同步变压器一次侧电压相位与晶闸管主电路电压相位相同。调节电位器 RP，移相桥对角线输出电压 U_{OD}的相位就相应改变，于是负载 R_{fz}得到的整流功率也相应改变。电路中各点的波形如图 8-54 (b) 所示。

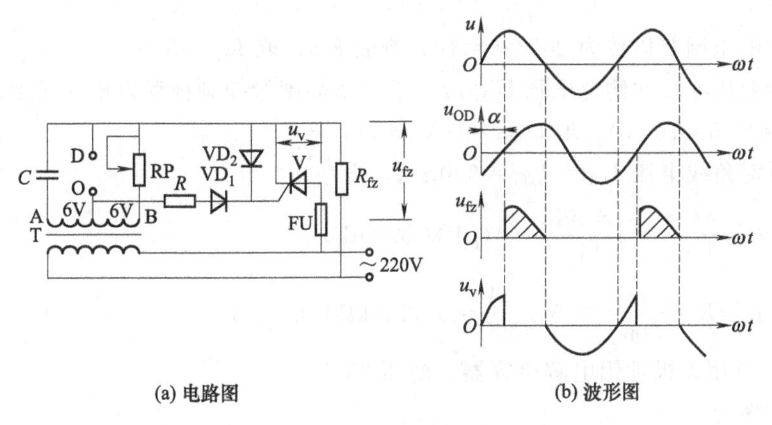

图 8-54　单相半波阻容移相电路

图中，R 为限流电阻器，用以限制晶闸管 V 控制极的电流；二极管 VD_1、VD_2 用来保护晶闸管 V 控制极免受过大的反向电压而被击穿。

阻容移相电路简单、可靠、经济，移相范围一般为 0°～150°。但波形陡度很差，当电网波动和接到不同的晶闸管上时，导通时间将要改变。

(2) 计算公式

移相桥的元件参数计算取决于晶闸管控制极所需的触发电压及电流，以及触发信号的移相范围。在一般情况下，移相范围都较宽。为了获得适当的触发信号幅值和足够的移相范围，在直接触发时必须满足以下要求：同步变压器次级总电压 U_{AB}应大于 2 倍的控制极的触发电压；移相桥臂上电阻器、电容器的电流应大于控制极的触发电流；电位器阻值应为电容器容抗的数倍以上。

移相桥电阻值、电容量的经验计算公式如下：

$$C \geqslant \frac{3I_{OD}}{U_{OD}}$$

$$R \geqslant K_R \frac{U_{OD}}{I_{OD}}$$

式中　C——电容量，μF；

R——电阻值，kΩ；

U_{OD}，I_{OD}——移相桥对角线电压（V）和电流（mA）；

K_R——电阻系数，见表 8-3。

表 8-3　电阻系数

输出电压调节倍数	2	2～10	10～50	50 以上
移相范围/(°)	90	90～144	144～164	164 以上
电阻系数 K_R	1	2	3～7	7 以上

（3）实例

试设计由 KP500A 型晶闸管组成的单相半波阻容移相桥触发电路，要求负载电压 20～200V 可调。

解　由手册查得 KP500A 型晶闸管的门极触发电压 $U_{GT} \leqslant 5$V、门极触发电流 $I_{GT}=$ 30～300mA。

由于输出电压调节倍数为 200/20=10，查表 8-3，取 $K_R=2.5$。

根据同步变压器二次侧总电压 U_{AB} 应大于 2 倍晶闸管控制极触发电压的要求，则 $U_{AB}=U_{OD}=2U_{GT}=2\times5=10$(V)，取 $U_{OD}=14$V。

取移相桥对角线电流 $I_{OD}=I_{GT}=300$mA，则

电容量　$C \geqslant \frac{3I_{OD}}{U_{OD}}=\frac{3\times300}{14}=64(\mu\text{F})$（取68$\mu$F）

电阻值　$R \geqslant K_R \frac{U_{OD}}{I_{OD}}=2.5\times\frac{14}{300}=0.116(\text{k}\Omega)$（取120Ω）

电容器 C 选用无极性铝电解电容器，耐压 25V。

电阻器功率为

$$P_R \geqslant \frac{1}{2}I_{GT}^2R=\frac{1}{2}\times0.3^2\times120=5.4(\text{W})\ (\text{取 8W})$$

式中系数 1/2 是考虑一周内最多只工作半周。

电位器 RP 可选用 WX14-11 型 3W、10kΩ。

二极管 VD_1、VD_2 可选用 1N4001 型。

46. 晶闸管整流电路的计算

（1）计算公式

① 电压等级的选择。

硅整流元件　$U_R > U_{mf}$

晶闸管元件　$U_{DRM} \geqslant (1.5\sim2)U_{mz}$

$U_{RRM} \geqslant (1.5\sim2)U_{mf}$

式中　U_R——整流元件最高反向工作电压，V；

U_{mf}——整流元件能承受的反向电压峰值，V；

U_{mz}——整流元件能承受的正向电压峰值，V；

U_{DRM}——晶闸管断态重复峰值电压，V；

U_{RRM}——晶闸管反向重复峰值电压，V；

1.5～2——安全系数。

② 电流等级的选择。

a. 不考虑环境影响时：

$$I_T = I_F > I_a = I/1.57$$

式中 I_F——所选硅元件最大整流电流，A；

I_T——所选晶闸管通态平均电流，A；

I_a——实际流过元件的电流平均值，一般情况下取全导通时流过元件的电流平均值，A；

I——实际流过元件的电流有效值，A；

1.57——正弦半波电流有效值与平均值之比。

b. 考虑环境影响时：

$$I_T = I_F \geqslant \frac{K_3 I_a}{K_1 K_2}$$

式中 K_1——风速系数，见图 8-55（a），20A 以下的硅元件或晶闸管不需强迫鼓风，故 $K_1=1$；

K_2——环境温度系数，见图 8-55（b）；

K_3——海拔系数，见图 8-55（c）。

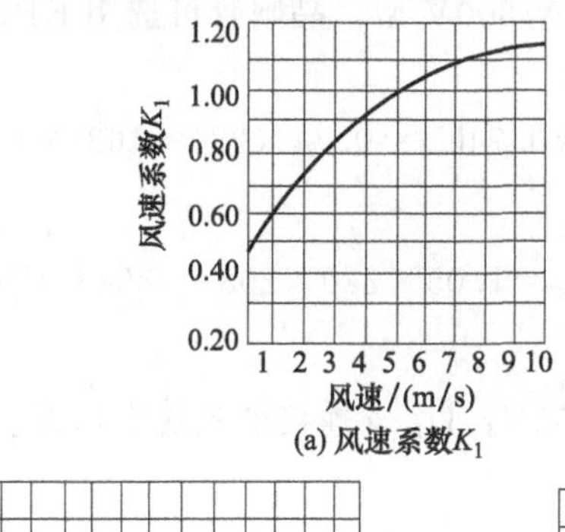

(a) 风速系数K_1

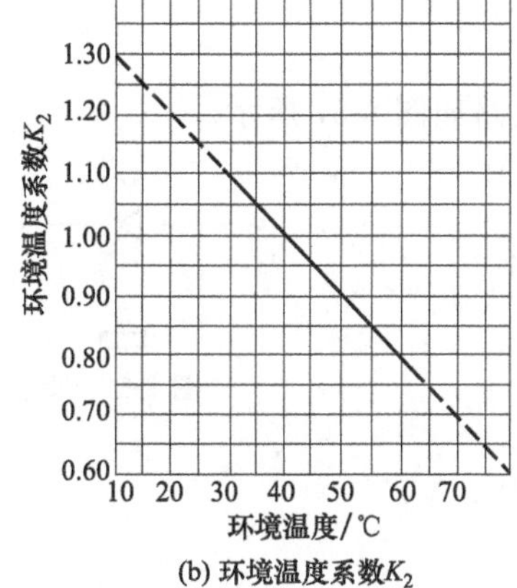

(b) 环境温度系数K_2

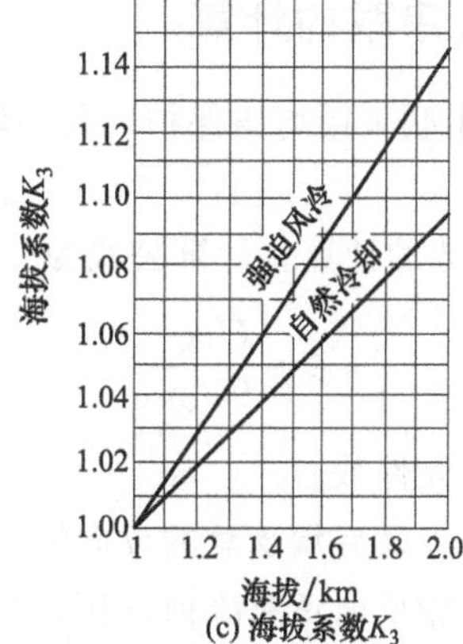

(c) 海拔系数K_3

图 8-55 硅元件及晶闸管电流选择中的环境影响系数

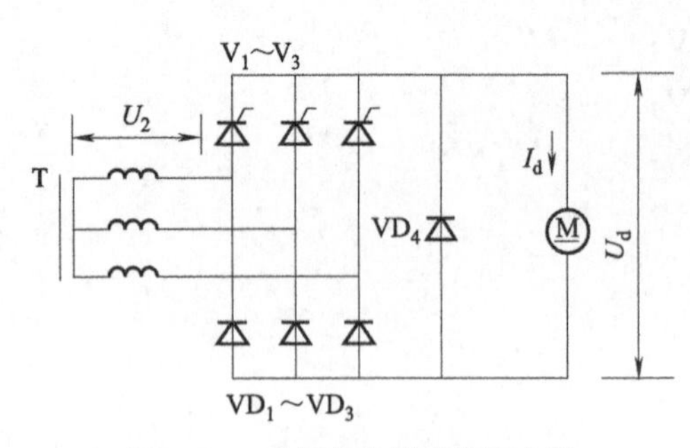

图 8-56 三相半控桥式整流电路

(2) 实例

一台三相半控桥式整流装置带动一台 Z_2-82 型直流电动机，电动机额定功率为 40kW，额定电压为 220V，额定电流为 208A。电路如图8-56所示。试选择电路各元件。设环境条件：风速为 4m/s，环境温度为 40℃，海拔高度为 1400m。

解 ① 整流元件的选择。

a. 电压等级的选择。

硅整流二极管 $VD_1 \sim VD_3$：

$$U_R > U_{mf} = 2.45U_2 = 2.45 \times 0.74U_d = 2.45 \times 0.74 \times 220 = 399(V)$$

式中，U_2 为整流变压器次级相电压，对于三相半控桥式整流电路，$U_2 = 0.74U_d$。

续流二极管 VD_4 所选型号规格同 $VD_1 \sim VD_3$。

晶闸管 $V_1 \sim V_3$：

$$U_{DRM} \geqslant (1.5 \sim 2)U_{mz} = (1.5 \sim 2) \times 2.45U_2 = (1.5 \sim 2) \times 399 = 599 \sim 798(V)$$

$$U_{RRM} \geqslant (1.5 \sim 2)U_{mf} = (1.5 \sim 2) \times 399 = 599 \sim 798(V)$$

b. 电流等级的选择。

根据已知条件，由图 8-55 查得，$K_1 = 0.94$，$K_2 = 1$，$K_3 = 1.06$，则

$$I_T = I_F \geqslant \frac{K_3 I_a}{K_1 K_2} = \frac{K_3(0.33I_d)}{K_1 K_2} = \frac{1.06 \times 0.33 \times 208}{0.94 \times 1} = 77.4(A)$$

因此整流二极管可选用 ZP100A/800V 型，晶闸管可选用 KP100A/800V 型。

② 变压器参数计算。

整流变压器二次侧相电压 $U_2 = 0.74U_d = 0.74 \times 220 \approx 163(V)$

计算容量 S 为

$$S = 1.05U_d I_d = 1.05 \times 220 \times 208 = 48048(V \cdot A)$$

式中，1.05 为余裕系数。

因此可选用 50kV·A，380/165V，D，y 连接的整流变压器。

47. 晶闸管串联的计算

晶闸管元件串联采用均压保护，其串联电路如图 8-57 所示。

(1) 计算公式

① 串联元件数的计算。计算公式为

$$n \geqslant \frac{U_{PR}}{0.9U_{RRM}}$$

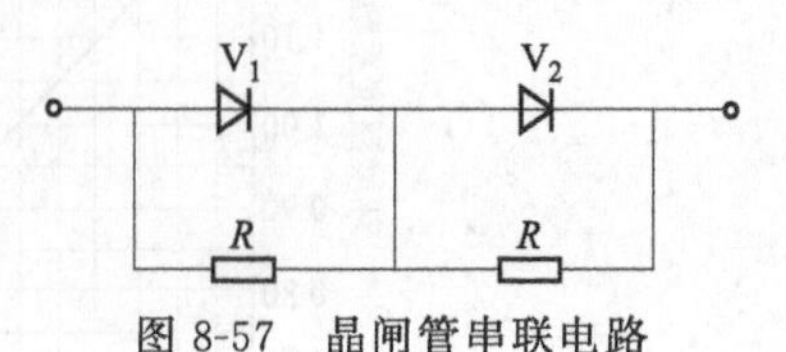

图 8-57 晶闸管串联电路

式中 n——串联元件数；

U_{PR}——元件串联后承受总的反向峰值电压，V；

U_{RRM}——晶闸管反向重复峰值电压，V。

② 均压电阻值估算。

$$R=K_1\frac{U_{RRM}}{I_{RR}}$$

式中 K_1——允许电压不均匀系数，取0.1～0.2；

I_{RR}——晶闸管反向重复平均电流，A。

电阻器功率

$$P_R\geqslant 1.5K_2\frac{U_{RRM}^2}{R}$$

式中 K_2——系数。单相线路，取0.25；三相线路，取0.4；直流线路，取1。

(2) 实例

已知三相整流电路中晶闸管可能承受的总反向峰值电压为2500V，采用KP500A/1500V型晶闸管，试计算串联元件数并选择均压电阻器 R。

解 ① 串联元件数的计算。

$$n\geqslant\frac{U_{PR}}{0.9U_{RRM}}=\frac{2500}{0.9\times1500}=1.85(\text{取2只})$$

② 均压电阻器的选择。由手册查得，KP500A型晶闸管的反向重复平均电流 I_{RR} 为8mA，并取 $K_1=0.15$，则均压电阻值为

$$R=K_1\frac{U_{RRM}}{I_{RR}}=0.15\times\frac{1500}{8}=28.1(\text{k}\Omega)\ (\text{取国家标准产品，阻值为}27\text{k}\Omega)$$

电阻器功率为

$$P_R\geqslant 1.5K_2\frac{U_{RRM}^2}{R}=1.5\times0.4\times\frac{1500^2}{27000}=50(\text{W})$$

因此可选用ZG11-27kΩ-50W型被釉电阻器。

串联电阻的方法，由于损耗较大，只适用于小功率的场合。大功率场合可采用空心电抗器，电感值为40μH左右。

48. 晶闸管并联的计算

晶闸管元件并联采用均流保护，其并联电路如图8-58所示。

(1) 计算公式

① 并联元件数的计算。计算公式为

$$n\geqslant\frac{1.26I}{I_T}$$

式中 I——并联元件中流过总的正向电流有效值，A；

I_T——晶闸管通态平均电流，A。

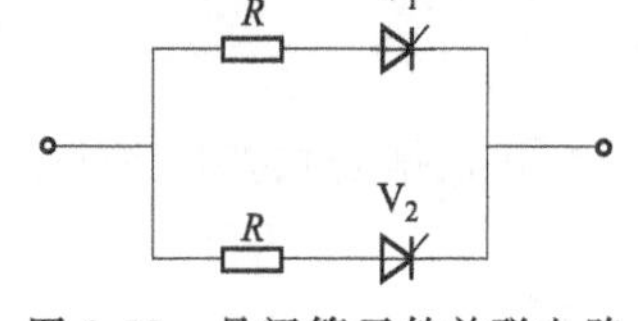

图8-58 晶闸管元件并联电路

② 均流电阻器的估算。计算公式为

$$R=\frac{0.4\sim1}{I_T}$$

电阻器功率

$$P_R=I_T^2R$$

(2) 实例

已知某整流电路中可能通过晶闸管的总正向电流有效值为45A，现只有KP30A型晶闸管，试计算并联元件数并选择均流电阻器 R。

解 ① 并联元件数的计算。

$$n \geqslant \frac{1.26I}{I_T}=\frac{1.26\times 45}{30}=1.89(\text{取 2 只})$$

② 均流电阻器的选择。均流电阻器阻值为

$$R=\frac{0.4\sim 1}{I_T}=\frac{0.4\sim 1}{30}=0.013\sim 0.033(\Omega)(\text{取 }0.02\Omega)$$

电阻器功率 P_R：

$$P_R=I_T^2R=30^2\times 0.02=18(\text{W})$$

因此可选用国家标准型号 0.02Ω、20W 的电阻器。

49. 三相整流桥电压电流计算

【实例】 一台额定电压为 220V、额定功率为 10kW、满载效率为 85%的他励直流电动机。该电动机接在三相桥式整流回路，直流电动机在 220V 下运行（见图 8-59）。设直流电流为平滑的，且由整流回路阻抗引起的电压降可忽略不计。试求：

① 三相电源电压；

② 电动机在满负荷时流过整流器的平均电流；

③ 交流侧的线电流。

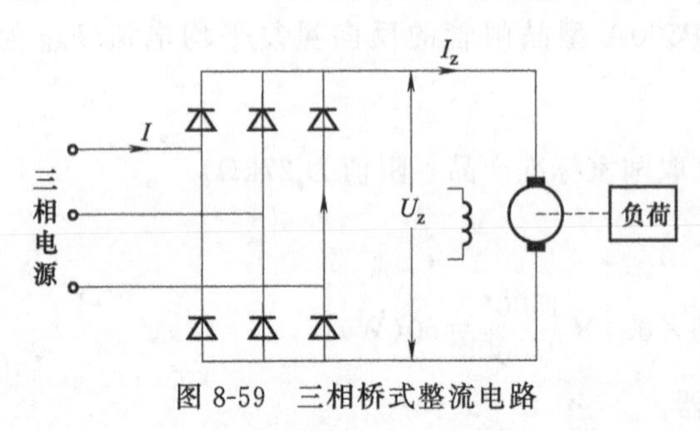

图 8-59 三相桥式整流电路

解 ① 因三相桥式整流，故有

$$U_z=\frac{3\sqrt{2}}{\pi}U=1.35U=220(\text{V})$$

得电源线电压为

$$U=U_z/1.35=220/1.35=163(\text{V})$$

② 电动机满负荷电流为

$$I_z=\frac{P_e\times 10^3}{U_z\eta}=\frac{10\times 10^3}{220\times 0.85}\approx 53.5(\text{A})$$

由于电动机满负荷时，在整流元件中电流的周期在 2π 区间是 2π/3，因此流过整流元件平均电流为

$$I_r=I_z/3=53.5/3=17.8(\text{A})$$

③ 根据公式$\sqrt{3}UI\approx U_zI_z$，得交流侧线电流为

$$I=\frac{U_zI_z}{\sqrt{3}U}=\frac{220\times 53.5}{\sqrt{3}\times 163}=41.6(\text{A})$$

50. 晶闸管整流电路损耗计算

【实例】 有一晶闸管三相桥式整流电路，通过与额定容量为 1000kV·A、空载损耗为 2.8kW、短路损耗为 11.2kW 的三相变压器接入交流电源。设流过变压器星形接线的直流侧线圈的电流 I（有效值）和直流负荷电流 I_z 之间有 $I=0.816I_z$ 的关系。试求：

① 当整流回路的直流输出端子接有 950kW 的电阻负荷时，变压器所需的视在功率。设晶闸管的控制角为 $\alpha=0°$。

② 若①中的直流端子电压下降 10%时，根据以下两种情况分别计算变压器的效率和功

率因数：a. 在晶闸管控制角为 $\alpha=0°$时，仅变更变压器分接头位置的场合；b. 不变更变压器分接头位置，而仅改变控制角的场合。设变压器及整流器的内部电压降忽略不计；又设变压器损耗与分接头位置无关。

解 ① 变压器的视在功率为

$$S=\sqrt{3}UI$$

又有

$$U_z=1.35U\cos\alpha$$

所以

$$U=\frac{U_z}{1.35\cos\alpha}$$

按题意 $I=0.816I_z$，故

$$S=\sqrt{3}\times\frac{U_z}{1.35\cos\alpha}\times0.816I_z=\frac{\sqrt{3}\times0.816}{1.35}\times\frac{U_zI_z}{\cos\alpha}$$

由于直流出力$=U_zI_z=U_z^2/R=950(\text{kW})$，故当晶闸管控制角 $\alpha=0°$，即 $\cos\alpha=1$ 时，变压器的视在功率为

$$S=\frac{\sqrt{3}\times0.816}{1.35}\times\frac{950}{1}=995(\text{kV}\cdot\text{A})$$

② 按题意直流端子电压下降 10%，所以变压器带负荷时所消耗的功率为

$$P_2=\frac{U_z'^2}{R}=\frac{(0.9U_z)^2}{R}=0.9^2\times\frac{U_z^2}{R}=0.9^2\times950=769.5(\text{kW})$$

变压器在任意负荷下的铜耗为

$$P_d'=P_d(S/S_e)^2$$

a. 将 $P_2=769.5$，$\cos\alpha=1$ 代入下式，得变压器的视在功率为

$$S=\frac{\sqrt{3}\times0.816}{1.35}\times\frac{769.5}{1}=805.6(\text{kV}\cdot\text{A})$$

已知 $S_e=1000\text{kV}\cdot\text{A}$，$P_d=11.2\text{kW}$，故变压器的负荷损耗为

$$P_d'=11.2\times\left(\frac{805.6}{1000}\right)^2=7.27(\text{kW})$$

变压器的效率为

$$\eta=\frac{P_2}{P_2+P_0+P_d'}=\frac{769.5}{769.5+2.8+7.27}=98.71\%$$

功率因数为

$$\cos\varphi=P_2/S=769.5/805.6=95.5\%$$

b. 利用控制晶闸管导通角，使直流端子电压下降到 90%，故 $\cos\alpha=0.9$，又有 $U_zI_z=769.5\text{kW}$，因此变压器的视在功率为

$$S=\frac{\sqrt{3}\times 0.816}{1.35}\times\frac{769.5}{0.9}=895.1(\text{kV}\cdot\text{A})$$

变压器的负荷损耗为

$$P'_{\text{d}}=11.2\times\left(\frac{895.1}{1000}\right)^2=8.97(\text{kW})$$

变压器的效率为

$$\eta=\frac{769.5}{769.5+2.8+8.97}=89.49\%$$

功率因数为

$$\cos\varphi=769.5/895.1=86\%$$

51. 晶闸管换相过电压阻容保护元件的计算

(1) 计算公式

晶闸管换相过电压采取阻容保护，是将电阻器和电容器并联在晶闸管元件上，其电阻器和电容器的选择如下：

① 电阻器的选择。阻值的计算公式为

$$R=(2\sim 4)\frac{U_{\text{d}}}{I_{\text{T}}}$$

式中 R——电阻值，Ω；

U_{d}——整流输出电压平均值，V；

I_{T}——晶闸管通态平均电流，A。

电阻器功率 P_R 按下式选择：

$$P_R=(0.5\sim 0.7)R$$

② 电容器的选择。电容器电容量的计算公式为

$$C=(2.5\sim 5)\times 10^{-3}I_{\text{T}}$$

式中 P_R——电阻器功率，W；

C——电容器电容量，μF。

电容器的耐压值 $U_C\geqslant 2.2U_{2\text{m}}$

式中 $U_{2\text{m}}$——整流变压器二次侧线电压峰值，V。

(2) 实例

有一三相半控桥式整流电路如图 8-60 所示。感性负载端电压 U_{d} 为 230V，试选择 300A 晶闸管和二极管的阻容保护元件。

解 对于三相半控桥式整流电路，整流变压器的二次侧线电压 U_{21} 为

$$U_{21}=U_{\text{d}}/1.35=230/1.35=170(\text{V})$$

二次侧相电压 U_2 为

$$U_2=U_{21}/\sqrt{3}=170/\sqrt{3}=98(\text{V})$$

二次侧线电压峰值 U_{2m} 为

$$U_{2m}=\sqrt{2}U_{21}=\sqrt{2}\times170=240(\text{V})$$

① 电阻器的选择。电阻值为

$$R=(2\sim4)\frac{U_d}{I_T}=(2\sim4)\times\frac{230}{300}=1.53\sim3.07(\Omega)$$

取国家标准产品的电阻值 5.1Ω。

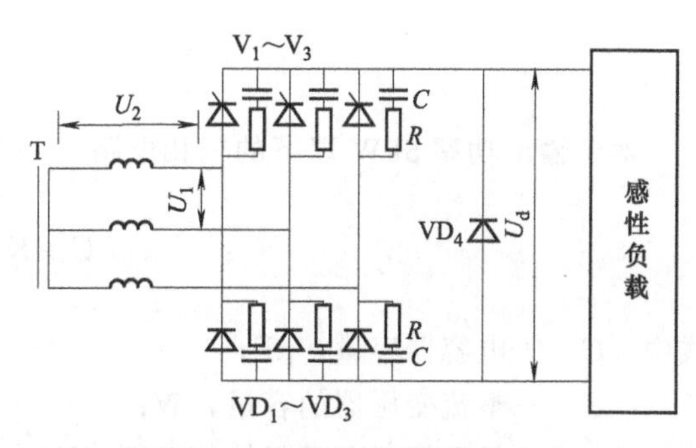

图 8-60 三相半控桥式整流电路

电阻器功率为

$$P_R=(0.5\sim0.7)R=(0.5\sim0.7)\times5.1=2.55\sim3.57(\text{W})$$

因此可选用 RJ-5.1Ω-5W 型电阻器。

② 电容器的选择。电容量为

$$C=(2.5\sim5)\times10^{-3}I_T=(2.5\sim5)\times10^{-3}\times300=0.75\sim1.5(\mu\text{F})$$

电容器耐压值 U_C 为

$$U_C\geqslant2.2U_{2m}=2.2\times240=528(\text{V})$$

因此可选用 CJ41 型或 CBB22 型 1μF、630V 的电容器。

52. 小容量整流设备晶闸管交流侧过电压阻容保护元件的计算

小容量整流设备交流侧阻容保护电路如图 8-61 所示。

交流侧的阻容保护主要是限制操作过电压，也可使正向 du/dt 受到限制（例如使 du/dt 降低到交流侧没有阻容保护时的 0.5～0.7 倍）。电容器电容量大于 4μF，一般就没有显著的效果；电阻值大可抑制电流上升率 di/dt 的增大，有抑制振荡作用，但对降低 du/dt 值则不利。

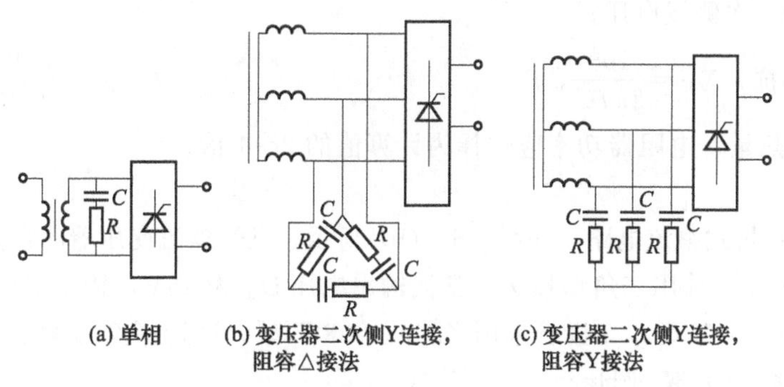

图 8-61 交流侧阻容保护电路

(1) 计算公式

① 电容器 C 的选择。电容器电容量计算公式如下：

对于输出功率 200W 以下的单相电路：

$$C=700\frac{S}{U_{\text{RRM}}^2}$$

对于输出功率 200W 以上的单相电路：

$$C=400\frac{S}{U_{RRM}^2}$$

对于输出功率5kW以下的三相电路：

$$C=K\frac{S}{U_{RRM}^2}$$

式中 C——电容器容量，μF；

S——整流变压器的容量，W；

U_{RRM}——晶闸管反向重复峰值电压（V），当由 n 只晶闸管串联时，则此值应乘 n；

K——计算系数，见表8-4。

表8-4 小容量整流设备过电压保护电路电容的计算系数 K 值

变压器连接类型	电容器三角形接法	电容器星形接法
Y,y,初级中点不接地	150	450
Y,d,初级中点不接地	300	900
所有其他接法	900	2700

② 电阻器的选择。阻值 R 的计算公式为

$$R=100\sqrt{\frac{R_z}{C\sqrt{f}}}$$

电阻器功率 $P_R=R(U_2/X_C)^2$

式中 R_z——等效负载电阻，即负载情况下直流电压除以直流电流之值，Ω；

f——电网频率，Hz；

U_2——变压器二次侧电压（V），对于星形连接，为二次侧相电压，对于三角形连接，为二次侧线电压；

X_C——容抗，$X_C=\frac{10^6}{2\pi fC}$，Ω。

为了减少发热量，电阻器功率应选择为计算值的2～4倍。

（2）实例

有一三相半控桥式整流电路，如图8-61（b）所示。已知整流变压器的容量 S 为4kV·A，Y，y连接；保护元件采用三角形接法；整流输出电压 U_d 为48V，输出电流 I_d 为70A；晶闸管采用KP30A/400V型，二极管采用ZP30A/400V型。试选择交流侧过电压保护电阻器和电容器。电网频率 f 取50Hz。

解 ① 电容器的选择。整流变压器Y，y连接，阻容保护元件为三角形接法，查表8-4，得 $K=150$。电容量为

$$C=K\frac{S}{U_{RRM}^2}=150\times\frac{4000}{400^2}=3.75(\mu F)$$

取国家标准电容器产品，容量为3.3μF。

电容器耐压值 U_C 取250V。

因此可选用CJ41型或CBB22型3.3μF、250V电容器。

② 电阻器的选择。

等效电阻为

$$R_z=\frac{U_d}{I_d}=\frac{48}{70}=0.69(\Omega)$$

电阻器阻值 $$R=100\sqrt{\frac{R_z}{C\sqrt{f}}}=100\times\sqrt{\frac{0.69}{3.3\times\sqrt{50}}}=17.2(\Omega)$$

取国家标准产品，阻值为 15Ω。

三相半控桥式整流的变压器二次侧线电压为

$$U_{21}=\frac{U_d}{1.35}=\frac{48}{1.35}=35.6(V)$$

$$X_C=\frac{10^6}{2\pi fC}=\frac{10^6}{2\pi\times50\times3.3}=965(\Omega)$$

电容器功率为

$$P_R=R\left(\frac{U_{21}}{X_C}\right)^2=15\times\left(\frac{35.6}{965}\right)^2=0.02(W)(取 1W)$$

因此可选用 RX-15Ω-1W 型的电阻器。

53. 大容量整流设备晶闸管交流侧过电压阻容保护元件的计算

大容量整流设备交流侧过电压保护电路参见图 8-62。

(1) 计算公式

对于大容量整流设备交流侧过电压阻容保护元件电阻值和电容量的计算公式分别为

电容量 $$C=K_C\frac{I_{02}}{fU_{02}}$$

电阻值 $$R=K_R(U_{02}/I_{02})$$

电阻器的功率 $$P_R=(2\sim3)(K_PI_{02})^2R$$

式中 U_{02}——变压器二次侧相电压，V；

I_{02}——折算到变压器二次绕组的励磁电流，A；

K_C,K_R,K_P——系数，见表 8-5。

表 8-5 大容量整流设备交流侧过电压 RC 保护电路计算系数

整流电路	K_C	K_R	K_P
单相桥式	29000	0.3	0.25
三相桥式	10000	0.3	0.25
三相半波	8000	0.36	0.25
六相半波	7000	0.3	0.2

(2) 实例

有一三相桥式整流电路，已知整流变压器二次侧相电压 U_{02} 为 90V，额定容量为 30kV·A，空载电流 $I_0\%$为 0.03，试选择交流侧过电压保护电路的电阻器和电容器（采用星形接线）。

解 变压器二次侧额定电流为

$$I_{2e}=\frac{S}{3U_{02}}=\frac{30000}{3\times90}=111(A)$$

变压器二次侧空载电流（即励磁电流）为

$$I_{02}=I_0\%\times I_{2e}=0.03\times111=3.3(\mathrm{A})$$

对于三相桥式整流电路，查表8-5，得 $K_C=10000$，$K_R=0.3$，$K_P=0.25$。

① 电容器的选择。

$$C=K_C\frac{I_{02}}{fU_{02}}=10000\times\frac{3.3}{50\times90}=7.3(\mu\mathrm{F})$$，取国家标准产品电容量6.8μF。

电容器耐压值取250V。

因此可选用CJ41型或CBB22型6.8μF、250V的电容器。

② 电阻器的选择。

电阻值　$R=K_R\frac{U_{02}}{I_{02}}=0.3\times\frac{90}{3.3}=8.2(\Omega)$，取国家标准产品阻值8.2Ω。

电阻器功率为

$$P_R=(2\sim3)(K_PI_{02})^2R=(2\sim3)\times(0.25\times3.3)^2\times8.2=11.2\sim16.7(\mathrm{W})\text{(取25W)}$$

因此可选用GX11-8.2Ω-25W的被釉电阻器。

54. 整流设备晶闸管交流侧过电压保护用压敏电阻器的计算

压敏电阻器是一种对电压敏感的非线性过电压保护元件，浪涌电压抑制及过电压保护常用压敏电阻。由压敏电阻器组成的整流设备晶闸管交流侧过电压保护电路如图8-62所示。

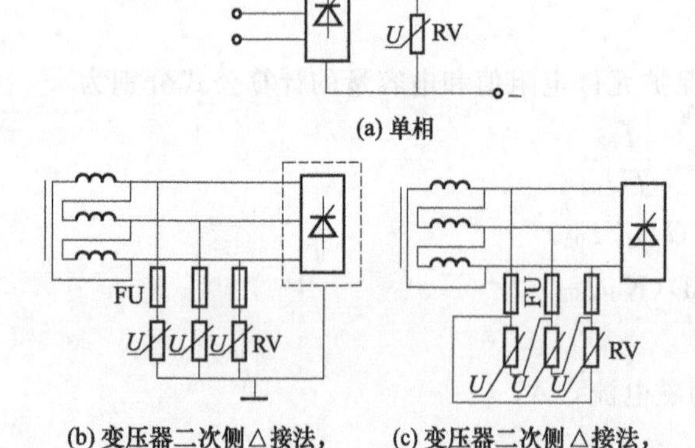

图8-62　交流侧过电压保护电路

常用于过电压保护的压敏电阻器有MY31系列等，部分压敏电阻的主要参数见表8-6。

（1）计算公式

① 标称电压 $U_{1\mathrm{mA}}$ 的选择。计算公式为

$$U_{1\mathrm{mA}}\geqslant(1.8\sim2)U_{\mathrm{DC}}\text{或}$$

$$U_{1\mathrm{mA}}\geqslant(2\sim2.5)U_{\mathrm{AC}}$$

式中　U_{DC}——直流电压，V；

U_{AC}——交流电压（有效值），V。

表8-6　部分压敏电阻主要参数

型　号	标称电压 /V	允许偏差 /%	通流容量 /kA	残压比	
				$\frac{U_{100\mathrm{A}}}{U_{1\mathrm{mA}}}$	$\frac{U_{3\mathrm{kA}}}{U_{1\mathrm{mA}}}$
MY31-33/0.5 MY31-33/1	33	±10	0.5 1	≤3.5	—
MY31-47/0.5 MY31-47/1	47	±10	0.5 1	≤3.5	—
MY31-68/1 MY31-68/3	68	±10	1 3	≤3	≤3.5
MY31-100/1 MY31-100/3	100	±10	1 3	≤2.2	≤3

续表

型　号	标称电压/V	允许偏差/%	通流容量/kA	残压比	
				$\frac{U_{100A}}{U_{1mA}}$	$\frac{U_{3kA}}{U_{1mA}}$
MY31-150/1 MY31-150/3	150	±10	1 3	≤2.2	≤3
MY31-220/1 MY31-220/3	220	±5	1 3	≤2	≤2.5
MY31-300/1 MY31-300/3	300	±5	1 3	≤2	≤2.5
MY31-470/1 MY31-470/3 MY31-470/5 MY31-470/10	470	±5	1 3 5 10	≤1.8	≤2.2
MY31-560/1 MY31-560/3 MY31-560/5 MY31-560/10	560	±5	1 3 5 10	≤1.8	≤2.2
MY31-680/1 MY31-680/3 MY31-680/5 MY31-680/10	680	±5	1 3 5 10	≤1.8	≤2.2
MY31-750/1 MY31-750/3 MY31-750/5 MY31-750/10	750	±5	1 3 5 10	≤1.8	≤2.2
MY31-910/3 MY31-910/5 MY31-910/10	910	±5	3 5 10	≤1.8	≤2.2

U_{1mA}的上限是由被保护设备的耐压决定的，应使压敏电阻器在吸收过电压时，将残压抑制在设备的耐压以下。

② 通流容量的选择。一般按过电压类型选择，即操作过电压保护，取3～5kA；大容量设备的保护，取10kA；熄灭火花，取3kA以下；防雷保护，取10～20kA。

（2）实例

一台800kW小型水轮发电机，已知额定励磁电压为73V，试选择与励磁绕组并联的过电压保护压敏电阻器。

解　① 标称电压的选择。

$$U_{1mA} \geqslant (1.8\sim2)U_{DC}=(1.8\sim2)\times73=131\sim146(\text{V})$$

但按上式计算的值所选的压敏电阻器在实际运行时，经常会损坏。对于发电机，通常按下式计算其标称电压：

$$U_{1mA} \approx 0.5U_s$$

式中　U_s——励磁绕组耐压试验电压，对于低压水轮发电机为1kV。

因此　$$U_{1mA} \approx 0.5\times1000=500(\text{V})$$

② 通流容量的选择。可选用10kA。若选择3～5kA，则运行中也容易损坏。

因此该发电机励磁绕组上并联的压敏电阻器可选用MY31-470/10型，470V、10kA。

55. 晶闸管过电流保护快速熔断器的计算

晶闸管过电流保护用快速熔断器的接线如图 8-63 所示。

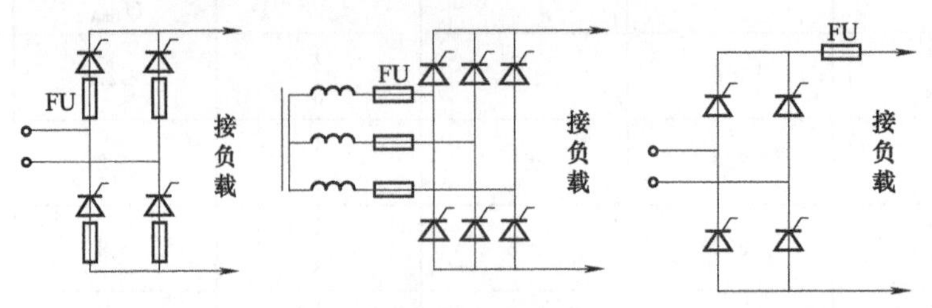

(a) 元件串联快速熔断器 (b) 交流侧串联快速熔断器 (c) 直流侧串联快速熔断器

图 8-63 快速熔断器保护接法

(1) 计算公式

快速熔断器的额定电压U_{er}和熔体额定电流I_{er}（有效值）按下列公式选择：

① 对于图 8-63（a）所示电路，U_{er}和I_T有两种计算方法：

a. 公式一：

$$U_{er} \geqslant U_g$$

$$1.57 I_T \geqslant I_{er} \geqslant I_g \text{ 或 } I_{er} = (1.2 \sim 1.5) I_T$$

式中 U_g——线路正常工作电压，V；

I_T——晶闸管额定通态平均电流，A；

I_g——流过晶闸管的实际工作电流有效值，A；

1.2～1.5——考虑熔体电流有效值与元件额定电流平均值的折算，而留有适当裕量的安全系数。

b. 公式二：

$$I_{er} \leqslant \frac{1.57 K_g I_d}{K_r}$$

式中 K_g——晶闸管一个周波内允许过载能力，见表 8-7；

I_d——流过晶闸管的实际负载电流平均值，A；

K_r——快熔一个周波的过载能力，可在手册中查得；

1.57——晶闸管额定平均值折算为有效值的系数。

另外，还可直接由表 8-8 查得。此表根据 $I_{er} = 1.5 I_T$ 而得。

② 对于图 8-63（b）所示电路，I_{er}可由下式算出

$$I_{er} = K_j I_{dm}$$

式中 I_{dm}——可能出现的最大直流整流电流，A；

K_j——接线系数，见表 8-9。

表 8-7 晶闸管的电流过载倍数 K_g

额定电流/A	电流过载倍数 K_g			
	一个周波	三个周波	六个周波	十五个周波
1	5.0	4.0	3.5	3.0
5	5.0	4.0	3.5	3.0
20	5.0	4.0	3.5	3.0

续表

额定电流/A	电流过载倍数 K_g			
	一个周波	三个周波	六个周波	十五个周波
50	5.0	4.0	3.5	3.0
100	4.0	3.0	2.5	2.2
200	3.0	2.4	2.2	2.0

表 8-8 快熔与晶闸管串联时的选择

晶闸管额定电流 I_T/A	5	10	20	30	50	100	200	300	500
熔体额定电流 I_{er}/A	8	15	30	50	80	150	300	500	800

表 8-9 接线系数 K_j

接线方式	单相全波	单相桥式	三相零式	三相桥式	六相桥式	双星形带平衡电抗器
K_j	0.707	1.00	0.577	0.816	0.408	0.289

③ 对于图 8-63（c）所示电路，由于一般情况下负载多为感性，直流电流回路电流波形近似平直线，有效值和平均值相差不大，因此可按下式计算

$$I_{er}=I_d$$

（2）实例

某单相全控桥式整流电路如图 8-63（a）所示，已知交流输入电压为 220V，负载电流为 250A，试选择快速熔断器。

解 ① 快速熔断器额定电压的选择。

$$U_{er}\geqslant U_g=220V$$

② 快速熔断器熔体额定电流的选择。对于单相全控桥式整流电路，流过晶闸管最大的工作电流 I_{dt} 为

$$I_{dt}=0.5I_d=0.5\times250=125(A)$$

可选用 KP200A 型的晶闸管。

熔体电流　　$I_{er}=(1.2\sim1.5)I_T=(1.2\sim1.5)\times200=240\sim300(A)$

因此可选用 RS3 型 500V、250A 或 300A 的快速熔断器。

56. 晶闸管整流装置配用风机的选择

（1）计算公式

晶闸管变流装置在运行中元件会经过散热器散发出大量的热量，这些热量需要通过风机散发到空间。应根据所需要的风量及风压选择风机，并考虑到风机的效率及噪声。

① 风量的计算。风机所需的风量可根据热平衡方程式按下式计算：

$$Q=\frac{60P}{C\gamma\Delta T}$$

式中 Q——风量，m^3/min；

C——空气比热容[J/(kg·K)]，$C=1.026\times10^3 J/(kg\cdot K)$；

γ——空气密度（kg/m^3），$\gamma=1.05kg/m^3$；

ΔT——风道出进口风温差（K），一般取 $\Delta T=5K$；

P——风道总发热功率（W），$P=nP_{AV}$；

n——风道中的元件数；

P_{AV}——晶闸管通态损耗功率（W），$P_{AV}\approx U_T I_T$；

U_T——通态平均电压（V），一般为0.6～1.2V；

I_T——通态平均电流，A。

注意：由于设计整流装置时晶闸管留有余裕，尤其是小水电站的励磁装置留有较大余裕，所以实际P_{AV}要比$U_T I_T$小，一般可取$(0.6\sim0.75)U_T I_T$。另外，风道总发热功率还应考虑整流变压器等的发热的影响。

② 风压的计算。风压应为m层元件的总流阻，即

$$H=m\Delta P$$

式中 H——风压，kPa；

ΔP——散热器流阻，kPa；

m——元件层数。

风压与风道结构有关，也不易计算准确。对于风机来讲，风压与风机的转速有关。

根据计算的风量和风压值，分别留出10%～20%的裕量来选择风机的规格。

(2) 实例

有一单相半控桥式整流装置，用于发电机励磁，晶闸管的通态平均电流和整流二极管的额定正向工作电流均采用100A，元件分两层布置，元件数$n=5$。已知总流阻为0.04kPa，在不考虑整流变压器发热影响的条件下，试选择冷却风机。

解 ① 风量的计算。考虑励磁装置中的整流元件有较大余裕，因此晶闸管通态损耗功率为

$$P_{AV}=0.7U_T I_T=0.7\times1\times100=70(\text{W})$$

风道总发热功率为（设整流二极管及续流二极管的损耗功率与晶闸管相同）

$$P=nP_{AV}=5\times70=350(\text{W})$$

风量为

$$Q=\frac{60P}{C\gamma\Delta T}=\frac{60\times350}{1.026\times10^3\times1.05\times5}=3.9(\text{m}^3/\text{min})$$

② 风压的计算。

$$H=m\Delta P=2\times0.04=0.08(\text{kPa})$$

因此，可选用ES15050 220L型轴流风机，电压为交流220V，功率为30W，转速为2200r/min，最大风量为5.24m³/min，最大风压为0.1275kPa。

九、变频器、软启动器

1. 根据电动机功率和极数选择变频器容量的计算

(1) 计算方法

① 380V、160kW 以下单台电动机与装置间容量的匹配可参见表 9-1。

表 9-1 变频器与电动机的匹配

变频器容量/kV・A	电动机功率/kW	变频器容量/kV・A	电动机功率/kW
2	0.4 0.75	50	22 30
4	1.5 2.2	60	37
6	3.7	100	45 55
10	5.5	150	75 90
15	7.5		
25	11 15	200	110 132
35	18.5	230	160

注：表中匹配关系不是唯一的，用户可以根据实际情况自行选择。

② 根据电动机实际功率选择变频器的容量。对于电动机功率较大而其实际负载功率却较小的情况（并不打算更换电动机），所配用变频器的容量可按下式计算：

$$P_f=K_1(P-K_2Q\Delta P)$$

式中 P_f——变频器容量，kW；

P——调速前实测电动机的功率，kW；

K_1——电动机和泵调速后效率变化系数，一般可取 1.1～1.2；

K_2——换算系数，取 0.278；

Q——泵的实测流量，m^3/h；

ΔP——泵出口与干线压力差，MPa。

③ 电动机不是 4 极时变频器容量的选择。一般通用变频器是按 4 极电动机的电流值等来设计的。如果电动机不是 4 极（如 8 极、10 极等多极电动机），就不能仅以电动机的容量来选择变频器的容量，必须用电流来校核。

如 8 极电动机，重载一般按 $1.5I_{ed}$ 选择，特殊情况如天车等最高按 $3I_{ed}$ 选择。其中 I_{ed}

为电动机额定电流。

④ 变频器的额定容量有的以额定输出电流（A）表示，有的以额定有功功率（kW）表示，也有的以额定视在功率表示。

（2）实例

一台 Y112M-4 型，4kW（额定电流 I_{ed}为 8.8A）、4 极电动机，试选择变频器容量。如果是一台 Y 160M1-8 型，4kW（额定电流 I_{ed}为 9.9A）8 极电动机，用于重载负荷，则变频器容量应为多少？

解 （1）对于 4 极电动机，参表 9-1，可选用容量为 6kW 的变频器（其额定输出电流为 9A）。

（2）对于 8 极电动机，变频器容量（电流）为

$$I_f = 1.5I_{ed} = 1.5\times 9.9 = 14.85\text{A}$$

可选用额定输出电流为 15A 的变频器。

可见极数越多，所配套的变频器容量越大。因此应尽可能采用 4 极电动机。

2. 各种负载下变频器的选择

（1）不同生产机械及不同运行条件下，变频器的选择（见表 9-2～表 9-4）

表 9-2 不同生产机械选配变频器容量

生产机械	传动负荷类别	M_z/M_e/%			S_f/S_e
		启动	加速	最大负荷	/%
风机、泵类	离心式、轴流式	40	70	100	100
喂料机	带输送、空载启动	100	100	100	100
	带输送、有载启动	150	100	100	150
	螺杆输出	150	100	100	150
输送机	带输送、有载启动	150	125	100	150
	螺杆式	200	100	100	200
	振动式	150	150	100	150
搅拌机	干物料	150～200	125	100	150
	液体	100	100	100	100
	稀黏液	150～200	100	100	150
压缩机	叶片轴流式	40	70	100	100
	活塞式、有载启动	200	150	100	200
	离心式	40	70	100	100
张力机械	恒定	100	100	100	100
纺织机	纺纱	100	100	100	100

注：M_z，M_e——电动机负荷转矩、额定转矩；S_f——变频器容量；S_e——电动机容量。

表 9-3 SAMIGS 系列（瑞典 ABB 公司）变频器的选择

变频器型号	恒转矩				平方转矩			
	变频器		电动机		变频器		电动机	
	额定输入电流 I_1/A	额定输出电流 I_{fe}/A	短时过载电流 I_k/A	额定功率 P_e/kW	额定输入电流 I_1/A	额定输出电流 I_{fe}/A	短时过载电流 I_k/A	额定功率 P_e/kW
ACS501-004-3	4.7	6.2	9.3	2.2	6.2	7.5	8.3	3
ACS501-005-3	6.2	7.5	11.3	3	8.1	10	11	4
ACS501-006-3	8.1	10	15	4	11	13.2	14.5	5.5
ACS501-009-3	11	13.2	19.8	5.5	15	18	19.8	7.5
ACS501-011-3	15	18	27	7.5	21	24	26	11

续表

变频器型号	恒转矩				平方转矩			
	变频器		电动机		变频器		电动机	
	额定输入电流 I_1/A	额定输出电流 I_{fe}/A	短时过载电流 I_k/A	额定功率 P_e/kW	额定输入电流 I_1/A	额定输出电流 I_{fe}/A	短时过载电流 I_k/A	额定功率 P_e/kW
ACS501-016-3	21	24	36	11	28	31	34	15
ACS501-020-3	28	31	46.5	15	34	39	43	18.5
ACS501-025-3	34	39	58	18.5	41	47	52	22
ACS501-030-3	41	47	70.6	22	55	62	68	30
ACS501-041-3	55	62	93	30	67	76	84	37
ACS501-050-3	72	76	114	37	85	89	98	45
ACS501-060-3	85	89	134	45	101	112	123	55

表 9-4 不同运行条件变频器的选择

运行条件	计算公式	说明
轻载启动或连续运行	$I_{fe}\geqslant 1.1I_e$ 或 $I_{fe}\geqslant 1.1I_{max}$	I_{fe}——变频器的额定输出电流,A I_e——电动机额定电流,A I_{max}——电动机实际运行中的最大电流,A
重载启动和频繁启动、制动	$I_{fe}\geqslant(1.2\sim1.3)I_e$	
风机、泵类负荷	$I_{fe}\geqslant 1.1I_e$	
频繁加减速	$I_{fe}=kI_{jf}$	k——安全系数,运行频繁时取 1.2,不频繁时取 1.1 I_{jf}——负荷等效电流,可根据负荷加速、减速、恒速等运动曲线求得
直接启动	$I_{fe}\geqslant\frac{I_q}{k_f}=\frac{k_qI_e}{k_f}$	I_q——电动机直接启动电流,A k_q——电动机直接启动的电流倍数,为 5~7 k_f——变频器的允许过载倍数,可在变频器产品说明书中查得,一般可取 1.5

需指出，即使电动机负荷非常轻，电动机电流在变频器额定电流以内，也不能选用比电动机容量小很多的变频器。这是因为电动机容量越大，其启动电流值也越大，很有可能超过变频器的过电流耐量。

异步电动机在额定电压、额定频率下通常具有输出 200%左右最大转矩的能力，但是变频器的最大输出转矩由其允许的最大输出电流决定，此最大电流通常为变频器额定电流的 130%～150%（持续时间 1min），所以电动机中流过的电流不会超过此值，最大转矩也被限制在 130%～150%。

如果实际加减速时的转矩较小，则可以减小变频器的容量，但也应留有 10%的余量。

变频器额定（输出）电流允许倍数及时间可由产品说明书查得。

（2）实例

一台 Y225S-4 型 45kW 电动机，已知额定电流 I_e 为 82.2A，试按下列负荷选择变频器。

① 轻载启动和连续运行的负荷；

② 重载启动和频繁启动、制动运行的负荷；

③ 喂料机、带输送、空载启动、带输送、有载启动；

④ 输送机、带输送、有载启动、螺杆式输送机、重载启动；

⑤ 离心式压缩机；

⑥ 活塞式压缩机、有载启动；

⑦ 恒转矩负荷；

⑧ 二次方转矩负荷。

解 ① 轻载启动和连续运行的负荷，变频器容量（电流）为

$$I_{fe} \geqslant 1.1I_e = 1.1 \times 84.2\text{A} = 92.6\text{A}$$

因此，可选用如国产佳灵变频器。其中：若以调速为主要目的，可选用 JP6C-T 型变频器，输出电流为 152A，容量为 100kV · A；若以节能为主要目的，可用 JP6C-Z 型变频器，输出电流为 152A，容量为 100kV · A。

② 重载启动和频繁启动、制动运行的负荷，变频器容量（电流）为

$$I_{fe} \geqslant (1.2 \sim 1.3)I_e = (1.2 \sim 1.3) \times 84.2\text{A} = 101 \sim 109.5\text{A}$$

据此可选择 MM440 矢量型通用变频器。若选择普通通用变频器，容量应放大一档。

③ 喂料机、带输送、空载启动，由表 9-2 查得，变频器的容量为

$$S_f = S_e = \sqrt{3}U_e I_e = \sqrt{3} \times 380 \times 84.2\text{V} \cdot \text{A} = 55385\text{V} \cdot \text{A} \approx 55.4\text{kV} \cdot \text{A}$$

当负荷启动时，变频器的容量为

$$S_f = 1.5S_e = 1.5 \times 55.4\text{kV} \cdot \text{A} = 83.1\text{kV} \cdot \text{A}$$

④ 输送机、带输送、有载启动，由表 9-2 查得，变频器的容量为

$$S_f = 1.5S_e = 55.4\text{kV} \cdot \text{A}$$

对于螺杆式输送机，变频器的容量为

$$S_f = 2S_e = 2 \times 55.4\text{kV} \cdot \text{A} = 110.8\text{kV} \cdot \text{A}$$

⑤ 离心式压缩机，由表 9-2 查得，变频器的容量为

$$S_f = S_e = 55.4\text{kV} \cdot \text{A}$$

⑥ 活塞式压缩机、有载启动，由表 9-2 查得，变频器的容量为

$$S_f = 2S_e = 2 \times 55.4\text{kV} \cdot \text{A} = 110.8\text{kV} \cdot \text{A}$$

⑦ 恒转矩负荷，由表 9-3 查得，变频器额定电流为 $I_{fe} = 89\text{A}$，可选用如 ACS501-060-3 型变频器。

⑧ 二次方转矩负荷，$I_{fe} = 89\text{A}$，可选用如 ACS-501-050-3 型变频器。

3. 进口电动机应用变频器的 *U*/*f* 线的设置

【实例 1】 额定频率为 50Hz、额定电压非 380V 的进口电动机应用变频器的 *U*/*f* 线的设置。

国外有些电动机的额定频率和额定电压与我国的电动机使用的额定频率（50Hz）和额定电压（380V）不同，在引进国外设备时可能会遇到此问题。

当 50Hz、420V 电动机用在 50Hz、380V 电源上时，其出力约为原来的 380/420，即 90%；启动电流约为原来的 90%，由于出力降低，故启动电流倍数仍与原来的一样；最大转矩和启动转矩约为原来的 $(380/420)^2$，即 81%；电动机的效率略差些，功率因数及温升则有所改善。如考虑这些因素，则 50Hz、420Hz 电动机在 50Hz、380V 电源上应该是可以使用的，但性能略差。

当 50Hz、346V 电动机在 50Hz、380V 电源上使用时，磁通密度为原来的 380/346（即 110%），空载电流将大大增加，若空载电流接近或超过原来的额定电流，则不能使用。同时电动机的功率至少比原来降低 10%以上，并应以负荷电流不超过原来的额定电流为度。

如果将额定频率为50Hz、额定电压为420V或346V的电动机通过变频器与50Hz、380V电源连接，电动机性能将会显著提高。当这类电动机应用变频器时，应对变频器U/f线进行正确设置，以达到调速节能运行。

① 50Hz、420V电动机的基本频率设置。首先，在U/f坐标系内作出实际需要的U/f线OA，A点对应于50Hz、420V电源。再在380V处画一水平线与OA线相交于B点，由B点画一垂直线，与频率f坐标轴交于K点，该点的频率即为变频器设置的基本频率，为45.2Hz，见图9-1。该频率f_{BA}也可按下式算出：

$$f_{BA}=\frac{U_{OB}}{U_{OA}}\times 50=\frac{380}{420}\times 50=45.2(\mathrm{Hz})$$

② 50Hz、346V电动机的基本频率设置。首先在U/f坐标系内作出实际需要的U/f线OC，C点对应于50Hz、346V电源。再在380V处画一水平线与OC的延长线相交于D点，由D点画一垂直线，与频率f坐标轴交于H点，该点的频率，即变频器设置的基本频率，为54.9Hz，见图9-1。该频率f_{BA}也可按下式算出：

$$f_{BA}=\frac{U_{OD}}{U_{OC}}\times 50=\frac{380}{346}\times 50=54.9(\mathrm{Hz})$$

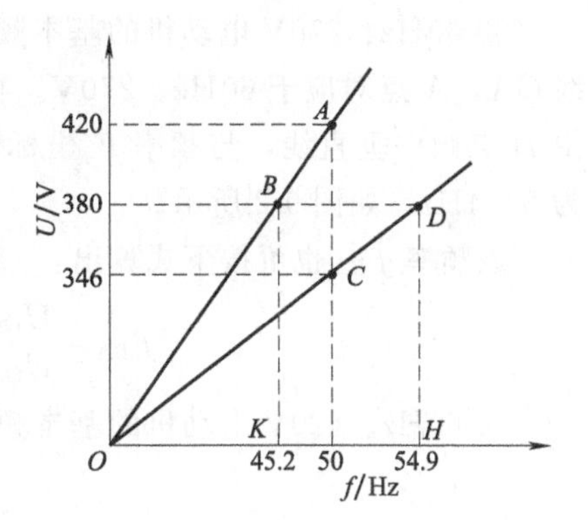

图9-1 50Hz、420V和346V电动机f_{BA}的设定

③ 50Hz、420V或346V电动机基本频率设置的通用公式。对于50Hz，其他电压等级的电动机，同样可按以上方法设置变频器的基本频率，即可按通用公式计算：

$$f_{BA}=\frac{380}{U}\times 50=19000/U(\mathrm{Hz})$$

式中 U——进口50Hz电动机的额定电压，V。

【实例2】 额定频率为60Hz、额定电压为380V或非380V的进口电动机应用变频器的U/f线的设置。

60Hz、380V电动机用于50Hz、380V电源时，其磁通密度要增加20%，空载电流将远大于20%（与电动机极数及功率有关），极数多的电动机所占的比例要比同功率极数少的大；功率小的电动机所占的比例要比功率大的大。如果空载电流接近或超过原来的额定电流时，则不能使用；如果空载电流比原来的额定电流小而尚有较大差距，则可勉强使用。但一般说来，功率至少比原来的降低20%，并应以负荷电流不超过原来的额定电流为度。

启动电流和启动转矩均比原来的增大约20%，最大转矩和最小转矩也会相应增大，而效率一般要有所下降，功率因数也会有所下降。由于通风效果因转速下降而变坏，以及磁通密度增加20%，铁芯磁通将饱和，故温升要比原来的高许多。这时电动机的转速下降17% [$n_1'=(f_2/f_1)n_1=(50/60)n_1\approx 0.83n_1$]。$n_1$、$f_1$和$n_1'$、$f_2$是分别对应于60Hz、380V和50Hz、380V的转速和电源频率。

要使60Hz、380V电动机用于50Hz电源上不过热，可采用降低电源电压的方法加以解决。降压后功率仅为铭牌功率的83%。

为了使电动机不发生过电流，就要维持磁通密度不变。在用于50Hz电源中时，维持磁通密度不变的电压$U_2'=(f_2/f_1)U_2=(50/60)\times 380\approx 317$（V）。也就是说，只要把电源电压降到317V，即可使60Hz、380V电动机在50Hz电源上使用而不过热。这里f_1、U_2和

f_2、U_2'是分别对应于60Hz、380V和50Hz、380V的电源频率和磁通密度维持电压。

如果将额定频率为60Hz、额定电压为380V或非380V的电动机通过变频器用于额定频率为50Hz、额定电压为380V的电源上，电动机性能将会显著提高。当这类电动机应用变频器时，应对变频器U/f线进行正确设置，以达到调速节能运行。

① 60Hz、380V电动机的基本频率设置。由于额定电压与我国低压三相电源380V相同，所以对于额定60Hz、额定电压为380V的进口电动机，只要将变频器的基本频率f_{BA}设定在60Hz即可。

② 60Hz、270V电动机的基本频率设置。首先，在U/f坐标系内作出实际需要的U/f线OA，A点对应于60Hz、270V。再在380V处画一水平线与OA的延长线相交于B点，由B点画一垂直线，与频率F坐标轴交于K点，该点的频率，即变频器设置的基本频率，为84.4Hz，如图9-2所示。

该频率f_{BA}也可按下式算出：

$$f_{BA}=\frac{U_{OB}}{U_{OA}}\times 60=\frac{380}{270}\times 60=84.4(\text{Hz})$$

③ 60Hz、420V电动机的基本频率设置。首先在U/f坐标系内作出实际需要的U/f线OC，C点对应于60Hz、420V。再在380V处画一水平线与OC线相交于D点，由D点画一垂直线，与频率f坐标轴交于H点，该点的频率，即变频器设置的基本频率，为54.2Hz，如图9-2所示。该频率也可按下式算出：

$$f_{BA}=\frac{U_{OD}}{U_{OC}}\times 60=\frac{380}{420}\times 60=54.2(\text{Hz})$$

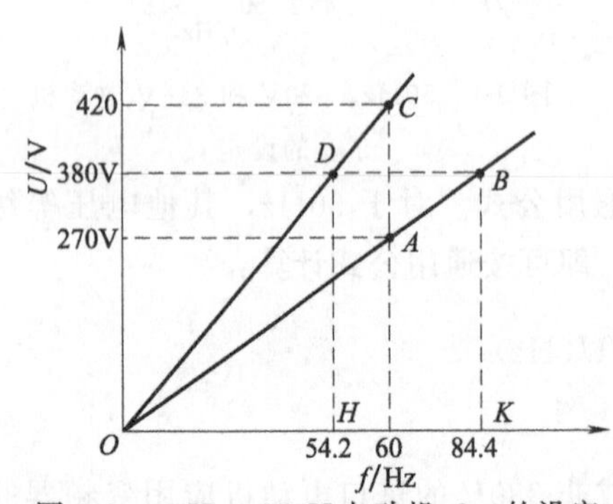

图9-2 60Hz、270V电动机f_{BA}的设定

④ 60Hz、380V或非380V电动机基本频率设置的通用公式。对于60Hz，其他电压等级的电动机，同样可按以上方法设置变频器的基本频率，即可按通用公式计算：

$$f_{BA}=\frac{380}{U}\times 60=22800/U(\text{Hz})$$

式中 U——进口60Hz电动机的额定电压，V。

4. 变频器与电动机连接线的选择

(1) 计算方法

变频器与电动机的安装距离可分为三种情况：远距离（100m以上）、中距离（20～100m）和近距离（20m以内）。

变频器输出电压波形中含有大量的谐波成分，谐波会使电动机过热、产生振动和噪声，同时谐波还会造成无线电干扰，引起其他电子设备误动作。变频器与电动机的连线越长，则坏影响越严重。另外，连线过长有可能引起电动机振动。电缆寄生电容过大，容易导致变频器的功率开关器件在开断瞬间产生过大的尖峰电流，可能损坏功率逆变模块。在特殊条件下，如果连线较长，可以在变频器输出侧加装电抗器予以补偿，用于解决连线过长而引起的尖峰电流过大的问题。

布线长度的增加还会引起漏电流的增加，见表 9-5。

表 9-5 布线长度与漏电流的关系

电动机额定功率/kW	电动机额定电流/A	漏电流/mA	
		布线长 50m	布线长 100m
0.4	1.8	620	1000
0.75	3.2	680	1060
1.5	5.8	740	1120
2.2	8.1	800	1180
3.7	12.8	880	1260
5.5	19.4	980	1360
7.5	25.6	1070	1450

注：试验采用 SF-JR 型 4 极电动机，载波频率为 14.5Hz，所用电缆为 $2mm^2$ 四芯橡胶绝缘电缆。

另外，还应考虑当变频器工作于低频时，其输出电压也低，故线路压降也会增大。因此电线（或电缆）的截面积应比电动机正常接线时大一级，或按下式计算：

$$R_0 \leqslant \frac{1000\Delta U}{\sqrt{3}LI}$$

式中 R_0——单位长度电线的电阻，Ω/km；

ΔU——允许线间电压降，一般为 $2\%U_e$，V；

U_e——线路额定电压，V；

L——电线长度，m；

I——电流，A。

电线选用示例见表 9-6。

表 9-6 电线选用示例（敷设距离 30m）

电动机(4 级)额定功率/kW	适用变频器 JP6C-T 系列			变频器输出电压		标准适用电线		30m 的线路电压降/V		
	电压/V	容量/kW	电流/A	60Hz/V	6Hz/V	截面积/mm^2	电阻(20℃)/(Ω/km)	电压降	60Hz 时	6Hz 时
0.4	200/220	0.4	3	220	40	2	9.24	1.44	0.65%	3.6%
0.75		0.75	5	220	40	2	9.24	2.40	1.09%	6.0%
1.5		1.5	8	220	40	2	9.24	3.84	1.75%	9.6%
2.2		2.2	11	220	40	3.5	5.20	2.97	1.35%	7.4%
3.7		3.7	17	220	40	3.5	5.20	4.60	2.09%	11.5%
5.5		5.5	24	220	40	5.5	3.33	4.15	1.89%	10.4%
7.5		7.5	33	220	40	8	2.31	3.96	1.80%	9.9%
11	400/440	11	46	220	40	14	1.30	3.10	1.41%	7.8%
15		15	61	220	40	22	0.824	2.61	1.19%	6.5%
22		22	90	220	40	30	0.624	2.91	1.32%	7.3%
30		30	115	220	40	50	0.378	2.26	1.03%	5.7%
37		37	145	220	40	80	0.229	1.73	0.78%	4.3%
45		45	175	220	40	100	0.180	1.64	0.75%	4.1%
55		55	215	220	40	125	0.144	1.61	0.73%	4.0%
75		75	144	440	45	80	0.229	1.71	0.39%	3.9%
110		110	217	440	45	125	0.144	162	0.37%	3.7%
150		150	283	440	45	150	0.124	1.82	0.42%	4.2%
220		220	433	440	45	250	0.075	1.69	0.38%	3.8%

由于不同变频器内部的处理方法不同（例如当上下两管交替导通时死区时间的设置等），各生产厂家在使用手册中一般都规定了配用电缆的建议长度和截面积。例如，DanfossV-LT5000 系列变频器规定可使用长度为 300m 的无屏蔽电缆或长度为 150m 的屏蔽电缆；VACON 系列变频器则规定 0.75～1.1CXS 等级所接电缆的最大长度为 50m，1.5CXS 等级所接电缆的最大长度为 100m，其余功率等级的最大长度均为 200m。

应该特别注意的是，电动机电线的截面积不能选得太大，否则电线的电容和漏电流都会因之增加。在一般情况下，电线截面积每增大一个等级，将使变频器的输出电流相应降低 5%。

几种常用变频器对电动机距离的规定见表 9-7。

表 9-7　几种常用变频器对电动机距离的规定

变频器型号	相关条件	规定距离/m
森兰 SB40	$f_c \leqslant 3$kHz $f_c \leqslant 7$kHz $f_c \leqslant 9$kHz	≤100 <100 <100
英威腾 INVT-G9	$f_c \leqslant 5$kHz $f_c \leqslant 10$kHz $f_c \leqslant 15$kHz	≤100 <100 <100
康沃 CVF-G2		≤30
惠丰 HF-G		≤200
艾默生 TD3000		≤100
安川 CIMR-G7	$f_c \leqslant 5$kHz $f_c \leqslant 10$kHz $f_c \leqslant 15$kHz	≤100 <100 <50
富士 G11S	$P_e \leqslant 3.7$kW $P_e > 3.7$kW	<50 <100
日立 SJ300		≤20
三菱 FR-540	$P_e \leqslant 0.4$kW $P_e > 0.75$kW	≤300 ≤500
瓦萨 CX	$P_e \leqslant 1.1$kW $P_e = 1.5$kW $P_e \geqslant 2.2$kW	≤50 ≤100 ≤200

注：表中数据来自各变频器说明书。f_c 为变频器载波频率；P_e 为变频器额定功率。

（2）实例

某电动机的额定数据如下：额定功率 P_e 为 22kW，额定电压 U_e 为 380V，额定电流 I_e 为 42.5A，额定转速 n_e 为 1470r/min（即 4 极）。变频器与电动机之间的距离 L 为 60m。要求在工作频率 f_g 为 40Hz 时，线路电压降不超过 2%。试选择导线截面积。

解　允许电压降为

$$\Delta U = \Delta U\% \times U_e \frac{f_g}{f_e} = 0.02 \times 380 \times \frac{40}{50} = 6.08(\text{V})$$

导线的单位电阻为

$$R_0 \leqslant \frac{1000\Delta U}{\sqrt{3}LI} = \frac{1000 \times 6.08}{\sqrt{3} \times 60 \times 42.5} \approx 1.38(\Omega/\text{km})$$

由表 9-6 可知，应选择截面积为 14mm² 的铜导线。

有些变频器产品使用说明书中提供有输出电抗器与无输出电抗器时，连接电动机的导线允许的最大长度，如西门子公司提供的数据见表 9-8。

表 9-8 西门子公司提供的连接电动机的导线长度

变频器额定功率/kW	额定电压/V	非屏蔽导线允许的最大长度/m	
		无输出电抗器	有输出电抗器
4	200～600	50	150
5.5	200～600	70	200
7.5	200～600	100	225
11	200～600	110	240
15	200～600	125	260
18.5	200～600	135	280
22	200～600	150	300
30～200	280～690	150	300

5. 变频器调速节能改造计算

(1) 变频器的选择

① 电动机应用变频器调速节电一般有两个不同的目的。一是以调速为主，应选用通用型变频器；二是以节能为主，应选用节能型变频器。国产佳灵变频器通用型产品和节能型产品分别为 T9 系列和 J9 系列；日本安川公司生产的通用型产品和节能型产品分别为 G5 系列和 P5 系列；日本富士公司生产的两类产品分别为 G9 系列和 P9 系列。另外，还有一机两用的方式，即通过程序代码选择，将变频器分别控制在通用型或节能型方式中运行，如日本日立公司生产的 J300 型变频器。

② 注意变频器产品使用说明书中有关变频器与电动机匹配的问题。由于变频器在出厂时已将它所配用的标准电动机的参数设定好了，因此只有两者相匹配，才能经济运行。如果电动机容量比变频器容量小得多，则必须重新设定参数，才能达到节能运行。

③ 变频器在节能方式下运行时，其动态响应性能是较差的，如果遇到突变的冲击负荷，拖动系统可能因电压来不及增加到必要值而堵转（因变频器搜索、调整电压需要一定时间，每次调整的电压增量一般设定在工作电压的 10%以内)，因此节能运行方式主要应用在转矩较稳定的负荷。

(2) 实例

【实例 1】 某水泥厂窑头 EP 风机采用 10kV 高压电动机，型号：YKK500-8 型，额定功率 P_e 为 400kW，频率为 50Hz，额定电压 U_e 为 10kV，额定电流 I_e 为 30A，额定转速 n_e 为 740r/min，额定功率因数 $\cos\varphi_e$ 为 0.77，接线方式为 Y/Y。

改造前，生产过程中，根据窑内负压，通过调节风门挡板开度对头排风机的风压进行控制。由于设计裕度较大，正常生产过程中，风门挡板开度较小，风门挡板两侧风压差较大，造成较大的节流损失。实测平均进线电流 I 为 23.2A，进线功率因数 $\cos\varphi$ 为 0.71。

改造方案：将风门挡板全开，采用变频器调速控制电动机转速以控制风量，以达到节电的目的。

① 试选择变频器。

② 分析改造前后的节电效果。

解 ① 变频器的选择。

a. 风机负荷，可按下式选择变频器容量：

$$S_f = S_e = P_e/\cos\varphi_e = 400/0.77 = 519.5(\text{kV}\cdot\text{A})$$

b. 按实际正常负荷功率选择：

$$S_f \geqslant S=\sqrt{3}UI=\sqrt{3}\times10\times23.2=401.8(\text{kV}\cdot\text{A})$$

考虑可能出现的最大运行负荷功率，因此可选择容量为500kV·A的变频器。

变频器正常运行频率在40Hz左右。

② 改造前后风机性能对比及节电效果。

改造前后风机性能对比见表9-9。

表9-9 改造前后风机性能对比

项目	改造前	改造后	项目	改造前	改造后
平均功耗/kW	288	205	启动方式	直接启动	变频软启动
10kV进线电流/A	23.2	12.2	风机噪声	大	小
10kV进线功率因数	0.71	0.97	轴承温升	高	低

根据改造前后实测数据，改造前电动机平均功耗P_1为287.55kW，改造后平均功耗P_2为205.2kW，改造后功耗下降为$\Delta P=P_1-P_2=287.55-205.2=82.35$（kW），设年运行小时数$T$为6900h，电价$\delta$为0.5元/(kW·h)，则年节约电费为

$$F=\Delta PT\delta=82.35\times6900\times0.5=284107(\text{元})$$
$$\approx28.4(\text{万元})$$

节电率为

$$\Delta P\%=\frac{\Delta P}{P}\times100\%=\frac{82.35}{287.55}\times100\%=30\%$$

【实例2】 一台原料泵，配套电动机为日本进口的1TQ2U1X1GOW、2极，额定电压为380V，额定功率为380kW，额定电流为680A。泵的型号为150×100VPCH17W，额定扬程为1200m，额定流量为70m³/h。

实测功率P为321kW，泵出口压力为11.5MPa，流量Q为60m³/h，泵出口与干线压力差ΔP为3.5MPa。试选择变频器。

解 在实测功率小于电动机额定功率的情况下，变频器的容量可按下式选择：

$$P_f=K_1(P-K_2Q\Delta P)$$

将已知数据代入公式得

$$P_f=1.15\times(321-0.278\times60\times3.5)\approx302(\text{kW})$$

考虑负荷的技术要求及经济性，选择日本明舍315kW变频器。

该泵电动机运行频率设定在42Hz，经测试，功率仅196kW，节电率约为38%。

6. 软启动器作轻载降压运行的节电计算

(1) 软启动器节电效果分析

软启动器能实现在轻载时，通过降低电动机端电压，提高功率因数，减少电动机的铜耗、铁耗，达到轻载节能的目的；负载重时，则提高电动机端电压，确保电动机正常运行。但负荷率超过一定值不一定节电，甚至费电。

以下场合最适宜采用软启动器作轻载降压运行，并能收到较好的节电效果：

① 短时间有负载、长期轻载运行的场合（负荷率<35%），如油田磕头式抽油机，水泥厂粉碎机，机构制造厂冲床、剪床等。

② 配套电动机功率太大，电动机长期处于轻载运行的场合。

③ 电网电压长期偏高（如长期在 400V 以上），而电动机额定电压为 380V 的场合，用软启动器作降压运行。

在上述场合，电动机启动完毕，软启动器不短接，留在线路中用作轻载降压运行。其节电效果大致如下：

当负荷率＜35%时，电动机节电率可达 20%～50%；当 50%＞负荷率＞35%时，节电率显著减小；当负荷率＞50%时，节电率几乎为零，甚至负值。

如电动机额定功率 P_e 为 90kW、额定效率 η_e 为 92%，则电动机额定损耗 $\Delta P=(1-0.92)\times 90=7.2$ (kW)，电动机空载降压损耗节电：$\Delta P_s=(20\sim50)\%\times7.2=1.44\sim3.6$ (kW)。

(2) 实例

【实例 1】 表 9-10 为 30kW 电动机在不同负荷率下采用软启动器的节电效果。

表 9-10 30kW 电动机在不同负荷率下采用软启动器的节电效果

序号	负荷率 β /%	输出功率 P_2 /W	输入功率 P_1/W		节约电能 /W
			不带软启动器	带软启动器	
1	0	0	880	432	448
2	0.3	152.9	1100	460	640
3	2.8	766.1	1660	1200	440
4	5	1532.1	2470	2100	370
5	10	3064.3	4040	3800	240
6	15	4599.5	5700	5540	160
7	20	6116.3	7200	7120	80
8	31	9168.2	10440	10400	40
9	40.7	12199.6	13600	13560	40
10	50	15218.7	16760	16840	−80
11	70.7	21234.3	23280	23440	−160
12	100	30170.5	33200	—	0

由表 9-10 可见：

① 对于不变负荷（不管是满载还是负荷率 30%～40%），连续长期运行，不宜采用软启动器。

② 对于变负荷情况，如果最低负荷率≥30%以上，采用软启动器意义也不大。如有功功率在负荷率 40%时仅节约 40W，负荷再增加则不能节电。负荷率在 50%时，则多耗电 80W。

【实例 2】 一台压延机，自耦减压启动器启动。电动机额定功率 P_e 为 55kW，额定电压 U_e 为 380V，额定功率因数 $\cos\varphi_e$ 为 0.83。重载时负荷功率 P 为 40kW，$\cos\varphi$ 为 0.8，轻载时负荷功率 P'为 2～20kW 不等，轻载时间长。试求：

① 是否可采用软启动器？若可以，试选择软启动器型号规格；

② 设定软启动器参数；

③ 如果该压延机年运行小时数 τ 为 5000h，电价 δ 为 0.5 元/(kW·h)，年节约电量多少？

④ 投资回收年限。

解 ① 选择软启动器。该电动机重载负荷率 $\beta=P/P_e=40/55=72.7\%$，时间不长，而轻载负荷率 $\beta=P'/P_e=2\sim20/55=3.6\%\sim36\%$，且时间长，因此采用软启动器可以提高功率因数，节电，而且能够减少启动电流冲击，有利于电动机和传动设备。

具体选择软启动器的型号规格可参考产品样本，如选用一般启动用PSD型380V、55kW软启动器。

② 软启动器主要参数设定。

该电动机额定电流为

$$I_e=\frac{P_e}{\sqrt{3}U_e\cos\varphi_e}=\frac{55\times10^3}{\sqrt{3}\times380\times0.83}=100.7(\mathrm{A})$$

电动机最大负荷电流为

$$I=\frac{P}{\sqrt{3}U_e\cos\varphi}=\frac{40\times10^3}{\sqrt{3}\times380\times0.8}=76.0(\mathrm{A})$$

a. 启动电流限制。为使用电动机平稳启动，一般启动电流可控制在3倍额定电流以下，现取2倍，则

$2I_e=2\times100.7=201.4$ (A)，可设定200A。

b. 启动斜坡时间（即启动时电压上升时间）。为了提高生产效率，启动斜坡时间不宜太长，现设定为5s。

c. 停止斜坡时间（即停止时电压下降时间）。适当延长停止时间，可减轻停机时对设备的冲击，现设定为10s。

d. 初始电压（即初始电压占额定电压的百分数）。由于重载启动转矩较大，所以启动电压设置应高一些，现设定为50%。

③ 节电量计算。参考已改造类似设备数据，估计平均节约有功电能$\Delta P=600$W（准确值应取节能改造后的实际测量统计值），则改造后年节约电量为

$$A=\Delta P\tau=600\times5000=3000000(\mathrm{W})=3000(\mathrm{kW})$$

节节约电费为

$$F=A\delta=3000\times0.5=1500(\text{元})$$

④ 投资回收年限。改造后，改善了设备的运行条件，延长了电动机使用寿命，设备得到了更好的保护，减少了维护保养费用，设每年节约的这些费用为$E_1=2000$元。

淘汰下来的自耦减压启动设备剩值$E_2=1000$元。

购买55kW软启动器及安装费计$C=1.1$万元。

投资回收年限为

$$T=\frac{C-E_2}{F+E_1}=\frac{1.1-0.1}{0.15+0.2}=2.9(\text{年})$$

须指出，改造后，还提高了功率因数，还能减少线损。

十、继电保护及二次回路

1. 用标幺值计算法求三相短路电流

(1) 计算公式

短路电流计算，有标幺值和有名值两种计算方法，根据电力系统的实际情况，哪种方法方便就采用哪种方法。在高压系统中通常采用标幺值计算。

所谓标幺值，是实际值与基准值之比。标幺值没有单位。设所选定的基准电压、基准电流、基准容量及基准电抗分别为 U_j、I_j、S_j 和 X_j，则这一元件的各已知量的标幺值分别为

$$U_{*j}=\frac{U}{U_j},S_{*j}=\frac{S}{S_j},I_{*j}=\frac{I}{I_j}=\frac{I\sqrt{3}U_j}{S_j}$$

$$X_{*j}=\frac{X}{X_j}=\frac{X}{U_j/\sqrt{3}I_j}=\frac{\sqrt{3}I_jX}{U_j}=X\frac{S_j}{U_j^2}$$

式中 S，U，I，X——以有名单位表示的容量（MV・A）、电压（kV）、电流（kA）、电抗（Ω）；

S_j，U_j，I_j，X_j——以基准量表示的容量（MV・A）、电压（kV）、电流（kA）、电抗（Ω）。

工程计算中通常先选定基准容量 S_j 和基准电压 U_j，与其相应的基准电流 I_j 和基准电抗 X_j，均可由这两个基准值导出。

基准容量可采用电源容量或一固定容量。为了计算一致，通常采用基准容量 $S_j=100$MV・A 或 1000MV・A；基准电压一般采用短路点所在级的网路平均额定电压，即 $U_j=U_p$。

电力系统各元件阻抗标幺值的计算公式见表 10-1。

表 10-1 电力系统各元件阻抗标幺值的计算公式

序号	元件名称	给定参数	电抗平均值	计算公式	
				通用式	$S_j=100$MV・A
1	发电机（或电动机）	额定容量 S_e 超瞬变电抗 百分数 $X''_d\%$	—	$X''_{*d}=\frac{X''_d\%}{100}\times\frac{S_j}{S_e}$	$X''_{*d}=X''_d\%\frac{1}{S_e}$
2	变压器	额定容量 S_e 阻抗电压 百分数 $U_d\%$	—	$X_{*d}=\frac{U''_d\%}{100}\times\frac{S_j}{S_e}$	$X_{*d}=U_d\%\frac{1}{S_e}$

续表

序号	元件名称	给定参数	电抗平均值	计算公式	
				通用式	$S_j=100\text{MV}\cdot\text{A}$
3	10(6)kV 电缆	平均电压 U_p 每千米电抗 X_o 线路长度 L	0.08Ω/km	$X_*=X_oL\dfrac{S_j}{U_p^2}$	$X_*=\dfrac{8L}{U_p^2}$
4	10(6)kV 架空线路	平均电压 U_p 每千米电抗 X_o 线路长度 L	0.4Ω/km	$X_*=X_oL\dfrac{S_j}{U_p^2}$	$X_*=\dfrac{40L}{U_p^2}$
5	35kV 架空线路	平均电压 U_p 每千米电抗 X_o 线路长度 L	0.425Ω/km	$X_*=X_oL\dfrac{S_j}{U_p^2}$	$X_*=\dfrac{42.5L}{U_p^2}$
6	电抗器	额定电压 U_e 额定电流 I_e 电抗百分数 $X\%$	—	$X_{*k}=\dfrac{X\%}{100}\times\dfrac{U_e}{I_e}\times\dfrac{I_j}{U_p}$	—

(2) 实例

某电力系统如图 10-1 (a) 所示。各元件参数均已标于图上。试用标幺值计算法求 d 点的短路电流。

解 设基准容量为 $S_j=100\text{MV}\cdot\text{A}$，各段的基准电压分别为各段网路平均额定电压，则电力系统各元件的电抗标幺值如下（参见表 10-1）：

发电机 G $$X_{*1}=\frac{X''_d\%}{S_e}=\frac{12.5}{10}=1.25$$

变压器 T_1 $$X_{*2}=\frac{U_d\%}{S_e}=\frac{10.5}{12.5}=0.84$$

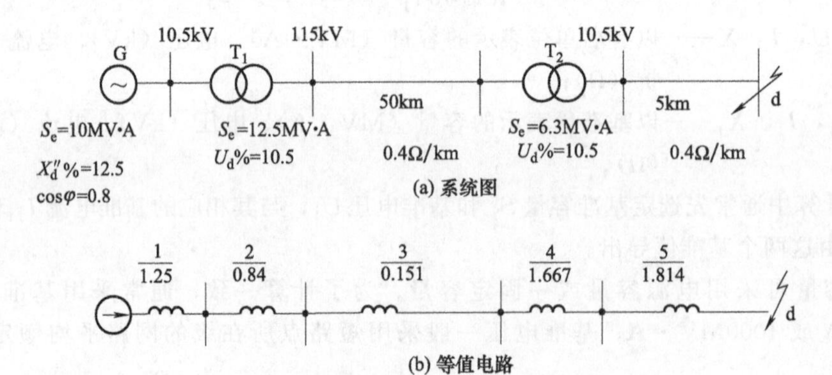

图 10-1 某电力系统

115kV 线路 $$X_{*3}=X_oL\frac{S_j}{U_p^2}=0.4\times50\times\frac{100}{115^2}=0.151$$

变压器 T_2 $$X_{*4}=\frac{U_d\%}{S_e}=\frac{10.5}{6.3}=1.667$$

10.5kV 线路 $$X_{*5}=\frac{40L}{U_p^2}=\frac{40\times5}{10.5^2}=1.814$$

画出某电力系统标幺值等值电路，如图 10-1 (b) 所示。

d 点短路总电抗为

$$X_{*d\Sigma}=X_{*1}+X_{*2}+X_{*3}+X_{*4}+X_{*5}$$
$$=1.25+0.84+0.151+1.667+1.814=5.722$$

短路段的基准电流为

$$I_j=\frac{S_j}{\sqrt{3}U_p}=\frac{100}{\sqrt{3}\times 10.5}=5.5(\text{kA})$$

因此 d 点实际稳态短路电流为

$$I_d=I_j/X_{*d\Sigma}=5.5/5.722=0.96(\text{kA})$$

2. 用有名值计算法求三相短路电流

(1) 计算公式

在有名值计算法中，每个电气元件的参数都是有名值，而不是相对值。对于比较简单的网路或低压电网，常采用有名值计算法计算短路电流。采用此方法计算，须将各电压等级的电气元件参数都归算到同一电压等级上来。凡涉及发电机、变压器、电动机、电抗器等元件的百分数电抗值（铭牌上一般均有标出）均应换算成有名值来计算。

电力系统各元件阻抗有名值的计算公式如下：

① 发电机（电动机）。

$$X''_d=\frac{X''_d\%}{100}\times\frac{U_p^2}{S_e}$$

式中 X''_d——发电机（电动机）的超瞬变电抗值，Ω；

$X''_d\%$——发电机（电动机）以额定值为基准的超瞬变电抗的百分数；

U_p——短路点所在级的网路平均额定电压，kV；

S_e——发电机（电动机）额定容量，MV·A。

② 变压器。

$$R_b=\frac{P_dU_p^2}{S_e^2}\times 10^{-3}$$

$$X_b=\sqrt{Z_b^2-R_b^2}$$

$$Z_b=\frac{U_d\%}{100}\times\frac{U_p^2}{S_e}$$

当电阻值允许忽略不计时：

$$X_b=\frac{U_d\%}{100}\times\frac{U_p^2}{S_e}$$

式中 R_b，X_b，Z_b——变压器的电阻、电抗和阻抗，Ω；

P_d——变压器短路损耗，kW；

$U_d\%$——变压器以额定值为基准的阻抗电压百分数；

S_e——变压器容量，MV·A。

③ 电抗器。

$$X_k=\frac{X_k\%}{100}\times\frac{U_p^2}{\sqrt{3}I_eU_e}$$

式中 X_k——电抗器的电抗，Ω；

$X_k\%$——电抗器以额定值为基准的电抗百分数；

I_e，U_e——电抗器的额定电流（kA）和额定电压（kV）。

④ 线路。

$$R=r_oL\left(\frac{U_p}{U_e}\right)^2$$

$$X=X_oL\left(\frac{U_p}{U_e}\right)^2$$

式中　R，X——线路的电阻值和电抗，Ω；

r_o，X_o——线路单位长度的电阻值和电抗，Ω/km；

L——线路长度，km；

U_e——线路运行的额定电压，kV。

⑤ 电力系统。若已知短路容量，电力系统的电抗值 X_x 可按下式计算：

$$X_x=\frac{U_p^2}{S_{dx}}$$

式中　S_{dx}——电力系统的短路容量，MV·A。

（2）实例

用有名值计算法计算“用标幺值计算法求三相短路电流”项实例中电力系统 d 点的短路电流。

解　因短路点 d 处的平均额定电压 U_p 为 10.5kV，所以取基准电压 $U_j=U_p=10.5\text{kV}$。归算到基准电压下的电力系统各元件的电抗值（忽略电阻）如下：

发电机 G　$X_1=\frac{X''_d\%}{100}\times\frac{U_p^2}{S_e}=\frac{12.5}{100}\times\frac{10.5^2}{10}=1.378(\Omega)$

变压器 T_1　$X_2=\frac{U_d\%}{100}\times\frac{U_p^2}{S_e}=\frac{10.5}{100}\times\frac{10.5^2}{12.5}=0.926(\Omega)$

115kV 线路　$X_3=X_oL\left(\frac{U_p}{U_e}\right)^2=0.4\times50\times\left(\frac{10.5}{115}\right)^2=0.167(\Omega)$

变压器 T_2　$X_4=\frac{U_d\%}{100}\times\frac{U_p^2}{S_e}=\frac{10.5}{100}\times\frac{10.5^2}{6.3}=1.838(\Omega)$

10.5kV 线路　$X_5=X_oL\left(\frac{U_p}{U_e}\right)^2=0.4\times5\times\left(\frac{10.5}{10.5}\right)^2=2(\Omega)$

画出电力系统有名值等值电路，如图 10-2 所示。

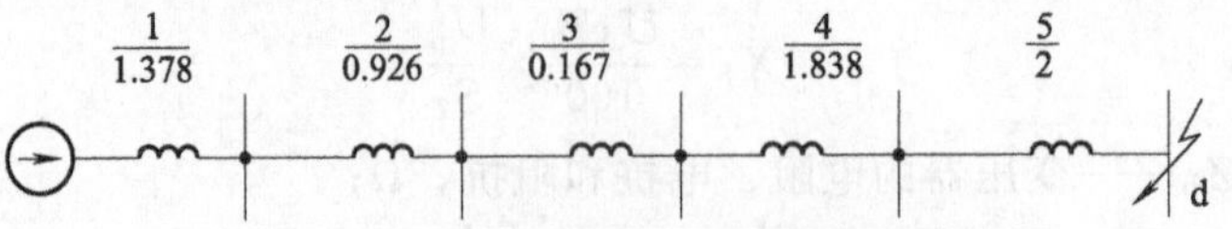

图 10-2　电力系统的有名值等值电路

d 点短路的电路总电抗为

$$X_{d\Sigma}=X_1+X_2+X_3+X_4+X_5$$
$$=1.378+0.926+0.167+1.838+2=6.309(\Omega)$$

d 点的稳态短路电流为

$$I_d=\frac{U_p}{\sqrt{3}X_{d\Sigma}}=\frac{10.5}{\sqrt{3}\times6.309}=0.96(\text{kA})$$

可见，用有名值计算法与用标幺值计算法求得的结果一致。

3. 无限大容量系统短路电流的计算

（1）计算公式

三相短路电流周期分量为

$$I_Z=I_{*Z}I_j=\frac{I_j}{X_{*js}};I_{*Z}=S_{*d}=\frac{1}{X_{*js}}$$

三相短路容量为

$$S_d=\sqrt{3}U_pI_Z$$

式中 I_{*Z}——短路电流周期分量有效值的标幺值；

S_{*d}——三相短路容量标幺值；

X_{*js}——短路电流总电抗（计算电抗）标幺值；

I_j——基准电流，kA；

U_p——短路点所在段的额定平均电压，kV。

（2）实例

某企业的电力系统如图 10-3（a）所示，其计算用技术数据已标于该图上，试分别计算短路点 d_1、d_2、d_3 三相短路时的稳态电流 I_∞、短路冲击电流 i_{ch} 和超瞬变容量 S''。

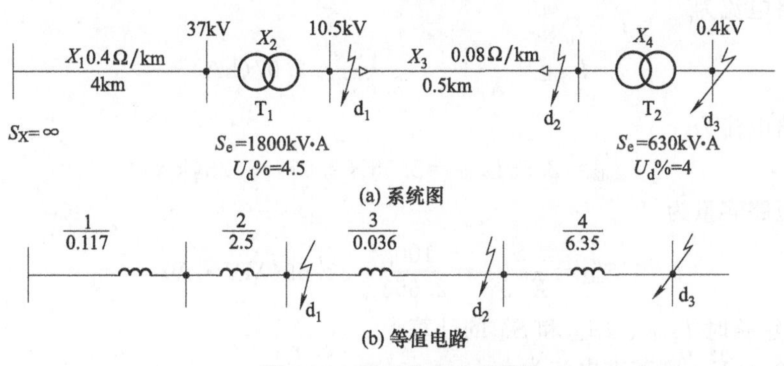

图 10-3 某企业电力系统

解 ① 各元件电抗标幺值计算。设基准容量为 $S_j=100\text{MV}\cdot\text{A}$，则各元件的电抗标幺值如下：

37kV 架空线路 $X_{*1}=X_1L\dfrac{S_j}{U_p^2}=0.4\times4\times\dfrac{100}{37^2}=0.117$

变压器 T_1 $X_{*2}=\dfrac{U_d\%}{100}\times\dfrac{S_j}{S_e}=\dfrac{4.5}{100}\times\dfrac{100}{1.8}=2.5$

10.5kV 电缆线路 $X_{*3}=X_3L\dfrac{S_j}{U_p^2}=0.08\times0.5\times\dfrac{100}{10.5^2}=0.036$

变压器 T_2 $X_{*4}=\dfrac{U_d\%}{100}\times\dfrac{S_j}{S_e}=\dfrac{4}{100}\times\dfrac{100}{0.63}=6.35$

画出某企业电力系统标幺值等值电路，如图 10-3（b）所示。

② d_1 点短路时 $I_{\infty d1\Sigma}$、i_{chd1} 和 S''_{d1} 的计算。

d_1 点三相短路的短路电流。

取 $U_p=10.5\text{kV}$，基准电流为

$$I_j=\frac{S_j}{\sqrt{3}U_p}=\frac{100}{\sqrt{3}\times 10.5}=5.5(\mathrm{kA})$$

d_1 点短路的电路总电抗为

$$X_{*d1\Sigma}=X_{*1}+X_{*2}=0.117+2.5=2.617$$

稳态短路电流为

$$I_{\infty d1\Sigma}=\frac{I_j}{X_{*d1\Sigma}}=\frac{5.5}{2.617}=2.1(\mathrm{kA})$$

冲击短路电流为

$$i_{chd1}=2.55I_{\infty d1}=2.55\times 2.1=5.36(\mathrm{kA})$$

超瞬变短路容量为

$$S''_{d1}=\frac{S_j}{X_{*d1\Sigma}}=\frac{100}{2.617}=38.21(\mathrm{MV\cdot A})$$

③ d_2 点短路时 $I_{\infty d2}$、i_{chd2} 和 S''_{d2} 的计算。

d_2 点短路的电路总电抗为

$$X_{*d2\Sigma}=X_{*1}+X_{*2}+X_{*3}=2.617+0.036=2.653$$

稳态短路电流为

$$I_{\infty d2}=\frac{I_j}{X_{*d2\Sigma}}=\frac{5.5}{2.653}=2.07(\mathrm{kA})$$

冲击短路电流为

$$i_{chd2}=2.55I_{\infty d2}=2.55\times 2.07=5.28(\mathrm{kA})$$

超瞬变短路容量为

$$S''_{d2}=\frac{S_j}{X_{*d2\Sigma}}=\frac{100}{2.653}=37.69(\mathrm{MV\cdot A})$$

④ d_3 点短路时 $I_{\infty d3}$、i_{chd3} 和 S''_{d3} 的计算。

取 $U_p=0.4\mathrm{kV}$，则基准电流为

$$I_j=\frac{S_j}{\sqrt{3}U_p}=\frac{100}{\sqrt{3}\times 0.4}=144.3(\mathrm{kA})$$

d_3 点短路的电路总电抗为

$$X_{*d3\Sigma}=X_{*1}+X_{*2}+X_{*3}+X_{*4}=2.653+6.35=9.003$$

稳态短路电流为

$$I_{\infty d3}=\frac{I_j}{X_{*d3\Sigma}}=\frac{144.3}{9.003}=16.03(\mathrm{kA})$$

冲击短路电流为

$$i_{chd3}=2.55I_{\infty d3}=2.55\times 16.03=40.87(\mathrm{kA})$$

超瞬变短路容量为

$$S''_{d3}=\frac{S_j}{X_{*d3\Sigma}}=\frac{100}{9.003}=11.11(\mathrm{MV\cdot A})$$

4. 无限大容量系统高压短路电流的计算

(1) 计算公式

若短路点附近接有大于 1000kW 或总容量大于 1000kW（高压）或大于 20kW（低压）的异步电动机，在计算短路冲击电流和短路全电流时，应将其作为附加电源考虑。但若异步电动机与短路点通过变压器连接或计算不对称短路，则可以不考虑异步电动机对短路冲击电流和短路全电流的影响。若在短路点附近接有同步电动机和同步调相器，均应将其作为发电机看待。

① 电动机反馈电流的计算。当电动机端发生三相短路时，其反馈电流可按下式计算：

$$i_{chd}=\sqrt{2}\frac{E''_{*d}}{X''_{*d}}k_{chd}I_{ed}$$

式中 E''_{*d}——电动机超瞬变电热标幺值，约为 0.9；

X''_{*d}——电动机超瞬变电抗值，它是以电动机额定容量 S_{ed} 为基准的标幺值，可取 0.17～0.2，如是已知电动机启动电流，则可按 $X''_{*d}=1/I_{*qd}$，$I_{*qd}=I_{qd}/I_{ed}$ 求得；

I_{ed}——电动机额定电流，kA；

I_{qd}——电动机启动电流，kA；

k_{chd}——由异步电动机馈送的短路电流冲击系数，可由图 10-4 查得。当粗略估算时，对于 3～6kV 厂用电动机，取 1.4～1.6；对于 380V 厂用电动机，取 1。

② 短路冲击电流的计算。考虑异步电动机反馈电流后的短路冲击电流 i_{ch} 为

$$i_{ch}=i_{chx}+i_{chd}$$

式中 i_{chx}——由系统送到短路点去的短路冲击电流，kA。

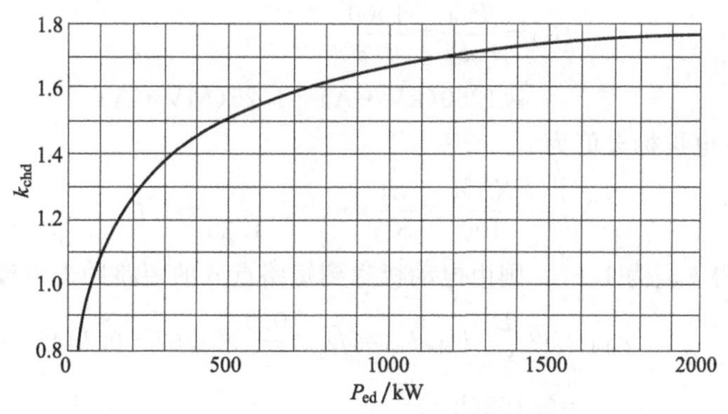

图 10-4 异步电动机额定功率 P_{ed} 与冲击系数 k_{chd} 的关系

③ 最大短路全电流的计算。最大短路全电流有效值 I_{ch} 为

$$I_{ch}=\sqrt{(I''_{x}+I''_{d})^2+2[(k_{chx}\sqrt{2}-1)I''_{x}+(k_{chd}-1)I''_{d}]^2}$$

$$k'_{qd}=\frac{\sum(k_{qd}P_{ed})}{\sum P_{ed}}$$

式中 I''_{x}——由系统送到短路点去的超瞬变短路电流，kA；

I''_{d}——由异步电动机送到短路点去的超瞬变短路电流（kA），单台或多台同规格电动机时 $I''_{d}=0.9k_{qd}I_{ed}$，多台不同规格电动机时 $I''_{d}=0.9k'_{qd\Sigma}I_{ed}$；

k'_{qd}——等效电动机启动电流倍数；

k_{chx}——短路电流冲击系数，$2\geqslant k_{chx}\geqslant 1$，可按回路 X_{Σ}/R_{Σ} 的比值由图 10-6 查得。在主要为电抗（$X_{\Sigma}>3R_{\Sigma}$）的高压电路中，可取 $k_{chx}=1.8$；

P_{ed}——异步电动机额定功率，kW。

由于异步电动机反馈电流衰减很快，因此当计算瞬时 $t>0.01s$ 的短路电流时可以忽略不计。

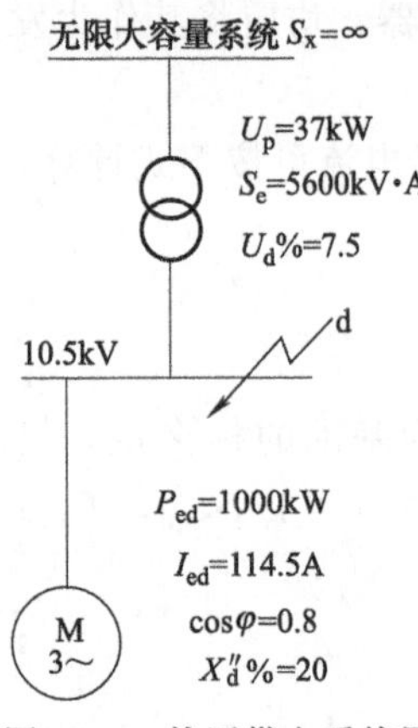

图 10-5　某厂供电系统图

(2) 实例

某厂供电系统如图 10-5 所示，在 10kV 母线上接有一台 1000kW 大型异步电动机，其他计算用技术数据标于图上。试计算 10kV 母线上的短路电流。

解　取基准容量 $S_j=10MV\cdot A$，则基准电流

$$I_j=\frac{S_j}{\sqrt{3}U_j}=\frac{10}{\sqrt{3}\times 10}=0.58(kA)$$

变压器电抗为

$$X_{*b}=\frac{U_d\%}{100}\times\frac{S_j}{S_e}=\frac{7.5}{100}\times\frac{10}{5.6}=0.134$$

因为是无限大容量系统，所以由系统送到短路点去的超瞬变短路电流为

$$I''_x=I_{zx}=I_j/X_{*b}$$
$$=0.58/0.134=4.33(kA)$$

式中　I_{zx}——三相短路电流周期分量。

电动机额定容量为

$$S_{ed}=\frac{P_{ed}}{\cos\varphi}=\frac{1000}{0.8}$$
$$=1250(kV\cdot A)=1.25(MV\cdot A)$$

电动机超瞬变电抗标幺值为

$$X''_{*d}=\frac{X''_d\%}{100}\times\frac{S_j}{S_{ed}}=0.2\times\frac{10}{1.25}=1.6$$

由图 10-4 查得 k_{chd} 为 1.67，则由电动机送到短路点 d 的短路冲击电流为

$$i_{chd}=\sqrt{2}\frac{E''}{X''_{*d}}k_{chd}I_{ed}=\sqrt{2}\times\frac{0.9}{1.6}\times 1.67\times 0.1145$$
$$=0.152(kA)$$

短路点 d 总的短路冲击电流为

$$i_{ch}=i_{chx}+i_{chd}=k_{chx}\sqrt{2}I''_x+i_{chd}$$
$$=1.8\times\sqrt{2}\times 4.33+0.155=11.17(kA)$$

最大短路全电流有效值为

$$I_{ch}=\sqrt{(I''_x+I''_d)^2+2[(k_{chx}\sqrt{2}-1)I''_x+(k_{chd}-1)I''_d]^2}$$
$$=\sqrt{(4.33+0.618)^2+2\times[(1.8\times\sqrt{2}-1)\times 4.33+(1.67-1)\times 0.618]^2}$$
$$=\sqrt{24.5+101.5}=11.2(kA)$$

其中，$I''_d=0.9k_{qd}I_{ed}=0.9\times 6\times 114.5=618.3$ (A)$=0.618$ (kA)（电动机启动电流倍数取 $k_{qd}=6$）。

5. 无限大容量系统低压短路电流的计算

(1) 基本资料

① 断路器过电流线圈的阻抗，见表 10-2。

表 10-2 断路器过电流线圈的阻抗 单位：mΩ

线圈的额定电流/A	50	70	100	140	200	400	600
电阻(65℃时)	5.5	2.35	1.3	0.74	0.36	0.15	0.12
电抗	2.7	1.3	0.86	0.55	0.28	0.1	0.094

② 断路器及开关触点的接触电阻，见表 10-3。

表 10-3 断路器及开关触点的接触电阻 单位：mΩ

额定电流/A	50	70	100	140	200	400	600	1000	2000	3000
断路器	1.3	1.0	0.75	0.65	0.6	0.4	0.25	—	—	—
刀开关	—	—	0.5	—	0.4	0.2	0.15	0.08	—	—
隔离开关	—	—	—	—	—	0.2	0.15	0.08	0.03	0.02

③ 当二次线圈开路时，电流互感器一次线圈阻抗，见表 10-4。

④ 短路冲击电流的计算。计算公式为

$$i_{ch}=\sqrt{2}k_{ch}I_d$$

式中 i_{ch}——系统送到短路点去的短路冲击电流，kA；

k_{ch}——短路电流冲击系数，可按回路 X_Σ/R_Σ 的比值，从图 10-6 中查得。

表 10-4 电流互感器一次线圈（二次线圈开路时）阻抗 单位：mΩ

型号	交流比	5/5A	7.5/5A	10/5A	15/5A	20/5A	30/5A	40/5A	50/5A	75/5A	100/5A	150/5A	200/5A	300/5A	400/5A	500/5A	600/5A	750/5A
LQG-0.5	电阻	600	266	150	66.7	37.5	16.6	9.4	6	2.66	1.5	0.667	0.575	0.166	0.125	—	0.04	0.04
	电抗	4300	2130	1200	532	300	133	75	48	21.3	12	5.32	3	1.33	1.03	—	0.3	0.3
O-49Y	电阻	480	213	120	53.2	30	13.3	7.5	4.8	2.13	1.2	0.532	0.3	0.133	0.075	—	0.03	0.03
	电抗	3200	1420	800	355	200	88.8	50	32	14.2	8	3.55	2	0.888	0.73	—	0.22	0.2
LQC-1	电阻	—	300	170	75	42	20	11	7	3	1.7	0.75	0.42	0.2	0.11	0.05	—	—
	电抗	—	480	270	120	67	30	17	11	4.8	2.7	1.2	0.67	0.3	0.17	0.07	—	—
LQC-3	电阻	—	130	75	33	19	8.2	4.8	3	1.3	0.75	0.33	0.19	0.88	0.05	0.02	—	—
	电抗	—	120	70	30	17	8	4.2	2.8	1.2	0.7	0.3	0.17	0.08	0.04	0.02	—	—

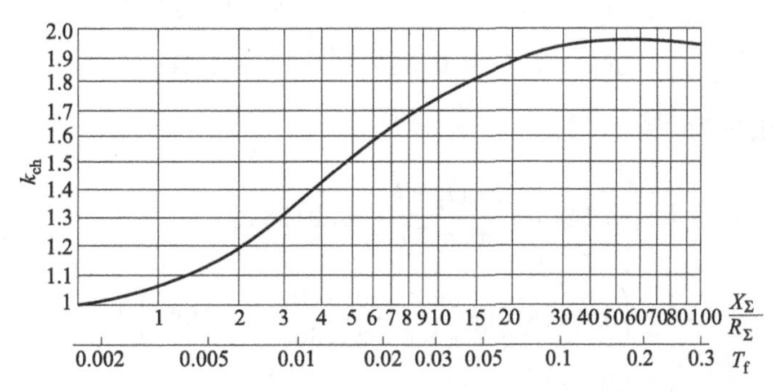

图 10-6 k_{ch} 与 X_Σ/R_Σ（或 T_f）的关系曲线

当短路点附近连接有单位容量为 20kW 以上的异步电动机时，需考虑其反馈电流。这时

短路点总短路冲击电流为

$$i_{ch}=i_{chx}+i_{chd}$$

最大短路全电流有效值 I_{ch} 的计算公式如下：

$$I_{ch}=I''\sqrt{1+2(k_{ch}-1)^2}\ (k_{ch}>1.3)$$

$$I_{ch}=I''\sqrt{1+50T_f}\ (k_{ch}\leqslant 1.3)$$

同样，当短路点附近接有 20kW 以上的异步电动机时，还需考虑反馈超瞬变短路电流 I''_d。

(2) 实例

某供电系统如图 10-7 所示。已知母线的几何均距 D_j 为 400mm，有关计算用技术数据标于图上，试计算短路点 d 三相短路的短路冲击电流和最大短路全电流有效值。

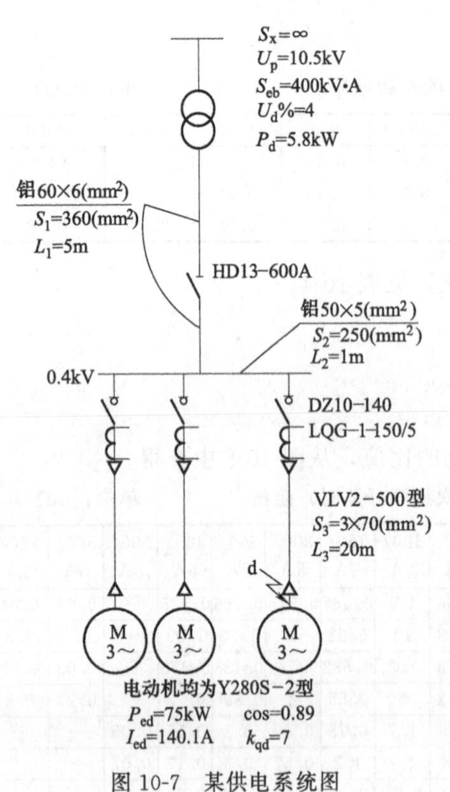

图 10-7 某供电系统图

解 全部阻抗均以电压 $U_j=400$V 为基准计算。

① 计算变压器阻抗 R_b 和 X_b。变压器阻抗为

$$R_b=\frac{P_dU_e^2}{S_e^2}=\frac{5.8\times 400^2}{400^2}=5.8(\text{m}\Omega)$$

$$X_b=X_{*b}\frac{U_e^2}{S_e}=\sqrt{\left(\frac{U_d\%}{100}\right)^2-\left(\frac{P_d}{S_e}\right)^2}\times\frac{U_e^2}{S_e}$$

$$=\sqrt{\left(\frac{4}{100}\right)^2-\left(\frac{5.8}{400}\right)^2}\times\frac{400^2}{400}=14.96(\text{m}\Omega)$$

② 计算母线阻抗。

a. 各段母线电阻为

$$R_1=\frac{L_1}{\gamma S_1}\times 10^3=\frac{5\times 10^3}{32\times 360}=0.434(\text{m}\Omega)$$

$$R_2=\frac{L_2}{\gamma S_2}\times 10^3=\frac{1\times 10^3}{32\times 250}=0.125(\text{m}\Omega)$$

式中 γ——铝母线的电导率，m/(Ω·mm²)。铝母线的电导率 γ 为 32m/(Ω·mm²)。

$$R_3=R_0L_3=0.53\times 20=10.6(\text{m}\Omega)$$

b. 各段母线电抗为

$$X_1=L_1\left(0.1445\lg\frac{2\pi D_j+h}{\pi b+2h}+0.01884\right)$$

$$=5\times\left(0.1445\times\lg\frac{2\pi\times 400+60}{\pi\times 6+2\times 60}+0.01884\right)=1.01(\text{m}\Omega)$$

$$X_2=1\times\left(0.1445\times\lg\frac{2\pi\times 400+50}{\pi\times 5+2\times 50}+0.01884\right)=0.21(\text{m}\Omega)$$

$$X_3=x_0L_3=0.069\times 20=1.38(\text{m}\Omega)$$

③ 计算断路器、隔离开关、电流互感器阻抗。

DZ10-140A 型断路器线圈阻抗 R_{zk}和 X_{zk}及触点电阻 R_{kk}查表 10-2 和表 10-3，得 $R_{zk}=0.74\text{m}\Omega$，$X_{zk}=0.55\text{m}\Omega$，$R_{kk}=0.65\text{m}\Omega$。

HD13-600A 型隔离开关触点接触电阻 R_{Hk}，查表 10-3，得 $R_{Hk}=0.15\text{m}\Omega$。

LQG-0.5，150/5A 型电流互感器阻抗 R_{1h} 和 X_{1h}，查表 10-4，得 $R_{1h}=0.667\text{m}\Omega$，$X_{1h}=5.32\text{m}\Omega$。

④ 计算短路回路总阻抗和超瞬变短路电流。当不计及电流互感器阻抗时，短路回路总阻抗为

$$\begin{aligned}R_{\Sigma}&=R_{b}+R_{1}+R_{2}+R_{3}+R_{Hk}+R_{zk}+R_{kk}\\&=5.8+0.434+0.125+10.6+0.15+0.74+0.65\\&=18.5(\text{m}\Omega)\end{aligned}$$

$$\begin{aligned}X_{\Sigma}&=X_{b}+X_{1}+X_{2}+X_{3}+X_{zk}\\&=14.96+1.01+0.21+1.38+0.55\\&=18.11(\text{m}\Omega)\end{aligned}$$

由系统送到短路点的三相短路电流周期分量（超瞬变短路电流）为

$$I''_{x}=\frac{U_{p}}{\sqrt{3}\times\sqrt{R_{\Sigma}^{2}+X_{\Sigma}^{2}}}=\frac{400}{\sqrt{3}\times\sqrt{18.5^{2}+18.11^{2}}}=8.89(\text{kA})$$

⑤ 计算总短路冲击电流。由系统送到短路点的短路冲击电流为

$$i_{chx}=\sqrt{2}k_{chx}I''_{x}=\sqrt{2}\times1.05\times8.89=13.2(\text{kA})$$

其中，$k_{chx}=1.05$ 是根据 $X_{\Sigma}/R_{\Sigma}=18.11/18.5=0.98$，由图 10-6 查得的。

由于是两台电动机，故异步电动机的反馈冲击电流为

$$\begin{aligned}i_{chd}&=\sqrt{2}\frac{E''_{*d}}{X''_{*d}}k_{chd}I_{ed}\\&=\sqrt{2}\times\frac{0.9}{0.185}\times1\times0.1401\times2=1.93(\text{kA})\end{aligned}$$

总短路冲击电流为

$$i_{ch}=i_{chx}+i_{chd}=13.2+1.93=15.13(\text{kA})$$

⑥ 计算最大短路全电流有效值。由异步电动机送到短路点去的超瞬变短路电流为

$$I''_{d}=0.9k_{qd}I_{ed}=0.9\times7\times0.1401\times2=1.76(\text{kA})$$

6. 有限容量系统高压短路电流的计算

（1）运算曲线

由于发电机的电动势是随时变化的，要确定任一时刻 t 的三相短路电流周期分量有效值 I_{zt}比较困难。因此，在实际计算中往往利用运算曲线来进行有限容量系统的短路电流计算。

在运算曲线法中，主要是应用特种曲线。这些曲线表示，在三相短路过程中任意时间短路处电流标幺值 I_{zt}与运算用电抗标幺值 X_{*js}的函数关系。

图 10-8 所示为具有自动电压调整器的标准型汽轮发电机短路电流运算曲线，图 10-9 所示为具有自动电压调整器的标准型水轮发电机短路电流运算曲线。

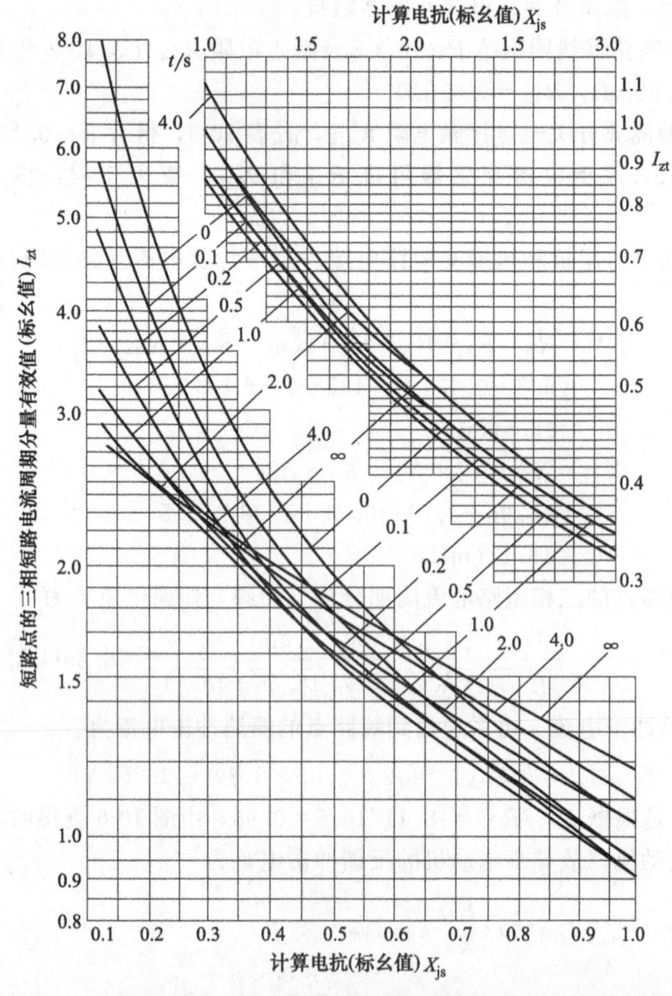

图 10-8 具有自动电压调整器的标准型汽轮发电机短路电流运算曲线

(2) 实例

某电力系统如图 10-10 所示。已知火力发电厂发电机额定功率之和 $S_{e\Sigma}$ 为 1250MV·A，所有发电机都装有自动励磁调整器。又知在 d_1 点发生三相短路后 0.5s 时的短路容量 $S_{d1\cdot0.5}$ 为 2000MV·A，其他参数标于图上。试分别计算两台变压器并列运行和分开运行条件下，d_2 处发生三相短路时的最大短路容量。

解 取基准容量 $S_j=S_{e\Sigma}=1250$MV·A。

① 计算系统中各元件电抗的标幺值。

a. 发电机。在 d_1 点发生三相短路时，$t=0.5$s 的短路容量标幺值为

$$S_{*d1\cdot0.5}=\frac{S_{d1\cdot0.5}}{S_j}=\frac{2000}{1250}=1.6$$

因 $I_{*zt}=S_{*t}$，由图 10-8 中对应于 $t=0.5$s 的运算曲线求得

$$X_{*G}=X_{*js}=0.51$$

b. 架空线路。

$$X_{*L}=X_0L\frac{S_j}{U_p^2}=0.4\times15\times\frac{1250}{115^2}=0.57$$

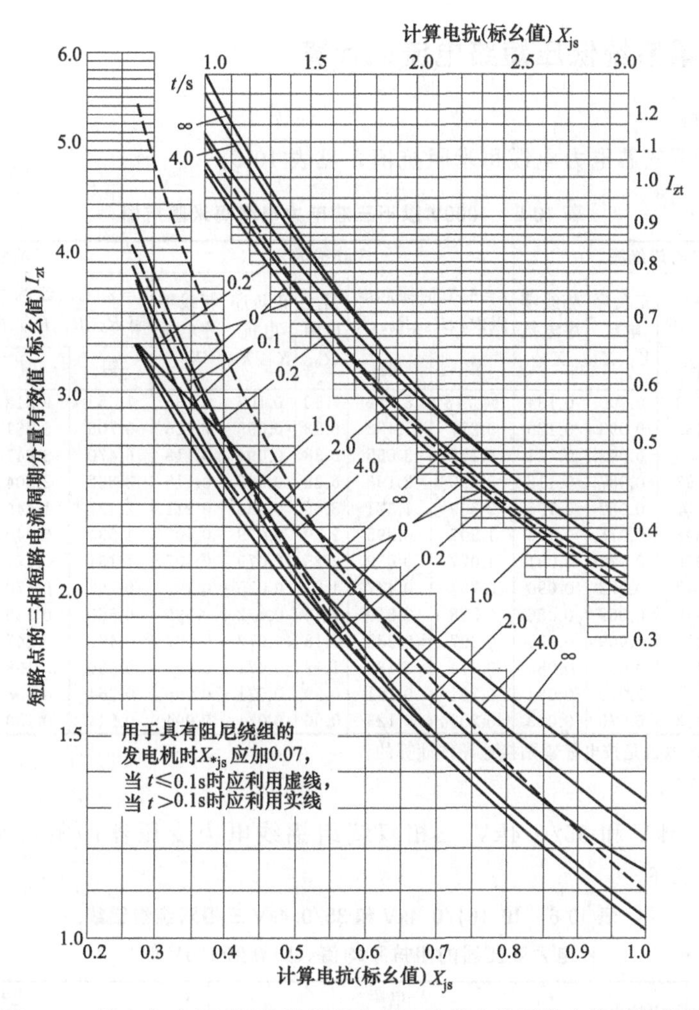

图 10-9 具有自动电压调整器的标准型水轮发电机短路电流运算曲线

c. 每台变压器。

$$X_{*b}=\frac{U_d\%}{100}\times\frac{S_j}{S_e}=\frac{10.5}{100}\times\frac{1250}{60}=2.2$$

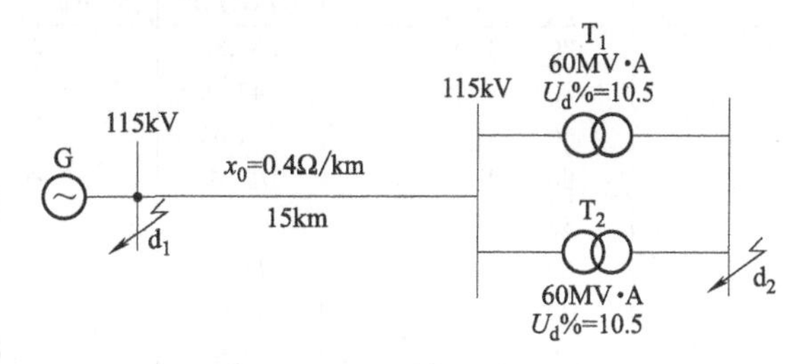

图 10-10 某电力系统图

② 当两台变压器并列运行时，d_2 点短路时的最大短路容量计算。

$$X_{*\Sigma}=X_{*G}+X_{*L}+\frac{X_{*b}}{2}=0.51+0.57+\frac{2.2}{2}=2.18$$

由图 10-8 的运算曲线，求得最大的 $I_{*zt}=0.47$，故最大短路容量为

$$S_{d2}=I_{*zt}S_j=0.47\times1250=590(\text{MV}\cdot\text{A})$$

由图 10-8 的运算曲线可见，这短路容量将在 $t>2$s 时抵达。

③ 当两台变压器分开运行时，d_2 点短路时最大短路容量计算。

$$X_{*\Sigma}=X_{*G}+X_{*L}+X_{*b}=0.51+0.57+2.2=3.28>3$$

所以

$$S_{d2}=\frac{S_j}{X_{*\Sigma}}=\frac{1250}{3.35}=373(\text{MV}\cdot\text{A})$$

7. 有限容量系统低压短路电流的计算

(1) 基本资料

① 1000V 以下三芯电力电缆每米阻抗值，见表 10-5。

表 10-5　1000V 以下三芯电力电缆每米阻抗值　　单位：mΩ/m

线芯标称截面积/mm²	聚氯乙烯绝缘				橡胶绝缘					油浸纸绝缘				
	t=65℃时线芯电阻 R_1、R_2、R_{0x}、R		正负序电抗 X_1、X_2	相线零序电抗 X_{0x}	t=65℃时线芯电阻 R_1、R_2、R_{0x}、R		铅皮电阻 R_{0x}	正负序电抗 X_1、X_2	相线零序电抗 X_{0x}	t=80℃时线芯电阻 R_1、R_2、R_{0x}、R		铅皮电阻 R_{01}	正负序电抗 X_1、X_2	相线零序电抗 X_{0x}
	铝	铜			铝	铜				铝	铜			
3×2.5	14.778	8.772	0.100	0.134	14.778	8.772	7.52	0.107	0.135	15.53	9.218	8.14	0.098	0.130
3×4	9.237	5.482	0.093	0.125	9.237	5.482	6.93	0.099	0.125	9.706	5.761	7.57	0.091	0.121
3×6	6.158	3.655	0.093	0.121	6.158	3.655	6.38	0.094	0.118	6.470	3.841	6.71	0.087	0.114
3×10	3.695	2.193	0.087	0.112	3.695	2.193	6.28	0.092	0.116	3.882	2.304	5.97	0.081	0.105
3×16	2.309	1.371	0.082	0.106	2.309	1.371	3.66	0.086	0.111	2.427	1.440	5.2	0.077	0.103
3×25	1.507	0.895	0.075	0.106	1.507	0.895	2.79	0.079	0.107	1.584	0.940	4.8	0.067	0.089
3×35	1.077	0.639	0.072	0.091	1.077	0.639	2.25	0.075	0.102	1.131	0.671	3.89	0.065	0.085
3×50	0.754	0.447	0.072	0.090	0.754	0.447	1.93	0.075	0.102	0.792	0.470	3.42	0.063	0.082
3×70	0.538	0.319	0.069	0.086	0.538	0.319	1.45	0.072	0.099	0.566	0.336	2.76	0.062	0.079
3×95	0.397	0.235	0.069	0.085	0.397	0.235	1.18	0.072	0.097	0.471	0.247	2.2	0.062	0.078
3×120	0.314	0.188	0.069	0.084	0.314	0.188	1.09	0.071	0.095	0.330	0.198	1.94	0.062	0.077
3×150	0.251	0.151	0.070	0.084	0.251	0.151	0.99	0.071	0.095	0.264	0.158	1.66	0.062	0.077
3×185	0.203	0.123	0.070	0.083	0.203	0.123	0.90	0.071	0.094	0.214	0.130	1.4	0.062	0.076

注：1. 相线的零序电抗是按电缆紧贴接地导体计算的。
2. 铅皮电抗忽略不计。

② 10 (6)/0.4kV 和 35/0.4kV 三相双绕组铝线电力变压器的阻抗平均值（归算到 400V 侧），见表 10-6。

表 10-6　10 (6)/0.4kV 和 35/0.4kV 三相双绕组铝线电力变压器的阻抗平均值（归算到 400V 侧）　　单位：mΩ

电压/kV	容量/kV·A	阻抗电压 U_d%	电阻			电抗		
			正负序 R_1、R_2、R	零序 R_0	相零 R_{xl}	正负序 X_1、X_2、X	零序 X_0	相零 X_{xl}
10(6)/0.4	20	4	237.33			214.63		
	30		147.56			154.02		
	40		101.00			124.04		
	50		77.01			102.17		
	63		58.45			83.07		
	80		43.33			67.23		
	100		31.13	312	124.75	54.12	425	177.75
	125		25.94			44.12		
	160		19.17	240	92.78	35.09	318	129.39
	200		14.80	204		28.37	268	108.25
	250		11.10	162		23.82	216	87.88
	315		8.49	122		18.45	174	70.30
	400		6.33			14.96		
	500		4.91	58	22.61	11.82	110	44.55
	630	4.5	3.95	40	15.97	10.73	84	35.15
	800		2.97	36	13.98	8.50	60	25.67
	1000		2.32	34	12.87	6.82	46	19.88
	1250		1.76	30	11.17	5.48	38	16.32
	1600		1.26	24	8.84	4.32	32	13.55

续表

电压/kV	容量/kV·A	阻抗电压 U_d%	电阻			电抗		
			正负序 R_1、R_2、R	零序 R_0	相零 R_{xl}	正负序 X_1、X_2、X	零序 X_0	相零 X_{xl}
35/0.4	50	6.5	77.87			192.83		
	100		40.53			95.77		
	125		31.23			77.12		
	160		22.92			60.82		
	200		17.20			49.07		
	250		12.76			39.59		
	315		9.76			31.55		
	400		7.10			25.01		
	500		5.41			20.09		
	630		3.99			16.02		
	800		3.04			12.64		
	1000		2.29			10.15		
	1250		1.77			8.14		
	1600		1.26			6.38		

③ 三相母线每米阻抗值，见表 10-7。

表 10-7 三相母线每米阻抗值 单位：mΩ/m

母线规格 $a\times b$ /mm	$t=70$℃时电阻 R_1、R_2、R_{0x}、R_{01}		当相间中心距离为下列诸值(mm)时，相线正负序电抗值 X_1、X_2、X				当零线与邻近相线中心距离 D_n 为下列诸值(mm)时，相线或零线的零序电抗值 X_{0x}、X_{0e}					
	铝	铜	160	200	250	350	200			1500	3500	6000
							=200	=250	=350			
25×3	0.469	0.292	0.218	0.232	0.240	0.267	0.255	0.261	0.270	0.344	0.397	0.431
25×4	0.355	0.221	0.215	0.229	0.237	0.265	0.252	0.258	0.268	0.341	0.395	0.428
30×3	0.394	0.246	0.207	0.221	0.230	0.256	0.244	0.250	0.259	0.333	0.386	0.420
30×4	0.299	0.185	0.205	0.219	0.227	0.255	0.242	0.248	0.258	0.331	0.385	0.418
40×4	0.225	0.140	0.189	0.203	0.212	0.238	0.226	0.232	0.241	0.315	0.368	0.402
40×5	0.180	0.113	0.188	0.202	0.210	0.237	0.225	0.231	0.240	0.314	0.367	0.401
50×5	0.144	0.091	0.175	0.189	0.199	0.224	0.212	0.218	0.227	0.301	0.354	0.388
50×6	0.121	0.077	0.174	0.188	0.197	0.223	0.211	0.217	0.226	0.300	0.353	0.387
60×6	0.102	0.067	0.164	0.187	0.188	0.213	0.201	0.206	0.216	0.290	0.343	0.377
60×8	0.077	0.050	0.162	0.176	0.185	0.211	0.199	0.205	0.214	0.288	0.341	0.375
80×6	0.077	0.050	0.147	0.161	0.172	0.196	0.184	0.190	0.199	0.273	0.326	0.360
80×8	0.060	0.039	0.146	0.160	0.170	0.195	0.183	0.188	0.198	0.272	0.325	0.359
80×10	0.049	0.033	0.144	0.158	0.168	0.193	0.181	0.187	0.196	0.270	0.323	0.357
100×6	0.063	0.042	0.134	0.148	0.160	0.183	0.171	0.177	0.186	0.260	0.313	0.347
100×8	0.048	0.032	0.133	0.147	0.158	0.182	0.170	0.176	0.185	0.259	0.312	0.346
100×10	0.041	0.027	0.132	0.146	0.156	0.181	0.169	0.174	0.184	0.258	0.311	0.345
120×8	0.042	0.028	0.122	0.136	0.149	0.171	0.159	0.165	0.174	0.248	0.301	0.335
120×10	0.035	0.023	0.121	0.135	0.147	0.170	0.158	0.164	0.173	0.247	0.300	0.334

注：1. 零线的零序电抗是按零线的材料与相线相同计算的。
2. 本表所列数据对于母线平放或竖放均相同。

④ 三相三线穿钢管布线每米阻抗值，见表 10-8。

表 10-8 三相三线穿钢管布线（钢管作为零线）的每米阻抗值 单位：mΩ/m

导线标称截面/mm²	钢管公称直径/mm	$t=65°$时导线电阻 R_1、R_2、R_{0x}、R、R_{0e}		钢管电阻 R_{0e}	正、负序电抗 X_1、X_2、X	零序电抗		计算钢管阻抗时采用的电流/A
		铝	铜			相线 X_{0x}	零线(钢管) X_{0e}	
1.5	15	24.39	14.48	3.35	0.14	0.17	1.79	30～60
2.5	15	14.63	8.69	3.35	0.13	0.15	1.79	30～60
4	20	9.15	5.43	2.45	0.12	0.15	1.26	60～120
6	20	6.10	3.62	2.18	0.11	0.14	1.24	80～160
10	25	3.66	2.19	1.52	0.11	0.14	1.13	120～240
16	32	2.29	1.37	1.25	0.10	0.14	1.00	150～300

续表

导线标称截面/mm²	钢管公称直径/mm	$t=65°$时导线电阻 R_1、R_2、R_{0x}、R、R_{0e}		钢管电阻 R_{0e}	正、负序电抗 X_1、X_2、X	零序电抗		计算钢管阻抗时采用的电流/A
		铝	铜			相线 X_{0x}	零线(钢管) X_{0e}	
25	32	1.48	0.88	1.00	0.10	0.12	1.00	180～360
35	40	1.06	0.63	0.84	0.10	0.13	0.85	240～480
50	40	0.75	0.44	0.77	0.09	0.11	0.78	330～660
70	50	0.53	0.32	0.75	0.09	0.12	0.78	420～840
95	70	0.39	0.23	0.72	0.09	0.13	0.59	500～1000
120	70	0.31	0.19	0.72	0.08	0.12	0.59	600～1200
150	70	0.25	0.15	0.72	0.08	0.11	0.59	660～1320

注：1. 在计算钢管的零序电抗时忽略外感抗。
2. 本表中电抗数据适用于 BLV、BLX、BX 型单芯绝缘导线。
3. 当采用三相四线穿钢管布线时，零线（绝缘导线）的零序电抗 X_{0e}可近似地认为等于同截面相线的零序电抗 X_{0x}。

（2）实例

某低压供电系统如图 10-11 所示。变压器为 SL7 型、800kV·A、10/0.4kV、Yyn0 接线、$U_d\%=4.5$、P_d 为 9.9kW，高压电源为无限大容量电源，变压器一次侧短路容量 S_{dx} 为 100MV·A，其他计算用技术数据标于图上，试求：

① 在 d_1 处短路的三相短路电流。

② 在 d_2 处短路的三相短路电流。

③ 在 d_2 处两相和单相短路的短路电流。

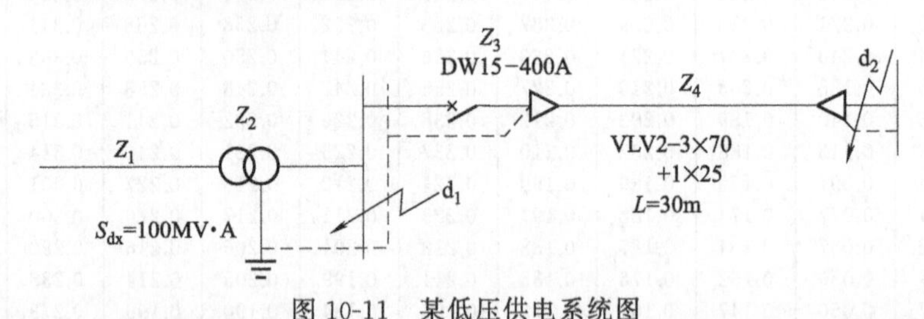

图 10-11 某低压供电系统图

解 本例用有名制进行计算。

① 各元件阻抗的计算。

高压系统的电抗为

$$X_1=\frac{U_e^2}{S_{dx}}=\frac{400^2}{100\times10^3}=1.6(\text{m}\Omega)$$

高压系统的电阻可忽略不计。

变压器阻抗为

$$Z_2=\frac{U_d\%}{100}\times\frac{U_e^2}{S_e}=\frac{4.5\times400^2}{100\times800}=9(\text{m}\Omega)$$

$$R_2=\frac{P_dU_e^2}{S_e^2}=\frac{9.9\times400^2}{800^2}=2.48(\text{m}\Omega)$$

$$X_2=\sqrt{Z_2^2-R_2^2}=\sqrt{9^2-2.48^2}=8.65(\text{m}\Omega)$$

断路器接触电阻查表 10-3，得

$$R_3=0.4\text{m}\Omega$$

断路器线圈阻抗查表 10-2，得

$$R_3'=0.15\text{m}\Omega, X_3'=0.1\text{m}\Omega$$

电缆相线阻抗查表 10-5，得

$$R_4=30\times0.538=16.14(\text{m}\Omega), X_4=30\times0.086=2.58(\text{m}\Omega)$$

② 短路电路总阻抗的计算。

d_1 点短路的总阻抗为

$$R_{1\Sigma}=R_1+R_2=0+2.48=2.48(\text{m}\Omega)$$

$$X_{1\Sigma}=X_1+X_2=1.6+8.65=10.25(\text{m}\Omega)$$

$$Z_{1\Sigma}=\sqrt{R_{1\Sigma}^2+X_{1\Sigma}^2}=\sqrt{2.48^2+10.25^2}=10.55(\text{m}\Omega)$$

d_2 点短路的总阻抗为

$$R_{2\Sigma}=R_1+R_2+R_3+R_3'+R_4$$
$$=0+2.48+0.4+0.15+16.14=19.17(\text{m}\Omega)$$

$$X_{2\Sigma}=X_1+X_2+X_3'+X_4$$
$$=1.6+8.65+0.1+2.58=12.93(\text{m}\Omega)$$

$$Z_{2\Sigma}=\sqrt{R_{2\Sigma}^2+X_{2\Sigma}^2}=\sqrt{19.17^2+12.93^2}=23.12(\text{m}\Omega)$$

③ 短路电流的计算。

a. d_1 点三相短路的稳态短路电流 $I_d^{(3)}$、短路冲击电流 i_{ch}、最大短路全电流有效值 I_{ch}：

$$I_d^{(3)}=\frac{U_e}{\sqrt{3}Z_{1\Sigma}}=\frac{400}{\sqrt{3}\times10.55}=21.89(\text{kA})$$

因 $\dfrac{X_{1\Sigma}}{R_{1\Sigma}}=\dfrac{10.25}{2.48}=4.13$，从图 10-6 中查得 $k_{ch}=1.47$，故

$$i_{ch}=\sqrt{2}k_{ch}I_d^{(3)}=\sqrt{2}\times1.47\times21.89=45.51(\text{kA})$$

$$I_{ch}=I_d^{(3)}\sqrt{1+2(k_{ch}-1)^2}$$
$$=21.89\times\sqrt{1+2\times(1.47-1)^2}=26.28(\text{kA})$$

b. d_2 点三相短路的稳态短路电流 $I_d^{(3)}$、短路冲击电流 $i_{ch}^{(3)}$、最大短路全电流有效值 $I_{ch}^{(3)}$：

$$I_d^{(3)}=\frac{U_e}{\sqrt{3}Z_{2\Sigma}}=\frac{400}{\sqrt{3}\times23.12}=10(\text{kA})$$

因 $\dfrac{X_{2\Sigma}}{R_{2\Sigma}}=\dfrac{12.72}{19.17}=0.66$，从图 10-6 查得 $k_{ch}=1.05$，故

$$i_{ch}^{(3)}=\sqrt{2}k_{ch}I_d^{(3)}=\sqrt{2}\times1.05\times10$$
$$=14.90(\text{kA})$$

$$I_{ch}^{(3)}=I_d^{(3)}\sqrt{1+2(k_{ch}-1)^2}\approx I_d^{(3)}=10(\text{kA})$$

c. d_2 点两相短路的稳态短路电流 $I_d^{(2)}$、短路冲击电流 $i_{ch}^{(2)}$、最大短路全电流 I_{ch}：

$$I_d^{(2)}=0.866I_d^{(3)}=0.866\times10=8.66(\text{kA})$$

$$i_{ch}^{(2)}=0.866i_{ch}^{(3)}=0.866\times14.80=12.82(\text{kA})$$

$$I_{ch}^{(2)}=0.866I_{ch}^{(3)}=0.866\times10=8.66(\text{kA})$$

d. d_2 点单相短路的稳态短路电流 $I_d^{(1)}$：

各元件的零序阻抗如下。

高压系统　$Z \approx 0$（因无零序电流通过）

变压器　查表10-6得 $R_{02}=36\text{m}\Omega$，$X_{02}=60\text{m}\Omega$

断路器触点　查表10-3得 $R_{03}=R_3=0.4\text{m}\Omega$

断路器线圈　查表10-2得 $R'_{04}=R'_4=0.15\text{m}\Omega$，$X'_{04}=X'_4=0.1\text{m}\Omega$

电缆线路　查表10-5得：

相线　$R_{0x}=R_5=30\times0.538=16.14\ (\text{m}\Omega)$

$X_{0x}=30\times0.086=2.58\ (\text{m}\Omega)$

零线　$R_{01}=30\times1.507=45.21\ (\text{m}\Omega)$

$X_{01}=30\times0.127=3.18\ (\text{m}\Omega)$

线路的零序电阻为

$$R_{05}=R_{0x}+3R_{01}=16.14+3\times45.21=151.77(\text{m}\Omega)$$

线路的零序电抗为

$$X_{05}=X_{0x}+3X_{01}=2.58+3\times3.18=12.12(\text{m}\Omega)$$

d_2 点单相短路时短路电路的相零回路阻抗为

$$\begin{aligned}R_{x1\Sigma}&=\frac{1}{3}(R_{1\Sigma}+R_{2\Sigma}+R_{0\Sigma})\\&=\frac{1}{3}[R_{\Sigma}+R_{\Sigma}+(R_{02}+R_{03}+R'_{04}+R_{05})]\\&=\frac{1}{3}\times[19.17+19.17+(36+0.4+0.15+151.77)]\\&=75.55(\text{m}\Omega)\end{aligned}$$

$$\begin{aligned}X_{x1\Sigma}&=\frac{1}{3}(X_{1\Sigma}+X_{2\Sigma}+X_{0\Sigma})\\&=\frac{1}{3}[X_{\Sigma}+X_{\Sigma}+(X_{02}+X'_{04}+X_{05})]\\&=\frac{1}{3}\times[12.72+12.72+(60+0.1+12.12)]=32.55(\text{m}\Omega)\end{aligned}$$

$$Z_{x1\Sigma}=\sqrt{R_{x1\Sigma}^2+X_{x1\Sigma}^2}=\sqrt{75.55^2+32.55^2}=82.26(\text{m}\Omega)$$

d_2 点单相短路电流为

$$I_d^{(1)}=\frac{U_e}{\sqrt{3}Z_{x1\Sigma}}=\frac{400}{\sqrt{3}\times82.26}=2.81(\text{kA})$$

8. 无限大容量系统不对称短路电流的计算

(1) 计算公式

经验表明，任何一种不对称短路电流绝对值都可以用下面的公式表示：

$$I_d^{(n)}=m^{(n)}I_{d1}^{(n)},I_{d1}^{n}=\frac{E}{X_{1\Sigma}+X_{\Delta}^{(n)}}=\frac{E}{X_{\Sigma}^{(n)}}$$

式中　$m^{(n)}$——比例系数，其值与短路的类型有关，见表10-9；

$I_{d1}^{(n)}$——所求某种类型短路的正序电流绝对值；

E——电源的综合电势；

$X_{1\Sigma}$——短路电路的正序电抗；

$X_{\Delta}^{(n)}$——需引入正序网络的附加电抗，其值与短路类型有关，见表 10-9。

表 10-9　各种类型短路时的 $X_{\Delta}^{(n)}$ 与 $m^{(n)}$ 值

短路类型	表示短路类型的上角标(n)	$X_{\Delta}^{(n)}$	$m^{(n)}$
三相短路	(3)	0	1
两相短路	(2)	$X_{2\Sigma}$	$\sqrt{3}$
单相短路	(1)	$X_{2\Sigma}+X_{0\Sigma}$	3
两相接地短路	(1.1)	$\dfrac{X_{2\Sigma}X_{0\Sigma}}{X_{2\Sigma}+X_{0\Sigma}}$	$\sqrt{3}\sqrt{1-\dfrac{X_{2\Sigma}X_{0\Sigma}}{(X_{2\Sigma}+X_{0\Sigma})^2}}$

注：$X_{2\Sigma}$——短路电路的负序电抗，一般 $X_{2\Sigma}=X_{1\Sigma}$；$X_{0\Sigma}$——短路电路的零序电抗。

说明：在计算不对称短路电流时，若同时出现短路电流的符号 I''、i_{ch}、I_{ch}、I_{∞}，可在这些量的右上角加注“(3)”“(2)”“(1)”以示区分，分别表示三相短路、两相短路和单相短路。例如：$I''^{(3)}$、$i_{ch}^{(3)}$、$I_{ch}^{(3)}$、$I_{\infty}^{(3)}$；$I''^{(2)}$、$i_{ch}^{(2)}$、$I_{ch}^{(2)}$、$I_{\infty}^{(2)}$；$I''^{(1)}$、$i_{ch}^{(1)}$、$I_{ch}^{(1)}$、$I_{\infty}^{(1)}$。

① 两相短路电流的计算。计算公式（推导公式从略）为

$$I_{d}^{(2)}=0.866I_{d}^{(3)}$$

可见在无限大容量系统网络中三相短路电流比两相短路电流大，所以在校验短路效应时只考虑三相短路电流。但是在校验相间的继电保护装置在短路故障下能否灵敏动作时，就需要计算两相短路电流。

② 单相接地短路电流的计算。计算公式为

$$I_{d}^{(1)}=\frac{U_{p}}{\sqrt{3}(Z+Z_{0})}$$

由于零线阻抗一般不会小于相线阻抗，即 $Z_0\geqslant Z$，因此

$$I_{d}^{(1)}/I_{d}^{(3)}=\frac{U_{p}}{\sqrt{3}(Z+Z_{0})}\bigg/\frac{U_{p}}{\sqrt{3}Z}\leqslant 1/2$$

式中　U_p——短路点所在段的额定平均线电压，kV；

Z——电源至短路点相线正序阻抗，Ω；

Z_0——电源至短路点零线（大地）的阻抗，Ω。

(2) 实例

已知电源至短路点的相线正序阻抗 Z 为 5.8Ω，电源至短路点大地的阻抗 $Z_0\geqslant Z$，短路点所在段的额定平均线电压为 10kV。试求某无限大容量系统两相短路和单相对地短路的短路电流。

解　① 求出对称三相短路电流：

$$I_{d}^{(3)}=\frac{U_{p}}{\sqrt{3}Z}=\frac{10}{\sqrt{3}\times 5.8}=1(\text{kA})$$

② 计算两相短路电流：

$$I_{d}^{(2)}=0.866I_{d}^{(3)}=0.866\times 1=0.866(\text{kA})$$

③ 单相接地短路电流为

$$I_{d}^{(1)}\leqslant\frac{1}{2}I_{d}^{(3)}=0.5\times 1=0.5(\text{kA})$$

9. 降压变压器二次侧（低压）出口处短路电流的计算

(1) 计算公式

不论用标幺值法还是用有名值法计算配电变压器的短路电流，都比较烦琐。对于无穷大容量系统，降压变压器二次侧（低压）出口处三相短路时，可以用系数法估算出超瞬变短路电流有效值 I''，即

$$I''=\frac{100S_e}{\sqrt{3}U_{2e}U_d\%}\approx 0.144\frac{S}{U_d\%}$$

式中 I''——超瞬变短路电流有效值，kA；

S_e——变压器额定容量，kV·A；

$U_d\%$——变压器阻抗电压百分数；

0.144——经验系数。

对于 180～1000kV·A 配电变压器，按本例介绍的系数法估算的结果与前面介绍的标幺值或有名值计算的结果比较，误差不超过 1%。

最大短路全电流有效值 I_{ch} 可按下式估算：

$$I_{ch}=0.169\frac{S_e}{U_d\%}$$

对于 180～1000kV·A 配电变压器，按本例介绍的系数法估算的结果与用标幺值或有名值计算的结果比较，最大误差约 11.5%。

短路冲击电流 i_{ch} 可按下式计算：

$$i_{ch}=0.29\frac{S_e}{U_d\%}$$

对于 180～1000kV·A 配电变压器，按本例介绍的系数法估算的结果与用标幺值或有名值计算的结果比较，最大误差约 13.6%。

三相交流电力系统中短路类型及其短路电流的周期分量，见表 10-10。

表 10-10 三相交流电力系统中短路类型及其短路电流的周期分量

短路类型	变压器端短路		
	示意图	短路电流	关系式
三相	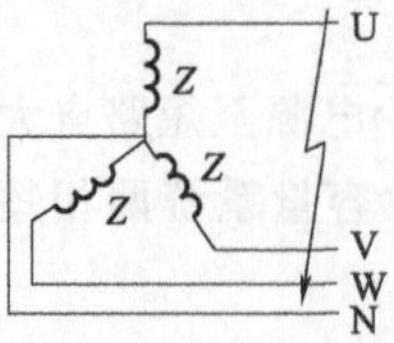 U Z Z Z V W N	$I_d^{(3)}=\frac{U}{\sqrt{3}Z}$	$\frac{I_d^{(3)}}{I_d^{(3)}}=1$
两相	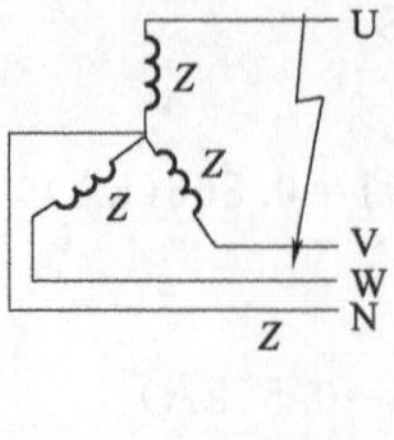 U Z Z Z V W N Z	$I_d^{(2)}=\frac{U}{2Z}$	$\frac{I_d^{(2)}}{I_d^{(3)}}=\frac{\sqrt{3}}{2}$

续表

短路类型	变压器端短路		
	示意图	短路电流	关系式
单相（接地故障）	Z Z Z U V W N	$I_d^{(1)}=\frac{U}{\sqrt{3}Z}$	$\frac{I_d^{(1)}}{I_d^{(3)}}=1$
三相	Z Z Z U V W N	$I_d^{(3)}=\frac{U}{\sqrt{3}Z}$	$\frac{I_d^{(3)}}{I_d^{(3)}}=1$
两相	Z Z U V W N	$I_d^{(2)}=\frac{U}{2Z}$	$\frac{I_d^{(2)}}{I_d^{(3)}}=\frac{\sqrt{3}}{2}$
单相（接地故障）	Z Z_0 U V W N	$I_d^{(1)}=\frac{U}{\sqrt{3}(Z+Z_0)}$	$\frac{I_d^{(1)}}{I_d^{(3)}}\leqslant\frac{1}{2}$

注：U—线电压；$I_d^{(1)}$—单相短路电流；$I_d^{(2)}$—两相短路电流；$I_d^{(3)}$—三相短路电流；Z—相导线阻抗；Z_0—中性线阻抗。

（2）实例

一台容量 S_e 为 400kV·A 的变压器，已知阻抗电压百分数 $U_d\%$为 4，试估算其低压出口处三相短路时的各种短路电流值。

解 超瞬变短路电流有效值为

$$I''=0.144\frac{S_e}{U_d\%}=0.144\times\frac{400}{4}=14.4(\text{kA})$$

最大短路全电流有效值为

$$I_{ch}=0.169\frac{S_e}{U_d\%}=0.169\times\frac{400}{4}=16.9(\text{kA})$$

短路冲击电流为

$$i_{ch}=0.29\frac{S_e}{U_d\%}=0.29\times\frac{400}{4}=29(\text{kA})$$

如果是两相短路，则超瞬变短路电流有效值为

$$I''^{(2)}=\frac{\sqrt{3}}{2}I''=0.866I''=0.866\times14.4=12.5(\text{kA})$$

10. 变压器二次侧短路电流折算到一次侧电流的计算

（1）计算公式

对于无限大容量系统中的变压器，其二次侧短路电流折算到一次侧电流的换算关系，见表 10-11。

表 10-11 变压器二次侧短路电流折算到一次侧电流的换算关系

连接组别	三相短路	两相短路	单相短路
Yyn0	U V W；$\frac{I_d^{(3)}}{k}$ $\frac{I_d^{(3)}}{k}$ $\frac{I_d^{(3)}}{k}$；$I_d^{(3)}$ $I_d^{(3)}$ $I_d^{(3)}$；N u v w	U V W；$\frac{I_d^{(2)}}{k}$ $\frac{I_d^{(2)}}{k}$；$I_d^{(2)}$ $I_d^{(2)}$；N u v w	U V W；$\frac{2I_d^{(1)}}{3k}$ $\frac{I_d^{(1)}}{3k}$ $\frac{I_d^{(1)}}{3k}$；$I_d^{(1)}$ $I_d^{(1)}$；N u v w
Y11	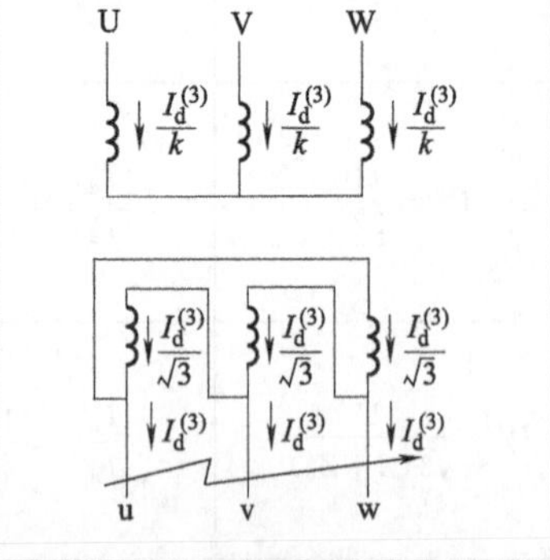 U V W；$\frac{I_d^{(3)}}{k}$ $\frac{I_d^{(3)}}{k}$ $\frac{I_d^{(3)}}{k}$；$\frac{I_d^{(3)}}{\sqrt{3}}$ $\frac{I_d^{(3)}}{\sqrt{3}}$ $\frac{I_d^{(3)}}{\sqrt{3}}$；$I_d^{(3)}$ $I_d^{(3)}$ $I_d^{(3)}$；u v w	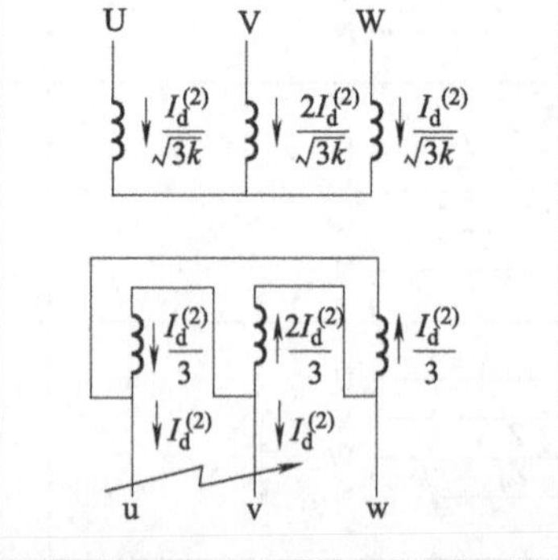 U V W；$\frac{I_d^{(2)}}{\sqrt{3}k}$ $\frac{2I_d^{(2)}}{\sqrt{3}k}$ $\frac{I_d^{(2)}}{\sqrt{3}k}$；$\frac{I_d^{(2)}}{3}$ $\frac{2I_d^{(2)}}{3}$ $\frac{I_d^{(2)}}{3}$；$I_d^{(2)}$ $I_d^{(2)}$；u v w	Dyn11 连接三相短路：U V W；$\frac{I_d^{(3)}}{k}$ $\frac{I_d^{(3)}}{k}$ $\frac{I_d^{(3)}}{k}$；$\frac{I_d^{(3)}}{\sqrt{3}k}$ $\frac{I_d^{(3)}}{\sqrt{3}k}$ $\frac{I_d^{(3)}}{\sqrt{3}k}$；$I_d^{(3)}$ $I_d^{(3)}$ $I_d^{(3)}$；N u v w 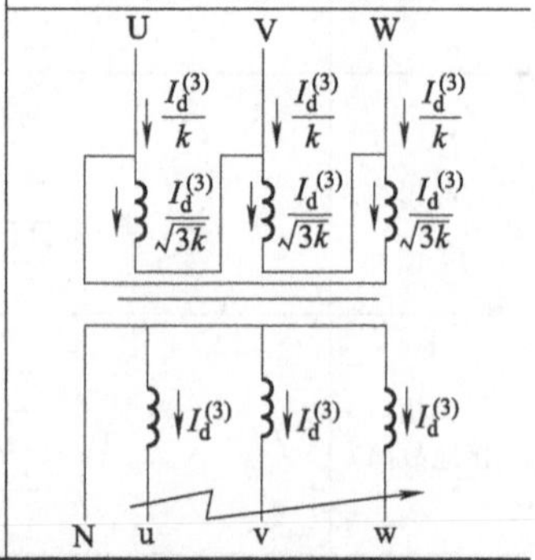

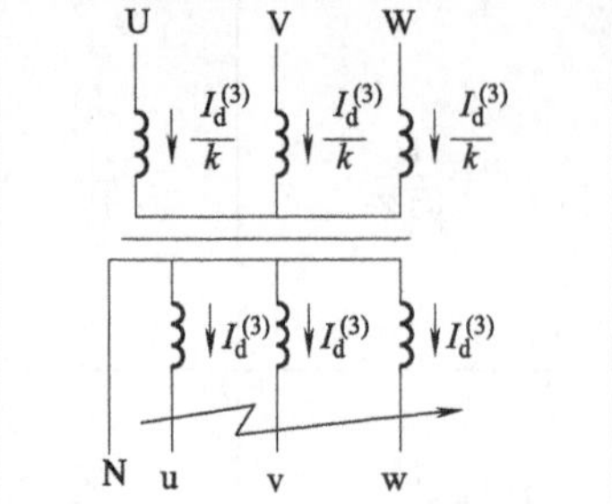

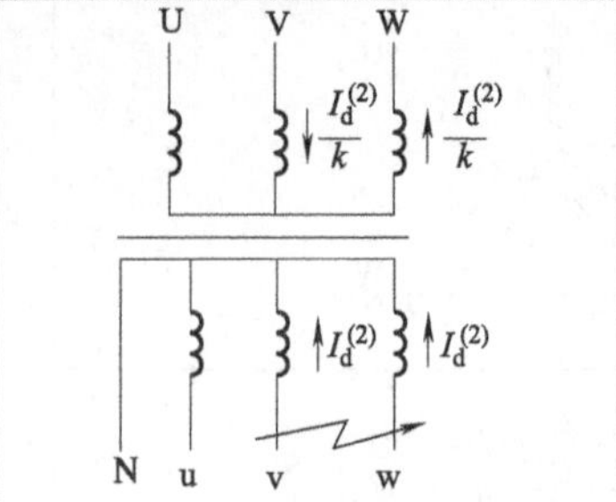

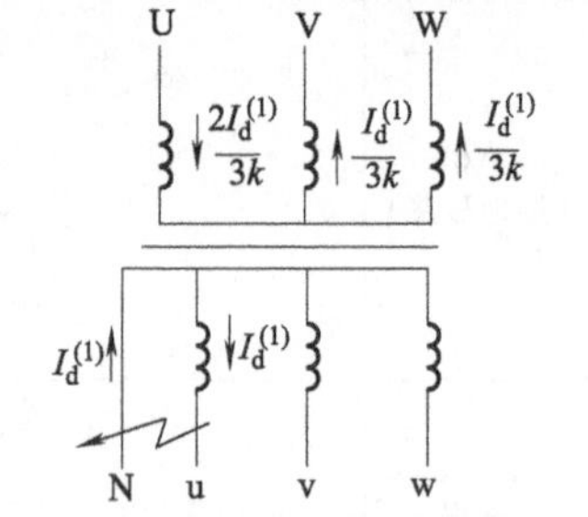

注：$I_d^{(3)}$——三相短路电流；$I_d^{(2)}$——两相短路电流；$I_d^{(1)}$——单相短路电流；k——变压器变比，$k=U_1/U_2$；U_1——变压器一次侧线电压；U_2——变压器二次侧线电压。

6(10)/0.4kV 变压器二次侧短路电流折算到一次侧电流的值，可由下列公式计算：

$$I''=\frac{I_j}{\frac{100}{S_{jx}}+X_{*b}}$$

$$i_{ch}=1.84I''$$

$$I_{ch}=1.09I''$$

$$I_j=\frac{S_j}{\sqrt{3}U_j}$$

式中 I''——超瞬变短路电流有效值，kA；

i_{ch}——短路冲击电流，kA；

I_{ch}——短路电流最大有效值，kA；

S_{jx}——变压器一次侧短路容量，MV·A；

I_j——基准电流，kA；

S_j——基准容量，MV·A；

U_j——基准电压（kV），取平均额定电压，如 10kV 级取 10.5kV；

X_{*b}——变压器阻抗标幺值，见表 10-12～表 10-15。

表 10-12 10kV S9 系列 Y，yn0 连接变压器阻抗标幺值

变压器容量/kV·A	315	400	500	630	800	1000	1250	1600
阻抗电压百分数 $U_d\%$	4	4	4	4.5	4.5	4.5	4.5	4.5
阻抗标幺值 X_*	12.7	10	8	7.14	5.63	4.5	3.6	2.81

注：以 S_j=100MV·A，$X_*=\frac{U_d\%}{S_e}$计算。下同。

表 10-13　10kV S9 系列 Y，d11 连接变压器阻抗标幺值

变压器容量/kV·A	630	800	1000	1250	1600	2000	2500	3150
阻抗电压百分数 $U_d\%$	4.5	4.5	5.5	5.5	5.5	5.5	5.5	5.5
阻抗标幺值 X_*	7.14	5.63	5.5	4.4	3.44	2.75	2.2	1.75

表 10-14　35kV S9 系列 Y，yn0 连接变压器阻抗标幺值

变压器容量/kV·A	315	400	500	630	800	1000	1250	1600
阻抗电压百分数 $U_d\%$	6.5	6.5	6.5	6.5	6.5	6.5	6.5	6.5
阻抗标幺值 X_*	20.6	16.25	13	10.32	8.13	6.5	5.2	4.06

表 10-15　35kV S9 系列 Y，d11 连接变压器阻抗标幺值

变压器容量/kV·A	800	1000	1250	1600	2000	2500	3150	4000	5000	6300
阻抗电压百分数 $U_d\%$	6.5	6.5	6.5	6.5	6.5	6.5	7	7	7	7.5
阻抗标幺值 X_*	8.13	6.5	5.2	4.06	3.25	2.6	2.22	1.75	1.4	1.19

(2) 实例

已知一台 10/0.4kV、$U_d\%=4$、容量为 500kV·A 的变压器，其一次侧短路容量为 10MV·A，试计算二次侧短路时折算到一次侧的各短路电流。

解　设基准容量 $S_j=100$MV·A，则基准电流为

$$I_j=\frac{S_j}{\sqrt{3}U_j}=\frac{100}{\sqrt{3}\times 10.5}=5.498(\text{kA})$$

查表 10-12，得该变压器的阻抗标幺值为 $X_{*b}=8$。

超瞬变短路电流有效值为

$$I''=\frac{I_j}{\dfrac{100}{S_{jx}}+X_{*b}}=\frac{5.498}{\dfrac{100}{10}+8}=\frac{5.498}{18}=0.305(\text{kA})$$

短路冲击电流为

$$i_{ch}=1.84I''=1.84\times 0.305=0.561(\text{kA})$$

最大短路电流有效值为

$$I_{ch}=1.09I''=1.09\times 0.305=0.332(\text{kA})$$

11. 变电所高低压侧电器的选择

(1) 计算公式

高低压电器及母线的选择应满足因短路造成的动稳定和热稳定要求。

① 按短路电流的动稳定校验。按短路电流的动稳定校验，即对电器通过极限电流能力的校验。所谓通过极限电流能力，是指由电流的力学作用所限制的电流值，有峰值和有效值（单位：kA）两项规定。峰值是有效值的 1.7 倍。此项指标由制造厂给出，称为动稳定（极限）。

如按峰值校验，则有

$$i_{gf}\geqslant i_{ch}$$

式中　i_{gf}——电器允许通过极限电流峰值，kA；

i_{ch}——短路冲击电流，kA。

② 按短路电流的热稳定校验。按短路电流的热稳定校验，是对电器热稳定性能的校验。所谓热稳定电流，是指对短时间故障电流通过开关导体时导体发热所作的限制。其值由制造厂提供，一般给出 1s、5s 和 10s 的电流值。许多开关的 1s 热稳定电流值与动稳定值相同。校验公式如下：

$$I_t \geqslant I_\infty \sqrt{\frac{t_j}{t}} \text{或} I_t^2 t \geqslant I_\infty^2 t_j$$

式中 I_t——电器在1s内的热稳定电流，kA；

I_∞——电器可能通过的最大稳态短路电流，kA；

t_j——短路电流作用的假想时间，s；

t——热稳定电流允许的作用时间，s。

(2) 实例

某企业变电所有一台S9-500kV·A、10/0.4kV的变压器。已知变压器阻抗电压百分数$U_d\%$为4，一次侧的短路容量S_{jx}为10MV·A，试选择一次侧的隔离开关、高压熔断器和二次侧的低压断路器。

解 ① 高压电器的选择。

a. 短路电流及工作电流的计算。

由“变压器二次侧短路电流折算到一次侧电流的计算”项中的实例得知，10kV母线侧短路时，各短路电流及短路容量为

$$I''=0.305(\text{kA})$$

$$i_{ch}=0.561(\text{kA})$$

$$I_{ch}=I_\infty=0.332(\text{kA})$$

$$S_{d1}=S_{jx}=10(\text{MV}\cdot\text{A})$$

变压器一次侧额定电流，即工作电流为

$$I_{1g}=I_{1e}=\frac{S_e}{\sqrt{3}U_{1e}}=\frac{500}{\sqrt{3}\times 10}=28.9(\text{A})$$

工作电压 $U_g=10(\text{kA})$

b. 高压隔离开关的选择。设一次侧的高压断路器开路的假想时间t_j为1.7s。因为断路器跳闸后，隔离开关也就不再通过短路电流了，所以隔离开关的热稳定可按下式校验：

$$I_\infty^2 t_j=0.332^2\times 1.7=0.19(\text{A}^2\cdot\text{s})$$

查高压电器产品样本，可选用GN6-10T/400型隔离开关，其技术参数如下：

额定电压 $U_e=10(\text{kV})$

额定电流 $I_e=400(\text{A})$

动稳定电流（通过极限电流）峰值 $i_{gf}=52$ (kA)

热稳定校验 $I_t^2 t=14^2\times 5=980(\text{A}^2\cdot\text{s})$，可见 $I_t^2 t>I_\infty^2 t_j$。

因此所选隔离开关可满足要求。

c. 高压熔断器的选择。

熔断器熔体的额定电流应满足：

$$I_{er}=\frac{1}{10}I''=\frac{305}{10}=30.5(\text{A})$$

$$I_{er}\geqslant 1.4I_{1e}=1.4\times 28.9=40(\text{A})$$

因此取$I_{er}=40$A能满足要求。

可选用RN1-10、50/40A（分子为熔管电流，分母为熔体电流）型高压熔断器，其技术参数如下：

额定电压 $U_e=10$kV

额定电流　　　　　　　　　　　　$I_e=50A$

最大断流容量 $S_m=200MV\cdot A$，大于高压母线侧三相短路容量 $S_{d1}=S_{jx}=10MV\cdot A$。因此所选高压熔断器可符合要求。

② 低压断路器的选择。

a. 0.4kV 侧短路时各短路电流的计算。

设基准容量 $S_j=100MV\cdot A$，则基准电流为

$$I_j=\frac{S_j}{\sqrt{3}U_j}=\frac{100}{\sqrt{3}\times 0.4}=144.3(kA)$$

0.4kV 侧短路时的超瞬变短路电流有效值为

$$I''=\frac{I_j}{\frac{100}{S_{jx}}+X_{*b}}=\frac{144.3}{\frac{100}{10}+8}=\frac{144.3}{18}=8.02(kA)$$

式中，$X_{*b}=8$ 由已知条件查表 10-12 而得。

短路冲击电流为

$$i_{ch}=1.84I''=1.84\times 8.02=14.8(kA)$$

最大短路电流有效值为

$$I_{ch}=I_{\infty}=1.09I''=1.09\times 8.02=8.73(kA)$$

b. 变压器二次侧额定电流为

$$I_{2e}=\frac{S_e}{\sqrt{3}U_{2e}}=\frac{500}{\sqrt{3}\times 0.4}=722(A)$$

选用 DW15-1000 型低压断路器，其技术参数如下：

额定电压　　　　　　　　　　　　$U_e=380V$

额定电流　　　　　　　　　　　　$I_e=1000A$

额定短路通断能力 40kA，大于最大短路电流有效值 $I_{ch}=8.73kA$。

因此所选低压断路器符合要求。

12. 根据电流互感器 10%误差曲线校核电流互感器二次侧负荷的计算

(1) 电流互感器 10%误差曲线

10%误差曲线是保护用电流互感器的一个重要的基本特性。保护用电流互感器的工作特点不同于测量用电流互感器，它要求当电力系统发生故障（即电流骤增）时，能正确地反映故障电流的数值，从而正确启动继电保护装置。故障电流一般比系统正常运行时的工作电流大几倍甚至几十倍，为了保证继电保护装置正确动作，规定此时电流互感器的电流误差不允许超过 10%。

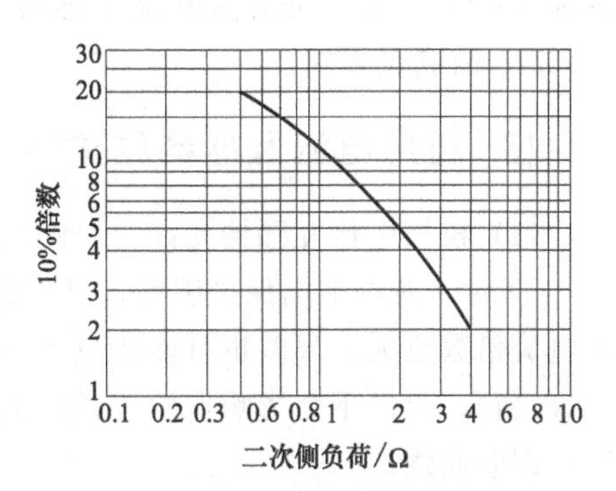

图 10-12　某电流互感器的 10%误差曲线

电流互感器 10%误差曲线是指在电流误差为 10%的条件下，一次侧最大短路电流对其额定电流的倍数与电流互感器允许的二次侧负荷（阻抗）的关系曲线。电流互感器的 10%误差曲线可在产品样本中查到。某电流互感器的 10%误差曲线如图 10-12 所示。

由图 10-12 可见，一次侧最大短路电流对其额定

电流的倍数越大，允许的二次侧负荷阻抗越小，才能满足要求。

电流互感器二次侧负荷阻抗 Z_2 由3个部分组成：所有仪表和继电器串联线圈的总阻抗 $\sum Z_m$（通常继电保护用电流互感器不与测量仪表用电流互感器共用，因此这时不计及仪表的阻抗）、二次侧电缆（导线）阻抗 R_L 和接触电阻 R_C。二次侧负荷阻抗还与电流互感器的接线方式有关。

电流互感器在不同接线方式下的负荷阻抗及导线计算长度见表10-16。

表10-16　电流互感器二次侧阻抗计算公式

序号	接线方式	二次侧阻抗公式	二次侧导线计算长度
1	一相式	$Z_2=\sum Z_m+2R_L+R_C$	$2L_1$
2	两相V形(不完全星形)	$Z_2=\sum Z_m+\sqrt{3}R_L+R_C$	$\sqrt{3}L_1$
3	三相星形(Y形)	$Z_2=\sum Z_m+R_L+R_C$	L_1
4	两相电流差	$Z_2=\sqrt{3}(\sum Z_m+2R_L)+R_C$	$2\sqrt{3}L_1$
5	三相三角形(△形)	$Z_2=3(\sum Z_m+R_L)+R_C$	$3L_1$

注：L_1 为连接线一端的长度。

由于 R_C 可以认为不可调节（一般为0.05～0.1Ω），$\sum Z_m$ 随着采用保护方式的不同而不同，但一旦保护装置的方式选定，则也是不可调节的。因此，可供选择的仅有二次侧电缆的阻抗 R_L。

实际的二次侧电缆（导线）阻抗（电阻）应小于 R_L，否则不能满足准确度要求。

（2）实例

已知某变电所变压器差动保护10kV侧电流互感器为LZJC-10-400/5型，二次侧接线为星形，"D"级的10%误差曲线如图10-12所示。该变压器10kV侧最大穿越性短路电流为2875A，实测电流互感器的二次侧负荷阻抗为0.82Ω。试根据10%误差曲线校核电流互感器的二次侧负荷。

解　① 计算最大穿越性故障电流对额定电流的倍数 M。

$$M=k_f\frac{I_{d\cdot max}}{I_{1e}}=1.5\times\frac{2875}{400}=10.8$$

式中　$I_{d\cdot max}$——电流互感器一次侧最大短路电流；

I_{1e}——电流互感器额定电流；

k_f——非周期分量系数，取1.5。

② 计算允许的二次侧负荷阻抗。根据 $M=10.8$ 倍，查图10-12得允许的二次侧负荷阻抗为 $Z_2=0.95\Omega$。而实测电流互感器的二次侧负荷阻抗为0.82Ω，小于10%误差允许的0.95Ω，故满足要求。

13. 利用电流互感器励磁特性曲线进行10%误差校核的计算

（1）校核电流互感器允许二次侧负荷的方法

① 对一般的继电保护装置，可按最大整定动作电流校核。这样，对最大短路电流来说，虽电流倍数更大，误差也可能超过10%，但它的二次侧电流绝对值必定大于整定动作电流（二次值），所以不会影响保护装置的正确动作，故也不需要按电气设备最大短路电流去校核10%误差曲线。

② 对用于差动保护的电流互感器，应按最大穿越性短路电流来校核各端电流互感器的

10%误差曲线。

(2) 电流互感器的励磁特性曲线

电流互感器励磁特性试验数据见表10-17，其励磁特性曲线如图10-13所示。

表10-17 电流互感器励磁特性试验数据

励磁电流/A	励磁电压/V
1	42
2	50
3	56
4	59
5	60

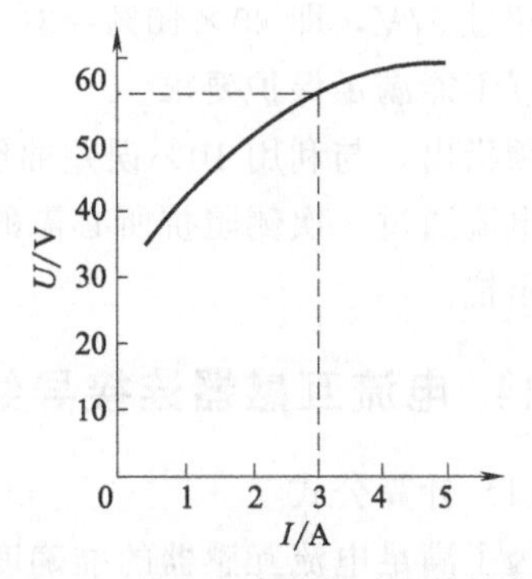

图10-13 电流互感器的励磁特性曲线

(3) 实例

已知某变电所交流操作的反时限过电流保护（电流速断及带时限的过电流保护）电路如图10-14所示。电流互感器为两相不完全星形接线，互感器型号为LA1-10-200/5型；过电流继电器KA_1、KA_2采用GL-25/10型；断路器操作机构为CT-8型弹簧式。已知变压器低压出口处短路时，一次侧故障电流为928A；继电器反时限元件整定动作电流考虑上下级配合，取6A、1s（两倍动作电流）。现场实测LA1-10-200/5型电流互感器的励磁特性数据及依此绘制的特性曲线分别见表10-17和图10-13。试利用励磁特性曲线进行10%误差校核。

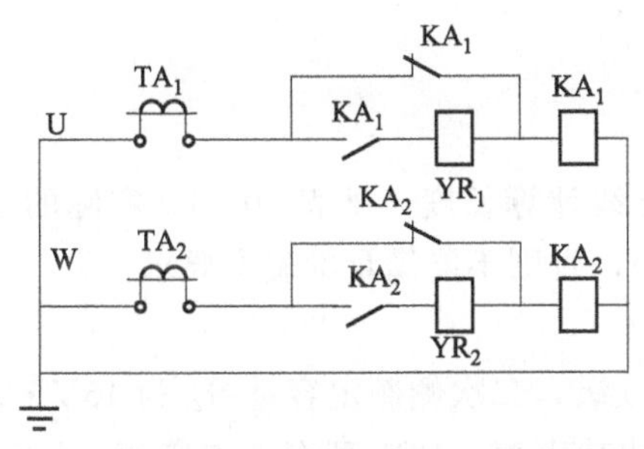

图10-14 交流操作的反时限过电流保护原理电路

解 ① 计算过电流继电器速动元件动作电流。

$$I_{dzj}=K_k K_{jx}\frac{I''^{(3)}_{d\cdot max}}{n_1}$$

式中 I_{dzj}——过电流继电器速动元件动作电流整定值，A；

K_k——可靠系数，当用于电流速断保护时，一般DL型继电器取1.2～1.3，GL型继电器取1.5；当用于过电流保护时，DL型继电器取1.2，GL型继电器取1.3；

K_{jx}——接线系数，对不完全星形接线取1；

$I''^{(3)}_{d\cdot max}$——最大运行方式下变压器低压出口处短路时，高压侧的超瞬变电流，A；

n_1——电流互感器变比。

将已知参数代入上式，得

$$I_{dzj}=1.5\times1\times\frac{928}{200/5}=34.8(A)$$

取6倍速动，即5×6=30(A)。

② 计算二次侧负荷阻抗。实测电流互感器二次侧负荷阻抗为$Z_a=2.10$（连脱扣器阻抗）；又查得互感器LA-10-200/5型自身二次线圈阻抗为$Z_{2n}=0.369\Omega$。因此二次侧总负荷为

$$Z_2=Z_{2n}+Z_a=0.369+2.10=2.469(\Omega)$$

③ 利用励磁特性曲线作10%误差校核。当速动元件动作时，动作电流为30A，需要电

流互感器提供的二次侧电势 $E_2=I_{dzj}Z_2=30\times2.469=74.1(V)$。

由图 10-13 可见，LA_1-10-200/5 型电流互感器的励磁饱和电势为 60V，不可能提供 74.1V 电势。若要保证速动元件可靠动作，从满足 10%误差的要求来看，保护需用的电势不能超过 57V，即 30×10%=3(A) 在图 10-13 上对应的励磁电压。校验结果表明，该电流互感器不能满足保护要求。

须指出，与利用 10%误差曲线校核电流互感器二次侧负荷不同，在用励磁特性曲线和整定电流通过二次侧阻抗所必需的二次侧电势进行校核时，必须计入电流互感器自身的二次线圈阻抗。

14. 电流互感器连接导线截面积的选择

(1) 计算公式

为了满足电流互感器的准确度要求，互感器二次侧负荷必须满足以下条件：

$$S_{2e}\geqslant S_2$$

$$S_2=I_{2e}^2Z_2$$

式中 S_{2e}——电流互感器二次侧额定容量，V·A；

S_2——电流互感器二次侧负荷容量，V·A；

I_{2e}——电流互感器二次侧额定电流，A；

Z_2——电流互感器二次侧负荷总阻抗，Ω。

电流互感器在不同接线方式下的负荷阻抗及导线计算长度，见表 10-16。实际的二次侧导线电阻值应小于计算值 R_L（二次侧导线电阻值），否则不能满足准确度要求。

(2) 实例

某厂进线电流互感器为 LGF 型，准确度为 0.5 级，二次侧额定容量 S_{2e}为 15V·A，用作电能计量。其上接有 1T1 型电流表、1D1 型有功功率表、DS1 型有功电能表、DX1 型无功电能表各一只，互感器至主控室的导线长 L_1 为 50m，电流互感器采用三相星形连接，试选择铜芯连线的导线截面积。

解 将电流互感器的二次侧负荷列于表 10-18 中。

表 10-18 电流互感器二次侧负荷

仪表名称	电流互感器二次侧负荷/V·A		
	U 相	V 相	W 相
电流表	—	1.73	—
有功功率表	2.5	—	2.5
有功电能表	2	—	2
无功电能表	2	1.16	2
共计	6.5	2.89	6.5

可见最大一相负荷为 $\sum Z_mI_{2e}^2=6.5V\cdot A$，二次线截面积应按此负荷选择。

由于 $I_{2e}=5A$，设接触电阻 $R_C=0.1\Omega$，二次侧导线电阻在满足给定准确度等级（0.5 级）条件下，其允许值为

$$R_L=\frac{S_{2e}-\sum Z_mI_{2e}^2-R_CI_{2e}^2}{I_{2e}^2}$$

$$=\frac{15-6.5-0.1\times5^2}{5^2}=0.24(\Omega)$$

因为是三相星形接线，查表 10-16，$L=L_1=50\text{m}$，故铜芯导线截面积为

$$S=\rho\frac{L}{R_L}=0.018\times\frac{50}{0.24}=3.75(\text{mm}^2)$$

查线规表，取导线截面积 4mm^2。

15. 计量用电流互感器连接导线截面积的选择

（1）计算公式

电缆芯截面积选择计算公式如下（忽略电抗因素）：

$$S=\frac{\rho K_{jx1}L}{R_{ux}-K_{jx2}R_{cj}-R_C}$$

式中 S——电缆芯的截面积，mm^2；

ρ——电缆芯材料电阻率（$\Omega\cdot\text{mm}^2/\text{m}$），铜为 $0.0184\Omega\cdot\text{mm}^2/\text{m}$，铝为 $0.031\Omega\cdot\text{mm}^2/\text{m}$；

R_{ux}——电流互感器在某一准确等级下的允许负荷，Ω；

R_{cj}——计量表计的负荷，Ω；

R_C——接触电阻（Ω），在一般情况下为 0.05～0.1Ω；

L——电缆的长度，m；

K_{jx1}，K_{jx2}——接线系数。

由此可得控制电缆的最大允许长度的公式如下：

$$L=\frac{S}{\rho K_{jx1}}(R_{ux}-K_{jx2}R_{cj}-R_C)=K(R_{ux}-K_{jx2}R_{cj}-R_C)$$

式中，$K=\dfrac{S}{\rho K_{jx1}}$。

根据不同接线系数 K_{jx1} 和截面积所计算出的 K 值见表 10-19；接线系数可查表 10-20。

表 10-19 不同接线系数和截面积的 K 值

S/mm^2 \ K_{jx1}	1	$\sqrt{3}$	$2\sqrt{3}$	2
2.5	135.3	78.2	39.1	67.6
4	216.6	100.5	62.7	108.3
6	325	187	94	162
10	541	313	157	270

表 10-20 计量表计用电流互感器各种接线方式时的接线系数

电流互感器接线方式		接线系数		备注
		K_{jx1}	K_{jx2}	
单相		2	1	
三相星形		1	1	
两相星形	$R_{ej0}\neq0$	$\sqrt{3}$	$\sqrt{3}$	R_{ej0} 为接于中性线上的负荷电阻
	$R_{ej0}=0$	$\sqrt{3}$	1	
两相差接		$2\sqrt{3}$	$\sqrt{3}$	
三角形		3	3	

（2）实例

某变压器 10kV 出线侧装设的计量用电流互感器为 LMCD-10 型，其二次绕组额定允许

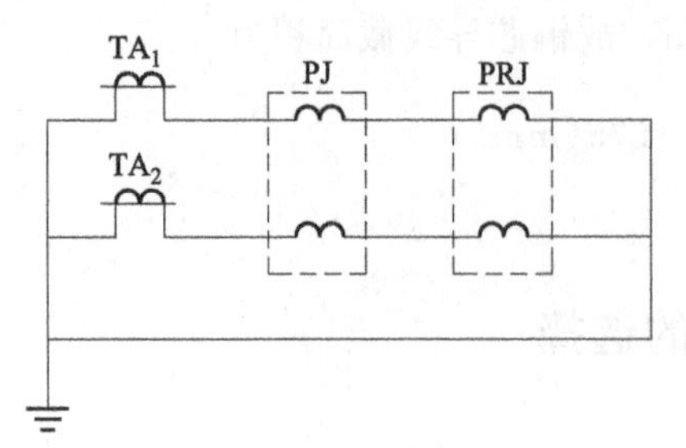

图 10-15 采用两相星形接线的计量电流回路

负荷 R_{yx} 为 1.2Ω。有功电能表采用 DS862 型，无功电能表采用 DX862 型。电能表集中安装，二次侧连接线实际距离（即电缆长度）L 为 20m。计量电流回路采用两相星形接线，如图 10-15 所示。试选择其二次侧电缆芯线（导线）截面积。

解 设线路的接触电阻 $R_C=0.05\Omega$，DS862、DX862 型电能表电流线圈阻抗均为 0.02Ω，所以 $R_{cj}=0.04\Omega$。两相星形接线的接线系数 $K_{jx1}=\sqrt{3}$，$K_{jx2}=1$。

二次侧电缆截面积为

$$S=\frac{\rho K_{jx1}L}{R_{yx}-K_{jx2}R_{cj}-R_C}=\frac{0.0184\times\sqrt{3}\times 20}{1.2-1\times 0.04-0.05}=0.574(\text{mm}^2)$$

根据规定，互感器二次接线截面积应不小于 2.5mm²，故选用截面积为 2.5mm² 的铜芯电缆。

16. 电流互感器的选择

电流互感器的主要技术参数包括：额定电压、一次侧额定电流、二次侧额定电流、准确级、容量等。电流互感器应根据实际需要对上述参数进行选择。

(1) 计算公式

选择电流互感器首先要明确用途，用途不同，选择的计算方法也不同。电流互感器按用途不同，可以分为计量用和保护用两类。

① 计量用电流互感器的选择。

a. 额定电压。电流互感器的一次侧额定电压应与安装母线额定电压相一致。

b. 一次侧额定电流。计算公式为

$$I_{1e}\geqslant 1.25I_e, I_{1e}\geqslant 1.5I_{ed}$$

式中 I_{1e}——电流互感器一次侧额定电流，A；

I_e——电气设备的额定电流，A；

I_{ed}——异步电动机额定电流，A。

c. 二次侧额定电流。电流互感器二次侧额定电流，一般有 1A、5A 及 0.5A 几种，应根据二次回路中所带负荷电流的大小来选择。

d. 准确级。计量用电流互感器，一般应选用比所配用仪表高 1～2 个准确级的电流互感器。例如：准确级为 1.5 级或 2.5 级仪表可选用准确级为 0.5 或 1.0 级的电流互感器。用于功率或电能计量的电流互感器则应不低于 0.5 级。

e. 容量。电流互感器的容量与准确度有关，容量一般应大一些好，但仅用于电流计量的互感器，没有必要选过大容量的产品。常用的容量为 5V·A、25V·A 等。

② 继电保护用电流互感器的选择。

a. 额定电压。电流互感器一次侧额定电压应与安装母线额定电压一致。

b. 一次侧额定电流。当其与测量仪表用电流互感器共同组合时，只能选用相同的一次侧额定电流；当单独使用时，应大于被保护电气设备的额定电流；对于 Y，d 连接组的变压器，差动回路的 Y 侧电流互感器，其一次侧额定电流应是回路中被保护电气设备额定电流的$\sqrt{3}$倍。

c. 二次侧额定电流。一般有1A、5A及0.5A几种，应根据继电保护装置的要求来选择，使用最多的是5A。

d. 准确级。一般继电保护用的电流互感器选用3.0级；差动、远距离及高频保护用的电流互感器宜选用D级产品（有些产品用“C”或“B”标注），并按10%误差曲线进行校核。

③ 电流互感器动稳定和热稳定校验。

a. 电流互感器动稳定校验。计算公式为

$$\sqrt{2}K_dI_{1c}\geqslant i_{ch}$$

式中 K_d——动稳定倍数，由产品目录给出；

i_{ch}——三相短路冲击电流，A；

I_{1c}——电流互感器一次侧额定电流，A。

b. 电流互感器热稳定校验。计算公式为

$$(K_tI_{1c})^2t_g=I_{\infty}^2t_j$$

式中 K_t——热稳定倍数，由产品目录给出；

t_g——给定时间，s；

I_{∞}——三相稳态短路电流有效值，A；

t_j——假想时间（s)，根据短路延续时间t求得。

（2）实例

某厂变电所的出线电压U_e为10kV，出线容量S_e为1200kV·A，已知I_{∞}三相稳态短路电流有效值为4.5kA，三相短路冲击电流i_{ch}为16.4kA，假想三相短路时间t_j为2.2s，电流互感器采用不完全星形接线（如图10-16所示），测量仪表二次线圈负荷见表10-21。试选择电流互感器和连接导线截面积。

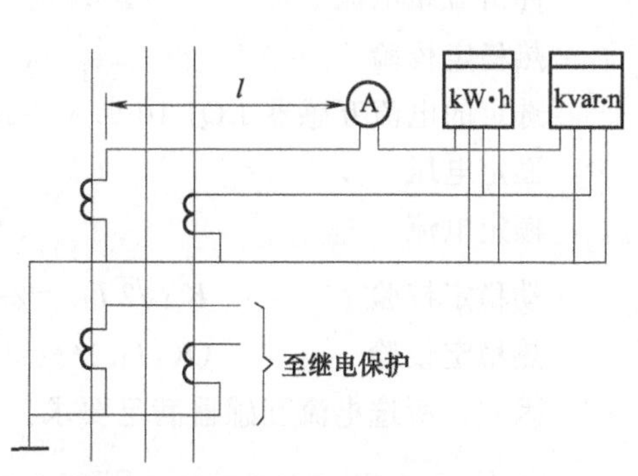

图10-16 电流互感器与测量仪表接线图

表10-21 测量仪表二次线圈负荷

仪表名称	二次线圈负荷/V·A	
	U相	W相
电流表	3	—
有功电能表	0.5	0.5
无功电能表	0.5	0.5
共计	4	1

解 有功电能计量用电流互感器的准确度应取0.5级。

工作电流I_g为

$$I_g=\frac{S_e}{\sqrt{3}U_e}=\frac{1200}{\sqrt{3}\times10}=69.3(\text{A})$$

因此，暂选用100A、10kV、LQJ-10-0.5/3-100型电流互感器。其0.5级铁芯的额定负荷为0.4Ω，额定容量S_{2e}为

$$S_{2e}=I_{2e}^2Z_2=5^2\times0.4=10(\text{V}\cdot\text{A})$$

查表10-21知，测量仪表二次线圈U相负荷为最大：$\sum Z_m I_{2e}^2=4\text{V}\cdot\text{A}$，未超过额定容量（10V·A），故电流互感器额定容量满足要求。

设接触电阻$R_C=0.1\Omega$，则

$$R_L=\frac{S_{2e}-\sum Z_m I_{2e}^2-R_C I_{2e}^2}{I_{2e}^2}$$

$$=\frac{10-4-0.1\times25}{25}=0.14(\Omega)$$

电流互感器至测量仪表之间导线长度$L_1=6\text{m}$，采用铜芯电缆。由于电流互感器采用不完全星形连接，查表10-16，得$L=\sqrt{3}\times6(\text{m})$。电缆线芯截面积$S$为

$$S=\rho\frac{L}{R_L}=0.018\times\frac{\sqrt{3}\times6}{0.14}=1.34(\text{mm}^2)$$

按允许最小截面积取2.5mm^2。

计算数据如下：

工作电压	$U_g=10\text{kV}$
工作电流	$I_g=69.3\text{A}$
冲击短路电流	$i_{ch}=16.4\text{kA}$
热稳定校验	$I_\infty^2 t_j=4.5^2\times2.2=44.6(\text{A}^2\cdot\text{s})$

选定的电流互感器LQJ-10-0.5/3-100参数如下：

额定电压	$U_{1e}=10\text{kV}$
额定电流	$I_{1e}=100\text{A}$
动稳定校验	$K_d\sqrt{2}I_{1e}=225\times1.41\times0.1=31.7(\text{kA})$
热稳定校验	$(K_tI_{1e})^2t=(90\times0.1)^2\times1=81(\text{A}^2\cdot\text{s})$

因此，所选电流互感器满足要求。

17. 过电流保护用电流互感器的选择

(1) 计算公式

采用交流操作电源时，过电流继电器的整定及电流互感器的选择需满足以下条件：

① GL型过电流继电器动作电流应大于断路器脱扣器的动作电流，即

$$I_{dzj}\geqslant K_k I_{tq}=6.5\text{A}$$

式中 I_{dzj}——过电流继电器动作电流，A；

K_k——可靠系数，取1.3；

I_{tq}——断路器脱扣器动作电流（A），取5A。

② 由于采用去分流跳闸接线方式，需进行分流触点容量的校验，即过电流继电器触点的电流最大值（GL系列为150A）必须满足下式要求：

$$K_{jx}\frac{I''^{(3)}_{d\cdot\max}}{n_1}\leqslant150\text{A}$$

式中 $I''_{d\cdot\max}$——最大运行方式下侧出口处短路变压器低压时高压侧超瞬变短路电流有效值，A；

n_1——电流互感器变化；

K_{jx}——接线系数，对不完全星形接线取 1。

③ 若经计算不能满足上述条件，可改变电流互感器的变比，并按电流互感器在实际负荷下的最大二次侧电流倍数进行去分流触点容量校验，即按下式校验（推算过程从略）：

$$n_2 = n_{2e}\frac{Z_{fh\cdot e}+Z_2}{Z_{fh}+Z_2} \leqslant \frac{30}{K_{jx}}$$

式中 n_2——电流互感器二次侧负荷为实际负荷 Z_{fh}(Ω) 时的最大二次侧电流倍数；

n_{2e}——电流互感器二次侧负荷为额定负荷 $Z_{fh\cdot e}$(Ω) 时的最大二次侧电流倍数，可由产品样本查得；

Z_2——电流互感器二次线圈阻抗（Ω），可由产品样本查得。

(2) 实例

某工厂变压器过电流保护采用交流操作的去分流跳闸方式，变压器为 S9-400kV·A 型，电压为 10/0.4kV，Y，yn0 连接，一次侧额定电流 I_{eb} 为 23A。已知保护装置安装处 $I''^{(3)}_{d\cdot max}$ 为 3574A；最小运行方式下，变压器二次侧两相短路时流经电流互感器安装处的稳态电流 $I^{(2)}_{d\cdot min}$ 为 362A；继电器接于相电流，用于过电流保护。试选择电流互感器。

解 选用 GL 型过电流继电器。

① 电流互感器的变比为

$$n_1 \geqslant \frac{K_{jx}I''^{(3)}_{d\cdot max}}{150} = \frac{1\times 3574}{150} = 24$$

选定 $n_1=30$，即用变比为 150/5 的电流互感器。

② 过电流保护继电器动作电流为

$$I_{dzj} = K_k K_{jx}\frac{K_{gh}I_{eb}}{K_h n_1} = 1.3\times 1\times \frac{3\times 23}{0.85\times 30} = 3.5(\text{A}) < 6.5\text{A}$$

对于 GL-11 型继电器返回系数 K_h 取 0.85，过负荷系数 K_{gh} 一般取 2～3，当无自启动电动机时取 1.3～1.5，本例取 3。

不能满足要求。

③ 改选用 LZZB6-10 型、变比为 100/5 的电流互感器，这时过电流继电器的动作电流为

$$I_{dzj} = 1.3\times 1\times \frac{3\times 23}{0.85\times 20} = 5.3(\text{A})$$

整定值为 6A。查样本得，电流互感器的 Z_{fhe} 为 0.6Ω，n_{2e} 为 15.1，Z_2 为 0.304；电流互感器二次侧实际负荷 Z_{fh} 为 0.159Ω。其中，GL-15/10 型继电器阻抗取 6A 插孔的饱和值，连接导线电阻按 2.5mm² 铜芯线长 4m 考虑，接触电阻取 0.05Ω。

④ 去分流触点容量校验如下：

$$n_2 = n_{2e}\frac{Z_{fhe}+Z_2}{Z_{fh}+Z_2} = 15.1\times \frac{0.6+0.304}{0.159+0.304} = 29.5 < \frac{30}{1}$$

满足要求。

18. 电压互感器二次侧连接导线截面积的选择

(1) 计算公式

电压互感器二次侧导线，一般按允许电压降来选择其截面积。计算时只考虑有功电压

降，按下式进行：

$$\Delta U=\sqrt{3}K_{jx}\frac{P}{U_{21}}\times\frac{\rho L}{S}\leqslant\Delta U_{yx}$$

式中 ΔU——电压互感器至仪表及继电保护屏的电压降，V；

K_{jx}——接线系数，对于三相星形接线，$K_{jx}=1$；对于两相星形接线，$K_{jx}=\sqrt{3}$；对于单相接线，$K_{jx}=2$；

P——电压互感器每一相负荷，V·A；

U_{21}——电压互感器二次侧线电压，V；

ρ——电线线芯材料电阻率，$\Omega\cdot mm^2/m$；

ΔU_{yx}——允许电压降（V），当用于继电保护时，不应超过额定电压的3%；当用于电能计量时，不应超过额定电压的0.25%（0.5级表）和0.5%（1.0、2.0级表）；

S——导线截面积，mm^2。

(2) 实例

某厂变电所采用三相户内式电压互感器JSJW-10型，准确级别为0.5级，三相额定容量S_e为120V·A，该电压互感器到仪表盘的距离为60m，电能表为1.0级，已知二次侧负荷电流为60A，$\cos\varphi=1$，试选择电压互感器连接导线的截面积并计算二次侧电压降及角误差。

解 互感器二次侧额定电流的计算：

$$I_{2e}=\frac{S_e}{\sqrt{3}U_{2e}}=\frac{120}{\sqrt{3}\times100}=0.693(A)$$

该电流大于工作电流$I_g=0.6A$，所以互感器具有0.5级准确度。

设连接导线的电阻值为R。根据规程规定，对于1.0级电能表，互感器二次侧允许电压降ΔU_{uv}为0.5%，即

$$\Delta U_{uv}=\frac{2RI_u\cos\varphi+RI_w\sin(30°+\varphi)}{U_{2e}}=0.5\%$$

$$\frac{2R\times0.6\times1+0.6R\sin(30°+0°)}{100}=0.5\%$$

解上式得$R=0.333\Omega$。

导线截面积为

$$S=\rho\frac{L}{R}=0.0184\times\frac{60}{0.333}=3.32(mm^2)$$

取标称截面积为$4mm^2$的铜芯导线。

这时导线的电阻值为

$$R=0.0184\times\frac{60}{4}=0.28(\Omega)$$

二次侧实际电压降为

$$\Delta U_{uv}=\frac{2\times0.28\times0.6\times1+0.28\times0.6\times0.5}{100}\approx0.4\%$$

角误差为

$$\beta=\tan^{-1}\frac{2RI_a\sin\varphi-RI_c\cos(30^\circ+\varphi)}{U_{2e}}$$

$$=\tan^{-1}\frac{0-0.28\times0.6\times0.866}{100}=-4.8'$$

19. 电压互感器的选择

电压互感器根据实际需要，对额定电压、装置种类、构造型式、准确度等级、副边负载等参数进行选择。

(1) 计算公式

① 一次侧额定电压。电压互感器一次侧额定电压应大于接入的被测电压的0.9倍，小于接入的被测电压的1.1倍；二次侧电压按表10-22选择。

表 10-22 电压互感器二次侧电压的选择

线圈	二次线圈		接零序电压过滤器的三次线圈(辅助二次线圈)	
高压侧接法	接入一次侧线电压	接入一次侧相电压	在中性点直接接地系统	在中性点与地绝缘或经消弧线圈接地系统
二次侧电压/V	100	$100/\sqrt{3}$	100	100/3

② 准确度等级。电能计量用的电压互感器的准确度等级应选择0.5级。

③ 额定容量。额定容量应满足

$$S_{2e}\geqslant S_2$$

$$S_2=\sqrt{(\sum S_i\cos\varphi_{2i})^2+(\sum S_i\sin\varphi_{2i})^2}$$

$$=\sqrt{(\sum P_i)^2+(\sum Q_i)^2}$$

式中 S_{2e}——电压互感器在给定准确度等级下的二次侧额定容量，即额定容量，V·A；

S_2——电压互感器二次侧负荷的总容量，V·A；

S_i，P_i，Q_i，φ_{2i}——互感器二次侧连接各仪表的视在容量、有功容量、无功容量和功率因数角。

电压互感器V形和Y形两种接线每相负荷的计算公式分别见表10-23和表10-24。

④ 检验二次侧回路电压降。详见第18例。

表 10-23 电压互感器V形接线时每相负荷的计算

接线圈	矢量图	相别	名称	负荷
U, V, W, u, v, w, S_{uv}, S_{vw}	$\dot{U}_{UV}$, $\dot{U}_{VW}$	UV	有功	$P_{UV}=S_{uv}\cos\varphi_{uv}$
			无功	$Q_{UV}=S_{uv}\sin\varphi_{uv}$
		VW	有功	$P_{VW}=S_{vw}\cos\varphi_{vw}$
			无功	$Q_{VW}=S_{vw}\sin\varphi_{vw}$
U, V, W, u, v, w, S_u, S_v, S_w	$\dot{U}_U$, $\dot{U}_{UV}$, $\dot{U}_W$, $\dot{U}_V$, $\dot{U}_{VW}$	UV	有功	$P_{UV}=\sqrt{3}S_{uv}\cos(\varphi_{uv}+30^\circ)$
			无功	$Q_{UV}=\sqrt{3}S_{uv}\sin(\varphi_{uv}+30^\circ)$
		VW	有功	$P_{VW}=\sqrt{3}S_{vw}\cos(\varphi_{vw}-30^\circ)$
			无功	$Q_{VW}=\sqrt{3}S_{vw}\sin(\varphi_{vw}-30^\circ)$

续表

接线圈	矢量图	相别	名称	负荷
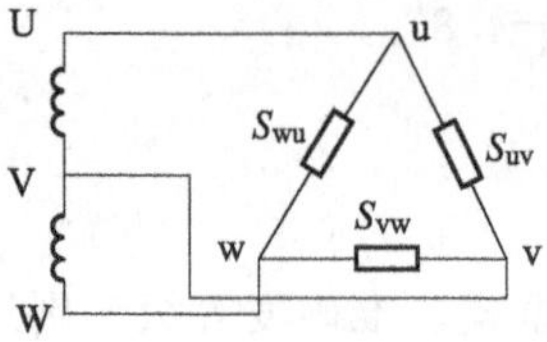	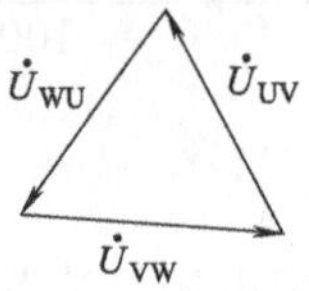	UV	有功	$P_{UV}=S_{uv}\cos\varphi_{uv}+S_{wu}\cos(\varphi_{wu}+60°)$
			无功	$Q_{UV}=S_{uv}\sin\varphi_{uv}+S_{wu}\sin(\varphi_{wu}+60°)$
		VW	有功	$P_{VW}=S_{vw}\cos\varphi_{vw}+S_{wu}\cos(\varphi_{wu}-60°)$
			无功	$Q_{VW}=S_{vw}\sin\varphi_{vw}+S_{wu}\sin(\varphi_{wu}-60°)$

表 10-24　电压互感器 Y 形接线时每相负荷的计算

接线图	相量图	相别	名称	负荷
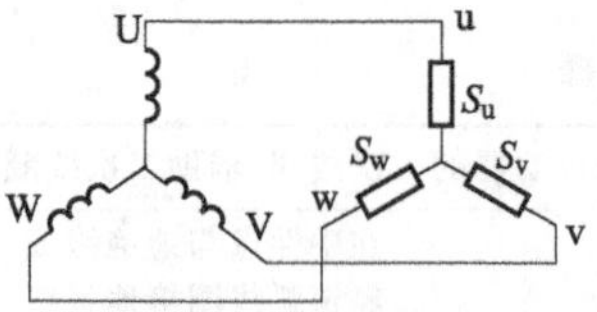	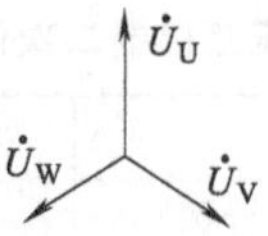	U	有功	$P_U=S_u\cos\varphi_u$
			无功	$Q_U=S_u\sin\varphi_u$
		V	有功	$P_V=S_v\cos\varphi_v$
			无功	$Q_V=S_v\sin\varphi_v$
		W	有功	$P_W=S_w\cos\varphi_w$
			无功	$Q_W=S_w\sin\varphi_w$
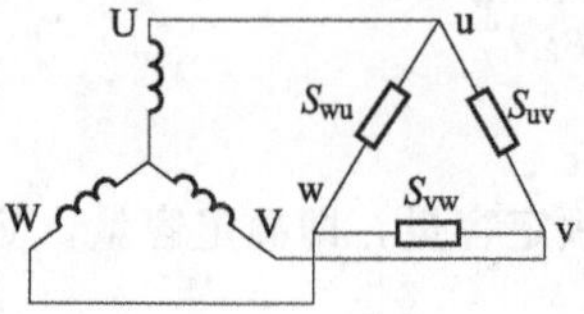	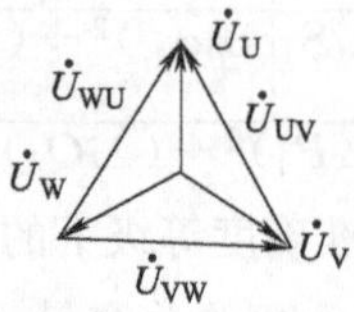	U	有功	$P_U=\frac{1}{\sqrt{3}}[S_{uv}\cos(\varphi_{uv}-30°)+S_{wu}\sin(\varphi_{wu}+30°)]$
			无功	$Q_U=\frac{1}{\sqrt{3}}[S_{uv}\sin(\varphi_{uv}-30°)+S_{wu}\sin(\varphi_{wu}+30°)]$
		V	有功	$P_V=\frac{1}{\sqrt{3}}[S_{uv}\cos(\varphi_{uv}+30°)+S_{vw}\cos(\varphi_{vw}-30°)]$
			无功	$Q_V=\frac{1}{\sqrt{3}}[S_{uv}\sin(\varphi_{uv}+30°)+S_{vw}\cos(\varphi_{vw}-30°)]$
		W	有功	$P_W=\frac{1}{\sqrt{3}}[S_{vw}\cos(\varphi_{vw}+30°)+S_{wu}\cos(\varphi_{wu}-30°)]$
			无功	$Q_W=\frac{1}{\sqrt{3}}[S_{vw}\sin(\varphi_{vw}+30°)+S_{wu}\sin(\varphi_{wu}-30°)]$
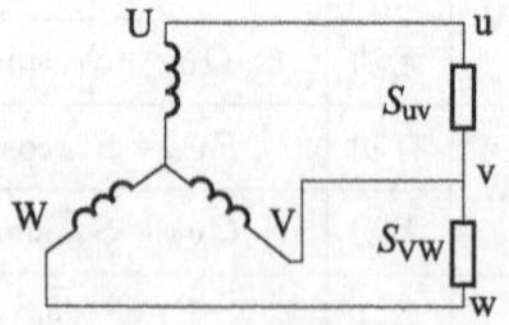	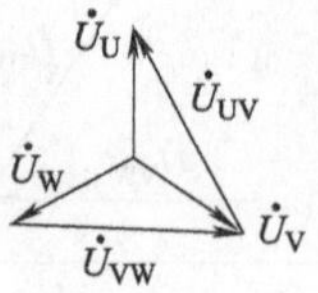	U	有功	$P_U=\frac{1}{\sqrt{3}}S_{uv}\cos(\varphi_{uv}-30°)$
			无功	$Q_U=\frac{1}{\sqrt{3}}S_{uv}\sin(\varphi_{uv}-30°)$
		V	有功	$P_V=\frac{1}{\sqrt{3}}[S_{uv}\cos(\varphi_{uv}+30°)+S_{vw}\cos(\varphi_{vw}-30°)]$
			无功	$Q_V=\frac{1}{\sqrt{3}}[S_{uv}\sin(\varphi_{uv}+30°)+S_{vw}\sin(\varphi_{vw}-30°)]$
		W	有功	$P_W=\frac{1}{\sqrt{3}}S_{vw}\cos(\varphi_{vw}+30°)$
			无功	$Q_W=\frac{1}{\sqrt{3}}S_{vw}\sin(\varphi_{vw}+30°)$

(2) 实例

某厂变电所 3kV 进线母线上欲装 2 只单相电压互感器，接成 V 形，负荷为有功电能表、无功电能表和有功功率表各 2 只，无功功率表一只，以及电压表 2 只，试选择电压互感器。

解 ① 将所有仪表的消耗功率等数据列于表 10-25 中。

② 由表 10-25 得电压互感器最大一相负载为

$$S_{uv}=S_{vw}=S_{uv}=S_{uw}=\sqrt{P_{uv}^{2}+Q_{uv}^{2}}$$
$$=\sqrt{9.03^{2}+5.72^{2}}=10.69(V\cdot A)$$

试选准确度为 0.5 级的 JDJ-6 型电压互感器，其额定容量为 30V·A，能满足仪表所需的要求。

表 10-25　所有仪表的有关数据

仪表名称	仪表中电压线圈数	仪表数目	每只线圈的功率/V·A		仪表的 $\cos\varphi_2$	仪表的 $\sin\varphi_2$	UV 相		VW 相	
			每只仪表	小计			P_{uv}/W	Q_{uv}/W	P_{vw}/W	Q_{vw}/W
有功电能表 DS1	2	2	1.5	3	0.38	0.952	1.14	2.86	1.14	2.86
无功电能表 DX1	2	2	1.5	3	0.38	0.952	1.14	2.86	1.14	2.86
有功功率表 1D1-W	2	2	0.75	1.5	1	0	1.5	0	1.5	0
无功功率表 1D1-var	2	1	0.75	0.75	1	0	0.75	0	0.75	0
电压表 1T1	1	2	4.5	9	1	0	4.5	—	4.5	—
总计							9.03	5.72	9.03	5.72

20. 线路电流速断保护的一次侧动作电流及灵敏度计算

(1) 计算公式

电流速断保护的灵敏度是以其保护区的长度与被保护线路全长之比来表示的，即

$$K_{m}=\frac{L_{b}}{L}\times 100\%$$

式中　K_m——电流速断保护的灵敏度；

L_b——电流速断保护区的长度，km；

L——被保护线路的全长，km。

一般，在系统最大运行方式下电流速断保护区的长度达到被保护线路全长的 50%，即认为有良好的效果；而在系统最小运行方式下，当线路发生两相短路时能保护线路全长的 15%～20%，电流速断保护即可装设。

① 在系统最大运行方式下校验电流速断保护灵敏度的实用公式。在系统最大运行方式下发生三相短路时，电流速断保护区的长度可按下式计算（推导过程从略）：

$$L_{s\cdot max}=\frac{1}{K_{k}}\left[L-\frac{(K_{k}-1)X_{*x\cdot min}U_{p}^{2}}{X_{0}S_{j}}\right]$$

式中　$L_{s\cdot max}$——最大运行方式下的保护区长度，km；

K_k——可靠系数，取 1.2～1.3；

$X_{*x\cdot min}$——最大运行方式下系统电抗标幺值；

U_p——线路额定平均电压，kV；

S_j——基准容量（MV·A），一般取 100MV·A；

X_0——线路单位长度电抗（Ω/km），对于架空线路为0.4Ω/km。

最大运行方式下的灵敏度为

$$K_m=\frac{L_{s\cdot max}}{L}\times100\%$$

② 在系统最小运行方式下校验电流速断保护灵敏度的实用公式。在系统最小运行方式下发生两相短路时，电流速断保护区的长度可按下式计算：

$$L_{s\cdot min}=\frac{1}{K_k}\left[\frac{\sqrt{3}}{2}L-\frac{\left(K_kX_{*x\cdot max}-\frac{\sqrt{3}}{2}X_{*x\cdot min}\right)U_p^2}{X_0S_j}\right]$$

式中　$X_{*x\cdot max}$——最小运行方式下系统电抗标幺值。

最小运行方式下的灵敏度为

$$K_m=\frac{I_{s\cdot min}}{L}\times100\%$$

(2) 实例

某架空输电线路全长 L 为100km，额定平均电压 U_p 为63kV，系统参数 $X_{*x\cdot min}=1.6$，$X_{*x\cdot max}=1.65$。试计算该线路装设的电流速断保护装置的一次动作电流，并校检其灵敏度。

解　① 计算线路末端短路时最大短路电流。线路电抗标幺值 X_{*L} 为（取基准容量 $S_j=100MV\cdot A$）

$$X_{*L}=X_0L\frac{S_j}{U_p^2}=0.4\times100\times\frac{100}{63^2}=1.0$$

基准电流 I_j 为

$$I_j=\frac{S_j}{\sqrt{3}U_p}=\frac{100}{\sqrt{3}\times63}=0.917(kA)$$

线路末端短路时最大短路电流 $I_d^{(3)}$ 为

$$I_d^{(3)}=\frac{I_j}{X_{*L}+X_{*x\cdot min}}=\frac{0.917}{1.0+1.6}=0.35(kA)$$

② 计算电流速断保护装置一次动作电流 I_{dz}。

$$I_{dz}=K_kI_d^{(3)}=1.2\times0.35=0.42(kA)=420(A)$$

③ 计算在系统最大运行方式下，线路发生三相短路时电流速断保护区长度 $L_{s\cdot max}$。

$$L_{s\cdot max}=\frac{1}{K_k}\left[L-\frac{(K_k-1)X_{*x\cdot min}U_p^2}{X_0S_j}\right]$$

$$=\frac{1}{1.2}\times\left[100-\frac{(1.2-1)\times1.6\times63^2}{0.4\times100}\right]=57(km)$$

④ 计算系统最大运行方式下电流速断保护的灵敏度 K_m。

$$K_m=\frac{L_{s\cdot max}}{L}\times100\%=\frac{57}{100}\times100\%=57\%$$

⑤ 在系统最小运行方式下，线路发生两相短路时电流速断保护区长度 $L_{s\cdot min}$。

$$L_{s\cdot min}=\frac{1}{K_k}\left[\frac{\sqrt{3}}{2}L-\frac{\left(K_kX_{*x\cdot max}-\frac{\sqrt{3}}{2}X_{*x\cdot min}\right)U_p^2}{X_0S_j}\right]$$

$$=\frac{1}{1.2}\times\left[\frac{\sqrt{3}}{2}\times 100-\frac{\left(1.2\times 1.65-\frac{\sqrt{3}}{2}\times 1.6\right)\times 63^2}{0.4\times 100}\right]$$

$$=23(\text{km})$$

⑥ 计算系统最小运行方式下电流速断保护的灵敏度

$$K_m=\frac{L_{s\cdot\min}}{L}\times 100\%=\frac{23}{100}\times 100\%=23\%$$

从计算结果可见，该架空线路装设电流速断保护的效果是令人满意的。

21. 工厂 10kV 线路电流速断保护和过电流保护计算之一

【实例】 已知某工厂 10kV 架空线路最大负荷电流 I_{gh} 为 170A，电流互感器的变化 n_1 为 300/5，最大运行方式下线路末端三相短路超瞬变电流 $I''^{(3)}_{d\cdot\max}$ 为 4800A，试选择过电流保护和电流速断保护的保护装置和相关参数。

解 ① 保护装置的选择。根据系统情况，装设两只 GL-16 型过电流继电器，用于反时限过电流保护。该继电器具有电流速断及带时限过电流保护特性，采用不完全星形接线方式，其电路原理如图 10-17 所示。

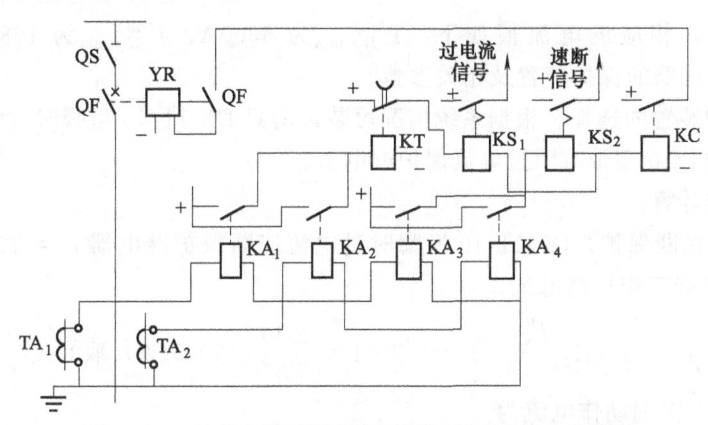

图 10-17 具有电流速断和定时限过电流保护电路原理

② 保护装置整定计算。对于过电流保护，动作电流应躲过线路最大负荷电流。

$$I_{dzj}=K_k K_{jx}\frac{I_{gh}}{K_h n_1}=1.3\times 1\times\frac{170}{0.8\times 60}=4.6(\text{A})$$

式中，可靠系数 K_k 选取见“利用电流互感器励磁特性曲线进行 10%误差校核的计算”项中的实例，接线系数 K_{jx} 取 1（用于不完全星形接线）。

保护装置的一次侧动作电流为

$$I_{dz}=I_{dzj}\frac{n_1}{K_{jx}}=4.6\times\frac{60}{1}=276(\text{A})$$

灵敏度校验如下：

$$K_m^{(2)}=K_{mxd}\frac{I''^{(3)}_{d\cdot\max}}{I_{dz}}=\frac{\sqrt{3}}{2}\times\frac{4800}{276}=15.1>1.5$$

满足要求。

式中　K_{mxd}——相对灵敏度系数，详见表10-27，本例取值为$\frac{\sqrt{3}}{2}$。

设本级出线保护动作时间为$t=0.3$s，则上级动作时间为$t'=t+\Delta t$。令$\Delta t=0.7$s，则

$$t'=0.3+0.7=1(\text{s})$$

电流速断保护的动作电流为

$$I_{dzj}=K_k K_{jx}\frac{I''^{(3)}_{d\cdot max}}{n_1}=1.5\times1\times\frac{4800}{60}=120(\text{A})$$

22. 工厂10kV线路电流速断保护和过电流保护计算之二

【实例】 某工厂10kV架空线路如图10-18所示。已知考虑电动机启动时的线路过负荷电流I_{gh}为300A。最大运行方式下，线路始端（d_1）三相短路超瞬变电流$I''^{(3)}_{d1\cdot max}$为6500A，线路末端（d_2）三相短路超瞬变电流$I''^{(3)}_{d2\cdot max}$为2020A，变压器二次侧（d_3）三相短路过电流时流过一次侧的超瞬变电流$I''^{(3)}_{d3\cdot max}$为810A。

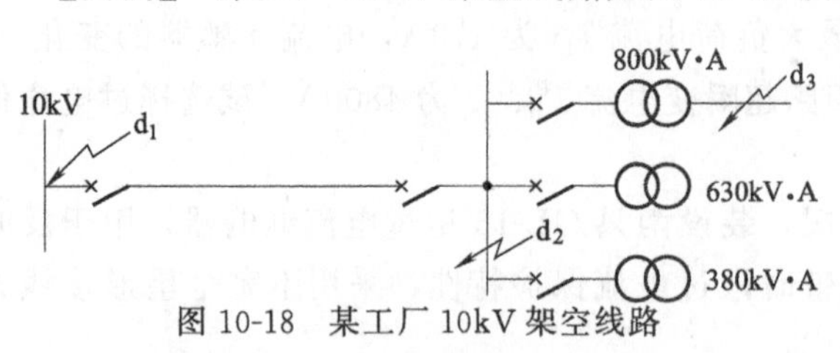

图10-18　某工厂10kV架空线路

最小运行方式下，相应的电流值如下：$I''^{(3)}_{d1\cdot min}$为5600A，$I''^{(3)}_{d2\cdot min}$为1980A，$I''^{(3)}_{d3\cdot min}$为750A。试选择该线路的保护装置及相关参数。

解　① 保护装置的选择。根据系统情况可装设两只DL-11/10型瞬时过电流速断保护继电器和两只DL-11/10型带时限过电流保护继电器。

② 保护整定计算。

a. 瞬时电流速断保护。DL-11/10型瞬时过电流速断保护继电器$n_1=400/5$，动作电流I_{dzj}应躲过线路末端三相短路电流。

$$I_{dzj}=K_k K_{jx}\frac{I''^{(3)}_{d2\cdot max}}{n_1}=1.2\times1\times\frac{2020}{400/5}=30.3(\text{A})(\text{取}32\text{A})$$

保护装置的一次侧动作电流为

$$I_{dz}=I_{dzj}\frac{n_1}{K_{jx}}=32\times\frac{400/5}{1}=2560(\text{A})$$

保护装置的灵敏度为

$$K^{(2)}_m=K_{mxd}\frac{I''^{(3)}_{d1\cdot min}}{I_{dz}}=\frac{\sqrt{3}}{2}\times\frac{5600}{2560}=1.9<2$$

可见，瞬时电流速断保护继电器不能满足灵敏系数要求，故应装设带时限电流速断保护。

b. 带时限电流速断保护。

保护装置动作电流为

$$I_{dzj}=K_k K_{jx}\frac{I''^{(3)}_{d3\cdot max}}{n_1}=1.3\times1\times\frac{810}{400/5}=13.2(\text{A})(\text{取}15\text{A})$$

保护装置一次动作电流为

$$I_{dz}=I_{dzj}\frac{n_1}{K_{ix}}=15\times\frac{80}{1}=1200(\text{A})$$

保护装置的灵敏度为

$$K_{\mathrm{m}}^{(2)}=K_{\mathrm{mxd}}\frac{I''^{(3)}_{\mathrm{d1}\cdot\min}}{I_{\mathrm{dz}}}=\frac{\sqrt{3}}{2}\times\frac{5600}{1200}=4.04>2$$

满足要求。

保护装置动作时限取0.5s。

③ 过电流保护。动作电流应躲过线路最大负荷电流（考虑电动机启动），并与下级变压器过电流保护装置的动作电流相配合。

a. 按躲过最大负荷电流条件计算保护装置的动作电流 I_{dzj}。

$$I_{\mathrm{dzj}}=K_{\mathrm{k}}K_{\mathrm{jx}}\frac{I_{\mathrm{gh}}}{K_{\mathrm{h}}n_1}=1.2\times1\times\frac{300}{0.85\times80}=5.3(\mathrm{A})$$

b. 按与下级变压器过电流保护装置的动作电流相配合，计算保护装置的动作电流。变压器过电流保护装置的动作电流 I'_{dzj} 为

$$I'_{\mathrm{dzj}}=K_{\mathrm{gh}}\frac{I_{\mathrm{ed}}}{n'_1}=4\times\frac{46}{150/5}=6.1(\mathrm{A})$$

式中 K_{gh}——过负荷系数，取4；

I_{eb}——最大一台变压器的额定电流（A），本例 $I_{\mathrm{eb}}=46\mathrm{A}$；

n'_1——变压器过电流保护用电流互感器变比，本例为150/5。

线路过电流保护装置的动作电流为

$$I_{\mathrm{dzj}}=K_{\mathrm{k}}I'_{\mathrm{dzj}}\frac{n'_1}{n_1}=1.2\times6.1\times\frac{30}{80}=2.7(\mathrm{A})$$

由于前者计算结果大于后者，故按前者计算结果整定，取6A。

保护装置一次侧动作电流为

$$I_{\mathrm{dz}}=I_{\mathrm{dzj}}\frac{n_1}{K_{\mathrm{jx}}}=6\times\frac{80}{1}=480(\mathrm{A})$$

在线路末端发生两相短路故障时，保护装置的灵敏度为

$$K_{\mathrm{m}}^{(2)}=K_{\mathrm{mxd}}\frac{I^{(3)}_{\mathrm{d2}\cdot\min}}{I_{\mathrm{dz}}}=\frac{\sqrt{3}}{2}\times\frac{1980}{480}=3.6>1.5$$

在变压器后发生三相短路故障时，保护装置的灵敏度为

$$K_{\mathrm{m}}^{(3)}=K_{\mathrm{mxd}}\frac{I^{(3)}_{\mathrm{d3}\cdot\min}}{I_{\mathrm{dz}}}=\frac{\sqrt{3}}{2}\times\frac{750}{480}=1.35>1.2$$

因此满足要求。

保护装置的动作时限应与配电变压器（800kV·A）GL型继电器的反时限部分相配合，取1.2s。

23. 农网10kV线路电流速断保护和过电流保护计算

（1）计算公式

农网10kV配电线路常见的接线多为树枝形式，即一条线路接有多台配电变压器，如图10-19所示。

作为10kV线路的保护，首端设有电流速断保护装置和过电流保

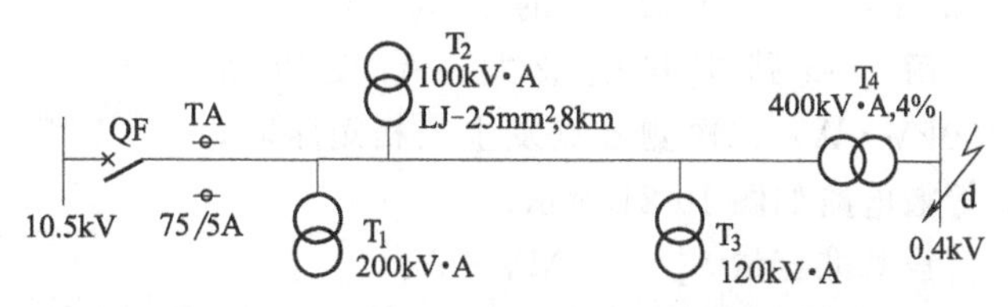

图10-19 农网10kV配电线路的接线形式

护装置。

① 电流速断保护。为了使处于电力系统末端的10kV线路电流速断保护获得较满意的效果，可以采用线路-变压器组的模式来计算保护整定值。即按躲过线路上容量最大一台变压器低压侧短路时的最大短路电流来整定。这样，电流速断保护就能保护整条线路。计算公式如下：

$$I_{dzj}=\frac{K_k K_{jx} I''^{(3)}_{db\cdot max}}{n_1}$$

式中 I_{dzj}——电流速断保护装置的动作电流整定值，A；

$I''^{(3)}_{db\cdot max}$——系统最大运行方式下，容量最大一台变压器二次侧短路超瞬变电流，A；

n_1——电流互感器变比；

K_k——可靠系数，取 $K_k=1.2$；

K_{jx}——接线系数。

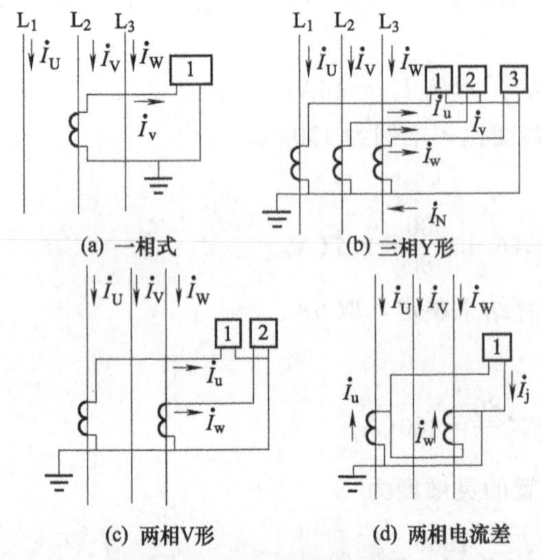

图 10-20 电流互感器与电流继电器的四种接线方式

接线系数的取值与电流互感器和电流继电器的连接方式有关。电流互感器与电流继电器的四种接线方式分别如图10-20(a)～(d)所示。对于一相式、三相Y形和两相V形，三相短路时 $K_{jx}=1$；对于两相电流差接线，三相短路时，$K^{(3)}_{jx}=\sqrt{3}$，UW两相短路时，$K^{(2)}_{jx}=2$，UV和VW两相短路时，$K^{(2)}_{jx}=1$。

接线系数也可以计算求得，计算公式为

$$K_{jx}=I_j/I_z$$

式中 I_j——实际流入继电器的电流，A；

I_z——电流互感器的二次侧电流，A。

② 过电流保护。较实用的整定方法是：整定的动作电流应躲过线路最大负荷电流，并兼顾控制灵敏度。规程要求，过电流保护的灵敏度 K_m 应小于1.5。当灵敏度过高时，可增大保护装置的动作电流来降低灵敏度。一般 K_m 控制在2～3较为理想。保护装置的动作电流适当增大，当线路的最大负荷发生变动时，也不必频繁调整动作电流值。

(2) 实例

某10kV线路如图10-19所示。试计算电流速断保护装置和过电流保护装置的动作值。已知线路首端系统的电抗标幺值为 $X_{*x\cdot min}=4.2$（最大运行方式）和 $X_{*x\cdot max}=4.5$（最小运行方式）。电流互感器变化 n_1 为75/5A，接于相电流。架空线路全长为8km，单位电抗为0.4Ω/km。变压器 T_2 的 $U_d\%=4$。

解 线路中容量最大一台变压器(400kV·A)二次侧d点发生三相短路时，其等效电路如图10-21所示。

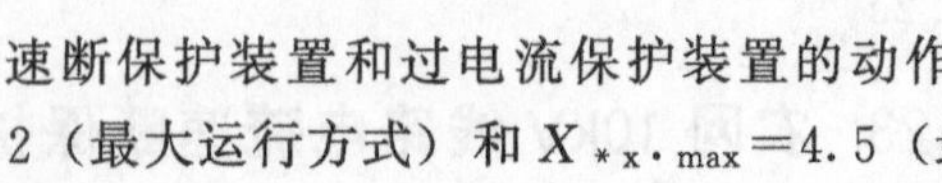

X_x $X_{*x\cdot min}=4.2$ $X_{*x\cdot max}=4.5$ $\frac{1}{2.902}$ X_1 $\frac{2}{10}$ X_2 d

图 10-21 图10-19中的d点短路时的等效电路图

设基准容量 $S_j=100\text{MV}\cdot\text{A}$。

① 计算短路回路中各元件的电抗标

么值。

$$\text{线路 } X_{*1}=X_0 L\frac{S_j}{U_p^2}=0.4\times 8\times\frac{100}{10.5^2}=2.902$$

$$\text{变压器 } X_{*2}=\frac{U_d\%}{100}\times\frac{S_j}{S_e}=\frac{4}{100}\times\frac{100}{0.4}=10$$

② 计算 d 点发生短路时，流过线路的短路电流。

取 $U_j=10.5\text{kV}$，有

$$I_j=\frac{S_j}{\sqrt{3}U_j}=\frac{100}{\sqrt{3}\times 10.5}=5.5(\text{kA})$$

a. 系统最大运行方式时：

d 点短路电路总电抗为

$$X_{*\Sigma}=X_{*\text{xmin}}+X_{*1}+X_{*2}=4.2+2.902+10=17.102$$

稳态短路电流为

$$I_{\infty d}=\frac{I_j}{X_{*\Sigma}}=\frac{5.5}{17.102}=0.322(\text{kA})$$

超瞬变短路电流为

$$I''_d=I_{\infty d}=0.322(\text{kA})$$

b. 系统最小运行方式时：

d 点短路电路总电抗为

$$X_{*\Sigma}=X_{*\text{xmax}}+X_{*1}+X_{*2}=4.5+2.902+10=17.402$$

稳态短路电流为

$$I_{\infty d}=\frac{I_j}{X_{*\Sigma}}=\frac{5.5}{17.402}=0.316(\text{kA})$$

③ 计算电流速断保护电流继电器的动作电流（整定值）。

$$I_{dzj}=K_k K_{jx}\frac{I''_{d\cdot\max}}{n_1}=1.2\times 1\times\frac{322}{75/5}=25.8(\text{A})$$

由于电流互感器接于相电流，故接线系数 $K_{jx}=1$。

④ 计算过电流保护继电器动作电流（整定值）。如线路的最大负荷为 260kW，功率因数为 0.8，过电流保护电流继电器的动作电流（整定值）为

$$I_{dzj}=K_k K_{jx}\frac{I_{gh}}{K_h n_1}=1.2\times 1\times\frac{260/(\sqrt{3}\times 10.5\times 0.8)}{0.85\times 75/5}$$
$$=1.68(\text{A})$$

继电器返回系数 K_h 取 0.85。

此时过电流保护继电器的灵敏度为

$$K_m^{(2)}=K_{mxd}\frac{I^{(3)}_{d\cdot\min}}{I_{dz}}=K_{mxd}K_{jx}\frac{I^{(3)}_{d\cdot\min}}{I_{dzj}n_1}$$
$$=\frac{\sqrt{3}}{2}\times 1\times\frac{316}{1.68\times 75/5}=10.86$$

⑤ 按灵敏度选择动作电流（整定值）。当过电流保护继电器的灵敏度取 $K_m=3$ 时，过电流保护的动作电流为

$$I_{dzj}=\frac{I_{d \cdot min}^{(3)}}{K_m n_1}=\frac{316}{3\times75/5}=7.0(A)$$

此时相应的最大负荷为

$$I_{gh}=K_h n_1 \frac{I_{dzj}}{K_k K_{jx}}=0.85\times(75/5)\times\frac{7}{1.2\times1}=74.4(A)$$

最大负荷功率为

$$P_{gh}=\sqrt{3}I_{gh}U_p\cos\varphi=\sqrt{3}\times74.4\times10.5\times0.8$$
$$=1082(kW)$$

这样，即使线路上所有变压器都带满负荷，过电流保护装置的电流整定值也不用改动。所以本线路过电流保护继电器的动作电流整定值为7A较为合适。

24. 中心点不接地系统零序电流保护计算之一

(1) 单相接地电容电流的估算

① 架空线路单相接地电容电流 I_C：

$$I_C=1.1\times(2.7\sim3.3)U_e L\times10^{-3}$$

式中 U_e——线路额定线电压，kV；

L——线路长度，km；

2.7——系数，用于无避雷线线路；

3.3——系数，用于有避雷线线路；

1.1——采用水泥杆或铁塔而导致电容电流的增值系数。

对于6kV线路，单相接地电容电流约为0.0179A/km；对于10kV线路，约为0.0313A/km；对于35kV线路，约为0.1A/km。

需要指出：a. 双回线路的电容电流为单回线路的1.4倍（6～10kV线路）；b. 实测表明，夏季电容电流比冬季增值约10%；c. 由变电所中电力设备所引起的电容电流增值可按表10-26进行估算。

表 10-26 由变电所电力设备引起的电容电流增值估算表

额定电压/kV	6	10	35	110	220
电容电流增值/%	18	16	13	10	8

② 电缆线路单相接地电容电流 I_C。在同样的电压下，油浸纸绝缘电缆线路，每千米的电容电流约为架空线路的25倍（三芯电缆）和50倍（单芯电缆）。每千米电缆线路单相接地电容电流也可按以下公式估算：

6kV 电缆线路
$$I_C=\frac{95+3.1S}{2200+6S}U_e$$

10kV 电缆线路
$$I_C=\frac{95+1.2S}{2200+0.23S}U_e$$

式中 I_C——单位长度接地电容电流，A/km；

S——电缆芯线的标称截面积，mm^2；

U_e——线路额定线电压，kV。

对于交联聚乙烯绝缘电缆，每千米接地电容电流为油浸纸绝缘电缆的1.2～1.4倍。

③ 架空线和电缆混合线路单相接地电流 I_C。

$$I_C=\frac{U_e(L_k+35L_C)}{350}=\frac{U_eL_K}{350}+\frac{U_eL_C}{10}$$

式中 L_k——在同一额定电压 U_e 下具有电联系的架空线路总长度，km；

L_C——在同一额定电压 U_e 下具有电联系的电缆线路总长度，km。

(2) 零序电流保护电路原理及计算

① 保护原理。零序电流保护，是利用故障相的零序电流较非故障相大的特点，使其实现预告信号或使保护装置动作。

对于架空线路，采用零序电流滤过器（包括零序电流互感器），其电路原理如图 10-22 (a) 所示；对于电缆线路，常采用零序电流互感器，其电路原理如图 10-22 (b) 所示。

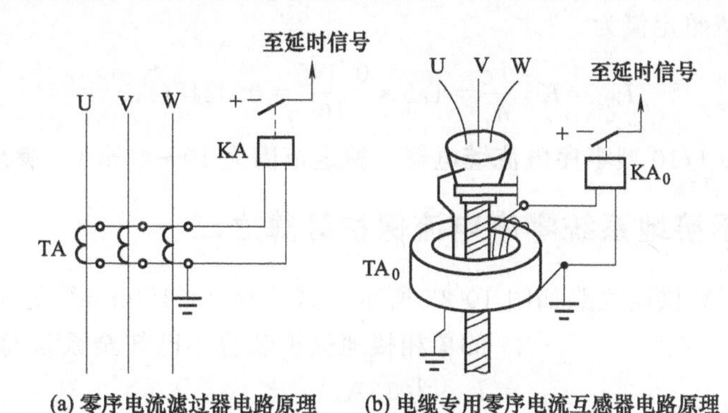

图 10-22 零序电流保护电路原理图

② 保护装置参数计算。保护装置动作电流的整定。

一次侧动作电流计算公式：

$$I_{dz}=K_kI_C=3K_kU_x\omega C_0$$

式中 K_k——可靠系数，对瞬时动作的保护，取 4～5；对带时限动作的保护，取 1.5～2；

U_x——电缆线路相电压，V；

C_0——电缆线路每相对地电容，F；

ω——电源角频率，$\omega=2\pi f$，f 为电源频率，Hz。

二次侧动作电流整定值（保护继电器经互感器相连）为

$$I_{dzj}=K_k\frac{I_C}{n_1}$$

式中 n_1——电流互感器的变比。

③ 灵敏度校验。

$$K_m^{(1)}=\frac{I_{C\Sigma}-I_C}{I_{dzj}}\geqslant 1.25\sim 1.5$$

式中 $I_{C\Sigma}$——全系统总的短路电容电流，A；

1.25，1.5——适用于电缆线路和架空线路。

当保护装置不能满足灵敏度要求时，可采用带短时限过电流继电器，其延时时间一般为 0.5～1s。

上述的 $I_{C\Sigma}$ 和 I_C 最好按实测数据，无实测数据时，可按电路类型采用相应的计算公式计算。

需要指出，在计算中还要考虑到所涉及变配电设备引起的电容电流增值和计及直接接地的电力电容器的电容电流。

(3) 实例

某空气压缩机站的一台主风机配 2800kW 电动机，电路额定电压为 6.3kV，用 YJV22-6-3×240 型电缆配电，从配电室至电动机的距离 L 为 100m，实测电动机所在系统接地电容电流为 20A，试选择电缆的零序保护装置。

解 由于接地电容电流为 20A，故可选用零序电流互感器的变比为 50/5。

当同一系统中其他回路发生单相接地故障时，流过零序电流互感器的一次侧电容电流为

$$I_C=\frac{95+3.1S}{2200+6S}U_eL=\frac{95+3.1\times240}{2200+6\times240}\times6.3\times0.1=0.145(A)$$

二次侧动作电流整定值为

$$I_{dzj}=K_k\frac{I_C}{n_1}=1.5\times\frac{0.145}{10}=0.0218(A)$$

因此可选用 DD-1/10 型零序电流继电器，整定范围为 10～40mA，满足电路保护要求。

25. 中心点不接地系统零序电流保护计算之二

【实例】 某 10kV 供电线路如图 10-23 所示，试选择 $3\times150mm^2$ 交联聚乙烯绝缘电缆的单相接地保护装置。已知全系统总的接地电容电流 $I_{C\Sigma}$ 为 13A。

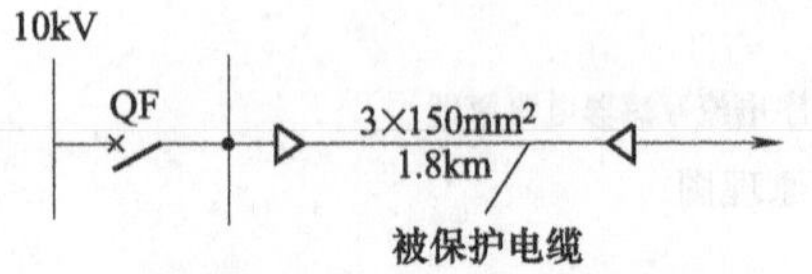

图 10-23 某 10kV 供电线路

解 ① 求电缆单相接地电容电流。10kV 交联聚乙烯绝缘电缆单相接地电容电流为

$$I_{Cz}=1.4\times\frac{95+1.2S}{2200+0.23S}U_eL$$

$$=1.4\times\frac{95+1.2\times150}{2200+0.23\times150}\times10\times1.8=3.1(A)$$

② 计算保护装置一次动作电流。

$$I_{dz}=K_kI_{Cz}=4\times3.1=12.4(A)$$

③ 灵敏度校验。

$$K_m^{(1)}=\frac{I_{C\Sigma}-I_{Cz}}{I_{dz}}=\frac{13-3.1}{12.4}=0.8<1.25$$

由于所选保护装置灵敏度未满足要求，故改用带时限过电流继电器，这时

$$I_{dz}=K_kI_{Cz}=2\times3.1=6.2(A)$$

$$K_m^{(1)}=\frac{I_{C\Sigma}-I_{Cz}}{I_{dz}}=\frac{13-3.1}{6.2}=1.6>1.25$$

满足要求。

采用 LJ 型零序电流互感器及 DL-11/20 型过电流继电器，动作电流取 6A，短延时时间为 0.5s。

26. 中心点不接地系统零序电流保护计算之三

【实例】 某工厂变电所 10kV 架空线路长 3.5km，配出高压电缆长 2km，变电所中每相配有一只 BW10.5-16-1 型电力电容器。在某一配出回路中采用零序继电器保护，该回路 10kV 电缆长 400m。试选择零序保护装置。

解 ① 单相接地电容的计算。

架空线路单相接地电容电流为

$$I_{C1}=\frac{U_eL_1}{350}=\frac{10\times3.5}{350}=0.1(A)$$

电缆线路单相接地电容电流为

$$I_{C2}=\frac{U_eL_2}{10}=\frac{10\times2}{10}=2(A)$$

若变电设备引起的接地电容电流增值为18%，则得到电网总的接地电容电流为

$$I'_{C\Sigma}=(I_{C1}+I_{C2})\times1.18=(0.1+2)\times1.18=2.48(A)$$

400m 10kV 配出回路的接地电容电流为

$$I_C=\frac{U_eL_3}{10}=\frac{10\times0.4}{10}=0.4(A)$$

BW10.5-16-1 型电容器的电容器 $C_o=0.46\mu F$。在额定电压为 10kV 的电网中运行时，电容电流为

$$\begin{aligned}I_{Ce}&=\sqrt{3}U_e\omega C_o=\sqrt{3}U_e2\pi fC_o\\&=\sqrt{3}\times10\times10^3\times2\pi\times50\times0.46\times10^{-6}=2.5(A)\end{aligned}$$

因此，系统总的接地电容电流为

$$I_{C\Sigma}=I'_{C\Sigma}+I_{Ce}=2.48+2.5=4.98(A)$$

② 求保护装置一次动作电流整定值（不用零序电流互感器）。

$$I_{dzj}=K_kI_C=\begin{cases}2\times0.4=0.8(A)\ (\text{保护动作带时限})\\5\times0.4=2(A)\ (\text{保护动作不带时限})\end{cases}$$

③ 灵敏度校验。

$$\begin{aligned}K_m&=\frac{I_{C\Sigma}-I_C}{I_{dzj}}\\&=\begin{cases}\dfrac{4.98-0.4}{0.8}=5.73>1.25(\text{保护装置带时限过流继电器})\\\dfrac{4.98-0.4}{2}=2.29>1.25(\text{保护装置不带时限过流继电器})\end{cases}\end{aligned}$$

能满足灵敏度要求。

可选用 DD-11 型零序电流继电器。

27. 变压器电流速断保护计算

(1) 电路原理及计算公式

① 电路原理。电流速断保护只能作为变压器一次侧故障时的保护，而不能用于二次侧故障时的保护，其电路原理如图 10-24 所示。

电流速断保护的动作电流，应躲过变压器二次侧的最大短路电流和变压器空载合闸时的涌流。根据经验，当速断保护装置的一次侧动作电流比油浸式变压器额定电流大 3～5 倍或比干式变压器额定电流大 8～10 倍时，空载合闸电流就不会对速断保护装置造成误动作。

② 计算公式。

a. 电流速断保护装置动作电流的整定值可用下式计算：

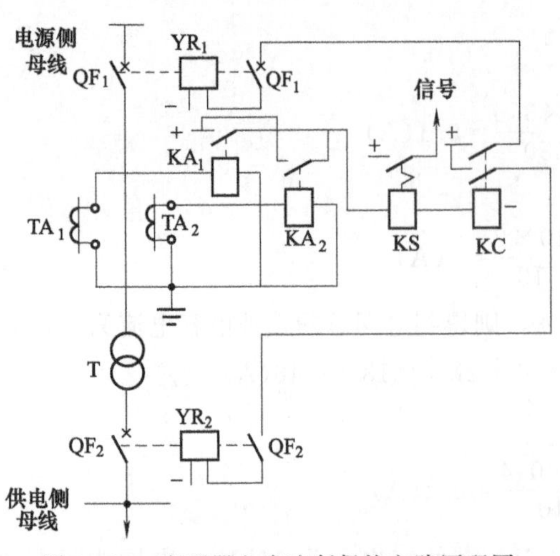

图 10-24 变压器电流速断保护电路原理图

$$I_{\mathrm{dzj}}=K_{\mathrm{k}}K_{\mathrm{jx}}\frac{I''^{(3)}_{\mathrm{dz\cdot max}}}{n_1}$$

式中 I_{dzj}——动作电流整定值，A；

K_{k}——可靠系数，DL 型为 1.3，GL 型为 1.5；

K_{jx}——接线系数，接于相电流时取 1，接于相电流差时取$\sqrt{3}$；

$I''^{(3)}_{\mathrm{dz\cdot max}}$——最大运行方式下变压器二次侧三相短路时，流过一次侧（保护安装处）的超瞬变电流（A），为 $(15\sim18)I_{\mathrm{eb}}$；

n_1——电流互感器变比。

b. 灵敏度校验。灵敏度 K_{m} 应满足下式要求：

$$K_{\mathrm{m}}^{(2)}=K_{\mathrm{mxd}}\frac{I''^{(3)}_{\mathrm{d1\cdot min}}}{I_{\mathrm{dz}}}\geqslant 2$$

式中 K_{mxd}——相对灵敏系数，各种接线方式和故障类型的相对灵敏度系数见表 10-27；

$I''^{(3)}_{\mathrm{d1\cdot min}}$——最小运行方式下变压器一次侧三相次暂态短路电流，A；

I_{dz}——保护装置一次侧动作电流（A），$I_{\mathrm{dz}}=\dfrac{I_{\mathrm{dzj}}n_1}{K_{\mathrm{jx}}}$。

表 10-27 各种接线方式和故障类型的相对灵敏系数 K_{mxd}

接线方式		中性线上接入电流继电器的不完全星形接线	完全星形接线方式	不完全星形接线方式	两相电流差接线方式
故障类型		线路上保护装置安装处发生故障			
三相短路	U-V-W	1	1	1	1
两相短路	U-V				0.5
	V-W	$\frac{\sqrt{3}}{2}$	$\frac{\sqrt{3}}{2}$	$\frac{\sqrt{3}}{2}$	
	W-U				1
故障类型		在 Yyn0 接线变压器后发生故障			
三相短路	U-V-W	1	1	1	1
两相短路	U-V				0.5
	V-W	$\frac{\sqrt{3}}{2}$	$\frac{\sqrt{3}}{2}$	$\frac{\sqrt{3}}{2}$	
	W-U				1
单相短路	U			$\frac{2}{3}$	$\frac{1}{3}$
	W	$\frac{2}{3}$	$\frac{2}{3}$		
	V			$\frac{1}{3}$	0
故障类型		在 Y,d11 接线变压器后发生故障			
三相短路	U-V-W	1	1	1	1
两相短路	U-V			0.5	0
	V-W	1	1	1	$\frac{\sqrt{3}}{2}$
	W-U				

（2）实例

某供电系统如图 10-25（a）所示，其标幺值电抗等效电路如图 10-25（b）所示。试选

择配电变压器 T_2 的电流速断保护装置。电流速断装置安装在母线 M_1 处。已知母线 M_2 三相短路时，流过保护装置的最大超瞬变电流 $I''^{(3)}_{d2\cdot max}$ 为 1784A；母线 M_1 两相短路时，最小超瞬变电流 $I''^{(3)}_{d1\cdot min}$ 为 12488A。电流互感器变比为 150/5。

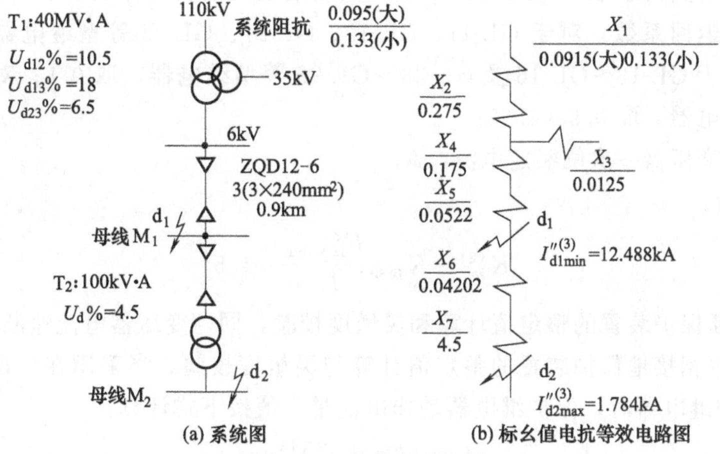

图 10-25　某供电系统图

解　选用 DL-11 型电流继电器，接相电流。

电流速断保护继电器动作电流应躲过变压器二次侧三相最大短路电流。电流速断保护继电器二次侧动作电流 I_{dzj} 为

$$I_{dzj}=K_kK_{jx}\frac{I''^{(3)}_{d2\cdot max}}{n_1}=1.3\times1\times\frac{1784}{30}=77.3(A)(选定为77A)$$

电流速断保护继电器的一次侧动作电流为

$$I_{dz}=I_{dzj}\frac{n_1}{K_{jx}}=77\times\frac{150}{5}=2310(A)$$

灵敏度校验如下：

$$K_m^{(2)}=\frac{I''^{(3)}_{d1\cdot min}}{I_{dz}}=\frac{12488}{2310}=5.4>2$$

满足要求。

电流继电器的额定电流规格应选 100A，可选用 DL-11/100 型电流继电器。

根据实际经验，对于 3～10/0.4kV 配电变压器，在满足短路动稳定、热稳定及电流互感器 10%误差曲线的前提下，可按表 10-28 选择一次侧电流互感器的变比。

表 10-28　变压器一次侧电流互感器变比的选择

变压器容量/kV·A	500	630	800	1000	1250	1600
一次侧为 6kV 的变压器	75/5	100/5	100/5	150/5	200/5	200/5
一次侧为 10kV 的变压器	50/5	50/5	75/5	75/5	100/5	150/5

用于过电流保护的电流继电器额定电流应选用 10A；用于速断保护的电流继电器额定电流应选用 100A。若用反时限过电流保护，可选用 GL-11/10 型或 LL-11A/10 型电流继电器，一般都能满足保护动作电流整定值的要求。

28. 变压器过电流保护装置、电流速断保护装置和单相接地保护装置计算

(1) 计算公式

① 过电流保护继电器动作电流整定值的计算公式：

$$I_{dzj}=K_kK_{jx}\frac{K_{gh}I_{1eb}}{K_hn_1}$$

式中 K_{gh}——过负荷系数，一般取2～3，当无自启动电动机时，取1.3～1.5；

K_h——返回系数，对于GL-11、GL-12、GL-21、GL-22等型继电器，取0.85；对于GL-13～GL-16及GL-23～GL-26等型继电器，取0.8；对于晶体管型继电器，取0.9～0.95；

I_{1eb}——变压器一次侧额定电流，A。

灵敏度校验：

$$K_m^{(2)}=K_{mxd}\frac{I_{d2\cdot min}^{(3)}}{I_{dz}}\geqslant 1.5$$

② 电流速断保护装置的整定值计算和灵敏度校验，同“变压器电流速断保护计算”项。

③ 二次侧单相接地保护装置的整定值计算与灵敏度校验。当采用在二次侧中性线上装设专用零序保护继电器时，保护继电器动作电流整定值按下式计算：

$$I_{dzj}=K_k\frac{0.25I_{2eb}}{n_1}$$

式中 I_{2eb}——变压器二次侧额定电流，A。

灵敏度校验：

$$K_m=\frac{I_{d22\cdot min}^{(1)}}{I_{dz}}\geqslant 2$$

式中 $I_{d22\cdot min}^{(1)}$——最小运行方式下变压器二次侧母线或母干线末端单相接地稳态短路电流，A。

（2）实例

有一台Yyn0连接的S9-800kV·A型车间配电变压器。已知变压器一次侧额定电流为46A，二次侧额定电流为1155A，过负荷系数为3。设系统电源容量为无穷大，稳态短路电流等于超瞬变短路电流。在最小运行方式下，一次侧三相短路电流$I_{d1\cdot min}^{(3)}$为3150A，二次侧三相短路电流归算到一次侧的电流$I_{d2\cdot min}^{(3)}$为724A。在最大运行方式下，二次侧三相短路电流归算到一次侧的电流$I_{d2\cdot max}^{(3)}$为832A。在最小运行方式下，二次侧母线单相接地短路电流$I_{d22\cdot min}^{(1)}$为6700A。试选择变压器的保护装置。

解 ① 保护装置的选择。

a. 选择过电流保护兼作电流速断保护装置。由两个GL-11型继电器和两个变比为150/5的电流互感器组成。

b. 选择二次侧单相接地保护装置。由一个GL-11型继电器和一个变比为300/5的电流互感器组成。

c. 瓦斯保护。

② 保护装置整定值计算。

a. 过电流保护继电器动作电流整定值计算。动作电流应躲过可能出现的最大负荷电流。

保护继电器二次侧动作电流：

$$I_{dzj}=K_kK_{jx}\frac{K_{gh}I_{1eb}}{K_hn_1}=1.3\times 1\times\frac{3\times 46}{0.85\times 30}=7.04(A)(取7A)$$

保护装置一次侧动作电流：

$$I_{dz}=I_{dzj}\frac{n_1}{K_{jx}}=7\times\frac{30}{1}=210(\text{A})$$

灵敏度校验：

$$K_m^{(2)}=K_{mxd}\frac{I_{d2\cdot min}^{(3)}}{I_{dz}}=\frac{\sqrt{3}}{2}\times\frac{724}{210}=3.0>1.5$$

满足要求。保护装置的动作时限取 0.5s（指 10 倍动作电流时的动作时间）。

b. 电流速断保护继电器动作电流计算。动作电流应躲过二次侧短路时流过保护装置的最大短路电流。

速断继电器动作电流：

$$I_{dzj}=K_k K_{jx}\frac{I''^{(3)}_{d2\cdot max}}{n_1}=1.5\times1\times\frac{832}{30}=41.6(\text{A})$$

瞬动电流倍数为 41.6/7=5.9，取 6。

灵敏度校验

$$K_m^{(2)}=K_{mxd}\frac{I''^{(3)}_{d2\cdot min}}{I_{dz}}=\frac{\sqrt{3}}{2}\times\frac{3150}{210\times6}=2.2>2$$

满足要求。

c. 二次侧单相接地保护装置动作电流计算和灵敏度校验。采用在二次侧中性线上装设专用的零序过电流保护继电器，则零序过电流保护继电器动作电流为

$$I_{dzj}=K_k\frac{0.25I_{2eb}}{n_1}=1.2\times\frac{0.25\times1155}{60}=5.8(\text{A})(取5\text{A})$$

保护装置的一次侧动作电流为

$$I_{dz}=I_{dzj}n_1=5\times60=300(\text{A})$$

灵敏度校验：

$$K_m^{(1)}=\frac{I_{d22\cdot min}^{(1)}}{I_{dz}}=\frac{6700}{300}=22.3>2$$

满足要求。

保护装置的动作时限采用 0.5s。

29. 电弧炉变压器瞬时过电流保护装置和带时限过电流保护装置整定值计算

(1) 计算公式

瞬时过电流保护装置安装于变压器一次侧，作用于一次侧断路器；带时限过电流保护装置安装于变压器二次侧，作用于二次侧断路器或发出信号。

① 瞬时过电流保护装置整定值计算及灵敏度校验。

瞬时过电流继电器动作电流：

$$I_{dzj}=K_{k1}K_{jx}\frac{K_{gh}I_{1eb}}{n_1}$$

式中 K_{k1}——可靠系数，对于电弧炉，为 1.25；对于电阻炉，为 2；

K_{gh}——过负荷系数，对于电弧炉，为 3.5～4；对于电阻炉，为 1。

灵敏度校验：

$$K_{m}^{(2)}=K_{mxd}\frac{I''^{(3)}_{d2\cdot min}}{I_{dz}}\geqslant 2$$

② 带时限过电流保护继电器动作电流整定值计算。

$$I_{dzj}=K_{k2}K_{jx}\frac{I_{2eb}}{K_{h}n_{1}}$$

式中　K_{k2}——可靠系数，取 1.1～1.2。

（2）实例

已知炼钢用电弧炉变压器的数据为：HS-3000/10 型，额定容量 S_{eb} 为 2200kV·A，额定电压 U_{eb} 为 10/0.11～0.36kV，额定电流 I_{eb} 为 127/5770A；绕组连接方式为 Yd11、Dd0，阻抗电压百分数为 $U_{d}\%=8.5$（D，d0 连接）和 $U_{d}\%=20$（Yd11 连接）；变压器内附设限流绕组的电抗百分数 $X_{S}\%=20$。电网在最大运行方式下，当变压器二次侧三相短路时，流过一次侧的超瞬变电流 $I''^{(3)}_{d2\cdot max}$ 为 9170A。试选择该变压器的保护装置。

解　该电弧炉变压器应设置瞬时过电流保护、带时限过电流保护、瓦斯保护及温度信号保护等装置。一次侧电流互感器变比选用 200/5，二次侧选用 7500/5。

① 瞬时过电流保护计算。瞬时过电流保护继电器动作电流为

$$I_{dzj}=K_{k1}K_{jx}\frac{K_{gh}I_{1eb}}{n_{1}}=1.25\times 1\times\frac{3.5\times 127}{40}=13.9(\text{A})(\text{取}14\text{A})$$

灵敏度校验：

$$K_{m}^{(2)}=K_{mxd}\frac{I''^{(3)}_{d2\cdot max}}{I_{dz}}=K_{mxd}\frac{I''^{(3)}_{d2\cdot max}}{I_{dzj}n_{1}}$$

$$=\frac{\sqrt{3}}{2}\times\frac{9170}{14\times 200/5}=14.1>2$$

满足要求。

② 带时限过电流保护计算。带时限过电流保护继电器动作电流为

$$I_{dzj}=K_{k2}K_{jx}\frac{I_{2eb}}{K_{h}n_{1}}=1.2\times 1\times\frac{5770}{0.85\times 7500/5}=5.4(\text{A})(\text{取}6\text{A})$$

动作时限选择：根据超过变压器额定电流 3 倍的操作冲击电流（励磁涌流）的持续时间不得大于 10s 的要求，得（折算到互感器二次侧）：

$$I=3I'_{1eb}=3\frac{I_{1eb}}{n_{1}}$$

$$=3\times\frac{127}{200/5}=9.5(\text{A})$$

$$k=\frac{9.5}{6}=1.6$$

即 1.6 倍动作电流时动作时限为 10s（采用 GL 型继电器）。

30. 变压器纵差动保护计算

（1）电路

变压器纵差动保护电路原理如图 10-26 所示；采用 BCH-2 型继电器构成纵差动保护的电路接线如图 10-27 所示。

（2）保护装置计算

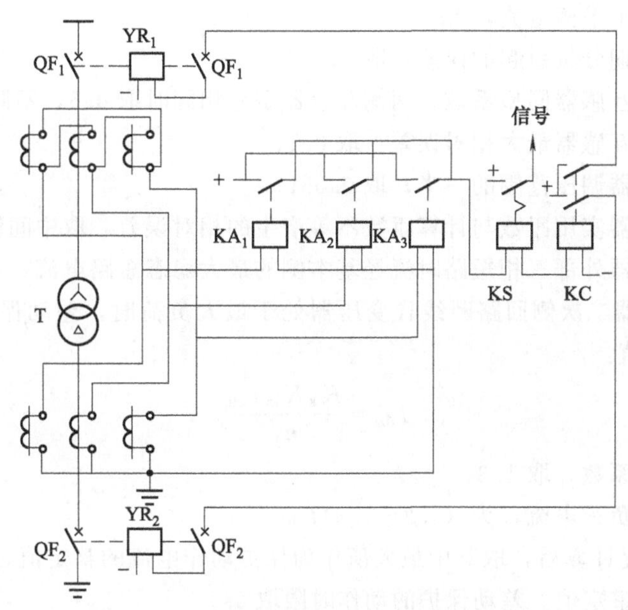

图 10-26 变压器纵差动保护电路原理图

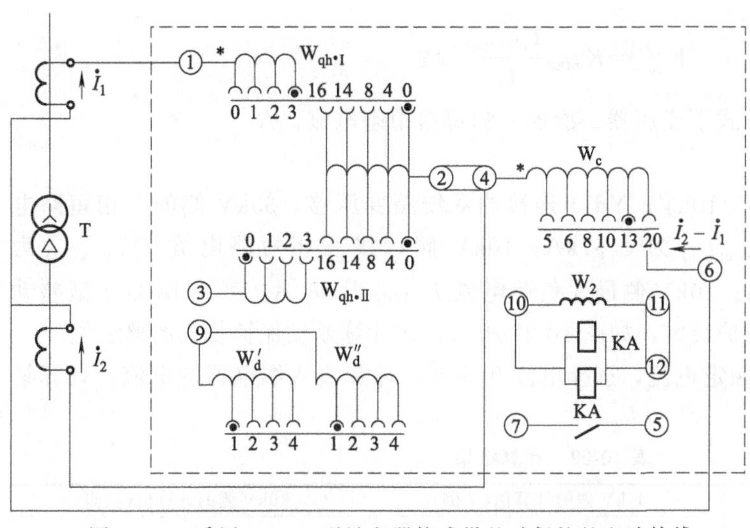

图 10-27 采用 BCH-2 型继电器构成纵差动保护的电路接线

① 动作电流整定值的计算。首先决定基本侧。以变压器额定运行时所计算出的流入继电器电流较大的一侧为基本侧。然后按以下各式计算基本侧差动保护装置的动作电流。

a. 按躲过变压器空载投入或外部短路切除后电压恢复时的励磁涌流计算保护动作电流整定值：

$$I_{dzj}=\frac{K_k K_{jx} I_{eb}}{n_1}$$

式中 I_{dzj}——差动保护装置动作电流整定值，A；

K_k——可靠系数，可取 1.5（具体值需根据变压器空载投入试验确定）；

K_{jx}——接线系数，变压器一次侧电流互感器为△接法时 K_{jx} 为$\sqrt{3}$，二次侧电流互感器为 Y 接法时 K_{jx} 为 1；

I_{eb}——变压器基本侧额定电流，A；

n_1——变压器基本侧电流互感器的变比。

b. 按躲过最大不平衡电流计算保护动作电流整定值：

$$I_{dzj}=\frac{K_k K_{jx} I_{bp \cdot max}}{n_1}$$

$$I_{bp \cdot max}=(K_f K_{TA} f_{TA}+\Delta U+\Delta f) I_{d \cdot max}^{(3)}$$

式中 K_k——可靠系数，取 1.3；

$I_{bp \cdot max}$——最大不平衡电流，A；

K_f——非周期分量引起的误差，取1；

K_{TA}——电流互感器同型系数，两侧互感器型号相同时取0.5，不同时取1；

f_{TA}——电流互感器最大相对误差，取0.1；

ΔU——变压器调压范围的一半，取0.05；

Δf——继电器实用匝数与计算匝数不等产生的相对误差，取中间值0.05；

$I_{d \cdot max}^{(3)}$——变压器外部三相短路时流经基本侧的最大稳态短路电流，A。

c. 按电流互感器二次侧回路断线且变压器处于最大负荷时，差动保护不应误动作计算保护动作电流整定值：

$$I_{dzj}=\frac{K_k K_{jx} I_{gh}}{n_1}$$

式中 K_k——可靠系数，取1.3；

I_{gh}——最大负荷电流，为（1.2～1.3）I_{eb}。

按上述三种情况计算后，取其中最大值作为保护动作电流的整定值。

② 动作时限的整定值。差动保护的动作时限取0s。

③ 灵敏度校验：

$$K_m^{(2)}=K_{mxd}\frac{I_{d2 \cdot min}^{(3)}}{I_{dz}}\geqslant 2$$

式中 $I_{d2 \cdot min}^{(3)}$——最小运行方式下变压器二次侧三相短路稳态电流，A。

（3）实例

已知一台6300kV·A、35/10kV、Yd11连接的双线圈变压器，35kV侧的三相短路电流 $I_{d \cdot max(35)}^{(3)}$ 为2.62kA，$I_{d \cdot min(35)}^{(3)}$ 为1.51kA；10kV侧母线三相短路电流 $I_{d \cdot max(10)}^{(3)}$ 为4.85kA，$I_{d \cdot min(10)}^{(3)}$ 为3.56kA；10kV侧最大负荷电流 $I_{gh(10)}$ 为360A。采用BCH-2型差动继电器作该变压器的纵差动保护装置，如图10-27所示。试计算差动保护装置的整定值。

解 ① 计算变压器T的额定电流，选择电流互感器，计算流入继电器的电流。计算结果列于表10-29中。

表10-29 计算结果

参数	35kV侧的计算值(Y侧)	10kV侧的计算值(△侧)
变压器额定电流	$I_{1eb}=\frac{S_{eb}}{\sqrt{3}U_{1e}}=\frac{6300}{\sqrt{3}\times 35}=104(A)$	$I_{2eb}=\frac{S_{eb}}{\sqrt{3}U_{2e}}=\frac{6300}{\sqrt{3}\times 10.5}=346(A)$
互感器接线方式	△	Y
互感器一次侧电流计算值	$I_{1 \cdot TA}=104A$	$I_{1 \cdot TA}=346A$
电流互感器变比选择(取标准值)	$n_1=300/5$	$n_1=500/5$
接线系数	$K_{jx}=\sqrt{3}$	$K_{jx}=1$
流入继电器的电流值(即两臂电流)	$I_{j(35)}=K_{jx}I_{1 \cdot TA}/n_1=\sqrt{3}\times 104/60=3(A)$	$I_{j(10)}=K_{jx}I_{1 \cdot TA}/n_1=1\times 346/100=3.46(A)$

② 计算基本侧差动保护装置一次动作电流。

已知 $I_{j(10)}>I_{j(35)}$，根据差动保护选择基本侧的原则，确定10.5kV侧（△侧）为基本侧，将差动继电器的平衡线圈 $W_{qh \cdot II}$ 和 $W_{qh \cdot I}$ 分别接于10.5kV侧和35kV侧。

a. 按躲过励磁涌流来计算

$$I_{dz}=K_kK_{jx}I_{2eb}=1.5\times1\times346=519(A)$$

b. 按躲过最大不平衡电流来计算

$$I_{bp\cdot max}=(K_fK_{TA}f_{TA}+\Delta U+\Delta f)I_{d\cdot max(10)}^{(3)}$$

$$=(1\times1\times0.1+0.05+0.05)\times4850=970(A)$$

c. 按躲过电流互感器二次回路断线而引起的电流变动来计算

$$I_{dz}=K_kK_{jx}I_{gh}=1.3\times1\times360=468(A)$$

取以上三种计算的最大者 $I_{dz}=970A$，作为基本侧差动保护一次动作电流。

基本侧继电器回路动作电流计算值为

$$I_{dz2}=\frac{K_{jx}I_{dz}}{n_1}=\frac{1\times970}{100}=9.7(A)$$

③ 确定基本侧差动线圈及平衡线圈的匝数。

基本侧差动线圈匝数计算值为

$$W_{cj}=\frac{AW_0}{I_{dz2}}=\frac{60}{9.7}=6.19(匝)$$

式中　AW_0——继电器的动作安匝值，对于 BCH-2 型，$AW_0=60At$。

实际选用 W'_{cj} 为 6 匝。即基本侧差动线圈实用匝数 W_c 与一组平衡线圈实用匝数 $W_{qh\cdot Ⅱ}$ 之和为 6 匝，因此可选

$$W_c=5匝, W_{qh\cdot Ⅱ}=1匝$$

④ 非基本侧线圈匝数 $W_{qh\cdot Ⅰ}$ 的计算。

$$W_{qh\cdot Ⅰ}=W'_{cj}\frac{I_{j(10)}}{I_{j(35)}}-W_c=6\times\frac{3.46}{3}-5=1.92(匝)$$

取 $W'_{qh\cdot Ⅰ}=2$ 匝。

⑤ 校验 Δf 值。

$$|\Delta f|=\left|\frac{W_{qh\cdot Ⅰ}-W'_{qh\cdot Ⅰ}}{W_{qh\cdot Ⅰ}+W_c}\right|=\left|\frac{1.92-2}{1.92+5}\right|$$

$$=|-1.16\%|<5\%$$

故对动作电流不需另作校算。

⑥ 灵敏度校验。按最小运行方式下，变压器 10kV 侧出口处两相短路电流校验。

10kV 侧两相短路电流归算到 35kV 侧为

$$I_{d\cdot min(35)}^{(2)}=K_{mxd}I_{d\cdot min(10)}^{(3)}\times\frac{10.5}{37}$$

$$=\frac{\sqrt{3}}{2}\times3560\times0.28=863(A)$$

折算到继电器回路中的电流为

$$I_{d\cdot min(j)}^{(2)}=\frac{K_{jx}}{n_1}I_{d\cdot min(35)}^{(2)}$$

$$=\frac{\sqrt{3}}{300/5}\times863=24.91(A)$$

35kV 侧继电器的动作电流为

$$I_{dzj}=\frac{AW_0}{W_c+W'_{qh\cdot J}}=\frac{60}{5+2}=8.57(A)$$

灵敏度为

$$K_m=\frac{I_{d\cdot min(j)}^{(2)}}{I_{dzj}}=\frac{24.91}{8.57}=2.91>2$$

故满足要求。

⑦ 短路线圈抽头的确定，即决定W'_d和W''_d。短路线圈匝数用得越多，继电器躲开励磁涌流的性能越好，但继电器动作时间也越长。可根据具体情况决定。一般变压器容量较小，短路线圈宜取较多。此例初选短路线圈抽头为4—4。

31. 断路器脱扣动作时间对变压器温升影响的计算

(1) 计算公式

在低压侧三相短路的情况下，变压器绕组达到的平均温度θ可按下式计算：

$$\theta=\theta_0+\alpha j^2t\times10^{-3}$$

式中 θ_0——短路时起始温度，等于最高气温与额定使用条件下变压器极限温升之和，℃；

α——$\frac{1}{2}$ $(\theta_0+\theta_{yx})$ 的函数，可按表10-30选用；

θ_{yx}——绕组短路时允许最大平均温度（℃），铜绕组为250℃，铝绕组为200℃；

j——短路时的电流密度，A/mm²；

t——短路持续时间，s。

表 10-30 α与$\frac{1}{2}$ $(\theta_0+\theta_{yx})$ 的关系

$\frac{1}{2}(\theta_0+\theta_{yx})$	α值		$\frac{1}{2}(\theta_0+\theta_{yx})$	α值	
	铜绕组	铝绕组		铜绕组	铝绕组
140	7.41	16.5	220	8.99	—
160	7.8	17.4	240	9.38	—
180	8.2	18.3	260	9.78	—
200	8.59	19.1			

如果断路器脱扣时间很短（如瞬时脱扣时间一般不超过0.02s），一般不会对变压器温升造成影响；若脱扣持续时间超过2.5s，则变压器绕组的平均温度（最高气温下）才会超过200℃。

变压器允许的短路电流值见表10-31。

表 10-31 变压器允许的短路电流值

短路电流为额定电流的倍数	作用时间 t/s
20以上	2
15～20	3
15以下	4

(2) 实例

一台630kV·A、10/0.4kV铝绕组油浸式变压器，U_d%为4.5，二次侧绕组导线截面积为382.8mm²。假定系统为无穷大电源，系统阻抗为零。当变压器二次侧三相短路时，低压断路器瞬时脱扣时间为0.05s，试求变压器绕组达到的平均温度。

解 短路时起始温度，按变压器绕组对油的温升为25℃，油对空气平均温升为40℃及最高环境气温为40℃三者之和考虑，为$\theta_0=105℃$。

变压器二次侧额定电流为

$$I_{2e}=\frac{S}{\sqrt{3}U}=\frac{630}{\sqrt{3}\times 0.4}=909(\mathrm{A})$$

二次侧三相短路电流为

$$I_{d}^{(3)}=\frac{100I_{2e}}{U_{d}\%}=\frac{100\times 909}{4.5}=20200(\mathrm{A})$$

变压器二次侧断路器出口三相短路时的电流密度为

$$j=I_{d}^{(3)}/q=20200/382.8=52.8(\mathrm{A/mm^2})$$

$$\frac{1}{2}(\theta_0+\theta_{yx})=\frac{1}{2}\times(105+200)=152.5(℃)$$

α 值取17。

脱扣时间为$t=0.05\mathrm{s}$，因此变压器绕组达到的平均温度为

$$\theta=\theta_0+\alpha j^2t\times 10^{-3}$$
$$=105+17\times 52.8^2\times 0.05\times 10^{-3}=107.4(℃)$$

32. 10kV分段母线过电流保护计算

(1) 计算公式

过电流保护装置动作电流整定值的计算：

$$I_{dzj}=K_{k}K_{jx}\frac{I_{h\cdot max}}{K_{h}n_{1}}$$

式中 K_k——可靠系数，取1.3；

K_{jx}——接线系数，接于相电流时取1，接于相电流差时取$\sqrt{3}$；

K_h——继电器返回系数，取0.85；

n_1——电流互感器变比；

$I_{h\cdot max}$——任一段母线的最大工作电流，A。

灵敏度校验：

$$K_{m}^{(2)}=K_{mxd}\frac{I''^{(3)}_{d\cdot min}}{I_{dz}}\geqslant 1.5$$

式中 K_{mxd}——相对灵敏系数，见表10-27；

$I''^{(3)}_{d\cdot min}$——母线三相短路超瞬变电流，A；

I_{dz}——保护装置的一次动作电流，A。

(2) 实例

试选择变电所10kV分段母线保护装置。已知一段母线最大负荷（包括电动机启动引起的）电流$I_{h\cdot max}$为240A。设电源容量为无穷大，稳态短路电流等于超瞬变短路电流。在最小运行方式下，母线三相短路超瞬变电流$I''^{(3)}_{d\cdot min}=I^{(3)}_{d\cdot min}$为2520A，相邻元件端三相短路时，流过保护装置的三相短路超瞬变电流$I''^{(3)}_{d1\cdot min}=I^{(3)}_{d1\cdot min}$为650A。

解 ① 保护装置的选择。过电流保护由两个GZ-11型继电器和两个变比为200/5的电流互感器组成。不用过电流继电器瞬动部分。

② 过电流保护装置动作电流整定值的计算：

$$I_{dzj}=K_kK_{jx}\frac{I_{h\cdot max}}{K_h n_1}=1.3\times1\times\frac{240}{0.85\times40}=9.2(A)，取10A。$$

保护装置的一次动作电流为

$$I_{dz}=I_{dzj}\frac{n_1}{K_{jx}}=10\times\frac{40}{1}=400(A)$$

灵敏度校验：

$$K_m^{(2)}=K_{mxd}\frac{I_{d\cdot min}^{(3)}}{I_{dz}}=\frac{\sqrt{3}}{2}\times\frac{2520}{400}=5.5>1.5$$

若用作后备保护，则

$$K_m^{(2)}=K_{mxd}\frac{I_{d1\cdot min}^{(3)}}{I_{dz}}=\frac{\sqrt{3}}{2}\times\frac{650}{400}=1.41>1.25$$

均满足要求。

保护装置的动作时限采用0.7s。

33. 母线不完全差动保护计算

(1) 电路原理及计算公式

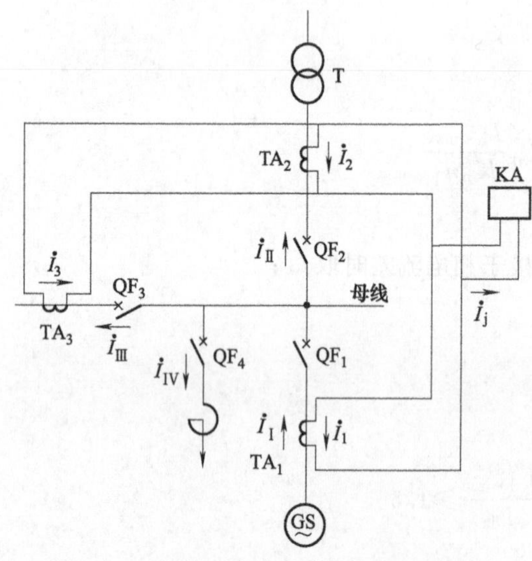

图10-28　母线不完全差动保护电路原理图

母线不完全差动保护电路原理如图10-28所示。

① 流入继电器KA中的电流为

$$\dot{I}_j=\dot{I}_1+\dot{I}_2+\dot{I}_3=\frac{1}{n_1}(\dot{I}_{\text{Ⅰ}}+\dot{I}_{\text{Ⅱ}}+\dot{I}_{\text{Ⅲ}})=\frac{1}{n_1}\dot{I}_d$$

式中　$\dot{I}_d$——被保护母线上短路时的电流，A。

当差动保护装置动作时，图中断路器QF_1、QF_2和QF_3均断开。

② 保护装置动作电流整定值I_{dzj}的计算。

a. 按躲过电抗器后（即按电抗器后短路不动作）的短路电流整定。

$$I_{dzj}=K_k\frac{I_{d\cdot max}^{(3)}}{n_1}$$

式中　K_k——可靠系数，取1.2～1.3；

$I_{d\cdot max}^{(3)}$——电抗器后短路时的最大短路电流，A。

b. 按保护装置，启动电流大于本段母线未接入差动回路时的引出线最大负荷电流之和整定。

$$I_{dzj}=K_kK_{zq}\frac{\sum I_{fh}}{K_h n_1}$$

式中　K_k——可靠系数，取1.15～1.25；

K_{zq}——自启动系数，取2；

K_h——返回系数，取0.85；

$\sum I_{fh}$——引出线最大负荷电流之和，A。

按上述两种情况计算后，取其中较大值作为保护动作电流的整定值。

需指出，当母线引出线没有电抗器时，差动速断无法实现，在这种情况下，只能采用差动过电流保护装置。

③ 动作时限的整定值。母线差动速断保护装置的动作时限为0s。

④ 灵敏度校验：

$$K_{m}^{(2)}=K_{mxd}\frac{I_{d\cdot min}^{(3)}}{I_{dz}}\geqslant 1.5$$

式中 $I_{d\cdot min}^{(3)}$——最小运行方式下被保护母线三相短路稳态短路电流，A；

K_{mxd}——相对灵敏系数，对于不完全星形接线方式，$K_{mxd}=\sqrt{3}/2$。

(2) 实例

某发电厂一段10kV母线的不完全差动保护原理电路如图10-29所示。其中KA_1为母线差动速断保护继电器，KA_2为母线差动过电流保护继电器；出线电抗器额定电流I_e为600A，额定电流下电抗百分数$X_k\%$为6，出线均装设过电流保护装置，动作时限为1.5s。母线差动速断保护继电器是按电抗器后短路不动作（可靠系数K_k取1.2），并考虑母线10条出线负荷电流（共1.7kA）整定的，一次动作电流$I_{dz}=13kA$。今由于1号、2号出线电缆同时被推土机铲三相短路，造成母线差动继电器速断装置越级跳闸。试进行校验，并提出防止措施。

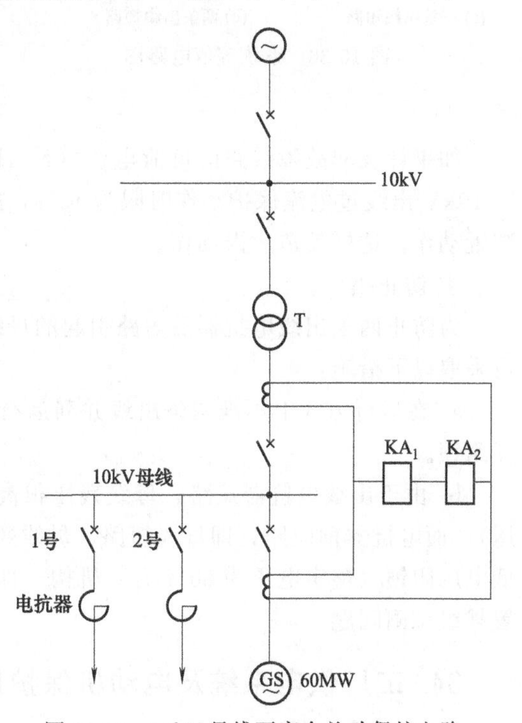

图10-29 10kV母线不完全差动保护电路

解 ① 计算系统阻抗。

设基准容量$S_j=1000MV\cdot A$，基准电压$U_j=U_p=10.5kV$，则基准电流为

$$I_j=\frac{S_j}{\sqrt{3}U_j}=\frac{1000}{\sqrt{3}\times 10.5}=55(kA)$$

已知短路时系统运行方式下的阻抗$X_{*s}=0.75$。

电抗器阻抗为

$$X_{*k}=\frac{X_k\%}{100}\times\frac{U_e}{\sqrt{3}I_e}\times\frac{S_j}{U_j^2}=\frac{6}{100}\times\frac{10}{\sqrt{3}\times 600}\times\frac{1000\times 10^3}{10.5^2}=5.24$$

分别画出一条出线短路和两条出线短路的等值电路如图10-30 (a)、(b) 所示。图中10kV母线在一条出线短路和两条出线短路时实测的母线电压分别为87.5%U_e和77.7%U_e。

② 计算短路电流。d_1点三相短路电流为

$$I_{d1}^{(3)}=\frac{I_j}{X_{*s}+X_{*k}}=\frac{55}{0.75+5.24}=9.2(kA)$$

d_2点三相短路电流为

$$I_{d2}^{(3)}=\frac{I_j}{X_{*s}+X_{*k}/2}=\frac{55}{0.75+5.24/2}=16.3(kA)$$

因母线差动保护为不完全差动保护，故出现短路时的短路电流就是保护动作电流。

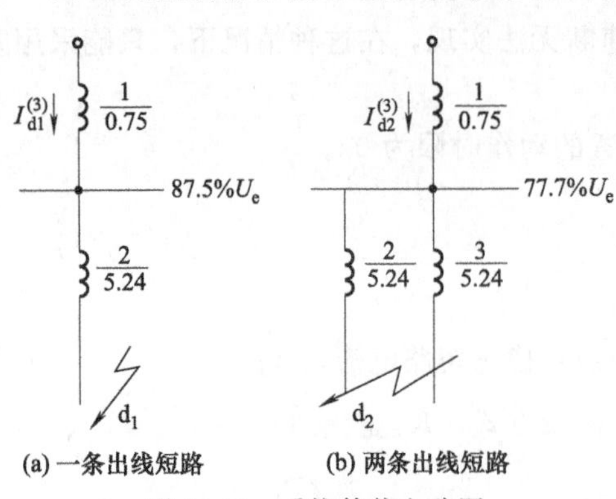

图 10-30 系统等值电路图

③ 母线差动速断保护灵敏度校验。一条出线电抗器后短路，短路电流 $I_{d1}^{(3)}$ 加负荷电流 1.7kA，共 10.9kA，灵敏度 $K_m=1.2\times\frac{10.9}{13}=1<1.5$，所以保护不会误动作。线路故障由线路本身的过电流保护装置（时限 1.5s）切除。

两条出线电抗器后同时短路时，母线差动速断装置的灵敏度为

$$K_m=K_k\frac{I_{d2}^{(3)}}{I_{dz}}=1.2\times\frac{16.3}{13}=1.5$$

如果计及非故障线路的负荷电流（约 1kA），母线差动速断装置的灵敏度将大于 1.5，而 10kV 出线过电流保护动作时限为 1.5s，故母线差动速断保护装置将抢先线路过电流保护装置动作。这样就造成误动作。

④ 防止措施。

为防止两条出线电抗器后短路引起的母线差动速断保护装置越级跳闸，引起母线停电，可采取以下措施：

a. 在运行方式上不准两条出线并列运行，为此可将用户侧断路器操作回路并列两相相互闭锁。

b. 由于出线电抗器短路，母线残压很高，为（77.7%～87.5%）U_e（U_e 为母线运行电压）；而电抗器前短路，即母线短路，母线残压为零。因此若将母线差动速断保护装置增加低电压闭锁（整定电压为 60%U_e）机构，即可解决两条出线电抗器后短路母线差动保护装置越级跳闸问题。

34. 工厂供电系统及电动机保护用断路器的选择

【实例】 某工厂供电系统如图 10-31 所示。已知线路上的计算电流分别为 $I_1=1100$A，$I_2=855$A，$I_3=I_{ed}=245$A；电动机 M 的额定电流和启动电流分别为 $I_{ed}=245$A，$I_{qd}=1715$A；在负荷回路有一台最大电动机功率为 90kW，其额定电流和启动电流分别为 $I'_{ed}=167.2$A，$I'_{qd}=1170$A；各短路点 d_1～d_3 的短路电流计算结果标于图上，试选择断路器 Q_1～Q_3。

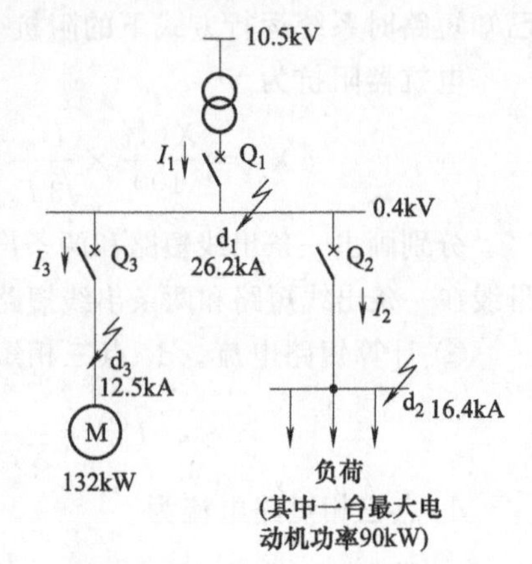

图 10-31 某工厂供电系统图

解 ① 选择断路器 Q_3。按电动机保护用断路器选用。可选 DW15-200A 型断路器，用作启动和过负荷保护、短路保护。

因为电动机额定电流 $I_{ed}=245$A，所以长延时脱扣器动作电流整定在 300A。

7 倍长延时动作电流整定值的可返回时间取 3s（轻载启动）。

瞬时脱扣器动作电流整定值为 $1.35I_{qd}=1.35\times1715=2315.25(A)$，取 3000A，此值小于 $I_{d3}=12.5kA$。

② 选择断路器 Q_2。按配电用断路器选用。由于线路负荷电流为 $I_2=855A$，短路电流小于 26.2kA，而大于 12.5kA，可选用 DW15-1000A 型选择型断路器。

长延时脱扣器动作电流整定在 $1.1I_2=1.1\times855=940.5(A)$，可取 1000A。

3 倍长延时动作电流整定值的可返回时间取 8s。

短延时脱扣器延时时间取 0.2s。动作电流整定在 $1.2[I_2+(I'_{qd}-I'_{ed})]=1.2\times[855+(1170-167.2)]=2229.4\ (A)$，可选用 1000A 的脱扣器，动作电流取 2500A。

瞬时动作电流整定在 $1.1I_{d2}=1.1\times16.4=18.04(kA)$，能在 1000A 电子式脱扣器上调出。

③ 选择断路器 Q_1。按配电用断路器选用。由于 $I_1=1100A$，故选用 DW15-1500A 型选择型断路器。

长延时脱扣器动作电流整定在 1200A。

3 倍长延时动作电流整定值的可返回时间取 1.5s。

短延时脱扣器延时时间取 0.4s。动作电流整定在 $1.2[I_1+(I_{qd}-I_{ed})]=1.2\times[1100+(1715-245)]=3084(A)$，取 4000A。

瞬时动作电流整定在 $0.9I_{d1}=0.9\times26.2=23.58(kA)$，能在 1500A 电子式脱扣器上调出。

35. 10kV 线路并联移相电容器组电流速断保护、单相接地保护及过电压保护的计算

(1) 计算公式

① 电流速断保护装置一次动作电流整定值 I_{dzj} 的计算。

$$I_{dzj}=K_kK_{jx}\frac{I_{eC}}{n_1}$$

式中 K_k——可靠系数，取 2～2.5；

K_{jx}——接线系数；

I_{eC}——电容器组的额定电流，A；

n_1——电流互感器变比。

灵敏度校验：

$$K_m^{(2)}=K_{mxd}\frac{I''^{(3)}_{d\cdot min}}{I_{dz}}\geqslant2$$

式中 K_{mxd}——相对灵敏系数，见表 10-27；

$I''^{(3)}_{d\cdot min}$——最小运行方式下电容器组首端三相短路时流过保护装置安装处的超瞬变电流，A；

I_{dz}——保护装置的一次动作电流，A。

② 单相接地保护装置动作电流整定值 I_{dz} 的计算。

$$I_{dz}\leqslant\frac{I_{C\Sigma}}{1.5}$$

③ 过电压保护装置动作电压整定值U_{dzj}的计算。

$$U_{dzj}=1.1U_{2e}$$

式中 U_{2e}——电压互感器二次额定电压，$U_{2e}=100V$。

动作时间：动作为信号时，动作时间为0s；动作为脱扣器跳闸时，动作时间为3～5min。

(2) 实例

试选择10kV、450kvar移相电容器组的速断保护、单相接地保护、过电压保护。已知电容器为YY10.5-25-1型，单台容量为25kvar，共18台。电容器组额定电流I_{eC}为26A。最小运行方式下，电容器组首端三相短路超瞬变电流$I''^{(3)}_{d\cdot min}$为1900A，10kV电网的总单相接地电容电流$I_{C\Sigma}$为12A。

解 ① 保护装置的选择。

a. 装设两个DL-11型电流继电器和两个变比为30/5的电流互感器组成的电流速断保护。

b. 装设零序电流互感器及与之连接的电流继电器，组成单相接地保护，作用于跳闸。

c. 装设DJ-111型电压继电器，用作过电压保护，作用于跳闸。

② 保护装置整定值计算。

a. 电流速断保护。动作电流应躲过电容器组接通电路时的冲击电流。

$I_{dzj}=K_kK_{jx}\dfrac{I_{eC}}{n_1}=2\times1\times\dfrac{26}{6}=8.67(A)$，取9A，保护装置一次动作电流为

$$I_{dz}=I_{dzj}\frac{n_1}{K_{jx}}=9\times\frac{6}{1}=54(A)$$

灵敏度校验：

$$K_m^{(2)}=K_{mxd}\frac{I''^{(3)}_{d\cdot min}}{I_{dz}}=0.87\times\frac{1900}{54}=30.6>2$$

b. 单相接地保护。保护装置一次动作电流为

$$I_{dz}=\frac{I_{C\Sigma}}{K_m}=\frac{12}{1.5}=8(A)$$

动作电流满足LX-2型零序电流互感器及DD-11/60型继电器的灵敏系数$K_m=2$的要求。

c. 过电压保护。保护装置动作电流和动作电压为

$$I_{dzj}=1.1(A),U_{dzj}=1.1U_{e2}=1.1\times100=110(V)$$

延时3～5min。

36. 低压侧并联电容器组放电电阻值的计算

(1) 计算公式

① 放电电阻器采用三角形接法时，每相放电电阻值为

$$R_{\triangle}\leqslant\frac{193\times10^4}{Q_C}$$

电阻器上消耗功率$P_{\triangle}$为

$$P_{\triangle}=U^2/R_{\triangle}$$

式中　U——电网线电压，V。

② 放电电阻器采用星形接法时，每相放电电阻值 R_Y 为

$$R_Y=\frac{R_{\triangle}}{3}\leqslant\frac{64.8\times10^4}{Q_C}$$

电阻器上消耗功率 P_Y 为

$$P_Y=U_x^2/R_Y$$

式中　U_x——电网相电压，V。

(2) 实例

现有一采用三角形接法的电容器组，总容量为96kvar，电网电压为380V，试分别计算其放电电阻器在三角形和星形接法时的电阻值。

解　当放电电阻器采用三角形接法时，放电电阻值为

$$R_{\triangle}\leqslant\frac{193\times10^4}{Q_C}=\frac{193\times10^4}{96}=20000(\Omega)$$

电阻器上消耗功率为

$$P_{\triangle}=U^2/R_{\triangle}=380^2/20000=7.2(\mathrm{W})$$

当放电电阻器采用星形接法时，放电电阻值为

$$R_Y\leqslant\frac{64.8\times10^4}{96}=6750(\Omega)$$

电阻器上消耗功率为

$$P_Y=\frac{64.8\times10^4}{Q_C}=U_x^2/R_Y=220^2/6750=7.2(\mathrm{W})$$

37. 高压侧并联电容器组放电电感器的计算

(1) 计算公式

用电感性负载作为放电回路。设放电回路的电阻为 $R(\Omega)$，电感为 $L(\mathrm{H})$。

① 当 $R\geqslant2\sqrt{L/C}$ 时，放电电流为非周期性的单向电流，放电时间可按电路放电回路中的有关公式计算。

② 当 $R<2\sqrt{L/C}$ 时，放电电流为周期性的振荡电流，放电时间按下式计算：

$$t=4.6\frac{L}{R}\lg\frac{\sqrt{2}U}{u_C}$$

式中，u_C 为放电后电容器上的剩余电压，其余符号同前。

(2) 实例

现有一星形接法的电容器组，总容量为600kvar，电网电压为6kV，放电电路由接成V形的两个单相电压互感器所组成（见图10-32)，电压互感器的一次侧电阻值为1970Ω，电感量为1910H，电容器放电后的剩余电压 $u_C=65\mathrm{V}$。试计算放电电路是否符合要求。

解　电容器组为星形连接，所以每相电容量为

$$C=\frac{Q_C\times10^{-3}}{\omega U^2}$$

$$=\frac{600\times10^{-3}}{314\times6^2}=53.1\times10^{-6}(\mathrm{F})$$

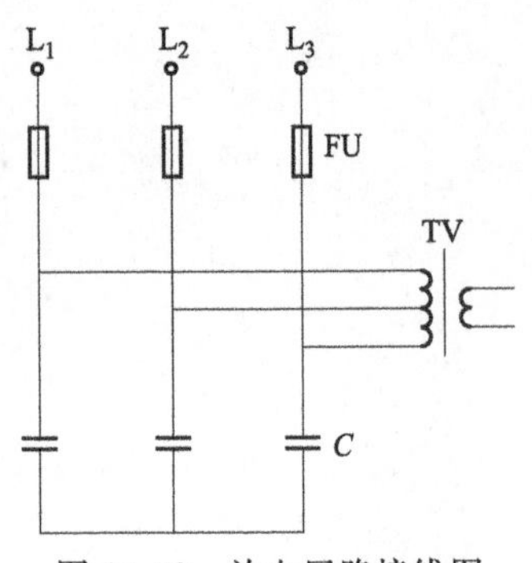

图 10-32　放电回路接线图

由于放电回路为非对称回路，所以放电回路的计算电容为$C/2$，即$53.1\times10^{-6}/2=26.5\times10^{-6}$(F)。如果电容器组为三角形连接，则为$1.5C$。

放电回路是由两个绕组串联组成的，所以放电回路的参数为

$$R=2\times1970=3940(\Omega)$$

$$L=2\times1910=3820(\mathrm{H})$$

故
$$\sqrt{\frac{L}{C}}=\sqrt{\frac{3820}{26.5\times10^{-6}}}=12006(\Omega)$$

而$3940<2\times12006$，即$R<2\sqrt{L/C}$。放电电流是周期性振荡电流，所以放电时间为

$$t=4.6\frac{L}{R}\lg\frac{\sqrt{2}U}{u_C}=4.6\times\frac{3820}{3940}\times\lg\frac{\sqrt{2}\times6000}{65}=9.4(\mathrm{s})$$

t 小于 30s，放电回路符合安全要求。

38. 并联电容器保护用熔断器和电抗器的选择

(1) 计算公式

① 熔断器的选择。熔断器的额定电压应不低于被保护电容器的电压，熔断器断流量不低于电容器的短路故障电流。熔断器熔体的额定电流可按下式计算：

$$I_{er}=KI_{eC}$$

式中　I_{er}——熔体额定电流，A；

I_{eC}——电容器额定电流，A；

K——系数，对于普通熔断器取 1.5～2.5；对于 BRV 系列熔断器取 1.5～2。

② 与电容器串联的电抗器的选择。如果电抗器与电容器配合得好，则能有效地抑制谐波电压和合闸涌流。

a. 调谐度计算。调谐度 A 为电抗器的感抗 X_L 与电容器容抗 X_C 的比值，即

$$A=X_L/X_C$$

$$X_L=\omega L=314L$$

$$X_C=1/(\omega C)=1/(314C)$$

b. 调谐度的取值及作用。由《电力工程电气设计手册》查知：

当 $A=12\%\sim13\%$时，电抗器可抑制 3 次谐波电压；

当 $A=5\%\sim6\%$时，电抗器可抑制 5 次谐波电压；

当 $A=2.5\%\sim3\%$时，电抗器可抑制 7 次谐波电压。

如果电网中主要谐波为 5 次，则可按 $X_L=(0.05\sim0.06)X_C$ 来选择电抗器。

(2) 实例

某开关站并联电容器为 Y 形接线，与电抗器串联。电容器每相投运 20 只（为两组串联运行，每组 10 只），其电路原理如图 10-33 所示。已知电抗器的电感量 L 为 183.925mH。单只电容器参数为：$U_e=12\mathrm{kV}$、$Q_C=50\mathrm{kvar}$、$C=1.11\mu\mathrm{F}$。试选择每只电容器的熔断器，并校验电抗器对谐波的抑制能力。

解　① 熔断器的选择。单只电容器的额定电流为

$$I_{eC}=Q_C/U_e=50/12=4.17(\mathrm{A})$$

熔体额定电流可选：

$$I_{er}=(1.5\sim2)I_{eC}=6.3\sim8.3(A)，取8A。$$

② 谐波抑制能力的校验。电抗器的电抗为

$$X_L=\omega L=314\times183.925\times10^{-3}=57.75(\Omega)$$

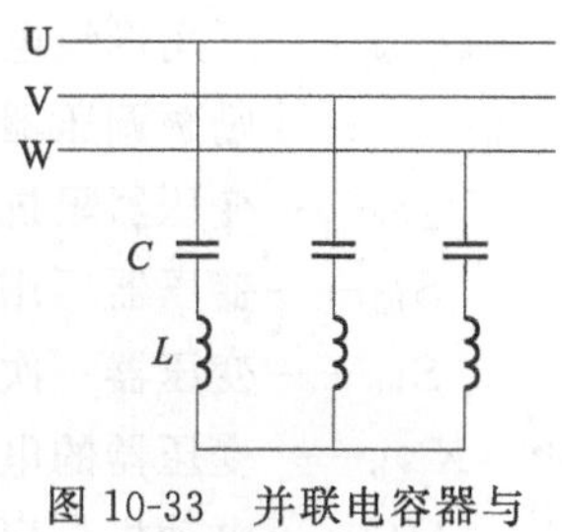

图 10-33 并联电容器与电抗器串联电路

电容器 20 只，为两组串联运行，每组 10 只，其容抗为

$$X_C=\frac{2}{10\omega C}=\frac{2}{10\times314\times1.11\times10^{-6}}=573.8(\Omega)$$

调谐度为

$$A=X_L/X_C=57.75/573.8=10\%$$

可见，串联电抗器对 3 次、5 次、7 次谐波电压与合闸涌流均不能有效抑制。

在这种情况下，若发生系统单相接地等故障，或系统中接有大容量晶闸管整流装置，就有可能造成电容器组电压严重不平衡和波形畸变，引起熔断器群爆及差压保护装置动作跳闸。

若系统中主要为 3 次谐波电压，则应重新选择电抗器的电感量，使调谐度 A 在 12%～13%范围内。

39. 高低压大功率电动机自启动计算

(1) 计算公式

① 自启动瞬间母线最低电压的要求。按有关规程规定，电动机自启动瞬间母线最低电压标幺值 $U_{\min*}$，见表 10-32。

表 10-32 电动机自启动瞬间母线最低电压标幺值要求

母线	工厂类型	$U_{\min*}$
高压厂用母线	高温高压(力)工厂	≥0.65
	中压(力)工厂	≥0.60
低压厂用母线	由低压母线单独供电	≥0.60
	由低压母线与高压母线串联供电	≥0.55

注：失压或空载自启动时取上限值，带负荷自启动时取下限值。

② 电动机自启动校验公式。

$$S_*=\frac{\dfrac{KP}{\eta\cos\varphi}+S_o}{U_{*w}S_{b2}}$$

$$X_{*b}=1.1\times\frac{U_d\%}{100}\times\frac{S_{b2}}{S_{b1}}$$

$$U_*=\frac{U_{*w}}{1+X_{*b}S_*}$$

式中 S_*——厂用母线总容量标幺值；

K——自启动电动机自启动时的电流平均倍数，电压恢复时间大于 0.8s 时取 5，小于 0.8s 时取 2.5；

P——自启动电动机额定功率，kW；

$\eta\cos\varphi$——自启动电动机的效率和功率因数的乘积，取 0.8；

S_o——电动机自启动时厂用母线已带负荷，kV·A；

U_{*w}——厂用母线电压标幺值，高压有载调压变压器取1.1，经电抗器取1.0，采用无励磁调压器取1.5，低压母线取0.8；

$U_d\%$——变压器阻抗电压百分数；

S_{b2}——变压器厂用侧容量，kV·A；

S_{b1}——变压器一次侧容量，kV·A；

X_{*b}——变压器的电抗标幺值；

U_*——电动机自启动瞬间厂用母线电压标幺值。

由以上公式计算出的U_*不应低于U_{min*}，方能保证电动机顺利自启动。

(2) 实例

某厂供电系统由2台110/6kV、25000kV·A的主动力变压器供电。变压器均采用单母线分段供电，当一段母线突然停电时，另一段母线将在0.5s内自动投入。6.3kV母线上接有一台主风机电动机，其型号为YCH710-4，额定电压为6kV，额定电流为704A，额定功率为7000kW；还接有一台1600kV·A的变压器，该变压器专给一台功率为700kW的异步电动机供电。供电系统如图10-34所示，有关参数标于图上。设电动机自启动时厂用母线已带负荷为40000kV·A。试校验高低压电动机能否自启动。

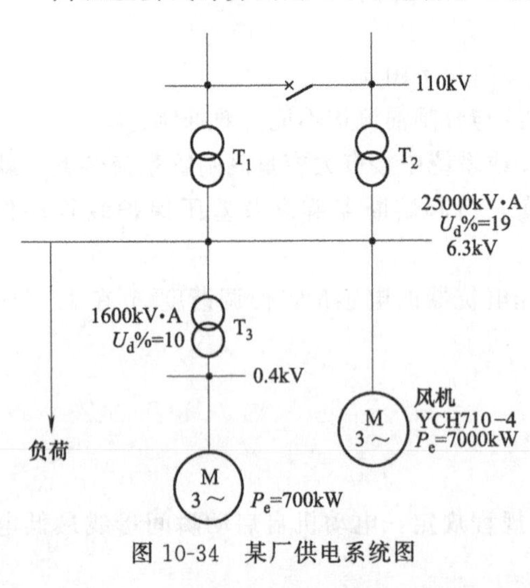

图10-34 某厂供电系统图

解 系统用电基本情况见表10-33。

表10-33 电动机自启动时系统用电基本情况

参数	厂用高压侧	厂用低压侧
U_e/kV	6.3	0.4
S_{b1}/kV·A	50000	1600
S_{b2}/kV·A	25000	1600
$U_d\%$	19	10
U_{*w}	1.1	0.8
S_o/kV·A	40000	0
P/kW	7000	700

① 高压侧厂用母线校验。

$$S_*=\frac{\dfrac{2.5\times7000}{0.8}+40000}{1.1\times25000}=2.25$$

$$X_{*b}=1.1\times\frac{19\times25000}{100\times50000}=0.1$$

$$U_*=\frac{1.1}{1+0.1\times2.25}=0.90>70\%$$

② 低压侧厂用母线校验。

$$S_*=\frac{2.5\times700/0.8}{0.8\times1600}=1.71$$

$$X_{*b}=1.1\times\frac{10}{100}\times\frac{1600}{1600}=0.11$$

$$U_{*}=\frac{0.8}{1+0.11\times1.71}=0.673>55\%$$

可见，高低压电动机均能自启动。当然，低电侧保护装置动作电压值和延时时间必须整定适当。

对该高压电动机，低电侧保护装置动作电压整定值 $U_{dz}=0.6U_e$，动作延时整定到：4.5s 动作于信号，10s 动作于跳闸。该电动机即使在母线电压下降到 $0.4U_e$ 时，输出功率也不变。此时其电流约为 1895A，10s 内不会对电动机造成重大损害。

40. 高压电动机电流速断保护和过电流保护计算

(1) 计算公式

① 电流速断动作电流整定值 I_{dzj} 的计算。

$$I_{dzj}=K_kK_{jx}\frac{I_q}{n_1}$$

式中 I_q——电动机的启动电流，A；

K_k——可靠系数，两相电流差动保护接线时取 1.6；

n_1——电流互感器变化。

灵敏度校验：

$$K_m^{(2)}=\frac{I''^{(2)}_{d\cdot min}}{I_{dz}}=K_{mxd}\frac{I''^{(3)}_{d\cdot min}}{I_{dz}}\geqslant2$$

式中 $I''^{(2)}_{d\cdot min}$——电动机出线端 UV 或 VW 两相短路时的最小超瞬变短路电流，A；

$I''^{(3)}_{d\cdot min}$——电动机出线端三相短路时的最小超瞬变短路电流，A；

I_{dz}——保护装置一次动作电流，A。

② 过电流保护装置动作电流整定值 I_{dzj} 的计算。

$$I_{dzj}=K'_kK_{jx}\frac{I_{ed}}{K_hn_1}$$

式中 K'_k——可靠系数，动作于信号时取 1.05～1.10，动作于跳闸时取 1.2～1.25；

I_{ed}——电动机额定电流，A。

灵敏度校验：

$$K_m^{(2)}=K_{mxd}\frac{I''^{(3)}_{d\cdot min}}{I_{dz}}\geqslant1.5$$

保护装置动作时间：躲过电动机启动的全部时间，一般为 15～20s。

(2) 实例

试选择一台 6kV、380kW 电动机的保护装置。电动机装在经常有人值班的机房内，运行过程中有过负荷的可能。已知电动机的额定电流 I_{ed} 为 47.5A，启动电流倍数 k_q 为 4。在最小运行方式下电动机出线端三相短路时，流过保护装置安装处的超瞬变电流 $I''^{(3)}_{d\cdot min}$ 为 6500A，稳态电流 $I^{(3)}_{d\cdot min}$ 为 4800A。

解 ① 保护装置的选择。因电动机在运行过程中有过负荷的可能性，故需装过负荷保护装置。电动机由于经常有值班人员照顾，因此不需装防止长时间失压的低电压保护装置。

装设电流速断保护和过电流保护共用的DL-11/100感应型电流继电器。继电器采用两相电流差动的保护接线方式，电流互感器变比为75/5。

② 保护装置整定计算及灵敏度校验。

a. 电流速断保护继电器的动作电流为

$$I_{dzj}=K_kK_{jx}\frac{k_qI_{ed}}{n_1}=1.6\times\sqrt{3}\times\frac{4\times47.5}{15}$$

$$=35.1(\text{A})(\text{取}40\text{A})$$

保护装置的一次动作电流为

$$I_{dz}=I_{dzj}n_1=40\times15=600(\text{A})$$

灵敏度校验：

$$K_m^{(2)}=K_{mxd}\frac{I''^{(3)}_{d\cdot min}}{I_{dz}}=0.5\times\frac{6500}{600}=5.4>2$$

b. 过电流保护继电器的动作电流为

$$I_{dzj}=K'_kK_{jx}\frac{I_{ed}}{K_hn_1}=1.25\times\sqrt{3}\times\frac{47.5}{0.85\times15}$$

$$=8.1(\text{A})(\text{取}8\text{A})$$

保护装置的一次动作电流为

$$I_{dz}=I_{dzj}n_1=8.1\times15=121.5(\text{A})$$

灵敏度校验：

$$K_m^{(2)}=K_{mxd}\frac{I^{(3)}_{d\cdot min}}{I_{dz}}=0.5\times\frac{4800}{121.5}=19.8>1.5$$

41. 低压大功率电动机用断路器的选择

【实例】 某供电系统如图10-35所示，变压器T的额定容量S_e为630kV·A、二次侧额定电压U_e为380V、阻抗电压百分数$U_d\%$为5；电动机额定功率P_e为300kW，额定电流I_e为506A，试选择电路配用断路器QF_2。

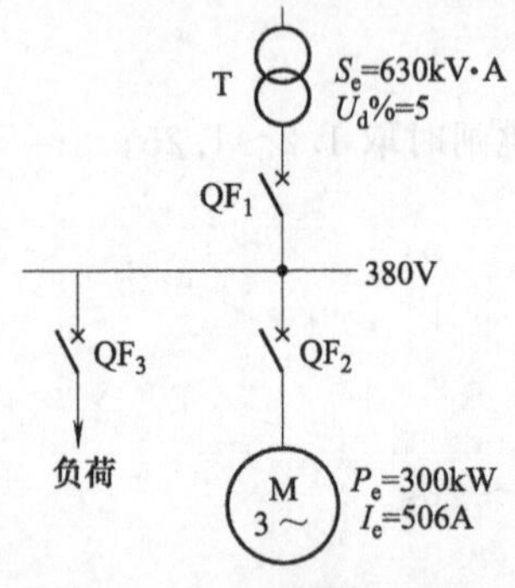

图10-35 某供电系统

解 ① 变压器阻抗计算。忽略变压器电阻，其电抗X_b为

$$X_b=\frac{U_d\%}{100}\times\frac{U_e^2}{S_e}=\frac{5}{100}\times\frac{0.38^2}{630\times10^{-3}}=0.0115(\Omega)$$

② 电动机启动电流计算。

电动机启动电流线性分量为

$$I_q=6I_e=6\times506=3036(\text{A})$$

电动机启动电流非线性分量为

$$I'_q=20I_e=20\times506=10120(\text{A})$$

③ 电动机启动时系统电压（即变压器输出电压）计算。

a. 启动时电流线性分量引起的电压降计算。

变压器内阻抗产生的压降为

$$U_b=I_qX_b=3036\times0.0115=34.9(\text{V})$$

系统压降为

$$U_q=U_x-U_b=220-34.9=185.1(\text{V})$$

此电压为正常电压的$U_q/U_x=185.1/220=84\%$。

式中，U_x为二次侧相电压，$U_x=220V$。

b. 启动时电流非线性分量引起的电压降计算。

变压器内阻抗产生的压降为

$$U'_b=I'_qX_b=10120\times0.0115=116.38(V)$$

系统压降为

$$U'_q=U_x-U'_b=220-116.38=103.62(V)$$

此电压为正常电压的$U'_q/U_x=103.62/220=47\%$。

根据以上计算结果，可选用ME630型断路器，其过载脱扣器整定电流值为500A，短路短延时脱扣器整定电流值为4kA，延时整定值为100ms，并带有1.5s延时的交流380V欠电压脱扣器。

虽然电动机非线性启动电流10120A，超过了ME630断路器短路保护脱扣器的整定值4kA，但短路短延时脱扣器在100ms时间内不会动作；启动时的线性分量电流3036A的持续时间可达5s，此电流值小于断路器短路延时脱扣器的整定值4kA，也不会动作；由于非线性分量的启动电流使系统电压下降至额定值的47%，但断路器欠电压延时脱扣器在1.5s延时范围内不动作。因此，电动机直接启动时不会使ME630断路器跳闸。

电动机投入正常运行后，电动机额定电流为506A，断路器过载脱扣器的整定值为$1.05I_e=531.3A$。如果电动机过载值达到或超过$1.2I_e$，则断路器过载脱扣器就会动作，断路器跳闸，电动机得到保护。如果电动机运行时电源电压下降至低于允许值，并且低电压时间超过断路器欠电压延时脱扣器的延时时间（即1.5s）时，断路器欠电压延时脱扣器就动作，断路器跳闸，防止电动机在低电压下运行而造成损害。

低压大容量电动机直接启动场合，要求电源容量（变压器容量）为电动机功率的2.2倍以上，并需考虑直接启动对其他负荷的影响。

42. 小型发电机过电流保护和过电压保护计算

(1) 计算公式

① 过电流保护装置动作电流整定值的计算。

$$I_{dzj}=\frac{K_kI_e}{K_hn_1}$$

式中　I_e——发电机额定电流，A；

K_k——可靠系数。

灵敏度校验：

a. 按发电机保护范围内两相短路情况校验。

$$K_m^{(2)}=K_{mxd}\frac{I_{d\cdot min}^{(3)}}{I_{dz}}\geqslant1.5(特殊情况下可取1.25)$$

b. 按发电机保护范围内单相短路情况校验。

$$K_m^{(1)}=K_{mxd}\frac{I_{d\cdot min}^{(3)}}{I_{dz}}\geqslant1.5(特殊情况下可取1.25)$$

上述两个条件需同时满足要求。

式中　$I_{d\cdot min}^{(3)}$——最小运行方式下保护区末端三相短路时，流过保护安装处的稳态电流，A。

保护装置的动作时间：较发电机母线上的直配线路保护装置的动作时限或升压变压器保护装置动作时限大一个阶段，一般取0.5～2s。

② 过电压保护装置动作电压整定值的计算。

$$U_{dzj}=\frac{(1.2\sim1.5)U_e}{n_Y}$$

式中 U_e——发电机额定电压，V；

n_Y——电压互感器变比。

保护装置动作时限：一般为0.5s。

(2) 实例

一台320kW、400V低压水轮发电机，定子额定电流 I_e 为577A，电流互感器变比为1000/5，接于相电流（完全星形）的过电流继电器采用DL-11/6型继电器，额定电流为10A（两只线圈串联）和20A（两只线圈并联）；接于相电压的过电压继电器采用DJ-131/400型继电器，额定电压为220V（两只线圈并联）和400V（两只线圈串联），试整定并校验过电流继电器和过电压继电器。已知最小运行方式下保护区末端三相短路时，流过保护安装处的稳态电流 $I^{(3)}_{d\cdot min}$ 为1940A。

解 ① 过电流继电器动作电流整定值计算。

$$I_{dzj}=\frac{K_kI_e}{K_hn_1}=\frac{1.2\times577}{0.85\times200}=4(A)$$

过电流继电器两只线圈采用并联连接，则每只线圈中流过的电流为4/2=2(A)，所以整定指针应拨到面板刻度盘的2A位置上。

灵敏度校验。电流互感器为完全星形接线，所以接线系数 $K_{jx}=1$，故一次动作电流为

$$I_{dz}=\frac{I_{dzj}n_1}{K_{jx}}=\frac{4\times1000/5}{1}=800(A)$$

完全星形接线，两相短路的相对灵敏系数 $K_{mxd}=\frac{\sqrt{3}}{2}$；单相短路的 $K_{mxd}=\frac{2}{3}$。

$$K^{(2)}_m=K_{mxd}\frac{I^{(3)}_{d\cdot min}}{I_{dz}}=\frac{\sqrt{3}}{2}\times\frac{1940}{800}=2.1>1.5$$

$$K^{(1)}_m=K_{mxd}\frac{I^{(3)}_{d\cdot min}}{I_{dz}}=\frac{2}{3}\times\frac{1940}{800}=1.6>1.5$$

满足要求。

对于小水电站，过电流保护的动作时限可设定得较短些，如0.5s。

② 过电压继电器动作电压整定值计算。

过电压继电器接在相电压上，故整定电压为

$$U_{dzj}=1.25U_e/\sqrt{3}=1.25\times400/\sqrt{3}=288.7(V)$$

过电压继电器两只线圈串联连接，则每只线圈上所承受的电压为288.7/2=144.4(V)，所以整定指针应拨到面板刻度盘的约140V位置上。

43. 小型发电机过速保护和失磁保护计算

(1) 计算公式

过速保护即防飞车保护，失磁保护即励磁电流过小或为零保护，它们都关系到发电机组

的安全运行。过速保护继电器和失磁保护继电器是发电机十分重要的保护装置，它们都动作于出口断路器。

① 过速保护。

保护装置的整定：

$$n_{dzj}=(1.35\sim1.4)n_e$$

式中 n_{dzj}——过速继电器（或电子装置）动作速度（或转化为电信号值）整定值，r/min；

n_e——发电机额定转速，r/min。

保护装置动作时限：瞬时动作，即 $t=0s$。

过速继电器即速度继电器，当发电机的转速达到设定值时触点断开。常用的速度继电器有JY1型和JYZ0型等，其技术数据见表10-34。

表10-34 JY1型和JFZ0型速度继电器的技术数据

型号	触点额定电压/V	触点额定电流/A	触点数量		额定工作转速/(r/min)	允许操作频率/(次/h)
			正转时动作	反转时动作		
JY1	380	2	一组转换触点	一组转换触点	100～3000	<30
JFZ0					300～3600	

另外，还可以用超速开关代替速度继电器。LY-1型超速开关的技术数据见表10-35。

表10-35 LY-1型超速开关的技术数据

型号	主轴额定转速/(r/min)	触点动作转速调速范围/(r/min)	触点动作转速整定值/(r/min)	触点参数						触点动作时间/s
				使用类别	额定工作电压/V		额定工作电流/A		额定发热电流/A	
					交流	直流	交流	直流		
LY-1/600	600	720～960	800	AC-11 DC-11	380	220	0.8	0.27	6	≤0.15
LY-1/750	750	900～1200	1000							
LY-1/1000	1000	1200～1600	1300							

注：触点动作转速可根据用户需要进行整定，动作值误差为±15%。

② 失磁保护。

保护装置的整定：

$$I_{dzj}=(0.6\sim0.8)I_{10}$$

式中 I_{dzj}——欠电流继电器动作电流整定值，A；

I_{10}——发电机空载励磁电流，A。

保护装置动作时限：不允许立即跳闸，应按运行规程规定时间。

失磁保护通常采用JT18系列欠电流继电器。

欠电流继电器的特性及选择：欠电流继电器的任务是当电流过低时立即断开，大于整定电流 I_{zd} 时吸合，低于 I_{zd} 时释放。JT18-□L型欠电流继电器的动作电流整定范围：吸合电流为（30%～50%）I_e，释放电流为（10%～20%）I_e。I_e 为额定电流。

JT18-□L型欠电流继电器的额定电流有1.6A、2.5A、4A、6A、10A、16A、25A、40A、63A、100A、160A、250A、400A和630A。具有1个常开触点、1个常闭触点或2个常开触点、2个常闭触点。

选择调整时，要求发电机空载起励后，欠电流继电器能可靠吸合，失磁后（一般励磁电流 $I_1=0A$），即释放。

（2）实例

一台 SFW-400-6/850 型水轮发电机，额定功率为 400kW，额定励磁电流 I_e 为 195A，空载励磁电流 I_0 为 80A，试选择和整定失磁保护继电器。

解 选用 JT18-250L 型欠电流继电器作为发电机失磁保护继电器，它串联于发电机励磁回路。该继电器的额定电流为 250A，能长期承受 195A 励磁电流。而若吸合电流按 30% I_e 整定，则吸合电流为 250×30%=75(A)，小于空载励磁电流 80A，所以能满足要求。

44. 柴油发电机组逆功率保护计算

（1）电路原理

柴油发电机逆功率保护的目的是，防止并网的柴油机当出力突然下降时电网倒送能量而引发柴油发电机组故障。柴油发电机逆功率保护电路原理如图 10-36 所示。图中 KWR 通常采用 GG-21 型逆功率继电器。

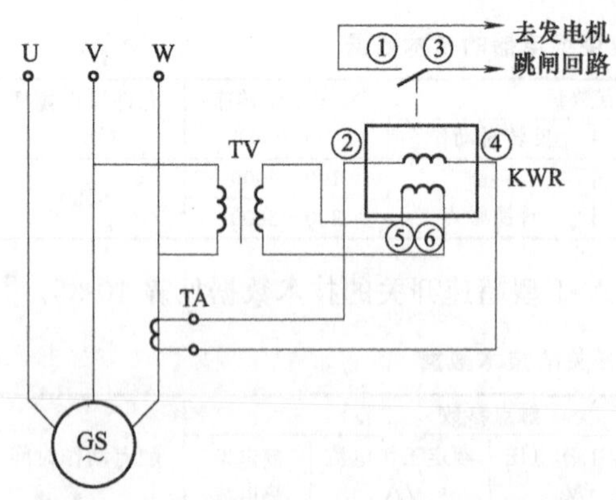

图 10-36 柴油发电机逆功率保护电路原理图

（2）计算公式

① 动作电流（功率）的整定。改变功率整定值是通过改变电流线圈匝数来达到的。由于电流线圈接至电流互感器，为了防止电流互感器二次侧开路，在转换负荷时必须先根据所要求的动作功率把备用插销旋入插孔，然后旋出原插销。

电流插孔在 1、2、3 挡位时，电流百分比分别为 $I^*=8\%$、12%、16%。

额定动作功率百分比为 $$P^*=\frac{5I^*n_1}{I_e}\times100\%$$

式中 n_1——电流互感器变比；

I_e——发电机额定电流（A），可按下式计算 $I_e=\frac{P_e}{\sqrt{3}U_e\cos\varphi_e}$，也可从铭牌中查出。

使其数值为 10%～20%时固定电流插头。

② 动作时限的整定。继电器的延时整定值是通过改变继电器动触点上的挡块来实现的。动作时限根据机组情况选取 3～9s。

（3）实例

柴油发电机组的发电机额定功率 P_e 为 750kW，额定电压 U_e 为 400V，额定功率因数 $\cos\varphi_e$ 为 0.8，试整定逆功率继电器。

解 ① 计算发电机的额定电流。

$$I_e=\frac{P_e}{\sqrt{3}U_e\cos\varphi_e}=\frac{750\times10^3}{\sqrt{3}\times400\times0.8}=1353(\text{A})$$

选用 1500/5A 的电流互感器。

② 电流插孔位置的确定。

额定动作功率的百分比 P^*，当 $I^*=8\%$时，为

$$P^*=\frac{5I^*n_1}{I_e}\times100\%=\frac{5\times0.08\times300}{1353}\times100\%=8.87\%$$

当 $I^*=12\%$时，为

$$P^*=\frac{5\times0.12\times300}{1353}=13.3\%$$

插销可固定在 2 挡位上，动作时限取 5s。

45. 油开关合闸电缆截面积的选择

(1) 计算公式

$$S=\frac{2\rho LI_{ch}}{\Delta U_{yx}}=\frac{2\rho LI_{ch}}{U_e\Delta U\%}$$

式中 S——合闸电缆截面积，mm^2；

ρ——电缆芯线材料的电阻率（$\Omega\cdot mm^2/m$），铜为 $0.0184\Omega\cdot mm^2/m$，铝为 $0.031\Omega\cdot mm^2/m$；

L——电缆计算长度，m；

I_{ch}——断路器合闸冲击电流，A；

ΔU_{yx}——电缆允许的电压降，V；

$\Delta U\%$——电缆允许电压降百分数；

U_e——操作电源的额定电压，V。

估算时，电缆允许电压降 ΔU_{yx}也可取 $0.1U_{de}$。U_{de}为断路器合闸线圈额定电压。

(2) 实例

变电所 SN_2-10 型油开关的合闸冲击电流为 85A，该开关与 220V 直流操作电源的距离为 70m，合闸时允许的电压降为 5%。试选择合闸电缆的截面积。

解 如采用铜芯电缆，$\rho=0.0184\Omega\cdot mm^2/m$，合闸电缆截面积为

$$S=\frac{2\rho I_{ch}L}{U_e\Delta U\%}=\frac{2\times0.0184\times85\times70\times100}{220\times5}=20(mm^2)$$

取标称截面积为 $25mm^2$ 的电缆。

46. 串联信号继电器和附加电阻的选择

(1) 电路

串联信号继电器与附加电阻的电路如图 10-37 所示。

(2) 选择原则

① 在额定控制电源电压下，信号继电器动作的灵敏度 K_m 应满足 $K_m\geqslant1.4$。

② 对于直流控制电源，由于直流中间继电器的动作电压不应小于额定电压的 70%（否则动作不可靠），故要求因信号继电器的串联而引起的电压降不大于 $10\%U_e$。对于交流控制电源，由于交流中间继电器的动作电压不应小于额定电压的 85%，故要求因信号继电器的串联而引起的电压降不大于 $5\%U_e$。

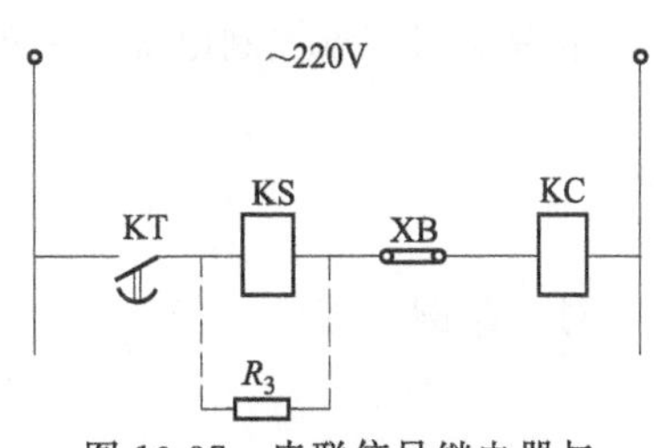

图 10-37 串联信号继电器与附加电阻的电路

③ 考虑几个信号继电器具有同时动作的可能性，若所选的信号继电器不能同时满足上

述两项要求，可采取在中间继电器上并联电阻的方法解决。在有的情况下，也可以采取在信号继电器上并联电阻的方法解决。电流型信号继电器允许长期通过的电流一般不大于其额定电流的3倍。

（3）实例

小水电站信号电路中的信号继电器KS与出口中间继电器KC串联回路参见图10-37。当过电压（或过电流）故障出现时，过电压（或过电流）继电器动作，其触点闭合，使时间继电器KT动作。经零点几秒钟延时后，其触点闭合，信号继电器KS掉牌，中间继电器KC吸合。其触点作用于出口断路器，使断路器跳闸，停止发电。已知中间继电器KC为JZ7-44/220型，交流电压为220V，内阻为500Ω。试选择信号继电器。

解 设信号继电器KS的内阻为R_1，KC内阻为$R_2=500\Omega$。

① 信号继电器内阻的计算。在$90\%U_e$下，通过信号继电器的电流为

$$I=\frac{0.9U_e}{R_1+R_2}=\frac{0.9\times220}{R_1+500}=\frac{198}{R_1+500}$$

信号继电器上的电压降为

$$\Delta U=IR_1=\frac{198R_1}{R_1+500}$$

$$\frac{\Delta U}{U_e}=\frac{198R_1}{(R_1+500)\times220}<5\%$$

得

$$R_1<29.4\Omega$$

暂选用内阻为18Ω的DX-11/0.1A型信号继电器。

② 校验灵敏度要求。

动作电流为

$$I_{dz}=\frac{U_e}{R_1+R_2}=\frac{220}{18+500}=0.42(\text{A})$$

$$K_m=\frac{I_{dz}}{I_e}=\frac{0.42}{0.1}=4.2>1.4$$

③ 校验最大热稳定电流。对于直流控制电源，校验公式为

$$I_{max}=\frac{U_e}{\sum R}<3I_e$$

本例采用交流控制电源，一般可采用以下公式校验：

$$I_{max}=\frac{1.1U_e}{\sum R}<3I_e$$

对于此例，有

$$I_{max}=\frac{1.1\times220}{18+500}=0.47(\text{A})>3I_e=0.3\text{A}$$

不符合信号继电器长期通过此电流的要求。这时可在信号继电器上并联电阻（见图10-37中的R_3）。设$R_3=22\Omega$，这样通过信号继电器的最大工作电流为

$$I_{max}=\frac{1.1U_e}{R_2+\frac{R_1R_3}{R_1+R_3}}\times\frac{R_3}{R_1+R_3}$$

$$=\frac{1.1\times220}{500+\frac{18\times22}{18+22}}\times\frac{22}{18+22}=0.26(A)<3I_e$$

符合要求。

再次校验灵敏度要求：

$$I_{dz}=\frac{0.26}{1.1}=0.236(A)$$

$$K_m=\frac{I_{dz}}{I_e}=\frac{0.236}{0.1}=2.36>1.4$$

47. 信号继电器串联电阻的计算

【实例】 图 10-38 为信号继电器与电阻串联的电路。当限位开关（气体继电器）KG 闭合时，信号继电器 KS 动作掉牌。已知 KS 采用 DX-11/0.1A 型信号继电器，内阻为 18Ω。试选择串联电阻。

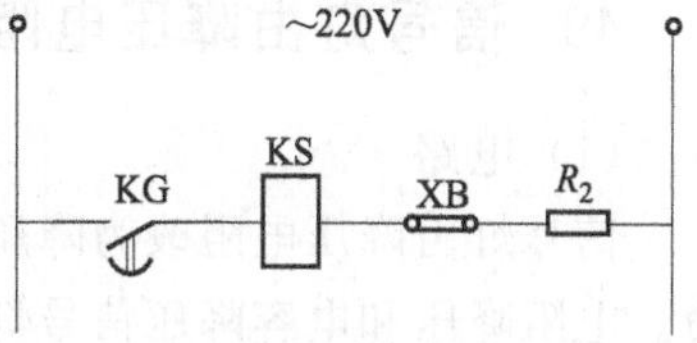

图 10-38 信号继电器与电阻串联电路

解 ① 当控制电源电压最大（110%U_e）时，通过信号继电器的电流应小于额定电流的 3 倍，即

$$\frac{1.1U_e}{R_1+R_2}<3I_e$$

$$\frac{1.1\times220}{18+R_2}<0.3$$

$$R_2>790\Omega$$

② 当控制电源电压最小（90%U_e）时，通过信号继电器的电流应大于额定电流的 0.9 倍，即

$$\frac{0.9U_e}{R_1+R_2}>0.9I_e$$

$$\frac{0.9\times220}{18+R_2}>0.9\times0.1=0.09$$

$$R_2<2180\Omega$$

③ R_2 的阻值在 790～2180Ω 范围内，试选用 1.8kΩ（阻值选大一些，功耗会小一些）的电阻器。

校验最大热稳定电流：

$$I_{max}=\frac{1.1\times220}{18+1800}=0.133(A)<0.3(A)$$

$$P=I_{max}^2R_2=0.133^2\times1800=31.8(W)$$

可选用 RX20-1.8kΩ-51W 电阻。

48. 发光二极管信号灯降压电容的选择

(1) 电路

发光二极管除采用电阻降压外，还可以采用电容降压。采用电容降压，则整个电路的功耗几乎接近发光二极管的功耗。但采用电容降压必须采取一些措施，以免发光二极管受电容瞬时电压冲击而击穿。

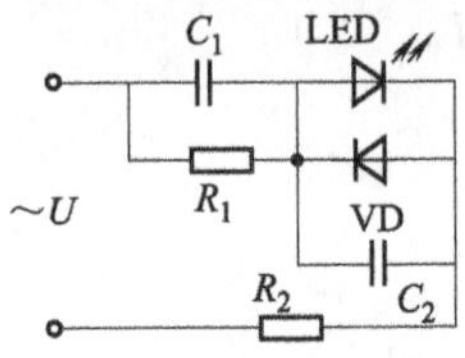

发光二极管采用交流驱动、电容降压的电路如图 10-39 所示。

图 10-39　发光二极管电容降压电路

(2) 元件选择

二极管 VD 选用 1N4001 对发光二极管进行（反向电压）保护；对于交流 220V 电源，电容器 C_1 选用涤纶电容器，0.1μF/400V；C_2 选用 BP 型双极性电容器，22μF/16V，作为瞬间冲击电流的吸收支路；电阻器 R_1 选用 2.2MΩ、1/8W 电阻器，作为电容 C_1 的泄放回路；电阻器 R_2 选用 6.2kΩ。

电路实测表明，当电压在 220V×(1±20%) 范围内变化时，通过发光二极管的电流在 11～16mA 范围内变化。接上或断开电源瞬间，冲击电流从 C_2 上通过，示波器上不显示发光二极管支路有尖脉冲电流。整个电路的功耗约为 10mW，寿命为 4 万小时以上。

49. 信号灯由降压电阻改为降压电容的计算

(1) 电路

信号灯由降压电阻改为降压电容，能大大降低信号灯的功耗，也不影响信号灯的使用寿命。电阻降压和电容降压信号灯电路分别如图 10-40 (a)、(b) 所示。

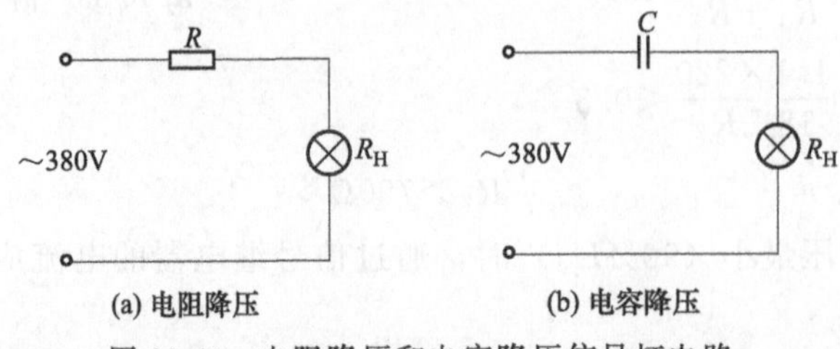

(a) 电阻降压　(b) 电容降压

图 10-40　电阻降压和电容降压信号灯电路

(2) 计算公式

① 电阻降压信号灯阻值的计算：

$$R_H=\frac{U_e^2}{P_e}$$

$$P=\frac{U^2}{R+R_H}$$

式中　R_H——灯泡电阻，Ω；

P——每只带电阻的信号灯所耗功率，W；

U_e——灯泡额定电压，V；

P_e——灯泡额定功率，W；

R——串联电阻，Ω；

U——电源电压，V。

② 电容降压信号灯所串电容器电容量的计算。

通过灯泡的电流为

$$I_H = P_e / U_e$$

所串联的电容器电容量为

$$C = \frac{I_H}{\omega U_C} = \frac{I_H}{2\pi f U_C}$$

式中 C——串联电容器电容量，F；

U_C——电容器 C 上的电压（V），$U_C = \sqrt{U^2 - U_{H^2}}$；

f——电源频率（Hz），工频 $f = 50\text{Hz}$。

（3）实例

电阻降压信号灯电路参见图 10-40（a）。信号灯采用 XD2-380 型，额定电压和功率分别为 115V、8W，与一个 5kΩ、30W 电阻器串联，电源电压为交流 380V。欲将其改为电容降压信号灯，改后电路参见图 10-40（b）。试选择所串联电容器的类型和电容量，并计算改造后信号灯的节电量。

解 ① 电阻降压的计算。灯泡电阻为

$$R_H = U_e^2 / P_e = 115^2 / 8 = 1653(\Omega)$$

每只带电阻的信号灯所耗功率为

$$P = \frac{U^2}{R + R_H} = \frac{380^2}{5000 + 1653} = 21.7(\text{W})$$

其中灯泡消耗功率仅为 8W。

② 电容降压的计算。由于灯泡上的电压 U_H 与电容器 C 上的电压 U_C 空间上相差 90°，所以

$$U_C = \sqrt{U^2 - U_H^2} = \sqrt{380^2 - 115^2} = 362(\text{V})$$

为了使改造前后信号灯亮度不变，应使灯泡上的电压仍为 115V，通过灯泡的电流也应不变。

通过灯泡的电流为

$$I_H = P_e / U_e = 8/115 = 0.0696(\text{A})$$

电容器两端的电压还可由下式计算：

$$U_C = \frac{1}{\omega C} I_H = \frac{I_H}{2\pi f C} = \frac{0.0696}{314C} = 362(\text{V})$$

$$C = \frac{0.0696}{314 \times 362} = 6.12 \times 10^{-7}(\text{F}) = 0.612(\mu\text{F})$$

可选用 0.47μF/630V、CJ41 型或 CBB22 型电容器。

这时通过灯泡的电流为

$$I'_H = \frac{U}{\sqrt{\left(\frac{1}{2\pi f C}\right)^2 + R_H^2}} = \frac{380}{\sqrt{\left(\frac{1}{314 \times 0.47 \times 10^{-6}}\right)^2 + 1653^2}}$$

$$= \frac{380}{6974.7}$$

$$= 0.0545(\text{A})$$

灯泡所耗功率为

$$P'_H = I'^2_H R_H = 0.0545^2 \times 1653 = 4.9(\text{W})$$

降压电阻电路改为降压电容电路后，信号灯的亮度相差不大。因信号灯每天24h均带电，所以每只信号灯每年可节电：

$$A=(21.7-4.9)\times 24\times 365\times 10^{-3}=147(\mathrm{kW\cdot h})$$

改用电容降压后，送电瞬间，由于电容器两端电压不能突变，使整个电源电压都加在信号灯上。又由于电容器充电时间仅为1ms左右，也就是说灯泡过电压时间仅为2ms左右，且灯丝有热惰性，灯丝还未来得及过热，其两端的电压便已降到额定值以下，故不会影响信号灯的使用寿命。

50. 电压线圈并联分流电阻器时信号继电器和分流电阻器的选择

(1) 电路

在实际线路中，信号继电器常与接触器、继电器等的电压线圈串联使用。当电压线圈额定功率允许通过信号继电器的动作电流时，不需采用分流电阻器；当不允许通过时，则应采用在电压线圈上并联分流电阻器的方法解决。电压线圈并联分流电阻器的电路如图10-41所示。

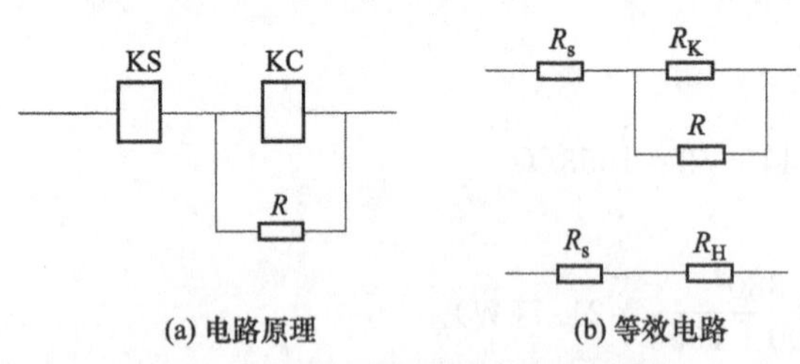

图10-41 电压线圈并联分流电阻器

(2) 选择步骤和计算公式

① 先按以下两式计算出R_s和$I_{dz\cdot s}$，再看能否从产品样本中选出合适的信号继电器，使$I_{Ke}\geqslant I_{dz\cdot s}$。若不能，则必须并联分流电阻$R$。

$$R_s\leqslant 0.143\frac{U_{Ke}^2}{P_K}$$

$$I_{dz\cdot s}=\frac{P_K}{1.6U}$$

式中 R_s——信号继电器内阻，Ω；

$I_{dz\cdot s}$——信号继电器动作电流，A；

U_{Ke}——接触器或继电器额定电压，V；

P_K——接触器或继电器电压线圈额定功率，W；

U——线路电压，V。

② 根据电压线圈的U_{Ke}、P_K，利用下式初选：

$$I_{dz\cdot s}=(2.5\sim 4)\frac{P_K}{1.6U_{Ke}}=(1.5\sim 2.5)\frac{P_K}{U_{Ke}}$$

$$R_s=\frac{0.143R_K}{(1.8\sim 2.8)}=(0.05\sim 0.08)R_K$$

③ 计算等效电阻R_H。为满足前面所提的技术要求，R_H应满足以下两个条件（推导过程从略）：

$$R_H\geqslant 7R_s \quad (\text{I})$$

$$R_H\leqslant\frac{U}{1.4I_{dz\cdot s}}-R_s \quad (\text{II})$$

若按式（Ⅰ）得出的 R_H 值大于按式（Ⅱ）的计算值，则取式（Ⅰ）的计算值；反之，若式（Ⅱ）的计算值大于式（Ⅰ）的计算值，则在两式计算值之间选取。

④ 分流电阻 R 的计算。

$$R=\frac{R_H R_K}{R_K-R_H}$$

⑤ 按照计算出的 R 值选取标准电阻，再用真实 R 值，求出 R_H，即

$$R_H=\frac{RR_K}{R+R_K}$$

⑥ 利用上式求出的 R_H，校验灵敏度，看是否符合要求。

$$K_{m\cdot K}=\frac{\frac{0.8U}{R_s+R_H}R_H}{U_{dz\cdot K}}\geqslant 1$$

$$K_{m\cdot s}=\frac{\frac{0.8U}{R_s+R_H}}{I_{dz\cdot s}}\geqslant K_{m\cdot K}$$

式中 $K_{m\cdot K}$——并联电阻后接触器或继电器的灵敏度；

$K_{m\cdot s}$——并联电阻后信号继电器的灵敏度；

$U_{dz\cdot K}$——信号继电器动作电压，V。

（3）实例

某控制回路中，信号继电器与中间继电器串联。已知直流控制电源电压 U 为 220V，中间继电器 KC 为 DZ-24 型，额定电压 U_{Ke} 为 220V，线圈电阻为 24400Ω。试选择信号继电器 KS 和分流电阻 R。

解 ① 信号继电器线圈电阻要求为

$$R_s\leqslant 0.143R_K=0.143\times 24400=3489(\Omega)$$

$$I_{dz\cdot s}=\frac{U}{1.6R_K}=\frac{220}{1.6\times 24400}\approx 0.0056(\text{A})$$

在产品样本中查不到如此灵敏的信号继电器，因此必须在中间继电器线圈上并联 R。

② 并联 R 后，信号继电器中的动作电流为

$$\begin{aligned}I_{dz\cdot s}&=(1.5\sim 2.5)\frac{U}{R_K}\\&=(1.5\sim 2.5)\times\frac{220}{24400}\\&=0.0135\sim 0.0225(\text{A})\end{aligned}$$

$$\begin{aligned}R_s&=(0.05\sim 0.08)R_K\\&=(0.05\sim 0.08)\times 24400\\&=1220\sim 1952(\Omega)\end{aligned}$$

查产品样本，可选用 DX51/0.0125A 型信号继电器，其 $I_{dz\cdot s}=0.0125\text{A}$，$R_s=1900\Omega$，$U_{dz\cdot K}=154\text{V}$。

③ 计算 R_H，即

$$R_{H1}\geqslant 7R_s=7\times 1900=13300(\Omega)$$

$$R_{H2}\leqslant\frac{U}{1.4I_{dz\cdot s}}-R_s=\frac{220}{1.4\times 0.0125}-1900=10671(\Omega)$$

选取 $R_H = 13300\Omega$。

④ 分流电阻 R 为

$$R = \frac{R_K R_H}{R_K - R_H} = \frac{24400 \times 13300}{24400 - 13300} = 29236(\Omega)$$

选用 $R = 25\text{k}\Omega$ 的标准电阻器，则电阻功率为

$$P \geqslant 2\frac{U^2}{R} = 2 \times \frac{220^2}{25000} = 3.9(\text{W})$$

⑤ 灵敏度校验，即

$$R_H = \frac{RR_K}{R + R_K} = \frac{25000 \times 24400}{25000 + 24400} = 12348(\Omega)$$

$$K_{m \cdot K} = \frac{\frac{0.8U}{R_s + R_H} R_H}{U_{dz \cdot K}} = \frac{\frac{0.8 \times 220}{1900 + 12348} \times 12348}{154} = 1(\text{满足要求})$$

$$K_{m \cdot s} = \frac{\frac{0.8U}{R_s + R_H}}{I_{dz \cdot s}} = \frac{\frac{0.8 \times 220}{1900 + 12348}}{0.0125} = 1 = K_{m \cdot K}(\text{满足要求})$$

51. 接触器、继电器工作状态指示电路元件的选择

(1) 电路

为了指示接触器、继电器的工作状态，可采用如图 10-42 所示的电路。其中：图 10-42 (a) 采用氖管指示；图 10-42 (b)、(c) 采用发光二极管指示。当接触器、继电器吸合时，指示灯亮；当释放时，指示灯灭。

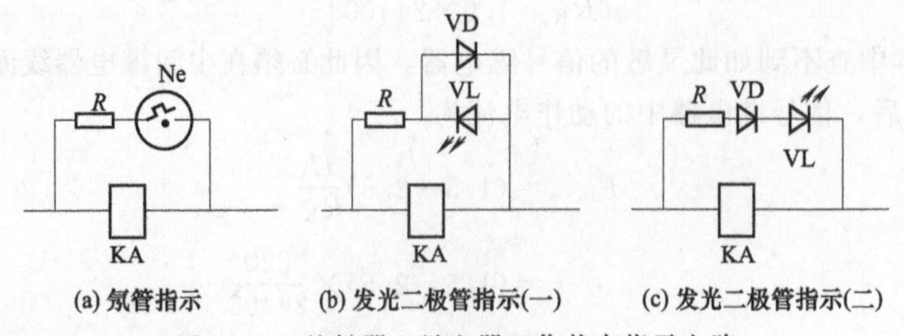

图 10-42 接触器、继电器工作状态指示电路

(2) 选择方法

① 氖泡指示电路的选择。

$$R = \frac{U - U_{Ne}}{I_{Ne}}$$

$$P = (2 \sim 3) I_{Ne}^2 R$$

式中 R——限流电阻，Ω；

P——限流电阻功率，W；

U——电源电压，V；

U_{Ne}——氖泡启辉电压，V；

I_{Ne}——氖泡工作电流，A。

② 发光二极管指示电路的选择。当用于直流电路时，必须注意使电源的极性能够将发光二极管 VL 燃亮。在图 10-42（b）所示电路中，二极管 VD 的作用是：当用于交流电路时，在电源负半周维持电阻器 R 中有电流通过，保护 VL 不因反向电压过高而被击穿损坏；当用于直流电路时，该二极管可在电源关断时，保护 VL 不被线圈中产生的反电势击穿。图 10-42（c）所示电路中，二极管 VD 也起保护发光二极管不被击穿的作用。

限流电阻器 R 可按下式计算：

a. 当用于交流电源时：

对于图 10-42（b）所示电路　　$R \approx U/I_F$

对于图 10-42（c）所示电路　　$R \approx 0.45U/I_F$

式中　U——电源电压，V；

I_F——发光二极管实际工作电流（A），取接近于发光二极管额定电流，一般取 8～10mA。

b. 当用于直流电源时，对于图 10-42（b）、（c）：

$$R \approx U/I_F$$

电阻器功率为

$$P=(2\sim3)I_F^2R$$

（3）实例

一交流继电器，线圈额定电压为 220V，试分别选择采用氖泡指示和采用发光二极管指示电路的元件。

解　① 采用氖泡指示电路。氖泡可选用 NHO-4C 型等，其启辉电压为 65V，额定电流为 1mA 左右。

限流电阻值为

$$R=\frac{U-U_{Ne}}{I_{Ne}}=\frac{220-65}{1}=155(\text{k}\Omega)(\text{取标准阻值}160\text{k}\Omega)$$

电阻器功率为

$$P=(2\sim3)I_{Ne}^2R=(2\sim3)\times(10^{-3})^2\times160\times10^3$$

$$=0.32\sim0.48(\text{W})$$

因此可选用 RJ-160kΩ-0.5W 的电阻器。

② 采用发光二极管指示电路。发光二极管可选用 2EF401 型等，其额定电流 I_F 为 10mA，正向电压 U_F 为 1.7V，最大工作电流 I_{FM} 为 50mA。

限流电阻值的计算如下。

对于图 10-42（b）所示电路：

$$R \approx U/I_F=220/10=22(\text{k}\Omega)$$

$$P=(2\sim3)I_F^2R$$

$$=(2\sim3)\times0.01^2\times22000=4.4\sim6.6(\text{W})$$

因此可选用 RJ-22kΩ-5W 的电阻器。

对于图 10-42（c）所示电路：

$$R \approx 0.45U/I_F = 0.45 \times 220/10$$
$$= 9.9(\text{k}\Omega)$$

取标准电阻值 11kΩ。

这时流过限流电阻 R 及发光二极管的电流为

$$I_F = 0.45 \times 220/11 = 9(\text{mA})$$

电阻器功率为

$$P = (2 \sim 3) I_F^2 R = (2 \sim 3) \times 0.009^2 \times 11000 = 1.8 \sim 2.7(\text{W})$$

因此可选用 RJ-11kΩ-5W 的电阻器。

十一、电加热

1. 箱式电阻炉技术参数的计算

(1) 计算公式

① 计算条件。

a. 每组电热元件的总功率 P_j，单位为 kW。

b. 每组中电热元件的个数（指在同一端电压下的并联分支数，每一个并联分支称作一个电热元件）n。

c. 每组电热元件的端电压 U，单位为 V。

d. 允许表面负荷 W_{yx}，单位为 W/cm^2。

e. 电热元件材料的种类和性能。

② 计算步骤。

a. 计算每个电热元件的功率 P_i。

$$P_i = P_j / n$$

b. 计算工作温度下，电热元件材料的电阻率 ρ_t。

$$\rho_t = \rho_{20} C_t$$

式中　ρ_{20}——电热元件材料在20℃时的电阻率（$\Omega \cdot mm^2/m$），见表11-1。

C_t——电阻率修正系数，见表11-2。

表 11-1　常用电热材料的物理及力学性能

性能		密度/(g/cm³)	线胀系数(20～1000℃)/×10⁻⁶℃⁻¹	比热容/[J/(g·℃)]	热导率/[kJ/(m·h·℃)]	熔点值/℃	抗张强度/MPa	伸长率/%	反复弯曲次数	电阻率(20℃)/(Ω·mm²/m)
镍铬合金	Cr20Ni80	8.4	14	0.440	60.3	1400	637～785	≥20	—	1.09±0.05
	Cr15Ni60	8.2	13	0.461	45.2	1390	637～785	≥20	—	1.12±0.05
铁铬铝合金	1Cr13Al4	7.4	15.4	0.490	52.8	1450	588～735	≥12	≥5	1.26±0.08
	0Cr13Al6Mo2	7.2	15.6	0.494	49.0	1500	686～834	≥12	≥5	1.40±0.10
	0Cr25Al5	7.1	16	0.494	46.1	1500	637～785	≥12	≥5	1.40±0.10
	0Cr27Al7Mo2	7.1	16	0.494	45.2	1520	686～785	≥10	≥5	1.50±0.01
铂		21.5	8.9	0.133	248.7	1773	157～177	—	—	0.106
钼		10.2	6.1	0.314	527.5	2622	745～1177	—	—	0.0563
钽		16.6	6.5	0.142	195.9	2996	294～441	—	—	0.124
钨		19.3	5.9	0.142	466.8	3400	1079	—	—	0.0549
硅碳棒		3.1～3.2	5(20～1500℃)	0.712	83.7	—	39～49(抗折)	—	—	1000左右(1400℃)
硅钼棒		5.3～5.5	—	—	—	2030	245～343(抗弯)	—	—	0.25

表 11-2　常用电热材料在不同温度下的电阻率修正系数 C_t

温度/℃		20	100	200	300	400	500	600	700	800	900	1000	1100
镍铬合金	Cr20Ni80	1.000	1.006	1.016	1.024	1.031	1.035	1.026	1.019	1.017	1.021	1.028	1.038
	Cr15Ni60	1.000	1.013	1.029	1.046	1.062	1.074	1.078	1.083	1.089	1.097	1.105	1.115
铁铬铝合金	1Cr13Al4	1.000	1.004	1.013	1.027	1.041	1.062	1.090	1.114	1.126	1.135	1.142	—
	0Cr13Al6Mo2	1.000	1.001	1.003	1.007	1.014	1.028	1.048	1.053	1.057	1.060	1.063	1.066
	0Cr25Al5	1.000	1.002	1.007	1.013	1.022	1.036	1.056	1.063	1.068	1.072	1.076	1.079
	0Cr27Al7Mo2	1.000	0.997	0.994	0.992	0.992	0.992	0.992	0.992	0.992	0.992	0.992	0.992
高熔点纯金属	铂 Pt	1.000	1.291	1.645	1.987	2.32	2.64	2.95	3.25	3.53	3.81	4.08	4.33
	钼 Mo	1.000	1.362	1.822	2.28	2.74	3.20	3.65	4.12	4.58	5.06	5.58	6.11
	钽 Ta	1.000	1.275	1.621	1.96	2.31	2.65	2.99	3.34	3.68	4.02	4.35	4.67
	钨 W	1.000	1.352	1.801	2.28	2.79	3.32	3.85	4.39	4.94	5.49	6.05	6.62
硅钼棒元件		1.00	1.40	2.00	2.60	3.32	4.08	4.96	5.84	6.80	7.75	8.80	9.76
温度/℃		1200	1300	1400	1500	1600	1700	1900	2100	2300	2500	2700	2900
铁铬铝合金	1Cr13Al4	1.000	1.004	1.013	1.027	1.041	1.062	1.090	1.114	1.126	1.135	1.142	—
	0Cr13Al6Mo2	1.000	1.001	1.003	1.007	1.014	1.028	1.048	1.053	1.057	1.060	1.063	1.066
	0Cr25Al5	1.000	1.002	1.007	1.013	1.022	1.036	1.056	1.063	1.068	1.072	1.076	1.079
	0Cr27Al7Mo2	1.000	0.997	0.994	0.992	0.992	0.992	0.992	0.992	0.992	0.992	0.992	0.992
高熔点纯金属	铂 Pt	4.58	4.81	5.03	5.25	—	—	—	—	—	—	—	—
	钼 Mo	6.64	7.18	7.71	8.24	8.79	9.34	10.43	11.51	12.61	13.73	—	—
	钽 Ta	4.96	5.23	5.50	5.77	6.03	6.29	6.80	7.30	7.78	8.23	8.70	9.13
	钨 W	7.19	7.78	8.36	8.96	9.56	10.16	11.40	12.65	13.94	15.25	16.58	17.95
硅钼棒元件		10.80	11.84	12.84	13.92	14.92	16.00	—	—	—	—	—	—

注：1. 硅碳棒元件 1400℃时电阻率为 1000Ω·mm²/m 左右，室温至 900℃时电阻率由大变小，900～1450℃则由小变大。

2. $C_t=\rho_t/\rho_{20}$。ρ_t 为温度 t℃时的电阻率；ρ_{20} 为 20℃时电阻率。

c. 计算电热元件的截面尺寸。

对于线材：

$$d_1=34.3\sqrt[3]{\frac{\rho_t P_i^2}{U^2 W_{yx}}}$$

式中　d_1——线材直径，mm。

对于带材：

$$a_1=\sqrt[3]{\frac{10^5\rho_t P_i^2}{2m(m+1)U^2 W_{yx}}}$$

$$b_1=ma_1$$

式中　a_1，b_1——带材截面的厚度和宽度，mm。

m——一般取 5～15。

按所求得的截面尺寸，便可从产品目录中选定标准规格的产品。

铁铬铝合金电热元件允许表面负荷 W_{yx} 见表 11-3。

表 11-3　铁铬铝合金（0Cr25Al5）允许表面负荷

电热设备类型	工业电阻炉		日用电炉		电烙铁		电熨斗	管状电加热元件
	炉温 1000～1200℃	炉温 950℃	开启式	半开启式	外热式	内热式		
材料形状	线材	线材	线材	线材	带材	带材	带材	线材
表面负荷选用范围/(W/cm²)	1.0～1.5	1.4～1.8	4～6	13～15	2～3	8～10	5～8	8～25

注：带材元件的表面负荷可高出表列线材元件 20%左右。

d. 选定材料的截面积 S。

对于线材 $$S=\frac{\pi}{4}d_2^2$$

式中 d_2——选定线材的直径，mm。

对于带材 $$S=a_2b_2$$

式中 a_2，b_2——选定材料的厚度和宽度，mm。

e. 计算每个电热元件在工作温度下的电阻值 R_t 和每个电热元件的长度 l。

$$R_t=U^2\times10^{-3}/P_i, l=SR_t/\rho_t$$

式中 R_t——每个电热元件的电阻值，Ω；

l——每个电热元件的长度，m。

f. 计算实际表面负荷 W。

$$W=\frac{\rho_t}{fl}\times10^3$$

式中 W——实际表面负荷，W/cm^2；

f——每米电热元件材料的表面积，cm^2/m。

g. 计算每组电热元件总长度 L。

$$L=nl$$

可把上述各参数之间的关系绘制成计算曲线，这样就可利用图解法计算电热元件的尺寸。

图 11-1 所示是铁铬铝（0Cr25Al5）电热元件的计算曲线。如果不是采用 0Cr25Al5 材质和 ρ_t 不等于 $1.51\Omega\cdot mm^2/m$ 的线材，则可将从该图中查得的线径 d_1 和线长 L_1 值分别乘以如下系数，便可得到实际线径 d_1' 和线长 L_1'。

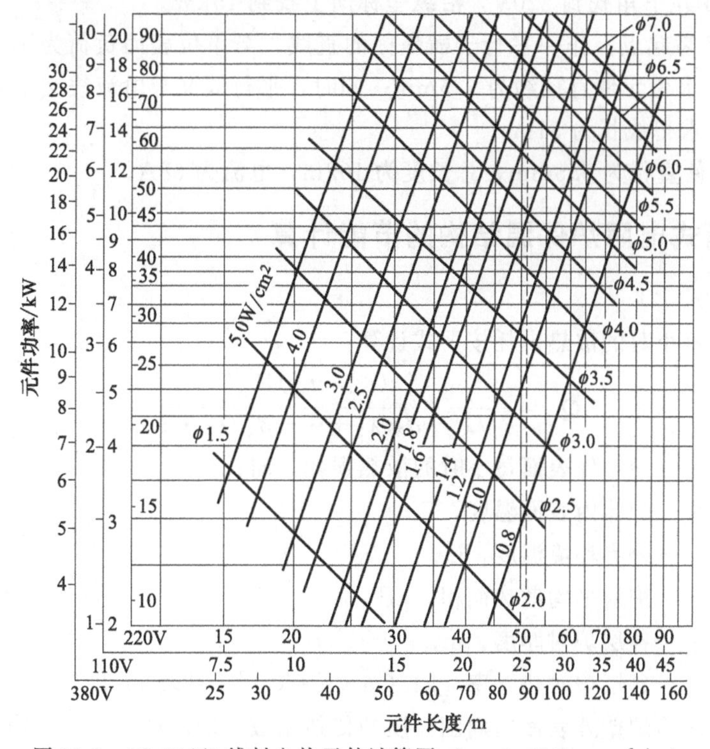

图 11-1 0Cr25Al5 线材电热元件计算图（$\rho_t=1.51\Omega\cdot mm^2/m$）

$$d_1'=d_1\sqrt[3]{\frac{\rho_t}{1.51}},L_1'=L_1\sqrt[3]{\frac{1.51}{\rho_t}}$$

（2）实例

欲设计一箱式电阻炉，电阻炉总功率 P_j 为 30kW，元件组数 n 为 2，电热元件材料用 0Cr25Al5，炉温 950℃，元件端电压 U 为 220V，求电热元件的直径和长度。

解 ① 用计算法求解。

a. 计算每个电热元件的功率 P_i。

$$P_i=P_j/n=30/2=15(\text{kW})$$

b. 查表 11-3，取表面负荷 $W_{yx}=1.7\text{W/cm}^2$。查表 11-1 和表 11-2，0Cr25Al5 在 950℃ 时的电阻率为

$$\rho_t=\rho_{20}C_t=1.4\times1.079=1.51(\Omega\cdot\text{mm}^2/\text{m})$$

c. 计算元件截面尺寸。

直径
$$d_1=34.3\sqrt[3]{\frac{\rho_t P_i^2}{U^2W_{yx}}}=34.3\times\sqrt[3]{\frac{1.51\times15^2}{220^2\times1.7}}$$
$$=5.5(\text{mm})$$

长度
$$l=\frac{\pi d_1^2}{4}\times\frac{U^2}{\rho_t P_i}\times10^{-3}=\frac{\pi\times5.5^2}{4}\times\frac{220^2}{1.51\times15}\times10^{-3}$$
$$=50.7(\text{m})\approx51(\text{m})$$

总长度
$$nl=2\times51=102(\text{m})$$

② 用图解法求解。

a. 在图 11-1 左下角找到 220V，沿纵坐标向上找到 15kW。

b. 以 15kW 为起点，作一平行于横坐标的直线，与单位表面负荷为 1.7W/cm² 的等值线相交于 O 点，求得元件直径约为 5.5mm；同时，平行线又与电流线交于 68A。

c. 在横轴上求得线长为 51m。

所以电热元件直径为 5.5mm，总长度为 102m，电流为 68A。

2. 改善箱式电阻炉保温结构的节能计算

（1）计算公式

炉壁外表面每小时的散热损耗按下式计算：

$$Q_{ss}=\frac{(t_{rn}-t_w)F}{\delta_1/\lambda_1+\delta_2/\lambda_2+\cdots+\delta_n/\lambda_n+1/\alpha}$$

式中 Q_{ss}——炉壁外表面每小时的散热损耗，kJ；

t_{rn}——炉体内表面温度，℃；

t_w——外界环境温度，℃；

F——炉衬平均散热面积，m²；

$\delta_1,\delta_2,\cdots,\delta_n$——各层炉衬厚度，m；

$\lambda_1,\lambda_2,\cdots,\lambda_n$——各层炉衬热导率［kJ/(m·h·℃)］，见表 11-4；

α——炉壁外表面向周围介质的传热系数［kJ/(m²·h·℃)］，见表 11-5，经验值为 67～71kJ/(m²·h·℃)。

表 11-4 耐火绝热材料的热导率

耐火绝热材料名称	热导率/[kJ/(m·h·℃)]
黏土质砖	1.099
耐火绝热砖	0.158
陶质纤维	0.185
绝热材料Ⅰ	0.097
绝热材料Ⅱ	0.044

表 11-5 炉壁外表面对空气的传热系数 α 单位：$kJ/(m^2 \cdot h \cdot ℃)$

炉壁温度/℃	垂直壁	水平壁		炉壁温度/℃	垂直壁	水平壁	
		面向上	面向下			面向上	面向下
25	32.2	36.0	27.2	80	48.1	55.6	38.9
30	34.3	38.5	28.9	90	50.7	57.8	41.0
35	36.8	41.9	30.1	100	52.3	60.3	42.7
40	38.1	43.1	31.0	125	58.6	66.6	47.7
45	38.9	44.4	31.8	150	63.2	71.6	51.9
50	41.4	47.3	33.9	200	73.3	82.5	61.1
60	44.0	50.2	35.6	300	98.0	108.4	83.7
70	46.1	53.2	38.1	400	127.7	138.6	112.6

注：此表按环境温度 20℃求得。

(2) 实例

有一箱式电阻炉，炉腔尺寸为宽 500mm、高 400mm、深 800mm，腔内温度为 700℃，电热容量为 25kW。该炉壁的耐火绝热材料如图 11-2 (a) 所示。该结构对于炉腔内各面均相同。为了节能，在保持原炉腔尺寸的条件下，将耐火绝热材料改造为如图 11-2 (b) 所示的结构。试分别求出，在稳定状态下改造前后炉外表面每小时散热损耗的功率。

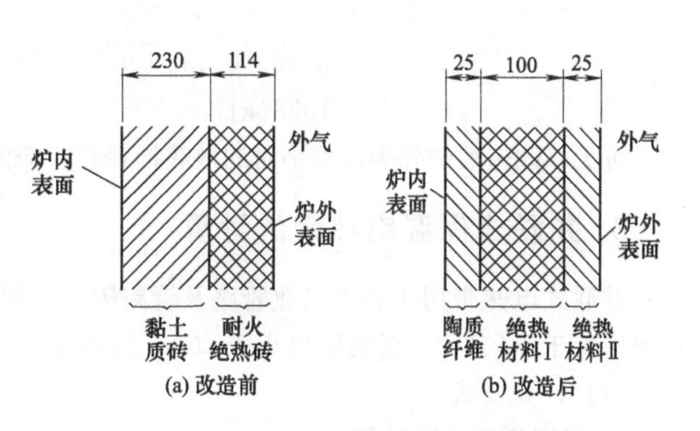

图 11-2 电阻炉耐火绝热材料结构

其中：①设环境温度为 25℃，炉腔各侧表面温度均为 700℃；②设炉外表面的传热系数各向均相同，为 $68kJ/(m^2 \cdot h \cdot ℃)$；③耐火绝热材料的热导率如表 11-4 所示；④设热流在炉外表各侧与无限大平面壁上的热流相同处理；⑤设各耐火绝热材料的分界面上没有热阻；⑥假定炉子没有开口部分。

解 采用简化公式计算。

改造前炉内散热面积为

$$F_{rn}=[(0.5\times0.4)+(0.4\times0.8)+(0.8\times0.5)]\times2=1.84(m^2)$$

改造前炉外散热面积［见图 11-2 (a)］为

$$F_{rw}=[(0.5+0.688)\times(0.4+0.688)+(0.4+0.688)\times(0.8+0.688)+(0.8+0.688)\times(0.5+0.688)]\times2$$
$$=9.36(m^2)$$

改造前炉衬平均散热面积为

$$F=\sqrt{F_{rn}F_{rw}}=\sqrt{1.84\times9.36}=4.15(m^2)$$

改造前炉外表面每小时的散热损耗为

$$Q_{ss}=\frac{(t_{rn}-t_{w})F}{\delta_1/\lambda_1+\delta_2/\lambda_2+1/\alpha}$$

$$=\frac{(700-25)\times4.15}{0.23/1.099+0.114/0.158+1/68}=2959(kJ)$$

改造后炉内散热面积为

$$F'_{rn}=F_{rn}=1.84(m^2)$$

改造后炉外散热面积为［见图 11-2（b）］

$$F'_{rw}=[(0.5+0.3)\times(0.4+0.3)+(0.4+0.3)\times(0.8+0.3)+(0.8+0.3)\times(0.5+0.3)]\times2$$
$$=4.42(m^2)$$

改造后炉衬平均散热面积为

$$F'=\sqrt{F'_{rn}F'_{rw}}=\sqrt{1.84\times4.42}=2.85(m^2)$$

改造后炉外表面每小时的散热损耗为

$$Q'_{ss}=\frac{(t_{rn}-t_{w})F'}{\delta_1/\lambda_1+\delta_2/\lambda_2+\delta_3/\lambda_3+1/\alpha}$$

$$=\frac{(700-25)\times2.85}{0.025/0.185+0.1/0.097+0.025/0.044+1/68}$$

$$=1098(kJ)$$

可见，改造后炉外表面每小时的散热损耗较改造前减少 2959－1098＝1861(kJ)。

3. 并联式保温电热带的计算

并联式电热带用于各类工业管路及管路附件（罐、槽、泵、阀等）的伴热保温，通常用在温度低于＋150℃、保温距离小于 600m 的场合。

(1) 计算公式

① 保温所需功率计算。

a. 圆筒状设备保温所需功率：

$$P_s=\frac{8.767\lambda(t_y-t_0)}{\ln\frac{D+2b}{D}}$$

式中 P_s——被伴热物体每米所需功率，W/m；

λ——保温材料的热导率［W/(m·℃)］，见表 11-6，1W·h＝3.6kJ；

t_y——管路等设备要求的维持温度，℃；

t_0——环境最冷日平均地温度（设备埋地）或大气温度（设备露天），℃；

D——管路或设备的外径，m；

b——保温材料厚度，m。

b. 板状设备保温所需功率：

$$P_s=\frac{1.395\lambda(t_y-t_0)}{b}$$

式中 P_s——被伴热物体每平方米所需功率，W/m^2。

② 所需电热带计算。

a. 选择电热带规格：

$$P=P_s/N$$

式中 P——电热带发热功率（W/m），见表11-7；

N——每米或每平方米被加热物所配电热带长度，m/m 或 m/m^2。

b. 计算所需电热带长度：

$$L=Nl \text{ 或 } L=NS$$

式中 L——电热带长度，m；

l——管路等设备长度，m；

S——管路等设备表面积，m^2。

表 11-6 常用保温绝热材料的热物理特性

序号	材料名称	体积质量 r /(kg/m^3)	热导率 λ /[kJ/(m·h·℃)]	导温系数 $\alpha\times10^3$ /(m^2/h)	比热容 c /[kJ/(kg·℃)]	质量湿度 /%
1	泡沫混凝土	525	0.398	0.79	0.963	0
2	加气混凝土	545	0.544	0.97	1.172	4.8
3	粉煤灰混凝土	640	0.754	0.87	1.340	12.5
4	耐热混凝土	296	0.310	0.91	1.172	—
5	浮石藻混凝土	729	0.628	0.77	0.837	0
6	玻璃棉混凝土	232	0.276	1.39	0.879	0
7	聚苯乙烯混凝土	538	0.670	0.90	1.340	13.7
8	锯木屑混凝土	705	0.712	1.21	0.837	—
9	木屑硅制土砖	590	0.502	0.89	0.921	—
10	珍珠岩粉料	44	0.151	2.00	1.591	0
11	水泥珍珠岩制品	400	0.327	0.93	0.879	0
12	沥青珍珠岩制品	285	0.356	0.82	1.507	—
13	乳化沥青珍珠岩制品	304	0.301	0.68	1.465	—
14	水玻璃珍珠岩制品	310	0.356	1.08	1.047	1.9
15	蛭石粉料	278	0.327	0.88	1.340	—
16	沥青蛭石制品	450	0.586	0.63	2.093	26.7
17	水泥蛭石制品	347	0.544	1.34	1.172	7.9
18	白灰蛭石制品	408	0.879	1.29	1.675	—
19	水玻璃蛭石制品	430	0.461	1.32	0.795	—
20	乳化沥青蛭石制品	473	0.586	0.91	1.340	—
21	玻璃棉	100	2.093	2.78	0.754	—
22	树脂玻璃棉板	57	1.465	2.13	1.214	—
23	沥青玻璃棉	78	0.155	1.81	1.089	—
24	火山岩棉	80～110	0.147～0.180	—	—	—
25	硅酸铝纤维	140	0.193	1.41	0.963	—
26	矿渣棉	180	0.151	—	—	—
27	沥青矿棉板	300	0.335	1.48	0.754	—
28	酚醛矿棉板	200	0.251	1.67	0.754	—
29	碎石棉	103	0.176	—	—	—
30	石棉水泥板	300	0.335	1.33	0.837	—
31	硅藻土石棉板	810	0.502	0.39	1.633	—
32	石棉菱苦土	870	1.59	1.97	0.921	—
33	泡沫石膏	411	0.586	1.67	0.837	—
34	泡沫玻璃	140	0.188	1.51	0.879	—
35	聚苯乙烯硬塑料	50	0.113	1.07	2.093	—
36	脲醛泡沫塑料	20	0.167	5.71	1.465	—
37	聚氨酯泡沫塑料	34	0.147	2.15	2.010	—
38	聚异氰脲酸酯泡沫塑料	41	0.117	1.64	1.77	0
39	聚氯乙烯泡沫塑料	190	0.209	0.75	1.465	—
40	矿渣棉板	322	0.155	0.57	0.837	—
41	锯木屑	250	0.335	0.53	2.512	—

注：测定温度为常温。

表 11-7 几种发热带的技术数据

产品型号	电压/V	发热功率/(W/m)	绝缘材料色别	长期工作温度/℃	短时冲击温度/℃	最大应用长度/m	发热节长/m
RRVB-10	220	10	PN 灰	90	125	150	1.08
RRVB-15	220	15	PN 黑	90	125	140	0.88
RRVB-20	220	20	F46 棕	190	235	130	0.90
RRVB-30	220	30	F46 绿	190	235	120	0.82
RRVB-40	220	40	F46 红	190	235	110	0.71

注：PN——聚氯乙烯-丁腈橡胶混合物；F46——四氟乙烯-六氟丙烯聚物。

(2) 实例

有一圆筒形储油罐置于室外，油罐半径为 1.05m、高 1.6m，由水泥珍珠岩制品作保温材料，$\lambda=0.091$W/(m·℃)，保温层厚 60mm，介质维持温度为+8℃，冬季最冷日平均气温为−20℃。试选用电热带。

解 被保温物每平方米所需功率（热量）为

$$P_s=\frac{8.767\lambda(t_y-t_0)}{\ln\dfrac{D+2b}{D}}=\frac{8.767\times0.091\times[8-(-20)]}{\ln\dfrac{2\times1.05+2\times0.06}{2\times1.05}}$$

$$=\frac{22.34}{\ln1.057}=403(\text{W/m}^2)$$

电热带均匀缠绕在储油罐外面（除顶面、底面外），则被保温物保温加热面积为

$$S=2\pi rH=2\pi\times1.05\times1.6=10.56(\text{m}^2)$$

试选用 RRVB 型电热带，由表 11-7 查得 RRVB-30 型电热带的发热功率为 30W/m，每平方米所配电热带长度为

$$N=P_s/P=403/30=13.43(\text{m/m}^2)$$

所需电热带长度为

$$L=NS=13.43\times10.56=141.86(\text{m})(\text{取}140\text{m})$$

总需要功率为

$$P_{总}=PL=30\times140=4200(\text{W})=4.2(\text{kW})$$

4. 远红外电热炉的计算之一

(1) 远红外电热炉的设计原则

远红外电热炉可制成箱体式，也可制成隧道式。箱体式适用于小批量生产使用，隧道式适用于大批量、连续生产使用。

远红外电热炉的参数设计和辐射器的布局是由被加热物体的形状、大小、温度和距离等因素确定的。

辐射器可配置在上部、下部或两侧面，也可采用混合配置。烘道两端可适当地少装或不装辐射器，而充分利用烘道内的余热，既节省能源，又可使出烘道的工件温度降低。

如果工件形状复杂，会产生辐射“阴影”，严重影响加热的均匀性。这时，可采用反光和集光等辅助措施补救辐射的不均匀。有时在烘道（烘箱）的内壁表面贴高反射率的材料（如抛光铝皮，其辐射率 ε 极低），则可充分利用辐射的能量。

为充分发挥炉壁的反射作用，可有意识地将辐射器交叉错开、使炉内温度更趋均匀。

为了提高加热炉的热效率，节约用电，可采取以下措施：

① 炉体保温。保温好坏与保温材料关系很大。一般保温厚度为 50～300mm。炉体上部保温要比下部保温强一些。常用的耐火及保温材料见表 11-4 和表 11-6。

② 加强反射效果。试验数据如下：距离元件 250mm 处的辐射强度为 1691.5kJ/(m^2·h)；在元件后面加玻璃镜的辐射强度为 1691.5kJ/(m^2·h)；在元件后面加粗铝板的辐射强度为 2708.9kJ/(m^2·h)；在元件后面加抛光铝板的辐射强度为 2817.7kJ/(m^2·h)。

可见，采用抛光铝板可增大辐射强度 60%以上。

图 11-3 为可调节辐射距离的化学设备工业干燥炉。图 11-4 为远红外烘箱（植绒织物处理）的结构布置。

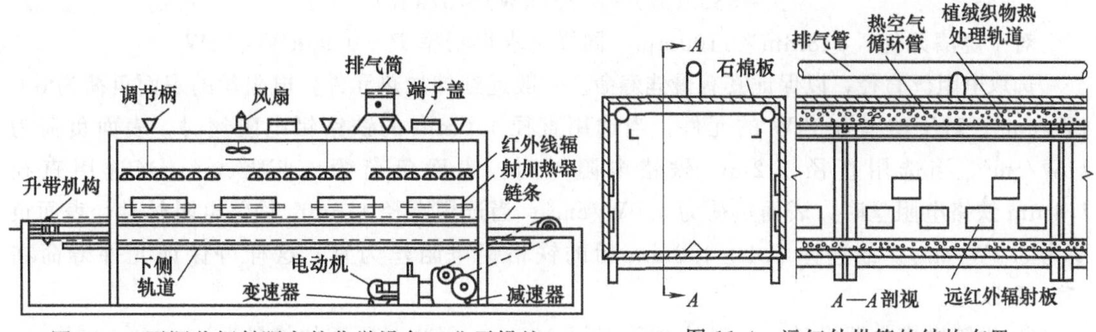

图 11-3　可调节辐射距离的化学设备工业干燥炉　　图 11-4　远红外烘箱的结构布置

(2) 涂有聚氯乙烯和增塑剂铁板的远红外烘燥电热炉的设计实例

【实例】 试设计一台涂有聚氯乙烯（PVC）和增塑剂（DOP）铁板供烘燥用的远红外电热炉。每天 8h 可供烘燥处理 8000kg 铁板（1mm×1000mm×2000mm）涂饰固化。测得远红外辐射基本参数（样品小试）：当辐射强度为 0.25W/cm^2 时，工件经过 5min 加热，可由 20℃升至固化温度 130℃。采用 SHQ 乳白石英元件，炉壁反射良好，材料比热容为 0.502kJ/(kg·℃)，炉体热效率为 0.45，材料吸收率为 0.9，面积利用率为 0.9。

解 ① 远红外电热元件设计。用远红外分光光度计对 PVC-DOP 材料测定表明，其匹配吸收波长为 3～4μm、5.5～10μm。因此，在辐射元件设计上，必须保证元件在波长 3～4μm、5.5～10μm 时有最佳的匹配辐射能 E_λ、最佳的匹配辐射率 K_λ 和最佳的使用寿命 τ。通过计算（查阅普朗克函数表）可以求出 E_λ、K_λ 和 τ 的最佳值，或者说，求出最佳状态的 E_λ 和 K_λ 时远红外电热元件表面温度，结果列于表 11-8。

表 11-8　PVC-DOP 在不同温度时 E_λ 和 K_λ 值

参数	温度/K							
	400	500	600	700	800	900	1000	1100
E_λ/(W/cm^2)	0.056	0.165	0.377	0.687	1.092	1.674	2.438	3.321
K_λ/%	38.4	46.7	51.3	50.5	48	45	43	40
τ/h	延长←……		正常		……→缩短			

由表 11-8 可见，当电热元件表面温度为 700～800K 时，E_λ、K_λ 和 τ 处于最佳值。

电热元件外形尺寸由设备设计参数确定。例如国产 PVC 造革设备，选用 ϕ18mm×2000mm 的 SHQ 乳白石英远红外元件；烤漆烘道选用 ϕ18mm×1100mmSHQ 乳白石英远红外元件。

对于加热 PVC 的 ϕ18mm×2000mm 的元件，功率可按下式计算（T=800K）：

$$P=\varepsilon_\lambda \sigma T^4 S/\eta$$

式中 ε_λ——元件的光谱辐射率，SHQ为0.92；

σ——斯蒂芬·玻尔兹曼常量，为$5.6697\times10^{-12}W/(cm^2\cdot K^4)$；

T——元件表面温度，K；

S——元件辐射表面积，cm^2；

η——元件电能辐射能转换效率，约为0.65～0.80。

对于$\phi=18mm\times2000mm$的元件，$S=\pi dl=\pi\times1.8\times200=1130\ (cm^2)$。

设$\eta=0.72$，则

$$P=0.92\times5.6697\times10^{-12}\times800^4\times1130/0.72$$
$$=3350(W)=3.35(kW)\approx3(kW)$$

对于烧漆元件，$\phi18mm\times1100mm$，同样可求得功率$P=0.98kW\approx1kW$。

选取电阻丝直径，以保证其有最佳寿命。一般远红外加热元件，电阻丝的表面负荷为3～4W/cm²。对于功率为3kW的元件，当选用直径1.0mm的铁铬钼电阻丝时，表面负荷为11W/cm²，当选用直径1.2mm铁铬电阻丝时，表面负荷为6.8W/cm²；当选用直径1.4mm铁铬电阻丝时，表面负荷为4.0W/cm²；当选用直径1.6mm铁铬电阻丝时，表面负荷为3.2W/cm²。故选择1.4～1.6mm粗的铁铬铝电阻丝为宜，这样可保证元件寿命在15000h以上。

② 烘箱烘道电器设计：挂料从20℃升至130℃，每小时所需的热量为

$$Q=Gc\Delta t=(8000/8)\times0.502\times(130-20)=55220(kJ)$$

烘道总效率为

$$\eta=\eta_1\eta_2\eta_3=0.45\times0.9\times0.9=0.36$$

故所需功率为

$$P=\frac{Q}{3600\eta}=\frac{55220}{3600\times0.36}=42.6(kW)$$

对于连续式漆膜固化烘道，可根据小样试验测得的基本参数，求得一张铁板的功率，然后根据固体时间，计算出窑长、被加热工件移动速度和总功率。另外，也可以先确定保温材料、炉衬厚度和窑炉结构，再根据已知条件（固化和加热时间、悬链速度）确定烘道长度。例如固化时间为20min，悬链速度为3m/min，则20×3=60(m)，考虑预热区和冷却区，烘道总长应为70m。

总功率设计的经验数据：3～12kW/m³。它与工件大小、加热温度高低、被加热物体速度有关。

最后还需设计反射罩，通常用抛光铝板制作，反射罩可提高元件定向辐射能40%以上。需将元件布置好，使辐射均匀，并确定好工件与元件的间距（在保证均匀性等条件下，越小越好）。

5. 远红外电热炉的计算之二

【实例】 试设计一台远红外面包烘烤炉。已知烘烤面粉量为450kg/h，相应的砂糖及配料用量为180kg/h，水分总含量为418.5kg/h，水分蒸发量为180kg/h。上述各原料调和后做成面包坯放在铁盘中，250盘/h，相当于4.166盘/min。

解 ① 经小试验炉多次烘烤试验表明：炉膛温度为150～160℃；烘烤时间为16min；照射距离为面火120～150mm，底火100～120mm；照射面平均电功率（总耗用功率÷炉膛

被照射面截面积）为1～1.2W/cm^2。

② 炉体长度计算。选用链条式单层，炉膛上下横排远红外电热管。炉膛宽1.5m，高0.5m，每米炉长可容纳四盘面包，即$n_i=4$盘/m。

根据试验得烘烤时间为$t=16$min，即物料要在炉内运行16min。所以，炉膛内最小要容纳面包盘数为：$n=4.166\times16=66.66$（盘）。因此炉膛最小长度为$L=n/n_i=66.66/4=16$(m)，实际取18m。物料运送速度为$v=L/t=18/16=1.125$(m/min)。

③ 热量计算。各种物料的比热容见表11-9。

表11-9 各种物料的比热容

物料	水	水蒸气	面粉	糖	钢铁
比热容c/[kJ/(kg·℃)]	4.1868	2.0097	2.0934	1.6747	0.5024

水的汽化热$q=2256.7$kJ/kg。

a. 各种物料升温吸热量Q_1。设物料进炉温度40℃，升温终点100℃，则

面粉吸热量为

$$450\times2.0934\times(100-40)=56521.8(\text{kJ/h})$$

糖及配料吸热量为

$$180\times1.6747\times(100-40)=18087(\text{kJ/h})$$

水分吸热量为

$$418.5\times4.1868\times(100-40)=105130.5(\text{kJ/h})$$

合计为

$$Q_1=179739(\text{kJ/h})$$

b. 水分蒸发吸热量Q_2。

$$Q_2=180\times2256.7=406206(\text{kJ/h})$$

c. 水分蒸发后水蒸气继续升温至炉温150℃时吸热量Q_3。

$$Q_3=180\times2.0097\times(150-100)=18087(\text{kJ/h})$$

d. 铁盘升温吸热量Q_4。铁盘数量为250个/h，质量为2.5kg/个，铁盘升温至炉温150℃。

$$Q_4=2.5\times250\times0.5024\times(150-40)=34540(\text{kJ/h})$$

e. 传送链条升温吸热量Q_5。链条质量为2.68kg/m，共四条；链条速度1.12m/min，升温至炉温150℃。

$$Q_5=(2.68\times4\times1.12\times60)\times0.5024\times(150-40)$$
$$=39811.3(\text{kJ/h})$$

f. 总的计算吸热量Q_{js}。

$$Q_{js}=Q_1+Q_2+Q_3+Q_4+Q_5=678383(\text{kJ/h})$$

g. 总的实际耗热量Q。

$$Q=1.0Q_{js}=1.1\times678383=746221(\text{kJ/h})$$

④ 烘烤炉电热容量P。

$$P=\frac{Q}{3600\eta}=\frac{746221}{3600\times0.85}=243.9(\text{kW})$$

⑤ 实际安装容量。选$\phi8.5$mm×1500mm远红外电热管200支，每支1.2kW，共计240kW。

这个容量相当于照射面平均电功率为0.9W/cm^2，与试验所得数据1～1.2W/cm^{2}相

近，基本满足要求。

此外，应在元件后面加装抛光铝板以加强反射效果，提高辐射强度。

6. 电加热炉耗用电功率的计算

(1) 计算公式

① 单纯加热物体所耗用的电功率：

$$P=\frac{Gc\Delta t}{3600\eta}$$

式中 P——加热工件所耗用的电功率，kW；

G——被加热工件的总质量，kg；

c——被加热工件材料的比热容，kJ/(kg·℃)；

Δt——加热前后的温度差，℃；

η——加热炉的效率，%。

对于完全密封的加热炉，$\eta=0.6\sim0.85$；对于隧道式（通过式）加热炉，$\eta=0.5\sim0.6$；对于敞开式加热炉，$\eta=0.25\sim0.35$。

② 脱水后加热干燥时所消耗的电功率：

$$P=\frac{G_1c_1\Delta t+G_2c_2\Delta t+G_3q}{3600\eta}$$

式中 P——脱水加热干燥所消耗的电功率，kW；

G_1——水分的处理质量，kg；

G_2——加热材料的质量，kg；

G_3——蒸发水的质量，kg；

c_1——水的比热容，为 4.1868kJ/(kg·℃)；

c_2——加热材料的比热容，kJ/(kg·℃)；

Δt——加热前后的温差，℃；

q——水分挥发时的汽化热，为 2256.7kJ/kg；

η——加热炉的效率，%。

③ 加热熔化物体所消耗的电功率：

$$P=\frac{Gc\Delta t+G\lambda}{3600\eta}$$

式中 λ——熔解热，kJ/kg。

(2) 实例

用电炉在 30min 内熔化 8t 20℃的铸钢时，需要多大的功率？设电炉的效率 η 为 80%，铸钢的比热容 c 为 0.50kJ/(kg·℃)，铸钢熔点为 1500℃，熔解热 λ 为 334.9kJ/kg。

解 熔解铸钢所需要的热量 Q 为

$$\begin{aligned}Q&=Gc\Delta t+G\lambda\\&=8000\times[0.50\times(1500-20)+334.9]=8599200(\text{kJ})\end{aligned}$$

30min (0.5h) 内电炉供给的热量 Q' 为

$$Q'=3600P\eta T$$

式中，T 为加热熔化时间，此处为 0.5h。

由 $Q=Q'$得所需的功率为

$$P=\frac{Q}{3600\eta T}=\frac{8599200}{3600\times 0.8\times 0.5}=5971.7(\mathrm{kW})$$

7. 电弧炉炉料预热的节电计算

【实例】 将炼钢电弧炉的废气导入铁屑预热器，先将 20℃的 20t 铁屑预热 30min 达到 250℃，再装入电弧炉熔解。设铁屑预热器入口温度为 500℃，流量为 $360\mathrm{m}^3/\mathrm{min}$，且恒定；排出气在 500℃时的体积比热容为 $1.13\mathrm{kJ}/(\mathrm{m}^3\cdot℃)$；铁屑在 20～250℃时的平均比热容为 $460.5\mathrm{kJ}/(\mathrm{t}\cdot℃)$；电弧炉的效率（电能产生的热量与给予铁屑的热量之比）为 85%。试求：

① 通过铁屑预热所达到的单位电耗的降低量；

② 铁屑预热器的热回收率。

解 ① 按题意画出电弧炉的流程图，如图 11-5 所示。

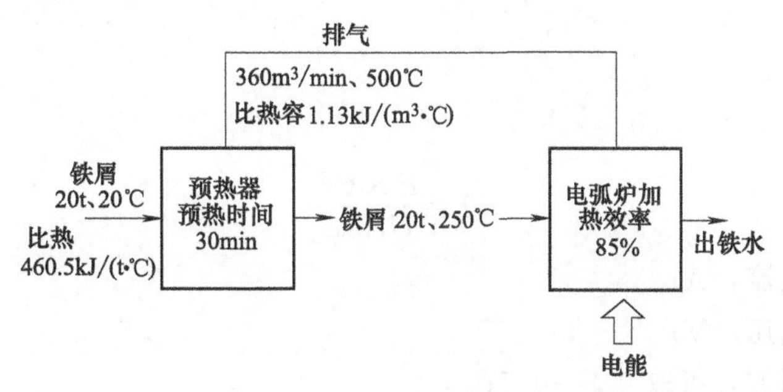

图 11-5 流程图

根据图 11-5，通过预热器能回收的热量 Q 为

$$Q=Gc\Delta t_1=20\times 460.5\times(250-20)=2118300(\mathrm{kJ})$$

由于电弧炉的效率为 85%，所以电弧炉得到的热量 Q'应为

$$Q'=Q/\eta=2118300/0.85=2492118(\mathrm{kJ})$$

将热量换算为电能 P，则

$$P=Q'/3600=2492118/3600=692(\mathrm{kW\cdot h})$$

因此单位电耗降低量 Δa 为

$$\Delta a=P/G=692/20=34.6(\mathrm{kW\cdot h/t})$$

② 排气的总热量 Q_q 为（Q_1 为流量）

$$Q_\mathrm{q}=Q_1Tc_\mathrm{q}\Delta t_2=360\times 30\times 1.13\times(500-20)=5857920(\mathrm{kJ})$$

由预热器回收的热量为 $Q=2118300\mathrm{kJ}$，故热回收率为

$$\rho=\frac{Q}{Q_\mathrm{q}}=\frac{2118300}{5857920}=36.2\%$$

8. 工频感应加热器的计算之一

工频感应加热器实际上是利用涡流发热达到干燥、加热目的的一种加热器。其基本构成是，在被加热的物料容器（钢质）外面加保温层，再在保温层外面绕线圈。加热温度一般不超过 600℃。

当物料容器厚度小于 10mm 时，可采用工频感应加热。

(1) 计算公式

① 计算加热器的功率。

$$P=\lambda F(t_1-t_0)$$

式中 P——加热器所需功率，kW；

F——工件的表面积，m^2；

t_1——最高加热温度,℃；

t_0——周围介质温度,℃；

λ——传热系数，kW/(m^2·℃)。

传热系数λ的取值：塔釜保温良好时取5.3×10^{-3}kW/(m^2·℃)，不保温时取12×10^{-3}kW/(m^2·℃)；平面油箱保温良好时取5×10^{-3}kW/(m^2·℃)，不保温时取12×10^{-3}kW/(m^2·℃)；管式油箱保温良好时取6×10^{-3}kW/(m^2·℃)，不保温时取16×10^{-3}kW/(m^2·℃)；对于保温变压器取5×10^{-3}kW/(m^2·℃)，不保温变压器取12×10^{-3}kW/(m^2·℃)。

② 计算励磁电流。

a. 单相电源。

$$I=\frac{P\times10^3}{U\cos\varphi}$$

式中 I——励磁电流，A；

U——电源电压，V；

$\cos\varphi$——功率因数，可取0.5～0.7；

P——同前。

b. 三相电源。

由于
$$I=\frac{P\times10^3}{\sqrt{3}U\cos\varphi}$$

故每相励磁电流I_x为

绕组星形接法 $$I_x=I$$

绕组三角形接法 $$I_x=I/\sqrt{3}$$

式中 I——线电流，A；

U——电源线电压，V。

③ 导线选择。导线截面积可按安全电流选取，即

单相 $$q=I/j$$

三相 $$q=I_x/j$$

式中 q——导线截面积，mm^2；

j——电流密度（A/mm^2），铜导线取$4.5A/mm^2$，铝导线取$3A/mm^2$。

④ 单位面积上的功率损耗计算。

a. 单相电源。

$$\Delta P=P/F_1$$

b. 三相电源。

$$\Delta P=\frac{P}{3F_1'}$$

式中　ΔP——单位面积上的功率损耗，kW/m^2；

　　F_1——被励磁绕组覆盖的面积，m^2；

　　F_1'——被每相励磁绕组覆盖的面积，m^2。

⑤ 励磁绕组匝数计算。

a. 单相电源。

$$W=\frac{KU}{l}$$

式中　W——励磁绕组匝数，匝；

　　U——电源电压，V；

　　l——被加热体周长，m；

　　K——系数，可由图 11-6 查得。

b. 三相电源。

$$W=\frac{KU_x}{l}$$

式中　W——每相励磁绕组的匝数，匝。

⑥ 注意事项。

a. 中部线圈的匝数约取端部匝数的 75%。

b. 欲增大电流，则减少匝数；欲减小电流，则增加匝数。

(2) 实例

某工厂有一工艺罐，罐筒体为铁质，圆柱形，一端封闭，罐长 12m、直径 2m。欲采用三相 380V 工频感应加热法进行干燥处理，试计算加热器的有关参数。设环境温度为 30℃，最高干燥温度为 150℃。

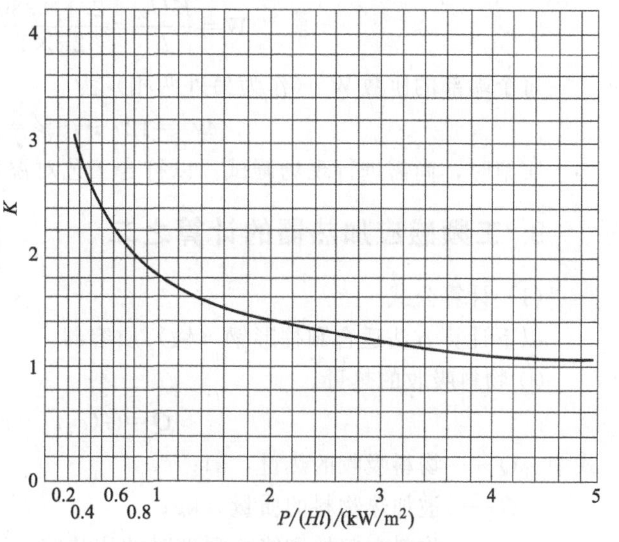

图 11-6　查取系数 K 的曲线

注：H 为被加热体长（或高）。

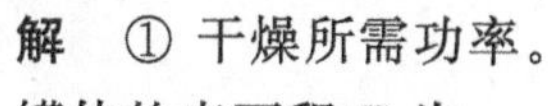

解　① 干燥所需功率。

罐体的表面积 F 为

$$F=\pi dH+\pi\frac{d^2}{4}=\pi\times2\times12+\pi\frac{2^2}{4}=78.5(m^2)$$

设罐体保温良好，取 $\lambda=5.3\times10^{-3}kW/(m^2\cdot℃)$。

干燥所需功率 P 为

$$\begin{aligned}P&=\lambda F(t_1-t_0)\\&=5.3\times10^{-3}\times78.5\times(150-30)\\&=49.9(kW)\end{aligned}$$

② 励磁电流 I。若绕组采用三角形接法，取 $\cos\varphi=0.6$，则

$$I=\frac{P\times10^3}{\sqrt{3}U\cos\varphi}=\frac{49.9\times10^3}{\sqrt{3}\times380\times0.6}=126(A)$$

每相励磁电流 I_x 为

$$I_x = I/\sqrt{3} = 126/\sqrt{3} = 72.7(\text{A})$$

③ 导线截面积 q 选择。

$$q = I_x/j = 72.7/3 = 24.2(\text{mm}^2)$$

可选用截面积为 25mm^2 的铝导线。

④ 计算单位面积上的功率损耗 ΔP。

$$\Delta P = \frac{P}{3F_1'} = \frac{49.9}{3\times\dfrac{78.5}{3}\times 0.95} = 0.67(\text{kW/m}^2)$$

式中，0.95 为绕组覆盖面积的利用系数。

⑤ 求匝数。由图 11-6 查得 $K=2.1$。

中部绕组匝数 W（作为一相）为

$$W = \frac{KU_x}{l} = \frac{2.1\times 380}{2\pi\times 1} = 127(\text{匝})$$

每个端部的匝数 W'（作为另外两相）为

$$W' = 127 \div 75\% = 169(\text{匝})$$

实施时，尚需进行现场调试，以符合工艺对温度的要求，并适当考虑三相负荷的平衡。

9. 工频感应加热器的计算之二

(1) 计算公式

以下计算方法适合圆柱形钢（铁）质容器。

① 物料吸收的热量。

$$Q = G(c_2 t_2 - c_1 t_1)$$

式中 Q——物料吸收的热量，kJ；

G——被加热物料的质量，kg；

c_1，c_2——物料在起始和终止温度时的比热容，kJ/(kg·℃)；

t_1，t_2——物料起始和终止温度，℃。

若将热量转换成功率，则

$$P_G = \frac{Q}{3600\eta T}$$

式中 P_G——加热物料需要的功率，kW；

η——转换效率，%；

T——加热时间，h。

② 加热器的功率。感应加热器的功率应不小于加热物料需要的功率，即

$$P \geqslant P_G$$

a. 被加热容器单位面积吸收能量（即功率密度）可按下式计算：

$$p = 2\times 10^{-6} H_0^2 \sqrt{\rho \mu_r f}$$

式中 p——功率密度，kW/m^2；

H_0——容器表面磁场强度，A/m；

ρ——容器材料的电阻率，Ω·cm；

μ_r——容器材料的相对磁导率；

f——电源频率，Hz。

b. 加热器的功率：

$$P=pF=2\times10^{-6}H_0^2\sqrt{\rho u_r f}\,\pi dH$$

式中 P——加热器功率，kW；

F——容器被加热面的面积，m^2；

d——容器直径，m；

H——容器高度（平放时为长度，m）。

③ 线圈匝数计算。

a. 容器表面磁场强度 H_0 为

$$H_0=\frac{W}{L}I$$

b. 当采用单相电源时，励磁电流 I 为

$$I=\frac{P\times10^3}{U\cos\varphi}$$

式中 W——线圈匝数，匝；

L——加热器长度（m），取与容器高度（平放时为长度）相等；

U——电源电压，V；

$\cos\varphi$——功率因数，一般取 0.6。

c. 线圈匝数。由以上三式，并考虑到加热设备的效率 η 及 $f=50$Hz，可得

$$W=U\cos\varphi\sqrt{\frac{22.4L\eta}{dP\times10^3\sqrt{\rho\mu_r}}}$$

(2) 实用计算

由上述理论公式计算较困难，可以用下面的实用方法求之。求解步骤如下：

① 按设计要求的电源电压、频率、功率密度、加热温度，由图 11-7 和图 11-8 查得容器的 $\sqrt{\rho\mu_r}$ 值、功率因数 $\cos\varphi$ 及设备效率 η。

② 按下式求出线圈匝数：

$$W=U\cos\varphi\sqrt{\frac{22.4L\eta}{dP\times10^3\sqrt{\rho\mu_r}}}$$

③ 按下式求得励磁电流：

$$I=\frac{P\times10^3}{U\cos\varphi}$$

④ 按下式选择导线截面积：

$$q=I/j$$

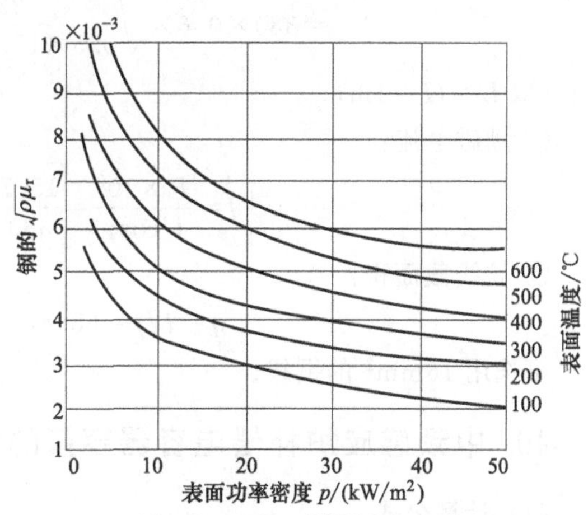

图 11-7 在不同温度下钢的 $\sqrt{\rho\mu_r}$ 值与表面功率密度的关系

式中 q——导线截面积，mm^2；

j——电流密度（A/mm^2），铜导线取 4.5A/mm^2，铝导线取 3A/mm^2。

(3) 实例

某工艺容器用 5mm 的钢板制成圆筒状，筒长 1m，直径 0.5m，要求物料加热 300℃。欲采用单相 380V 电源作工频感应加热。试计算加热器的有关参数。

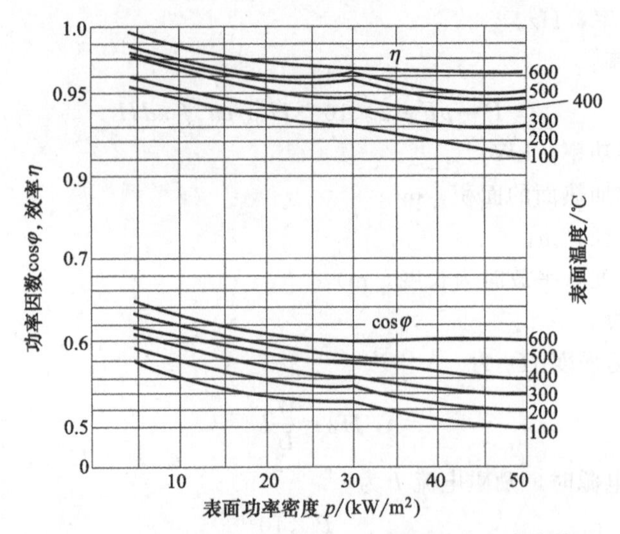

图 11-8 在不同温度下 cosφ 及 η 与表面功率密度的关系

解 由于容器壁厚小于10mm，可采用工频感应加热。

① 求$\sqrt{\rho\mu_r}$、$\cos\varphi$ 和 η。功率密度估计为 $p=10\text{kW/m}^2$，按题意，由图 11-7 和图 11-8 查得$\sqrt{\rho\mu_r}=5.1\times10^{-3}$，$\cos\varphi=0.6$，$\eta=0.96$。

② 加热器的功率：

$$P=pF=p\pi dH=10\times\pi\times0.5\times1=15.7(\text{kW})$$

③ 线圈匝数：

$$W=U\cos\varphi\sqrt{\frac{22.4L\eta}{dP\times10^3\sqrt{\rho\mu_r}}}$$

$$=380\times0.6\times\sqrt{\frac{22.4\times1\times0.96}{0.5\times15.7\times10^3\times5.1\times10^{-3}}}=167(\text{匝})$$

(取 $L=H=1\text{m}$)

④ 励磁电流：

$$I=\frac{P\times10^3}{U\cos\varphi}=\frac{15.7\times10^3}{380\times0.6}=68.8(\text{A})$$

⑤ 导线截面积：

$$q=I/j=68.8/4.5=15.3(\text{mm}^2)$$

可选用 16mm^2 的铜线。

10. 中频感应炉补偿电容器容量的计算

(1) 计算公式

感应炉是感性负荷，功率因数很低，需要用电容器进行无功补偿。补偿电容器由电容器串并联组成。工频补偿一般采用移相电容器，中频补偿采用电热电容器。

补偿电容器的容量可按下式计算：

$$Q_C=QP+UI_a\sin\varphi$$

式中 Q_C——电容器容量，kvar；

Q——感应线圈的品质因数值，见表 11-10；

P——有功功率，kW；

I_a——逆变器输出电流有效值，A。

表 11-10　各种用途感应线圈的品质因数 Q 值

用途	熔炼	透热	淬火	烧结
Q 值	10～20	5～10	3～5	3～7

把感应器-炉料系统的功率因数补偿到 1 所需的补偿电容器容量，可按下式计算：

$$Q_C = I_i^2 X_i \times 10^{-3}$$

式中　Q_C——补偿电容器容量，kvar。

补偿电容器的数量：

$$n = K_b \frac{Q_C}{q_e}\left(\frac{U_e}{U}\right)^2$$

式中　q_e——一只电容器的额定容量，kvar；

U_e——电容器额定电压，V；

U——电容器实际运行电压，V；

K_b——余量系数，K_b=1.05～1.2，透热炉取较小值，熔炼炉取较大值。

（2）实例

功率 100kW、频率为 1000Hz、容量为 150kg 的中频感应熔炼炉，已知中频电源电压为 700V，逆变器输出电流为 220A，功率因数角 $\varphi=36°$。试求补偿电容器容量。

解　$Q_C = QP + UI_a \sin\varphi$

$= 11\times100 + 700\times220\times\sin36°\times10^{-3}$

$= 1190.5$(kvar)

可选用 RW0.75-90-1S 型中频电容器，每只电容量为 25μF，每只实际无功功率为

$$Q_{C1} = 2\pi f C U^2 = 2\pi\times10^3\times25\times10^{-6}\times700^2 = 77(\text{kvar})$$

故共需补偿电容器的数量为

$$n = Q_C / Q_{C1} = 1190.5/77 \approx 15(\text{只})$$

11. 无芯工频电炉补偿电容器容量、平衡电容器容量和平衡电抗器电感量的计算

（1）计算公式

① 补偿电容器容量的计算。

$$Q_{Cb} = P(\tan\varphi_1 - \tan\varphi_2)$$

式中　Q_{Cb}——补偿电容器容量，kvar；

$\tan\varphi_1$，$\tan\varphi_2$——电炉补偿前功率因数 $\cos\varphi_1$ 和补偿后功率因数 $\cos\varphi_2$ 对应的正切值；

P——电炉的有功功率，kW。

② 平衡电容器容量和平衡电抗器电感量计算。无芯工频电炉是单相负荷，为了使其接入电源后达到三相平衡，可将电炉感应器与平衡电容器和平衡电抗器组成三相平衡系统（见图 11-9）。

图中，X_{dx}为无芯电炉感应器的等值电抗，C_b 为感应器的补偿电容器，C_p 为平衡电容

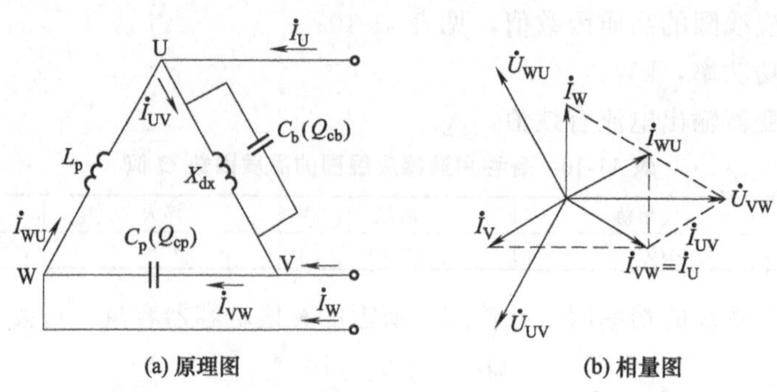

图 11-9　工频电炉三相平衡系统电路原理及相量图

器，L_p 为平衡电抗器。如果将功率因数补偿到 1，则三相相量图如图 11-9（b）所示。

接入平衡电容器和平衡电抗器的三相平衡条件是：

a. 炉子的功率因数应补偿到 $\cos\varphi=1$。

b. $I_{VW}=I_{WU}=I_{UV}/\sqrt{3}$ 和 $I_{VW}+I_{WU}=I_{UV}$。

c. 电源相序应该是逆序的，即三角形负载与电源必须按图 11-9（a）接线。

平衡电容器和平衡电抗器的无功功率计算：

$$Q_C=U_{VW}I_{VW}=U_{VW}I_{UV}/\sqrt{3}=P/\sqrt{3}$$

$$Q_L=U_{WU}I_{WU}=U_{WU}I_{UV}/\sqrt{3}=P/\sqrt{3}$$

$$P=(1.1\sim1.5)P_e$$

式中　Q_C，Q_L——平衡电容器和平衡电抗器的无功功率，kvar；

P——电炉的有功功率，kW；

P_e——电炉的额定功率，kW。

平衡电抗器电感量计算：

$$L_p=\frac{U^2}{2\pi fQ_L}$$

式中　L_p——平衡电抗器电感量，mH；

U——线电压，V。

另外，要注意电容器实际运行电压与其额定电压（铭牌电压）是否相同。如果不同，则需要折算。如铭牌电压为 400V 的电容器运行在 380V 时，其容量 Q_C 将为额定值的 $(380/400)^2=0.9$ 倍。因此所计算的 C_b 和 C_p 值都要除以 0.9。

设计电路时，平衡电容器和平衡电抗器应分级，一般分为五级左右，而补偿电容器分级需更多，以便于调整。

（2）实例

有一 250kg 无芯工频电炉，已知其有功功率 P 为 120kW，功率因数 $\cos\varphi$ 为 0.15，试求补偿电容器容量 Q_{Cb}、平衡电容器容量 Q_{Cp} 和平衡电抗器电感量 L_p。

解　① 计算补偿电容量 Q_{Cb}。将电炉功率因数补偿到 $\cos\varphi_2=1$ 时的补偿电容器，$\cos\varphi_1=0.15$，$\cos\varphi_2=1$，相应的 $\tan\varphi_1=6.6$，$\tan\varphi_2=0$，则

$$Q_{Cb}=P(\tan\varphi_1-\tan\varphi_2)=120\times6.6=792(\text{kvar})$$

② 计算平衡电容器容量 Q_{Cp}。

$$Q_{Cp}=P/\sqrt{3}=120/\sqrt{3}=69(\text{kvar})$$

③ 计算平衡电抗器电感量 L_p。

$$Q_L = P/\sqrt{3} = 69(\text{kvar})$$

故

$$L_p = \frac{U^2}{2\pi f Q_L} = \frac{380^2}{314 \times 69} = 6.66(\text{mH})$$

12. 高频感应炉电能单耗计算

【实例】 试计算用坩埚型高频感应炉熔解铸铁时的日平均电能单耗。已知作业条件及电炉性能如下。

① 操作条件。

1 日用炉时间：8h（该时间反复进行熔解、出炉）。

投料温度：常温。

出铁水温度：1500℃。

一次出炉量：1t。

自熔解完毕至出铁水的准备时间：10min。

出铁水准备中的通电：投入保温电力，使熔炼温度保持一定。

出铁水需要的时间：2min。

出铁水中的通电：不进行。

出铁水完毕至材料投入时间：可忽略（以 1500℃为基准）。

② 高频感应炉的性能。

炉容量（坩埚内所储存的额定铁水量）：1t。

在常温坩埚下启动场合的熔解能力和电能单耗：670kg/h 和 740kW·h/t。

在高温坩埚下启动场合的熔解能力和电能单耗：990kg/h 和 590kW·h/t。

坩埚内储存 1t 铁水时的保温电能：72kW。

坩埚内温度下降时间（完全冷却到常温）：15h。

解 用冷却坩埚启动的熔解周期为

$$\frac{1}{0.67} \times 60\text{min} + (10+2)\text{min} = 102\text{min}$$

高温启动的熔解周期为

$$\frac{1}{0.99} \times 60\text{min} + (10+2)\text{min} = 73\text{min}$$

设 1 日的熔解次数为 n，其中冷却坩埚启动 1 日一次，每日工作 8h，故

$$102\text{min} + (n-1) \times 73\text{min} = 60\text{min} \times 8$$

$$n = 6.17$$

1 日熔解 6 次，其中冷却坩埚熔解一次，熔解所需的电能为

$$740\text{kW}\cdot\text{h/t} \times 1\text{t} + 590\text{kW}\cdot\text{h/t} \times 5\text{t} = 3690\text{kW}\cdot\text{h}$$

出铁水准备的电量为

$$(72\text{kW} \times 10\text{min}/60\text{min}) \times 6\text{次} = 72\text{kW}\cdot\text{h}$$

1 日的熔解量为　　　　$1\text{t} \times 6\text{次} = 6\text{t}$

因此 1 日平均用电单耗为

$$(3690+72)\text{kW}\cdot\text{h}/6\text{t} = 627(\text{kW}\cdot\text{h/t})$$

13. 注塑机电子式温控器振荡频率及元件参数的计算

（1）工作原理

塑料注塑机电子式温控器电路如图 11-10 所示。它采用电子温控器间歇加热方式，其电路工作原理如下。

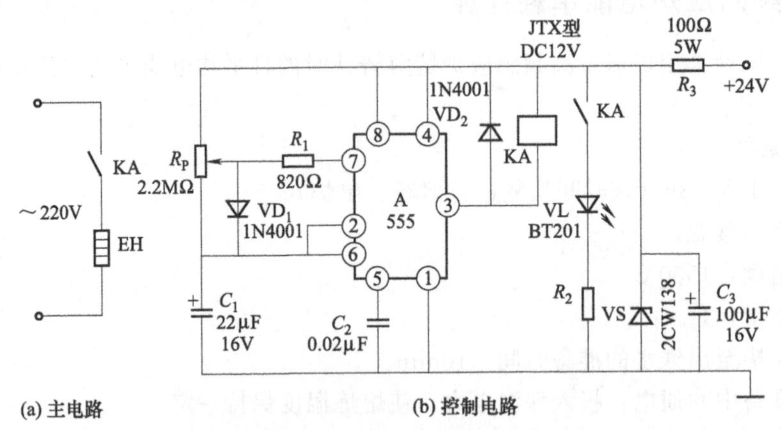

图 11-10 塑料注塑机电子式温控器电路

接通电源后，24V 直流电源经电阻器 R_3、电容器 C_3 滤波、稳压管 VS 稳压后，给 555 时基集成电路 A 和继电器 KA 提供 12V 直流电压。12V 直流电压经电位器 RP 对电容器 C_1 充电，当 C_1 上的电压升到 $2E_c/3$（即 8V）时，555 时基集成电路 A 的③脚由高电平变为低电平（约 0V）。继电器 KA 得电吸合，其常开触点闭合，电热器 EH 开始加热，发光二极管 VL 点亮。同时电容器 C_1 上的电压通过电位器 RP（与二极管 VD_1 并联的一段）和电阻器 R_1 及 555 时基集成电路 A 的⑦脚内部放电管放电。当电容器 C_1 上的电压下降到 $E_c/3$（即 4V）时，555 时基集成电路 A 的③脚输出变为高电平（约 11V），继电器 KA 失电释放。这样，电容器 C_1 重复进行充电、放电，就形成多谐振荡。输出的振荡信号高电平接近 11V，低电平接近 0V，最后输出峰值达 12V 的方波。

（2）计算公式

振荡频率按下式计算：

$$f=1.443/[(R'_P+2R''_P)C_1]$$

式中 f——振荡频率，Hz；

R'_P——电位器 R_P 未与二极管 VD_1 并联部分的阻值，Ω；

R''_P——R_P 与 VD_1 并联部分的阻值，Ω；

C_1——电容器 C_1 的电容量，F。

其振荡周期为

$$T=0.693(R'_P+2R''_P)C_1$$

555 时基集成电路输出高电平时间为 $0.693R'_PC_1$，低电平时间（即继电器 KA 吸合时间）为 $0.693\times 2R''_PC_1$。

（3）实例

在图 11-10 中，若电容器 C_1 为 22μF、电位器 R_P 为 2.2MΩ，试求调节 R_P 值使继电器 KA 吸合的延时时间（即加热时间）。

解 ① 当 $R'_P=0\Omega$、$R''_P=2.2M\Omega$ 时，振荡频率为

$$f=\frac{1.443}{(0+2\times2.2)\times22}=0.0149(\text{Hz})$$

周期为

$$T=1/f=1/0.0149=67(\text{s})$$

其中低电平时间（即 KA 吸合时间）为

$$t_1=0.693\times2R''_PC_1$$
$$=0.693\times2\times2.2\times22=67(\text{s})$$

高电平时间（即 KA 释放时间）为

$$t_2=0.693R'_PC_1$$
$$=0.693\times0\times22=0(\text{s})$$

② 当 $R'_P=2.2M\Omega$、$R''_P=0\Omega$ 时，振荡频率为

$$f=\frac{1.443}{(2.2+2\times0)\times22}=0.0298(\text{Hz})$$

周期为

$$T=1/f=1/0.0298=33.5(\text{s})$$

其中低电平时间（即 KA 吸合时间）为

$$t_1=0.693\times2R''_PC_1$$
$$=0.693\times2\times0\times22=0(\text{s})$$

高电平时间（即 KA 释放时间）为

$$t_2=0.693R''_PC_1$$
$$=0.693\times2.2\times22=33.5(\text{s})$$

可见，调节电位器 R_P，继电器 KA 的吸合时间可由 0～67s 变化，从而可方便地改变电热器 EH 通电时间的长短，实现温度控制。

十二、照明

1. 点光源发光强度的计算

【实例】 在直径为 2m 的圆形工作台中心的正上方 1.5m 处，安装一个对所有方向具有相同发光强度的光源。欲使工作台面的平均照度为 300lx，试求光源的发光强度。设光源可视为点光源。

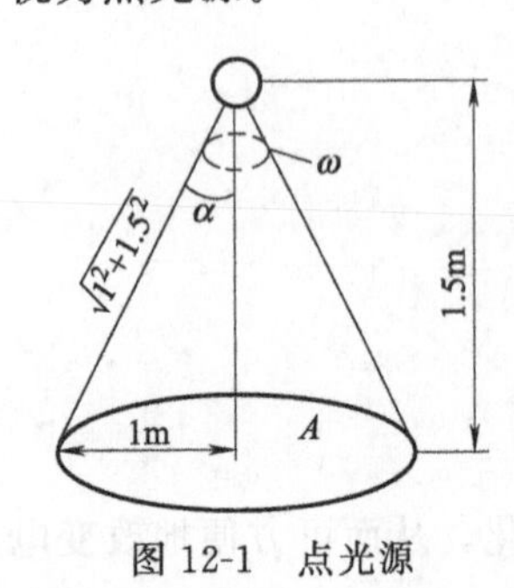

图 12-1　点光源

解　点光源如图 12-1 所示。设光源的发光强度为 I(cd)，工作台面的平均照度为 E(lx)，工作台面的面积为 A(m²)，光源照射在工作面上的光通量为 Φ(lm)，光源与工作台面的立体角为 ω(sr)，则照射在工作台面上的光通量为

$$\Phi = I\omega = EA$$

故光源的发光强度为

$$I = EA/\omega$$

由图 12-1 得立体角为

$$\omega = 2\pi(1-\cos\alpha) = 2\pi \times \left(1-\frac{1.5}{\sqrt{1^2+1.5^2}}\right) \approx 2\pi \times 0.168$$

所以光源的发光强度为

$$I = \frac{EA}{\omega} = \frac{300\pi \times 1^2}{2\pi \times 0.168} = 893(\text{cd})$$

2. 点光源照度的计算

(1) 计算公式

① 公式一。计算点光源照度的示意图如图 12-2 所示。

$$E_n = \frac{I_\theta}{l^2} = \frac{I_\theta}{h^2+d^2}$$

$$E_s = E_n\cos\theta = \frac{I_\theta}{l^2}\cos\theta = \frac{I_\theta}{h^2}\cos^3\theta$$

$$E_x = E_n\sin\theta = \frac{I_\theta}{l^2}\sin\theta = \frac{I_\theta}{d^2}\sin^3\theta$$

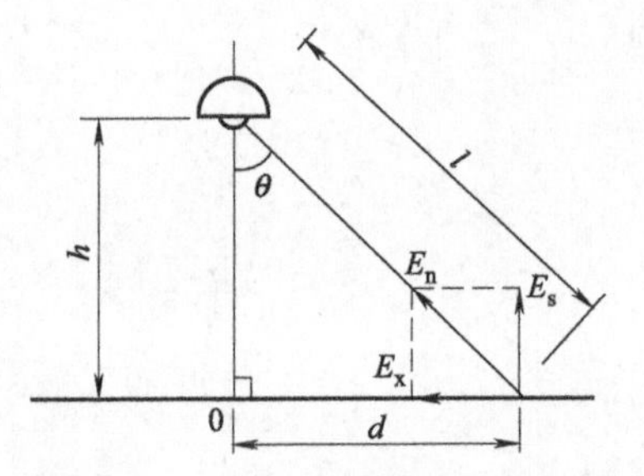

图 12-2　计算点光源照度的示意图

式中　E_n——法线照度，lx；

E_s——水平面照度，lx；

E_x——垂直面照度，lx；

I_θ——光源指向被照点方向的发光强度（cd)，如果光源对所有方向的发光强度均相等，则 $I=I_\theta$；

θ——光线的方向与被照面法线间的夹角；

h——计算高度，m；

d——水平距离，m。

当水平距离 d 一定时，水平面最大照度的条件是 $h=d/\sqrt{2}$。

② 公式二。点光源在圆桌面上的照度如图 12-3 所示。当给出立体角时，被照面上的照度可按下式计算：

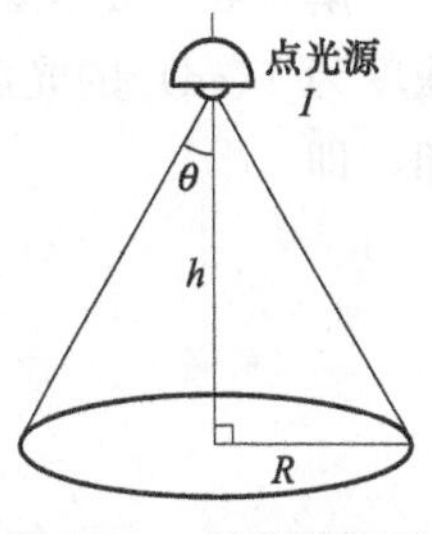

图 12-3 点光源在圆桌面上的照度

$$E_s=\frac{\Phi}{S}=\frac{2\pi I(1-\cos\theta)}{\pi R^2}$$
$$=\frac{2I(1-\cos\theta)}{R^2}$$
$$\omega=2\pi(1-\cos\theta)$$

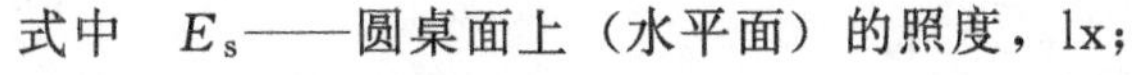

式中 E_s——圆桌面上（水平面）的照度，lx；

I——发光强度，cd；

R——圆桌半径，m；

ω——从光源处看到的圆桌的立体角，sr；

S——被照面的面积，m^2；

Φ——光通量。

（2）实例

如图 12-4 所示的一点光源安装在天花板上，发光强度 $I_\theta=I_m\cos\theta$（单位：cd)。已知 A 点的直射水平面照度为 200lx，试求①B 点的水平面照度；②若在 C 点增加同样的一点光源时，则 B 点的水平面照度又为多少？设以上两种场合，室内相互反射效果忽略不计。

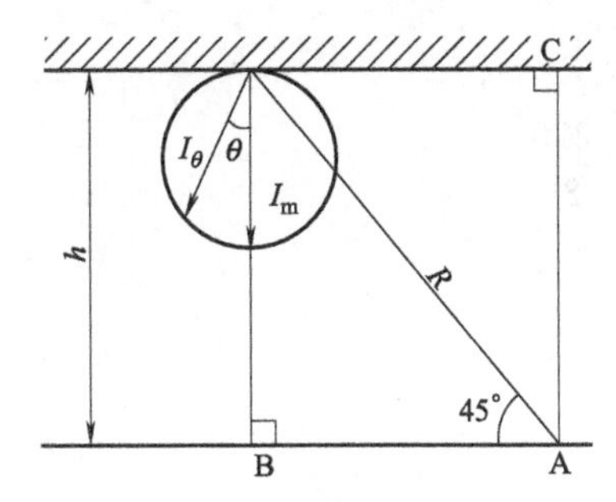

图 12-4 点光源安装在天花板上的示意图

解 ① 设 A 点与光源的距离为 R，且 A 点的水平照度为 E_s，则

$$E_s=\frac{I_m\cos\theta}{R^2}\cos\theta$$

按题意，

$$200=\frac{I_m\cos45^\circ}{R^2}\times\cos45^\circ, I_m=400R^2$$

设高度为 h，则 B 点的水平照度为

$$E_B=\frac{I_m\cos\theta}{h^2}\cos\theta$$

这里 $\theta=0^\circ$，故

$$E_B=I_m/h^2=400R^2/h^2$$

而由图有 $h=R\cos45^\circ=R/\sqrt{2}$，故

$$E_B=400R^2\left(\frac{\sqrt{2}}{R}\right)^2=800(\text{lx})$$

② 在C点增加点光源后，B点的照度只要在上述照度下增加A点的水平照度即可，即

$$800+200=1000(\text{lx})$$

3. 完全扩散性球形灯照度的计算

【实例】 有一所有方向发光强度都均匀的270cd的电灯，装在直径40cm的完全扩散性球形灯罩内，置于离桌子高度2m处，试求该灯垂直下方的桌子上的照度。其中设灯罩的反射率为50%，透射率为40%。

解 在一定反射率ρ、直径为D(m)的完全扩散性球形灯罩内的中心位置，放置发光强度为I(cd)的光源时，球形灯罩内的某一点的照度E为直射照度E_1和扩散照度E_2之和，即

$$E=E_1+E_2=\frac{4\pi I}{\pi D^2}+\left(\frac{4\pi I}{1-\rho}-4\pi I\right)/(\pi D^2)$$

$$=\frac{1}{1-\rho}\times\frac{4I}{D^2}$$

设透射率为τ，则灯罩的光束发射照度E'为

$$E'=\tau E=\frac{\tau}{1-\rho}\times\frac{4I}{D^2}$$

由于灯罩属完全扩散性，故灯罩表面的亮度L为

$$L=\frac{E'}{\pi}=\frac{\tau}{1-\rho}\times\frac{4I}{\pi D^2}$$

设灯罩中心与桌子的距离为x(m)，由于亮度L的球光源的法线照度与在其中心集中全光通量Φ(lm)的点光源的情况相同，故

$$E_s=\frac{\Phi}{4\pi}/x^2=\frac{\pi D^2 L}{4x^2}$$

$$=\frac{\tau}{1-\rho}\times\frac{I}{x^2}$$

将题意中的各数值代入上式，得桌子上的照度为

$$E_s=\frac{\tau}{1-\rho}\times\frac{I}{x^2}=\frac{0.4}{1-0.5}\times\frac{270}{2^2}$$

$$=54(\text{lx})$$

4. 多个点光源作用下照度的计算

(1) 计算公式

多个点光源作用下某点的平均照度按下式计算（图12-5为其中一个点光源）：

$$E_s=\sum_{i=1}^{n}E_i \quad E_i=\frac{I_a\cos\alpha}{r^2}=\frac{I_a\cos^3\alpha}{h^2}$$

式中 E_i——受照面上某点的水平照度，lx；

I_a——灯具的垂直面发光强度分布曲线中与α角对应方向的发光强度值（cd），其值可查有关灯具设计计算图表；

r——光源与受照面上某点的距离，m；

h——光源与受照水平面的垂直距离，m。

（2）实例

如图 12-6 所示的平面上有一边长为 4m 的正方形，在它的顶点 A、B、C、D 点的正上方高 2m 处各安装一个发光强度为 800cd 的灯泡，如果同时点燃，试求在 A、B、C、D 各点和正方形中心点 P 的水平照度各为多少？设灯泡的发光强度对所有方向均相等。

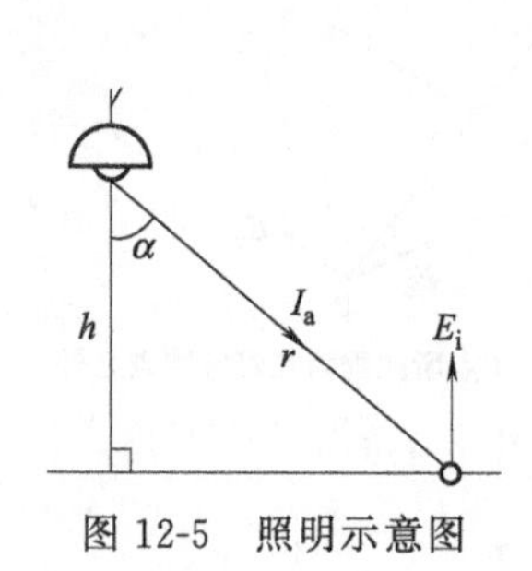

图 12-5　照明示意图

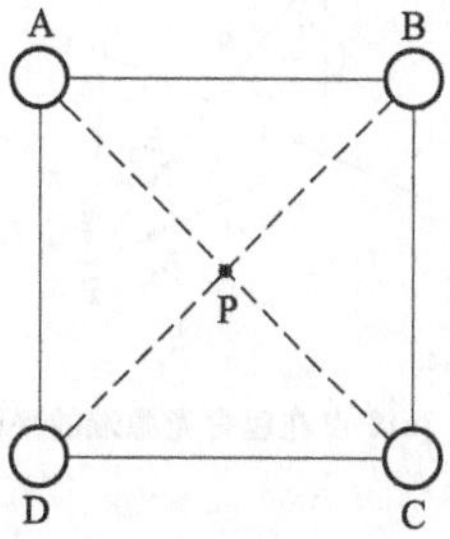

图 12-6　多个点光源分布图

解　因 A、B、C、D 点的照度相等，所以只求出 A 点照度即可。对 A 点而言，有如图 12-7 所示的情况，其中由光源 A 在平面 A 点产生的水平照度为

$$E_A = I/h^2 = 800/2^2 = 200(\text{lx})$$

由光源 B、D 在平面 A 点产生的水平照度为

$$E_B = E_D = \frac{I\cos\alpha}{r^2} = \frac{Ih}{r^3} = \frac{800\times 2}{(\sqrt{2^2+4^2})^3} = 17.9(\text{lx})$$

由光源 C 在平面 A 点产生的水平照度为

$$E_C = \frac{800\times 2}{[\sqrt{2^2+(4\sqrt{2})^2}]^3} = \frac{1600}{216} = 7.4(\text{lx})$$

因此，A 点的总的水平照度 E_1 为 A、B、C、D 各光源所产生的照度之和，即

$$E_1 = E_A + E_B + E_C + E_D = 200 + 2\times 17.9 + 7.4 = 243.2(\text{lx})$$

P 点的照度 E_2 是 A、B、C、D 四个光源共同照射之和，其值为光源 A 在平面 P 点所产生水平照度的 4 倍（见图 12-8）。

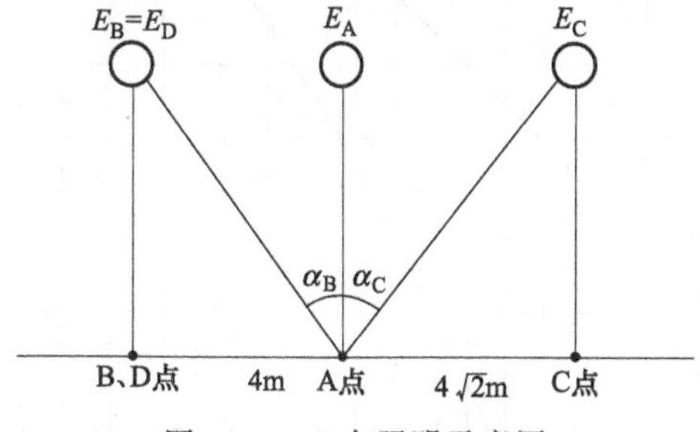

图 12-7　A 点照明示意图

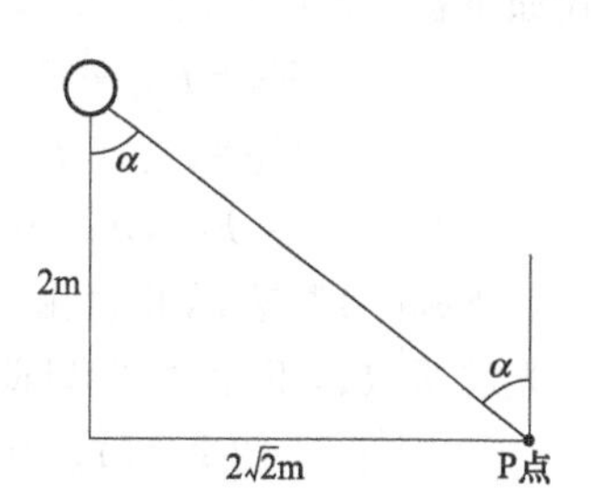

图 12-8　P 点照明示意图

5. 直线光源照度的计算

当光源长度与计算高度之比 $l/h \geqslant 0.5$，光源宽度与计算高度之比 $b/h \leqslant 0.5$ 时，可认为是直线光源。线光源主要指荧光灯。图 12-9 所示是荧光灯照度计算的示意图。

（1）计算公式

① 对于图 12-9（a），照度计算公式如下：

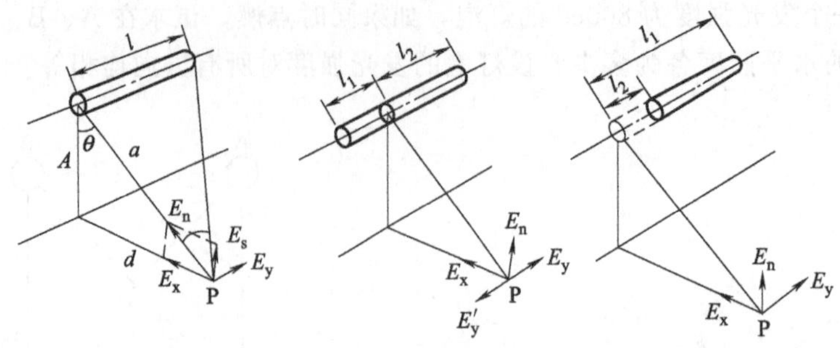

(a) P点在包含光源端的平面上 (b) P点所在垂面经过灯管 (c) P点所在垂面在灯管端点之外

图 12-9 荧光灯照度计算示意图

$$E_n=\frac{I}{2a}(a+\sin\alpha\cos\alpha)=K\frac{I}{a}$$

$$E_s=E_n\cos\theta=K\frac{hI}{a^2}$$

$$E_x=E_n\sin\theta=K\frac{dI}{a^2}$$

$$E_y=\frac{I}{2a}\sin^2\alpha=K'\frac{I}{a}$$

式中 E_n——与光源轴线垂直的平面内被照点 P 的法线照度，lx；

E_s——P 点的水平照度，lx；

E_x——P 点的垂直照度，lx；

E_y——P 点的纵向照度，lx；

I——单位长度发光强度，cd/m；

K，K'——系数，可由图 12-10 查取。

其他符号见图 12-10。

② 对于图 12-9（b），其照度计算公式如下：

$$E_s=E_{s1}+E_{s2}$$

$$E_x=E_{x1}+E_{x2}$$

$$E_y=E_{y1},E'_y=E_{y2}$$

下标“1”表示此量由 l_1 段光源或假设光源所致；下标“2”以此类推。

③ 对于图 12-9（c），其照度计算公式如下：

$$E_s=E_{s1}-E_{s2}$$

$$E_x=E_{x1}-E_{x2}$$

$$E_y=E_{y1}-E_{y2}$$

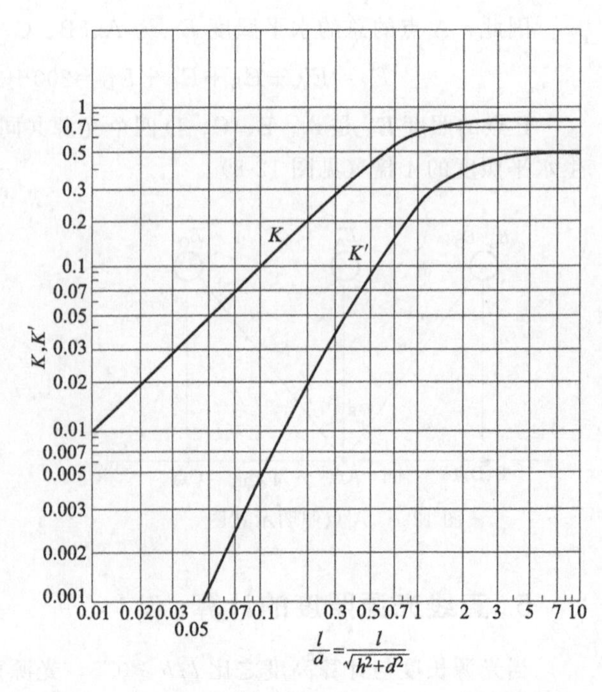

图 12-10 计算直线光源照度系数 K、K'用图

（2）实例

如图 12-11 所示。已知荧光灯功率为

30W，灯管长 0.89m，$l_1=2\text{m}$，$l_2=1.11\text{m}$，$h=2\text{m}$，$d=1.5\text{m}$，垂直于灯管方向的发光强度为 230cd。求在 P 点的照度

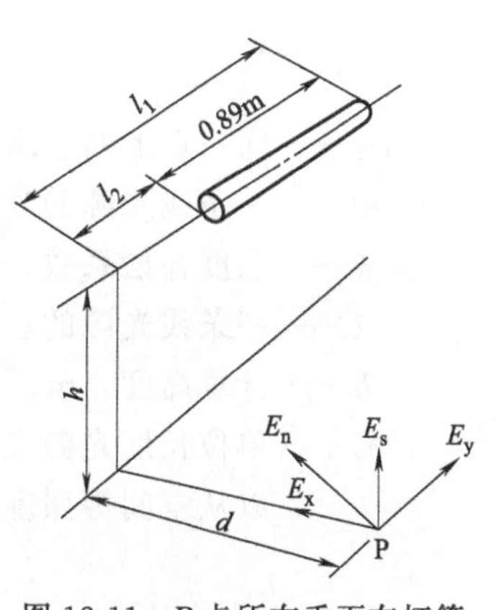

图 12-11 P 点所在垂面在灯管端点之外的照明示意图

该实例属于本例（1）中③介绍的情况。

解 ① 计算光源单位长度的发光强度：

$$I=230/0.89=258(\text{cd/m})$$

$$a=\sqrt{h^2+d^2}=\sqrt{2^2+1.5^2}=2.5(\text{m})$$

② 计算 l_1 段光源在 P 点的照度：

$l_1/a=2/2.5=0.8$，由图 12-10 所示的曲线查得：

$$K_1=0.59$$

$$K_1'=0.2$$

$$E_{n1}=K_1 I/a=0.59\times258/2.5=60.9(\text{lx})$$

$$E_{s1}=K_1\frac{hI}{a^2}=0.59\times\frac{2\times258}{2.5^2}=48.7(\text{lx})$$

$$E_{x1}=K_1\frac{dI}{a^2}=0.59\times\frac{1.5\times258}{2.5^2}=36.5(\text{lx})$$

$$E_{y1}=K_1'\frac{I}{a}=0.2\times\frac{258}{2.5}=20.6(\text{lx})$$

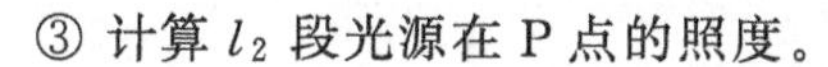

③ 计算 l_2 段光源在 P 点的照度。

因 $l_2/a=1.11/2.5=0.444$，由图 12-10 所示的曲线查得：

$$K_2=0.4, K_2'=0.08$$

$$E_{n2}=K_2 I/a=0.4\times258/2.5=41.3(\text{lx})$$

$$E_{s2}=K_2\frac{hI}{a^2}=0.4\times\frac{2\times258}{2.5^2}=33(\text{lx})$$

$$E_{x2}=K_2\frac{dI}{a^2}=0.4\times\frac{1.5\times258}{2.5^2}=24.8(\text{lx})$$

$$E_{y2}=K_2'\frac{I}{a}=0.08\times\frac{258}{2.5}=8.3(\text{lx})$$

④ 计算 P 点的照度。

P 点的水平照度

$$E_s=E_{s1}-E_{s2}=48.7-33=15.7(\text{lx})$$

P 点的垂直照度为

$$E_x=E_{x1}-E_{x2}=36.5-24.8=11.7(\text{lx})$$

P 点的纵向照度为

$$E_y=E_{y1}-E_{y2}=20.6-8.3=12.3(\text{lx})$$

6. 多根直线光源作用下照度的计算

(1) 计算公式

当多根直线光源如图 12-13 所示排列时，其水平照度计算公式如下：

$$E_s = \frac{\Phi}{1000klh} \sum e_s$$

式中 E_s——任一点上的总水平照度，lx；

Φ——一条线光源的光源总光通量，lm；

k——照度补偿系数，可由表 12-1 查取；

l——一条线光源的总长度，m；

h——计算高度，m；

e_s——单位长度光源光通量为 1000lm 的一条线光源在被照点产生的水平照度，它可以从空间等照度曲线（见图 12-12）中查得。

表 12-1 照度补偿系数 k 值

分类	环境污染特征	举例	照明补偿系数 k		灯具擦洗次数/(次/月)
			LED 灯、荧光灯、荧光高压汞灯	卤钨灯	
Ⅰ	有微量尘埃(清洁)	仪器仪表的装配车间，电子元器件的装配车间，实验室，办公室等	1.3	1.2	1
Ⅱ	有少量尘埃(一般)	机械加工、装配车间，发动机车间，焊接车间等	1.4	1.3	1
Ⅲ	有较多尘埃(污染严重)	锻工、铸工车间等	1.5	1.4	2
Ⅳ	室外	道路、堆场等	1.4	1.3	1

上述线光源逐点计算法，只适用在一条线上灯具间的距离较小的情况，否则计算误差较大。

(2) 实例

带有漫反射开启型直射光灯具的 40W 荧光灯照明布置，如图 12-13 所示，求 A 点的水平照度。

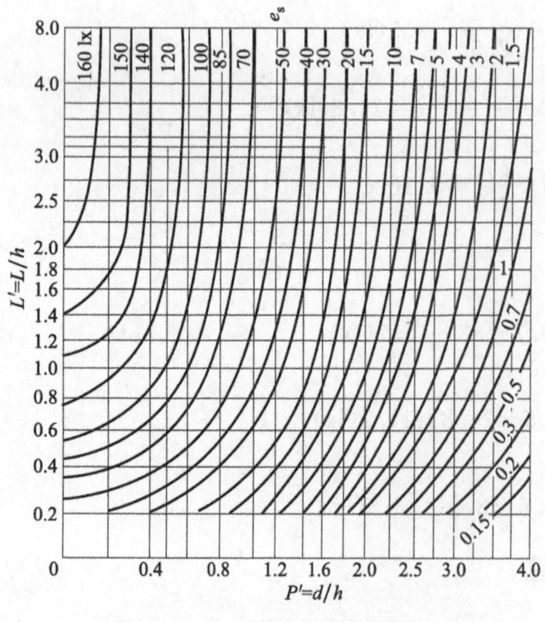

图 12-12 漫反射罩开启型直射光灯具的线光源等照度曲线

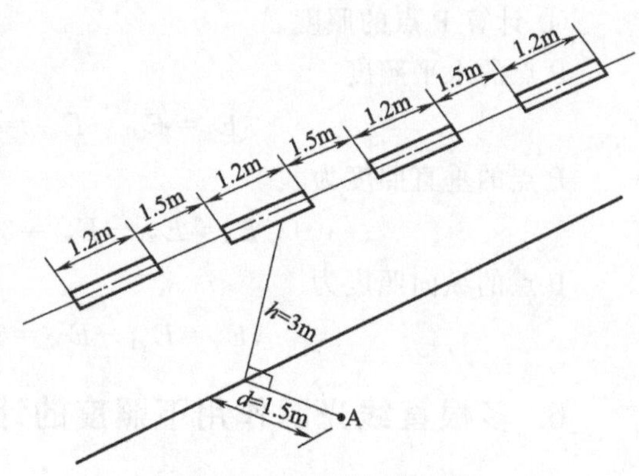

图 12-13 荧光灯布置图

解 由电工手册查得，40W 荧光灯的光通量为 2200lm。灯管长为 1.2m。

$$\Phi=n\Phi_1=4\times2200=8800(\mathrm{lm})$$

$$P'=d/h=1.5/3=0.5$$

$$L=4\times1.2+3\times1.5=9.3(\mathrm{m})$$

$$L'=L/h=9.3/3=3.1(\mathrm{m})$$

由图 12-12 曲线查得 $e_s=130\mathrm{lx}$。

因此 A 点的水平照度为

$$E_s=\frac{\Phi}{1000kLh}\sum e_s=\frac{8800\times130}{1000\times1.3\times9.3\times3}=31.5(\mathrm{lx})(\text{取 }k=1.3)$$

7. 利用系数法计算室内照度

(1) 计算公式

① 平均照度的计算。对于室内反光性能较好的场合，非直射型灯具可用下式计算工作面上的平均照度：

$$E_{pj}=\frac{\Phi n\mu}{Ak}$$

式中 E_{pj}——工作面上的平均照度，lx；

Φ——每个光源的光通量，lm；

n——由布灯方案得出的灯具数量，个；

A——房间面积，m^2；

k——照度补偿系数，见表 12-1；

μ——利用系数，可根据房间的室形指数 K 或室空比 RCR、表面反射率和灯具形式等进行计算。

若照度标准为最低照度值时，必须将平均照度值 E_{pj} 换算成最低照度值 E。换算公式如下：

$$E=E_{pj}/Z$$

式中 E——工作面上的最低照度，lx；

Z——最小照度系数，可查阅有关照明手册和图表。这里列举部分灯具的最小照度系数，见表 12-2。

表 12-2 部分灯具的最小照度系数 Z 值

灯具名称	灯具型号	光源种类及容量/W	距高比 $L:h$				$L:h/Z$ 的最大允许值
			0.6	0.8	1.0	1.2	
			Z 值				
配照型灯具	GC1-A-1,GC1-B-1	B150	1.30	1.32	1.33	—	1.25/1.33
		G125	—	1.34	1.33	1.32	1.41/1.29
广照型灯具	GC3-A-2,GC3-B-2	G125	1.28	1.30	—	—	0.98/1.32
		B200 150	1.30	1.33	—	—	1.02/1.33
深照型灯具	GC5-A-3,GC5-B-3	B300	—	1.34	1.33	1.30	1.40/1.29
		G250	—	1.35	1.34	1.32	1.45/1.32
	GC5-A-4,GC5-B-4	B300 500	—	1.33	1.34	1.32	1.40/1.31
		G400	1.29	1.34	1.35	—	1.23/1.32
筒式荧光灯具	YG1-1	1×40	1.34	1.34	1.31	—	1.22/1.29
	YG2-1		—	1.35	1.33	1.28	1.28/1.28
	YG2-2	2×40	—	1.35	1.33	1.29	1.28/1.29

续表

灯具名称	灯具型号	光源种类及容量/W	距高比 $L:h$				$L:h/Z$ 的最大允许值
			0.6	0.8	1.0	1.2	
			Z 值				
吸顶荧光灯具	YG6-2	2×40	1.34	1.36	1.33	—	1.22/1.29
	YG6-3	3×40	—	1.35	1.32	1.30	1.26/1.33
嵌入式荧光灯具	YG15-2	2×40	1.34	1.34	—	—	—
	YG15-3	3×40	1.37	1.33	—	—	1.05/1.30
房间较矮反射条件较好		灯排数≤3	1.15～1.20				
		灯排数>3	1.10				
其他白炽灯(B)的布置合理时			1.10～1.20				

② 根据室形指数 K 估算利用系数 μ。计算步骤如下：

a. 按下式计算出室形指数 K。

$$K=\frac{xy}{h(x+y)}$$

式中 x——房间宽度，m；

y——房间长度，m；

h——灯具中心线距工作面的距离，m。

b. 根据室形指数 K，由表 12-3 查得房间指标。从照明利用率看，A 级最有利，J 级最差。

表 12-3 室形指数对应的房间指标

室形指数 K	房间指标	室形指数 K	房间指标
<0.7	J	1.75～2.25	E
0.7～0.9	I	2.25～2.75	D
0.9～1.12	H	2.75～3.50	C
1.12～1.38	G	3.50～4.50	B
1.38～1.75	F	>4.50	A

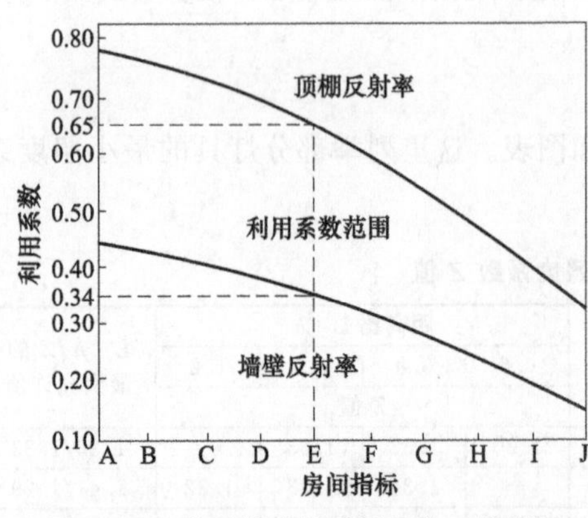

图 12-14 室形指数的利用系数 μ 值范围

c. 由房间指标查图 12-14，得利用系数 μ 值。从图 12-14 中可以看出，当房间指标为 A 级时，顶棚的反射率为 80%，墙壁的反射率为 50%；当房间指标为 J 级时，顶棚的反射率为 30%，墙壁的反射率为 10%。

例如，已知房间的尺寸如下：$x=15\text{m}$，$y=28\text{m}$，$h=4.5\text{m}$，则利用系数可按以下方法计算。

先求出室形指数：

$$K=\frac{xy}{h(x+y)}=\frac{15\times 28}{4.5\times(15+28)}=2.17$$

再查表 12-3，得房间指标为 E 级。

最后根据图 12-14 查得 E 级利用系数 $\mu=0.34\sim0.65$。

当考虑其他因素（如照明器是漫反射型，顶棚反射率为 60%～70%，墙壁的反射率为 30%～50%）时，取平均值，$\mu=0.5$。

将有关数据代入 $E_{pj}=\frac{\Phi n\mu}{Ak}$，便可进行照度计算。

③ 根据室空比 RCR 计算利用系数 μ。计算步骤如下。

a. 按下式计算出室空比和顶空比（见图 12-15）：

室空比 $$RCR=\frac{5h(x+y)}{xy}$$

顶空比 $$CCR=\frac{5h_c(x+y)}{xy}$$

b. 求顶棚空间有效反射率 ρ_{cc}。根据顶棚反射率 ρ_c 和墙壁反射率 $\rho_{\omega1}$ 以及顶空比 CCR，查图 12-16 所示的计算曲线，便可求得 ρ_{cc} 值。

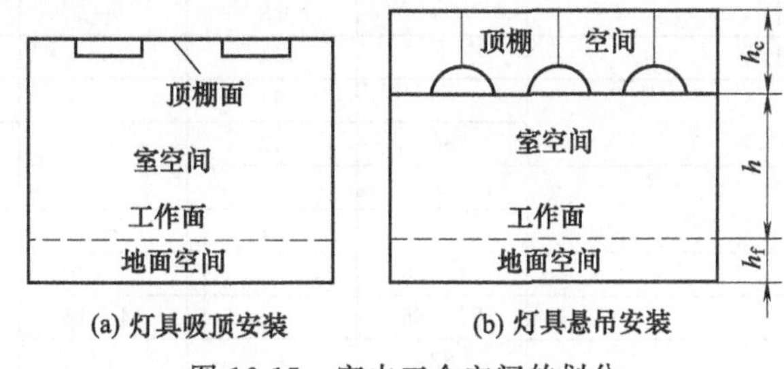

图 12-15 室内三个空间的划分

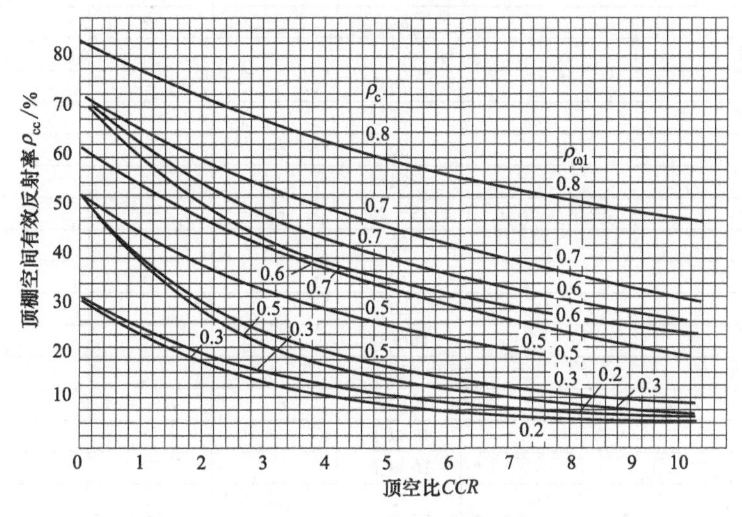

图 12-16 顶棚空间有效反射率计算曲线

c. 按下式求出整个墙面的平均反射率 ρ_ω：

$$\rho_\omega=\frac{\rho_{\omega1}(A_\omega-A_p)+\rho_pA_p}{A_\omega}$$

式中 $\rho_{\omega1}$——墙面反射率，参见表 12-4；

ρ_p——玻璃窗反射率，参见表 12-4；

A_ω——整个墙的面积，m^2；

A_p——玻璃窗面积，m^2。

d. 由 RCR、ρ_{cc}、ρ_ω 值，从照明设计手册或图表中（见表 12-5）用插值法查取该型灯具的利用系数 μ。

部分灯具的利用系数见表 12-5。

表 12-4 常用材料的反射率 ρ、透射率 τ 和吸收率 α

材料名称		ρ/%	τ/%	α/%	备注
玻璃及塑料	普通玻璃 2～6mm	8～10	84～90	—	光对平滑面
	磨砂玻璃 1.5mm	—	76.5	—	光对磨砂面
		—	79.5	—	光对平滑面
	乳白玻璃 1.5mm	—	64	—	—
	有机玻璃 1～6mm	—	91～92	—	—
	聚氯乙烯	—	75～83	—	—
	聚碳酸酯	—	74～81	—	—
	聚苯乙烯	—	75～83	—	—
	塑料安全夹层玻璃(透明)	—	78	—	(3+3)mm
	双层中空隔热玻璃(透明)①	—	64	—	(3+3)mm
	蓝色吸热玻璃	—	64	—	3mm
		—	52	—	5mm
	压花玻璃 3mm	—	57	—	花纹深密
		—	71	—	花纹浅稀
金属	普通铝(抛光)	71～76	—	24～29	—
	高纯铝(电化抛光)	84～86	—	14～16	—
	镀汞玻璃镜	83	—	17	—
	不锈钢	55～60	—	40～45	—
饰面材料	大白粉刷	75	—	—	—
	白色乳胶漆	84	—	—	—
	乳黄色调和漆	70	—	—	白色调和漆
	白水泥	75	—	—	—
	水泥砂浆抹面	35	—	—	—
	红砖	30	—	—	—
	灰砖	24	—	—	—
	花岗岩	15～25	—	—	—
	浅色瓷砖	78	—	—	—
	白色水磨石	70	—	—	—
	塑料贴面板	30	—	—	—
	混凝土地面	15～32	—	—	—
	沥青地面	13	—	—	—
	石膏	90～92	—	8～10	—
	白亮木材	40 以下	—	—	—
	暗色木材	10 以上	—	—	—
	白色棉织物	35	57	8	—
	深色大理石	40	—	—	—
搪瓷类	白搪瓷	80	—	—	—
	涂釉瓷器	60～90	—	—	—
	处理过的铝面	70～80	—	—	—

① 双层中空玻璃中间的空隙为 5mm。

(2) 实例

有一培训室长 12m、宽 6m、层高 4m。双侧开窗，玻璃窗面积占墙面 50%，顶棚和墙均为抹灰粉白，混凝土地面。课桌的平均照度为 150lx。试用利用系数法确定布灯方案和灯具数量。

解 ① 选用灯型及考虑布灯。

房间面积 $A=12\times6=72(m^2)$

采用 YG2-1 型 1×40W 荧光灯具，由表 12-5 可知：

灯具效率　　　　　　　　　$\eta=88\%$

光通量　　　　　　　　　　$\Phi=2400\text{lm}$

最大允许距高比（L/h）A-A　1.46

　　　　　　　　　　　B-B　1.28

表 12-5　部分灯具的利用系数表

$\rho_{cc}/\%$	70				50				30				0
$\rho_{\omega}/\%$	70	50	30	10	70	50	30	10	70	50	30	10	0
RCR	配照型灯 GC1-A-1,GC1-B-1,$\eta=85\%$,B150W,2090lm												
1	0.89	0.85	0.82	0.78	0.85	0.82	0.79	0.76	0.81	0.78	0.76	0.74	0.70
2	0.80	0.73	0.68	0.63	0.76	0.70	0.66	0.61	0.72	0.68	0.63	0.60	0.57
3	0.73	0.64	0.57	0.51	0.68	0.61	0.55	0.50	0.65	0.59	0.54	0.49	0.46
4	0.66	0.56	0.49	0.43	0.63	0.54	0.48	0.43	0.59	0.52	0.46	0.42	0.39
5	0.60	0.50	0.42	0.36	0.57	0.48	0.41	0.36	0.54	0.46	0.40	0.35	0.33
6	0.55	0.44	0.36	0.31	0.52	0.43	0.36	0.31	0.49	0.41	0.35	0.30	0.28
7	0.51	0.39	0.32	0.26	0.48	0.38	0.31	0.28	0.45	0.37	0.30	0.26	0.24
8	0.47	0.35	0.28	0.23	0.44	0.34	0.28	0.23	0.42	0.33	0.27	0.23	0.21
9	0.43	0.32	0.25	0.20	0.41	0.31	0.24	0.20	0.39	0.30	0.24	0.20	0.18
10	0.40	0.29	0.22	0.17	0.38	0.28	0.22	0.17	0.36	0.27	0.21	0.17	0.16
$\rho_{cc}/\%$	70				50				30				0
$\rho_{\omega}/\%$	70	50	30	10	70	50	30	10	70	50	30	10	0
RCR	广照型灯 GC3-A-2,GC3-B-2,$\eta=76\%$,G125W,4750lm												
1	0.75	0.70	0.66	0.62	0.69	0.65	0.62	0.59	0.64	0.61	0.58	0.56	0.51
2	0.66	0.59	0.53	0.48	0.61	0.55	0.50	0.46	0.56	0.52	0.47	0.44	0.40
3	0.60	0.51	0.44	0.39	0.55	0.48	0.42	0.37	0.50	0.45	0.40	0.35	0.32
4	0.55	0.45	0.38	0.32	0.50	0.42	0.36	0.31	0.46	0.39	0.34	0.30	0.27
5	0.50	0.40	0.33	0.27	0.46	0.37	0.31	0.26	0.42	0.35	0.30	0.25	0.22
6	0.46	0.35	0.28	0.23	0.42	0.33	0.27	0.22	0.39	0.31	0.26	0.22	0.19
7	0.42	0.31	0.25	0.20	0.39	0.30	0.23	0.19	0.36	0.28	0.22	0.18	0.16
8	0.39	0.28	0.22	0.17	0.36	0.27	0.21	0.17	0.32	0.25	0.20	0.16	0.14
9	0.36	0.26	0.19	0.15	0.33	0.24	0.19	0.15	0.31	0.23	0.18	0.14	0.12
10	0.34	0.23	0.17	0.13	0.31	0.22	0.17	0.13	0.29	0.21	0.16	0.12	0.11
$\rho_{cc}/\%$	70				50				30				0
$\rho_{\omega}/\%$	70	50	30	10	70	50	30	10	70	50	30	10	0
RCR	深照型灯 GC5-A-4,GC5-B-4,$\eta=67\%$,B300W,4610lm;B500W,8300lm												
1	0.71	0.69	0.66	0.64	0.68	0.66	0.64	0.62	0.65	0.63	0.61	0.60	0.57
2	0.65	0.60	0.56	0.52	0.62	0.58	0.54	0.51	0.59	0.55	0.52	0.50	0.47
3	0.59	0.52	0.47	0.43	0.56	0.50	0.46	0.42	0.53	0.48	0.45	0.41	0.39
4	0.54	0.46	0.40	0.36	0.51	0.44	0.39	0.36	0.48	0.43	0.39	0.35	0.33
5	0.49	0.40	0.35	0.30	0.46	0.39	0.34	0.30	0.44	0.38	0.33	0.30	0.28
6	0.44	0.36	0.30	0.26	0.42	0.34	0.29	0.25	0.40	0.33	0.29	0.25	0.23
7	0.41	0.32	0.26	0.22	0.38	0.31	0.25	0.21	0.36	0.30	0.25	0.21	0.20
8	0.37	0.28	0.23	0.19	0.35	0.28	0.22	0.19	0.34	0.27	0.22	0.18	0.17
9	0.35	0.26	0.20	0.16	0.33	0.25	0.20	0.16	0.31	0.24	0.19	0.16	0.15
10	0.32	0.23	0.18	0.14	0.30	0.22	0.17	0.14	0.29	0.22	0.17	0.14	0.13
$\rho_{cc}/\%$	70				50				30				0
$\rho_{\omega}/\%$	70	50	30	10	70	50	30	10	70	50	30	10	0
RCR	吸顶式荧光灯 YG6-3,$\eta=86\%$,3×40W,3×2400lm												
1	0.82	0.77	0.73	0.69	0.73	0.70	0.66	0.63	0.65	0.63	0.60	0.58	0.49
2	0.74	0.67	0.61	0.56	0.66	0.60	0.55	0.51	0.58	0.54	0.50	0.47	0.40
3	0.67	0.58	0.52	0.46	0.60	0.53	0.47	0.43	0.53	0.48	0.43	0.39	0.33
4	0.61	0.51	0.44	0.39	0.54	0.46	0.40	0.36	0.48	0.42	0.37	0.33	0.28
5	0.56	0.46	0.38	0.33	0.50	0.41	0.35	0.30	0.44	0.37	0.32	0.28	0.24
6	0.52	0.41	0.34	0.28	0.46	0.37	0.31	0.26	0.41	0.34	0.29	0.25	0.21
7	0.48	0.37	0.30	0.25	0.42	0.33	0.27	0.23	0.38	0.30	0.25	0.21	0.18
8	0.44	0.33	0.26	0.21	0.39	0.30	0.24	0.20	0.35	0.28	0.22	0.19	0.15
9	0.41	0.30	0.23	0.19	0.36	0.28	0.22	0.18	0.33	0.25	0.20	0.16	0.13
10	0.37	0.27	0.20	0.16	0.33	0.24	0.19	0.15	0.30	0.22	0.17	0.14	0.11

续表

ρ_{cc}/%	70				50				30				0
ρ_{ω}/%	70	50	30	10	70	50	30	10	70	50	30	10	0
RCR	平圆型吸顶灯 JXD5-2,η=57%,100W,1250lm;60W,630lm												
1	0.52	0.49	0.47	0.44	0.45	0.42	0.41	0.39	0.38	0.36	0.35	0.34	0.36
2	0.47	0.42	0.39	0.36	0.40	0.37	0.34	0.31	0.34	0.31	0.29	0.27	0.21
3	0.42	0.37	0.33	0.29	0.36	0.32	0.29	0.26	0.31	0.28	0.25	0.23	0.17
4	0.39	0.32	0.28	0.24	0.33	0.28	0.25	0.22	0.28	0.24	0.21	0.19	0.14
5	0.35	0.29	0.24	0.21	0.30	0.25	0.21	0.18	0.25	0.22	0.19	0.16	0.12
6	0.32	0.26	0.21	0.18	0.28	0.22	0.19	0.16	0.24	0.19	0.16	0.14	0.11
7	0.30	0.23	0.18	0.15	0.26	0.20	0.16	0.14	0.22	0.17	0.14	0.12	0.09
8	0.28	0.21	0.16	0.13	0.24	0.18	0.14	0.12	0.20	0.16	0.13	0.10	0.08
9	0.26	0.19	0.14	0.12	0.22	0.16	0.13	0.10	0.19	0.14	0.11	0.09	0.07
10	0.23	0.17	0.13	0.10	0.20	0.15	0.11	0.09	0.17	0.13	0.10	0.08	0.05
ρ_{cc}/%	70				50				30				0
ρ_{ω}/%	70	50	30	10	70	50	30	10	70	50	30	10	0
RCR	筒式双层卤钨灯 DD6-500,η=70%,500W,9750lm												
1	0.77	0.75	0.73	0.71	0.74	0.72	0.70	0.69	0.70	0.69	0.68	0.66	0.63
2	0.72	0.68	0.65	0.62	0.69	0.66	0.63	0.61	0.66	0.64	0.61	0.59	0.57
3	0.67	0.62	0.58	0.55	0.64	0.60	0.57	0.54	0.62	0.58	0.56	0.53	0.51
4	0.63	0.57	0.53	0.49	0.60	0.55	0.51	0.48	0.58	0.54	0.51	0.48	0.46
5	0.59	0.52	0.47	0.44	0.56	0.51	0.47	0.43	0.54	0.49	0.46	0.43	0.41
6	0.55	0.48	0.43	0.39	0.53	0.46	0.42	0.39	0.51	0.45	0.42	0.39	0.37
7	0.51	0.43	0.38	0.35	0.49	0.42	0.38	0.35	0.47	0.41	0.37	0.34	0.33
8	0.48	0.40	0.35	0.31	0.46	0.39	0.34	0.31	0.44	0.38	0.34	0.31	0.30
9	0.44	0.36	0.31	0.28	0.43	0.36	0.31	0.28	0.41	0.35	0.31	0.28	0.27
10	0.41	0.33	0.29	0.25	0.40	0.33	0.28	0.25	0.38	0.32	0.28	0.25	0.24
ρ_{cc}/%	70				50				30				0
ρ_{ω}/%	70	50	30	10	70	50	30	10	70	50	30	10	0
RCR	筒式荧光灯 YG1-1,η=81%,1×40W,2400lm												
1	0.75	0.71	0.67	0.63	0.67	0.63	0.60	0.57	0.59	0.56	0.54	0.52	0.43
2	0.68	0.61	0.55	0.50	0.60	0.54	0.50	0.46	0.53	0.48	0.45	0.41	0.34
3	0.61	0.53	0.46	0.41	0.54	0.47	0.42	0.38	0.47	0.42	0.38	0.34	0.28
4	0.56	0.46	0.39	0.34	0.49	0.41	0.36	0.31	0.43	0.37	0.32	0.28	0.23
5	0.51	0.41	0.34	0.29	0.45	0.37	0.31	0.26	0.39	0.33	0.28	0.24	0.20
6	0.47	0.37	0.30	0.25	0.41	0.33	0.27	0.23	0.36	0.29	0.25	0.21	0.17
7	0.43	0.33	0.26	0.21	0.38	0.30	0.24	0.20	0.33	0.26	0.22	0.18	0.14
8	0.40	0.29	0.23	0.18	0.35	0.27	0.21	0.17	0.31	0.24	0.19	0.16	0.12
9	0.37	0.27	0.20	0.16	0.33	0.24	0.19	0.15	0.29	0.22	0.17	0.14	0.11
10	0.34	0.24	0.17	0.13	0.30	0.21	0.16	0.12	0.26	0.19	0.15	0.11	0.09
ρ_{cc}/%	70				50				30				0
ρ_{ω}/%	70	50	30	10	70	50	30	10	70	50	30	10	0
RCR	筒式荧光灯 YG2-1,η=88%,1×40W,2400lm												
1	0.93	0.89	0.86	0.83	0.89	0.85	0.83	0.80	0.85	0.82	0.80	0.78	0.73
2	0.85	0.79	0.73	0.69	0.81	0.75	0.71	0.67	0.77	0.72	0.69	0.65	0.62
3	0.78	0.70	0.63	0.58	0.74	0.67	0.61	0.57	0.70	0.65	0.60	0.56	0.53
4	0.71	0.61	0.54	0.49	0.67	0.59	0.53	0.48	0.64	0.57	0.52	0.47	0.45
5	0.65	0.55	0.47	0.42	0.62	0.53	0.46	0.41	0.59	0.51	0.45	0.41	0.39
6	0.60	0.49	0.42	0.36	0.57	0.48	0.41	0.36	0.54	0.46	0.40	0.36	0.34
7	0.55	0.44	0.37	0.32	0.52	0.43	0.36	0.31	0.50	0.42	0.36	0.31	0.29
8	0.51	0.40	0.33	0.27	0.48	0.39	0.32	0.27	0.46	0.37	0.32	0.27	0.25
9	0.47	0.36	0.29	0.24	0.45	0.35	0.29	0.24	0.43	0.34	0.28	0.24	0.22
10	0.43	0.32	0.25	0.20	0.41	0.31	0.24	0.20	0.39	0.30	0.24	0.20	0.18

续表

$\rho_{cc}/\%$	70				50				30				0
$\rho_{\omega}/\%$	70	50	30	10	70	50	30	10	70	50	30	10	0
RCR	筒式荧光灯 YG2-2，$\eta=97\%$，2×40W，2×2400lm												
1	1.04	1.0	0.96	0.93	0.99	0.96	0.93	0.90	0.94	0.92	0.89	0.87	0.83
2	0.95	0.88	0.83	0.78	0.91	0.85	0.80	0.76	0.86	0.82	0.78	0.74	0.71
3	0.87	0.79	0.72	0.67	0.83	0.76	0.70	0.65	0.79	0.73	0.68	0.64	0.61
4	0.80	0.70	0.62	0.57	0.76	0.67	0.61	0.56	0.72	0.65	0.60	0.55	0.52
5	0.74	0.63	0.55	0.49	0.70	0.60	0.54	0.48	0.67	0.59	0.52	0.48	0.45
6	0.68	0.56	0.48	0.43	0.65	0.55	0.48	0.42	0.62	0.53	0.47	0.42	0.40
7	0.63	0.51	0.43	0.37	0.60	0.49	0.42	0.37	0.57	0.48	0.41	0.37	0.34
8	0.58	0.46	0.38	0.32	0.55	0.44	0.37	0.32	0.53	0.43	0.37	0.32	0.30
9	0.54	0.42	0.34	0.29	0.51	0.40	0.33	0.29	0.49	0.39	0.33	0.28	0.26
10	0.49	0.36	0.29	0.24	0.46	0.35	0.28	0.24	0.44	0.34	0.28	0.23	0.22
$\rho_{cc}/\%$	70				50				30				0
$\rho_{\omega}/\%$	70	50	30	10	70	50	30	10	70	50	30	10	0
RCR	配照型灯 GC1-A-1，GC1-B-1，$\eta=72\%$，G125W，4750lm												
1	0.75	0.72	0.68	0.66	0.71	0.69	0.66	0.63	0.68	0.66	0.64	0.62	0.58
2	0.67	0.62	0.57	0.52	0.64	0.59	0.55	0.51	0.61	0.56	0.53	0.50	0.47
3	0.61	0.53	0.47	0.42	0.57	0.51	0.46	0.42	0.54	0.49	0.44	0.41	0.38
4	0.55	0.47	0.40	0.35	0.52	0.46	0.39	0.35	0.49	0.43	0.38	0.34	0.32
5	0.50	0.41	0.34	0.30	0.47	0.39	0.34	0.29	0.45	0.38	0.33	0.29	0.27
6	0.46	0.36	0.30	0.25	0.43	0.35	0.29	0.25	0.41	0.34	0.28	0.24	0.23
7	0.42	0.32	0.26	0.21	0.39	0.31	0.25	0.21	0.37	0.30	0.25	0.21	0.19
8	0.39	0.29	0.23	0.18	0.37	0.28	0.22	0.18	0.35	0.27	0.22	0.18	0.16
9	0.36	0.26	0.20	0.16	0.34	0.25	0.20	0.16	0.32	0.24	0.19	0.15	0.14
10	0.33	0.24	0.18	0.14	0.31	0.23	0.17	0.14	0.30	0.22	0.17	0.13	0.12
$\rho_{cc}/\%$	70				50				30				0
$\rho_{\omega}/\%$	70	50	30	10	70	50	30	10	70	50	30	10	0
RCR	深照型灯 GC5-A-4，GC5-B-4，$\eta=65\%$，G400W，20000lm												
1	0.68	0.65	0.62	0.59	0.64	0.62	0.59	0.57	0.61	0.59	0.57	0.56	0.52
2	0.61	0.56	0.51	0.47	0.58	0.53	0.49	0.46	0.55	0.51	0.48	0.45	0.43
3	0.55	0.48	0.43	0.38	0.52	0.46	0.41	0.38	0.49	0.44	0.40	0.37	0.35
4	0.50	0.42	0.36	0.32	0.47	0.40	0.35	0.31	0.44	0.39	0.35	0.31	0.29
5	0.45	0.37	0.31	0.27	0.43	0.35	0.30	0.26	0.40	0.34	0.30	0.26	0.24
6	0.41	0.33	0.27	0.22	0.39	0.31	0.26	0.22	0.37	0.30	0.25	0.22	0.20
7	0.38	0.29	0.23	0.19	0.35	0.28	0.22	0.18	0.33	0.27	0.22	0.18	0.17
8	0.35	0.26	0.20	0.16	0.33	0.25	0.20	0.16	0.31	0.24	0.19	0.16	0.14
9	0.32	0.23	0.18	0.14	0.30	0.22	0.17	0.14	0.28	0.22	0.17	0.14	0.12
10	0.30	0.21	0.15	0.12	0.28	0.20	0.15	0.12	0.26	0.20	0.15	0.12	0.10
$\rho_{cc}/\%$	70				50				30				0
$\rho_{\omega}/\%$	70	50	30	10	70	50	30	10	70	50	30	10	0
RCR	吸顶式荧光灯 YG6-2，$\eta=86\%$，2×40W，2×2400lm												
1	0.82	0.78	0.74	0.70	0.73	0.70	0.67	0.64	0.65	0.63	0.60	0.58	0.49
2	0.74	0.67	0.62	0.57	0.66	0.61	0.56	0.52	0.59	0.54	0.51	0.48	0.40
3	0.68	0.59	0.53	0.47	0.60	0.53	0.48	0.44	0.53	0.48	0.44	0.40	0.34
4	0.62	0.52	0.45	0.40	0.55	0.47	0.41	0.37	0.49	0.43	0.38	0.34	0.28
5	0.56	0.46	0.39	0.34	0.50	0.42	0.36	0.31	0.45	0.38	0.33	0.29	0.24
6	0.52	0.42	0.35	0.29	0.46	0.38	0.32	0.27	0.41	0.34	0.29	0.25	0.21
7	0.48	0.37	0.30	0.25	0.43	0.34	0.28	0.24	0.38	0.31	0.26	0.22	0.18
8	0.44	0.34	0.27	0.22	0.40	0.31	0.25	0.21	0.35	0.28	0.23	0.19	0.16
9	0.41	0.31	0.24	0.19	0.37	0.28	0.22	0.18	0.33	0.26	0.21	0.17	0.14
10	0.38	0.27	0.21	0.16	0.34	0.25	0.19	0.15	0.30	0.22	0.18	0.14	0.11

注：B—白炽灯泡；若为 LED 灯泡，则容量为白炽灯泡的 1/4。

灯具的轴线与窗线平行，安装两排灯，面对黑板的左行灯距墙 $L_2/3$，右行灯距墙为 $L_2/2$，两行灯的间距为 L_2，则

$$L_2+L_2/2+L_2/3=6(\text{m})$$

所以

$$L_2=3.3\text{m},L_2/2=1.6\text{m},L_2/3=1.1(\text{m})$$

灯具悬挂距离 $h_c=0.5\text{m}$

课桌桌面高度为 0.75m

灯具计算高度 $h=4-0.5-0.75=2.75(\text{m})$

培训室属于清洁环境，查表 12-1 得照度补偿系数 $k=1.3$。

② 室空比和顶空比分别为

$$RCR=\frac{5h(y+x)}{yx}=\frac{5\times2.75\times(12+6)}{12\times6}=3.4$$

$$CCR=\frac{5h_c(y+x)}{yx}=\frac{5\times0.5\times(12+6)}{12\times6}=0.63$$

③ 室内各表面的有效反射率。

查表 12-4 得，顶棚、墙面的反射率均为

$$\rho_c=70\%,\rho_{\omega1}=70\%$$

地面的有效反射率 $\rho_f=20\%$

玻璃窗的反射率 $\rho_p=9\%$

墙的总面积 $A_\omega=2(L+W)H=2\times(12+6)\times4=144(\text{m}^2)$

玻璃窗面积 $A_p=0.5A_\omega=0.5\times144=72(\text{m}^2)$

房间面积 $A=yx=12\times6=72(\text{m}^2)$

由 $\rho_c=70\%$、$\rho_{\omega1}=70\%$、$CCR=0.63$，查图 12-16 所示的曲线，得顶棚空间有效反射率为 $\rho_{cc}=65\%$。

墙平均有效反射率为

$$\rho_\omega=\frac{\rho_{\omega1}(A_\omega-A_p)+\rho_pA_p}{A_\omega}$$

$$=\frac{0.70\times(144-72)+0.09\times72}{144}=40\%$$

④ 确定利用系数 μ。根据 $RCR=3.4$，$\rho_{cc}=65\%$，$\rho_\omega=40\%$，查表 12-5 中 YG2-1 荧光灯的利用系数表，插入法得利用系数 $\mu=0.65$。

⑤ 将有关数据代入下式得

$$n=\frac{E_{pj}Ak}{\Phi\mu}=\frac{150\times72\times1.3}{2400\times0.65}=9$$

取 YG2-1 型 40W 荧光灯 10 只，吊线式安装。

⑥ 布灯方案和照度验算。

灯具标注的一般格式如下：

$$\text{I-II}\frac{\text{III}\times\text{V}}{\text{IV}}\text{VI(VII)}$$

式中 Ⅰ——某场所同类灯具的个数；

Ⅱ——灯具类型的文字符号，见表 12-6；

Ⅲ——灯具内安装光源的容量（光源的数量×每个光源的功率，W）；

Ⅳ——灯具安装高度，m；

Ⅴ——灯具安装方式的文字符号，见表 12-7；

Ⅵ——电光源种类的文字符号，见表 12-8；

Ⅶ——设计照度，lx。

表 12-6 常用灯具类型的文字符号

灯具名称	文字符号	灯具名称	文字符号
普通吊灯	P	工厂一般灯具	G
壁灯	B	荧光灯灯具	Y
花灯	H	隔爆灯	G或专用符号
吸顶灯	D	水晶底罩灯	J
柱灯	Z	防水防尘灯	F
卤钨探照灯	L	搪瓷伞罩灯	S
投光灯	T	无磨砂玻璃罩万能型灯	Ww

表 12-7 灯具安装方式的文字符号

序号	安装方式	文字符号	序号	安装方式	文字符号
1	吊线式	CP	9	吸顶或直附式	S
2	自在器吊线式	CP	10	嵌入式	R
3	固定吊线式	CP1	11	顶棚上安装	CR
4	防水吊线式	CP2	12	墙壁上安装	WR
5	吊线器式	CP3	13	台上安装	T
6	吊链式	CH	14	支架上安装	SP
7	吊杆式	P	15	柱上安装	CL
8	壁装式	W	16	座装式	HM

表 12-8 电光源种类的文字符号

序号	电光源类型	文字符号	序号	电光源类型	文字符号
1	氖灯	Ne	7	发光灯	EL
2	氙灯	Xe	8	弧光灯	ARC
3	钠灯	Na	9	荧光灯	FL
4	汞灯	Hg	10	红外线灯	IR
5	碘钨灯	I	11	紫外线灯	UV
6	白炽灯	IN	12	发光二极管	LED

培训室灯具布置方案如图 12-17 所示。

黑板有局部照明，所以灯具距黑板的距离为 2.4m；距房间后墙的距离为 1.6m。灯具横向间距为 2m，纵向间距为 3.3m。

横向 $L_1/h=2/2.75=0.73<1.28$

纵向 $L_2/h=3.3/2.75=1.2<1.46$

布灯均匀合理。

照度验算：

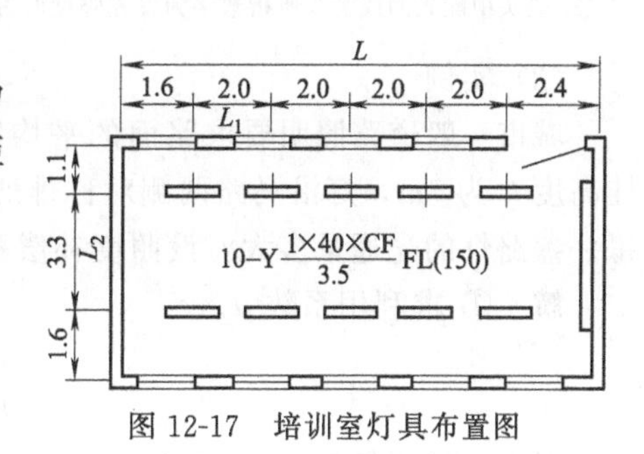

图 12-17 培训室灯具布置图

$$E_{pj}=\frac{n\Phi\mu}{Ak}=\frac{10\times2400\times0.65}{72\times1.3}=166.7(\text{lx})$$

8. 道路照度计算

(1) 计算公式

路面平均照度可按下式简易计算：

$$E_{pj}=\frac{\Phi N\nu}{kBD}$$

式中 E_{pj}——路面平均照度，lx；

Φ——光源总光通量，lm；

N——灯柱的列数，单侧排列及交错排列时 $N=1$，对称排列时 $N=2$；

ν——照明率（即光源总光通量与投射到路面上的光通量之比），见表12-9；

k——照度补偿系数，通常为1.3～2.0，对于混凝土路面取小值，沥青路面取大值；

B——路面宽度，m；

D——电杆间距，m。

表12-9 室外照明的照明率 ν

灯具配光 / B/h	反射罩	球状灯泡	柱头式灯泡	悬挂式灯泡	三棱形灯泡（非对称）
	0 / 0.8	0.3 / 0.5	0.4 / 0.4	0.1 / 0.7	0 / 0.7
0.5	0.09	0.05	0.04	0.09	0.18
1.0	0.20	0.11	0.07	0.16	0.31
1.5	0.25	0.15	0.10	0.20	0.38
2.0	0.30	0.20	0.12	0.22	0.43
2.5	0.31	0.20	0.13	0.24	0.47
3.0	0.35	0.25	0.14	0.25	0.48
4.0	0.35	0.25	0.16	0.26	0.51
5.0	0.35	0.25	0.16	0.27	0.52
10.0	0.39	0.27	0.18	0.28	0.53
20.0	0.39	0.27	0.19	0.30	0.53

注：1. B 为道路宽度（m），h 为灯具安装高度（m）。

2. 表头中配光曲线箭头所指数字为发光强度所占比例。

(2) 实例

城市一般道路照明要求路面的平均照度为6lx。采用悬挂式灯具，倾角为15°，灯具悬挂高度 h 为7m，灯沿马路两侧对称排列，灯间距离 D 为20m，道路宽度 B 为10m，试求每一盏路灯的光通量多大？设照度补偿系数 k 为1.4（混凝土路面）。

解 ① 求利用系数 μ。

$$\frac{B}{h}=\frac{10}{7}=1.43$$

对于悬挂式灯具，$\mu\approx0.2$。

② 每盏灯的光通量为

$$\Phi=\frac{E_{pj}kBD}{N\mu}=\frac{6\times1.4\times10\times20}{2\times0.2}=4200(\text{lm})$$

如果选用一盏250W高压汞灯，其额定光通量为5250lm。此时路面的实际照度为

$$E=E_{pj}\frac{\Phi'}{\Phi}=6\times\frac{5250}{4200}=7.5(\text{lx})$$

9. 感容式镇流器相关技术参数的计算

感容式镇流器具有产生高脉冲电势，使灯管易于启辉、功耗小，其电流接近恒电流（即

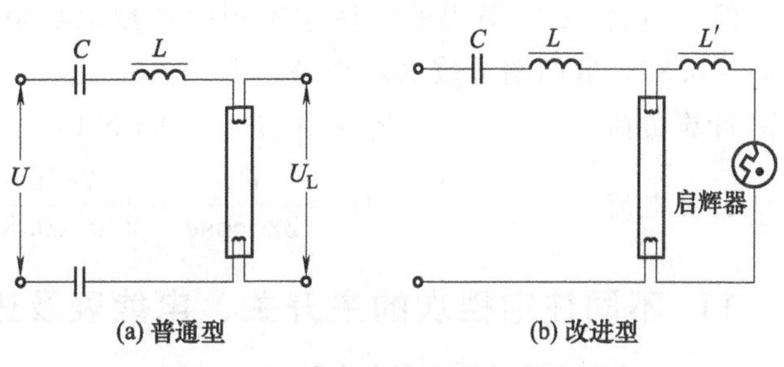

(a) 普通型　　(b) 改进型

图 12-18　感容式镇流器电路原理图

对电源电压的变动不很敏感）等优点。感容式镇流器电路原理如图12-18所示。其中：图 12-18（a）为普通型；图 12-18（b）为改进型，主要是增加了附加电感 L'，使启辉特性得到改善，一般取 $L'=0.7L$。

为改进镇流器的启辉特性，可将铁芯开一小槽。

10. 住宅用电负荷的计算

（1）计算公式

住宅用电负荷的计算，至今没有一个统一的方法。现将工程设计中常用的一种方法介绍如下。

住宅用电负荷可按下式计算：

$$P_{js}=K_cP_{\Sigma}$$

$$I_{js}=\frac{P_{js}}{220\cos\varphi}$$

式中　P_{js}——住宅用电计算负荷，W；

I_{js}——住宅用电计算电流，A；

P_{Σ}——所有家用电器额定功率总和，W；

$\cos\varphi$——平均功率因数，可取 0.8～0.9；

K_c——同期系数，可取 0.4～0.6。家用电器越多、住宅面积越大、人口越少，此值越小；反之，此值越大。

（2）实例

某住宅用电设备数量和容量如表 12-10 中一档住宅所示，求该住宅的用电负荷。

表 12-10　小康型住宅每户家庭拥有的家用电器

家用电器名称	一档住宅		二档住宅		三档住宅		四档住宅	
	台数	容量/W	台数	容量/W	台数	容量/W	台数	容量/W
电视机	3	300	2	200	2	200	1	100
组合音响	2	300	2	300	2	300	1	200
电冰箱	2	240	2	240	1	140	1	140
洗衣机	1	350	1	350	1	350	1	350
电风扇	1	60	1	60	1	60	1	60
电熨斗	1	500	1	500	1	500	1	500
灯具	16	640	10	400	8	320	5	200
电饭煲	1	700	1	700	1	700	1	700
吸尘器	1	600	1	600	1	600	1	600
录像机	1	50	1	50	1	50	1	50
电炒锅	1	900	1	900	1	900	—	—
电烤箱	1	650	1	650	1	650	—	—
微波炉	1	950	1	950	1	950	—	—
通风机	1	100	1	100	1	100	1	100
电热水瓶	2	1400	1	700	1	700	—	—
电淋浴器	2	2800	1	1400	1	1400	1	1400
空调器	3	4500	2	3000	1	1500	—	—
计算机	1	350	1	350	1	350	—	—
合计(P_{Σ})		15390		11450		9770		4400

解 由表12-10算得的该住宅家用电器额定功率总和$P_{\Sigma}=15390W$，取平均功率因数$\cos\varphi=0.85$，取同期系数$K_{c}=0.5$，则

计算负荷 $P_{js}=K_{c}P_{\Sigma}=0.5\times15390=7695(W)$

计算电流 $I_{js}=\dfrac{P_{js}}{220\cos\varphi}=\dfrac{7695}{220\times0.85}=41(A)$

11. 不同住宅档次的主开关、电能表及进户线的选择

(1) 各类住宅用电计算负荷

根据我国目前的居住条件，一般把住宅分为4个档次：一档为别墅式二层住宅；二档为高级公寓；三档为80～120m² 住宅；四档为50～80m² 住宅。住宅档次在一定程度上代表了消费档次和家庭实际收入的差别，从而也决定了用电设备配置方面的差别。表12-10列出了不同住宅档次用电设备的数量，表12-11列出了不同档次住宅的计算负荷。

表12-11 各类住宅用电的计算负荷

住宅类别	一档住宅	二档住宅	三档住宅	四档住宅
计算负荷/kW	7.7	5.7	4.9	2.2

注：表中数值是按同期系数$K_{c}=0.5$计算出的。

(2) 不同档次住宅电气设备的选择

由表12-10可见，对于一档住宅，用电负荷为15390W，取平均功率因数$\cos\varphi=0.85$、同期系数$K_{c}=0.5$，则计算负荷为7695W，计算电流约为41A。所以可选用DD862-4型20(80)A电能表，进户线采用BV-3×25mm² 型导线。对于二档住宅，用电负荷为11450W，取$\cos\varphi=0.85$、$K_{c}=0.5$，则计算负荷为5725W，计算电流约为31A。所以可选用DD862-4型15(60)A电能表，进户线采用BV-3×16mm² 型导线。对于三档住宅，用电负荷为9770W，取$\cos\varphi=0.85$，$K_{c}=0.5$，则计算负荷为4885W，计算电流约为26A。所以可选用DD862-4型15(60)A电能表，进户线采用BV-3×16mm² 型导线。对于四档住宅，用电负荷为4400W，取$\cos\varphi=0.85$、$K_{c}=0.5$，则计算负荷为2200W，计算电流约为12A。所以可选用DD862-4型10(40)A电能表，进户线采用BV-3×10mm² 型导线。

另外，根据我国居住条件情况，对于居住面积为60～180m² 的两室一厅、两室两厅、三室两厅和四室两厅等住宅，也可参考表12-12的标准进行设计。

表12-12 不同户型用电负荷标准及电气设备选择

住宅户型	建筑面积/m²	用电负荷标准/kW	空调器数	主开关额定电流/A	电能表容量/A	进户线规格/mm²
四室两厅	100～140	7	3	40	20(80)	BV-3×25
三室两厅	85～100	6	3	32	15(60)	BV-3×16
两室两厅	70～85	5	2	25	15(60)	BV-3×16
两室一厅	55～65	4	1	20	10(40)	BV-3×10

表中的主开关可采用PX200C-50/2型低压断路器或HL30-100A/2P型隔离开关。

十三、仪器仪表

1. 电工仪表的误差计算

电工仪表的误差反映测量的准确度，常用绝对误差、相对误差和引用误差来表示仪表的测量误差。它们的计算公式如下。

（1）绝对误差

$$\Delta = A_x - A_o$$

式中　Δ——仪表的绝对误差；

A_x——仪表的指示值；

A_o——被测的实际值。

（2）相对误差

$$\gamma = \frac{\Delta}{A_o} \times 100\%$$

在工程中，通常以其绝对误差与仪表指示值 A_x 的百分比来表示，即

$$\gamma \approx \frac{\Delta}{A_x} \times 100\%$$

式中　γ——仪表的相对误差。

（3）引用误差（又称基准误差）

$$\gamma_m = \frac{\Delta}{A_m}$$

式中　γ_m——仪表的引用误差；

A_m——测量仪表的量程，即仪表的满刻度值。

（4）准确度计算

仪表在规定条件下工作时最大绝对误差 Δ_m 与仪表量程 A_m 之比称为测量的最大引用，可用下式计算：

$$\gamma_{m \cdot max} = \frac{\Delta_m}{A_m} \times 100\%$$

式中　$\gamma_{m \cdot max}$——仪表的最大引用误差；

Δ_m——仪表的最大绝对误差，$\Delta_m = \pm K\% A_m$；

A_m——仪表的量程；

K——仪表的准确度等级。

例如，某仪表的最大引用误差（基本误差）为±1.5%时，则该仪表的准确度级应为1.5级。

仪表的基本误差见表13-1。

表 13-1 仪表的基本误差

仪表准确度等级	0.1	0.2	0.3	1.0	1.5	2.5	5.0
基本误差/%	±0.1	±0.2	±0.3	±1.0	±1.5	±2.5	±5.0

【实例】 用准确度为2.5级，量程为500V的交流电压表测量370V的交流电压，试计算该仪表的绝对误差和相对误差。

解 已知 $K=2.5$，$A_m=500V$，$A_o=370V$，则

最大绝对误差为

$$\Delta_m=\pm K\%A_m=\pm 2.5\%\times 500=\pm 12.5(V)$$

相对误差为

$$\gamma=\frac{\Delta_m}{A_o}=\frac{\pm 12.5}{370}\times 100\%=\pm 3.4\%$$

由相对误差计算公式可知，其大小不仅与仪表的准确度等级 K 有关，也与仪表的量程有关，为了使被测量值更接近实际值（即相对误差更小），一般应选择测量仪表的量程应尽量使被测量值接近于满刻度值的2/3以上，至少也应使被测量值超过满刻度值的一半。

2. 直流电流表扩程计算

(1) 计算公式

为了扩大直流电流表的测量范围，可在直流电流表表头并联一分流电阻器，这个电阻器叫分流器，如图13-1所示。

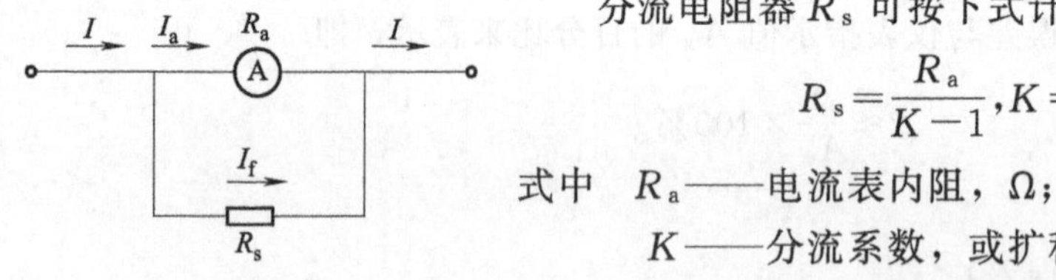

图 13-1 直流电流表分流电阻器接线图

分流电阻器 R_s 可按下式计算：

$$R_s=\frac{R_a}{K-1},K=\frac{I}{I_a}=\frac{R_a+R_s}{R_s}$$

式中 R_a——电流表内阻，Ω；

K——分流系数，或扩程系数；

I_a——通过动圈的电流，A；

I——欲改电流表的满刻度电流，A。

(2) 实例

已知有一表头内阻为1500Ω，满刻度电流为50μA，试问要使仪表满刻度电流为0.5A，应选多大的分流电阻器？

解 分流系数：

$$K=I/I_a=0.5/(50\times 10^{-6})=10000$$

分流电阻为

$$R_s=\frac{R_a}{K-1}=\frac{1500}{9999}\approx 0.15(\Omega)$$

3. 直流电压表扩程计算

(1) 计算公式

为了扩大直流电压表的测量范围，可在直流电压表表头串联一只附加电阻器，如图 13-2 所示。

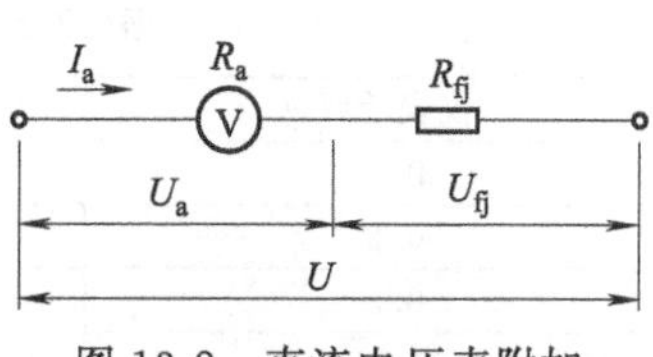

图 13-2 直流电压表附加电阻器接线图

附加电阻器 R_{fj} 可按下式计算：

$$R_{fj}=\frac{U_{fj}}{I_a}=\frac{U-U_a}{I_a}$$

式中 U_{fj}——附加电阻器上的电压降，V；

U——串联电阻值为 R_{fj} 时，电压表的满刻度电压值，V；

U_a——串联电阻值为 R_{fj} 时，表头上的电压降，V；

I_a——表头满刻度电流，A。

(2) 实例

有一 25mA 表头，本身量限为 150V，试求用该表头测量的最大电压为 500V 时的附加电阻值。

解 附加电阻值为

$$R_{fj}=\frac{U-U_a}{I_a}=\frac{500-150}{0.025}=14000(\Omega)$$

4. 交流电流表扩程计算

(1) 扩程方法

当被测交流电流数值较大（通常大于 100A 以上）时，可用电流互感器扩程，如图 13-3 所示。

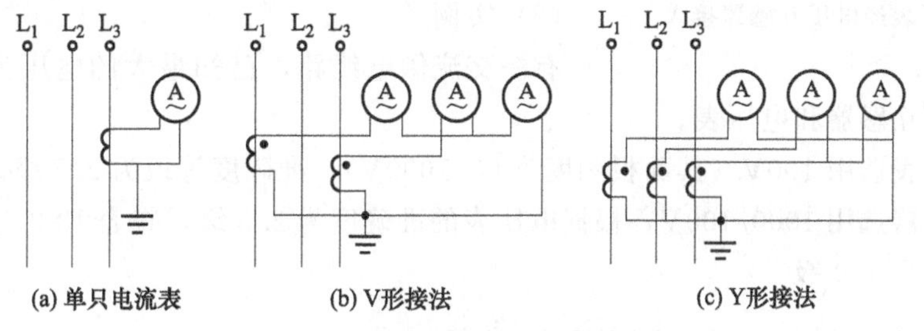

图 13-3 电流表经电流互感器接入

图 13-3 (a) 适用于三相负荷平衡线路。

图 13-3 (b) 适用于负荷平衡或不平衡的三相三线制线路。U 相电流由 U 相电流表指示；W 相电流由 W 相电流表指示；V 相电流表接在 U、W 相电流表连接点与两电流互感器连接点之间。由三相交流电路基本定律可知，电流 $\dot{I}_U+\dot{I}_V+\dot{I}_W=0$，$\dot{I}_U+\dot{I}_W=-\dot{I}_V$，可见此电流表指示值为 U 相和 W 相电流的相量和，即为 V 相电流值。

图 13-3 (c) 适用于有单相照明负荷时，负荷不平衡的三相四线制线路。

所用电流互感器一次绕组额定电流值按所需的扩大量限值选择，二次绕组额定电流值则应与现有电流表量限值相同。一般电流互感器二次绕组额定电流值均为 5A，因此配套使用的交流电流表量限也应为 5A。电流互感器的准确度应与电流表配套，见表 13-2。

(2) 实例

有一交流供电线路，已知最大负荷电流为 280A，试选择电流互感器和电流表。

表 13-2 仪表与扩大量限装置的配套使用准确度关系

仪表等级	分流器或附加电阻器等级	电压或电流互感器等级
0.1	不低于 0.05	—
0.2	不低于 0.1	—
0.5	不低于 0.2	0.2(加入更正值)
1.0	不低于 0.5	0.2(加入更正值)
1.5	不低于 0.5	0.5(加入更正值)
2.5	不低于 0.5	1.0
5.0	不低于 1.0	1.0

解 电流表选用 5A（其面板刻度为 0～300A），准确度等级为 2.5 级。

电流互感器选用 300/5A，根据电流表的准确度为 2.5 级，查表 13-2，应选用电流互感器的准确度为 1.0 级。

5. 交流电压表扩程计算

（1）扩程方法

当被测交流电压数值较大（通常大于 600V 以上）时，可用电压互感器扩程，如图 13-4 所示。

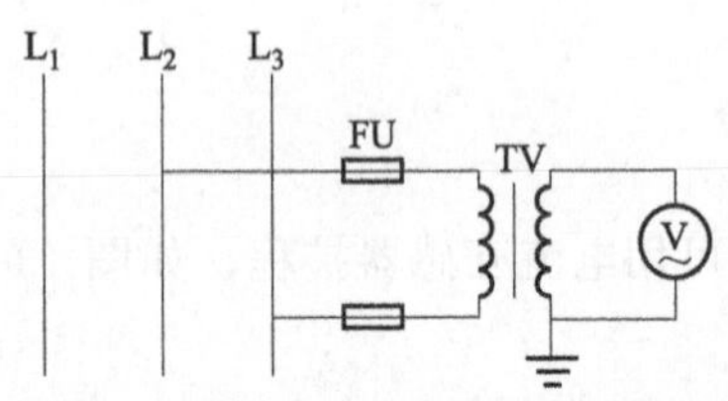

图 13-4 电压表经电压互感器接入

所用电压互感器一次绕组额定电压值按所需的扩大量限值选择，二次绕组额定电压值应与现有电压表量限值相同。一般电压互感器二次绕组额定电压值均为 100V，所以配套用的交流电压表量限也应为 100V。配套电压互感器的准确度要求见表 13-2。

（2）实例

有一交流供电线路，已知最大的电压为 900V，试选择合适的电压互感器和电压表。

解 电压表选用 100V（其面板刻度为 0～1000V），准确度等级为 2.5 级。

电压互感器选用 1000/100V，根据电压表的准确度为 2.5 级，查表 13-2，应选用电压互感器的准确度为 1.0 级。

6. 穿心式电流互感器变流比的计算

（1）计算公式

电流互感器在正常工作时，其一次、二次侧的磁动势基本保持平衡，可用公式 $\dot{I}_1N_1+\dot{I}_2N_2=\dot{I}_0N_1$ 表示。其中 $\dot{I}_0N_1$ 为励磁磁动势，由于 $\dot{I}_0N_1$ 值很小，故上式可近似写成（绝对值看）：

$$I_1N_1=I_2N_2,k=\frac{I_1}{I_2}=\frac{N_2}{N_1}$$

即一次安匝数等于二次安匝数。

式中 I_1——一次侧电流，A；

I_2——二次侧电流，A；

N_1——一次侧匝数；

N_2——二次侧匝数；

k——电流比。

实际上，为了将变流比和相位误差减少到最低限度，制造时必须采取一系列措施，如采用减匝补偿，采用磁分路和短路环等。

厂家制造时，对于一次侧穿绕式电流互感器，二次侧匝数 N_{2e}为定值，且铭牌标注二次侧额定电流 I_{2e}一般为 5A。额定电流比为

$$k_e=\frac{I_{1e}}{I_{2e}}=\frac{N_{2e}}{N_{1e}}$$

式中 I_{1e}——铭牌标注一次侧额定电流，A；

N_{1e}——铭牌标注一次侧穿绕匝数。

当一次侧实际穿绕匝数为 N_1'时，则实际电流比

$$k'=\frac{N_{2e}}{N_1'}$$

所以

$$\frac{k'}{k_e}=\frac{\frac{N_{2e}}{N_1'}}{\frac{N_{2e}}{N_{1e}}}=\frac{N_{1e}}{N_1'}$$

即实际电流比：

$$k'=\frac{N_{1e}}{N_1'}k_e$$

（2）实例

一只 LMZJ1-0.5 型电流互感器，铭牌标注一次侧穿绕匝数 $N_{1e}=3$，额定变流比 k_e 为 50/5A。

试问：

① 根据实际负荷和计量要求，若将一次侧穿绕匝数改为 $N_1'=5$ 匝，则实际电流比为多少？

② 如果一次侧实测负荷电流为 15A，为保证计量精度，一次侧应穿绕多少匝？

解 ① 将一次侧穿绕匝数改为 $N_1'=5$ 匝后，实际电流比为

$$k'=\frac{N_{1e}}{N_1'}k_e=\frac{3}{5}\times\frac{50}{5}=\frac{30}{5}$$

② 当实际负荷电流为 15A 时，由于 $k'=\frac{15}{5}$，$N_{1e}=3$，$k_e=\frac{50}{5}$，故实际应穿绕匝数为

$$N_1'=\frac{k_e}{k'}N_{1e}=\frac{\frac{50}{5}}{\frac{15}{5}}\times 3=10(\text{匝})$$

7. 直流电流表连接导线截面积的选择

（1）计算公式

直流电流表的接线如图 13-5 所示。图中，R_t 为温度补偿电阻，R_a 为电流表（检流计）电阻，R_1 为连接导线（电缆）电阻。连接导线（电缆）截面积 S 按下式计算：

$$S=2\rho L/R_{10}$$

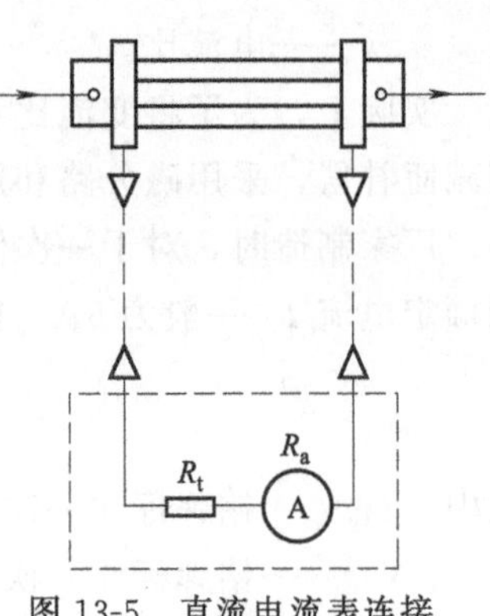

图 13-5 直流电流表连接

式中 S——连接导线截面积，mm^2；

ρ——导线芯材料电阻率，$\Omega \cdot mm^2/m$；

L——分流器至表计的距离，m；

R_{10}——基准温度 t_0 时，连接导线的电阻（Ω），

$$R_{10}=\frac{\delta \times 10^{-2} R_n (T-t_0)}{t_1-t_2};$$

δ——仪表铭牌精度等级；

R_n——仪表内阻，Ω；

t_0——基准温度（℃），一般取 20℃；

t_1，t_2——连接导线周围环境温度的上限和下限，℃；

T——温度常数，铜芯为 234.5℃；铝芯为 225℃。

(2) 实例

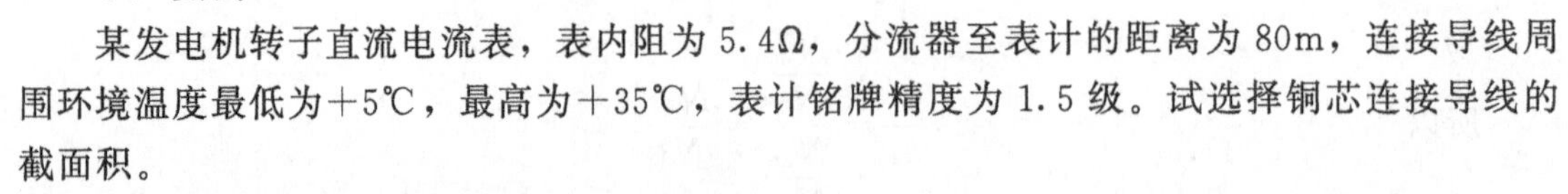

某发电机转子直流电流表，表内阻为 5.4Ω，分流器至表计的距离为 80m，连接导线周围环境温度最低为+5℃，最高为+35℃，表计铭牌精度为 1.5 级。试选择铜芯连接导线的截面积。

解 基准温度 20℃时连接导线的电阻值为

$$R_{10}=\frac{0.015\times 5.4\times (234.5-20)}{35-5}=0.58(\Omega)$$

导线截面积为：

$$S=0.0184\times \frac{2\times 80}{0.58}=5.08(mm^2)$$

取标称截面积为 $6mm^2$ 的铜芯导线（电缆）。

8. 电流表更改刻度的计算

(1) 计算公式

凡与电流互感器配套使用的电流表，其额定电流均为 5A，而刻度板上的量程等于 5A 乘以该表所配电流互感器的变比之积。据此，可以得到电流表更改刻度的计算公式为

$$A'=\frac{AK'_{TA}}{K_{TA}}$$

式中 A——电流表的原刻度值；

A'——电流表更改后的刻度值；

K_{TA}——电流表原配套的电流互感器变比；

K'_{TA}——实际使用的电流互感器变比。

(2) 实例

有一只与 150/5A 电流互感器配套使用的电流表，现要改用在 100/5A 的电流互感器上，试更改刻度。

解

$$A'=\frac{AK'_{TA}}{K_{TA}}=\frac{20A}{30}=\frac{2A}{3}$$

依据上式分别计算改后刻度值，如表 13-3 所示。

表 13-3　电流表原刻度值与改后刻度值对照表

原刻度值 A	0	37.5	75	112.5	150
改后刻度值 A'	0	25	50	75	100

9. 电压表更改刻度的计算

（1）计算公式

凡与电压互感器配套使用的电压表，其额定电压均为 100V，而刻度板上的量程等于 100V 乘以该表所配电压互感器的变比之积。因此，电压表更改刻度的计算公式和电流表的相同，只是将公式中的 K_{TA} 和 K'_{TA} 分别改为 K_{TV} 和 K'_{TV}，即

$$A'=\frac{AK'_{TV}}{K_{TV}}$$

式中　A——电压表的原刻度值；

A'——电压表更改后的刻度值；

K_{TV}——电压表原配套的电压互感器变比；

K'_{TV}——实际使用的电压互感器变比。

（2）实例

有一只与 6000/100V 电压互感器配套使用的电压表，现要改用在 10000/100V 的电压互感器上，试更改刻度。

解

$$A'=\frac{AK'_{TV}}{K_{TV}}=\frac{100A}{60}=\frac{5A}{3}$$

依据上式分别计算改后刻度值，如表 13-4 所示。

表 13-4　电压表原刻度值与改后刻度值对照表

原刻度值 A	0	1500	3000	4500	6000
改后刻度值 A'	0	2500	5000	7500	10000

10. 功率表更改刻度的计算

（1）计算公式

$$A'=\frac{AK'_{TA}K'_{TV}}{K_{TA}K_{TV}}$$

式中　A——功率表原刻度值；

A'——功率表更改后的刻度值；

K_{TA}——功率表原配套的电流互感器变比；

K_{TV}——功率表原配套的电压互感器变比；

K'_{TA}——实际使用的电流互感器变比；

K'_{TV}——实际使用的电压互感器变比。

（2）实例

有一只与 6000/100V 电压互感器和 50/5A 电流互感器配套使用的有功功率表，现要改用在 10000/100V 电压互感器和 25/5A 电流互感器上，试更改刻度。

解

$$A'=\frac{AK'_{TA}K'_{TV}}{K_{TA}K_{TV}}=\frac{100\times5}{60\times10}A=\frac{5}{6}A$$

依据上式分别计算改后刻度值，如表 13-5 所示。

表 13-5　功率表原刻度值与改后刻度值对照表

原刻度值/kW	0	60	120	180	240	300
改后刻度值/kW	0	50	100	150	200	250

11. 动圈式温控仪外接电阻器的计算

(1) 计算公式

动圈式温控仪常用于电炉温度测量与控制。电炉温度测量、控制精度与外接热电偶及外接导线有直接关系。测量回路的总电阻值应为

$$R=R_B+R_J+R_r$$

式中　R——测量回路的总电阻值，Ω；

R_B——动圈式仪表的内阻值，Ω；

R_J——补偿导线电阻值，Ω；

R_r——热电偶电阻值，Ω。

只有在总的电阻值保持一定的情况下，所测得的温度值才能准确。在仪表刻度盘左上角标有应配接的外接电阻值（R_0），如 15Ω、5Ω 等。

外接电阻器的阻值可按下式自行配制：

$$R_W=R_0-(R_r+R_J+R_C)$$

式中　R_W——外接调整电阻值，Ω；

R_0——仪表要求规定电阻值，Ω；

R_C——铜导线电阻值，Ω。

(2) 实例

有一只 XCT-101 型动圈式温度仪，表面标尺左上角标有 $R_0=15\Omega$，实测常温下的 $R_r=1\Omega$，$R_J=0.4\Omega$，$R_C=0.1\Omega$，试求外接调整电阻器的阻值。

解　外接调整电阻器的阻值为

$$R_W=R_0-(R_r+R_J+R_C)$$
$$=15-(1+0.4+0.1)=13.5(\Omega)$$

具体制作：可用细漆包线在圆胶木骨架上缠绕，当阻值达到 13.5Ω 时将两端引出线固定，浸漆烘干后即可使用。零位无指示。

注意：外接导线与仪表、热电偶之间的接头必须连接可靠，尽量减少人为造成的接触电阻。

当检测回路的总阻值小于仪表规定值时，仪表指示值会偏高；反之，指示值会偏低。

12. 用两功率表法测量三相有功功率的计算

【实例】　用两功率表法测量三相有功功率，接线如图 13-6 所示。已知两只 0.5 级功率表的额定电压 U_e 为 150V，额定电流 I_e 为 5A，满量程分格数 α_e 为 150 分格。W_1 表指示分格数 α_1 为 60 分格，W_2 表指示分格数 α_2 为 110 分格。试求三相有功功率。

解　三相有功功率为

$$P=P_1+P_2=\frac{U_eI_e\alpha_1}{\alpha_e}+\frac{U_eI_e\alpha_2}{\alpha_e}$$

$$=\frac{U_e I_e(\alpha_1+\alpha_2)}{\alpha_e}=\frac{150\times5\times(6+110)}{150}=850(\mathrm{kW})$$

如果两表均接有变比为 $K_{TA}=200/5=40$ 的电流互感器和变比为 $K_{TV}=10000/100=100$ 的电压互感器，则三相有功功率为

$$P=\frac{K_{TA}K_{TV}U_e I_e(\alpha_1+\alpha_2)}{\alpha_e}=40\times100\times850=3400000(\mathrm{W})$$

$$=3400(\mathrm{kW})$$

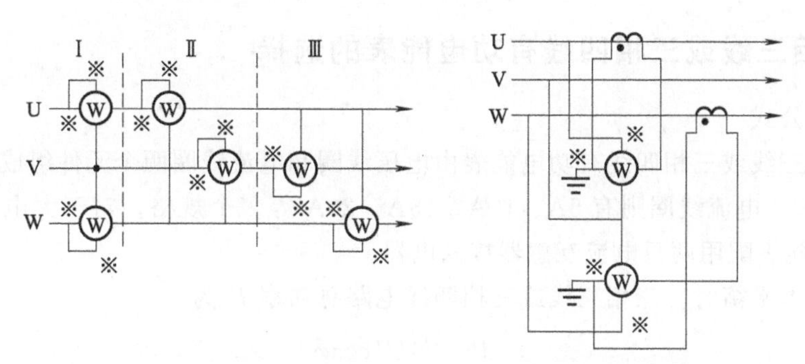

图 13-6　两功率表法测量三相有功功率的接线

13. 住宅电能表的选择

(1) 选择步骤及相关计算

住宅电能表的选择应根据家庭用电量大小并充分考虑今后用电量增加的因素确定。具体选择步骤如下。

第一步，计算总用电负荷 P_Σ。将用户所有家用电器的额定功率相加，并考虑今后用电余裕。

第二步，按以下公式求出计算负荷：

$$P_{js}=K_c P_\Sigma$$

式中　P_{js}——家用电器的计算负荷，kW；

P_Σ——家用电器总用电负荷，kW；

K_c——同期系数，0.4～0.6，家用电器越多，取值越小。

第三步，按下式求出计算电流：

$$I_{js}=\frac{P_{js}}{220\cos\varphi}$$

式中　I_{js}——计算电流，A；

$\cos\varphi$——家用电器平均功率因数，可取 0.85。

第四步，按下式选择电能表的最大电流：

$$I_{max}\geqslant I_{js}$$

式中　I_{max}——电能表最大电流，A。

(2) 实例

某用户总用电负荷 P_Σ 为 9770W，试据此选用电能表。

解　取 $\cos\varphi=0.85$，$K_c=0.5$，则

计算负荷为 $P_{js}=K_cP_{\Sigma}=0.5\times9770=4885(W)$

计算电流为 $I_{js}=\dfrac{P_{js}}{220\cos\varphi}=\dfrac{4885}{220\times0.85}=26.12(A)$

所以可选用 DD21-S 型 10（40）A 电子式电能表或 DD862-4 型 15（60）A 机械式电能表。

也可以根据不同住宅档次直接选择电能表。我国城乡各档次住宅总用电负荷标准及电能表等用电设备选择见表 12-12。

14. 三相三线或三相四线有功电能表的选择

(1) 计算公式

低压三相三线或三相四线有功电能表由电压线圈和电流线圈两个元件组成。电压线圈额定值均为 380V；电流线圈则有 5A、10A、15A、20A 等多个规格。对于大电流的电路，可用一只 5A 电能表配用两只电流互感器接入电器。

当负荷基本平衡时，三相三线或三相四线电路总功率 P 为

$$P=\sqrt{3}UI\cos\varphi$$

式中 U，I——线电压（V）和线电流（A）；

$\cos\varphi$——功率因数，对于一般低压动力线路，$\cos\varphi$ 为 0.7～0.8。

因此，按上式可求出三相三线或三相四线电路每千瓦的电流数（设 $\cos\varphi=0.75$、$U=380V$）为

$$I=\frac{P}{\sqrt{3}U\cos\varphi}=\frac{1000}{\sqrt{3}\times380\times0.75}\approx2(A)$$

即低压动力线路，每千瓦的电流值约为 2A。若 $\cos\varphi=0.8$，则为 1.9A；若 $\cos\varphi=0.85$，则为 1.8A。记住此基准数据就可以估算出每只电能表所能承接的负荷或由线路负荷的大小来选配适合的电能表。

(2) 实例

某三相三线制动力线路负荷功率为 8.5kW，功率因数为 0.75，试选择有功电能表。

解 按线路的每千瓦电流数为 2A，则 $8.5\times2=17(A)$，可选用 DS862-4 型 5（20）A 的三相三线有功电能表。

15. 三相三线或三相四线无功电能表的选择

(1) 计算公式

根据无功功率计算公式 $Q=\sqrt{3}UI\sin\varphi(\text{kvar})$，设 $\cos\varphi=0.7\sim0.8$，则 $\sin\varphi=0.7\sim0.6$。

设 $\cos\varphi=0.75$、$U=380V$，则 $\sin\varphi=0.66$，按无功功率的计算公式可以求出每千乏的电流数：

$$I=\frac{Q}{\sqrt{3}U\sin\varphi}=\frac{1000}{\sqrt{3}\times380\times0.66}=2.3(A)$$

即低压动力线路，每千乏的电流值约为 2.3A。按此基准数据，即可由线路负荷大小选择无功电能表。

(2) 实例

某三相三线制动力线路负荷为20kvar，功率因数为0.75，试选择无功电能表。

解 按线路每千乏的电流值为2.3A，则线路电流为

$$20\times2.3=46(\mathrm{A})$$

可选择DX861-4型15（60）A的三相三线无功电能表。

16. 电能表与互感器合成倍率的计算

(1) 计算公式

当线路配备的电压互感器、电流互感器的比率与电能表铭牌上标注的不同时，可用下式计算合成倍率（或称实用倍率）K：

$$K=\frac{K_{\mathrm{TA}}K_{\mathrm{TV}}K_{\mathrm{j}}}{K_{\mathrm{TAe}}K_{\mathrm{TVe}}}$$

式中 K_{TA}，K_{TV}——实际使用的电流互感器和电压互感器的变比；

K_{TAe}，K_{TVe}——电能表铭牌上标注的电流互感器和电压互感器的变比；

K_{j}——计能器倍率，即读数盘方框上标注的倍数。

对于经万用互感器接入和直接接入的电能表，因其铭牌上没有标注电流互感器、电压互感器的额定变比，其$K_{\mathrm{TAe}}=K_{\mathrm{TVe}}=1$。对于没有标注计能器倍率的电能表，其$K_{\mathrm{j}}=1$。

(2) 实例

有一只3×5A、3×100V三相三线有功电能表，现经200/5A的电流互感器和6000/100V的电压互感器计量，试求合成倍率。

解 合成倍率

$$K=\frac{(6000/100)\times(200/5)\times1}{1\times1}=2400$$

17. 电能表所测电能的计算

(1) 计算公式

某时间段内电能表测得的电能A可按下式计算：

$$A=(A_2-A_1)K$$

式中 A_1，A_2——前一次和后一次抄表时表的示数，kW·h；

K——合成倍率。

若后一次抄表示数小于前次抄表示数（电能表反转除外），说明计数器各位字轮的示值都已超过9，这时测得的电量为

$$A=[(10^n+A_2)-A_1]K$$

式中 n——整数位的窗口数。

(2) 实例

一只三相有功电能表有四位黑色窗口和一位红色窗口，前一次表的示数为8235.4kW·h，后一次表的示数为153.6kW·h，电能表始终正转，合成倍率K为2400，试求电能表测得的电能。

解 从题意看，各位字轮的示值已超过9的数字，根据$A_1=8235.4\mathrm{kW\cdot h}$，$A_2=153.6\mathrm{kW\cdot h}$，$K=2400$，$n=4$，故所测得的电能为

$$A=[(10^n+A_2)-A_1]K$$
$$=[(10^4+153.6)-8235.4]\times 2400$$
$$=4603680(\text{kW}\cdot\text{h})$$

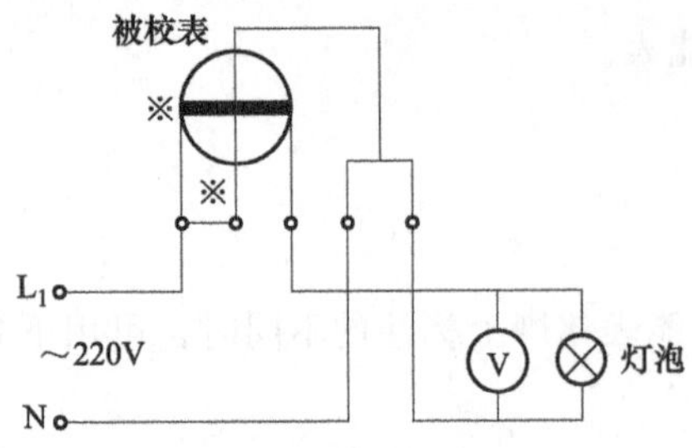

图 13-7 单相电能表校验接线图

18. 电能表误差的测算

(1) 计算公式

单相电能表的校验应与标准单相电能表进行比较。当没有配置标准单相电能表时，可按以下方法简易校验。该方法需配置一只电压表、一只秒表和一只已知功率的灯泡，即可进行。校验接线如图 13-7 所示。

电能表铝盘转几圈所需理论时间可按下式计算：

$$t_e=\frac{3600n}{KP_e}\left(\frac{U_e}{U}\right)^2$$

式中 t_e——铝盘转 n 圈所需理论时间，s；

K——电能表常数，r/(kW·h)；

P_e——灯泡铭牌功率，kW；

U_e——灯泡额定电压，220V；

U——校验时灯泡两端的实际电压，V。

电能表误差 γ 为

$$\gamma=\frac{t_e-t}{t}\times 100\%$$

式中 t——实际检测时间，s。

(2) 注意事项

为了保证测量精度，要求：

① n 取不少于 3 圈的整数；

② 重复测几次，取其平均值；

③ 测量期间灯泡端电压应稳定，若用稳压器稳压则更好。

该误差小于国家规定的允许误差（±2%）为合格。

标准电能表的常数、负荷与铝盘每转一周所需的时间，见表 13-6。此表可供校验电能表时使用。例如，电能表两端所加电压为 220V，电能表常数 K 为 125000，当负荷为 25W 时，从表 13-6 中可查得电能表铝盘每转一圈的理论时间为 11.52s。

(3) 实例

用一只 100W 的灯泡作负荷，校验某单相电能表。已知电能表常数为 1500r/kW·h。校验时，灯泡端电压为 230V，用秒表 4 次测得电能表转 5 圈所用平均时间为 99s。求该电能表误差。

解 由题意，$n=5$，$U=230\text{V}$，$P_e=0.1\text{kW}$，$K=1500\text{r/(kW}\cdot\text{h)}$

$$t_e=\frac{3600n}{KP_e}\left(\frac{U_e}{U}\right)^2=\frac{3600\times 5}{1500\times 0.1}\times\left(\frac{220}{230}\right)^2=109.79(\text{s})$$

电能表误差为

$$\gamma=\frac{t_e-t}{t}=\frac{109.79-99}{99}=0.109=10.9\%>2\%$$

故此表不合格。

表 13-6 标准电能表的常数、负荷与铝盘每转一周所需的时间

铝盘每转一周时间/s　负荷/W 电能表常数	25	40	60	100
12500	11.52	7.20	4.80	2.88
6750	21.32	13.33	8.88	5.33
5000	28.80	18	12	7.20
4800	30	18.75	12.50	7.50
3600	40	25	16.83	10
2500	57.60	36	24	14.40
2400	60	37.50	25	15
2000	72	45	30	18
1800	80	50	33.33	20
1500	96	60	40	24
1250	115.20	72	48	28.80
1200	120	75	50	30
1000	144	90	60	36
480	300	187.50	125	75

19. 因电能表潜动过大需退补用户电能的计算

(1) 计算公式

交流电能表潜动，是指当电能表电压线圈加上一定的电压时，在负荷电流等于零的条件下，电能表仍然转动的现象。

国家对电能表潜动的规定为：当电能表电压线圈为 80%～110%的额定电压，且负荷电流等于零时，如果在 10min 之内电能表转盘转动不超过 1 整圈，可以认为该电能表潜动符合要求。

如果潜动超出标准中规定的范围，供电部门和用户之间就会出现电能的退或补的问题。如正潜动，就会出现用户未用电而电能表显示消耗电能的现象，给用户造成损失；如反潜动，就会给供电部门造成损失。因此，供电部门与用户共同确认电能表有潜动后，需计算应退补的电能 ΔA 的数量。可按下式计算：

$$\Delta A=\frac{(24-T)\times 3600t}{C}K_{TA}$$

式中 ΔA——退补电能量（正潜动为退还，反潜动为补交，kW·h）；

T——每日实际用电时间，h；

C——电能表常数（电能表内有此标注）；

t——表盘每转潜动时间，s；

K_{TA}——电流互感器变比。

(2) 实例

某用户的单相电能表属正潜动，表盘每转潜动时间为 0.0167s（即每分钟表盘转 1 圈），已知电能表常数为 3000r/(kW·h)，每日实际用电时间为 8h。电能表通过 50/5A 的电流互感器接入。试计算退补电能量。

解 由于是正潜动，所以计算电能量应为退还电能量。

$$\Delta A=\frac{(24-8)\times 3600\times 0.0167}{3000}\times 10=3.21(\text{kW}\cdot\text{h})$$

20. 两只单相有功电能表测算功率因数的计算

(1) 计算公式

① 三相三线制用两只单相有功电能表测算功率因数接线如图 13-8（a）所示。三相三线制中各线电压、相电压、相电流的相量关系如图 13-8（b）所示。

由相量图可知：三相有功功率 P 为两只单相有功功率表示值 P_1、P_2 之和，即

$$P=P_1+P_2$$

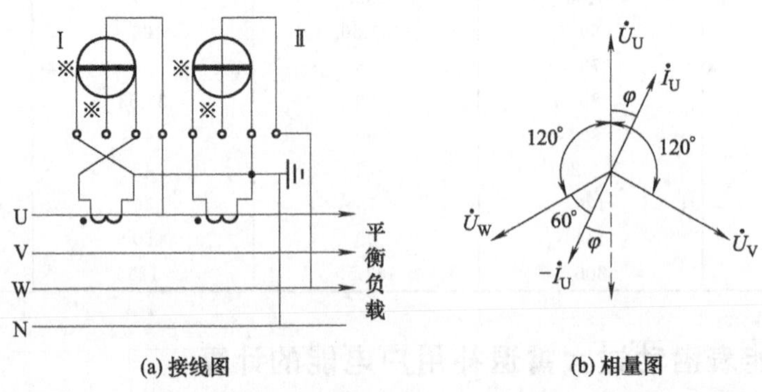

(a) 接线图　　(b) 相量图

图 13-8　用两只单相有功电能表测算 cosφ 的接线（三相三线制）

三相无功功率计算如下：

因为 $P_2-P_1=U_{WV}I_W\cos(30°-\varphi)-U_{UV}I_U\cos(30°+\varphi)$

$=UI[\cos(30°-\varphi)-\cos(30°+\varphi)]$

$=UI\sin\varphi$

所以 $Q=\sqrt{3}UI\sin\varphi=\sqrt{3}(P_2-P_1)$

即三相无功功率 Q 等于两功率表指示值 P_1、P_2 之差的$\sqrt{3}$倍。

因此 $\cos\varphi=\dfrac{P}{\sqrt{P^2+Q^2}}=\dfrac{P_1+P_2}{\sqrt{(P_1+P_2)^2+[\sqrt{3}(P_2-P_1)]^2}}$

注意：当 $\varphi>60°$时，表示 P_2 的电能表反转，上式的 P_2 为负值代入。

② 三相四线制用两只单相有功电能表测算功率因数的电能表接线如图 13-9（a）所示。画出三相四线制接线的相量图如图 13-9（b）所示。由相量图可知，三相有功功率按下式计算：

$$P_1=K_{TA}U_UI_U\cos\varphi$$

$$P_2=K_{TA}U_WI_U\cos(60°-\varphi)$$

$$=K_{TA}U_UI_U\left(\frac{1}{2}\cos\varphi+\frac{\sqrt{3}}{2}\sin\varphi\right)$$

$$2P_2=K_{TA}U_UI_U(\cos\varphi+\sqrt{3}\sin\varphi)$$

三相无功功率：

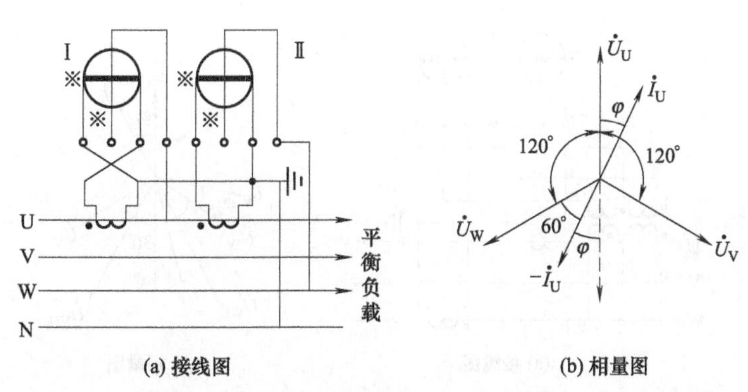

图 13-9 用两只单相有功电能表测算 $\cos\varphi$ 的接线（三相四线制）

$$Q=\sqrt{3}K_{TA}UI\sin\varphi=2P_2-P_1$$

故

$$\frac{2P_2-P_1}{\sqrt{3}P_1}=\frac{\sqrt{3}K_{TA}UI\sin\varphi}{\sqrt{3}K_{TA}UI\cos\varphi}=\tan\varphi$$

由上式可知，当知道 P_1、P_2 值后，便可算出 $\tan\varphi$，从而求得 $\cos\varphi$ 值。

注意：当 $\varphi>30°$时，表示 P_2 的电能表反转，P_2 为负值，上式中 P_2 取负号。

(2) 实例

按图 13-9 接线并测定某负荷的功率因数。测试数据如下：表 P_1 铝盘转动 12 圈，走时 18s；表 P_2 铝盘转动 8 圈，走时 18s。已知电能表常数 K 为 2500r/kW·h，电流互感器的变比 K_{TA}为 100/5。

解 $P_1=\frac{3.6nK_{TA}}{Kt}\times10^6=\frac{3.6\times12\times20}{2500\times18}\times10^6$

$=19200\ (\text{W})=19.2\ (\text{kW})$

$$P_2=\frac{3.6\times8\times20}{2500\times18}\times10^6=12800\ (\text{W})=12.8\ (\text{kW})$$

所以 $\tan\varphi=\frac{2P_2-P_1}{\sqrt{3}P_1}=\frac{2\times12.8-19.2}{\sqrt{3}\times19.2}=0.193$

由此得 $\cos\varphi=0.982$

21. 因三相有功电能表接线错误导致更正用电量计算之一

电能表接线错误会引起电能计量错误，由此用户需追加或退回的用电量可通过计算得出。

【实例】 设有一只两元件的三相有功电能表，电压回路 UV 相接错，U 相电流互感器二次侧反接，如图 13-10 (a) 所示。试分析由此需追加或退回的用电量。

解 ① 画出错误接线的相量图，如图 13-10 (b) 所示。

② 由相量图可知：

$$P_1=U_{VU}I_U\cos(30°+\varphi)$$

$$P_2=U_{WU}I_W\cos(30°+\varphi)$$

错误接线的电能表应追加或退回的用电量 P_h 为（为方便起见，用功率分析）

$$P_h=P_1+P_2=U_{VU}I_U\cos(30°+\varphi)+U_{WU}I_W\cos(30°+\varphi)$$

当三相电压对称，负荷电流平衡时

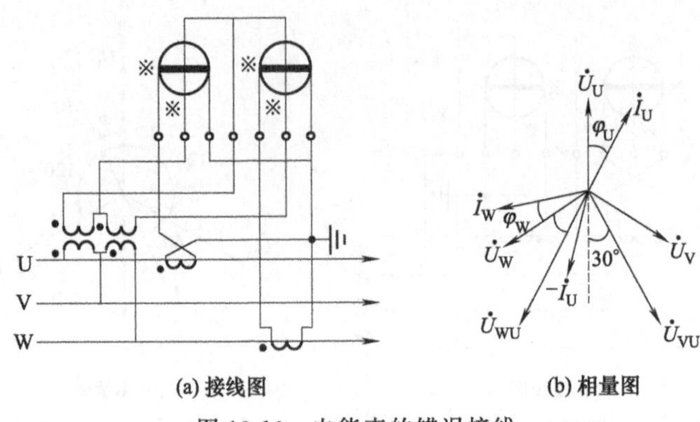

(a) 接线图　　(b) 相量图

图 13-10　电能表的错误接线

$$P_h = UI(\sqrt{3}\cos\varphi - \sin\varphi)$$

正确的用电量应该为

$$P = \sqrt{3}UI\cos\varphi$$

所以应追加或退回的用电量的更正率为

$$\varepsilon_p = \frac{P}{P_h} - 1 = \frac{\sqrt{3}UI\cos\varphi}{UI(\sqrt{3}\cos\varphi - \sin\varphi)} - 1$$

$$= \frac{\sqrt{3}}{\sqrt{3} - \tan\varphi} - 1$$

22. 因三相有功电能表接线错误导致更正用电量计算之二

【实例】 设有一只两元件的三相有功电能表，电压互感器二次侧 U_{UV} 反接如图 13-11 (a) 所示。试分析计量结果和更正用电量。

解 ① 画出错误接线相量图，如图 13-11（b）所示。

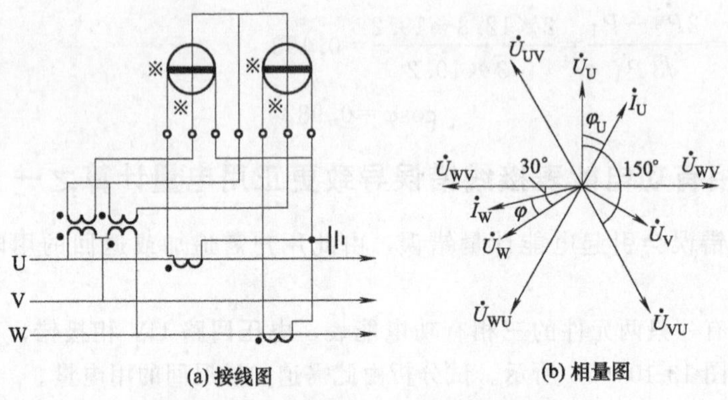

(a) 接线图　　(b) 相量图

图 13-11　电能表 U_{UV} 反接的错误接线

② 由相量图可知，三相的有功功率：

$$P_1 = U_{VU}I_U\cos(150° - \varphi)$$

$$P_2 = U_{WV}I_W\cos(30° - \varphi)$$

当负荷对称时，由错误接线导致的应追加的用电量 P_h 为

$$P_h = P_1 + P_2$$
$$= U_{VU} I_U \cos(150° - \varphi) + U_{WV} I_W \cos(30° - \varphi)$$
$$= UI(2\sin 30° \sin\varphi) = UI\sin\varphi$$

说明该电能表指示值为无功电能。

应追加用电量的更正率为

$$\varepsilon_p = \frac{\sqrt{3}UI\cos\varphi}{UI\sin\varphi} - 1 = \frac{\sqrt{3}}{\tan\varphi} - 1$$

其他各种错误接线方式均可按上述相量分析法加以解决。

对于用电量的更正率公式

$$\varepsilon_p = \frac{P}{P_h} - 1$$

也可用下式表示：

实际用电量 $P = (1+\varepsilon_p) \times$（错误接线所计量的电量 P_h）

P_h 即为抄表时本月用电量与上月用电量之差。

当 $\varepsilon_p > 0$，电能表正转，即 $P > P_h$，少计量，应追加用电量。

当 $-1 < \varepsilon_p < 0$，电能表正转，即 $P < P_h$，多计量，应退回用电量。

当 $\varepsilon_p < -1$，说明电能表反转，应追加用电量。

23. 因三相有功电能表和三相无功电能表接线错误导致更正用电量计算之一

【实例】 某厂供电线路接有有功电能表和无功电能表，在更换电流互感器及电能表时，将 W 相电流互感器变比由 75/5 错接成 100/5，且 U 相电流反极性接入电能表的 W 相回路、W 相电流接入电能表的 U 相回路，如图 13-12（a）所示。三相三线有功电能表采用 DS15 型，三相三线无功电能表采用 DX8 型（60°内相角）。供电部门计费倍率为 75/5＝15。错接

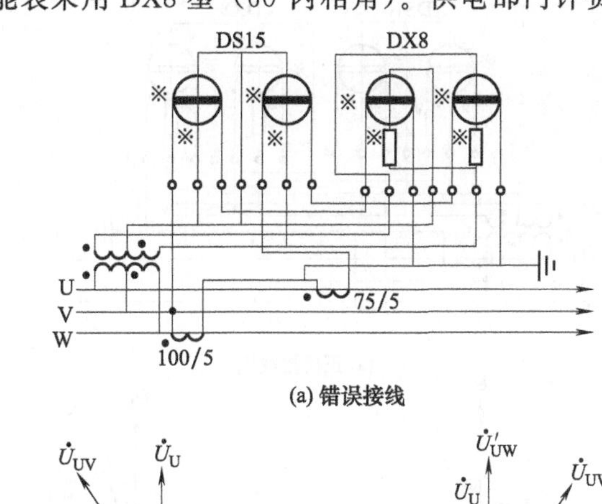

(a) 错误接线

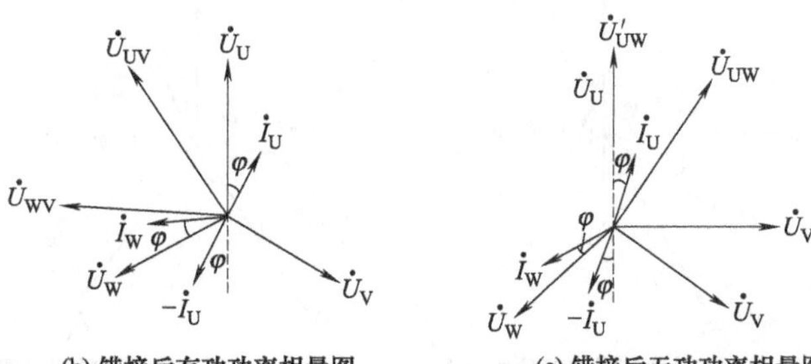

(b) 错接后有功功率相量图 (c) 错接后无功功率相量图

图 13-12 电流互感器、电能表错误接线及相应相量图

期间，有功电能表为 200kW·h、无功电能表为 360kvar·h（反转）。请问如何纠正用电量计费？

解 画出错误接线后各电量的相量图，如图 13-12（b）、（c）所示。

由于 U、W 两相电流互感器的变比不同，两只互感器二次侧电流也不同，设变比为 75/5 的电流互感器 U 相二次侧电流为 1，则变比为 100/5 的电流互感器 W 相二次侧电流为 0.75。

由相量图可知：

有功功率 $P_h=P_1+P_2=U_{UV}I_W\times0.75\cos(90°-\varphi)+U_{WV}I_U\cos(90°-\varphi)$

$=1.75UI\sin\varphi\approx\sqrt{3}UI\sin\varphi$

无功功率 $Q_h=Q_1+Q_2=U_{VW}I_W\times0.75\cos(180°-\varphi)+U_{UW}I_{UW}\cos(180°+\varphi)$

$=-1.75UI\cos\varphi\approx-\sqrt{3}UI\cos\varphi$

可见，错接后，有功电能表计量了无功电能，而无功电能表倒转计量了有功电能。错接期间：

有功电量 $P_h=360\times75/5=5400(\text{kW}\cdot\text{h})$

无功电量 $Q_h=200\times75/5=3000(\text{kvar}\cdot\text{h})$

$\tan\varphi=Q_h/P_h=3000/5400=0.556$

$\varphi=29°$

功率因数 $\cos\varphi=0.87$

可据此重新计算电费。

24. 因三相有功电能表和三相无功电能表接线错误导致更正用电量计算之二

【实例】 某厂供电线路接有有功电能表和无功电能表，正确接线如图 13-13（a）所示。

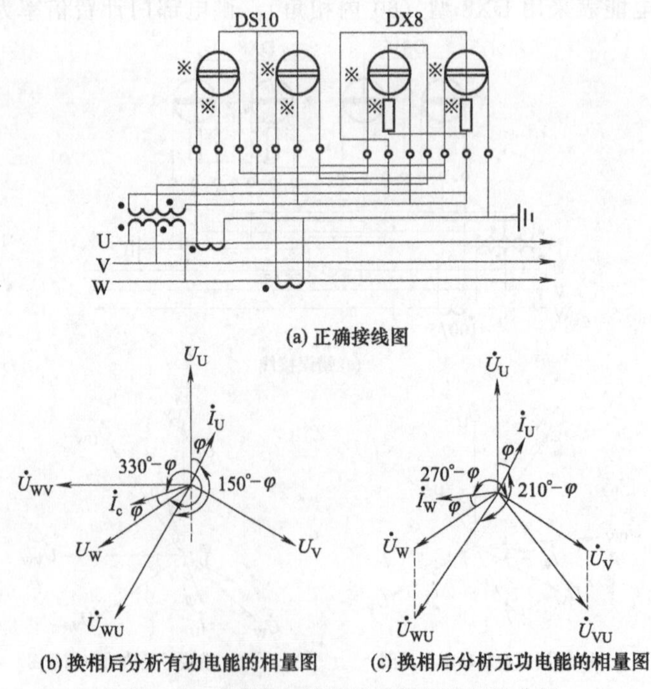

(a) 正确接线图

(b) 换相后分析有功电能的相量图　　(c) 换相后分析无功电能的相量图

图 13-13 电能表正确接线及换相后相量分析

三相三线有功电能表采用 DS10 型，三相三线无功电能表采用 DX8 型（60°内相角）。如果供电线路因检修而将 U、W 两相接反，则会出现什么现象？如何计算追加用电量的更正率？

解 ① 画出 U、W 两相错接后有功电能分析的相量图如图 13-13（b）所示。由图可知换相后有功电能表的用电量 P_h 为

$$P_h=P_1+P_2=U_{WU}I_W\cos(330°+\varphi)+U_{WU}I_U\cos(150°-\varphi)=\sqrt{3}UI\cos\varphi$$

可见与正确接线时相同。

② 画出换相后无功电能分析相量图如图 13-13（c）所示。由图可知，换相后无功电能表的用电量 Q_h 为

$$Q_h=Q_1+Q_2=U_{VW}I_W\cos(270°-30°-\varphi)+U_{WU}I_U\cos(210°-30°-\varphi)$$

$$=UI\left(-\frac{3}{2}\cos\varphi-\frac{\sqrt{3}}{2}\sin\varphi\right)$$

可见，换相后不论负荷情况如何，无功电能表均反转。所以应追加无功电能的用电量。更正率为

$$\varepsilon_q=\frac{Q}{Q_h}-1=\frac{\sqrt{3}UI\sin\varphi}{UI\left(-\frac{3}{2}\cos\varphi-\frac{\sqrt{3}}{2}\sin\varphi\right)}-1$$

$$=\frac{-2\sqrt{3}}{3\cot\varphi+\sqrt{3}}-1$$

25. 因三相三元件电能表电压回路断路导致更正用电量的计算

（1）计算公式

如电能表 U 相电压接线端断路，则

$$U_{U0}=0,P_1=0$$

$$P_2=\frac{1}{2}\sqrt{3}U_{V0}I_V\cos\varphi$$

$$P_3=\frac{1}{2}\sqrt{3}U_{W0}I_W\cos\varphi$$

当 $U_{V0}=U_{W0}=U_x$，$I_V=I_W=I$ 时，

$$P=P_1+P_2+P_3=\sqrt{3}U_xI\cos\varphi$$

更正率

$$\varepsilon_p=\frac{\sqrt{3}UI\cos\varphi}{\sqrt{3}U_xI\cos\varphi}-1=\sqrt{3}-1$$

式中，U_x 表示相电压，U 表示线电压，$U=\sqrt{3}U_x$。

用同样方法可以分析出 V 相或 W 相电压回路断路时的情况，其结果如下：三相四线电能表不接中性线时，不管哪一相电压回路断路，其更正率均为 $\varepsilon_p=\sqrt{3}-1$。

（2）实例

某用户在电能表检查时发现，所用的三相四线总电能表没有接中性线，且 V 相电压断路。已知该表在这种情况下运行了三个月，电能表三个月实际用电量 A 为 15000kW·h。请问应再追补多少用电量？

解 根据上述分析结果，三个月应再追补的用电量 ΔA_p 为

$$\Delta A_p = A\varepsilon_p = 15000\times(\sqrt{3}-1)$$
$$=10980(kW\cdot h)$$

三个月的实际用电量为

$$A(\varepsilon_p+1)=\sqrt{3}A=1.732\times15000=25980(kW\cdot h)$$

26. 因电流互感器变比不当导致有功电能表更正用电量的计算

(1) 计算公式

在三相电路中，计量用电流互感器的变比必须相同才能正确计量。如果所配接的电流互感器变比不同，则在相同的一次侧电流下，流入电能表电流元件的二次侧电流就不同，总计量功率也就不正确。

以三相二元件有功电能表为例，假设两只电流互感器的变比分别以 K_1 和 K_2，并设 K_1 装在 U 相，K_2 装在 W 相。

① 若以 K_1 为计算倍率。设流入电能表第一元件（U 相）的电流为 I，则流入第二元件（W 相）的电流就为（K_1/K_2）I，电能表实际功率为

$$P=UI\cos(30°+\varphi)+(K_1/K_2)UI\cos(30°-\varphi)$$
$$=\frac{\sqrt{3}(K_1+K_2)\cos\varphi+(K_1-K_2)\sin\varphi}{2K_2}UI$$

更正率为

$$\varepsilon_p=\frac{\sqrt{3}UI\cos\varphi}{\dfrac{\sqrt{3}(K_1+K_2)\cos\varphi+(K_1-K_2)\sin\varphi}{2K_2}UI}-1$$
$$=\frac{2\sqrt{3}K_2\cos\varphi}{\sqrt{3}(K_1+K_2)\cos\varphi+(K_1-K_2)\sin\varphi}-1$$

② 若以 K_2 为计算倍率，则

$$\varepsilon_p=\frac{2\sqrt{3}K_1\cos\varphi}{\sqrt{3}(K_1+K_2)\cos\varphi+(K_1-K_2)\sin\varphi}-1$$

由上述公式可见，负载性质（即 $\cos\varphi$）直接影响到 ε_p 值的大小，关系到供用电双方的经济利益。因此供用电双方必须协商，采用科学的测量及计算方法求取 $\cos\varphi$ 值。

当 $\varepsilon_p>0$ 时，说明少计量，需追补；$\varepsilon_p<0$ 时，说明多计量，需退还。

(2) 实例

某单位泵站，原配用计量的两只电流互感器变比均为 150/5A（$K_1=K_2=30$），后因 W 相互感器烧坏，换上一只变比为 200/5A 的电流互感器（$K_2=40$），发现前一个月的有功电能表为 39600kW・h，无功电能为 29700kvar・h，换上 200/5A 互感器后，表计用电量为 19500kW・h，求更换后，负荷实际耗电多少？

解 ① 求负荷电流与端电压的相位差 φ。

由有功电能表和无功电能表可求出负荷的平均功率因数：

$$\cos\varphi=\frac{A_p}{\sqrt{A_p^2+A_Q^2}}=\frac{39600}{\sqrt{39600^2+29700^2}}=0.8$$

$\varphi=36.87°$，则 $\sin\varphi=0.6$。

② 求更正率。

$$\varepsilon_p=\frac{2\sqrt{3}K_2\cos\varphi}{\sqrt{3}(K_1+K_2)\cos\varphi+(K_1-K_2)\sin\varphi}-1$$

$$=\frac{2\sqrt{3}\times40\times0.8}{\sqrt{3}\times(30+40)\times0.8+(30-40)\times0.6}-1$$

$$=1.23-1=0.23$$

换上变比为 200/5A 的互感器后，负荷实际耗电量为

$$A=(1+\varepsilon_p)\times(\text{抄见电能数})$$

$$=(1+0.23)\times19500=23985(\text{kW}\cdot\text{h})$$

供电部门还应追补用电量为

$$\Delta A=23985-19500=4485(\text{kW}\cdot\text{h})$$

或

$$\Delta A=19500\times0.23=4485(\text{kW}\cdot\text{h})$$

十四、接地与防雷

1. TT系统用电设备不接地（接零）时接地电流的计算

（1）计算公式

图14-1所示为TT系统（中性点直接接地系统）中不接地（接零）的情况。当家用电器的绝缘层损坏时，其金属外壳就长期带电，如果人体触及此家用电器的外壳，则接地电流 I 就经过人体和变压器的工作接地装置构成回路，其接地电流 I_R 的大小为

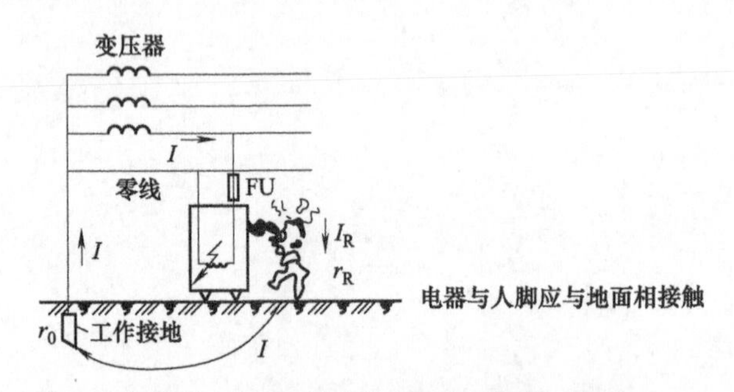

图14-1　TT系统中不接地（接零）情况

$$I_R=\frac{U_x}{r_R+r_0}$$

式中　U_x——额定相电压（V），220V；

r_R——人体电阻（Ω），800～1500Ω；

r_0——工作接地装置的电阻（Ω），当变压器容量小于100kV·A时取10Ω；当变压器容量等于或大于100kV·A时取4Ω。

（2）实例

某TT供电系统，变压器容量为125kV·A，220V的用电设备未采取保护接地（接零）措施，当用电设备外壳碰线带电时，人触及外壳，通过人体的电流有多大？

解　设人体本身的电阻 $r_R=1000\Omega$，变压器工作接地装置的电阻 $r_0=4\Omega$，则通过人体的电流为

$$I_R=\frac{U_x}{r_R+r_0}=\frac{220}{1000+4}\approx 0.22(\text{A})=220(\text{mA})$$

如此大的电流足以使人死亡（安全电流应不大于30mA）。

2. TT 系统用电设备接地时接地电流的计算

(1) 计算公式

图 14-2 为 TT 系统中设有保护接地时的情况。当家用电器的绝缘层损坏使外壳带电时，由于保护接地电阻 r_d 与人的对地电阻 r_R 并联，接地电流 I 将同时沿着接地体（通过电流 I_d）和人体（通过电流 I_R）两条通道流过。流过每一条通道的电流值与其电阻的大小成反比，即

$$\frac{I_R}{I_d}=\frac{r_d}{r_R}$$

式中 I_R，I_d——沿人体流过的电流和沿接地体流过的电流，A；

r_R，r_d——人体电阻和接地体电阻，Ω。

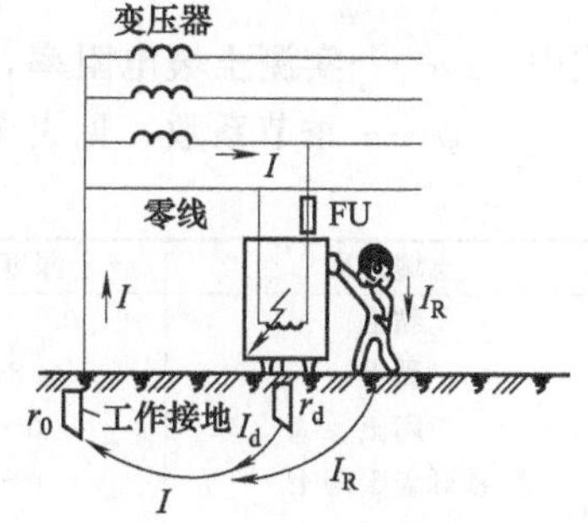

图 14-2 TT 系统中保护接地的情况

由上式可见，r_d 越小，则通过接地体的电流 I_d 越大，通过人体的电流 I_R 越小，保护作用就越大。通常人体的电阻比接地装置的电阻大数百倍，所以流经人体的电流只有流经接地装置电流的数百分之一。

(2) 实例

某 TT 供电系统，变压器容量为 630kV·A，220V 的用电设备采取保护接地措施，当用电设备外壳碰线带电时，人触及外壳，通过人体的电流有多大？设接地体电阻 r_d 为 4Ω。

解 若忽略导线及用电设备电阻的影响，则故障电流为

$$I\approx\frac{U_x}{r_0+r_d}$$

将 $r_0=r_d=4\Omega$、$U_x=220V$ 代入上式，其故障电流为

$$I=\frac{220}{4+4}=27.5(A)$$

人体承受的电压 U_R 一般与接地装置对地电压 U_d 相等，即

$$U_R=U_d=\frac{r_d}{r_0+r_d}U_x=\frac{4}{4+4}\times220=110(V)$$

而零线对地电压为

$$U=\frac{r_0}{r_0+r_d}U_x=\frac{4}{4+4}\times220=110(V)$$

通过人体的电流 I_R 为

$$I_R=\frac{U_R}{r_R}=\frac{110}{1000}=0.11(A)=110(mA)$$

显然，该电流要较图 14-1 所示情况的电流（220mA）小一半，即较图 14-1 所示的情况安全些。但 110mA 的电流对人体来说还是十分危险的（安全电流应不大于 30mA）。若住宅总熔断器的额定电流不大于 11A，则在上述 27.5A 故障电流下熔丝能迅速熔断，确保人身安全。若熔断器的额定电流过大，则不能保证人身安全。这就是 TT 系统保护接地作用的局限性。

3. 土壤电阻率的计算

(1) 计算公式

土壤电阻率在一年中是变化的，考虑季节（干湿）因素，电阻率可按下式计算：

$$\rho=\psi\rho_0$$

式中 ρ_0——实测土壤电阻率，Ω·cm；

ψ——季节系数，见表 14-1。

表 14-1 土壤的季节系数 ψ

土壤性质	深度/m	ψ_1	ψ_2	ψ_3
黏土	0.5～0.8	3	2	1.5
黏土	0.8～3	2	1.5	1.4
陶土	0～2	2.4	1.36	1.2
沙砾盖于陶土	0～2	1.8	1.2	1.1
园地	0～3	—	1.32	1.2
黄沙	0～2	2.4	1.56	1.2
杂以黄沙的沙砾	0～2	1.5	1.3	1.2
泥炭	0～2	1.4	1.1	1.0
石灰石	0～2	2.5	1.51	1.2

注：ψ_1——测量前数天下过较长时间的雨时用之；ψ_2——测量时土壤具有中等含水量时用之；ψ_3——测量时土壤干燥时用之。

在工程设计中，土壤和水的电阻率应以实测为依据。当缺乏资料时，可参见表 14-2。

表 14-2 土壤和水的电阻率

类别	名称	含水量	电阻率 ρ/Ω·cm
岩石	花岗石		2.07×10^7
	多岩石地		4×10^5
	砾石、碎石		2×10^5
沙	沙子	干的	2.5×10^5
	沙子	湿的	1×10^5
	沙子	很湿	2.5×10^4
泥土	黄土	干的(湿的)	$2.5\times10^5(1\sim2\times10^4)$
	多石土壤	—	4×10^4
	含沙黏土	含有 75%水分(按质量计)	2.5×10^4
	黑土	湿的	1.9×10^4
	混合土(黏土、石灰石、碎石)		1×10^4
	黏土		0.6×10^4
	沙质黏土		0.8×10^4
	沙土		3×10^4
	陶土	含有 20%水分(按体积计)	$(0.4\sim0.8)\times10^4$
	园土	含有 20%水分(按体积计)	0.5×10^4
	捣碎的木炭	—	0.4×10^4
	泥炭	—	0.2×10^4
水	河水		1×10^4
	地下水		$(0.2\sim0.7)\times10^4$
	泉水		$(0.4\sim0.5)\times10^4$
	海水		$(0.01\sim0.05)\times10^4$
	湖水(池水)		0.03×10^4

(2) 实例

在干燥的季节，用绝缘电阻表（兆欧表）测某黄（黏）土地段的土壤电阻率如图 14-3

所示。已知接地极之间的距离 S 为 10m，绝缘电阻表上的示数 R_x 为 12Ω，试求该地段的土壤电阻率。

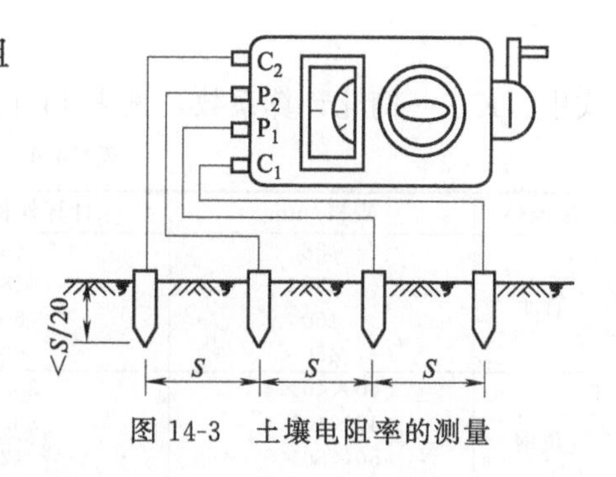

图 14-3 土壤电阻率的测量

解 ① 实测土壤电阻率为

$\rho_0=2\pi SR_x=2\pi\times10\times12=753.96(\Omega\cdot m)$

$\approx7.5\times10^4(\Omega\cdot m)$

② 考虑季节（干湿）因素，该土壤的电阻率为

$\rho=\psi\rho_0=1.5\times7.5\times10^4=11.25\times10^4(\Omega\cdot cm)$

$\psi=1.5$ 在表 14-1 中查得。

4. 单根垂直接地体接地电阻值的计算

(1) 计算公式

当 $l\geqslant d$ 时，可按下式计算：

$$R=\frac{\rho}{2\pi l}\ln\frac{4l}{d}$$

式中 R——单根垂直接地体的接地电阻值，Ω；

ρ——土壤电阻率，Ω·cm；

l——接地体长度，cm；

d——接地体的直径或等效直径（cm），型钢的等效直径见表 14-3。

表 14-3 型钢的等效直径 d 单位：mm

种类	圆钢	钢管	扁钢	角钢
简图	（图：d）	（图：d）	（图：b）	（图：b_1，b_2）
d	d	d	$\frac{b}{2}$	等边 $d=0.84b$ 不等边 $d=0.71\sqrt[4]{b_1b_2(b_1^2+b_2^2)}$

例如：

钢管 $$R=\frac{\rho}{2\pi l}\ln\frac{4l}{d}$$

等边角钢 $$R=\frac{\rho}{2\pi l}\ln\frac{4l}{0.84b}$$

不等边角钢 $$R=\frac{\rho}{2\pi l}\ln\frac{2l}{0.515b}(b\text{ 为小边长度})$$

槽钢 $$R=\frac{\rho}{2\pi l}\ln\frac{2l}{r},\quad r=0.46\sqrt[9]{b^2h^3(b^2+h^2)^2}$$

当 $l=250$cm，顶端埋于地面之下 0.5～0.8m 时，接地体接地电阻 R 可用以下简化公式估算：

$$R\approx0.003\rho$$

各种垂直接地体接地电阻值的简化公式为

$$R=K\rho$$

式中 K——简化计算系数，见表 14-4。

表 14-4 各种型钢接地体的 K 值

接地体	规格/mm	计算外径/mm	长度/cm	K 值
管子	ϕ38	48	250	34×10^{-4}
	ϕ38	48	200	40.7×10^{-4}
	ϕ50	60	250	32.6×10^{-4}
	ϕ50	60	200	39×10^{-4}
角钢	40×40×4	33.6	250	36.3×10^{-4}
	40×40×4	33.6	200	43.6×10^{-4}
	50×50×5	42	250	34.85×10^{-4}
	50×50×4	42	200	41.8×10^{-4}
槽钢	80×43×5	68	250	31.8×10^{-4}
	80×43×5	68	200	38×10^{-4}
	100×48×5.3	82	250	30.6×10^{-4}
	100×48×5.3	82	200	36.5×10^{-4}

注：型钢的计算外径即等效直径。

(2) 实例

一单根 50mm×50mm×5mm 等边角钢接地体，长度 l 为 250cm，埋设在黏土中，埋深为顶端距地面 0.7m，试求接地电阻值 R。

解 ① 计算法。查表 14-2，得黏土的电阻率 $\rho=0.6\times10^4\Omega\cdot\text{cm}$，接地电阻值为

$$R=\frac{\rho}{2\pi l}\ln\frac{4l}{0.84b}=\frac{0.6\times10^4}{2\pi\times250}\times\ln\frac{4\times250}{0.84\times5}$$

$$=3.82\times\ln238=20.9(\Omega)$$

② 查表法（简化公式计算）。查表 14-4，$K=34.85\times10^{-4}$，故接地电阻值 R 为

$$R=K\rho=34.85\times10^{-4}\times0.6\times10^4=20.9(\Omega)$$

可见，以上两种方法求得的接地电阻值基本一致，都符合工程计算要求。

若按简化公式估算，则

$$R\approx0.003\rho=0.003\times0.6\times10^4=18(\Omega)$$

5. 多根垂直接地体接地电阻值的计算

(1) 计算公式

$$R_\Sigma=\frac{R}{nK_d}$$

式中 R_Σ——总接地电阻，Ω；

R——单根接地体的接地电阻值，Ω；

n——接地体根数；

K_d——接地体的利用系数，考虑到多根接地体间的屏蔽影响而设，可取 $K_d=0.8\sim1$，根数多，取小值。详见表 14-5～表 14-8（也适用于角钢）。

若已知接地电阻的要求值，求所需要的接地体根数 n，其计算公式为

$$n\geqslant\frac{0.9R}{K_dR_\Sigma}$$

式中符号同前。式中系数 0.9 是考虑到各单根接地体之间采用 12mm×4mm 的扁钢连接，使其产生一定的散流作用而增加的。

表 14-5 成排垂直敷设的管形接地体的利用系数

管间距离与管长之比	管子根数					
	2	3	5	10	15	20
1	0.84～0.87	0.76～0.80	0.67～0.72	0.56～0.62	0.51～0.56	0.47～0.50
2	0.90～0.92	0.85～0.88	0.79～0.83	0.72～0.77	0.66～0.73	0.63～0.70
3	0.93～0.95	0.90～0.92	0.85～0.88	0.79～0.83	0.76～0.80	0.74～0.79

注：该表数据未计入连接扁钢的影响。

表 14-6 环形垂直敷设的管形接地体的利用系数

管间距离与管长之比	管子根数						
	4	6	10	20	40	60	100
1	0.66～0.72	0.58～0.65	0.52～0.58	0.44～0.50	0.38～0.44	0.36～0.42	0.33～0.39
2	0.76～0.80	0.71～0.75	0.66～0.71	0.61～0.66	0.55～0.61	0.52～0.58	0.49～0.55
3	0.84～0.86	0.78～0.82	0.74～0.78	0.63～0.73	0.64～0.69	0.62～0.67	0.59～0.65

注：该表数据未计入连接扁钢的影响。

表 14-7 管子成排垂直敷设并连接扁钢的管形接地体的利用系数

管间距离与管长之比	管子根数					
	2	3	5	10	15	20
1	0.87	0.80	0.74	0.62	0.50	0.42
2	0.92	0.88	0.86	0.75	0.65	0.56
3	0.95	0.92	0.90	0.82	0.74	0.68

表 14-8 管子环形垂直敷设并连接扁钢的管形接地体的利用系数

管间距离与管长之比	管子根数						
	4	6	10	20	40	60	100
1	0.45	0.40	0.34	0.27	0.22	0.20	0.19
2	0.55	0.48	0.40	0.32	0.28	0.27	0.24
3	0.70	0.64	0.56	0.45	0.38	0.36	0.33

（2）实例

由三根 50mm×50mm×5mm 等边角钢组成接地体，各接地体之间的距离为 $S=5$m，其余条件同“单根垂直接地电阻值的计算”项中的实例，试求接地电阻值。

解 已知单根垂直接地体的接地电阻值 $R=20.9\Omega$，$n=3$。接地体间距离与管长之比为 5/2.5=2，查表 14-7，得利用系数 $K_d=0.88$。将以上数值代入多根接地体的总接地电阻值 R_Σ 计算公式，得

$$R_\Sigma=\frac{0.9R}{K_d n}=\frac{0.9\times20.9}{0.88\times3}=7.13(\Omega)$$

6. 单根水平接地体接地电阻值的计算

（1）计算公式

$$R=\frac{\rho}{2\pi l}\left(\ln\frac{l^2}{hd}+A\right)$$

式中 R——水平接地体的接地电阻值，Ω；

ρ——土壤电阻率，Ω·m；

l——接地体长度，m；

h——水平接地体埋深，m；

d——接地体的直径或等效直径（m），见表 14-3；

A——水平接地体的形状系数，见表14-9。

表 14-9 水平接地体的形状系数 A 值

形状	—	└	人	┼
A 值	0	0.378	0.867	2.14
形状	✳	✳	□	○
A 值	5.27	8.81	1.69	0.48

常用的各种钢材的单根直线水平接地体的接地电阻值，见表14-10。

表 14-10 各种型钢单根直线水平接地体的接地电阻值 单位：Ω

接地体材料及尺寸/mm		接地体长度/m											
		5	10	15	20	25	30	35	40	50	60	80	100
扁钢	40×4	23.4	13.9	10.1	8.1	6.74	5.8	5.1	4.58	3.8	3.26	2.54	2.12
	25×4	24.9	14.6	10.6	8.42	7.02	6.04	5.33	4.76	3.95	3.39	2.65	2.20
圆钢	ϕ8	26.3	15.3	11.1	8.78	7.3	6.28	5.52	4.94	4.10	3.47	2.74	2.27
	ϕ10	25.6	15.0	10.9	8.6	7.16	6.16	5.44	4.85	4.02	3.45	2.70	2.23
	ϕ12	25.0	14.7	10.7	8.46	7.04	6.08	5.34	4.78	3.96	3.40	2.66	2.20
	ϕ15	24.3	14.4	10.4	8.28	6.91	5.95	5.24	4.69	3.89	3.34	2.62	2.17

注：按土壤电阻率为 $1\times10^4\Omega\cdot cm$，埋深为0.8m计算。

长度60m左右的单根水平接地体，也可用以下简化公式估算：

$$R\approx0.0003\rho$$

(2) 实例

一根40mm×4mm扁钢水平埋设接地体，长度 l 为10m，埋设在混合土壤中，埋深为0.8m，试求接地电阻值。

解 ① 计算法。查表14-2，得混合土壤的电阻率 $\rho=1\times10^4\Omega\cdot cm$；查表14-3，得扁钢的等效直径 $d=b/2$；查表14-9，得形状系数 $A=0$。

接地电阻为

$$R=\frac{\rho}{2\pi l}\left(\ln\frac{l^2}{hd}+A\right)=\frac{1\times10^4}{2\pi\times1000}\times\ln\frac{1000^2}{80\times\frac{4}{2}}$$

$$=1.59\times\ln6250=13.9(\Omega)$$

② 查表法。查表14-10，得接地电阻值 $R=13.9\Omega$。

7. 多根扁钢并联水平敷设接地电阻值的计算

(1) 计算公式

$$R_\Sigma=\frac{R}{K_d n}$$

式中 R_Σ——多根扁钢并联水平敷设的接地电阻值，Ω；

R——单根扁钢水平敷设的接地电阻值，Ω；

K_d——接地体（扁钢）利用系数，见表14-11；

n——并联扁钢根数。

(2) 实例

由5根扁钢并联敷设，扁钢之间的距离 S 为1m，其余条件同“单根水平接地体接地电

表 14-11 水平敷设的扁钢接地体的利用系数

并联敷设的扁钢数 n	每条扁钢长度 l/m	并联敷设的扁钢间的距离 S/m				
		1	2.5	5.0	10.0	15.0
5	15	0.37	0.49	0.60	0.73	0.79
	25	0.35	0.45	0.55	0.66	0.73
	50	0.33	0.40	0.48	0.58	0.65
	75	0.31	0.38	0.45	0.53	0.58
	100	0.30	0.36	0.43	0.51	0.57
	200	0.28	0.32	0.37	0.44	0.50
10	15	0.25	0.37	0.49	0.64	0.72
	25	0.23	0.31	0.43	0.57	0.66
	50	0.20	0.27	0.35	0.46	0.53
	75	0.18	0.25	0.31	0.41	0.47
	100	0.17	0.23	0.28	0.37	0.44
	200	0.14	0.20	0.23	0.30	0.36
20	15	0.16	0.27	0.39	0.57	0.64
	25	0.14	0.23	0.33	0.47	0.57
	50	0.12	0.19	0.25	0.36	0.44
	75	0.11	0.16	0.22	0.31	0.38
	100	0.10	0.15	0.20	0.28	0.35
	200	0.09	0.12	0.15	0.22	0.27

注：该表数据相应于扁钢宽度 20～40mm、埋设深度 0.3～0.8m 的情况。

阻值的计算”项中的实例。试求接地电阻值。

解 已知单根水平敷设接地体的接地电阻值 $R=13.9\Omega$，$n=5$，$S=1\text{m}$，$l=10\text{m}$，查表 14-11，得利用系数 $K_d \approx 0.4$。

接地电阻值为

$$R_\Sigma=\frac{R}{K_d n}=\frac{13.9}{0.4\times 5}=6.95(\Omega)$$

8. 多根水平放射式接地体接地电阻值的计算

(1) 计算公式

当水平接地体根数 $n \leqslant 12$、每根长度约 60m 时，水平放射式接地体的接地电阻值 R 可按以下简化公式计算：

$$R\approx\frac{6.2\rho}{n+1.2}\times 10^{-4}$$

式中 ρ——土壤电阻率，$\Omega\cdot\text{cm}$。

(2) 实例

由 6 根长度为 60m 的扁钢组成的水平放射式接地体，埋设在多石土壤中，试求其接地电阻值。

解 查表 14-2，得多石土壤的电阻率 $\rho=4\times 10^4\Omega\cdot\text{cm}$，已知 $n=6$，则该接地装置的接地电阻值为

$$R\approx\frac{6.2\rho}{n+1.2}\times 10^{-4}=\frac{6.2\times 4\times 10^4}{6+1.2}\times 10^{-4}=3.4(\Omega)$$

9. 直埋金属水管接地电阻值的估算

(1) 接地电阻值的估算

直埋金属水管的接地电阻值见表 14-12。

土壤电阻率 $\rho\neq 100\Omega\cdot\text{m}$ 时的修正系数见表 14-13。

表 14-12 直埋金属水管的接地电阻值 单位：Ω

直径/mm	水管长度/m									
	100	200	300	500	700	900	1100	1300	1500	1700
15	0.47	0.43	0.40	0.37	0.33	0.31	0.30	0.28	0.27	0.27
50	0.40	0.38	0.37	0.33	0.30	0.28	0.27	0.26	0.25	0.24
70	0.35	0.33	0.32	0.29	0.27	0.25	0.24	0.23	0.22	0.22
80	0.33	0.31	0.30	0.27	0.25	0.24	0.23	0.22	0.20	0.20
100	0.28	0.27	0.26	0.24	0.23	0.21	0.20	0.19	0.18	0.18
125	0.25	0.24	0.23	0.22	0.20	0.18	0.17	0.16	0.16	0.16
150	0.23	0.22	0.21	0.19	0.18	0.16	0.15	0.15	0.15	0.15

注：1. 本表编制条件：$\rho=100\Omega \cdot m$ 时，埋深 0.2m。

2. 土壤电阻率不是 $100\Omega \cdot m$ 时，根据本表查得电阻后，还应乘以修正系数 K 值，见表 14-13。

3. 多根水管接地电阻的计算方法同电缆。

表 14-13 电缆金属外皮及水管在土壤电阻率 $\rho \neq 100\Omega \cdot m$ 时的修正系数 K 值

土壤电阻率 $\rho/\Omega \cdot m$	30	50	60	80
修正系数 K	0.54	0.7	0.75	0.89
土壤电阻率 $\rho/\Omega \cdot m$	100	120	150	200
修正系数 K	1	1.12	1.25	1.47
土壤电阻率 $\rho/\Omega \cdot m$	250	300	400	500
修正系数 K	1.65	1.8	2.1	2.35

（2）实例

有一条公称直径为 50mm 的自来水管，长约 100m；埋设在沙质黏土中。试求其接地电阻值。

解 查表 14-2，得沙质黏土的电阻率 $\rho=0.8\times10^4\Omega \cdot cm$；查表 14-13，得修正系数 $K=0.89$。已知自来水管长度为 100m，查表 14-12，得接地电阻值为 0.4Ω。因此该水管的接地电阻值为

$$R=0.89\times0.4=0.36(\Omega)$$

10. 直埋铠装电缆金属外皮接地电阻值的估算

（1）接地电阻的估算

直埋铠装电缆金属外皮的接地电阻值见表 14-14。

土壤电阻率 $\rho \neq 100\Omega \cdot m$ 时的修正系数见表 14-13。

表 14-14 直埋铠装电缆金属外皮的接地电阻值 单位：Ω

电缆芯线截面积/mm²	电缆长度/m									
	100	200	300	400	500	600	700	900	1100	1300	1500
16	1.92	1.75	1.60	1.50	1.40	1.30	1.26	1.18	1.16	1.16	1.16
25	1.70	1.55	1.40	1.30	1.20	1.15	1.10	1.05	1.00	1.00	1.00
35	1.60	1.48	1.33	1.25	1.15	1.10	1.05	1.00	0.95	0.95	0.95
50	1.52	1.39	1.28	1.12	1.10	1.06	0.95	0.92	0.87	0.86	0.86
70	1.45	1.30	1.20	1.12	1.06	1.00	0.95	0.88	0.80	0.79	0.79
95	1.24	1.13	1.07	1.00	0.93	0.90	0.80	0.84	0.73	0.71	0.71
120	1.15	1.08	1.00	0.93	0.87	0.83	0.75	0.72	0.70	0.69	0.69
150	1.08	1.00	0.90	0.87	0.80	0.75	0.70	0.68	0.65	0.64	0.64
180	1.00	0.93	0.86	0.80	0.77	0.72	0.65	0.63	0.60	0.59	0.59
240	0.95	0.87	0.80	0.75	0.70	0.68	0.61	0.60	0.57	0.56	0.56

注：1. 本表编制条件：电阻率 $\rho=100\Omega \cdot m$，6kV 铠装电缆，埋深为 0.7m。

2. 1kV 和 10kV 电缆按本表查得电阻后，分别乘以系数 1.28 及 0.86。

3. 土壤电阻率不是 $100\Omega \cdot m$ 时，可乘以表 14-13 中的修正系数 K。

4. 同一缆沟中埋设多根截面积相近的电缆，其总接地电阻 $R_n=\frac{R_0}{\sqrt{n}}$；其中，R_n 为总接地电阻，R_0 为单根电缆接地电阻，n 为电缆根数。

（2）实例

3条10kV $3\times95mm^2$ 的铠装电缆，长均为200m，埋设在同一沙土壕沟中，埋深为0.7m。试求其接地电阻值。

解 查表14-2，得沙土的电阻率 $\rho_{沙}=3\times10^4\Omega\cdot cm$，查表14-13，可设修正系数为1.8。已知电缆长度为200m，查表14-14，得每条电缆的接地电阻值为1.13Ω。对于10kV电缆，还需乘以0.86。因此 $R_0=1.8\times1.13\times0.86=1.75(\Omega)$。3根电缆的总接地电阻值为

$$R_n=R_0/\sqrt{n}=1.75/\sqrt{3}=1.01(\Omega)。$$

11. 钢筋混凝土电杆接地电阻值的估算

（1）计算公式

钢筋混凝土电杆的接地电阻估算值，见表14-15。

表14-15 钢筋混凝土电杆接地电阻估算值

接地装置形式	杆塔类型	接地电阻估算值/Ω
钢筋混凝土电杆的自然接地体	单杆 双杆 拉线单杆、双杆 一个拉线盘	0.003ρ 0.002ρ 0.001ρ 0.0028ρ
n根接地体水平射线（$n\leqslant12$，每根长约60m）分布	各型杆塔	$\frac{6.2\rho}{n+1.2}\times10^{-4}$

注：表中 ρ 为土壤电阻率（Ω·cm）。

（2）实例

试求埋设在多岩石地区双杆钢筋混凝土电杆的接地电阻值。

解 查表14-2，得多岩石地区土壤电阻率 $\rho=4\times10^5\Omega\cdot cm$。查表14-15得其接地电阻值为

$$R=0.002\rho=0.002\times4\times10^5=800(\Omega)$$

12. 工频接地电阻与冲击接地电阻阻值的换算

（1）计算公式

按前述方法算出接地体的接地电阻值，均为工频接地电阻值，而防雷保护接地装置的接地电阻值，为冲击接地电阻值。二者之间的关系为

$$R_{ch}=R/K$$

式中 R_{ch}——冲击接地电阻，Ω；

R——工频接地电阻，Ω；

K——比值，$K=R/R_{ch}$，见表14-16。

表14-16 接地体的工频接地电阻与冲击接地电阻的比值 R/R_{ch}

各种形式接地体中接地点至接地体最远端的长度/m	土壤电阻率 ρ/Ω·cm			
	$\leqslant1\times10^4$	5×10^4	10×10^4	$\geqslant20\times10^4$
	比值 R/R_{ch}			
20	1	1.5	2	3
40	—	1.25	1.9	2.9
60	—	—	1.6	2.6
80	—	—	—	2.3

（2）实例

测得某接地装置的接地电阻值为8Ω，已知埋设处土壤电阻率$\rho=8\times10^4\Omega\cdot cm$，引下线与接地体之间的距离为18m。试求该接地装置的冲击接地电阻值。

解　根据$\rho=8\times10^4$（$\Omega\cdot cm$），查表14-16，换算比值$R/R_{ch}\approx1.8$。因此冲击接地电阻值为

$$R_{ch}=8/1.8=4.4(\Omega)$$

13. 人工接地坑散流电阻值的计算

（1）计算公式

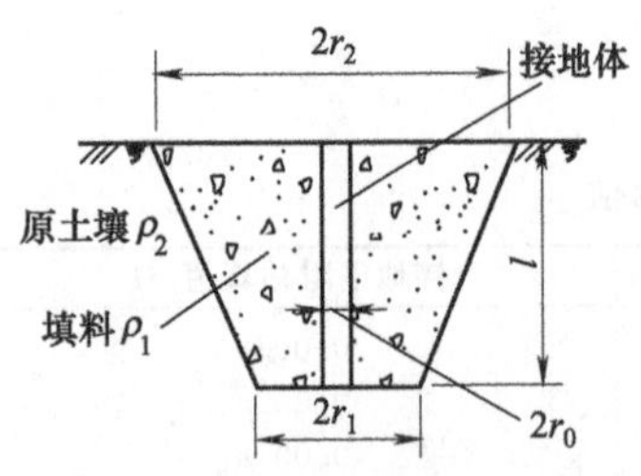

图14-4　人工接地坑的几何尺寸

在土壤电阻率高（$\rho>5\times10^4\Omega\cdot cm$）的地区，可采用人工接地坑或接地沟等方法降低接地电阻值。

人工接地坑的几何尺寸如图14-4所示。

根据计算和试验，最大电位梯度发生在离接地极边缘0.5～1m处，因此接地坑的坑径不必过大，一般取r_1为500cm，r_2为1000cm，l为200～300cm，其流散电阻值可按下式计算：

$$R=\frac{\rho_1}{2\pi l}\ln\frac{r_1}{r_0}+\frac{\rho_2}{2\pi l}\ln\frac{2l}{r_1}$$

式中　R——散流电阻，Ω；

ρ_1——填料的电阻率，$\Omega\cdot cm$；

ρ_2——原土壤的电阻率，$\Omega\cdot cm$；

$2r_0$——接地体直径或等效直径（cm），见表14-3。

其他符号见图14-4。

（2）实例

有一人工接地坑，已知r_1为400cm，r_2为800cm，l为250cm，原土壤电阻率ρ_2为8×10^4（$\Omega\cdot cm$），填料的电阻率ρ_1为0.2×10^3（$\Omega\cdot cm$），接地体为ϕ50mm的钢管。试求该接地装置的散流电阻值。

解　根据已知条件，查表14-4，得ϕ50mm钢管的等效直径$2r_0=60mm$。

接地装置的散流电阻值为

$$\begin{aligned}R&=\frac{\rho_1}{2\pi l}\ln\frac{r_1}{r_0}+\frac{\rho_2}{2\pi l}\ln\frac{2l}{r_1}\\&=\frac{0.2\times10^3}{2\pi\times250}\times\ln\frac{400}{3}+\frac{8\times10^4}{2\pi\times250}\times\ln\frac{2\times250}{400}\\&=0.127\times\ln133.3+50.9\times\ln1.25\\&=0.127\times4.89+50.9\times0.22=11.8(\Omega)\end{aligned}$$

14. 人工接地沟散流电阻值的计算

（1）计算公式

接地沟的纵向截面一般为梯形，如图14-5所示。该梯形外切于以接地带为圆心以0.5m为半径的圆。人工接地沟的散流电阻可按下列公式计算。

① 当接地带为圆钢时：

$$R=\frac{\rho_1}{2\pi l}\ln\frac{l}{2r_0}+\frac{\rho_2}{2\pi l}\ln\frac{l}{b_1}$$

式中 l——接地带长度；

其他符号见图 14-5。

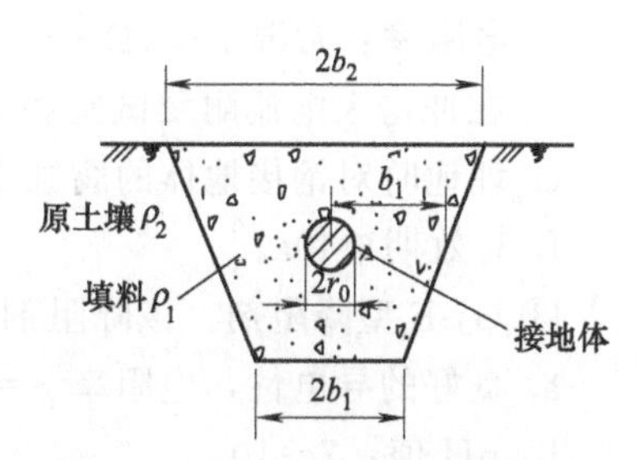

图 14-5 人工接地沟的几何尺寸

② 接地带为扁钢时：

$$R=\frac{\rho_1}{2\pi l}\ln\frac{2l}{b}+\frac{\rho_2}{2\pi l}\ln\frac{l}{b_1}$$

式中 b——扁钢宽度。

(2) 实例

有一人工接地沟，已知 b_1 为 50cm，接地体为 100mm×6mm 的扁钢，长度 l 为 50m；原土壤电阻率 ρ_2 为 $3\times10^5\Omega\cdot\text{cm}$，填料的电阻率 ρ_1 为 $1\times10^4\Omega\cdot\text{cm}$。试求该接地装置的散流电阻值。

解 将已知参数代入下式，得散流电阻值为

$$\begin{aligned}R&=\frac{\rho_1}{2\pi l}\ln\frac{2l}{b}+\frac{\rho_2}{2\pi l}\ln\frac{l}{b_1}\\&=\frac{1\times10^4}{2\pi\times5000}\times\ln\frac{2\times5000}{0.6}+\frac{3\times10^5}{2\pi\times5000}\times\ln\frac{5000}{50}\\&=0.32\times\ln16666.7+9.55\times\ln100\\&=0.32\times9.72+9.55\times4.61=47.1(\Omega)\end{aligned}$$

15. 降阻剂用量的计算

(1) 常用降阻剂及技术指标

在高土壤电阻率地区，采用在原土壤中埋设接地装置，可能达不到规定的接地电阻值要求，为此可采用在接地槽或接地沟投放降阻剂的方法。试验表明，对于简单的垂直或水平敷设的接地体，投放降阻剂后，可使工频接地电阻降低 70%左右；对于中小型接地网可使工频接地电阻降低 30%～50%，冲击电阻降低 20%～70%。

国产降阻剂种类很多，但基本上可分为有机化学降阻剂和无机化学降阻剂两大类。

① 常用国产降阻剂型号（牌号）及技术指标见表 14-17。

表 14-17 常用国产降阻剂型号（牌号）及技术指标

降阻剂类型	有机化学降阻剂	无机化学降阻剂		
		膨润土	金属氧化物蒙脱石碳素稀土	
产地及型号（牌号）	大连：BXXA、LRCP 型	南京：金陵牌	成都：民生(MS)	贵阳：XJZ-2
电阻率 $\rho/\Omega\cdot\text{m}$	0.1～0.3	1.3～5.0	0.65～5.0	0.45～0.60
与钢材的价格比 Q	0.95～1.2	0.3～0.5	0.72～0.8	0.65～0.75
冲击系数 β	<1.0	<1.0	<1.0	<1.0
降阻率 $\Delta R_g/\%$	30～90	20～60	20～70	20～75
推荐用量 $G/(\text{kg/m})$	25	25～40	15～30	8～15

② LX-200 型降阻剂的主要技术参数：

a. 该降阻剂为固体粉末状物，无毒、无污染、防腐。

b. pH 值：8～10。

c. 电阻率：常温下<1Ω·m。

d. 在冲击大电流耐受试验和工频大电流耐受试验后工频电阻变化率<10%。

e. 埋地时对钢接地体的腐蚀率<0.03mm/a。

f. 有效期>40a。

③ GJ-F型降阻剂。该降阻剂是固体长效降阻剂，其主要特点如下：

a. 良好的导电性，电阻率$\rho=0.5\sim2.5\Omega\cdot m$。

b. pH值：7～10。

c. 对金属接地体有缓蚀保护作用，接地体不用镀锌处理。

d. 在大电流冲击下呈负阻特性，这对高山微波站、高压输电线路等防雷接地尤其显得重要。

e. 无毒，无污染，储运和施工极为简便。

(2) 降阻剂用量计算

① 固体降阻剂（包括兑水的质量）。

a. 垂直接地体。

$$G=\frac{\pi}{4}(D^2-d^2)Lg\times10^{-3}$$

式中 G——降阻剂用量，kg；

d——接地体等效直径（mm），见表14-3；

D——投放降阻剂的接地坑直径（mm），取$D=200\sim300$mm；

L——垂直接地体长度（m），一般为1.5～2.5m；

g——降阻剂密度（g/cm³），取$g=1.5g/cm^3$。

b. 水平接地体。

$$G=[(0.5\sim1)A^2-S]Lg\times10^{-3}$$

式中 A——投放降阻剂的长方坑边长（mm），取$A=200$mm；

S——接地体横截面面积，mm²；

L——水平接地体长度，m。

系数取0.5～1，视回填土多少而定。

② 液体降阻剂。

$$G=25L$$

式中符号同固体降阻剂计算公式。

(3) 实例

某接地装置埋设于电阻率为1600Ω·m左右的高土壤电阻率地区，工程要求接地电阻值不大于2Ω，试设计接地装置，并计算降阻剂的用量。

解 ① 接地装置形式。接地装置采用几根100mm×6mm扁钢水平敷设，每根扁钢长度为3～5m，引下线终端加63mm×63mm×5mm角钢垂直接地体，长度为1.5～2.5m（对于坚硬地层很难打入2.5m深，可用短些的角钢）。可先敷设几个接地体，实测其接地电阻值，若未达到设计要求，再继续施工。

② 每个垂直接地装置降阻剂用量的计算。可采用LX-200型或GJ-F型复合降阻剂，降阻剂性能参见表14-17。本例中$\rho=1.5\times10^{-3}\Omega\cdot cm$。

根据表14-3得每根63mm×63mm×5mm角钢的等效直径$d=53$mm，因此每个垂直接

地装置的降阻剂用量为

$$G=\frac{\pi}{4}(D^2-d^2)Lg\times10^{-3}$$

$$=\frac{\pi}{4}\times(200^2-53^2)\times2.5\times1.5\times10^{-3}=109.5(\mathrm{kg})$$

式中，角钢长度取 2.5m。每个接地坑投放 100kg 左右的固体降阻剂。

③ 每个水平接地装置降阻剂用量的计算。

$$G=(0.5A^2-S)Lg\times10^{-3}$$

$$=(0.5\times200^2-100\times6)\times4\times1.5\times10^{-3}$$

$$=116.4(\mathrm{kg})$$

式中，扁钢长度取 4m。每米接地沟投放 116.4/4≈29(kg) 的降阻剂。

(4) 实际施工方法

在高土壤电阻率的地区敷设接地装置，采用投放降阻剂埋设，一般可节约钢材 60%，减少土石方开挖费用 50%以上，且施工方便，缩短工时。现以 LX-200 型降阻剂为例，施工方法如下：

① 水平接地体的埋设。

a. 挖接地沟。接地沟深度要在冻土层以下。沟底须平整，对于岩石地带难以办到时，可以就近取低电阻率的土垫平。允许将沟底挖成宽度为 0.1m 的 V 形槽，以减少土方量和降阻剂的用量。

b. 埋设方法。水平接地体投放降阻剂埋设，分为湿状水平埋设和干状水平埋设。

湿状埋设：将降阻剂加 60%的水搅拌均匀，浸泡半小时呈糊状，向沟底浇水，使沟底土壤湿润，在沟底浇 2～5cm 厚的降阻剂糊剂，将接地体敷于其上，再在接地体上部浇一层糊剂，停留 2～4h，待糊剂凝固后回填原土。降阻剂的用量为 13～15kg/m。

干状埋设：先在沟底均匀铺上干粉降阻剂，将接地体敷于其上，再在接地体上部铺上干粉降阻剂，使降阻剂均匀地覆盖在接地体上。刮平覆盖的降阻剂后回填约 20cm 厚的原土，灌水浇透，最后用原土回填。降阻剂的用量为 25～30kg/m。

② 垂直接地体的埋设。先挖直径为 0.3m（上大下小）、深度在冻土层以下 1.5m 的坑，将接地体置于坑中，然后倒入降阻剂干粉，浇水使坑内降阻剂湿透，最后覆盖原土。降阻剂的用量为 100kg/m。

16. 10/0.4kV 变电所接地装置的计算

电力线路及电力设备接地电阻的要求见表 14-18。

表 14-18 电力线路及电力设备接地电阻要求

序号	名称	接地装置特点	接地电阻值/Ω
1	1kV 以上大接地电流电力线路	仅用于该线路的接地装置	$R\leqslant\frac{2000}{I_{jd}}$，当 $I_{jd}>4\mathrm{kA}$，可取 $R\leqslant0.5$
2	1kV 以上小接地电流电力线路	仅用于该线路的接地装置	$R\leqslant\frac{250}{I_{jd}}\leqslant10$
3		与 1kV 以下线路共同的接地装置	$R\leqslant\frac{125}{I_{jd}}\leqslant10$

续表

序号	名称	接地装置特点	接地电阻值/Ω
4	1kV 以下中性点直接接地的电力线路	与 100kV·A 以上发电机或变压器相连的接地装置	$R \leqslant 4$
5		序号 4 的重复接地	$R \leqslant 10$
6		与 100kV·A 及以下发电机或变压器相连的接地装置	$R \leqslant 10$
7		序号 6 的重复接地	$R \leqslant 30$
8	1kV 以下中性点不接地的电力线路	与 100kV·A 以上发电机或变压器相连的接地装置	$R \leqslant 4$
9		序号 8 的重复接地装置	$R \leqslant 10$
10		与 100kV·A 及以下发电机或变压器相连的接地装置	$R \leqslant 10$
11		序号 10 的重复接地装置	$R \leqslant 10$
12	引入线装有 25A 以下熔断器的线路	任何供电系统	$R \leqslant 10$
13	电弧炉、工业电子设备、电流及电压互感器等	高低压电气设备联合接地	$R \leqslant 4$
14		电流、电压互感器二次线圈	$R \leqslant 10$
15		高压线路的保护网或保护线	$R \leqslant 10$
16		电弧炉	$R \leqslant 4$
17		工业电子设备	$R \leqslant 10$
18		静电接地	$R \leqslant 100$

注：I_{jd}为接地电流（A）。

17. 防雷保护接地电阻的计算

(1) 计算公式

防雷保护接地电阻（即冲击接地电阻）的计算可分为下列几种情况：

① 单独接地体的冲击接地电阻 R_{ch} 的计算公式。

$$R_{ch}=\alpha R$$

式中 α——单独接地体的冲击系数，见表 14-20～表 14-22；

R——单独接地体在工频小电流下测出的或按稳态公式算出的电阻值，Ω。

计算中所用的土壤电阻率 ρ，应取雷雨期可能的最大土壤电阻率，可按下式计算：

$$\rho=\psi\rho_y$$

式中 ρ_y——雷雨季节中无雨水时所测得的土壤电阻率，Ω·cm；

ψ——由于大地晒干，电阻率增大的系数见表 14-19。

表 14-19 电阻率增大系数 ψ 值

埋深/m	水平接地体	长度 2～3m 接地棒	备注
0.5	1.4～1.8	1.2～1.4	
0.8～1.0	1.25～1.45	1.15～1.3	
2.5～3.0	1.0～1.1	1.0～1.1	深埋接地体

注：如大地较干燥取较小值，较潮湿取较大值。

宽 2～4cm 的扁钢或直径 1～2cm 的圆钢水平环形接地体，由环的中心引入雷电流，引入处与环有 3～4 个连线，冲击电流波头在 3～6μs 以下的冲击系数 α 值见表 14-20。

表 14-20 水平环形接地体的 α 值

土壤电阻率 ρ /Ω·cm	10^4			5×10^4			10^5		
I_f/kA	20	40	80	20	40	80	20	40	80
D=4m	0.6	0.45	0.35	—	—	—	—	—	—
D=8m	0.75	0.65	0.50	0.55	0.45	0.30	0.40	0.30	0.25
D=12m	0.8	0.70	0.60	0.60	0.50	0.35	0.45	0.40	0.30

注：I_f 为流向大地的电流幅值，D 为环形接地体的直径。

长 2～3m、直径 6cm 以下的垂直接地体，冲击电流波头在 3～6μs 以下的冲击系数 α 值见表 14-21。

表 14-21 垂直接地体的 α 值

土壤电阻率 ρ /Ω·cm	流向大地的电流幅值 I_f/kA			
	5	10	20	40
10^4	0.85～0.90	0.75～0.85	0.6～0.75	0.5～0.6
5×10^4	0.6～0.7	0.5～0.6	0.35～0.45	0.25～0.3
10^5	0.45～0.55	0.35～0.45	0.25～0.30	—

注：表中较大的数值用于 3m 长的接地体，较小者用于 2m 长的接地体。

宽 2～4cm 扁钢或直径 1～2cm 圆钢水平接地体，由一端引入雷电流，冲击电流波头在 3～6μs 以下的冲击系数 α 值见表 14-22。

表 14-22 水平接地体（一端引入雷电流）的 α 值

土壤电阻率 ρ /Ω·cm	接地体长度 l /m	流向大地的电流幅值 I_f/kA		
		10	20	40
10^4	5	0.75	0.65	0.50
	10	1.00	0.90	0.80
	20	1.15	1.05	0.95
5×10^4	5	0.55	0.45	0.30
	10	0.75	0.60	0.45
	20	0.90	0.75	0.60
	30	1.00	0.90	0.80
10^5	10	0.55	0.45	0.35
	20	0.75	0.60	0.50
	40	0.95	0.85	0.75
	60	1.15	1.10	0.95
2×10^5	20	0.60	0.50	0.40
	40	0.75	0.65	0.55
	60	0.90	0.80	0.75
	80	1.05	0.95	0.90
	100	1.20	1.10	1.05

② 由 n 个相同的水平射线接地体所组成的接地装置的冲击接地电阻值 R_{chs} 的计算公式。

$$R_{chs}=\frac{R_{ch}}{n}\times\frac{1}{\eta}$$

式中 R_{ch}——每根射线形接地体的冲击接地电阻值（Ω），计算与单独接地体的冲击接地电阻计算公式相同；

η——考虑接地装置各射线形接地体相互影响的利用系数，见表 14-23。

③ 由水平接地体连接的 n 个垂直接地体组成的接地装置的冲击接地电阻 $R_{ch\Sigma}$ 的计算公式。

$$R_{ch\Sigma}=\frac{\frac{R_{chc}}{n}R_{chs}}{\frac{R_{chc}}{n}+R_{chs}}\times\frac{1}{\eta}$$

式中 R_{chc}——单个垂直接地体的冲击接地电阻，Ω；

R_{chs}——水平接地体的冲击接地电阻，Ω；

n——垂直接地体数目；

η——利用系数，见表14-24。

表14-24中所有的环形接地装置的利用系数 η 值，均可按照周长相等的原则［即 $\pi D=2(A+B)$］用于矩形接地装置的计算中。其中 D 为圆环直径，A、B 为矩形两边长。

表14-23 n个水平射线形接地体组成的接地装置的利用系数

接地装置形状	射线形接地体数 n	长度 l/m	利用系数 η
l l	2	任何长度的接地体	1
l 120°	3	10 20 40 80	0.75 0.80 0.85 0.90
l 90°	4	10 20 40 80	0.65 0.70 0.75 0.80

表14-24 n个垂直接地体组成，并以水平接地体连接的接地装置的利用系数

接地装置形状	a/l	垂直接地体数目 n	利用系数 η
a l	2 3	2 2	0.80 0.85
a	2 3	3 3	0.75 0.80
a	2 3	3 3	0.70 0.75
a	2 3	4 4	0.70 0.75
a	2 3	6 6	0.65 0.70

注：a——接地体间距，m；l——接地体长度，m。

(2) 实例

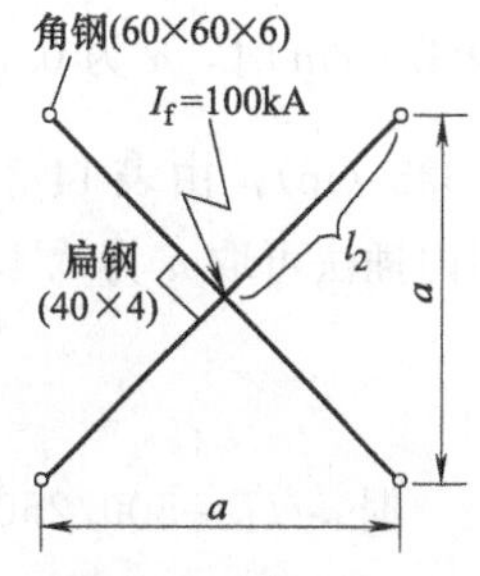

图 14-6 某变电所的防雷接地装置布置

【实例 1】 某变压器容量为 100kV·A 的变电所的防雷接地装置如图 14-6 所示。已知接地装置埋深 h 为 0.5m，计算雷电流为 100kA，在雷雨季节无雨水时测量的土壤电阻率 ρ 为 $10^4\Omega\cdot cm$（土壤潮湿）。角钢尺寸为 60mm×60mm×6mm（$b\times b\times d$），长 l_1 为 2500mm；接地体间距 a 为 5000mm，试计算该变电所防雷接地电阻值。

解 1）求土壤电阻率

根据已知条件，查表 14-19 得电阻率增大系数 ψ 为 1.4（垂直接地体）和 1.8（水平接地体）。

垂直接地体 $\rho_c=\psi\rho=1.4\times10^4\Omega\cdot cm$

水平接地体 $\rho_s=\psi\rho=1.8\times10^4\Omega\cdot cm$

2）计算工频接地电阻

① 垂直接地体电阻值 R_c：

$$R_c=\frac{\rho_c}{2\pi l_1}\ln\frac{4l_1}{0.84b}$$

$$=\frac{1.4\times10^4}{2\pi\times250}\times\ln\frac{4\times250}{0.84\times6}=8.91\times\ln198.4=47.1(\Omega)$$

② 水平接地体：水平接地体，每条长度为

$$l_2=a\cos45°=500\times\sqrt{2}/2=353.6(cm)$$

水平接地体电阻 R_s：

$$R_s=\frac{\rho_s}{2\pi l_2}\ln\frac{2l_2^2}{bh}=\frac{1.8\times10^4}{2\pi\times353.6}\times\ln\frac{2\times353.6^2}{4\times50}$$

$$=57.8(\Omega)$$

3）求接地体流向大地的电流

因为 R_s 等于 $1.23R_c$，故可认为由垂直接地体和水平接地体流向大地的电流分别为

$$\frac{100}{2.23}\times1.23=55.2(kA)和\frac{100}{2.23}\times1=44.8(kA)$$

每根垂直接地体与每条水平接地体流向大地的电流分别为

$$\frac{55.2}{4}\approx13.8(kA)和\frac{44.8}{4}\approx11.2(kA)$$

4）求每根角钢的冲击电阻

由表 14-21 可知，当角钢长 2.5m、流向大地的电流幅值 I_f 为 20kA，且 ρ 为 $10^4\Omega\cdot cm$ 时，冲击系数 α 为 0.75；当 ρ 为 $5\times10^4\Omega\cdot cm$ 时，α 为 0.45。现 I_f 为 13.8kA，用内插法得上述两种情况的 α 值分别为 0.8 和 0.5；当 ρ_c 为 $1.4\times10^4\Omega\cdot cm$ 时，用内插法得 α 为 0.6，故每根角钢的冲击接地电阻 R_{chc} 为

$$R_{chc}=0.6\times47.1\approx28.3(\Omega)$$

5）求整个接地装置的冲击接地电阻

由表 14-22 估计，当水平接地体长约 5m、流向大地的电流幅值 I_f 为 10kA，且 ρ 为

$10^4\Omega\cdot$cm时，α为0.75；ρ为$5\times10^4\Omega\cdot$cm时，α为0.55。现水平接地体长约为$\frac{\sqrt{5^2+5^2}}{2}=$3.535（m），由表14-21得上述两种情况$\alpha$值分别为0.55和0.3；当$\rho_s$为$1.8\times10^4\Omega\cdot$cm时，用内插法可取$\alpha$为0.45，又由表14-23取$\eta$为0.6，故水平接地体的冲击接地电阻$R_{chs}$为

$$R_{chs}=\frac{\alpha R_s}{n}\times\frac{1}{\eta}=\frac{0.45\times57.8}{4}\times\frac{1}{0.6}=10.8(\Omega)$$

据$a/l_1=500/250=2$，由表14-24取η为0.7，整个接地装置的冲击接地电阻$R_{ch\Sigma}$为

$$R_{ch\Sigma}=\frac{\frac{R_{chc}}{n}R_{chs}}{\frac{R_{chc}}{n}+R_{chs}}\times\frac{1}{\eta}=\frac{\frac{28.3}{4}\times10.8}{\frac{28.3}{4}+10.8}\times\frac{1}{0.7}=6.1(\Omega)$$

该接地电阻小于100kV·A变电所要求的不大于10Ω的要求。

【实例2】 某厂变电所10/0.4kV的变压器，10kV侧线路为中性点不接地系数。在该系统中与其有电气联系的有：架空线路10km和电缆线路0.5km；380V侧为中性点直接接地系数。已知该地区为黏土土壤，土壤电阻率为$1.1\times10^4\Omega\cdot$cm。试设计接地装置。

解 在中性点不接地的网络中，单相接地电容电流为

$$I_{jd}=\frac{U(35L_1+L_2)}{350}=\frac{10\times(35\times0.5+10)}{350}=0.786(\text{A})$$

式中 I_{jd}——单相接地电容电流，A；

L_1——电缆线路长度，km；

L_2——架空线路长度，km。

由表14-18查得总接地电阻$R\leqslant\frac{125}{I_{jd}}\leqslant10\Omega$，现$R\leqslant125/0.786=159.7(\Omega)$，应取不大于10Ω；而对于低压电气设备要求接地电阻不大于4Ω，选择两者中较小的，即接地装置的电阻在一年内任何季节不得大于4Ω。

现采用等边角钢50mm×50mm×5mm，长度250cm，埋深0.7m。查表14-4得$K=34.85\times10^{-4}$。

单根垂直接地体的接地电阻为

$$R_c=K\rho=34.85\times10^{-4}\times1.1\times10^4=38.3(\Omega)$$

假设采用13根角钢作接地体，每根接地体间距为2.5m。采用40mm×4mm扁钢连接，扁钢总长度为$l_n=13\times2.5=32.5$m，扁钢埋深0.6m。扁钢接地电阻为

$$R_s=\frac{\rho}{2\pi l_n}\left(\ln\frac{l_n^2}{hd}+A\right)=\frac{1.1\times10^4}{2\pi\times3250}\times\ln\frac{3250^2}{60\times\frac{4}{2}}=6.1(\Omega)$$

接地装置采用环形方式，$a/l=2.5/2.5=1$，查表14-8得$K_d=0.32$（用内插法求得），故扁钢的接地电阻为

$$R_s'=R_s/K_d=6.1/0.32=19.1(\Omega)$$

接地体的总电阻为

$$R_{\Sigma c}=\frac{R_s'R}{R_s'-R}=\frac{19.1\times4}{19.1-4}\approx5(\Omega)$$

由表 14-7 查得，当 $n=14$ 及 $a/l=1$ 时，$K_d=0.54$（插入法），故接地体数为

$$n=\frac{R_c}{K_d R_{\Sigma c}}=\frac{38.3}{0.54\times5}=14.2(\text{根})$$

可以确定采用 14 根角钢作为接地体，这样构成的接地装置的接地电阻值不会超过所要求的 4Ω。

18. 单支避雷针保护范围的计算

滚球法计算单支避雷针保护范围示意图如图 14-7 所示。

我国对滚球半径的规定见表 14-25。

表 14-25 我国对滚球半径 R 的规定

建筑物防雷类别	滚球半径/m	避雷网尺寸 l/m ≤
第一类	30	5×5 或 6×4
第二类	45	10×10 或 12×8
第三类	60	20×20 或 24×16

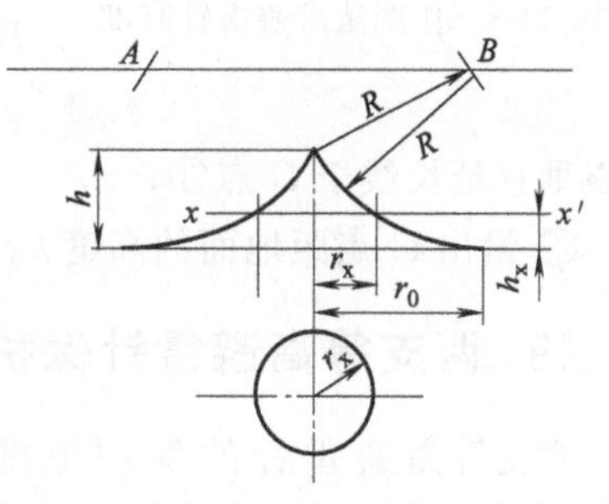

图 14-7 滚球法求单支避雷针保护范围

另外，粮、棉及易燃物大量集中的露天堆场，当其年预计雷击次数（具体当地气象站可提供）大于或等于 0.05 时，应采用独立避雷针或架空避雷线防直击雷。独立避雷针或架空避雷线保护范围的滚球半径可取 100m。

具体计算方法如下：

(1) 当避雷针高度 $h \leqslant R$ 时

① 距地面 R 处作一平行于地面的平行线。

② 以避雷针针尖为圆心、R 为半径作弧线交于平行线的 A、B 两点。

③ 以 A、B 为圆心，R 为半径作弧线，弧线与避雷针针尖相交并与地面相切。弧线到地面为其保护范围。保护范围为一个对称的锥体。

④ 避雷针在 h_x 高度的 xx' 平面上和地面上的保护半径，应按下列公式计算：

$$r_x=\sqrt{h(2R-h)}-\sqrt{h_x(2R-h_x)}$$

$$r_0=\sqrt{h(2R-h)}$$

式中 r_x——避雷针在 h_x 高度的 xx' 平面上的保护半径，m；

R——滚球半径（m），见表 14-25；

h_x——被保护物的高度，m；

r_0——避雷针在地面上的保护半径，m。

(2) 当避雷针高度 $h>R$ 时

这时应在避雷针上取高度等于 R 的一点代替单支避雷针针尖作为圆心。其余的做法同前。在上式两式中的 h 用 R 代之。

【实例】 一座第二类防雷建筑物高度 h_x 为 20m，高度 h_x 水平面上的保护半径 r_x 为 5m，试求单根避雷针的高度。

解 1) 计算法

查表 14-25，得滚球半径 $R=45$m。

$$5=\sqrt{h(2\times45-h)}-\sqrt{20\times(2\times45-20)}$$

$$5=\sqrt{90h-h^2}-37.4$$

$$90h-h^2=42.4^2=1797.8$$

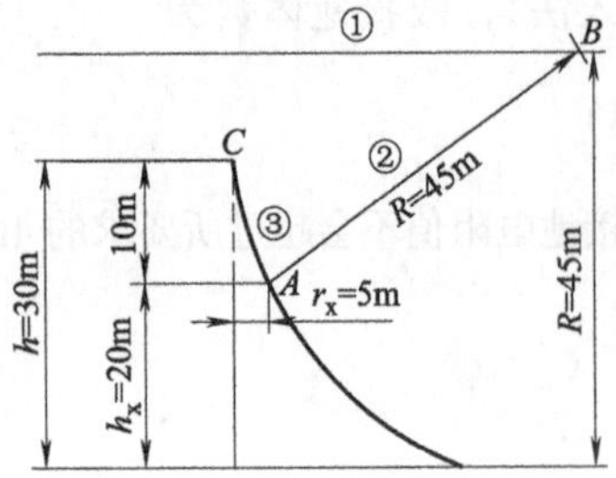

图 14-8 作图法求避雷针高度

解得 $h=30\text{m}$

避雷针架设在该建筑物顶上，因此避雷针本身长度为 $30\text{m}-20\text{m}=10\text{m}$。

2）作图法（见图 14-8）

首先画出建筑物高度 $h_x=20\text{m}$ 和被保护半径 $r_x=5\text{m}$。

① 距地面 $R=45\text{m}$ 处作一平行于地面的平行线①；

② 以 A 点为圆心、$R=45\text{m}$ 为半径作弧线交于平行线 B 点②；

③ 以 B 点为圆心、$R=45\text{m}$ 为半径作弧线交于建筑物轴心垂直延长线于 C 点③；

④ 量出 C 点距地面的高度 $h=30\text{m}$。避雷针长度即为 10m。

19. 两支等高避雷针保护范围的计算

两支等高避雷针的保护范围，在避雷针高度 $h\leqslant R$ 时，当两支避雷针距离 $D\geqslant 2\sqrt{h(2R-h)}$ 时，应各按单支避雷针的计算方法计算；当 $D<2\sqrt{h(2R-h)}$ 时，应按以下方法计算（见图 14-9）：

① $AEBC$ 外侧的保护范围，按单支避雷针的方法计算；

② C、E 点应位于两避雷针间的垂直平分线上。在地面每侧的最小保护宽度按下式计算：

$$b_0=CO=EO=\sqrt{h(2R-h)-\left(\frac{D}{2}\right)^2}$$

③ 在 AOB 轴线上，距中心线任一距离 x 处，其在保护范围上边线上的保护高度按下式计算：

$$h_x=R-\sqrt{(R-h)^2+\left(\frac{D}{2}\right)^2-x^2}$$

该保护范围上边线是以中心线距地面 R 的一点 O' 为圆心，以 $\sqrt{(R-h)^2+\left(\frac{D}{2}\right)^2}$ 为半径所作的圆弧 AB。

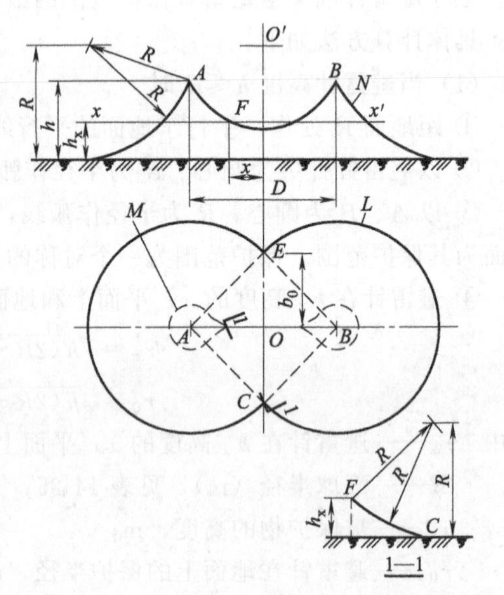

图 14-9 两支等高避雷针的保护范围

L—地面上保护范围的截面；M—xx'平面上保护范围的截面；N—AOB 轴线的保护范围

④ 两避雷针间 $AEBC$ 内的保护范围，ACO 部分的保护范围按以下方法计算：

a. 在任一保护高度 h_x 和 C 点所处的垂直平面上，以 h_x 作为假想避雷针，并按单支避雷针的方法逐点确定（见图 14-9 中 1—1 剖面图）；

b. 确定 BCO、AEO、BEO 部分的保护范围的方法与 ACO 部分的相同。

⑤ 确定 xx' 平面上的保护范围截面的方法：以单支避雷针的保护半径 r_x 为半径，以 A、B 为圆心作弧线与四边形 $AEBC$ 相交；以单支避雷针的（r_0-r_x）为半径，以 E、C 为圆心作弧线与上述弧线相交（见图 14-9 中的粗虚线）。

20. 两支不等高避雷针保护范围的计算

两支不等高避雷针的保护范围，在 A 避雷针的高度 h_1 和 B 避雷针的高度 h_2 均小于或等于 R 时，当两支避雷针距离 $D \geqslant \sqrt{h_1(2R-h_1)}+\sqrt{h_2(2R-h_2)}$ 时，可各按单支避雷针的计算方法计算；当 $D<\sqrt{h_1(2R-h_1)}+\sqrt{h_2(2R-h_2)}$ 时，应按以下方法计算（见图 14-10）：

① AEBC 外侧的保护范围可按单支避雷针的方法计算。

② CE 线或 HO′线的位置按下式计算：

$$D_1=\frac{(R-h_2)^2-(R-h_1)^2+D^2}{2D}$$

③ 在地面每侧的最小保护宽度按下式计算：

$$b_0=CO=EO=\sqrt{h_1(2R-h_1)-D_1^2}$$

④ 在 AOB 轴线上，A、B 间保护范围上边线位置可按下式计算：

$$h_x=R-\sqrt{(R-h_1)^2+D_1^2-x^2}$$

式中　x——距 CE 线或 HO′线的距离。

该保护范围上边线是以 HO′线上距地面 R 的一点 O′为圆心，以 $\sqrt{(R-h_1)^2+D_1^2}$ 为半径所作的圆弧 AB。

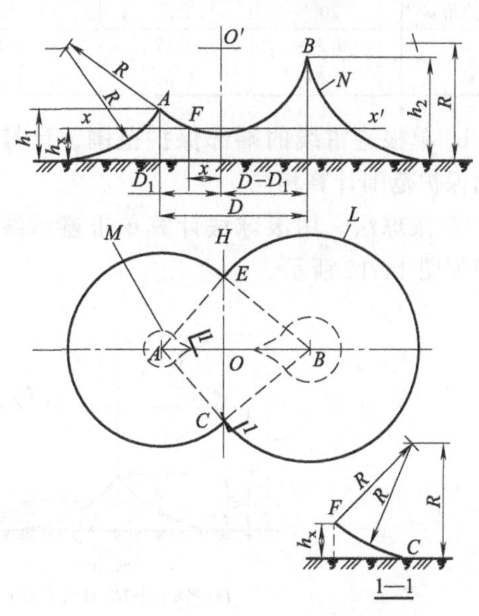

图 14-10　两支不等高避雷针的保护范围

L—地面上保护范围的截面；M—xx′平面上保护范围的截面；N—AOB 轴线的保护范围

⑤ 两避雷针间 AEBC 内的保护范围，ACO 与 AEO 是对称的，BCO 与 BEO 是对称的，ACO 部分的保护范围可按以下方法计算：

a. 在任一保护高度 h_x 和 C 点所处的垂直平面上，以 h_x 作为假想避雷针，按单支避雷针的方法逐点计算（见图 14-10 的 1—1 剖面图）。

b. 确定 AEO、BCO、BEO 部分的保护范围的方法与 ACO 部分相同。

⑥ 确定 xx′平面上的保护范围截面的方法与两支等高避雷针相同。

21. 单根避雷线保护范围的计算

(1) 计算公式

① 折线法。用折线法计算单根避雷线的保护范围如图 14-11 所示。在图 14-11 中，h 为避雷线最大弧垂点的高度，α 为避雷线保护角。预算中 α 越小，实际保护效果越好，α 一般取 20°～30°。

a. 避雷线两侧的保护范围。

当 $h_x \geqslant h/2$ 时　　　$b_x=a(h-h_x)P$

当 $h_x<h/2$ 时　　　$b_x=(h-bh_x)P$

式中　h_x——被保护物高度，m；

h——避雷线高度，m；

b_x——高度 h_x 水平面上保护宽度的一半，m；

a，b——考虑取不同保护角时的计算系数，可由表 14-26 查得；

P——高度影响系数，当 $h \leqslant 30\text{m}$ 时，$P=1$；当 $30 < h \leqslant 120\text{m}$ 时，$P=5.5/\sqrt{h}$。

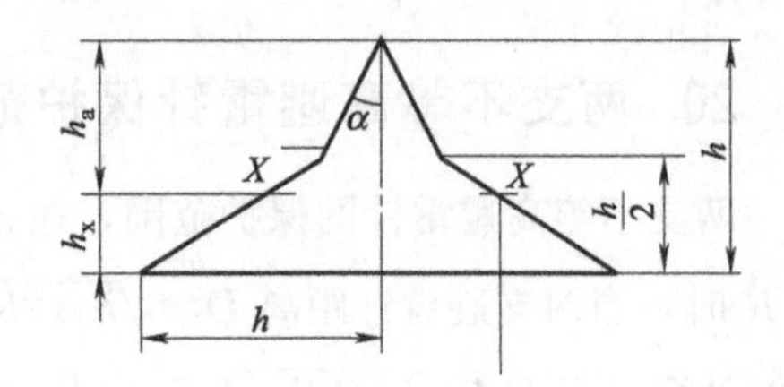

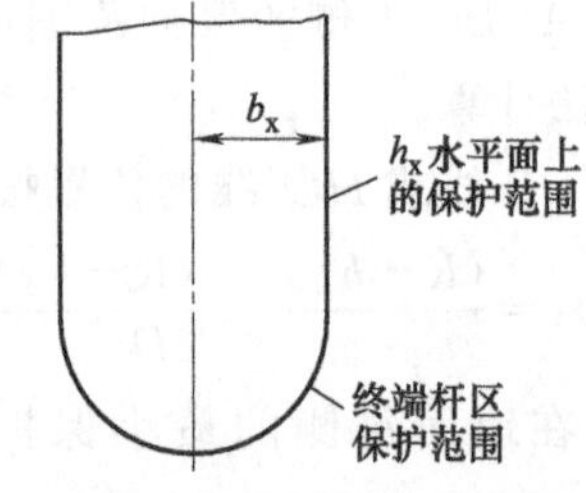

图 14-11　折线法求单根避雷线的保护范围

表 14-26　避雷线保护范围的计算系数

保护角 α	20°	25°	30°
a	0.36	0.47	0.58
b	1.64	1.53	1.42

b. 单根避雷线的端部保护范围。计算方法与两侧保护范围计算相同。

② 滚球法。用滚球法计算单根避雷线的保护范围如图 14-12 所示。

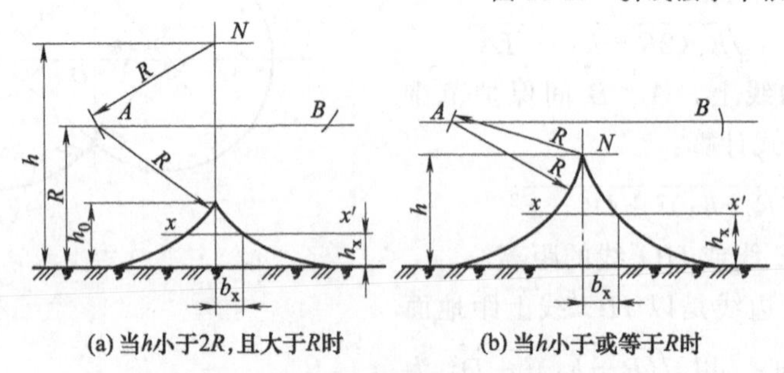

图 14-12　单根架空避雷线的保护范围

N—避雷线

当避雷线的高度 h 大于或等于 $2R$ 时，应无保护范围；当避雷线的高度 h 小于 $2R$ 时，应按下列方法确定（见图 14-12）。确定架空避雷线的高度时应计及弧垂的影响。在无法确定弧垂的情况下，当等高支柱间的距离小于 120m 时，架空避雷线中点的弧垂宜采用 2m，距离为 120～150m 时宜采用 3m。

计算步骤如下：

① 距地面 R 处作一平行于地面的平行线。

② 以避雷线为圆心、R 为半径，作弧线交于平行线的 A、B 两点。

③ 以 A、B 为圆心，R 为半径作弧线，该两弧线相交或相切，并与地面相切。弧线至地面为保护范围。

④ 当 h 小于 $2R$ 且大于 R 时，保护范围最高点的高度应按下式计算：

$$h_0=2R-h$$

⑤ 避雷线在 h_x 高度的 xx' 平面上的保护宽度，应按下式计算：

$$b_x=\sqrt{h(2R-h)}-\sqrt{h_x(2R-h_x)}$$

式中　b_x——避雷线在 h_x 高度的 xx' 平面上的保护宽度，m；

h——避雷线的高度，m；

R——滚球半径，按表 14-25 的规定取值，m；

h_x——被保护物的高度，m。

⑥ 避雷线两端的保护宽度应按单支避雷针的方法确定。

(2) 实例

有一单根避雷线，已知第二类被保护建筑物高度为25m。避雷线最大弧垂点的高度为30m，要求保护角为30°，试求避雷线的保护范围。

解 ① 用折线法计算避雷线两侧的保护范围。

因为$h_x=25m\geqslant\frac{h}{2}=15m$，故保护范围为

$$b_x=a(h-h_x)P=0.58\times(30-25)\times1=2.9(m)$$

式中，根据保护角$\alpha=30°$，查表14-26得$a=0.58$。

端部保护半径$r=2.9m$

② 用滚球法计算避雷线两侧保护范围。

根据第二类建筑物，查表14-25得滚球半径$R=45m$，故保护范围为

$$b_x=\sqrt{h(2R-h)}-\sqrt{h_x(2R-h_x)}$$
$$=\sqrt{30\times(2\times45-30)}-\sqrt{25\times(2\times45-25)}=2.1(m)$$

端部保护半径$r=2.1m$

22. 两根等高避雷线保护范围的计算

(1) 折线法

两根平行避雷线保护范围如图14-13所示。图中，a、b点分别为两避雷线最大弧垂点，一般情况下，$h_a=h_b=h$。

① 两避雷线外侧保护范围。计算方法与单根避雷线的计算相同。

② 两避雷线内侧保护范围。两避雷线之间的保护范围最低高度h_0可按下式计算：

$$h_0=h-\frac{D}{4P}$$

式中 D——两避雷线间的距离，m。

两避雷线端部保护范围。计算方法与两支等高避雷针的计算相同，等高避雷针的高度约为避雷线高度的0.8倍。

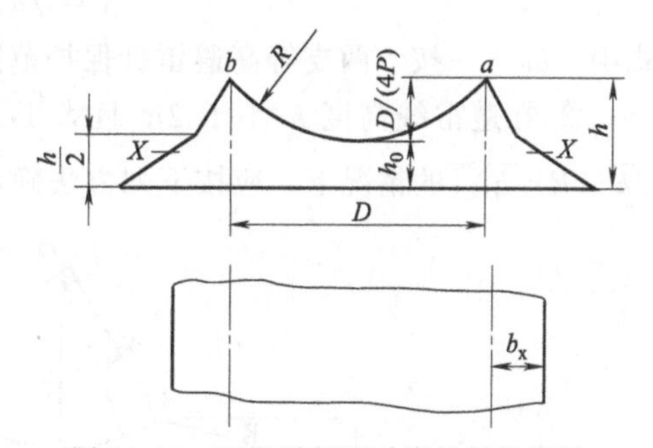

图14-13 两根平行避雷线的保护范围

【实例】 有两根高度均为28m的避雷线，平行架设，间距为20m，试求两避雷线之间的保护范围最低高度h_0。

解 因为$h=28m<30m$，故$P=1$，所以两避雷线之间的保护范围最低高度为

$$h_0=h-\frac{D}{4P}=28-\frac{20}{4\times1}=23(m)$$

(2) 滚球法

① 在避雷线高度h小于或等于R的情况下，当D小于或等于$2\sqrt{h(2R-h)}$时，应各按单根避雷线所规定的方法确定；当D小于$2\sqrt{h(2R-h)}$时，应按下列方法确定（见图14-14）：

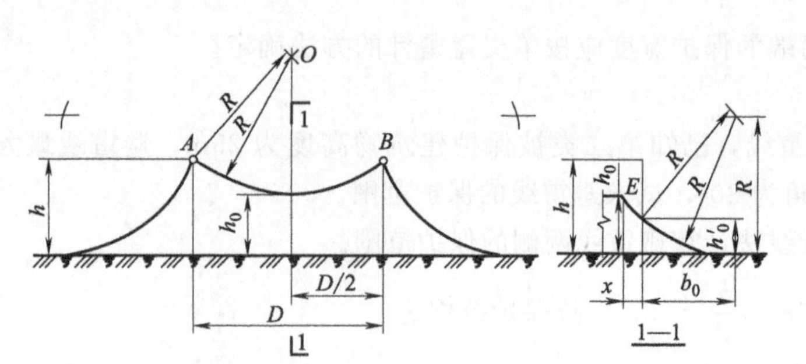

图 14-14　两根等高避雷线在高度 h 小于或等于 R 时的保护范围

a. 两根避雷线的外侧，各按单根避雷线的方法确定。

b. 两根避雷线之间的保护范围按以下方法确定：以 A、B 两避雷线为圆心，R 为半径作圆弧交于 O 点，以 O 点为圆心、R 为半径作弧线交于 A、B 点。

c. 两根避雷线之间保护范围最低点的高度按下式计算：

$$h_0=\sqrt{R^2-\left(\frac{D}{2}\right)^2}+h-R$$

d. 避雷线两端的保护范围按两支避雷针的方法确定，但在中线上 h_0 线的内移位置按以下方法确定（见图 14-14 中 1—1 剖面图）；以两支避雷针所确定的保护范围中最低点的高度 $h'_0=R-\sqrt{(R-h)^2+\left(\frac{D}{2}\right)^2}$ 作为假想避雷针，将其保护范围的延长弧线与 h_0 线交于 E 点。内移位置的距离也可按下式计算：

$$x=\sqrt{h_0(2R-h_0)}-b_0$$

式中　b_0——按“两支等高避雷针保护范围的计算”项中 b_0 的计算公式计算。

② 在避雷线高度 h 小于 $2R$ 且大于 R，避雷线之间的距离 D 小于 $2R$ 且大于 $2[R-\sqrt{h(2R-h)}]$ 的情况下，应按下列方法确定（见图 14-15）：

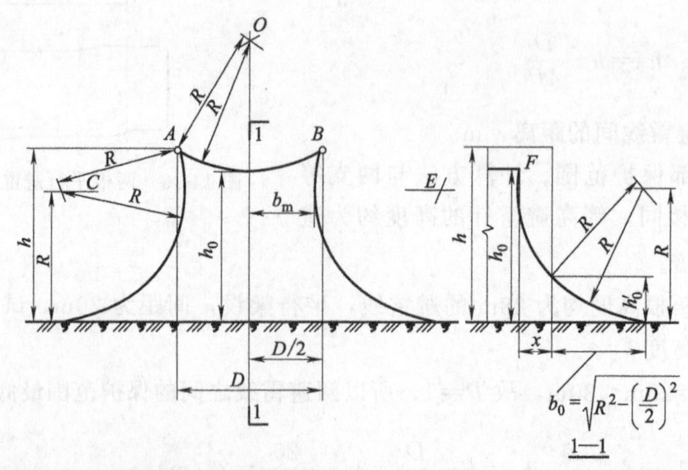

图 14-15　两根等高避雷线在高度 h 小于 $2R$ 且大于 R 时的保护范围

a. 距地面 R 处作一与地面平行的线。

b. 以 A、B 两避雷线为圆心，R 为半径作弧线交于 O 点并与平行线相交或相切于 C、E 点。

c. 以 O 点为圆心、R 为半径作弧线交于 A、B 点。

d. 以 C、E 为圆心，R 为半径作弧线交于 A、B 并与地面相切。

e. 两根避雷线之间保护范围最低点的高度按下式计算：

$$h_0=\sqrt{R^2-\left(\frac{D}{2}\right)^2}+h-R$$

f. 最小保护宽度 b_m 位于 h_0 高处，其值按下式计算：

$$b_m=\sqrt{h(2R-h)}+\frac{D}{2}-R$$

g. 避雷线两端的保护范围按两支高度 R 的避雷针确定，但在中线上 h_0 线的内移位置按以下方法确定（见图 14-15 的 1—1 剖面图）：以两支高度 R 的避雷针所确定的保护范围中点最低点的高度 $h_0'\left(=R-\frac{D}{2}\right)$ 作为假想避雷针，将其保护范围的延长弧线与 h_0 线交于 F 点。内移位置的距离也可按下式计算：

$$x=\sqrt{h_0(2R-h_0)}-\sqrt{R^2-\left(\frac{D}{2}\right)^2}$$

23. 导线落雷数和感应过电压的计算

（1）计算公式

① 导线落雷数。根据经验，送电线路上每年遭受直击雷的总数可按下式估算：

$$N=0.15hln\times10^{-3}$$

式中 h——导线平均悬挂高度，m；

l——线路长度，km；

n——线路通过地区每年平均雷电日数，根据当地气象台、站资料确定。

② 雷电对导线的感应过电压的计算。雷击点距电力线路 50m 以外时，线路上雷电感应的冲击过电压可按下式近似计算：

$$U_g=\frac{25I_fh}{S}$$

式中 U_g——线路上雷电感应冲击过电压，kV；

I_f——雷击点雷电流幅值，kA；

h——导线平均高度，m；

S——线路距雷击点的水平距离，m。

（2）实例

某厂厂区 10kV 供电线路，其导线平均悬高为 10m，如受雷电感应，其雷电流幅值取 100kA，线路距雷击点的水平距离为 50m，试求线路上感应过电压的大小。

解 线路上感应过电压为

$$U_g=\frac{25I_fh}{S}=\frac{25\times100\times10}{50}=500(\text{kV})$$

雷电感应的冲击过电压只在极少的情况下达到 500～600kV。

24. 建筑物落雷数的计算

（1）计算公式

建筑物每年遭受直击雷的总数可按下式估算：

$$N=0.015nk(l+5h)(b+5h)\times10^{-6}$$

式中　n——建筑物所处地区每年平均雷电日数，根据当地气象台、站资料确定；

l，b，h——建筑物的长、宽、高，m；

k——雷击次数校正系数，一般可取1，在下列情况下取1.5～2：位于旷野孤立的建筑物或金属屋面的砖木结构建筑物；位于河边、湖边、山坡下或山地中土壤电阻率较小处、地下水露头处、土山顶部、山谷风口等处的建筑物，以及特别潮湿的建筑物；建筑群中高于25m的建筑物、旷野中高于20m的建筑物。

（2）实例

浙江省某地区每年平均雷电日数为60天，一座长、宽、高分别为100m、25m和30m的建筑物处于建筑群中，试估算该建筑物每年遭受直击雷次数。

解　将已知条件代入下式，得该建筑物每年遭受直击雷次数N为

$$\begin{aligned}N&=0.015nk(l+5h)(b+5h)\times10^{-6}\\&=0.015\times60\times1.8\times(100+5\times30)\times(25+5\times30)\times10^{-6}\\&=0.071(\text{次/年})\end{aligned}$$

十五、其他

1. 节电工程投资效益的静态计算

静态计算法比较简单，但没有考虑资金的时间价值，即没有考虑资金的利率及通货膨胀率，准确性较差，其计算方法如下：

(1) 计算公式

投资回收期限计算公式

$$T=\frac{C}{\Delta L}=\frac{C}{L_2-L_1}=\frac{C}{A\delta-S}$$

式中 T——投资回收期限，年；

C——实现节电措施所需的投资（元），包括用于建筑、购置各种设备、安装及管理等费用；

ΔL——实现节电措施后的年节电效益，元；

L_1——实现节电措施前的年收益，元；

L_2——实现节电措施后的年收益，元；

A——年节电总量，kW·h/年；

δ——电价，元/(kW·h)；

S——节电工程投入后的年维护保养费用，元。

用节能产品更换老产品的资金回收期限，应按下式计算：

$$T=\frac{C-d}{\Delta L}$$

式中 C——购置节能产品的费用，元；

d——老产品报废后的回收资金（剩余价值），元；

ΔL——更换设备后年节电效益，元。

一般认为，当 $T\leqslant\left(\frac{1}{2}\sim\frac{2}{3}\right)$节能产品寿命周期时，在经济上是合理的，否则不可取。

(2) 实例

某企业一节能改造项目，需投资 150 万元，改造后年节电 800000kW·h，并减少年设备维护费 2 万元，减少年原料消耗 6 万元，淘汰下来的设备剩余价值为 4 万元。试用静态法估算几年收回成本？该节能改造项目是否应采纳？设电价为 0.5 元/(kW·h)。

解 实现节能改造后的年节电效益为

$$\Delta L=A\delta+\Delta L_1+\Delta L_2$$
$$=80\times0.5+2+6=48(\text{万元})$$

实现节能改造所需投资为$C=150$万元，淘汰设备的剩余价值为$d=4$万元，故投资回收期限为

$$T=\frac{C-d}{\Delta L}=\frac{150-4}{48}=3(\text{年})$$

一般节能改造项目能在4～6年内收回成本，可认为是合理的。因此，从估值角度看该节能改造项目应采纳。

2. 节电工程投资效益的动态计算

动态计算法即投资利率法，根据投资C在工程使用寿命年限n年内不低于收益L的边际效益原则，确定投资利率i。当工程投资利率i高于某一规定值i_0时，则工程是可行的，否则不可取。i越高，则方案越佳。

(1) 已知资本回收期限，决定投资限额的计算方法

设节电改造工程的投资为C（元），年利率为i，采取节电工程后的年节约费用（即年收益）为L（元/年），则1年后的未收回资金为

$$C(1+i)-L$$

2年后的未收回资金为

$$[C(1+i)-L](1+i)-L=C(1+i)^2-L(1+i)-L$$

n年后的未收回资金为

$$C(1+i)^n-L(1+i)^{n-1}-L(1+i)^{n-2}-\cdots-L(1+i)-L$$
$$=C(1+i)^n-L\sum_{k=1}^{n}(1+i)^{k-1}$$

若n年后收回了投资额（n年为使用寿命年限），则

$$C(1+i)^n-L\sum_{k=1}^{n}(1+i)^{k-1}=0$$

即

$$\frac{L}{C}=\frac{(1+i)^n i}{(1+i)^n-1}$$

$\frac{C}{L}=\frac{(1+i)^n-1}{i(1+i)^n}$为现值系数，如果考虑年通货膨胀率$\alpha$，则现值系数为

$$\frac{C}{L}=\frac{1-\left(\frac{1+\alpha}{1+i}\right)^n}{i-\alpha}$$

假设已确定资本回收期限为$T=n$年，由表15-1决定投资限额（即最高可以接受的投资额）。

(2) 实例

【实例1】 某节能改造项目，预计改造后年收益（节约）30万元/年，已知年利率$i=5\%$，若要求三年收回投资，问最高可以接受的投资额为多少？

解 根据$i=5\%$和$n=3$年，由表15-1查得$L/C=0.36721$，故得

$$C=\frac{L}{0.36721}=\frac{30}{0.36721}=81.7(\text{万元})$$

最高可以接受的投资额为81.7万元。

表 15-1 资本回收系数 L/C 和现值系数 C/L

资本回收期限 n/年	资本回收系数 $\frac{i(1+i)^n}{(1+i)^n-1}$	现值系数 $\frac{(1+i)^n-1}{i(1+i)^n}$	资本回收系数 $\frac{i(1+i)^n}{(1+i)^n-1}$	现值系数 $\frac{(1+i)^n-1}{i(1+i)^n}$
	利率 $i=0.5\%$		利率 $i=1\%$	
1	1.00500	0.995	1.01000	0.990
2	0.50375	1.985	0.50751	1.970
3	0.33667	2.970	0.34002	2.941
4	0.25313	3.950	0.25628	3.902
5	0.20301	4.926	0.20604	4.853
6	0.16960	5.896	0.17255	5.795
7	0.14573	6.862	0.14863	6.728
8	0.12783	7.823	0.13069	7.652
9	0.11391	8.779	0.11674	8.566
10	0.10277	9.730	0.10558	9.471
	利率 $i=2\%$		利率 $i=3\%$	
1	1.02000	0.930	1.03000	0.971
2	0.51505	1.942	0.52261	1.913
3	0.34675	2.884	0.35353	2.829
4	0.26262	3.808	0.26903	3.717
5	0.21216	4.713	0.21835	4.580
6	0.17835	5.601	0.18460	5.417
7	0.15451	6.472	0.16051	6.230
8	0.13651	7.325	0.14246	7.020
9	0.12252	8.162	0.12843	7.786
10	0.11133	8.983	0.11723	8.530
	利率 $i=4\%$		利率 $i=5\%$	
1	1.04000	0.962	1.05000	0.952
2	0.53020	1.886	0.53780	1.859
3	0.36035	2.775	0.36721	2.723
4	0.27549	3.630	0.28201	3.546
5	0.22463	4.452	0.23097	4.329
6	0.19076	5.242	0.19702	5.075
7	0.16661	6.002	0.17282	5.786
8	0.14853	6.733	0.15472	6.463
9	0.13449	7.435	0.14069	7.108
10	0.12329	8.111	0.12950	7.722
	利率 $i=6\%$		利率 $i=8\%$	
1	1.06000	0.943	1.08000	0.926
2	0.54544	1.833	0.56077	1.783
3	0.37411	2.673	0.38803	2.577
4	0.28859	3.465	0.30192	3.312
5	0.23740	4.212	0.25046	3.993
6	0.20336	4.917	0.21632	4.623
7	0.17914	5.582	0.19207	5.206
8	0.16104	6.210	0.17401	5.747
9	0.14702	6.802	0.16008	6.247
10	0.13587	7.360	0.14903	6.710
	利率 $i=10\%$		利率 $i=12\%$	
1	1.10000	0.909	1.12000	0.893
2	0.57619	1.736	0.59170	1.690
3	0.40211	2.487	0.41635	2.402
4	0.31547	3.170	0.32923	3.037
5	0.26380	3.791	0.27741	3.605
6	0.22961	4.355	0.24323	4.111
7	0.20541	4.868	0.21912	4.564
8	0.18744	5.335	0.20130	4.968
9	0.17364	5.759	0.18768	5.328
10	0.16275	6.144	0.17698	5.650

续表

资本回收期限 n/年	资本回收系数 $\frac{i(1+i)^n}{(1+i)^n-1}$	现值系数 $\frac{(1+i)^n-1}{i(1+i)^n}$	资本回收系数 $\frac{i(1+i)^n}{(1+i)^n-1}$	现值系数 $\frac{(1+i)^n-1}{i(1+i)^n}$
	利率 $i=15\%$		利率 $i=20\%$	
1	1.15000	0.870	1.2000	0.833
2	0.61512	1.626	0.65455	1.528
3	0.43798	2.283	0.47473	2.106
4	0.35027	2.855	0.38629	2.589
5	0.29832	3.352	0.33438	2.991
6	0.26424	3.784	0.30071	3.326
7	0.24036	4.160	0.27742	3.605
8	0.22285	4.487	0.26061	3.837
9	0.20957	4.772	0.24808	4.031
10	0.19925	5.019	0.23852	4.192
	利率 $i=25\%$		利率 $i=30\%$	
1	1.25000	0.800	1.30000	0.769
2	0.69444	1.440	0.73478	1.361
3	0.51230	1.952	0.55063	1.816
4	0.42344	2.362	0.46163	2.166
5	0.37185	2.689	0.41058	2.436
6	0.33882	2.951	0.37839	2.643
7	0.31634	3.161	0.35687	2.802
8	0.30040	3.329	0.34192	2.925
9	0.28876	3.463	0.33124	3.019
10	0.28007	3.571	0.32346	3.092
	利率 $i=40\%$		利率 $i=50\%$	
1	1.40000	0.714	1.50000	0.667
2	0.31667	1.224	0.90000	1.111
3	0.62936	1.589	0.71053	1.407
4	0.54077	1.849	0.62308	1.605
5	0.49136	2.035	0.57583	1.737
6	0.46126	2.168	0.54812	1.824
7	0.44192	2.263	0.53108	1.883
8	0.42907	2.331	0.52030	1.922
9	0.42034	2.379	0.51335	1.948
10	0.41432	2.414	0.50882	1.965

【实例 2】 某节电工程，投资 12 万元，第一年至第四年的收益分别为 3 万元、3.3 万元、3.6 万元和 4 万元。试分析该节电工程是否可行？设利率为 3%，要求 4 年收回投资。

解 设投资为 C，年收益为 ΔL，利率为 $i\%$，则折现率为 $\left(\frac{1}{1+i}\right)^n$，第 n 年的净收益为 $\Delta L_n=\Delta L\left(\frac{1}{1+i}\right)^n$，$n$ 年扣除投资后的净收益为 $C-\sum\Delta L_n$。

按题意列表，见表 15-2。

表 15-2 某节电工程投资和收益

年	投资 C /万元	收益 ΔL /(万元/年)	$i=3\%$时折现率 $\left(\frac{1}{1+i}\right)^n$	第 n 年的净收益 $\Delta L_n=\Delta L\left(\frac{1}{1+i}\right)^n$/万元	n 年扣除投资后的净收益 $C-\sum\Delta L_n$/万元
0	12		1	−12	
1		3	0.952	2.86	−9.14
2		3.3	0.907	2.99	−6.15
3		3.6	0.864	3.11	−3.04
4		4	0.827	3.29	+0.25

由表可见，第四年累计净收益已为正值，故工程是可行的。

3. 用少数电阻得到多种阻值的方法

(1) 计算公式

把多只不同阻值的电阻器用不同的方式串联，便可组合成很多个不同的阻值。多只电阻器称为权电阻。电阻器的阻值可由 2^{n+1}决定，其中 n 为正整数，即 $n=1$、2、3…共计可以组合成（$2^0+2^1+2^2+2^3+\cdots+2^{n-1}$）种不同阻值。

（2）实例

求用 10 只多少阻值的电阻器，最多能串联组合多少种阻值。

解 这 10 只电阻器的阻值可以分别为：1kΩ、2kΩ、4kΩ、8kΩ、16kΩ、32kΩ、64kΩ、128kΩ、256kΩ 和 512kΩ。共计有 1+2+4+8+16+32+64+128+256+512=1023 个电阻值，它们是：1kΩ、2kΩ、3kΩ、4kΩ、5kΩ、6kΩ、7kΩ、…、1023kΩ。

如果再增加一个电阻器（阻值为 2^{11-1}kΩ=2^{10}kΩ=1024kΩ），则这 11 只电阻器可组成 1023+1024=2047 个阻值。

要是计及电阻器的并联组合，则可得到更多的电阻值。

4. 用少数次级绕组得到多种输出电压的方法

（1）计算公式

用尽可能少的变压器次级绕组数，得到尽可能多的输出电压，可以采用类似于用少数电阻器得到多种电阻值的方法。所不同的是变压器绕组有同名端和非同名端之分。

如果变压器次级绕组为 n 个，而指数的底数取 3，变压器次级绕组的电压值应分别为 3^0V、3^1V、3^2V、3^3V、…、3^{n-1}V。其中 n 为正整数，即 $n=1$、2、3…可通过连接变压器次级绕组不同端子，得到共计（$3^0+3^1+3^2+\cdots+3^{n-1}$）种输出电压，它们的电压值分别是 1V、2V、3V、4V、…、（$3^0+3^1+3^2+\cdots+3^{n-1}$）V。

（2）实例

要想得到 1V、2V、3V、…、40V 共 40 种不同电压，试问变压器应如何绕制和连接。

解 由（$3^0+3^1+3^2+\cdots+3^{n-1}$）=40，得 $n=4$，即需 4 个次级绕组，因此变压器次级绕组的电压值应分别为 1V、3V、9V 和 27V。

画出变压器绕组接线端如图 15-1 所示。要想得到 1V、2V、3V、…、40V 共 40 种电压，端头连接方法如表 15-3 所示。

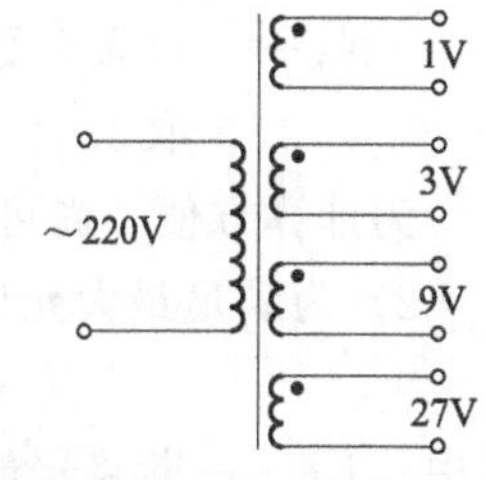

图 15-1 变压器绕组

若要求变压器次级输出更多种电压，则变压器次级可绕成输出电压值分别为 1V、3V、9V、27V、81V、243V 等电压的绕组，则通过类似于表 15-3 的连接方法，可得到 1～364V，共 364 种电压。

表 15-3 次级绕组端头连接方法

输出电压/V	1V绕组	3V绕组	9V绕组	27V绕组	输出电压/V	1V绕组	3V绕组	9V绕组	27V绕组
1	+	0	0	0	17	−	0	−	+
2	−	+	0	0	18	0	0	−	+
3	0	+	0	0	19	+	0	−	+
4	+	+	0	0	20	−	+	−	+
5	−	−	+	0	21	0	+	−	+
6	0	−	+	0	22	+	+	−	+
7	+	−	+	0	23	−	−	0	+
8	−	0	+	0	24	0	−	0	+
9	0	0	+	0	25	+	−	0	+
10	+	0	+	0	26	−	0	0	+
11	−	+	+	0	27	0	0	0	+
12	0	+	+	0	28	+	0	0	+
13	+	+	+	0	29	−	+	0	+
14	−	−	−	+	30	0	+	0	+
15	0	−	−	+	31	+	+	0	+
16	+	−	−	+	32	−	−	+	+

续表

输出电压/V	1V绕组	3V绕组	9V绕组	27V绕组	输出电压/V	1V绕组	3V绕组	9V绕组	27V绕组
33	0	－	＋	＋	37	＋	0	＋	＋
34	＋	－	＋	＋	38	－	＋	＋	＋
35	－	0	＋	＋	39	0	＋	＋	＋
36	0	0	＋	＋	40	＋	＋	＋	＋

注：“＋”表示同相串联，“－”反相串联，“0”不使用的绕组。

5. 铅酸蓄电池容量的计算

(1) 计算公式

铅酸蓄电池组为浮充运行方式时，其容量计算如下。

1) 按满足变电所或发电站事故全停电时的放电容量计算

$$Q_e \geqslant 36 I_{sg}/I_{dj}$$

式中 Q_e——蓄电池直流屏额定容量，A·h；

I_{sg}——经常性负荷与事故负荷电流之和，A；

I_{dj}——单位容量蓄电池在放电假想时间 t_j 内所允许的放电电流（A），可由图15-2查得，$t_j=\frac{K_k Q_{sg}}{I_{sg}}$(h)；

Q_{sg}——事故负荷计算容量，A·h；

K_k——可靠系数，事故放电曲线为水平者，取1.15；事故放电曲线为阶梯形者，取1.1。

为计算方便，尚可按每个开关柜或控制屏0.2～0.4总负载电流估算。

2) 为满足最大允许冲击负荷的放电容量计算

$$Q_e \geqslant 0.78(I_{sg}+I_{ch})$$

式中 I_{ch}——断路器最大合闸冲击电流，A。

3) 蓄电池数量的计算

① 蓄电池数量的确定原则。蓄电池数量应保证直流母线电压U_e在事故放电终了和充电末期维持在比受电设备电压高5%的水平。对于110V直流系统，U_e取115V；对于220V直流系统，U_e取230V。

蓄电池总数由事故放电终了确定。

② 蓄电池数量n的计算。

$$n=U_e/U_{fm}$$

式中 U_{fm}——事故放电后每个电池终止电压，V，对于变电所，U_{fm}取1.95V；对于发电站，U_{fm}取1.75。

③ 基本电池数n_0的计算。

$$n_0=U_e/U_{cm}$$

式中 U_{cm}——在充电终了每个电池的电压，可取2.7V。

④ 端电池数n_d的计算。

$$n_d=n-n_0$$

⑤ 浮充电时连接在直流母线上的蓄电池数n_v的计算。

$$n_v = U_e / U_v$$

式中　U_v——每个蓄电池在浮充电状态下的电压，可取 2.15V。

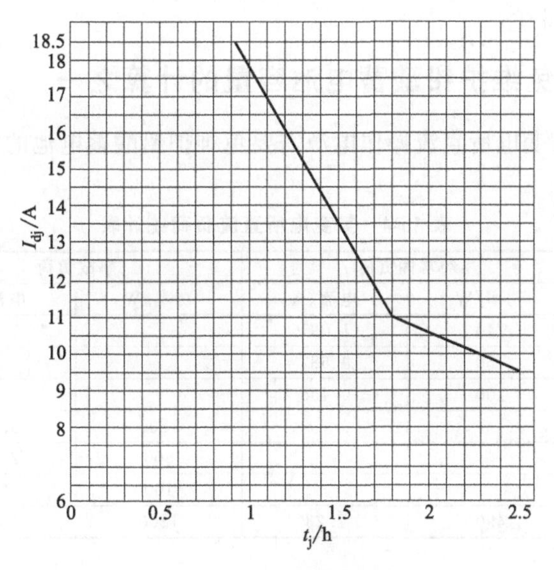

图 15-2　GG 型或 GGM 型蓄电池放电假想时间与放电电流曲线（$T=15$℃）

注：按本图选用 GGF 型蓄电池时，容量应增大 10%。

（2）实例

某变电所直流操作电源为 220V，共有 20 个开关柜和控制屏，已知断路器的合闸冲击电流 I_{ch}为 12A，事故负荷电流为 5A，试计算直流屏蓄电池的容量和蓄电池数量。设该变电所蓄电池组采用浮充电运行方式。

解　① 蓄电池容量的计算。

根据规程要求，变电所全所事故停电时间按 1h 计算，查图 15-2，得单位容量蓄电池在 1h 内所允许的放电电流 $I_{dj}=17.7$A。

经常性负荷和事故负荷电流之和为

$$I_{sg}=0.3\times20+5=11(\text{A})$$

为满足变电所事故全停电状态的放电容量为

$$Q_e \geqslant 36 I_{sg}/I_{dj}=36\times11/17.7=22.4(\text{A}\cdot\text{h})$$

为满足最大允许冲击负荷的放电容量为

$$Q_e \geqslant 0.78(I_{sg}+I_{ch})=0.78\times(13+12)=19.5(\text{A}\cdot\text{h})$$

取上述计算结果中的大者，即 22.4A·h 作为蓄电池的选择容量，查蓄电池产品手册，可选用容量为 22.5A·h 的蓄电池。

② 蓄电池数量的计算。

对于变电所　　$n=U_e/U_{fm}=230/1.95=118$(个)

其中基本电池数为

$$n_0=U_e/U_{cm}=230/2.7=85(\text{个})$$

端电池数为

$$n_d=n-n_0=118-85=33(\text{个})$$

③ 浮充电时连接在直流母线上的蓄电池数为

$$n_v = U_e / U_v = 230/2.15 = 107(\text{个})$$

实际可为 106～108 个。

6. 直流电源用免维护铅酸蓄电池容量的计算之一

【实例】 试计算某变电所直流操作电源需要免维护铅酸蓄电池的容量。某变电所直流负荷列于表 15-4。

表 15-4 某变电所直流负荷统计表

负荷名称	经常性负荷		事故负荷		冲击负荷电流/A
	功率/W	电流/A	功率/W	电流/A	
经常性直流负荷	240	1.091			
信号灯	150	0.682			
回路监视继电器	100	0.455			
事故照明			1200	5.455	
光字牌			500	2.273	
断路器跳闸			100	5	147
合计	490	2.23	1800	12.73	147

注：直流系统电压为 220V。

解 ① 统计出直流负荷的容量及电流。计算时应酌情考虑一定的发展裕量。

② 按最大事故放电容量选择蓄电池额定容量 C_e，即

$$C_e \geqslant I_{ac} t / (K K_Q K_t)$$

式中 C_e——蓄电池额定容量，A·h；

I_{ac}——经常性和事故性直流负荷电流，A；

t——事故照明持续时间（h），一般取 1h；

K——可靠系数，取 0.8；

K_Q——容量折减系数，事故照明持续时间 $t=0.5$h 取 0.8，$t=1$h 取 0.75；

K_t——环境温度修正系数，一般取 0.96。

本例中，$I_{ac}=2.23+12.73=14.96$（A）；根据规程要求，变电所全所事故停电时间按 1h 计算，所以 K_Q 取 0.75。蓄电池容量为

$$C_e \geqslant \frac{14.96 \times 1}{0.8 \times 0.75 \times 0.96} = 26(\text{A} \cdot \text{h})$$

考虑到冲击电流的存在，取蓄电池额定容量为 40A·h。

③ 校验事故放电后的冲击电流。所选蓄电池应满足下式要求：

$$I_{max} > I_{ac} + I_{ch}$$

式中 I_{ch}——冲击负荷电流（A），此例中 $I_{ch}=147$A。

$$200\text{A} > 14.96 + 147 = 162(\text{A})$$

查蓄电池产品手册，容量为 40A·h 的蓄电池，最大电流 I_{max} 为 200A。所以 40A·h 的容量能满足要求。

可选用 GZDW2-100/220 型免维护铅酸蓄电池。

7. 直流电源用免维护铅酸蓄电池容量的计算之二

【实例】 试计算某 6kV 配电装置事故直流电源免维护铅酸蓄电池的容量。该配电装置

事故直流负荷的容量及电流见表 15-5。

解 ① 统计出该配电装置事故直流负荷的容量及电流。本例中由于断路器操作机构为弹簧储能，冲击负荷不大，正常负荷与事故负荷容量基本相同，故只需进行事故负荷容量统计。

表 15-5 事故直流负荷统计表

负荷名称	事故负荷	工作制
控制保护装置单元功率	13(套)×30W=390W	长期
开关柜上信号灯功率	10(个)×4.4W=44W	长期
储能电动机功率	1(台)×450W=450W	短时
43cm 彩色显示器工作电流	1(台)×1.4A=1.4A	长期
主机工作电流	1(台)×2A=2A	长期
激光打印机工作电流	1(台)×2.5A=2.5A	短时

直流系统电压为 220V，设备负荷的功率因数 $\cos\varphi$ 为 0.85，交直流逆变电源效率 η 为 0.94，储能电动机工作时间为 6s，激光打印机事故停电时工作时间按 5min 考虑，激光打印机休眠状态按 55min、功率 30W 计算，直流传输线路损耗忽略不计。变电所全所事故停电时间按 1h 计算。

② 蓄电池容量计算。

a. 连续工作、5min 工作、6s 工作、55min 工作时的视在功率 $S_1 \sim S_4$ 分别为

$$S_1=\frac{P}{\cos\varphi}+\frac{IU}{\eta}=\frac{390+44}{0.85}+\frac{(1.4+2)\times 220}{0.94}=1306.3(\text{V}\cdot\text{A})$$

$$S_2=IU/\eta=2.5\times 220/0.95=578.9(\text{V}\cdot\text{A})$$

$$S_3=P/\cos\varphi=450/0.85=529.4(\text{V}\cdot\text{A})$$

$$S_4=P/\eta=30/0.95=32(\text{V}\cdot\text{A})$$

b. 连续工作、5min 工作、6s 工作、55min 工作时的工作电流 $I_1 \sim I_4$ 分别为

$$I_1=S_1/U=1306.3/220=5.9(\text{A})$$

$$I_2=S_2/U=578.9/220=2.63(\text{A})$$

$$I_3=S_3/U=529.4/220=2.41(\text{A})$$

$$I_4=S_4/U=32/220=0.15(\text{A})$$

c. 将 $I_1 \sim I_4$ 折算到 1h 的放电容量 $C_{s1} \sim C_{s4}$ 分别为

$$C_{s1}=5.9\times 1=5.9(\text{A}\cdot\text{h})$$

$$C_{s2}=2.63\times 5/60=0.22(\text{A}\cdot\text{h})$$

$$C_{s3}=2.41\times 6/3600=0.004(\text{A}\cdot\text{h})$$

$$C_{s4}=0.15\times 55/60=0.14(\text{A}\cdot\text{h})$$

该配电装置事故负荷 1h 总的放电容量 C_s 为

$$C_s=C_{s1}+C_{s2}+C_{s3}+C_{s4}=5.9+0.22+0.004+0.14=6.264(\text{A}\cdot\text{h})$$

d. 蓄电池容量计算。满足事故全停电状态下的持续放电量按下式计算：

$$C_c = KC_s / K_Q$$

式中 C_c——按蓄电池 10h 放电率计算容量，A·h；

C_s——事故全停电状态下持续放电时间 1h 的放电容量，A·h；

K——可靠系数，取 1.4；

K_Q——容量折减系数，选每节 12V 蓄电池放电终止电压为 10.98V 对应事故 1h 放电时间，取 0.6。

将具体参数代入上式，得

$$C_c = KC_s / K_Q = 1.4 \times 6.264 / 0.6 = 14.6(\text{A} \cdot \text{h})$$

因此可选用额定容量为 20A·h 的蓄电池。

③ 校验电压水平。事故放电阶段末期，承受分闸冲击放电电流，蓄电池组所能保持的端电压可按下列公式计算：

$$K_m = \frac{1.1C_s}{tI_{10}}$$

$$K_{ch} = \frac{1.1I_{ch}}{I_{10}}$$

$$U_D = nU_{ch}$$

式中 K_m——任意事故放电阶段的 10h 放电率电流倍数；

K_{ch}——事故放电中承受冲击放电时的冲击系数；

U_D——蓄电池组输出端电压，V；

t——事故放电时间，h；

I_{10}——为 C_{10} 折算成 10h 放电率标称电流，A；

C_{10}——蓄电池 10h 放电率标称容量，A·h；

I_{ch}——事故放电冲击放电电流，A；

U_{ch}——承受冲击放电时的单体电池电压值（V），由蓄电池持续放电 1h 后冲击放电曲线查得；

n——蓄电池组的单体电池个数；

1.1——可靠系数。

将本例的具体参数代入上述公式，得

$$K_m = \frac{1.1 \times 6.264}{1 \times 2} = 3.45$$

$$K_{ch} = \frac{1.1 \times 2.5}{2} = 1.38$$

$$U_D = 114 \times 1.96 = 223(\text{V})(\text{取114个单体电池})$$

每个蓄电池初始电压为 2V，114 个，共 228V，事故放电阶段末期电压为 223V，满足规程中直流母线电压应在直流系统额定电压 85%～110%范围内的要求。

8. 直流电源用免维护铅酸蓄电池容量的计算之三

【实例】 试计算某变电所直流电源免维护铅酸蓄电池的容量。该变电所直流负荷见表 15-6。

解 ① 统计出直流负荷，并留出负荷裕量。

表 15-6 某变电所直流负荷统计表

负荷名称	负荷电流/A	事故放电电流/A			
		$t=0\sim1\text{min}$	$t=1\sim30\text{min}$	$t=31\sim60\text{min}$	随机负荷
控制信号设备事故负荷	20	20	20	20	—
事故照明	20	20	20	20	—
事故初期合分闸电流	20	20	—	—	—
事故初期储能油泵电流	40	40	—	—	—
UPS 事故负荷	50	50	50	—	—
载波通信	5	5	5	5	—
远动	5	5	5	5	—
事故末期合闸电流	20	—	—	—	20
电流统计	—	160	100	50	20
容量统计	—	—	50A·h	25A·h	—
容量累计	—	—	$C_{30}=50\text{A}\cdot\text{h}$	$C_{60}=75\text{A}\cdot\text{h}$	—

注：1. t——事故放电时间；C_{30}——30min 时的累计放电容量；C_{60}——60min 时的累计放电容量。
2. 直流系统电压为 220V。

② 蓄电池放电终止电压 U_d 的确定。该变电所要求控制母线电压波动的允许值为：220V（1±5%）。取电池个数 n 为 108 个，则可按下式求出单个蓄电池放电电压的允许值（放电终止电压值）：

$$U_d=\frac{\delta\%U_e}{n}=\frac{95\%\times220}{108}=1.935(\text{V})(\text{取 }U_d=1.94\text{V})$$

③ 蓄电池容量 C 的计算。蓄电池选用 GXX 免维护铅酸蓄电池。用电流换算法按下式计算出事故各个时间段所需的蓄电池容量：

$$C=\frac{KI}{K_c}$$

式中 C——蓄电池容量，A·h；

K——可靠系数，取 1.4；

I——放电电流，A；

K_c——容量换算系数（h^{-1}），可根据放电终止电压 U_d 和事故放电时间 t 查出。

a. 事故初期（0～1min）蓄电池容量 C_{ch} 的计算。由厂家提供的放电曲线（略），对应于 $U_d=1.94\text{V}$，$t=1\text{min}$，查出 $K_c=0.57\text{h}^{-1}$，由表 15-6 得知冲击负荷电流 $I=160\text{A}$，故冲击负荷所需的蓄电池容量为

$$C_{ch}=\frac{1.4\times160}{0.57}=393(\text{A}\cdot\text{h})$$

b. 1～60min 蓄电池容量 C_s 的计算。由表 15-6 得知 $C_{60}=75\text{A}\cdot\text{h}$，等效 1h 放电电流为

$$I_s=C_{60}/t=75/1=75(\text{A})$$

对应于 $U_d=1.94\text{V}$，$t=60\text{min}$，查出 $K_c=0.303\text{h}^{-1}$，故持续放电所需的蓄电池容量为

$$C_s=\frac{1.4\times75}{0.303}=346.5\ (\text{A}\cdot\text{h})$$

c. 随机负荷所需蓄电池容量 C_k 的计算。随机负荷属于恢复变电所用电源的开关合闸冲击负荷。该所开关为弹簧或液压操动机构，因其合闸电流较小，所以合闸时间取 5s 或 1min 均可，在此取 $t=1\text{min}$，$K_c=0.57\text{h}^{-1}$，$I_s'=20\text{A}$，故得

$$C_k=\frac{1.4\times 20}{0.57}=49(A\cdot h)$$

持续放电负荷与随机负荷叠加所需容量C_o为

$$C_o=C_s+C_k=346.5+49=395.5(A\cdot h)$$

选取C_o、C_{ch}容量大者为设计容量。可见，C_o比C_{ch}大，因此蓄电池容量应满足C_o的需要。由此可选用GXX-400A·h蓄电池。

9. 镉镍蓄电池或免维护铅酸蓄电池容量的计算

选择镉镍蓄电池容量应考虑的主要因素与选择免维护铅酸蓄电池容量相同。

(1) 计算公式

镉镍蓄电池或免维护铅酸蓄电池直流屏容量的计算如下。

① 为满足变电所或发电站事故全停电时的放电容量计算。

$$Q_e\geqslant\frac{K_kI_{sg}}{K_QK_t}t_{sg}$$

式中 Q_e——蓄电池直流屏额定容量，A·h；

I_{sg}——经常性负荷与事故负荷电流之和，A；

K_k——可靠系数，取1.05～1.1；

t_{sg}——事故负荷（照明）持续时间，取1h；

K_Q——容量剩余系数，见表15-7，也可按下法选取：0.5h取0.8，1h取0.75（可查蓄电池容量换算关系曲线）；

K_t——环境温度修正系数，$K_t=1+0.008(t-20)$；

t——年平均温度，可取15℃。

表15-7 容量剩余系数

蓄电池剩余容量	100%	75%	50%	25%
K_Q	1	0.9	0.8	0.7

② 为满足最大允许冲击负荷的放电容量计算。

公式一：

$$I_{max}\geqslant I_{sg}+I_{ch}$$

$$I_{max}\geqslant(U_{fm}-U_{gx})/R_e$$

式中 I_{max}——最大可放电电流，A；

I_{ch}——冲击电流，A；

U_{fm}——事故放电后每个电池终止电压，V；

U_{gx}——允许放电最低终止电压，取1V；

R_e——电流内阻（Ω），可查产品手册，也可按$R_e=(0.02\sim0.04)/Q_e$估算。

要根据产品资料，应先求出放电倍数K（$=I_{sg}/Q_e$）和放电容量Q_{sg}（$=I_{sg}t_{sg}$），然后根据产品手册查蓄电池不同倍率放电曲线，从而查得U_{fm}。

公式二（估算）：

$$Q_e\geqslant I_{ch}/K_f$$

式中 K_f——蓄电池放电倍率（h^{-1}），可取10～12h^{-1}。

③ 蓄电池数量的计算。

计算方法同铅酸蓄电池，只是镉镍蓄电池在事故放电后，每个电池的终止电压 U_{fm} 为 1.1～1.15V；免维护铅酸蓄电池，U_{fm} 同铅酸蓄电池的 U_{fm}。

④ 另外，需注意：高倍率镉镍蓄电池的放电倍率为 8～10，而免维护铅酸蓄电池的放电倍率为 3～4，因此在同等放电电流的条件下，镉镍蓄电池的容量约为免维护铅酸蓄电池的 25％～40％。如果已求得免维护铅酸蓄电池的容量，即可对照表 15-8 选择出镉镍蓄电池的容量。

表 15-8 免维护铅酸蓄电池与镉镍蓄电池的容量比较

名称	容量/A·h			
免维护铅酸蓄电池	24	38	65	100
镉镍蓄电池	5	10	20	40

（2）实例

试计算某变电所直流操作电源需要免维护铅酸蓄电池的容量，某变电所直流负荷列于表 15-9。

表 15-9 某变电所直流负荷统计表

负荷名称	经常性负荷		事故负荷		冲击负荷电流/A
	功率/W	电流/A	功率/W	电流/A	
经常性直流负荷	240	0.091	—	—	—
信号灯	150	0.682	—	—	—
回路监视继电器	100	0.455	—	—	—
事故照明	—	—	1200	5.455	—
光字牌	—	—	500	2.273	—
断路器跳闸	—	—	100	5	147
合计	490	1.23	1800	12.73	147

注：直流系统电压为 220V。

解 ① 统计出直流负荷的容量及电流。计算时应酌情考虑一定的发展裕量。

② 按最大事故放电容量选择蓄电池额定容量 Q_e

按题中条件，经常性负荷与事故负荷电流之和为

$$I_{sg}=1.23+12.73=13.96(A)$$

根据规程要求，事故负荷（照明）持续时间 $t_{sg}=1h$ 所以容量剩余系数 K_Q 取 0.75。又取可靠系数 $K_k=1.1$，环境温度修正系数 K_t 取 0.96，则蓄电池容量为

$$Q_e \geqslant \frac{K_k I_{sg}}{K_Q K_t} t_{sg}=\frac{1.1\times 13.96}{0.75\times 0.96}\times 1=21.33(A\cdot h)$$

考虑到冲击电流的存在，取蓄电池额定容量为 40A·h。

③ 校验事故放电后的冲击电流

所选蓄电池应满足：$I_{max}\geqslant I_{sg}+I_{ch}=13.96+147=161$（A）

查蓄电池产品手册，容量为 40A·h 的蓄电池，最大电流 I_{max} 为 200A，所以 40A·h 的容量能满足要求。

可选用 GZDW2-100/220 型免维护铅酸蓄电池。

10. 不间断电源（UPS）容量和配用电缆截面积的选择

（1）计算公式

① USP 容量的选择。不间断电源 UPS 是与电力变流器构成的保证供电连续性的静止型

交流不间断电源设备。电源容量 S 可由下式求出。

$$S=K\frac{P}{\cos\varphi}$$

式中 S——UPS容量，V·A；

P——用电设备有功功率，W；

$\cos\varphi$——用电设备功率因数；

K——裕量系数，取1.2～1.5。

裕量系数取1.2～1.5是为了适应非线性负载和负载大小波动的要求，也可避免UPS因瞬时过载而切向旁路。

② 电缆截面积的选择。UPS容量与配用电缆截面积的关系见表15-10。

表15-10　UPS容量与配用电缆截面积的关系

UPS容量/kV·A	电缆截面积/mm^2	UPS容量/kV·A	电缆截面积/mm^2
1	1.5	20	5.5
3	2.5	30	6
5	2.5	40	14
7.5	3.5	50	22
10	3.5	60	38
15	3.5	80	60

表中电缆截面积包括交流输入电缆截面积（380V时）、旁路输入电缆截面积（380V时）、直流输入电缆截面积、交流输出电缆截面积（380V时）。

（2）实例

一台计算机电源的功率约为250W，输入功率因数约为0.65，试选择UPS容量和配用电缆的截面积。

解　① UPS容量的选择。除了考虑计算机用电外，还要考虑打印机等用电。

$$S=K\frac{P}{\cos\varphi}=(1.2\sim1.5)\times\frac{250}{0.65}=462\sim577(\text{V}\cdot\text{A})$$

因此可选用500V·A的UPS。

② 电缆截面积的选择。查表15-10，得电缆截面积为1.5mm^2。

11. 低压电器耐压试验用变压器容量的计算

（1）计算公式

低压电器耐压试验用变压器容量 S 可按下式计算：

$$S=K\frac{U_{\max}^2 I}{100U_{\min}^2}U_d\%$$

式中 S——试验变压器容量，kV·A；

$U_{\max}$——变压器最高输出试验电压，kV；

$U_{\min}$——变压器最低输出试验电压，kV；

I——试样击穿时变压器必须输出的电流，国际电工技术委员会，（IEC）标准规定 $I\geqslant0.5$A；

$U_d\%$——变压器短路阻抗百分数，在5～10之间；

K——裕量系数，取1.1～1.2。

（2）实例

试选择低压电器产品标准试验用升压变压器的容量。

解 根据低压电器产品标准，取 $U_{max}=3.5\text{kV}$，$U_{min}=1\text{kV}$，$I=0.5\text{A}$，$U_d\%=10$，则试验变压器容量为

$$S=K\frac{U_{max}^2 I}{100U_{min}^2}U_d\%$$

$$=1.1\times\frac{3.5^2\times0.5}{100\times1^2}\times10=0.67(\text{kV}\cdot\text{A})$$

可选用标称容量为 0.75kV・A 的变压器。

12. 用铜丝代替熔丝时铜丝直径的选择

铜丝是一种热惯性小而熔断动作快的材料。当熔丝熔断后，又无同规格的熔丝更换时，可用铜丝代替。但必须认真选择代用铜丝的直径，切不可盲目选用铜丝代替。否则，当线路发生短路事故时铜丝不能及时熔断，会引起火灾及损坏电气设备。

必须指出：煤矿井下的低压熔断器严禁使用铜丝作为熔丝。这是因为煤矿井下常有爆炸性气体（煤气）存在，在 650～750℃时它会自爆。而铜丝熔点为 1083℃，故当铜丝熔断时会引发煤气爆炸。为了安全起见，煤矿井下只能采用密闭的防爆型熔断器，熔丝应采用锌熔片。

（1）计算公式

估算公式 1：

$$I_d=33d^2+55d-6$$

$$d=\sqrt{0.876+0.0303I_d}-0.83$$

式中 I_d——铜丝熔断电流（A），一般可按 2 倍电动机额定电流选取；

d——铜丝直径，mm。

估算公式 2：

$$I_d=80d^{3/2}$$

$$d=\left(\frac{I_d}{80}\right)^{2/3}$$

（2）实例

一台 Y180M-2 型异步电动机，额定功率为 22kW，应选用多大直径的铜丝作熔断器的短路保护熔丝？

解 查产品样本或铭牌，该电动机的额定电流为 42.2A，铜丝熔断电流可按 2 倍电动机额定电流计算，即

$$I_d=2I_e=2\times42.2=84.4(\text{A})$$

按公式 1 计算：

$$d=\sqrt{0.876+0.0303I_d}-0.83$$

$$=\sqrt{0.876+0.0303\times84.4}-0.83=1.02(\text{mm})$$

按公式 2 计算：

$$d=\left(\frac{I_d}{80}\right)^{2/3}=\left(\frac{84.4}{80}\right)^{2/3}=1.055^{2/3}=1.04(\text{mm})$$

因此可选用直径为 1.00mm 的铜丝作熔丝。

13. 由导体集肤效应引起的交流电阻值的计算

当频率为 f 的交流电流通过导体时，由于集肤效应的作用，电流在导体截面中的分布是不均匀的，靠近导体截面中心部分的电流密度要比靠近表面部分的小，从而使导体的损耗比电流均匀分布时要大些，增大部分的损耗称为附加损耗，此附加损耗所产生的热量使导体的温升增加。在 1kHz 频率下，导体截面的载流利用率仅为 20%，而 10kHz 时则降为 8%。

(1) 计算公式

由集肤效应引起的导体交流电阻值可用下式表示：

$$R_a=K_fR_d$$

式中 R_a——交流电阻，Ω；

R_d——直流电阻，Ω；

K_f——集肤效应系数。

均匀截面导体的集肤效应系数可用下式表示：

$$K_f=1+\frac{A}{C}\sqrt{\frac{2\pi\mu\mu_0 f}{\rho}}=1+\frac{A}{C}\sqrt{\frac{2\pi\mu\mu_0 f}{9}}$$

式中 A——导体截面积，mm^2；

C——导体截面的周长，mm；

μ——导体材料相对磁导率，铜和铝为 1，铁为 1000；

μ_0——真空磁导率（H/m），$\mu_0=1.25\times10^{-6}$H/m；

ρ——导体材料的电阻率（$\Omega\cdot mm^2/m$），铜为 $0.018\Omega\cdot mm^2/m$，铝为 $0.029\Omega\cdot mm^2/m$；

f——电流频率，Hz。

(2) 实例

已知铜排的截面积为 80mm×8mm，长度为 50m，试求分别在 $f=50$Hz，$f=60$Hz，$f=300$Hz 下铜排的交流电阻值。

解 铜的 $\mu=1$，$\rho=0.018\Omega\cdot mm^2/m$。

铜排的直流电阻值为

$$R_d=\rho\frac{L}{S}=0.018\times\frac{50}{80\times8}=0.00140625(\Omega)$$

当频率 $f=50$Hz 时，集肤效应系数为

$$K_f=1+\frac{A}{C}\sqrt{\frac{2\pi\mu\mu_0 f}{9}}$$

$$=1+\frac{80\times8}{176}\times\sqrt{\frac{2\pi\times1\times1.25\times10^{-6}\times50}{0.018}}=1.537$$

因此，当 $f=50$Hz 时铜排的交流电阻值为

$$R_a=K_fR_d=1.537\times0.00140625=0.0021614063(\Omega)$$

当频率 $f=60$Hz 时，$K_f=1.588$，$R_a=0.002233125(\Omega)$

当频率 $f=300$Hz 时，$K_f=2.315$，$R_a=0.00325547(\Omega)$

参考文献

[1] 方大千. 实用电工计算手册. 北京：金盾出版社，2011.
[2] 方大千，等. 实用电工手册. 北京：机械工业出版社，2012.
[3] 方大千，方立，方成. 继电保护实用技术手册. 北京：金盾出版社，2012.
[4] 方大千，方立. 电气设备节电技术与工程实例. 北京：金盾出版社，2011.
[5] 方大千，方立. 农村节电技术与改造实例. 北京：金盾出版社，2014.
[6] 方大千，朱征涛，等. 电机维修实用技术手册. 北京：机械工业出版社，2012.
[7] 方大千，李松柏，等. 变压器维修技术. 北京：化学工业出版社，2015.
[8] 方大千，张正昌，等. 节约用电实用技术手册. 北京：化学工业出版社，2015.
[9] 方大千，方成，方立，等. 高低压电器维修技术手册. 北京：化学工业出版社，2013.
[10] 方大千，方成，等. 实用输配电速查速算手册. 北京：化学工业出版社，2013.
[11] 方大千，方立，等. 实用变压器速查速算手册. 北京：化学工业出版社，2013.
[12] 方大千，朱征涛，等. 实用电动机速查速算手册. 北京：化学工业出版社，2013.
[13] 方大千，方亚平，等. 实用高低压电器速查速算手册. 北京：化学工业出版社，2013.
[14] 方大千，方立，等. 实用继电保护及二次回路速查速算手册. 北京：化学工业出版社，2014.
[15] 方大千，郑鹏，等. 实用电子及晶闸管电路速查速算手册. 北京：化学工业出版社，2015.
[16] 方大千，方成，等. 实用水泵、风机和起重机速查速算手册. 北京：化学工业出版社，2013.
[17] 方大千，方欣，等. 实用电工速查速算手册. 北京：化学工业出版社，2015.
[18] 方大千，朱丽宁，等. 变频器、软启动器及PLC实用技术手册. 北京：化学工业出版社，2014.